中国生物经济发展报告

2023

国家发展和改革委员会创新和高技术发展司
国家发展和改革委员会创新驱动发展中心（数字经济研究发展中心）
中国生物工程学会

科学出版社
北 京

内 容 简 介

本书由国家发展和改革委员会创新和高技术发展司、国家发展和改革委员会创新驱动发展中心（数字经济研究发展中心）、中国生物工程学会共同组织编写，是《"十四五"生物经济发展规划》发布后的首部中国生物经济发展报告。

全书包括10篇，共38章。全书从国内外生物经济发展战略与格局、生物经济核心产业发展现状与趋势、生物经济未来技术、生物资源保护利用、生物安全发展态势、生物领域投融资分析、生物领域专利分析、重点行业发展报告等多角度展开，特别是首次公开介绍了一批生物经济发展新模式、新业态、新场景案例，从中可以深入了解中国生物经济蓬勃发展的情况。

本书可供生命科学、生物技术、生物产业、生物经济相关的研究、开发、生产、销售、管理人员以及知识产权、投融资机构和政府有关职能部门工作人员阅读参考。

图书在版编目（CIP）数据

中国生物经济发展报告. 2023 / 国家发展和改革委员会创新和高技术发展司，国家发展和改革委员会创新驱动发展中心（数字经济研究发展中心），中国生物工程学会编 . —北京：科学出版社，2023.5
ISBN 978-7-03-075544-5

Ⅰ.①中⋯ Ⅱ.①国⋯ ②国⋯ ③中⋯ Ⅲ.①生物工程–工程经济–研究报告–中国–2023 Ⅳ.①Q81-05

中国国家版本馆CIP数据核字（2023）第084996号

责任编辑：陈会迎 / 责任校对：贾娜娜
责任印制：霍 兵 / 封面设计：有道设计

科学出版社 出版
北京东黄城根北街16号
邮政编码：100717
http://www.sciencep.com

北京中科印刷有限公司 印刷
科学出版社发行 各地新华书店经销
*
2023年5月第 一 版 开本：787×1092 1/16
2023年5月第一次印刷 印张：63
字数：1 268 000
定价：498.00元
（如有印装质量问题，我社负责调换）

《中国生物经济发展报告2023》编委会

目　录

第一篇

"十四五"生物经济发展规划解读

第一章　强化国家战略科技力量在生物经济高质量发展中的骨干引领作用

生物经济是以生命科学、生物技术的发展进步和普及应用为基础的新经济形态，是国民经济的重要组成部分，对加快构建现代产业体系、保障人民生命健康具有重要战略意义。国家《"十四五"生物经济发展规划》将"坚持创新驱动"放在五大发展原则的首位，明确打造国家生物技术战略科技力量，加快突破生物经济发展瓶颈，实现科技自立自强。未来五年和更长一段时间，在《"十四五"生物经济发展规划》牵引下，我国生物领域战略科技力量将持续壮大，有力支撑生物经济高质量发展。

一、"十四五"时期是我国生物经济由大转强、实现高质量发展的关键时期

生命健康领域是新一轮科技革命和产业变革中最有望实现革命性突破的重点领域之一。据统计，在《科学》杂志创刊125周年时公布的125个最具挑战性的科学问题中，52%属于生命科学领域。生命科学研究范式正在发生深刻变革，对生物大分子和基因的研究进入精准调控阶段，从认识生命、改造生命走向合成生命、设计生命。近年来，主要国家纷纷加大对生命科学和生物医药等领域的支持力度，围绕基因组学、脑与认知科学、合成生物学、精准医疗、生物医药、高端医疗器械、生物育种、生物质能源、生物安全等领域的投入力度不断加大。特别是受到新冠疫情的冲击和影响，主要国家的政府和各大生物医药企业都加大了在生物安全、疫苗和药物研发等方面的投入，客观上推动生物经济进入加速发展期。

我国也将生物经济相关领域的科技创新和产业发展作为战略重点，推动生物经济取得长足进步。生物经济发展规模不断扩大，生物产业体系日趋完善，形成研发、制造与应用的完整产业链，我国已成为全球第一大原料药出口国、第二大药品和医疗器械消费市场、重要的药品研发服务贸易出口国。生物科技创新能力显著增强，研发投入和专利论文数量大幅增长，重大创新成果持续涌现。产业集聚效应显现，各类研发

要素和制造环节加速集聚，围绕生物医药、生物医学工程、生物农业、生物制造等重点领域培育形成了一批各具特色的生物产业基地，成为区域经济重要的增长极。

但也要看到，我国生物经济发展还存在原始创新能力不强、关键核心技术受制于人等问题。究其原因，是我国在生物经济领域的长期持续投入不足，创新力量布局重复分散，尚未培育形成具有国际领先水平的科研机构和具有引领带动作用的行业领军企业。

"十四五"时期是我国生物经济发展的关键时期。面对新一轮科技革命和产业变革带来的历史性机遇，以及人类社会健康可持续发展对生命健康的更高要求，各国围绕生物经济的竞争将更加激烈。我国只有成功把握这一重大战略机遇期，加快解决制约生物经济发展的关键核心技术，更好掌握生命科学领域的基础理论和原创方法，才能不断提升产业发展的质量和效益，推动我国生物经济加快实现由大转强和高质量发展。

二、强化国家战略科技力量是突破生物经济领域关键核心技术瓶颈制约、实现产业高质量发展的关键所在

强化国家战略科技力量是当前我国科技创新和经济工作的战略重点。党的十九届五中全会审议通过的《中共中央关于制定国民经济和社会发展第十四个五年规划和二〇三五年远景目标的建议》，将科技创新工作放在"十四五"各项重点任务的首位进行部署，提出的四个方面重点任务中，第一项就是强化国家战略科技力量。在2021年两院院士大会上，习近平总书记深刻指出，"世界科技强国竞争，比拼的是国家战略科技力量。国家实验室、国家科研机构、高水平研究型大学、科技领军企业都是国家战略科技力量的重要组成部分"[1]，并对国家战略科技力量各重要组成部分的战略定位、应发挥的作用等提出明确要求。

生物经济能否实现创新驱动转型，加快走上高质量发展的道路，关键在于能否强化该领域国家战略科技力量的布局建设，并充分发挥好这些机构的骨干引领作用。从国际经验来看，美国、德国、英国、法国、日本等国家，无不是通过大力支持和发展国家科研机构和高水平研究型大学，建立完善支撑生物科技发展的一流科技设施和创新平台，组织实施重大科技创新项目和工程，培育行业领军企业和完善的产业链，打造高水平生物产业集群等举措，提升本国在生物经济领域的创新能力和产业竞争力。

这是因为，各国都充分认识到国家战略科技力量往往具有多学科、建制化优势和体系化能力，具有较强的资源整合能力和引领带动能力，能够有效集聚整合各方面力

---

① 习近平在两院院士大会、中国科协第十次全国代表大会上的讲话（全文），https://baijiahao.baidu.com/s?id=1701009847590037191&wfr=spider&for=pc，2021 年 5 月 28 日。

量开展协同攻关，加快突破关键核心技术难题，推动科技成果加快实现产业化。新冠疫情的科技攻关过程，很好体现了围绕国家使命，坚持目标导向、问题导向，依靠跨学科、大协作和高强度支持开展协同创新的新型举国体制优势，也充分体现了战略科技力量在集聚整合相关科研力量，开展核心技术攻关的引领作用。

三、持续做好生物经济领域国家战略科技力量建设

"十四五"时期，要按照党中央、国务院关于强化国家战略科技力量的总体部署，落实《"十四五"生物经济发展规划》明确的各项重点任务，强化国家战略科技力量对生物经济发展的支撑引领，加快实现高质量发展。

一是强化生物经济相关国家战略科技力量的优化布局和能力建设。四类国家战略科技力量各具特点和优势，要充分发挥各类创新主体的骨干引领作用，并加强战略科技力量与广大中小企业、科技金融机构等其他创新主体的协同合作，只有这样才能提升创新体系的整体效能。要围绕生物经济发展需求，高标准推进生物领域国家实验室建设，加快推进该领域国家重点实验室体系重组，瞄准科技前沿和国家战略急需，加快产出战略性、关键性重大科技成果。国家科研机构和高水平研究型大学要进一步加强基础研究和应用基础研究，强化不同学科间的交叉融合，加强创新型人才培养，为解决生物经济领域关键核心技术攻关提供学科基础与人才支撑。充分发挥企业技术创新主体作用，支持行业龙头企业联合高等院校、科研院所和行业上下游企业共建创新联合体和高水平产业创新平台，联合开展关键核心技术攻关，在科技计划制订过程中充分发挥企业"出题者"作用，支持企业牵头承担重大科技项目和重大任务，打造和培育更多科技领军企业。

二是坚持"四个面向"强化生物经济领域原创性、引领性科技攻关。瞄准产业变革方向和未来产业发展制高点，聚焦生命健康、脑科学与类脑研究、基因与生物技术、药物和疫苗、先进诊疗技术、精准医学、医疗器械、生物育种等方向，组织具有前瞻性、战略性的重大科技攻关，加快突破制约生物经济发展的重大科学问题和关键核心技术问题。顺应新科技革命和科研范式转型趋势，强化生物技术与信息技术、人工智能、材料技术、先进制造等新兴技术领域的融合创新。适度超前布局完善生命健康领域的重大科技基础设施，高水平推进转化医学研究设施、多模态跨尺度生物医学成像设施、模式动物表型与遗传研究设施等设施建设，加强已有设施开放共享。完善生物科技资源库、生物样本库、高级别生物安全实验室和生物大数据中心等科研条件平台，以及产业共性技术创新平台和转化应用平台建设，加强生命科学领域高端科研仪器设备和高端试剂等研发，提升对高水平创新活动的支撑保障能力。

三是完善国家战略科技力量支撑生物经济高质量发展的体制机制。结合生物领域

创新高投入、高风险、周期长等特点，积极探索完善社会主义市场经济条件下新型举国体制，探索实行"揭榜挂帅""赛马"等制度。完善生命健康领域人才评价机制，健全以创新能力、质量、实效、贡献为导向的科技人才评价体系，促进科研成果加快转化。大力支持新型研发机构建设，依托新型研发机构探索更加灵活的科研管理和组织机制，推动研究与临床、研究与产业的深度融合，促进创新资源在高校、科研机构和企业间自由有序流动。深入推进药品临床审评、上市审批和临床试验管理、医保等制约生物经济发展的体制机制改革，形成更加包容审慎的适应性监管体系。

四是优化生物经济相关国家战略科技力量的区域布局。围绕国家重大区域战略，强化国家战略科技力量区域布局，发挥北京、上海、粤港澳大湾区国际科技创新中心的引领作用，强化综合性国家科学中心建设，形成引领生物经济发展的原始创新策源地和科技攻关主阵地，打造世界级生物产业创新高地。加强国家自主创新示范区、生物产业基地等区域性创新高地建设，聚焦医药健康、现代农业、生物制造等重点领域培育一批世界级龙头企业，形成生物经济高质量发展的集聚区。

撰稿人：徐　涛　中国科学院

第二章　着力统筹供需两端　推动生物经济高质量发展

近半个世纪尤其是进入21世纪以来,生命科学领域持续取得重大技术突破,生物技术渐与信息技术并行成为支撑经济社会发展的底层共性技术,生物技术产品和服务加速以更加亲民的价格、更加贴近市场的形态走进"千家万户",针对生物资源保护开发利用、生物技术创新及应用的制度体系日趋完善,生物经济时代加速到来。在此背景下,《"十四五"生物经济发展规划》的出台恰逢其时、正当其势,分析了发展生物经济的重大意义及国内外形势,明确了未来四大重点领域和阶段性目标,并从科技创新、产业发展、资源保护利用、生物安全、政策环境五方面部署了重点任务。这将进一步统一思想、凝聚共识、明确方向、汇聚力量,推动我国在生物经济时代取得新发展、实现新跨越。

一、我们正在经历生物经济时代的快速发展期

进入21世纪以来,公众对于生物技术产品和服务的认知度、接受度和需求量快速上扬,生物经济时代由朦胧期逐渐迈进成长期。举例来看,10年前,绝大多数孕妇、患者对于基因检测胎儿情况、癌症早期发现等效果还将信将疑;今天,已经有数百万级的消费者愿意为此买单。5年前,人们对核酸检测的效用还懵懵懂懂;今天,核酸检测已经成为确诊新冠病毒感染的"金标准",市场需求激增,成本及价格也一降再降。此外,越来越多不可再生的石化基产品由可再生的生物基产品替代,生物质能成为再生能源的重要组成部分,利用现代生物技术改造的农作物的产量和品质均得到大幅改善。

综合判断,在1953年DNA双螺旋结构发现和2000年人类基因组破译的基础上,伴随基因工程等现代生物技术快速发展,尤其是生物技术与信息技术、农业技术等深度融合,生物经济已经迎来了快速发展期。

二、坚持创新驱动，提升生物经济发展要素的供给质量

生物技术具有知识、技术、资本密集度高的特征，基于生物技术进步衍生的新生产、流通、交换、消费模式及制度体系，高度依赖生命科学发展以及生物技术、专业人才、资金等创新要素和生物资源蕴藏情况。抓住生物经济时代的跨越发展机遇，要求我们必须加大力度夯实科学基础、补齐创新短板。

一是以需求为牵引明确创新主攻方向和突破口。生物经济时代，科技进步的宗旨是服务于人民、人类社会乃至整个生物界、自然界。科技创新的方向必然要结合时代需求，更加贴近人民生命健康、经济社会高质量可持续发展。生物经济发展的重点方向应在前期生物医药、生物育种、生物制造、生物环保、生物技术服务等产业相对扎实健全的基础上，聚焦面向人民群众"医""食""美""安"需求和生物经济强国建设目标，重点发展面向人民生命健康的生物医药领域，面向农业现代化的生物农业领域，面向绿色低碳的生物质替代应用领域，加强国家生物安全风险防控和治理体系建设。

二是集中力量攻坚克难。生物经济繁荣可持续发展亟须坚实厚重的科技创新基础。要面向生命科学领域的世界科技前沿水平，加大力度投入生命科学基础研究、应用研究，持续推动产学研医的合作研发。围绕生命科学领域事关世界科技前沿的方向，支持一批重大科技基础设施和创新平台，创新资金投入方式和运营管理模式，在设施平台运行期间，多方式、多渠道引入医院、企业、第三方检测机构等共同参与测试反馈。密切对接健康中国战略实施的紧迫要求，尤其面向制约生物技术应用推广的"卡脖子"问题，加快部署推广一批新的生物技术攻关。

三是想方设法汇聚全球创新资源。生命科学、生物技术以及专业资金、人才等是生物经济时代背景下重要的创新资源，必须要坚持开放创新，积极融入全球生物经济创新体系，推动生命科学、生物技术双边和多边国际合作。以更高水平的对外开放、更大力度的改革举措，广纳海内外各类人才、团队，更好利用海内外专业化的创新创业资本，加强跨境科技合作项目，降低创新要素合作的制度性障碍。

四是积极推动产业集群和改革先行先试。产业集群是生物经济率先发展的引航标。从过去一段时间以来我国生物产业集群快速发展的实践看，集聚化发展模式既顺应了生物产业的发展规律，也符合生物经济时代部分区域率先实现局部突破、引航新时代发展的要求。要在前期推动生物产业集群发展工作的基础上，突出特色化、差异化、专业化、多元化，在部分有条件的区域大胆尝试制度改革突破，在准入、监管、定价、保险、税收、安全、重大问题争端解决机制等方面，积极探索体制机制和政策的先行先试；在知识产权、科技成果转移转化、人才引进、金融扶持等方面设立绿色通道，给予更大力度的政策倾斜。

三、发掘内需潜力，充分激发生物经济活力

我国是全球第一大原料药出口国、第二大药品医疗器械消费市场和重要的药品研发服务贸易出口国，超级稻、基因检测等生物技术产品和服务发展水平已经处于世界第一梯队。伴随人口老龄化加快、居民收入稳步提高等，人民生命健康需求大幅增加。同时，健康中国、美丽中国、平安中国、"双碳"战略的加快实施，将持续释放生物经济市场潜力。"十四五"乃至未来中长期，激发强大内需潜力是建设生物经济强国的重要抓手。

一是要赋予生物技术经济属性。与信息技术类似，生物技术的经济属性是与生俱来的，这就意味着提供生物技术产品和服务将有利可图。回归生物技术经济属性，要从多个方面入手，最大限度确保从事研发、生产、服务各个环节的生物技术企业能够获取合理的经济回报。积极探索创新生物技术产品和服务的准入及定价机制，除涉及国家安全、公共安全外，大幅度放开生物技术和服务的准入限制，绝大部分交由市场确定价格，激励企业安心从事高附加价值产品和服务的开发。

二是要保持生物技术企业创新发展的动力。生物技术企业能否准确把握市场需求尤其是超大规模国内市场，是生物经济领域创新企业实现盈利和可持续发展的关键，也是我国生物技术企业应对国际科技创新环境的关键。创新企业应继续发挥比科研院校更贴近需求、比国外同行更贴近国内市场的优势，更多面向行业细分市场追求臻美极致，积极挖掘"无人区"层次的内需潜力。进一步完善针对创新产品和服务"勇于尝鲜""消费得起"的政策环境，促进创新产品和服务的生产准入、定价、质量监督、配套服务、舆论引导等多环节完善，加快形成"创新企业盈利—消费者买单—企业再创新"的良性互动机制。

三是要发挥政府在扩大生物技术市场应用空间的积极作用。从部分生物经济发达地区的经验看，政府采购等手段有力带动了生物经济领域新技术、新产品、新服务走进千家万户。例如，部分城市将产前基因检测筛查等项目纳入地方医保范围，大幅度带动了本地及国内基因检测行业的发展。未来一段时期，要激励有条件、有潜力的区域，实施更多生物产品和服务的应用示范带动项目，积极推广复制好经验、好做法，实现以应用促发展，以示范的小市场带动推广的大市场。

撰　稿　人：姜　江　中国宏观经济研究院

第三章　生物制造产业是生物经济重点发展方向

　　生物制造是利用生物体机能进行物质加工与合成的绿色生产方式，有望在能源、化工和医药等领域改变世界工业制造格局。近日，经国务院批复同意，国家发展改革委印发了《"十四五"生物经济发展规划》，明确将生物制造作为生物经济战略性新兴产业发展方向，提出"依托生物制造技术，实现化工原料和过程的生物技术替代，发展高性能生物环保材料和生物制剂，推动化工、医药、材料、轻工等重要工业产品制造与生物技术深度融合，向绿色低碳、无毒低毒、可持续发展模式转型"。可以说，大力发展生物制造产业，将助力我国加快构建绿色低碳循环经济体系，推动生物经济实现高质量发展。

一、发展生物制造产业，是贯彻新发展理念的重要体现

　　当前，我国经济已由高速增长阶段转向高质量发展阶段。高质量发展，就是能够很好满足人民日益增长的美好生活需要的发展，是体现新发展理念的发展。将生物制造作为重要发展方向，充分体现了新发展理念要求，回应了新时代广大人民群众日益增长的优美生态环境的需要，更好统筹了经济社会发展和环境保护，加快实现传统制造业绿色转型。

　　贯彻新发展理念、建设现代化经济体系，要进一步加快建立健全绿色低碳循环发展经济体系，促进经济社会发展全面绿色低碳转型。生物制造具有原料可再生、过程清洁高效等特征，可从根本上改变化工、医药、能源、轻工等传统制造业高度依赖化石原料和"高污染、高排放"不可持续的加工模式，减少工业经济对生态环境的影响，推动物质财富的绿色增长和经济社会可持续发展。

　　在绿色发展方面，生物制造可以降低工业过程能耗、物耗，减少废物排放与空气、水及土壤污染，大幅度降低生产成本，提升产业竞争力。在低碳发展方面，生物制造可以利用天然可再生原料，实现化学过程无法合成或者合成效率很低的石油化工产品的生物过程合成，促进二氧化碳的减排和转化利用，构建出工业经济发展的可再生原

料路线。在循环发展方面，生物制造可以提高自然资源利用效率，实现废弃物回收利用，提升能源效率，促进产业升级，形成"农业—工业—环境—农业"的良性循环模式。以 1,3- 丙二醇的生物制造为例，与石油路线相比，原料成本下降 37%，二氧化碳减排 63%，能耗减少 30%，创造了一个化纤原料摆脱石油价格体系的典型范例。

二、发展生物制造产业，是抢抓全球生物经济发展机遇的有力手段

经济合作与发展组织（Organization for Economic Co-operation and Development，OECD）报告曾预测，至 2030 年，OECD 国家将形成基于可再生资源的生物经济形态，生物制造的经济和环境效益将超过生物农业和生物医药，在生物经济中的贡献率达到 39%。近年来，世界主要发达经济体的生物制造产业规模不断扩大，对经济增长的贡献持续加大，生物制造被视为带动未来生物经济发展的关键力量。

美国、欧盟、英国、日本、加拿大等经济体纷纷提出或更新国家与地区生物经济发展战略，细致制定生物制造发展路线图和行动计划。美国、欧盟等 2019 年以来提出的《工程生物学：下一代生物经济的研究路线图》《欧洲化学工业路线图：面向生物经济》等生物经济战略，均以生物制造为重点方向。日本经济产业省 2021 年 2 月发布的《生物技术驱动的第五次工业革命报告》，将智能细胞和生物制品列为生物经济领域优先发展方向。欧盟于 2021 年 2 月提出升级版的循环生物基欧洲联合企业计划，明确加大资金投入，通过发展生物基产业推动欧洲绿色协议目标的达成。

在科技创新驱动和战略政策引领下，我国正进入生物经济发展的重大机遇期。与此同时，新冠疫情对全球化造成的冲击仍在持续，正在引发全球产业链结构和产业格局的深刻变革。在复杂变化的国际形势下，加快建设基于绿色生物制造的现代化经济体系，构建生物制造产业双循环新发展格局，有利于我国在国际生物经济竞争中赢得主动、把握先机。

三、发展生物制造产业，是做大做强生物经济的有效举措

在当前和今后一段时间内，我国经济仍处在转变发展方式、优化经济结构、转换增长动能的攻坚期，面临资源环境约束趋紧、经济增速放缓、"中等收入陷阱"等挑战。随着人类生存发展观念的转变，人们的生产方式、消费方式和价值观念也在发生变化，对发展科技以提高生产效率、提供优质高性能产品的需求不断增加。

近年来，生物制造底层技术与关键核心技术研发不断取得突破，正在进入快速产

业化阶段，物质转化、能量利用效率大幅度提高，新产品开发速度和过程工艺的绿色环保水平大幅度提升，可再生碳原料与废弃物利用、生物塑料与生物基产品等新兴产业快速兴起，推动生物产业链重整，产业结构属性和价值属性不断增强，生物制造正在成为构建可持续发展路线和提升生物经济发展能力的战略驱动力量。以抗疟药物青蒿素的生产为例，传统模式是通过种植黄花蒿，经过18个月生长周期才可进行提取。而利用基于合成生物的先进生物制造技术，可以构建一个人工酵母菌，通过工业化发酵的方法在几周内大量生产青蒿素。简单说，使用可控的100 m^{3}工业发酵罐，可以替代5万亩[①]的传统农业种植。

依托生物制造技术，能够实现化工原料和过程的替代，有望彻底变革未来物质加工和生产模式。用于生物制造的可再生生物质资源包括糖、油脂、非粮生物质、有机废弃物，甚至工业废气、二氧化碳等，可以生产一系列能源与化工产品，包括基础化工原料、溶剂、表面活性剂、化学中间体，以及塑料、尼龙、橡胶等高性能生物环保材料和生物制剂，或生产原料药、疫苗和抗体药物，推动化工、医药、材料、轻工等重要工业产品制造向绿色低碳、无毒低毒、可持续发展模式转型，甚至生产淀粉、蛋白质、油脂等食品成分，颠覆未来农产品供给模式。例如，中国科学院天津工业生物技术研究所科学家团队在国际上首次实现了二氧化碳到淀粉的从头合成，使淀粉生产从传统农业种植模式向工业车间生产转变成为可能。

预计未来十年，35%的石油化工、煤化工产品可被生物制造产品替代，成为可再生产品，对能源、材料、化工等领域产生广泛影响。牛奶、食糖、油脂、植物药物在内的食品，以及天然产物等农业产品，一旦实现工业生物制造，将产生颠覆性影响，其全球经济规模也十分可观。目前，通过合成生物制造，已经产生了一批大宗发酵产品、可再生化学与聚合材料、精细与医药化学品、天然产物、未来食品等重大产品的生物制造，一氧化碳、甲醇以及二氧化碳等一碳原料利用方面也不断取得进展。

综上，要紧紧抓住全球新一轮科技革命和产业变革重大机遇，以打造生物经济为核心，以服务民生需求为根本，大力发展生物制造产业，夯实产业基础，加大战略投入，优化产业布局，提升创新能力，加速生物制造产业在生产、生活、生态各领域的广泛应用，深化产业国际合作，促进产业迈向价值链中高端，加速推动生物制造业高质量发展，加速成为生物经济新支柱。

撰 稿 人：马延和　中国科学院天津工业生物技术研究所

---

① 1 亩 ≈ 666.67m^2。

第四章　加快生物医药创新升级　促进生物经济高质量发展

2022年5月，国家发展改革委印发实施《"十四五"生物经济发展规划》，将"面向人民生命健康的生物医药"作为生物经济四大重点领域之一，并对推动医疗健康产业发展做出专门部署。贯彻落实好《"十四五"生物经济发展规划》、推动我国生物医药产业创新升级，应着重做好以下几个方面的工作。

一、提升原始创新能力

过去十年左右，在良好的政策环境下，我国生物医药创新进步飞快，全行业研发投入大幅增长，上千个新药进入临床，上百个新药开展国际多中心临床试验，获批新药日渐增多。但也存在一些问题，比如产品以跟随创新为主、研发同质化严重、一些前沿技术和国际先进水平存在差距等。生命科学和生物技术基础研究是医药创新的原动力，基础研究成果孕育着新药发现的突破口。着眼未来、面向全球，加强基础研究、提升原始创新能力是我国生物医药创新升级的关键。

一方面，应整合资源持续加大基础研究投入，加强国家战略科技力量的建设，围绕生命健康重大问题和前沿生物技术开展前瞻布局，争取在新一代生物技术、新的药物靶点和作用机制、生物技术和信息技术交叉融合等方面取得突破。另一方面，应进一步健全科技成果转化体系，完善激励机制，充分激活高校、科研院所、医院的创新资源，推动基础研究成果向产业端转移，以最有效率的方式转化应用。

二、发展壮大产业创新力量

企业是技术创新的主体，在创新活动中发挥主导作用。近十年来，随着我国医药市场竞争环境的变化，传统医药企业纷纷向创新转型，加大研发投入，布局创新药开发，研发强度超过10%的企业不断增多。同时，良好的创新环境吸引大量海内外科技人才创业，一大批新兴生物技术公司设立和快速成长，目前我国从事创新药、新型技术开发的创新创业公司已超过2000家。转型中的大型医药企业和研发型生物技术公司是我国生物医药创新的关键力量，承担着产业创新升级的主要任务，应有针对性地支持这些企业的发展。

一是要优化激励创新的政策环境，完善新药审评、医保支付、临床使用等政策，促进获批上市的创新药较快实现商业化价值，促进企业实现创新收益驱动发展的良性循环。二是加强对创新型企业的金融扶持，支持大型企业的创新业务分拆上市，支持研发型生物技术公司上市融资，扩大生物医药风险投资基金和股权投资基金规模。三是根据中小医药企业创新发展的需要，支持建设一批高质量、市场化的合同研发、合同生产平台，提供新药研发全链条的专业化服务。

三、打造高水平生物医药创新集聚区

我国生物医药创新呈现典型的集聚发展特征。北京、上海、苏州、杭州、广州、深圳等创新资源丰富的城市，聚集了大量研发型生物技术公司，建立了系统完整的产业服务体系，实现了"1+1 > 2"的区域集聚效应。要继续巩固和深化这个优势，打造具有全球竞争力和影响力的生物经济创新极和生物产业创新高地。

一是服务国家重大区域战略，引导创新资源向京津冀、长三角、粤港澳大湾区等具有良好产业和市场优势的区域集聚发展，集中力量组织实施重点产业专项提升行动，围绕生物医药、生物农业、生物制造等领域培育一批世界级龙头企业。二是要促进城市间产业分工协作和要素有序流动，通过改革创新破除制约要素流动的制度障碍，推动构建统一大市场，加快提升产业链供应链现代化水平。应依托重点骨干企业建立产业共性技术平台，加强核心领域关键技术攻关，不断促进技术外溢与转移，既提升产业技术水平，又增强协同创新能力。三是推动国家生物产业基地向高端化、国际化、平台化方向发展，立足区位和产业比较优势，建设一批关键共性技术和成果转化平台，加强国际科技创新和产业协作，促进重点产业升级，打造具有国际竞争力的生物产业集群。

四、积极融入全球生物医药创新体系

坚持"引进来"和"走出去"相结合，深化生物医药全球创新合作。一方面，立足国内医药大市场，吸引全球医药创新要素向国内聚集，促进各种类型的国外企业在华设立研发中心和创新药生产基地，支持海外高水平人才回国发展。引导国内企业通过合作开发、技术许可等方式引进国外先进技术，提高创新效率，缩小与国际先进水平的差距。支持国内临床研究机构和CRO/CMO（contract research organization/contract manufacture organization，合同研究组织/合同加工外包）机构承接国际合作项目，提升全产业链国际化水平。另一方面，大力推动国内创新药进入国际市场，开展创新药国外注册，开展面向发达国家市场的全球多中心临床研究，在更广阔的市场兑现创新药价值。鼓励有条件的企业开展产业链全球布局，在境外建立研发中心、生产基地和营销网络，提高国际市场运营能力。

撰 稿 人：王学恭　中国医药企业管理协会

第五章 加快融入全球生物经济发展新格局

《"十四五"生物经济发展规划》基于生命科学、生物技术发展趋势和国内经济社会发展需求,以"四个顺应"为导向,提出重点发展生物医药、生物农业、生物质替代等三个领域,加强国家生物安全风险防控和治理体系建设。这既与国际上对生物经济的主流声音形成了呼应,也针对我国国情提出了具有中国特色的发展方向,为全球生物经济发展提出了中国方案,发出了中国声音。

一、发展生物经济已成为大多数国家的共识

早在2000年左右的世纪之交,生物经济概念开始兴起,美国政府率先提出《促进生物经济革命:基于生物的产品和生物能源》战略计划,并引发了"生物经济能否取代信息经济"的大讨论。随后,欧盟、经济合作与发展组织(Organization for Economic Co-operation and Development,OECD)相继提出有关生物经济的战略和报告,美国于2012年发布《国家生物经济蓝图》,再次强调生物经济对未来社会的影响力,提升了生物经济的地位。

近年来,随着生命科学的高速发展,生物科技领域进一步展现出巨大的发展潜力,不断在医药、农业、化工、材料、能源等方面获得新的应用,为人类解决环境污染、气候变化、粮食安全、能源危机等重大挑战提供了崭新的解决方案,在推动经济社会发展方面发挥了重要的引领作用。目前,越来越多的国家高度关注生物经济发展态势,把生物经济政策作为经济社会发展的主流政策予以推动。其中,有的聚焦生命健康,有的聚焦生物资源利用,有的聚焦生态循环和绿色环保,也有的聚焦信息技术和生物技术的融合。可见,生物经济政策已从"小众"政策变为"主流"政策。

特别是,突如其来的新冠疫情,给我们上了一堂生动难忘的教育课,社会各界对生命科学的重视、对获取生物资源的紧迫性、对生物技术产品和服务的需求,以及对提高国家生物安全治理能力的紧迫性都达到了空前的高度。越来越多的国家认识到,新型生物安全风险不断增加,维护生物安全、实现人类长治久安至关重要。

二、系统推进生物经济发展与我国长期以来支持生物技术、生物产业发展一脉相承

生物产业是我国长期以来重点支持的高技术产业。"十一五"以来，我国强化顶层设计，坚持规划引领，不断推动生物技术、生物产业迈上新台阶。目前，我国已连续三个五年制订发布了"生物产业发展规划"，明确提出把生物产业加速打造成为国民经济支柱产业。"十二五"期间，我国把生物产业列为战略性新兴产业的重要领域，"生物产业倍增计划"被纳入"十三五"国民经济和社会发展规划纲要的165项重大工程之一。

在国家规划和产业政策的指引下，我国生物技术、生物产业蓬勃发展。我国自主开发的多款创新疫苗全球领先，超级稻、基因检测等部分生物技术产品和服务处于世界第一梯队，细胞工厂构建、绿色生物制造工艺等核心技术取得重要突破，生物技术与人工智能加速融合，以生物技术为基础的经济社会发展新形态正在形成，上海张江、北京亦庄、武汉光谷、广州生物岛、泰州中国医药城等一批知名生物产业集聚区发展抢眼，成为支撑区域产业转型升级、推动经济社会可持续发展的重要力量。

在此基础上，我国开始对生物经济进行谋篇布局，涵盖保护、开发、配置、使用生物资源的全过程，涉及科技创新、产业发展、民生保障、资源环境、改革开放、国家安全等经济社会诸多方面，是对支持生物技术、生物产业发展的深化，是拥抱生物经济时代的必然选择。

三、把握生物经济时代脉搏，努力成为新时期全球生物经济格局中的重要一极

当前，我们身处生物经济孕育发展的关键时期。很多专家预测，到2035年左右，一些国家将率先迈入生物经济社会，带动全球生物经济进入深度繁荣期。这与我国向第二个百年奋斗目标进军、基本实现社会主义现代化的奋斗目标形成历史性交汇。应把握好生物经济发展之势，为人类社会未来发展的美好蓝图贡献中国智慧和中国力量。

一是更加聚焦国际国内社会主要关切，不断提升全球影响力。瞄准疫情防控以及低碳循环等重大需求，加大疫苗、生物药、生物质能、生物合成等技术攻关投入。加快供给侧和需求侧改革落地，畅通政策梗阻，在创新研发、市场准入、政府采购、财政税收等方面制定相衔接的政策。支持相关单位与国际机构共同制定相关产品标准、行业标准和监管标准。

二是更大力度实施对外开放，进一步扩大生物经济"朋友圈"。鼓励国际力量参与

科技自立自强，支持国外科研机构、市场主体以及科学家共同参与技术攻关。建立跨国界伙伴关系和知识交流渠道，支持研究人员建立和发展国际合作，共同努力构建全球生物经济合作圈，提升全球生物经济的资源配置效率。畅通与国外科研界、工业界、新闻界的对话合作，建立解决全球共性问题的合作机制。不断推动市场准入环节改革，稳定市场预期。

三是更好统筹发展和安全，加快构建生物安全风险防控和治理体系。把发展生物经济与人类命运共同体构建结合起来，积极参与生物安全全球治理，同国际社会携手应对日益严峻的生物安全挑战，加强生物安全政策制定、风险评估、应急响应、信息共享、能力建设等方面的双多边合作交流。积极推动与共建"一带一路"共同构建人类卫生健康共同体。落实《生物多样性公约》第十五次缔约方大会领导人峰会精神，推动制定"2020年后全球生物多样性框架"。

撰稿人：韩　祺　国家发展和改革委员会产业经济与技术经济研究所

第六章 "十四五"时期加强我国生物资源开发利用

党的十九大以来，我国高度重视生态文明和绿色低碳循环经济体系的建设，逐步加强战略生物资源保护、开发和利用。生物资源在国家保障和协调生态文明、经济发展、人民健康和生物安全方面具有重要的战略价值，其拥有和开发利用程度已成为衡量一个国家综合国力和可持续发展能力的重要指标之一，加强战略生物资源的保护、开发和利用意义重大。

一、生物资源开发利用对我国可持续长远发展意义重大

1. 生物资源是保护国土生态文明的重要战略资源

生物资源是自然资源的有机组成部分，丰富的生物多样性和良好的生态环境是国家和区域可持续发展的必要基础；珍惜和保护生物资源，维护生物栖息地与维持生态系统平衡，体现了其社会功能与文化价值，对于人与自然的协调发展至关重要。

2. 生物资源是保障国民生命健康的重要战略资源

生物资源是生命科学与生物技术创新的源头资源。至于现代医药，在美国约有1/4的处方药含有取自植物的有效成分，有超过3000种抗生素（包括青霉素和四环素）源于微生物；收集、保藏和鉴定现有生物资源，探索和挖掘野生、珍稀与特殊生物资源，改良和创制新型生物种质资源，将为国民营养与健康、公共卫生与安全提供重要保障。

3. 生物资源是保持国家经济发展的重要战略资源

生物资源是生物经济可持续发展的重要基石，粮食、农业和畜牧业遗传资源的持续稳定供应是保障人民温饱的基本条件；可再生的生物质资源能够为各类材料、化学品和能源需求提供可持续的原料供应，利用生物体（动植物、微生物和酶、细胞等）

的功能生产有用物质或改进过程的生物技术驱动的产业已经成为国民经济行业的重要组成部分；基于生物科技及相关科技的研发与创新，有序开发和合理利用各类生物资源，可为农业、医药、能源、工业发展和环境治理提供基础原料保障和绿色解决方案。

4. 生物资源是保卫国门生物安全的重要战略资源

生物资源的保护开发利用是国家主权权利和核心利益的重要组成；保护生物遗传资源及传统知识免于生物剽窃和掠夺，公平公正地获取和分享利用遗传资源所产生的惠益，防止外来有害生物物种入侵，防控灾难性生物事件风险与防御生物恐怖威胁，是维护国家生物资源主权与生物安全的现实要求。

二、明确"十四五"我国生物资源开发利用的总体目标

基于现有国情制定长短结合的发展目标。

一方面，制定一批目标清晰、落实有效的短期目标。到2025年，突破一批具有自主知识产权的基因工程技术、合成生物技术、细胞工程技术等现代生物技术，开展生物资源的功能评价、挖掘和利用；促进新技术的交叉融合，拓展极端环境和海洋生物资源等战略生物资源的持续开发利用。明确、落实生物资源开发利用相关法律制度和管理机构，以及生物资源的获取与惠益分享制度，形成对我国生物资源可持续开发利用的长效机制。

另一方面，围绕生物资源开发利用前景，制定前景式发展目标。到2035年，完成一系列具有自主知识产权的、可持续利用各类生物资源的技术开发，生物资源开发利用达到国际领先水平；进一步发展基于生物资源循环利用的生物经济新模式，生物资源的开发与高效综合利用能力达到国际领先水平。持续推动新兴生物经济发展，为现代化生态城市、资源节约型和环境友好型社会的构建提供科技支撑。

三、制定"十四五"时期我国生物资源开发利用发展战略

实施技术驱动发展战略。多层面地开发利用生物资源的群体、遗传和产物三大资源，推动生物资源的开发工程与科技的发展，重点推动实验动物及动物育种关键技术开发、农作物及其野生近缘植物优良资源发掘新技术开发、工业和环境微生物资源新技术开发、海洋生物资源开发利用技术以及特殊与优异资源的筛选和优异种质创新利用评价体系建设等五大重点工程和行动。

提高对生物多样性和生物资源价值的认识，进一步挖掘现有科学技术在生物资源

开发利用方面的潜力。养护和合理利用生物资源，开发利用新型生物资源，探索极地生物新资源，并通过推动资源增殖和生态养护工程的建设发展生物经济的高技术，深化生物资源开发利用的层次，提升发展基于动物资源、植物资源以及微生物资源等的生物医药产业、农业生产、工业制造等生物经济产业规模。

四、完善"十四五"时期我国生物资源开发利用保障措施

一是统筹规划，推动资源开发利用。充分考虑生物资源的最优利用和持续利用问题，制订我国生物资源开发利用的整体规划；加快推进生物资源保护与利用的国内立法进程；建立综合管理与协调分工的生物资源管理体制，包括成立专门的国家生物遗传资源管理部门，并建立相应的配套机构，形成以专门机构为主导、多部门联合工作、中央到地方统一行动的管理机构体系。

二是突破短板，强化原始创新能力。进一步加强和鼓励生物资源的科学研究，提高对资源及相关传统知识的利用能力；建立健全生物遗传资源监测体系建设，积极发展相关监控和鉴定技术、工具，用于支撑生物资源监测体系；研制和建立符合现代化资源保存和利用需求的标准规范、质量控制体系，突破一批生物资源研发的关键核心技术，提升生物资源的保存能力和利用水平。

三是聚焦重点，加快支撑平台建设。推动建设统一的"生物种质资源中心"，作为全国植物、动物、微生物等生物种质核心资源的国家级备份库，以应对不可预知的生物安全危机；在科技资源共享服务平台现有资源与有效服务机制的模式和基础上，不断完善种质资源保存体系，分类建设国家级生物种质资源库。同时，加快生物资源信息的电子化与数据库化建设。

四是强化保障，完善支撑体系建设。建立稳定的投入机制，持续加强生物资源保护和利用的财政保障支持，尤其要重视基础研究建设的投入。加强人才资源能力保障水平，建立科学评估机制，着重培育有较强创新活力的青年创新型人才队伍，重视跨学科人才交叉培养，拓展生物学-法学、生物学-信息科学、生物学-管理学等复合型人才培养渠道。

五是强化宣传，树立综合利用理念。拓展生物资源保藏保护体系的社会服务功能，加大生物资源开发利用的公众科普宣传力度，扩大国际信息交流与合作，动员发挥全社会和全球伙伴力量，树立生物资源综合利用的新观念。

撰 稿 人：于建荣 中国科学院上海生命科学信息中心 中国科学院上海营养与健康研究所

第七章　提升生物安全治理能力

　　生物安全风险是我国面临的重大风险挑战，事关国家安全和发展。习近平总书记主持召开中央全面深化改革委员会第十二次会议并发表重要讲话，指出"要从保护人民健康、保障国家安全、维护国家长治久安的高度，把生物安全纳入国家安全体系，系统规划国家生物安全风险防控和治理体系建设，全面提高国家生物安全治理能力"[①]。《中华人民共和国生物安全法》于2021年4月15日起施行，为国家生物安全治理能力建设提供了有力支撑。

　　经过多年的发展，我国的生物安全治理能力得到了充分提高，在应对突如其来的新冠疫情时经受住了考验，发挥了作用。从2003年应对SARS（severe acute respiratory syndromes，严重急性呼吸综合征）到2020年应对新冠疫情的响应能力来看，我国在生物安全科技能力建设方面已取得重大突破。新冠病毒出现后，我国仅用不到两周的时间就完成了病原体分离鉴定、保藏入库和基因序列全球共享，整体防控由"早发现、早报告、早隔离、早治疗"，向"疫情可溯、可诊、可防、可治、可控"转变，多个检测产品获批并应用于临床，不仅能满足国内诊断检测的需求，还出口用于支援国外检测；建立了有效的动物评价模型，为防控产品研发提供有力科技支撑；一批药物和救治技术在疾病救治当中扩大应用；5条技术路线开展疫苗研发，总体研发进度与国外持平，部分技术路线进展处于国际领先地位。但是未来新的生物安全风险将更加复杂，对治理能力提出了新的要求。展望"十四五"，生物安全管理体系有待进一步完善，生物安全平台建设布局有待进一步优化，生物安全创新能力尚不能适应高质量发展要求，生物产业需要在发展新经济、培育新动能方面发挥更加重要的作用。

　　《中华人民共和国国民经济和社会发展第十四个五年规划和2035年远景目标纲要》公布的"十四五"时期经济社会发展主要目标提出，在经济发展方面，经济结构更加优化，创新能力显著提升；在民生福祉方面，卫生健康体系更加完善；在国家治理效

---

① 《习近平主持召开中央全面深化改革委员会第十二次会议强调：完善重大疫情防控体制机制健全国家公共卫生应急管理体系》，http://www.gov.cn/xinwen/2020-02/14/content_5478896.htm，2023年4月3日。

能方面，突发公共事件应急处置能力显著增强。

落实到生物安全领域就表现为，在治理能力和体系方面，要建立健全生物安全风险防控和治理体系，全面提高国家生物安全治理能力；在平台建设方面，要优化提升创新基地，推进科研力量优化配置和资源共享，支持发展新型创新主体，适度超前布局国家重大科技基础设施；在科技能力方面，要集中优势资源攻关新发突发传染病和生物安全风险防控关键核心技术；在产业能力方面，要做大做强生物经济等。"十四五"时期应该在充分回顾生物安全治理能力、平台建设、科技能力、产业能力等方面取得成绩的基础上提升生物安全治理能力，结合"十四五"时期我国在生物安全领域面临的发展机遇和巨大挑战，分析在法律法规建设、管理体制建设、科研基础设施建设、生物技术研发等方面存在的不足；对比我国与发达国家在平台建设、经费投入、科技成果和产品之间的差距；提出"十四五"时期提升生物安全治理能力的总体思路与目标，根据目标明确具体举措和重大工程与行动。

需体现出以下特点：①突出体现在新的历史时期，生物安全治理能力与进入新发展阶段、贯彻新发展理念、构建新发展格局的关系；②突出短期和长期发展目标的有机衔接；③突出统筹办好发展和安全两件大事的要求，既要用生物技术保障生物安全和生物产业发展，又要用生物产业水平的提高来促进生物技术的发展，维护生物安全；④突出强化重大战略任务落实的项目支撑，围绕重点任务部署重大项目和工程。

"十四五"期间提升生物安全治理能力的建设内容如下。

"十四五"期间提升生物安全治理能力需要以总体国家安全观为指引，结合进入新发展阶段、贯彻新发展理念、构建新发展格局的新要求，将提升治理能力作为抓手，将管理、平台、科技、产业等要素融为一体，将管理能力建设作为平台建设、科技能力和产业发展的重要保障，将平台建设作为发展科技和产业的基础设施，将科技发展作为产业发展的动力来源，将保障生物技术和生物产业健康发展作为提升治理能力的着力点。

第一，在提高国家生物安全治理能力方面，要坚持和完善中国特色社会主义法制体系，优化政府职责体系。要以《中华人民共和国生物安全法》为基础，加快生物安全立法进程，加强其他配套法律法规的制修订；尽快出台各部门的相关条例，健全生物安全法律法规体系，为生物安全管理提供更有力的法律支撑，实现依法防控、治理生物安全。

第二，在平台建设方面，要加强生物安全实验室和生物资源的建设工作。生物安全实验室是开展烈性病原体研究的重要平台；生物资源是开展生物技术研究的重要对象。这两者都不可或缺。生物安全实验室的建设任务是在调研现有实验室建设情况的基础上，按照应急优先、统筹兼顾的原则，遵照相关规划的要求，实现实验室的区域分布合理、功能均衡协调、运行保障有力、协同合作有效。生物资源的建设任务是完善国家微生物资源库与共享体系，开发微生物资源特性的检测或筛选技术，最终形成集平台、基础研究、技术产品研发、产业临床应用为一体的生物安全平台能力体系。

第三，在科技能力方面，对新发烈性传染病的研究是核心，是当前最迫切的需求；新型生物技术是前沿，是未来最具颠覆性的挑战。要将技术创新作为重中之重，将"可溯、可诊、可防、可治、可控"作为技术产品的发展方向；要将监测预警能力作为重要的建设目标，强调利用大数据、人工智能、云计算等数字技术，做到早预测风险、早发现风险；要将应急保障作为主要任务，突出防疫装备及物资以及应急性药物和疫苗（血清等）的快速制造、快速运输及应急储备能力。

第四，在产业能力方面，要实现产业升级和建设产业集群。产业升级指的是将生物技术和信息技术深度融合，提升生物产业的资源汇聚效率，构建以数据驱动的产业发展模式，推动相关产业发展迈向中高端。产业集群建设指强化高端人才集聚、优势企业集聚、功能平台集聚、资本集聚。

"十四五"期间提升生物安全治理能力的实现途径如下。

为了确保"十四五"期间提升生物安全治理能力工作的顺利开展，需要围绕目标部署相关重点项目和重大工程。在整合建设生物安全基础设施方面，应建设包括监测预警网络体系、基础研究设施、资源信息设施、转化应用设施在内的基础设施体系，其中应重点关注转化应用设施，这一设施可以将研究和技术转化更加紧密地结合，加速相关科研成果向药物疫苗研发生产转化，有助于提高我国应对突发生物安全事件的能力。

在部署实施生物安全科技项目方面，要从基础科学研究到关键技术产品研发，再到仪器装备研制，最后到平台能力提升和管理信息化智能化部署全链条、全覆盖的项目，通过基础研究为风险识别和应对提供科学基础；通过技术和产品研发，建立产品和技术储备，为应对风险提供技术手段；通过仪器装备研制的投入，实现科技自立自强，提升我国生物安全条件保障能力；通过实施平台能力提升和管理信息化、智能化项目，从硬件和软件两个方面改善基础设施的保障能力。

在健全生物安全创新体系方面，要建设基础研究—应用基础研究—中试放大的创新全链条布局，分别承担着重产生理论性、基础性、原创性研究成果，推动原始和基础科技成果的延伸性应用基础研究，促进科技成果放大转化的作用。要结合国家实验室和科创中心建设，整合优化科技资源配置和建设重大科技创新平台。

撰　稿　人：关武祥　中国科学院武汉病毒研究所

第八章　推动中药产业迈向高质量发展

中药产业在中医药事业发展中具有基础性地位，中药产业的高质量发展，对于推动中医药走向世界、健康中国建设，以及实现中华民族伟大复兴的中国梦，具有不可或缺的作用。

经过几十年的快速发展，我国中药产业已基本形成以科技创新为动力、中药农业为基础、中药工业为主体、中药装备工业为支撑、中药商业为枢纽的新型产业体系。近年来，我国中药产业发展模式逐渐从粗放型向质量效益型转变，产业技术标准化和规范化水平显著提高，涌现出了一批具有市场竞争力的优势企业和产品。在我国经济社会发展中，中药产业成为具有独特优势和广阔市场前景的战略性产业。

作为我国生物医药产业的重要组成部分，中药产业是具有独特优势的战略产业。我国医药产业经历多年的高速发展后，人民群众的基本医药产品和服务需求已经初步得到满足。而当医药产品和服务"有没有"不再是问题时，"好不好"就成了关键。当前，我国医药产业正逐渐从高速发展迈向高质量发展阶段，"品质提升、效率变革、创新驱动"成为未来医药产业三大发展主题。近年来，我国生物类新型药物迅速崛起；在一致性评价等工作的深入推进与创新药支持政策作用下，化学药的整体质量与创新能力大幅度提升。在医药行业全行业提质增效迈向高质量发展的大环境下，中药产业整体变革步伐相对缓慢，中药产业整体竞争力相对下降，中药产业发展势头相对弱势。

2020年中药工业全年营收6196亿元，较上年下降4.9%。2020年中药产业营收及利润业绩欠佳，全年利润744亿元，较上年下降1.5%。其中，中成药制造业2020年全年营收4414亿元，下降3%；全年利润619亿元，增长4.3%。2020年中药饮片加工业全年营收1782亿元，较上年下降8.6%；利润总额仅125亿元，大幅下降23.19%。

近年来，随着健康中国战略的深入推进，人民群众对健康、美好生活需求的提升，对于中医药也有了更高的期盼；中医药作为中国原创科技、文化与产业的交汇点，"一带一路"倡议对中医药"走出去"提出了更迫切的需求；新时期经济产业结构调整，创新、绿色、融合发展，更对中药产业提出了提质增效的要求。目前我国的中医药事业发展正处于能力提升推进期、健康服务拓展期、参与医改攻坚期和政策机制完善期。

这些新期盼、新需求、新要求，既是中医药发展的动力，也是中医药面临的压力。新时期，通过提质增效，以更好的中药产品和服务满足人民群众不断提升的需求，高质量发展成为中药产业的必由之路。

目前中药产业发展的短板和制约因素有：中药产业竞争逻辑不够清晰，中药产品的整体质量和竞争力有待提升，产业集约化程度不高，生产自动化、智能化程度不高，中药产品走向国际仍有阻碍。

未来一个时期，贯彻党中央、国务院对中医药工作的指示要求，落实中医药发展战略，从国家层面加强中药产业顶层设计，以新时代人民日益增长的多样化健康需求为导向，中药产业高质量发展战略可概括为："以强化产品竞争"为中心；从"提质增效""优化竞争"两大战略重点入手；朝向"有序发展、全面发展、高质量发展、国际化发展"四个发展方向。通过政策引导和项目扶持，协调领域和区域发展，以创新、融合、开放、提升为主线，以一批重大项目为抓手，着力提高中药产业发展质量和效益，优化中药产业链和产品链，推动形成集约化、多元化、国际化、高质量的发展态势。

"十四五"期间，中药产业竞争格局持续优化，产业规模保持稳定，逐步引导形成以"道地药材—优质饮片—高品质中成药"系列产品为竞争核心的中药产业体系，引领中药产业品质和竞争力的提升，推动一批满足当代人健康需求的高品质中药产品和品牌企业脱颖而出；中药自主创新能力显著增强，一批创新中药、改良型中药、经典名方等新产品获批，符合中医药特点"传承精华、守正创新"的业态趋势进一步明确；逐步建立多层次、体系化、动态演化的中药标准体系，大幅提高中药标准化水平；中药国际化取得显著进展，主导制定一批中药国际标准，推动一批中药产品进入海外市场，并形成一定的国际竞争力；促进中药产业绿色发展、加速自动化与智能化深入融合，打造一批中药智能制造基地；拓展中药大健康产品领域，培育中医药器械、装备产业。

一、动力变革，优化竞争，激发中药产业高质量发展动能

当前在医药产业全行业加速提质增效，迈向高质量发展的态势下，中药产业面临严峻的挑战。当前中药产业呈现"创新难有、改良不易、竞争无序、淘汰不力"的局面，优胜劣汰的竞争格局尚未清晰，新鲜血液进不来，行业营养跟不上；衰老细胞死得慢，反而可能形成"癌变"，进而污染行业环境。企业间竞争逻辑不清晰，行业、产业政策导向作用和演化方向不明确，导致产业发展动力不足。近年来，中药产业面临发展动力不足的严峻形势，甚至行业龙头企业都对企业竞争和经营方向感到困惑。动力、质量、效率、结构四大瓶颈制约了中药产业的高质量发展，中药企业的创新、创

造、竞争活力不足，尤其是产品间优胜劣汰的竞争逻辑不清晰，导致行业产业竞争力提升缓慢。

如何通过理念转变、政策调整，给中药企业技术创新、研发、改良提供充分的空间，以激发中药企业竞争活力，成为当前制约中药行业高质量发展的核心问题。必须牢固树立以产品竞争为中心、优胜劣汰的中药产业业态的政策取向。亟待通过动力变革、效率变革、质量变革来推动中药产业结构优化和提质增效，推进中药产业高质量发展。质量变革是主体，效率变革是主线，动力变革是基础，结构优化是关键。

综上，通过系列的药品审评审批、监管以及医保、医疗等系列变革，以中药创新品种研发为核心；以鼓励中药改良式创新、消除工艺不一致带来的系统性不确定风险，鼓励企业参与标准建设为补充，在招标采购中倡导优质优先，引导企业围绕产品质量竞争；以持续加强上市后中成药再评价及强制淘汰、加快淘汰落后中药企业为外部推力，加强中药说明书管理，促进合理用药。通过"内引外推"，强化以产品为中心的行业竞争格局，充分激发中药企业创新活力，引导企业真正成为创新主体，进而提升中药企业和产品的竞争力，激活高质量发展的微观基础，推动中药产业迈向高质量发展。

二、质量变革：以标准化引领中药产业提质增效

中药产业链长，影响因素众多，受中药材种植养殖生产方式、生态环境、产业结构、监管体系等因素影响，当前中药质量安全状况不容乐观。新时期，人民群众对高品质中医药产品和服务需求的提升，这对中药质量提出了更高的要求，需要中药质量保障技术提供更有力的支撑；同时，随着中药材供给来源由野生逐渐变为人工种植养殖为主，部分中药材的外观性状及内在品质均出现了明显的变化；随着中药生产组织模式的变革，中药材种植养殖技术、采收加工等环节发生了一系列变化，随之而来出现了一系列新的质量问题。近年来，中药质量形势日益严峻，中药质量问题已经成为攸关中医药未来前途命运的关键瓶颈问题。中共中央、国务院《关于促进中医药传承创新发展的意见》提出：大力推动中药质量提升和产业高质量发展，加强中药材质量控制，促进中药饮片和中成药质量提升，加强中药质量安全监管。通过质量竞争，向质量要效益，全面推动中药产业质量变革，推动中药产业高质量发展，以高品质中药产品更好地满足人民群众的健康需求。

《"十四五"生物经济发展规划》聚焦中药品质提升，突破优质中药材种植养殖关键技术，促进中药传统炮制技术与现代生产工艺融合，阐释中成药临床精准定位与价值，构建从田间到病床的中药全产业链质量追溯体系；完善中药标准物质库及质量信息平台，加强中药工业数字装备制造，实现中药质量提升，人民群众安心用中药的目标。

　　《"十四五"生物经济发展规划》以标准化推动中药质量提升，立足中药自身特点以及中医药学科、中药产业的发展规律，围绕中药产业链上中药材、中药饮片、中成药三个产业形态，基于信息化、标准化，生产规范化、智能化，以及产品质量安全风险控制等关键技术环节系统布局任务，建设中药质量信息化体系、中药智能化生产体系、质量安全风险管控体系等，变革中药标准理念与监管策略，推进中医药信息化基础平台建设、中药质量控制技术及标准化、中药材源头保障及过程管控、中药风险评估与管控工作，全面提升中药质量。

撰 稿 人：杨洪军　中国中医科学院
　　　　　　李　耿　中国医学科学院　北京协和医学院药用植物研究所

第二篇

生物经济发展进展

第九章 《"十四五"生物经济发展规划》实施情况及核心产业发展形势分析

经国务院批复同意，国家发展改革委印发《"十四五"生物经济发展规划》（以下简称《规划》），并于2022年5月对社会发布，这是我国出台的首部生物经济五年规划。《规划》对"十四五"时期我国生物经济发展作了全面部署，明确了发展目标和重点任务。各地区、各部门以实施《规划》为抓手，系统推进我国生物经济发展，有力支撑我国经济社会高质量发展。

一、《规划》实施情况

（一）强化创新在生物经济发展中的作用

持续夯实生物技术基础研究，组织实施科技创新2030—"脑科学与类脑研究"重大项目以及"干细胞研究与器官修复"等十余个重点专项，脑植入式神经电极、重编程多功能干细胞等方面取得重要进展。重大创新平台载体建设有序推进，昌平、广州、临港3家国家实验室科研工作稳步开展，加快推进国家临床医学研究中心建设。核心技术攻坚战取得积极进展，在生物医药、生物农业、生物制造、生物安全等领域组织实施专项攻关，成功研发出具备完全自主知识产权的世界首台人体全身5T磁共振成像系统以及国内首套可供临床应用的质子治疗系统，建成全球第一条成功运行的万吨级生物基戊二胺及尼龙生产线。企业创新主体地位进一步强化，印发《企业技术创新能力提升行动方案（2022—2023年）》，提出建立企业常态化参与国家科技创新决策的机制等10项重点举措，增强企业创新能力。积极引导创新资源向京津冀、长三角、粤港澳大湾区集聚发展，支持三大综合性国家技术创新中心集聚生命健康领域创新资源，在成都天府国际生物城推进"新药创新成果转移转化试点示范项目"。生物技术支撑疫情防控取得显著成效，新冠病毒疫苗研发处于全球第一方阵，药物研发取得突破，截至2022年12月20日，国家药品监督管理局已附条件批准新冠病毒疫苗5个，另有8个新冠病毒疫苗经有关部门论证同意后纳入紧急使用；批准治疗药物 11 个、各类检测试剂 128 个。

（二）推动生物经济支柱产业高质量发展

推进医疗健康产业提质发展。《"十四五"医药工业发展规划》《"十四五"中医药发展规划》加快实施部署。鼓励药物创新的审评审批制度不断完善，临床试验技术标准进一步得到明确，有利于科学引导企业合理开展药物研发。国家药品集中带量采购（集采）扩大实施范围，地方层面集采品种覆盖面更宽，中成药、生物制品和一些独家产品分别纳入了集采范围。国家医保药品目录持续调整，医保"双通道"政策持续细化。推进生物农业稳步发展。深入实施《种业振兴行动方案》，建立种业振兴行动部门工作协调机制，出台《国家育种联合攻关总体方案》，确定了国家重要特色物种育种联合攻关名录。同时，大力扶持国家种业阵型企业发展，打造种业振兴骨干力量。培育出"东生"系列大豆等新品种，研发出具有自主知识产权的高效青贮菌剂产品，推动精准多靶标生物农药、木本植物饲料等新型饲料、生物兽药、植物免疫激活剂创制，有效提高农业生产效率。在内蒙古、云南 8.3 万亩农户大田开展转基因玉米大豆产业化应用试点，转基因玉米大豆产业化应用试点范围进一步扩大。推动生物能源与生物环保产业加快发展。支持生物燃料乙醇生产企业向非粮化转型，推进黑龙江省海伦市 3 万 t/a 纤维素燃料乙醇示范项目实现规模化工业试生产。推进秸秆等农业废弃物能源化利用，推动生物质发电有序健康发展，对纳入 2021 年中央补贴范围的生物质发电竞争性配置项目给予补贴。实现地膜污染阻控与高效回收利用，有效治理农田"白色污染"，实现生物基丁二酸产业化"零的突破"，有力推动我国生物基可降解材料产业的发展。推进生物信息产业高质量发展。组织实施"生物与信息融合（BT 与 IT 融合）"重点专项。中科院在新冠药物研发过程中，发展了基于大数据及人工智能的药物设计及发现技术，形成 156 万核并行的药物虚拟筛选技术，一天内可筛选超过 4000 万化合物。出台《药品网络销售监督管理办法》和《互联网诊疗监管细则（试行）》，进一步规范药品网络销售和互联网诊疗活动。

（三）统筹推进生物资源保护利用

加大生物资源保护力度。进一步健全生物资源监管制度，出台《关于加强水生生物资源养护的指导意见》，加强水生生物资源养护与合理利用，建立特殊物品出入境卫生检疫审批与分析系统和"异宠"等外来物种监测网络。开展生物资源全面普查，完成农作物和畜禽种质资源面上普查，推进饲草种质资源普查。发布《中国生物物种名录》（2022 版），共收录物种及种下单元 138 293 个，并且我国是唯一一个每年发布生物物种名录的国家。着力夯实生物资源保护技术基础，建立种质资源精准鉴定方法标准和队伍体系，开展水稻、玉米、大豆等粮油作物种质资源精准鉴定，完成我国全部709个地方畜禽品种精准鉴定遗传材料，加快构建畜禽品种分子身份证。推进生物资源综合开发利用。高水平建设生物资源利用平台，布局建设国家基因组科学数据中心、国家微生物科学数据中心和国家人口健康科学数据中心等3个国家科学数据中心。全面实施秸秆综合利用行动，推进建设300个秸秆综合利用重点县、600个秸秆综合利用展示基地。大力推进餐桌剩余食物饲料化工作，全年累计收集适宜饲料化利用的餐桌剩余食物1.45万t，生产饲料化产品7.5万t。强化生物资源安全管理。组织开展2022年度人类遗传资源调查，人类遗传资源目录编制，人类遗传资源信息备份备案和出境网络监控一体化平台上线运行。

（四）加强生物安全保障体系建设

完善国家生物安全保障体系。健全国家生物安全法律法规和制度体系，中共中央办公厅、国务院办公厅印发《关于加强科技伦理治理的意见》，农业农村部等四部门联合出台《外来入侵物种管理办法》，科技部研究起草了《人类遗传资源管理条例实施细则（征求意见稿）》。加强战略性谋划，组织开展《国家中长期生物安全科技发展规划》编制。推进集约化建设生物安全基础设施。有序推进高等级生物安全实验室建设，布局建设31个国家生物种质与实验材料资源库，国家作物种质资源库投入试运行，成为全球单体量最大、保存能力最强的国家级种质库。提升应对新冠病毒感染等公共事件应急物资保障能力。国家优化疫情防控政策后，迅速出台《关于迅速增产扩能全力做好重点解热镇痛药品生产供应的通知》，建立重点保供企业白名单，实行药品生产情况日调度机制，持续提升重点医疗物资生产供应能力，全力保障疫情防控需求。加强对各类生物安全风险的监管。加强农作物重大病虫监测，建立健全农作物病虫监测网络，强化重大病虫统防统治，累计水稻、玉米、小麦重大病虫害防治面积11.4亿亩次。出台《外来入侵物种管理办法》，健全特殊物品出入境监管制度，实施分类监管，加强对高致病性病原微生物的入境管控，开展"国门绿盾2022"行动和"跨境电商寄递'异宠'综合治理"专项行动，严厉打击非法引入外来物种行为。提升各类疫情应急处置能力。落实中央疾控体系改革方案，加强疾控人员队伍建设，加大公共卫生人才培养力度。持续做好新冠疫情防控，根据国家疫情防控政策优化调整有关部署，做好医疗救治及药品供应。持续关注全球猴痘疫情的发展，发布《猴痘诊疗指南（2022年版）》。

（五）持续完善生物领域政策环境

积极完善市场准入政策。优化药品、医疗器械审评审批机制，实行临床急需、罕见病用药等优先审评审批，进一步压缩药品审评审批时限。制定《中药注册管理专门规定》，深化中药审评审批制度改革。落实新修订的《医疗器械监督管理条例》，全面推进医疗器械注册人制度。粤港澳大湾区"港澳药械通"试点深入推进，广东省发布"港澳药械通"第二批指定医疗机构名单，新增14家医疗机构，加上第一批的5家，合计达19家。推进海南博鳌乐城国际医疗旅游先行区临床真实世界数据应用试点，目前已有10个药品纳入试点。加强知识产权保护。开展专利导航工程支撑服务机构建设，遴选26家国际级专利导航工程支撑服务机构，以专利导航优势资源服务生物相关产业发展，出台《药品专利纠纷早期解决机制实施办法（试行）》，建立药品专利纠纷早期解决机制，支持建设天津合成生物产业知识产权运营中心。加大金融支持力度。2022年前三季度投向农林渔牧、生态保护、生态修复等生态环境产业的信贷余额达1.98万亿元，较年初增幅达37.5%。加大生物企业在资本市场上市支持力度，2022年1月1日至11月中旬，共有46家生物企业在主板、科创板、创业板首发上市，融资金额达739亿元，共有34家生物医药上市公司实施再融资，融资金额达498亿元。加大人才培养力度。深入实施基础学科拔尖学生培养计划2.0，支持天津中医药大学、江苏大学等10所高校增设本科预防医学专业，推动北京大学、清华大学等18所高校建设具有中国特色、世界一流水平的公共卫生学院。加强学科交叉融合，2022年批准北京大学增列整合生命科学一级交叉学科博士点。加强生物技术科普宣传。发挥学校科教资源丰富、科研实验设施完善的优势，加强各阶段学生的科学教育。推进生物技术等领域科技资源科普化，指导高校依托重大科技平台集中面向社会开放，提升生物技术科普质量。在2022年全国科技活动周期间聚焦"双碳"、生物多样性保护等国家重大战略开展主题宣传。

二、生物经济核心产业发展形势——以生物医药为例

2022年以来，《规划》范畴中的生物医药、生物医学工程、生物农业、生物制造、生物能源、生物环保、生物技术服务等战略性新兴产业均呈现良好发展态势。特别是医疗器械行业营业收入增速达12%左右；粮食产量13 731亿斤[①]、增产74亿斤，再创历史新高；生物质发电装机容量超过4060万kW，连续多年位居世界首位。但位列生物经济之首、面向人民生命健康的生物医药，在复杂多变的国际环境和新冠疫情等因素冲击下，高速增长发展态势难以为继，总体呈现下降趋势，发展后劲略显不足，值得高度关注。

（一）主要经济指标短期不及预期，中长期基本保持稳定

2022年医药工业规模以上企业实现营业收入33 633.7亿元，同比增长0.5%；实现

---

① 1斤=0.5kg。

利润5153.6亿元，同比下降26.3%。以上2项增速指标分别低于全国工业整体增速5.4、22.3个百分点。全年医药工业规模以上企业实现出口交货值4037.8亿元（不含制药装备），同比下降15%，医药健康产品出口额1295.5亿美元（中国医保商会口径），同比下降13.7%。其主要原因是新冠病毒疫苗国内外市场需求大幅波动，整个生物医药经济指标短期疲软。剔除疫苗制造业看，其余子行业的营业收入、利润合计分别同比增长7.1%和1.3%。化学原料药、医疗器械、卫生材料及医药用品、制药专用设备等子行业均实现了较高速增长，成为医药工业营业收入保持正增长的重要拉动力量。此外，国家和地方药品集中带量采购深入实施，中药材原材料价格上涨等因素也是导致行业整体利润率下降的重要原因。但拉长时间线看，2020—2022年三年来，医药工业规模以上企业营业收入和利润的复合增长率分别为8.8%和14.2%，依然处于中高速增长区间。

（二）研发投入继续保持高强度，在研新药管线不断丰富

目前根据2022年三季报披露情况，A股医药上市公司研发费用总额同比增长24.4%，15家医药上市公司研发投入超10亿元。2022年国内企业首次申请新药（临床试验申请，IND）品种数量达518个，23个创新药提交上市申请（新药申请，NDA），继续保持了较高的产出。2022年共有24款国产新药获批上市，其中常规获批的有17款（表9-1），附条件上市或紧急使用的新冠防治药品7款。相较2021年44款国产新药，获批数量有所减少。从产品类型看，17个常规获批品种包括6个化学药、4个生物药和7个中药。从治疗领域看，产品适应证覆盖肿瘤、免疫类疾病、病毒感染等诸多领域。其中，生物药新药卡度尼利单抗注射液（PD-1/CTLA-4双抗）是首个国产双功能抗体，化学药多格列艾汀片是全球首个葡萄糖激酶激活剂（GKA），中药新药淫羊藿素软胶囊是中药现代化的重磅创新成果。

表9-1　2022年获批上市的国产新药

序号	名称	产品类型	公司	适应证
1	淫羊藿素软胶囊	中药1.2类	珅诺基医药	肿瘤
2	奥木替韦单抗注射液	生物药	华北制药	狂犬病毒感染
3	斯鲁利单抗注射液	生物药	复宏汉霖	肿瘤
4	替戈拉生片	化学药	罗欣药业	反流性食管炎
5	瑞维鲁胺片	化学药	恒瑞医药	肿瘤
6	卡度尼利单抗注射液	生物药	康方药业	肿瘤
7	普特利单抗注射液	生物药	乐普生物	肿瘤

续表

序号	名称	产品类型	公司	适应证
8	广金钱草总黄酮胶囊	中药 1.2 类	人福医药	输尿管结石
9	多格列艾汀片	化学药	华领医药	2 型糖尿病
10	散寒化湿颗粒	中药 3.2 类	康缘药业	化湿解毒
11	盐酸托鲁地文拉法辛缓释片	化学药	绿叶制药	抑郁症
12	林普利塞片	化学药	璎黎药业	肿瘤
13	甲苯磺酰胺注射液	化学药	红日药业	肿瘤
14	黄蜀葵花总黄酮提取物 / 口腔贴片	中药 1.2 类	康恩贝	口腔溃疡
15	苓桂术甘颗粒	中药 3.1 类	康缘药业	健脾利湿
16	芪胶调经颗粒	中药 6.1 类	安邦制药	气血两虚证
17	参葛补肾胶囊	中药 1.1 类	华春生物	抑郁症

（三）补链强链工作深入推进，"卡脖子"情况得到一定改善

2022年经济全球化遭遇逆流，疫情导致部分进口产品断供或延迟供应。在此背景下，各子行业加快向产业链上游延伸，针对短板弱项，重点补链强链。生物药产业链上游的培养基、层析填料等设备耗材市场规模快速增长，国内企业加大国产设备耗材使用，带动上游供应链通过研发创新实现产业升级，相关高端配套产品发展取得积极进展。例如，无血清培养基广泛应用于抗体/重组蛋白药物、疫苗、细胞及基因治疗药物的生产环节，主要国内生产企业奥浦迈、澳斯康、培源生物等已占据一定份额，在配方开发水平、产品质量控制、规模生产及批间一致性等方面达到进口产品水平。药品包装和药用辅料行业快速发展，企业综合实力水平稳步提升，吹灌封一体化装备和制造技术得到广泛应用，硼硅玻璃管等产品质量和产能提升，预灌充注射器等先进包装实现规模化生产销售。新型药用辅料领域国内企业产品附加值不断提高，口服缓控释制剂、复杂注射剂、吸入制剂用辅料均有企业在国家药品监督管理局药品审评中心（CDE）完成登记。制药设备、生物试剂、药品分析检测仪器等领域产品质量稳定性和市场占有率也逐步提升。

（四）创新药跨境授权合作显著增多，国产药品出海再创佳绩

据公开资料，2022年我国医药企业跨境交易项目以创新药、技术平台为主，许可引进（license in）项目约80个，交易总金额约57亿美元。对外授权（license out）项目

数量约47个，交易总金额约270亿美元。科伦药业与默沙东的95亿美元交易高居2022年全球医药行业合作授权交易榜首，康方生物与Summit的交易创出首付款历史新高。传奇生物和杨森公司合作开发的靶向B细胞成熟抗原（BCMA）的嵌合抗原受体T细胞免疫治疗（CAR-T）西达基奥仑赛在美国获批上市，成为国内企业主导开发的第二个在美国上市的新药品种，并在欧盟批准附条件上市。2023年1月绿叶制药自主研发的利培酮缓释微球注射剂获得美国食品药品监督管理局（FDA）批准上市，是首个根据505b2条款在美国获批上市的中枢神经系统新药。仿制药出海产品技术水平提升，2022年共有18家企业获得美国FDA的73件ANDA（美国简略新药申请，即美国仿制药申请）批文（62个品种），其中注射剂及高技术壁垒制剂产品明显增多，占比超过总量的一半。获得ANDA批文数量前三位的企业分别是华海药业（18个），复星医药（12个），健友股份（10个），3家合计占比超过总量的一半。

（五）投融资市场趋于理性，投资信心有所回暖

受资本市场环境变化、医药行业政策调整、创新药赛道竞争白热化等因素影响，A股和港股医药板块估值下调，医药企业IPO节奏放缓。2022年医药工业领域（含医疗器械）共有55家企业在A股、港股上市，总计募集资金超700亿元。科创板成为企业上市主阵地，共22家企业上市，募资金额超400亿元，6家企业通过"18A"规则在香港上市。二级市场的变化已经传导到一级市场，医药领域VC/PE（私募及创投）热度下降，投资方趋于谨慎和理性。据不完全统计，2022年前三季度，生物医药领域（含医疗器械）共完成VC/PE投融资项目约700起，累计金额约620亿元。四季度由于资金及资本市场活跃度上升及全球重磅交易给市场带来信心，医药领域投融资活动快速回暖，部分企业的估值趋于合理水平，更多优质企业得到市场关注。2022年12月国内生物医药领域发生投融资事件37起，环比增加32.14%；投融资金额6.91亿美元，环比增长17.72%。

（六）企业发展分化严重，创新已成为企业生存发展唯一出路

随着行业政策不断调整、市场竞争加剧、要素成本升高，企业经营和发展分化严重，部分企业保持了快速增长，但总体上经营困难的企业增多，企业亏损面进一步扩大。2022年规模以上医药工业企业中，亏损企业占到20.1%，亏损面较上年增长1.2个百分点，亏损额同比增长18.5%。有关上市公司三季报显示，部分企业营业收入或利润出现"双下降"，但研发投入强度在10%以上的企业越来越多，研发布局较早的药企陆续有创新产品上市放量，创新药贡献的收入占比不断扩大，代表性的大型药企创新

药收入贡献占比接近40%。恒瑞医药坚持创新驱动转型，已进入新一轮产品上市周期。康缘药业加快中药传承创新，连续获批中药创新药。新兴企业快速发展，成为推动行业增长的重要力量。在医保政策的助力下，信达生物、百济神州等创新药企业不断扩大新药销售规模。CXO（医药合同外包服务）产业成为医药工业的新生力量，药明康德、康龙化成、泰格医药位列全球CRO企业营业收入排名前列，凯莱英、博腾股份、九洲药业等为代表的CDMO（合同研发生产组织）企业销售快速增长。受益于行业研发投入和固定资产投资加大，药品上游供应链催生了一批以国产替代为特征的专精特新企业。

三、工作展望

　　2023年是全面贯彻落实党的二十大精神的开局之年，也是实施《"十四五"生物经济发展规划》承上启下的关键一年。从国际看，随着各国逐渐放宽新冠疫情防控措施，防疫类产品需求将持续减弱，医药出口将恢复至疫情前水平。美国生物技术和生物制造行政命令的潜在风险和长期影响不容忽视，需要密切关注政策演变并积极应对。有利的方面是国际间人员往来不再受到疫情防控措施限制，出国交流、抢夺订单为出口贸易带来活力，之前受到冲击的供应链也趋于稳定。从国内看，随着疫情防控形势发生变化，前期受到抑制的需求将逐步释放。国家将出台一系列稳定经济增长的政策措施，例如医疗新基建政策，对医院更新改造医疗设备给予财政贴息贷款支持，带动千亿需求。全面实行股票发行注册制改革，有利于生物经济企业融资。

　　为此，要坚持以习近平新时代中国特色社会主义思想为指导，全面贯彻落实党的二十大精神和中央经济工作会议部署，坚持稳中求进工作总基调，完整、准确、全面贯彻新发展理念，加快构建新发展格局，着力推动高质量发展，紧紧围绕《规划》确定的生物经济发展目标，聚焦"医""食""美""安"等重点发展领域和生物经济科技创新、产业发展、生物资源保护利用、生物安全保障、政策环境优化等重点任务，真抓实干、狠抓落实，推动生物经济发展迈上新台阶。

　　一是进一步夯实生物经济创新基础。持续推进国家重大科技项目和研发计划，打好关键核心技术攻坚战。推进生物经济创新载体平台建设，全力支持企业创新发展，发展壮大新型创新力量。推动国家生物产业基地高质量发展。

　　二是培育壮大生物经济重点领域方向。持续推动医疗健康产业发展，加大对高端医疗器械和药品研发支持力度。持续推动生物农业产业发展，深入实施国家育种联合攻关。持续推动生物能源和生物环保产业发展，进一步提升产业规模和竞争力。持续推动生物信息产业发展，组织实施"生物与信息融合（BT与IT融合）"重点专项。

　　三是抓好生物资源保护利用重点工作。健全生物资源监管制度，积极开展生物资源全面普查，进一步夯实生物资源保护技术基础。强化生物资源利用平台建设，推进生物资源综合应用。

四是提升生物安全保障能力水平。健全完善生物安全保障体系，推进集约化建设生物安全基础设施，加强对各类生物安全风险监管，强化生物安全风险防控科技支撑。进一步健全重大新发突发传染病防控机制，完善各类疫情监测预警防控体系。

五是持续优化生物经济配套政策。加大对生物经济发展政策的支持力度，完善市场准入政策，加强对知识产权的保护。加强金融支撑服务和人才梯队建设，强化对生物经济高质量发展的要素支持。

撰 稿 人： 刘中全　国家发展和改革委员会创新驱动发展中心
　　　　　林良均　国家发展和改革委员会创新驱动发展中心
　　　　　谢亚楠　国家发展和改革委员会创新驱动发展中心
　　　　　韩　祺　国家发展和改革委员会产业经济与技术经济研究所
　　　　　王学恭　中国医药企业管理协会
通讯作者： 刘中全　liuzquan1921@163.com

第十章　推进全球生物经济发展

一、什么是生物经济

　　生物经济是指利用来自陆地、海洋和空气的可再生生物资源（如作物、森林、鱼类、禽畜和微生物）生产食品、药品、材料、加工品、纺织品和能源的经济活动。生物经济在制造和向消费者提供这些产品的过程中运用了生物过程和原理，包括为实现循环利用而进行的各种设计。现在还出现了将空气中的碳通过微生物直接引入生物过程以替代或创造产品的新技术[1]，有望进一步替代对农业生物质的利用。以上这些进展大幅降低了（并可能最终消除）人类对石化产品和过程的依赖程度。然而，对生物经济的定义和用法，在世界不同地区和不同经济战略之间仍存在差异[2]（表10-1）。

表10-1　提出生物经济战略或政策的实体及其对生物经济的描述示例

实体	年份	定义	关注点
全球性示例			
经济合作与发展组织（Organization for Economic Co-operation and Development，OECD）	2005、2009	生物经济描述了"一个更具韧性的、基于生物的经济体，它不易受到不可控的全球事件的影响，将工业增长与环境恶化脱钩，并利用生命科学知识实现社会对更健康和更可持续未来的期望"。生物经济涉及一系列与发明、开发、生产和使用生物产品与过程相关的经济活动，有助于提升健康水平、提高农业和工业过程的生产效率以及增强环境可持续性	生物技术
联合国粮食和农业组织（Food and Agriculture Organization of the United Nations，FAO）	2015	"基于知识的生物资源、过程和方法的生产与使用，以可持续方式为所有经济领域提供商品和服务"	生物质
全球生物经济国际咨询委员会（International Advisory Council on Global Bioeconomy，IACGB）	2015	"基于知识的生物资源、生物过程和原理的生产与利用，以可持续方式为所有经济领域提供商品和服务"	生物质、生物技术、生物制造

续表

实体	年份	定义	关注点
世界经济论坛（World Economic Forum，WEF）	2021	"生物经济或生物技术中由研究和创新推动的经济部分，已经占据了全球经济总产值的很大比例，并有望在未来几十年内实现显著增长。历史上，以生物医学和农业领域为主导，而现在生物技术正被广泛应用于多个学科领域。"	生物技术
国际可再生能源机构（International Renewable Energy Agency，IRENA）生物未来平台	2016	"在现代可持续生物经济的愿景中，未来的生物炼制将能够将废弃物转化为燃料、电力、化学品和医药原料——类似于今天的石化加工炼制，但规模更小、更绿色、更可持续。"	生物技术、生物制造
联合国环境规划署（United Nations Environment Programme，UNEP）	2018	"生物经济可被视为绿色经济中以生物质为基础的部门，而循环经济则关注的是绿色经济中更多以非生物质为基础的部门，如工业和制造业等领域。"联合国环境规划署将绿色经济定义为"在显著降低环境风险和生态稀缺的同时，改善人类福祉和社会公平的经济"。简而言之，绿色经济可以被认为是低碳、资源高效和社会包容的经济	生物质、环境
世界生物经济论坛（World BioEconomy Forum，WCBEF）	2018	我们正在寻求机会，以生物基应用取代以化石为基础的、不可再生的社会。 气候变化是真实发生的。我们始终致力于减缓气候变化。 我们优先选择使用生物基原料来生产材料和增值化学品。 可持续和循环经济是生物经济的重要组成部分。 综合立体式的原料使用方式以及富有责任心的创新将会拯救我们的地球。 没有一种通用的生物经济模式，但我们尊重基于可持续使用且适应本地化需求的生物经济	生物技术、生物质、生物制造
联合国工业发展组织（United Nations Industrial Development Organization，UNIDO）	2022	生物经济的目标是充分发挥各种可持续来源生物质的全部潜力，包括残留生物质（如农作物残留物、工业副产物和食品废弃物）以及有机城市垃圾，并将其转化为具有附加值的产品	生物质、生物制造
区域性示例			
欧盟（European Union，EU）	2016	"生产可再生生物资源并将这些资源和废物转化为具有附加值的产品，如食品、饲料、生物基产品和生物能源。"	生物技术、生物质、环境、生物制造

续表

实体	年份	定义	关注点
东南亚国家联盟（Association of Southeast Asian Nations，ASEAN）	2022	生物经济还包括食品、农业、制药、水产养殖生物质、电力生产以及工业生物技术产品，如生物塑料和酶。 涵盖广泛的经济活动，包括生物质（生物资源）和生物技术（生物工程）利用的商品生产和贸易	生物技术、生物制造
泛美农业合作协会（Inter-American Institute for Cooperation on Agriculture，IICA）	2018	生物经济是生物资源、过程、技术和原理的知识密集型应用，以在经济的所有部门可持续地提供商品和服务	生物质
亚太经济合作组织（Asia-Pacific Economic Cooperation，APEC）	2022	同东盟	
东非		"可持续的经济增长和就业创造，利用该地区的生物资源开发食用品、营养品、保健品、生物基工业产品和生物能源领域的产品，同时有助于改善环境和减缓气候变化。" "生物经济"这个术语在该地区被广泛理解为利用科学知识以可持续的方式为生物资源增加社会和经济价值	生物质、环境、生物制造
国家和国家以下一级的示例			
澳大利亚昆士兰州	2022	生物经济对政府和企业而言是一种新兴模式，更注重可持续利用可再生生物资源生产食品、能源和工业产品	生物技术、生物制造
日本	2019	"特别关注生物技术发展，通常与人工智能或技术应用相结合，涵盖从植物育种到再生医学的广泛领域。重视可持续利用生物质资源和实现持续循环利用，打造国际化的数据、人员和资源网络，旨在推动开放创新，并将生物技术与数字技术相融合。"	生物技术、生物制造
美国		"经济体系中基于生物资源（如植物和微生物）衍生的产品、服务和过程的份额。生物经济是跨领域的，涵盖多个部门（如农业、纺织、化工和能源）。"	生物技术、生物制造
中国	2022	一种关注保护和利用生物资源的模式，并深度整合医学、医疗保健、农业、林业、能源、环境保护、材料等各个领域	生物质、环境、生物技术

续表

实体	年份	定义	关注点
芬兰	2019	生物经济是指依赖可再生、生物性天然资源以资源高效方式生产食品、能源、产品和服务的经济。它包括生态系统服务、可持续生物质资源以及相关技术的开发和生产	生物质、生物技术
	2022	生物经济基于可持续的方式利用可再生自然材料进行生产，并推动相关创新和技术的部署	
德国	2020	在面向未来的经济框架下，生物经济是指生产、开发和利用生物资源、过程和系统，并以跨经济部门的方式为人们提供产品、过程和服务的活动	生物技术、生物质
南非		"生物经济是基于生物资源、材料和过程的生物创新活动，以实现可持续的经济、社会和环境发展。"	生物质
泰国	2022	生物经济涉及生产可再生生物资源并将这些资源转化为增值产品	生物质
加拿大	2022	涉及发明、开发、生产和使用生物基产品、生物生产过程和/或生物技术知识产权的经济活动	生物质、生物技术
瑞典隆德大学		生物经济可定义为一种经济体系，其中材料、化学品和能源的基本构成模块来源于可再生生物资源	生物质、生物制造
全球生物经济联盟[1]	2022	生物经济是一个全球性的议题，只有将地球上各个地方的生物工业和社会的所有农业、技术和社会因素结合起来，才能实现生物经济	生物质
欧洲生物经济大学[2]	2022	生物经济涵盖了所有依赖生物资源（包括动物、植物、微生物及其衍生的生物质，包括有机废物）以及其功能和原理的各个部门与系统。生物经济建立在不同经济部门、学科以及政府、行政、工业和社会利益相关者之间相互促进和相互理解的基础上	生物质、环境

1）以慕尼黑工业大学（德国）、昆士兰大学（澳大利亚）和圣保罗大学（巴西）为核心的致力于生物经济研究的大学联盟网；2）由巴黎高科农业学院（法国）、东芬兰大学（芬兰）、博洛尼亚大学（意大利）、霍恩海姆大学（德国）、维也纳自然资源与生命科学大学（奥地利）和瓦格宁根大学（荷兰）六所领先的欧洲大学组成的联盟，致力于推动欧洲知识型生物经济的发展

　　工业革命的发展源于对地球（尤其是地下）资源和机械化生产新技术的大量使用[3]。伴随着农村人口向城市迁移和全球大城市的发展[4]，全球贸易因聚集效应而取得发展且变得越来越高效[5]。然而，随着过去对固定在地球内部的化石碳资源使用的增加，大气中含碳气体不断增加，导致了全球变暖，进而引发了所谓的"全球气候变化"效应。

　　在全球气候变化早期的科学预警和新技术不断发展的背景下，欧盟在21世纪初基于对生物技术及其应用的战略考虑，提出了基于知识的生物经济（knowledge-based bio-economy，KBBE）[6]，而这也在2012年演变为欧盟的生物经济战略。其他经济体也紧跟趋势进行变革，并最终形成了自己的生物经济战略和政策。2002年，加拿大制定了早期的环境问题框架。2004年，经济合作与发展组织基于对过去、现在和未来生物技术的考量，首次对生物经济进行了正式定义[7]，即"使用可再生资源、高效生物过程和生态型产业集群来创造可持续的生物基产品、就业机会和收入"。随后，经济合作与发展组织发布了题为《2030年生物经济：制定政策议程》的报告，旨在促进发展生物经济和缓解气候变化[8, 9]。正如Patermann和Aguilar[6]所概述的，这些文件引入了生物技术和生物经济的新概念，包括需要在各个领域高度协调和整合的政策。德国在2010年发布了《国家研究战略：生物经济2030》，并随后在2013年发布了《国家生物经济政策战略》。直至2016年，这些政策为德国生物经济研究提供了24亿欧元的资金资助。因此，德国也成为最早发布专门生物经济战略的国家之一[10]。

　　在接下来的时期，整个欧洲在借鉴工业生物技术理念的基础上，确定了生物经济的关键特征，即可再生、碳友好、内循环和功能先进[11]。近年来，生物经济的更广泛定义被提出，即"生产、使用、保护和再生生物资源，以在所有经济部门内外提供可持续的解决方案（包括信息、产品、过程和服务）"[12]。这种对生物经济的看法强调了其跨部门特征，包括所有旨在为以可持续和协调的方式使用可再生生物资源所付出的努力。只有在全球范围内制定了大量的生物经济战略和倡议之后，政策整合和部门融合才开始形成[10, 12-18]。

　　在平行思维①和本地化偏好的影响下，生物经济还被塑造成绿色经济、循环经济和可持续经济以及其他描述，这些描述还包括清洁技术和物联网等促进生物经济发展的新技术（图10-1）。

---

　　① 平行思维是由爱德华·德博诺（Edward de Bono）提出的一种思维技巧，鼓励个体同时考虑特定主题或问题的多个角度或观点。

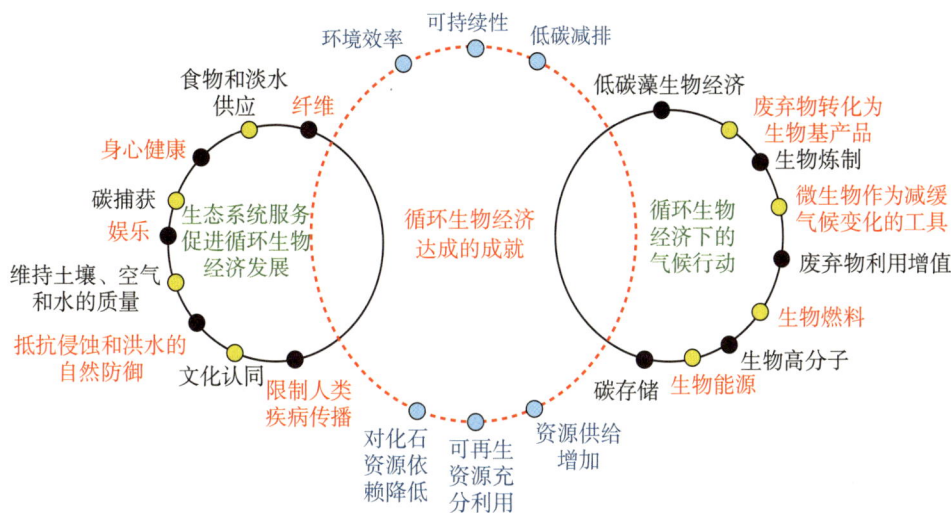

图10-1　循环生物经济[16]

二、创建生物经济的关注点

近年来，许多作者对生物经济进行了综述或评论[19-23]。关于这个主题的文献迅速增多，通常集中在对本地化的差异和相似性的分析。Bugge等[19]评估了2005年至2014年间评论生物经济的453篇科学文献（从2005年的不到20篇发表量到2014年的超过100篇），并选择了其中65篇进行了深入分析。而当时还没有期刊被定位为核心生物经济期刊。他们还指出，大多数论文的作者来自美国、加拿大或欧洲的高等研究机构或研究所，主要涉及生物技术和微生物学、能源与燃料以及环境科学。他们得出的结论是，人们对于生物经济的关注点还没有达成共识，而且当时的生物经济体是分散化的。

以上研究确定了生物经济的三个关键关注点：①生物技术愿景，关注生物技术在各个行业的应用和发展；②生物资源愿景，关注生物原料的加工和增值以及新的价值链，同样涵盖了各个行业；③生物生态愿景，关注可持续性和生态过程，包括能源和营养品的优化、生物多样性以及避免土壤退化和单一栽培。这三个愿景并不相互排斥，理想情况下应将它们结合成一个更为全面的全球生物经济愿景，可以定义为"探索和利用生物资源"。

在后来的一项元分析中发现[22]，在68篇科学出版物中，2013年的3篇手稿在2021年扩展到46篇（2022年上半年为37篇）。以上这些出版物是从2013年至2022年间关于生物经济主题的共897篇中严格筛选出来的。元分析得到的结论是：生物经济缺乏共同的关注点，其中每个策略都有自己的优先领域。大多数出版物的作者来自欧洲，还有一小部分来自美国、澳大利亚、亚洲和非洲。生物技术和德国分别在主题和作者身份方面占主导地位。元分析的另一个结论是：中国的生物经济商业模式导致了孤立的/区域性生产者被排除在外，而当前的能源形势表明生物经济战略在解决问题方面的弱点——治理和政治上未能有效跟进形势发展。

2022年底，Durr和Sili[20]对生物经济的文献进行了挖掘，并评估了阿根廷生物经济的最佳关注点。他们指出，生物经济在政治辩论中是一个激烈争议的领域，有两个主要路径可供选择：①强烈关注生物技术的OECD路径；②更注重生物质的欧盟路径。欧盟路径包含了更多的农业生态愿景，强调了将科学、政治、商业和民间的不同利益相关者纳入其中。他们得出的结论是，阿根廷未来更适宜采用更具本地驱动的、分布式生产的生物经济。最近，Puder和Tittor[15]评论说，阿根廷和马来西亚都将其生物经济战略视为升级其农业价值链上的工业加工和在本地创建新的产业分支的重要途径，因为这将促使在出口前对国内生物质进行更多的加工和增值。他们的结论是，目前为止这些举措只创造了很少的新增就业岗位，对社会生态长期成本方面变化的影响很小，仍需要进行重大的政策和法规调整。

多种形式的本地化、分布式制造和废物利用越来越被认为是发展生物经济的有效路径。当本地区域或国家制造自给自足的产品时，若将循环经济融入设计和概念中，并考虑到对环境和生物多样性的影响，将显著改变经济价值链的格局。同样，这种思维模式还将显著改变全球价值链和贸易。

除了科学、经济和政策专家发表的文献外，全球实体和团体也发布了许多关于探讨全球性和区域性倡议的文件（表10-1）。

在政策和政府战略方面，根据2020年全球生物经济国际咨询委员会发布的生物经济政策概述，19个政府或地区已经发布了正式的生物经济战略，其中4个（包括欧盟、德国、意大利和日本）也更新了早期战略[24]。此后，其他国家也对其生物经济战略进行了审查和更新，例如南非[25, 26]和芬兰[27]。相关政策的制定也通常依据这些战略，或者是基于既有的科学、农业或工业政策。然而，由于生物经济的跨部门性质，政策制定应该在高于当前部门战略的更高层次进行[11]。

在政策概述中，有一个趋势是生物经济战略和政策的日益"专一化"，例如，强调关注特定生物质资源的蓝色或森林生物经济，以及依托国际组织的区域性或宏观性战略和政策的增长。相比之下，日本则专注于特定技术领域的针对性发展[28, 29]。2015年，联合国粮食和农业组织成立了国际可持续生物经济工作组（International Working Group on Sustainable Bioeconomy，ISBWG），通过审议[30-34]确立了生物经济的支柱地位，并在之后确定了2022年至2031年间的一系列受资助的行动计划[35]。2016年，国际生物经济论坛（International Bioeconomy Forum，IBF）成立（作为最初由欧盟领导的KBBE倡议的延伸），旨在将植物健康、精准食品系统、森林生物经济、微生物群落和生物炼制等领域以跨国合作的形式开展研究[36]。同年，生物未来平台最初在《联合国气候变化框架公约》第二十二届缔约方大会上启动，后移交给国际能源署下属的生物质能技术合作项目，主要承办关于政策合作和发展低碳生物经济的活动[37]。

同样，联合国教育、科学及文化组织（United Nations Educational，Scientific and Cultural Organization，UNESCO），泛美农业合作协会，阿根廷跨学科科学、技术与创新研究中心（Centro Interdisciplinario de Estudios en Ciencia，Tecnología e Innovación，CIECTI）在聚焦拉丁美洲的协同生物经济发展。2022年初，东南亚国家联盟创建了一个区域性生物循环绿色经济倡议[38]。东非共同体也发布了一项聚焦可持续农业、价值增值、农产品加工、粮食安全和为年轻人创造就业机会的区域生物经济战略[39]。各种区域生物经济战略的出现表明了生物经济在推动区域生物产品投资和贸易方面日益凸显的重要性。

然而，专家强调政府治理在影响此类战未来目标的实现上起到至关重要的作用[13]，并呼吁促进生物经济战略的发展需要实施现实且一贯的政策[14, 15, 40, 41]。在一个面临气候变化、新冠疫情的影响以及外交关系和贸易协议优先度不断变化的世界中，这一点尤为重要。

三、定量化生物经济

衡量不同国家和地区生物经济的经济价值及其社会影响，具有很大挑战性，但最近的出版物为我们提供了一个很好的概述和估计。

在2020年11月，世界可持续发展工商理事会（World Business Council for Sustainable Development，WBCSD）①与波士顿咨询集团合作进行调研后估计，到2030年为止，向可持续、低碳、循环生物经济的转变将为食品、饲料废弃物及能源提供价值7.7万亿美元的商业机会[42]。预计非食品行业，如产品和能源的增长尤为显著，从2018年至2030年预计每年增长3.3%，到2030年达到5.5万亿美元，这些估算是以制药、纺织、建筑材料和包装等领域的新生物材料得到广泛应用为前提的。根据采访，生物经济的限制因素是金融流动、技术、政策和法规以及公共价值观的变化。

Lasarte-López等[43]分析了欧盟地区的生物经济，重点关注就业和附加值增值方面。他们使用了一种通用的方法来估计欧盟各地区生物经济部门的就业和附加值增值，以协调信息、确保可比性并管理缺失的信息。然而，他们发现目前资料中缺失的数据量很大（占比63.6%），难以有效地对绩效进行比较。他们的分析表明，当时生物经济的就业比例在许多地区约为30%，在部分地区高达50.5%。生物经济的附加值增值约为

---

① 一个由全球200多家领先的可持续发展型企业组成的、由CEO领衔的全球性社区。

15%—18%。他们得出结论，为了更准确地估算，需要使用许多更为实际的指标，例如需要计算区域总附加值增值，而不是国家劳动生产率。

这种分析和估计方法的一个严重缺点是统计数据库中没有专门的生物经济类别。相反，当前的国家、地区或本地化数据库是围绕当前的历史产品和服务建立的。因此，Lasarte Lopez等使用了生物质份额的概念（定义为特定部门生产的所有产品中生物质含量的份额）。鉴于生物经济过程和服务的广泛定义和应用，这种方法只能涵盖生物经济产出的一部分。此外，这些分析仅考虑了"非服务"部门。

在欧盟，据估计生物经济在2017年对劳动力的贡献为8.9%，对GDP（gross domestic product，国内生产总值）的贡献为4.7%[44]。美国的数据与之相似，报告称生物经济至少占美国GDP的5.1%[45]。

在许多地区和国家，生物经济被认为是最重要且增长最快的经济部门。例如，在东盟[46]和东非生物的经济战略中，已经证实了这一点。其中向生物经济转型被视为农业、林业、农业综合企业及生产和使用生物原料的各个部门（即以生物质驱动的生物经济）经济增长的重要概念。相比之下，美国最近的举措更注重通过生物技术来发展生物经济[45, 47]。

目前的关键是找到全球公认的、一致的方法来衡量生物经济及其进展，以便在比较不同活动时使用。这包括一致的生命周期评价（life cycle assessment，LCA）、碳排放影响以及其他地球界限（planetary boudaries）①相关的定量方法等[48-51]。最近，联合国粮食和农业组织发布了一份文件，旨在指导监测生物经济的可持续性[30]。其中有10项一般性的原则和步骤，用于设计和实施监测系统，以评估国家或宏观区域生物经济的可持续性。它借鉴了现有国家和宏观区域生物经济监测系统的经验教训，表明一个可靠、全面和及时的监测系统是适应这些复杂系统治理的关键组成部分。这些原则和标准还提醒各国要尊重现有的多边环境协议。

四、生物经济在运行与全球一致性方面所面临的挑战

生物经济具备解决食品安全问题、助力可持续发展型组织、减少对不可再生资源依赖的能力。更值得注意的是，最近许多评论都聚焦于实现全球生物经济法规和收益评价体系的一致性以及社会积极参与变革中所遇到的挑战（见第三部分）。

生物经济仍被视为一个新兴但有争议的领域，其内容不同程度地包含了生物技术的发展和应用、利用生物质替代或增强化石燃料以及利用生物质生产增值产品。这些

---

①　地球界限概念旨在描述人类活动对地球系统的影响的极限，由瑞典斯德哥尔摩弹性中心的研究人员提出。

产品在设计上可能是循环的，也可能不是循环的。然而，为了符合当前生物经济的定义，这些产品应该是循环且可持续的。

本质上，一个充分运作的生物经济可能会威胁到许多地区、国家和企业的现有收入流与贸易，这种转变的影响程度只是最近才被认识到。此外，正如 Jim Philp[52] 所述，要到 2050 年实现净零碳排放，将需要所有行业进行转型，而不仅限于能源和交通领域。这可能预示着一个全新工业生物过程的开始，并使人们有机会拥有更好的工具。生物经济设想逐渐取代石油和天然气作为碳资源，但石油价格往往是任何竞争技术成功与否的决定性因素。然而，减少对石油和天然气的依赖，使气候变化恢复到可承受的水平，或许是更有可能的结果。同时，对地球影响的真实核算是至关重要的（见第三部分）。地球界限、甜甜圈经济学①、数字化红利以及一致的产品环境足迹都将有助于解决问题[30, 31, 34, 53-59]。

应对全球范围内的挑战，特别是涉及国际贸易、技术交流和生物质供应的挑战，需要国际范围内的协议和参与者来确保公平和包容，包括获得和分享利益的理念，以及维持一定范围的基因多样性和生物多样性。在这方面，各国需要以《京都议定书》为指导，审查其获取和分享利益的制度，以促进创新和生物制造，并惠及作为生物资源监管者的本地化社区。最近，更多的生物经济方法都包含整合了本地化观点的讨论和意见[60-63]。

社会问题和全民参与理念在欧洲国家受到日益广泛的讨论。德国最近的一项调查显示，大多数公民支持"生物经济变革"——一个团结世界的循环生物经济[65]。年轻一代呼吁"朝着可持续和公平的世界秩序进行改革"。同样，其他近期的生物经济战略也强调公民参与的必要性[29, 55, 65-67]。

五、未来展望

生物经济未来将成为一个尊重地球界限、确保人类生存的社会和经济的重要组成部分。保护和恢复生物多样性将是生物经济的一个关键因素。建立包容性的全球伙伴关系对于影响和交流生物经济实践和政策至关重要，尤其是当政策和法规通常远远落后于技术和商业创新的时候。各种技术发展，包括数字技术（如在工业革命中），将与气候问题和生态生存一起推动这场变革。但重要的是发展要考虑到公平和包容，关于消费者和公民的调查趋势表明他们是支持生物经济发展的。为支持在火星和太空中人类生活而快速发展出的生物导向和分布式制造技术，在地球上同样适用，并可能为解

---

① 甜甜圈经济学是由经济学家 Kate Raworth（凯特·拉沃斯）提出的一种理论，旨在创造一个可持续的经济体系，以满足地球上所有人的需求。

决气候变化问题做出重大贡献。同时全球生物经济国际咨询委员会也在呼吁并鼓励在全球范围内推进平衡发展的生物经济。

致　　谢

感谢全球生物经济国际咨询委员会成员就生物经济及其各种驱动力和框架展开的富有价值且充满启发的讨论。

参 考 文 献

[1] Sherbo R S, Silver P A, Nocera D G. Riboflavin synthesis from gaseous nitrogen and carbon dioxide by a hybrid inorganic-biological system. Proceedings of the National Academy of Sciences, 2022, 119(37): e2210538119.

[2] El-Chichakli B, von Braun J, Lang C, et al. Policy: five cornerstones of a global bioeconomy. Nature, 2016, 535(7611): 221-223.

[3] Sharma A, Singh B J. Evolution of industrial revolutions: a review. International Journal of Innovative Technology and Exploring Engineering, 2020, 9(11): 66-73.

[4] Pisarevskaya A, Scholten P. Cities of Migration//Scholten P. Introduction to Migration Studies. Cham: Springer, 2022: 249-262.

[5] Piccardi C, Tajoli L. Complexity, centralization, and fragility in economic networks. PLoS ONE, 2018, 13(11): e0208265.

[6] Patermann C, Aguilar A. The origins of the bioeconomy in the European Union. New Biotechnology, 2018, 40: 20-24.

[7] OECD. Biotechnology for sustainable growth and development. https://www.oecd.org/sti/emerging-tech/33784888.PDF[2022-12-01].

[8] OECD. The bioeconomy to 2030: designing a policy agenda. https://www.oecd.org/futures/long-termtechnologicalsocietalchallenges/thebioeconomyto2030designingapolicyagenda.htm[2022-12-01].

[9] OECD. Report on industrial biotechnology and climate change: opportunities and challenges. https://www.oecd.org/sti/emerging-tech/reportonindustrialbiotechnologyandclimatechangeopportunitiesandchallenges.htm[2022-12-01].

[10] Lang C. Bioeconomy-from the cologne paper to concepts for a global strategy. EFB Bioeconomy Journal, 2022, 2: 100038.

[11] Ecuru J, MacRae E, Lang C. Bioeconomy: game changer for climate action. Nature, 2022, 610(7933): 630.

[12] Bayne K, Wreford A, Edwards P, et al. Towards a bioeconomic vision for New Zealand-Unlocking barriers to enable new pathways and trajectories. New Biotechnol, 2021, 60: 138-145.

[13] Dietz T, Börner J, Förster J J, et al. Governance of the bioeconomy: a global comparative study of national bioeconomy strategies. Sustainability, 2018, 10(9): 3190.

[14] Giuntoli J, Oliver T, Kallis G, et al. Exploring new visions for a sustainable bioeconomy. https:// jukuri.luke.fi/bitstream/handle/10024/553309/Giuntoli_et_al_2023.pdf?sequence=1&isAllowed =y[2023-03-01].

[15] Puder J, Titor A. Bioeconomy as a promise of development? The cases of Argentina and Malaysia. https://linkspringer.53yu.com/article/10.1007/s11625-022-01284-y[2023-03-01].

[16] Sharma R, Malaviya P. Ecosystem services and climate action from a circular bioeconomy perspective. Renewable and Sustainable Energy Reviews, 2023, 175: 113164.

[17] Wang R, Cao Q, Zhao Q, et al. Bioindustry in China: an overview and perspective. New Biotechnology, 2018, 40: 46-51.

[18] Wohlgemuth R, Twardowski T, Aguilar A. Bioeconomy moving forward step by step-a global journey. New Biotechnology, 2021, 61: 22-28.

[19] Bugge M, Hansen T, Klitkou A. What is the bioeconomy? A review of the literature. Sustainability, 2016, 8(7): 691.

[20] Dürr J, Sili M. New or traditional approaches in Argentina's bioeconomy? Biomass and biotechnology use, local embeddedness, and sustainability outcomes of bioeconomic ventures. Sustainability, 2022, 14(21): 14491.

[21] Gould H, Kelleher L, O'Neill E. Trends and policy in bioeconomy literature: a bibliometric review. EFB Bioeconomy Journal, 2023, 3: 100047.

[22] Papadopoulou C I, Loizou E, Chatzitheodoridis F. Priorities in bioeconomy strategies: a systematic literature review. Energies, 2022, 15(19): 7258.

[23] von Braun J. Exogenous and endogenous drivers of bioeconomy and science diplomacy. EFB Bioeconomy Journal, 2022, 2: 100029.

[24] Teitelbaum L, Boldt C, Patermann C. Global bioeconomy policy report(Ⅳ): a decade of bioeconomy policy development around the world. https://gbs2020.net/wp-content/uploads/2021/04/GBS-2020_ Global-Bioeconomy-Policy-Report_IV_web-2.pdf[2022-12-01].

[25] Department of Science and Technology, Repubic of South Africa. The bio-economy strategy. https:// www.gov.za/sites/default/files/gcis_document/201409/bioeconomy-strategya.pdf[2022-12-01].

[26] National Advisory Council on Innovation. Audit of the South African bioeconomy sector. https://www. naci.org.za/wp-content/uploads/2022/02/Bioeconomy-Audit-NACI-Presentation_-Dr-Mziwandile-Madikizela.pdf[2022-12-01].

[27] Finnish Government. The Finnish Bioeconomy Strategy: Sustainably towards higher value added. https://www.biotalous.fi/wp-content/uploads/2022/05/The-Finnish-Bioeconomy-Strategy-Sustainably-towards-higher-value-added-VN_2022_5.pdf[2022-12-01].

[28] Cabinet decision. Integrated innovation strategy 2022. https://www8.cao.go.jp/cstp/english/ strategy_2022.pdf[2022-12-01].

[29] Watanabe S. Outline of Japanese bioeconomy strategy. https://biock.jp/wp-biock/wp-content/

uploads/2022/10/BioJapan2022_watanabe_20221012.pdf[2022-12-01].

[30] Bogdanski A, Giuntoli J, Mubareka S, et al. Guidance Note on Monitoring the Sustainability of the Bioeconomy at a Country or Macro-Regional Level. Rome: Food & Agriculture Org, 2021: 26.

[31] Bracco S, Tani A, Çalıcıoglu Ö, et al. Indicators to Monitor and Evaluate the Sustainability of Bioeconomy: An Overview and a Proposed Way Forward. Rome: FAO, 2019: 128.

[32] Dubois O, Gomez San Juan M. How sustainability is addressed in official bioeconomy strategies at international, national and regional levels: an overview. Working Paper(FAO), 2016.

[33] FAO. 2021. Bioeconomy for a sustainable future. https://www.fao.org/3/cb6564en/cb6564en.pdf[2022-12-01].

[34] Gomez San Juan M, Bogdanski A. How to Mainstream Sustainability and Circularity into the Bioeconomy. Rome: FAO, 2021: 130.

[35] FAO. Strategic framework 2022-31. https://www.fao.org/3/cb7099en/cb7099en.pdf[2022-12-01].

[36] IBF. International bioeconomy forum. https://agriculture.canada.ca/en/science/international-engagement/international-bioeconomy-forum[2022-12-01].

[37] IEA. Biofuture platform: promoting international coordination on the sustainable low-carbon bioeconomy. https://www.iea.org/about/international-collaborations/biofuture-platform[2022-12-01].

[38] ASEAN. BGC in action: Strategies. https://www.bcg.in.th/eng/strategies/[2022-12-01].

[39] EAC. The East African regional bioeconomy strategy 2021/22–2031/32. https://bioeconomy.easteco.org/wp-content/uploads/2022/12/EAC-Regional-East-Africa-Bioeconomy-Strategy.pdf[2022-12-01].

[40] Eversberg D, Holz J, Pungas L. The bioeconomy and its untenable growth promises: reality checks from research. Sustainability Science, 2023, 18: 569-582.

[41] Gatune J, Ozor N, Oriama R. The futures of bioeconomy in Eastern Africa. Journal of Futures Studies, 2021, 25(3): 1-14.

[42] WBCSD, BCG. The circular bioeconomy: a business opportunity contributing to a sustainable world. https://www.wbcsd.org/Archive/Factor-10/Resources/The-circular-bioeconomy-A-business-opportunity-contributing-to-a-sustainable-world[2022-12-01].

[43] Lasarte-López J M, Ronzon T, van Leeuwen M, et al. Estimating employment and value added in the bioeconomy of EU regions. Brussels: Joint Research Centre (Seville site), 2022.

[44] Ronzon T, Piotrowski S, Tamosiunas S, et al. Developments of economic growth and employment in bioeconomy sectors across the EU. Sustainability, 2020, 12(1): 4507.

[45] Hodgson A, Maxon M E, Alper J. The U.S. bioeconomy: charting a course for a resilient and competitive future. Industrial Biotechnology, 2022, 18(3): 115-136.

[46] Wang T T, Yu Z K, Ahmad R, et al. Transition of bioeconomy as a key concept for the agriculture and agribusiness development: an extensive review on ASEAN countries. Frontiers in Sustainable Food Systems, 2022, 6: 99859.

[47] Gallo M E. The Bioeconomy: A primer. Washington D C: Congressional Research Service, 2021.

[48] Life Cycle Initiative. Our mission, vision and approach. https://www.lifecycleinitiative.org/about/our-

mission-vision-and-approach/［2023-03-01］.

［49］WBCSD. About WRI&WBCSD. https://ghgprotocol.org/about-wri-wbcsd［2023-03-01］.

［50］Befort D.J, O'Reilly C H, Weisheimer A. Constraining projections using decadal predictions. Geophysical Research Letters, 2020, 47(18): e2020GL087900.

［51］Steffen W, Richardson K, Rockstrom J, et al. Planetary boundaries: guiding human development on a changing planet. Science, 2015, 347(6223): 1259855.

［52］Philp J. Bioeconomy and net-zero carbon: lessons from Trends in Biotechnology, volume 1, issue 1. Trends in Biotechnology, 2023, 41(3): 307-322.

［53］Bröring S, Vanacker A. Designing business models for the bioeconomy: what are the major challenges. EFB Bioeconomy Journal, 2022, 2: 100032.

［54］European Chemical Industry Council. Reviewing the European bioeconomy strategy-enablers, lessons and 10 recommendations. https://cefic.org/app/uploads/2022/01/Cefic-Postion-on-Bioeconomy-Jan2022. pdf［2022-12-01］.

［55］D'Amico G, Szopik-Depczyńska K, Beltramo R, et al. Smart and sustainable bioeconomy platform: a new approach towards sustainability. Sustainability, 2022, 14(1): 466.

［56］Gleeson T, Wang-Erlandsson L, Zipper S C, et al. The water planetary boundary: interrogation and revision. One Earth, 2022, 2(3): 223-234.

［57］Persson L, Carney Almroth B M, Collins C D, et al. Outside the safe operating space of the planetary boundary for novel entities. Environmental Science & Technology, 2022, 56(3): 1510-1521.

［58］OECD. The Digitalisation of science, technology and innovation: key developments and policies. https:// www.oecd-ilibrary.org/science-and-technology/the-digitalisation-of-science-technology-and-innovation_ b9e4a2c0-en［2022-12-01］.

［59］Doughnut Economics Action Lab. About Doughnut Economics. https://doughnuteconomics.org/about-doughnut-economics［2023-03-01］.

［60］Canadian Council of Forest Ministers Innovation Committee. A forest bioeconomy framework for Canada. https://cfs.nrcan.gc.ca/pubwarehouse/pdfs/39162.pdf［2022-12-01］.

［61］Genin C, Frasson C M R, Simpkins A. What could a "Bioeconomy" in the Amazon look like?. https:// www.wri.org/insights/what-could-bioeconomy-amazon-look［2022-12-01］.

［62］Safian S. Bioeconomy as a political project. A New Zealand case study. https://researchspace.auckland. ac.nz/bitstream/handle/2292/61092/Safian-2022-thesis.pdf?sequence=1［2022-12-01］.

［63］Sarmiento Barletti J P, Monterroso I, Atmadja S. Lessons on Social Inclusion for Transformative Forest-Based Bioeconomy Solutions. Bogor: CIFOR, 2021: 247.

［64］Zander K, Will S, Göpel J, et al. Societal evaluation of bioeconomy scenarios for Germany. Resources, 2022, 11(5): 44.

［65］IICA. Bioeconomy and production development program. https://repositorio.iica.int/bitstream/ handle/11324/7909/BVE19040201i.pdf;jsessionid=5C1201DB0650FC5C658AFDE0C48CDE68?sequen ce=2［2022-12-01］.

[66]Minister for Climate Change. Towards a productive, sustainable and inclusive economy: Aotearoa-New Zealand's first emissions reduction plan. https://environment.govt.nz/publications/aotearoa-new-zealands-first-emissions-reduction-plan/［2022-12-01］.

[67]Siegel K M, Deciancio M, Kefeli D, et al. Fostering transitions towards sustainability? The politics of bioeconomy development in Argentina, Uruguay, and Brazil. Bulletin of Latin American Research, 2022, 41(4): 541-556.

作者
埃尔斯珀斯·麦克雷：生物经济未来计划（前 SCION 公司首席创新与科学官，新西兰罗托鲁瓦），bioeconomy@outlook.com
朱利叶斯·埃库鲁：非洲生物创新计划，国际昆虫生理生态中心，肯尼亚，jecuru@icipe.org
克里斯汀-朗：柏林技术大学，德国，christine.lang@mybioconsulting.de

译者
朱泰承：中国科学院微生物研究所，zhutc@im.ac.cn

Advancing the Global Bioeconomy

1. What is bioeconomy?

The bioeconomy comprises those parts of the economy that use renewable biological resources from land, sea, and air – such as crops, forests, fish, animals, and microorganisms – to produce food, medicine, materials, products, textiles, and energy. The bioeconomy uses biological processes and principles in manufacturing and delivering these products to consumers, including design for reuse. Biological processes incorporating carbon directly from the air by microorganisms to substitute or invent new products are also emerging[1] with further promise for substituting uses of harvested biomass. Together these significantly reduce (and ultimately could remove) the need for many fossil-based products and processes. The definitions and usage do, however, vary between different areas of the world and different economic strategies[2](Table 1).

Table 1　Examples of Entities with a bioeconomy strategy or policy and its description.

Entity	Date	Definition	Focus of activity
Global exemplars			
OECD	2005, 2009	A bioeconomy describes as "a more resilient and bio-based economy that is less susceptible to uncontrollable global events, that decouples industrial growth from environmental degradation and that uses life-sciences knowledge to realise societies' aspirations for better health and a more sustainable future." The bioeconomy refers to the set of economic activities relating to the invention, development, production, and use of biological products and processes. They will improve health outcomes, boost the productivity of agriculture and industrial processes, and enhance environmental sustainability.	Biotechnology
FAO (adapted from IACGB)	2015	"knowledge-based production and the use of biological resources, processes, and methods to provide goods and services in a sustainable manner in all economic sectors"	Biomass
IACGB	2015	"knowledge-based production and utilization of biological resources, biological processes, and principles to sustainably provide goods and services across all economic sectors"	Biomass Biotechnology Biomanufacturing
WEF	2021	"The bioeconomy, or the fraction of the economy driven by research and innovation in biotechnology, already represents a significant proportion of total global economic output and is set to experience significant growth over the coming decades. Historically dominated by the biomedical and agricultural sectors, biotechnology is now being used across myriad disciplines."	Biotechnology
IRENA Biofuture platform	2016	"In a vision for a modern, sustainable bioeconomy, future bio-refineries will be able to convert residues and waste into fuels, electricity, chemicals, and pharmaceutical ingredients – like today's petrochemical refineries, but smaller, greener, and more sustainable."	Biotechnology Biomanufacturing

continued

Entity	Date	Definition	Focus of activity
UNEP	2018	"the bioeconomy can be seen as addressing the biomass-based sectors of a green economy, while the circular economy is concerned with the more abiotic-based sectors of a green economy, such as industry and manufacturing." The UN Environment Programme has defined Green Economy as "one that results in improved human well-being and social equity, while significantly reducing environmental risks and ecological scarcities." In its simplest expression, a Green Economy can be considered as one that is low in carbon, resource efficient, and socially inclusive.	Biomass Environment
WCBEF	2018	We seek opportunities to supersede a fossil-based, non-renewable society with bio-based applications. Climate change is real. We keep on target to mitigate climate change. Bio-based feedstock preference is with materials and value-added chemicals. A sustainable and circular economy is a vital part of the bioeconomy. Holistic and cascading use of feedstock and responsible innovations save our planet. There is no one-fit-all bioeconomy, but we respect bioeconomies adapting to local needs based on sustainable use.	Biotechnology Biomass Biomanufacturing
UNIDO	2022	The aim of the bioeconomy is to unlock the full potential of all types of sustainably sourced biomass, including residual biomass, such as crop residues, industrial side-streams, and food waste, as well as organic municipal waste, by transforming it into value-added products.	Biomass Biomanufacturing
Regional exemplars			
EU	2016	"production of renewable biological resources and the conversion of these resources and waste streams into value-added products, such as food, feed, bio-based products, and bioenergy"	Biotechnology Biomass Environment Biomanufacturing
ASEAN	2022	Bioeconomy also includes food, agriculture, pharmaceuticals, aquaculture biomass, electricity production, and products of industrial biotechnology including bioplastics and enzymes. a broad range of economic activities, including the production and trade of goods that utilize biomass (biological resources) and biotechnology (bioengineering)	Biotechnology Biomanufacturing

continued

Entity	Date	Definition	Focus of activity
IICA	2018	The bioeconomy is the intensive and knowledge-based use of biological resources, processes, technologies, and principles for the sustainable provision of goods and services in all sectors of the economy.	Biomass
APEC	2022	(same as ASEAN)	
East Africa		"sustainable economic growth and job creation, making use of the region's bioresources to develop products in the areas of food and nutrition, health, bio-based industrial products and bioenergy, while contributing to an improved environment and climate change mitigation." The term "bioeconomy" is widely understood in the region as the use of scientific knowledge to add social and economic value to biological resources in a sustainable way.	Biomass Environment Biomanufacturing
National and subnational exemplars			
Queensland	2022	Bioeconomies are an emerging model for government and business, with a greater focus on sustainably using renewable biological resources to produce food, energy, and industrial goods.	Biotechnology Biomanufacturing
Japan	2019	"focuses particularly on biotechnological developments, often in connection with artificial intelligence or technological applications - from plant breeding to regenerative medicine. Sustainable use of biogenic resources and consistent recycling, the international networking of data, people, and resources with the aim of open innovation, and the merging of biotechnology and digital technology."	Biotechnology Biomanufacturing
USA		"the share of the economy based on products, services, and processes derived from biological resources (e.g., plants and microorganisms). The bioeconomy is crosscutting, encompassing multiple sectors, in whole or in part (e.g., agriculture, textiles, chemicals, and energy)."	Biotechnology Biomanufacturing
China	2022	a model focusing on protecting and using biological resources and deeply integrating medicine, healthcare, agriculture, forestry, energy, environmental protection, materials, and other sectors	Biomass Environment Biotechnology

continued

Entity	Date	Definition	Focus of activity
Finland	2019	economy that relies on renewable, biological natural resources in a resource-efficient manner to produce food, energy, products and services. It includes ecosystems services, sustainable biomass resources, and the development and production of technologies.	Biomass Biotechnology
	2022	Bioeconomy is based on production that makes use of renewable natural materials in a sustainable manner, and develops and deploys related innovations and technologies.	
Germany	2020	the production, exploitation, and use of biological resources, processes, and systems to provide products, processes and services across all economic sectors within the framework of a future-oriented economy	Biotechnology Biomass
South Africa		"activities that make use of bioinnovations, based on biological sources, materials, and processes to generate sustainable economic, social and environmental development"	Biomass
Thailand	2022	Bioeconomy involves the production of renewable biological resources and the conversion of these resources into value-added products.	Biomass
Canada	2022	economic activity associated with the invention, development, production, and use of primarily bio-based products, bio-based production processes and/or biotechnology-based intellectual property	Biomass Biotechnology
Lund University		Bioeconomy can be defined as an economy where the basic building blocks for materials, chemicals and energy are derived from renewable biological resources.	Biomass Biomanufacturing
Global Bioeconomy Alliance[1]	2022	Bioeconomy is a global topic and can only be realized by combining all agricultural, technical as well as social aspects of the biobased industry, and society as present at the different locations of our planet.	Biomass
EU Bioeconomy University[2]	2022	The bioeconomy covers all sectors and systems that rely on biological resources (animals, plants, microorganisms, and derived biomass, including organic waste), their functions and principles. The bioeconomy builds on cross-fertilizations and mutual understanding between various economic sectors, disciplines and governmental, administrative, industrial, and societal stakeholders.	Biomass Environment

1) a strong network of universities including Technical University of Munich (Germany), the University of Queensland (Australia) and the Universidade Estadual Paulista (Brazil), which is dedicated to bioeconomy researches; 2)an alliance composed of six leading European universities, including AgroParisTech (France), University of Eastern Finland (Finland), University of Bologna (Italy), University of Hohenheim (Germany), University of Natural Resources and Life Sciences Vienna (Austria), and Wageningen University (Netherlands), which is committed to promoting the development of a knowledge-based bioeconomy in Europe

The Industrial Revolution developed from an explosion in utilising materials from the earth (in particular: under the earth) and new technologies that used machines to manufacture items for consumption sale[3]. With it came migration from rural areas to cities and the growth of megacities globally[4], global trade developed and became increasingly efficient, largely due to centralisation[5]. However, concomitant with the growth in the use of fossil carbon previously locked into the earth, atmospheric carbon-based gases increased and are causing global warming that is leading to what is now referred to climate change.

With early scientific warnings of climate change and the development of new technologies, a Knowledge-Based Bio-Economy (KBBE) developed in the early 2000s in the European Union (EU) based on strategic research in biotechnology and its applications[6]. This later evolved into a Bioeconomy Strategy for the EU in 2012. Other entities also raised opportunities for change leading to what would become bioeconomy strategies and policies. In 2002, Canada framed an early requirement for environmental considerations, and in 2004 the Organisation for Economic Cooperation and Development (OECD) did the first formal definition of bioeconomy, based on previous, current, and future biotechnology thinking. The OECD definition[7] was to use "renewable resources, efficient bioprocesses, and eco-industrial clusters to produce sustainable bioproducts, jobs, and income." This led to documents on Futures in Industrial Biotechnology 2030 leading to a bioeconomy and amelioration of climate change[8,9]. As outlined in Patermann and Aguilar[6], the OECD documents introduced new concepts in biotechnology and bioeconomy, including the need for a very high degree of policy coordination and convergence across various sectors. In Germany, the "National Research Strategy BioEconomy 2030" was published in 2010 and the "National Policy Strategy on Bioeconomy" in 2013. This was accompanied by a funding program of 2.4 billion euros for bioeconomy research until 2016. Germany was one of the first countries to publish dedicated bioeconomy strategies[10].

In later years, across Europe, and particularly leveraging industrial biotechnology concepts, key features of a biobasis for an economy were identified – namely: renewability, carbon-friendliness, inherent circularity, and new and better functions[11]. More recently, however, a broader definition of the bioeconomy has been put forward as "the production, use, conservation, and regeneration of biological resources to provide sustainable solutions (including information, products, processes, and services) in and across all economic sectors." [12] This view of the bioeconomy emphasizes its cross-sectoral features, embracing all efforts aimed at using renewable biological resources in a sustainable and coordinated fashion. It is only now that policy integration and convergence of sectors is taking shape, as large numbers of bioeconomy strategies and initiatives are developed globally[10, 12-18].

With parallel thinking and local biases, the bioeconomy has also been shaped as a green economy, a circular economy, and a sustainable economy, among other descriptions, which also include clean technology and internet of things as part of contributing to a bioeconomy (Figure 1).

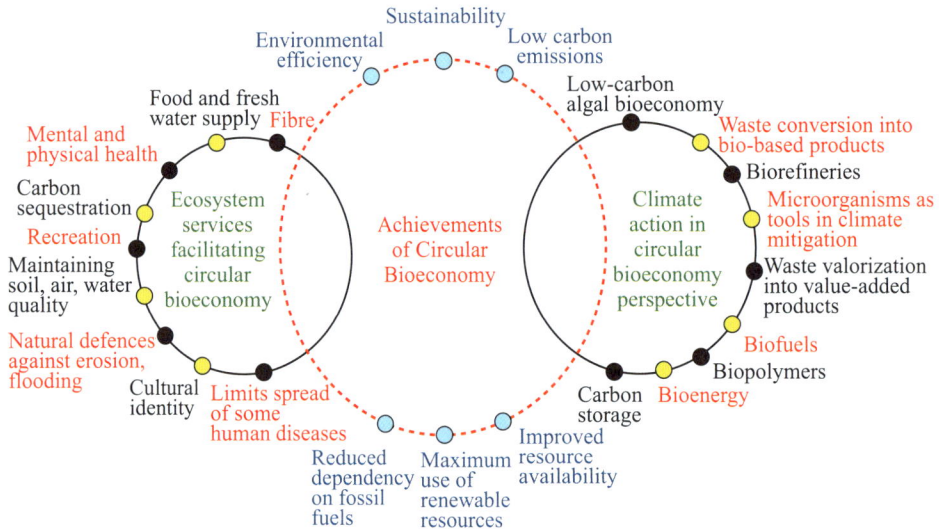

Figure 1   A circular bioeconomy[16]

2. Foci for creating a bioeconomy

Most recently, several authors have reviewed or commented on the bioeconomy[19-23]. Literature on the topic is rapidly increasing, often focusing on analyses of differences and similarities in local interpretations. Bugge et al.[19] assessed scientific literature between 2005 and 2014 that commented on a bioeconomy. This included 453 papers ranging from less than 20 publications in 2005 to more than 100 in 2014, and they chose 65 papers for more in-depth analysis. At this time, no journal had been positioned as a key bioeconomy journal. They also pointed out that most papers had American, Canadian, or European authors based in higher research institutions or institutes, and predominantly covered biotechnology and microbiology, energy and fuels, and environmental sciences. They concluded there was little consensus on what a bioeconomy focus is and that the bioeconomy community at this time was fragmented.

Three key foci for the bioeconomy were identified, namely, 1) a biotech vision, focussing on biotechnology applications and developments across a wide range of sectors; 2) a bioresource vision, focusing on processing and value adding to biological raw materials and new value chains – again across a wide range of sectors, and 3) a bioecology vision, focusing on sustainability and ecological processes. The last vision included the optimisation of energy and nutrients, biodiversity, and avoidance of soil degradation and monocultures. These three visions are not mutually exclusive and ideally are combined into one more encompassing vision of a global bioeconomy; perhaps defined as "exploration and exploitation of bioresources."

A later metanalysis[22] found that across 68 scientific publications, 3 manuscripts in 2013 had expanded to 46 in 2021 (and 37 in the first part of 2022). This was a stringent reduction from the original 897 manuscripts on bioeconomy topics between 2013 and 2022. They concluded that there were no common foci for the bioeconomy, and that each strategy had its own priority fields. The majority of publications originated from European authors with a sprinkling of American, Australian, Asian, and African authors. Biotechnology and Germany predominated as topics and authorships. Their conclusions were that the bioeconomy models for business in China contributed to the exclusion of isolated/regional producers and that the current energy situation demonstrated the weakness in current bioeconomy strategies in solving the problem, i.e., the governance and political follow-through had not yet significantly occurred.

In late 2022 Durr and Sili[20] explored the literature on a bioeconomy while assessing the best possibilities for Argentina's bioeconomy focus. While pointing out that the bioeconomy was a hotly contested field in political debate, they concluded there were two main approaches: 1) the OECD, which is strongly biotechnology focused, and 2) the EU, which is more biomass oriented. More agro-ecological vision, which stresses the inclusion of different stakeholders from science, politics, business, and civil society, was also appearing — mainly in the EU. Their conclusion regarding the future of Argentina was to adopt a more locally driven distributed production version of a bioeconomy. More recently, Puder and Tittor[16] commented that both Argentina and Malaysia regarded their bioeconomy strategies as a way to upgrade industrial processing on their agricultural value chains, and to create new branches of the industry locally. This would allow more in country biomass processing and added value prior to export. Their commentary concludes that very few new jobs were created, and that little change had happened in socio-ecological long-term costs, and significant concomitant shifts in policy and regulation were needed.

Diverse localised, distributed manufacturing and utilisation of waste is increasingly being considered as an approach to developing a bioeconomy. This will change the economic value chain landscapes when local communities/nations manufacture for their own needs and embed circularity in design and concepts, as well as considering the impact on the environment and biodiversity. Such thinking can be expected to also significantly change global value chains and trade.

Besides published literature by science, economics, and policy specialists, there are other documents available that have been created by global entities and groups, in particular exploring global and regional initiatives (Table 1).

Policy and governmental strategies: According to the bioeconomy policy overview released in 2020 by the International Advisory Council for a Global Bioeconomy (IACGB), 19 governments or regions had published formal bioeconomy strategies, with 4 (EU, Germany, Italy, Japan) also updating earlier strategies[24]. Since then, other strategies have been reviewed for updating, for example, South Africa and Finland (Audit of the South African Bioeconomy Sector 2022[25,26]; The Finnish Bioeconomy Strategy 2022[27]). From such strategies, policies are normally developed, or they may follow from already developed science, agricultural, or industrial policies. However, the level at which policy development should take place, overarching and at a higher level than under current sector strategies is due to the cross-sectoral nature of a bioeconomy[11].

Commentary in the policy overview included the growing "specialisation" of bioeconomy strategies and policies, e.g., a blue or forest-based bioeconomy focuses on emphasising particular biomass resource opportunities, and the growth in regional/macroregional strategies and policies, mostly through international entities. In contrast, Japan focused on specific technology sectors for focused development [28, 29]. FAO established the International Working Group on Sustainable Bioeconomy (ISBWG) in 2015, and reviews [30-34] led to the establishment of a bioeconomy pillar and a funded stream of activity for action between 2022 and 2031[35]. In 2016 the International Bioeconomy Forum (IBF) was established (as an extension of the original EU-led KBBE initiative) exploring plant health, precision food systems, forest bioeconomy, microbiome, and more recently, biorefineries as collaborative activities across a number of countries[36]. In 2016, the Biofuture platform was originally launched at COP22 and later facilitation was transferred to IEA (more specifically IEA Bioenergy) to host the activities on policy cooperation and development of a low-carbon bioeconomy[37].

Similarly, UNESCO, IICA, and CIECTI are focusing on Latin America's collaborative bioeconomy development. Most recently in early 2022, South East Asia through ASEAN has created a regional bio-circular-green economy initiative[38]. The East African Community also published a regional bioeconomy strategy focusing on sustainable agriculture, value addition, agro-processing, food security, and jobs for the youth[39]. The proliferation of regional bioeconomy strategies emphasizes the growing importance of bioeconomy in driving regional investment and trade in bioproducts.

However, a warning has also been given on the quality of governance in impacting the achievement of future goals in such strategies[13] and in the need for realism as well as consistency in policy to support a bioeconomy strategy[14, 15, 40, 41]. This is particularly important in a world challenged not only with climate change but also pandemic effects, shifts in foreign relationships, and the dynamics of agreements and trade priorities.

3. Quantifying the bioeconomy

Quantifying the economic value and the economic and social impact of bioeconomy in different countries and regions is challenging, but recent publications give a good overview and estimate.

In November 2020, the World Business Council on Sustainable Development (WBCSD), the premier global, CEO-led community of over 200 of the world's leading sustainable businesses, in collaboration with the Boston Consulting Group estimated that the shift to a sustainable, low-carbon, circular bioeconomy represents a business opportunity for food and feed waste products and energy worth USD $7.7 trillion by 2030[42]. Expected growth is particularly high within non-food industries, such as products and energy, where growth from 2018 to 2030 is expected to be 3.3% per annum, leading to USD $5.5 trillion by 2030, based on the availability of new biomaterials in pharmaceuticals, textiles, building materials and packaging. Based on interviews, the limiting factors were seen as a change in financial flows, technology, policy and regulation, and public values.

Lasarte-López et al.[43] analysed the bioeconomy in the EU region, focusing on employment and value-add aspects. They used a common methodology to estimate employment and value-add of the bioeconomy sectors at regional levels across the EU to harmonise the information and ensure comparability and manage missing information. They found a high level of missing data (63.6%) to compare performance validly. Their analysis showed that the percentage of employment in the bioeconomy at that time was around 30% in many regions, reaching up to 50.5% in selected regions. Value-add by the bioeconomy was calculated as between 15% − 18%. They concluded that a number of more realistic assumptions were needed, e.g., to calculate the regional gross value-add rather than the use of national labour productivity.

A severe drawback with such analyses and estimations is that there are no dedicated bioeconomy categories in statistical databases. Rather, current national or regional/local databases have been built around current and historical products and services. Lasarte Lopez et al., therefore, used the concept of bio-based shares (defined as the share in biomass content of all products produced by a given sector). This approach can only cover a fraction of bioeconomy outputs in view of the broad definitions and application of bioeconomy processes and services. Furthermore, they only considered the "non-service" sectors.

In the EU, the bioeconomy has been estimated to contribute to 8.9% of the labour force and 4.7% of the GDP in 2017[44]. Numbers for the USA are similar and are reported as generating at least 5.1 percent of the U.S. GDP[45].

The bioeconomy is perceived in many regions and countries as the most important and fastest growing economy sector. For example, this is described for the ASEAN economy[46] and in the East African bioeconomy strategy where the transition to a bioeconomy is considered to be an important concept in the growth of agriculture, forestry, agribusiness, and various sectors that produce and use bio-based raw materials (i.e., a biomass driven bioeconomy). In contrast, the most recent initiatives in the USA focus on a biotechnology-driven approach to developing a bioeconomy[45, 47].

What is becoming critical is to find agreed and consistent methods to measure the bioeconomy and its progress that are accepted globally when used to compare different activities. Consistent methods for LCA (life cycle assessment) impacts on carbon emissions, and other planetary boundary measures are needed[48-51]. Recently the FAO released a document to give guidance on monitoring the sustainability of the bioeconomy[30]. It includes a series of 10 general principles and steps for designing and implementing a monitoring system to assess the sustainability of the bioeconomy in a country or macro-region. It builds on lessons learned from existing experiences of national and macro-regional bioeconomy monitoring systems showing that a reliable, holistic, and timely monitoring system is an essential component for the adaptive governance of these complex systems. The aspirational principles and criteria also remind countries of their global responsibility to respect existing multilateral environmental agreements.

4. Challenges for bioeconomy adoption and global alignment

The bioeconomy has the ability to address food safety, support sustainable organization, and may minimize the dependency on non-renewable resources. Perhaps more significantly, most recent commentaries have focused on the challenges in achieving global consistency in bioeconomy regulations and systems of measurement of benefit and active engagement by society in change (see previous section).

The bioeconomy is still seen as an emerging but contested field, and remains differentially biased towards biotechnology development and application, or biomass utilisation substituting or augmenting fossil and current biomass usage to create value-added products. These may or may not also be circular in design. But to fit the current definition of a bioeconomy, they should be circular and sustainable.

Intrinsically a fully functioning bioeconomy threatens current income streams and trade in many regions, nations, and businesses, and the significance of the shift is only recently being realised. In addition, as outlined by Jim Philp[52], reaching net-zero carbon by 2050 will require all sectors to transition, not only energy and transportation. This may herald a new opportunity for industrial bioprocesses with much better tools. The bioeconomy envisages the gradual replacement of oil and gas as a resource for carbon molecules, but the price of oil is a determining factor in the success of any competing technology. However, achieving a reduction in dependence on oil and gas that reverses predicted climate changes to tenable levels is perhaps a more likely outcome. True accounting for impact on the planet is essential (see previous section). Planetary boundaries and doughnut economics, benefits of digitalisation and agreed product environmental footprints are all of benefit[30, 31, 34, 53-59].

Challenges on a global scale, and especially those that involve international trade, exchange of technologies and biomass supply, require international and global agreements and participants to ensure fair and inclusive conditions. Examples include the concept of access and benefit-sharing and sustaining a range of genetic diversity and biodiversity. In this regard, countries will need to review their access and benefit sharing regimes, guided by the Kyoto Protocol, to facilitate innovation and biomanufacturing while benefiting indigenous communities that are often custodians of biological resources. More recent approaches to a bioeconomy now include discussion and intent for integration of indigenous perspectives[60-63].

Societal issues and concepts of citizen participation are being increasingly discussed in European countries. A recent survey in Germany revealed that a majority of citizens favour the scenario of "Bioeconomy Change" —a circular bioeconomy in a united world[65] with a younger generation "demand(ing) reforms oriented towards a sustainable and equitable world order." Similarly other more recent bioeconomy strategies emphasise the need for citizen engagement[29, 55, 65-67].

5. Future prospects

Bioeconomy will be one (important) element for transformation to a society and an economy that respects planetary boundaries and enables the survival of humanity on planet

Earth. Biodiversity conservation and restoration will be intertwined as an important element of the bioeconomy. Inclusive global partnerships in bioeconomy will be crucial for impact and exchange of best practice work and policy, especially as policy and regulation generally lag well behind technology and business innovation. Technology developments, including digital technologies (as in the industrial revolution), are a driver for change alongside climate issues and ecological survival. But it is important that development is both fair and inclusive, and consumer and citizen trends are showing that support is feasible. With the rapid technological bio-oriented and distributed manufacturing developments to support human life on Mars and in space, we might consider these are equally applicable on Earth, potentially significantly impacting climate change. The IACGB calls for and encourages the future embedding of a balanced bioeconomy globally.

References

[1] Sherbo R S, Silver P A, Nocera D G. Riboflavin synthesis from gaseous nitrogen and carbon dioxide by a hybrid inorganic-biological system. Proceedings of the National Academy of Sciences, 2022, 119(37): e2210538119.

[2] El-Chichakli B, von Braun J, Lang C, et al. Policy: five cornerstones of a global bioeconomy. Nature, 2016, 535(7611): 221-223.

[3] Sharma A, Singh B J. Evolution of industrial revolutions: a review. International Journal of Innovative Technology and Exploring Engineering, 2020, 9(11): 66-73.

[4] Pisarevskaya A, Scholten P. Cities of Migration//Scholten P. Introduction to Migration Studies. Cham: Springer, 2022: 249-262.

[5] Piccardi C, Tajoli L. Complexity, centralization, and fragility in economic networks. PLoS ONE, 2018, 13(11): e0208265.

[6] Patermann C, Aguilar A. The origins of the bioeconomy in the European Union. New Biotechnology, 2018, 40: 20-24.

[7] OECD. Biotechnology for sustainable growth and development. https://www.oecd.org/sti/emerging-tech/33784888.PDF[2022-12-01].

[8] OECD. The bioeconomy to 2030: designing a policy agenda. https://www.oecd.org/futures/long-termtechnologicalsocietalchallenges/thebioeconomyto2030designingapolicyagenda.htm[2022-12-01].

[9] OECD. Report on industrial biotechnology and climate change: opportunities and challenges. https://www.oecd.org/sti/emerging-tech/reportonindustrialbiotechnologyandclimatechangeopportunitiesandchallenges.htm[2022-12-01].

[10] Lang C. Bioeconomy-from the cologne paper to concepts for a global strategy. EFB Bioeconomy Journal, 2022, 2: 100038.

[11] Ecuru J, MacRae E, Lang C. Bioeconomy: game changer for climate action. Nature, 2022, 610(7933): 630.

[12] Bayne K, Wreford A, Edwards P, et al. Towards a bioeconomic vision for New Zealand-Unlocking barriers to enable new pathways and trajectories. New Biotechnol, 2021, 60: 138-145.

[13] Dietz T, Börner J, Förster J J, et al. Governance of the bioeconomy: a global comparative study of national bioeconomy strategies. Sustainability, 2018, 10(9): 3190.

[14] Giuntoli J, Oliver T, Kallis G, et al. Exploring new visions for a sustainable bioeconomy. https://jukuri.luke.fi/bitstream/handle/10024/553309/Giuntoli_et_al_2023.pdf?sequence=1&isAllowed=y[2023-03-01].

[15] Puder J, Titor A. Bioeconomy as a promise of development? The cases of Argentina and Malaysia. https://linkspringer.53yu.com/article/10.1007/s11625-022-01284-y[2023-03-01].

[16] Sharma R, Malaviya P. Ecosystem services and climate action from a circular bioeconomy perspective. Renewable and Sustainable Energy Reviews, 2023, 175: 113164.

[17] Wang R, Cao Q, Zhao Q, et al. Bioindustry in China: an overview and perspective. New Biotechnology, 2018, 40: 46-51.

[18] Wohlgemuth R, Twardowski T, Aguilar A. Bioeconomy moving forward step by step-a global journey. New Biotechnology, 2021, 61: 22-28.

[19] Bugge M, Hansen T, Klitkou A. What is the bioeconomy? A review of the literature. Sustainability, 2016, 8(7): 691.

[20] Dürr J, Sili M. New or traditional approaches in Argentina's bioeconomy? Biomass and biotechnology use, local embeddedness, and sustainability outcomes of bioeconomic ventures. Sustainability, 2022, 14(21): 14491.

[21] Gould H, Kelleher L, O'Neill E. Trends and policy in bioeconomy literature: a bibliometric review. EFB Bioeconomy Journal, 2023, 3: 100047.

[22] Papadopoulou C I, Loizou E, Chatzitheodoridis F. Priorities in bioeconomy strategies: a systematic literature review. Energies, 2022, 15(19): 7258.

[23] von Braun J. Exogenous and endogenous drivers of bioeconomy and science diplomacy. EFB Bioeconomy Journal, 2022, 2: 100029.

[24] TeitelbaumL, Boldt C, Patermann C. Global bioeconomy policy report(IV): a decade of bioeconomy policy development around the world. https://gbs2020.net/wp-content/uploads/2021/04/GBS-2020_Global-Bioeconomy-Policy-Report_IV_web-2.pdf[2022-12-01].

[25] Department of Science and Technology, Repubic of South Africa. The bio-economy strategy. https://www.gov.za/sites/default/files/gcis_document/201409/bioeconomy-strategya.pdf[2022-12-01].

[26] National Advisory Council on Innovation. Audit of the South African bioeconomy sector. https://www.naci.org.za/wp-content/uploads/2022/02/Bioeconomy-Audit-NACI-Presentation_-Dr-Mziwandile-Madikizela.pdf[2022-12-01].

[27] Finnish Government. The Finnish Bioeconomy Strategy: Sustainably towards higher value added. https://www.biotalous.fi/wp-content/uploads/2022/05/The-Finnish-Bioeconomy-Strategy-Sustainably-

towards-higher-value-added-VN_2022_5.pdf[2022-12-01].

[28] Cabinet decision. Integrated innovation strategy 2022. https://www8.cao.go.jp/cstp/english/strategy_2022.pdf[2022-12-01].

[29] Watanabe S. Outline of Japanese bioeconomy strategy. https://biock.jp/wp-biock/wp-content/uploads/2022/10/BioJapan2022_watanabe_20221012.pdf[2022-12-01].

[30] Bogdanski A, Giuntoli J, Mubareka S, et al. Guidance Note on Monitoring the Sustainability of the Bioeconomy at a Country or Macro-Regional Level. Rome: Food & Agriculture Org, 2021: 26.

[31] Bracco S, Tani A, Çalıcıoglu Ö, et al. Indicators to Monitor and Evaluate the Sustainability of Bioeconomy: An Overview and a Proposed Way Forward. Rome: FAO, 2019: 128.

[32] Dubois O, Gomez San Juan M. How sustainability is addressed in official bioeconomy strategies at international, national and regional levels: an overview. Working Paper(FAO), 2016.

[33] FAO. 2021. Bioeconomy for a sustainable future. https://www.fao.org/3/cb6564en/cb6564en.pdf[2022-12-01].

[34] Gomez San Juan M, Bogdanski A. How to Mainstream Sustainability and Circularity into the Bioeconomy. Rome: FAO, 2021: 130.

[35] FAO. Strategic framework 2022-31. https://www.fao.org/3/cb7099en/cb7099en.pdf[2022-12-01].

[36] IBF. International bioeconomy forum. https://agriculture.canada.ca/en/science/international-engagement/international-bioeconomy-forum[2022-12-01].

[37] IEA. Biofuture platform: promoting international coordination on the sustainable low-carbon bioeconomy. https://www.iea.org/about/international-collaborations/biofuture-platform[2022-12-01].

[38] ASEAN. BGC in action: Strategies. https://www.bcg.in.th/eng/strategies/[2022-12-01].

[39] EAC. The East African regional bioeconomy strategy 2021/22–2031/32. https://bioeconomy.easteco.org/wp-content/uploads/2022/12/EAC-Regional-East-Africa-Bioeconomy-Strategy.pdf[2022-12-01].

[40] Eversberg D, Holz J, Pungas L. The bioeconomy and its untenable growth promises: reality checks from research. Sustainability Science, 2023, 18: 569-582.

[41] Gatune J, Ozor N, Oriama R. The futures of bioeconomy in Eastern Africa. Journal of Futures Studies, 2021, 25(3): 1-14.

[42] WBCSD, BCG. The circular bioeconomy: a business opportunity contributing to a sustainable world. https://www.wbcsd.org/Archive/Factor-10/Resources/The-circular-bioeconomy-A-business-opportunity-contributing-to-a-sustainable-world[2022-12-01].

[43] Lasarte-López J M, Ronzon T, van Leeuwen M, et al. Estimating employment and value added in the bioeconomy of EU regions. Brussels: Joint Research Centre (Seville site), 2022.

[44] Ronzon T, Piotrowski S, Tamosiunas S, et al. Developments of economic growth and employment in bioeconomy sectors across the EU. Sustainability, 2020, 12(1): 4507.

[45] Hodgson A, Maxon M E, Alper J. The U.S. bioeconomy: charting a course for a resilient and competitive future. Industrial Biotechnology, 2022, 18(3): 115-136.

[46] Wang T T, Yu Z K, Ahmad R, et al. Transition of bioeconomy as a key concept for the agriculture and agribusiness development: an extensive review on ASEAN countries. Frontiers in Sustainable Food

Systems, 2022, 6: 99859.

[47] Gallo M E. The Bioeconomy: A primer. Washington D C: Congressional Research Service, 2021.

[48] Life Cycle Initiative. Our mission, vision and approach. https://www.lifecycleinitiative.org/about/our-mission-vision-and-approach/[2023-03-01].

[49] WBCSD. About WRI&WBCSD. https://ghgprotocol.org/about-wri-wbcsd[2023-03-01].

[50] Befort D.J, O'Reilly C H, Weisheimer A. Constraining projections using decadal predictions. Geophysical Research Letters, 2020, 47(18): e2020GL087900.

[51] Steffen W, Richardson K, Rockstrom J, et al. Planetary boundaries: guiding human development on a changing planet. Science, 2015, 347(6223): 1259855.

[52] Philp J. Bioeconomy and net-zero carbon: lessons from Trends in Biotechnology, volume 1, issue 1. Trends in Biotechnology, 2023, 41(3): 307-322.

[53] Bröring S, Vanacker A. Designing business models for the bioeconomy: what are the major challenges. EFB Bioeconomy Journal, 2022, 2: 100032.

[54] European Chemical Industry Council. Reviewing the European bioeconomy strategy-enablers, lessons and 10 recommendations. https://cefic.org/app/uploads/2022/01/Cefic-Postion-on-Bioeconomy-Jan2022.pdf[2022-12-01].

[55] D'Amico G, Szopik-Depczyńska K, Beltramo R, et al. Smart and sustainable bioeconomy platform: a new approach towards sustainability. Sustainability, 2022, 14(1): 466.

[56] Gleeson T, Wang-Erlandsson L, Zipper S C, et al. The water planetary boundary: interrogation and revision. One Earth, 2022, 2(3): 223-234.

[57] Persson L, Carney Almroth B M, Collins C D, et al. Outside the safe operating space of the planetary boundary for novel entities. Environmental Science & Technology, 2022, 56(3): 1510-1521.

[58] OECD. The Digitalisation of science, technology and innovation: key developments and policies. https://www.oecd-ilibrary.org/science-and-technology/the-digitalisation-of-science-technology-and-innovation_b9e4a2c0-en[2022-12-01].

[59] Doughnut Economics Action Lab. About Doughnut Economics. https://doughnuteconomics.org/about-doughnut-economics[2023-03-01].

[60] Canadian Council of Forest Ministers Innovation Committee. A forest bioeconomy framework for Canada. https://cfs.nrcan.gc.ca/pubwarehouse/pdfs/39162.pdf[2022-12-01].

[61] Genin C, Frasson C M R, Simpkins A. What could a"Bioeconomy"in the Amazon look like?. https://www.wri.org/insights/what-could-bioeconomy-amazon-look[2022-12-01].

[62] Safian S. Bioeconomy as a political project. A New Zealand case study. https://researchspace.auckland.ac.nz/bitstream/handle/2292/61092/Safian-2022-thesis.pdf?sequence=1[2022-12-01].

[63] Sarmiento Barletti J P, Monterroso I, Atmadja S. Lessons on Social Inclusion for Transformative Forest-Based Bioeconomy Solutions. Bogor: CIFOR, 2021: 247.

[64] Zander K, Will S, Göpel J, et al. Societal evaluation of bioeconomy scenarios for Germany. Resources, 2022, 11(5): 44.

[65] IICA. Bioeconomy and production development program. https://repositorio.iica.int/bitstream/

handle/11324/7909/BVE19040201i.pdf;jsessionid=5C1201DB0650FC5C658AFDE0C48CDE68?sequence=2[2022-12-01].

[66] Minister for Climate Change. Towards a productive, sustainable and inclusive economy: Aotearoa-New Zealand's first emissions reduction plan. https://environment.govt.nz/publications/aotearoa-new-zealands-first-emissions-reduction-plan/[2022-12-01].

[67] Siegel K M, Deciancio M, Kefeli D, et al. Fostering transitions towards sustainability? The politics of bioeconomy development in Argentina, Uruguay, and Brazil. Bulletin of Latin American Research, 2022, 41(4): 541-556.

Acknowledgements

The authors wish to acknowledge the value and interesting discussions with members of the IACGB regarding bioeconomy and its various drivers and frameworks.

Authors

Elspeth MacRae: Bioeconomy Futures (Former Chief Innovation and Science Officer, SCION, Rotorua, New Zealand, bioeconomy@outlook.com

Julius Ecuru: BioInnovate Africa, International Centre of Insect Physiology and Ecology, Kenya, jecuru@icipe.org

Christine Lang: Technical University Berlin, Germany, christine.lang@mybioconsulting.de

第十一章 "一带一路"沿线国家生物技术及产业发展态势

近年,生命组学、结构生物学、生物育种等创新技术的突破发展,促进了生物技术的科技创新,生物技术与新一代信息技术、新材料技术、先进制造技术等多学科交叉技术深入融合发展,提升了生物相关产业的发展效率,促进了相关产业的变革。2022年是共建"一带一路"倡议提出9周年,当前共建"一带一路"已成为世界范围最广、规模最大的国际合作平台之一。截至2022年,中国已与150个国家、32个国际组织签署200余份共建"一带一路"合作文件。在我国的大力推动下,近年来越来越多的欧洲和亚太地区发达国家也加入共建"一带一路"倡议,合作伙伴国齐心协力,相向而行,在推动互联互通建设、贸易投资活跃、经济社会发展、公共卫生建设等多方面均取得了显著成效。本章选取70个"一带一路"沿线国家,研究这些国家2020—2022年在医药生物技术、工业生物技术和农业生物技术三个生物技术领域的基础研究、专利技术研发、产业进出口贸易的发展情况,并分析这些国家在基础研究和专利技术方面的国际合作情况。

2020—2022年,本章选取的70个国家在生物技术领域发表研究论文约28.5万篇,约占全球生物技术领域发文总量的27.1%;在生物技术领域申请了13 264件专利,公开了27 455件专利,公开专利数量同比增长了10.3%;进口总额为5457.18亿美元,同比下降2.28%,出口总额为4130.66亿美元,同比增长1.66%。不管是进口还是出口,均以医药生物技术进出口额占绝大多数,进出口占比均超过80%。本章最后针对我国与"一带一路"沿线国家在生物技术领域进一步强化合作、互利共赢提出了建议。

第一节 "一带一路"沿线国家生物技术发展基础

一、政策环境

"一带一路"是"丝绸之路经济带"和"21世纪海上丝绸之路"的简称。作为建设人类命运共同体的一项重要倡议，共建"一带一路"倡议为中国及沿线国家创造了无限机遇，涵盖大规模基础设施发展、工业设施建设、跨境投资、货币政策、双边关系协调以及生物技术等诸多领域，也对中国及各个参与国的科技和产业发展等产生了重大深远影响。

"一带一路"倡议提出以来，我国稳步持续推出多项政策，切实可行地打造有利于"一带一路"沿线各国发展的环境。2015年3月，我国发布《推动共建丝绸之路经济带和21世纪海上丝绸之路的愿景与行动》，全方位阐述了共建原则、框架思路、合作机制、合作重点等"一带一路"倡议逻辑和构想；2016年11月，联合国193个会员国协商一致通过决议，欢迎共建"一带一路"等经济合作倡议，呼吁国际社会为"一带一路"建设提供安全保障环境；2017年5月，首届"一带一路"国际合作高峰论坛在北京成功召开，我国发布了《共建"一带一路"：理念、实践与中国的贡献》，展示了共建"一带一路"的丰富成果，增进各国战略互信和对话合作；2018年，中拉论坛第二届部长级会议、中国－阿拉伯国家合作论坛第八届部长级会议、中非合作论坛峰会先后召开，分别形成了中拉《关于"一带一路"倡议的特别声明》、《中国和阿拉伯国家合作共建"一带一路"行动宣言》和《关于构建更加紧密的中非命运共同体的北京宣言》等重要文件，有力推动了"一带一路"建设；2022年3月，我国发布《关于推进共建"一带一路"绿色发展的意见》，明确到2025年，绿色基建、绿色能源、绿色交通、绿色金融等领域务实合作扎实推进，绿色示范项目引领作用更加明显，境外项目环境风险防范能力显著提升，共建"一带一路"绿色发展取得明显成效，到2030年，"走出去"企业绿色发展能力显著增强，境外项目环境风险防控体系更加完善，共建"一带一路"绿色发展格局基本形成；2022年9月，《携手合作，共享美好未来——"一带一路"倡议支持联合国2030年可持续发展议程的进展报告》发布，分析了"一带一路"倡议与《2030年可持续发展议程》及其可持续发展目标之间的协同互补效应。

共建"一带一路"倡议提出9年来，得到了越来越多国家和国际组织的积极响应，其正成为我国参与全球开放合作、改善全球经济治理体系、促进全球共同发展繁荣、推动构建人类命运共同体的中国方案。受到国际社会广泛关注，影响力日益扩大。

二、现 状 基 础

（一）"一带一路"沿线国家基础情况

共建"一带一路"倡议自启动以来，已成为世界范围最广、规模最大的国际合作平台之一，截至2022年，中国已与150个国家、32个国际组织签署200余份共建"一带一路"合作文件，大批合作项目的成功落地，极大提升了"一带一路"沿线国家和地区的互联互通水平,促进了"一带一路"沿线国家和地区的经济社会发展。综合考虑签署共建"一带一路"合作文件的国家和"一带一路"沿线生物技术基础较好、未来有可能签署合作文件国家两个因素,本章选取波兰、奥地利、立陶宛、爱沙尼亚、拉脱维亚、捷克、斯洛伐克、匈牙利、斯洛文尼亚、克罗地亚、波黑、黑山、塞尔维亚、阿尔巴尼亚、罗马尼亚、保加利亚、北马其顿、意大利、卢森堡、葡萄牙、希腊、马耳他等22个欧洲国家,新加坡、马来西亚、印度尼西亚、缅甸、泰国、老挝、柬埔寨、越南、文莱、菲律宾等10个东盟国家,印度、巴基斯坦、孟加拉国、阿富汗、斯里兰卡、马尔代夫、尼泊尔、不丹等8个南亚国家,哈萨克斯坦、乌兹别克斯坦、土库曼斯坦、塔吉克斯坦、吉尔吉斯斯坦等5个中亚国家,伊朗、伊拉克、土耳其、叙利亚、约旦、黎巴嫩、以色列、巴勒斯坦、沙特阿拉伯、也门、阿曼、阿联酋、卡塔尔、科威特、巴林、塞浦路斯、埃及等17个西亚国家,以及俄罗斯、乌克兰、白俄罗斯、格鲁吉亚、阿塞拜疆、亚美尼亚、摩尔多瓦、蒙古国等共计70个具有代表性的"一带一路"沿线国家,着重分析这70个国家的生物技术和产业发展态势。根据World Bank(世界银行)的统计数据,截至2021年,70个国家人口总数达到35.44亿人,主要集中于南亚地区,占全球人口的44.93%;2021年70个国家的GDP为19.00万亿美元,占全球GDP的19.69%;2021年人均GDP较高的国家主要集中在西欧地区,其中卢森堡人均GDP最高,为13.36万美元。2021年70个"一带一路"沿线国家人口数量、GDP和人均GDP前十名分别列于表11-1、表11-2和表11-3。

表11-1 2021年70个"一带一路"沿线国家人口数量TOP10

序号	国家	人口数量 / 千万人
1	印度	140.76
2	印度尼西亚	27.36
3	巴基斯坦	23.14
4	孟加拉国	16.94
5	俄罗斯	14.34
6	菲律宾	11.39
7	埃及	10.93
8	越南	9.75
9	伊朗	8.79
10	土耳其	8.48

表11-2 2021年70个"一带一路"沿线国家GDP TOP10

序号	国家	GDP/亿美元
1	印度	31 762.95
2	意大利	21 077.03
3	俄罗斯	17 787.83
4	印度尼西亚	11 860.93
5	沙特阿拉伯	8 335.41
6	土耳其	8 190.35
7	波兰	6 794.45
8	泰国	5 059.47
9	以色列	4 885.27
10	奥地利	4 803.68

表11-3 2021年70个"一带一路"沿线国家人均GDP TOP10

序号	国家	GDP/万美元
1	卢森堡	13.36
2	新加坡	7.28
3	卡塔尔	6.68
4	奥地利	5.36
5	以色列	5.17
6	阿联酋	4.43
7	意大利	3.57
8	马耳他	3.35
9	塞浦路斯	3.16
10	文莱	3.14

（二）生物技术发展现状

近20年来，生命科学和生物技术快速发展，基因编辑、合成生物学、神经科学、生物信息存储、生物育种等前沿科学技术发展给人类生产生活带来了诸多红利。70个"一带一路"沿线国家近年来也纷纷推动生物技术的发展，将生物技术应用于解决健康、能源、环境、食品、安全等重大战略领域。本节选取部分"一带一路"沿线国家简述其生物技术发展现状。

1. 欧洲地区

欧洲是全球经济最发达的大洲，在全球生物技术领域也占有一席之地。发展生物制造产业，并在该领域积极布局是欧盟抢抓全球生物经济发展机遇的有力手段。2021年2月欧盟提出升级版的循环生物基欧洲联合企业计划，明确加大资金投入，通过发展生物基产业推动欧洲绿色协议目标的达成。

1）意大利

意大利位于地中海中心位置，是连接欧洲大陆和西亚、非洲等其他大洲的重要交通枢纽。2019年，意大利成为欧盟创始成员国中首个与中国签署共建"一带一路"合作文件的国家。2017年意大利发布《意大利生物经济：连接环境、经济与社会的特别机遇》，2019年发布新版《意大利的生物经济：为了可持续意大利的新生物经济战略》（新版《意大利生物经济战略》），提出了系统的生物经济愿景，明确了实现"从领域到系统"的转化，利用生物多样性、生态系统服务和生物质循环经济模式创造价值，进而实现"从经济到可持续生物经济"的过渡、"从概念到现实"的转变等目标框架；围绕农业、林业、渔业、海洋、食品和生物基产品及生物能源等领域，提出了创新研究行动计划、需应对的挑战及系列政策措施。2021年，意大利生物技术及健康领域的营业额达到75亿欧元，积极抢占生物技术高地。

2）波兰

波兰地处欧洲心脏地带，承东启西、联通南北，是欧洲的"十字路口"，是新亚欧大陆桥经济走廊途径的重要节点国家和中东欧地区有影响力的大国。生物技术是波兰新兴的一个研究行业，近年波兰在生物技术领域积极布局，生物技术愈加成为引领波兰经济增长的新动力。波兰积极参与由欧盟资助的基因组图谱项目计划，该项目预计耗资超过1亿兹罗提（约2535万美元），以加强波兰在基因组领域的技术能力；2021年，波兰发布转基因生物和微生物管理法规，规定了转基因产品或含转基因成分的产品在波兰市场流通销售的要求，规范对转基因生物和微生物的管理。

3）奥地利

奥地利位于欧洲中部，与匈牙利、斯洛伐克、意大利、斯洛文尼亚、列支敦士登、瑞士、德国、捷克等多国接壤。2018年4月，我国与奥地利签署"一带一路"合作文件。奥地利将能源环境技术作为其研发的战略重点，在生物质能利用等领域技术优势突出。奥地利健康产业历史悠久，制药、医疗设备、医学实验技术和设备以及生物技术发达，医疗设备、医院设施、家用康复、辅助设备的研发和生产是奥地利的长项。近年来，奥地利在生物制药和生物技术领域也取得了快速发展。美国、瑞士等国家的知名企业和基金投资组建了多个子公司，主导了奥地利生物技术发展。

2. 东盟地区

东盟国家在"一带一路"沿线占据着重要位置，各国生物资源丰富，拥有包括森林、红树林、珊瑚礁以及山脉生态系统在内的多种生态系统，丰富的生物资源是发展生物技术的主要因素。

1）新加坡

新加坡位于马来半岛南端、马六甲海峡出入口，北隔柔佛海峡，与马来西亚相邻，南隔新加坡海峡，与印度尼西亚相望。进入21世纪，在生物技术领域积淀已久的新加坡将生物医药产业作为战略发展产业，不断推出如"研究、创新与企业2020计划"（Research, Innovation and Enterprise 2020，RIE2020）、"新加坡医药创新计划"（Pharma Innovation Programme Singapore，PIPS）等政策推动产业发展，并联合企业培养专业技术人才。2020年12月，新加坡出台"研究、创新与企业2025计划"（Research, Innovation and Enterprise 2025，RIE2025），计划5年内投入250亿新元，比之前5年再增加三成，以强化科技创新和研发能力，重点支持的领域包括先进制造技术、生物医药等领域。对于外部投资者，新加坡为其提供大力的优惠政策支持并执行落地，帮助投资与企业搭建伙伴关系，保障国际生物制药企业在新加坡顺利发展。

2）泰国

泰国地处中南半岛中部，东南临太平洋泰国湾，西南临印度洋缅甸海。2017年9月，中泰签署"一带一路"建设和铁路等双边合作文件。2004年至今，泰国持续推行《国家生物技术框架》，该框架旨在鼓励生物技术创新、增强整体竞争力，以及提高生物经济中的生产力；泰国政府于2016年正式提出"泰国4.0"高附加值经济模式，推动更多高新技术和创新技术应用，其中高端旅游与医疗旅游、农业与生物技术、食品深加工、生物能源与生物化工、医疗中心等十个目标产业将成为泰国经济发展的新引擎；2018年，《东部经济走廊（EEC）经济特区法案》正式颁布实施，旨在集中发展高端农业及生物科技、生物材料等十大产业；2019年泰国提出了围绕生物经济、循环经济和绿色经济（bio-circular-green economy，BCG）的经济改革发展新模式，促进环保和经济社会的可持续发展。

3. 其他地区

1) 以色列

以色列地处亚洲西部,北部与黎巴嫩接壤,东北部与叙利亚、东部与约旦、西南部与埃及相邻,西濒地中海,南临亚喀巴湾。新兴技术领域的快速发展推动以色列在生物技术产业取得优异成绩,相关产业快速发展。2018年3月以色列批准了2.64亿美元的国家数字医疗推广计划,该计划是以色列政府扶持高科技和生物技术行业的最新支持举措,将允许初创公司访问数字化储存的医疗数据,并基于此类医疗数据开展大数据研究;以色列发布"通用战略研究计划"将生物技术列为优先领域给予重点支持,该计划23%的费用用于生物技术的研究与开发;近年,以色列更是通过支持创立"风险投资基金"、实施《促进工业R&D法》等方式,加快生物技术等高科技产业发展。

2) 俄罗斯

俄罗斯横跨欧亚大陆,领土包括欧洲的东部和亚洲的北部,是世界上国土最辽阔的国家。早在2015年5月,我国就与俄罗斯在莫斯科发表《中华人民共和国与俄罗斯联邦关于丝绸之路经济带建设和欧亚经济联盟建设对接合作的联合声明》,积极推进"一带一路"建设。俄罗斯大力推进生物技术发展,2019年4月,俄罗斯发布《2019—2027年联邦基因技术发展规划》,计划利用基因编辑技术开发出植物、动物及水产养殖产品新品种,用于保健、农业和工业生物制品以及系统诊断和免疫生物产品。同年7月,俄罗斯批准《有关俄罗斯联邦政府生物技术发展协调委员会》政府决议,目的是在审议生物技术领域国家政策实施相关问题时,协调联邦国家权力机关、联邦主体国家权力机关、地方政府机构、社会团体、科研机构以及其他组织之间的关系。

3) 印度

印度北邻中国、尼泊尔和不丹,西北部邻巴基斯坦,东北部和东部同缅甸和孟加拉国接壤,是南亚次大陆最大的国家。印度有丰富的天然资源,煤、铁、锰等矿产资源储量均居世界前列,还拥有森林、湿地、海岸、草地等生态系统,为印度的生物资源提供了优越的生存条件,让印度成为全球生物多样性和遗传资源最丰富的国家之一。印度早在20世纪80年代就将生物技术作为国家科学技术发展的优先领域,已涉及农业、生物肥料、生物杀虫剂、植物组织培养、动物、海洋资源、环境和生物多样性保护、生物医药技术、生物能源等多个领域。2021年7月,印度发布《2021—2025年国家生物技术发展战略:知识驱动生物经济》,提出了9项生物技术领域关键战略,并布局了推动这些关键战略实现的实施计划。

第二节 "一带一路"沿线国家生物技术研发态势

一、研究论文

采用医药生物技术、农业生物技术和工业生物技术三个领域的不同检索策略，以Web of Science平台中的科学引文索引扩展版（Science Citation Index Expanded，SCIE）收录的期刊论文作为数据源，对70个"一带一路"沿线国家2020—2022年发表的论文进行统计，从而反映这些国家生物技术领域的基础研究概况（数据更新日期：2023年1月20日）。

（一）总体情况

2020—2022这3年间，70个"一带一路"沿线国家在生物技术领域发表研究论文约28.5万篇，约占全球生物技术领域发文总量的27.1%。其中，"一带一路"沿线国家在医药生物技术、工业生物技术和农业生物技术领域参与发表论文的数量分别占全球该领域发文总量的25.2%、35.1%和28.3%（图11-1）。

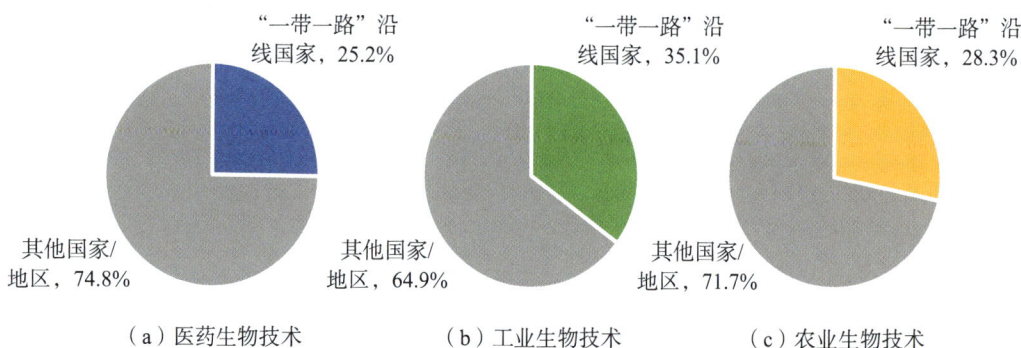

图11-1 2020—2022年70个"一带一路"沿线国家生物技术论文发表情况

从论文发表的年度增长趋势来看，2022年全球生物技术领域发文总量显著降低。其中，医药生物技术领域论文发表基数大，2022年论文年均发文量降低程度相对较小，年均下降率为4.33%。发文数量下降最快的是工业生物技术领域，年均下降率为6.94%。农业生物技术领域发文量也明显下降，年均下降率为6.45%。整体而言，2020—2022年发文数量的增速较2019—2021年有所放缓，其中全球经济增速放缓可能是造成科研产量放缓的原因之一。

在论文发表方面，"一带一路"沿线国家之间积极开展合作，约46.34%的研究论文是这些国家通过国际合作的形式共同研究和发表的。在这些合作发表的研究论文中，意大利合作的论文数量最多，约占全部合作论文数的18.38%，其次是印度和沙特阿拉伯等（表11-4）。

表11-4 70个"一带一路"沿线国家生物技术领域论文合作国家TOP10

序号	国家	合作论文数 / 篇	合作论文占比
1	意大利	24 225	18.38%
2	印度	14 579	11.06%
3	沙特阿拉伯	10 861	8.24%
4	埃及	7 876	5.98%
5	伊朗	7 587	5.76%
6	奥地利	7 002	5.31%
7	巴基斯坦	6 432	4.88%
8	波兰	6 312	4.79%
9	俄罗斯	5 490	4.17%
10	土耳其	5 069	3.85%

在Web of Science平台中，基本科学指标（essential science indicators，ESI）将某特定领域中过去10年间被引用次数排名在全球前1%的文章评为高被引论文（highly cited papers）。"一带一路"沿线国家在医药生物技术、工业生物技术和农业生物技术领域的高被引论文总数分别为1640篇、517篇和338篇（图11-2）。但是约68.46%的高被引论文为与"一带一路"沿线以外国家合作发表的论文。

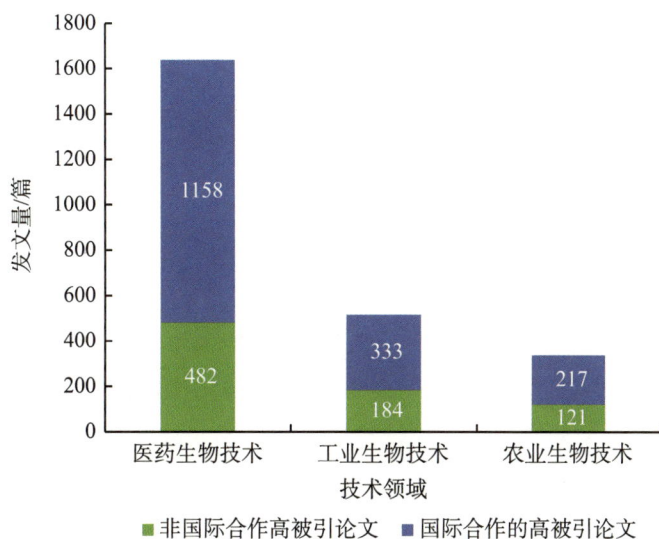

图11-2 高被引论文的国际合作论文与非国际合作论文比例

（二）医药生物技术

相较于其他领域，医药生物技术领域的发文总体数量是最大的。2020—2022年，医药生物技术领域发文量最高的"一带一路"沿线国家是意大利。如图11-3所示，从科研水平的地域分布来看，发文量靠前的国家基本均匀分布在南欧、南亚、中东、西亚、东欧、北非等各个区域。近年来相当多的发达国家，如意大利、奥地利、希腊、葡萄牙等参与共建"一带一路"倡议实施，大大增加了沿线国家医药生物技术的平均水平。另外，印度的论文发表总量增速较前几年有所增长。从区域分布来看，除中亚五国科研水平整体偏低，欧洲区域整体水平较高以外，其他区域的整体水平相差不大。

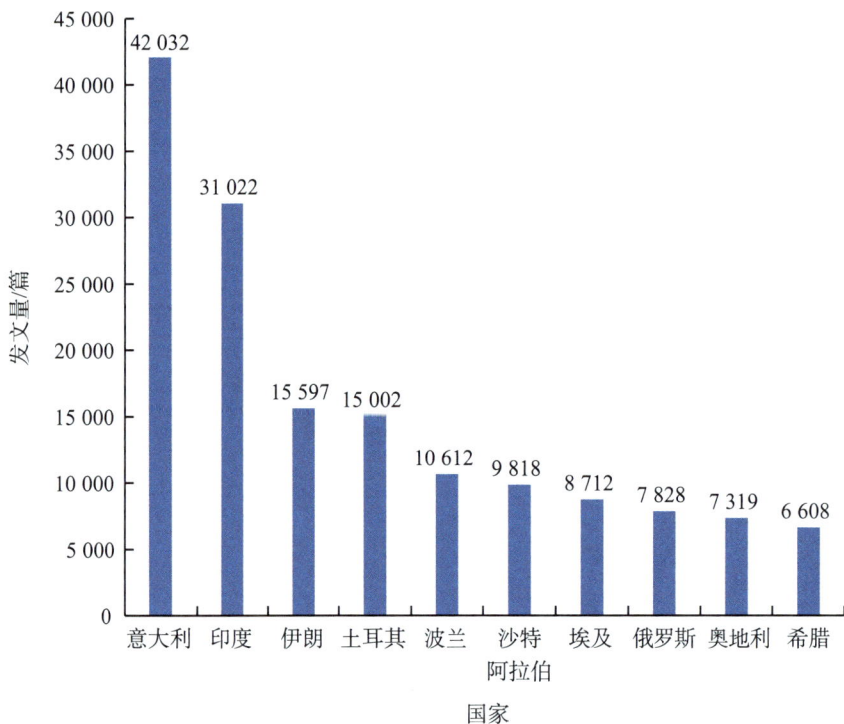

图11-3　2020—2022年70个"一带一路"沿线国家医药生物技术论文发文量TOP10

2020—2022年，意大利、印度和以色列是医药生物技术领域高被引论文发表相对较多的三个沿线国家（图11-4）。其中，意大利的高被引论文数量远远高于其他"一带一路"沿线国家，这说明其总体高质量论文产出较多。从各个国家高被引论文在全部论文数量中所占的比例来看，新加坡的高被引论文占比最大，为2.84%，以色列的高被引论文占比也在2%以上。

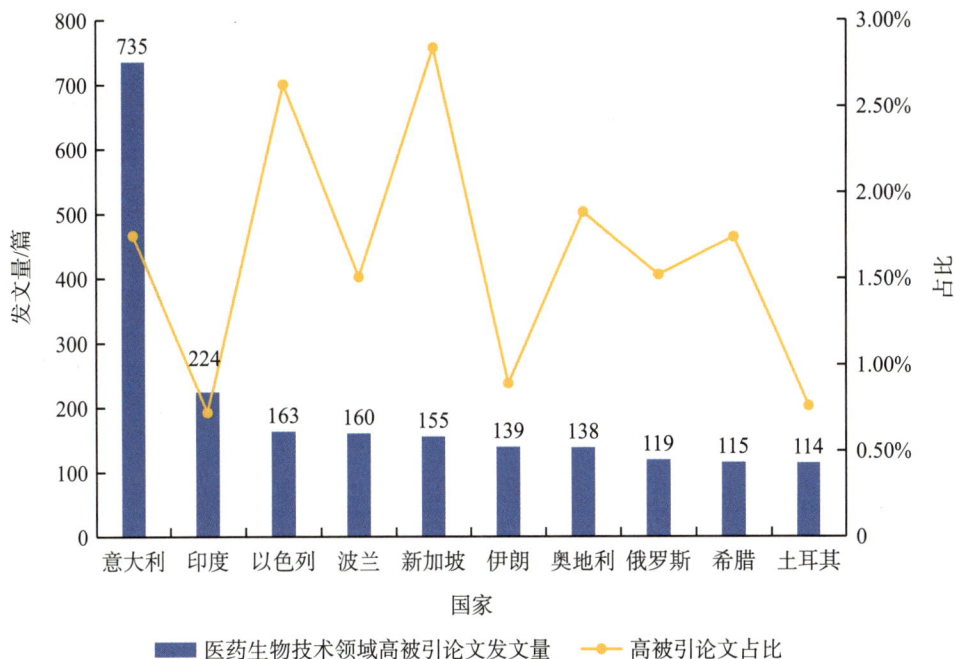

图 11-4　2020—2022年医药生物技术领域高被引论文发文量TOP10国家及其高被引论文占比

　　从研究论文合作网络（图11-5）来看，"一带一路"沿线国家在医药生物技术领域的合作较为紧密，70个沿线国家与中国形成了密集的合作网络。其中，俄罗斯、新加坡与中国的合作关系最为紧密。印度、波兰、奥地利、沙特阿拉伯、埃及、马来西亚、泰国与中国也有较为紧密的合作关系。

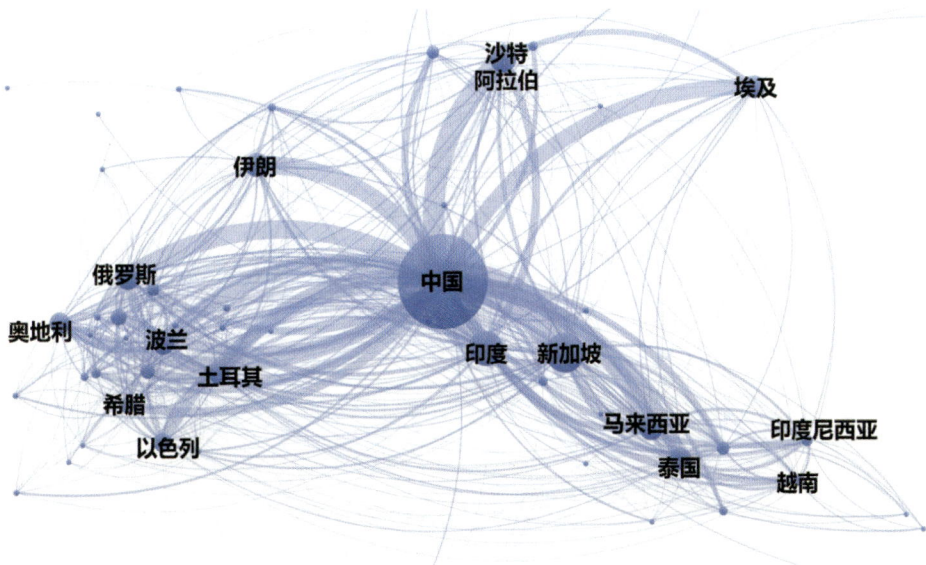

图 11-5　医药生物技术领域"一带一路"沿线国家与中国的论文合作网络

（三）工业生物技术

2020—2022年，工业生物技术领域发文量居于前十位的共建"一带一路"倡议参与国如图11-6所示，印度是发文量最多的国家，其次为意大利、伊朗等国家。从国家分布来看，印度论文成果超过生物技术总体实力强劲的意大利，表明该国工业生物技术处于迅速发展阶段，值得关注。从地域分布来看，国家发文量靠前的国家没有分布在东亚、中亚等地区。

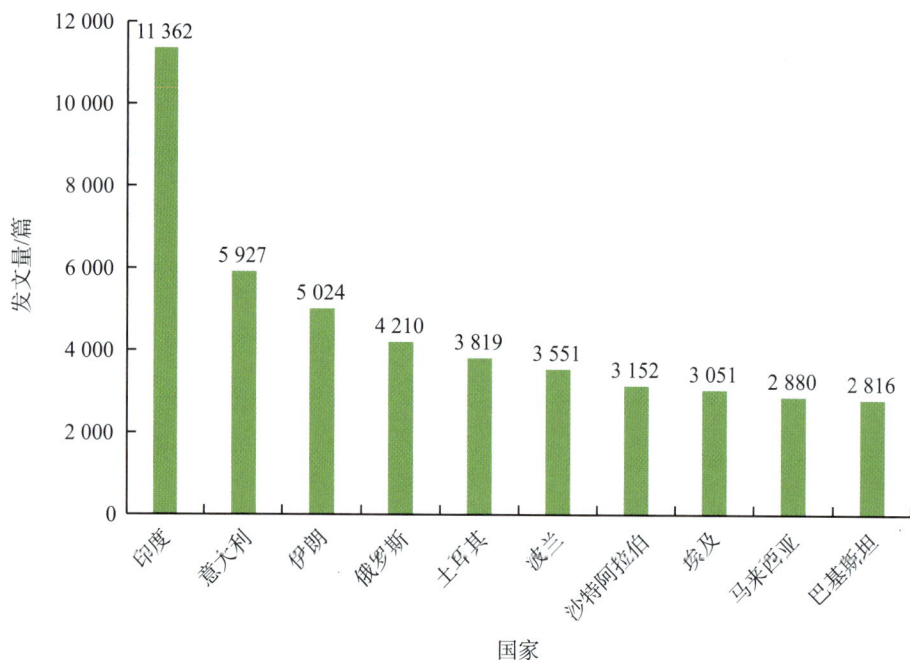

图11-6 2020—2022年70个"一带一路"沿线国家工业生物技术论文发文量TOP10

2020—2022年，印度是工业生物技术领域高被引论文发文数量最多的国家，且领先程度远超其他国家，优势明显，而其余9个国家高被引论文发文数量较为接近（图11-7）。从高被引论文占比情况来看，印度、伊朗、意大利和土耳其占比较低，分别为1.36%、1.31%、0.81%和0.76%。值得注意的是，越南超过新加坡成为高被引论文占比最大的国家，为2.94%；新加坡紧随其后为2.84%。此外，巴基斯坦、沙特阿拉伯和马来西亚的工业生物技术领域高被引论文占比也在2%以上。

从研究论文合作网络（图11-8）来看，在工业生物技术领域，巴基斯坦、埃及、马来西亚、新加坡和印度与中国有较紧密的合作关系。

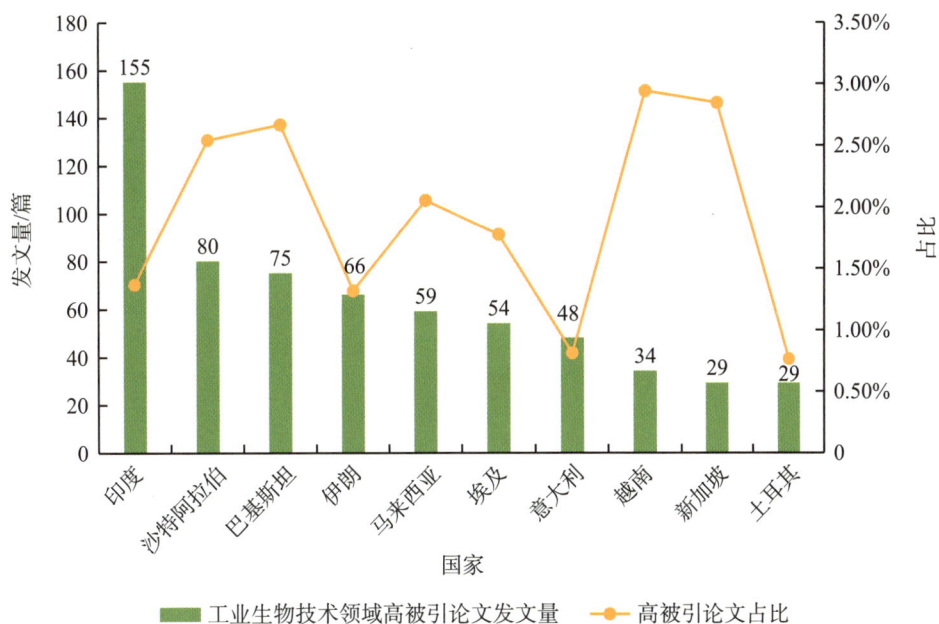

图 11-7　2020—2022年工业生物技术领域高被引论文发文量TOP10国家及其高被引论文占比

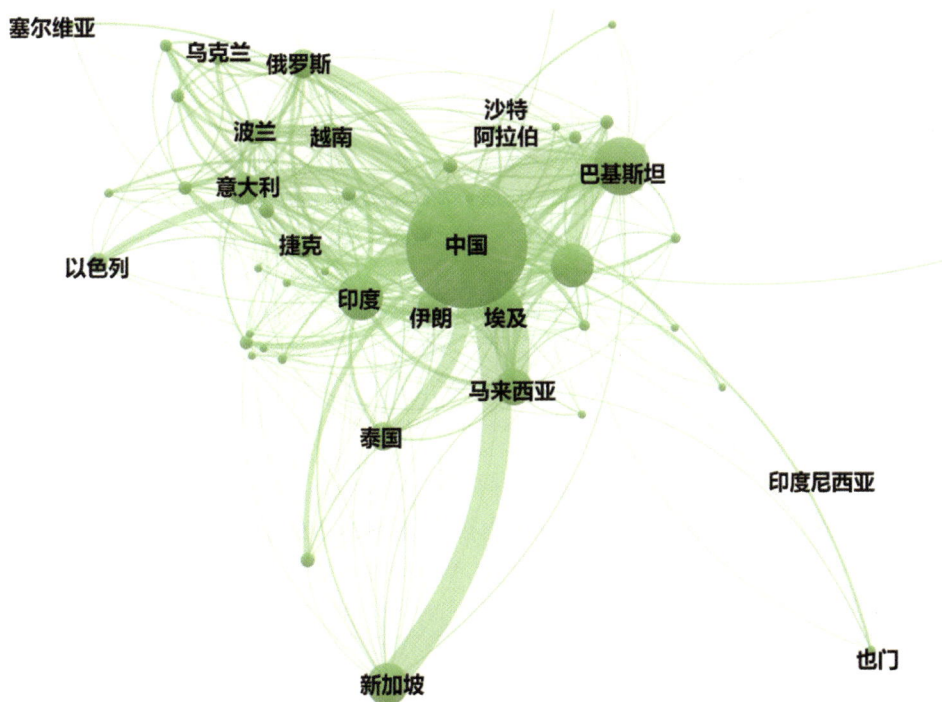

图 11-8　工业生物技术领域"一带一路"沿线国家与中国的论文合作网络

（四）农业生物技术

2020—2022年，农业生物技术领域发文量前十的"一带一路"共建国家如图11-9所示，印度是发文量最多的国家，作为第一梯队，总体发文量远超其他共建"一带一路"倡议参与国，较前几年发文量增速提升；第二梯队为意大利、俄罗斯、伊朗三国。从科研水平地域分布来看，国家发文量靠前的国家没有位于东亚和中亚地区。各国差异较为明显，但除中亚五国科研水平整体偏低，欧洲地区随新加入的若干发达国家带动整体科研水平提升，其他区域的整体水平相差不大。

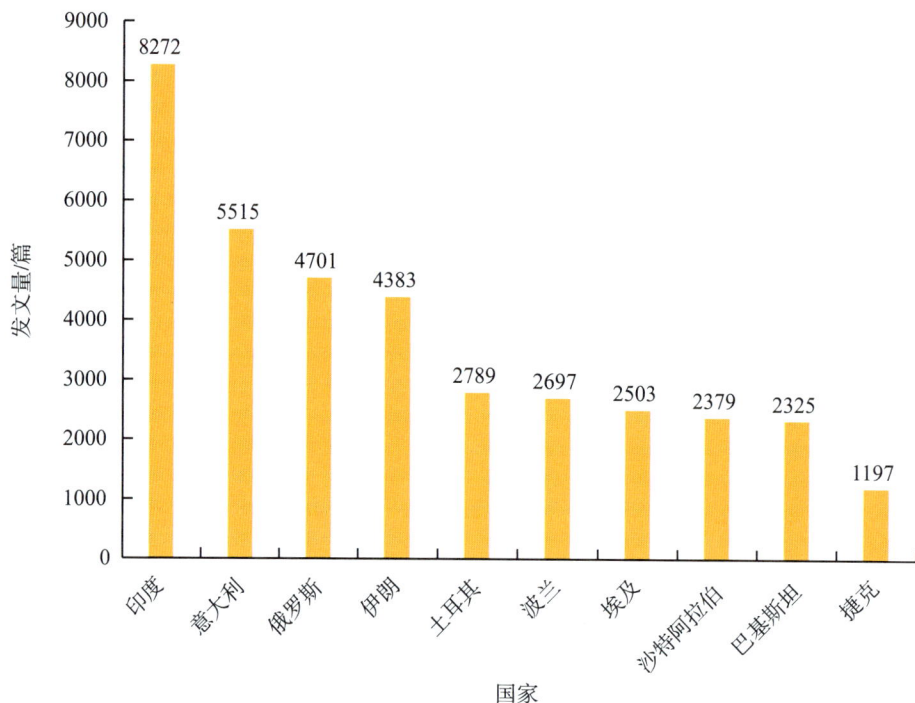

图11-9　2020—2022年70个"一带一路"沿线国家农业生物技术论文发文量TOP10

2020—2022年，意大利是农业生物技术领域高被引论文发文数量最多的国家，与居于第二的沙特阿拉伯共同引领农业生物技术领域的高被引论文发文量（图11-10）。TOP10国家中，巴基斯坦、印度、埃及作为第二梯队国家发文量紧随其后，而其余五国的高被引论文发文数量均比较接近。从高被引论文占比情况来看，土耳其、波兰、印度及伊朗占比均低于1%，分别为0.97%、0.82%、0.74%、0.62%。沙特阿拉伯、巴基斯坦和埃及的高被引论文占比均高于2%，分别为2.98%、2.75%和2.36%。此外，捷克、意大利、奥地利等国的高被引论文占比也在1.20%以上。

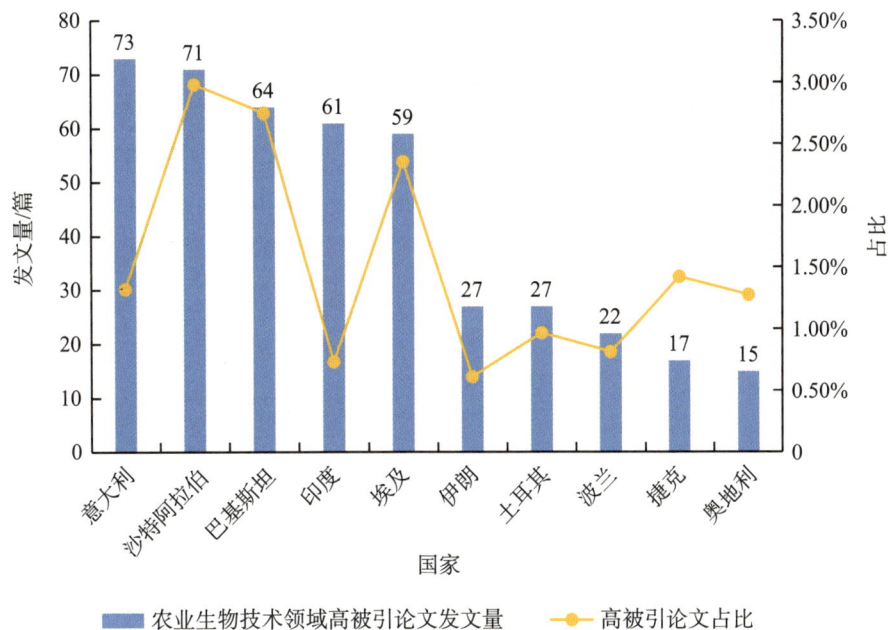

图11-10 2020—2022年农业生物技术领域高被引论文发文量TOP10国家及其高被引论文占比

从研究论文合作网络（图11-11）来看，在农业生物技术领域，巴基斯坦与中国保持最为紧密的合作关系。此外，中国与沙特阿拉伯、印度、埃及、新加坡等多国都有较为紧密的合作关系。

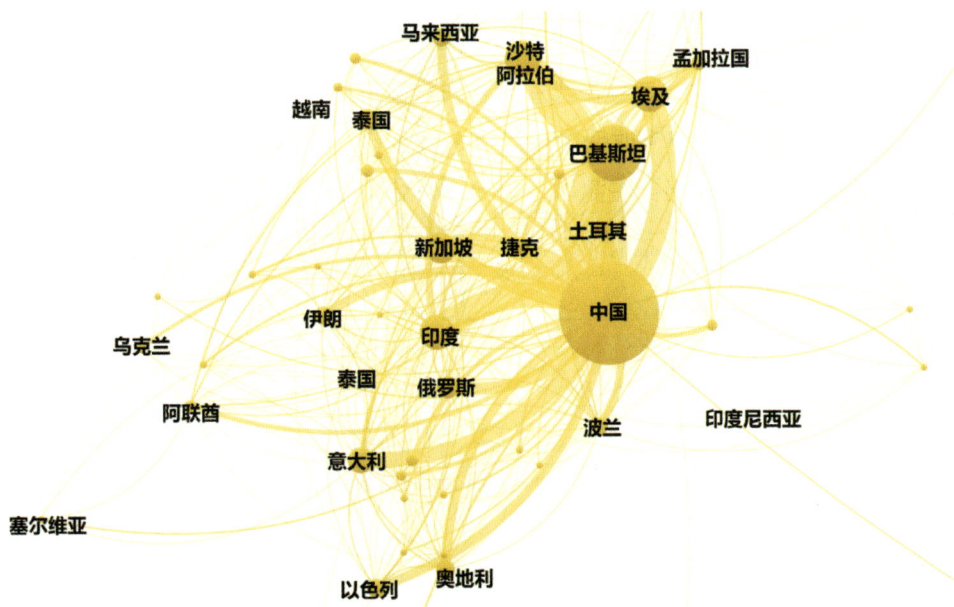

图11-11 农业生物技术领域"一带一路"沿线国家与中国的论文合作网络

二、专　　利

基于经济合作与发展组织（Organization for Economic Co-operation and Development, OECD）对生物技术的定义，梳理生物技术专利IPC（international patent classification, 专利国际分类），划分出医药生物技术、工业生物技术和农业生物技术的专利定义，将IPC与关键词结合制定检索策略，并在专家咨询的基础上确定检索策略。利用incoPat数据库，检索公开年为2020—2022年的70个"一带一路"沿线国家在上述三类领域的专利情况，并进行计量分析，以揭示70个国家生物技术的开发概况（数据检索日期：2023年1月13日）。

（一）总体情况

2020—2022年，70个"一带一路"沿线国家申请了13 264件专利，公开了27 455件专利（图11-12），公开专利数量与2019—2021年同比增长了10.3%，其中2021年公开专利9983件。申请国排名方面，印度、以色列、俄罗斯三个国家申请生物技术专利最多，分别为7505件、4232件和2933件（图11-13）。

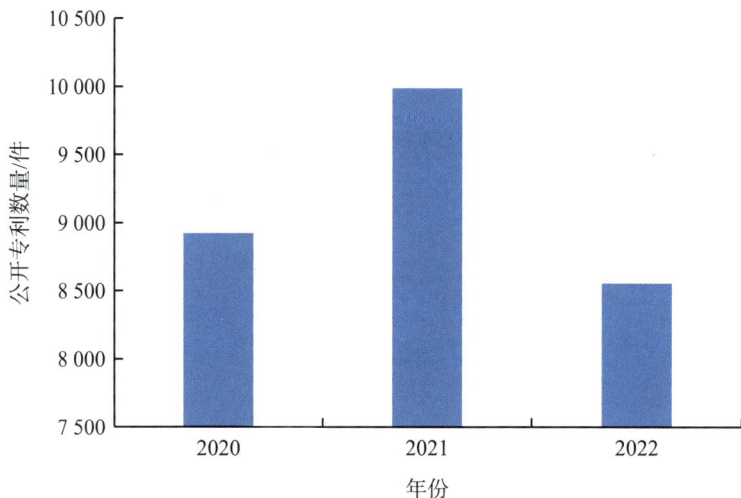

图 11-12　2020—2022年70个"一带一路"沿线国家生物技术专利公开数量
专利公开存在滞后现象，2021年和2022年数据仅供参考，下同

在专利合作方面，新加坡是专利合作申请数量最多的国家，这3年间在生物技术领域与其他国家合作申请了355件专利，占全部合作专利数量的20.45%，其次是以色列和意大利，合作申请的专利数量分别为255件和235件（表11-5）。

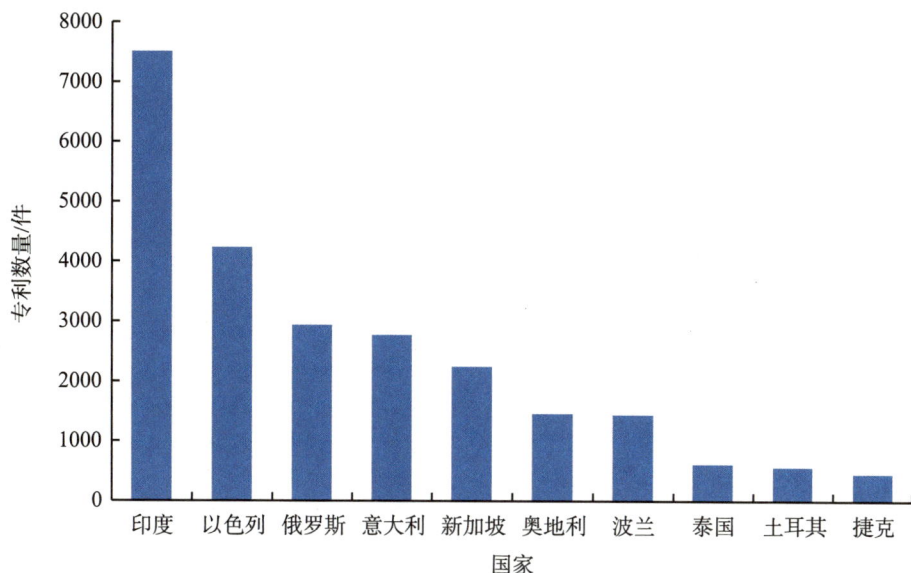

图 11-13 2020—2022 年 70 个"一带一路"沿线国家申请生物技术专利 TOP10 国家

表 11-5 2020—2022 年 70 个"一带一路"沿线国家合作申请专利 TOP10 国家

序号	国家	合作专利数/件	合作专利占比
1	新加坡	355	20.45%
2	以色列	312	17.97%
3	意大利	255	14.69%
4	奥地利	235	13.54%
5	印度	130	7.49%
6	俄罗斯	98	5.65%
7	卢森堡	58	3.34%
8	葡萄牙	47	2.71%
9	泰国	36	2.07%
10	立陶宛	30	1.73%

（二）医药生物技术

2020—2022 年，70 个"一带一路"沿线国家总计公开了 15 579 件医药生物技术专利，其中 2020 年和 2021 年专利公开数量均超过 5000 件（图 11-14）。70 个"一带一路"沿线国家中，2020—2022 年印度、以色列、俄罗斯三个国家申请医药生物技术专利最多，分别为 3709 件、2643 件和 2196 件，专利公开紧随其后的以经济发达国家和欧盟国家为主，如意大利、新加坡、奥地利、波兰等（图11-15）。

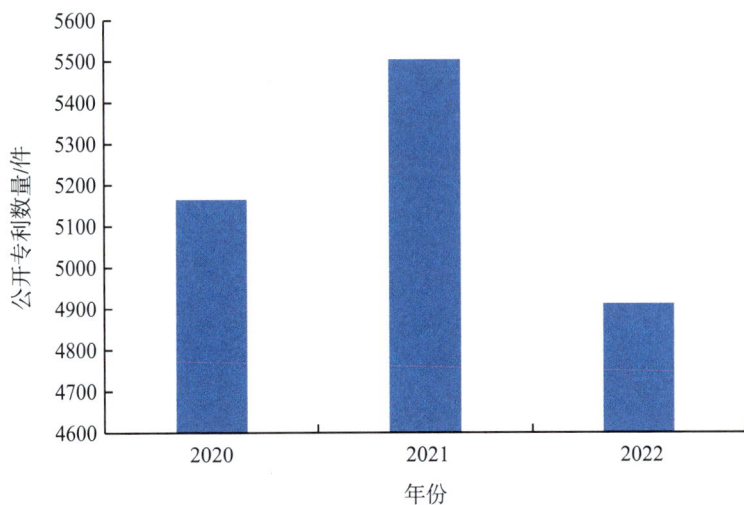

图11-14　2020—2022年70个"一带一路"沿线国家医药生物技术专利公开数量

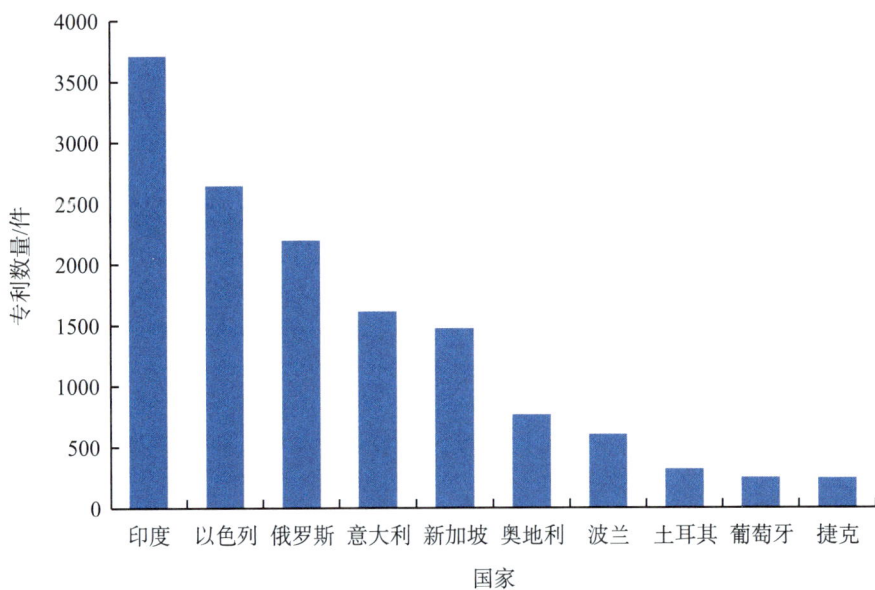

图11-15　2020—2022年70个"一带一路"沿线国家申请医药生物技术专利TOP10国家

专利国际合作方面，2020—2022年医药生物技术合作申请的专利共有1277件，70个"一带一路"沿线国家之间的合作相对较弱，而与美国、德国等发达国家的合作则更为密切（图11-16），其中与美国合作较多，合作专利数量分别为458件、215件和185件，与中国合作的申请的专利数量有34件，与发达国家相比，70个"一带一路"沿线国家与中国的专利合作申请数量还较少，未来仍需加大合作力度。

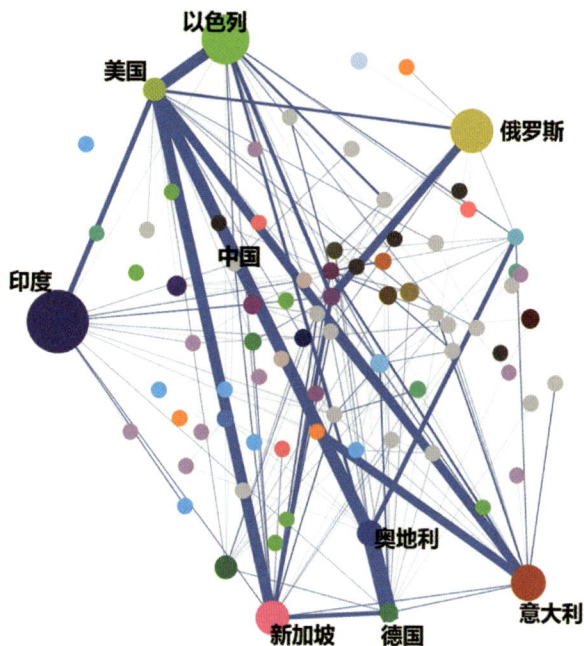

图11-16 70个"一带一路"沿线国家与中国及主要发达国家医药生物技术
专利国际合作网络图

（三）工业生物技术

2020—2022年，70个"一带一路"沿线国家总计公开了11 840件工业生物技术专利，2021年公开的专利数量最多，为4337件（图11-17），其中印度在该领域申请的专利最多，为3652件，其次分别是以色列和俄罗斯（图11-18），工业生物技术专利申请国家排名趋势与医药生物技术大体一致。

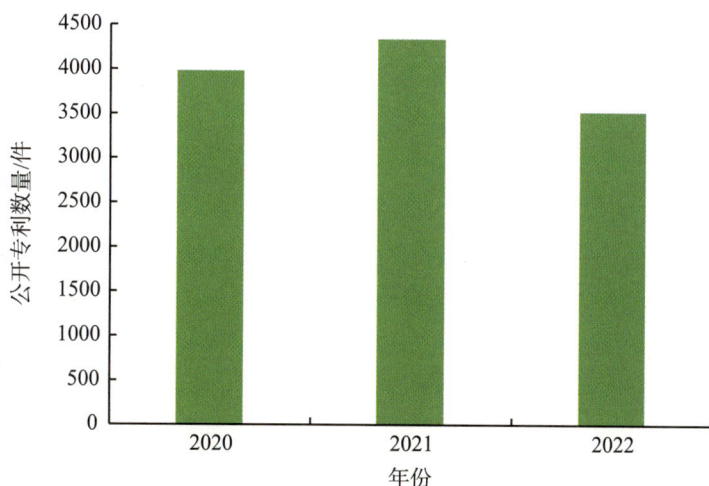

图11-17 2020—2022年70个"一带一路"沿线国家工业生物技术专利公开数量

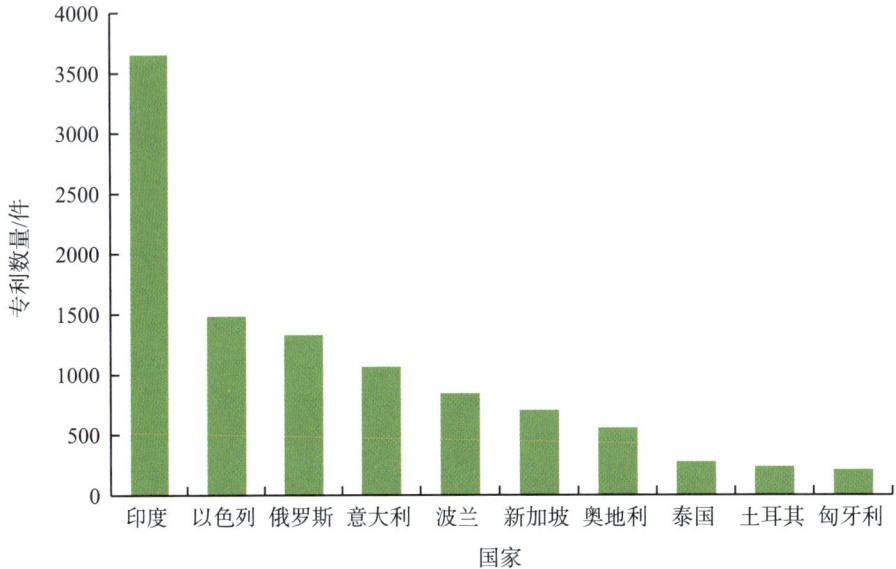

图 11-18　2020—2022 年 70 个"一带一路"沿线国家申请工业生物技术专利 TOP10 国家

　　专利的国际合作方面，国际合作的专利共计 500 件，与医药生物技术合作趋势相似，70 个"一带一路"沿线国家合作申请专利数量较少，主要与美国、德国、法国等国家国际合作较为紧密（图 11-19），除中国和印度外，合作最多的国家均为发达国家，其中与美国合作最多，合作专利达到 187 件。

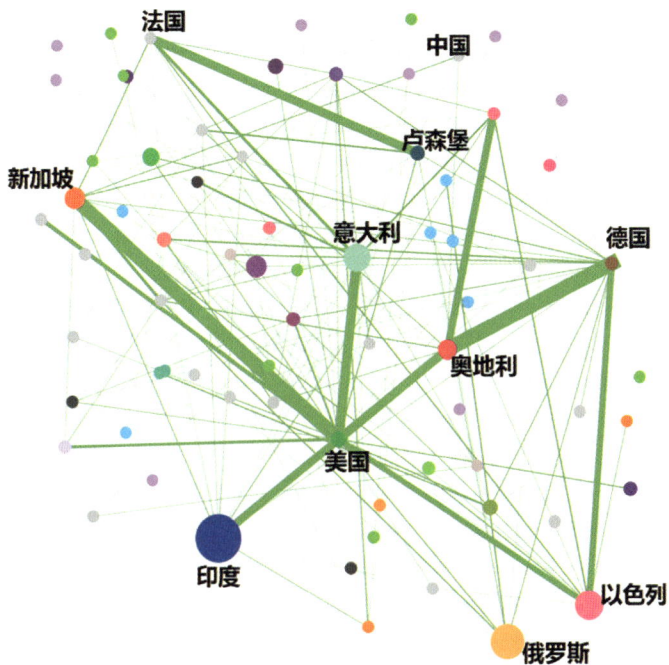

图 11-19　70 个"一带一路"沿线国家与中国及主要发达国家工业生物技术专利国际合作网络图

（四）农业生物技术

2020—2022年，70个"一带一路"沿线国家总计公开了2578件农业生物技术专利（图11-20），这3年该领域专利公开数量较为稳定，其中以色列、印度和俄罗斯申请的农业生物技术专利最多，分别为762件、610件和325件（图11-21）。

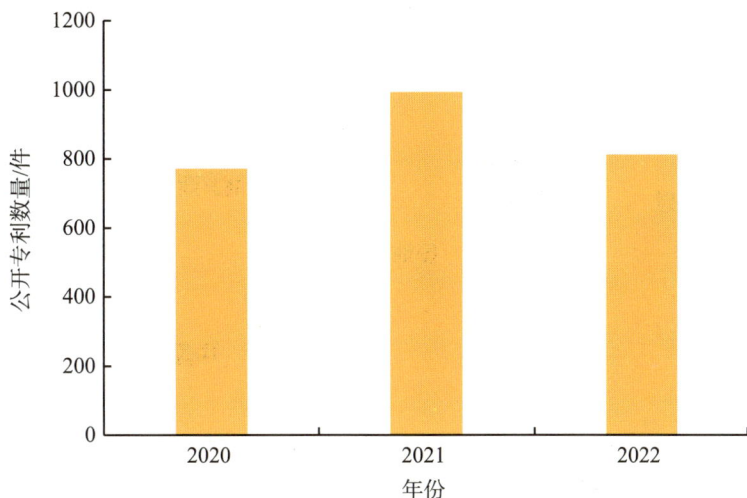

图11-20　2020—2022年70个"一带一路"沿线国家农业生物技术专利公开数量

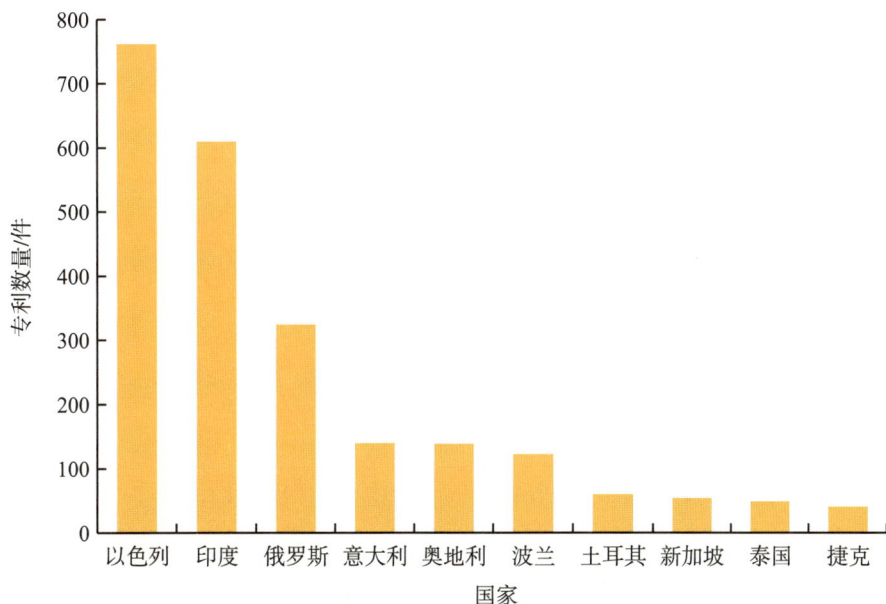

图11-21　2020—2022年70个"一带一路"沿线国家申请农业生物技术专利TOP10国家

专利国际合作方面，农业生物技术有国际合作的专利共计179件，除了奥地利与美国和德国在该领域合作申请专利较为紧密外，农业生物技术领域各国合作较少（图11-22），70个沿线国家之间的合作更少，未来需加强合作。

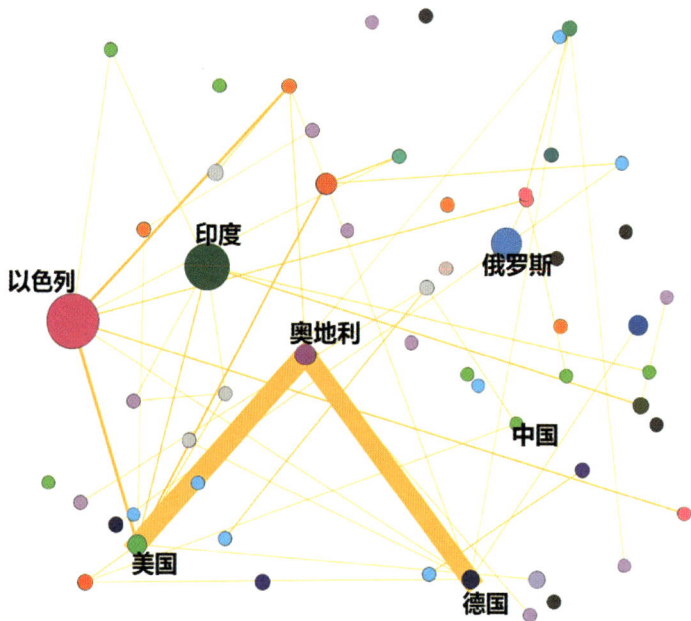

图 11-22　70个"一带一路"沿线国家与中国及主要发达国家农业生物技术专利国际合作网络图

第三节　"一带一路"沿线国家生物技术产业发展

一、产业发展概况

近年，各国通过各种举措加大对生物技术有关产业的支持和发展力度，"一带一路"沿线国家生物产业也得到快速发展。本节选取部分"一带一路"沿线国家，简述其生物技术相关产业的发展情况。

生物医药是新加坡重点培育的战略性新兴产业，根据公开报道，2021年新加坡生物医药制造业全年的总产值约为160亿美元，同比增长11.1%。新冠大流行以来，BioNTech、Moderna等全球mRNA疫苗巨头相继投资新加坡，赛诺菲在新加坡建设了首个亚洲疫苗生产中心，旨在服务亚洲市场未来的流行病需求。另外，顶尖跨国药企如艾伯维、诺华、辉瑞、罗氏、雅培等也在新加坡建造了生产基地，并且深耕东南亚市场。

以色列是西亚生物技术发展较快的国家，生物技术产业综合实力全球领先。以色列生物产业的跨学科特征明显，特别是信息技术与生物技术的交叉十分明显，以色列有超过95%的医疗器械产品使用了现代信息技术，是全球医疗器械制造领域信息技术运用最为广泛的国家。此外，以色列生物技术产业的公司主要集中在雷霍沃特、耶路撒冷和特拉维夫3个主要城市，位于雷霍沃特的魏茨曼科学园是以色列生物技术企业最集中的地区。

印度尼西亚和马来西亚两个东南亚国家是世界上两大棕榈油生产国，棕榈油分别占其出口总额的近10%和5%。棕榈油行业为两个国家累计约500万人提供了就业机会，另有1100万人间接依赖棕榈油行业。作为世界第二大棕榈油生产国，印度尼西亚还使用粗棕榈油作为生产生物柴油的主要原料，将30%的棕榈油混入柴油中制成B30，可减少进口燃料油并减少温室气体排放。

印度是南亚地区生物技术发展的代表国家，生物医药研发水平居于世界前列，截至2022年，印度已有近300家较大规模的生物医药研发机构。近年来印度生物医药市场规模快速增长，根据火石创造的数据，2021年印度生物医药市场规模达420亿美元，预计到2030年增长至1200亿—1300亿美元。目前印度已成为全球最大的仿制药供应国，印度90%的公司主要从事仿制药的生产，占据了全球近20%仿制药市场，供应美国近40%的仿制药需求、全球近60%的疫苗需求。

整体看，近几年"一带一路"沿线国家生物技术产业总体规模不断壮大。像新加坡这样聚集全球顶尖企业的国家，印度尼西亚和马来西亚这样生物资源丰富的国家，印度这样医药技术发达、市场广阔的国家，均带动了"一带一路"沿线国家生物技术和产业的快速发展。未来，随着政策环境的不断优化、资源配置的不断丰富、合作环境的不断活跃，"一带一路"沿线国家生物技术产业将有更多共赢发展的机会。

二、产品进出口分析

以HS编码为基础，通过Global Trade Tracker数据库，检索2020—2022年70个"一带一路"沿线国家在医药生物技术、工业生物技术和农业生物技术三个领域的进出口数据并加以分析，以揭示70个国家生物技术的产出。数据检索时间为2023年1月16日，需要注意的是：2022年数据仅获取到2022年11月，因此本节2022年数据仅供参考。

（一）总体情况

2020—2022年，70个"一带一路"沿线国家进口总额为5457.18亿美元（图11-23），同比下降2.28%，出口总额为4130.66亿美元，同比增长1.66%。不管是进口还是出口，均以医药生物技术进出口额占绝大多数，进出口占比均超过80%。

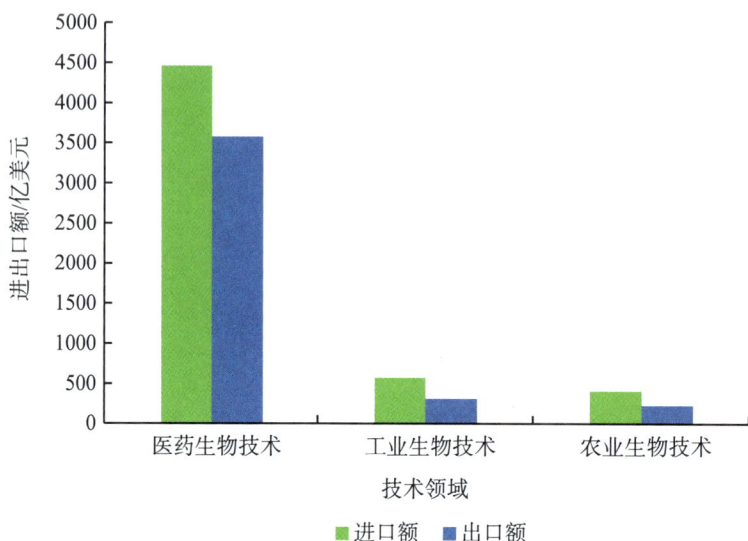

图 11-23　70个"一带一路"沿线国家在生物技术领域的进出口分布

　　从进口额排名情况来看，意大利是进口额最多的国家，其次是奥地利和波兰（图11-24），可以看出，排名前20的国家中，欧洲地区国家数量最多。大部分国家的进口产品以医药生物技术类产品为主。从出口额排名情况来看，意大利、印度和奥地利在生物技术领域的出口额位居前三甲（图11-25），大部分国家的出口也主要为医药生物技术产品。

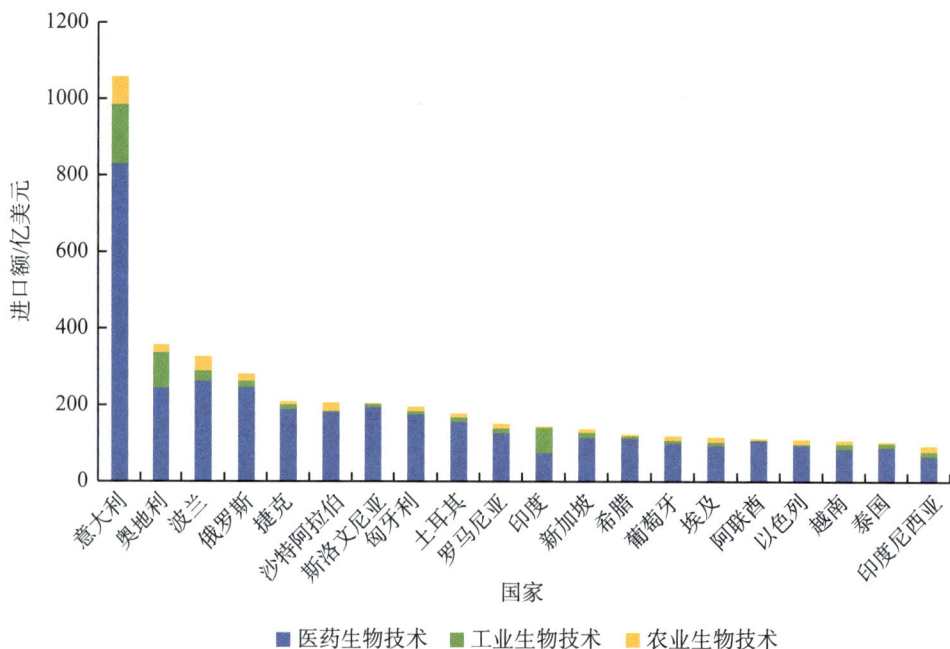

图 11-24　70个"一带一路"沿线国家生物技术领域中进口额 TOP20 国家

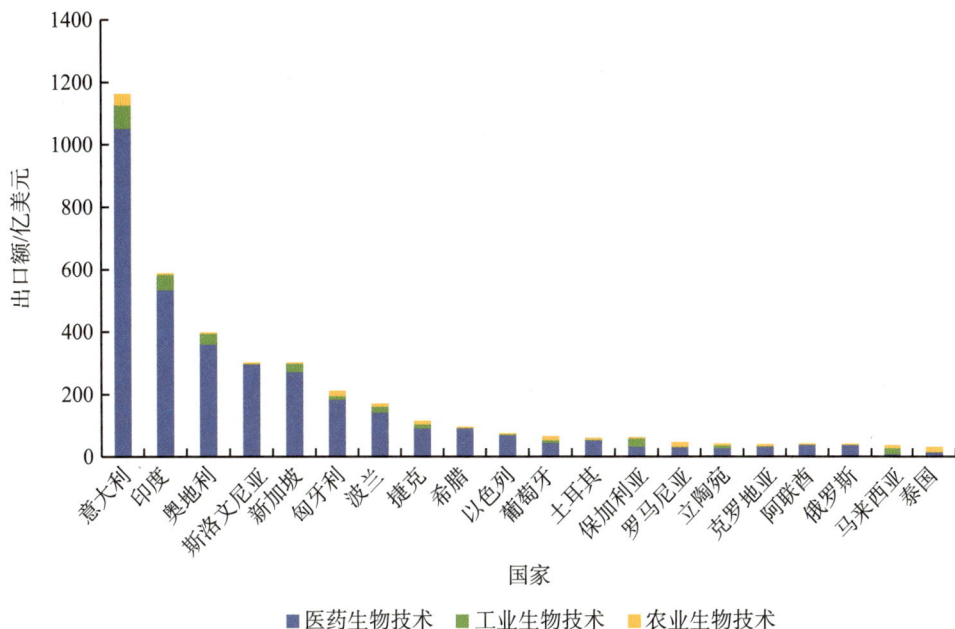

图 11-25 70个"一带一路"沿线国家生物技术领域中出口额TOP20国家

（二）医药生物技术

从进口情况来看，2020—2022年，70个"一带一路"沿线国家在医药生物技术产品领域的进口总额达4466.13亿美元（图11-26），同比下降2.25%。从产品具体类别来看，超过60%的产品是由混合或非混合产品构成的药品（图11-27）。进口额排名位居前列的国家主要有意大利、波兰、俄罗斯、奥地利和斯洛文尼亚（图11-28），其中产品以血液制品、由混合或非混合产品构成的药品为主（图11-29）。

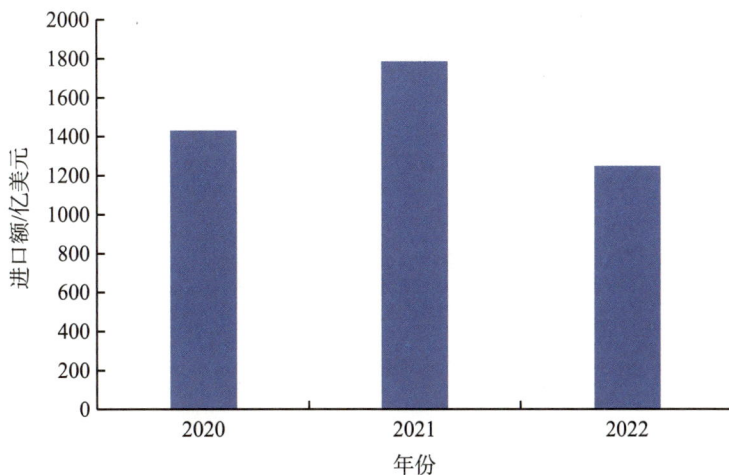

图 11-26 2020—2022年70个"一带一路"沿线国家医药生物技术领域进口额

1%

1%

34%

64%

- ■ 供治疗或预防疾病的未列名 的人体或动物制品
- ■ 人血；医用动物血制品；抗 血清、疫苗等
- ■ 成分≥两种的混合药品，未 配定剂量
- ■ 由混合或非混合产品构成的 药品，已配定剂量

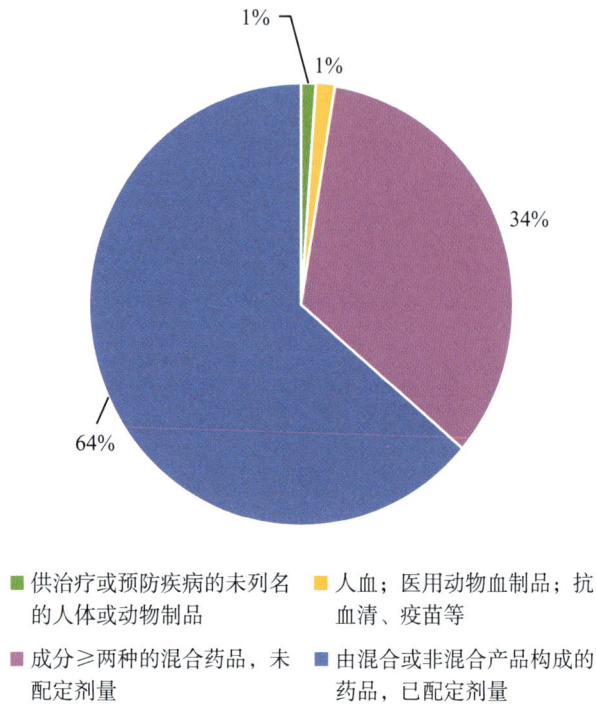

图 11-27　医药生物技术领域进口产品类别

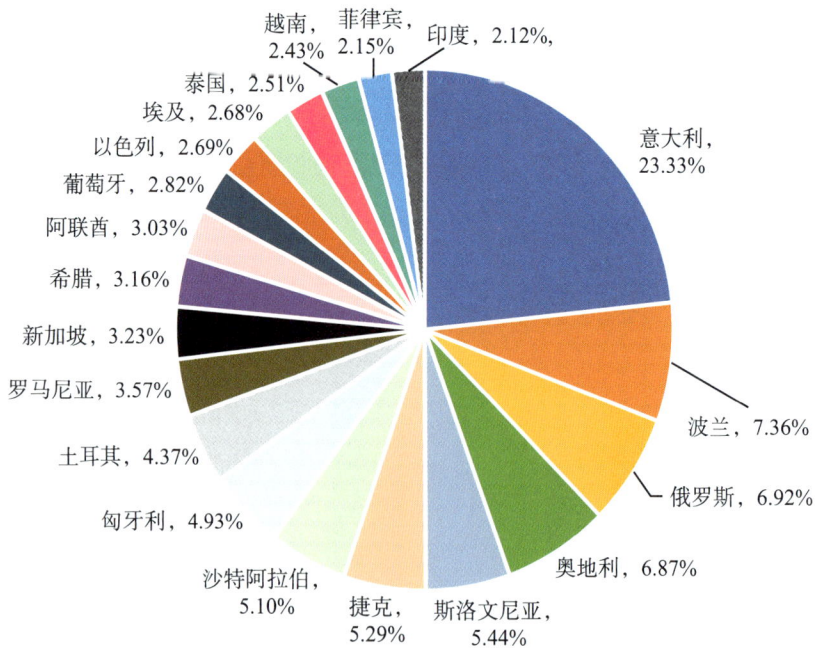

越南，2.43%

菲律宾，2.15%

印度，2.12%，

泰国，2.51%

埃及，2.68%

以色列，2.69%

葡萄牙，2.82%

阿联酋，3.03%

希腊，3.16%

新加坡，3.23%

罗马尼亚，3.57%

土耳其，4.37%

匈牙利，4.93%

沙特阿拉伯，5.10%

捷克，5.29%

斯洛文尼亚，5.44%

奥地利，6.87%

俄罗斯，6.92%

波兰，7.36%

意大利，23.33%

图 11-28　2020—2022 年医药生物技术领域 TOP20 国家的进口额分布

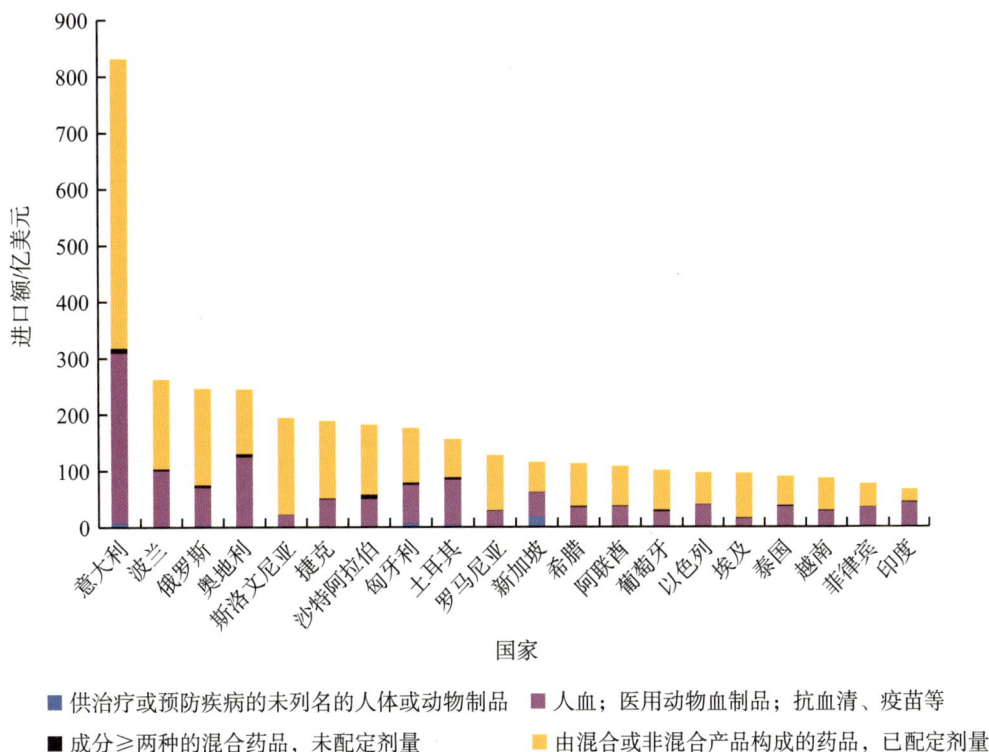

图 11-29 2020—2022 年医药生物技术领域 TOP20 国家的进口额组成

从出口情况来看，2020—2022 年，70 个"一带一路"沿线国家在医药生物技术产品领域的出口总额达 3578.71 亿美元（图 11-30），同比增长 2.37%。从产品具体类别来看，超过 70% 的产品是由混合或非混合产品构成的药品（图 11-31）。意大利、印度、奥地利、斯洛文尼亚和新加坡是出口医药生物技术类产品最多的 5 个国家（图 11-32），与进口产品情况相似，产品也是以血液制品、由混合或非混合产品构成的药品为主（图 11-33）。

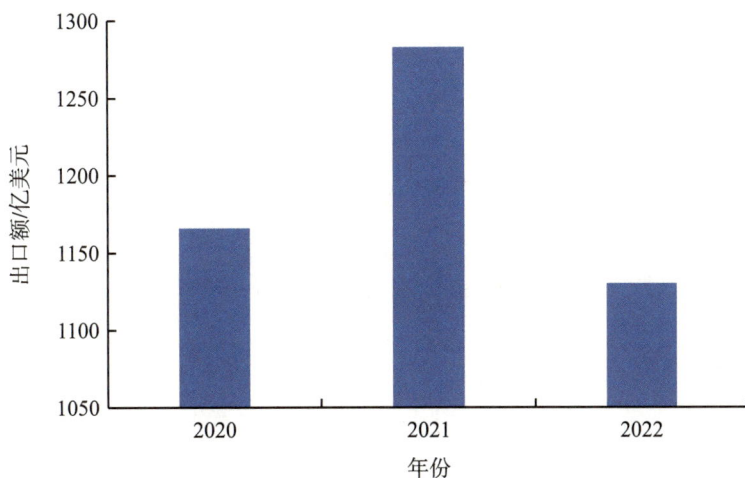

图 11-30 2020—2022 年 70 个"一带一路"沿线国家医药生物技术领域出口额

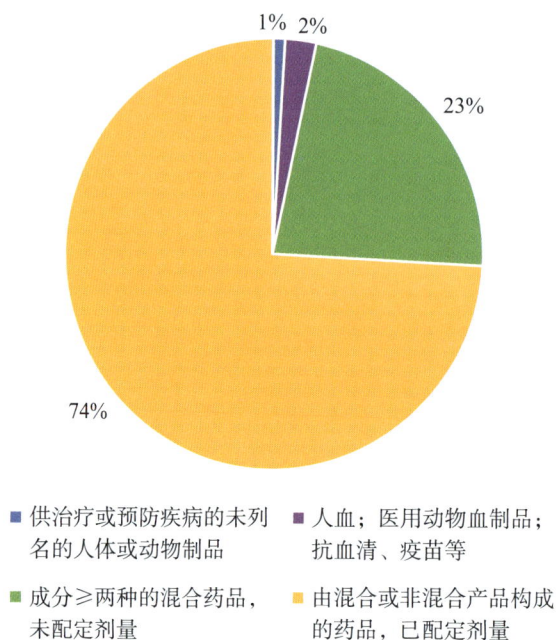

图 11-31   医药生物技术领域出口产品类别

图例：
- 供治疗或预防疾病的未列名的人体或动物制品
- 人血；医用动物血制品；抗血清、疫苗等
- 成分≥两种的混合药品，未配定剂量
- 由混合或非混合产品构成的药品，已配定剂量

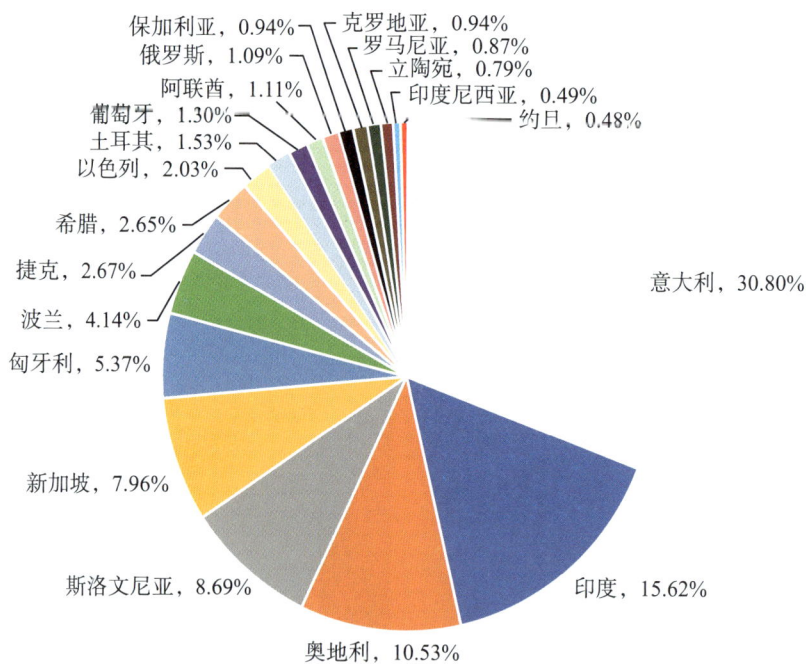

图 11-32   2020—2022 年医药生物技术领域 TOP20 国家的出口额分布

（图中标注）
- 保加利亚，0.94%
- 克罗地亚，0.94%
- 俄罗斯，1.09%
- 罗马尼亚，0.87%
- 阿联酋，1.11%
- 立陶宛，0.79%
- 葡萄牙，1.30%
- 印度尼西亚，0.49%
- 土耳其，1.53%
- 约旦，0.48%
- 以色列，2.03%
- 希腊，2.65%
- 捷克，2.67%
- 意大利，30.80%
- 波兰，4.14%
- 匈牙利，5.37%
- 新加坡，7.96%
- 斯洛文尼亚，8.69%
- 印度，15.62%
- 奥地利，10.53%

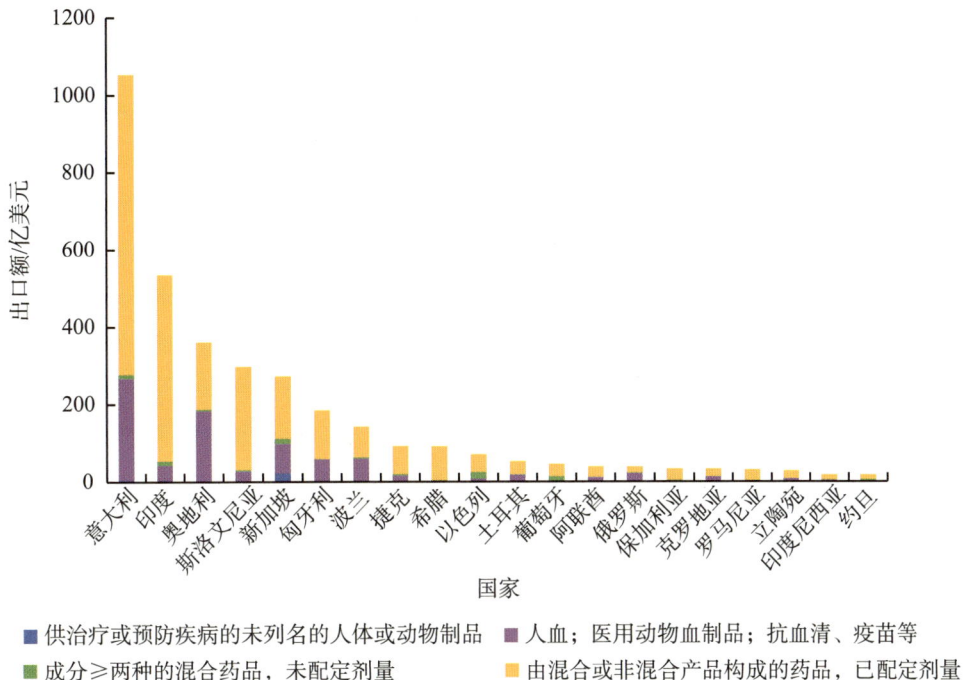

图11-33　2020—2022年医药生物技术领域TOP20国家的出口额组成

（三）工业生物技术

从进口情况来看，2020—2022年，70个"一带一路"沿线国家在工业生物技术产品领域的进口总额达577.73亿美元（图11-34），同比增长0.43%。从产品具体类别来看，激素及其衍生物和结构类似物、抗生素和生物柴油及其混合物三类产品占比均超过20%（图11-35）。2020—2022年进口额排名前五位国家有：意大利、奥地利、印度、波兰和保加利亚（图11-36），其中意大利和奥地利进口产品以激素及其衍生物和结构类似物为主，印度以抗生素类产品为主，波兰和保加利亚以生物柴油及其混合物类产品为主（图11-37）。

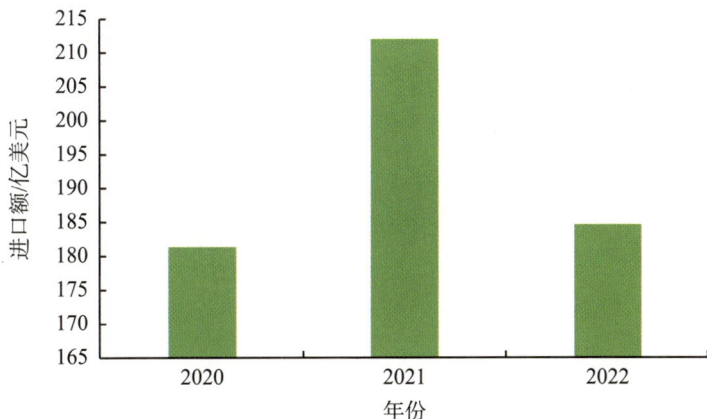

图11-34　2020—2022年70个"一带一路"沿线国家工业生物技术领域进口额

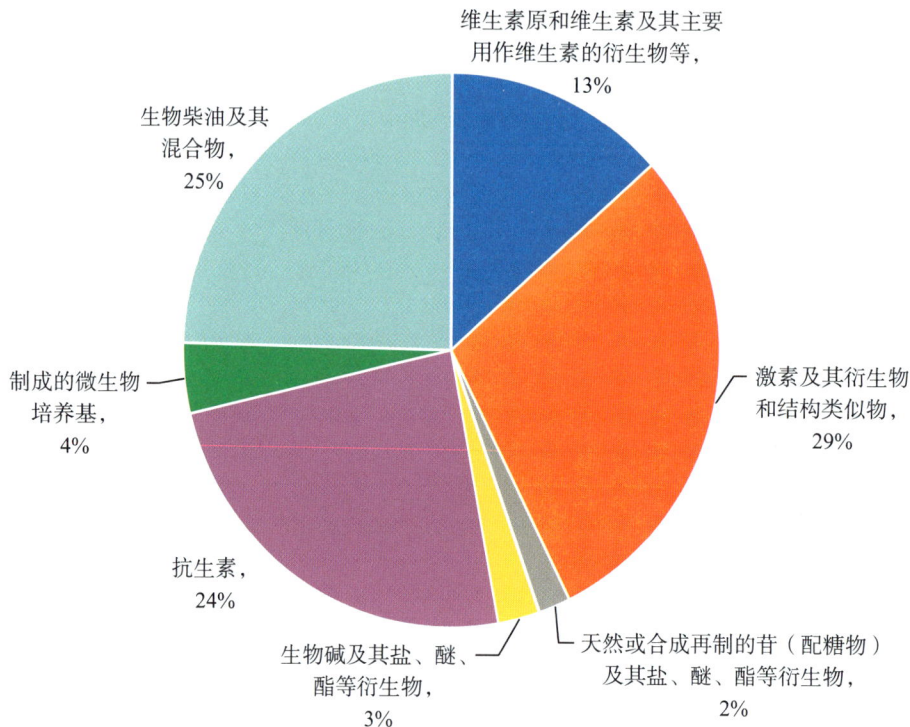

图 11-35   工业生物技术领域进口产品类别

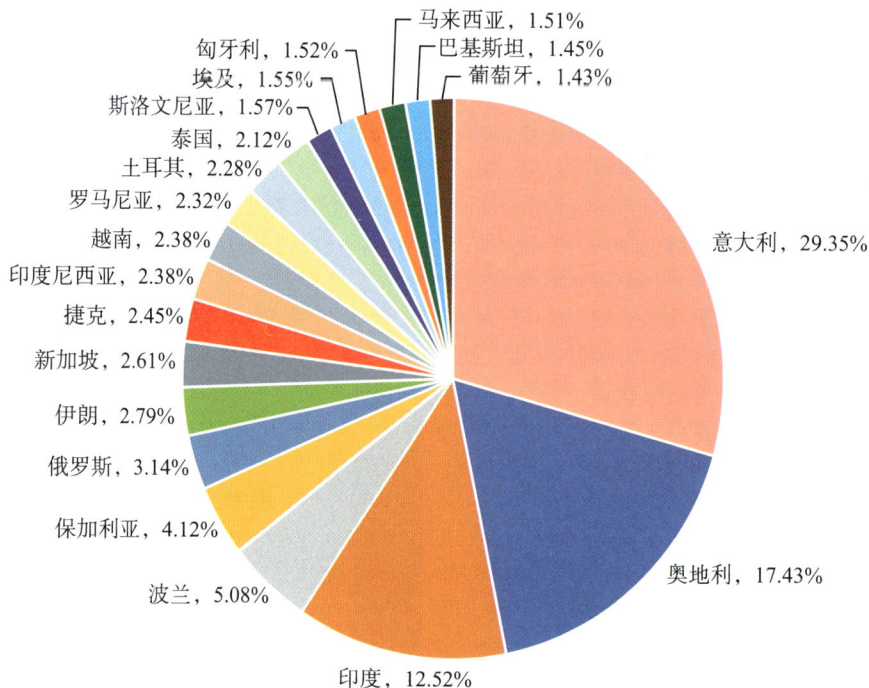

图 11-36   2020—2022 年工业生物技术领域 TOP20 国家的进口额分布

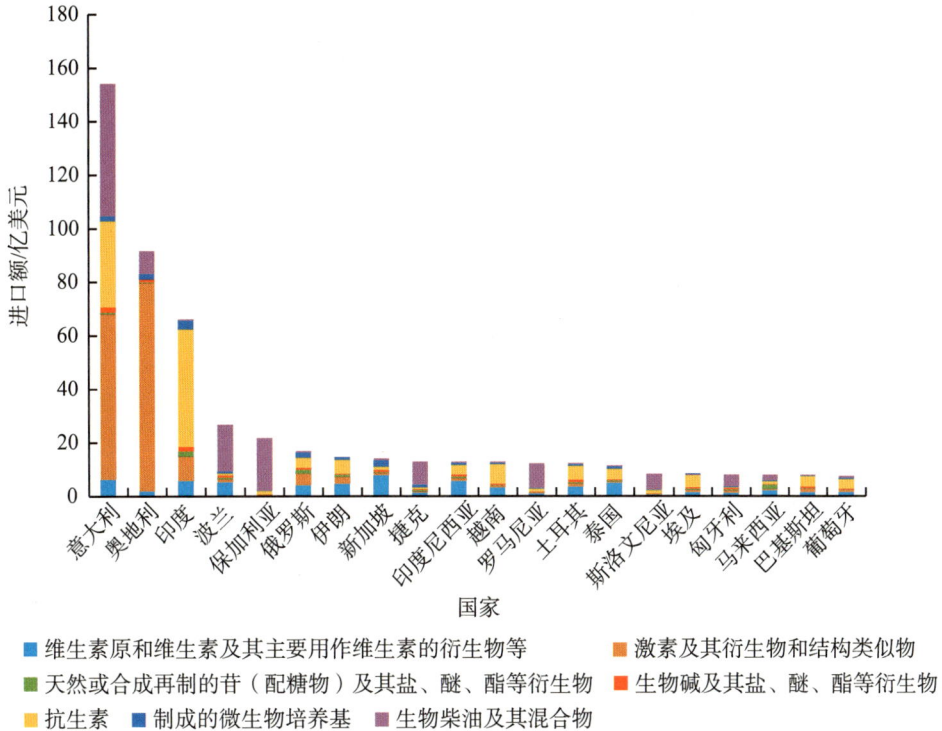

图11-37 2020—2022年工业生物技术领域TOP20国家的进口额组成

从出口情况来看，2020—2022年，70个"一带一路"沿线国家在工业生物技术产品领域的出口总额达317.10亿美元（图11-38），同比增长0.31%，2020—2022年出口总额稳步增长。从产品类别来看，超过40%的产品是生物柴油及其混合物（图11-39），保加利亚、意大利、波兰是生物柴油类产品的三大出口国。2020—2022年出口额排名前五的国家为：意大利、印度、奥地利、新加坡和保加利亚（图11-40），其中意大利主要出口抗生素和生物柴油及其混合物类产品，印度主要出口抗生素类产品，奥地利

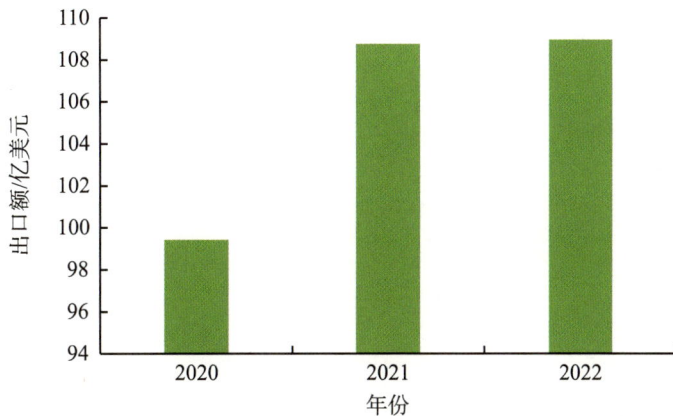

图11-38 2020—2022年70个"一带一路"沿线国家工业生物技术领域出口额

中国生物经济发展报告2023

主要出口激素及其衍生物和结构类似物，新加坡出口的产品类别较为均衡，维生素类产品、激素类产品、抗生素、微生物培养基等产品均有一定出口量，保加利亚出口量最大的工业生物技术产品则为生物柴油及其混合物类产品（图11-41）。

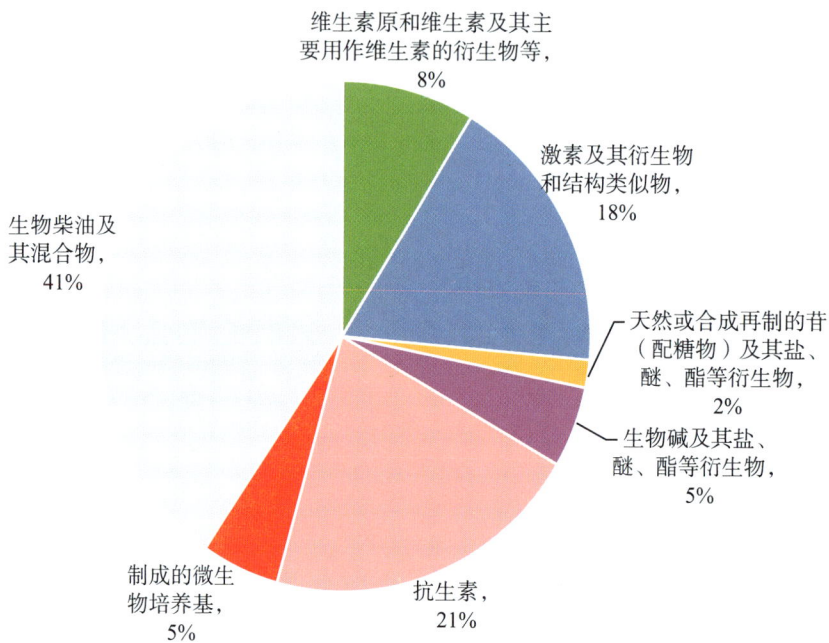

图11-39　工业生物技术领域出口产品类别

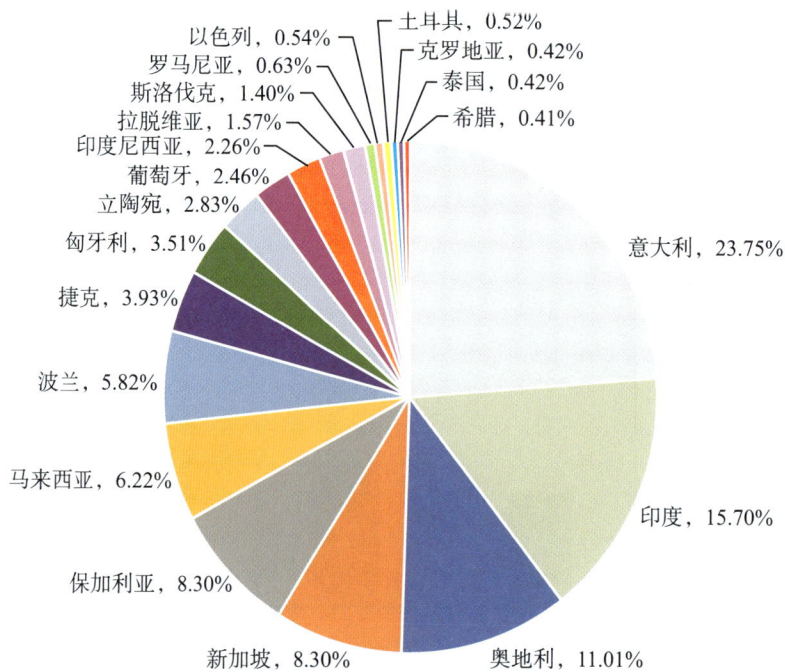

图11-40　2020—2022年工业生物技术领域TOP20国家的出口额分布

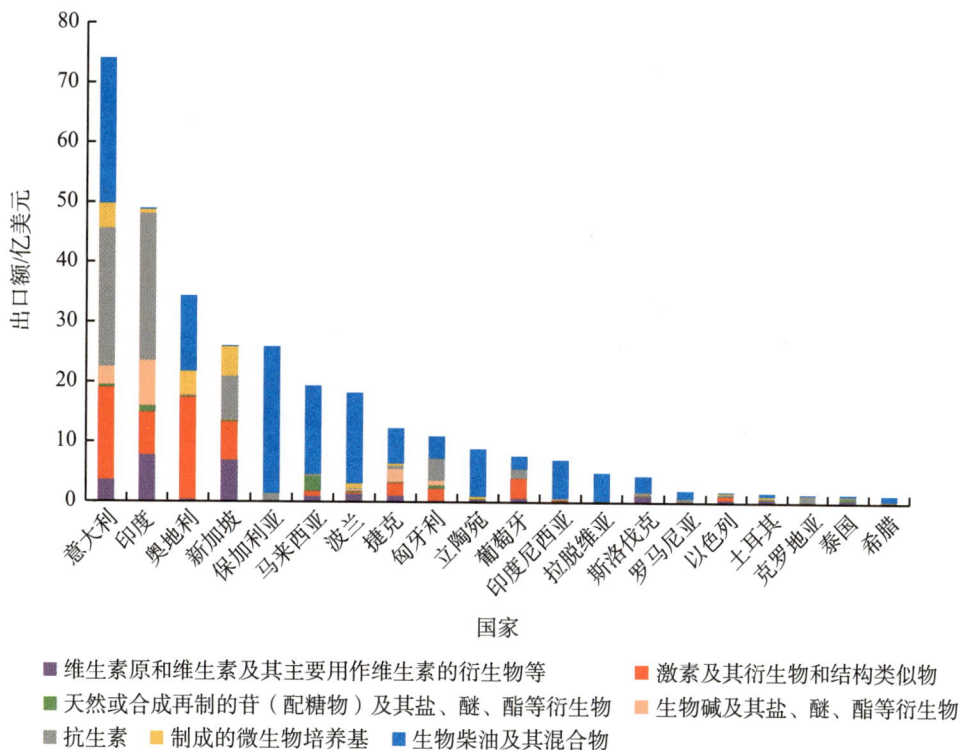

图 11-41 2020—2022年工业生物技术领域TOP20国家的出口额组成

（四）农业生物技术

从进口情况来看，2020—2022年，70个"一带一路"沿线国家在农业生物技术产品领域的进口总额达413.32亿美元（图11-42），同比下降6.12%。从产品类别来看，65%的进口额源自活物体产品，33%是活植物产品（图11-43）。2020—2022年进口量排名前五的国家是：意大利、波兰、沙特阿拉伯、奥地利和俄罗斯（图11-44），其中意大利、波兰、沙特阿拉伯三个国家以进口活物体为主，奥地利和俄罗斯则以进口活鱼为主（图11-45）。

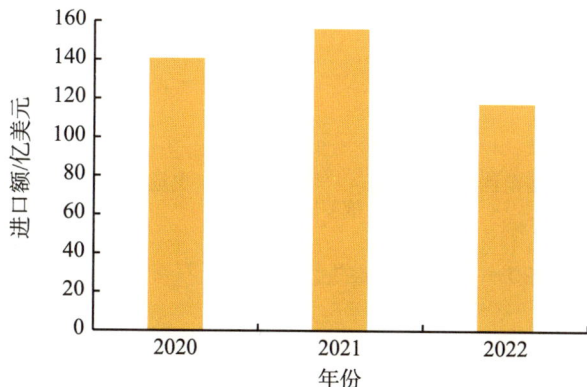

图 11-42 2020—2022年70个"一带一路"沿线国家农业生物技术领域进口额

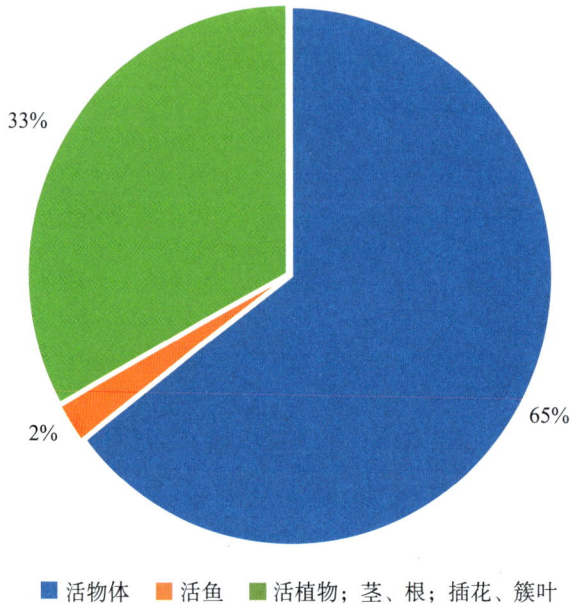

图 11-43　农业生物技术领域进口产品类别

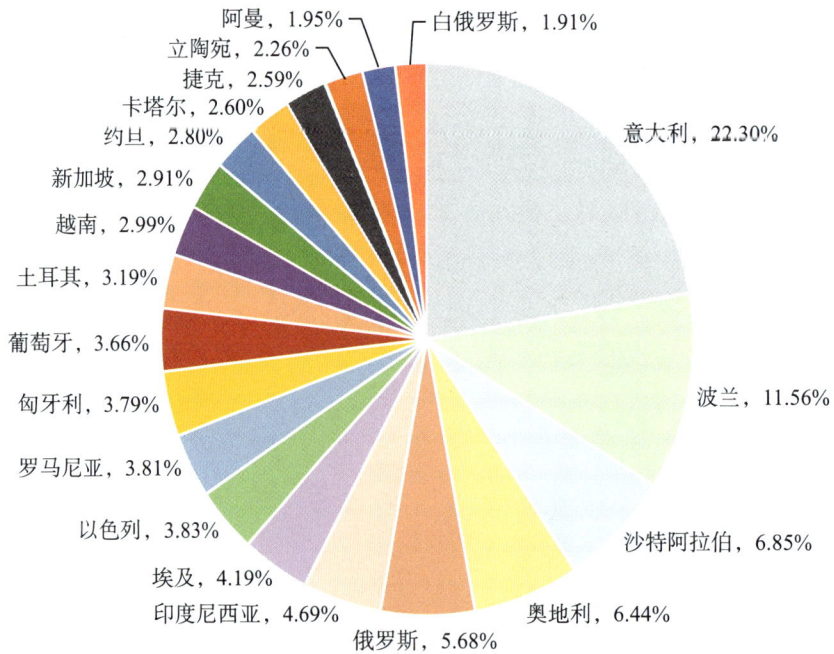

图 11-44　2020—2022 年农业生物技术领域 TOP20 国家的进口额分布

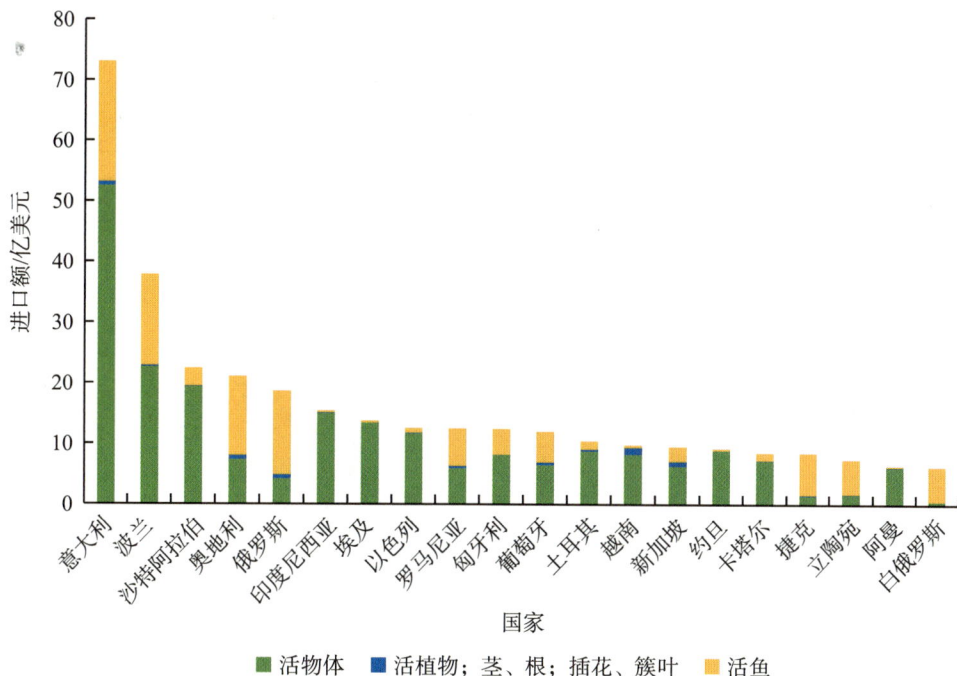

图11-45　2020—2022年农业生物技术领域TOP20国家的进口额组成

　　从出口情况来看，2020—2022年，70个"一带一路"沿线国家在农业生物技术产品领域的出口总额达234.85亿美元（图11-46），同比下降8.99%。从产品类别来看，58%的出口额源自活物体产品，36%来自活植物产品（图11-47）。2020—2022年出口额排名前五名的国家为：意大利、匈牙利、泰国、罗马尼亚和葡萄牙，其中意大利占比近20%，远超排名第二的匈牙利（图11-48）。从几个国家出口的具体产品分布来看，意大利主要是活鱼出口，匈牙利、泰国、罗马尼亚和葡萄牙主要是活物体产品出口（图11-49）。

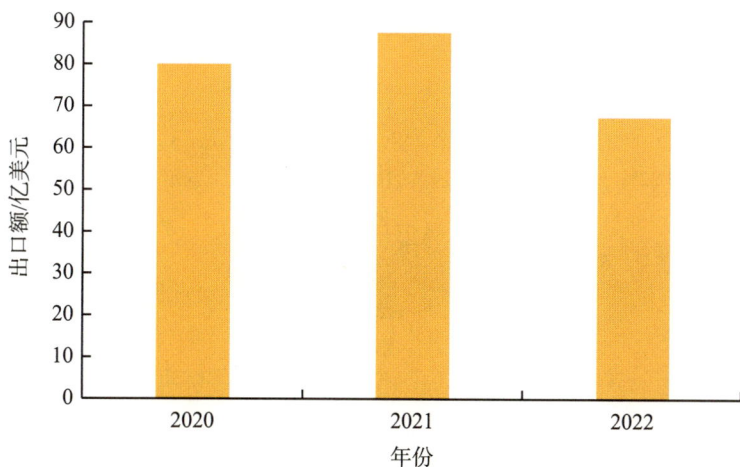

图11-46　2020—2022年70个"一带一路"沿线国家农业生物技术领域出口额

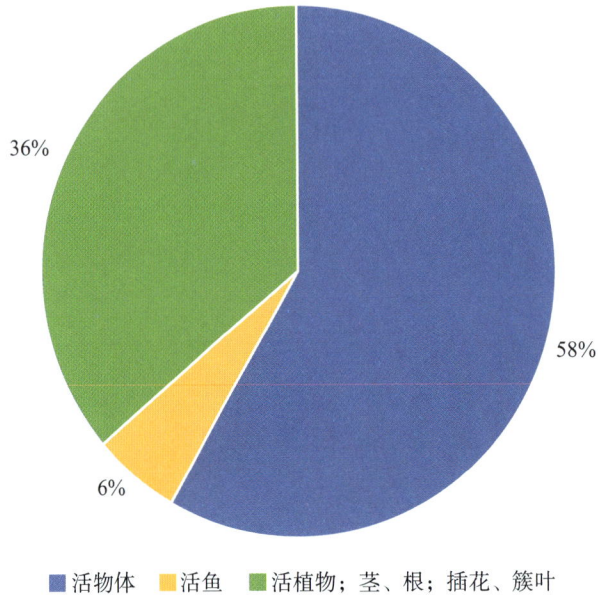

图11-47 农业生物技术领域出口产品类别

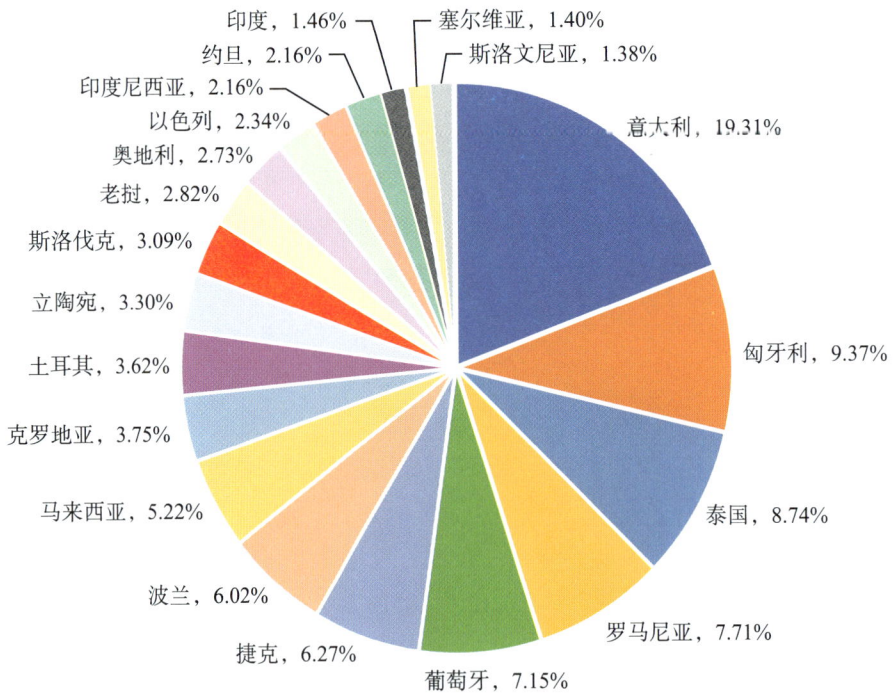

图11-48 2020—2022年农业生物技术领域TOP20国家的出口额分布

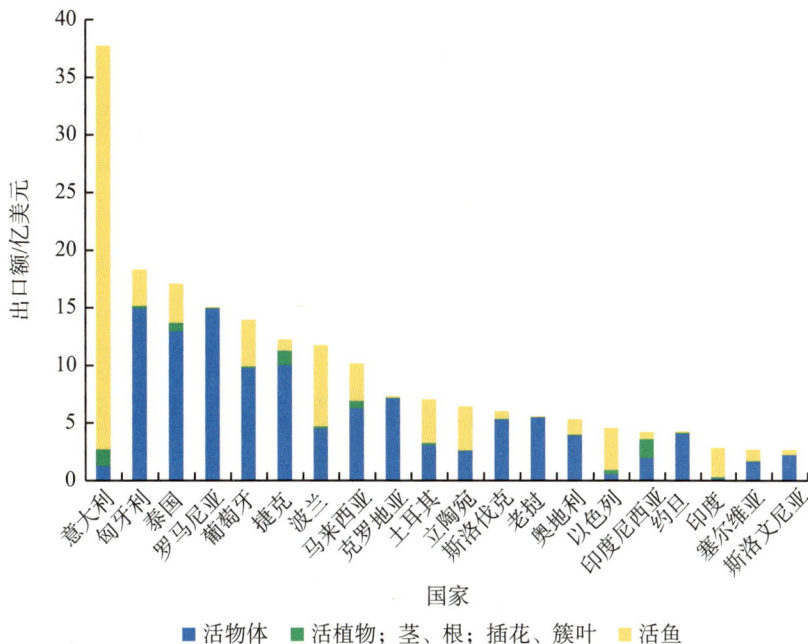

图 11-49　2020—2022年农业生物技术领域TOP20国家的出口额组成

第四节　总结与发展建议

生物技术是全球科学技术和产业发展竞争的重要领域之一，各国均在积极布局生物技术领域的科技战略，研究机构和企业纷纷积极投资开发生物技术领域新技术，生物技术与新一代信息技术的交叉融合、学科的汇聚等正推动生物技术变革性发展。随着肿瘤免疫学、合成生物学、脑科学、再生医学等领域的研究不断深入，基因编辑、单细胞、生命组学等创新技术快速发展，细胞与基因治疗、PD-1/PD-L1（programmed death-1/programmed death-ligand 1，程序性死亡受体1/程序性死亡受体配体1）抗体药物、mRNA疫苗等重大创新产品相继获批上市，推动医药生物技术及相关产业快速发展；工业生物技术正推动以生物能源、生物材料、生物化工和生物冶金等为代表的现代工业技术和产业的形成，传统化工原料时代逐步迈向生物质经济时代；农业生物技术为人类应对病虫害、气候变化、环境退化等挑战提供了新的替代方法，基因编辑、表观遗传修饰等新兴生物技术推动生物育种更加精准和高效。"一带一路"沿线国家在生物技术领域发展的侧重点不同，如新加坡和印度的医药生物技术发展得比较突出，其生物医药产业已成为全球重要一环；印度尼西亚则具备一定的生物资源优势，推动了生物柴油向绿色方向发展。

从"一带一路"沿线国家在生物技术领域取得的基础研究进展来看，2020—2022年，选取的70个"一带一路"沿线国家共发表了约28.5万篇论文，在全球占比27.1%，同比增长了15.48%。其中，医药生物技术领域共发表192 286篇论文，占比最大，与国际合作也较为密切，尤其沿线国家与沿线外国家如美国、英国等发达国家合作最为频繁。虽然3年内选取的70个"一带一路"沿线国家在生物技术领域的贡献均有提升，但从2020—2022年论文发表数量变化趋势来看，2021年论文发表数量达到峰值。由于2022年论文发表数量显著下降，因此无论是医药生物技术、工业生物技术还是农业生物技术领域，论文年平均发表数量均表现出降低的趋势。

从"一带一路"沿线国家在生物技术领域的专利情况来看，2020—2022年，本章所选取的70个"一带一路"沿线国家在生物技术领域申请了13 264件专利，公开了27 455件专利，公开专利数量同比增长了10.3%，其中印度、以色列、俄罗斯三个国家公开专利数量最多；医药生物技术共公开了15 579件专利，占比超过了50%，为公开专利最多的领域。从专利的国际合作来看，医药生物技术、工业生物技术和农业生物技术合作申请的专利分别有1277件、500件和179件，整体来看，70个"一带一路"沿线国家之间合作相对较弱，与美国、德国等发达国家的合作则更为密切，与发达国家相比，70个"一带一路"沿线国家与中国的专利合作申请数量还较少，未来仍需加大合作力度。

从"一带一路"沿线国家在生物技术相关产业的进出口数据来看，2020—2022年，70个"一带一路"沿线国家进口总额为5457.18亿美元，同比下降2.28%，出口总额为4130.66亿美元，同比增长1.66%。不管是进口还是出口，均以医药生物技术进出口额占绝大多数，进出口占比均超过80%。从国家来看，意大利的进口额和出口额都是最多的，以医药生物技术进出口为主；排名其后的主要是奥地利、波兰、印度等国家，可见意大利和奥地利这两个欧洲国家在生物技术领域的国际贸易活跃度之高。

我国是"一带一路"倡议的发起国和核心推动国，与相关国家在生物技术领域的合作持续深化，但与发达国家相比，我国在论文、专利等领域的国际合作仍有差距。未来仍需从如下几个方面积极推动与"一带一路"沿线国家在生物技术领域的合作发展。

一是加强"一带一路"高质量发展机制建设。秉持开放合作、渐进发展理念和正确义利观，围绕生物技术基础设施建设和产业合作等重点领域，构建贸易畅通机制、健全融资保障机制、完善项目发展机制。按照构建高标准自由贸易区网络的部署，结合周边自由贸易区建设和推进国际合作，逐步扩大"一带一路"沿线的自贸协定朋友圈；统筹政府和社会资本、直接和间接融资，打造互利共赢、多元平衡、风险共担、收益共享的融资机制，针对不同性质项目分类施策，建立健全有针对性的融资保障体系。完善项目评估和遴选机制，优先支持战略意义重大、经济价值高、改善人民生活质量的项目建设。

二是推动科技开放合作，主动融入全球创新网络。以"一带一路"合作机制为基础，加强政府间双边和多边的科技交流合作，积极建立对话机制，鼓励科研人员广泛参与科技创新的交流和合作。深入推动"一带一路"科技创新行动计划，扎实做好"一带一路"联合实验室、中非创新合作中心、技术转移南南合作中心等工作，推进"一带一路"技术转移网络的实施。积极参与并牵头组织实施国际大科学计划和工程，在人类表型组计划、蛋白质数据银行、大规模生态研究等国际大科学计划和工程中，积极发出"中国声音"并承担项目任务。聚焦生物技术领域的重大科学问题，加快启动由中国牵头的国际大科学计划和大科学工程，支持各国科学家共同开展研究。

三是提升区域产业开放和合作水平，推动生物技术和生物经济更快发展。生物技术的快速进步孕育着未来生物经济发展的新动能，生物技术在医疗健康、生物资源、农业食品、工业开发和生物安全等领域的应用彰显巨大作用。围绕生物技术产业链部署创新链、以创新链布局产业链，积极推动生物技术各类创新要素在全球范围内充分流动和优化配置，形成优势互补、互利共赢的合作新格局，加速提升我国和"一带一路"沿线国家生物技术产业链水平。

撰稿人：李　荣　中国科学院上海生命科学信息中心　中国科学院上海营养与健康研究所

　　　　张博文　中国科学院上海生命科学信息中心　中国科学院上海营养与健康研究所

　　　　毛开云　中国科学院上海生命科学信息中心　中国科学院上海营养与健康研究所

　　　　范月蕾　中国科学院上海生命科学信息中心　中国科学院上海营养与健康研究所

　　　　李丹丹　中国科学院上海生命科学信息中心　中国科学院上海营养与健康研究所

　　　　陈大明　中国科学院上海生命科学信息中心　中国科学院上海营养与健康研究所

　　　　江洪波　中国科学院上海生命科学信息中心　中国科学院上海营养与健康研究所

　　　　于建荣　中国科学院上海生命科学信息中心　中国科学院上海营养与健康研究所

　　　　曹京华　"一带一路"国际科学组织联盟（ANSO）中国生物工程学会国际合作与海外事务工作委员会

　　　　罗丹丹　中国科学院-发展中国家科学院生物技术卓越中心　中国科学院微生物研究所

　　　　赵秋伟　中国科学院-发展中国家科学院生物技术卓越中心　中国科学院微生物研究所

　　　　柳国霞　中国科学院-发展中国家科学院生物技术卓越中心　中国科学院微生物研究所

　　　　张延平　中国科学院-发展中国家科学院生物技术卓越中心　中国科学院微生物研究所

　　　　于　波　中国科学院-发展中国家科学院生物技术卓越中心　中国科学院微生物研究所

　　　　李　寅　中国科学院-发展中国家科学院生物技术卓越中心　中国科学院微生物研究所

通讯作者：李　寅　yli@im.ac.cn

　　　　于　波　yub@im.ac.cn

　　　　于建荣　jryu@sibs.ac.cn

　　　　曹京华　jh-cao@cashq.ac.cn

第三篇

生物经济核心产业发展现状与趋势

第十二章 2022年度生物医药科技前沿与发展态势

第一节 生物医药科技前沿动态与发展态势

一、概　述

　　生物医药是基于生物技术的用于防治疾病及卫生保健的制品和系统技术总称。近年来，生命科学前沿技术进步深度赋能生物医药的科技发展。生命组学、单细胞技术及超分辨率成像等技术的大发展，推动了分子、细胞、器官、个体等多层次研究深度和广度的快速拓展，全生命周期、全系统研究愈加深入，为生物医药的发展奠定了重要的理论基础。基因编辑、合成生物学、类器官等技术的发展，提高了人类改造、合成、仿生、再生生物的能力，为健康维护提供了更多方案。其中，基因编辑技术持续迭代，技术更高效、更安全，操作更简单、更灵活，并在多项临床试验中取得积极结果，截至2022年11月，全球已开展了77项基因编辑疗法临床试验。CRISPR Therapeutics公司研发的CTX001成为首个进入Ⅲ期临床试验的基因编辑疗法，已获美国食品药品监督管理局（FDA）快速通道和孤儿药资格认定（orphan drug designation，ODD）；首个体内基因编辑药物NTLA-2001完成了Ⅰ期临床试验。合成生物学作为使能技术突破不断，基于原核细胞的类真核合成细胞、超过100个菌株的合成肠道微生物群落等人工合成系统陆续被开发出来，进一步夯实合成生物学的生物医药应用基础。类器官技术水平快速提升，展现了在药物研发中的巨大发展前景，2022年，FDA批准了全球首个完全基于"类器官芯片"研究获得临床前数据的新药进入临床试验，预示着该技术正式被官方认可，可替代传统动物实验，相关研究由赛诺菲（Sanofi）和Hesperos合作进行。另外，人工智能（artificial intelligence，AI）技术的进步推动新药研发多环节实现降本增效发展。2022年，解决蛋白质折叠难题的AlphaFold的进一步迭代，以及ESMFold等蛋白质预测新模型和ProteinMPNN蛋白质设计模型的持续突破，进一步推动人工智能快速、有效地发现药物靶点，并高通量进行匹配的小分子化合物评估、筛选及设计环节的深度赋能，大幅缩短了新药研发周期，降低了成本。

与此同时，随着全球健康维护向精准化、个体化迈进，疾病防治手段更加多样化，正逐步实现全生命周期健康管理。近年来，精准医学体系逐渐形成，大型人群队列不断升级，疾病精准分型研究持续突破，推动疾病精准防诊治方案的研发和推广。一方面，国际"千人基因组计划"、英国生物样本库（UK Biobank）等大型队列资源平台持续迭代升级。另一方面，多器官、单细胞、多组学疾病特征谱的绘制为疾病精准分型及精准防诊治方案的开发奠定了基础；而基于肿瘤免疫环境将不同肿瘤分为12种"免疫原性"的研究提供了疾病精准分型的新方式。另外，基于细胞游离DNA测序的表观遗传表达分析技术（epigenetic expression inference from cell-free DNA-sequencing，EPIC-seq）、血浆游离核小体表观遗传学分析技术（epigenetics of plasma-isolated nucleosomes，EPINUC）等新型疾病诊断技术不断出现并优化，能实现高灵敏度、高特异性的肿瘤检测、分型及伴随诊断。免疫疗法、新型疗法创新发展，进一步助推个性化精准治疗的实现。免疫检查点抑制剂疗法和免疫细胞疗法是当前癌症免疫疗法领域的重要热门方向。全球PD-1/ PD-L1抑制剂已有十余款产品上市，新型免疫检查点抑制剂的开发、适应证选择及多靶点联合成为重要研究方向。2022年，全球首款LAG-3抑制剂瑞拉利单抗（Relatlimab）获批上市，成为全球第四个获批上市的免疫检查点产品。此外，以嵌合抗原受体T细胞免疫治疗（CAR-T）为代表的免疫细胞治疗取得长期疗效验证。基因治疗领域，全球当前已有多款产品获批，CRISPR基因编辑治疗产品CTX001也进入上市申请阶段。新型病毒载体、脂质纳米颗粒、病毒样颗粒，以及外泌体、红细胞等药物靶向递送技术的进步也为疾病实现精准靶向治疗奠定了基础。2022年，研究人员设计出可以有效递送碱基编辑器或Cas9核糖核蛋白的工程化病毒样颗粒（eVLPs），为治疗性大分子递送提供了重要工具。

二、生物医药科技前沿态势分析

（一）生物医药科技前沿

1. 人工智能新药研发

研发周期长（10—15年）、投入高（10亿—20亿美元）、成功率低（小于5%）是新药研发的三大痛点。人工智能的发展为新药研发带来了新的技术手段，其应用可缩短前期研发约一半的时间，使新药研发的成功率从当前的12%提高到14%，每年为全球节约化合物筛选和临床试验费用约 550 亿美元，大幅缩短了新药研发周期与成本，提升了新药研发效率，推动生物医药领域实现从量变到质变的革命。人工智能在药物研发中的应用主要集中于药物发现和临床前研究阶段，并逐步渗透到药物临床研究和审批上市阶段，主要场景涉及早期药物发现阶段的靶点发现、化合物筛选、化合物合成，临床前研究阶段的晶型预测、ADMET（即药物的吸收、分配、代谢、排泄和毒性）性质研究、新适应证拓展，以及临床试验阶段的试验设计、患者招募等多个环节。2022 年，伴随技术的进步，人工智能对新药研发领域的赋能进一步加深，推动领域创新进入基于人工智能的全新研究范式。

当前，人工智能药物研发已进入快速成长期，全球人工智能药物研发领域布局从早期药物发现到覆盖新药研发全流程转变，基于人工智能的新药研发布局方向也逐步趋向多元化，部分相关候选药物已进入临床试验阶段。2022 年，解决蛋白质折叠难题的 AlphaFold 进一步迭代，可准确预测出几乎所有已知蛋白质的结构，ESMFold 等蛋白质预测新模型，甚至 ProteinMPNN 蛋白质设计模型的持续突破，进一步推动人工智能快速、有效地发现药物靶点，并高通量进行匹配的小分子化合物评估、筛选及设计环节的深度赋能，大幅缩短了新药研发周期，降低了成本。从布局方向来看，除小分子药物设计外，人工智能在新型单克隆抗体（单抗）等大分子候选药物的发现、设计及优化领域的应用也开始突破，如美国 Biolojic Design 公司开发的全球首例人工智能设计的单抗已进入临床试验阶段；加拿大 AbCellera Biologics 公司首个针对未公开 G 蛋白偶联受体（GPCR）的治疗性抗体候选药物也已推进到临床前开发阶段。从人工智能辅助研发新药的进展情况来看，全球目前还没有上市案例，但是发展较快的相关创新药已进入临床试验阶段。全球约有 39 款人工智能参与研发的药物候选化合物进入临床试验阶段，在对肿瘤、心血管疾病、罕见病和传染病等疾病的治疗中取得突破，其中美国的 4 条研发管线已推进至Ⅲ期临床试验阶段（表 12-1）。

表 12-1　进入临床研究阶段的人工智能参与的药物候选化合物

企业	药物候选化合物	临床阶段	适应证
AbCellera（ABCL）	LY-CoV555	临床Ⅲ期	COVID-19
Accutar Biotechnology（冰洲石生物科技）	AC0682	临床Ⅰ期	雌激素受体（ER）阳性的乳腺癌
	AC0176	临床Ⅰ期	前列腺癌
AI Therapeutics	LAM-001	临床Ⅱ期	淋巴管平滑肌瘤病
	AIT-101	临床Ⅱ期	肌萎缩侧索硬化
BenevolentAI	BEN-2293	临床Ⅰ期	特应性皮炎

续表

企业	药物候选化合物	临床阶段	适应证
Berg	BPM31510	临床Ⅰ期	实体瘤
		临床Ⅱ期	胰腺癌
		临床Ⅱ期	鳞状细胞癌
		临床Ⅰ期	胶质母细胞瘤
		临床Ⅰ期	大疱性表皮松解症
	BPM31543	临床Ⅰ期	化疗引起的脱发
Black Diamond Therapeutics	BDTX-189	临床Ⅲ期	实体瘤（非小细胞肺癌、乳腺癌等）
BioXcel Therapeutics	BXCL501	临床Ⅲ期	急性激越
		临床Ⅱ期	重度抑郁症
	BXCL701	临床Ⅱ期	胰腺癌、神经内分泌前列腺癌、黑色素瘤、急性髓系白血病（AML）
Cotinga Pharmaceuticals	COTI-2	临床Ⅰ期	卵巢癌（泛 p53 突变）
Erasca	ERAS-007	临床Ⅱ期	胃肠道癌症
Evaxion Biotech	EVX-01	临床Ⅱ期	黑色素瘤、非小细胞肺癌或难治性转移性非小细胞肺癌（NSCLC）和膀胱癌
	EVX-02	临床Ⅱ期	黑色素瘤
Exscientia	DSP-1181	临床Ⅰ期	强迫症
	EXS21546	临床Ⅰ期	实体瘤
	DSP-0038	临床Ⅰ期	阿尔茨海默病
Gritstone Oncology / BMS	SLATE	临床Ⅱ期	基于共享肿瘤特异性新抗原（TSNA）的"即用型"候选免疫疗法
	GRANITE	临床Ⅱ期	结直肠癌
Insilico Medicine（英矽智能）	ISM001-055	临床Ⅰ期	特发性肺纤维化
Landos Biopharma	BT-11	临床Ⅲ期	溃疡性结肠炎、克罗恩病和嗜酸性食管炎
	LABP-104	临床Ⅱ期	类风湿关节炎
	NX-13	临床Ⅱ期	溃疡性结肠炎、克罗恩病
Lcosavax	IVX-121	临床Ⅰ期	呼吸道合胞病毒（RSV）疫苗
	IVX-411	临床Ⅱ期	COVID-19

续表

企业	药物候选化合物	临床阶段	适应证
Pharnext	PXT3003	临床Ⅲ期	1A 型腓骨肌萎缩症
	PXT864	临床Ⅰ期	阿尔茨海默病
Pharos iBT	PHI-101-001	临床Ⅰ期	AML
	PHI-101-002	临床Ⅰ期	铂耐药卵巢癌
Recursion	REC-4881	临床Ⅱ期	家族性腺瘤息肉症
Relay Therapeutics	RLY-1971	临床Ⅰ期	实体瘤
	RLY-4008	临床Ⅰ期	携带 *FGFR2* 变异的胆管癌
SOM Biotech	SOM0226	临床Ⅱ期	亨廷顿病
	SOM3355	临床Ⅱ期	TTR 类淀粉沉积症
	SOM1311	临床Ⅰ期	苯丙酮尿症
	SOM0061	临床Ⅰ期	COVID-19
XBIOME（未知君生物）	XBI-302	临床Ⅰ期	急性移植物抗宿主病
Biolojic Design	AU-007	临床Ⅰ期	实体瘤

资料来源：根据智药局《全球进入临床Ⅰ期的 AI 药物管线》（统计日期：2015 年 1 月 1 日至 2022 年 6 月 20 日）、智药邦《进入临床试验的 AI 设计的药物汇总 V2.0》等公开数据整理

　　我国人工智能助力新药研发领域也已进入技术验证阶段，布局场景主要集中在早期药物发现阶段。其中，药物靶点发现环节持续突破，最为突出的是英矽智能公司开发了全球首个由人工智能发现的药物新靶点，且针对该靶点设计的抗纤维化候选小分子新药已于 2022 年启动Ⅰ期临床试验，成为中国首例进入临床阶段的由人工智能发现和设计的药物，该突破将候选新药发现周期（从靶点发现到临床前候选新药阶段）从传统平均耗时 2—5 年缩短至 18 个月。此外，英矽智能利用其新药靶点发现平台 "PandaOmics" 分析了大量神经系统样本转录组和蛋白质组数据集，发现多个 "渐冻症" 治疗新靶点。目前，英矽智能已基于其自主研发平台启动了 30 余个在研项目。化合物筛选和合成是我国布局的最热门环节，目前也持续推进，如德睿智药公司基于其一站式人工智能平台 "Molecule Pro" 辅助设计的非竞争性口服胰高血糖素样肽 1（GLP-1）受体小分子激动剂（用于 2 型糖尿病及肥胖证），已于 2022 年 11 月向美国 FDA 提出新药临床试验申请并获得受理；晶泰科技公司开发的 "药物固相筛选与设计平台" 已经服务于世界顶级药企的新药研发。从人工智能辅助的相关新药研发进程来看，目前，冰洲石生物科技、英矽智能、未知君生物开发的针对乳腺癌、前列腺癌、特发性肺纤维化与移植物抗宿主病的 4 款候选药物已进入临床研究阶段，目前均处于临床Ⅰ期

（表 12-1）。

2. 类器官技术

广义的类器官是人工构建的仿生组织器官的统称，近年来发展最前沿的包括"organoid"（狭义的类器官技术）和"organ-on-a-chip"（器官芯片技术）两种。前者是基于干细胞自组装的特性发展起来的一种器官制造技术，是由干细胞在体外发育形成的，具有与体内器官类似结构和功能的三维细胞团。后者则是利用微芯片制造方法制造的微流体细胞培养设备，用以模拟人体组织、器官的组成、结构和生理功能。

近年来，类器官领域迎来了发展高潮，技术水平快速提升，类器官在结构和功能中的仿生性不断增强，也逐渐展现出在疾病模拟、药物研发、临床医疗等领域的巨大发展潜力。相比构建一种疾病的动物模型较长的周期，类器官的构建更加便捷，而且能够覆盖的组织器官类型和疾病类型更广泛，同时还解决了动物模型无法模拟人的弊端，因此，相比动物模型，具有更加广阔的应用前景。在此趋势的推动下，从早期开展类器官研发的领先机构中，衍生出一批专注于类器官研发的企业，这些企业也发展成为各自领域中的领军企业，如源自荷兰 Hubrecht 研究所的 HUB 公司、源自美国康奈尔大学的 Hesperos 公司、源自美国哈佛大学的 Emulate 公司等。

荷兰 Hubrecht 研究所是类器官（organoid）领域的领先科研机构，2009 年，该研究所的 Hans Clevers 团队在全球率先利用成体干细胞在体外构建出小肠的隐窝和绒毛结构，从而掀起了全球类器官研发的热潮。2013 年，基于 Hans Clevers 团队的技术，类器官技术孵化公司 HUB 成立，成为全球最早专门从事类器官研发的公司，开启了类器官产业化发展的序幕。目前，该公司已经成为类器官行业的领军企业，正在着力于推动类器官在药物筛选中的应用和产业转化。2022 年，Crown Bioscience 与 HUB 公司合作，首次基于类器官对细胞药物进行了筛选和表征，完成了临床前研究，助力推动相关药物进入临床阶段，极大地缩短了药物从科学发现到临床研究的时间周期。此外，干细胞研究公司 STEMCELL Technologies 还与 HUB 公司签署了扩大合作协议，共同开展基于类器官的临床前毒理学筛选和非癌症药物开发服务，从而帮助从事药物开发的研究人员和组织将类器官纳入其临床前测试计划，促进将新疗法更快、更具成本效益地推向市场。

同样成立于 2013 年的 Emulate 则是器官芯片领域的全球领军企业，已经建立了脑、肠道、肾脏、肝脏和肺的器官芯片制造平台。2022 年，Emulate 同样在生物疗法的测试方面推动器官芯片技术的进一步发展，开发了用于研究腺相关病毒（adeno-associated virus，AAV）载体转导效率和安全性的肝脏芯片，助力基因疗法的研发。

随着类器官技术的成熟及其在疾病研究和药物开发领域的发展前景不断展现，辉瑞、艾伯维、强生、罗氏、默沙东、诺华、BMS、赛诺菲、GSK、阿斯利康、武田制药等多家全球知名的大型药物研发企业纷纷开始进军这一领域，在新药研发中引入类器官技术（表12-2）。2022年，赛诺菲利用Hesperos公司开发的体外微生理系统，针对慢性炎症性脱髓鞘性多发性神经病（CIDP）和多灶性运动神经病（MMN）两种罕见的自身免疫性疾病开展了临床前研究，获得的研究数据获得了FDA的认可，相关药物获批进入临床试验（NCT04658472）。这是FDA批准的全球首个完全基于"类器官芯片"研究获得临床前数据进入临床试验的新药。在批准了这一临床试验之后，美国FDA在2022年6月即发布了《2022年食品和药品修正案》，在药物研发相关条款中，将"动物实验"修改为"非临床检测"，而这一新概念中明确纳入了"器官芯片和微生理系统"，这标志着器官芯片已经成为美国FDA认可的临床前研究手段，动物实验不再是唯一的标准。

表 12-2　药物研发企业与类器官企业合作案例

药物企业	类器官企业	合作事项	时间
强生	Emulate	利用血栓芯片检测已上市药物或在研药物中的促血凝特性	2015
默克、Seres Therapeutics	Emulate	类器官芯片用于新药研发测试	2016
阿斯利康	Emulate	类器官芯片技术结合到阿斯利康的IMED药物安全实验室中	2018
辉瑞	HUB	合作开发人类肠道类器官平台，用来研究克罗恩病、溃疡性结肠炎等疾病	2018
辉瑞	System1 Biosciences	辉瑞领投，自研大脑类器官	2018
赛诺菲	Hesperos	NCT04658472临床前研究	2021
百时美施贵宝	Prellis	基于其人体淋巴结类器官平台创建针对人类蛋白质的高亲和力人类抗体	2022
赛诺菲	Prellis	利用其平台在体外重建免疫反应以提供具有显著遗传多样性的抗体	2022

在国际类器官产业加速发展的同时，我国类器官产业也已经开始起步，2016年之后，多家从事类器官研发和服务的企业陆续成立，主要分布在北京、长三角、广东等地区，部分也具有高校、科研院所技术背景。例如，由苏州高新区、东南大学、江苏省产业技术研究院三方共建的东南大学苏州医疗器械研究院，自成立以来在肿瘤类器官、心脏类器官、器官芯片及上游材料与设备自动化方面取得了一系列突破，并孵化

出了器官芯片公司艾玮得生物。伯桢生物、丹望医疗等企业的创始人、首席科学家也都具有复旦大学研究背景。相比国外由科研机构衍生的企业，其技术水平基本处于本国甚至国际的领先地位，大部分均为行业龙头。但我国类似企业的技术优势并不明显，未来还有待进一步发挥依托科研机构的优势，强化自身的发展实力。

目前，我国大部分企业还处于初期发展和融资阶段，如 2019 年以来，创芯国际、丹望医疗和大橡科技等企业均完成了 A 轮融资，但尚未全面开展类器官技术的转化。近两年，国内的一些大型药企也开始关注类器官领域，如 2021 年，百济神州与创芯国际建立了合作，共同开发类器官新药研发技术平台，开拓类器官智能化药物评价系统，为药企提供一站式解决方案。在这些企业的引领下，我国类器官行业的发展速度将得到进一步提升。

（二）生物医药科技热点

1. 靶向蛋白质降解药物

靶向蛋白质降解（targeted protein degradation，TPD）药物是指药物利用细胞自身的蛋白酶体或溶酶体实现蛋白质靶向降解。近年来，研究人员已开发出基于泛素-蛋白酶体途径的 PROTAC、分子胶，以及基于内吞/自噬-溶酶体途径的 LYTAC、GlueTAC、AUTAC、ATTEC、CMA 等十多种不同的技术路线。2022 年，研究人员进一步在靶点蛋白筛选、降解剂分子（配体、连接子）合理设计、蛋白质清理系统探索等几个方面进行了创新，扩展了可成药靶点，提升了降解剂分子的稳定性和选择性，克服了耐药性等问题。双特异性抗体形式的靶向蛋白质降解药物为靶向降解细胞膜表面和细胞外蛋白质提供了新的通用性策略，美国 Genentech 公司开发了靶向细胞表面的泛素化连接酶和肿瘤治疗相关靶点蛋白的通用性蛋白水解靶向抗体（PROTAB）技术，通过选择不同的抗体，可实现 IGF1R、HER2 和 PD-L1 等多种细胞表面蛋白的靶向降解，美国加州大学提出的 KineTAC 技术利用细胞因子受体介导的内吞，可实现对细胞膜表面和细胞外可溶性的靶点蛋白的降解。自噬靶向嵌合体 AUTOTAC、基于细菌内的 ClpCP 蛋白酶降解系统的 BacPROTAC 等新技术的开发进一步拓展了可降解蛋白范围，AUTOTAC技术不仅可以实现雄激素受体等单体蛋白的靶向降解，还能介导与神经退行性疾病相关的聚集性 Tau 蛋白的降解，提供了针对聚集性蛋白靶向降解的新策略，BacPROTAC技术的开发实现了细菌内蛋白的靶向降解，可用以指导新型抗生素的发现。

从产品开发来看，靶向蛋白质降解药物在全球暂无相关产品获批，发展进程较快的 PROTAC 和分子胶药物已有多款进入临床 II 期阶段，其余基于内吞/自噬-溶酶体降解途径的靶向蛋白质降解药物研发仍处于起步阶段。基于公开文献和 Cortellis 数据库数据分析，2022 年以来，在原有 13 款靶向蛋白质降解药物的基础上，又有 9 个候选

药物进入临床 Ⅰ/Ⅱ 期试验阶段，适应证集中于各类肿瘤，部分涉及自身免疫性疾病（表12-3）。其中，美国 Kymera Therapeutics 公司候选药物 KT-333 的靶点 STAT3，与多种癌症及其他炎症和自身免疫性疾病有关，长期以来被认为是"不可成药"的靶点，可见靶向蛋白质降解技术在突破"不可成药"靶点开发痛点中的应用潜力。韩国 Orum Therapeutics 公司的候选药物 ORM-5029 创新性地使用抗体降解剂偶联技术，在新型靶向蛋白质降解剂的基础上结合抗体能够通过精确的肿瘤细胞递送的机制，实现肿瘤细胞内靶点蛋白的特异性降解。

表 12-3　2022年进入临床试验阶段的靶向蛋白质降解候选药物

药物名称	研发单位	靶点	适应证	临床阶段
CFT8634	美国 C4 Therapeutics 公司	BRD9	滑膜肉瘤、软组织肉瘤	临床Ⅱ期
KT-413	美国 Kymera Therapeutics 公司	IRAK4	非霍奇金淋巴瘤、弥漫大 B 细胞淋巴瘤	临床Ⅰ期
KT-333	美国 Kymera Therapeutics 公司	STAT3	皮肤 T 细胞淋巴瘤、非霍奇金淋巴瘤、实体瘤、大颗粒淋巴细胞白血病、外周 T 细胞淋巴瘤	临床Ⅰ期
NX-5948	美国 Nurix Therapeutics 公司	BTK	中枢神经系统肿瘤、弥漫大 B 细胞淋巴瘤、脾边缘区淋巴瘤、华氏巨球蛋白血症、滤泡中心淋巴瘤、小淋巴细胞淋巴瘤、慢性淋巴细胞白血病、套细胞淋巴瘤	临床Ⅰ期
AC0176	美国 Accutar Biotechnology 公司	雄激素受体	激素抵抗性前列腺癌	临床Ⅰ期
AC0682	美国 Accutar Biotechnology 公司	雌激素受体	乳腺癌	临床Ⅰ期
ASP-3082	日本 Astellas Pharma 公司	KRAS	晚期实体瘤	临床Ⅰ期
ORM-5029	韩国 Orum Therapeutics 公司	GSPT1	晚期实体瘤、转移性乳腺癌	临床Ⅰ期
BTX -1188	美国 BioTheryX 公司	GSPT1 和 IKZF1/3	急性髓系白血病、晚期实体瘤、非霍奇金淋巴瘤	临床Ⅰ期

　　国内研究人员在该领域的创新成果不断涌现，提升了靶向蛋白质降解技术的选择性，华东理工大学利用具有内质网靶向能力的 DNA 纳米器件，设计并组装了一种可靶向降解膜结合细胞器内蛋白质的工具。中国科学院上海药物研究所创新性地提出了一种聚合物化 PROTAC 纳米治疗策略，实现了肿瘤特异性 PROTAC 递送和蛋白质降解。西安交通大学在基于 PROTAC 技术克服或规避 *EGFR* 突变导致的耐药问题方面取得重

要进展，发现了抗增殖活性高、降解活性好、选择性高并能同时高效地靶向 $EGFR^{del19}$ 和 $EGFR^{L858R/T790M}$ 的 PROTAC 分子 CP17。在应用方向，中国科学院深圳先进技术研究院创新性地将靶向蛋白质降解的生物学机制拓展应用至疫苗的设计中，为减毒活疫苗的设计开发提供了新思路。另外，一批国内企业也积极推进相关药物的研发，与国外基本同步，多款药物处于临床Ⅰ/Ⅱ期阶段。2022年，上海睿跃生物、北京诺诚健华等企业的多个候选药物获得了国家药品监督管理局药品审评中心（CDE）的临床默示许可（表12-4）。2022年1月，海创药业用于治疗前列腺癌的候选药物HP518在澳大利亚的临床Ⅰ期试验中实现了首例患者给药，8月，珃诺生物用于治疗晚期实体瘤和淋巴瘤的候选药物RNK05047在美国启动临床Ⅰ/Ⅱ期临床试验的患者给药。

表 12-4　2022 年获得 CDE 临床默示许可的靶向蛋白质降解候选药物举例

药物名称	研发单位	适应证
CG001419	上海睿跃生物科技有限公司	治疗 NTRK 基因融合、NTRK 基因点突变和 NTRK 基因扩增或过表达晚期/转移性成人实体瘤
ICP-490	北京诺诚健华医药科技有限公司	多发性骨髓瘤（MM）、非霍奇金淋巴瘤（NHL）等血液肿瘤

2. 抗体药物：双特异性抗体和抗体-药物偶联物

抗体药物在疾病治疗领域获得了快速发展，全球已批准100多种抗体药物，用于靶向治疗癌症和免疫相关疾病等。现代抗体药物的基础是具有疾病治疗或预防作用的单抗或其衍生物，以单抗为基本结构骨架，又可衍生出抗体偶联物、双/多特异性抗体、抗体片段、抗体片段融合蛋白等一系列创新型抗体。其中，抗体-药物偶联物（antibody-drug conjugate，ADC）和双特异性抗体（bispecific antibody，BsAb，简称双抗）已成为当前抗体药物研发的热点方向，并不断取得突破。

1）ADC 药物

经典ADC药物是一种通过连接基团将细胞毒性药物与单抗相连接的偶联药物，它结合了单抗的高选择性和细胞毒性药物的高效力的特性，是近年来快速发展的抗体药物研发热点领域。随着单抗药物的研发、抗体偶联技术的不断迭代，以及新型细胞毒素、连接基团和肿瘤靶标的开发，ADC药物研发进展日渐加快，尤其在肿瘤治疗领域，ADC药物展现出巨大的治疗潜力。目前，全球已批准上市15款ADC创新药物和1款生物类似药（表12-5），其中第15款ADC创新药物——美国Immunogen与中国华东医药合作研发的Elahere于2022年11月获FDA加速批准上市，是全球首个用于治疗FOLR1阳性卵巢癌的ADC药物。同时，还有十余款ADC药物正处于临床试验关键阶段或已获得美国 FDA、欧洲药品管理局（EMA）、中国国家药品监督管理局（NMPA）、日本药品和医疗器械管理局（PMDA）以及澳大利亚治疗用品管理局（TGA）等药品监管机构的加速通道资格认定（表 12-6）。

表 12-5　全球已获批上市的 ADC 药物

药物商品名	研发机构	靶点	适应证	首批年份	首批国家/地区	国内研发进度
Mylotarg	美国辉瑞	CD33	急性髓系白血病	2000	日本	/
Adcetris	美国西雅图基因/日本武田制药	CD30	间变性大细胞淋巴瘤、霍奇金淋巴瘤	2011	美国	批准上市
Kadcyla	瑞士罗氏	HER2	HER2 阳性乳腺癌	2013	美国	批准上市
Besponsa	美国辉瑞	CD22	急性淋巴细胞白血病	2017	欧盟	批准上市
Lumoxiti	英国阿斯利康/法国 Innate Pharma	CD22	毛细胞白血病	2018	美国	/
Padcev	美国西雅图基因/日本安斯泰来制药/美国百特	NECTIN4	膀胱癌	2019	美国	Ⅲ期临床
Enhertu	英国阿斯利康/日本第一三共	HER2	HER2 阳性乳腺癌、HER2 阳性胃癌、HER2 低表达乳腺癌、HER2 阳性非小细胞肺癌	2019	美国	申请上市
Polivy	瑞士罗氏	CD79b	弥漫大 B 细胞淋巴瘤	2019	美国	申请上市
Trodelvy	美国吉利德科学/中国云顶新耀	Trop-2	膀胱癌、三阴性乳腺癌	2020	美国	批准上市
Blenrep	英国葛兰素史克	BCMA	多发性骨髓瘤	2020	美国（加速批准上市，2022 年 FDA 撤销上市）；欧盟（附条件批准）	Ⅲ期临床
Akalux	日本乐天医疗	EGFR	头颈部癌	2020	日本（附条件批准）	/
Zynlonta	瑞士 ADC Therapeutics/日本三菱田边制药	CD19	B 细胞淋巴瘤	2021	美国	Ⅲ期临床

续表

药物 商品名	研发机构	靶点	适应证	首批 年份	首批国家 / 地区	国内研 发进度
Tivdak	丹麦 Genmab/ 美国西 雅图基因	TF	宫颈癌	2021	美国	申报临床
Ujvira （Kadcyla similar）	印度 Zydus Cadila	HER2	乳腺癌	2021	印度	/
爱地希	中国荣昌生物 / 美国 西雅图基因	HER2	胃癌	2021	中国（附 条件批准）	批准上市
Elahere	美 国 Immunogen/ 中 国华东医药	FOLR1	FOLR1 阳性卵巢癌	2022	美国	Ⅲ期临床

资料来源：根据科睿唯安Cortellis数据库、NMPA数据库资料整理

表 12-6　全球处于临床 Ⅲ 期及上市申请阶段的 ADC 药物例举

药物名称	研发机构	靶点	适应证	最高研发 阶段	监管机构认证
Zilovertamab vedotin	美国默沙东	ROR1	弥漫大 B 细胞淋 巴瘤	Ⅱ / Ⅲ 期	/
Trastuzumab duocarmazine	荷兰 Synthon/ 德国 Medac	HER2	HER2 阳性乳腺癌	Ⅲ期	FDA 快速通道资格
TAA-013	中国东曜药业	HER2	HER2 阳性乳腺癌	Ⅲ期	/
Trastuzumab rezetecan	中国恒瑞	HER2	HER2 阳性乳腺癌	Ⅲ期	/
ARX788	中国浙江医药 / 美国 Ambrx	HER2	HER2 阳性乳腺癌	Ⅱ / Ⅲ 期	NMPA 突破性疗 法认定；FDA 快 速通道资格
SKB264	中国科伦药业 / 美国默 沙东	Trop-2	三阴性乳腺癌	Ⅲ期	NMPA 突破性疗 法认定
Datopotamab deruxtecan	日本第一三共 / 英国阿 斯利康	Trop-2	三阴性乳腺癌、 非小细胞肺癌	Ⅲ期	/
Tusamitamab ravtansine	法国赛诺菲 / 中国信达 制药	CEACAM5	非小细胞肺癌	Ⅲ期	/
Patritumab deruxtecan	日本第一三共	HER3	非小细胞肺癌	Ⅲ期	FDA 突破性疗法 认定

续表

药物名称	研发机构	靶点	适应证	最高研发阶段	监管机构认证
Telisotuzumab vedotin	美国艾伯维	cMet	非小细胞肺癌	Ⅲ期	FDA 突破性疗法认定
Upifitamab rilsodotin	美国 Mersana Therapeutics/ 巴西 Recepta biopharma	NaPi2b	卵巢癌、输卵管癌、原发性腹膜癌	Ⅲ期	FDA 快速通道资格
Vobramitamab duocarmazine	美国 Macrogenics	B7-H3	前列腺癌	Ⅱ / Ⅲ期	/

资料来源：根据科睿唯安Cortellis数据库、NMPA数据库资料整理

　　从适应证来看，全球在研ADC药物的治疗领域布局广泛，重点聚焦肿瘤领域且重心已从血液肿瘤转向实体瘤。近2年获批上市以及处于临床关键阶段的ADC药物主要以实体瘤疗法为主，适应证也拓展到更广泛的实体瘤瘤种。而就靶点而言，HER2仍然是全球ADC实体瘤药物研发热门靶点，其中在乳腺癌中的治疗应用进展最快，不仅有2款乳腺癌HER2-ADC药物上市（Kadcyla和Enhertu），而且有多款药物处于临床关键阶段。英国阿斯利康与日本第一三共合作研发的HER2-ADC药物Enhertu于2019年获FDA加速批准上市，用于治疗后线HER2阳性转移性乳腺癌，而后在多种HER2突变癌种治疗中展现出非凡的潜力，获批适应证不断扩展，继2021年获批成为首个靶向HER2治疗胃癌的ADC药物之后，又在2022年获批应用于更早期的HER2阳性转移性乳腺癌、获批成为首款治疗HER2低表达转移性乳腺癌的HER2靶向药物、获FDA加速批准成为全球首款HER2阳性非小细胞肺癌新药。荷兰Synthon与德国Medac联合研发的用于HER2阳性乳腺癌治疗的Trastuzumab duocarmazine也已达临床Ⅲ期试验终点，新药上市申请也已获FDA受理。此外，针对其他不同靶点的ADC药物在肿瘤治疗中已初显成效，靶点的差异化探索也推动可治疗瘤种更加多元化。靶向CEACAM5、HER3、cMet、NaPi2b、B7-H3等靶点的ADC药物在非小细胞肺癌、卵巢癌、前列腺癌等其他肿瘤治疗领域展现出良好潜力。

　　我国ADC药物研发正稳步推进，目前有1款自主研发产品注射用维迪西妥单抗（爱地希）附条件上市，多款候选药物处在临床试验关键阶段，其中部分药物已显示出较好的治疗潜力。处于临床关键阶段的ADC药物的适应证主要集中于乳腺癌，尤其是HER2阳性乳腺癌，中国东曜药业、中国恒瑞、中国浙江医药等企业的HER2-ADC乳腺癌药物即将进入密集收获期。同时，Trop-2靶点的ADC药物也在临床研究中显示出良好的效果，中国科伦药业与美国默沙东合作研发的用于治疗三阴性乳腺癌的SKB264正处于临床Ⅲ期阶段，且已获得NMPA突破性疗法认定。

上述经典ADC药物多采用"单抗（定位配体）-连接基团-细胞毒性药物（效应分子）"的结构设计，而随着抗体形式逐渐丰富，由更小的抗体片段或双特异性抗体作为定位配体开发而来的新型ADC药物也逐渐进入临床，包括抗体片段-药物偶联物（FDC）、纳米抗体-药物偶联物（NDC）、多肽-药物偶联物（PDC）、双特异性抗体-药物偶联物（BsADC）等。这些新型ADC药物目前研究处于早期探索阶段或临床阶段，尚无产品上市。同时，ADC药物的效应因子的类型也在细胞毒性小分子药物的基础上得到了进一步的扩充，已有2款抗体-放射性核素偶联物（ARC）、2款抗体-细菌外毒素偶联物（AExC，也属于ADC）药物以及1款抗体-光敏剂偶联物（APC）药物上市，其他的抗体偶联物研发则仍处于临床或临床前阶段（表12-7）。

表 12-7　抗体偶联物的研发策略例举

抗体偶联物名称	英文名称	定位配体	效应分子	最高研发阶段
抗体-药物偶联物	antibody-drug conjugate，ADC	抗体	细胞毒性药物	上市15款
抗体片段-药物偶联物	antibody fragment-drug conjugate，FDC	抗体片段	细胞毒性药物	研发
纳米抗体-药物偶联物	nanobody-drug conjugate，NDC	纳米抗体	细胞毒性药物	研发
多肽-药物偶联物	peptide-drug conjugate，PDC	多肽	细胞毒性药物	Ⅲ期
双特异性抗体-药物偶联物	bispecific antibody-drug conjugate，BsADC	双特异性抗体	细胞毒性药物	Ⅰ期
抗体-免疫刺激偶联物	immune-stimulating antibody conjugate，ISAC	抗体	免疫刺激剂和调节剂	Ⅲ期
抗体-放射性核素偶联物	antibody-radionuclide conjugate，ARC	抗体	放射性核素	上市2款（Zevalin、Bexxar）；上市申请1款（Omburtamab）
抗体-光敏剂偶联物	antibody-photosensitizer conjugate，APC	抗体	光敏剂	上市1款（Akalux）
抗体-生物聚合物偶联物	antibody-biopolymer conjugate，ABC	抗体	细菌外毒素、细胞因子、寡核苷酸、生物酶	上市2款
抗体-细菌外毒素偶联物	antibody-exotoxin conjugate，AExC	抗体	细菌外毒素	上市2款（Lumoxiti、Zynlonta）
抗体-寡核苷酸偶联物	antibody-oligonucleotide conjugate，AOC	抗体	寡核苷酸	Ⅱ期

续表

抗体偶联物名称	英文名称	定位配体	效应分子	最高研发阶段
抗体 - 生物酶偶联药物	antibody-enzyme conjugate，AEC	抗体	生物酶	Ⅱ期
抗体 - 降解剂偶联物	antibody degraducer conjugate，ADeC	抗体	蛋白降解剂	临床前
抗体 - 细胞偶联物	antibody-cell conjugate，ACC	抗体	免疫细胞	Ⅲ期

2）双特异性抗体

抗体药物领域的另一个热点是双特异性抗体药物的开发。双抗具有可以与相同或不同抗原上的不同表位结合的单抗结构，它可以桥接治疗剂及靶标以达到治疗目的。目前双抗药物研发大多选择经过临床验证的药物靶点进行组合，同时得益于双抗技术平台的日益成熟，双抗药物研发进展迅速，在研管线数量持续增长，获批上市进程加快。双抗药物在 2022 年迎来一波上市潮，5 款药物相继获批，数量超越此前总和，上市产品累计达到 9 款（表 12-8）。新获批的 5 款双抗药物中包括 2 款血液肿瘤药物 Lunsumio 和 Tecvayli、实体瘤药物卡度尼利单抗（开坦尼）、首款眼科双抗药物 Vabysmo，以及自身免疫性疾病药物 Nanozora。与此同时，另有 2 款双抗药物已提交上市申请，有望近期获批上市，还有十余款候选药物处于临床试验关键阶段或已获得药品监管机构的加速通道资格认定（表 12-9）。

表 12-8 全球获批上市的双抗药物

药物商品名	研发机构	靶点	适应证	首批年份	首批国家/地区	国内研发进度
Removab	德国 Trion Pharma；中国凌腾医药	CD3×EpCAM	肿瘤恶性腹水	2009	欧盟（2017年退市）	Ⅲ期临床（胃癌）
Blincyto	美国安进	CD3×CD19	前 B 细胞急性淋巴细胞白血病	2014	美国	批准上市
Hemlibra	瑞士罗氏	FIX×FX	血友病 A	2017	美国	批准上市
Rybrevant	美国强生	EGFR×cMET	非小细胞肺癌	2021	美国	Ⅲ期临床
Vabysmo	瑞士罗氏	VEGF-A×Ang-2	新生血管性或湿性年龄相关性黄斑变性、糖尿病性黄斑水肿	2022	美国	申请上市

续表

药物商品名	研发机构	靶点	适应证	首批年份	首批国家/地区	国内研发进度
Lunsumio	瑞士罗氏	CD20×CD3	滤泡性淋巴瘤	2022	欧盟（附条件批准）	III期临床
开坦尼	中国康方生物	PD-1×CTLA4	宫颈癌	2022	中国（附条件批准）	批准上市
Tecvayli	美国强生	BCMA×CD3	多发性骨髓瘤	2022	欧盟（附条件批准）	III期临床
Nanozora	日本大正制药/法国赛诺菲	TNF×白蛋白	类风湿关节炎	2022	日本	/

资料来源：根据科睿唯安 Cortellis 数据库、NMPA 数据库资料整理

表 12-9　全球处于临床 III 期及上市申请阶段的双抗药物例举

药物名称	研发机构	靶点	适应证	最高研发阶段	监管机构认证
Mim-8	丹麦诺和诺德	FIXa×FX	血友病 A	III期	FDA 孤儿药资格
Epcoritamab	美国艾伯维/丹麦 Genmab	CD3×CD20	滤泡性淋巴瘤、弥漫大 B 细胞淋巴瘤	III期	FDA 孤儿药资格、优先审评资格；EMA 孤儿药资格
Glofitamab	瑞士罗氏	CD3×CD20	弥漫大 B 细胞淋巴瘤	III期	TGA 孤儿药资格；EMA 孤儿药资格
Elranatamab	美国辉瑞	CD3×BCMA	多发性骨髓瘤	III期	FDA 快速通道、孤儿药资格；EMA 快速通道、孤儿药资格、优先药物计划认定
Talquetamab	美国强生	CD3×GPRC5D	多发性骨髓瘤	III期	FDA 突破性疗法认定、孤儿药资格；EMA 孤儿药资格、优先药物计划认定
Izalontamab	中国百利药业	EGFR×HER3	非小细胞肺癌	II/III期	/
依沃西单抗	中国康方生物	PD-1×VEGF	PD-L1 阳性非小细胞肺癌、*EGFR* 突变非小细胞肺癌	III期	NMPA 突破性疗法认定

续表

药物名称	研发机构	靶点	适应证	最高研发阶段	监管机构认证
开坦尼	中国康方生物	PD-1×CTLA-4	鼻咽癌、肝细胞癌、胃癌、胃食管癌、宫颈癌	Ⅲ期	/
Bintrafusp alfa	德国默克	PD-L1×TGF-β	非小细胞肺癌	Ⅲ期	EMA 儿科研究计划认定
SHR-1701	中国恒瑞医药 / 韩国东亚制药	PD-L1×TGF-β	非鳞状非小细胞肺癌、宫颈癌、胃癌、胃食管癌	Ⅲ期	/
Erfonrilimab	中国康宁杰瑞	PD-L1×CTLA-4	鳞状非小细胞肺癌、胰导管腺癌	Ⅲ期	/
Tebotelimab	美国 MacroGenics	PD-1×LAG-3	HER2 阳性胃癌、胃食管癌	Ⅱ / Ⅲ期	/
Anbenitamab	中国康宁杰瑞 / 中国石药集团	HER2 双表位	胃癌、胃食管癌	Ⅱ / Ⅲ期	FDA 孤儿药资格
Zanidatamab	加拿大 Zymeworks/ 中国百济神州	HER2 双表位	胃癌、胃食管癌	Ⅲ期	FDA 快速通道、孤儿药资格；EMA 孤儿药资格
CTX-009	美国罗盘制药 / 中国科望医药 / 韩国 ABL Bio/ 韩国 National OncoVenture	DLL4×VEGF-A	胆道癌、胆管癌、胆囊癌	Ⅱ / Ⅲ期	/
Navicixizumab	美国鼎航医药	DLL4×VEGF	卵巢癌、原发性腹膜癌、输卵管癌	Ⅲ期	FDA 快速通道资格
Gefurulimab	英国阿斯利康	C5× 白蛋白	全身型重症肌无力	Ⅲ期	/
GR1801	中国智翔（上海）医药科技 / 重庆智翔金泰生物制药	RABV 双表位	狂犬病被动免疫	Ⅲ期	/

资料来源：根据科睿唯安 Cortellis 数据库、NMPA 数据库资料整理

　　全球已上市和在研双抗药物的适应证范围逐渐扩大,涉及肿瘤、自身免疫性疾病、病菌感染及慢性病等疾病领域,肿瘤占多数。其中,进入关键临床阶段的药物以治疗血液肿瘤为主,包括用于治疗淋巴瘤、骨髓瘤及血友病的多款产品,如美国艾伯维与丹麦 Genmab 合作研发的 Epcoritamab 以及瑞士罗氏开发的 Glofitamab,2 款药物都是靶向 CD3 和 CD20,以治疗弥漫大 B 细胞淋巴瘤等,其上市申请已分别获得受理。与此同时,双抗药物在实体瘤、自身免疫性疾病治疗方面也取得了积极成果,如加拿大 Zymeworks 与中国百济神州合作研发的用于治疗胃癌及胃食管癌的 Zanidatamab、英国阿斯利康用于治疗全身型重症肌无力的 Gefurulimab 都已进入临床 Ⅲ 期阶段。

　　国内也建立了相对成熟的双抗技术平台,在双抗药物领域的布局已处于行业前列,尤其是实体瘤双抗药物研发表现突出。据不完全统计,全球 18 款处于临床 Ⅲ 期的双抗药物中,有 7 款为我国企业主导研发,还有 2 款已引进国内开展联合研发。我国自主研发的双抗药物开始进入初步收获期。2022 年 6 月,我国首款自主研发的创新双抗药物卡度尼利单抗(商品名:开坦尼)获 NMPA 附条件批准上市,适用于治疗复发或转移性宫颈癌。该药物是一款由康方生物自主研发的肿瘤双免疫检查点抑制剂,通过阻断 PD-1/CTLA-4 信号通路的免疫抑制作用,从而促进肿瘤特异性 T 细胞免疫活化,进而发挥抗肿瘤效果。开坦尼的获批上市打破了双抗药物领域无我国原创新药的局面,同时作为全球首款肿瘤双免疫检查点抑制剂双抗,其适应证较广阔且拥有突出的临床价值,目前正在研究开坦尼在肺癌、肝癌、胃癌、宫颈癌、肾癌、食管鳞癌及鼻咽癌等多种恶性实体瘤治疗中的安全性和有效性。继开坦尼获批之后,NMPA 又为康方生物自主研发的全球首创 PD-1×VEGF 双抗新药依沃西单抗授予 3 项突破性疗法认定,用于治疗 *EGFR* 突变非鳞非小细胞肺癌、PD-L1 阳性非小细胞肺癌、PD-(L)1 抑制剂耐药非小细胞肺癌。智翔(上海)医药科技/重庆智翔金泰生物制药自主研发的重组全人源双抗药物 GR1801 正处于临床 Ⅲ 期,针对疑似狂犬病毒暴露后的被动免疫,在除癌症外的其他疾病防诊治领域取得进展。

　　此外,基于双抗类似的设计原理及生产平台,全球药企开始了关于三特异性抗体(tri-specific antibody)药物、四特异性抗体(tetra-specific antibody)药物等同时靶向多种抗原表位的多特异性抗体药物的研发探索,已有多款三特异性/四特异性抗体药物进入临床阶段,但目前尚无产品获批上市(表 12-10)。其中,研发进展最快的为美国 GT Biopharma 研发的靶向 3 个肿瘤治疗性靶点的三特异性抗体药物,已经进入临床 Ⅱ 期研究阶段。

表 12-10　全球处于临床阶段的多抗药物例举

药物名称	研发机构	类型	靶点	适应证	最高研发阶段
GTB3550	美国 GT Biopharma	三抗	CD16×IL-15×CD33	肥大细胞白血病、骨髓增生异常综合征	Ⅱ期
SAR442257	法国赛诺菲	三抗	CD3×CD28×CD38	非霍奇金淋巴瘤、多发性骨髓瘤	Ⅰ期
ND-021	中国基石药业 / 瑞士 Numab	三抗	PD-L1/4-1BB/HAS	晚期实体瘤	Ⅰ期
BR110	中国恩沐生物 / 中国博锐生物	三抗	CD3×CD19×CD20	非霍奇金淋巴瘤、慢性淋巴细胞白血病、急性淋巴细胞白血病	Ⅰ期
GB263T	中国嘉和生物	三抗	EGFR×cMET×cMET	非小细胞肺癌、实体瘤	Ⅰ期
GNC-035	中国百利	四抗	CD3×4-1BB×PD-L1×ROR1	局部晚期或转移性实体瘤	Ⅰ期
GNC-038	中国百利	四抗	CD19×CD3×PD-L1×TNFRSF9	非霍奇金淋巴瘤、急性淋巴细胞白血病	Ⅰ期
GNC-039	中国百利	四抗	EGFRv Ⅲ ×CD3×PD-L1×TNFRSF9	实体瘤、脑胶质瘤	Ⅰ期

3. 基因治疗

基因治疗从技术上可分为基于基因转移技术的基因治疗和基因编辑治疗。前者主要是通过向患者体内递送外源性治疗基因以代替致病基因发挥功能，或补充其他功能性基因发挥治疗作用。后者则是指通过向患者体内递送基因编辑系统来实现对目的基因的操作。目前在遗传性疾病领域已有多款重要基因治疗产品获批上市，基因治疗在感染性疾病及其他疾病中也正展现出临床应用前景。

1）基于基因转移技术的基因治疗

全球已有多款基于基因转移技术的基因治疗产品获批（表 12-11），2022 年获批的多个罕见病的首款基因疗法为罕见病患者带来治疗新希望。2022 年 7 月，由美国 PTC Therapeutics 公司开发的 Upstaza（eladocagene exuparvovec）获 EMA 上市许可，这是首个针对芳香族 L- 氨基酸脱羧酶（L-amino acid decarboxylase，AADC）缺乏症的基因疗法。随后 8 月，由 BioMarin Pharmaceutical 公司开发的 ROCTAVIAN（valoctocogene roxaparvovec）获 EMA 有条件批准上市，成为全球首个针对血友病 A 的基因疗法。11 月，全球首个血友病 B 基因治疗产品也成功获 FDA 批准上市，为 uniQure/CSL Behring

公司开发的 EtranaDez（etranacogene dezaparvovec）。此外，美国 Sarepta Therapeutics/瑞士罗氏开发的基因疗法 SRP-9001 的上市申请已获得 FDA 优先审评资格，用于治疗进行性假肥大性肌营养不良（Duchenne muscular dystrophy，DMD；迪谢内肌营养不良）。针对其他罕见病的基因疗法也正在不断开发中，美国马萨诸塞大学等机构利用两种腺相关病毒（AAV）载体将分别编码 HexA 酶两种不同亚基的基因经鞘内注射递送至体内，成功改善了 2 名患有由 HexA 酶缺乏引起的泰 - 萨克斯病的儿童的症状。

表 12-11　全球已获批基因治疗产品

名称	研发机构	适应证	批准时间 / 机构	载体	给药方式
今又生	深圳赛百诺公司	头颈部鳞癌	2003 年原国家食品药品监督管理总局（CFDA）	腺病毒	体内（局部）
Glybera	荷兰 uniQure公司	家族性脂蛋白脂肪酶缺乏症、胰腺炎发作	2012 年 EMA	AAV	体内（肌内）
Strimvelis	英国葛兰素史克公司	腺苷脱氨酶缺乏性重度联合免疫缺陷症	2016 年 EMA	逆转录病毒	离体
Luxturna	瑞士罗氏公司	双等位基因 RPE65 突变导致的遗传性视网膜营养不良	2017 年 FDA	AAV	体内（视网膜）
Zolgensma	瑞士诺华公司	脊髓性肌萎缩	2019 年 FDA	AAV	体内（静脉）
Zynteglo	美国蓝鸟生物公司	非 β0/β0 基因型 β- 地中海贫血	2019 年 EMA	慢病毒	离体
Libmeldy	英国 Orchard公司	异染性脑白质营养不良	2020 年 EMA	慢病毒	离体
Skysona	美国蓝鸟生物公司	早期脑性肾上腺脑白质营养不良	2021 年 EMA（已退市）2022 年 FDA	慢病毒	离体
Upstaza	美国 PTC Therapeutics	芳香族 L- 氨基酸脱羧酶（AADC）缺乏症	2022 年 EMA	AAV2	体内（大脑）
ROCTAVIAN	BioMarin Pharmaceutical	血友病 A		AAV5	体内
SRP-9001	美国 Sarepta Therapeutics/瑞士罗氏	迪谢内肌营养不良（DMD）	2022 年 FDA（NDA）	AAV	体内（肌肉）
EtranaDez	uniQure/CSL Behring	血友病 B	2022 年 FDA	AAV5	体内（静脉）

除遗传性疾病外，基因治疗逐渐在传染病及其他常见非遗传性疾病中开辟出新的道路。美国国立卫生研究院（NIH）等机构利用AAV8载体向人类免疫缺陷病毒（HIV）感染者体内递送表达HIV-1广泛中和抗体VRC07的基因，临床Ⅰ期试验显示该疗法可以在体内持久地产生具有生物活性、难以诱导产生的广泛中和抗体，并具有良好的安全性和耐受性。英国伦敦大学学院的研究人员将能对神经元刺激做出反应的*c-fos*基因的启动子与*KCNA1*钾离子通道基因组合，并利用病毒载体将其递送至癫痫小鼠模型体内，发现可有效降低过度活跃的脑细胞兴奋性，减低小鼠癫痫发作频率而不干扰正常细胞行为，这为治疗神经系统疾病提供了新的理论方法。比利时鲁汶大学等机构的研究人员发现，通过递送相应基因使小鼠星形胶质细胞产生IL-2，增加脑内调节性T细胞（Treg细胞）的数量，可有效治疗创伤性脑损伤后的神经炎症。

实现基因的靶向递送是基因治疗的关键环节，在当前众多的病毒载体和非病毒载体中，AAV是目前基因治疗最常用的载体。不同血清型的AAV具有不同的组织趋向性，由AAV衣壳蛋白的结构所决定，目前已有的十余种血清型的AAV载体可实现肝脏、肌肉及神经系统等的靶向递送，但为避免高剂量载体带来的安全性问题，仍需要进一步提高载体的靶向性及递送效率，2022年研究人员在进一步改造病毒衣壳方面取得了重要进展。美国哈佛大学等机构设计出一种AAV9变体AAV.CPP.16，在小鼠和非人灵长类动物中显示出更高的血脑屏障跨越效率。美国加州理工学院等机构的研究人员也在小鼠中成功定向进化出新AAV9变体，可高效地将目的基因传递至啮齿动物和非人灵长类动物周围神经系统中，还可跨越血脑屏障传递至猕猴的中枢神经系统。德国海德堡大学等机构的研究人员开发出一种可靶向肌肉的AAV载体，并基于该载体开发出能够显著改善X连锁肌管肌病小鼠模型疾病症状的基因疗法。

近年来，在基于基因转移技术的基因治疗领域，国内进入快速发展阶段。武汉纽福斯生物科技有限公司（纽福斯生物）、信念医药科技（上海）有限公司（信念医药科技）、北京锦篮基因科技有限公司（锦篮基因）、上海朗昇生物科技有限公司及上海天泽云泰生物医药有限公司（天泽云泰）等研发的十余个产品已进入注册性临床试验阶段（表12-12），主要适应证包括眼科遗传病、血液系统及神经系统遗传病等。其中，进展最快的为纽福斯生物开发的NR082，可用于治疗*ND4*突变引起的莱伯遗传性视神经病变（Leber hereditary optic neuropathy，LHON），目前已进入临床Ⅲ期。信念医药科技、天泽云泰和四川至善唯新生物科技有限公司（至善唯新）均开发了治疗血友病B的基因治疗产品，通过AAV实现凝血因子Ⅸ的递送。其中，信念医药科技开发的BBM-H901的安全性和有效性已在研究者发起的临床试验（investigator-initiated clinical trial，IIT）中得到验证，这是我国首项利用肝靶向AAV载体治疗血友病B的临床研究。随后的另一项研究显示接受BBM-H901治疗后的患者，在术中无补充外源凝血因子Ⅸ进行治疗的条件下，能够成功进行膝关节置换手术，进一步充分证实了BBM-H901注射液对于血友病治疗的有效性。基于其优异的疗效，该产品已分别获得了FDA孤儿药资格认定和我国突破性治疗药物资格。在基因治疗的病毒载体开发上，我国也取得了重要进展。北京生命科学研究所等机构的研究人员通过对AAV9定向进化，得到两种新型rAAV载体AAV-cMG和AAV-MG，可在体外和体内有效地将遗传载荷递送至小胶质细胞。

表12-12　国内获批开展临床试验的基因治疗产品

公司	产品名称	适应证	阶段	批准机构
纽福斯生物	NR082	LHON	临床Ⅲ期	NMPA
信念医药科技	BBM-H901	血友病 B	临床Ⅲ期	NMPA
瑞士诺华	Zolgensma	脊髓性肌萎缩（spinal muscular atrophy，SMA）	临床Ⅲ期	NMPA
天泽云泰	VGB-R04	血友病 B	临床Ⅰ/Ⅱ期	NMPA
至善唯新	ZS801	血友病 B	临床Ⅰ/Ⅱ期	NMPA
杭州嘉因生物科技有限公司	EXG001-307	SMA	临床Ⅰ/Ⅱ期	NMPA
锦篮基因	GC101	SMA	临床Ⅰ期	NMPA
舒泰神（北京）生物制药股份有限公司	STSG-0002	乙肝	临床Ⅰ期	NMPA
锦篮基因	GC304	遗传性高甘油三酯血症	临床Ⅰ期	NMPA
锦篮基因	GC301	蓬佩病	临床Ⅰ期	NMPA
上海朗昇生物科技有限公司	LX101	RPE65 双等位基因突变相关的遗传性视网膜变性	临床Ⅰ期	NMPA
成都弘基生物科技有限公司	KH631	年龄相关性黄斑变性	临床获批	NMPA
方拓生物科技有限公司	FT-001	遗传性视网膜病	临床获批	FDA、NMPA
上海天泽云泰生物医药	VGR-R01	结晶样视网膜变性	临床获批	NMPA
北京中因科技有限公司	ZVS101e	结晶样视网膜变性	临床获批	NMPA

2）基因编辑治疗

以CRISPR为代表的基因编辑技术快速推动了基因治疗的发展，基因编辑疗法率先在遗传性疾病领域取得突破性临床成果，并将快速迎来商业化。美国Vertex Pharmaceuticals公司和瑞士CRISPR Therapeutics公司已联合向FDA提交首个CRISPR基因编辑疗法exagamglogene autotemcel（exa-cel，CTX001）的上市申请，该产品可用于治疗镰刀型细胞贫血病（sickle cell disease，SCD）和输血依赖性β-地中海贫血。由于基因编辑治疗在该类疾病中已展现出极大治疗潜力，全球多款基于不同靶标的产品正处于临床开发阶段（表 12-13）。美国 Editas Medicine 公司基于 CRISPR-Cas12a 开发了 EDIT-301，与 CTX001 编辑调控胎儿血红蛋白（fetal hemoglobin，HbF）表达的 *BCA11A* 不同，EDIT-301 通过靶向 *HBG* 基因启动子区域，重新激活 γ 珠蛋白，进而达到治疗的目的，FDA 已授予该产品孤儿药资格认定。除遗传性疾病外，基因编辑疗法也在感染性疾病治疗中逐渐显现出应用前景。美国 Excision BioTherapeutics 公司开发的体内基因编辑疗法 EBT-101，利用 AAV 递送的 CRISPR-Cas9 系统，对 HIV 感染者体内的 HIV 基因组进行切除，并可最大限度地减少潜在的病毒逃逸，目前已启动临床 Ⅰ/Ⅱ 期试验。以色列特拉维夫大学等机构的研究人员使用两种 AAV 载体，分别递送编码金黄色葡萄球菌 Cas9 和 HIV 广泛中和抗体 3BNC117，成功地在小鼠体内实现了 B 细胞编辑，并使其产生了高滴度的 HIV 中和抗体。

表 12-13　临床试验阶段的 CRISPR 基因编辑疗法产品

药物	研发机构	适应证	研发阶段	批准机构
CTX001	瑞士 CRISPR Therapeutics 公司 / 美国 Vertex Pharmaceuticals 公司	SCD/β-地中海贫血	临床 Ⅱ/Ⅲ 期	FDA
OTQ923	美国 Intellia Therapeutics 公司 / 瑞士诺华公司	SCD	临床 Ⅰ/Ⅱ 期	FDA
EDIT-301	美国 Editas Medicine 公司	SCD	临床 Ⅰ/Ⅱ 期	FDA
GPH101	美国 Graphite Bio 公司	SCD	临床 Ⅰ/Ⅱ 期	FDA
CRISPR_SCD001	美国加州大学	SCD	临床 Ⅰ/Ⅱ 期	FDA
BEAM-101	美国 Beam Therapeutics 公司	SCD/β-地中海贫血	临床 Ⅰ/Ⅱ 期	FDA
BRL-101	上海邦耀生物科技有限公司	β-地中海贫血	临床 Ⅰ/Ⅱ 期	NMPA
ET-01	博雅辑因（北京）生物科技有限公司	β-地中海贫血	临床 Ⅰ 期	NMPA
RM-001	瑞风生物	β-地中海贫血	临床 Ⅰ 期	NMPA
NTLA-2001	美国 Intellia Therapeutics 公司 / 美国再生元制药公司	遗传性转甲状腺素蛋白淀粉样变性	临床 Ⅰ 期	FDA
NTLA-2002	美国 Intellia Therapeutics 公司	遗传性血管性水肿	临床 Ⅰ/Ⅱ 期	FDA
Verve-101	美国 Verve Therapeutics 公司	杂合子家族性高胆固醇血症	临床 Ⅰ 期	FDA
VCTX210	瑞士 CRISPR Therapeutics 公司	1 型糖尿病	临床 Ⅰ 期	FDA
EBT-101	美国 Excision BioTherapeutics 公司	HIV-1 感染	临床 Ⅰ 期	FDA
BD111	上海本导基因技术有限公司 / 复旦大学	单纯疱疹病毒性角膜炎	临床 Ⅰ/Ⅱ 期	NMPA

此外，开发更加安全有效且可递送至多个器官的递送方法也将扩大体内基因编辑疗法的应用场景。美国哈佛大学等机构以逆转录病毒为基础开发出一种工程化病毒样颗粒（eVLPs），通过向小鼠体内递送碱基编辑器或Cas9核糖核蛋白，可实现多个组织的高效基因编辑治疗，包括降低血清中Pcsk9蛋白及部分恢复了遗传性失明小鼠的视觉功能。

我国在基因编辑治疗领域紧跟国际先进水平，多款产品已步入临床试验阶段，尤其是针对β-地中海贫血的治疗研发，我国已取得重要进展。2022年8月上海邦耀生物科技有限公司（邦耀生物）和中南大学合作发表的一项IIT临床研究结果显示，通过CRISPR修饰自体造血干祖细胞的*BCL11A*红系增强子，激活γ珠蛋白的表达，有效缓解了β0/β0型重度地中海贫血症状，其中2名儿童患者已成功摆脱输血依赖长达2年，基于此，邦耀生物开发的BRL-101获NMPA批准开展临床Ⅰ/Ⅱ期试验，已于9月份正式启动。2022年11月，另一款β-地中海贫血基因编辑药物RM-001也在我国获批开展临床试验，RM-001由广州瑞风生物科技有限公司（瑞风生物）自主研发，通过修饰造血干细胞γ珠蛋白的基因启动子，激活人体内天然胎儿血红蛋白合成，恢复红细胞正常生理功能。在其他遗传性疾病领域，复旦大学等机构的研究人员首次利用CRISPR-Cas9技术，基于同源臂介导的末端接合策略成功治疗隐性遗传性感音神经性聋，显著改善小鼠听力长达6个月。感染性疾病治疗方面，在之前发表的IIT研究已证实，本导基因公司开发的BD111可通过直接靶向切割1型单纯疱疹病毒（herpes simplex virus-1，HSV-1）基因组，实现对病毒型角膜炎的治疗，2022年6月该产品获得FDA授予的孤儿药资格。

4. RNA疗法

RNA疗法近年来产业化进程加速，以反义寡核苷酸（antisense oligonucleotides，ASO）、干扰小RNA（small interfering RNA，siRNA）为代表的小核酸疗法在遗传性疾病领域持续取得进展，也逐渐为更多其他慢性病患者带来治疗新方法，mRNA疗法率先在疫苗领域获得上市。当前全球已分别有9款ASO药物、5款siRNA药物、2款mRNA疫苗获批上市（此处不包括在原始疫苗基础上针对变异株继续开发的多价疫苗）（表12-14）。

此外，一些新兴的RNA疗法如转运RNA（transfer RNA，tRNA）疗法、环状RNA（circRNA）疗法等也崭露头角。美国马萨诸塞大学的研究人员利用AAV载体向Ⅰ型黏多糖病小鼠模型体内递送抑制性tRNA，通过诱导无义突变处的通读，恢复蛋白功能，单次治疗后，效果可持续6个月以上。北京大学等机构针对新冠病毒及其变异株，设计了编码刺突蛋白受体结构域的环状RNA疫苗，在小鼠和恒河猴中展示出强大的保护作用。

表12-14 已获批的RNA药物

名称	研发机构	适应证	批准时间/机构	给药方式
福米韦生（Fomivirsen）	美国 Ionis 公司/瑞士诺华公司	巨细胞病毒（CMV）视网膜炎	1998 年，美国 FDA	体内（玻璃体）
米泊美生（Mipomersen）	美国 Ionis 公司/法国赛诺菲	纯合子型家族性高胆固醇血症	2013 年，美国 FDA	体内（皮下）
Eteplirsen	美国 Sarepta 公司	51 号外显子跳跃的迪谢内肌营养不良	2016 年，美国 FDA	体内（静脉）
诺西那生（Nusinersen）	美国 Ionis 公司/美国渤健制药公司	脊髓性肌萎缩	2016 年，美国 FDA	体内（鞘内）
Inotersen	美国 Ionis 公司	遗传性转甲状腺素蛋白淀粉样变性多发性神经病	2018 年，美国 FDA	体内（静脉）
Volanesorsen	美国 Ionis 公司	家族性乳糜微粒血症综合征	2019 年，EMA	体内（皮下）
Golodirsen	美国 Sarepta 公司	53 号外显子跳跃的迪谢内肌营养不良	2019 年，美国 FDA	体内（静脉）
Viltolarsen	日本新药株式会社（Nippon Shinyaku）	53 号外显子跳跃的迪谢内肌营养不良	2020 年，美国 FDA	体内（静脉）
Casimersen	美国 Sarepta 公司	45 号外显子跳跃的迪谢内肌营养不良	2021 年，美国 FDA	体内（静脉）
Patisiran	美国 Alnylam 公司	遗传性转甲状腺素蛋白淀粉样变性多发性神经病	2018 年，美国 FDA	体内（静脉）
Givosiran	美国 Alnylam 公司	成人急性肝性卟啉病	2019 年，美国 FDA	体内（皮下）
Lumasiran	美国 Alnylam 公司	1 型原发性高草酸尿症	2020 年，EMA	体内（皮下）
Inclinsiran	美国 Alnylam 公司/诺华	纯合子家族性高胆固醇血症	2020 年，EMA；2021 年，美国 FDA	体内（皮下）
Vutrisiran	美国 Alnylam 公司	遗传性转甲状腺素蛋白（hATTR）淀粉样变性	2022 年，FDA、EMA	体内（皮下）

1）ASO疗法

2022年，在ASO药物研发方面，针对遗传性疾病、慢性病及感染性疾病的多项临床研究取得了重要进展，多款药物已完成或正进行Ⅲ期临床试验，将进一步推动ASO

药物获批上市。其中，美国Ionis公司开发的用于治疗超氧化物歧化酶1（superoxide dismutase 1，SOD1）突变导致的肌萎缩侧索硬化（amyotrophic lateral sclerosis，ALS）的ASO药物tofersen已进入FDA的新药申请阶段，而针对 *FUS*（fused in sarcoma）突变导致的ALS，该公司开发的另一款ASO药物ION363可通过有效降低FUS蛋白水平减轻病症，目前也正进行Ⅲ期临床开发。针对遗传性转甲状腺素蛋白淀粉样变性多发性神经病的eplontersen［一种配体偶联反义（LICA）药物］的Ⅲ期临床试验已达主要终点，相较于2018年获批的药物inotersen，eplontersen采用偶联 *N*-乙酰半乳糖胺（*N*-acetylgalactosamine，GalNAc）方法，因而具有更好的肝靶向性和疗效，此前还获得FDA授予的孤儿药资格认定。此外，用于治疗遗传性血管水肿的药物donidalorsen也已进入Ⅲ期临床阶段，其Ⅱ期临床试验结果显示，通过抑制血浆前激肽释放酶表达可有效降低患者发作频率和疾病负担。在心血管疾病和抗病毒领域，ASO药物再次展现出临床潜力。靶向肝载脂蛋白C3（apolipoprotein C-Ⅲ，APOC3）的药物olezarsen在临床试验中显示可显著降低中度高甘油三酯血症且具有高心血管疾病患病风险人群体内APOC3、甘油三酯和致动脉粥样硬化脂蛋白水平。一项Ⅱ期临床研究显示，持续24周的bepirovirsen治疗可使患者实现功能性治愈，该药物由美国Ionis公司和英国葛兰素史克公司联合开发，通过靶向乙型肝炎病毒（HBV）mRNA抑制病毒复制。近期研究显示，ASO药物还有望为癌症治疗提供新方法。美国丹娜-法伯癌症研究所等机构的研究人员发现，癌症中 *KRAS*^{G60G}沉默突变通过纠正异常剪接在KRAS（Q61K）功能性蛋白的产生中发挥重要作用，并据此设计了ASO药物，选择性地在突变位点诱导异常剪接，在体内和体外均实现了较好的肿瘤生长抑制作用。

我国自主研发的ASO药物数量整体较少且进展缓慢，目前苏州瑞博生物技术股份有限公司的RBD4988、悦康药业集团股份有限公司的CT102及浙江海昶生物医药技术有限公司（海昶生物）的WGI-0301已进入早期临床阶段。

2）siRNA疗法

自2018年首款siRNA药物获批以来，siRNA治疗商业化稳步前进，用于遗传性疾病或遗传因素驱动的其他疾病的药物临床研究也持续取得进展。

2022年，全球第5款siRNA药物vutrisiran先后获美国FDA和欧洲EMA批准上市，该产品由美国Alnylam公司开发，与全球首个siRNA药物patisiran具有相同的适应证——遗传性转甲状腺素蛋白淀粉样变性，但vutrisiran采用的是GalNAc递送技术，因而具有更好的代谢稳定性。此外，近期的一项Ⅱ期临床研究显示，美国Arrowhead公司和日本武田开发的药物fazirsiran，可有效减少α_1-抗胰蛋白酶（alpha1-antitrypsin，AAT）突变体的产生，进而缓解AAT缺乏症相关肝病。在治疗遗传导致的心血管疾病药物研发方面，安进和美国Arrowhead公司联合开发的olpasiran及英国Silence Therapeutics公司的SLN360分别在其临床Ⅱ期、Ⅰ期试验中显示，可有效降低心血管疾病患者中的脂蛋白 A[lipoprotein（a），Lp（a）]水平，并具有良好的安全性和耐受性。

从递送系统来看，目前全球已上市的 siRNA 药物多采用脂质纳米颗粒系统和 GalNAc 修饰方法，靶向肝脏组织。2022 年 6 月，美国 Alnylam 公司的最新研究成果显示，2'-O-十六烷基（C16）偶联的亲脂性 siRNA 在动物模型中，可有效起到中枢神经系统、眼及肺组织的安全递送和基因沉默效果，该研究将扩大 RNAi 疗法在肝外组织中的应用。

目前，国内多家公司正围绕癌症、心血管疾病及乙肝等慢性疾病进行相关 siRNA 药物的早期临床开发。其中，圣诺医药针对转化生长因子 β1（TGF-β1）和环氧合酶 -2（cyclooxygenase-2，COX-2）开发的双靶点 siRNA 药物 STP705 和 STP707 已在国内外获批多项临床试验，主要针对实体瘤、肝癌、原发硬化性胆管炎及原位鳞状细胞皮肤癌等多项适应证。近期，苏州瑞博以 PCSK9 为靶点的降血脂药物 RBD7022 和苏州星曜坤泽的治疗慢性 HBV 感染的 HT-101 也已获得 NMPA 的临床试验许可。

国内在基于新型核酸递送系统的 siRNA 药物临床前研究方面也取得多项研究进展。苏州瑞博等机构基于其开发的可电离脂质纳米粒 RBP131，制备了靶向 HBV 基因的 siRNA 药物 RB-HBV008，在小鼠模型中显示出持续的有效性。北京理工大学等机构开发了一种热稳定的可电离脂质核酸递送系统 iLAND（ionizable lipid-like nanoparticle），可用于递送 siRNA 药物降低小鼠血脂水平。上海交通大学等机构开发的可吸入核酸递送系统 NP（nanoparticle），可将靶向白细胞介素 11 的 siRNA 药物 siIL11@PPGC NP 成功递送至肺部，显著抑制小鼠肺纤维化的形成。四川大学的研究人员开发出一种用于递送 siRNA 的 DNA 四面体纳米盒，可动态响应溶酶体主动释放药物，实现基因沉默。

3）mRNA 疗法

mRNA 疗法是指通过将体外生产的 mRNA 靶向性递送至体内特定组织以编码相应的蛋白质实现疾病的预防或治疗。目前主要有 3 个应用方向：预防性疫苗、治疗性疫苗及 mRNA 药物。

新冠疫情推动了 mRNA 技术在预防性疫苗方面的快速发展，德国 BioNTech 公司和美国 Moderna 公司针对新冠病毒原始株和奥密克戎变异株的多款 mRNA 疫苗均已获批，日本第一三共株式会社开发的 mRNA 疫苗 DS-5670a Ⅲ期临床试验也已达到主要终点。此外，针对流感病毒、呼吸道合胞病毒及巨细胞病毒开发的多款 mRNA 疫苗也正进行 Ⅲ期临床开发（表 12-15）。mRNA 疫苗具有抗原设计灵活、生产快速等优势，因而成为通用型疫苗的重要开发策略。美国宾夕法尼亚大学等机构的研究人员开发出了一种由脂质纳米粒（lipid nanoparticle，LNP）递送的可编码所有已知 20 种甲型和乙型流感病毒亚型抗原的通用流感 mRNA 疫苗，并且能为小鼠和雪貂抵御各种流感病毒提供有效保护。

表 12-15   国外获批及处于 Ⅲ 期临床阶段的 mRNA 疫苗

药物名称	机构	适应证	阶段
mRNA-1273	美国 Moderna 公司	新冠病毒感染	获批
mRNA-1273.214	美国 Moderna 公司	新冠病毒感染	获批
mRNA-1273.222	美国 Moderna 公司	新冠病毒感染	获批
BNT162b2	德国 BioNTech 公司	新冠病毒感染	获批
mRNA-1273.529	美国 Moderna 公司	新冠病毒感染	临床Ⅲ期
CVnCoV	德国 CureVac 公司	新冠病毒感染	临床Ⅲ期
DS-5670a	日本第一三共株式会社	新冠病毒感染	临床Ⅲ期
ARCT-154	美国 Arcturus Therapeutics 公司	新冠病毒感染	临床Ⅲ期
PTX-COVID19-B	加拿大 Providence Therapeutics 公司	新冠病毒感染	临床Ⅲ期
GEMCOVAC-19	印度 Gennova Biopharmaceuticals 公司	新冠病毒感染	临床Ⅱ/Ⅲ期
BNT161	德国 BioNTech 公司	流感病毒感染	临床Ⅲ期
mRNA-1010	美国 Moderna 公司	流感病毒感染	临床Ⅲ期
mRNA-1345	美国 Moderna 公司	呼吸道合胞病毒感染	临床Ⅲ期
mRNA-1647	美国 Moderna 公司	巨细胞病毒感染	临床Ⅲ期

mRNA 治疗性疫苗即 mRNA 肿瘤疫苗主要通过编码相关癌症抗原、激活免疫系统，进而杀伤肿瘤细胞。德国 BioNTech、美国 Moderna、德国 CureVac 和美国 Gritstone Bio 等公司针对黑色素瘤、直肠癌及头颈部癌等的多款 mRNA 肿瘤疫苗正处于临床开发阶段。近期，美国 Gritstone Bio 公司等机构的一项 Ⅰ 期临床试验中期结果显示，接种基于异源黑猩猩腺病毒载体 ChAd68 和自扩增 mRNA（self-amplifying mRNA，samRNA）的个体化新抗原疫苗后，可诱导持久的新抗原特异性 CD8$^+$ T 细胞反应，将其与纳武利尤单抗和伊匹木单抗联合使用，可显著改善在实体瘤中的疗效，且具有良好的安全性和耐受性。为进一步提升疗效并降低对肝脏的副作用，美国塔夫茨大学的研究人员开发出一种可靶向淋巴结的 mRNA 肿瘤疫苗，可引起强大的 CD8$^+$ T 细胞反应，在黑色素瘤小鼠中表现出出色的治疗效果。

除编码抗原外，mRNA 还可以通过编码抗体及细胞因子等蛋白实现多种疾病的预防和治疗，包括感染性疾病、癌症和遗传性疾病等。近期，一项 Ⅰ 期临床试验结果显示，美国 Moderna 公司的 mRNA-1944 可在体内有效编码生成基孔肯亚病毒（Chikungunya virus，CHIKV）单抗 CHIKV-24，mRNA-1944 是首个进入临床试验的该类 mRNA 疗法。西班牙德尔玛医学研究院的研究人员发现，通过细胞外囊泡递送编码配体依赖性辅助抑制因子（ligand-dependent corepressor，LCOR）的 mRNA 联合 PD-L1 抑制剂，能够在三阴性乳腺癌小鼠模型中清除癌细胞，并防止复发。此外，简便高效的治疗性 mRNA 生产过程有助于推动其临床的大规模应用。美国 Moderna 公司设计开发了一种 T7 RNA 聚合酶的双突变体，可简化治疗性 mRNA 生产过程，提高 mRNA 产物纯度，显著减少免疫刺激性副产物双链 RNA 的产生，还可缩短生产时间。

为实现 mRNA 在体内的有效递送，载体的开发成为 mRNA 疗法开发的重要环节。LNP 由于具备良好的稳定性、易于生产、肝靶向性、促进细胞摄取和内体逃逸等特点，已成为当前 mRNA 疗法最常用的递送载体，但进一步提升不同组织的靶向性仍是新一代 LNP 开发的重点。美国塔夫茨大学等机构的研究人员开发出一种可将 mRNA 特异性递送至肺的 LNP，并在小鼠模型中成功展示了该递送系统的有效性。美国佐治亚理工学院通过将 TCR-抗原肽-MHC Ⅰ（TCR-peptide MHC Ⅰ，pMHC Ⅰ）复合物插入 LNP 开发了一种递送系统 APNs，可有效将 mRNA 递送至流感小鼠模型的抗原特异性 T 细胞。此外，对基于 LNP 的 mRNA 递送效果进行评估预测研究也为 mRNA 疗法的开发提供了新思路。美国佐治亚理工学院等机构的研究人员利用其开发的多组学纳米颗粒递送系统 SENT-seq（single-cell nanoparticle targeting-sequencing）对数十种 LNP 递送效果进行定量分析，结果显示细胞异质性影响基于 LNP 的 mRNA 递送效果。美国佐治亚理工学院的研究人员在具有人源化肝脏、灵长类化肝脏的小鼠及对照组小鼠体内比较了 89 种 LNP 递送结果，发现基于 LNP 的 mRNA 递送具有物种依赖性。

我国 RNA 疗法产业基础整体相对薄弱，基于 mRNA 技术的疗法产业则相对发展迅速。目前我国已有多款 mRNA 疫苗获批进入临床试验阶段（表 12-16）。其中，进展最快的为苏州艾博生物科技有限公司（艾博生物）、军事医学科学院及云南沃森生物技术股份有限公司（沃森生物）自主研发的新冠 mRNA 疫苗 ARCoVaX，9 月已在印度尼西亚获紧急使用许可，此前发表的 Ⅰ 期临床试验结果显示，该疫苗具有良好的耐受性，且可诱导强烈的体液和细胞免疫反应。在新冠病毒不断变异的情况下，我国也针对不同的变异株开发了多款具有较好保护力的 mRNA 疫苗。康希诺生物股份公司（康希诺生物）开发的 mRNA 新冠疫苗在临床前研究中显示，该疫苗针对不同新冠病毒变异株可诱导产生较强的免疫反应。深圳市瑞吉生物科技有限公司（瑞吉生物）针对奥密克戎株开发了全球首款冻干型 mRNA 疫苗 RH109。上海蓝鹊生物医药有限公司（蓝鹊生物）开发的 mRNA 嵌合体疫苗 RQ3013，编码新冠病毒 S 全长蛋白并嵌合多个变异株关键突变位点，具有广谱中和作用。此外，海昶生物的新冠 mRNA 疫苗加强针产品 HC009，也可用于预防多种变异株感染（包括奥密克戎），这也是我国首个获得 FDA 临床批准的 mRNA 疫苗产品。

表 12-16　国产新冠病毒 mRNA 疫苗研发情况

药物名称	机构	阶段	机构
ARCoVaX（AWcorna）	艾博生物 / 沃森生物	紧急授权	印度尼西亚 BPOM
LVRNA009	艾美疫苗股份有限公司	临床Ⅲ期	NMPA
SW-BIC-213	斯微（上海）生物	临床Ⅲ期	NMPA
PTX-COVID19-B	加拿大 Providence Therapeutics 公司 / 云顶新耀医药科技有限公司	临床Ⅲ期	NMPA
SYS6006	石药集团	临床Ⅱ期	NMPA
新冠病毒 mRNA 疫苗	康希诺生物	临床Ⅱ期	NMPA
RH109	瑞吉生物	临床Ⅰ期	NMPA
RQ3013	蓝鹊生物	临床Ⅰ期	NMPA
HC009	海昶生物	临床Ⅰ期	FDA

在 mRNA 肿瘤疫苗及 mRNA 药物方面，我国正处于起步阶段。2022 年 2 月，斯微（上海）生物科技有限公司（斯微生物）开发的编码新生抗原 mRNA 个体化肿瘤疫苗已在澳大利亚获批开展Ⅰ期临床试验。嘉晨西海（杭州）生物技术有限公司自主开发的 JCXH-211 是一种自复制 mRNA 药物，通过编码人白细胞介素-12（hIL-12）治疗晚期恶性实体瘤，目前已分别获得我国 NMPA 和美国 FDA 的临床许可。军事医学科学院和艾博生物基于 LNP 技术，开发了一种可在体内编码新冠病毒抗体的 mRNA，并在小鼠和仓鼠试验中显示出长效保护性。

5. 免疫细胞疗法

免疫细胞疗法是一种利用免疫细胞激发或增强机体免疫反应的疗法。其中，基于 T 细胞修饰的 CAR-T 细胞治疗在肿瘤免疫治疗领域已取得较成功的应用，尤其是针对血液肿瘤患者，当前已有多款产品获批上市，然而，在 CAR-T 细胞治疗尚未取得商业化突破的实体瘤领域，TCR-T 细胞治疗展现出一定潜力。此外，基于 NK 细胞开发的 CAR-NK 细胞治疗由于具有独特的抗肿瘤效应及较好的安全性也成为当前一个新的热门研发方向。

1）CAR-T 免疫细胞治疗

自 2017 年全球首款 CAR-T 细胞疗法 Kymriah 获批以来，目前已有 8 款 CAR-T 细胞疗法获批上市（表 12-17）。

表 12-17　全球已获批 CAR-T 产品

名称	研发机构	适应证	靶点	首次批准年份 / 机构
Kymriah	瑞士诺华公司	急性淋巴细胞白血病 / B 细胞淋巴瘤	CD19	2017 年，美国 FDA
Yescarta	美国吉利德科学公司	B 细胞淋巴瘤 / 滤泡性淋巴瘤	CD19	2017 年，美国 FDA
Tecartus	美国吉利德科学公司	套细胞淋巴瘤	CD19	2020 年，美国 FDA
Breyanzi	美国 BMS 公司	B 细胞淋巴瘤	CD19	2021 年，美国 FDA
Abecma	美国 BMS 公司	多发性骨髓瘤	BCMA	2021 年，美国 FDA
阿基仑赛注射液（引进自 Yescarta）	复星凯特公司	大 B 细胞淋巴瘤	CD19	2021 年，中国 NMPA
瑞基奥仑赛注射液	药明巨诺	大 B 细胞淋巴瘤	CD19	2021 年，中国 NMPA
西达基奥仑赛注射液	南京传奇	多发性骨髓瘤	BCMA	2022 年，美国 FDA

　　CAR-T 细胞疗法针对血液肿瘤效果显著，疗效更得到长期验证，一项研究显示 CAR-T 疗法可有效缓解白血病长达十年。基于其优异的疗效，CAR-T 疗法逐渐成为血液肿瘤患者的重要治疗手段，开始为更多患者带来希望。2022 年 4 月，全球首个用于大 B 细胞淋巴瘤（large B-cell lymphoma，LBCL）二线治疗的 CAR-T 疗法 Yescarta（axi-cel）获美国 FDA 批准，另有一项 Ⅱ 期临床研究首次证实该疗法一线治疗高危大 B 细胞淋巴瘤也具有显著的效果。在影响 CAR-T 疗法疗效的关键因素研究方面，全球也取得新进展。法国国家健康与医学研究院等机构发现，淋巴瘤患者免疫微环境的免疫特征可预测 CAR-T 细胞治疗后的临床反应、总生存期和毒性反应，这为开发改进相关的生物标志物及优化疗法奠定了基础。实体瘤的肿瘤异质性、免疫微环境等因素为开发针对实体瘤的 CAR-T 疗法带来了较大挑战。近期，围绕不同靶点的多项临床早期研究取得重要进展。2022 年，一项 Ⅰ 期临床研究证明，美国宾夕法尼亚大学等机构开发的 CAR-T 疗法可安全有效地治疗去势抵抗型前列腺癌，该 CAR-T 疗法通过靶向前列腺特异性膜抗原（prostate-specific membrane antigen，PSMA）并抑制转化生长因子 β（transforming growth factor β，TGF-β）信号转导来增强抗肿瘤免疫效果。美国斯坦福大学的一项临床研究结果显示，靶向双唾液酸神经节苷脂 GD2 的 CAR-T 细胞疗法，可使 H3K27M 突变型弥漫性中线胶质瘤患者显著受益。另外，为了提高 CAR-T 疗法的安全性，减少副作用，美国斯坦福大学的研究人员开发出一种受蛋白酶抑制剂调控的 SNIP（signal neutralization by an inhibitable protease）CAR，这种经小分子药物激活的 SNIP CAR-T 细胞在多种实体瘤动物模型中显现出更优的抗肿瘤效果及安全性。

除肿瘤领域外，CAR-T细胞疗法在心血管疾病及自身免疫性疾病等其他领域也逐渐显示出应用前景。美国宾夕法尼亚大学等机构的研究人员通过向心力衰竭小鼠体内注射编码CAR的mRNA，成功编码出瞬时抗纤维化CAR-T细胞，减轻心脏纤维化，实现了小鼠心脏功能的修复，同时还解决了CAR-T细胞长期存在带来的安全问题。德国埃尔朗根-纽伦堡大学等机构的研究成果表明，一次性注射CD19靶向的CAR-T细胞可安全有效地缓解系统性红斑狼疮患者的疾病症状，为治愈系统性红斑狼疮带来了新希望。2022年11月，美国Kyverna Therapeutics公司开发的用于治疗狼疮肾炎的CAR-T细胞疗法KYV-101已获FDA批准开展临床试验。

在CAR-T细胞生产环节，为进一步提高CAR-T产品的可及性，缩短CAR-T生产时间、降低生产成本成为一个重要研究方向。美国北卡罗来纳大学等机构的研究人员开发出一种植入式多功能藻酸盐支架MASTER（multifunctional alginate scaffold for T cell engineering and release），可在1天内实现体内CAR-T细胞的快速生产和释放，并在淋巴瘤小鼠模型中证实了该方法与传统CAR-T相比具有更强的持久性。美国宾夕法尼亚大学的研究人员通过使用慢病毒载体，对分离获得的T细胞不经激活直接进行转导，可实现在24小时内快速制造高功效CAR-T细胞，在白血病小鼠模型中，这种非激活CAR-T细胞比标准方案产生的激活CAR-T细胞显示出更高的体内活性。通用型CAR-T疗法在提高CAR-T细胞的生产效率、提升质量稳定性、降低成本、缩短周期及扩大受益人群范围等方面也展示了巨大的潜力。全球范围内美国Allogene Therapeutics、美国Caribou Biosciences等公司正稳步取得进展。目前已有多款产品进入临床阶段，其中美国Allogene Therapeutics的ALLO-501A是全球首个启动Ⅱ期临床试验的同种异体CAR-T产品，用于大B细胞淋巴瘤的治疗，2022年6月还获得FDA授予的再生医学先进疗法资格认定。

国内在自主研发针对血液肿瘤的CAR-T疗法上也取得重要突破。2022年，南京传奇生物科技有限公司（南京传奇）自主开发的BCMA靶向CAR-T疗法ciltacabtagene autoleucel（cilta-cel）已先后在美国和日本获批上市，用于多发性骨髓瘤的治疗。合源生物科技（天津）有限公司针对CD19靶点开发了CAR-T药物CNCT19，目前已达到急性淋巴细胞白血病（acute lymphoblastic leukemia，ALL）关键临床研究终点，有望成为我国首款自主研发的CD19靶点CAR-T产品。此前，基于优异的疗效，该产品已分别获得我国国家药品监督管理局的突破性疗法认定及美国FDA的孤儿药资格认定。

在CAR-T细胞治疗实体瘤方面，我国相应研究走在全球前列。2022年3月，由科济药业自主研发的CLDN18.2靶向的CT041获批，成为全球首个进入到确证性Ⅱ期临床试验的实体瘤CAR-T疗法，用于治疗胃癌/食管胃结合部腺癌。5月，北京大学发布的一项IIT临床试验结果证明，该产品针对胃癌具有良好的安全性和有效性。2022年

7月，博生吉医药科技（苏州）有限公司（博生吉）开发的用于治疗神经母细胞瘤的TAA06获批进入临床，这是全球首个进入注册性临床阶段的B7-H3靶向CAR-T细胞产品，此外该产品于3月还获得了美国FDA的孤儿药认定。

在生产制备上，当前的CAR-T产品主要采用病毒转染方法，但成本高昂，且存在潜在的插入突变风险及产品的均一性等问题，因此，非病毒载体的开发具有极大的应用前景。浙江大学等机构的研究人员利用CRISPR-Cas9基因编辑技术敲除*PD-1*基因并定点插入CD19靶向的CAR，构建出全新的非病毒定点整合CAR-T细胞PD1-19bbz，并通过临床试验证实，该细胞能够更加安全有效地应用于B细胞非霍奇金淋巴瘤的治疗。在通用型CAR-T疗法的开发上，我国也取得积极进展。2022年3月，北恒生物自主研发的CTA101成为我国首个获NMPA批准进入临床试验的通用型CAR-T产品，CTA101通过CD19和CD22双靶向来治疗B细胞急性淋巴细胞白血病。此外，该公司与浙江大学合作率先完成了全球首个CD7靶向的同种异体CAR-T疗法I期临床试验，通用型CAR-T细胞产品RD13-01在对CD7阳性T细胞血液肿瘤的治疗中显示出优越的安全性和显著疗效。

2）TCR-T细胞治疗

近期，个体化TCR-T细胞治疗在实体瘤临床治疗中取得重要进展。美国PACT Pharma等机构在一项I期临床试验中，利用基于非病毒载体的CRISPR技术，在患者T细胞中插入新抗原特异性TCR生成的个体化抗癌T细胞，在实体瘤患者治疗中展现了良好的安全性和有效性。我国中山大学等机构的研究人员用来源于患者肿瘤特异性T（antigen-specific T，Tas）细胞的TCR对T细胞进行改造，研究获得的个体化TCR-T疗法在小鼠模型中对患者来源的肿瘤显示出显著的治疗效果。

3）CAR-NK细胞治疗

CAR-NK细胞治疗由于兼具NK细胞自身抗肿瘤的特性及CAR介导的肿瘤靶向杀伤性，且不会引起细胞因子释放综合征和移植物抗宿主反应，目前也是免疫细胞治疗领域的热门方向之一。NK细胞具有多种来源，包括脐带血、外周血细胞及诱导多能干细胞（induced pluripotent stem cell，iPSC）等，其中iPSC来源的NK细胞具有易于基因修饰、均一性高、允许大规模生产等优点而成为当前研发的一个热点。目前iPSC来源的CAR-NK疗法尚处于早期临床阶段。2022年，美国Fate Therapeutics公司用于治疗实体瘤的FT536及Century Therapeutics公司用于治疗B细胞恶性肿瘤的CD19靶向的CNTY-101均已获得FDA的临床试验许可，国内的星奕昂（上海）生物科技有限公司、博生吉及杭州启函生物科技有限公司等均在进行相应的布局。

6. 干细胞疗法

大数据、组学、基因编辑等技术不断融合，推动干细胞研究在广度和深度上持续拓展，人们对干细胞的认识也日趋深入。在此基础上，干细胞在疾病治疗中的应用前景愈发明朗。

在干细胞疾病治疗研究方面，2022年，全球共启动了干细胞相关临床试验超过450例，多种疾病干细胞疗法的研发都得到进一步推进。糖尿病是最有望从干细胞疗法中获益的疾病，曾被美国《时代》周刊评选为未来十年医疗十二大创新发明之一。2022年，科学家围绕糖尿病的干细胞疗法继续深入探索，芬兰赫尔辛基大学进一步利用干细胞构建出结构和功能更加仿生的胰腺β细胞，进一步推进了胰岛素分泌细胞的人工制造进程；CRISPR Therapeutics和再生医学公司ViaCyte则对干细胞衍生的胰腺细胞进行了基因编辑，解决了细胞移植过程中的免疫排斥问题，能够在不使用免疫抑制剂的情况下，在糖尿病患者体内发挥良好的治疗效果，成为寻找胰岛素产生细胞替代品20年进程中的重要突破。我国清华大学也改进了人多能干细胞向胰岛细胞的分化方案，为体外大规模制备胰岛细胞奠定了基础，同时还首次在非人灵长类动物模型上证明了分化获得的胰岛细胞在糖尿病治疗中的安全性和有效性。

同时，干细胞疗法的发展也为一系列罕见病的治疗带来了全新的希望。2022年，美国西达赛奈医学中心进一步证实了干细胞结合基因疗法在治疗渐冻症中的疗效和安全性；意大利圣拉斐尔科学研究所同样结合自体造血干细胞和基因疗法治疗早发异染性脑白质营养不良，结果证实能够显著缓解疾病的症状。除了利用干细胞直接治疗疾病以外，2022年干细胞还助力实现了器官移植领域的里程碑。斯坦福大学在为Schimke免疫-骨发育不良（SIOD）患者移植肾脏之前，先移植了肾脏供体来源的造血干细胞，从而提前诱导了患者体内的免疫耐受，实现了在肾脏移植后无须使用免疫抑制剂，不产生免疫排斥，同时肾脏发挥了正常功能，这一成果为器官移植中免疫排斥这一最棘手的问题带来了全新的解决方案，同时开辟了干细胞研究的一个新方向。

在产业发展方面，截至2022年，全球共有21种干细胞药物获得批准或上市。2022年，美国和日本的两家公司又分别向监管机构提交了一种新型干细胞产品的上市申请。其中，Gamida公司研发的omidubicel获得了美国FDA授予的优先评审资格，该产品是首个获得美国FDA突破性疗法认定的骨髓移植治疗产品，而且在美国和欧盟都获得了孤儿药资格认证，主要用于治疗多种恶性血液疾病。SB623是由日本Sanbio公司开发的一种经过基因修饰的间充质干细胞产品，用于治疗外伤性脑损伤，2022年3月，该公司完成了向日本厚生劳动省（MHLW）的产品生产和上市申请，预计在2023财年获得批准。

从全球批准的干细胞产品整体情况可以看到，与早期大多数产品都以自体干细胞生产不同，近年来，多国批准了使用异体干细胞研发的产品，如上述美国和日本的两款产品均使用了异体干细胞。而2019年德国和欧洲分别批准的血管疾病治疗产品allo-APZ2-CVU和肛周瘘治疗产品darvadstrocel同样也是异体干细胞产品，后者又在 2021 年和 2022 年陆续获得了以色列、瑞士、日本和加拿大的批准。异体干细胞的使用意味着相关产品的规模化生产成为可能，为未来干细胞药物的广泛应用奠定了基础（表 12-18）。

表 12-18　2022 年上市、获批及提交上市申请的干细胞药物

药物名称	技术类型	疾病类型	公司	批准国家/地区
darvadstrocel	异体脂肪干细胞	肛周瘘和窦	Takeda Pharmaceutical Co Ltd	欧洲（2019 年上市）以色列/瑞士（2021 年批准）日本（2021 年上市）加拿大（2022 年批准）
atidarsagene autotemcel	自体造血干细胞	异染性脑白质营养不良	Orchard Therapeutics Ltd	挪威/冰岛/列支敦士登（2020 年批准）德国/欧盟/法国/意大利/英国（2022 年上市）
betibeglogene autotemcel	自体造血干细胞	β-地中海贫血	bluebird bio Inc	挪威/欧盟/列支敦士登（2019 年批准）美国（2022 年批准）
omidubicel	异体造血干细胞	白血病、淋巴瘤、骨髓增生异常综合征	Gamida Cell Ltd	美国（2022 年上市申请）
SB-623	异体间充质干细胞	外伤性脑损伤	SanBio Co Ltd	日本（2022 年上市申请）

2022 年，国家药品监督管理局制定了《细胞治疗产品生产质量管理指南（试行）》，从人员、厂房、设施和设备、供者筛查与供者材料、物料与产品、生产管理、质量管理、产品追溯系统等相关产品生产的全过程，明确了包括干细胞在内的细胞治疗产品的生产质量管理规范，推进了我国细胞治疗产业的规范化和进一步发展。在陆续出台的政策规范的引领下，我国干细胞领域的临床转化正在稳步推进。截至 2022 年，我国备案的干细胞临床试验项目已经超过 100 项，批准设立的干细胞临床研究备案机构 133 家。此外，2022 年，国家药品监督管理局共受理干细胞相关药物的临床试验申请 22 项。其中，获得临床试验默示许可的药物有 13 项，所使用的干细胞类型大部分为间充质干细胞，用于治疗心脑血管疾病、血液疾病、呼吸系统疾病、免疫系统疾病、骨及关节疾病（表 12-19）。

表 12-19　2022年我国获得临床试验默示许可的干细胞临床试验

药品名称	申请人名称	适应证
人脐带间充质干细胞膜片	京东方再生医学科技有限公司	拟用于行冠状动脉旁路移植术（CABG）治疗预期效果不佳的低射血分数冠心病
HBG 基因修饰的自体 $CD34^+$ 造血干细胞注射液	广州瑞风生物科技有限公司	输血依赖型 β-地中海贫血
人脐带间充质干细胞注射液	北京贝来生物科技有限公司	特发性肺纤维化
人脐带间充质干细胞注射液	上海泉生生物科技有限公司	注射给药，用于 II 度烧伤
人脐带间充质干细胞注射液	上海泉生生物科技有限公司	注射给药，用于强直性脊柱炎
人源脂肪间充质干细胞注射液	博品骨德生物医药科技（上海）有限公司；博品（上海）生物医药科技有限公司	膝关节炎
人脐带间充质干细胞注射液	贵州中观生物技术有限公司	膝骨关节炎
ELPIS 人脐带间充质干细胞注射液	华夏源（上海）生物科技有限公司	重度狼疮性肾炎
人脐带间充质干细胞注射液	上海泉生生物科技有限公司	注射给药，用于轻至中度急性呼吸窘迫综合征（ARDS）患者的治疗
人脐带间充质干细胞注射液	上海爱萨尔生物科技有限公司	结缔组织病相关间质性肺病
人脐带间充质干细胞注射液	上海爱萨尔生物科技有限公司	缺血性脑卒中
BRL-101 自体造血干祖细胞注射液	上海邦耀生物科技有限公司；上海邦耀生物科技有限公司	输血依赖型 β-地中海贫血
异体内皮祖细胞（EPCs）注射液	呈诺再生医学科技（珠海横琴新区）有限公司	拟用于治疗大动脉粥样硬化型急性缺血性卒中

7. 溶瘤病毒疗法

溶瘤病毒（OV）是一类能够选择性感染并杀死肿瘤细胞而不损伤正常细胞的天然或重组病毒。20世纪初期，科学家开始探索利用天然弱病毒进行溶瘤治疗，到了20世纪90年代，基因工程技术的进步为之后溶瘤病毒疗法创新提供了更广阔的空间。近年来，基因编辑技术被逐步运用到溶瘤病毒的修饰中，提升了其靶向能力，推动该疗法加速发展。2015年，1型单纯疱疹病毒产品 talimogene laherparepvec（T-VEC）的上市标志着溶瘤病毒疗法逐步走向成熟。

截至2022年11月，全球范围内共批准4款溶瘤病毒疗法上市（表 12-20），分别是

Rigvir（ECHO-7胃肠道病毒）、安柯瑞（H-101，人5型腺病毒）、T-VEC（1型单纯疱疹病毒）和Delytact（1型单纯疱疹病毒）。多项溶瘤病毒疗法临床试验取得进展，主要聚焦在难治性实体瘤，包括黑色素瘤、胰腺癌、胶质母细胞癌、乳腺癌、膀胱癌、头颈部癌等。美国Memgen公司在癌症免疫治疗协会（SITC）年会公布了溶瘤病毒疗法MEM-288首个临床数据，证实其在免疫检查点抑制剂难治性转移性非小细胞肺癌（NSCLC）治疗中表现出良好的安全性。西班牙纳瓦拉健康研究所等机构发现，溶瘤病毒疗法DNX-2401与化疗联用，可将弥漫性内生型桥脑胶质瘤（DIPG）患儿的中位生存期延长约50%。Replimune公司通过单独使用1型单纯疱疹病毒（HSV-1）RP2或联合纳武利尤单抗共同给药，使得部分经免疫检查点抑制剂治疗无效的患者肿瘤缩小甚至消失。

表 12-20　已上市溶瘤病毒药物

药物名称	研发机构	适应证	批准时间与批准国家
Rigvir	拉脱维亚 Latima	黑色素瘤	2004 年，拉脱维亚
H-101	中国上海三维生物技术有限公司	晚期鼻咽癌	2005 年，中国
talimogene laherparepvec（T-VEC）	美国 Amgen 公司	黑色素瘤	2015 年，美国
teserpaturev（Delytact）	日本第一三共有限公司	恶性胶质瘤	2021 年，日本

溶瘤病毒与传统放化疗以及免疫疗法联合治疗效果显著，成为当前溶瘤病毒应用的主流方向，其中使用最多、进展最快的是溶瘤病毒联合PD-1/PD-L1抗体方案，已有相关研究进入临床Ⅱ期阶段。加拿大Oncolytics Biotech公司开展Ⅰ/Ⅱ期临床试验评估了溶瘤病毒pelareorep联合PD-L1检查点抑制剂阿替利珠单抗治疗一线晚期/转移性胰腺导管腺癌（PDAC）患者的效果，中期数据显示患者客观缓解率（ORR）达到70%，几乎为历史对照实验化疗药物吉西他滨+白蛋白结合型紫杉醇疗法平均ORR的3倍。美国CG Oncology公司产品CG0070联合帕博利珠单抗治疗卡介苗无应答的非肌层浸润性膀胱癌Ⅱ期临床试验数据显示，患者的ORR达到91%，且75%以上患者可保持完全缓解状态达到12个月。溶瘤病毒与CAR-T细胞疗法联合治疗开辟了攻克实体瘤的新前景，研究证实在多种临床前肿瘤模型中，该策略大大增强了抗肿瘤活性。日本东京大学和名古屋大学的研究人员在体外实验和小鼠实验中证实溶瘤病毒G47Δ（第三代重组HSV-1）与Lp2-CAR-T联用，可显著提升抗肿瘤效果。此外，研究人员还设计出采用肿瘤特异性T细胞递送溶瘤病毒的新策略，这类研究是溶瘤病毒与CAR-T细胞疗法联用技术的新实践。美国休斯敦卫理公会癌症中心/威尔康奈尔医学院团队用黏液瘤病毒（MYXV）感染CAR-T细胞和TCR-T细胞，形成CAR-T^{MYXV}和TCR-T^{MYXV}。研究发现，

CAR-T、TCR-T可用作有效的载体细胞将MYXV系统地递送到肿瘤中，并证实该方法能够有效解决普通联合疗法存在的实体瘤复发情况，并且能够更高效地清除具有抗原异质性的实体瘤病灶。美国梅奥医学中心（Mayo Clinic）团队利用双特异性CAR-T细胞向小鼠体内成功递送了水疱性口炎病毒和呼肠孤病毒，结果显示能够显著增强抗实体瘤活性。目前，溶瘤病毒和CAR-T细胞的联合疗法在临床前研究阶段取得了众多进展，但两种促炎性免疫疗法联合使用面临的安全性、综合成本等问题仍然是临床转化的重大挑战。

我国政府对溶瘤病毒疗法行业监管体系的重视和完善加速了我国自主研发的溶瘤病毒产品的产业化进程。进展比较快的企业包括深圳亦诺微、复诺健、滨会生物、乐普生物等，这些公司已有多个项目进入临床阶段或已获新药临床试验（IND）申请受理。亦诺微医药研发的溶瘤病毒产品MVR-T3011 Ⅳ 在美国的临床Ⅰ期临床结果显示该疗法具有良好的生物学活性和临床活性，这是全球首个进入临床试验阶段的通过静脉注射的疱疹溶瘤病毒产品。复诺健运用Synerlytic™技术平台自主研发出基于转录翻译双调控（TTDR）机制的新一代溶瘤病毒产品VG201，通过调控病毒复制必要基因来实现病毒的特异性溶瘤作用，该产品同时获得我国NMPA和美国FDA批准进入临床试验阶段，并完成了患者首次给药。武汉滨会生物科技股份有限公司溶瘤病毒候选药物BS001（OH2）注射液获美国FDA孤儿药认定，用于治疗Ⅱb期至Ⅳ期黑色素瘤，成为首个中国自主研发获得美国FDA孤儿药认证的溶瘤病毒候选药物。

8. 外泌体疗法

外泌体（exosome）是一种由机体内大多数细胞天然释放的纳米级细胞外囊泡，具有脂质双层膜，直径30—150 nm。外泌体广泛存在并分布于各种体液中，携带和传递重要的信号分子，参与细胞间通信、细胞迁移、血管新生和免疫调节等过程。近年来，外泌体以其高稳定性、低免疫原性、良好的生物相容性、归巢能力以及可穿越主要生物屏障等核心优势应用于多种疾病的治疗。

从技术发展来看，外泌体的工程化改造是赋予外泌体新特性的重要方法，研究人员已通过基因工程或化学修饰的手段对外泌体的膜蛋白和内含物进行改造，构建出工程化外泌体，赋予其细胞和组织特异性靶向能力，并实现目的分子装载。许多商业化公司已经建立专有外泌体工程化平台用于设计、制造治疗性外泌体。行业领军企业Codiak开发了专有平台engEx™用于设计工程化治疗性外泌体，该平台使用两种天然外泌体蛋白（PTGFRN和BASP1）作为蛋白支架，这些蛋白能够将目标分子［细胞因子、抗体片段、RNA结合蛋白、疫苗抗原、Cas9和肿瘤坏死因子（TNF）家族、小分子药物等］锚定在外泌体的表面或腔内，以设计具有不同特性的外泌体。Evox Therapeutics、Carmine Therapeutics、Aruna Bio等公司也自主构建了工程化外泌体平台，筛选出能够在外泌体中高效装载目标基因的TSPAN2、CD63、Lamp2B等支架蛋白。

从应用发展来看，外泌体治疗的产业化进程整体处于发展初期，Clinical Trial 数据库中可查到的与外泌体相关的临床研究 200 余项，适应证集中在肿瘤、脑部疾病、罕见病、肺部疾病、皮肤病等领域。其中，大部分研究属于研究机构、医院的探索性研究，仅有少数注册性临床试验是由早期展开布局的企业开展的（表 12-21）。

表 12-21　处于临床试验阶段的外泌体疗法

外泌体载药				
药物名称	研发机构	适应证	临床阶段	批准时间与批准国家
exoSTING	美国 Codiak BioSciences 公司	间变性甲状腺癌、鳞状细胞癌、皮肤癌、转移性乳腺癌、转移性头颈部癌、实体瘤 / 晚期实体瘤	临床 II 期	2020 年，美国
exoIL-12	美国 Codiak BioSciences 公司	皮肤 T 细胞淋巴瘤	临床 I 期	2020 年，美国
exoASO-STAT6	美国 Codiak BioSciences 公司	肝细胞癌、转移性结直肠癌、转移性肝癌、转移性胃癌	临床 I 期	2022 年，美国
外泌体治疗剂				
药物名称	研发机构	适应证	临床阶段	批准时间与批准国家
ExoFlo	美国 Direct Biologics 公司	病毒性肺炎、呼吸窘迫综合征、COVID-19	临床 II 期	2020 年，美国
AGLE-102	美国 Aegle Therapeutics 公司	重度 II 度烧伤	临床 I / II a 期	2018 年，美国
ILB-202	韩国 ILIAS Biologics 公司	心脏手术相关的急性肾损伤（AKI）	临床 I 期	2022 年，澳大利亚
BRE-AD01	韩国 Brexogen 公司	特应性皮炎	临床 I 期	2022 年，美国
UNEX-42	美国 United Therapeutics 公司	支气管肺发育不良（BDP）	临床 I 期	2019 年，美国
Plexaris	澳大利亚 Exopharm 公司	伤口愈合	临床 I 期	2019 年，澳大利亚

外泌体在治疗领域的应用主要包括外泌体载药与外泌体治疗剂两大部分。在载药方面，自身天然优势与工程化手段赋予了外泌体作为药物递送系统广阔的发展空间，

目前已有3款来自Codiak的产品进入临床阶段。2022年7月，Codiak宣布启动该公司首个全身给药的工程化外泌体候选药物exoASO-STAT6 Ⅰ期临床试验，exoASO-STAT6表面负载了针对STAT6转录因子的反义寡核苷酸（ASO），可以选择性靶向肿瘤相关巨噬细胞（TAMs），精确干扰STAT6信号转导，并诱导抗肿瘤免疫反应。外泌体作为直接治疗剂发展较慢，其中间充质干细胞、心脏细胞来源的外泌体率先进入临床研究阶段。ILIAS Biologics使用本公司平台技术EXPLOR®，即一种基于光可逆蛋白互作促使蛋白质载入外泌体的新方式，开发了含有抗炎蛋白超抑制因子IκB（srIκB）的外泌体治疗剂ILB-202，并于2022年4月在澳大利亚启动了针对心脏手术相关急性肾损伤（AKI）的Ⅰ期临床试验。生物技术公司Capricor Therapeutics开发了基于心脏来源细胞（CDC）外泌体的同种异体细胞疗法CAP-1002，该疗法在Ⅱ期临床试验中实现了减缓患者上肢骨骼肌功能损失高达70%，目前该公司将继续开展这项疗法的Ⅲ期临床试验。除了作为递药系统或治疗性药物，外泌体在吸入式疫苗、口服癌症疫苗等方向的应用研究逐步开启。Codiak BioSciences在2022年世界疫苗大会上公布了一款基于工程化外泌体的泛β属冠状病毒疫苗的临床前数据，该疫苗基于Codiak的exoVACC™和engEx™平台开发，可以将多种复合抗原、佐剂、靶向细胞的配体以及免疫共刺激分子同时整合到单个外泌体中，主动靶向到抗原呈递细胞（APC），驱动和增强人体免疫系统的免疫应答。北卡罗来纳州立大学团队通过电穿孔法将编码新冠病毒刺突蛋白的mRNA负载到肺球细胞来源的外泌体中，并将其冻干制成疫苗产品，该产品已经完成临床前测试。相较目前其他新冠病毒疫苗，基于外泌体的可吸入新冠病毒疫苗在冻干后可保存于室温并维持稳定超过3个月，有望提高人群可及性。

外泌体治疗领域的转化研究在国外已经发展多年，目前已取得一些阶段性的成果并具有一些技术相对成熟的公司，而我国在该领域的发展相对较晚，多集中在基础研究阶段。2022年，研究人员在外泌体疗法设计方面提出了新的技术路线，上海交通大学、中国科学院过程工程研究所团队对肿瘤外泌体的脂质组分进行重编程设计，联合装载光敏和化疗药物，通过近红外激光照射活化外泌体中的光敏药物，使其产生大量活性氧进而破坏外泌体的结构并释放化疗药物，以此实现在肿瘤组织的响应释放和联合治疗。浙江大学的研究人员通过电穿孔将Cas9核糖核蛋白（RNP）装载到从肝星状细胞（HSC；LX-2）分离纯化的外泌体中，建立了exosomeRNP的基因组编辑递送系统，克服了Cas9 RNP递送障碍，实现了急性肝损伤、慢性肝纤维化和肝细胞癌（HCC）等组织特异性基因治疗。外泌体技术的发展也为中枢神经系统药物的靶向递送提供了高度可行的策略，天津医科大学总医院研究团队对外泌体进行工程化设计，使其有效共载cPLA2 siRNA和二甲双胍药物，构建出Exos-Met/sicPLA2系统，并在小鼠移植模型中证实其能够渗透血脑屏障，并有效抑制胶质瘤生长。

我国也在进一步推进外泌体治疗领域的转化研究。2022年5月，国家发展改革委编制印发的《"十四五"生物经济发展规划》，提出"建设外泌体治疗产品、中药等质量及安全性评价技术平台"等内容，外泌体治疗产品首次进入国家级规划，体现出外泌体在医药领域的重要价值以及未来广阔的发展前景，也为未来建立外泌体行业统一的标准提供了依据和方向。国内外泌体企业业务布局目前也涵盖了外泌体提取、提纯、检测、测序及技术平台等多个研发环节，已经初具产业链雏形，并且有协同发展的潜力。国内外泌体领先企业恩泽康泰在2022年1月完成了由百度风投领投的A+轮战略融资，已经建立完整的药用外泌体的生产工艺及质量控制的体系，并建立国内第一个外泌体GMP中试车间，其293T细胞和MSC工程化外泌体研发管线处于临床前研发阶段。思珞赛生物于2022年7月完成Pre-A轮融资后开始建设旗下程序化药物递送平台TAXY™，未来将提供外泌体领域相关的科研服务和CDMO业务，已具备GMP生产、质控及工业级外泌体量产能力。

9. 人类微生物组重构疗法

人类微生物组（human microbiome）是指生活在人体上的互生、共生和致病的所有微生物及其遗传物质的总和。近年来，人类微生物组研究愈加深入，人类微生物组与人体发育、成长、衰老全生命周期过程，以及与疾病的关系进一步得到揭示，研究也证实人类微生物组是营养、药物代谢和引起免疫反应的重要载体。由此，通过设计重构人体内的微生物组，用以治疗疾病、改善人体健康的应用愈发受到关注，主要包括4种类型的干预途径，即功能菌群移植、分子化合物干预、噬菌体疗法和膳食营养干预。

1）功能菌群移植

功能菌群移植是最直接的人类微生物组干预方式，研究进程最快，其中最传统的功能菌群移植方式即粪菌移植疗法，自2013年首次被写入《美国胃肠病学杂志》发表的《艰难梭菌感染（*Clostridium difficile* infection，CDI）诊断、治疗和预防》临床实践指南起，粪菌移植疗法已经从"民间偏方"转变为医院的正规疗法。近年来，粪菌移植疗法的适应证也在不断扩充，截至2022年底，全球共开展粪菌移植临床试验500余项，适应证从多种肠道疾病、代谢性疾病、神经系统疾病进一步延伸至通过联合免疫疗法共同治疗黑色素瘤、腺癌、结直肠癌、非小细胞肺癌等癌症。

另外，多家微生态药物企业也已推出功能菌群类候选药物，进展最快的已于2022年获批上市。2022年11月，澳大利亚BiomeBank公司的用于治疗复发性艰难梭菌感染的药物BIOMICTRA获得澳大利亚医疗用品管理局批准，成为全球首款获批上市的微生态药物，之后，美国Rebiotix公司的RBX2660也获得美国FDA批准上市。此外，还有多款候选药物已进入临床Ⅲ期阶段（表12-22），其中既包括以SER-109为代表的通过复杂功能菌群组合制剂恢复体内菌群平衡的产品，也包括以EDP-1815为代表的功能机制相对明确的单克隆微生物制剂产品。2022年，进展较快的美国Seres Therapeutics

公司的候选药物SER-109的临床Ⅲ期试验取得积极结果，研究人员证实了SER-109可长时间降低艰难梭菌感染复发风险，该药物也于2022年10月获得了FDA优先审评资格。与此同时，复杂功能菌群类药物的理性设计也迎来新的发展机遇，美国斯坦福大学首次从头合成了复杂且定义明确的微生物组，为微生物组工程化设计铺平道路。

表 12-22　进入临床Ⅲ期的功能菌群类候选药物

研发单位	药物名称	适应证
美国 Seres Therapeutics 公司	SER-109	艰难梭菌感染
美国 Finch Therapeutics 公司	CP-101	艰难梭菌感染
美国 AOBiome 公司	B-244	寻常痤疮
瑞典 Infant Bacterial Therapeutics 公司	IBP-9414	坏死性小肠结肠炎
美国国家癌症研究所	Lp-299v	移植物抗宿主病
法国 MaaT Pharma 公司	MaaT-013	移植物抗宿主病
美国 Evelo Biosciences 公司	EDP-1815	COVID-19
瑞典 OxThera 公司	Oxabact	高草酸尿症

资料来源：Cortellis 数据库

2）分子化合物干预

分子化合物干预是通过靶向调节人类微生物组结构和代谢，或影响微生物与宿主间相互作用，以达到治疗疾病的目的，其作用分子机制相对明晰，有望在短期内实现成果转化。在分子化合物类微生态药物开发方面，进展最快的法国 Da Volterra 公司用于治疗艰难梭菌感染的DAV-132已进入临床Ⅲ期阶段，它是一种肠溶活性炭，通过中和抗菌药物残留、保护患者自身肠道微生物组平衡从而达到治疗效果。另外，还有多款候选药物已进入临床Ⅱ期阶段（表12-23）。

表 12-23　进入临床Ⅱ期的小分子微生态药物

研发单位	药物名称	适应证
美国 Kaleido Biosciences 公司	KB-195	尿素循环紊乱、高血氨症
美国 Axial Biotherapeutics 公司	AB-2004	自闭症
美国 Second Genome 公司	SGM-1019	非酒精性脂肪性肝炎
法国 Enterome 公司	EB-8018	克罗恩病
美国 Synthetic Biologics 公司	ribaxamase	艰难梭菌感染、腹泻、移植物抗宿主病

资料来源：Cortellis 数据库

3）噬菌体疗法

除了向体内递送功能菌群或分子化合物，当前，还有一类微生物组重构疗法旨在通过消除特定微生物以达到疾病治疗的目的，即噬菌体疗法。2022年，通过3种或3种以上的噬菌体联合应用，达到疾病治疗效果的噬菌体鸡尾酒疗法研究取得新进展，以色列魏茨曼科学研究所在确定引起炎症性肠病的机会致病菌肺炎克雷伯菌的基础上，开发了靶向清除这些致病菌的组合噬菌体疗法，并在小鼠模型和人体试验中检验了其有效性和安全性，为进一步开发针对炎症性肠病，以及肥胖、糖尿病、神经退行性疾病等其他与肠道微生物组相关的疾病的新型疗法提供了新的路径。在噬菌体类微生态药物研发方面，已有多款候选药物进入临床试验阶段，进展最快的是2022年7月进入临床Ⅲ期的美国Locus Biosciences公司的用于治疗细菌性尿路感染的LBP-EC01，另外还有10余款噬菌体类候选药物已处于临床Ⅱ期阶段，多用于感染性疾病及克罗恩病的治疗。而随着人类微生物组与各种类型疾病关系的揭示，基于噬菌体技术的酒精性肝病、结直肠癌等疾病治疗药物开发也在稳步推进中，但多处于临床前研究阶段或药物发现阶段。

4）膳食营养干预

膳食营养干预作为另一种重构人类微生物组的重要手段，为患者提供了一种常用的、价格低廉的健康干预方案。目前，研究人员已经通过临床试验证明多种膳食营养搭配方案对于微生物组平衡的调控作用及其在改善糖尿病等代谢疾病或是解决营养不良问题中的功效。

我国粪菌移植在创新技术开发和标准化服务方面都处于全球领先地位，2022年，国家标准《洗涤粪菌质量控制和粪菌样本分级》（GB/T 41910—2022）获批，明确规定了洗涤粪菌需要的实验室条件和技术要求，确立了洗涤菌群移植的剂量单位。科学家通过构建粪菌移植供体-受体匹配计算模型，为优化粪菌移植的有效性和精准性奠定了基础。关于人类微生物组数据驱动的微生态药物发现平台建设，我国起步相对较晚，只有广州知易生物、广州承葛生物、广州慕恩生物、深圳未知君、深圳零一生命等几家创新企业开展功能菌群类新药研发。其中，知易生物的用于治疗肠易激综合征和溃疡性结肠炎的SK08是国内推进速度最快的候选药物，已进入临床Ⅱ期阶段。2022年3月，知易生物SK08新增适应证——联合抗PD-1/ PD-L1单抗治疗晚期实体瘤的临床试验申请，获得了NMPA的批准，是NMPA首次批准功能菌群类新药用于肿瘤治疗相关的临床研究。另外，2022年5月，NMPA还批准了广州慕恩生物MNC-168单药及分别联合帕博利珠单抗、舒格利单抗用于恶性实体瘤的治疗的临床研究。

三、总　　结

纵观2022年，多个生物医药热点领域的研发持续发力，为患者提供了更加多样化的疾病治疗方案，靶向蛋白质降解药物、抗体-药物偶联物、双特异性抗体、免疫细胞治疗、溶瘤病毒治疗等疗法的进步为癌症治疗带来新希望。研发人员还在药物设计上不断进行创新，推进三特异性/四特异性抗体、个体化TCR-T、CAR-NK细胞治疗等疗法进入临床试验阶段。基因治疗和RNA疗法则主要在遗传性疾病、传染性疾病等领域持续取得突破，另外，干细胞疗法作为再生医学的核心发展方向，持续推进。与此同时，类器官技术、人工智能技术等前沿技术的发展展现了在药物研发中的巨大应用前景，可实现传统动物实验替代，推动新药研发多环节实现降本增效发展，预计未来将获得重点关注。

撰稿人：施慧琳　中国科学院上海营养与健康研究所
　　　　杨若南　中国科学院上海营养与健康研究所
　　　　王　玥　中国科学院上海营养与健康研究所
　　　　李　伟　中国科学院上海营养与健康研究所
　　　　许　丽　中国科学院上海营养与健康研究所
　　　　靳晨琦　中国科学院上海营养与健康研究所
　　　　李祯祺　中国科学院上海营养与健康研究所
　　　　徐　萍　中国科学院上海营养与健康研究所
通讯作者：徐　萍　xuping@sinh.ac.cn

第二节　2022年度生物医药产业发展态势分析

一、全球生物医药产业发展态势

（一）全球生物医药市场分析

1. 全球药市：平稳增长

随着2020—2021年新冠大流行的不确定性逐渐被发达国家与新兴国家的卫生系统和政策制定者所面临的更可预测的挑战和机遇所取代，全球药品支出的前景已变得更加明朗。全球药品用量和支出仍受到新冠疫情的影响，但被相关疫苗和疗法的增量支出所抵消。2021年全球药品销售额约为14 240亿美元。2022—2026年，全球药品市场规模将以3%—6%的复合年增长率（compound annual growth rate，CAGR）增长，到2026

年全球药品总支出预计将达到 18 050 亿美元（图 12-1，包括新冠病毒疫苗销售额），其中，新兴市场药品总支出的 CAGR 为 5%—8%，略高于发达市场的 2%—5%。

图 12-1 2019—2026 年全球医药市场规模（药品总支出）统计及预测

资料来源：IQVIA Institute

1）处方药市场

新冠疫情背景下，全球生物医药行业发展迅速，尽管暴露了特定时期美国药品在定价和监管方面的问题，但总体环境日趋良好，业界对 2026 年全球生物医药发展态势持乐观的态度。2021 年处方药销售额为 10 310 亿美元（图 12-2），相较 2020 年 9010 亿美元的销售额增长 14.4%。2021—2026 年全球处方药销售额继续保持上升趋势，预计 2026 年处方药销售额将达到 14 080 亿美元，CAGR 预计为 6.4%。

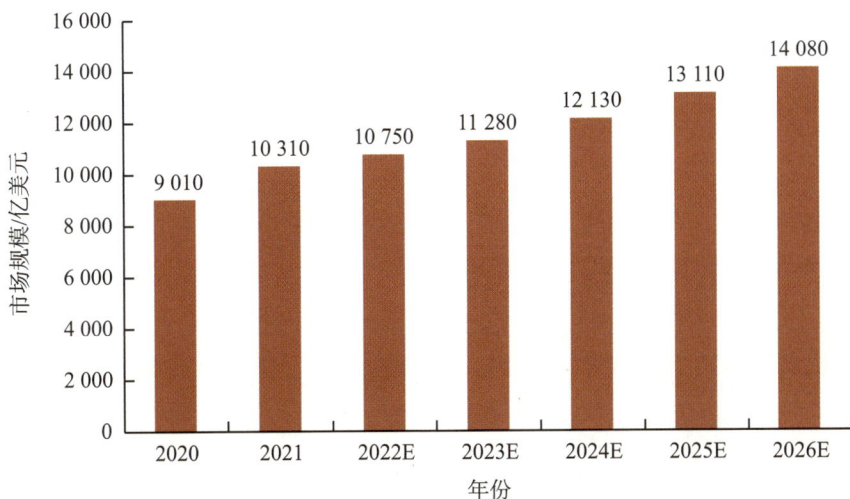

图 12-2 2020—2026 年全球处方药市场规模统计及预测

资料来源：Evaluate Pharma

　　其中，2021年处方药中的仿制药全球销售额为820亿美元，相较2020年740亿美元的销售额增长10.8%。2021—2026年的CAGR预计为3.8%，2026年销售额预计将达到990亿美元。

　　罕见病仍是开发者关注的焦点，2021年罕见病用药销售额为1550亿美元（图12-3），预计2026年将达到2680亿美元，较2020年的销售额翻一番，2020—2026年CAGR为11.7%。

图12-3　2018—2026年全球罕见病用药市场规模及增速
资料来源：Evaluate Pharma

　　新冠疫情对医药行业影响较为深远。以处方药销售收入来计，2021年辉瑞公司凭借贡献368亿美元的新冠病毒疫苗Comirnaty，以720.43亿美元的销售额，从2020年的第8位上升至2021年的第1位（表12-24）。艾伯维公司则凭借550.41亿美元的销售额，由2020年的第3位上升至2021年的第2位。第3名诺华公司排名下降1位，前三家的销售额都超过了500亿美元。强生公司排名未变，而罗氏公司受三大肿瘤药的专利悬崖影响，从2020年榜首下滑至第5位。百时美施贵宝、默沙东和赛诺菲公司排名均下降1位。阿斯利康公司也是因为新冠病毒疫苗业务，排名从第11位上升至第9位。葛兰素史克公司下降1位，排名第10位，而武田公司跌出了前10强。处方药销售前10强榜单公司的销售额都同比上升。值得一提的是，莫德纳公司凭借新冠病毒疫苗业务，2021年扭亏为盈，首次跻身销售前20强榜单。

表12-24　2021年全球处方药销售前20强

全球排名	公司名	处方药销售额／亿美元
1	辉瑞	720.43
2	艾伯维	550.41
3	诺华	511.28
4	强生	498.21
5	罗氏	492.93
6	百时美施贵宝	456.69
7	默沙东	432.59
8	赛诺菲	389.34
9	阿斯利康	361.31
10	葛兰素史克	334.43
11	武田	296.05
12	吉利德	270.05
13	礼来	259.58
14	安进	239.57
15	诺和诺德	224.17
16	拜耳	201.19
17	莫德纳	191.67
18	勃林格殷格翰	178.06
19	晖致	175.08
20	再生元	121.17

资料来源：Pharm Exec

　　2021年，处方药销售额前50强企业的门槛有较大幅度提高，第50位的日本协和麒麟公司销售额为29.59亿美元，相比2020年第50位德国史达德公司的28.23亿美元，增加了1.36亿美元，门槛首次突破29亿美元。2017年以来，前50强的门槛连年提高，从22亿美元提高到了29亿美元，从另一个侧面反映了更多制药企业的快速增长。2021年共有4家中国制药企业进入全球处方药销售前50强行列。恒瑞医药以52.03亿美元销售额由2020年的第38位上升至32位（表12-25），这是中国药企在全球前50强榜单上取得的最好成绩。其次是中国生物制药，排名未发生变化，位列第40位；上海医药和石药集团2021年的排名均上升了1位，分别为41位和43位。值得注意的是，2020年排在第34位的云南白药2021年跌出榜单。

表12-25　2021年全球处方药销售前50强中国上榜企业

全球排名	企业名	销售额 / 亿美元	排名变化
32	恒瑞医药	52.03	+6
40	中国生物制药	42.06	—
41	上海医药	39.80	+1
43	石药集团	37.81	+1

资料来源：Pharm Exec

2）生物药市场

生物药主要应用类型包括抗体、多肽、疫苗、基因疗法和细胞疗法等，是药物研究及开发的前沿方向，可提供最有效的方法来治疗目前未获充分医治的多种医学疾病，因此有望作为一种新型药物形态发挥巨大的临床和市场潜力。全球生物药市场规模由2016年的2202亿美元增长至2021年的3366亿美元（图12-4），CAGR为8.9%。2025年的销售额预计将达到5301亿美元，2020—2025年的CAGR为12.2%。

图12-4　全球生物药市场规模

资料来源：Frost & Sullivan，中商产业研究院整理

近年来，随着中国生物药研发投资增加、居民药物承担能力增强、政府政策利好、肿瘤及自身免疫性疾病领域未满足需求的推动，2021年我国生物药市场规模达到4248亿元（图12-5），预计2025年将增长至8116亿元，2021—2025年的CAGR预计为17.6%。

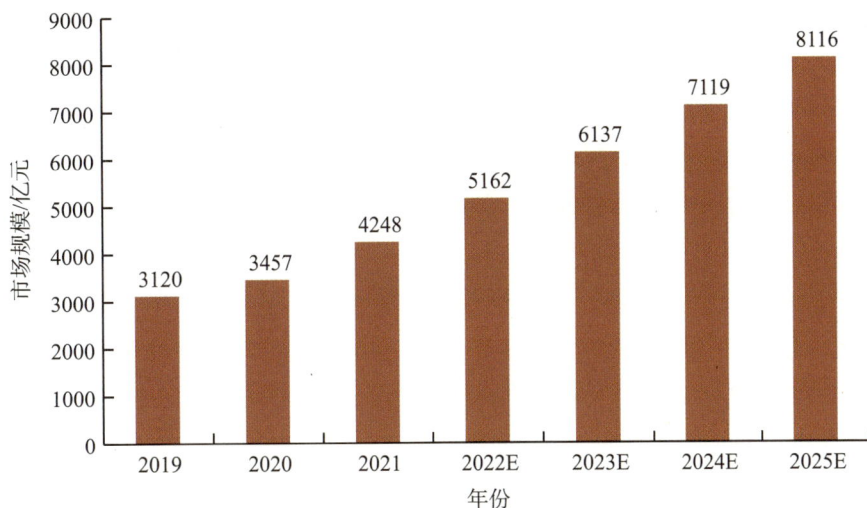

图12-5 2019—2025年中国生物药市场规模统计及预测
资料来源：观研天下整理

抗体-药物偶联物（antibody-drug conjugate，ADC）被誉为"生物导弹"，临床价值巨大。ADC药物由单克隆抗体、小分子毒素通过连接子偶联而成，兼具单抗精准靶向和细胞毒素高效杀伤的优点，展示出巨大的临床治疗价值。历经多年发展，目前全球已获批上市14款ADC药物，其临床疗效优异、安全性佳。通过单药或联合用药，既往化疗或单抗治疗效果不佳的大量潜在患者显著获益，解决了临床未满足的需求。2021年全球ADC药物的销售额为52.5亿美元，据*Nature*子刊的市场预测，全球ADC药物市场规模将于2026年达到164亿美元，市场潜力巨大。2021年，罗氏公司的恩美曲妥珠单抗销售额为21.78亿美元，位居榜首（表12-26），较3—10位的总和（17.78亿美元）还要高出4亿美元。Seagen/武田公司合作开发的维布妥昔单抗排名第2，共销售13.06亿美元。维迪西妥单抗是由荣昌生物研发的我国首个原创ADC药物，也是我国首个获得美国、中国药监部门突破性疗法双重认定的ADC药物，其胃癌适应证于2021年获批上市销售并被纳入我国国家医保药品目录，尿路上皮癌适应证于2022年获批上市销售。维迪西妥单抗在2021年上市当年即取得8400万元销售额的亮眼成绩。

表 12-26　2021 年全球 ADC 销售前 10 强

排名	商品名	通用名	靶点	公司	上市时间	年销售额 /亿美元
1	Kadcyla	恩美曲妥珠单抗	HER2	罗氏	2013.02.22	21.78
2	Adcetris	维布妥昔单抗	CD30	Seagen/ 武田	2011.08.19	13.06
3	Enhertu	德喜曲妥珠单抗	HER2	阿斯利康 / 第一三共	2019.12.20	4.26
4	Trodelvy	戈沙妥珠单抗	Trop2	吉利德	2020.04.22	3.80
5	Padcev	维汀 – 恩弗妥单抗	Nectin-4	Seagen	2019.12.18	3.40
6	Polivy	泊洛妥珠单抗	CD79b	罗氏	2019.06.10	2.71
7	Besponsa	奥英妥珠单抗	CD22	辉瑞	2017.06.28	1.92
8	Blenrep	贝兰他单抗莫福汀	BCMA	GSK	2020.08.05	1.22
9	Zynlonta	朗妥昔单抗	CD19	ADC Therapeutics	2021.04.03	0.34
10	爱地希	维迪西妥单抗	HER2	荣昌生物	2021.06.08	0.13

资料来源：Fact MR，药融云整理

全球 ADC 药物产业进入快速发展期，越来越受到资本市场的关注，从国内外企业的研发管线来看，ADC 药物已成为全球创新药企布局的重点方向，3—5 年后可能会迎来新的高峰。从适应证和靶点分布来看，肿瘤是目前聚焦的核心方向，但重心已从血液肿瘤转向实体瘤，新靶点的探索将越发多样化。随着靶点、毒素、偶联等技术水平的提升，可以拓展研发管线及疾病领域，有优势技术的企业在未来市场上更具竞争优势。

总体看来，我国的 ADC 领域发展方兴未艾，其中合作引进的产品较多，国内企业自主研发的较少。候选产品中，针对人表皮生长因子受体（HER2）靶点和乳腺癌适应证的竞争相对激烈。随着 ADC 市场的增长、政策利好的推动、技术与人才的支持，国内 ADC 候选药物的研发竞争俨然已进入新时代，目前已有多款 ADC 候选药物处于临床后期试验阶段。

3）几大重点关注的药物市场

（1）新冠病毒疫苗及治疗药物市场。新冠大流行是几十年来最具影响力的全球公共卫生危机，公共卫生系统迅速适应了疫情需求峰值，显示出了全球卫生系统的韧性。自新冠大流行开始以来，新兴国家的药物使用情况变化很大，但发达国家的药物使用情况较为稳定。2020 年以来，某些疾病疗法的临床用药受到干扰，各国的时段和影响程度各不相同，但一直在向正常状态恢复。以目前的制造能力，到 2022 年底，全球 70% 的人口会快速接种第一波疫苗。同时，有数十亿人接种和接受新冠病毒疫苗加强针，不同地区的显著差异随着时间的推移而有所缩小。预计到 2026 年，全球在新冠病毒疫苗方面的累计支出将达到2510亿美元，新冠病毒感染治疗药物的累计支出为580亿美元（图12-6）。

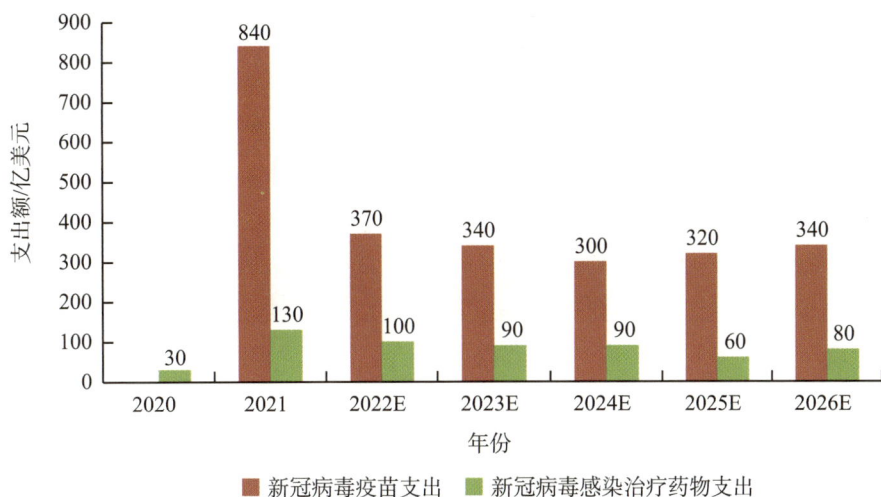

图12-6　2020—2026年全球新冠病毒疫苗及新冠病毒感染治疗药物支出统计及预测
资料来源：IQVIA Institute

全球药物使用和支出趋势直接受到新冠疫情的影响，2020—2022年药物支出的增加相当可观，但之后预期将与新冠疫情前的趋势相似。与新冠大流行前的趋势相比，到2026年，七年将累计减少1750亿美元的支出。支出下降的最重要的推动因素是那些无症状患者中断了治疗，使得与之前的预期值有所出入。与此同时，新冠病毒疫苗和新型疗法（包括治疗药物）的支出预计将产生超过3000亿美元的支出，两者相抵，全球医药累计支出预计将比新冠大流行前的预期高出1330亿美元。随着疫苗的广泛使用和治疗方法的改进，新冠大流行已过渡到一个新阶段，但病毒变异体的周期性出现和疫苗的不完全推广在未来几年仍存在很大的不确定性。

（2）抗肿瘤药物市场。在持续创新的推动下，2021年全球抗肿瘤药物支出增长至1850亿美元（图12-7），其中74%集中在主要发达市场，低于2017年的77%。预计到2026年此项支出将超过3000亿美元，2021—2026年的CAGR为10.7%。主要市场的增长来自新产品和品牌数量增多的推动（已扣除了包括生物类似药影响在内的排他性损失）。美国仍然是最大的抗肿瘤药物市场，其次是欧洲主要国家。在全球范围内，排名前十的肿瘤中有7种将从预期的新疗法中获得两位数的支出增长。其中，PD-1/PD-L1抑制剂已用于大多数实体瘤的治疗，占2021年肺癌治疗支出的45%。下一代肿瘤生物疗法的强大产品线既有巨大的潜力，也有广泛的临床和商业不确定性，有可能在2026年将目前30亿美元的全球支出提升至150亿美元，乐观估计可高达400亿美元。

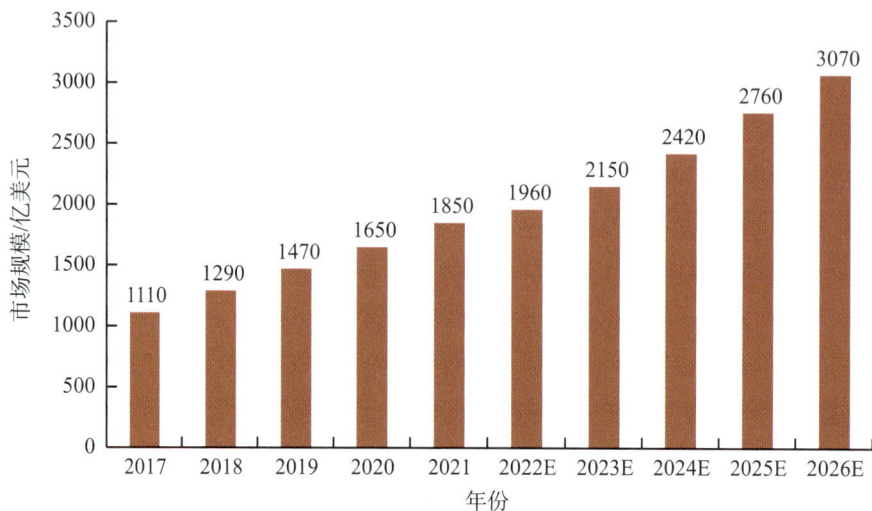

图12-7 2017—2026年全球抗肿瘤药物市场规模

资料来源: IQVIA Institute

随着我国人均寿命的提高、国家人口结构的变化、流行病学的变化、城乡居民健康意识日益增强、城乡居民的医疗保健支出和医疗卫生总支出的持续增加，抗肿瘤药物市场将进一步扩容，而在企业的不懈研发与政策的不断支持下，抗肿瘤药物在整体市场中的份额将不断上升。目前我国在抗肿瘤药物方面的支出超过了其他新兴国家，这得益于新疗法获得途径的扩大（尽管较低的药物价格对整体支出有所削减）。2021年我国抗肿瘤药物市场规模达到了2311亿元（图12-8），预计我国抗肿瘤药物市场规模在2022年会达到2549亿元，2017—2022年CAGR达12.8%。癌症治疗方法的进展使得我国抗肿瘤药物市场在未来几年也将处于上升态势。

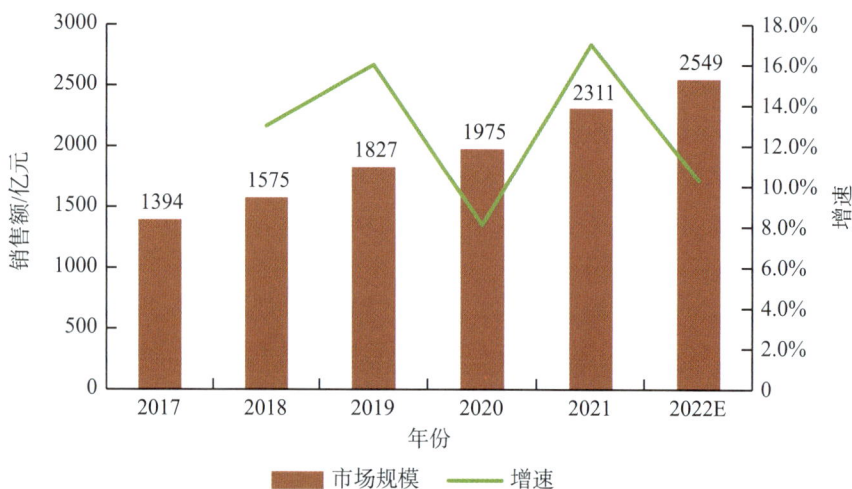

图12-8 2017—2022年我国抗肿瘤药物市场销售额及增速

资料来源: Frost & Sullivan，中商产业研究院整理

（3）自身免疫性疾病药物市场。自身免疫性疾病是一类以局部或全身性异常炎症免疫反应为特征的炎症免疫性疾病。根据美国自身免疫相关疾病协会（American Autoimmune Related Diseases Association，AARDA）的统计，目前已经发现100多种自身免疫性疾病，常见的有类风湿关节炎、强直性脊柱炎、幼年特发性关节炎、非放射学中轴型脊柱关节炎、银屑病、银屑病关节炎、克罗恩病、溃疡性结肠炎、系统性红斑狼疮、狼疮性肾炎等。对于全球医药行业来说，自身免疫性疾病领域一直是仅次于癌症领域的第二大治疗领域。全球自身免疫性疾病治疗药物市场从2012年的280亿美元增长到2021年的1270亿美元（图12-9），CAGR达18.3%。预计到2026年，全球自身免疫性疾病药物市场较2021年增加510亿美元的支出，达到1780亿美元，2021—2026年的CAGR为7.0%。

图12-9 2012—2026年全球自身免疫性疾病药物市场规模及增长率
资料来源：IQVIA Institute

近年来，银屑病、特应性皮炎和严重哮喘等疾病的新产品推动了支出增长，虽然生物类似药的影响将减缓2023—2026年的增长，但全球市场预计将继续保持增长。在许多发达市场，由于品牌在未来五年内失去独占性，预计目前一半以上的免疫学支出将面临仿制药或生物类似药的竞争。与此同时，受2023年美国引入生物类似药阿达木单抗（Humira）的影响，预计患者每天的平均治疗费用将下降至27美元，并可能在随后几年进一步下降。

（4）细胞与基因治疗行业市场。细胞与基因治疗（cell and gene therapy，CGT）是指将外源遗传物质导入靶细胞，修饰或操纵基因的表达，改变细胞的生物学特性以达到治疗效果的一种新兴的治疗方式。细胞与基因治疗作为医药行业的前沿技术，行业增速高，成长空间大。细胞与基因治疗被誉为继小分子药物、抗体药物之后的第三次生物医药革命，与传统化药或抗体药相比，其核心优势是单次治疗有望长期获益，针对肿瘤、罕见遗传病等难治性疾病有治愈性疗效。截至2022年7月，全球共有40款细胞与基因治疗药物获批上市，包括嵌合抗原受体T细胞免疫治疗（chimeric antigen receptor T cell immunotherapy，CAR-T）、干细胞疗法、溶瘤病毒疗法和基因疗法等。

全球细胞与基因治疗行业飞速增长，市场规模不断扩大。2016—2020年，全球市场规模从0.5亿美元增长至20.8亿美元（图12-10），CAGR达154%。预计2025年全球市场规模将达到305.4亿美元，2020—2025年的CAGR为71%。2017年以来，我国细胞与基因治疗市场规模仍然较小，只在千万级别，2017—2020年市场规模由1500万元增长至2380万元，CAGR为16.6%。但随着我国政策利好的推动、临床试验的广泛开展和科研技术的逐步推进，预计2025年我国细胞与基因治疗市场规模将达到178.85亿元。

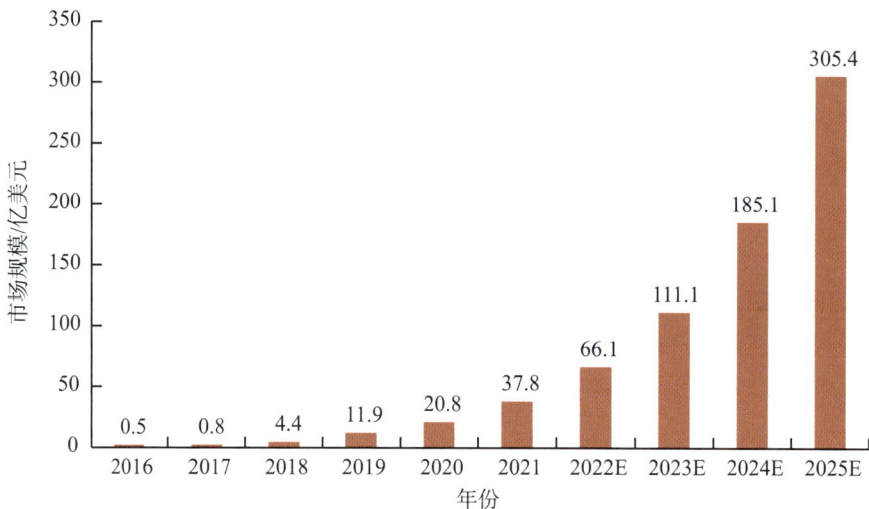

图12-10　2016—2025年全球细胞与基因治疗市场规模统计及预测

资料来源：Frost & Sullivan，广发证券整理

2. 全球医疗器械市场

1）全球医疗器械市场概况

医疗器械产业是生物工程、电子信息和医学影像等高新技术领域复合交叉的知识密集型、资金密集型产业。作为一个关系到人类生命健康的战略性新兴产业，在庞大而稳定的市场需求下，全球医疗器械产业长期以来一直保持着良好的增长势头。据统计，2021年全球医疗器械市场规模达到6391亿美元，预计2027年将增长至9534亿美

元，2021—2027年的CAGR为6.9%。

全球各地慢性病患病率上升、发达国家和新兴国家医疗保健支出的增加，以及报销政策的改善、老年人对家庭医疗保健服务偏好的转变均推动了医疗器械市场的稳定增长。用于糖尿病、癌症和HIV/AIDS[人类免疫缺陷病毒（human immunodeficiency virus）/获得性免疫缺陷综合征（acquired immunodeficiency syndrome）]诊断的实时诊断测试的使用增加，体外诊断（*in vitro* diagnosis，IVD）领域预计将以更高的CAGR增长。

2）全球医疗器械巨头

2021年全球医疗器械公司销售前100强中，销售收入门槛为2.36亿美元。排名前10的医疗器械公司分别美敦力、强生、西门子医疗、飞利浦、麦朗、GE医疗、史赛克、嘉德诺、雅培、百特。在这份榜单中，美敦力、强生、西门子医疗继续蝉联前三（表12-27），营业收入分别为316.86亿美元、271.00亿美元和205.17亿美元。排名波动最大的是史赛克，从2020年排名第10位跃升至第7位。全球医疗器械前100强公司的销售收入合计约为4409亿美元，雇用了超过127万名员工，年研发投入超过234亿美元。

表12-27　2021年全球医疗器械公司前10强

排名	公司	总部所在地	收入/亿美元	雇员数/人	排名变化
1	美敦力	爱尔兰	316.86	95 000	—
2	强生	美国	271.00	75 000	—
3	西门子医疗	德国	205.17	66 100	—
4	飞利浦	荷兰	202.96	78 189	—
5	麦朗	美国	202.00	30 000	+1
6	GE医疗	美国	177.25	48 000	+1
7	史赛克	美国	171.08	46 000	+3
8	嘉德诺	美国	159.00	—	—
9	雅培	美国	143.67	—	+2
10	百特	美国	127.84	60 000	+2

资料来源：Medical Design & Outsourcing

从销售收入规模来看，2021年全球医疗器械公司前100强中有12家公司的销售收入突破100亿美元，50亿美元至100亿美元之间的有13家，10亿美元至50亿美元之间的有46家，其余29家公司的销售收入在10亿美元以下。从地区分布来看，美国共计有

53家公司入围全球医疗器械公司前100强，上榜公司数量居全球第一。相比2021年榜单，2022年全球医疗器械公司前100强中，迈瑞医疗和上海微创以39.17亿美元和7.78亿美元的销售收入分别位列第32位和第37位。从这份榜单中，我们看到为了保持企业的竞争力，大型企业集团将医疗器械公司分拆成独立的业务，大企业之间开展实质性合作，而非彻底的并购。从中可以看到国内企业与全球顶级医疗器械企业之间的巨大差距，但从发展潜力来看，中国的医疗器械企业也不断显露出越来越迅猛的发展势头，在国产化替代与全球化的双重浪潮下，中国的医疗器械龙头正在向更高的山峰进发。

3) IVD行业市场

随着现代检验医学及相关的生物、化学、芯片等科学技术的发展，IVD的产业化得以迅速推进，相关的检验技术也得到了飞速发展。IVD在医疗领域被誉为"医生的眼睛"，是现代检验医学的重要构成部分，其临床应用贯穿疾病预防、初步诊断、治疗方案选择和疗效评价等疾病治疗全过程，可为医生提供大量有用的临床诊断信息，逐渐成为人类疾病诊断、治疗的重要组成部分。新冠疫情的暴发和持续大流行，使IVD行业再次引发市场关注，成为此次疫情防控的最大亮点之一。全球IVD市场规模由2016年的635.3亿美元增长至2020年的833亿美元（图12-11），CAGR为7.0%。2021年达到1170亿美元，较2020年增长40.5%。这是全球IVD市场首次突破千亿美元大关，也预示着IVD正式迈向了一个新的阶段。

图12-11　全球IVD行业市场规模及增速
资料来源: Kalorama Information

根据临床医学检验项目所用技术不同，IVD细分市场主要分为生化诊断、免疫诊断、分子诊断、微生物诊断、血液诊断、即时检验（point-of-care testing，POCT）等。

2021年全球IVD市场的细分领域也发生了巨大变化，分子诊断取代免疫诊断摘得细分赛道的桂冠。2021年全球IVD市场中分子诊断销售额高达370.4亿美元，占比达32%（图12-12），销售额的大幅增加主要归功于新冠病毒检测带来的需求激增。

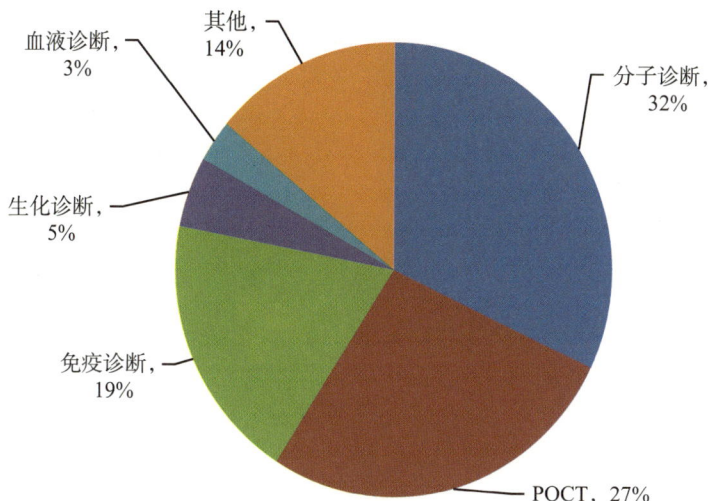

图12-12　2021年全球IVD细分市场占比

资料来源：Kalorama Information

据统计，2019年国内IVD市场规模突破900亿元，2021年IVD市场规模超2180亿元。经过疫情的洗礼之后，中国已经成为全球IVD增速最快的市场之一。疫情反复以及检测常态化使IVD企业实现了爆发式增长，国内众多企业脱颖而出。对中国而言，免疫诊断仍然是中国IVD市场的最大细分赛道，约占29%的份额。分子诊断紧随其后，占有24%的份额，而微生物、病理、质谱等赛道仍处于孵育期，市场容量不大，但市场增速较快。

3. 全球制药巨头与重磅药物

与2020年相比，2021年全球销售收入前20家制药公司中，前10位的跨国企业总体变化不大，在排名上有一些变化。强生公司以937.75亿美元的销售额蝉联第1位（表12-28），其余排名均有不同程度的变化。在新冠病毒疫苗Comirnaty的助推下，辉瑞公司排名上升7位，至第2位。艾伯维公司排名上升2位，进入前5位。默沙东公司排名上升3位，至第7位。罗氏、拜耳和诺华排名均出现轻微下滑，分别排名第3位、第5位和第6位。2021年制药巨头公司都在利用其资金进行并购交易，扩充产品管线，寻求市场进一步增长。

表 12-28　2021年全球制药公司销售收入前20强

2021 年排名	公司	2021 年收入 / 亿美元	2020 年收入 / 亿美元	2020 年排名	变化
1	强生	937.75	825.84	1	—
2	辉瑞	812.88	416.51	9	+7
3	罗氏	686.80	637.83	2	−1
4	艾伯维	561.97	458.04	6	+2
5	拜耳	521.48	489.76	3	−2
6	诺华	516.26	486.59	4	−2
7	默沙东	487.04	415.18	10	+3
8	葛兰素史克	469.55	469.34	5	−3
9	百时美施贵宝	463.85	425.18	8	−1
10	赛诺菲	446.71	426.37	7	−3
11	雅培制药	430.75	346.08	11	—
12	阿斯利康	374.17	266.17	14	+2
13	上海医药	333.36	296.74	12	−1
14	武田	300.99	269.68	13	−1
15	礼来	283.18	245.40	17	+2
16	吉利德	273.05	246.89	16	—
17	安进	259.79	254.24	15	−2
18	勃林格殷格翰	243.91	231.47	18	—
19	默克	232.90	207.43	19	—
20	诺和诺德	223.86	201.83	20	—

资料来源：*Med Ad News*

　　2021年，辉瑞/BioNTech的mRNA新冠病毒疫苗Comirnaty销售额高达368亿美元，创造了有史以来全球最高的药品销售纪录，成为2021年度最畅销药物。Humira从"药王"的宝座跌落，结束了的Humira作为全球最畅销药品长达9年的统治，同时给前20强带来了更大的波动性。全球最畅销药物前20强中，有7款小分子药物、13款大分子药物（表12-29），共有4款为新冠病毒疫苗和新冠病毒感染治疗药物。莫德纳公司的mRNA疫苗Spikevax以177亿美元的销量位居第3位，再生元/罗氏的REGEN-COV和吉利德的Veklury分别位列第13位和第19位，两者的销量都超过50亿美元。2021

年，还有3款产品强势增长，跻身前20强行列，分别是第15位的Darzalex、第16位的Trikafta和第18位的Dupixent。

表12-29 2021年全球药物销售额榜单前20强

排名	药物名称	靶点	适应证	公司	销售额 / 亿美元
1	Comirnaty	Spike glycoprotein	新冠病毒疫苗	辉瑞 /BioNTech	368
2	Humira	TNF-α	类风湿关节炎（rheumatoid arthritis，RA）等	艾伯维	207
3	Spikevax	Spike glycoprotein	抗病毒疫苗	莫德纳	177
4	Keytruda	PD-1	癌症	默沙东	172
5	Eliquis	FXa	抗凝药	百时美施贵宝 / 辉瑞	167
6	Revlimid	—	多发性骨髓瘤	百时美施贵宝	128
7	Imbruvica	BTK	癌症	强生 / 艾伯维	98
8	Stelara	IL-12、IL-23	银屑病	强生 / 三菱田边	91
9	Eylea	VEGFR	年龄相关性黄斑变性（age-related macular degeneration，AMD）、糖尿病黄斑水肿（diabetic macular edema，DME）	再生元 / 拜耳	89
10	Biktarvy	—	HIV 感染	吉利德	86
11	Opdivo	PD-1	癌症	百时美施贵宝 / 大野	85
12	Xarelto	FXa	抗凝药	拜耳 / 强生	75
13	REGEN-COV	—	抗病毒	再生元 / 罗氏	75
14	Trulicity	GLP-1	糖尿病	礼来	65
15	Darzalex	CD38	抗肿瘤	强生	60
16	Trikafta	—	纤维化	福泰制药	57
17	Gardasil 9	—	宫颈癌疫苗	默沙东	57
18	Dupixent	IL-4、IL-13	自身免疫	赛诺菲 / 再生元	56
19	Veklury	RNA 聚合酶	抗病毒	吉利德	56
20	Ibrance	CDK4/6	乳腺癌	辉瑞	54

资料来源：Fierce Pharma

辉瑞与莫德纳公司的mRNA新冠病毒疫苗均抓住了百年一遇的机会，在政府大规模采购的帮助下，实现了从挽救生命的临床数据到大规模生产的紧密衔接。Stelara和Eylea在自身免疫和视网膜疾病两个领域获批了大量的适应证，竞争对手已然无法撼动它们的市场份额。作为从华法林转为抗凝剂的主要受益者，由于在预防卒中和大出血方面的出色数据，Eliquis的销售额有可能继续增长，直至2026年专利到期为止。Keytruda则继续拓宽新的适应证并巩固其在实体瘤适应证领域的首选PD-1抑制剂的地位，凭借新的联合用药策略以及根治性早期肿瘤辅助/新辅助治疗，引领肿瘤免疫治疗临床试验的浪潮。

4. 全球医药并购回弹

由于新冠疫情带来的各种挑战，并购在2020年有所搁置，但在2021年，许多大型生命科学公司将并购交易重新纳入议程。同时，对补强型并购交易的关注度持续升高。2021年生命科学领域签署的并购交易数量较2020年增长24%。2021年签署的所有并购交易总额为2553亿美元（图12-13），较2020年的1769亿美元增加44%，但较2019年的2933亿美元有所下降。

图12-13　2016—2021年全球并购交易数量和交易总额
资料来源：IQVIA Pharma Deals

在累计交易总额增长的同时，并购交易额均值增幅较小。2021年并购交易额均值达9.75亿美元（表12-30），相较2020年的8.8亿美元增长了11%，低于2019年的16.12亿美元。同时，交易额中值从2020年的0.8亿美元增加到2021年的1.645亿美元，增长了1倍多，这些数据受到了两笔总额超300亿美元的大型交易的影响。

表12-30　2020年与2021年并购交易总额、平均值和中值比较

所有交易	2020年/亿美元	2021年/亿美元	变化
所有并购交易总额	1768.89	2553.25	+44%
交易额均值	8.8	9.75	+11%
交易额中值	0.8	1.645	+106%

资料来源：IQVIA Pharma Deals

　　2021年前十大并购交易的总额为1251亿美元，这相当于2021年签署的所有并购交易总额的49%（表12-31）。相比之下，2020年前十大并购交易的总额为1194亿美元，相当于2020年签署的所有并购交易总额的67.5%。随着大量资金投入使用，在强劲的债务市场和低利率环境的支撑下，私人资本对生命科学部门的兴趣在2021年有所增长，占2021年所有生命科学并购支出的12%。2021年全球最大的并购交易是由黑石集团（Blackstone）、凯雷投资集团（Carlyle）和Hellman & Friedman组成的财团以300亿美元报价（不包括债券）收购了医疗用品制造商和分销商Medline Industries的多数股权。生物制药最大的并购交易是澳大利亚生物科技公司CSL以117亿美元的股权总额收购瑞士生物制药公司Vifor Pharma，以扩大业务。这也是CSL公司历史上规模最大的一笔交易，拓展了其在肾脏病、透析和缺铁性疾病领域的产品管线，降低了对旗下血浆产品的依赖程度，以此应对新冠疫情期间血浆产品销量下滑的问题。

表12-31　2021年全球生物医药并购交易前10强（按交易额排名）

排名	收购方	标的公司	金额/亿美元
1	Blackstone、Carlyle和Hellman & Friedman	Medline Industries	300
2	赛默飞	PPD	174
3	ICON	PRA Health Sciences	120
4	CSL	Vifor Pharma	117
5	默沙东	Acceleron Pharma	115
6	百特国际	Hill-Rom Holdings	105
7	Danaher	Aldevron	96
8	EQT Private Equity/Goldman Sachs Asset Management	Parexel	85
9	Jazz Pharmaceuticals	GW Pharmaceuticals	72
10	辉瑞	Arena Pharmaceuticals	67

资料来源：IQVIA Pharma Deals

随着外部资本大量涌入，2021年生命科学行业许可权交易数量较2020年增长了5%，达到了历史最高水平。面对日益增高的收购溢价，许多公司选择将许可交易费用的大部分在达到特定的里程碑后支付，从而推迟大笔开支。不仅如此，许多生物技术创新公司在获得创纪录的风险投资之后，不再将并购作为风险投资退出渠道，而是选择进行许可权交易，降低风险，助力公司发展成长。生命科学领域的交易活动在2021年重新焕发活力，并超过了新冠大流行前的水平，得益于大型参与者决心寻求新的增长动力，科技创新的快速发展推动了合作。尽管医疗器械领域出现了大规模并购，生物制药服务领域也出现了重大整合，但制药行业明显缺乏大型交易，随着市场波动加剧和监管审查力度加大，谨慎的公司转而倾向于补强型并购。

5. 全球医药CDMO快速增长

医药CDMO（contract development manufacture organization，合同研发生产组织）指医药领域定制研发生产，是一种新型研发生产外包模式，包含临床阶段和商业化阶段。医药CDMO是对临床前研究、临床试验到产品生产等整个产业链的深度贯通，为企业提供创新性的工艺研发及生产服务，以高附加值技术输出取代单纯的产能输出。2021年全球医药CDMO市场收入为637亿美元，其中商业化阶段服务收入与临床阶段收入占比较高，收入预期分别为279亿美元和309亿美元。临床前阶段CDMO服务在整体市场中占比较小，收入为49亿美元。全球医药CDMO市场收入2016—2021年的CAGR为12.5%，市场收入预期将于2025年达到1067亿美元，2021—2025年的CAGR为13.8%（图12-14）。

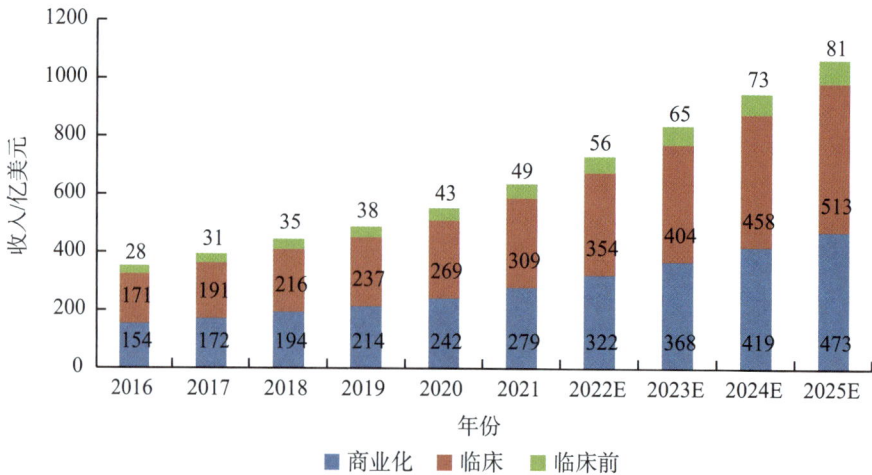

图12-14　2016—2025年全球医药CDMO市场收入统计及预测
资料来源：Frost & Sullivan

全球药物研发投入增加，在研药物数量持续增加，制药公司在药物研发阶段及未来商业化阶段都需要更多的外包生产服务。全球药物开发的一个重要趋势是较小的公司正在开发更大比例的新分子，这些公司越来越多地自行将其分子从临床试验阶段转到商业化阶段。

全球药品管线分散化，中小型制药公司及生物科技初创公司在新药审批中占比持续增长，大型制药公司及中小型制药公司都更愿意将其部分研发及生产业务外包给 CDMO 公司，从而缩短上市时间、节省成本、确保合规性，重新分配内部资源。

全球 CDMO 市场仍然较为分散，存在大量的小型 CDMO 竞争者。CDMO 行业中存在整合增长机会，但是行业整合需要一定的时间，且公司在进行并购整合的过程中面临一定的不确定性。2017 年收入小于 2400 万美元的 CDMO 企业在行业中占比高达 54%，2019 年增加至 66%，收入达到第一梯队的公司（5 亿美元以上）在行业中的数量占比从 2% 下降至 1%。

（二）全球生物医药研发分析

1. 全球医药研发投入稳定增长

科技进步促进医药研发，医药创新仍是医药主旋律。从临床需求来看，仍存在较多亟待解决的临床问题，如恶性肿瘤治疗仍存在提升空间，近年来，随着以抗体类药物、细胞与基因治疗类药物为代表的创新药的出现，全球医药研发投入仍保持充足的活力。2021 年全球医药研发投入为 2120 亿美元（图 12-15），预计 2026 年将增长至 2540 亿美元，医药创新将持续推动医药行业发展。

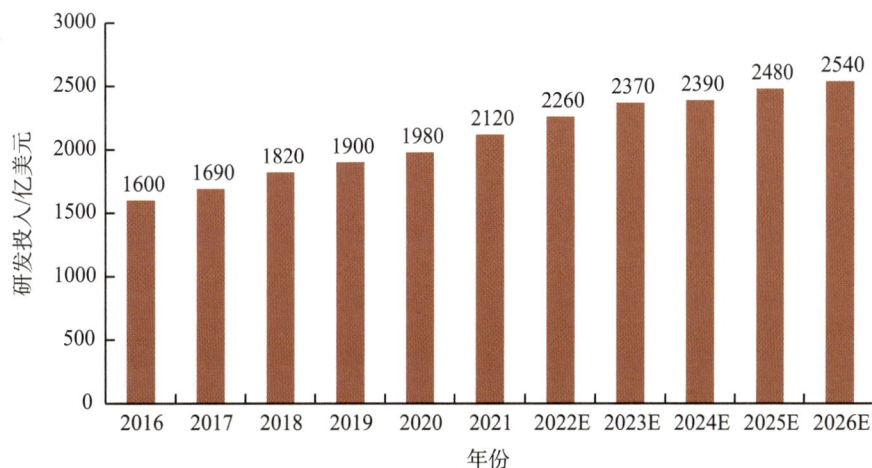

图 12-15　2016—2026 年全球医药研发投入统计及预测

资料来源：Evaluate Pharm

2021年，全球销售收入前15强制药公司总销售额为6900亿美元，较2020年的6040亿美元增长14%，在研发投入上也达到了创纪录的1330亿美元（图12-16），较2020年增长8.1%。在销售收入前15强制药公司中，研发投入占销售总额的比例在2020年首次超过20%，2021年略低于这个门槛，但仍保持在高位。2021年研发投入占销售总额比例下降可能是由于研发项目失败而进行重大冲销的公司减少，一些大公司与新冠病毒疫苗或疗法相关的销售额大幅增加，而其研发投入也有所增加，但增速放缓。2016—2021年，全球销售前15强制药公司的研发投入增长了44.6%，CAGR为7.6%。

图12-16　2012—2021年全球销售收入前15强制药公司研发投入及在销售总额中的占比
资料来源：IQVIA Institute

2021年罗氏公司以161亿美元的研发投入蝉联全球研发投入排行榜首位（表12-32）。强生公司则以147亿美元的研发投入取代默沙东公司，位列第2位。辉瑞公司的研发投入比2020年增加了47%，以138亿美元的研发投入从2020年的第5位升至2021年的第3位。其中，阿斯利康公司取代赛诺菲公司重返前10强，阿斯利康公司的研发投入猛增62%，至97亿美元，排在第6位。2021年研发投入前10强制药公司中，其他6家公司的排名与2020年相差不大。

表12-32　2021全球医药研发费用投入费用前10强

排名	公司	研发投入/亿美元	2021年占总销售收入比例	与2020年相比的研发投入增长率
1	罗氏	161	23%	14%
2	强生	147	16%	21%

续表

排名	公司	研发投入 /亿美元	2021 年占总销售收入比例	与 2020 年相比的研发投入增长率
3	辉瑞	138	17%	47%
4	默沙东	122	25%	-9%
5	百时美施贵宝	113	24%	2%
6	阿斯利康	97	26%	62%
7	诺华	90	17%	-6%
8	葛兰素史克	72	16%	4%
9	艾伯维	71	12%	-3%
10	礼来	70	25%	15%

资料来源：Fierce Biotech

　　罗氏公司是大型跨国制药企业中研发投入最高者，并已连续多年在制药企业研发投入排名中名列前茅。相较于 2020 年，强生公司和辉瑞公司在研发投入上有了较大提升，体现了其在新冠病毒疫苗及肿瘤等领域上的布局。从制药企业研发投入增长率与研发投入占比来看，阿斯利康公司均位列第 1。但从销售收入来看，阿斯利康公司与排名第 1 的罗氏公司仍有着较大的差距。值得注意的是，艾伯维、诺华和默沙东公司的研发费用出现了负增长。

2. 全球药物研发管线持续扩张

　　2020 年以来，医药行业经历了不平凡的道路，在人才、新技术和资本的共同推动下，医药行业逐渐进入全速行驶状态。随着越来越多的制药企业投入新药研发，2021 年新药上市纪录再次被打破。中国的医药研发力量也逐步在国际舞台上崭露锋芒。2022 年全球药物研发管线数量已突破 2 万大关，达 20 109 个（图 12-17），较 2021 年增长了 8.2%，增长率为 2021 年增长率 4.8% 的近 2 倍。其中，抗肿瘤药物占据增量大头，包括神经领域、抗感染药物在内的各治疗领域药物紧随其后。

　　相较于肿瘤、神经领域药物，随着新冠病毒疫苗及相关治疗药物的陆续获批，新冠相关研发将有所放缓。新冠疫情对医药行业的影响逐步降低，全球研发产业将逐步回归正轨。2022 年管线规模增长（10.0%）主要集中在临床前阶段的药物（增长率高达 11.0%），有 1128 种新药物进入临床前开发阶段（图 12-18），相较于 2021 年相同阶段 6.0% 的增长率有了大幅提升。Ⅰ期临床研究阶段的药物也出现了井喷式增长，增长率达到 10.1%，不仅超过了管线的整体增长率，也超越了 2021 年 6.4% 的增长率。处于Ⅱ

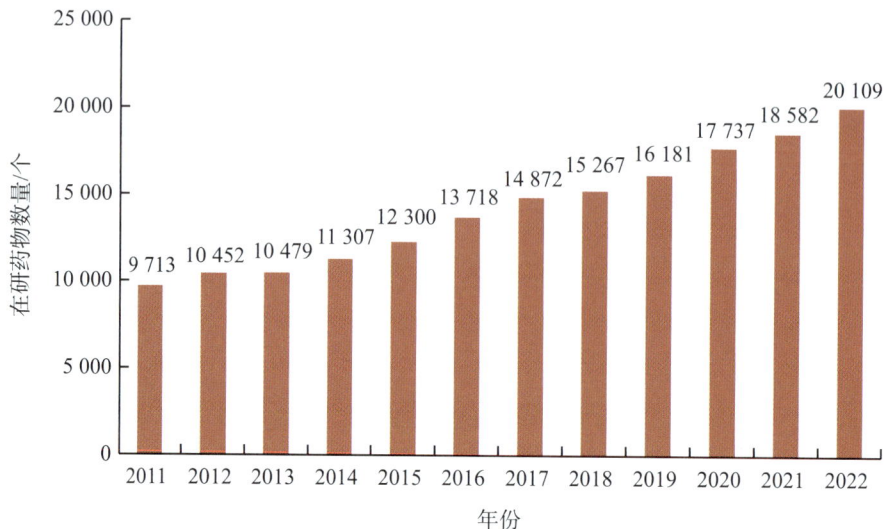

图12-17 2011—2022年全球在研药物数量
资料来源: Pharmaprojects, 截至 2022 年 1 月

期和Ⅲ期临床研究的药物数目分别较2021年上升了6.4%和8.7%。处于Ⅲ期临床研究的药物数量由1029个上升至1119个, 走过了长达5年的沉寂, Ⅲ期临床研究正实现缓慢复苏。总体而言, 医药行业几乎所有临床研究阶段均走上了快速增长阶段。

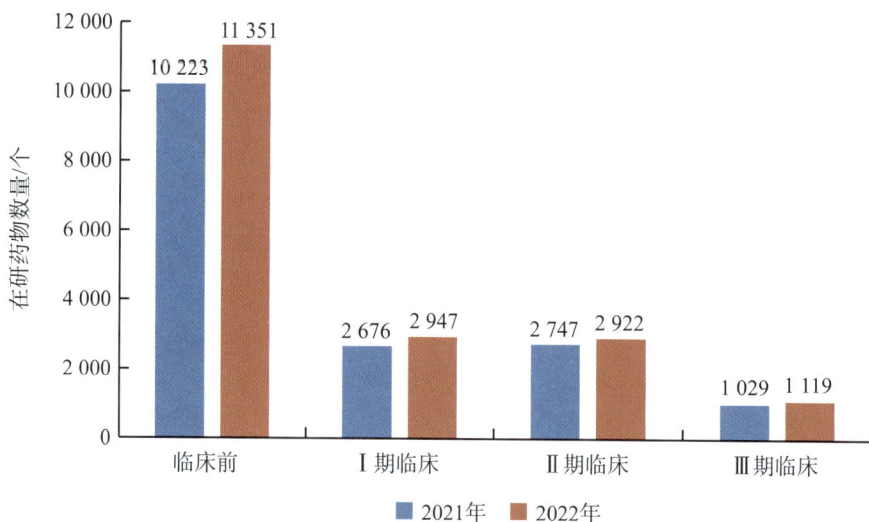

图12-18 2021年和2022年处于不同研究阶段的全球在研药物数量
资料来源: Pharmaprojects

尽管新的药物及临床研究的增多表现出医药研发领域难能可贵的活力, 但这股积极的力量似乎与头部制药企业没有多大关系。按药物研发管线规模排名的前15强医药

公司中没有出现新面孔，甚至排名顺序都少有变化。诺华和罗氏公司分别以213个和200个在研药物数量排在第1位和第2位（表12-33），但相较2021年在研药物数量都略有减少。排名第3位、第4位和第5位的制药公司分别为武田、百时美施贵宝和辉瑞公司，其管线规模均有微幅缩小。药物研发数量前10强公司的管线总体出现停滞或略有下降，某种程度上可能是制药公司重量级并购不活跃所致。

表12-33　2022年全球制药公司在研药物数量排名前25强

2022 年排名	2021 年排名	公司名称	2022 年数量	2021 年数量	2022 年自研药物数量 / 个
1	1	诺华	213	232	129
2	2	罗氏	200	227	120
3	3	武田	184	199	68
4	4	百时美施贵宝	168	177	98
5	6	辉瑞	168	170	101
6	9	阿斯利康	161	157	89
7	5	默沙东	158	176	77
8	7	强生	157	162	86
9	10	赛诺菲	151	141	87
10	11	礼来	142	126	76
11	12	葛兰素史克	131	113	67
12	8	艾伯维	121	160	44
13	14	勃林格殷格翰	108	97	79
14	13	拜耳	105	108	76
15	15	大冢制药	93	95	46
16	37	恒瑞医药	89	52	80
17	21	安进	83	77	64
18	17	卫材	80	85	41
19	22	安斯泰来	75	76	43
20	20	第一三共	75	78	40
21	16	吉利德	72	95	45
22	24	再生元	68	64	41
23	66	复星医药	68	30	48
24	26	渤健	66	64	19
25	27	住友制药	66	61	47

资料来源：Pharmaprojects

与全球顶级制药公司形成鲜明对比的是亚太地区的医药公司。在半数以上全球领先的制药企业都面临研发管线规模缩小的情况下,中国部分制药公司脱颖而出,跃入全球医药研发版图的第一梯队。江苏恒瑞医药和上海复星医药分别以第16位和第23位的排名跻身2022年全球在研药物数量排名前25强。百济神州也高居榜单的第26位,仅差1个位次跻身前25强。此外,中国医药研发公司占全球总数的比例从9%跃升至12%,公司数量从522家激增至792家,增幅高达51.7%。而从药品研发数量上来看,中国占据了20.8%的比例,在全球中仅次于美国。

2022年全球共有5416家公司从事药物研发(图12-19),比2021年增加了317家,增长率为6.2%。与药物管线数据相似,医药公司数量也在逐年增加,只不过增长幅度要小得多。新兴研发公司在研项目总数量所占比例进一步扩大。2022年有759家制药公司拥有2种在研药物,1883家制药公司只有1种候选药物,这些小型研发公司占所有研发公司的48.8%,几乎接近半数。尽管这两类公司的数量在2021年的基础上有所增长,但所占的比例低于2021年的50.6%。

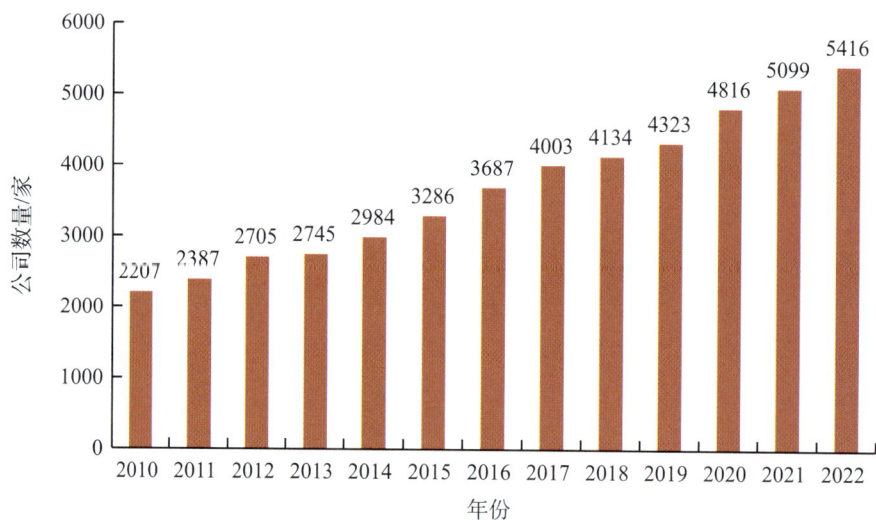

图12-19 2010—2022年全球拥有在研项目的制药公司
资料来源:Pharmaprojects

对研发管线中的药物按照其作用靶点进行分类,可以更直观地感受到医药研发演变的速度是何等迅速。2021年最受欢迎的靶点蛋白HER2(表12-34),在榜首位置仅待了两年,就被管线增长1/3的新兴双特异性抗体CD3e分子所取代。与此同时,在2019年之前一直排名第1的靶点μ1阿片受体,现在屈居第9位,可谓是翻天覆地的变化。免疫肿瘤学靶点PD-L1以同样稳健的管线扩张速度跃居第2位,而其同类靶点PD-1的管线也在扩增。与此同时,CAR-T疗法中大量应用的CD19靶点也锁定了前5名的位置。

表12-34中前7个靶点均用于癌症治疗，其中一些靶点近年来才被证实可用于药物开发。这说明新发现促进了新旧更替的速度。5-羟色胺受体2A（5-HT2A）的增长令人惊喜，这是一个相对传统的治疗精神病、抑郁症和焦虑症的药物靶点。这类药物目前似乎正在经历一个暖春之季，仅2021年就有43种新药被披露。

表12-34 2022年全球研发管线药物靶点前25强

2022 年排名	2021 年排名	药物靶点	2022 年的药物数量 / 个	2021 年的药物数量 / 个
1	3	CD3e 分子	199	149
2	6	PD-L1	194	141
3	1	人表皮生长因子受体 2（HER2）	177	163
4	4	CD19	174	144
5	2	表皮因子生长受体（EGFR）	161	151
6	7	程序性死亡蛋白 1（PD-1）	159	122
7	5	血管内皮生长因子 A（VEGF-A）	158	142
8	10	胰高血糖素肽 1 受体（GLP-1R）	116	98
9	8	μ1 阿片受体	104	112
10	23	5- 羟色胺受体 2A（5-HT2A）	103	60
11	9	糖皮质激素受体	96	100
12	20	SARS-CoV-2 spike	91	67
13	16	TNF 受体超家族成员 17	91	76
14	17	胰岛素受体	90	72
15	13	肿瘤坏死因子	90	89
16	11	大麻素受体 1	87	96
17	30	*KRAS* 原癌基因，GTP 酶	87	54
18	15	CD20	83	82
19	14	κ 阿片受体	79	84
20	12	前列腺素内过氧化物合酶 2（PTGS2）	75	96
21	33	CD47 分子	70	52
22	19	TNF 受体超家族成员 9	70	68
23	24	激酶插入结构域受体	67	58
24	32	Fms 样酪氨酸激酶 3	66	53
25	29	雄激素受体	64	54

资料来源：Pharmaprojects

2021年，尽管研究人员仍因新冠大流行受到限制，但医药研发创新水平达到了历史新高。2021年共有131个新药靶点（图12-20），比2020年略有下降，但在2005—2021年位列第3位。目前正在研发的药物所针对的靶点总数也在增加，截至2022年6月底有1952个，比2020年的1858个多了近100个。大量令人振奋的新领域正被探索开发。

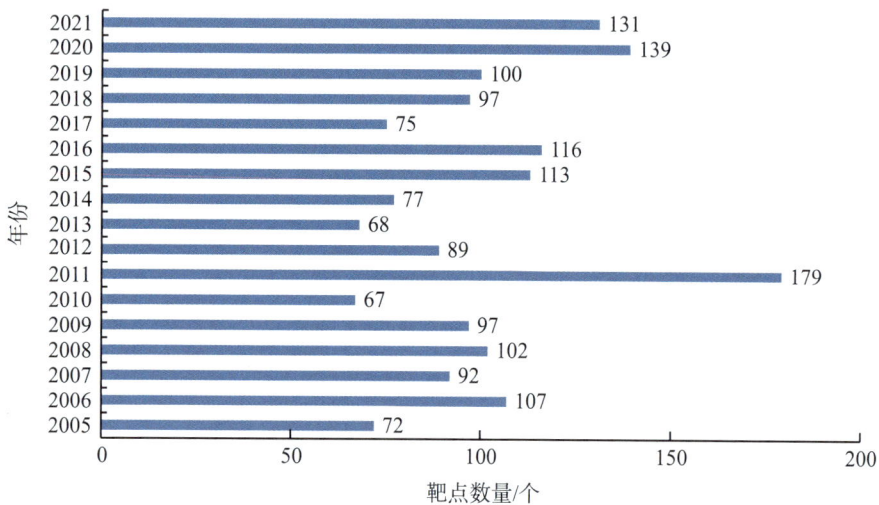

图12-20　2005—2021年发现的全新药物靶点数量
资料来源：Pharmaprojects

3. 全球批准上市新药数量持续增加

2021年全球创新药物开发持续升温，药品审评和审批步伐加快，各国上市新药收获颇丰。CD-3、PD-1靶点研发的热度居高不下，行业赛道内竞争激烈，随着新药研发投入不断增加，全球多种疾病领域迎来了新靶点、新机制和新疗法。2021年共有84个新活性物质（new active substance，NAS）获批上市（图12-21），创历史新高，是2016年（41个）的2倍多，反映了生物医学创新体系在发现、开发新疗法并获得监管批准方面的实力。2017—2021年，肿瘤学、神经学和传染病领域在新发布的产品中所占的份额都在不断上升，合计占330个产品的60%，而2012—2016年，仅占221个产品的49%。在2012—2021年，共有169项肿瘤学研究项目启动，其中包括免疫肿瘤学领域一些开创性的新疗法、新一代生物疗法，以及许多罕见癌症的治疗方法。

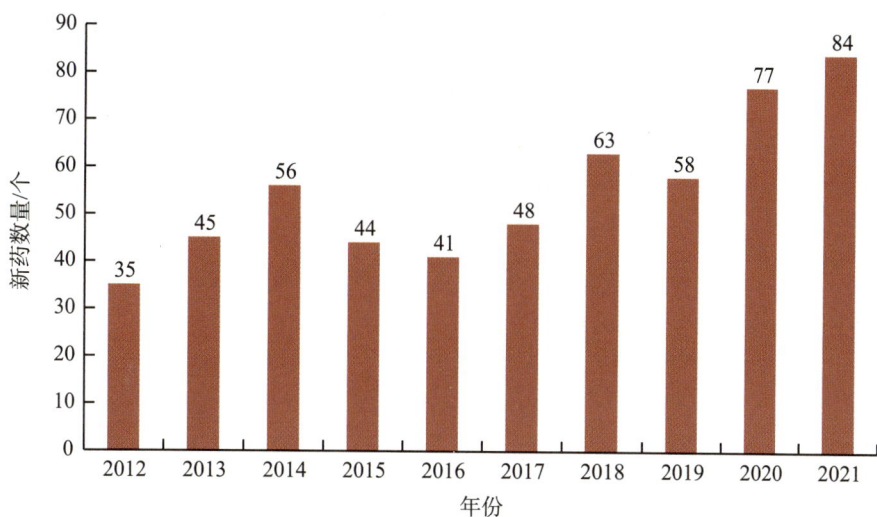

图12-21 2012—2021年全球批准上市的新药数量

资料来源: IQVIA Institute

美国食品药品监督管理局（Food and Drug Administration，FDA）药品评审和研究中心（Center for Drug Evaluation and Research，CDER）在2021年批准了50个创新药（图12-22），低于2020年的53个，位列2012—2021年的第3位。2012—2021年，CDER平均每年批准43个创新药。

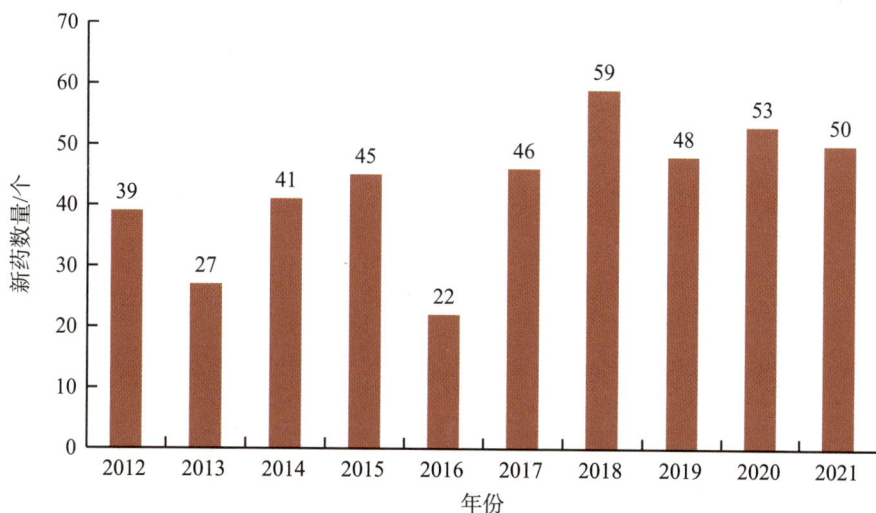

图12-22 2012—2021年CDER批准的新药数量

资料来源: CDER

从创新性上看，2021年FDA批准的新药中，共有27款为首创新药（图12-23），占全年获批新药总数的54%。从历史上看，无论是首创新药的绝对数还是54%的占比，均为2015—2021年的最高值。这些新药的作用机制不同于已有疗法，有望为大众健康带来重要的积极影响。突破性疗法的数量同样是衡量创新性的一个标准。2021年获批的50款新药中，有14款曾斩获FDA授予的突破性疗法认定，绝对数为2015—2021年的第三高。与已有疗法相比，这些突破性疗法在治疗特定的严重疾病时，可能表现出更好的临床效益。从审评方式上看，另有34款新药以"优先审评"方式获得美国FDA批准上市，18款被授予"快速通道"资格，26款被授予孤儿药资格。

图12-23 2015—2021年批准的首创新药数量及占比
资料来源：CDER数据整理

从2021年FDA批准的50个新药中可以发现（表12-35），在疾病领域，仍以抗肿瘤药数量最多，占获批新药总数的30%；其次是神经系统药物，有5个新药获批；传染病和心血管系统新药并列第3位，各有4个药物获得批准。此外，美国FDA的CBER还批准了2款细胞疗法Breyanzi和Abecma，分别被批准用于治疗大B细胞淋巴瘤和多发性骨髓瘤。

表12-35 2021年美国FDA批准的新药

时间	商品名	药物名称	适应证	研发公司
2021年1月19日	Verquvo	vericiguat	慢性心力衰竭	Bayer and MSD
2021年1月21日	Cabenuva	cabotegravir and rilpivirine	HIV感染	Viviv Healthcare
2021年1月22日	Lupkynis	voclosporin	狼疮性肾炎	Aurinia Pharma
2021年2月3日	Tepmetko	tepotinib	特定非小细胞肺癌	默克公司

续表

时间	商品名	药物名称	适应证	研发公司
2021 年 2 月 5 日	Ukoniq	umbralisib	边缘区淋巴瘤和滤泡性淋巴瘤	TG 公司
2021 年 2 月 11 日	Evkeeza	evinacumab-dgnb	纯合子家族性高胆固醇血症	再生元公司
2021 年 2 月 12 日	Cosela	trilacicilib	在小细胞肺癌患者中缓解化疗引起的骨髓抑制	G1 Therapeutics
2021 年 2 月 25 日	Amondys 45	casimersen	迪谢内肌营养不良	Sarepta Therapeutics
2021 年 2 月 26 日	Nulibry	fosdenopterin	降低 A 型钼辅因子缺乏症患者的死亡风险	Origin Biosciences
2021 年 2 月 26 日	Pepaxto	melphalan flufenamide	复发 / 难治性多发性骨髓瘤	Oncopeptides AB
2021 年 3 月 2 日	Azstarys	serdexmethylphenidate and dexmethylphenidate	注意缺陷多动障碍	KemPharm and Corium
2021 年 3 月 10 日	Fotivda	tivozanib	肾细胞癌患者	AVEO Oncology
2021 年 3 月 18 日	Ponvory	ponesimod	复发型多发性硬化	杨森公司
2021 年 3 月 22 日	Zegalogue	dasiglucagon	严重的低血糖症	Zealand Pharma A/S
2021 年 4 月 2 日	Qelbree	viloxazine	注意缺陷多动障碍	Supernus Pharma
2021 年 4 月 15 日	Nextstellis	drospirenone and estetrol	避孕	Mayne Pharma
2021 年 4 月 22 日	Jemperli	dostarlimab-gxly	子宫内膜癌	葛兰素史克
2021 年 4 月 23 日	Zynlonta	loncastuximab tesirine-lpyl	复发 / 难治性大 B 细胞淋巴瘤	ADC Therapeutics SA
2021 年 5 月 14 日	Empaveli	pegcetacoplan	阵发性睡眠性血红蛋白尿	Apellis Pharma
2021 年 5 月 21 日	Rybrevant	amivantamab-vmjw	非小细胞肺癌亚型的成年患者	强生公司
2021 年 5 月 26 日	Pylarify	piflufolastat F-18	诊断前列腺癌中的前列腺特异性膜抗原（PSMA）阳性病灶	Lantheus Holidings
2021 年 5 月 28 日	Lumakras	sotorasib	*KRAS* G12C 突变的非小细胞肺癌	安进公司
2021 年 5 月 28 日	Truseltiq	infigratinib	携带 *FGFR2* 融合或重排的局部晚期或转移性胆管癌	BridgeBio Pharma & QED Therpaeutics

续表

时间	商品名	药物名称	适应证	研发公司
2021 年 5 月 28 日	Lybalvi	olanzapine and samidorphan	成人精神分裂症和 I 型双相情感障碍	Alkermes Pharma
2021 年 6 月 1 日	Brexafemme	ibrexafungerp	外阴阴道念珠菌病	Scynexisn 生物技术
2021 年 6 月 7 日	Aduhelm	aducanumab-avwa	阿尔茨海默病	渤健公司
2021 年 6 月 30 日	Rylaze	asparaginase erwinia chrysanthemi（recombinant）-rywn	急性淋巴细胞白血病或淋巴母细胞淋巴瘤	爵士制药
2021 年 7 月 9 日	Kerendia	finerenone	糖尿病慢性肾病	拜耳公司
2021 年 7 月 16 日	—	fexinidazole	非洲锥虫病	赛诺菲公司
2021 年 7 月 16 日	Rezurock	belumosudil	慢性移植物抗宿主病	Kadmon
2021 年 7 月 20 日	Bylvay	odevixibat	进行性家族性肝内胆汁淤积症	Albireo Pharma
2021 年 7 月 30 日	Saphnelo	anifrolumab-fnia	中重度系统性红斑狼疮	阿斯利康公司
2021 年 8 月 6 日	Nexviazyme	avalglucosidase alfa-ngpt	1 岁及以上的晚发性庞贝病	赛诺菲公司
2021 年 8 月 13 日	Welireg	belzutifan	冯希佩尔 – 林道综合征	默沙东公司
2021 年 8 月 23 日	Korsuva	difelikefalin	慢性肾脏病相关瘙痒	Cara Therapeutics & Vifor Pharma
2021 年 8 月 25 日	Skytrofa	lonapegsomatropin-tcgd	内源性生长激素分泌不足	Ascendis Pharma
2021 年 9 月 15 日	Exkivity	mobocertinib	表皮生长因子受体外显子 20 插入突变的局部晚期或转移性非小细胞肺癌	武田制药
2021 年 9 月 20 日	Tivdak	tisotumab vedotin-tftv	化疗期间或之后疾病进展的复发性或转移性宫颈癌	Gemab 和 Seagen
2021 年 9 月 28 日	Qulipta	atogepant	预防发作性偏头痛	艾伯维公司
2021 年 9 月 29 日	Livmarli	maralixibat	阿拉日耶（Alagille）综合征相关的胆汁淤积性瘙痒症	Mirum Pharma
2021 年 10 月 7 日	Tavneos	avacopan	与标准疗法联合治疗 ANCA 相关性血管炎	CARA THERAP

续表

时间	商品名	药物名称	适应证	研发公司
2021 年 10 月 29 日	Scemblix	asciminib	费城染色体阳性慢性粒细胞白血病	诺华公司
2021 年 11 月 12 日	Besremi	ropeginterferon alfa-2b-njft	真性红细胞增多症	台湾药华医药
2021 年 11 月 19 日	Voxzogo	vosoritide	儿童软骨发育不全	BioMartin Pharm
2021 年 11 月 23 日	Livtencity	maribavir	移植后的巨细胞病毒感染	武田制药
2021 年 11 月 29 日	Cytalux	pafolacianine	帮助识别卵巢癌病变	On Target Laboratories
2021 年 12 月 17 日	Tezspire	tezepelumab-ekko	作为附加疗法治疗严重哮喘	阿斯利康和安进公司
2021 年 12 月 17 日	Vyvgart	efgartigimod alfa-fcab	全身性重症肌无力	Argenx 公司
2021 年 12 月 17 日	Leqvio	inclisiran	降低低密度脂蛋白胆固醇	诺华公司
2021 年 12 月 29 日	Adbry	tralokinumab-ldrm	中重度特应性皮炎	LEOPharma

资料来源：CDER

为了应对新冠疫情紧急情况，美国 FDA 延续使用了紧急使用授权。在这种管理方式下，美国 FDA 陆续批准了 4 款抗体产品，此外，还批准了 2 款口服新药 Paxlovid 和 Lagevrio，用于治疗轻至中度新冠肺炎成年患者。与瑞德西韦等注射类药物不同，口服治疗药物意味着轻至中度患者可以居家服药等待康复。2021 年 CDER 批准了许多针对不同类型肿瘤的疗法，覆盖肺癌、乳腺癌、妇科肿瘤和血液肿瘤等多个癌种，其中包括治疗晚期子宫内膜癌的药物 Jemperli、治疗小细胞肺癌的 Cosela、治疗复发/难治性多发性骨髓瘤的药物 Pepaxto 以及治疗转移性胆管癌的 Truseltiq。

获批产品中还有许多具有里程碑意义的新药，包括特异性靶向 BCR-ABL1 蛋白激酶抑制剂 Scemblix、补体 C3 环肽抑制剂 Empaveli、KRAS 抑制剂 Lumakras 等。值得关注的是 *KRAS* 作为癌症中最频繁的突变基因之一，长期以来患病者被认为无药可治，Lumakras 是一款高选择性的、不可逆转的 *KRAS* G12C 突变抑制剂，成为 *KRAS* 突变群体中第一个上市的靶向药物，颠覆了一直以来认为该靶点难以成药的观点。此外，渤健公司备受争议的抗 β-淀粉样蛋白抗体 Aduhelm 获得了上市许可，这是近 20 年来美国 FDA 批准的首个阿尔茨海默病新药，虽然对其获批上市的质疑声不断，但可见美国 FDA 对攻克这一疾病的积极态度，至少目前来看，阿尔茨海默病领域的研发随着 Aduhelm 获批而有所升温，卫材和渤健公司申请的 lecanemab 已获得突破性疗法认定，礼来公司的 Aβ 抗体药物 donanemab 也准备就绪。

4. 罕见病领域研发热度居高不下

正当全球的目光聚焦在当前全球范围内流行的疾病时，制药行业已将主要精力投向了罕见疾病。尽管罕见病并非新焦点，但近年来人们对它的兴趣激增。医药公司逐渐意识到，开发治疗鲜为人知的、未开展研究的疾病药物也是可以赚钱的。2022年全球罕见病研发数量前20强制药公司中（表12-36），又有9家出现在全球药物研发管线数量前10强公司中。其中，诺华公司不仅拥有最多的罕见病候选药物，罕见病药物占研发管线的整体比例也是最高的，达64.8%。尽管排名靠后的公司中还有比诺华公司规模小得多的Shape Therapeutics公司，但该公司的罕见病管线在其所有研发管线中占比最高。礼来公司的罕见病管线比例最低，仅占28.2%，而且是针对一种罕见病开发的药物。

表12-36　2022年全球罕见病药物研发数量前20强

排名	公司名称	罕见病药物数量 / 个	管线占比
1	诺华	138	64.8%
2	百时美施贵宝	108	64.3%
3	辉瑞	98	58.3%
4	罗氏	96	48.0%
5	赛诺菲	96	63.6%
6	武田	92	50.0%
7	阿斯利康	78	48.4%
8	强生	69	43.9%
9	葛兰素史克	68	51.9%
10	艾伯维	59	48.8%
11	默沙东	55	34.8%
12	安进	54	65.1%
13	拜耳	49	46.7%
14	渤健	40	60.6%
15	礼来	40	28.2%
16	卫材	38	47.5%
17	大冢制药	38	40.9%
18	Shape Therapeutics	37	69.8%
19	百济神州	36	55.4%
20	安斯泰来	34	45.3%

资料来源：Pharmaprojects

2022年全球有677种罕见病仅有1款在研药物（图12-24）。在过去几年里，至少针对一种罕见病的在研药物从2014年的389个逐渐上升至2022年的6080个，占所有在研药物的30.2%，相比2021年的5608个药物有所增加。

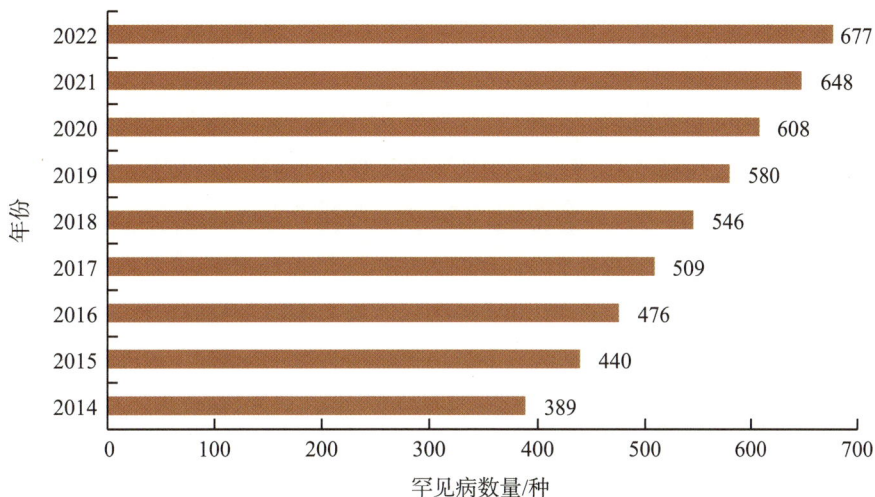

图12-24　2014—2022年全球仅有一款治疗药物的罕见病数量
资料来源：Pharmaprojects

2021年获得罕见病药物或加速审评这两种资格认定的药物数量均超过2020年。2020年还增加了紧急授权的药物，疫情期间这种方式已开始崭露头角，仅在2021年就有39个药物获得紧急授权（图12-25）。此外，随着治疗药物总体规模的不断扩大，新发疾病与罕见疾病也为医药行业提供了新的前进方向和探索领域。随着新冠疫情的影响逐渐减弱，医药行业必将继续朝着无比绚烂的未来发展。

图12-25　2013—2021年全球获得特殊审评认证药物数量
资料来源：Pharmaprojects

5. 抗肿瘤药物研发再创新高

全球肿瘤学领域正在见证研发和创新的显著增长，这可能会为癌症的治疗带来新的方法，包括生命科学中一些最先进的突破性科学。无论是从临床研究活动水平、投资研发公司数量、临床开发中的治疗管线规模、正在推出的NAS，还是药物开发的支出水平来看，肿瘤治疗领域早已成为创新药物和疗法的焦点领域。抗肿瘤药物从2010年所有药物占比26.8%的低谷位置，稳步攀升至2022年39.0%的高度（图12-26），将其他治疗领域远远地甩在了后面。进一步细分来看，"抗肿瘤、免疫"连续第4年占据最大份额，增长率为15.2%。排名第2位和第3位的两个类别也都有大幅增长，其中其他抗肿瘤类的增长率为17.7%，基因治疗增长率为23.3%。在前3名大幅增长的同时，其他10个类别也有显著增长。但与2021年不同的是，排名无明显变化，尤其是前10强类别的排名。

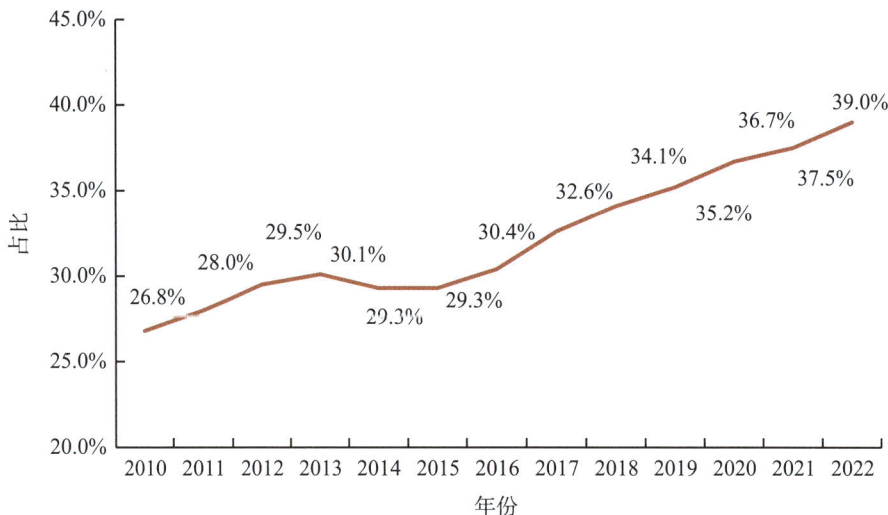

图12-26　2010—2022年全球抗肿瘤药物管线占比
资料来源：Pharmaprojects

2021年，全球共有30个肿瘤领域NAS获批上市，2012—2021年共有159个（图12-27）。就国家和地区而言，2017—2021年美国共上市了83个抗肿瘤新药，其中许多被批准用于1种以上的适应证。新疗法主要集中在肺部、乳腺、前列腺和皮肤等部位的实体肿瘤，以及非霍奇金淋巴瘤和多发性骨髓瘤等血液恶性肿瘤。2017—2021年中国上市了61个抗肿瘤类NAS，位居全球第二，相比2012—2016年的41个，增幅近五成。

图12-27　2012—2021年全球获得批准的肿瘤新药数量

资料来源：IQVIA Institute

　　2021年启动的肿瘤相关临床研究有2335个（图12-28），创历史新高，同比增长25%，相比2016年上涨了56%，而且大多数集中于罕见肿瘤。早期肿瘤和疫苗研究数量在十年内增加了1倍多，占临床研究总数的11%。从临床阶段来看，2021年启动的肿瘤临床研究中，Ⅱ期临床研究占51%，Ⅰ期和Ⅲ期临床研究分别占38%和11%。罕见肿瘤热度不减，数量增多的同时占比一直维持在近2/3；实体肿瘤与血液肿瘤的占比差距则进一步拉大。肿瘤药从Ⅰ期临床研究到上市申请的综合成功率，从2020年的15.8%降至2021年的5.2%；罕见肿瘤药的综合成功率为15.6%，是常见肿瘤药的10倍多。血液肿瘤药的综合成功率为14.2%，是实体肿瘤药的近3倍。

图12-28　2011—2021年全球启动肿瘤临床研究的数量及类别

资料来源：IQVIA Institute

全球抗肿瘤创新药物管线有68%由新兴生物制药公司开发，且越来越多地在无大型制药公司合作的情况下进行。值得一提的是，该领域的中国生物制药公司数量稳步上升，多数与跨国公司合作以进入发达国家市场。2017—2021年，中国共推出61种NAS，其中3种NAS是完全在中国本土开发的。新一代生物治疗剂在肿瘤学领域继续发挥重要作用，CAR-T疗法受到越来越多的关注。美国FDA批准了idecabtagene vicleucel（Abecma）和ciltacabtagene autoleucel（Carvykti），用于治疗多发性骨髓瘤。Carvykti成为第一个被FDA批准的中国开发的CAR-T疗法，此外，axicabtagene ciloleucel（Yescarta）成为中国批准的第一个CAR-T疗法，凸显了中国在肿瘤学研究和开发方面日益重要的作用。

6. 新一代生物疗法显著增长

2021年，在研的新一代生物治疗产品线显著增长，2011—2021年累计有804个产品向监管机构提交了Ⅰ期临床研究申请（图12-29），2016—2021年的CAGR为27%。CAR-T和NK细胞疗法、基因编辑和基因疗法的数量均有所增加，新一代生物疗法为癌症和其他疾病患者带来了新希望，甚至有实现"治愈"的可能。细胞疗法在新一代生物治疗管线中占比最大，其中40%以上的细胞疗法正在用于研究一系列癌症，主要是非罕见的实体恶性肿瘤。基因治疗，包括CRISPR（clustered regularly interspaced short palindromic repeats，簇生规则间隔的短回文重复序列）等基因编辑技术，在经历了21世纪初的一段发展减速期后，近年来有了适度增长，并专注于罕见的胃肠道、眼部和耳部疾病。目前有199种CAR-T和NK细胞疗法正在开发中，在新一代生物治疗管线中居第2位。基于RNA的治疗方法［包括RNA干扰（RNAi）］，通过mRNA抑制某些基因的表达仍然是新一代生物治疗管线中的一小部分，并专注于胃肠道疾病和心血管疾病。

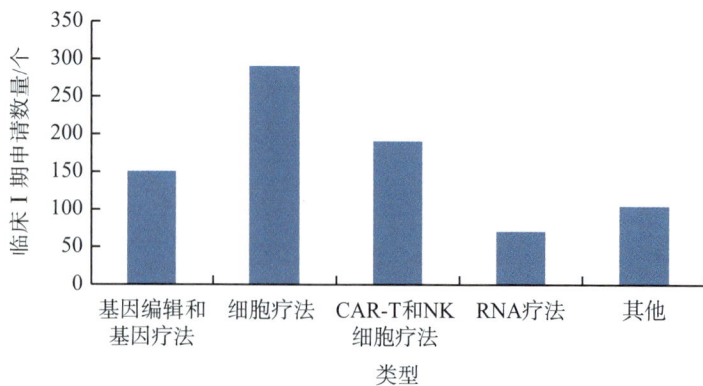

图12-29　2011—2021年全球新一代生物疗法累计申请临床Ⅰ期的数量
资料来源：IQVIA Institute

按照项目所处开发阶段划分，新一代生物疗法管线中有886个项目处于早期开发阶段（Ⅰ期临床研究及之前）（图12-30），处于后期开发阶段的项目相对较少，突显了这些疗法的快速发展。2021年新一代生物疗法的早期发现和临床前项目大幅减少，可能是由于新冠疫情导致的工作暂停，以及与新的或正在进行的临床前工作相关的公司数量的减少。肿瘤领域仍然是新一代生物疗法的聚焦领域，但在其他疾病领域，如胃肠道疾病和神经系统疾病的占比也在增加。2020年以来，由于mRNA和DNA疫苗技术发展的加速，新一代疫苗出现了大幅增长。尽管新冠病毒仍是核酸疫苗应用的重点方向，但目前正在测试用于HIV等其他具有挑战性的病毒的疫苗。

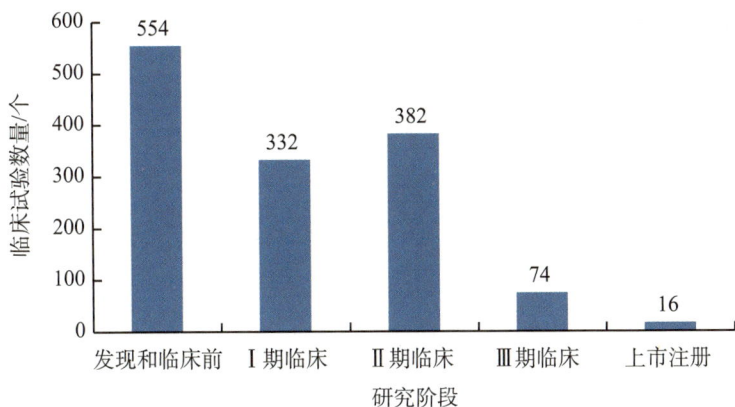

图12-30　2021年全球新一代生物疗法处于不同研究阶段的研发项目的数量
资料来源：IQVIA Institute

随着近几年基础研究的进步、相关政策的落地，细胞与基因治疗发展态势良好，临床研究的数目呈现逐年上升的趋势，抗肿瘤治疗成为这个领域的核心。细胞与基因治疗的临床管线数量在2020年达到405个，2017—2020年的CAGR达28%，远远超过2012—2017年12%的水平。其中，大部分研究都集中在临床Ⅰ期和临床Ⅱ期，只有少部分进入了临床Ⅲ期，细胞与基因治疗正在从一个新兴的治疗形式逐渐走向成熟。

7. 全球药物研发前景预测

2021年是药物研发领域颠覆性的一年，为应对笼罩全球的新冠疫情，医药和医疗行业全面聚焦于新冠病毒感染治疗和疫苗接种的技术突破。面对这一转向，许多医药机构试图通过发掘真实世界的一手数据和应用人工智能手段来发现规律，启发创新。未来药物研发将有以下几个关键趋势。

1）细胞与基因治疗方兴未艾

细胞与基因治疗是生物医药最具前景的发展方向之一，历经30余年发展，目前已经迈入黄金时期。2017年以来，具有里程碑意义的产品接连获批，商业化持续取得突破性进展。全球已有数十款细胞治疗相关产品获批，商业上的成功进一步带动了研发热潮。全球有超过10%的在研管线转向细胞与基因治疗领域，这一比例在临床前管线中更大。

2）mRNA赛道多样化发展

在市场推动、技术优化、政策支持等多种因素的促进下，mRNA赛道研发热情高涨，mRNA疗法是一个正在快速发展和扩张的新兴领域。与传统蛋白药物相比，mRNA药物的生产周期更短，成本更低且更易控制污染。RNA疫苗还避免了与DNA疫苗相关的安全性问题。全球进入临床阶段的mRNA候选药物中，mRNA疫苗领域约占84%；在研药物中，新冠病毒疫苗进展最快，大多数候选产品仍处于早期临床阶段。尽管当下的mRNA技术有着众多痛点，但从长期发展角度来看，mRNA药物在肿瘤、传染病等领域大有可为，具备强劲的竞争优势。

3）生物类似药研发愈加受到青睐

生物类似药通过提供更多价格友好的治疗选择，极大地降低了医疗成本。随着越来越多的公司加入竞争，医疗市场的选择性和成本效益更大。尽管生物类似药的使用情况因药物结构和结合区域的不同而存在较大差异，但可以肯定的是，生物类似药的市场规模在未来十年内将大幅增长。大量药品专利到期与更大幅度的医疗支出下调，是驱动生物类似药市场持续增长的重要因素。

4）生物医药产业数字化转型如火如荼

生物医药产业数字化正在蓬勃兴起，新药研发数字化、人工智能（AI）辅助新药研发、临床研究管理数字化、真实世界数据应用、数字化生产、供应链数字化管理、电子处方流转、医药数字化营销、数字化医生服务、数字化患者用药服务等领域都得到了较快发展。在新冠疫情的推动下，临床试验过程的数字化转型尤其得到了加速发展。

二、我国生物医药产业发展态势

2021年是"十四五"规划的开局之年，也是与持续反复的新冠疫情战斗的第二个整年，我国医药工业主要经济指标呈现同比锐增后回落的发展态势，但仍保持较高的增长水平。受益于生物药品制造业、中药饮片加工业等行业的突出表现，整个医药工业整体形势看好，但仍需探讨持续发展的策略和路径。在国外疫情的扩散和反复叠加国际贸易环境复杂多变等因素影响下，高度重视全产业链意识、保障供应链安全稳定是未来医药行业发展的重要举措。

（一）医药产业现状

1. 大健康产业发展空间广阔

中国大健康产业（包括医疗健康服务、药品市场、非药品市场、消费医疗健康服务和医疗健康基础设施）市场规模保持稳定增长，2020年市场总额达到89 730亿元，2021年增长至99 150亿元（图12-31）。其中，消费医疗健康服务市场增速最为明显。除医疗服务、医疗器械和药物需求为产业带来稳定的基本市场以外，大健康产业在政策利好、科技实力进步和互联网发展的多重指引下，已经涌现出几个在短短几年内迅速增长的细分行业，如健康管理、互联网医疗和综合性CXO（医药合同外包服务，contract X organization，包括CRO、CMO、CDMO、CSO）企业等，且在今后仍有可能衍生出由新兴技术或新进入企业拉动的潜力增长点。

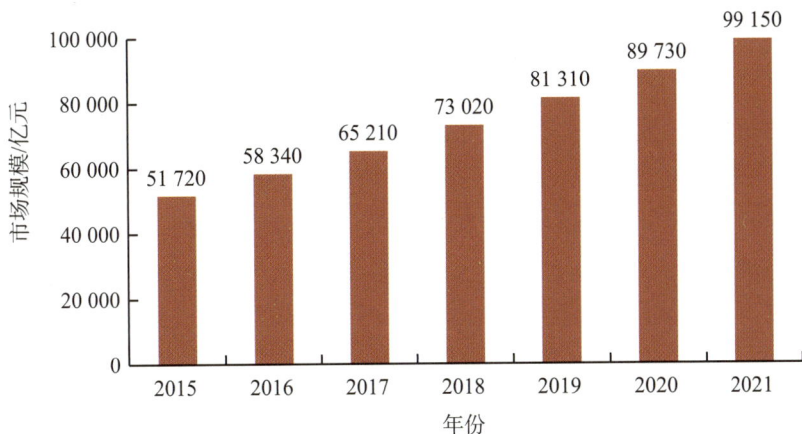

图12-31 2015—2021年中国大健康市场规模统计及预测
资料来源：头豹研究院

2. 医药工业行业大幅增长

2021年，在我国经济发展和疫情防控均取得突出成绩的背景下，医药工业总体发展良好，营业收入和利润较2020年大幅增长，产业结构调整取得新进展，实现了"十四五"的良好开局。2021年规模以上医药工业增加值增速累计同比增长23.1%（图12-32），远高于规模以上工业增加值增速的9.6%，位居工业各大类行业前列。

图12-32　2017—2021年规模以上工业和医药工业增加值增速
资料来源：国家统计局、工业和信息化部

1）主营收入和利润总额大幅增长，利润增速高于主营收入

据国家统计局快报统计，2021年医药工业主营业务收入达33 049.3亿元，扣除不可比因素同比增长19.1%（图12-33）；利润总额达7006.5亿元，扣除不可比因素同比增长68.7%（图12-34）；主营业务收入增速较2020年同期增加12.1个百分点，但利润总额增速同比增加61.7个百分点，创近年来的历史新高；销售利润率为21.2%，较2020年增加6.2个百分点。

图12-33　2017—2021年医药工业主营业务收入及增速
资料来源：国家统计局、工业和信息化部

图12-34　2017—2021年医药工业利润总额及增速
资料来源：国家统计局、工业和信息化部

从行业整体情况来看，卫生材料及医药用品制造业是唯一负增长的子行业，这主要是受2020年同期疫情带来的高基数因素的影响，生物药品制造业和制药专用设备制造业高速增长且增幅远高于医药工业平均水平（分别高出平均水平94.7个百分点和16.7个百分点），其他子行业均呈不同程度的增长但低于行业平均水平（表12-37）。增长率最低的是卫生材料及医药用品制造业，较医药工业整体水平低26.8个百分点。

表12-37　2021年医药工业各子行业主营业务收入

行业	主营业务收入 / 亿元	同比增长率
化学药品原料药制造业	4 414.9	13.6%
化学药品制剂制造业	8 408.7	8.1%
中药饮片加工业	2 056.8	13.7%
中成药生产业	4 862.2	11.9%
生物药品制造业	5 918.1	113.8%
卫生材料及医药用品制造业	2 692.7	−7.7%
医疗仪器设备及器械制造业	4 419.0	9.8%
制药专用设备制造业	276.9	35.8%
合计	33 049.3	19.1%

资料来源：国家统计局、工业和信息化部

在利润方面，除卫生材料及医药用品制造业外，其他各子行业均有不同程度的增长。生物药品制造业和中药饮片加工业利润实现三位数增幅且远高于医药工业整体水平，增速分别高出医药工业平均水平296.8个百分点和33.7个百分点（表12-38）。受成本上升、化工原材料涨价、产成品价格下降的双向挤压，化学药品原料药制造业和化学药品制剂制造业利润总额增长乏力，分别上升10.0%和23.1%，较医药工业整体水平低58.7个百分点和45.6个百分点；卫生材料及医药用品制造业利润下降了34.0%。

表12-38   2021年医药工业各子行业利润总额

行业	利润总额/亿元	同比增长率
化学药品原料药制造业	575.0	10.0%
化学药品制剂制造业	1319.1	23.1%
中药饮片加工业	249.3	102.4%
中成药生产业	755.2	23.3%
生物药品制造业	2956.6	365.5%
卫生材料及医药用品制造业	302.6	-34.0%
医疗仪器设备及器械制造业	816.1	14.8%
制药专用设备制造业	32.6	72.5%
合计	7006.5	68.7%

资料来源：国家统计局、工业和信息化部

综合分析，促进2021年医药工业经济指标大幅增长的主要因素：一是新冠疫情防控产品形成的行业增量，在国内和国际市场新冠病毒疫苗和相关诊断试剂销售均大幅增长；二是国内终端药品市场扭转了2020年负增长态势，医院临床诊疗人次和购药金额同比大幅增长；三是医药产品出口继续实现高增速，出口交货值较2020年同比增长44.8%。生物药品制造业在新冠病毒疫苗销售的带动下呈现爆发式增长，营业收入和利润总额增速显著高于其他子行业。作为终端产品的化学制剂、中药饮片、中成药等三个子行业的营业收入从2020年的负增长转为实现10%左右的较高增速。中药饮片加工业的利润增速高达102.4%，显示了该领域盈利水平有较大幅度提升。卫生材料及医药用品制造业的营业收入和利润均出现了下降，分析主要是防护服、口罩等卫生防护用品销售量同比减少所致。

2）医药工业百强企业头部效应凸显

2021年是"十四五"规划的开局之年，也是"两个一百年"奋斗目标的历史交汇点。然而，新冠疫情持续蔓延、经贸环境日益严峻等一系列内外部环境变化使得这一年内外环境的影响因素更为复杂，对关系国计民生的医药行业来说更是考验重重。为此，国家陆续出台多项鼓励政策，医药企业也积极响应号召，从深化供给侧结构性改革到加大研发创新、从提升产业制造水平到增强供应保障能力……百转千折中，医药行业总体实现恢复性增长，既取得了多个领域的有效突破，又在转型升级中为产业发展注入更多新动能。

作为中国医药工业的优秀代表，百强企业是行业发展的风向标，更彰显着未来一段时期中国医药产业的主体发展趋势。2021 年，百强企业在相对艰难的大环境下锐意进取，在营收规模、出口交货值等方面均刷新了历史最好成绩，与此同时，百强门槛和行业集中度也进一步提高。

（1）营收规模首破万亿。2021 年，百强企业营收规模首破万亿，为 10 762.0 亿元，同比增长 19.4%，超过全部医药工业企业整体增速 0.3 个百分点，从而为这一年国内经济快速恢复、满足人民健康需求提供了有力支撑（图 12-35）。其中，营收超百亿的企业数量达到 28 家，较上一年度增加 2 家。强劲的营收也使得百强企业利润总额显著增加，达到 2842.1 亿元，同比增长 54.7%。

图 12-35　2017—2021 年百强企业总体主营业务收入及增速
资料来源：工业和信息化部、中国医药统计网、中国医药工业信息中心

（2）行业集中度稳中有升。百强企业主营业务收入在医药工业全部营收中的比重为 32.6%，占比接近 1/3。与 5 年前的 23% 相比，百强企业 2021 年的集中度已悄然增长了近 10 个百分点。值得关注的是，十强企业主营业务收入在百强企业主营业务收入中

的占比也从2020年的32.1%增长到2021年的38.5%，显著增加了6.4个百分点。

（3）百强门槛进一步提升。2021年，中国医药工业百强的上榜门槛跃升至31.4亿元，同比增幅为12.9%。百强门槛的提升充分彰显了其行业引领和示范作用。综观2021年新上榜企业，必须一提的是浙江东方基因生物制品股份有限公司和艾康生物技术（杭州）有限公司，它们一方面通过助力全球抗疫实现了营收快速增长，另一方面也在不断丰富公司产品管线，推进产业链纵深发展，因此一举飙进前50强。与此同时，浙江九洲药业股份有限公司和南京健友生化制药股份有限公司通过积极开拓海外市场，并分别在CDMO及无菌注射剂出口业务方面取得了较大成功，年度成绩也非常突出（表12-39）。

表 12-39　2021年百强榜单新上榜企业

企业	2021 年排名
浙江东方基因生物制品股份有限公司	35
艾康生物技术（杭州）有限公司	47
浙江九洲药业股份有限公司	73
漳州片仔癀药业股份有限公司	74
南京健友生化制药股份有限公司	78
上海莱士血液制品股份有限公司	92
通化东宝药业股份有限公司	98
楚天科技股份有限公司	100

资料来源：工业和信息化部、中国医药统计网、中国医药工业信息中心

（4）十强地位稳固。与2020年相比，除中国医药集团有限公司（国药集团）和广州医药集团有限公司（广药集团）分别稳居状元和探花位置外，其余8家企业均有不同幅度的位次更迭。十强企业中，有8家实现了营收增长，其中5家营收增幅超10%，行业领军作用尤为显著。国药集团继2020年勇夺桂冠后，2021年继续蝉联第一。作为中央企业主力军，国药集团不仅通过新冠病毒疫苗助力全球抗疫，同时也积极推动战略转型，通过调整产业结构及加大创新力度，使其整体实力不断攀升，并一跃成为2022年《财富》世界500强第80位，首次跻身世界前100强。江苏恒瑞医药股份有限公司（恒瑞医药）尽管依然在前10强，但不敌业绩下行压力，2021年滑落了6个席位。面临仿制药利润陡降、创新药放量有限的双重挑战，恒瑞医药一直在坚持创新转型，并持续加大研发投入（表12-40）。

表12-40　2021年医药工业十强企业排名变化

企业名称	2020 年	2021 年
中国医药集团有限公司	1	1
华润医药控股有限公司	5	2
广州医药集团有限公司	3	3
上海复星医药（集团）股份有限公司	7	4
齐鲁制药集团有限公司	9	5
扬子江药业集团有限公司	2	6
上海医药（集团）有限公司	8	7
修正药业集团股份有限公司	6	8
石药控股集团有限公司	10	9
江苏恒瑞医药股份有限公司	4	10

资料来源：工业和信息化部、中国医药统计网、中国医药工业信息中心

（5）研发投入加大。2021年百强企业尤其加大了研发投入，平均研发费用支出为7.4亿元，再创历史新高，较"十三五"之初的3.2亿元增长了131.3%，充分展示了医药行业的自强不息（图12-36）。从研发投入强度来看，强度在10%以上的企业在百强中占比不断提升，企业数量达到23家，较2016年增加了20家。持续加大的研发投入丰富了企业的产品管线，也为其日后丰硕的产出奠定了基础，2016—2021年，我国共有87款国产创新药获批，其中41%由百强企业贡献，总体研发实力不容小觑。

图12-36　2016—2021年百强企业平均研发费用和增速
资料来源：工业和信息化部、中国医药统计网、中国医药工业信息中心
本图增速为扣除不可比因素后的增速

3）医药创新企业百花齐放

创新发展是提升竞争实力的必然要素。作为代表中国医药创新能力的第一阵营，中国医药创新企业百强是中国医药产业转型升级、打造产业竞争力的主要力量，同时也为后来者提供了可供借鉴的经验与标杆。恒瑞医药、中国生物制药和百济神州等25家知名企业均进入创新企业第一梯队。基于创新百强数据，中国创新的显著成果展现在四大发现上：一是地域优势显著，二是新势力崛起，三是集中度提升，四是头部效应显著。百强企业有约80%都集中在长三角、珠三角、京津冀三个区域（图12-37）。2021年长三角的百强企业占据了53席，较2019年增加39.5%。上海以及周边的资金、人才、政策优势，带动了整个长三角地区的产业集群效应。

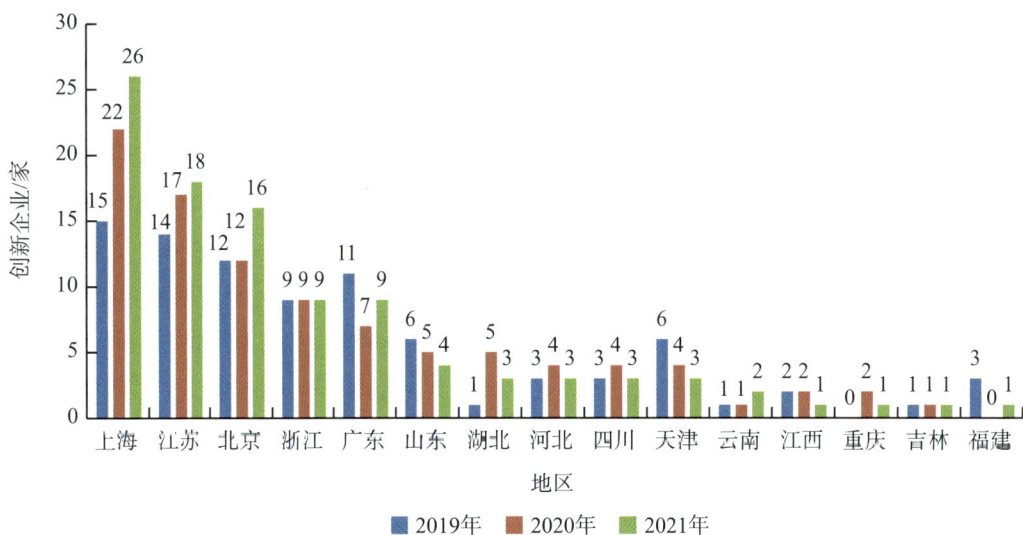

图12-37　2019—2021年中国医药创新企业百强地域分布
资料来源：科睿唯安、《E药经理人》

从成立时间来看，2010年后成立的公司在百强榜单中的比重明显增加，百强格局已形成2000年前、2000—2009年和2010年后成立公司的"三足鼎立"的局面。2010后成立的公司占比连续3年提升，分别为15%、28%和35%，成为百强生力军；而2000年前成立的公司因创新动力不足，占比从60%下降至30%。从新入榜公司类型来看，生物技术公司数量明显增加，其中2020年和2021年新入榜的公司中，生物技术公司占比超过70%，中国生物创新队伍逐渐壮大。

3. 医药流通行业规模稳步增长

药品流通行业加快数字化转型，医药供应链协同发展，经营模式不断创新，保障能力持续提升。2021年，全国药品流通市场销售规模稳步增长，增速逐渐恢复至疫情前水平。统计显示，2021年全国七大类医药商品销售总额为26 064亿元，扣除不可比因素同比增长8.5%，增速同比上升6.1个百分点（图12-38）。

图12-38　2017—2021年药品流通行业销售趋势
资料来源：商务部

面对新形势、新要求，药品批发企业将持续优化网点布局，零售药店智能化、专业化、多元化服务将得到积极拓展，医药供应链物流体系运营水平进一步提升，药品流通行业通过线上线下融合不断提高全渠道、全场景服务能力。截至2021年底，全国共有药品批发企业1.34万家（图12-39）。2021年，药品批发企业主营业务收入前100家占同期全国医药市场总规模的74.5%，同比提高0.8个百分点；占同期全国药品批发市场总规模的94.1%。

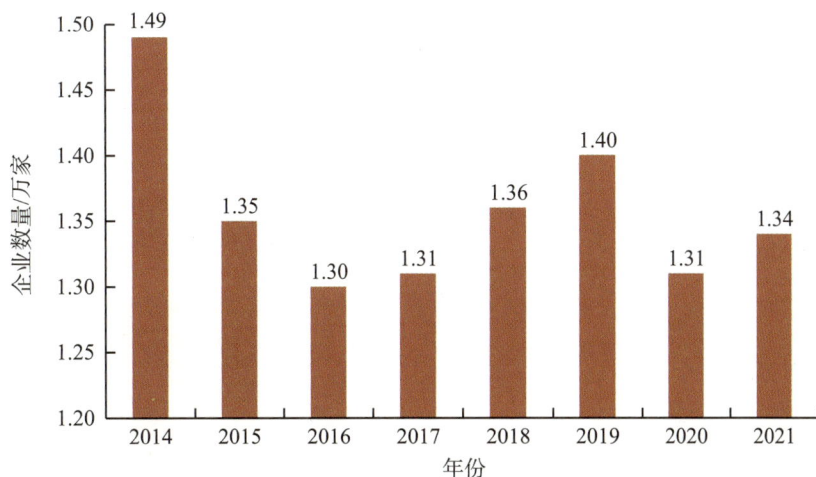

图12-39　2014—2021年中国医药批发企业数量
资料来源：商务部

国药集团、上海医药、华润医药和九州通医药等4家行业龙头企业2021年主营业务收入占同期全国医药市场总规模的44.2%，较2020年提高1.6个百分点。其中，国药集团主营业务收入为5390亿元（表12-41），成为第一家主营收入突破5000亿元的药品流通企业。上海医药和华润医药主营业务收入分别为1907亿元和1664亿元；而民营药品批发企业九州通医药主营业务收入为1224亿元。浙江英特集团凭借266亿元的营业收入位列第10位，成为唯一一家前10强新晋企业。药品流通行业集中度进一步提升。从市场占有率看，2021年，药品批发企业主营业务收入排在前50位的企业占同期全国医药市场总规模的70.9%，较2020年提高0.9个百分点。

表12-41　2021年中国药品流通行业批发前10强企业

排名	企业名称	2021年销售总额/亿元
1	中国医药集团有限公司	5390
2	上海医药集团股份有限公司	1907
3	华润医药商业集团有限公司	1664
4	九州通医药集团股份有限公司	1224
5	中国医药–重庆医药商业联合体	986
6	广州医药股份有限公司	469
7	南京医药股份有限公司	450
8	深圳市海王生物工程股份有限公司	411
9	华东医药股份有限公司	346
10	浙江英特集团股份有限公司	266

资料来源：商务部

我国药品流通行业受医改政策、市场竞争加剧和运营成本上涨等因素影响，行业整体利润率进一步下滑。两票制的实施促进了药品流通企业的并购和整合力度，尤其是部分大型央企和地方国企加速整合地方医药流通企业，行业的集中度近几年已经有较明显的提升。未来企业（包括批发商和连锁药店）也会进一步通过并购提高市场份额，提高对上游供货商和下游客户的议价能力。同时，药品流通企业会继续侧重医药数字化建设，包括打造先进的仓储物流体系，进一步提升运营效率，降低成本，并加大对医药电商平台的投入。

随着药品集中采购常态化，以及互联网诊疗、医药电商业务的发展，受后疫情时代影响，医药物流服务需求快速增加并呈多样化、订单碎片化、配送末端化等特征，医药物流的地位在医药供应链各环节中进一步凸显。与此同时，医药物流企业更加注重以精益化的管理方式、标准化的作业流程、智能化的信息技术和物流技术推动物流服务提质增效。2021 年医药物流区域一体化建设取得进展，县乡村三级配送网络逐步完善；全国及区域药品流通企业联合第三方涉药物流企业加强构建多层次的医药物流配送体系，完善最后一公里药品流通网络，在信息一体化，物流技术和装备自动化、智能化提升方面开展诸多实践，提高医药物流效率。

4. 医药终端市场平缓增长

受新冠疫情居家隔离影响，2020 年中国三大终端药品销售额首次出现下滑，2021 年开始恢复增长，2021 年中国三大终端药品销售额达 17 747 亿元（图 12-40），较 2020 年增加了 1310 亿元，同比增长 8.0%。从实现药品销售的三大终端的销售额分布来看，公立医院终端市场份额最大，2021 年为 63.5%；零售药店终端市场份额 2021 年为 26.9%；公立基层医疗终端市场份额 2021 年为 9.6%。

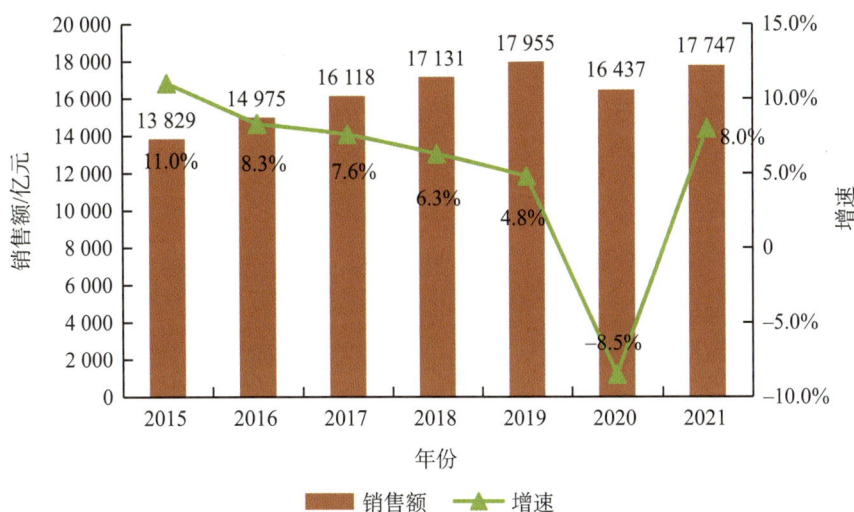

图 12-40　2015—2021 年中国药品终端市场销售额及增速

资料来源：米内网

1）医院用药市场整体增长趋缓

进入常态化疫情防控阶段后，公立医院终端的诊疗人数回升，药品销售规模增速反弹。2021 年公立医院终端销售额达 11 278 亿元（图 12-41），同比增长 7.3%。诊疗人数的增加使得公立医院药品的销售额呈恢复性增长。城市公立医院是患者就医的主要渠道，其用药类别以肿瘤、心脑血管疾病、糖尿病等重症、大病以及急症的治疗性药物为主。刚性的用药需求使得城市公立医院 2021 年的药品销售额迅速恢复，同比上升幅度较大，达 7.9%；县级公立医院的销售额与 2020 年相比增幅相对较小，为 5.6%。

图12-41　2014—2021年我国公立医院终端药品销售额及增速

资料来源：米内网

2021年我国二级及以上公立医院市场总销售额达9883亿元（图12-42），较2020年增长10.1%。2021年化学药、生物制品和中成药较2020年分别增长6%、29%和17%。从不同企业性质来看，本土企业在医院药品市场占主导地位，2021年销售额近6805亿元，较2020年增长12%，但纵观5年销售额占比，呈下滑态势。跨国企业占比则逐渐扩大，2021年达到3077亿元，增速为5%，但因集中采购执行，2021年增速不敌本土企业。

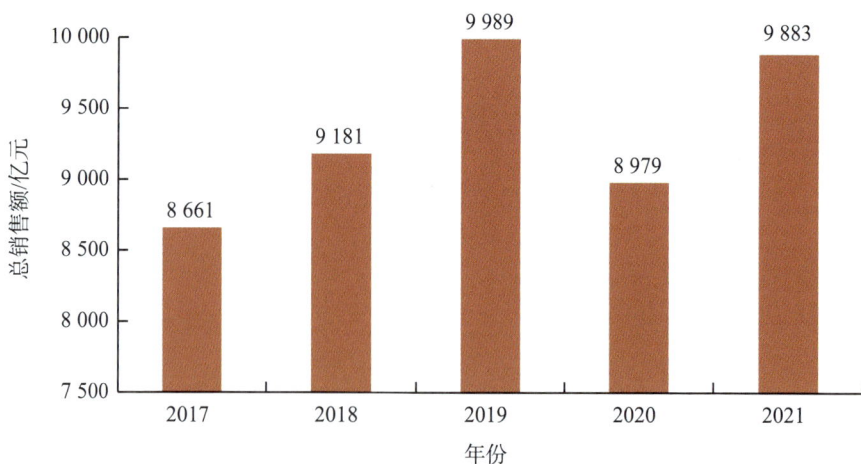

图12-42　2017—2021年我国医院药品市场总销售额

资料来源：中康CHM

二级及以上公立医院，以医院采购价计算

以2021年度销售额排名，阿斯利康、扬子江药业、恒瑞医药、罗氏制药和辉瑞医药稳居销售额榜单前5位（表12-42），其中恒瑞医药达到14.9%的双位数同比增长率。齐鲁制药、正大天晴和上海医药集团2021年排名均有提升。拜耳、华东医药集团（跌出前10强）排名及增速均出现下滑。

表12-42　2021年医院药品销售前10强

排名	公司	同比增长率	排名变化 2021 vs. 2020
1	阿斯利康	3.0%	—
2	扬子江药业	6.6%	—
3	恒瑞医药	14.9%	—
4	罗氏制药	1.6%	—
5	辉瑞医药	3.1%	—
6	齐鲁制药	32.9%	+3
7	石药集团	8.6%	—
8	正大天晴	16.0%	+3
9	拜耳	−2.1%	−3
10	上海医药集团	16.3%	+2

资料来源：中康CHM

从治疗领域来看，肿瘤和免疫调节药为医院市场主要驱动领域，2021年销售额约为1825亿元，占总体市场的18.5%（表12-43），较2020年增长率达12.1%，2017—2021年CAGR达10.6%。消化系统及代谢药物、血液和造血系统药物则分别位居第2位和第3位，增长稳健，2017—2021年CAGR分别为3.7%和6.4%。

表12-43　2021年医院用药市场排名前10治疗领域

排名	治疗领域	2021年市场份额	同比增长率
1	肿瘤和免疫调节药	18.5%	12.1%
2	消化系统及代谢药物	14.2%	8.7%
3	血液和造血系统药物	12.9%	12.2%
4	全身用抗感染药物	11.4%	2.8%
5	神经系统药物	10.8%	8.6%
6	心血管系统药物	10.3%	6.8%

续表

排名	治疗领域	2021 年市场份额	同比增长率
7	呼吸系统药物	6.3%	17.6%
8	杂类	4.8%	13.7%
9	骨骼肌肉系统药物	3.8%	7.8%
10	生殖泌尿系统和性激素类药物	3.2%	19.3%

资料来源：中康CHM，按销售额排名

从产品维度来看，2021年销售额排名前20款产品中，8款为本土企业药品，另外12款产品来自跨国企业。扬子江药业的加罗宁继续蝉联榜首（表12-44），增速为9.2%；辉瑞医药的舒普深和罗氏制药的赫赛汀位居第2位和第3位，增速分别为10.3%和7.9%。前20强产品中，齐鲁制药的安可达、丽珠医药的壹丽安、杰特贝林的安博灵和罗氏制药的帕捷特增速分别达到178.5%、74.5%、37.4%和98.1%。

表12-44　2021年医院用药销售额前10强

排名	产品名称	公司	增长率
1	加罗宁	扬子江药业	9.2%
2	舒普深	辉瑞医药	10.3%
3	郝赛汀	罗氏制药	7.9%
4	恩必普	石药集团	−13.2%
5	泰瑞沙	阿斯利康	−2.3%
6	安可达	齐鲁制药	178.5%
7	特比澳	三生制药	15.2%
8	壹丽安	丽珠医药	74.5%
9	拜瑞妥	拜耳医药	8.8%
10	佑必妥	扬子江药业	17.2%

资料来源：中康CHM，按销售额排名

2）药品零售市场规模持续增长

受常态化疫情防控、医保控费和处方外流等多重因素影响，零售药店相关品种如院外的高价值抗肿瘤药、优化生活类药物、儿科药等增长显著。2021年，药品零售市场销售额为5449亿元，扣除不可比因素同比增长7.4%。销售额前100强的药品零售企业销售总额1912亿元，占同期全国零售市场销售总额的35.1%，同比上升0.3个百分点。药品零售销售额前10强销售总额为1147.2亿元，占同期全国医药零售市场总额的

21.1%，与2020年持平。其中，国药控股国大药房有限公司、大参林医药集团股份有限公司、老百姓大药房连锁股份有限公司、益丰大药房连锁股份有限公司、一心堂药业集团股份有限公司等5家零售连锁企业年销售额均超过100亿元（表12-45）。零售连锁率从2011年的34.3%提高到2021年的57.2%，比2020年增长0.7个百分点。

表12-45 2021年药品零售企业销售前10强

排名	公司	销售额/亿元
1	国药控股国大药房有限公司	241.6
2	大参林医药集团股份有限公司	174.8
3	老百姓大药房连锁股份有限公司	158.2
4	益丰大药房连锁股份有限公司	156.9
5	一心堂药业集团股份有限公司	133.5
6	中国北京同仁堂（集团）有限公司	83.1
7	上海华氏大药房有限公司	50.5
8	漱玉平民大药房连锁股份有限公司	50.1
9	云南健之佳健康连锁股份有限公司	50.0
10	甘肃众友健康医药股份有限公司	48.5

资料来源：商务部

　　近年来，我国网上药店数量呈现出不断增长的态势，网上药店市场药品销售额不断增长。2021年我国网上药店市场药品销售额达368亿元（图12-43），同比增长51.4%。随着我国医疗体制改革的不断深化，"两票制"和"医药分开"等政策的逐步实施，国家要求药品经营企业勇于创新，更好地承担起药品供应保障的社会功能。我国医药电商正处于蓬勃发展时期，目前整个行业还处于比较分散的状态，但医药电商作为新的利益增长点，未来也会吸引社会资本持续进入，呈现出多元化竞争的格局。

　　零售药店作为公共卫生体系的重要组成部分，2021年受新冠疫情影响，在配合完成艰巨繁重的防控任务的同时，行业发展实现新的突破。头部零售企业通过自建、加盟及并购等多种方式保障规模的持续增长，实现销售规模、盈利水平与品牌影响力等方面的多重提升。行业积极融入数字化、智能化，提升专业药学服务能力，开展健康监测、器械康复、医疗延伸、慢病管理、特药疾病跟踪服务等特色服务，发挥初级医疗保健作用；不断开展O2O（online to offline，线上到线下）、B2C（business to consumer，企业对顾客电子商务）等线上业务，拓展销售渠道，寻找新的利润增长点。面对零售行业的激烈竞争，部分药店努力探索多元化经营。

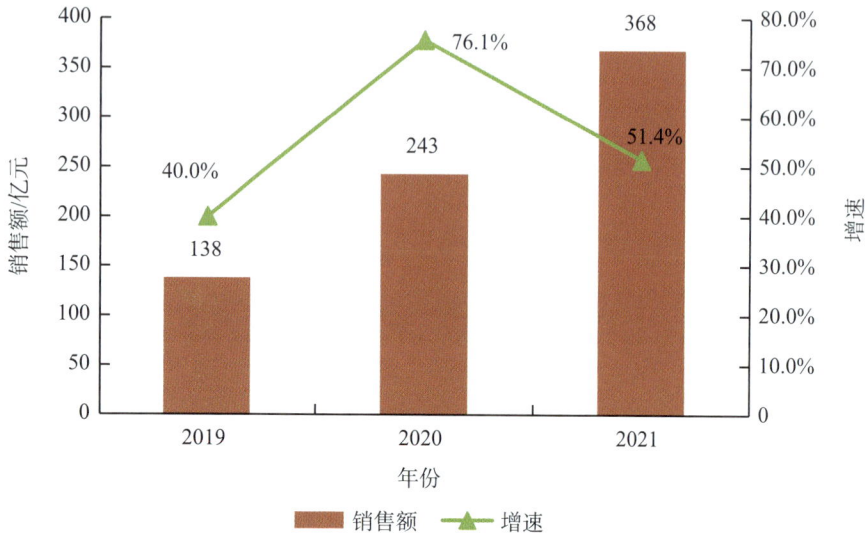

图 12-43 2019—2021 年我国网上药店市场药品销售额及增速

资料来源：米内网

5. 产业投融资更加多元化

1）生命科学与医疗行业并购和交易创新高

2021 年，我国生命科学与医疗行业并购和交易市场仍旧保持火热态势，披露交易数量 1253 笔，交易金额达 445 亿美元（图 12-44），交易数量和交易金额均创历史新高。2021 年交易金额较 2020 年增长约 3%，医药板块保持交易数量增长而交易金额小幅度回落，医疗器械板块的交易数量和交易金额均再创历史新高。

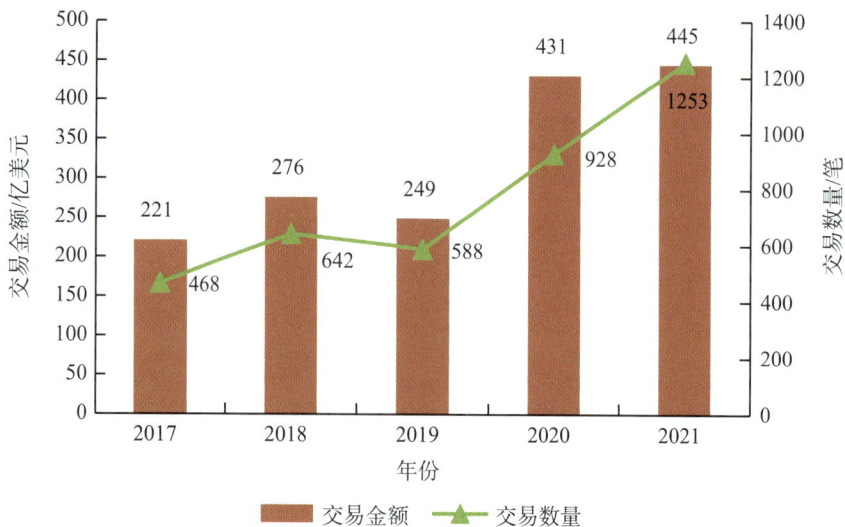

图 12-44 2017—2021 年我国生命科学与医疗行业并购交易金额和交易数量

资料来源：汤森路透、投中数据及普华永道分析

人口老龄化、国家鼓励新药研发、创新政策及资本市场的持续关注，加速了医药领域融资及并购的速度；2021年交易数量为782笔，交易金额约为344亿美元，整体并购市场交易保持活跃的同时投资规模有所下降。2021年国产替代加速，医疗影像等高端医疗器械创新发展迅速；疫情持续影响下IVD领域交易金额再创新高；创新企业融资频率加快，医疗器械板块并购交易数量达471笔，较2020年增长60%，年交易金额101亿美元，创2017年来新高，较2020年增长26%。

财务投资者仍然是投资并购交易市场的主导，积极参与控股权收购、SPAC上市、大额基石投资、分拆上市前期融资等；而随着2020年度政策影响上市公司的再融资，以及大型头部国内战略投资交易纷纷落地，2021年国内战略交易数量增长而平均交易规模有所回落。以创新为价值导向的生物医药及生物技术领域（如免疫细胞治疗产品、mRNA疫苗等）交易仍是医药行业的投资热点，IVD及心血管介入等耗材赛道仍受追捧，影像领域及具有消费性质的医美产品交易金额增长显著。2021年中国企业海外并购交易以及境外投资者入境投资也有不同程度的反弹趋势，交易数量和金额较2019年和2020年均有所提升。

2）产业投资带动制造水平提升

2021年，医药制造业固定资产投资总额同比增长10.6%，反映出全行业新建项目和技术改造保持了很大的投资强度。根据相关信息，新建项目的投资估计可达2000亿元以上。产业投资较为集中的领域有原料药技术升级和搬迁改造、生物药生产能力建设、创新药产业化基地建设等。新技术新产品在投资中占有很大的权重。

原料药方面，企业向规范园区和向适宜地区转移的项目较多，下游企业寻求上游原料药或中间体配套，一些企业围绕技术升级实施了大规模扩能。生物药方面，多个新冠病毒疫苗工厂建成，一批来自生物药企业和CDMO企业的抗体药物新工厂投入建设，到2021年底，国内累计建成和在建的生物药（不包括疫苗）产能，按照细胞培养体积计已接近100万L，处于世界前列。创新药方面，项目建设主要为满足新药商业化生产需要，很多项目得到地方政府的扶持，有望成为行业新的增长点。

在国家产业政策的引导下，医药全产业链的发展得到重视，药品生产相关的仪器、设备、辅料、耗材等领域赢得了良好发展机遇和资源投入，新建项目增多，一些长期依赖进口的产业链短板在国产替代方面取得了不少进展。随着大量建设项目的实施，医药工业的技术和装备水平迈上了新台阶，绿色化、数字化水平得到提高，但不容忽视的是，新一轮产能过剩的风险随之产生。

3）投融资形势发生较大变化

医药企业IPO继续保持较快节奏。据统计，2021年医药工业领域共有93家企业在A股、港股和美股上市，合计募集资金1400亿元左右。规模最大的IPO项目为百济神州，在A股上市，融资额超200亿元。创新型企业上市数量较上年增多，38家企业登陆A股科创板，20家企业通过18A规则实现港股上市，借力资本市场加快发展。

医药领域一级市场投融资规模大幅增长。根据《2021年度中国生物医药投融资蓝皮书》，生物医药领域共有588家企业（不含医疗器械）完成了融资，已披露的融资总额就高达1187亿元，较上年增长34%。新冠病毒疫苗、新型抗体、细胞治疗、核酸药物、CRO（contract research organization，合同研究组织）/CDMO等领域成为投融资较为集中的领域。大规模融资项目增多，单次融资超5亿元的项目近70起，有力地支持了创新药物开发。

6. 国际化向价值链高端升级

1）医药出口规模略微下降

2021年，新冠疫情持续，全球经济复苏缓慢，政治经贸摩擦迭起，给国际医药市场合作增加了诸多不确定性。国务院办公厅印发《关于全面加强药品监管能力建设的实施意见》，对药品监管水平提升提出进一步要求；国家医保药品目录和基药目录调整、仿制药一致性评价深入推进、带量采购常态化制度化开展及扩容等，使医药企业既感觉到了政策引导的动力，又体会到了监管和市场的压力。面对国内外市场的双重压力，叠加新冠疫情的刺激，我国医药行业"走出去"成为越来越多企业的必然选择。

2021年医药出口延续了上年以来的高增速。根据行业统计数据，规模以上医药工业企业实现出口交货值4752.6亿元，扣除不可比因素同比增长45.5%，增速较上年同期提高5.5个百分点，出口交货值占全行业营业收入的比重提高到14%，体现了"双循环"对行业发展的重要作用（图12-45）。生物制品、医疗设备和化学原料药是出口规模居前三位的子行业，其中生物制品出口增速高达343%。

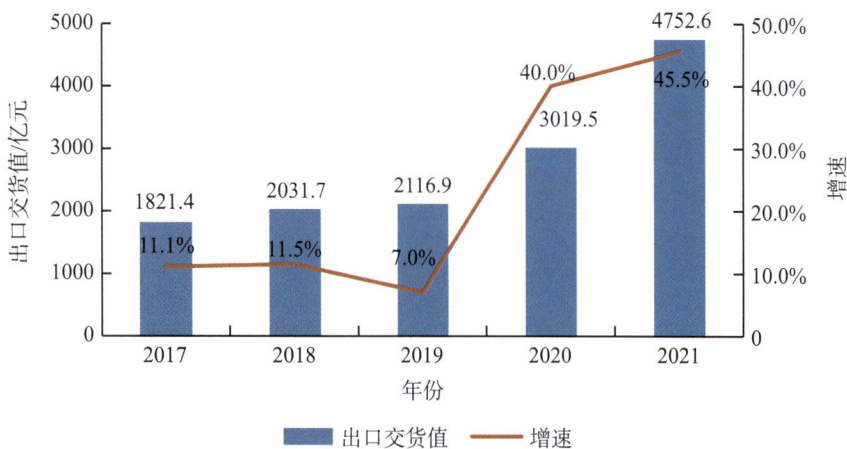

图12-45　2017—2021年医药工业规模以上企业出口交货值金额和增速

资料来源：国家统计局、工业和信息化部

从海关情况来看，2021 年我国医药外贸呈现出中药进出口两旺、西药出口大增的趋势。根据中国海关数据初步统计，2021 年我国医药类产品进出口金额达到 2625 亿美元，同比增长 1.9%。其中，出口金额为 1721 亿美元（图 12-46），扣除不可比因素同比减少 3.2%；进口 904 亿美元，同比增长 13.4%；对外贸易顺差有所缩小，为 817 亿美元。

图 12-46　2016—2021 年中国医药出口金额和增速

资料来源：中国海关、中国医药保健品进出口商会

2021 年，我国中药类产品出口额 50 亿美元，同比增长 16.5%；进口额 27.4 亿美元，同比增长 24.1%。植物提取物、中药材、中成药、保健品的进口和出口均维持了正增长。进出口两旺的原因有二：一是 2020 年上半年因国内新冠疫情停产造成全年贸易额基数较低，2021 年企业全面复工复产，业务恢复正常；二是国外新冠疫情形势依然严峻，促使提升免疫、抗炎抗病毒的植物提取物产品和中药材出口提速。2021 年，我国西药类产品出口额 787 亿美元，同比增长 76.2%；进口额 522 亿美元，同比增长 20.2%。其中，生化药成为出口增长的主要驱动力。

2021 年，医疗器械出口额 994 亿美元，同比减少 24.7%；进口额 447 亿美元，同比增长 8.3%。导致出口急速下降的结构性因素是以口罩、防护服为代表的医用敷料出口下滑较多，出口额仅为 175 亿美元，同比下降 73.9%。主要原因是随着全球对新冠疫情的常态化应对和医疗器械产能增加，各个国家和地区的防疫物资相对充足，对我国产品的依赖程度降低；同时，部分国家和地区防疫政策导向和应对模式发生了变化，不再有恐慌性采购口罩、防护服、呼吸机的情况。其他传统及优势医疗器械出口均恢复增长，一次性耗材、医院诊疗设备、保健康复用品、口腔设备与材料等均实现 20% 以上的增长，医疗器械出口仍占据我国医药整体出口的半壁江山。

生物制品方面抓住了新冠疫情带来的出口升级机遇。根据国家统计局数据，截至2021年底，我国已累计向120多个国家和国际组织提供了超过20亿剂新冠病毒疫苗，向国际社会提供了约84亿人份检测试剂。根据海关总署出口主要商品量值表，我国人用疫苗出口总额2021年达1010亿元，而2020年不到20亿元。疫苗和检测试剂大规模销往全球，为我国医药产品出口赢得了声誉，有利于更多高端产品走向国际市场。

2）仿制药国际化稳步前行

2021年，我国医药企业共获得78个ANDA（abbreviated new drug application，简略新药申请）（图12-47），涉及28家药企（以集团计），共65个品种（以药品名称+企业名计）。2021年获批的ANDA，近半数品种为注射剂，为拓展国际仿制药市场提供了资源。与2020年相比，奥科达、北京泰德等为2021年的新晋企业。复星医药以16个ANDA号位居榜首，健友股份以14个ANDA号位居第二，东阳光药、人福医药及以岭药业分别获得6个、4个和3个ANDA号。

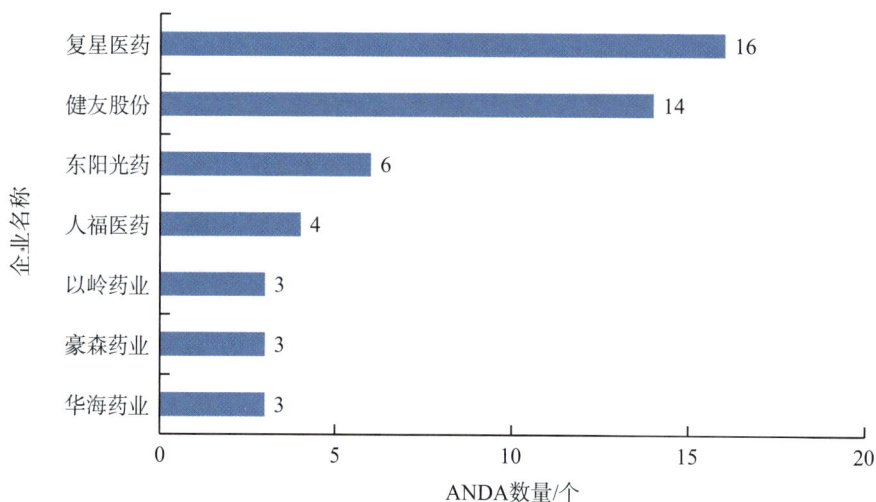

图12-47　2021年我国医药企业获批的ANDA数量前5强
资料来源：美国CDER 2021年仿制药年度报告

3）新药国际化迈出实质步伐

2021年国内企业开展中外同步申报的新药增多，向美国FDA申报IND（investigational new drug，新药临床试验）申请近百个，8个品种通过合作开发等方式完成了临床研究并先后向FDA提交了上市申请，南京传奇主导开发的CAR-T细胞治疗药物西达基奥仑赛于2022年2月正式获准上市，成为国内企业第2个在美国上市的新药品种，但也有品种申报上市未达预期。

国内医药企业创新药出海加速。据不完全统计，2021 年我国药企与国外公司至少达成 31 项授权许可交易，其中绿叶制药先后与 3 家公司就利斯的明透皮贴剂达成授权，百奥泰生物和信达生物也先后与多家药企就生物类似药达成海外授权。除了生物类似药，我国药企也完成了多笔创新药对外授权，如 PD-1 单抗（替雷利珠单抗、特瑞普利单抗和 LZM009）、CAR-T 疗法（CT032、CT053 和 PRG1801）等。交易金额上，3 项交易金额超过 20 亿美元，2 项交易金额在 10 亿—20 亿美元。其中，百济神州于 2021 年 1 月以 22 亿美元的价格将 PD-1 单抗替雷利珠单抗在多个国家的开发、生产与商业化权利授权给诺华制药（表 12-46）。2021 年 12 月百济神州又与诺华制药达成第 2 笔交易，以 29 亿美元的价格将其 TIGIT 抗体 Ociperlimab 在美国、加拿大、欧洲多国及日本的选择权授权给诺华制药。而同年 6 月，荣昌生物也以 26 亿美元的价格将其 ADC 药物维迪西妥单抗在亚洲（除日本、新加坡外）以外的权益授权给了西雅图基因。

表 12-46　2021 年中国药企前十大对外许可交易

排名	授权方	受让方	产品	靶点	交易金额 / 亿美元
1	百济神州	诺华制药	欧司珀利单抗（Ociperlimab）	TIGIT	29
2	荣昌生物	西雅图基因	维迪西妥单抗	HER2	26
3	百济神州	诺华制药	替雷利珠单抗	PD-1	22
4	锐格医药	礼来制药	知识产权	—	15.5
5	高诚生物	珐博进	HFB1011	Galectin-9	11.25
6	君实生物	Coherus BioSciences	特瑞普利单抗 +JS006+JS018-1	PD-1、TIGIT、IL-2	11.1
7	诺诚健华	渤健	奥布替尼	BTK	9.4
8	艾力斯医药	ArriVent Biopharma	伏美替尼	EGFR-TKI	8
9	石药集团	Flame Biosciences	NBL-015	Claudin 18.2	6.4
10	泰德制药	Gravition Bioscience Corporation	TDI01	ROCK2	5.175

资料来源：Insight 数据库

从整体海外对外许可（license out）的项目看，仍然以抗肿瘤药为主，除了生物类似药，其余几乎都是创新药。海外继续向中国来"寻宝"，一方面是因为中国市场人口基数庞大，政府也将癌症治疗作为制药领域的重点之一；另一方面是中国的新药开发速度与国际大型制药公司间的时间差正在缩短。当本土创新成为焦点，向中国药企输送新药的将不再只是国外药企，中国新药企业产品正在缩小与国际首创新药开发速度的差距。

（二）医药研发创新

1. 创新转型加快推进

2021年，我国创新指数的全球排名跃升至第12位，研发人员总量连续8年居于世界首位，展现出了强劲的中国创新力度。在当前医药创新新时代背景下，各大药企创新意识不断增强，纷纷开始加大研发投入力度，研发积极性空前高涨。

1）研发创新投入持续增加

国家统计局数据显示，2021年我国医药制造业研发经费投入达942.4亿元（图12-48），较2017年增长76.4%。据不完全统计，2021年共有24家企业年度研发投入超过10亿元，其中百济神州以95.38亿元的研发投入蝉联研发投入百强榜首位（表12-47）；恒瑞医药、复星医药分别以59.43亿元和38.34亿元的研发投入位列第2位和第3位。2021年中国研发投入百强榜上榜药企的门槛为3.24亿元，上榜企业的平均研发投入为10.23亿元，上榜企业的研发投入中位数为6.13亿元。

图12-48　2017—2021年医药制造业企业研发投入及强度

资料来源：国家统计局

表 12-47　2021 年中国药企研发投入前 10 强

排名	公司名称	2021 年研发投入 / 亿元	2020 年研发投入 / 亿元	增速
1	百济神州	95.38	89.43	6.7%
2	恒瑞医药	59.43	49.89	19.1%
3	复星医药	38.34	27.95	37.2%
4	中国生物制药	36.77	26.27	40.0%
5	再鼎医药	36.55	14.53	151.5%
6	石药集团	34.33	28.90	18.8%
7	迈瑞医疗	25.24	18.69	35.0%
8	信达生物	24.78	18.51	33.9%
9	金斯瑞生物	22.85	17.19	32.9%
10	传奇生物	21.04	15.59	35.0%

资料来源：Choice，齐鲁制药、扬子江药业等非上市公司未纳入其中

2）创新药获批上市再创新高

从深化审评审批制度改革到创新药优先审评，从开展药品上市许可持有人制度到正式加入国际人用药品注册技术协调会，从推进仿制药一致性评价到推进药品集中采购常态化等，近年来我国出台的一系列政策持续推动医药产业创新转型，为创新药提供了更大的发展空间。2021 年是国产新药收获的一年，国家药品监督管理局（National Medical Products Administration，NMPA）共批准了 66 款新药，其中有 25 款为全球首批，包括 17 款化学药品和 8 款生物制品（表 12-48），数量远远超过 2020 年的 9 款。

表 12-48　2021 年国家药品监督管理局批准的全新药物（全球首批）

序号	通用名	企业	作用机制	适应证
1	甲磺酸伏美替尼	艾力斯医药	EGFR 抑制剂	肿瘤
2	注射用泰它西普	荣昌生物	BLyS/APRIL 抑制剂	红斑狼疮
3	优替德隆	华昊中天	微管蛋白抑制剂	肿瘤
4	帕米帕利	百济神州	PARP 抑制剂	肿瘤
5	磷酸左奥硝唑酯二钠	扬子江药业	硝基咪唑类抗生素	细菌感染
6	康替唑胺	盟科药业	噁唑烷酮类抗菌药	细菌感染

续表

序号	通用名	企业	作用机制	适应证
7	注射用维迪西妥单抗	荣昌生物	HER2 靶向 ADC	肿瘤
8	甲苯磺酸多纳非尼	泽璟制药	多激酶抑制剂	肿瘤
9	海曲泊帕乙醇胺片	恒瑞医药	人血小板生成素受体	血小板减少症
10	赛沃替尼片	和黄医药	MET 抑制剂	肿瘤
11	艾米替诺福韦片	豪森制药	核苷类逆转录酶抑制剂	乙肝
12	海博麦布	海正药业	NPC1L1 蛋白受体抑制剂	高血脂
13	艾诺韦林	艾迪药业	HIV-1 非核苷类逆转酶抑制剂	艾滋病
14	阿兹夫定片	真实生物	核苷类逆转录酶抑制剂	艾滋病
15	派安普利单抗	康方生物	抗 PD-1 抗体	肿瘤
16	赛帕利单抗	誉衡生物	抗 PD-1 抗体	肿瘤
17	瑞基奥仑塞	药明巨诺	CAR-T 疗法	肿瘤
18	西格列他钠片	微芯药业	PRAP 全激动剂	糖尿病
19	奥雷巴替尼	亚盛医药	BCR-ABL 抑制剂	肿瘤
20	恩沃利单抗	思路康瑞	抗 PD-L1 抗体	肿瘤
21	安巴韦单抗 / 罗米司韦单抗	腾盛华创医药	新冠病毒中和抗体组合	新冠病毒感染
22	舒格利单抗	基石药业	抗 PD-L1 单抗	肿瘤
23	枸橼酸爱地那非片	悦康药业	PDE5 抑制剂	泌尿系统疾病
24	羟乙磺酸达尔西利片	恒瑞医药	CDK4/6 抑制剂	肿瘤
25	脯氨酸恒格列净	恒瑞医药	SGLT2 抑制剂	糖尿病

资料来源：根据国家药品监督管理局、各制药企业公开信息整理

　　获批新药中抗肿瘤药居多。此外，国产新药也迎来了诸多"第一"——第一款国产 ADC 维迪西妥单抗、第一款间质–上皮细胞转化因子（mesenchymal-epithelial transition factor，MET）靶向药物赛沃替尼片、第一款受体酪氨酸激酶 RET 抑制剂普拉替尼等。2021 年共有 4 款抗 PD-1/PD-L1 抗体在我国获批，均为我国企业自主研发产品。舒格利单抗已是国内第 12 款上市的 PD-1/PD-L1 药物。事实上，这种激烈的同质化竞争也存在于 PD-1/PD-L1 以外的其他领域。一方面，同质化竞争确实能降低患者和卫生保健系统的成本，提高用药可及性；但另一方面，多家制药公司拥挤于同一个赛道，差异化不明显，存在一定程度的资源浪费。

　　2021年国家药品监督管理局批准的新药中，有49款是以"优先审评"的方式获批，占比59%，化药、生物药、中药均有涉及；此外，国家药品监督管理局在2021年批准了12款罕见病药物（表12-49，均为进口药），13款临床急需用药。

表12-49　2021年国家药品监督管理局批准的罕见病药物

序号	药物名称	企业	适应证
1	布罗索尤单抗	协和发酵麒麟	X连锁低磷血症
2	艾替班特	武田制药	遗传性血管水肿
3	富马酸二甲酯	渤健	多发性硬化
4	维拉苷酶α	武田制药	I型戈谢病患者的长期酶替代治疗
5	萨特利珠单抗	罗氏制药	AQP4抗体阳性视神经脊髓炎谱系疾病
6	氨吡啶	渤健	多发性硬化相关的行走障碍
7	利司扑兰	罗氏制药	脊髓性肌萎缩症
8	丁苯那嗪	博士伦福瑞达制药	与亨廷顿病有关的舞蹈病
9	达妥昔单抗β	百济神州	神经母细胞瘤
10	美泊利珠单抗	葛兰素史克	嗜酸性肉芽肿性多血管炎
11	司妥昔单抗	百济神州	HIV阴性和HHV-8阴性多中心卡斯尔曼（Castleman）病
12	奥法妥木单抗	诺华制药	复发型多发性硬化

资料来源：国家药品监督管理局

　　2021年6月22日，复星凯特靶向CD19自体CAR-T疗法阿基仑赛注射液在中国的上市申请获得国家药品监督管理局批准，这是国内首个获批上市的CAR-T疗法。目前全球已有6款CAR-T疗法获批上市（表12-50），5款靶向CD19，1款靶向BCMA（B cell maturation antigen，B细胞成熟抗原）。

表12-50　全球获批上市的CAR-T疗法

序号	药物名称	企业	靶点	适应证
1	瑞基奥仑赛	药明巨诺	CD19	弥漫大B细胞淋巴瘤
2	Abecma	百时美施贵宝	BCMA	多发性骨髓瘤
3	Breyanzi	百时美施贵宝	CD19	弥漫大B细胞淋巴瘤
4	Tecartus	吉利德	CD19	套细胞淋巴瘤
5	Yescarta	吉利德/复星凯特	CD19	弥漫大B细胞淋巴瘤、滤泡性淋巴瘤
6	Kymriah	诺华制药	CD19	弥漫大B细胞淋巴瘤、急性淋巴细胞白血病

资料来源：医药魔方

2021年国家药品监督管理局累计批准了12款中药新药上市（表12-51），其数量创2017—2021年新高。2017—2021年这5年中，国内共有20款中药新药获批上市（图12-49），由此可见，2021年迎来了中药新药研发的发展期。

表12-51　2021年国家药品监督管理局批准的中药新药

序号	通用名	企业	适应证
1	七蕊胃舒胶囊	健民集团	轻中度慢性非萎缩性胃炎所致胃疼痛
2	虎贞清风胶囊	一力制药	用于治疗轻中度急性痛风性关节炎，中医辨证属湿热蕴结证
3	解郁除烦胶囊	以岭药业	用于治疗轻中度抑郁症，中医辨证属气郁痰阻证、郁证或内扰证
4	清肺排毒颗粒	片仔癀	新型冠状病毒肺炎
5	化湿败毒颗粒	一方制药	新型冠状病毒肺炎
6	宣肺败毒颗粒	步长制药	新型冠状病毒肺炎
7	坤心宁颗粒	天士力	女性更年期综合征
8	芪蛭益肾胶囊	凤凰制药	早期糖尿病、肾病、气阴两虚证
9	玄七健骨片	方盛制药	用于治疗轻中度膝骨关节炎，中医辨证属筋脉瘀滞证
10	银翘清热片	康缘药业	辛凉解表，清热解毒，用于外感风热型普通感冒
11	益肾养心安神片	以岭药业	用于治疗失眠症，中医辨证属心血亏虚、肾精不足证
12	益气通窍丸	东方华康	用于治疗季节性过敏性鼻炎，中医辨证属肺脾气虚证

资料来源：国家药品监督管理局

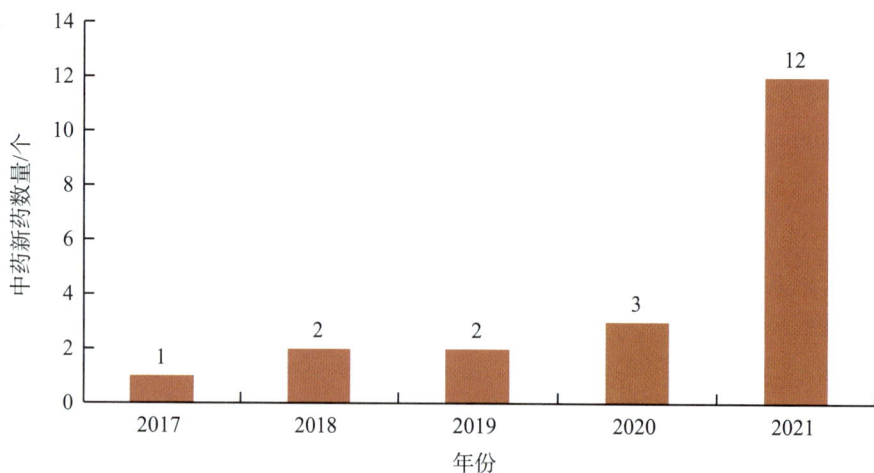

图12-49　2017—2021年中国获批上市的中药新药
资料来源：国家药品监督管理局

新冠病毒疫苗和药物开发取得突出成绩。2021年病毒灭活疫苗、腺病毒载体疫苗、重组蛋白疫苗、核酸疫苗等多条技术路线均有代表性品种，年内有6款疫苗附条件上市或紧急使用，年产能达到数十亿剂。治疗性药物方面，安巴韦单抗/罗米司韦单抗联合疗法获批紧急使用，多个化学新药进入临床研究。表12-52为2021年特别审批、附条件上市及紧急使用疫情防控药品。

表12-52　2021年特别审批、附条件上市及紧急使用疫情防控药品

序号	药品名称	公司
1	新型冠状病毒灭活疫苗（Vero细胞）	科兴中维
2	新型冠状病毒灭活疫苗（Vero细胞）	武汉生物制品所
3	重组新型冠状病毒疫苗（5型腺病毒载体）	康希诺
4	重组新型冠状病毒疫苗（CHO细胞）	智飞生物
5	清肺排毒颗粒	中国中医科学院
6	化湿败毒颗粒	一方制药
7	宣肺败毒颗粒	步长制药
8	新型冠状病毒灭活疫苗	康泰生物
9	新型冠状病毒灭活疫苗	医科院生物所
10	安巴韦单抗/罗米司韦单抗	腾盛华创

资料来源：国家药品监督管理局

2021年是全球新药产出丰厚的一年，经过前几年的厚积薄发，国内创新药企业陆续迎来了收获期，预计未来几年国内上市创新药数量将创下历史新高，ADC、双特异性抗体、CAR-T疗法是新药研发的三大重要方向，特别是对于肿瘤的治疗，这三大方向非常有希望产生具有突破性疗效的产品。

近年来，国产创新药正不断获得海外监管机构和大型跨国制药公司的认可，国产创新已不再局限于做"me-too"（派生药），一批具有"fast-follow"（快速跟进）、"first-in-class"（同类首创）潜力的品种将步入收获期。国内企业已经实现了第一个自主研发抗肿瘤新药泽布替尼在美国上市，后续也有企业向美国FDA提交了新药上市申请，国产创新药"扬帆出海"渐成趋势。今后全球创新药的追逐态势将更加激烈，必将形成靶点选择、分子筛选、管线构建、临床试验和注册推进、市场销售等全方位的竞争。

2. 药品注册审批情况

2021年药品审评工作交出亮眼成绩单，全年审评通过的创新药再创历史新高。全年整体按时限审结率提升至98.93%，且多个项目的按时限完成率取得历史性突破，一批新冠病毒疫苗、治疗药物和创新药品、临床急需境外新药、儿童用药上市。中药"三方"抗疫成果成功转化，是药品审评工作服务保障疫情防控工作大局、支持和推动中药传承创新发展的生动实践。

1）全年审评审批工作情况

2021 年审结的注册申请共 12 083 件（图 12-50），同比增长 19.55%。其中，需技术审评的注册申请 9679 件（包括技术审评的注册申请 2632 件，审评审批的注册申请 7039 件，药械组合注册申请 8 件），同比增长 35.66%。

图 12-50　2017—2021 年注册申请审结量

资料来源:《2021 年度药品审评报告》

2021 年审结的需技术审评的 9671 件药品注册申请中，中药注册申请 456 件，同比增长 22.25%；化学药注册申请 7295 件，同比增长 34.22%，占全部需技术审评的药品注册申请的 75.43%；生物制品注册申请 1920 件，同比增长 45.12%（图 12-51）。

图 12-51　2017—2021 年需技术审评的各药品类型注册申请审结量

资料来源:《2021 年度药品审评报告》

2021年批准IND 2108件（表12-53），同比增长46.90%；建议批准新药申请（new drug application，NDA）323件，同比增长55.29%；建议批准ANDA 1003件，同比增长9.26%；批准一致性评价申请1080件，同比增长87.18%。

表12-53　各类别注册申请批准/建议批准量

注册申请类别	批准或建议批准／件
IND	2108
验证性临床试验申请	59
NDA	323
ANDA	1003
一致性评价申请	1080
补充申请	2751
境外生产药品再注册申请	372
直接审批的注册申请	2362
复审注册申请	1
总计	10059

资料来源：《2021年度药品审评报告》

2021年，药品审评中心持续优化审评流程、严格审评时限管理、加快审评速度、强化项目督导，全年整体按时限审结率98.93%（表12-54）。其中NDA、ANDA、纳入优先审评审批程序的注册申请按时限审结率均超过90%，取得历史性突破（图12-52）。

表12-54　2021年各类注册申请按时限审结情况

注册申请类别	按时限审结率
临床急需境外新药	100.00%
境外生产药品再注册申请	100.00%
直接审批	99.96%
临床默示许可	99.86%
补充申请	99.34%
一致性评价申请	98.80%
ANDA	95.68%
优先审评审批	95.15%
NDA	93.68%
整体按时限审结率	98.93%

资料来源：《2021年度药品审评报告》

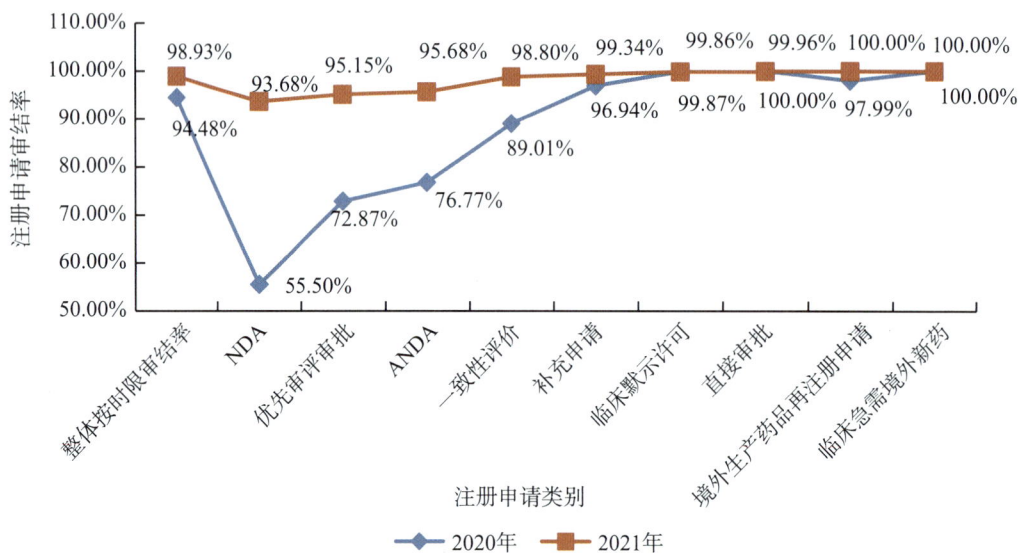

图12-52　2020年和2021年各类别注册申请按时限审结情况
资料来源:《2021年度药品审评报告》

2）创新药注册申请审结情况

2021年审结创新药注册申请1744件（943个品种），同比增长67.85%。批准/建议批准创新药注册申请1628件（表12-55，878个品种），同比增长67.32%。以药品类型统计，创新中药39件（39个品种），同比增长39.29%；创新化学药1029件（463个品种），同比增长44.32%；创新生物制品560件（376个品种），同比增长141.38%。

表12-55　2021年各药品类型创新药批准/建议批准量

注册申请类别	创新中药		创新化学药		创新生物制品		总计	
	注册申请/件	品种/个	注册申请/件	品种/个	注册申请/件	品种/个	注册申请/件	品种/个
IND	28	28	994	439	537	364	1559	831
NDA	11	11	35	24	23	12	69	47
总计	39	39	1029	463	560	376	1628	878

资料来源:《2021年度药品审评报告》

以注册申请类别统计，IND 1559件（图12-53，831个品种），同比增长65.32%，NDA 69件（图12-54，47个品种），同比增长130.00%。

图 12-53　2017—2021 年创新药 IND 批准量

资料来源:《2021年度药品审评报告》

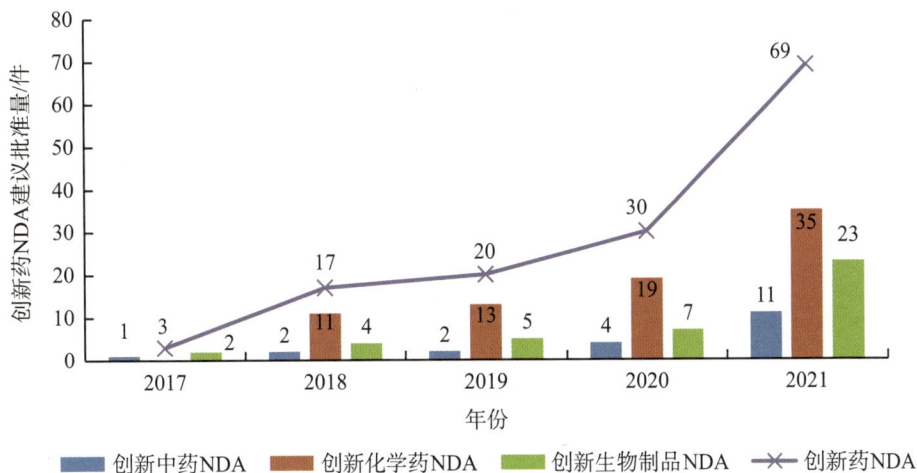

图 12-54　2017—2021 年创新药 NDA 建议批准量

资料来源:《2021年度药品审评报告》

以生产场地类别统计,境内生产创新药 1261 件(表 12-56,684 个品种),同比增长 60.84%;境外生产创新药 367 件(194 个品种),同比增长 94.18%。

表 12-56　2021 年境内、境外生产创新药批准/建议批准量

注册申请类别	境内生产		境外生产		总计	
	注册申请/件	品种/个	注册申请/件	品种/个	注册申请/件	品种/个
IND	1194	639	365	192	1559	831
NDA	67	45	2	2	69	47
总计	1261	684	367	194	1628	878

资料来源:《2021年度药品审评报告》

3. 新药注册临床试验进展

1）药物临床试验登记总体概况

2021年中国药物临床试验登记数量达3358项（图12-55），2020年和2021年登记总量分别较上一年度增加9.1%和29.1%。

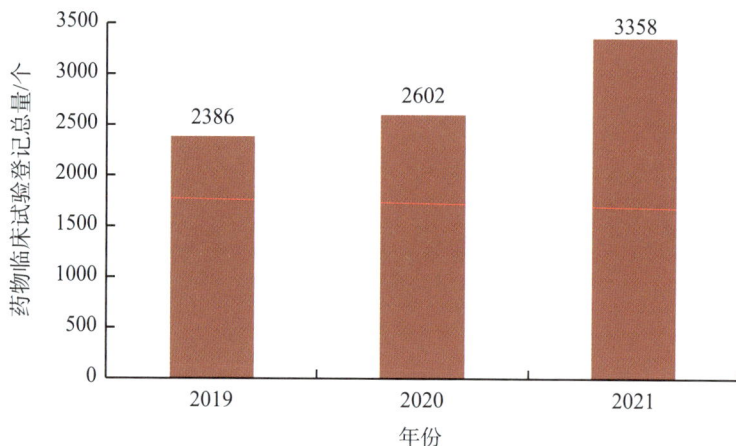

图12-55　2019—2021年度药物临床试验登记总量变化
资料来源：《中国新药注册临床试验进展年度报告（2021年）》

按药物类型（中药、化学药和生物制品）统计，2021年中国药物临床试验仍以化学药为主，占比为70.8%（图12-56）；其次为生物制品，为26.7%；中药最少，仅为2.4%。对比2019—2021年数据，各类药物临床试验数量占比类似，但生物制品占比呈逐年递增趋势，化学药和中药占比呈逐年递减趋势。

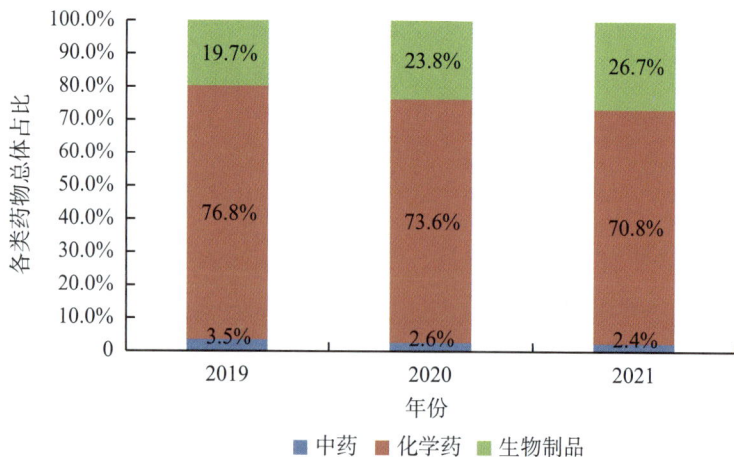

图12-56　2019—2021年各药物类型总体占比
资料来源：《中国新药注册临床试验进展年度报告（2021年）》

2）临床试验类型分析

按新药临床试验（以受理号登记）和生物等效性（bioequivalency，BE）试验（主要以备案号登记）来统计，2021年新药临床试验登记2033项，占比60.5%，BE试验登记1325项，占比39.5%（图12-57）。对比2019—2021年数据，新药临床试验数量占比逐年增长，而BE试验数量占比逐年下降。

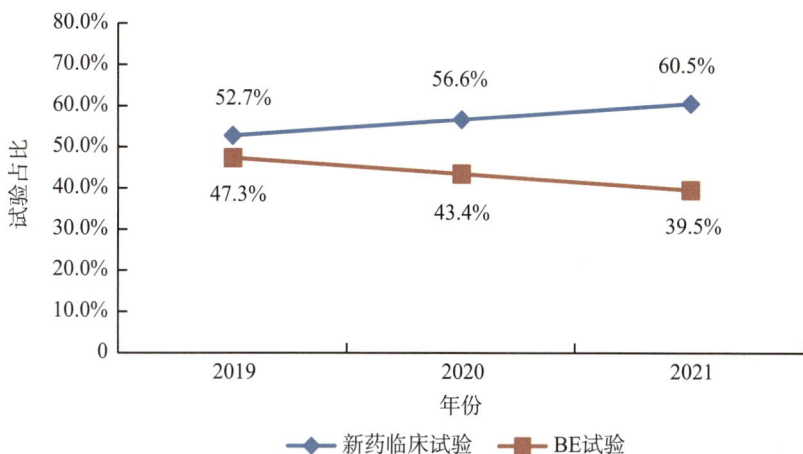

图12-57　2019—2021年新药临床试验占比

资料来源：《中国新药注册临床试验进展年度报告（2021年）》

对比2019—2021年新药临床试验登记数据，各类药物历年占比情况保持一致，均为化学药最多（年均占比54.6%），其次为生物制品（年均占比40.4%）和中药（图12-58）。2021年以受理号登记的新药临床试验中，化学药、生物制品和中药分别登记1069项

图12-58　2019—2021年不同药物类型新药临床试验占比

资料来源：《中国新药注册临床试验进展年度报告（2021年）》

（52.6%）、886项（43.6%）和78项（3.8%）。从各类药物占比趋势看，生物制品试验数量增幅较为明显，2020年和2021年登记量分别较上一年度增加31.5%和46.4%，2019年和2020年登记量分别为460项和605项。

3）新药临床试验品种的作用靶点

按药物品种统计，2021年登记临床试验的前10位靶点分别为PD-1、PD-L1、VEGFR、HER2、EGFR等（图12-59），前5位的品种数量分别多达71个、59个、46个、43个和43个，其中PD-1、PD-L1、HER2、EGFR和CD3这5个靶点的药物适应证超过90%集中在抗肿瘤领域，PD-1、PD-L1、HER2和EGFR这4个靶点的药物适应证全部集中在抗肿瘤领域。

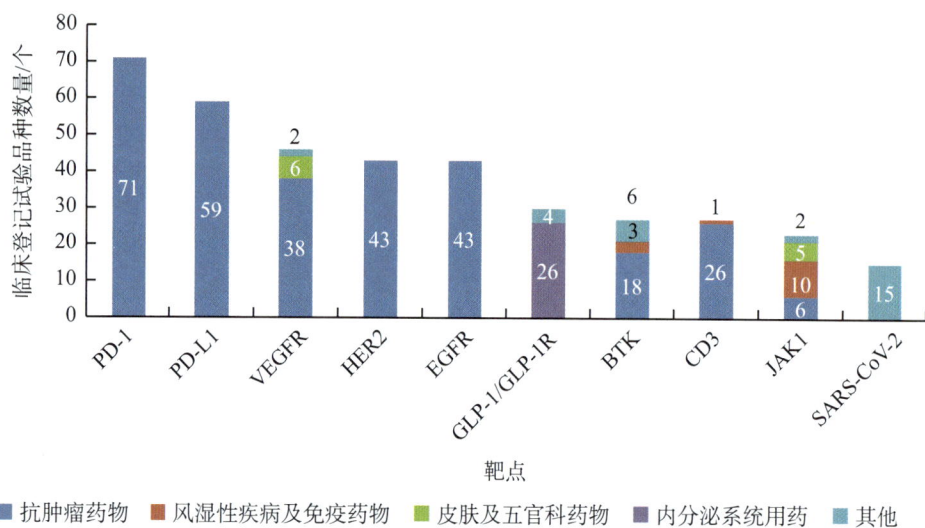

图12-59　2021年临床登记前10位靶点品种数量及适应证分布
资料来源：《中国新药注册临床试验进展年度报告（2021年）》

按临床试验数量统计，2021年临床试验数量最多的前10位靶点分别为PD-1、PD-L1、HER2、EGFR等，前4位的临床试验数量分别多达84项、68项、57项和53项（图12-60）。其中，PD-1和PD-L1靶点的Ⅲ期临床试验分别高达36项和21项。另外，VEGFR、GLP-1/GLP-1R、JAK1和CD3这4个靶点的药物临床试验中Ⅰ期临床试验占比均超过40%，Ⅱ期临床试验在各靶点中的占比在8%—37%。

4）临床试验分期

在2021年以受理号登记的新药临床试验中，Ⅰ期临床试验占比为42.9%（图12-61，872项），Ⅲ期和Ⅱ期临床试验占比分别23.3%（474项）和20.2%（410项），Ⅳ期临床试验有68项（主要为上市批件中明确要求开展的临床试验）。对于不能完全以Ⅰ—Ⅳ期划分的，按"其他"进行统计，如Ⅰ/Ⅱ期等。各期临床试验在2019—2021年的占比保持一致，均为Ⅰ期临床试验占比最高，其次为Ⅲ期和Ⅱ期，Ⅳ期占比最低。

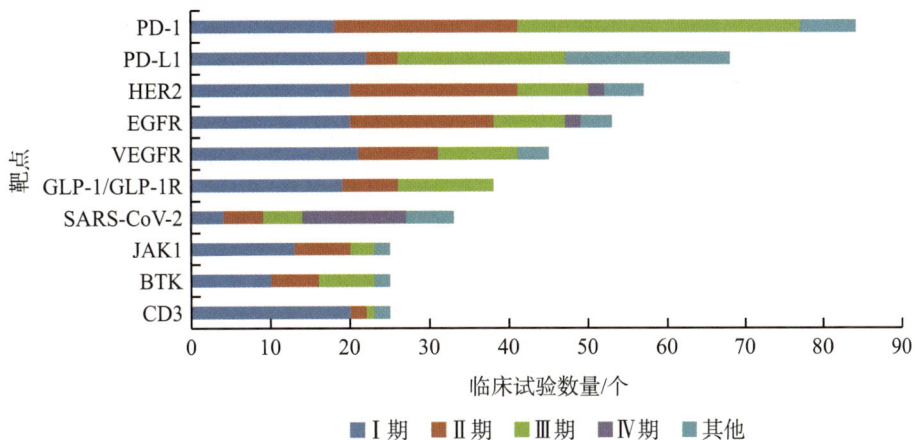

图12-60 2021年前10位靶点临床试验数量及试验分期
资料来源:《中国新药注册临床试验进展年度报告（2021年）》

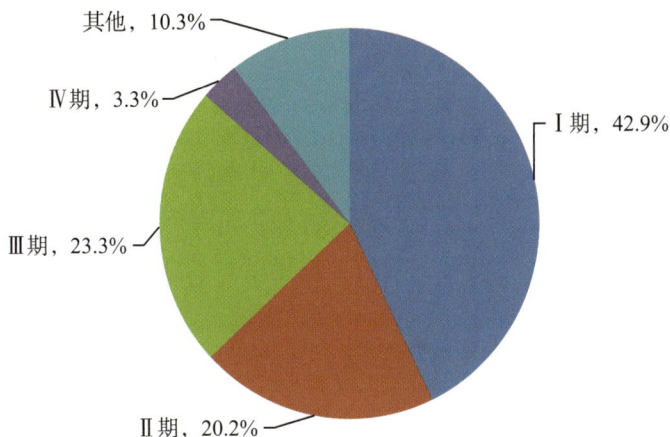

图12-61 2021年新药临床试验分期占比
资料来源:《中国新药注册临床试验进展年度报告（2021年）》

5）新药临床试验趋势特点

新药临床试验数量增长显著，但同质化较为明显。药物临床试验登记与信息公示平台2021年度登记总量为该平台上线以来年度登记总量最高，较2020年总体增长近30%，且新药临床试验占比在2019—2021年也呈现逐年增长趋势，2021年已超过60%。新药研发仍以早期临床试验为主，Ⅰ期临床试验占比最高，超过40%。2019—2021年，化学药和生物制品的临床试验均以抗肿瘤药物为主，历年占比均超过30%和40%。2021年化学药抗肿瘤药物试验数量为抗感染药物试验数量的5.3倍（422项和79项）；生物制品抗肿瘤药物试验数量为预防性疫苗试验数量的3.1倍（406项和131项）。

中药临床试验数量少，实施效率有待提高。2019—2021年，中药临床试验占比低，均不足总体的4%。中药品种的临床适应证也相对集中，2019—2021年数据显示均集中在呼吸、消化、心血管和精神神经4个适应证，总计均超过历年中药临床试验总体的60%。中药临床试验获批后实施效率仍有待提高，2021年登记数据显示，近九成临床试验启动后受试者招募超过1年，临床试验启动耗时较长。

特殊人群药物临床试验需加以重视。2021年仅在老年人群中开展的临床试验共3项，中药、化学药和生物制品各1项，仅占总体的0.1%；仅在儿童人群中开展的临床试验占总体的2.9%，且主要以生物制品的预防性疫苗为主，而其他适应证领域试验数量也仅为1—5项。对比分析2019—2021年数据，2021年与2019年和2020年整体趋势无明显变化。

临床试验地域分布不均衡现象较为突出。2021年，北京市各临床试验机构作为组长单位参加临床试验的次数约占总体的1/5，与2020年保持一致。2019—2021年数据显示，临床试验组长单位最多的前5个省市始终为北京市、上海市、广东省、江苏省和湖南省，总计均超过历年总体的一半。结合临床试验启动效率分析，临床试验组长单位较多的省区市临床试验的启动耗时较长，而个别作为组长单位较少的省份，其临床试验的启动效率则更高。

（三）全年重点政策

2021年，以"三医联动"为特征的医改深入推进，药监等重点领域改革稳步实施，多个医药相关"十四五"规划出台，对行业发展既有当期现实影响，也明确了今后几年的政策导向。

1. 药品集中带量采购政策

国务院办公厅下发了《关于推动药品集中带量采购工作常态化制度化开展的意见》，药品集采在国家、地方和省市区联盟等多个层面深入推进，采购范围不断扩大，并延续了较高的降价幅度，对企业发展模式和竞争格局产生较大影响。年内国家层面先后组织开展第四批、第五批、第六批药品集中采购；第四批集中采购共涉及45个品种，平均价格降幅52%；第五批集中采购共涉及61个品种，平均价格降幅56%；第六批集中采购（胰岛素专项）共涉及42个品种，平均降幅近50%。在地方层面，福建、上海、安徽等地在前一轮集中带量采购基础上开展了新一轮的采购，一些区域联盟成为重要的集中采购组织形式，采购范围已扩展至中药、生物制品和某些独家产品，采购规则呈现多样化特点。随着早期集中采购批次的品种陆续协议期满，根据国家医保局统一部署，各地先后开展了集中采购接续工作。

2. 医改重点政策

2021年国家医保药品目录出台，纳入目录的药品总数达到2860种，共74种药品新增进入目录，包括67种通过谈判纳入的独家药品，11种药品被调出。为保障国家谈判药品的落地使用，缓解"进院难"问题，国家医疗保障局、国家卫生健康委员会先后下发《关于建立完善国家医保谈判药品"双通道"管理机制的指导意见》及《关于适应国家医保谈判常态化持续做好谈判药品落地工作的通知》。国务院办公厅下发《关于建立健全职工基本医疗保险门诊共济保障机制的指导意见》，在提高职工门诊保障水平的同时，改进个人账户管理，将释放部分潜在的健康需求。DRG/DIP[①]试点工作顺利推进，全国纳入试点范围的城市超过200个，已逐步开展实际付费；国家医疗保障局印发《DRG/DIP支付方式改革三年行动计划》，提出2022—2024年全面完成DRG/DIP付费方式改革任务。国家卫生健康委员会印发《国家重点监控合理用药药品目录调整工作规程》，为启动目录调整创造了条件。普惠型商业健康保险发展迅速，作为国家基本医保的有效补充，为创新药纳入保障范围提供了新路径。

3. 药品监管政策

国务院办公厅下发《关于全面加强药品监管能力建设的实施意见》，针对药品监管体系和监管能力存在的短板问题，就提升药品监管工作科学化、法治化、国际化、现代化水平明确了重点任务。新修订的《医疗器械监督管理条例》正式实施，落实了医疗器械监管一系列改革举措，对鼓励技术创新、规范竞争秩序将起到重要作用。根据新修订《中华人民共和国药品管理法》，药监部门加快新制度体系建设，2021年出台了一批新的规章制度和标准指南，包括《药品检查管理办法（试行）》《药品上市后变更管理办法（试行）》《药物警戒质量管理规范》等，其中《药品专利纠纷早期解决机制实施办法（试行）》建立了专利链接制度，《以临床价值为导向的抗肿瘤药物临床研发指导原则》有助于引导行业提高创新质量，减少同靶点药物过度重复开发。

4."十四五"医药相关规划

国务院办公厅印发了《"十四五"全民医疗保障规划》，提出"十四五"期间要基本完成待遇保障、筹资运行、医保支付、基金监管等重要机制和医药服务供给、医保管理服务等关键领域的改革任务，目标之一是到2025年各省（自治区、直辖市）国家和省级药品集中带量采购品种达500个以上。工业和信息化部等九部门联合发布了《"十四五"医药工业发展规划》，提出将加快医药工业创新驱动发展转型，培育新发展新动能，推动产业高端化、智能化和绿色化，构筑国际竞争新优势，健全医药供应保障体系，增长目标设定为营业收入、利润总额年均增速保持在8%以上。国家药监局等

---

① DRG 即 diagnosis related groups，疾病诊断相关分组；DIP 即 big data diagnosis-intervention packet，按病种分值付费。

八部门联合印发了《"十四五"国家药品安全及促进高质量发展规划》，提出将持续深化监管改革，强化检查执法，创新监管方式，提升监管能力，到"十四五"期末，药品监管能力整体接近国际先进水平，药品安全保障水平持续提升，支持产业高质量发展的监管环境更加优化。商务部下发了《关于"十四五"时期促进药品流通行业高质量发展的指导意见》，提出以数字化、智能化、集约化、国际化为发展方向，到2025年要建成更加完善的创新引领、科技赋能、覆盖城乡、布局均衡、协同发展、安全便利的现代药品流通体系。此外，《"十四五"医疗装备产业发展规划》《"十四五"智能制造发展规划》等，与医药工业发展也密切相关。

5. 其他重要政策

围绕绿色低碳发展国家出台了一系列政策文件，中共中央、国务院下发了《关于完整准确全面贯彻新发展理念做好碳达峰碳中和工作的意见》，国务院印发了《2030年前碳达峰行动方案》和《"十四五"节能减排综合工作方案》，国家发展和改革委员会制定了《完善能源消费强度和总量双控制度方案》，上述政策对原料药产业发展的影响最为直接。为推动原料药产业升级和绿色低碳转型，国家发展和改革委员会、工业和信息化部联合印发了《关于推动原料药产业高质量发展的实施方案》。落实《中共中央国务院关于促进中医药传承创新发展的意见》、《关于加快中医药特色发展的若干政策措施》（国务院办公厅印发）、《关于促进中药传承创新发展的实施意见》（国家药品监督管理局发布），支持中药守正创新，提高中药产业发展活力。

撰 稿 人：余　倩　浙江华海药业股份有限公司
　　　　　夏小二　浙江华海药业股份有限公司
　　　　　张　佩　浙江华海药业股份有限公司

第三节　中国生物医药产业发展指数评估报告

生物医药产业是我国重点大力发展的战略性新兴产业，随着中国现代化的全面推进、经济社会发展、居民收入增长，国内生物医药行业蓬勃发展。为科学反映我国生物医药产业的发展情况，在中国宏观经济研究院有关专家的学术指导下，杭州费尔斯通科技有限公司（以下简称火石创造）充分利用人工智能和大数据等现代信息技术，构建了一套动态的、量化的指标体系，编制中国生物医药产业发展指数（China biomedical industry barometer，CBIB），以期量化展示我国生物医药产业的发展态势。

2022年，第十四届中国生物产业大会在广州国际生物岛举行，会上，中国生物工程学会、火石创造共同发布中国生物医药产业发展指数2.0版（以下简称CBIB 2.0），并公布2021年区域生物医药产业评价结果。CBIB 2.0突出三大重大变化：一是指数覆盖了更多的产业发展的区域和主体，引入了省、市、区、产业园区四级指标体系，针对中国生物医药产业发展区域进行更全面的解析；二是在指数里更多地引入了动态化指标体系，能够动态反映中国生物医药产业发展的变化；三是引入了更多的全球化指标，能够更加客观、全球化地评价中国生物医药产业对世界的贡献。

该指数显示，2021年，中国医药绩效产出保持高速发展态势，资源投入持续加大，企业创新实力稳步增强，国际影响力进一步提高。

一、2021年中国生物医药产业发展指数①

2021年中国生物医药产业发展指数（以2018年为100）达到173.5，继续保持上升趋势，相较2020年增长26.5%，增速高于2020年指数增速（20.9%），显示出我国生物医药产业发展动能强劲（图12-62、表12-57）。2021年各项分类指数与上年相比均有提升（图12-63），绩效产出指数增长最快，较上年增长58.3%，达到227.6，对总指数增长的贡献最大，贡献率为69.2%；资源投入持续加大，较上年增长13.7%，达到129.3，对总指数增长贡献率为14.7%；企业创新指数较上年增长12.1%，达到179.1。国际影响指数稳步上升，较上年增长7.4%，达到154.6。

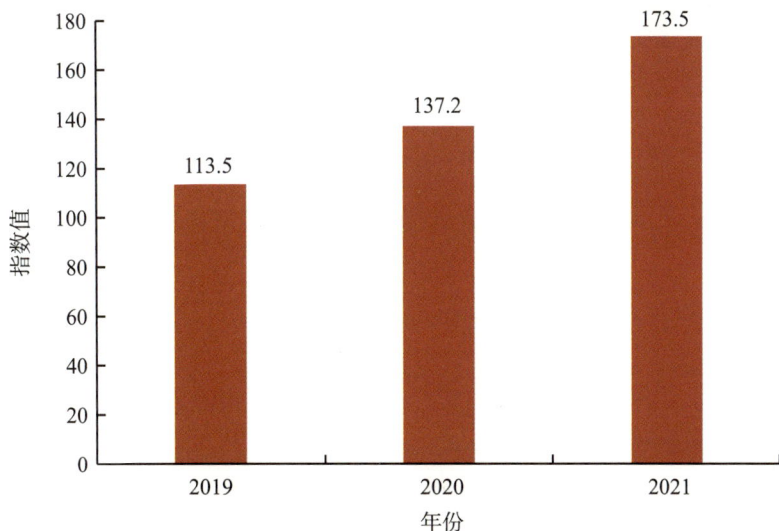

图12-62 CBIB 2.0 2019—2021年的变化

①因2022年部分统计数据尚未公布，为保证各项指标数据一致性，中国生物医药产业发展指数及区域评价得分计算统一以2021年数据为准。

表12-57 2019—2021年CBIB 2.0、分类指数及其增速

指标名称	2019 年		2020 年		2021 年	
	指数值	增速	指数值	增速	指数值	增速
CBIB 2.0	113.5	13.5%	137.2	20.9%	173.5	26.5%
资源投入指数	106.7	6.7%	113.7	6.6%	129.3	13.7%
绩效产出指数	120.2	20.2%	143.8	19.6%	227.6	58.3%
企业创新指数	116.0	16.0%	159.7	37.7%	179.1	12.1%
国际影响指数	111.4	11.4%	143.9	29.2%	154.6	7.4%

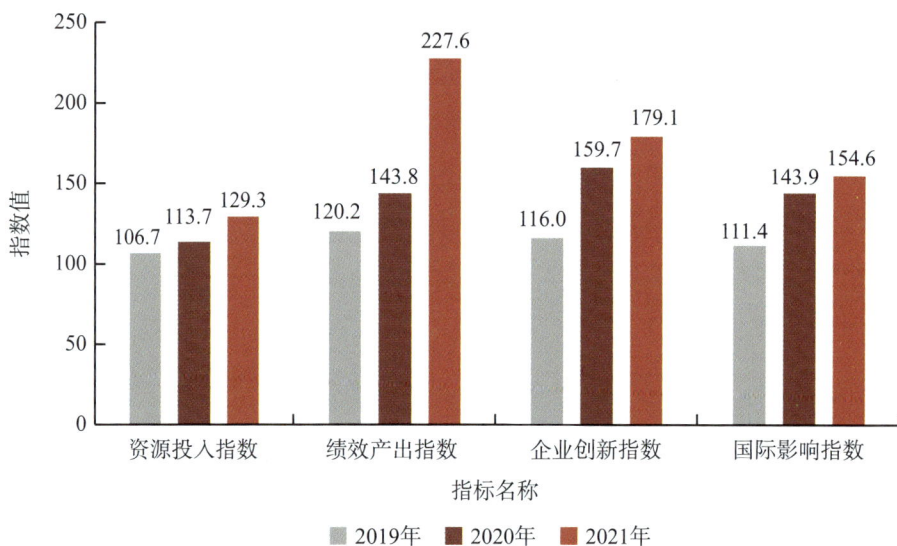

图12-63 各项分类指数2019—2021年的变化

（一）资源持续投入，产业发展动能强劲

生物医药产业具有高技术、大投资、长周期、多学科交叉等特点，在产业形成和发展过程中需吸纳多种要素资源，当前国内积极推动生物医药产业发展，加强产业基础能力建设，资源投入力度呈逐年增加态势。

2021年国内生物医药产业资金扶持、基础研究资源建设速度加快。其中，医药制造业固定资产投资总额达9583.8亿元，同比增长10.60%，2018—2021年均保持增长（图12-64）。这体现了我国生物医药产业扩大再生产动力充足。

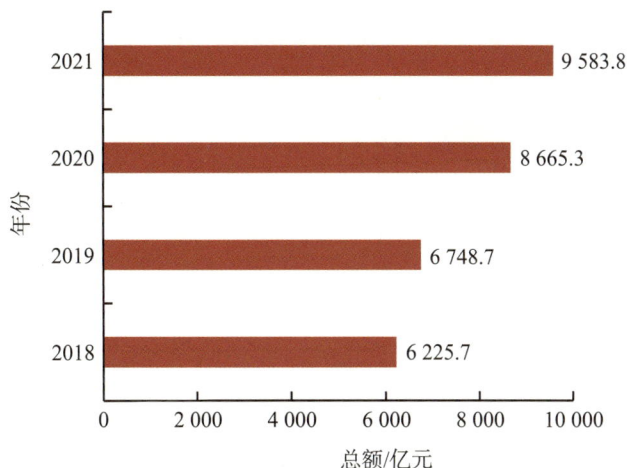

图12-64　医药制造业固定资产投资总额的变化情况

重点实验室和工程技术中心等基础设施处于整合调整阶段，总体保持稳定（图12-65）。

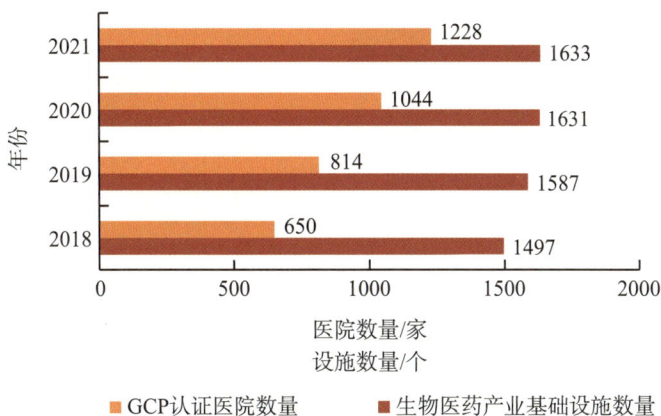

图12-65　生物医药产业基础设施和GCP认证医院数量的变化情况
GCP（Good Clinical Practice）表示药物临床试验质量管理规范

（二）产出大幅增长，产业绩效提升显著

在疫情需求的拉动下，2021年医药工业经济指标大幅增长，对绩效产出指数的贡献突出。医药制造业保持高速增长，实现医药制造业增加值同比增长23.1%（图12-66），高于工业整体增速15.2个百分点，领先高技术制造业6.4个百分点。企业效益大幅提升，2021年医药制造业规模以上工业企业实现利润总额7006.5亿元，同比增长68.7%，增势强劲（图12-67）。

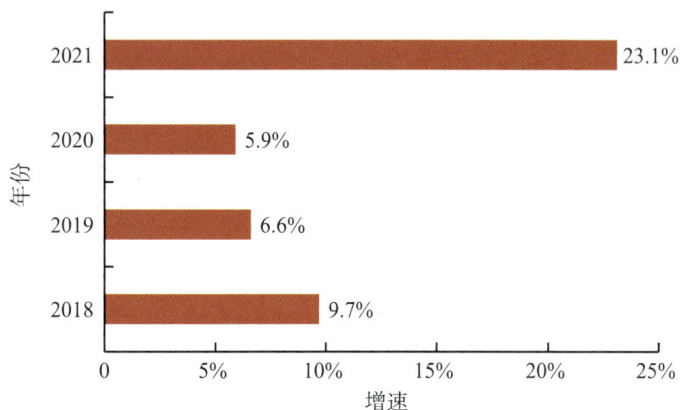

图 12-66　医药制造业增加值同比增速的变化情况

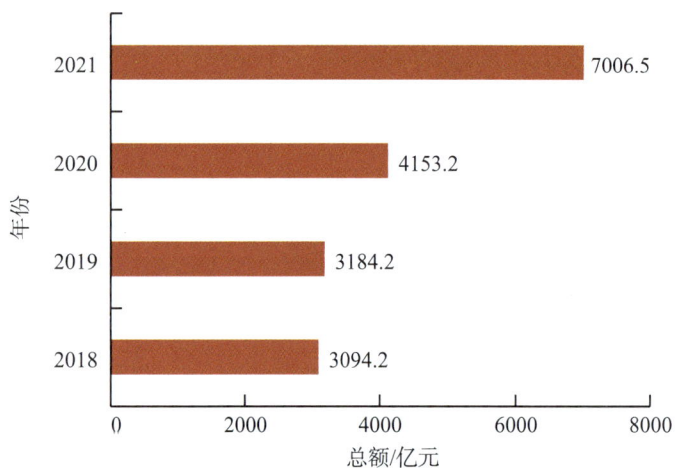

图 12-67　医药制造业规模以上工业企业利润总额的变化情况

创新产品在研及上市数量逐年稳定提升，可以预见未来的发展潜力将进一步释放（图 12-68）。

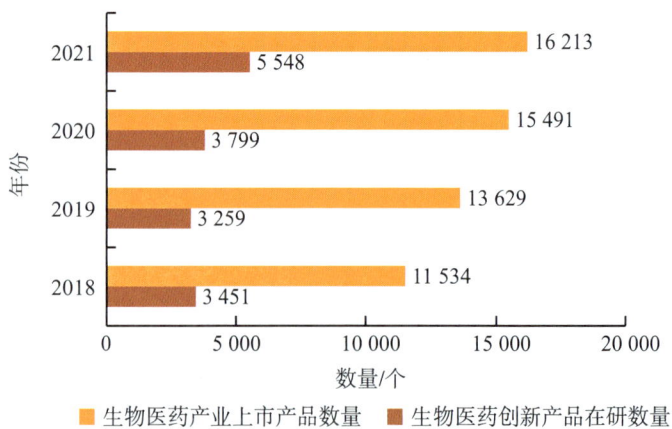

■ 生物医药产业上市产品数量　■ 生物医药创新产品在研数量

图 12-68　创新产品在研、上市数量的变化情况

（三）企业实力增强，资本市场投入增加

2021年生物医药产业企业数量持续增长，企业研发投入力度加大，资本市场对生物医药产业支持稳步加强。

2020年新成立企业的数量继上一年大幅增加后，2021年依然保持增长（图12-69）。除了总量的增加，上市企业、高新技术企业等优质企业的规模也在扩大（图12-70）。2021年，共有86家国内生物医药企业在全球完成IPO，既包括百济神州等创新药企，也有威高骨科等行业龙头，细分领域涵盖化学制剂、体外诊断、医疗设备、疫苗等。其中百济神州成为全球首个"美股+H股+A股"三地上市的中国生物医药企业，也是2021年科创板募资最多的生物医药企业，融资额超200亿元。企业总量及优质企业量的增长，将为推动产业发展提供重要力量。

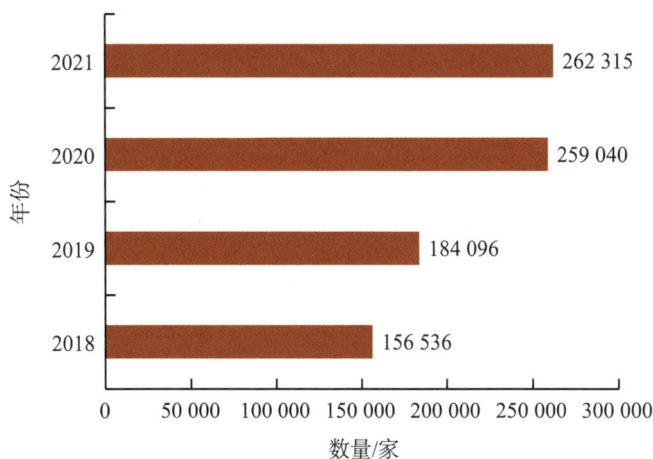

图12-69　新增生物医药企业数量的变化情况

图12-70　上市企业、高新技术企业数量的变化情况

同时，上市企业对研发创新的投入也不断加大，上市企业研发人员数量、投入金额逐年提高，体现了国内企业的创新热情（图12-71）。

图12-71   上市企业研发人员数量和研发投入金额的变化情况

（四）产业向外发展，国际影响稳步提升

国内生物医药产业积极推进国际化发展，2021年国际影响力得分较2020年有较大提升，主要是由于我国生物医药企业在全球发表文献数量始终保持快速增长（图12-72）。

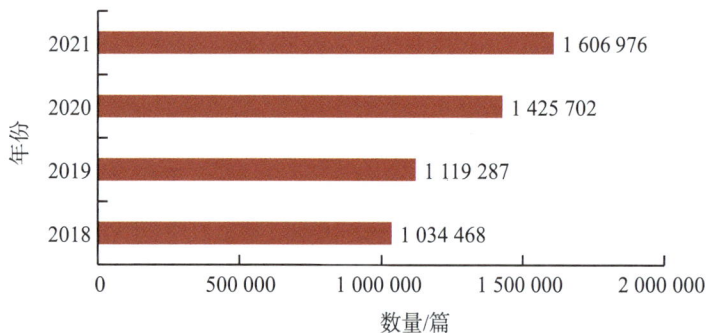

图12-72   生物医药全球文献发表数量的变化情况

值得关注的是，尽管生物医药行业不是典型的强周期行业，但受国际政治、经济以及产业政策等影响，融资环境和估值出现较大变化，部分行业龙头企业股价出现较大程度下跌，2021年国内生物医药企业在A股以外市场的市值为30 209.48亿元，较2020年下降7.08%（图12-73）。

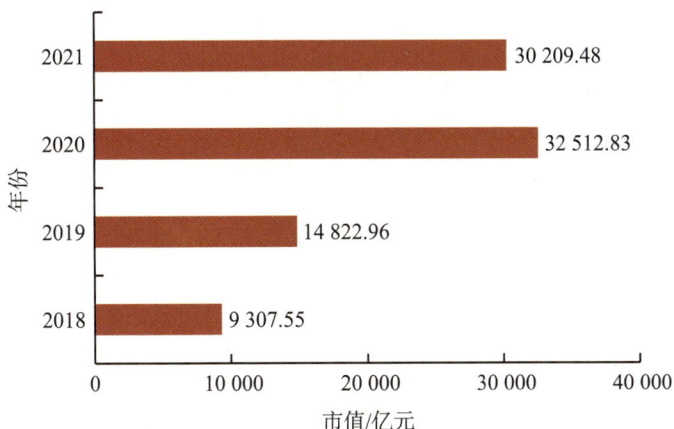

图 12-73　国内生物医药企业在 A 股以外市场市值的变化情况

全球医药市场需求增加，带动我国医药出口延续上年以来的高增长态势，医药规模以上工业企业出口交货值达 4752.60 亿元，同比增长 57.4%（图 12-74）。主要是测温仪、诊断试剂、口罩、疫苗等为代表的防疫相关产品外需大幅增加，我国产业链供应链优势突出。

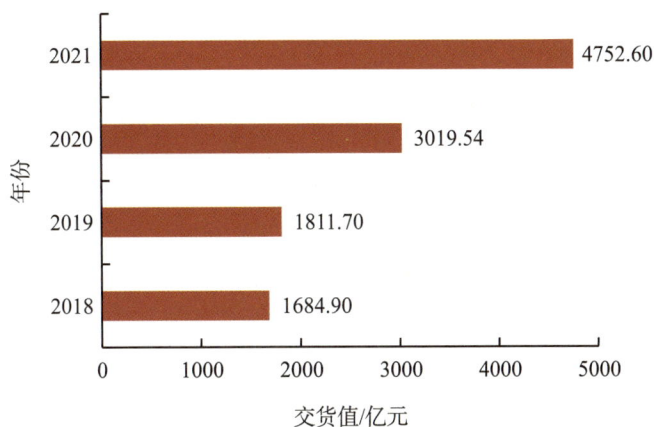

图 12-74　医药规模以上工业企业出口交货值的变化情况

二、2021 年区域生物医药产业发展评价

为全面、科学地认识区域生物医药产业发展现状、识别主要问题、预判发展前景、提出对策建议，本章基于 CBIB 2.0，并结合区域产业经济特点，构建了中国区域生物医药产业评价指标体系，从资源要素评价、产业能力评价、经济效益评价、创新成果

评价四个维度对31个省级行政区、334个地市级行政区、399个国家级高新区和经开区（高新区169个，经开区230个）、864个生物医药产业园区进行整体评价。以评价得分结果为依据，最终形成包括十大重点省（直辖市）、二十大重点地级市、二十大重点高新区及经开区、二十大重点产业园区，共四个名单。

（一）2021年生物医药产业重点省份名单

1. 总体评价

由综合评分结果选出的十大重点省份名单如表12-58示。通过综合比较10个重点省份的4个一级指标得分与总体得分之间的关系，发现总体得分较高的省份在产业能力、创新能力两方面的表现优于其在经济效益和资源要素方面的表现，说明产业能力、创新能力的变化将引起总体得分更大的变化（图12-75）。经对比十大重点省份各维度的平均分，我们发现产业能力平均分最高，经济效益平均分排第二，且各省份得分较为平均，说明各重点省份产业能力铺垫较好且均有不错的绩效产出。

表12-58　重点省份名单（总体评价）

序号	省份
1	安徽省
2	北京市
3	广东省
4	湖北省
5	湖南省
6	江苏省
7	山东省
8	上海市
9	四川省
10	浙江省

注：按拼音首字母排序

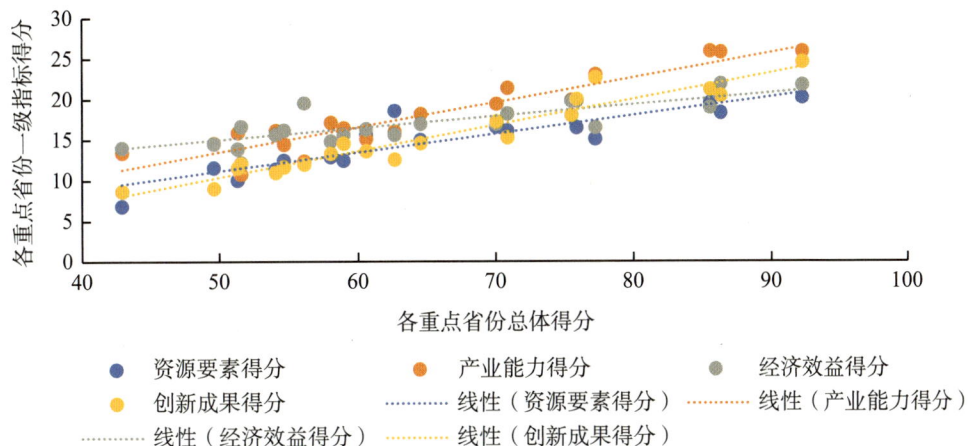

图 12-75　重点省份一级指标得分与总体得分散点图

2. 资源要素评价

资源要素评价维度的十大重点省份名单如表 12-59 所示。10 个重点省份卫生健康支出占全国总支出的五成；政府产业引导基金数量占全国的比重超过 70%；科技领军人才占全国的比重超过 80%；有六成的产业园区集中在重点省份。

表 12-59　重点省份名单（资源要素评价）

序号	省份
1	安徽省
2	北京市
3	广东省
4	河北省
5	湖北省
6	江苏省
7	山东省
8	上海市
9	四川省
10	浙江省

注：按拼音首字母排序

3. 产业能力评价

产业能力评价维度的十大重点省份名单如表 12-60 所示。全国 60% 以上的临床试验机构，近 80% 的专业研发生产服务企业集中在这 10 个重点省份；超过 60% 的生物医药研发生产企业选在这些省内注册成立；绝大部分的融资事件发生在重点省份内。

表 12-60　重点省份名单（产业能力评价）

序号	省份
1	北京市
2	广东省
3	河南省
4	湖北省
5	湖南省
6	江苏省
7	山东省
8	上海市
9	四川省
10	浙江省

注：按拼音首字母排序

4. 经济效益评价

经济效益评价维度的十大重点省份名单如表 12-61 所示。重点省份贡献了约六成产业产值、营收额及七成以上的上市公司市值。

表 12-61　重点省份名单（经济效益评价）

序号	省份
1	北京市
2	广东省
3	湖北省
4	湖南省
5	吉林省
6	江苏省
7	山东省
8	上海市
9	四川省
10	浙江省

注：按拼音首字母排序

5. 创新成果评价

创新成果评价维度的十大重点省份名单如表12-62所示。全国九成左右的批准上市创新产品、在研产品及海外上市产品产生于这些省份。重点省份的发明专利申请量及文献发表量均占全国七成以上。

表12-62　重点省份名单（创新成果评价）

序号	省份
1	北京市
2	广东省
3	湖北省
4	湖南省
5	江苏省
6	山东省
7	上海市
8	四川省
9	天津市
10	浙江省

注：按拼音首字母排序

（二）2021年生物医药产业重点地级市名单

1. 总体评价

由综合评分结果选出的二十大重点地级市名单如表12-63所示。通过综合比较20个重点地级市的4个一级指标得分与总体得分之间的关系，我们发现与重点省份得分之间关系较为相似。总体得分较高的地级市在产业能力、创新能力两方面的表现优于其在经济绩效和资源要素方面的表现。重点地级市的4个一级指标中，产业能力、创新能力的平均分较高，说明各地级市的这两类指标表现得较好（图12-76）。

表 12-63　重点地级市名单（总体评价）

序号	城市	序号	城市
1	长春市	11	深圳市
2	长沙市	12	沈阳市
3	成都市	13	石家庄市
4	广州市	14	苏州市
5	杭州市	15	台州市
6	合肥市	16	泰州市
7	济南市	17	无锡市
8	连云港市	18	武汉市
9	南昌市	19	西安市
10	南京市	20	郑州市

注：按拼音首字母排序

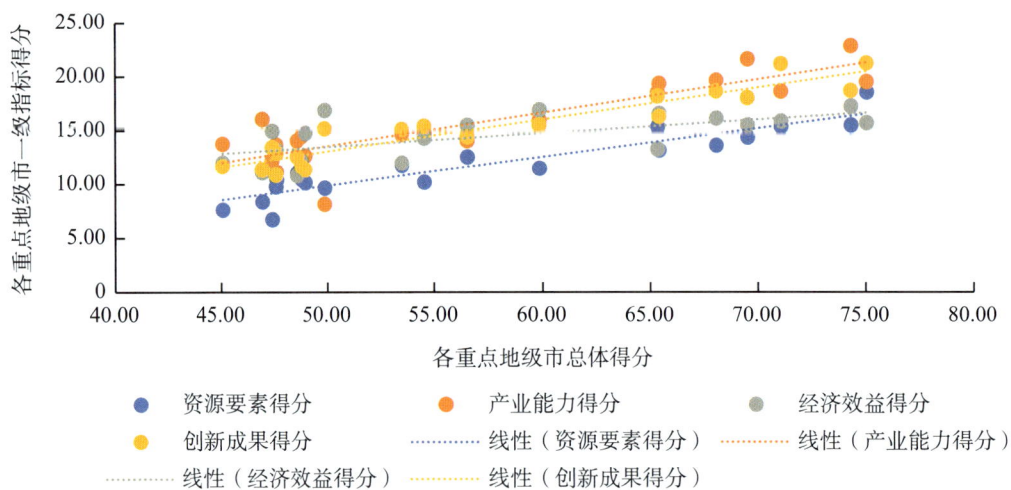

图 12-76　重点地级市一级指标得分与总体得分散点图

2. 资源要素评价重点地级市

资源要素评价维度的二十大重点地级市名单如表 12-64 所示。20 个重点地级市的政府产业引导基金数量占全国的比重超过了 60%；集聚了全国超七成的科技领军人才。

表 12-64 重点地级市名单（资源要素评价）

序号	城市	序号	城市
1	长春市	11	深圳市
2	长沙市	12	沈阳市
3	成都市	13	石家庄市
4	广州市	14	苏州市
5	杭州市	15	泰州市
6	合肥市	16	无锡市
7	济南市	17	武汉市
8	连云港市	18	西安市
9	南京市	19	厦门市
10	青岛市	20	郑州市

注：按拼音首字母排序

3. 产业能力评价重点地级市

产业能力评价维度的二十大重点城市名单如表12-65所示。20个重点地级市设立的技术创新平台数量占全国总数的一半以上；专业研发生产服务企业数量占全国比重的60%以上；融资金额占全国融资总额的九成。

表 12-65 重点地级市名单（产业能力评价）

序号	城市	序号	城市
1	长沙市	11	深圳市
2	成都市	12	沈阳市
3	广州市	13	石家庄市
4	杭州市	14	苏州市
5	合肥市	15	泰州市
6	济南市	16	无锡市
7	昆明市	17	武汉市
8	南昌市	18	西安市
9	南京市	19	郑州市
10	宁波市	20	中山市

注：按拼音首字母排序

4. 经济效益评价重点地级市

经济效益评价维度的二十大重点城市名单如表 12-66 所示。20 个重点地级市贡献近半成产业产值；近七成上市公司分布于重点地级市。

表 12-66　重点地级市名单（经济效益评价）

序号	城市	序号	城市
1	长春市	11	深圳市
2	长沙市	12	沈阳市
3	成都市	13	石家庄市
4	广州市	14	苏州市
5	哈尔滨市	15	台州市
6	杭州市	16	泰州市
7	昆明市	17	无锡市
8	连云港市	18	武汉市
9	南京市	19	厦门市
10	绍兴市	20	珠海市

注：按拼音首字母排序

5. 创新成果评价重点地级市

创新成果评价维度的二十大重点城市名单如表 12-67 所示。20 个重点地级市创新能力较强，体现在七成以上创新药品上市、在研数量和近八成海外上市产品产生于这些地级市。

表 12-67　重点地级市名单（创新成果评价）

序号	城市	序号	城市
1	长春市	11	南京市
2	长沙市	12	南通市
3	成都市	13	深圳市
4	东莞市	14	石家庄市
5	广州市	15	苏州市
6	杭州市	16	台州市
7	合肥市	17	无锡市
8	济南市	18	武汉市
9	连云港市	19	西安市
10	南昌市	20	烟台市

注：按拼音首字母排序

（三）2021年生物医药产业重点高新区及经开区名单

由综合评分结果选出的二十大重点高新区、经开区名单如表12-68所示。重点高新区、经开区较集中于长三角（8个）、京津冀（4个）、珠三角（3个）三大地区。区内专业研发生产服务企业数量占全国的比重近30%，上市企业市值占全国的比重超40%，贡献了超70%的已上市创新药品和在研产品。

表12-68　重点高新区、经开区名单

序号	高新区、经开区	序号	高新区、经开区
1	北京经济技术开发区	11	连云港经济技术开发区
2	长春高新技术产业开发区	12	南京高新技术产业开发区
3	长沙国家高新技术产业开发区	13	上海张江高新技术产业开发区
4	成都高新技术产业开发区	14	深圳高新技术产业园区
5	广州高新技术产业开发区	15	石家庄高新技术产业开发区
6	广州经济技术开发区	16	苏州工业园区
7	杭州国家高新技术产业开发区	17	泰州中国医药城
8	杭州经济技术开发区	18	天津经济技术开发区
9	合肥高新技术产业开发区	19	武汉东湖新技术开发区
10	济南高新技术产业开发区	20	中关村科技园区

注：按拼音首字母排序

（四）2021年生物医药产业重点产业园区名单

由综合评分结果选出的二十大重点产业园区名单如表12-69所示。重点产业园区较集中于长三角（8个）、珠三角（5个）、京津冀（4个）三大地区。重点产业园区内上市企业市值占全国总量的17%，贡献约40%的已上市创新药品和在研产品，产品海外上市数量占全国比重超过20%。

表12-69　总体评价重点产业园区名单

序号	产业园区	序号	产业园区
1	北京亦庄生物医药园	4	广州国际生物岛
2	成都医学城	5	广州科学城
3	大兴生物医药产业基地	6	杭州医药港

续表

序号	产业园区	序号	产业园区
7	连云港经济技术开发区生命健康产业园	14	苏州生物医药产业园
8	南京生命科技小镇	15	武汉国家生物产业基地
9	南京生物医药谷	16	厦门生物医药港
10	上海国际医学园区	17	张江生物医药基地
11	深圳国际生物谷	18	浙江余杭生物医药高新技术产业园区
12	深圳国家生物产业基地	19	中关村生命科学园
13	石家庄国家生物产业基地	20	中山国家健康科技产业基地

注：按拼音首字母排序

三、展　　望

中国共产党二十大胜利召开，标志着中国开启了全面建成社会主义现代化强国的新征程。随着经济社会持续发展、居民收入稳步提高、健康中国建设全面推进，生物医药产业发展前景广阔。面对国内外产业发展新趋势与新形势，中国生物医药产业还需加强基础资源投入，进一步强化创新研发能力，促进高影响力创新成果的涌现；鼓励领先企业持续提高自身实力，打造布局全球研发基地，拓展发达国家市场；抓住生命科学和生物技术变革的时代窗口期，实现中国生物医药产业高质量发展。

附录　CBIB 2.0 及区域生物医药产业发展评价指标体系

附表 12-1　CBIB 2.0 指标体系

序号	一级指标	二级指标
1		全国卫生总支出（亿元）
2		生物医药产业固定资产投资金额（亿元）
3		生物医药产业外商投资总额（亿元）
4	资源投入 （共 7 项）	国家生物医药基础研究资金投入（亿元）
5		生物医药产业从业人数（万人）
6		国家生物医药产业基础设施建设数量（个）
7		国内 GCP 认证医院数量（家）

续表

序号	一级指标	二级指标
8	绩效产出（共6项）	医药制造业增加值的同比增速
9		医药制造业规模以上工业企业利润总额（亿元）
10		生物医药产业发明专利申请数（个）
11		生物医药创新产品在研数量（个）
12		生物医药产业上市产品数量（个）
13		生物医药销售额亿元以上产品数量（个）
14	企业创新（共7项）	新增生物医药企业数量（家）
15		国内生物医药在全球上市企业数量（家）
16		国内生物医药上市企业研发投入金额（亿元）
17		国内生物医药上市企业研发人员数量（人）
18		新增生物医药独角兽企业数量（家）
19		生物医药高新技术企业数量（家）
20		生物医药产业融资总金额（亿元）
21	国际影响（共6项）	生物医药全球文献发表数量（篇）
22		生物医药产业 PCT 专利申请数量（件）
23		生物医药企业产品海外审批、上市数量（个）
24		生物医药产业上市企业营业收入占全球比重
25		国内生物医药企业在 A 股以外市场市值（亿元）
26		生物医药产业出口额（亿元）

附表 12-2　不同区域层级生物医药产业发展指数指标体系

序号	一级指标	二级指标	重点省（直辖市）、地级市	重点高新区及经开区、产业园区
1	资源要素（共6项）	卫生健康支出（亿元）	√	
2		研发经费投入强度（%）	√	√
3		政府产业引导基金数量（只）	√	
4		产业发展促进政策数量（项）	√	
5		科技领军人才数量（人）	√	
6		生物医药产业园数量（家）	√	

续表

序号	一级指标	二级指标	重点省（直辖市）、地级市	重点高新区及经开区、产业园区
7		技术创新平台数量（个）	√	√
8		临床试验机构数量（家）	√	
9	产业能力（共6项）	专业研发生产服务企业数量（家）	√	
10		产业数字化平台建设数量（个）	√	
11		新增生物医药研发生产企业数量（家）	√	√
12		产业内企业融资金额（亿元）	√	√
13		医药制造业产值（亿元）	√	
14		医药制造业产值占工业总产值的比重	√	
15	经济效益（共6项）	规模以上工业企业营收总额（亿元）	√	
16		规模以上工业企业利润率	√	
17		生物医药上市企业市值（亿元）	√	√
18		生物医药上市企业数量（家）	√	√
19		国内创新药品上市数量（个）	√	√
20		国内创新器械上市数量（个）	√	√
21	创新成果（共6项）	产品海外上市数量（个）	√	√
22		创新产品在研数量（个）	√	√
23		国内发明专利申请数量（件）	√	√
24		生物医药文献发表数量（篇）	√	√

撰　稿　人：姚姗姗　杭州费尔斯通科技有限公司（火石创造）

陈文洁　杭州费尔斯通科技有限公司（火石创造）

冯　雷　杭州费尔斯通科技有限公司（火石创造）

苗先锋　杭州费尔斯通科技有限公司（火石创造）

何　伟　杭州费尔斯通科技有限公司（火石创造）

刘淑静　杭州费尔斯通科技有限公司（火石创造）

通讯作者：苗先锋　miaoxf@hsmap.com

第四节 基 因 检 测

一、行业发展概览

（一）基因检测定义

基因检测是指利用荧光原位杂交（fluorescence *in situ* hybridization，FISH）、聚合酶链式反应（polymerase chain reaction，PCR）、基因芯片、桑格测序（Sanger sequencing），以及现代广为应用的高通量基因测序和单分子测序等技术，从血液、体液、分泌物、细胞、组织等生物标本中检测基因序列，通过分析基因序列的多态性、位点变异、表达丰度等信息，来判断和预测受试者遗传性疾病、健康状况和疾病风险等情况，为临床治疗和疾病预防提供参考和指导。此外，基因检测技术还广泛应用于身份识别、亲缘鉴定、祖源追溯、药物及特定物质（如咖啡因、酒精等）的代谢能力、先天运动潜能等方面，有助于人们更好地管理健康和应对疾病。

（二）基因检测技术发展概述

自1953年沃森（Watson）和克里克（Crick）确定DNA双螺旋结构，并提出"碱基的精确序列是携带遗传信息的密码"之后，基于破解此序列所承载的遗传信息的基因测序技术便开始快速发展（表12-70）。

自1977年基于双脱氧链终止法的桑格-库森法测序技术始，基因测序经历了快速的发展，测序技术几经迭代，从双脱氧链终止法测序、边合成边测序、边连接边测序、焦磷酸测序、半导体测序、DNA纳米球测序发展到纳米孔单分子测序（图12-77）。在测序通量不断提高的同时，测序价格以"超摩尔定律"的速度下降，实现了个人基因组测序价格从人类基因组计划时期的30亿美元全面降低至500美元（图12-78），极大加速了高通量测序技术和相关产品的商业化进程，带动了下游基于高通量测序的基因组学的基础研究和临床应用，催生了一批以提供基因测序等相关服务为核心交付的中游企业。

（三）国内基因检测发展概况

我国基因检测行业，尤其是上游核心仪器设备产业，起步较欧美等发达国家和地区稍晚，但我国科学家和业内同仁通过十余年的努力，使得我国基因检测行业从上

表 12-70 不同基因检测技术比较

技术分类	检测原理	代表方法	优点	缺点
杂交技术	将特定标记的已知序列核酸为探针，与细胞或组织切片中的核酸进行杂交，从而实现精确定量定位的过程	荧光原位杂交	灵敏度高，可以精确定量定位	通量低，对操作人员要求高
聚合酶扩增技术	DNA 经物理或生物方法处理后变成单链，结合互补配对引物，由聚合酶介导新链合成	实时荧光 PCR 液滴数字 PCR 环介导等温扩增（LAMP） 多重连接探针扩增（MLPA）	灵敏度高，可定性定量	通量低，容易产生气溶胶污染，对实验室要求高
基因芯片	在一块基片表面固定已知序列的靶核苷酸探针，通过碱基互补配对原则检测目的序列	微阵列芯片	检测基因数通量较大，检测结果准确度高	检测流程相对复杂，且一般只能检测已知靶点变位点
基因测序	通过物理、化学或生物的方式将待检测核酸随机打断成小片段，之后通过一系列酶反应将上述片段转化成测序文库，之后通过光学和电学方法检测不同碱基的信号差别，实现相关核酸序列的鉴定	双脱氧链终止法测序 边合成边测序、边连接边测序、焦磷酸测序、半导体测序、DNA 纳米球测序	准确率高，读长较长	通量较低，测序成本较高
			通量高，单位测序成本低	读长相对短，样本制备较烦琐
		纳米孔单分子测序、基于光信号的单分子测序	读长较长，可实现实时读取，样本制备较简单	准确率低

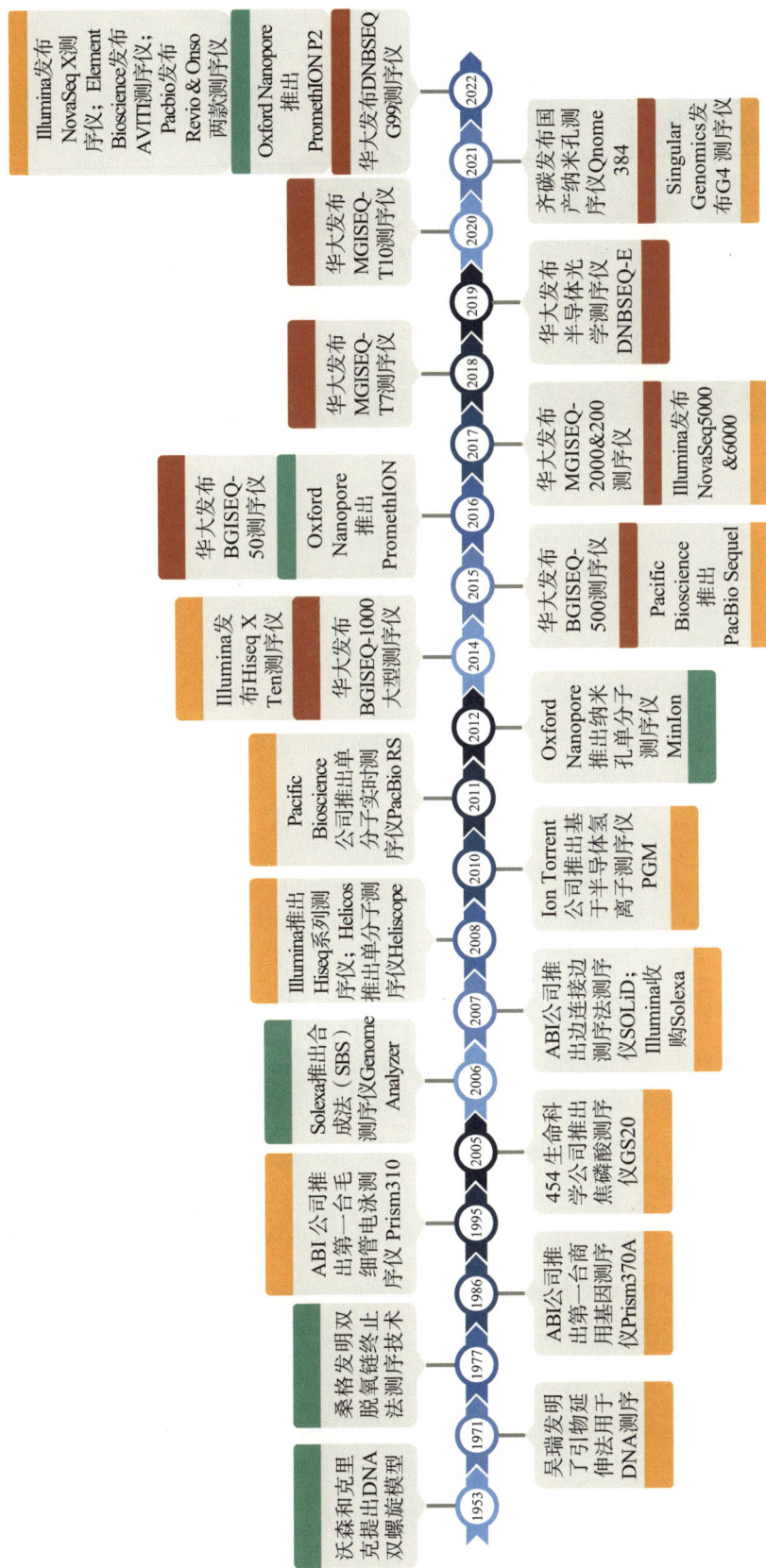

图12-77 基因测序发展历程

英国 美国 中国

时间轴内容：

1953 沃森和克里克提出DNA双螺旋模型

1971 吴瑞发明了引物延伸法用于DNA测序

1977 桑格发明双脱氧链终止法测序技术

1986 ABI公司推出第一台商用基因测序仪Prism370A

1995 ABI公司推出第一台毛细管电泳测序仪Prism310

2005 454生命科学公司推出焦磷酸测序仪GS20

2006 Solexa推出合成法（SBS）测序仪Genome Analyzer

2007 ABI公司推出边连接边测序法测序仪SOLiD；Illumina收购Solexa

2008 Illumina推出Hiseq系列测序仪；Helicos推出单分子测序仪Heliscope

2010 Ion Torrent公司推出半导体离子测序仪PGM

2011 Pacific Bioscience公司推出单分子实时测序仪PacBio RS

2012 Oxford Nanopore推出纳米孔单分子测序仪MinIon

2014 Illumina发布Hiseq X Ten测序仪；华大发布BGISEQ-1000大型测序仪

2015 华大发布BGISEQ-500测序仪；Pacific Bioscience推出PacBio Sequel

2016 华大发布BGISEQ-50测序仪；Oxford Nanopore推出PromethION

2017 华大发布MGISEQ-2000&200测序仪；Illumina发布NovaSeq5000&6000

2018 华大发布MGISEQ-T7测序仪

2019 华大发布半导体光学测序仪DNBSEQ-E

2020 华大发布MGISEQ-T10测序仪

2021 齐碳发布国产纳米孔测序仪Qnome 384；Singular Genomics发布G4测序仪

2022 Illumina发布NovaSeq X测序仪；Element Bioscience发布AVITI测序仪；Pacbio发布Revio & Onso两款测序仪；Oxford Nanopore推出PromethION P2；华大发布DNBSEQ G99测序仪

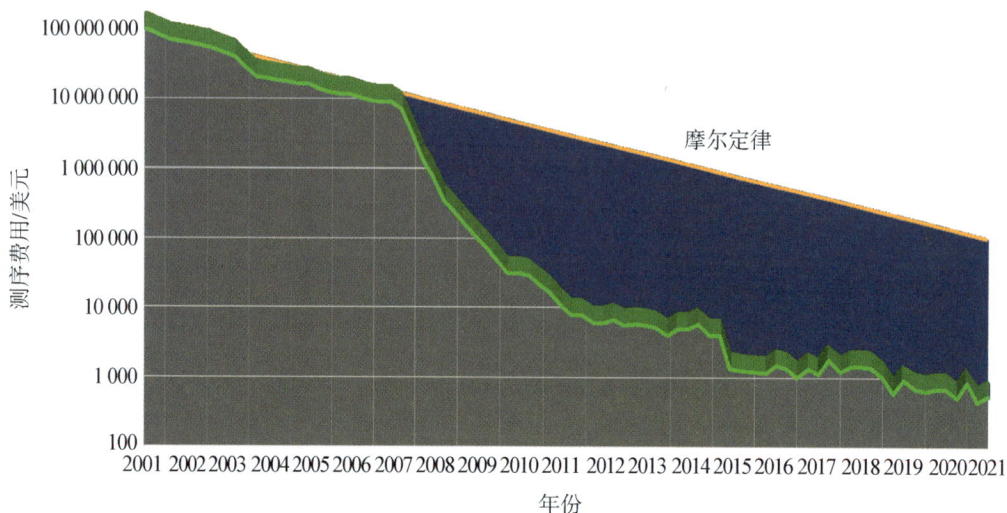

图 12-78　个人基因组测序费用
资料来源：美国NIH官网（http://genome.gov/sequencingcosts）

游核心设备端，到中下游的产品和服务端的全产业链，均取得了巨大的发展。目前，我国自主研发的高通量基因测序仪在测序时间、性能及通量方面，均优于或持平于国际先进水平。与此同时，国家战略规划、政策法规、行业监管、投融资渠道等都为基因检测行业提供了非常友好的发展环境。

近年来，国家战略方针和政策对基因测序行业持续重视。《"健康中国2030"规划纲要》明确指出利用基因检测等技术，实行国民主动健康管理，实现从"治已病"到"治未病"的转变。国家"十四五"规划将"基因与生物技术"确定为强化国家战略科技力量、加强原创性引领性科技攻关的七大科技前沿领域攻关领域之一；"基因技术"也被列为国家战略性新兴产业的未来产业。与此同时，新发突发传染疾病和生物安全风险防控也是"十四五"提出的集中优势资源攻关的方向。2022年，我国首部生物经济五年规划出台，明确了四大支柱产业，明确指出要加快生物技术广泛赋能健康、农业、能源、环保等产业，促进生物技术与信息技术深度融合，全面提升生物产业多样化水平。

在政策法规方面，基因测序相关法律完善化进程稳步推进，监管体系逐步成熟。2020年，第十三届全国人民代表大会常务委员会首次将人类遗传资源管理写入刑法；《中华人民共和国生物安全法》《中华人民共和国人类遗传资源管理条例》《中华人民共和国数据安全法》《工业和信息化领域数据安全管理办法（试行）》《信息安全技术 个人信息安全规范》《信息安全技术 健康医疗信息安全指南》等相关法律法规和标准的实施和完善进一步为国内基因检测行业发展提供了良好的法律指导。与此同时，相关行业专家的共识及行业标准的发布与实施，也为基因测序行业的健康发展提供了良好的行业环境。

当前我国基因行业正处于高速发展期，全产业链各类技术创新持续取得新的突破，应用范围领域不断拓展，行业竞争力显著增强，实现了上游核心设备的从无到有，从跟跑到并跑；中游的基因检测服务能力已经跃居世界前列；下游消费市场也迸发出了蓬勃的活力，并拥有了广阔的空间。

二、基因检测上下游产业链分析

根据基因检测行业的核心业务内容和常见的业务逻辑模式，基因检测产业链可大致分为处在产业链的开始端，为整个产业链提供核心设备工具、试剂耗材等原材料的上游产业；处在中游环节，以提供基因检测和相关数据分析等服务为核心交付的中游产业；最终面向基础科研、临床医疗或直接面向消费者个人的消费级产品的下游应用端（图12-79）。

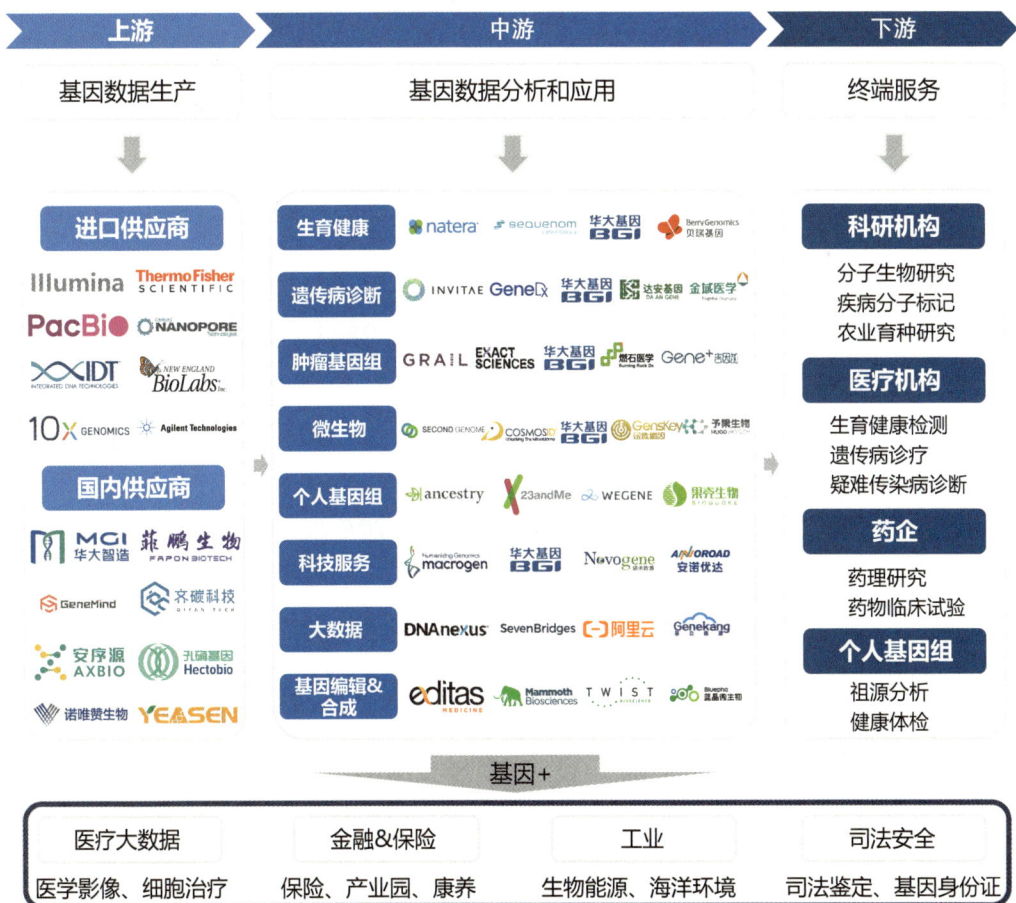

图 12-79　基因检测行业上、中、下游代表企业

基因检测行业产业链具有"产业链上游主导定价权"特点。产业链上游以基因测序核心工具——测序仪及相关配套的生化试剂、酶制剂和耗材为主，需要的研发周期长，研发投入大，技术壁垒显著，有较高的准入门槛，因此形成了由掌握核心技术的头部企业拥有较大市场份额的行业格局。美国在高通量测序核心技术上长期处于垄断地位，美国因美纳（Illumina）公司生产的高通量测序仪全球占比 80% 左右。目前国外基因测序行业产业链上，占据上游设备端的公司有因美纳、赛默飞世尔（Thermo Fisher）、太平洋生物科学（Pacific Biosciences）、牛津纳米孔（Oxford Nanopore）等。国内机构主要通过自主研发或合作开发的方式，试图打破基因测序仪的技术壁垒。目前我国依赖的自主研发的上游代表企业主要有华大智造、齐碳科技、真迈生物、赛纳生物等；而在合作开发的方式中，由于关键核心技术仍由国外合作企业所掌控，因此通常没有自主核心知识产权。以下针对代表性拥有核心自主知识产权的上游国产测序设备研发公司进行介绍。

华大智造成立于 2016 年，是华大集团旗下专注于基因测序上游核心设备和试剂的产业化公司。截至目前，华大累计投入 60 亿元研发经费，开发了拥有独立知识产权的 DNBSEQ™ 测序技术，推出了多款不同规格的基因测序仪，其中在售的 6 款基因测序仪覆盖单日数据产量 10 Tb 级别的超大型基因测序仪，到单日数据产量 300 Gb 级的中通量桌面式基因测序仪，以及 10 Gb 的小型桌面式基因测序仪，读长从单端 50 bp 到双末端 300 bp；其中 DNBSEQ-T7、MGISEQ-2000 和 MGISEQ-200 为已获批国家药品监督管理局（National Medical Products Administration，NMPA）医疗器械资质且在售的基因测序仪。华大智造目前拥有员工 2000 余人，研发人员占比约 35%，业务布局遍布六大洲 80 多个国家和地区，在全球服务累计超过 1300 个用户，并已在多个国家和地区设立科研、生产基地及培训与售后服务中心等，是全球屈指可数的具有自主研发并量产临床级高通量基因测序仪能力的企业之一。

齐碳科技是于 2016 年创立，致力于纳米孔基因测序仪及配套试剂耗材的自主研发、制造与应用开发的公司。齐碳科技于 2017 年实现了纳米孔基因测序仪原理样机，2018 年底实现了工程样机，2020 年初实现了产品样机，目前已发布第一代产品 QNome-9604，测序指标为：准确率 85%，通量 500 Mb，测序时长 8 h（最长可达 16 h），读长 N50 > 10 kb。目前公司拥有员工 270 余人，75% 为技术研发人员，获得了高新技术企业认定。齐碳科技计划第一款定型产品通量达到 2 Gb，测序准确率达到 90% 以上，2022 年推出中高通量测序仪产品。纳米孔基因测序仪因其长读长、通量灵活、实时、小巧便携等优势，将在多元的应用场景中发挥效用，为生命科学及相关领域的研究及应用提供更加便捷、有效的解决方案。

深圳市真迈生物科技有限公司成立于 2012 年，目前推出了 3 款测序仪，其中高通量基因测序仪 GenoLab M 采用基于表面扩增和可逆终止碱基的荧光测序技术，对碱基的光学信号进行识别，实现了边合成边测序，具有高准确率、高通量的特点。其单次测序读长可以达到双端150 bp，准确率达到99%以上。基因测序仪GenoCare 1600已获批NMPA医疗器械资质，其采用基于全内反射光学原理的单分子荧光测序技术，对碱基的光学信号进行识别，实现边合成边测序，测序通量最大可达320 Mb读长，测序读长为单端50 bp，具有准确、易用、快速、灵活、经济等特点。

基因检测行业中游为面向下游终端用户需求提供各种基因检测的服务商，中游企业的基本业务模式为购买上游公司生产的测序仪器、配套试剂等，为用户提供基因检测或者相关的数据分析等服务，从中收取服务费用。与行业上游存在较高的技术壁垒、由头部企业主导的局面不同，中游服务环节应用市场广泛，准入门槛相对较低，不同应用市场发展成熟度差异化大，商业可变现价值高，因此市场参与者众多，竞争更为激烈。国内基因测序行业的公司基本集中在中游，代表性的中游企业包括华大基因、贝瑞基因、诺禾致源、百迈客、安诺优达、燃石医学、泛生子等。

华大基因是华大集团旗下子公司，作为中国基因行业的奠基者，通过20多年的人才积聚、科研积累和产业积淀，成为屈指可数的覆盖本行业全产业链、全应用领域的科技公司，是具有代表性的科学技术服务提供商和精准医疗服务运营商。公司主营业务为通过基因检测、质谱检测、生物信息分析等多组学大数据技术手段，为科研机构、企事业单位、医疗机构、社会卫生组织等提供研究服务和精准医学检测综合解决方案，在科技服务和医学服务领域全面布局。华大基因于2017年在深圳证券交易所创业板上市，公司以推动生命科学研究进展、生命大数据应用和提高全球医疗健康水平为出发点，基于基因领域研究成果及精准检测技术在民生健康方面的应用，在出生缺陷、肿瘤防控、重大疾病防控、精准治愈感染等方向全面助力精准医学。

诺禾致源成立于2011年，依托高通量基因测序平台、高性能计算机平台和生物信息分析能力，立足于生命科学和人类健康的科研服务领域，为高校、科研院所、医院和医药研发企业等研究机构提供高通量基因测序和相关服务。公司于2021年在上海证券交易所科创板上市，目前业务覆盖全球多个国家和地区，属于国内基因测序产业专注于中游服务商中科技服务领域的第一梯队。同时，诺禾致源也在医学检测领域积极布局。

燃石医学成立于2014年，是一家专注于癌症伴随诊断与早检产品的开发和销售的公司。公司业务及研发方向主要覆盖癌症患病人群精准医学检测、全球抗肿瘤药企的生物标志物和伴随诊断合作，以及基于液体活检的多癌种早检。公司于2018年7月获NMPA颁发的中国肿瘤高通量基因测序检测试剂盒第一证，实现了在体外诊断领域的突破。燃石医学于2020年在美国纳斯达克上市，积极地在中国和美国两地创建CLIA/

CAP实验室，聚焦于癌症全周期，致力于为全球肿瘤创新药企提供药物靶标筛选、药物精准检测服务、伴随诊断试剂共同开发与药物上市的完整解决方案，高效助力全球肿瘤药物临床研究全流程。

泛生子成立于2013年，专注癌症基因组学的研究和应用，致力于将创新基因组学技术应用于与癌症相关的诊断、治疗，最终战胜癌症。泛生子于2020年在纽约纳斯达克上市，公司专注于科学发现和技术创新、科研转化和产品落地两个方面，依托自主研发的核心技术及可靠的服务和产品，业务覆盖了癌症早期筛查、癌症诊断与监测、药物研发服务三大癌症全周期的管理。通过癌症的早诊早治，努力降低癌症的死亡率，通过基因检测技术在癌症治疗全周期的应用来提高癌症治疗的精准度。

基因检测产业链下游用户主要包括科研机构、医疗机构、药企和个人基因组需求等。下游用户端的规模和潜在市场容量，决定了中游基因检测服务细分领域的市场规模和增长速度。其中科研级基因检测应用市场较为成熟；临床基因检测应用覆盖的范围则较广、发展阶段不一，部分临床基因检测如生育健康等已经过比较稳定的发展趋于成熟，而个性化的肿瘤免疫治疗、癌症早筛、新生儿基因检测等则还处在相对较早期；面向个人的消费级基因检测产品则需要更多的市场认知和用户教育。

三、基因测序应用

基因检测可广泛应用于包含面向基础科研的科技服务、面向临床的基因诊断、传感染疾病防控、产前筛查、肿瘤筛查和伴随诊断与面向大人群主动健康管理的基因筛查，以及直接面向消费者的个人应用等场景（图12-80）。

（一）科研应用

经过十余年的发展，高通量基因测序技术已经成为研究生物体遗传信息，揭示生物体生长、发育、疾病等过程中基因表达调控的重要分析方法。自人类基因组计划实施以来，基因组学经历了日新月异的蓬勃发展。在基因组研究方面，高通量基因测序技术广泛应用于人的全外显子或全基因组测序，为人类认识和研究各种疾病提供了分子生物学依据；在动植物基因组研究方面，高通量基因测序广泛应用于各种动植物基因组组装、全基因组重测序等，极大地提高了人们对动植物的功能性状、遗传进化等方面的认知（图12-81）；针对微生物的宏基因组学测序技术则绕开了依赖于分离培养的传统微生物研究方法，为各种自然生境中大于90%的未培养微生物的研究提供了新的思路。

基因检测
- 科研应用
  - 基础研究
    - 基因组学
    - 单细胞组学
    - 时空组学
  - 药物研发
  - 农林牧渔
    - 分子育种
    - 畜禽良种繁育
    - 中草药鉴定
- 临床应用
  - 公共卫生
    - 传感染疾病防控
    - 未知病原感染溯源检测
    - 食品安全
    - 海关检疫
  - 生殖健康
    - 携带者筛查
    - 无创产前筛查
    - 植入前胚胎遗传学检测
    - 新生儿基因检测
  - 肿瘤全周期
    - 肿瘤早期筛查
      - 结直肠癌
      - 肝癌
      - 泛癌种筛查
    - 肿瘤分子分型
    - 用药指导
    - 预后监测
- 消费级应用
  - 祖源分析
  - 健康管理
  - 疾病易感基因检测
    - 乳腺癌易感基因$BRAC$检测
    - 阿尔茨海默病
  - 营养代谢
    - 酒精代谢
    - 咖啡因代谢
  - 用药指导
  - 皮肤特征
  - 运动基因
  - 宠物基因
    - 宠物血统
  - ……

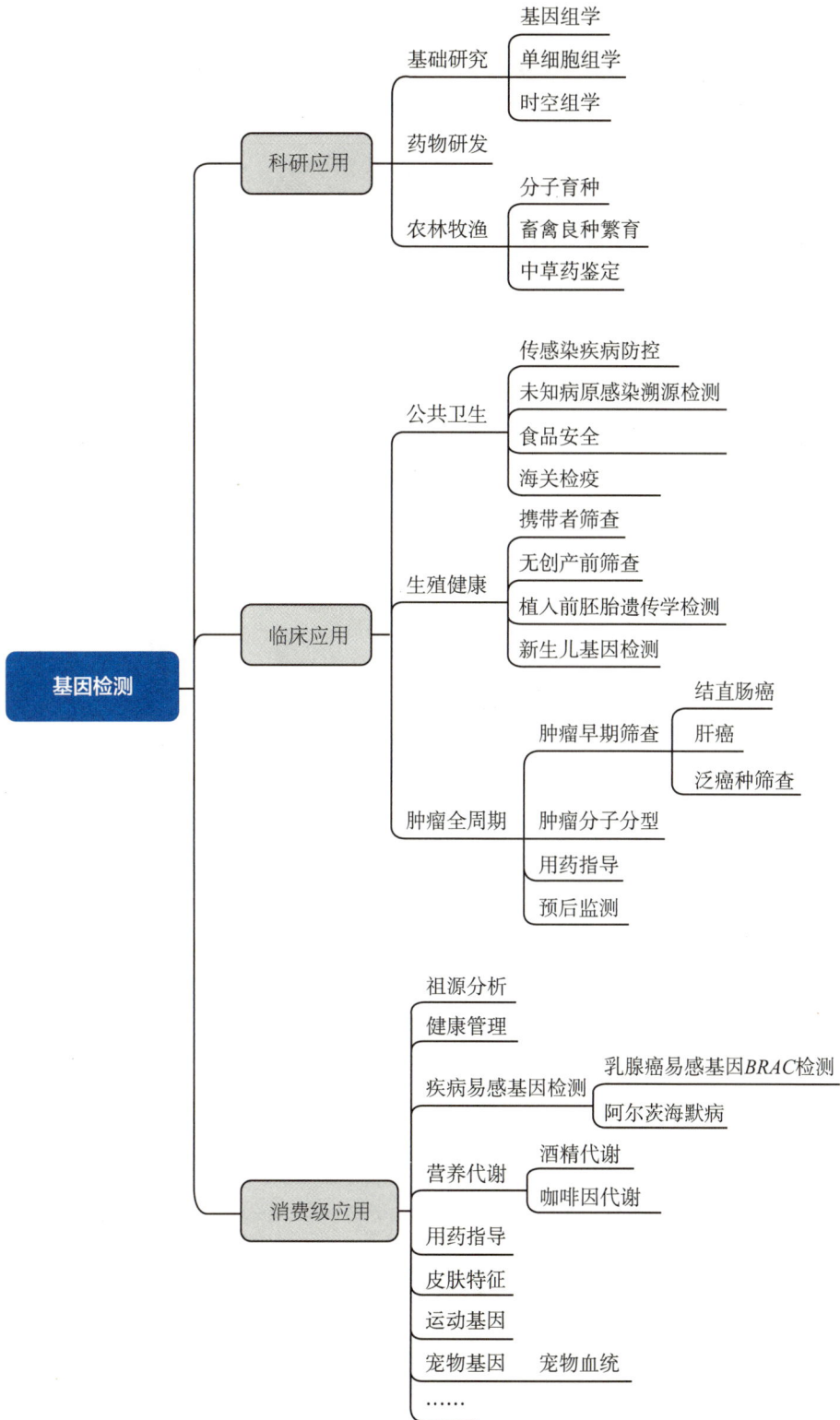

图12-80　基因测序应用方向

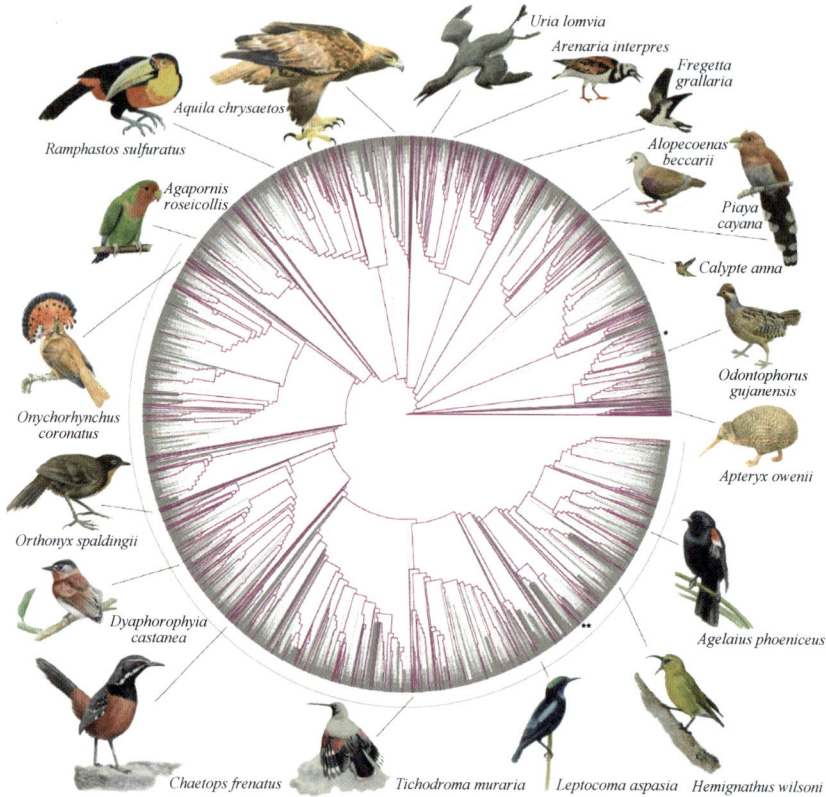

图 12-81　基于全基因组测序的鸟类进化图谱

资料来源：Feng S H，Stiller J，Deng Y，et al. 2020. Dense sampling of bird diversity increases power of comparative genomics. Nature，587：252-257

　　此外，随着高通量测序技术和与之匹配的文库构建技术的进一步发展，针对表观遗传的全基因组重亚硫酸盐处理的甲基化测序、染色质免疫沉淀与高通量测序的整合——染色质免疫沉淀测序（chromatin immunoprecipitation sequencing，ChIP-seq）技术，以及染色质可及性测序（assay for transposase-accessible chromatin using sequencing，ATAC-seq）被广泛应用于表观遗传研究中。同时，针对某一物种或特定的细胞群体在特定的功能状态下产生的mRNA的转录组测序，则既可以提供定量分析，检测基因表达水平差异，又可以提供结构分析，发现稀有转录本，精确地识别可变剪切位点、基因融合等。

　　在不同的生长发育或者疾病发生阶段，不同组织器官或病灶内的细胞在转录水平上会表现出显著的细胞水平的异质性。传统的转录组测序只能提供细胞群体水平的转录情况，而细胞间的转录异质性的信息则被"平均"于群体的转录水平中。基于微流控等的单细胞分离技术，可以通过特殊的微流控装置，将不同细胞包裹于含有特定标签序列的油包水液滴中，使每个被捕获的细胞在各自独立的微反应体系中释放转录本

RNA 并与特定的标签序列杂交，之后进行高通量测序（图 12-82）。在获得转录本序列之后，利用生物信息学算法，通过不同细胞特定的标签序列来识别来源于同一细胞的转录本，从而获得样本单细胞水平的转录调控信息。单细胞转录组测序技术广泛应用于动植物的生长发育、肿瘤的发生发展、免疫治疗等研究领域中。

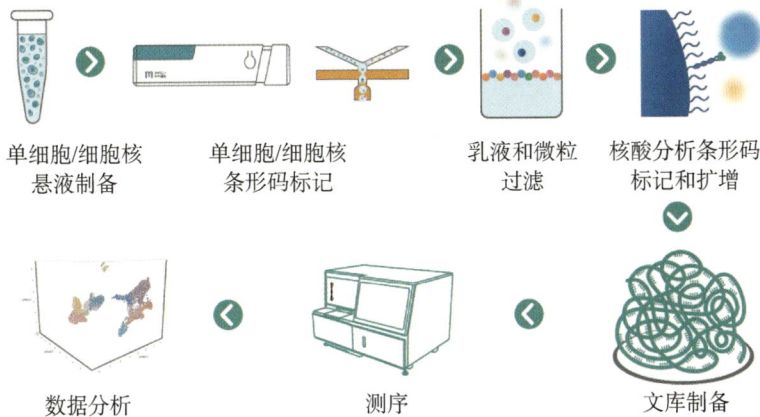

単细胞/细胞核　　　　单细胞/细胞核　　　　乳液和微粒　　　核酸分析条形码
悬液制备　　　　　　　条形码标记　　　　　　过滤　　　　　　标记和扩增

数据分析　　　　　　　测序　　　　　　　　文库制备

图 12-82　单细胞测序示意图

资料来源：Liu C Y，Wu T，Fan F，et al. 2019. A portable and cost-effective microfluidic system for massively parallel single-cell transcriptome profiling. bioRxiv，doi：https://doi.org/10.1101/818450

时空组学（Stereo-seq）技术是在单细胞转录组测序的基础上，进一步解析细胞的空间信息，定位细胞及其组学信息在组织中的空间位置的技术。该项技术在 2020 年被 *Nature Methods* 评为年度技术方法。华大自主研发的时空组学技术，具备"亚细胞分辨率"和"厘米级全景视场"的特点，目前在全球处于领先地位（图 12-83）。基于 Stereo-seq 技术开发的时空芯片内部，规则排布着数百亿时空探针簇，当组织切片与时空芯片贴合，并经过固定、透化处理后，芯片上的探针簇就可以捕获组织细胞内渗透出的 RNA，以空间条形码（coordinate ID，CID）还原回空间位置，再通过建库、测序就可获得该组织切片的时空组学数据。借助自主搭建的智能云系统，可实现数据分析和可视化，最终获得组织切片的时空组学图谱。2022 年 5 月 4 日，华大基于自主研发的高精度大视场 Stereo-seq 技术，绘制的小鼠胚胎发育时空图谱成果在 *Cell* 在线发表。得益于 Stereo-seq 技术的超大视野，科研人员可以在发育中的小鼠胚胎上以超高分辨率和测序深度进行组织分析与研究。时空组学技术为解读生命奥秘，探索生命发育、物种演化、疾病病理与精准医学等重大科学问题奠定了技术基础。随着时空组学技术的不断发展，以及转录组、蛋白质组、免疫组等多组学数据的有效捕获，时空组学技术未来有可能作为补充医学成像和组织病理学数据的临床诊断辅助工具，极大地推动生命科学基础研究和临床医学研究的发展。

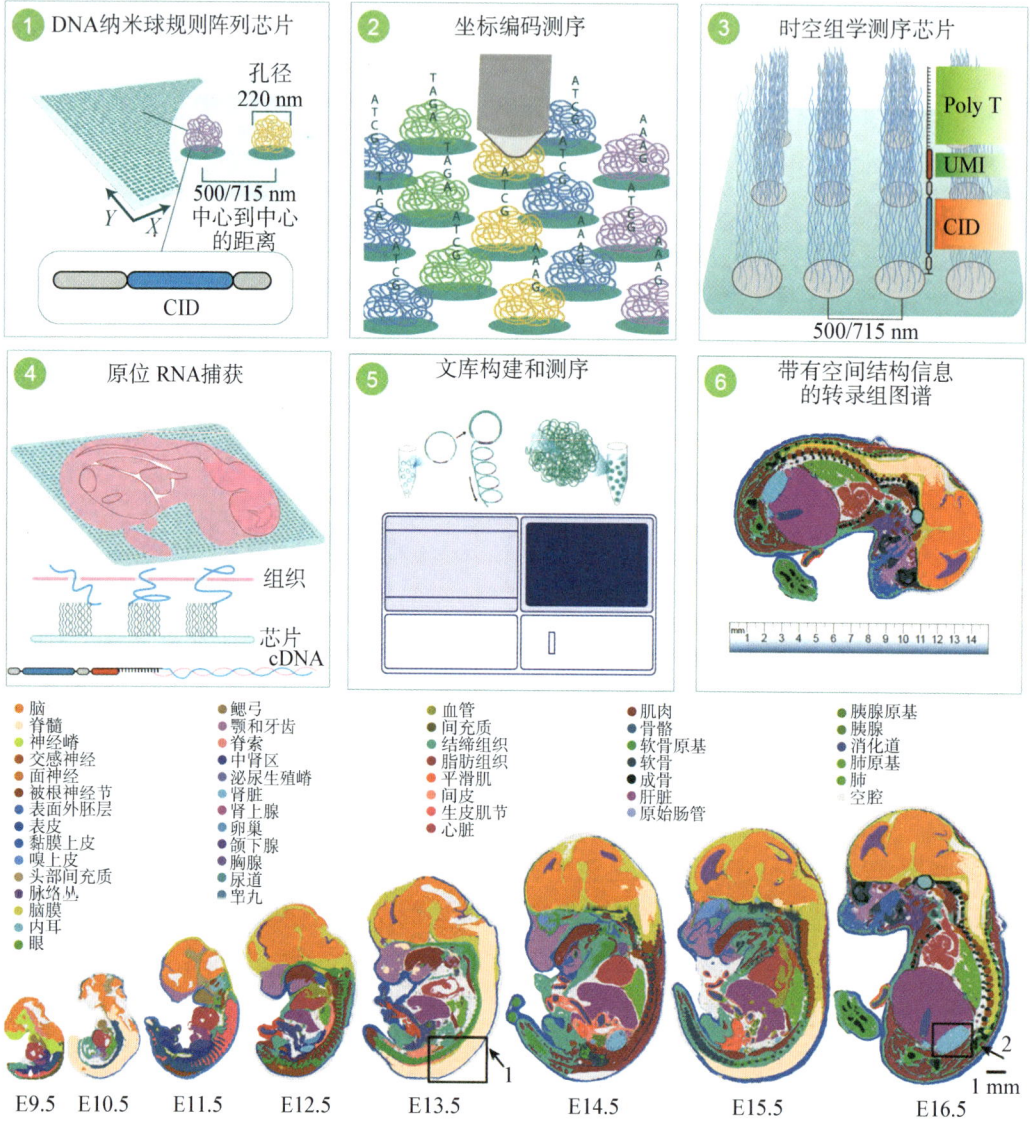

图12-83 时空组学测序技术示意图

资料来源：Chen A，Liao S，Cheng M N，et al. 2022. Spatiotemporal transcriptomic atlas of mouse organogenesis using DNA nanoball-patterned arrays. Cell，185（10）：1777-1792

E13.5表示小鼠胚胎发育13.5天，类似余同

（二）临床应用

1. 在公共卫生和传感染疾病领域

新发突发传感染疾病的暴发给人民生命健康带来了极大威胁，而对致病病原的快速识别是应对和防控传感染疾病的首要条件。在临床治疗中，针对疑难危重及不同感

染症状的患者，快速确定疑似致病微生物的种属信息，可为疑难危重感染患者提供快速精准诊断的依据，促进抗生素的合理使用和临床治疗效果。基于高通量基因测序的宏基因组学测序（metagenomic next-generation sequencing，mNGS）技术，可以直接对感染标本中的核酸进行测序，将获得的核酸序列与高质量的病原数据库进行序列比对，通过生物信息学算法获得疑似致病微生物的种属信息，实现病原的监测、检测和溯源。在临床治疗中，该技术可显著提高病原诊断阳性率，指导临床靶向使用抗生素，协助感染的精准诊疗（图 12-84）。

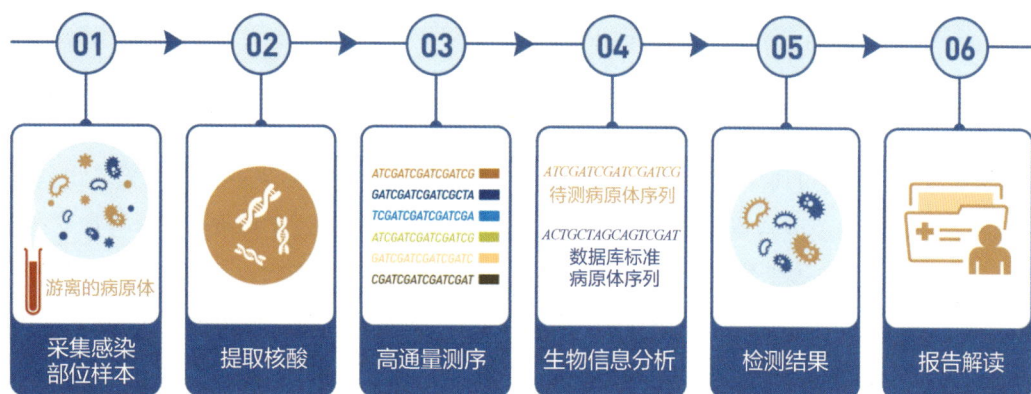

图 12-84　未知病原体检测流程示意图

2. 在生殖健康领域

基因检测技术主要应用于出生缺陷预防。出生缺陷是指婴儿出生前发生的身体结构、功能或代谢异常，是导致早期流产、死胎、围产儿死亡、婴幼儿死亡和先天残疾的主要原因，也是影响人口素质和群体健康水平的公共卫生问题。世界卫生组织提出了出生缺陷三级预防体系来预防和减少出生缺陷的发生。三级预防分别针对孕前、产前、产后三个阶段，一级预防减少出生缺陷的发生，二级预防减少严重出生缺陷儿的出生，三级预防减少先天残疾的发生（表 12-71）。随着基因组学研究和基因检测技术的不断发展，已经有适用于各级预防阶段的临床基因检测产品。

表 12-71　出生缺陷三级预防体系

预防体系	主要内容	基因检测内容
一级	减少出生缺陷的发生。在婚前和孕前通过婚前医学检查和孕前保健来预防一些出生缺陷的发生，是预防出生缺陷的第一道防线	携带者筛查、胚胎植入前遗传学检测
二级	减少严重出生缺陷儿的出生。采取医学手段对怀孕妇女进行产前筛查和产前诊断，对严重出生缺陷病例及时给予医学指导和建议	无创产前筛查、染色体拷贝数变异检测

续表

预防体系	主要内容	基因检测内容
三级	减少先天残疾的发生。通过对出生后的新生儿进行相关疾病的筛查，及早发现和治疗出生缺陷儿，最大限度地减轻出生缺陷的危害，提高患儿生活质量	新生儿遗传代谢病检测、新生儿遗传病基因检测

携带者筛查是指当某种遗传病在某一群体中有高发病率，为了预防该病在群体中的发生，采用经济实惠、准确可靠的方法，在群体中筛出表型正常的携带者后，对其进行风险评估和婚育指导。随着高通量基因测序技术的发展，目前孕前综合性携带者筛查已经发展为多疾病的筛查，可一次性对数百甚至数千种隐性单基因病进行扩展性携带者筛查（expanded carrier screening，ECS），不但可以及早发现可能生育缺陷儿的高风险夫妻，还可通过科学的生殖干预措施规避相应缺陷的首次发生，大大降低了此类出生缺陷带来的家庭及社会经济负担，具有极佳的卫生经济学费效比和重要的社会意义。

胚胎植入前遗传学检测（preimplantation genetic testing，PGT）是指在辅助生殖过程中，在将胚胎转移植入母体子宫前，事先对胚胎进行遗传学基因检测，降低胎儿因携带遗传基因缺陷导致疾病的概率。根据具体的检测内容，可细分为3种：①植入前非整倍体检测（preimplantation genetic testing for aneuploidy，PGT-A），主要用于评估染色体数目异常（非整倍体）的筛查；②植入前单基因遗传病检测（preimplantation genetic testing for monogenic disease，PGT-M），主要用于检测胚胎单基因遗传病致病突变位点携带状态；③植入前染色体结构重排检测（preimplantation genetic testing for chromosomal-structural rearrangement，PGT-SR），主要用于筛查由平衡易位和倒位引起的染色体结构重排。微阵列技术和高通量基因测序技术是近年来应用于PGT的主流技术。与高通量基因测序技术相比，微阵列技术存在不能检测平衡性基因组易位及倒位的缺陷，且胚胎活检后的单细胞DNA量通常无法满足微阵列分析的要求，从而影响到微阵列诊断分析的准确性。高通量基因测序技术通过不同的检测和分析策略，极有可能获得植入前胚胎从染色体异常到单基因突变甚至是新发突变等各个层面的信息，是未来的主流技术发展方向。

无创产前筛查（noninvasive prenatal testing，NIPT）是应用高通量基因测序等分子遗传技术检测孕期母体外周血浆中的游离DNA片段（包含胎儿游离DNA），以评估21三体综合征（唐氏综合征）、18三体综合征、13三体综合征等胎儿常见染色体异常风险。相较传统的血清学筛查，无创产前筛查具有更高的灵敏度和特异度。美国医学遗传和基因组学会（ACMG）认为该方法是21三体综合征、18三体综合征、13三体综合征目前最敏感的筛查技术。国外，比利时、荷兰、美国等国家相继将NIPT应用于全人群筛查；国内，深圳市于2017年率先将无创产前筛查写入《深圳市母婴保健手册》，并将该项目列入公共卫生项目。此后，湖南省长沙市、山东省青岛市、湖北省武汉市、河北全省等多地政府将NIPT纳入民生工程。随着技术的发展，无创产前筛查技术筛查的目标疾病已由21三体综合征、18三体综合征、13三体综合征拓展到其他染色体非整倍体、染色体缺失/重复综合征乃至单基因遗传病的筛查中，有效助力出生缺陷的防控。此外，基于高通量测序技术的拷贝数变异测序（copy number variation sequencing，CNV-seq）为染色体畸变的确诊提供了新的技术方法。通过提取如胚胎绒毛组织、胎儿组织、外周血等受检样本的DNA，进行低深度全基因组测序，可检测染色体非整倍体、大片段缺失重复等染色体数目和结构变异，用于排查先天畸形、智力障碍、发育迟缓等疾病的遗传病因。与其他技术相比，具有检测范围广、实验流程简便、检测通量高、检测成本低等优势。

新生儿疾病筛查为新生儿时期一些症状尚未出现的疾病提供了早期诊断、干预的方法，是减少出生缺陷的第三级预防措施。国际新生儿疾病筛查发展趋势逐步发展为以串联质谱（tandem mass spectrometry，MS/MS）技术为中心的筛查。串联质谱检测可以做到一滴血几分钟内一次性对包括氨基酸代谢缺陷、有机酸代谢缺陷和脂肪酸氧化障碍在内的40余种遗传代谢病进行检测，大大提高了筛查效率，实现了一项实验检测多种疾病，其高灵敏性、高特异性和高通量的特点使之成为新生儿群体筛查的革命性技术。根据世界卫生组织统计，全球1%的新生儿为单基因遗传病患者。基因检测可直接从遗传层面筛查新生儿是否有遗传病相关基因致病变异。随着测序成本的下降和测序技术的发展，新生儿遗传病基因检测可通过新生儿足跟血样本对遗传病进行筛查，实现遗传病的早期诊断及治疗，减少对患儿及其家庭造成不可逆的严重后果和社会经济负担。与传统新生儿筛查方法相比，基因检测能够提高临床新生儿疾病的阳性诊断率，并显著降低新生儿疾病筛查的假阳性率，对于部分无临床检查指标异常或儿童期发病的严重疾病，如免疫缺陷、儿童肿瘤等，基因检测具有强大的不可替代的补充作用。

3. 在肿瘤全周期领域

基因组学的不断突破和高通量测序技术的发展，使得基于细胞游离DNA（cell-free DNA，cfDNA）、循环肿瘤DNA（circulating tumor DNA，ctDNA）、外泌体和微小核糖核酸（miRNA）等的肿瘤液体活检技术成功应用于早期肿瘤的筛查和肿瘤预后效果的监测中。早期筛查和早诊早治是全球普遍认同的降低癌症发病率和死亡率的有效手段。数据显示，早期癌症的治愈率可高达90%。然而，传统的癌症早筛手段有较为显著的限制性，无法兼顾准确性、简便性和低成本等临床需求。与传统检测方法相比，基于高通量基因测序的肿瘤液体活检技术可检测到更小的肿瘤，因其使用方便，该技术正在成为一种有效的预防措施，将提高患者的就诊率和筛查率，从而显著提高各类癌症的治疗成功率。

通常肿瘤生物标志物在DNA层面的变异特征主要包括甲基化、点突变、拷贝数变异等。ctDNA 的甲基化是重要的表观学修饰之一，可以在不改变基因序列的情况下，改变遗传表现，从而控制基因的表达。DNA 的甲基化修饰，可以抑制转录因子与 DNA 的结合，使基因沉默，降低其编码蛋白质的水平。与正常细胞相比，癌细胞内的抑癌基因启动子区域通常处于高度甲基化状态，抑癌因子转录被抑制，其功能失活，癌细胞不受抑制地生长。DNA 甲基化几乎出现在所有癌症的癌前病变及癌症早期阶段，是癌症早筛的理想标志物。

在靶向治疗或免疫治疗中，相同的治疗方案对于不同肿瘤患者的疗效可能存在差异。伴随诊断，是指在癌症临床治疗过程中，通过检测与药物临床反应相关的原癌基因突变的情况，精确诊断肿瘤亚型并指导对其的精准治疗，是肿瘤靶向药物或免疫治疗的前提和基础。通过对相关基因状态、耐药性等的监测，及时地对靶向药物 / 免疫治疗方案进行设计和调整，避免药物的误用和滥用，实现精准医疗。PCR 技术曾是伴随诊断使用的主要技术，但 PCR 技术因单次检测的基因有限而存在较大的局限性。高通量基因测序技术可以在一次测试中同时检测几乎所有与患者癌症相关的基因组改变和生物标志物，同时保证高准确性，较 PCR 检测有巨大优势。近年来随着高通量基因测序技术的成熟和普及，以及基于高通量测序技术伴随诊断产品的陆续获批，高通量测序技术逐渐成为伴随诊断的主流技术。

根据《新型抗肿瘤药物临床应用指导原则（2021 年版）》，目前有 34 种肿瘤治疗常用的小分子靶向药物和大分子单抗药物需要做基因检测，包含肺癌、胃癌、乳腺癌等 27 种癌种，包括 *EGFR*、*ALK*、*ROS1*、*RAS*、*HER2*、*BRCA1/2* 等药物靶点检测。根据基因慧统计，目前我国国家药品监督管理局批准的基于高通量基因测序的伴随诊断试剂盒有 13 个，均为小 Panel 的测序试剂盒，主要适用于非小细胞肺癌和结直肠癌等的治疗。

通常在接受治疗后癌症患者体内都会残留十分少量的肿瘤细胞，这些肿瘤细胞数量微乎其微，但仍可能使癌症复发，它们被称为微小或分子残留病灶（minimal residual disease，MRD）。由于 MRD 水平可能很小，传统方法通常难以检测。利用高通量基因测序技术，通过液体活检对外周血中 ctDNA 进行基因检测，根据 ctDNA 检测结果判定是否存在 MRD 是未来的方向。根据申万宏源研究报告，目前 MRD 产品仅有单癌种的血液肿瘤被监管部门批准上市，Guardant Health 于 2021 年正式以 LDT 模式推出商业化肠癌 MRD 液体活检产品，预计在未来将得到美国食品药品监督管理局（FDA）的正式批准。国内 2021 年开始有相关行业指南出台。

（三）消费级应用

消费级基因检测（direct-to-consumer，DTC），是指通过各种线上、线下的广告媒体，可被消费者认知，在不需要专业医疗人员参与的情况下即可直接购买和使用的基因检测产品。在美国，消费级基因检测主要围绕祖源（家谱、生物学等）、健康、宠物、亲子鉴定等维度；在我国消费级基因检测产业处于相对发展的早期，产品主要围绕健康风险、运动基因、皮肤管理、遗传特征、药物使用、营养代谢、祖源分析等维度。技术层面，消费级基因检测主要依赖 PCR 技术、基因芯片检测技术、外显子组检测技术和全基因组测序四类。其中基因芯片检测技术以能一次性检测多个单核苷酸多态性（single nucleotide polymorphism，SNP）位点、相对低的成本与可实现的标准化和大规模生产能力等优点，成为目前 DTC 基因检测领先企业的主流和首选技术。

根据《麻省理工科技评论》在 2019 年 2 月给出的评估，目前有超过 2600 万消费者接受了针对祖源、健康等的消费级基因检测。目前全球专注消费级基因检测的公司及产品介绍如下。

Ancestry（家谱网）曾是全球最大的围绕族谱和家谱溯源的基因检测服务商，同时提供基于家族基因来改善健康问题的产品，并依赖社交网络的模式来实现增长。2020年 7 月美国著名私募基金黑石集团以 47 亿美元完成对 Ancestry 的并购。公开资料显示，截至 2020 年 9 月，Ancestry 累计销售了 1800 万个人类 DNA 检测试剂盒；其每年 10 亿美元的收入中有 8 亿美元来自祖源分析会员的订阅收费。Ancestry 的服务模式是将消费级基因检测产品与社交网络成功结合的先驱和典范。

23andMe 是美国一家专注于面向消费者的遗传学检测的公司，其公司的使命是帮助人们获取、理解个人基因组数据，并从中获取有用的信息。根据东方财富信息，该公司于 2021 年在纽约证券交易所上市，是一家获得多项食品药品监督管理局授权的遗传健康风险报告公司。公司产品主要向消费者提供祖源、亲缘关系，以及面部、嗅觉、味觉特征等其他个人特质信息。

微基因是国内较早开启面向消费者基因检测产品的公司代表之一。根据其公司官网介绍，"微基因致力于建立全球最大的中国人群基因组数据库和临床表型信息库，以推动中国人群基因组研究和临床应用的发展，帮助个体获得和理解自己的基因数据并从中受益"。目前，公司官网主要介绍了三款价格不同的个人基因检测试剂盒，以处于中间价格 2499 元的全基因组测序青春版为例，根据官方示例报告，该产品可提供祖源分析、营养代谢、健康风险、遗传疾病和特征、用药指导、运动基因、皮肤特质，以及心理特征等 15 类共 1000 多项基因组分析信息。

美国市场研究机构 BCC 于 2020 年 11 月发布的报告显示，全球 DTC 基因检测市场将从 2020 年的 12 亿美元增长到 2025 年的 27 亿美元，2020—2025 年的复合年增长率（compound annual growth rate，CAGR）为 17.7%。中国消费级基因检测产品早期主要以健康等维度为主。中商产业研究院发布的数据显示，2020 年中国消费级基因检测服务市场规模达到 6850 万美元，2016—2020 年的复合年增长率为 31.0%，并在此后进一步上涨。由数据可见，消费级基因检测目前处在行业的膨胀期，因此国内外有大量集中于此行业的不同体量的初创公司。这些公司未来可能会经历一段行业振荡和整合，之后进入稳定的发展期。随着高通量测序技术发展推动的测序价格的进一步下降，相关生物信息学分析流程的自动化和智能化带来的检测维度的提升，消费者认知的提高和对自身健康管理意识的增强，以及相关数据管理、分析、传递等外围相关技术的升级，基于外显子组甚至全基因组测序的消费级产品或将迎来广阔的市场（图12-85）。

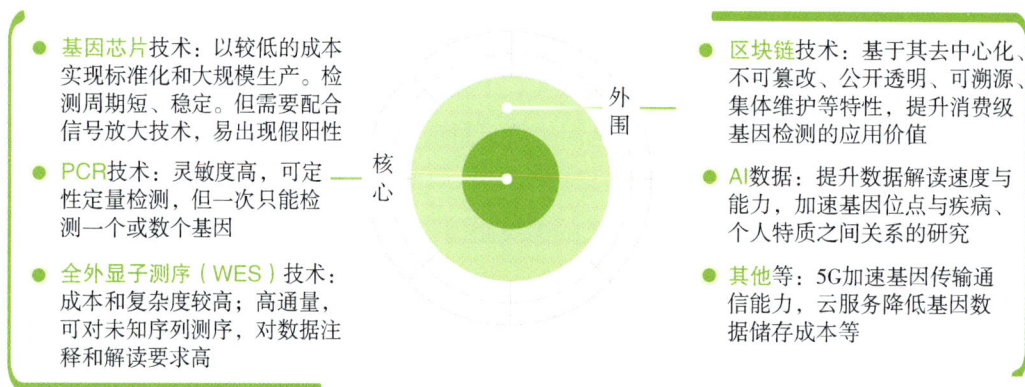

图12-85 消费级基因检测产品核心及外围依托技术
资料来源：艾瑞咨询《2019年消费基因检测行业白皮书》

基因检测的不同应用场景所依赖的技术原理、标准、消费者认知、潜在市场需求和规模等存在较大差异，因而所处的行业发展阶段有所不同。根据高德纳（Gartner）公司提出的技术成熟度曲线周期模型，基因慧在《2022基因行业蓝皮书》中对基因产业细分领域的发展成熟度和期望值做了判断（图12-86）。

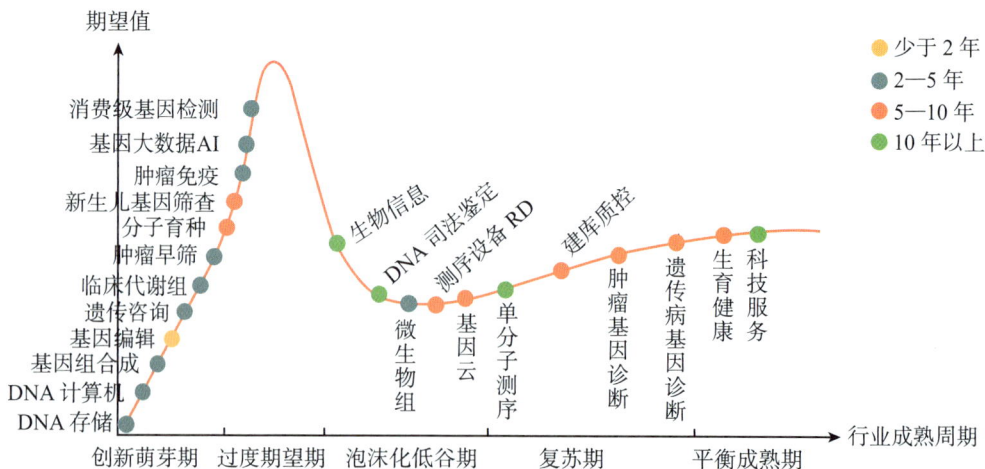

图12-86 基因产业细分领域的 Gartner 曲线
资料来源：基因慧《2022基因行业蓝皮书》

由图12-86可以看到，在整个基因检测产业中，与科技服务和生育健康相关的产业已进入相对的平衡成熟期；面向临床的肿瘤基因诊断和遗传病基因诊断也基本经过了行业复苏期，在逐渐向高质量的成熟期趋近；而应用于主动健康管理的肿瘤早筛、遗传咨询、新生儿基因筛查、肿瘤免疫和消费级基因检测等细分领域则处在整个行业发展的相对早期。过去三年，新冠的暴发流行与疫情管控，使得核酸和基因检测的概念得到了全民的普及，这将有助于在《"健康中国2030"规划纲要》等国家方针政策的指导下，推进基于基因检测的大规模疾病早筛和主动健康管理工程，实现遗传病、肿瘤、心血管等重大疾病的预防和早筛早诊早治。

四、基因检测行业市场规模

从全球基因测序市场规模来看，市场容量迅速扩增，其中，依据目前数据来看，中游服务具备更大空间。根据BCC Research发布的数据和公开产业研究院报告，2021年全球基因测序市场规模为157.22亿美元，并预计将以19.1%的复合年增长率（CAGR）增长至2026年的377.21亿美元，其中中游基因测序服务领域2021年市场规模约为82.38亿美元，预计将以20.7%的CAGR增长至2026年的210.66亿美元（图12-87）。

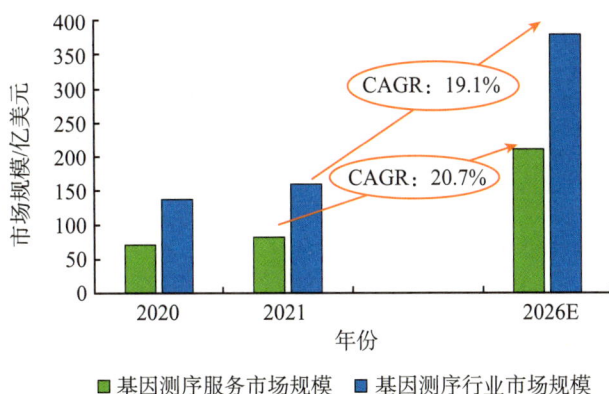

图12-87 基因测序行业市场规模统计和预测
资料来源：BCC Research，东吴证券研究所
E表示预期

随着基因测序概念和技术不断迭代发展，我国基因测序行业市场规模呈递增式发展。2015年，科技部首次召开"国家精准医疗战略专家会议"，宣布将在2030年前投入600亿元发展精准医疗，并强调基因检测是实现精准医疗的基础路径。根据Markets and Markets的数据，2015—2019年，我国基因测序行业市场规模以约40%的CAGR增长。目前，我国基因测序行业正处于高速成长阶段，根据BCC Research发布的数据，

2020年我国基因测序市场规模达到13.39亿美元，2021年达到15.90亿美元。随着基因测序产业化技术日渐成熟，我国基因测序市场或将迎来"黄金期"，预计到2026年，市场规模将增长至42.35亿美元，2021—2026年的复合年增长率超过20%。

根据大观研究（Grand View Research）数据和公开研究报告，2020年全球基因测序市场下游应用中学术研究占比为54%，学术研究仍为基因测序最大应用场景。据统计，在中国，高校、科研机构、医院、医药企业等进行基础生命科学研究、药物发现及药物临床前研究的资金投入由2015年的434亿元增长至2019年的866亿元，复合年增长率为18.8%，高于全球生命科学领域的研究资金投入增长速度。

从整体临床医学检测及相关领域来看，未来潜在市场空间巨大。根据世界卫生组织的数据预计，2020年全球癌症患者约为1.35亿，其中中国癌症患者人群超过3200万。根据BCC Research和艾意凯咨询公司（L.E.K Consulting）的估计，2018—2023年全球液体活检市场规模CAGR为20.5%，预计到2023年，全球液体活检市场空间或将达到240亿美元左右。伴随着人口老龄化及精准医学和免疫治疗等的发展，中国液体活检行业市场规模预计会大规模扩张。根据基因慧《2022基因行业蓝皮书》，预计到2025年，中国肿瘤伴随诊断与早诊市场规模将在370亿元；而灼识咨询则预计到2030年中国液体活检总体市场空间可达3400亿元。随着人口激励政策的实施和辅助生殖等技术的发展，基因慧预计到2025年，在出生缺陷防控领域PGT、NIPT、新生儿基因检测相关的市场规模约为300亿元。此外，随着临床基因治疗手段的发展，预计2025年传感染病原检测、遗传性疾病基因治疗领域总市场规模约500亿元。

五、基因检测经济社会效益分析

基因检测经济社会效益分析主要以出生缺陷防控和肿瘤防控与主动健康管理为例。

1. 在出生缺陷防控方面

据统计，我国出生缺陷总体发生率约为5.6%，即大约每200个新生儿中，就有一个染色体异常患儿出生，其中以唐氏综合征最为常见。我国新生儿唐氏综合征发病率为1/1000—1/600，其主要特征为智力低下、特殊面容和生长发育迟缓，并可伴有先天性心脏病等多种畸形，尚无有效治疗方法。目前，无创产前筛查已被多个省、市纳入民生工程项目，创造了显著的社会经济效益。

根据吉安市、长沙市及河北省开展的无创产前筛查民生工程项目的卫生经济学评估报告，在综合考虑当地人均收入水平的基础上，对家庭医疗照护成本和患者预期劳动力损失费用进行计算，测算每例患儿出生带来的社会经济负担，统计临床累计筛查人数、阳性率，结合实际筛查成本，测算三体综合征无创产前筛查的综合成本-效益比分别为1∶11.66、1∶13.55、1∶16.56，即政府每投入1元，可获得平均高于11元的收益。

2. 在肿瘤防控和主动健康管理方面

世界卫生组织国际癌症研究机构（IARC）发布的2020年全球最新癌症负担数据显示，2020年，全球新发癌症病例1929万例，其中中国新发癌症病例数为457万人，死亡人数300万，占全球癌症死亡总人数的30%。根据临床医学肿瘤杂志（*CA Cancer J Clin*）发布的数据，在2020年中国人的死亡原因排名中，恶性肿瘤排名第一。基于高通量基因检测的各类癌症及泛癌种的筛查，可以帮助患者尽早发现病灶，有效地将积极治疗等干预手段前移，防止癌症的扩散和转移，显著提高患者生存率和治愈率，提高患者生活水平，减轻医疗和社会经济负担。

3. 在直接的卫生经济费效比之外

无创产前胎儿健康筛查和肿瘤早筛早诊等基于基因检测的有效筛查具有显著的社会性外溢效应。有效避免唐氏综合征患儿、晚期癌症等的发生可以极大地减少患者引起的系列社会心理问题，减少患者家庭的社会心理负担，提升民生福祉，提高人民群众的安全感和幸福感，对全面推进和落实《"健康中国2030"规划纲要》具有重要的战略意义。

六、基因检测未来发展趋势

经过40余载的发展，现今基因检测技术已经相对成熟，并在如出生缺陷防控、疫情溯源、癌症早筛和现代农业育种等多个应用领域展现出极高的应用价值。而随着应用的普及推广，新的问题不断出现，这对基因检测技术的发展进一步提出了更高的要求。总体来说，基因检测技术是向着准确性更高、通量更大、成本更低、可及性更强这四个方向不断前进，但距离"人人可及，人人可享"这一目标仍存在不小差距。

为了缩小这一差距，首先应当正视现有技术存在的不足和缺陷。在准确性方面，即便是金标准桑格测序仍可能存在错判和漏检可能性，其他技术更难以兼顾预期阳性率和检出率；在通量方面，近年来高通量测序的飞速发展极大地提高了检测通量，但若上升至全民检测范畴，整体通量仍需进一步提升；在成本方面，一些技术如荧光原位杂交、单分子测序等受限于通量和技术原理，其检测成本仍然居高不下；在可及性方面，前述所有基因检测技术目前仍需要受过专业训练的人员进行操作，一些技术结果的解读和分析非常依赖相关人员的经验，这极大地提升了技术应用门槛。

因此，未来基因检测技术的发展仍将围绕上述技术痛点展开，例如，通过进一步发掘新型工具酶，优化生化流程和效率，利用特殊设计实现对样本的多次重复检测，以及结合人工智能手段实现高精度数据分析等多种实验和信息分析手段以提升检测准确性；又如引入高水平自动化设备，打磨优化自动化脚本流程，减少样本处理步骤，提升处理效率等方法进一步提升检测通量，降低对人力资源的要求，缩短报告周期，推动检测实验室合规化、规模化、自动化、标准化、信息化和智能化；充分发挥交叉学科优势，推动生物技术与信息技术高度融合，加强生物数据库建设，搭建生物大数据分析平台，开发生物大数据分析核心算法，充分挖掘基因数据与表型数据关联，提升数据可视化表达能力，最终实现检测结果的人人可读、人人能懂、人人受益。

随着检测成本的不断降低，如无创产前筛查、罕见病诊断等基因检测技术已经逐渐被大众所熟知和认可。新发传染病病原分析和肿瘤用药指导也渐渐从转化医学研究进入临床应用，即将迎来新一轮增长。在可以预见的未来，随着相关检测技术的进一步成熟，新生儿全基因组筛查、肿瘤早筛早诊和复杂慢性病监测预防等也将逐步应用于公共健康卫生领域；单分子测序、单细胞分析、高通量多组学分析和时空组学等新型技术将不断刷新人类对生命、健康和疾病的认知，为生命科学、基因检测技术造福人民群众，更好地满足人民群众日益增长的美好生活这一迫切需要贡献更强大的力量。

撰 稿 人：章文蔚　深圳华大生命科学研究院
　　　　　贾洋洋　深圳华大生命科学研究院
　　　　　王　欧　深圳华大生命科学研究院
通讯作者：章文蔚　zhangww@genomics.cn

第五节　新型疫苗产业发展现状和未来趋势

一、国内外疫苗产业基本情况

接种疫苗是预防疾病最经济有效的方法。从1798年首个牛痘疫苗诞生到当前多种技术路线新冠病毒疫苗上市，疫苗发展经历了200多年，在疾病防控方面发挥了巨大作用。据行业报告数据，全球已有超过92种疫苗获批，可用于预防24种病毒、16种细菌的感染或复发。新型疫苗主要指第二、第三代技术路线的疫苗，包括重组蛋白疫苗、病毒载体疫苗、黏膜免疫疫苗、mRNA疫苗、多联多价疫苗等。在研发生产技术的不断创新、企业加大投入不断推出新型疫苗、新传染病频发等多方面因素推动下，全球及我国疫苗市场将持续增长，且新型疫苗所占的比重将越来越高。

二、不同技术路线新型疫苗的现状及趋势

（一）重组蛋白疫苗

重组蛋白疫苗是通过重组DNA技术和基因工程技术，将病原体特异蛋白在不同的表达系统（如大肠杆菌、酵母、昆虫细胞-杆状病毒、CHO细胞、植物表达系统等）大量表达，再经一系列纯化，配制成疫苗。重组蛋白疫苗有效解决了对一些无法体外培养的病原体所引起疾病的预防问题，且生产过程中不需要生物安全三级以上环境。单独的重组蛋白抗原一般不能有效激活免疫应答，特别是细胞免疫，常需要不同类型的佐剂来辅助激发更安全、持久、有效的免疫反应。

自1986年世界上首个重组蛋白疫苗美国默沙东公司的重组乙肝病毒样颗粒疫苗上市至今，已经有多款重组蛋白疫苗成功上市。其中一类是病毒样颗粒（virus like particle，VLP）形态的疫苗，包括宫颈癌疫苗Gardasil（美国默沙东，2006年上市）、Cervarix（英国GSK，2009年上市）和戊肝疫苗Hecolin（厦门大学和养生堂万泰生物，2012年上市）；另一类是单个蛋白组成的疫苗，如美国辉瑞公司研制的B型脑膜炎球菌疫苗Trumenba，由重组脂质化因子H结合蛋白（fHBP）变体组成；GSK公司研发的带状疱疹疫苗Shingrix，采用了水痘-带状疱疹病毒糖蛋白E（gE）；美国Protein Sciences公司研制的季节性流感疫苗Flublok，2017年在美国上市，选择了流感病毒血凝素蛋白（HA）。

在新冠病毒疫苗的开发中，重组蛋白类疫苗数量最多且在研究中展现出不凡的效果和独特的优势。美国Novavax公司开发的新冠重组蛋白疫苗NVX-CoV2373，在临床试验中表现出89.7%的有效性，且具有良好的安全性和稳定性，于2022年7月通过FDA审批成功上市。赛诺菲/GSK联合研制的重组新冠疫苗VAT08，预防感染新冠病毒的有效率为57.8%，预防中度症状有效率为75%，也进入了上市申请阶段。我国智飞龙科马生物公司研发的重组新冠蛋白疫苗"智克威得"以串联二聚体RBD为抗原，临床试验结果显示该疫苗预防有症状COVID-19的效力为75.7%，预防重症至危重症的效力为87.6%，于2022年3月通过国家药品监督管理局附条件批准上市。此外，三叶草生物研发的三聚体S蛋白重组疫苗SCB-2019、神州细胞研发的三聚体S蛋白重组二价疫苗SCTV01C、威斯克生物/四川大学研发的S蛋白疫苗威克欣以及丽珠生物研发的IFNα-Pan-RBD-Fc融合蛋白疫苗"丽康V-01"都表现出强劲的免疫激活能力且具有很好的安全性和稳定性，并均于2022年12月获得紧急使用批准。

重组蛋白疫苗开发的关键在于抗原蛋白的筛选和结构设计，包括靶标蛋白选择、优化稳定空间表位、形成纳米颗粒或VLP等。同时，新型佐剂的应用对重组蛋白疫

苗的成功开发具有重要意义，这一点将在后面的佐剂章节专门讨论。国际上有多款重组蛋白疫苗有望在短期内上市。辉瑞公司的呼吸道合胞病毒候选疫苗RSVpreF，以病毒融合蛋白F为抗原，通过结构设计将其稳定在融合前构象，Ⅲ期临床初步结果显示其保护力可达到66.7%，耐受性良好，已获得FDA优先审批资格。美国华盛顿大学David Baker研究利用天然形成五聚体、三聚体蛋白设计开发的I53-50纳米颗粒技术，实现大分子量蛋白"展示"于颗粒表面。美国斯坦福大学利用这一技术研制的新冠RBD-I53-50疫苗，临床研究显示可以有效激活体液和细胞免疫及免疫记忆，已在韩国获批用于18岁以上人群使用。此外，需要3个以上抗原组装的结构复杂的VLP疫苗，要解决多亚基共同表达及VLP结构稳定性问题。如康希诺生物公司研发的脊髓灰质炎VLP疫苗，通过结构设计稳定VLP表面的保护性抗原表位，即将进入临床研究；中科院上海巴斯德研究所与智飞生物联合开发的四价重组诺如病毒疫苗，2019年获得国家药品监督管理局批准作为国家Ⅰ类预防性生物制品正式进入临床研究。

（二）病毒载体疫苗

重组病毒载体疫苗是将病原体目的抗原基因通过同源重组等方式插入病毒基因组构建得到重组病毒载体疫苗毒种，经过相应的细胞基质扩增培养、收获、纯化、配制、灌装后得到疫苗成品。其作用机制是通过疫苗接种使病毒载体感染机体细胞并表达病原体目的抗原蛋白，进而抗原呈递激活免疫系统，产生保护性免疫应答。重组病毒载体疫苗可分为复制缺陷型和非复制缺陷型两种。

病毒载体疫苗属于第三代技术路线，具有设计灵活和构建快捷的特点，相比于传统的灭活疫苗、减毒疫苗或重组蛋白疫苗等技术路线，在应对新发突发传染病方面独具优势。病毒载体疫苗可以有效刺激产生系统性的体液免疫和细胞免疫，可长时间表达抗原且自带佐剂功效，促进免疫应答，某些情况下可以实现单针免疫即可提供保护，可快速建立人群免疫屏障，生产过程中不需要生物安全三级环境，且有易放大生产的特点。

目前已有多种病毒被设计成疫苗载体，包括人腺病毒、黑猩猩腺病毒、痘病毒、疱疹病毒、水疱性口炎病毒、流感病毒和慢病毒等。我国对于病毒载体疫苗的发展做出了卓越的贡献，在重组病毒载体用于递送疫苗抗原的研究已有40多年的历史中，我国是世界上第一个成功注册腺病毒载体疫苗并实现大规模生产的国家，在研发和生产上处于领先地位。在埃博拉疫情期间和新冠疫情期间共有多款病毒疫苗获批上市，其中埃博拉病毒载体疫苗有3款，新冠病毒疫苗有5款，详见表12-72。其中全球第一个获批上市的基于人5型腺病毒载体的埃博拉疫苗（Ad5-Ebov）由中国军科院和康希诺生物公司联合研制，世界首创并且成功产业化的基于人5型腺病毒载体雾化吸入黏膜免疫新冠病毒疫苗（克威莎雾优）同样由中国军科院和康希诺生物公司联合研制，开辟了全新的疫苗技术平台。

表12-72　主要获批上市/紧急使用病毒载体疫苗

传染病类型	疫苗名称	载体类型	研发公司	批准机构及批准时间
埃博拉	Ad5-Ebov	Ad5	军科院/康希诺	CFDA（后改为NMPA），2017年
	rVSV-ZEBOV	rVSV	Merk	FDA、EMA、WHO PQ，均在2019年
	Zabdeno/Mvabea	Ad26/MVA	强生	EMA，2020年
新冠	克威莎	Ad5	军科院/康希诺	NMPA，2021年，WHO EUL（应急使用清单），2021年
	克威莎雾优	Ad5	军科院/康希诺	中国疫苗专班紧急使用，2022年
	AZD1222	Chadox1	牛津/阿斯利康	EMA 2021年、WHO EUL 2021年
	Ad26.COV2.S	Ad26	强生	FDA、EMA、WHO EUL，均在2021年
	卫星V	Ad26/Ad5	俄罗斯加马列亚流行病与微生物学国家研究中心	俄罗斯联邦卫生部，2020年
	dNS1-RBD	流感病毒载体CA4-dNS1	万泰生物、厦门大学、香港大学	中国疫苗专班紧急使用，2022年

注：Ad5，人5型腺病毒；Ad26，人26型腺病毒；rVSV，重组水疱性口炎病毒；MVA，牛痘病毒；Chadox1，黑猩猩腺病毒

5款病毒载体新冠疫苗均使用腺病毒载体，除了卫星V之外，克威莎、ChAdOx1 nCoV-19和Ad26.COV2.S均获得WHO的EUL（应急使用清单）授权，在世界范围内有广泛的使用，证明了病毒载体疫苗的成功。ChAdOx1 nCoV-19和Ad26.COV2.S有一定概率引发血栓不良反应，相比之下，克威莎的安全性良好，没有观察到血栓不良反应。

除了埃博拉和新冠疫苗，目前有众多的病毒载体疫苗进入临床开发阶段，将会在其他传染病领域发挥作用。Bavarian Nordic公司的呼吸道合胞病毒疫苗MVA-BN-RSV已经进入Ⅲ期临床（NCT05238025），该疫苗基于牛痘病毒载体，抗原包含G、F、N、M2 4种蛋白。此外，还有基于腺病毒载体的带状疱疹病毒疫苗、结核病疫苗处于临床前或者临床期开发阶段。

（三）黏膜疫苗

黏膜免疫是沿呼吸道、消化道等黏膜上皮分布的淋巴细胞、淋巴组织和某些外分

泌腺体（唾液腺、乳腺和胰腺等）在病原、外来抗原、变应原等的刺激下诱导产生的一种免疫应答反应，包括促进黏膜分泌免疫球蛋白A（immunoglobulin A，IgA）抗体和激发黏膜组织驻留T细胞应答。经黏膜接种的疫苗称为黏膜疫苗，较注射疫苗而言，可以在病原体感染的主要部位引发保护性免疫反应，阻断病原体传播，适用于传染性疾病大流行时的大规模接种。此外，黏膜疫苗作为无创式的疫苗接种方式，具有更好的依从性，可以降低人们对疫苗接种的犹豫和恐惧心理。

目前已有多款黏膜疫苗上市，但多为减毒或灭活疫苗，减毒或灭活疫苗的黏膜疫苗一般多由全细菌或全病毒制成，经常面临生产挑战、稳定性差和使用安全的问题。病毒载体黏膜疫苗、亚单位黏膜疫苗，比减毒或灭活疫苗黏膜疫苗具有更明确的成分、高度特异的免疫原性和更高的安全性，因此更受研发者的青睐。例如，军科院/康希诺生物公司合作开发的吸入用新冠疫苗通过雾化吸入，可诱导产生高水平的体液免疫、细胞免疫和黏膜免疫，该款疫苗是疫苗接种史上首个通过吸入给药方式的黏膜疫苗，其安全性和免疫效果已在大规模使用中得到确认。厦门大学/万泰生物的鼻喷流感病毒载体新冠疫苗也具有良好的安全性和免疫原性，这两款疫苗均已获准纳入紧急使用；麻省理工学院技术设计了一款亚单位艾滋病黏膜疫苗，它可以搭载白蛋白在鼻内进入鼻黏膜细胞，不但可以像肌内注射一样诱导显著的系统免疫应答，而且可以诱导强烈的黏膜免疫。

全球多个组织已完成或正在进行黏膜疫苗的临床试验，这些产品的适应证包括COVID-19、流感、肺结核、轮状病毒性肠炎、脊髓灰质炎等。以COVID-19黏膜疫苗为例，据世界卫生组织统计，截至2022年12月，除了已上市的5款COVID-19黏膜疫苗，12款COVID-19黏膜疫苗正处于临床试验阶段（表12-73），其中多为病毒载体黏膜疫苗、亚单位黏膜疫苗。预计未来1—3年，将还会有3—5个COVID-19黏膜疫苗产品进入市场。

表12-73　COVID-19黏膜疫苗

疫苗类型	名称/描述	接种方式	研发单位	上市时间/临床阶段
病毒载体（非复制型）	克威莎雾优	雾化吸入	军科院/康希诺	2022年9月中国紧急使用
病毒载体（复制型）	dNS1-RBD	鼻内	厦门大学/万泰生物	2022年12月中国紧急使用
病毒载体（非复制型）	iNCOVACC	鼻内	Bharat Biotech	2022年10月印度紧急使用

续表

疫苗类型	名称 / 描述	接种方式	研发单位	上市时间 / 临床阶段
病毒载体	卫星 -V	鼻内	伽马列亚研究所	2022 年 4 月
病毒载体	Salnavak	鼻内	Generium	2022 年 7 月
病毒载体（非复制型）	ChAdOx1-S-（AZD1222）	鼻内	University of Oxford	I 期
减毒疫苗	COVI-VAC	鼻内	Codagenix/Serum Institute of India	III 期
亚单位	CIGB-669（RBD+AgnHB）	鼻内	Center for Genetic Engineering and Biotechnology（CIGB）	I / II 期
亚单位	Razi Cov Pars，重组刺突蛋白	鼻内和肌内注射	Razi Vaccine and Serum Research Institute	III 期
减毒疫苗	MV-014-212，一个表达 SARS-CoV-2 的刺突蛋白的减毒疫苗	鼻内	Meissa Vaccines，Inc.	I 期
灭活疫苗	rNDV，有活性的新城鸡瘟病毒载体疫苗	鼻内或肌内注射	Laboratorio Avi-Mex	II / III 期
病毒载体（非复制型）	编码 SARS-CoV-2 刺突蛋白的 PIV5 载体疫苗	鼻内	CyanVac LLC	I 期
病毒载体（非复制型）	Ad5-triCoV/Mac 或 ChAd-triCoV/Mac	气溶胶	McMaster University	I 期
病毒载体（复制型）	NDV-HXP-S	鼻内或肌内注射	Sean Liu，Icahn School of Medicine at Mount Sinai	I 期
病毒载体（非复制型）	MVA-SARS-2-ST	吸入	Hannover Medical School	I 期
亚单位	ACM-SARS-CoV-2-beta ACM-CpG	鼻内	ACM Biolabs	I 期
亚单位	OMV-HexaPro	鼻内	Intravacc B.V.	I 期

相较于系统性免疫，黏膜免疫的基础研究还非常薄弱。黏膜免疫中还有大量的免疫学过程和影响因素是未知的，需要给予黏膜组织中上皮细胞和固有免疫细胞足够的关注。此外，创新抗原和黏膜佐剂与安全有效的递送系统相结合是推进黏膜疫苗的关键。

（四）mRNA疫苗

mRNA疫苗通过将含有编码抗原蛋白的mRNA导入人体，直接在人体细胞内进行翻译，形成相应的抗原蛋白，从而诱导机体产生特异性免疫应答达到预防免疫的作用。相比于传统疫苗，mRNA疫苗具备研发速度快、抗原选择范围广、设计灵活，以及生产模式化难度较低、周期短等优势。由于目标抗原相对明确，mRNA技术在传染病疫苗领域进展最为迅速。目前已披露的mRNA预防性疫苗涉及新冠病毒、寨卡病毒、尼帕病毒、HIV、呼吸道合胞病毒、流感病毒、带状疱疹病毒、狂犬病毒、疟疾、肺结核等病毒性、细菌性和寄生虫性传染病。

国外已有多款新冠mRNA疫苗产品上市，包括Moderna的原始株疫苗Spikevax（mRNA-1273）、原始株和BA.4/5的二价疫苗（mRNA-1273.222）以及BioNTech/Pfizer开发的原始株疫苗复必泰Comirnaty（BNT162b2）、原始株和BA.4/5的二价疫苗。临床数据显示mRNA-1273和BNT162b2的疫苗感染保护效率分别为94.1%、95%，高于第一代传统疫苗灭活苗，如CoronaVac（50.70%）和BBIBP-COrV（79.34%），以及第二代重组蛋白疫苗，如NVX-CoV2373（89.70%）和ZF2001（87.40%）。

除新冠疫苗外，Moderna公司的巨细胞病毒疫苗（mRNA-1647）、呼吸道合胞病毒疫苗（mRNA-1345）和季节性流感四价疫苗（mRNA-1010）处于临床Ⅲ期；寨卡病毒疫苗（mRNA-1893）处于临床ⅡⅡ期；而HIV疫苗（mRNA-1644）、尼帕病毒疫苗（mRNA-1215）、Epstein-Barr病毒疫苗（mRNA-1189）处于临床Ⅰ期；HSV疫苗（mRNA-1608）和带状疱疹疫苗（mRNA-1468）处于临床前研究；同时，新冠-流感-RSV、RSV-hMPV等多联mRNA疫苗也正在开展。BioNTech公司重点布局肿瘤疫苗领域，其传染病疫苗管线包括单纯疱疹病毒HSV-2（BNT163）、流感病毒（BNT161）、肺结核（BNT164）、疟疾（BNT165）、带状疱疹、HIV等。CureVac公司的研发管线包括RSV、狂犬病、流感、黄热病，进展多处于临床前期或临床Ⅰ期。

国内mRNA疫苗也在快速发展，约有近40家企业布局其中，涉及多种传染病及肿瘤疫苗管线，但目前暂无产品上市。其中，新冠疫苗的进展最快，包括康希诺生物研发的CS-2034（Ⅱb期）、沃森/蓝鹊/复旦大学的RQ3013（Ⅲ期）、石药集团的SYS6006（Ⅲ期）、艾美公司的LVRNA009（Ⅲ期）以及艾博/沃森ARCoVax（印尼紧急使用授权）和斯微生物SW-BIC-213（老挝紧急使用授权）。

mRNA需借助脂质体等载体进行递送，而递送效率、递送系统的稳定性、靶向性等问题对mRNA疫苗的研发至关重要。脂质纳米颗粒（LNP）为目前的主流递送系统，阳离子脂质结构优化和LNP组分优化为主流研究方向，可突破专利壁垒和实现器官靶向。除使用LNP外，基于生物膜的仿生递送系统也可以作为mRNA的载体，目前常用的生物膜系统包括细胞膜囊泡、细菌来源的外膜囊泡（OMV）和细胞外囊泡（EV）。

其中，外泌体是一种纳米级的EV，具有生物相容性高、稳定性高等优势，作为药物载体已被广泛研究。

mRNA疫苗已成为各大药企和生物技术公司积极布局的重要赛道。短期而言，预防性疫苗市场主要集中在新冠产品；中长期而言，凭借mRNA疫苗在靶点数量、疗效、安全性和生产工艺的优势，将会拓展到更多传染性疾病的预防或治疗。

（五）多价多联疫苗

多价多联疫苗是指由多种抗原成分联合配制而成的疫苗，能够预防同一种病原微生物的不同血清型/株引起的疾病和（或）不同病原微生物引起的多种疾病。随着需接种疫苗种类的增多及免疫接种程序的复杂化，多价多联疫苗的开发显得尤为重要，在减少接种针次、减少监护人及医务工作者看护时间、降低卫生防疫部门监管成本、提高疫苗接种率及依从性等方面具有明显的优势。

国内批准上市的代表性多价多联疫苗有DTaP-b型流感嗜血杆菌结合（Hib）疫苗、DTaP-乙型肝炎（Hep B）疫苗、麻疹腮腺炎风疹（MMR）疫苗、13价肺炎球菌多糖结合疫苗（PCV13）、3价/4价流感（Flu）疫苗等。近几年随着国内生物技术的革新，出现了新一代的多价苗，如沃森的13价肺炎球菌多糖结合疫苗（PCV），康希诺生物的2价/4价脑膜炎球菌多糖结合疫苗（MCV），万泰的2价人乳头瘤病毒病疫苗（HPV），填补了国内空白，将国内多价多联疫苗推到了一个新高度。国外批准上市的多价多联疫苗，除上述疫苗外还有DTaP-IPV-Hib（潘太欣）、DTaP-Hep B-IPV、DTaP-Hep B-IPV-Hib、MMR-水痘疫苗；多价疫苗有20价肺炎结合疫苗、4价/9价HPV、5价轮状病毒疫苗等重要产品。

总体来说，我国多价多联疫苗存在联合程度低、血清型数量少、抗原种类及数量大多模仿国外的情况。

近年来，我国政府和监管机构日益重视多价多联疫苗的研发和生产，国内疫苗生产企业及科研机构也竞相进入多价多联疫苗开发的赛道，主要体现为开发的疫苗血清型数量增多，联合程度增高，如国药中生生物开发的11价HPV疫苗2022年3月进入Ⅲ期临床；神州细胞与北京诺宁生物联合开发的14价HPV疫苗2022年9月完成Ⅰ期临床，Ⅱ期临床进行中；成大生物与康乐卫士合作开发的15价HPV疫苗2022年3月获批临床；此外，厦门大学利用嵌合病毒样颗粒（VLP）技术，研究开发了7种嵌合VLP用于预防20种型别感染的更高价HPV疫苗；中生武汉生物制品研究所将人轮状病毒6种血清型的VP7基因替换牛轮状病毒UK毒株相应基因研制出一种6价重配轮状病毒疫苗，2020年进入Ⅲ期临床试验。

多价多联疫苗同样是国际疫苗公司研发的热点。Novavax公司利用其纳米颗粒（nanoparticle）及 Matrix-M 佐剂技术平台开发了可同时预防 Flu 和新型冠状病毒的 NanoFlu/NVX-CoV2373 疫苗，2022 年 12 月该公司宣布将进行Ⅱ期临床试验；Moderna 公司利用其 mRNA 技术平台开发了可同时预防 COVID-19、Flu 及呼吸合胞病毒（RSV）的 COVID-Flu-RSV（mRNA-1230）疫苗，2022 年 12 月进入Ⅰ/Ⅱ期临床。除此之外，该公司同期开发的 COVID-Flu（mRNA-1073）、RSV-Flu（mRNA-1045）疫苗，也均已进入临床阶段；辉瑞公司开发的 5 价流行性脑膜炎疫苗（ABCWY），2022 年 12 月提交生物制品新药申请（BLA）。另外，辉瑞公司还在开发一种多糖蛋白定点结合技术，可将多糖定点结合在载体蛋白上，而且一个载体可同时结合多种血清型的多糖，从而实现降低载体蛋白使用量的目的。

多价多联疫苗的开发应充分考虑以下几点：①各单苗接种程序上的相同或相似性及临床可评价性；②各抗原间组分相容性，佐剂、原辅料等对活性成分的影响等，严格控制产品质量，有效评价产品的安全性及有效性；③从我国的实际情况出发，不能完全照抄照搬国外的疫苗，因为我国疾病的流行高峰期可能与国外不一致，国外研究的联合疫苗可能并不适用于国内。多价多联疫苗的开发不仅仅需要技术的革新，还需要国家政策的支持（如简化申报要求、允许单苗和联苗同步研发、允许不同生产企业的疫苗联合）、企业加快转型升级和企业间加强合作，相信在不久的将来会涌现出更多更有效的联合疫苗，服务于公共卫生。

（六）疫苗佐剂

佐剂是一类能够调节或增强疫苗免疫应答的物质，佐剂的应用可以提高抗原的免疫原性，延长机体的免疫应答时间，以及降低疫苗中所需的抗原剂量。安全有效的新型佐剂是新型疫苗取得成功的重要推动因素。

传统的铝佐剂已经有近百年的使用历史，广泛应用于百白破、肺炎、甲肝和乙肝等疫苗中，近期国内开发的新冠灭活疫苗和新冠重组蛋白疫苗也采用了铝佐剂。铝佐剂属于 Th2 型佐剂，无法激活 Th1 型免疫，增强细胞免疫的能力较弱，其局限性在长期和大规模使用中不断显现出来，因此，在过去的 30 多年中新型佐剂的开发在疫苗领域受到广泛的重视。自 1997 年以来，国际上先后有多个新型佐剂上市，包括 MF59（水包油乳剂）、AS04（单磷酸酰脂 A+铝佐剂）、AS03（水包油乳剂）、CpG1018（寡核苷酸）和 AS01（含免疫刺激剂的脂质体）等。以 GSK 公司的带状疱疹疫苗 Shingrix 为例，这是一种重组亚单位疫苗，采用 AS01 佐剂。AS01 是含单磷酸酰脂 A 和皂苷 QS21 的脂质体佐剂，不但能够激发比较高的体液免疫，而且在刺激细胞免疫方面的作用非常突出，其中的皂苷成分 QS21 发挥了不可替代的作用。临床试验结果表明 Shingrix 保护效率高达 97%，保护期也比已经上市的减毒疫苗显著增长。抗原蛋白的选择和 AS01 佐剂的应用是 Shingrix 疫苗成功开发的最关键的因素。

在新冠大流行以来，新型佐剂在新冠疫苗的开发中发挥了重要作用，多个含有新型佐剂的新冠疫苗获批使用，采用的佐剂包括MF59乳剂（SCTV01C，神州细胞）、AS03乳剂（Covifenz，Medicago和VidPrevtyn Beta，Sanofi Pasteur）、基于皂苷的Matrix M佐剂（Nuvaxovid，Novavax）、CpG1018/铝复合佐剂（VLA2001，Valneva）及生物佐剂INFα+Fc佐剂（丽康V-01，丽珠生物）等。其中，丽康V-01是在RBD二聚体基础上，融合了生物佐剂干扰素、Pan表位、Fc等免疫活性成分，并配合传统的氢氧化铝佐剂，显著提高了病毒的中和抗体水平。

除了上述已上市的佐剂，国际上还有很多新型佐剂疫苗处于临床阶段，涉及的佐剂有油包水乳剂ISA-51、ISA-720，黏膜佐剂Flgellin，细胞因子类佐剂IL12、IL15，模式识别受体类佐剂CpG7909和复合佐剂GLA-SE、AS02、AS15、Alum + TLR7刺激剂等。

长期以来，我国佐剂产业发展较为缓慢，基本上以铝佐剂为主。随着国外新型佐剂研究的不断突破，近年来我国有多家研究机构和疫苗企业开展了新型佐剂的研究和开发。三叶草生物的SCB-2019（CpG1018/铝佐剂）新冠疫苗和神州细胞的含水包油乳剂佐剂的新冠疫苗的成功上市将为我国新型佐剂的开发注入新的活力。目前进入临床试验阶段的新型佐剂疫苗有：依生生物的皮卡狂犬病疫苗、皮卡乙肝疫苗；瑞科生物基于角鲨烯的新型佐剂BFA03的重组蛋白新冠疫苗ReCOV；江苏中慧元通和上海怡道生物基于铝佐剂的复合佐剂的带状疱疹疫苗；迈科康生物基于脂质体复合佐剂的带状疱疹疫苗。佐剂的发展面临来自安全性、复杂作用机制、原材料来源和生产工艺等方面的众多挑战，但是，研究数据的不断积累和新型佐剂疫苗的陆续上市，给国内外的疫苗企业带来了巨大的研发信心。

三、我国新型疫苗发展未来展望

新冠疫情期间，国内疫苗行业储备的多种不同工艺技术路线的新型疫苗大放异彩，在预防新冠重症和死亡方面发挥了巨大作用，如腺病毒载体疫苗、重组蛋白疫苗、mRNA疫苗、黏膜免疫疫苗等均通过有效论证并广泛使用接种，为预防新冠病毒感染提供了更多选择。在新产品开发的同时，我国疫苗厂家重视技术平台搭建、强化自身研发创新能力、扩充研发生产管线、提高行业竞争力，这些努力为预防多种疾病感染以及肿瘤、慢病等预防或治疗方面的新型疫苗的研发奠定了很好的基础。

我国疫苗产业创新发展初见成效，但仍有短板，同时也暴露出产业中的一些风险和不足。第一，新型疫苗的研制很大程度上依赖于科学技术的进步和发展，我国在创新科技成果的市场转化机制方面尚待完善和突破，一些世界领先的突破性技术的快速应用和全面推广存在困难。第二，新型疫苗的研发无不依赖于科学技术的创新和突破，我国疫苗产业的先进技术储备与国际相比还有一定差距，新型疫苗开发过程中难免受到专利或Know-How的壁垒。我国科研院所与疫苗企业均应潜心钻研、夯实基础，寻求合作、强强联合，开发拳头产品、明星产品。同时，建议政策或监管层面引导、推动自有知识产权的投入和产出，尽量减少研发和生产的同质化。第三，疫苗行业的发展离不开产业链上下游的全面发展与支持，要加强上下游的协同发展，减少"卡脖子"现象，如上游端的培养基，下游端的核心填料，直接接触的内包装容器和胶塞等，需要多行业的紧密协同推进，以及监管部门的有效支持。第四，在疫苗产品海外出口和国际认证方面，仍需进一步提升。随着"一带一路"倡议和"人类命运共同体"等战略的逐步推进，我国新型疫苗已经进入国际赛道，在创新研发、审批监管、市场开拓、突发应对等方面，我国疫苗企业及科研机构还需高瞻远瞩、共同协作、智慧决策，最终实现中国疫苗产业在国际竞争中的高质量发展。

撰 稿 人：宇学峰　康希诺生物股份公司

邓　捷　康希诺生物股份公司

晏巧玲　康希诺生物股份公司

郑秀玉　康希诺生物股份公司

徐　方　康希诺生物股份公司

彭少丹　康希诺生物股份公司

张建刚　康希诺生物股份公司

乔　营　康希诺生物股份公司

叶晓珂　康希诺生物股份公司

吴　汉　康希诺生物股份公司

通讯作者：宇学峰　xuefeng.yu@cansinotech.com

第六节　先进诊断技术和产品

一、概　　况

医学诊断是医疗服务中最重要的环节之一，当前我国人民群众对医疗健康的需求日益提升，对医学诊断能力也提出更高的要求与挑战。国家卫生健康委数据显示，截至2021年底，我国日均门诊高达2320万人次，而执业医师仅有359万人，执业医师负荷门诊人次远高于世界平均水平，并且还存在优质医疗资源高度集中在发达地区，人口老龄化、慢病低龄化形势严峻等问题。面对新发展阶段对医疗健康产业提出的新任务新要求，以及国际发展环境深刻变化带来的新形势新挑战，亟须创新现有的医学诊断模式，解决医疗资源的供需缺口，为保障人民群众生命安全和身体健康提供有力支撑。

随着生物技术与人工智能、大数据、新型材料、精密机械等技术的融合发展，创新的诊断技术与产品不断涌现，为医学诊断提供了新工具与新方法。原有的医学诊断装备正在实现升级转型，逐步向智能化、小型化、快速化、精准化、多功能集成化发展，远程诊断、智能诊断、即时即地检验等创新诊断模式也陆续出现赋能现有医疗服务体系，典型的先进诊断技术与产品包括人工智能影像辅助诊断产品、临床决策支持系统（clinical decision support system，CDSS）、即时即地检验（point of care testing，POCT）产品、数字化中医诊断产品等。

二、主 要 产 品

（一）人工智能影像辅助诊断产品

医学影像由于具有非侵入式、获取简单、信息量大等特点，已经成为应用最广泛的疾病诊断工具。常见的医学影像数据来源包括 X 线检查、计算机断层扫描（CT）、超声、磁共振成像（MRI）、正电子发射断层显像（PET）、内镜、眼底摄影、病理切片、光学相干成像等。近年来，医学影像数据体量快速增长、数据模态更加多维，因此对其准确地进行分析解读，从中挖掘出有效信息并完成疾病诊断成为极具挑战性的工作，单纯依靠人力对医学影像进行判读，存在着耗时长、主观性强、漏诊率和误诊率高等问题。中华医学会数据资料显示，中国临床医疗每年误诊人数约为 5700 万人，总误诊率为 27.8%，器官异位误诊率为 60%，恶性肿瘤平均误诊率为 40%。

以深度学习为代表的新一代人工智能技术能够依赖多层次的神经网络进行自主学习和特征提取，从而完成判别分类、目标检测、图像分割和定量计算等任务。因此，基于人工智能的医学影像辅助诊断类软件能够辅助医生完成复杂耗时的影像诊断任务，提升疾病诊断的效率与准确率。人工智能技术在医学影像辅助诊断中的应用主要分为两部分：一是感知数据，即通过图像识别技术对医学影像进行分析，获取有效信息；二是数据学习、训练环节。通过深度学习海量的影像数据和临床诊断数据，不断对模型进行训练，使其掌握诊断能力，具体应用场景可包括辅助分诊、辅助评估、辅助检测等。近年来，随着算法逐渐成熟、算力持续提升，人工智能影像辅助诊断产品正处于蓬勃发展阶段。从覆盖病种来看，其典型产品已覆盖眼部、肺部、骨、心血管、乳腺、脑、消化道、宫颈、肝脏等多个部位的疾病诊断。从应用能力来看，其处理对象从最初二维的 X 线平片拓展到了三维的 CT、MRI 影像，从静态的医学影像拓展到了动态的超声影像与内镜视频影像。2020 年 1 月科亚医疗自主研发的冠脉血流储备分数计算软件取得了我国首张 AI 医疗器械三类注册证，标志着我国人工智能影像辅助诊断产品已经开启商用篇章。随着人工智能技术在医疗影像诊断领域应用的逐步推进，人工智能影像辅助诊断产品正在紧密围绕临床需求不断拓宽技术场景，整体呈现设计视角多元、应用场景百花齐放的发展态势。

（二）临床决策支持系统

随着科学技术的飞速发展，医学知识呈爆炸式增长，患者疾病谱也在不断变化，这对医生的临床决策能力提出了严峻的挑战。临床决策支持系统（CDSS）是指将电子病历、患者主诉等多种临床数据作为输入信息，将推论结果作为输出，有助于临床医生决策的软件系统。从临床决策支持系统的设计目标来看，其应用由于大量使用了客观现实的数据、医学指南和权威文献作为主要判断依据，以循证医疗作为设计主旨，因此可以有效解决临床医生知识的局限性，减少人为错漏，提高药物使用效率。

临床决策支持系统的基本原理为构建各种疾病的知识库，将各种病情的诊断标准、阈值判断、治疗处方、专家经验等输入计算机，借助计算机超强和精准的信息存储、提取功能及快速的计算能力，通过人工智能技术和计算机逻辑推理运算来模拟医生的诊断治疗思维，帮助医生做出快速诊断和治疗决策。从使用场景来看，临床决策支持系统拥有诊断决策、治疗决策和预后决策三大场景。诊断决策是指通用的临床决策支持系统，可以根据临床医生针对患者症状的描述，在诊断、用药和手术之前，按照标准诊疗指南提示医生诊断要求、鉴别要点以及相关诊疗方案。治疗决策是指系统根据患者病情、医生临床观察，结合医学指南和循证依据，向医生提示药品适应证、药理、药效等，以及术后综合治疗及评估方案。

（三）即时即地检验产品

即时即地检验（POCT）即床旁检测或即时检测，是指在采样现场进行的、利用便携式分析仪器及配套试剂快速得到检测结果的一种检测方式，具有快速简便、现场分析等特点，能减少样品转送流程，缩短报告时间。POCT 产品不需要专业的检验人员操作，可以省去诸多烦琐过程，直接快速得到可靠的结果，为医生进一步诊治赢得宝贵的时间。

目前，我国 POCT 领域较为成熟的技术包括胶体金免疫层析技术、斑点金免疫渗滤技术、荧光定量免疫层析技术和干化学技术、免疫比浊技术等。新一代检测技术如磁粒化学发光免疫、生物传感器、生物芯片、微流控、基因测序也已经逐步进入应用阶段。测试对象也由生化指标、免疫指标逐步外延到核酸指标。常见的 POCT 技术应用领域包括血糖自测、妊娠检测、毒品/酒精检测、传染病检测、肿瘤标志物检测等。

新冠疫情暴发，掀起了POCT技术应用热潮。常规的核酸检测对于检测条件和人员要求较高、检测时间较长，而POCT技术可以突破场所和人员的限制，展示出极为明显的优势。2022年第一季度国务院应对新型冠状病毒肺炎疫情联防联控机制综合组决定在核酸检测基础上，增加抗原检测作为补充，明确社区居民有自我检测需求的，可通过零售药店、网络销售平台等渠道，自行购买抗原检测试剂进行自测，并制定印发《新冠病毒抗原检测应用方案（试行）》。随着POCT技术的不断成熟，以及由于新冠疫情人民群众对抗原检测需求的提升，多种类的POCT技术与产品将得到大幅应用，及时准确地提供检验结果并提高诊断治疗质量。

（四）数字化中医诊断产品

数字化中医诊断产品主要以中医医学模型为技术驱动，从"望闻问切"四诊辅助诊断展开，利用人工智能、大数据等数字化技术实现数据采集客观化、四诊合参智能化、辨证论治准确化，从而解决中医诊疗过于依赖主观性和经验性的定性分析、难以复制传播等问题。当前数字化中医诊断产品主要分为两类：一类产品主要通过分析处理基于通用相机采集到的舌象和面象、基于红外成像仪采集得到的热能数据、基于柔性传感器采集得到的脉相数据辅助医生决策，典型产品包括四诊仪等；另一类产品主要将经络、穴位等中医领域医学指征与人体生理阻抗等可定量测量的指标关联起来，进行基于数据分析的诊断决策，典型产品包括智能针灸定位机器人、智能经络调理机器人等。

三、技术现状与应用模式

（一）人工智能影像辅助诊断产品

人工智能技术应用于医学诊断，主要是通过深度学习，实现机器对医学影像的分析判断，协助医生完成诊断、治疗工作的一种辅助工具。计算机辅助诊断技术早在20世纪60年代就已经被提出，1963年，Lodwick等联合阐述了将X线片数字化表示的发明，并于1966年提出可以利用计算机分析医学影像数据。然而当时受限于计算机性能和医学影像技术水平，其研究进展比较缓慢，经过将近60年的发展，尤其是人工智能技术的快速迭代与各种成像技术的涌现，人工智能医学影像辅助诊断产品与技术已经成为医学影像学和放射诊断学领域的热门课题，各种研究成果也在临床诊断中得到了比较广泛的应用。

根据最终设计目标不同，目前的人工智能影像辅助诊断产品主要分为两类：一类是设计为检测医学影像异常并定位的辅助检测系统，主要功能为检测和标注疑似区域并进行适当的假阳性去除，然后提供给医生做诊断；另一类为帮助医生判断异常类别或恶性级别的辅助诊断系统，主要功能为依据描述的感兴趣区域直接进行诊断（良恶性分类、分级等）。人工智能影像辅助诊断系统的处理框架如图12-88所示。

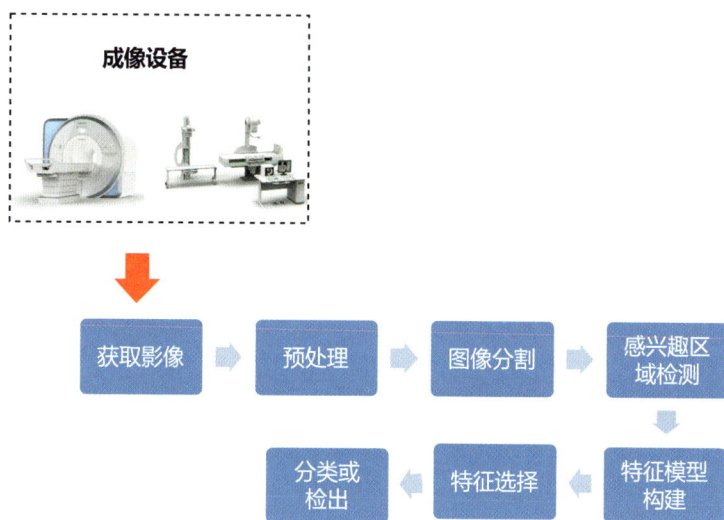

图12-88　人工智能影像辅助诊断系统的处理框架

　　获取影像是指人工智能影像辅助诊断产品从远端或本地系统获取并导入图像的过程，一般从成像设备上直接读取，或通过医学图像存储与传输（PACS）系统读取。预处理主要是矫正成像设备由于多种原因（CT射束硬化效应、超声在介质传播中衰减和散射等）造成的图像失真，对图像做归一化处理。例如，通过消除噪声增加图像对比度，以保证后续处理得到的参数的一致性。图像分割是为了去除医学图像背景或者外围组织的影响而进行的相对来说比较粗犷的切割，有些情况下可以大大减少计算量，也可以降低后续算法设计的复杂度，有些产品的性能高度依赖此步骤的结果。感兴趣区域检测是指将需要提取特征、计算参数的区域从医学图像中明确指明出来，包括区域的位置和形状。这个步骤也可以直接后接于预处理阶段。感兴趣区域检测是医学影像辅助诊断产品中最重要的部分，对于预期功能的实现有着至关重要的影响。特征模型构建是指在感兴趣区域检测得到明确的计算区域后，通过计算各种参数特征，如形状、视觉特征、各类医学影像代表的物理特征、一阶统计特征、二维纹理特征、分形维度、病灶灌注动态增强成像中定量和半定量参数等。特征选择是指在各种计算出来的特征参数基础下，利用数据领域相关知识来选择达到系统预设功能前提下最具区分能力的特征。好的特征具有高灵活性，允许分类算法使用相对简单的模型和相对较少的数据量。特征选择甚至成为了一个专门的人工智能技术分支，称为"特征工程"。分类或检出是产品或系统最终需要实现的预期功能，经过选择出来的特征组成高纬度的特征向量，这些特征向量成为算法的输入，常见算法可以分为统计学方法、机器学习方法和深度学习方法。

　　2020年1月科亚医疗自主研发的冠脉血流储备分数计算软件取得了我国首张AI医疗器械三类注册证，标志着我国人工智能医疗影像产业正式开启商用篇章。近两年，随着监管路径逐渐清晰以及产业发展逐步成熟，人工智能影像辅助诊断产品取得注册证的步伐加快，截至2022年底，已有59款人工智能影像辅助诊断产品获批，产品清单如表12-74所示。

表12-74　已取得医疗器械注册证的人工智能影像辅助诊断产品

序号	产品名称	公司名称	获批时间	应用科室	疾病种类
1	冠脉血流储备分数计算软件	北京昆仑医云科技有限公司	2020-01-14	心内科	稳定型冠心病、功能性心肌缺血
2	颅内肿瘤磁共振影像辅助诊断软件 Diagnostic Support Software	安德科技有限公司	2020-06-09	影像科	颅内肿瘤
3	糖尿病视网膜病变眼底图像辅助诊断软件	深圳硅基智能科技有限公司	2020-08-07	内分泌+眼科	糖尿病视网膜病变
4	糖尿病视网膜病变眼底图像辅助诊断软件	上海鹰瞳医疗科技有限公司	2020-08-07	内分泌+眼科	糖尿病视网膜病变
5	冠脉CT造影图像血管狭窄辅助分诊软件	语坤（北京）网络科技有限公司	2020-11-03	心内科	冠脉狭窄
6	肺结节CT影像辅助检测软件	北京推想科技有限公司	2020-12-11	影像科	肺结节
7	骨折CT影像辅助检测软件	上海联影智能医疗科技有限公司	2020-11-09	骨科	骨折
8	肺结节CT影像辅助检测软件	杭州深睿博联科技有限公司	2020-11-30	影像科	肺结节
9	放射治疗记录和验证软件	上海联影医疗科技有限公司	2021-01-15	放射科	放射治疗
10	放射治疗轮廓勾画软件	上海联影医疗科技有限公司	2021-01-15	放射科	放射治疗
11	肺炎CT影像辅助分诊与评估软件	杭州深睿博联科技有限公司	2021-03-26	影像科	肺炎
12	儿童手部X射线影像骨龄辅助评估软件	杭州依图医疗技术有限公司	2021-03-18	影像科	骨龄评估

续表

序号	产品名称	公司名称	获批时间	应用科室	疾病种类
13	肺炎 CT 影像辅助分诊与评估软件	北京推想科技有限公司	2021-03-26	影像科	肺炎
14	放射治疗轮廓勾画软件	海创时代（深圳）医疗科技有限公司	2021-03-26	放射科	放射治疗
15	冠状动脉 CT 血流储备分数计算软件	深圳睿心智能医疗科技有限公司	2021-04-14	心内科	稳定型冠心病、功能性心肌缺血
16	骨折 X 射线图像辅助检测软件	慧影医疗科技（北京）有限公司	2021-04-28	影像科	骨折
17	放射治疗轮廓勾画软件	北京全域医疗技术集团有限公司	2021-04-28	放射科	放射治疗
18	眼科手术计划软件	爱尔康（中国）眼科产品有限公司	2021-05-12	眼科	眼部疾病
19	肺结节 CT 影像辅助检测软件	上海联影智能医疗科技有限公司	2021-06-24	影像科	肺结节
20	糖尿病视网膜病变眼底图像辅助诊断软件	北京致远慧图科技有限公司	2021-06-08	眼科	糖尿病视网膜病变（糖网）
21	冠状动脉 CT 血流储备分数计算软件	北京心世纪医疗科技有限公司	2021-07-29	心内科	冠脉血流储备分数计算
22	肺炎 CT 影像辅助分诊与评估软件	上海联影智能医疗科技有限公司	2021-08-06	影像科	肺炎
23	肺炎 CT 影像辅助分诊及评估软件	腾讯医疗健康（深圳）有限公司	2021-08-16	影像科	肺炎
24	放射治疗临床管理软件	瓦里安医疗系统公司	2021-10-20	放射科	放射治疗
25	放射治疗计划软件	瓦里安医疗系统公司	2021-10-20	放射科	放射治疗
26	冠状动脉 CT 血流储备分数计算软件	北京冠生云医疗技术有限公司	2021-10-20	心内科	冠脉血流储备分数计算
27	冠状动脉 OCT 定量血流分数计算软件	博动医学影像科技（上海）有限公司	2021-11-09	心内科	冠脉定量血流分数计算
28	肺炎 CT 影像辅助分诊与评估软件	北京安德医智科技有限公司	2021-11-12	影像科	肺炎
29	肺结节 CT 影像辅助分诊软件	苏州体素信息科技有限公司	2021-11-18	影像科	肺结节

续表

序号	产品名称	公司名称	获批时间	应用科室	疾病种类
30	肺炎 CT 影像辅助分诊与评估软件	语坤（北京）网络科技有限公司	2021-12-01	影像科	肺炎
31	放射治疗轮廓勾画软件	北京医智影科技有限公司	2021-12-01	放射科	放射治疗
32	肺结节 CT 影像辅助检测软件	杭州依图医疗技术有限公司	2021-12-23	影像科	肺结节
33	定量血流分数测量软件	博动医学影像科技(上海)有限公司	2021-12-31	心内科	稳定型冠心病、功能性心肌缺血
34	放射治疗轮廓勾画软件	广州柏视医疗科技有限公司	2022-01-19	放射科	放射治疗
35	胸部骨折 CT 图像辅助分诊软件	推想医疗科技股份有限公司	2022-04-29	骨科	骨折
36	儿童手部 X 射线影像骨龄辅助评估软件	杭州深睿博联科技有限公司	2022-03-02	骨科	骨龄分析
37	糖尿病视网膜病变眼底图像辅助诊断软件	微医（福建）医疗器械有限公司	2022-04-06	内分泌＋眼科	糖尿病视网膜病变
38	肺结节 CT 图像辅助检测软件	慧影医疗科技（北京）有限公司	2022-04-29	影像科	肺结节
39	肺结节 CT 图像辅助检测软件	语坤（北京）网络科技有限公司	2022-04-29	影像科	肺结节
40	颅内出血 CT 影像辅助分诊软件	上海联影智能医疗科技有限公司	2022-03-09	影像科	脑出血
41	肺结节 CT 图像辅助检测软件	广西医准智能科技有限公司	2022-05-26	影像科	肺结节
42	肺结节 CT 影像辅助检测软件	上海杏脉信息科技有限公司	2022-05-13	影像科	肺结节
43	头颈 CT 血管造影图像辅助评估软件	语坤（北京）网络科技有限公司	2022-04-12	影像科	头颈动脉血管狭窄
44	颅内出血 CT 图像辅助分诊软件	推想医疗科技股份有限公司	2022-06-27	影像科	脑出血
45	糖尿病视网膜病变眼底图像辅助诊断软件	苏州体素信息科技有限公司	2022-07-13	内分泌＋眼科	糖尿病视网膜病变

续表

序号	产品名称	公司名称	获批时间	应用科室	疾病种类
46	肺结节 CT 图像辅助检测软件	上海商汤智能科技有限公司	2022-08-02	影像科	肺结节
47	肠息肉电子结肠内窥镜图像辅助检测软件	成都微识医疗设备有限公司	2022-08-02	消化科	结肠息肉
48	放射治疗轮廓勾画软件	福建自贸试验区厦门片区 Manteia 数据科技有限公司	2022-08-02	放射科	放射治疗
49	放射治疗计划软件	西安大医集团股份有限公司	2022-08-02	放射科	放射治疗
50	脑缺血图像辅助评估软件	东软医疗系统股份有限公司	2022-08-04	影像科	脑卒中
51	胸椎 CT 图像辅助评估软件	上海西门子医疗器械有限公司	2022-08-16	骨科	骨折
52	心血管 CT 图像辅助评估软件	上海西门子医疗器械有限公司	2022-08-16	心内科	稳定型冠心病、功能性心肌缺血
53	糖尿病视网膜病变眼底图像辅助诊断软件	北京至真互联网技术有限公司	2022-08-16	内分泌＋眼科	糖尿病视网膜病变
54	眼底病变眼底图像辅助诊断软件	北京康夫子健康技术有限公司	2022-08-16	内分泌＋眼科	糖尿病视网膜病变、慢性青光眼
55	慢性青光眼样视神经病变眼底图像辅助诊断软件	腾讯医疗健康（深圳）有限公司	2022-08-31	内分泌＋眼科	慢性青光眼
56	放射治疗轮廓勾画软件	深圳市医诺智能科技发展有限公司	2022-09-23	放射科	放射治疗
57	颅内动脉瘤手术计划软件	强联智创（北京）科技有限公司	2022-10-11	影像科	颅内肿瘤
58	肺结核 X 射线图像辅助评估软件	江西中科九峰智慧医疗科技有限公司	2022-10-20	影像科	肺结核
59	冠脉 CT 血流储备分数计算软件	深圳市阅影科技有限公司	2022-11-24	心内科	冠脉血流储备分数计算

资料来源：国家药品监督管理局

已获批产品覆盖了心血管、脑部、眼部、肺部、骨科、肿瘤等多个疾病领域，其中心脑血管与肺部为应用最多的两大领域。产品预期用途包括辅助分诊与评估、定量计算、病灶检测、靶区勾画等，其中病灶检测占近半数（图12-89）。

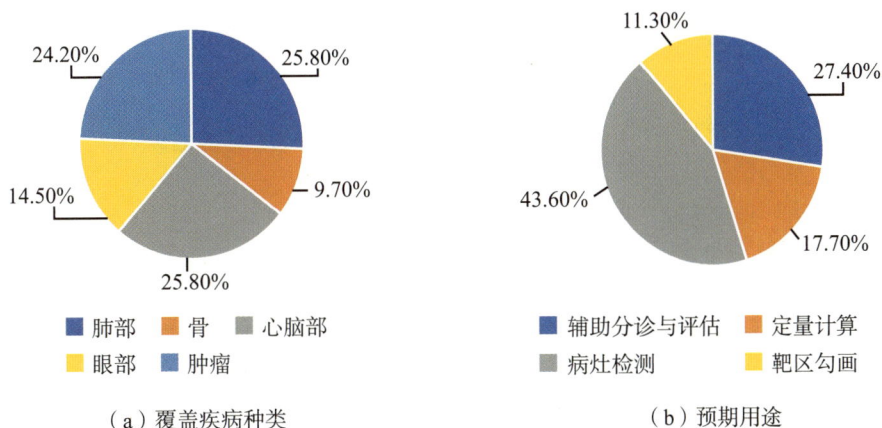

图12-89　已获批产品覆盖疾病种类与预期用途
资料来源：国家药品监督管理局

（二）临床决策支持系统

临床决策支持系统是指利用计算机技术，针对存在的临床医学问题，通过人机交互的方式为临床医生提供决策辅助诊疗的系统，它能够模拟医学专家诊疗过程，并通过分析临床数据建立数据与决策之间的逻辑关联知识点来辅助医务人员进行临床决策。临床决策支持系统的研究始于20世纪50年代末，最早的研究方向是医学专家系统的开发，通过应用产生式规则的推理引擎，将医学专家的专业知识和临床经验进行整理，然后利用推理和模式匹配的方式帮助用户进行诊断推断。1976年，知识工程奠基人爱德华·费根鲍姆在斯坦福大学研发了历史上首个专家系统MYCIN，该系统通过建立临床知识库，尝试模仿医生的决策过程，用于性病感染者的诊断并开出抗生素处方。1978年，北京中医医院关幼波教授与计算机领域专家合作研发出我国第一个医学专家系统——"关幼波肝病诊疗程序"，将医学专家系统应用到我国传统中医领域。2007年美国IBM公司开发的Watson系统，进一步提升了临床决策系统的认知能力。

从技术原理来看，CDSS可以分为两大类，分别是基于知识库类与基于非知识库类，其具体技术特点和典型产品如表12-75所示。

表 12-75　CDSS 产品技术原理

技术原理	技术特点	典型产品	主要功能	应用领域
基于知识库	基于知识库的 CDSS 是通过建立一个可模拟相关领域专家诊疗思维的计算机程序，采用 IFTHEN 模式来存储和使用专家知识经验，为临床医师补充医学知识，为医疗资源匮乏的医院提供辅助诊断和治疗建议。但是该类系统只能基于既有的规则做出指导和评估，无法针对个体的实际情况进行更加深入和准确的挖掘分析；而系统的规则都需要手动输入和更新，造成系统更新维护烦琐和缺乏信息时效性	肿瘤护理计算机化临床决策支持系统	循证检索：利用人工智能技术、数据汇编、统计学知识对不同肿瘤诊断结果进行分析	肿瘤科
		计算机化医生医嘱录入系统	医嘱输入和电子处方：为临床医师提供最佳的医嘱语句，包含药物名称、使用剂量等关键信息，同时针对特殊疾病和用药禁忌做出调整	全科
基于非知识库	不同于基于知识库的专家系统，是从历史临床数据中挖掘信息以提供决策方案，包括诊断结果、治疗方案、用药指导。技术上集成了电子病历，使得系统提供的决策更加符合各个科室临床医师的行为习惯。该类系统推荐方案的质量和完善度会随着数据量的增多而提升，而数据的数量和质量则是影响此类 CDSS 给出决策方案的准确性和完善性的最重要因素	川崎病辅助决策系统	辅助诊断：选用 Logistic 回归模型计算川崎病发生概率，辅助临床医师鉴别川崎病和其他发热患者	儿内科
		新型冠状病毒感染放射科预警系统	影像识别与解释：构建基于深度学习技术的 COVID-19 影像辅助诊断模型，实现对疑似为新冠肺炎患者的检测和评估	影像科

（三）即时即地检验产品

POCT 技术是集成医学、生命科学、计算机科学、软件学、免疫学、分子生物学等多学科技能的综合应用科学。1957 年，Edmonds 以干化学纸片检测血糖及尿糖，随后 Ames 公司将其干化学纸片法检测项目扩大并商品化。1995 年美国临床实验室标准化委员会（NCCLS）发表《快速诊断检验指南》，第一次对 POCT 概念作出正式界定。2013 年 10 月 10 日，国家标准化管理委员会发布了《即时检测 质量和能力的要求》（GB/T29790—2013）国家标准，将 POCT 正式命名为"即时检测"，并于 2014 年 2 月 1 日正式实施。

POCT 技术可以根据发展阶段不同分为两大类：第一类为中早期技术，如免疫层析法、胶体金法、干化学、免疫荧光技术等；第二类为新兴技术，包括生物传感器、生物芯片、微流控技术等，此类技术进一步提升了产品的稳定性、准确性。根据中国产业信息网、华安证券研究所相关资料将POCT技术原理及检测领域梳理如表12-76所示。

表12-76　POCT技术原理及应用领域

阶段	技术类型	技术原理	检测领域
中早期技术	免疫层析法	将特异的抗体先固定于硝酸纤维素膜的某一区带，当该干燥的硝酸纤维素膜一端浸入样品（尿液或血清）后，由于毛细管作用，样品将沿着该膜向前移动，当移动至固定有抗体的区域时，样品中相应的抗原即与该抗体发生特异性结合，若用免疫胶体金或免疫酶染色可使该区域显示一定的颜色	检测心肌标志物、激素和各种蛋白质等
	胶体金法	由氯金酸（$HAuCl_4$）在还原剂如白磷、抗坏血酸、枸橼酸钠、鞣酸等作用下，可聚合成一定大小的金颗粒，并由于静电作用而成为一种稳定的胶体状态，形成带负电的疏水胶溶液，在检测中作为免疫标志物	检测心肌标志物、激素和各种蛋白质等
	干化学	将多种反应试剂干燥在纸片上，用被测样品中所存在的液体作反应介质，被测成分直接与固化于载体上的干试剂进行反应	适用于全血、血清、血浆、尿液等检测样品
	免疫荧光	将免疫学方法（抗原抗体特异结合）与荧光标记技术结合起来研究特异蛋白抗原在细胞内分布的方法	可用于检测和鉴定未知的抗原
新兴技术	生物传感器	利用蛋白质、酶、核酸等这些活性物质之间的分子识别功能，把被检测的物质的构象变化、浓度变化等生物的微观过程转变成可量化的可视的电信号、荧光信号等物理化学信号，从而达到检测蛋白质、核酸等分子的目的	检测葡萄糖、激素、药物、难以培养的细菌、病毒，如衣原体、结核菌、人类免疫缺陷病毒等
	生物芯片	指将大量探针分子固定于支持物上后与带荧光标记的DNA或其他样品分子（如蛋白因子或小分子）进行杂交，通过检测每个探针分子的杂交信号强度进而获取样品分子的数量和序列信息	用于血细胞分析、酶联免疫吸附试验（ELISA）、血液气体和电解质分析等
	微流控	将医学分析过程的样品制备、反应、分离、检测等基本操作单元集成到一个几平方厘米的芯片上，自动完成分析全过程和对样品和试剂的数量与流速的精确控制	与生物传感器结合，可用于检测核酸、蛋白质等生物分子和细胞

资料来源：中国产业信息网、华安证券研究所

技术进步带来的产品迭代与质量提升正在逐渐加强人们对 POCT 技术的信心，对 POCT 产业的发展极具推动作用。

（四）数字化中医诊断产品

中医诊断是在中医学理论指导下对患者的健康状况和病情本质进行辨识，以诊察病情、辨别证候、判断病种的过程。数字技术正在从多个方面赋能中医诊断。从提升诊断能力上看，人工智能、大数据、知识图谱等技术为望闻问切的传统中医诊断方式的提升和优化带来了新工具与新方法。从服务模式上看，物联网、5G 等技术为中医的远程诊疗服务方式创造了可能性，为中医诊断的传播复制带来了机遇。目前数字化中医诊断产品多数处于研发阶段，尚未有产品上市应用，其技术类型、应用环节与技术特点如表 12-77 所示。

表 12-77　数字化中医诊断产品的技术类型、应用环节与技术特点

技术类型	应用环节	技术特点
图像处理	望诊	以数字图像处理技术为主要手段，结合光学、机械学、模式识别、颜色空间等技术对采集到的各证型患者的神、色、形、态等内容进行图像编辑、整理、挖掘、分析，并制定出一套规范化、客观化的判断标准，作为客观判断患者体质的重要依据
模式识别	闻诊	应用现代声学技术、空气动力学、物理学、电子科学技术等手段采集中医声诊的客观化数据，并用现代信号处理、模式识别等技术进行分析，利用 SVM 和集成学习算法旋转森林（rotation forest）算法进行模式识别。运用样本熵、小波包变换与近似熵等算法，通过声音得出病位、病性证素等诊断信息，利用气体传感器阵列的响应图案来"识别"气味，更快更准确地判断不同气味，并给出诊断建议
语音 / 语义识别	问诊	基于极值随机森林（random forest）算法、极限学习机算法建立中医问诊模型
基于柔性传感器采集	切诊	通过压力、超声等传感器采集到脉象的波形，并识别出平脉、滑脉及弦脉等特征，从而得出患者的体质等特征

四、市场分析

（一）人工智能影像辅助诊断产品

受新冠疫情蔓延的影响，全球医疗人工智能投融资热度较高，投融资金额与笔数均保持高速增长，2020 年已成为全球人工智能领域中投融资占比最大的模块。近 5 年

来，全球医疗人工智能投融资金额的年均增长率高达60%，2021年高达122亿美元，投资数量年均增长率高达43%，2021年达到投融资数量达505笔（图12-90）。

图12-90 全球医疗人工智能投融资情况

我国医疗人工智能投融资金额和笔数持续增长，2020年，受国内首张人工智能影像辅助诊断产品三类注册证获批这一重要利好的影响，投融资金额增幅高达211%，共计9.97亿美元。2017—2021年5年时间里，复合增长率高达85.91%，投融资金额累计达37亿美元（图12-91）。同时，我国医疗人工智能领域的投融资轮次逐年后移，2017年，我国医疗人工智能投融资尚处于萌芽阶段，种子/天使轮及A轮类的初创公司占比高达79%，但随着技术逐步成熟，到2021年，种子/天使轮及A轮类投融资占比降为54%，而B轮、C轮等比重不断增大（图12-92）。2021年，主营眼科人工智能医疗器械产品的鹰瞳科技在香港正式挂牌上市，成为国内"人工智能影像辅助诊断第一股"。此外，推想医疗、科亚医疗、数坤科技等公司均已提交招股书，计划开启IPO进程，资本市场将推动产业进一步成熟。

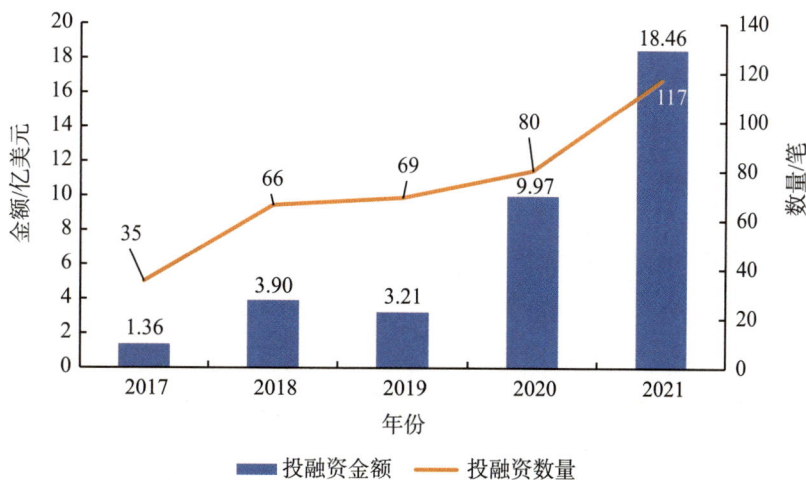

图12-91 我国医疗人工智能投融资情况

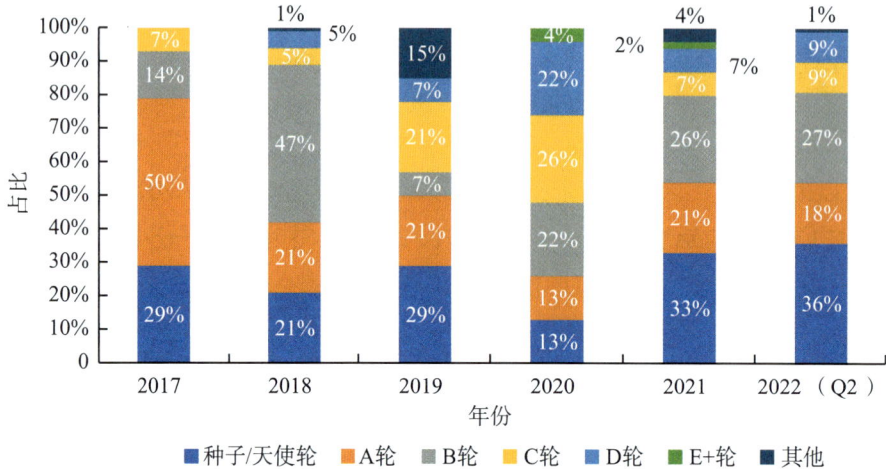

图12-92　我国医疗人工智能投融资轮次

据中国信息通信研究院统计，截至2021年底我国共有人工智能影像辅助诊断产品生产企业约740家，以中小微企业为主力军，创新活力整体较强，龙头企业及其主营产品方向如表12-78所示。

表12-78　我国人工智能影像辅助诊断产品龙头企业

公司名称	成立时间	主营产品方向
推想科技	2016	脑部、肺部、骨骼
数坤科技	2017	心脏病、脑卒中、癌症
深睿医疗	2017	胸部
硅基智能	2017	眼科
联影智能	2017	胸部、心脏、脑部
鹰瞳科技	2015	眼科

（二）临床决策支持系统

目前我国CDSS行业市场规模尚且较小，据艾瑞咨询测算，2019年我国CDSS行业市场规模为8.1亿元。国家卫健委《关于印发电子病历系统应用水平分级评价管理方法及评价标准（试行）的通知》，要求到2020年所有三级医院要达到分级评价4级以上，即能够实现全院信息共享，初级医疗决策支持。该要求将推动医疗机构大量采购CDSS产品，进一步扩大市场规模，预计我国2022年CDSS行业市场规模可达18.3亿元（图12-93）。

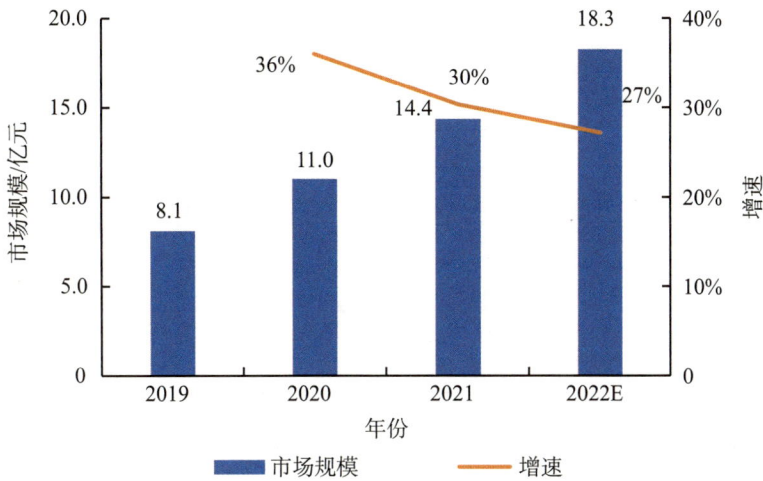

图 12-93　我国 CDSS 市场规模

我国 CDSS 主营企业分为医疗 AI 企业、医疗信息化企业、互联网企业等，主营企业、覆盖方向和企业发展阶段如表 12-79 所示。

表 12-79　我国 CDSS 主营企业、覆盖方向和企业发展阶段

主营企业	覆盖方向	发展阶段
腾讯	AIACDSS	已上市
百度	全科	已上市
科大讯飞	全科	D 轮
零氪科技	肿瘤	C 轮
嘉和美康	全科、乳腺癌等	C 轮
惠每科技	全科、静脉血栓栓塞症（VTE）、心肌梗死、心房颤动（房颤）等	C 轮
森亿智能	全科、VTE、儿科、精神科等	C 轮

（三）即时即地检验产品

从全球市场角度来看，POCT 行业已基本成熟，市场规模呈稳定增长状态，Global Point of Care Testing Market Outlook 报告显示，2018 年全球 POCT 市场规模约为 240 亿美元，近年平均增长率为 8.5%，预计 2022 年将达到 300 亿美元（图 12-94）。

图 12-94　全球 POCT 市场规模
资料来源：WIND、华安证券研究所

与国外发达国家相比，我国 POCT 市场仍处于起步阶段，尚处于发展初期，整体市场规模较小，2018 年我国 POCT 市场规模约为 14.3 亿美元，占体外诊断总体市场的 10% 左右，但是行业整体发展潜力较大，近年来平均增长率高达 24.4%，预计 2022 年我国 POCT 市场规模将达到 17.7 亿美元（图 12-95）。

图 12-95　中国 POCT 市场规模
资料来源：中国医疗器械行业协会、华安证券研究所

据华安证券研究所统计，国内共有约 216 家 POCT 企业，其中大多为中小企业，市场集中度不高，目前国内 POCT 产品仍以进口品牌为主，主要为罗氏、雅培等知名体

外诊断公司。目前国产龙头主要包括万孚生物、基蛋生物、明德生物、三诺生物；成长较快并在新冠疫情期间有优异表现的有圣湘生物、东方生物（表12-80）。由于不同产品的技术平台与发展路径有较大差异，因而自主研发步调并不一致，行业也未形成统一标准。随着临床需求不断升级，定性产品逐渐过渡到定量产品，因此出现了一系列灵敏度高、特异性强的技术平台。国产品牌经过多年发展，部分领域的产品性能亦可以与进口品牌抗衡，结合中国的产业链集群优势，进口品牌在激烈竞争下市场份额有所减小，考虑新冠疫情的影响，国产替代进口进程将加速，头部公司优势将进一步凸显。

表12-80　我国POCT行业主营企业

公司名称	成立时间	国家	主营业务
罗氏（Roche）	1896	瑞士	体外诊断和基于组织的肿瘤诊断的市场领导者，也是糖尿病管理领域的先驱者
雅培（Abbott）	1888	美国	业务涵盖医药的研究、生产、销售，以及疾病的预防、诊断和治疗，致力于糖尿病、各种疼痛、呼吸道感染、HIV感染、男女健康、妇幼保健、兽病等方面的研究，在医药、营养学和医疗器械生产的领域中占据领导地位
万孚生物	1992	中国	致力于生物医药体外诊断行业中POCT产品（包括试剂和仪器）的研发、生产和销售，主营毒品（滥用药物）检测、传染病检测、慢性病检测、妊娠及优生优育检测领域，具有较强的优势
基蛋生物	2002	中国	致力于专业医疗器械和诊断试剂的研发、生产和销售，主营心血管检测、炎症检测、肾脏检测、传染病等领域
明德生物	2008	中国	专业从事体外诊断试剂及配套仪器（POCT/分子诊断/化学发光/血气分析等）以及移动心电产品的研发、生产和销售
三诺生物	2002	中国	国内最早的生产血糖监测系统产品的厂商之一，主营业务是利用生物传感技术研发、生产、销售POCT产品，主要产品为微量血快速血糖测试仪及配套血糖检测试条

（四）数字化中医诊断产品

数字化中医诊断产品属于新兴领域，我国整体尚处于发展初期，表12-81列举了部分企业及其主营产品。

表12-81　我国数字化中医诊断产品主营企业

公司名称	主营产品	产品用途
中科尚易	中医经络调理机器人	将传统中医经穴疗法与人工智能相结合，利用全景 AI 视觉系统，快速提取全身经穴路径，反馈给双臂机器人，模拟人的双手，持多物理场调理头在人体上进行精准治疗。以全景 AI 视觉随动跟踪技术、多物理场精准经穴深层刺激技术为核心，凭借智能的算法，完成处方路径规划与实时追踪、全身精准治疗
未康未病	基于人工智能的中医诊疗 SAAS 系统	普通用户通过软件自动拍摄舌象，基于人工智能技术获取中医舌诊报告，了解自身身体状况；执业医师通过用户舌象分析报告，可以获得初步中医诊疗建议方案
圣美孚	中医综合诊断系统	在传统中医学的基础上，通过与互联网、大数据、人工智能相结合，采用全自动气动加压和模拟医师指法结构、国内中医诊断领域领先的脉象信号时域特征提取方法，以及舌象和面象的采集与自动甄别图像处理技术、人工智能技术，来模拟中医医师对人进行"望闻问切"四诊，具备中医体质辨识、中医脉象诊断、中医舌面象诊断、中医经典处方、养生调理系统五大基本模块

撰 稿 人：闵　栋　中国信息通信研究院 云计算与大数据研究所
通讯作者：闵　栋　mindong@caict.ac.cn

第七节　抗体和蛋白质药物

一、概　　况

（一）抗体药物发展概况

抗体作为治疗药物始于20世纪80年代，现其已经成为推动全球生物医药产业发展的重要引擎，是生物医药产业中复合增长率最高的一类产品。全球第一款抗体药物是治疗肾移植排斥反应的鼠源化抗体（OTK3），由美国FDA于1986年批准，由此开启了抗体药物的先河。此后抗体人源化技术逐渐发展成熟，1998年第一个人源化抗体（Palivizumab）上市，2002年第一个全人源化抗体（Humira）上市，生物技术药物进入了抗体时代。最近十年，随着抗体药物应用领域的不断拓展，平均每年约有10款抗体药物获得批准。2021 年 4 月，FDA 批准了葛兰素史克研发的 PD-1 抑制剂 Dostarlimab，这也是 FDA 批准的第 100 款抗体药物（图 12-96）。

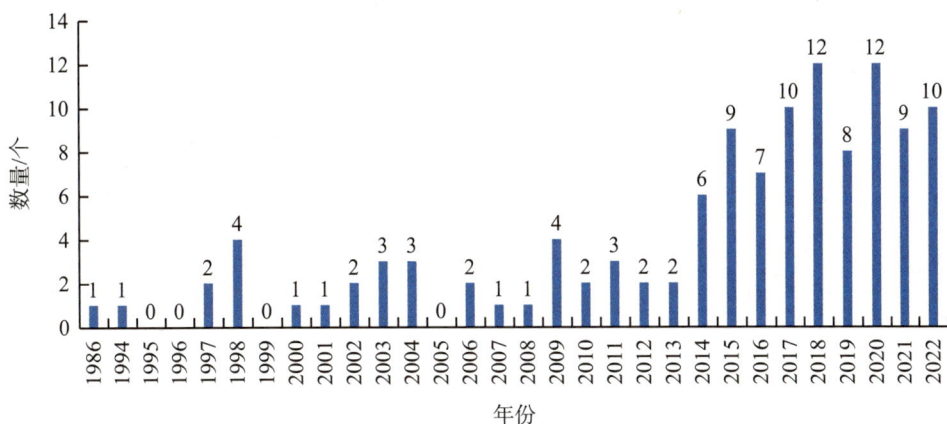

图 12-96 FDA 历年批准上市的抗体药物数量

　　当前，全球抗体药物市场连续 8 年保持 10% 以上的增长速度，2021 年全球市场规模达到 2010.5 亿美元，相比 2020 年增长 16.2%，较 2015 年翻了一番，2022 年全球市场规模 2200 亿美元，预计到 2025 年市场规模将超过 3000 亿美元（图 12-97）。抗体药物因疗效显著，单价较高，也容易成为重磅产品，如在 2021 年全球药物销售排名前 20 的产品中，有 8 个为抗体药物，其中两款销售额超过百亿美元，分别为艾伯维公司的修美乐（Humira），销售额达到 218.74 亿美元；默沙东公司的 PD-1 单抗可瑞达（Keytruda），销售额达到 171.86 亿美元。

　　截至 2022 年 6 月 30 日，全球范围内共有 162 种抗体药物（不包括生物类似药）被至少一个药品监管机构批准上市，其中 9 种后来因各种原因被撤回。从批准数量来看，约 93% 的获批抗体疗法首次由 4 家主要药品监管机构批准（图 12-98），分别是美国 FDA、欧洲药品管理局（EMA）、日本药品和医疗器械管理局（PMDA）和中国国家药品监督管理局（NMPA）。其余 7% 的抗体药物则在加拿大、巴西、古巴、印度或俄罗斯首次获批。在 162 种获批的抗体中，FDA 已批准 122 种，EMA 已批准 114 种（包括 EMA 正式成立前欧洲各国家批准的 4 种），NMPA 已批准 73 种，PMDA 已批准 82 种。除此以外，全球还有数千种抗体药物处于临床研究的不同阶段（图 12-98），其中 215 种药物处于Ⅲ期临床试验阶段，441 种药物处于Ⅱ期临床试验阶段，503 种药物处于Ⅰ期临床试验阶段（图 12-99）。

抗体药物发展历史及市场规模

预计2025年抗体药物市场规模可达3000亿美元

2500

2200

2010

耐普妥单抗（Portrazza）：
抗 EGFR 非小细胞肺癌
地努妥单抗（Unituxin）：
抗 GD2 神经母细胞瘤

1730

阿维鲁单抗（Bavencio）：
抗 PD-L1 默克尔细胞癌
度伐利尤单抗（英飞凡）：
抗 PD-L1 膀胱癌
布达鲁单抗（Siliq, Lumicef）：
抗 IL-17R 斑块状银屑病

1500

卡帕珠单抗（卡布利维）：
抗 vWF 获得性自身免疫性血小板减少性紫癜
洛莫素单抗（Evenity）：
抗硬化蛋白质疏松症
布罗索尤单抗（麟平）：
抗 FGF23X连锁低磷血症
伊巴珠单抗（Trogarzo）：
抗 CD4 HIV 感染
依瑞奈尤单抗（Aimovig）：
抗 CGRPR 预防偏头痛

1150

2000

帕博利珠单抗（可瑞达）：
抗 PD-L1 黑色素瘤
纳武单抗（欧狄沃）：
抗 PD-L1 黑色素瘤 & 非小细胞肺癌
雷莫芦单抗（Cyramza）：
抗 VEGFR2 胃癌

980

920

860

阿替利珠单抗（泰圣奇）：
抗 PD-L1 膀胱癌
瑞替珠单抗（Cinqaero, Cinqair）：
抗 IL-5 哮喘

780

750

奥马珠单抗（茁乐）：
抗 IgE 哮喘

帕妥珠单抗（帕捷特）：
抗 HER2 乳腺癌

依匹单抗（Yervoy）：
抗 PD-1 黑色素瘤
维布妥昔单抗（安适利）：
抗 CD30 霍奇金淋巴瘤、系统性
ALK 阳性间变性大细胞淋巴瘤

500

450

430

克唑替尼（普罗力）：
抗 RANKL 骨质流失

350

地舒单抗（普罗力）：
抗 RANKL 骨质流失

依库珠单抗（舒立瑞）：
抗 C5 阵发性睡眠性血红蛋白尿

260

1500

贝伐珠单抗（安维汀）：
抗 VEGF 结直肠癌
西妥昔单抗（爱必妥）：
抗 EGFR 结直肠癌

210

帕尼单抗（维克替比）：
抗 EGFR 结直肠癌
雷珠单抗（诺适得）：
抗 VEGF-A 黄斑变性

110

乌特克单抗（喜达诺）：
抗 IL-12/23 银屑病

曲妥珠单抗（赫赛汀）：
抗 HER2 乳腺癌
英夫利昔单抗（Remicade）：
抗 INF-α 克罗恩病

54

阿达木单抗（修美乐）：
抗 INF-α 类风湿关节炎

2000

利妥昔单抗（美罗华）：
抗 CD20 非霍奇金淋巴瘤
达利珠单抗（Zinbryta）：
抗 CD25 多发性硬化症

3

1000

阿昔单抗（Reopro）：
抗 GP Ⅱb/Ⅲa，用于预防
血管成形术中的血栓

莫罗单抗-CD3（正克隆-CD3）；抗 CD3肾
移植排斥反应治疗

500

抗淋巴瘤抗体试验成功

首个单抗

0

1975　1981　1986　1994　1997　1998　2002　2003　2004　2006　2007　2008　2009　2010　2011　2012　2013　2014　2015　2016　2017　2018　2019　2020　2021　2022

年份

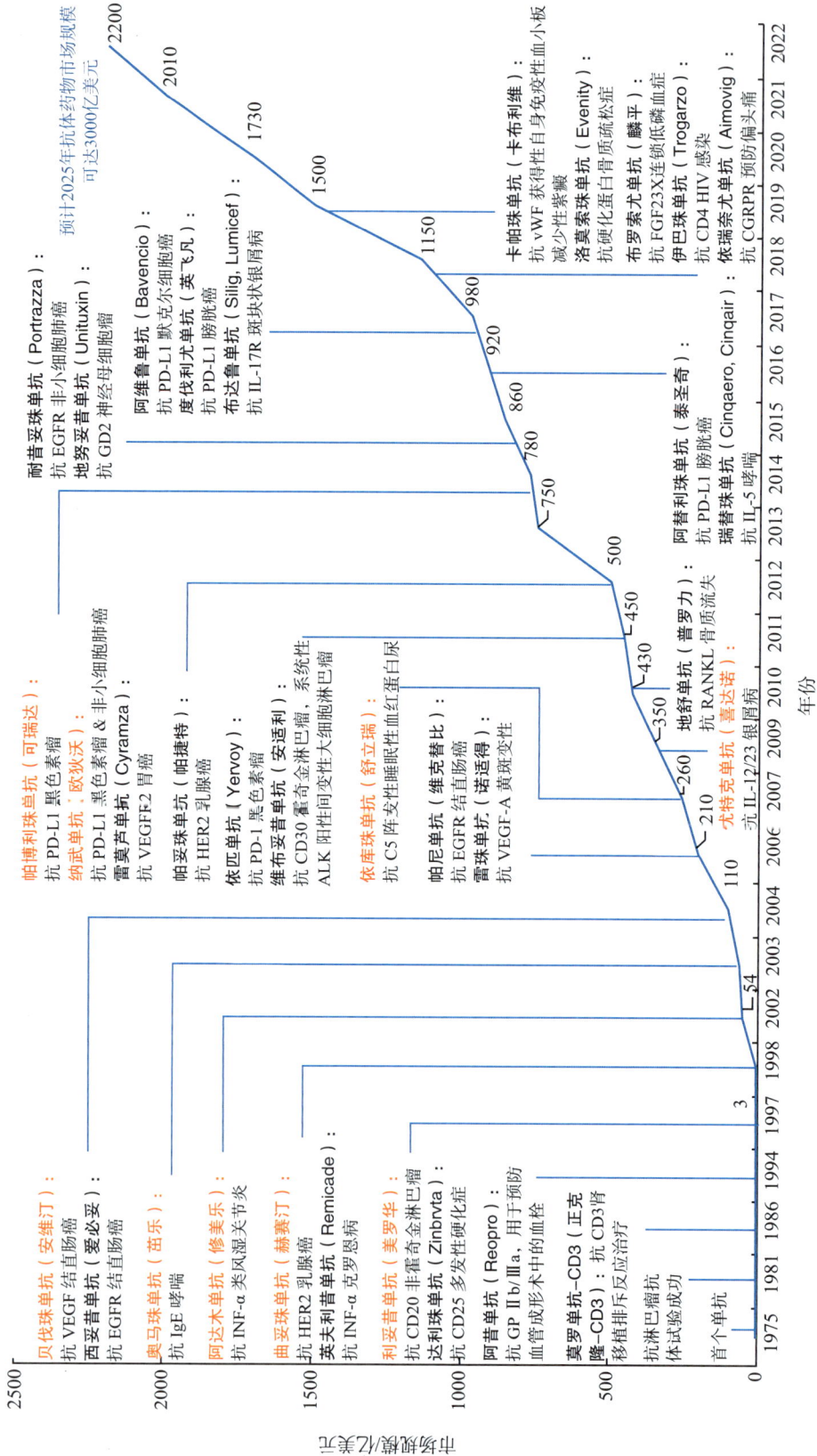

图 12-97　抗体药物发展历史及市场规模

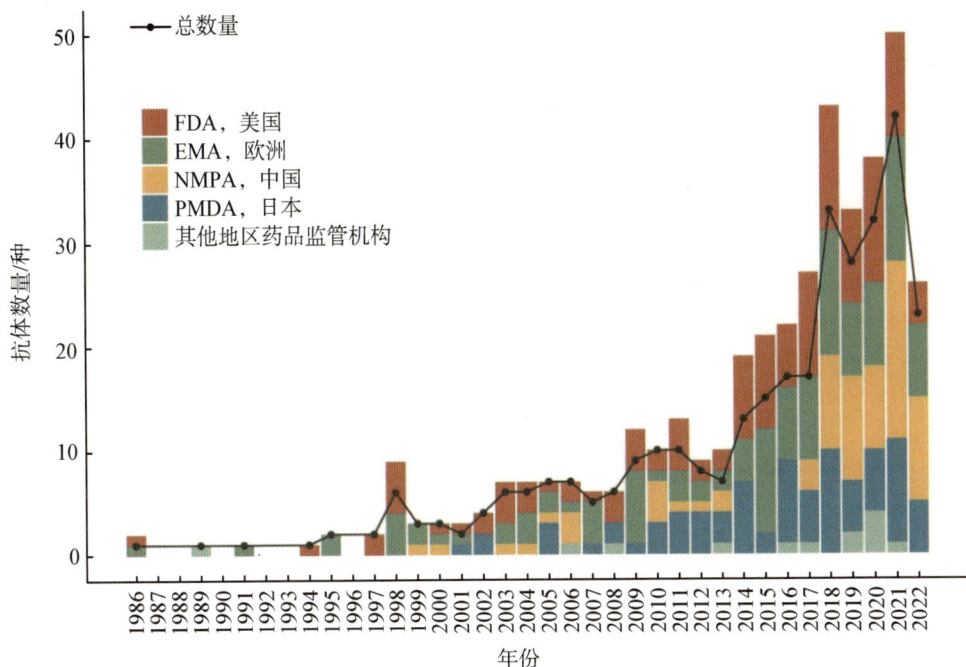

图12-98　不同地区在不同年份批准的抗体药物数量
数据截止到2022年6月30日

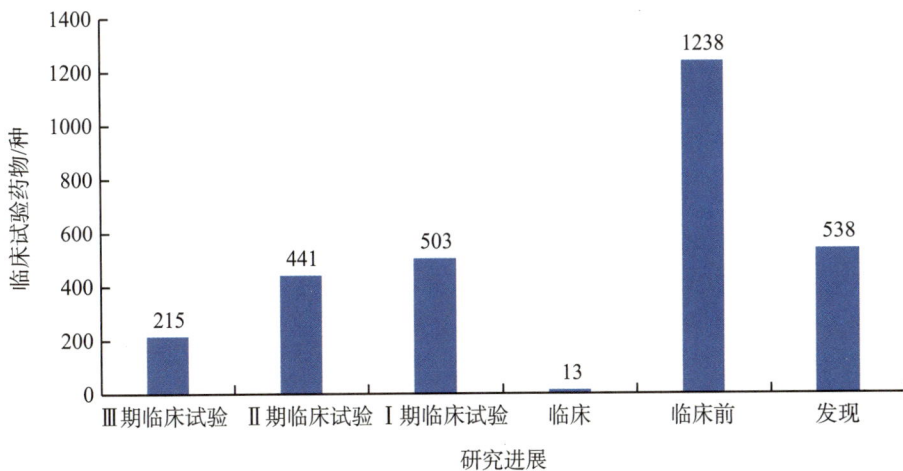

图12-99　全球单克隆抗体药物研究进展

在适应证方面，癌症和免疫性疾病是抗体药物最主要的应用方向。有超过40%的抗体药物是针对癌症，37.00%是针对免疫性疾病，11.00%是针对传染病，7.40%是针对血液病，其他适应证的抗体占比较小（图12-100）。

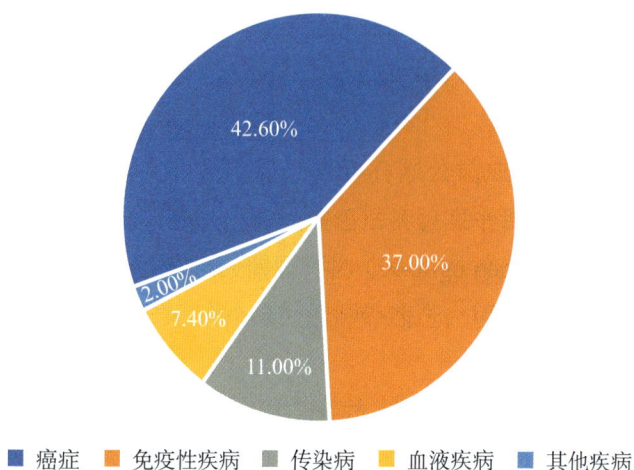

图 12-100　获批抗体药物的适应证分布

数据截止到 2022 年 6 月 30 日

近年来，美国 FDA 批准的抗体药物数量一直保持在较高水平，自 2015 年起，每年均有约 10 个抗体品种获得 FDA 批准，这也显示出制药企业在抗体药物研发方面的热情很高。表 12-82 为 2020—2021 年 FDA 批准的 19 个抗体药物及其适应证，总体仍以癌症和免疫性疾病为主。

表 12-82　2020—2021 年美国 FDA 批准的抗体药物

序号	药物名称	商品名	厂家	批准日期	适应证
1	Evinacumab-dgnb	Evkeeza	再生元	2021-02-11	高胆固醇血症
2	Dostarlimab-gxly	Jemperli	葛兰素史克	2021-04-22	转移性子宫内膜癌
3	Loncastuximab tesirine-lpyl	Zynlonta	ADC Therapeutics	2021-04-23	复发 / 难治性大 B 细胞淋巴瘤
4	Amivantamab-vmjw	Rybrevant	强生	2021-05-21	非小细胞肺癌 EGFR20 号外显子插入突变
5	Aducanumab-avwa	Aduhelm	渤健 / 日本卫材	2021-06-07	阿尔茨海默病
6	Anifrolumab-fnia	Saphnelo	阿斯利康	2021-07-30	中重度系统性红斑狼疮
7	Tisotumab vedotin-tftv	Tivdak	Genmab /Seagen	2021-09-28	宫颈癌
8	Tezepelumab-ekko	Tezspire	阿斯利康 / 安进	2021-12-17	作为维持疗法治疗重度哮喘
9	Tralokinumab	Adbry	LEO Pharma	2022-12-27	作为 IL-13 抑制剂治疗特应性皮炎

续表

序号	药物名称	商品名	厂家	批准日期	适应证
10	Faricimab-svoa	Vabysmo	罗氏	2022-01-22	湿性或新生血管性年龄相关性黄斑变性（AMD）和糖尿病性黄斑水肿（DME）
11	Sutimlimab-jome	Enjaymo	赛诺菲	2022-02-04	冷凝集素病（CAD）
12	Nivolumab/Relatlimab-rmbw	Opdualag	百时美施贵宝	2022-03-22	12岁及以上患有不可切除或转移性黑色素瘤
13	Spesolimab-sbzo	Spevigo	勃林格殷格翰	2022-09-02	成人泛发性脓疱性银屑病（GPP）
14	Teclistamab-cqyv	Tecvayli	强生	2022-10-25	成人复发/难治性多发性骨髓瘤
15	Tremelimumab	Imjudo	阿斯利康	2022-10-26	联合英飞凡（度伐利尤单抗注射液）治疗不可切除的肝细胞癌（HCC）
16	Mirvetuximab soravtansine-gynx	Elahere	ImmunoGen	2022-11-14	成人上皮性卵巢癌、输卵管癌或原发性腹膜癌
17	Teplizumab	Tzield	Provention Bio	2022-11-18	延缓1型糖尿病（T1D）的发病
18	Mosunetuzumab-axgb	Lunsumio	罗氏	2022-12-22	复发/难治性滤泡性淋巴瘤（FL）
19	Ublituximab	Briumvi	TG Therapeutics	2022-12-28	复发型多发性硬化症（RMS）

（二）重组蛋白发展概况

重组蛋白药物是指采用重组DNA技术，对编码目的蛋白的基因进行优化修饰，利用一定载体将目的基因导入适当的宿主细胞，表达目的蛋白，经过提取和纯化等技术制备获得的具有生物学活性的蛋白药品。重组蛋白药物可分为多肽类激素、细胞因子、血浆蛋白因子、重组酶及融合蛋白等类别，主要用于弥补机体由先天基因缺陷或后天疾病等造成的体内相应功能蛋白的缺失。

全球重组蛋白市场规模从2015年的70亿美元增长至2020年的108亿美元，年复合增长率为9.06%，预计2025年市场规模有望突破200亿美元，2020—2025年年复合增长率为14%（图12-101）。目前全球重组蛋白药物排名前5的企业占据了此类药物将近60%的全球市场份额。

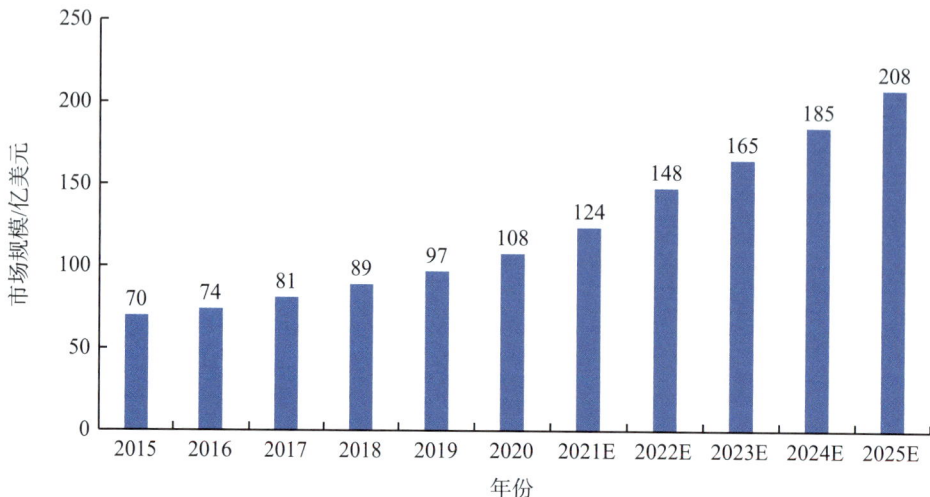

图12-101 2015—2025年全球重组蛋白市场规模

1982年，第一个重组蛋白药物——重组人胰岛素上市，开启了重组蛋白药物的历史。目前，多种用于疾病治疗的重组蛋白药物已获批上市。Cortellis数据库显示，截至2022年6月21日，全球共有819个重组蛋白药物上市，已注册药物44个，预注册药物55个，处于Ⅲ期临床试验的药物有280个，处于Ⅱ期临床试验的药物有697个，处于Ⅰ期临床试验的药物有766个（图12-102）。这些重组蛋白药物的适应证多聚焦于癌症、传染病、血液疾病、免疫性疾病、内分泌代谢疾病和神经系统疾病等（图12-103）。

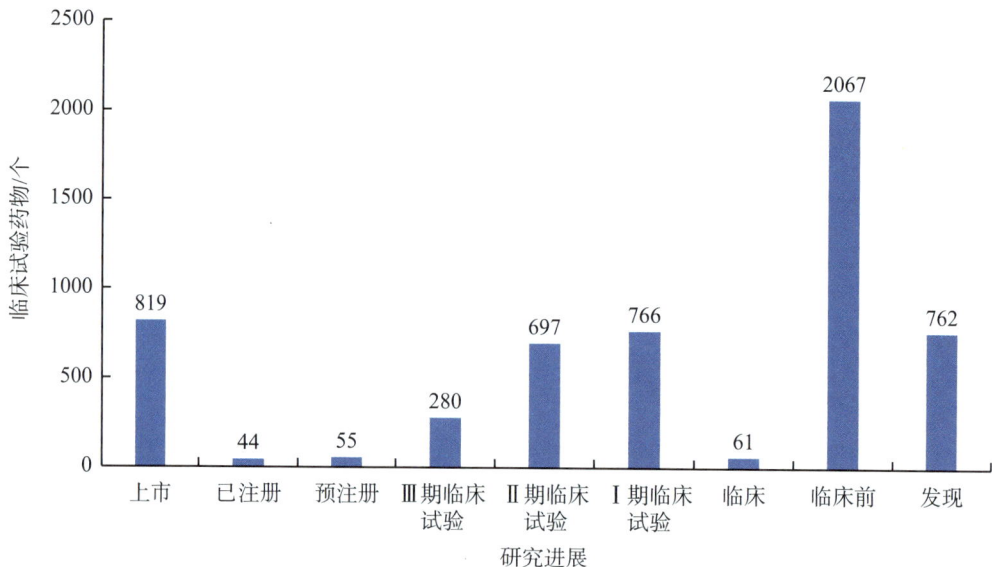

图12-102 全球重组蛋白药物研究进展

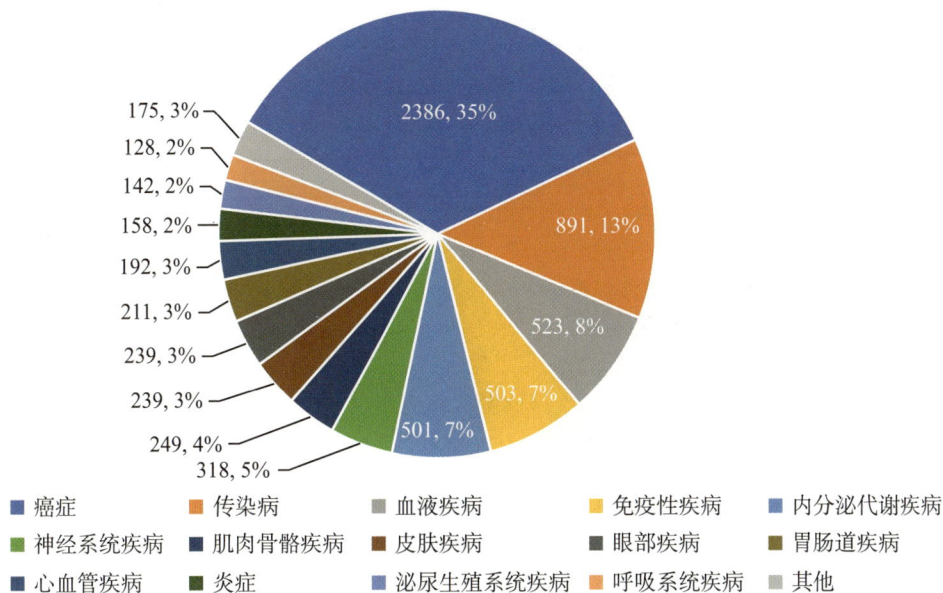

图 12-103　重组蛋白药物适应证分布情况（数量，占比）

二、主要产品和技术发展趋势

（一）主要产品

据统计，2021 年全球销售额超过 10 亿美元的重磅炸弹药物共有 170 个（较 2020 年多 20 个）。其中排名前 100 的上榜门槛是 17.53 亿美元（约合 113.1 亿元），合计销售收入高达 4520 亿美元。从药物类型上看，排名前 100 的药物中，单抗、双抗、抗体偶联药物（ADC）、重组蛋白、疫苗类大分子药物共 55 个，销售收入占比 63.75%；传统的小分子药物共 45 个，销售收入占比 36.25%（图 12-104，图 12-105）。

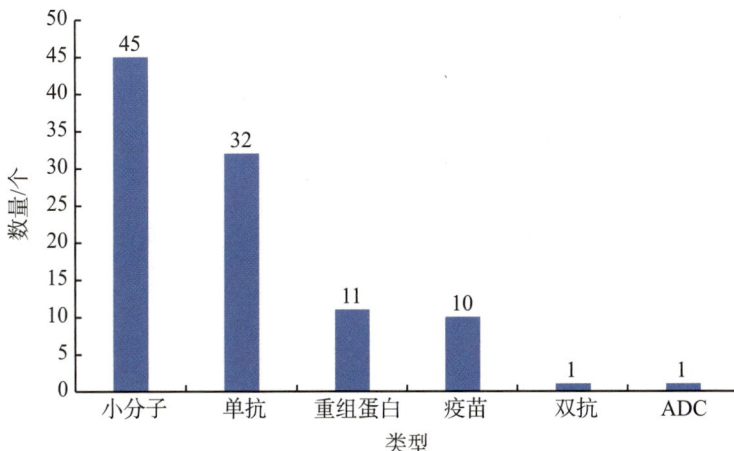

图 12-104　2021 年全球销售额前 100 名的药物类型及数量

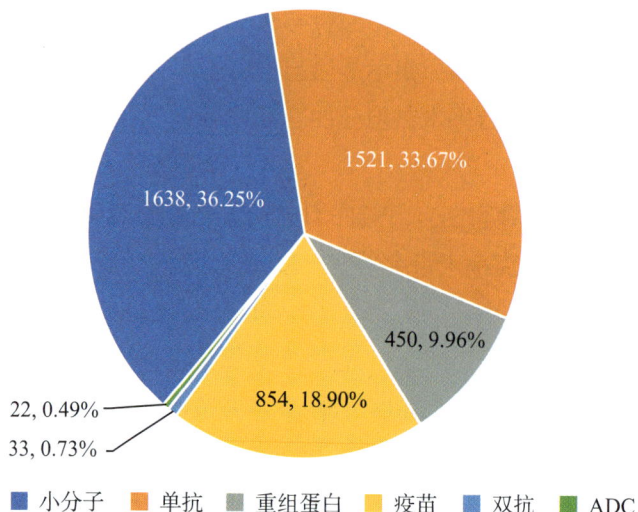

图 12-105　2021 年全球销售额前 100 名的药物类型分布情况［销售额（亿美元），占比（％）］

从疾病领域来看，全球销售额排名前 100 的药物中，肿瘤、感染性疾病、免疫性疾病、内分泌代谢疾病、心血管疾病、精神神经疾病是市场规模最大的 6 个领域，均超过了 200 亿美元（图 12-106）。这些领域也是抗体和重组蛋白药物施展身手的重点领域，下文将对重点领域的重点产品进行逐一分析。

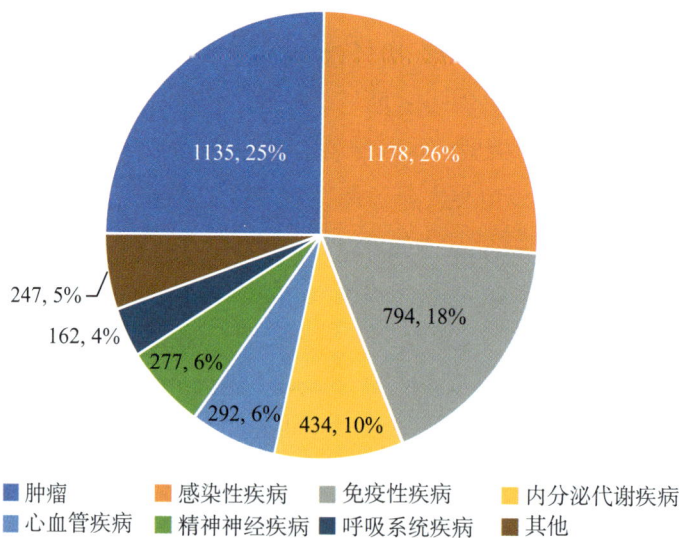

图 12-106　2021 年全球销售额前 100 名药物的疾病领域分布情况［销售额（亿美元），占比（％）］

1. 肿瘤相关药物

默沙东公司的 PD-1 抑制剂帕博利珠单抗（商品名：Keytruda，俗称 K 药）是第一个在美国上市销售的PD-1抗体。2014年9月，Keytruda被FDA批准用于晚期恶性黑色素瘤患者，在接下来的几年中，Keytruda的获批范围不断扩大，可全面用于治疗黑色素瘤、头颈癌、非小细胞肺癌、经典型霍奇金淋巴瘤、膀胱癌及胃癌。2017年5月，Keytruda创造了同类药物的历史，FDA加速批准Keytruda用于微卫星高度不稳定（MSI-H）或者错配基因修复缺陷（dMMR）类型的多种实体瘤，这也是FDA批准的首款不按照肿瘤的来源，而是按照生物标志物就可以使用的抗癌药。Keytruda上市第三年销售额就超过了10亿美元，在2019年突破100亿美元大关，2021年销售额更高达171.86亿美元。据预测，到2025年，该产品销售额有望达到225亿美元。

百时美施贵宝公司的PD-1抑制剂纳武利尤单抗（商品名：Opdivo，俗称O药）于2014年7月4日率先在日本获批，用于治疗黑色素瘤，是全球第一个获批的PD-1抑制剂。短短几年，Opdivo在全球已经获批十几个适应证，覆盖黑色素瘤、非小细胞癌、肾癌、霍奇金淋巴瘤、头颈癌、膀胱癌、结直肠癌、肝癌及胃癌等病种。2021年4月，FDA批准Opdivo联合化疗用于治疗晚期或转移性胃癌、胃食管结合部癌和食管腺癌的一线疗法，这是FDA批准的首款用于治疗胃癌一线的抗体药物。Opdivo 2021销售额为84.71亿美元，预测到2025年可达120亿美元。

强生公司的达雷妥尤单抗（商品名：Darzalex）是全球获批的首个抗CD38 IgG1单克隆抗体，可与肿瘤细胞表达的CD38结合，通过补体依赖的细胞毒性（CDC）、抗体依赖性细胞介导的细胞毒作用（ADCC）、抗体依赖性细胞吞噬作用（ADCP）及Fcγ受体等多种免疫相关机制诱导肿瘤细胞凋亡。Darzalex也是第一个被FDA批准用于治疗多发性骨髓瘤的单抗药物，从申请到获批仅用了5个月。Darzalex 2021年销售额达到60.23亿美元，预计2025年销售额可以突破100亿美元大关。

罗氏公司的恩美曲妥珠单抗（商品名：Kadcyla）属于第二代ADC，采用人源化单抗，是更有效的细胞毒性药物，既降低了免疫原性，又提升了毒性药物的活性。它是一种靶向HER2的抗体药物偶联物，由人源化IgG1曲妥珠单抗通过MCC连接子，与DM1偶联而成，于2013年2月获得FDA批准，用于早期和转移性HER2阳性乳腺癌的二线治疗，是截至目前商业化最成功的ADC药物。Kadcyla 2021年销售额达到21.8亿美元，但随着类似药物的获批和竞争加剧，预计Kadcyla 2026年的销售额为23亿美元，未来增长空间有限。

第一三共公司与阿斯利康联合开发的德喜曲妥珠单抗（商品名：Enhertu）是一个新型的ADC药物，由人源化抗HER2抗体+伊立替康类化疗药物的偶联药物组成。可裂解的连接子在血液循环中结构稳定，药物脱落率低，从而降低了毒副反应，且具有高效的"旁观者效应"。Enhertu于2019年12月获得FDA批准，用于治疗成人HER2阳性无法切除的或转移性乳腺癌。Enhertu 2022年销售额超过10亿美元，并有望在2026年达到62亿美元。

2. 免疫性疾病相关药物

艾伯维公司的TNF-α抑制剂阿达木单抗（商品名：Humira）是一种针对人肿瘤坏死因子-α（TNF-α）的完全人IgG1单克隆抗体。Humira的主要作用是与TNF-α结合并阻断其与p55和p75细胞表面的相互作用。Humira是第一个上市的全人源单克隆抗体，在2002年被FDA批准用于治疗类风湿关节炎，随后使用范围扩大到银屑病关节炎（2005年）、强直性脊柱炎（2006年）、成人克罗恩病（2007年）、银屑病（2008年）、幼年特发性关节炎（2008年）、溃疡性结肠炎（2012年）等，累计已被批准治疗约15种炎症和自身免疫性疾病。Humira 2021年销售额高达218.74亿美元，9年蝉联全球销售额冠军，不过其专利将于2023年到期，届时相关市场将进行新一轮的洗牌。

强生公司的乌司奴单抗（商品名：Stelara）是全球获批的首个全人源"双靶向"白细胞介素-12（IL-12）和白细胞介素-23（IL-23）抑制剂。Stelara分别于2009年和2013年被批准用于治疗银屑病和银屑病关节炎，于2016年被批准用于治疗克罗恩病，2019年被批准用于治疗溃疡性结肠炎。Stelara 2021年销售额达到95.68亿美元，2022年销售额达97.2亿美元，不过其美国主要专利将在2023年过期，该产品也将面临巨大的生物类似药挑战。

再生元公司的度普利尤单抗（商品名：Dupixent）是目前唯一一个针对IL-4Rα的全人源化抗体。2009年首次进入临床试验，2017年3月28日获FDA批准上市，成为首个治疗中重度特应性皮炎的生物制剂。目前已经在超过40个国家和地区获批，获批的适应证包括中重度特应性皮炎、哮喘、慢性鼻-鼻窦炎伴鼻息肉、6—11岁儿童中重度哮喘和6—11岁儿童中重度特应性皮炎等。Dupixent 2021年销售额高达62.10亿美元，预测其2026年销售额将超过百亿美元。

安进公司的依那西普（商品名：Enbrel）是全球第一个全人源的肿瘤坏死因子（TNF）拮抗剂，可抑制TNF与其受体的结合而治疗自身免疫性疾病。1998年，Enbrel获得FDA批准在美国率先上市，目前在不同国家被批准的适应证包括类风湿关节炎、强直性脊柱炎、银屑病关节炎、银屑病和幼年特发性关节炎等。Enbrel 2021年销售额为56.5亿美元，2022年销售额为52.76亿美元，同比下滑9%。

3. 黄斑变性相关药物

再生元公司的阿柏西普（商品名：Eylea）是一种全人源化的重组融合蛋白，由VEGF受体1的第二免疫球蛋白（Ig）结合域和VEGF受体2的第三Ig结合域组成，与人类IgG1的Fc区融合。自2011年获批用于年龄相关黄斑变性的治疗后，阿柏西普其他适应证被相继开发，包括糖尿病性黄斑水肿、糖尿病视网膜病变等。Eylea 2021年销售额达到94亿美元，同类产品市场占比接近50%，不过其关键专利分别在2025年和2026

年到期，届时将面临仿制药的激烈竞争。

罗氏公司的 Faricimab-svoa（商品名：Vabysmo）是一种靶向血管内皮生长因子-A 和阻断血管生成素-2 的双特异性抗体，于 2022 年 1 月获得 FDA 批准，用于治疗新生血管性或湿性年龄相关性黄斑变性和糖尿病黄斑水肿，是 FDA 和欧盟批准的唯一一款可注射眼部药物。Vabysmo 的治疗效果优于同类药物，并且降低了注射频率，上市仅 10 个月销售额就高达 3 亿美元。

4. 其他疾病（糖尿病、血友病、阿尔茨海默病）相关药物

礼来公司的 GLP-1 受体激动剂类降血糖药度拉糖肽（商品名：Trulicity）是目前最畅销的降血糖药之一。Trulicity 最早于 2014 年 9 月获得 FDA 批准上市，目前已在美洲、欧洲、亚洲等地的 70 多个国家成功上市，其优点在于低血糖事件的发生率明显低于胰岛素，而且可以减少食物摄取和延缓胃排空，有利于控制体重，可以保护胰岛 β 细胞的功能。Trulicity 2021 年销售额达到 64.72 亿美元，预计 2024 年的销售额可超过 70 亿美元，成为全球最畅销的降血糖药。

罗氏公司的艾米珠单抗（商品名：Hemlibra）是双特异性因子 IXa 和因子 X 定向抗体，可恢复 A 型血友病患者的凝血过程，以预防或减少出血的频率。Hemlibra 于 2017 年 11 月获批，是近 20 年来 FDA 批准的首个用于治疗体内含有 VIII 因子抑制物的 A 型血友病的新药。2018 年 10 月，FDA 又批准 Hemlibra 用于不具有抑制物的 A 型血友病患者的常规预防。Hemlibra 2021 年销售额为 23.5 亿美元，预计 2025 年销售额将达到 50 亿美元。

卫材公司和渤健公司的仑卡奈单抗（商品名：Leqembi）是一种靶向清除阿尔茨海默病患者大脑中积聚的 β 淀粉样蛋白的抗体。Leqembi 于 2023 年 1 月获得 FDA 加速批准，用于有轻度认知障碍、粉状蛋白蓄积病理特征的阿尔茨海默病患者的治疗。该疗法在美国的定价设为每年 2.65 万美元，公开数据显示，全球目前的阿尔茨海默病患者达 5500 万，2050 年将达 1.5 亿，如果临床疗效确切，Leqembi 的年销售额将轻松超过百亿美元。

5. 抗新型冠状病毒（新冠病毒）药物

再生元公司与罗氏公司合作开发的 REGEN-COV 是一款针对新冠病毒的抗体鸡尾酒疗法。其有效成分 Casirivimab 和 Imdevimab 两种单抗分别针对新型冠状病毒（SARS-CoV-2）棘突蛋白（S 蛋白）受体结合区域的 2 个独立的、不重叠的位点，具有协同作用，可降低病毒变异逃逸的风险，并保护人群免受 S 蛋白发生突变的病毒变体的侵害。2020 年 11 月，REGEN-COV 获 FDA 紧急使用授权，用于治疗最近确诊为轻度至中度新型冠状病毒肺炎（COVID-19）的高危人群。2021 年 7 月，REGEN-COV 又获 FDA 更新

紧急使用授权，可对有高风险发展为严重COVID-19的人群进行暴露后的预防性治疗。2021年，REGEN-COV销售额为75.739亿美元。

阿斯利康公司推出的恩适得（商品名：Evusheld）由两种全人源长效单克隆抗体替沙格韦单抗（Tixagevimab）和西加韦单抗（Cilgavimab）组成，可通过与新冠病毒刺突蛋白上的不同位点结合，降低病毒进入和感染健康细胞的能力，从而治疗新冠病毒感染。2021年12月Evusheld获FDA紧急批准，2022年3月在欧盟获得上市许可并在英国获得有条件上市许可，目前已在全球多个国家获批并供应。2022年5月Evusheld获得中国香港卫生署有条件批准，同年6月通过海南博鳌乐城国际医疗旅游先行区特殊进口审批，用于新冠病毒暴露前预防，7月在博鳌率先使用于临床。Evusheld 2022年上半年销售额为9.14亿美元，预计全年销售额达17亿美元。但考虑到其产生的血栓副作用及辉瑞mRNA疫苗作为增强剂表现更优的数据，预计Evusheld未来的需求会减少。

礼来公司的Bebtelovimab是一种针对新冠病毒棘蛋白的中和IgG1单克隆抗体，2022年2月获得FDA紧急使用授权，主要用于治疗成人和12岁及以上儿童患者（体重至少20千克）的轻度至中度新冠病毒感染，以及有高风险发展为重症的群体。2022年2月，礼来公司与美国政府和美国军方分别签订了7.2亿美元和10.8亿美元的订单。不过由于新冠病毒的变异，FDA在2022年11月暂停了对礼来公司Bebtelovimab的授权，声明该药物预计不会中和SARS-CoV-2病毒的BQ.1和BQ.1.1 Omicron亚变体导致的COVID-19。

罗氏公司的托珠单抗（商品名：Actemra）是一种免疫球蛋白IgG1亚型的重组人源化白细胞介素-6（IL-6）受体单克隆抗体，可限制新冠病毒在人体内的复制。2022年12月，FDA批准Actemra静脉注射用于治疗新型冠状病毒肺炎重症住院患者，这些患者正在接受全身性皮质类固醇并需要补充氧气、无创或有创机械通气或体外膜氧合（ECMO）治疗，这是FDA批准的首个用于治疗COVID-19的单克隆抗体。

我国安巴韦单抗/罗米司韦单抗的联合疗法由清华大学、深圳市第三人民医院和腾盛博药公司共同研发。2021年12月该疗法获得NMPA批准，用于治疗轻型和普通型且伴有进展为重型高风险因素的成人和青少年（12—17岁，体重≥40kg）新型冠状病毒感染患者，成为我国首个全自主研发并经过严格随机、双盲、安慰剂对照研究证明有效的抗新冠病毒药物。

（二）技术发展趋势

当前，国际创新抗体药物种类不断丰富，新靶点、新功能、新结构等修饰型抗体药物发展势头强劲，包括以T细胞激活性和抑制性受体（PD-1、CTLA4等）为代表的新靶点、新表位抗体已经成为全球畅销重磅药物。ADCC效应增强修饰抗体、ADC、多功能特异性抗体、嵌合抗原受体修饰型T细胞（CAR-T）等新型抗体药物也逐步崭露头角。随着精准医疗技术的进步，抗体药也将因其"精确的靶向性"发挥无可比拟的作用。

ADC药物：截至2022年12月，全球共有15款ADC药物获得批准，其中10款是在2019年之后获批，另外还有317款ADC药物处于临床试验阶段。2021年，全球ADC销售额突破了50亿美元，其中第一三共的ADC药物Enhertu获批仅两年销售额就突破了10亿美元大关。随着更多ADC药物的上市及适应证的拓展，预测到2027年ADC药物的年平均复合增长率都将超过30%。

双抗药物：截至2022年12月，全球共有4款双抗药物获得批准，处于临床及临床前阶段的双抗药物有200余款，其中肿瘤治疗药物占据主导地位，约占80%，其他疾病较少。罗氏的Hemlibra上市以来销售额连续三年实现季度同比翻倍增长，2019年实现14.4亿美元销售额，是首个成为重磅炸弹的双特异性抗体，2021年销售额达到35.18亿美元，呈高速成长态势，前景可期。

三、国内市场分析

（一）国内抗体药物发展概况

我国抗体药物发展起步较晚，但近年来在国家有关部门的支持、各地方政府的扶持，以及相关企业的不断努力下，我国抗体药物的竞争力不断提升。2021年，中国抗体药物市场规模为585亿元，由于全球医疗需求的不断增长、抗体药物研发数量的增多、临床市场渗透率的提高等因素的影响，预计到2025年，该市场将增长到1785亿元，年平均复合增长率为32.2%。预计2030年该市场将增长到4840亿元，2025—2030年的年平均复合增长率为22.1%。

抗体药物细分品种众多，国内抗体药物研究的热门靶点也紧跟国际主流，主要包括PD-1/PD-L1、TNF-α、VEGF、HER2、CD20和EGFR等，目前均已有多家企业的产品上市或处于上市审批中。在注册方面，2021年国家药品监督管理局药品审评中心（CDE）共受理抗体药物申请1053件（国产577件、进口476件），较2020年增长99.8%，包括IND申请592件、补充申请195件、仿制药补充申请147件、申请生产/销售88件及其他申请31件；涉及单克隆抗体745件、双/多克隆抗体155件、抗体偶联药物72件、抗体融合蛋白74件、抗体片段6件和其他1件（图12-107）。

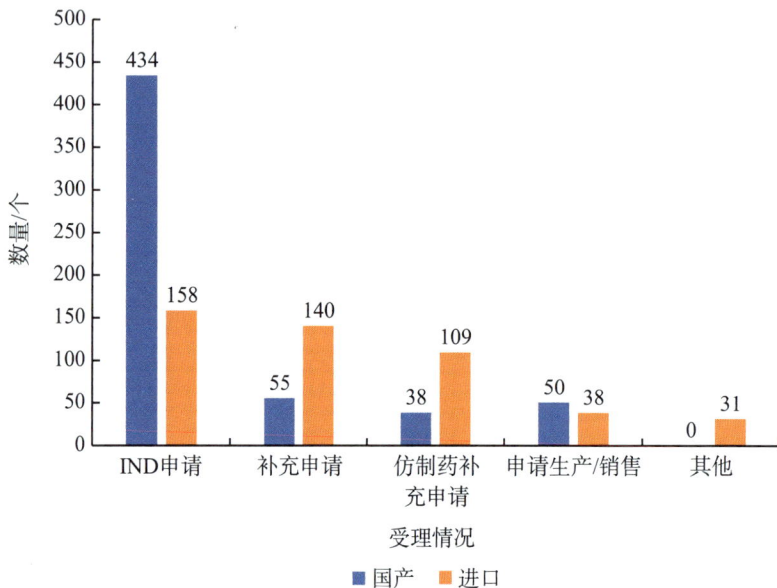

图12-107 2021年CDE抗体药物受理情况

从临床试验申请来看，2021年我国CDE共受理抗体药物临床试验申请592件（国产434件、进口158件），其中单克隆抗体多达353件（占比59.6%），是临床试验申请最多的细分赛道，另有多克隆抗体药物128件、抗体偶联药物51件、抗体融合蛋白54件和抗体片段6件。

从产品上市情况来看，2021年NMPA批准抗体药物37个（国产14个、进口23个），较2020年增长60.9%，包含单克隆抗体36个。其中，荣昌生物的维迪西妥单抗是中国首个同时获得美国FDA、中国NMPA突破性疗法双重认定的原创抗体偶联药物；抗体融合蛋白1个，即荣昌生物的注射用泰它西普，是我国系统性红斑狼疮（SLE）治疗领域首款获批的创新药。

在创新驱动发展战略的推动下，未来我国有希望通过抗体偶联药物、双特异性抗体等前沿技术实现对国际先进水平技术的赶超。但我国包括抗体在内的生物药产业核心竞争力仍存在显著短板，主要体现在基础研究能力弱、成果转化效率低、产能严重不足、关键技术和核心工艺自主能力欠缺等多个方面，仍需长期的投入和持续的创新以提升整体水平。

（二）国内抗体药物产品概况

数据显示，中国已上市的生物工程抗体类药物超过50款，而国内抗体类药物市场已接近600亿元规模，随着中国医药经济在新常态下进行新一轮的重构，创新药将持续推动市场加速增长。现阶段国内抗体药物主要包括单抗、双特异性抗体和抗体偶联药物。

1. 单抗

2021年，NMPA新批准了10款单抗生物类似药，涉及曲妥珠单抗、贝伐珠单抗、英夫利西单抗和阿达木单抗；批准了6款国产单抗新品种，分别是派安普利单抗、赛帕利单抗、恩沃利单抗、安巴韦单抗、罗米司韦单抗和舒格利单抗（表12-83）。

表12-83　2021年NMPA批准的国产单克隆抗体创新品种

药品名	上市许可人 / 生产商	批准文号	商品名	批准日期
派安普利单抗	正大天晴康方（上海）/ 中山康方生物	S20210033	安尼可	2021-08-03
赛帕利单抗	广州誉衡生物科技 / 无锡药明生物	S20210034	誉妥	2021-08-25
恩沃利单抗	四川思路康瑞药业 / 江苏康宁杰瑞生物	S20210046	恩维达	2021-11-24
安巴韦单抗	腾盛华创医药 / 无锡药明生物	S20210050	N/A	2021-12-08
罗米司韦单抗	腾盛华创医药 / 无锡药明生物	S20210051	N/A	2021-12-08
舒格利单抗	基石药业（苏州）/ 无锡药明生物	S20210053	择捷美	2021-12-20

1）PD-1/PD-L1 药物

PD-1/PD-L1 药物无疑是近年来的明星品种，2018年12月17日，我国首个国产PD-1单抗——君实生物的特瑞普利单抗注射液（商品名：拓益）上市，随后信达生物的信迪利单抗、恒瑞医药的卡瑞利珠单抗、百济神州的替雷利珠单抗、康方生物的派安普利单抗、誉衡药业的赛帕利单抗和复宏汉霖的斯鲁利单抗也陆续获批。这些药物上市后，因疗效确切，适应证不断扩展，数个产品的年销售额已突破10亿元（图12-108），恒瑞医药依靠其强大的销售队伍和成熟的销售渠道，已然成为国产PD-1抗体的销售收入冠军，卡瑞利珠单抗2020年销售额达48.9亿元。

截至2022年4月，全球范围内共获批上市19款PD-1/PD-L1药物，其中已在我国获批上市的PD-1/PD-L1药物有13种，PD-1抑制剂9种（7种国产，2种进口），PD-L1抑制剂4种（2种国产，2种进口）。据预测，2023年我国PD-1/PD-L1药物的市场规模将达664亿元，2030年则将增长至988亿元。

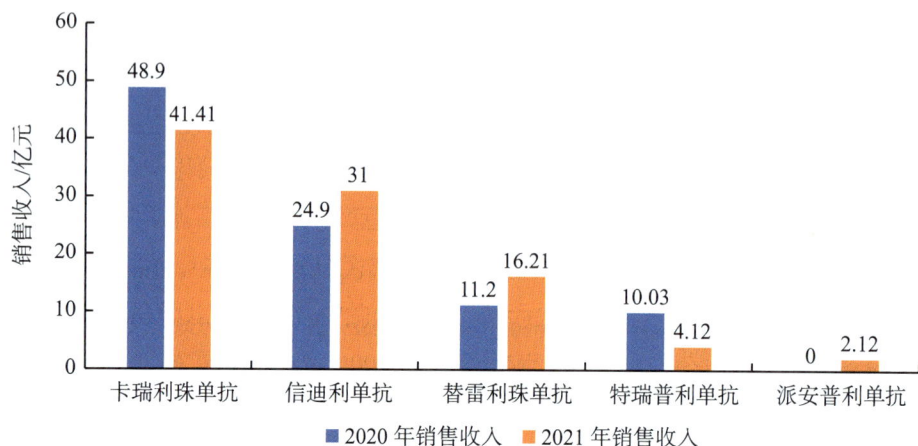

图 12-108　国产 PD-1 销售收入情况

2）生物类似药

罗氏的贝伐珠单抗（商品名：Avastin）2010 年 2 月获得 NMPA 批准，进入中国市场，首批适应证为结直肠癌。2019 年 12 月，齐鲁制药申报的贝伐珠单抗类似药，经过严格的临床核查和注册生产现场动态核查，最终获批上市，成为首个国产贝伐珠单抗生物类似药。齐鲁制药贝伐珠单抗注射液上市后首年销售额即达到 12 亿元，2021 年销售额高达 34.94 亿元，同比增长 191%。据预测，2023 年贝伐珠单抗生物类似药的市场规模约为 64 亿元，到 2030 年市场规模将达 99 亿元。2021 年，我国又批准了阿达木单抗类似药、曲妥珠单抗类似药等产品（表 12-84），不同厂家在生物类似药市场上的竞争日趋白热化。

表 12-84　2021 年 NMPA 批准的国产单克隆抗体类似物

药品名	上市许可人/生产商	批准文号	商品名	批准日期
阿达木单抗	百奥泰生物制药	S20217001	格乐立	2021-03-23
贝伐珠单抗	山东博安生物技术	S20210013	博优诺	2021-04-30
贝伐珠单抗	苏州盛迪亚生物医药	S20210020	艾瑞妥	2021-06-22
英夫利西单抗	泰州迈博太科药业	S20210025	类停	2021-07-12
曲妥珠单抗	复宏汉霖	S20217019	汉曲优	2021-08-09
英夫利西单抗	海正生物制药	S20210039	安佰特	2021-09-24
贝伐珠单抗	百奥泰生物制药	S20210044/45	普贝希	2021-11-17
贝伐珠单抗	贝达药业/海正生物	S20210047	贝安汀	2021-11-24
贝伐珠单抗	复宏汉霖	S20210048	汉贝泰	2021-11-30
贝伐珠单抗	东曜药业	S20210049	朴欣汀	2021-11-30

2. 双特异性抗体

我国目前共批准 3 款双抗药物上市。其中 2 款为进口药物，1 款为国产药物。

2018 年 11 月 30 日，日本中外制药公司研发的艾美赛珠单抗（商品名：Hemlibra）在我国获批上市，用于治疗 A 型血友病，年治疗费用为 120 万元。

2020 年 12 月 8 日，美国安进公司研发的贝林妥欧单抗在中国获批上市，用于治疗成人前体 B 细胞急性淋巴细胞白血病。2022 年 5 月 4 日，该药物获批用于治疗儿童前体 B 细胞急性淋巴细胞白血病。

2022 年 6 月 29 日，康方生物的卡度尼利单抗（商品名：开坦尼）获准附条件上市，用于治疗复发或转移性宫颈癌。卡度尼利单抗注射液是一种靶向人 PD-1 和 CTLA-4 的双特异性抗体，可阻断 PD-1 和 CTLA-4 与其配体 PD-L1/PD-L2 和 B7.1/B7.2 的相互作用，从而阻断 PD-1 和 CTLA-4 信号通路的免疫抑制反应，促进肿瘤特异性的 T 细胞免疫活化，进而发挥抗肿瘤作用。它是国内首款上市的双抗药物，也是首款获批用于晚期宫颈癌的免疫治疗药物，还是全球首款获批的 PD-1/CTLA-4 双抗。康方生物管理层在业绩交流会上预计卡度尼利上市第一个完整年销售额将达 10 亿元。

3. 抗体偶联药物

我国目前共批准 5 款抗体偶联药物，其中 4 款为进口药物，1 款为国产药物。

2020 年 1 月 21 日，美国罗氏公司和免疫基因公司（ImmunoGen）共同研发的恩美曲妥珠单抗在中国获批上市，其靶向 HER2 靶点，用于治疗 HER2 阳性转移性乳腺癌。

2020 年 5 月 12 日，美国西雅图基因公司（Seagen）和日本武田制药共同研发的维布妥昔单抗在中国获批上市，其靶向 CD30 靶点，用于治疗霍奇金淋巴瘤和系统性间变性大细胞淋巴瘤。

2021 年 6 月 9 日，荣昌生物研发的维迪西妥单抗（商品名：爱地希）获准附条件上市，用于治疗至少接受过 2 种系统化疗的 HER2 过表达局部晚期或转移性胃癌（包括胃食管结合部腺癌）患者。2021 年 8 月 9 日，荣昌生物与西雅图基因达成一项全球独家许可协议，以开发和商业化其 ADC 新药维迪西妥单抗。此次交易潜在收入总额将高达 26 亿美元，同时，荣昌生物将获得维迪西妥单抗在西雅图基因销售额的提成。该项交易数额也刷新了中国制药企业单品种海外授权交易的最高纪录。2022 年 12 月 30 日，国家卫生健康委员会发布《关于印发新型抗肿瘤药物临床应用指导原则（2022 年版）的通知》，维迪西妥单抗作为国内首个原研 ADC 药物，被纳入新版《指导原则》，并同时进入消化系统肿瘤用药、泌尿系统肿瘤用药两个分类目录。2021 年上市半年维迪西妥单抗销售金额为 8400 万元，预计 2022 年销售额在 4 亿—5 亿元。

2021 年 12 月 12 日，美国辉瑞公司研发的奥英妥珠单抗在中国获批上市，其靶向

CD22靶点，用于治疗急性淋巴细胞白血病。

2022年6月7日，美国吉利德公司研发的戈沙妥珠单抗在中国获批上市，其靶向TROP-2靶点，用于治疗先前已接受过至少两种疗法治疗的转移性三阴性乳腺癌成人患者。

（三）我国重组蛋白药物发展概况

随着我国生物医药产业的蓬勃发展，以及新冠疫情对新药需求的释放，重组蛋白市场发展势头强劲。2015年我国重组蛋白市场规模约为51亿元，2020年达145亿元。预计2025年市场规模将达到338亿元，2020—2025年年均复合增长率接近18.4%（图12-109）。

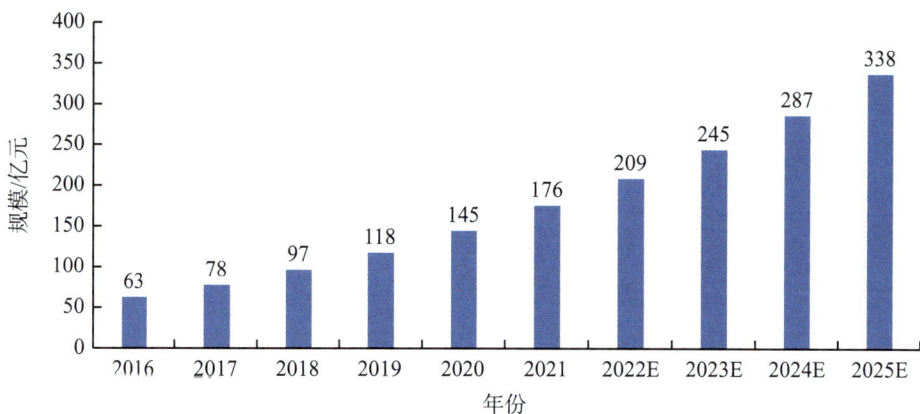

图12-109 中国重组蛋白市场规模预测趋势图

重组蛋白药物种类繁多，我国上市的重组蛋白药物主要有重组胰岛素、重组干扰素、重组凝血因子、重组促红细胞生成素、重组粒细胞集落刺激因子、酶替代重组蛋白药物和重组生长激素等。其中，重组胰岛素在我国重组蛋白药物市场中占据着重要地位，重组干扰素、重组促红细胞生成素等细分产品发展潜力较大，尤其是长效药物。

2021年CDE共受理重组蛋白申请414件（国产231件、进口183件），其中包括IND申请80件、补充申请16件、仿制药补充申请224件、申请生产/销售45件及其他申请49件；涉及多肽类激素270件、细胞因子106件、重组酶20件及其他18件（图12-110）。从临床试验申请来看，2021年我国CDE共受理IND申请80件（国产52件、进口28件）。其中，以多肽类激素细分申请临床试验数量最多（44件），还包括细胞因子16件、重组酶8件及其他12件。

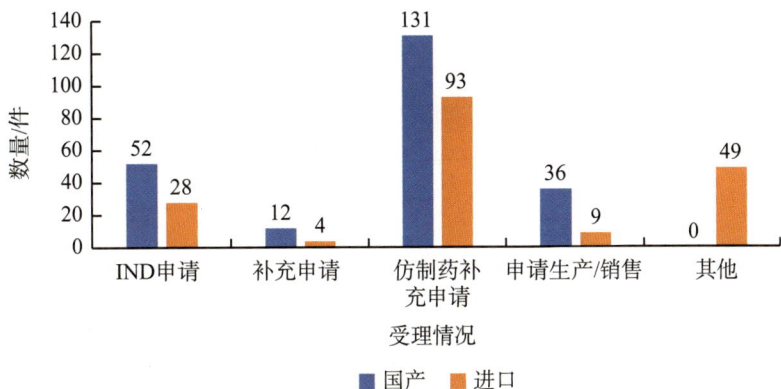

图 12-110　2021 年 CDE 重组蛋白药物受理情况

从产品上市情况来看，2021 年 NMPA 批准上市重组蛋白 38 个（国产 11 个、进口 27 个），包含多肽类激素 34 个，其中丽珠生物医药的重组人绒毛膜促性腺激素是国内首款、全球第二个上市产品；细胞因子类 1 个，为新时代药业的聚乙二醇化人粒细胞刺激因子注射液；重组酶类 3 个，为勃林格殷格翰（Boehringer Ingelheim）的注射用阿替普酶（50mg 和 20mg 两种剂量）和爱尔兰夏尔公司（Shire）的注射用维拉苷酶 α。

2022 年 NMPA 批准了 5 款重组蛋白新冠疫苗，新批准了 2 款进口药物（罗普司亭和罗特西普），并拓展了重组人生长激素、注射用重组人 γ 干扰素的适应证（表 12-85）。

表 12-85　2021 年 NMPA 批准的重组蛋白药物

药品名	上市许可人 / 生产商	适应证	商品名	批准日期
罗普司亭	日本协和麒麟 / 安进	慢性原发免疫性血小板减少症（ITP）	惠尔凝	2022-01-07
重组新型冠状病毒蛋白疫苗（CHO 细胞）	智飞生物	新型冠状病毒	智克威得	2022-03-01
罗特西普	百时美施贵宝	需要定期输注红细胞且红细胞输注 ≤ 15 单位 1/24 周的 β- 地中海贫血成人患者	利布洛泽	2022-06-14
重组人生长激素	长春高新	因 Prader-Willi 综合征（PWS）所引起的儿童生长障碍	金赛增	2022-07-07
重组人生长激素	长春高新	特发性身材矮小（ISS）	金赛增	2022-08-12
注射用重组人 γ 干扰素	凯茂生物医药	（1）类风湿关节炎（2）肝纤维化（3）慢性肉芽肿病	伽玛	2022-08-12

续表

药品名	上市许可人 / 生产商	适应证	商品名	批准日期
重组新冠病毒融合蛋白疫苗（CHO 细胞）	丽珠生物	新型冠状病毒疫苗	N/A	2022-09-02
注射用重组人生长激素	安科生物	特发性身材矮小（ISS）	安苏萌	2022-09-13
重组新型冠状病毒蛋白疫苗（Sf9 细胞）	四川大学华西医院	新型冠状病毒疫苗	威克欣	2022-12-05
重组新冠病毒 2 价（Alpha/Beta 变异株）S 三聚体蛋白疫苗	神州细胞	新型冠状病毒疫苗	N/A	2022-12-05
新冠疫苗 SCB-2019（CpG 1018/ 铝佐剂）	三叶草生物	新型冠状病毒疫苗	N/A	2022-12-05

（四）国内重组蛋白药物产品概况

1. 重组人胰岛素

在我国市场上，生产销售胰岛素的主要企业有诺和诺德、礼来、赛诺菲、通化东宝、甘李药业、联邦制药等。通化东宝是第一家生产上市重组人胰岛素的内资企业，长久以来深耕二代胰岛素市场，2020 年，通化东宝的二代重组人胰岛素注射剂市场占有率约为 34%；甘李药业则专注于三代胰岛素市场，2020 年甘李药业的三代胰岛素"长秀霖"产品在国内长效胰岛素市场中约占 40%。联邦制药是继甘李药业后第二家生产上市三代胰岛素的国内公司。

从市场竞争格局上来看，诺和诺德、赛诺菲及礼来三巨头依旧占据主导地位，而通化东宝的二代胰岛素目标市场集中在基层领域。随着国内优秀的胰岛素生产公司生产的产品质量不断得到患者和医生的认可，加之国产胰岛素的价格优势，以及三代、四代胰岛素的陆续上市，国内胰岛素市场已由之前的外商垄断转向现在国产企业占据具有竞争影响力的市场份额，整体上国产胰岛素替换进口胰岛素成为大势所趋。

2. 重组人生长激素

在重组人生长激素市场领域，诺和诺德、辉瑞、礼来、罗氏四家跨国药企占据了全球约 80% 的市场。但在我国市场，国产药企成功占据了近 90% 的份额，且多年增速均超过 10%。国产生长激素药企有金赛药业（长春高新旗下子公司）、安科生物、联合赛尔、中山海济。其中金赛药业稳稳占据龙头地位，市场份额近 70%，安科生物紧随其后。

3. 重组人干扰素

由于干扰素分类较为复杂，亚型较多，各大药企也有着各自不同的产品优势，进口厂商主要有拜耳、百健艾迪、默克及罗氏等。随着近年来乙型肝炎、丙型肝炎口服治疗药物销售规模的增长，干扰素在肝炎抗病毒治疗中的地位有所下降，再加上多达20多家制药厂商的相互竞争，市场份额变化颇大。在国内企业中，科兴以其产品优势，近年来市场份额爬升迅速，2017年、2018年、2019年市场占有率分别为21.45%、23.95%和26.29%，2020年更是以30.81%的市场占有率排名第一。

4. 重组促红细胞生成素

国内重组促红细胞生成素（rhEPO）市场以自主产品为主，占据90%以上的份额，进口产品市场则处于弱势地位。且从趋势上看，国产产品市场占有比例还将继续扩大。纵观国内rhEPO药物市场，市场竞争依旧激烈。三生制药以绝对优势占据rhEPO药物市场的半壁江山，其次则是复星医药和科兴。而在如此激烈的竞争环境下，科兴的重组人促红细胞生成素"依普定"在国内人促红细胞生成素的市场占有率排名第三，且市场占有率不断提升，2017—2020年的市场占有率分别为9.36%、11.27%、12.51%、13.19%。

5. 重组人绒毛膜促性腺激素

2021年4月16日，丽珠生物注射用重组人绒毛膜促性腺激素获批上市，这是国内首款、全球第二款上市产品（全球仅有默克雪兰诺的重组人绒毛膜促性腺激素药物"艾泽"上市销售）。根据CDE网站信息，目前国内仅丽珠生物取得注射用重组人绒毛膜促性腺激素生产批件，未见其他厂家注册申报临床及生产。注射用重组人绒毛膜促性腺激素适用于接受辅助生殖技术如体外受精（IVF）之前进行超促排卵的女性，以及无排卵或稀发排卵女性。据预计，重组人绒毛膜促性腺激素有5亿—10亿元的销售潜力。

（五）国内抗体及重组蛋白药物产能情况

生物药的生产主要依赖发酵技术，目前的发酵体系主要分为不锈钢生物反应器和一次性生物反应器。随着生物制药产业的迅猛发展，全球生物技术药物产能在过去25年始终保持12%—14%的年增长率，2021年达到1740万L，主要集中在欧美和亚洲，呈现"两大一小"的格局，其中作为"两大"产能聚集地的北美和欧盟，2021年生物药产能分别达到约600万L和约550万L；作为"一小"的亚洲，产能约为310万L，主要分布在日本、韩国、印度及中国（图12-111）。而大规模不锈钢罐生产线因运行稳定、生产成本低等优势，成为欧美生物药生产的主流装备。

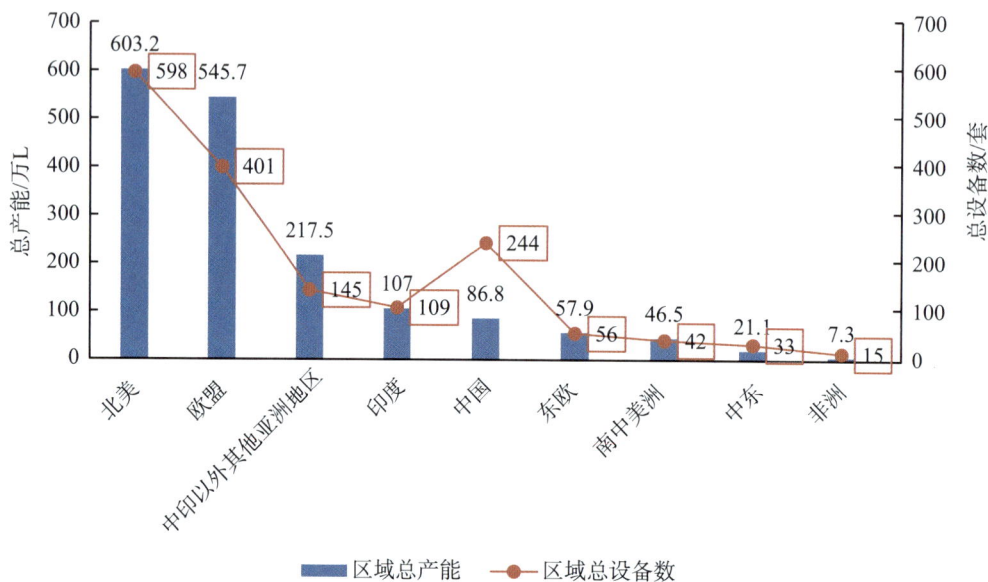

图 12-111　全球生物药产能分布情况

　　我国生物药产能近年来加速增长的势头明显，截至 2021 年末，我国规划产能近 180 万 L，实际投入使用的约 80 万 L，主要由 2000L 及以下一次性生物反应器组成，且严重依赖进口，与国际主流水平有很大差距。我国生物药产能分散，恒瑞医药、齐鲁制药、信达生物等医药企业，以及药明生物、金斯瑞生物、碧博生物等 CDMO（contract development and manufacturing organization，合同研发生产组织）企业均有规模不等的生物药产能。其中，药明生物 2021 年总产能约 15.4 万 L，预计在 2022 年底继续提高至 26.2 万 L；碧博生物依托其独特的大规模不锈钢生物反应器，预计到 2024 年可形成 20 万 L 的产能。

四、自主创新情况

　　在"重大新药创制"科技重大专项等科技计划，以及相关部门的持续推动下，我国生物药的技术创新能力取得了长足的进步，在研新药数量、上市新药数量、技术交易金额等均逐年上升。

　　每年首次申请上市项目的数量是上市新药数量的先行指标。以 CDE 首次申报上市项目为例，2020 年首次申报上市新药项目数量为 115 个，同比增长 67%。2021 年首次申请上市新药项目数量达 198 个；2021 年上市新药数量达 97 个，创下历史新高，我国新药上市即将迎来井喷时期。临床试验项目数量上，2018 年以来 CDE 批准的新药临床试验项目数量年均增速为 30% 左右，2020 年由于新冠疫情影响增速降低到 9%，2021 年累计新增登记公示临床试验数 3278 个，突破历史新高，增速又恢复到 29%。新药临床试验项目的持续高速增长说明我国新药研发热情高涨，为后续创新药持续上市奠定了坚实的基础。

我国创新药国际化效果逐步显现。2022 年，中国创新药/新技术"对外授权"（license out）总交易金额达 174.20 亿美元，同比增长 22.80%；交易数量达 48 项，同比增长 14.29%。从项目类型看，创新药项目占比最高，达 71.40%，新技术及微创新（改良型）交易占比分别为 23.40% 和 5.40%。从治疗领域来看，肿瘤和罕见病仍是热门交易领域，相关产品数量占比分别为 35% 和 19%。从单个技术交易项目规模来看，康方生物以 5 亿美元首付款、最高 50 亿美元的总金额与美国 Summit 公司达成 PD-1/VEGF 双特异性抗体的海外授权合作，为 2022 年最大的技术交易项目。在"资本寒冬"的背景下，中国创新药/新技术总交易金额创历史最高，充分表明了外资企业对中国药企创新能力的认可。

（一）恒瑞医药

作为创新型国际化制药企业，恒瑞医药近年来稳步推进自主创新和国际化双轮驱动发展战略，先后在连云港、上海、成都、美国和欧洲等地设立了研发中心或分支机构，打造了一支 5000 多人的规模化、专业化、能力全面的全球研发团队。

近年来，恒瑞在抗体药物领域持续发力，PD-1 药物卡瑞利珠单抗销售持续看好。另外，其自主研发的阿得贝利单抗（Adebrelimab）于 2022 年 1 月由 CDE 受理上市申请，这是国产第 5 款申报上市的 PD-L1 单抗。在肿瘤领域，恒瑞有 19 个处于早期临床阶段的生物药在研，已公布靶点包括 HER2、EGFR、CLDN18.2、c-Met，恒瑞还是国内临床阶段 ADC 项目最多的企业，已有 8 款 ADC 候选药物进入临床阶段，创新药加速增长动力充足。

（二）百济神州

2019 年，百济神州自主研发的抗癌新药百悦泽成为第一款完全由中国企业自主研发并获得美国 FDA 批准上市的产品，实现了中国创新药出海的零突破，这也奠定了百济神州与恒瑞医药比肩的基础。

目前，百济神州已有 16 款产品获批上市，2022 年其产品收入超过 10 亿美元，前三季度产品收入 9.16 亿美元，同比增长 109%。百济神州已与多家公司达成约 20 项合作。在研产品管线丰富，处于临床阶段的有 15 款自主研发产品和多款合作研发产品；临床前项目数量超过 60 个，且大多数具有"全球首创"（first-in-class）潜力。2021 年后，百济神州迈入了一个研发的新阶段，其 HPK-1 抑制剂、TYK2 抑制剂等多款创新疗法获批开展临床试验。2024 年后预计每年将有 10 种新分子进入临床。

（三）君实生物

君实生物近年来发展势头迅猛，拥有国内首家获批上市的 PD-1 药物特瑞普利单抗。特瑞普利单抗作为君实生物的核心产品，在 2018 年获批上市，为第一个国产 PD-1 药物。公司从小适应证黑色素瘤切入领先上市，截至 2021 年底，特瑞普利单抗已获批适应证包括黑色素瘤、一线和三线鼻咽癌、二线尿路上皮癌等。

君实生物其他产品如 PCSK9 单抗、BTLA 单抗、BLyS 单抗等也进展顺利。该公司在不断强化抗体类药物研发技术平台价值最大化基础上，也在不断通过与外部合作方式搭建小分子、mRNA、双抗、ADC、疫苗等新技术平台/管线，为后续不断拓展疾病领域及补强管线布局提供助力。

（四）科伦药业

科伦博泰作为科伦药业的生物药研发平台，近年来创新品种不断涌现，其 ADC 药物研发平台产出的产品也逐步被国际市场认可。

2022 年 5 月，科伦药业公告，其将 ADC 药物 SKB264 授权予默沙东，首付款及里程碑付款累计 13.63 亿美元，并按双方约定的净销售额比例提成。

2022 年 7 月，科伦药业公告，其将 ADC 新药 SKB315 授权予默沙东。许可协议生效后一次性收到 3500 万美元不可退还的首付款，里程碑付款累计 9.01 亿美元，并按双方约定的净销售额比例提成。

2022 年 12 月，科伦药业公告，将其管线中七种不同在研临床前 ADC 候选药物项目以全球独占许可或独占许可选择权形式授予默沙东进行研究、开发、生产制造与商业化。科伦博泰保留部分授予独占许可的项目和有权保留授予独占许可选择权的项目的研究、开发、生产制造和商业化的权利。交易条款为 1.75 亿美元不可退还的首付款，以及合计 93 亿美元里程碑付款。

（五）康方生物

目前，康方生物拥有 30 个以上用于治疗癌症、免疫性疾病、炎症、代谢性疾病等重大疾病的创新药物产品管线，其中 17 个品种已进入临床阶段。在双特异性抗体药物方面，康方生物有 4 个潜在全球首创双特异性抗体药物被推向市场或正处于临床开发阶段，包括卡度尼利（PD-1/CTLA-4）、依沃西、PD-1/LAG-3 及 TIGIT/TGF-β 双特异性抗体。2021 年 8 月，康方生物自主研发的 PD-1 抗体派安普利单抗在中国获批上市。2022 年 6 月，卡度尼利获 NMPA 批准上市，成为全球首个基于 PD-1 的商业化双特异性药物。

2022 年 12 月，康方生物公告，将 PD-1/VEGF 双特异性抗体依沃西（研发代号：

AK112）的美国、加拿大、欧洲和日本权益授权给美国Summit Therapeutics公司，后者将支付5亿美元预付款，以及最高50亿美元的总交易金额，包括开发、注册、商业化里程碑金额；康方生物保留依沃西除以上地区之外的开发和商业化权利，包括中国。

（六）荣昌生物

2021年6月9日，荣昌生物研发的维迪西妥单抗在中国获批上市，其靶向HER2靶点，用于治疗至少接受过2种系统化疗的HER2过表达局部晚期或转移性胃癌（包括胃食管结合部腺癌）患者，是国内自主研发获批的第一款ADC药物。2022年1月5日，维迪西妥单抗（商品名：爱地希）在中国获批新适应证，用于既往接受过系统化疗且HER2表达为免疫组化检查结果为2+或3+的局部晚期或转移性尿路上皮癌的患者。2021年8月9日，荣昌生物宣布与Seagen生物技术公司达成独家全球许可协议，以开发及商业化维迪西妥单抗，Seagen生物技术公司将付出2亿美元首付款+最高24亿美元里程碑付款，并向荣昌生物支付根据维迪西妥单抗的特许权使用费和销售额提成。

（七）碧博生物

作为CDMO领域的一支新锐力量，上海碧博生物医药工程有限公司瞄准国际龙头CDMO企业的最先进技术，打造基于大规模不锈钢生物反应器的生物药生产体系。2022年11月，由碧博生物自主设计的，全球首台3万L不锈钢哺乳动物细胞生物反应器完成总装，正式吊装进入该公司位于上海临港新片区的生产基地。

目前全球仅4家CDMO企业拥有万升以上规模同类反应器及相应的生物药生产线，其中总部位于瑞士的龙沙（Lonza）研制的2万L生物反应器是目前全球生物药领域投入商业化运行的最大反应器，而我国在这一领域尚处于空白。此次进入碧博生物临港基地的生物反应器，总体积达到3.5万L，拥有完全自主知识产权，为全球首创，单罐体积世界第一。未来随着3万L不锈钢哺乳动物细胞生物反应器的投入使用，预计可使生物药的生产成本降低70%以上。

五、生物医药行业重点政策

（一）《"十四五"规划和2035年远景目标纲要》

2021年3月，国家发展和改革委员会发布了《"十四五"规划和2035年远景目标纲要》（以下简称《规划纲要》）。

根据《规划纲要》，我国将重点强化战略科技力量，聚焦生物医药等重大创新领域组建一批国家实验室，重组国家重点实验室，形成结构合理、运行高效的实验室体系。优化提升国家工程研究中心、国家技术创新中心等创新基地。一方面给予生物医药支持，将优势资源向生物医药研发倾斜，另一方面从战略布局出发，完善我国实验体系，填补相关空白。我国将加大科技前沿领域攻关，其中包括基因与生物技术：基因组学研究应用、合成生物学、生物药等技术创新，创新疫苗、体外诊断、抗体药物等研发，生物关键技术研究。我国基因与生物技术起步较晚，目前尚处于发展阶段，尤其是创新药方面，虽然近几年有所突破，开始涌现出一批全球领先的创新药品种，但水平与发达国家还有一定差距，国家助力生物医药产业发展，大力发展"卡脖子"产业，未来生物医药市场规模将进一步扩大。

（二）《"十四五"医药工业发展规划》

2021年12月，工业和信息化部、国家发展和改革委员会、科学技术部、商务部、国家卫生健康委员会等部门发布了《"十四五"医药工业发展规划》（以下简称《规划》）。

《规划》提出，"十四五"时期，世界百年未有之大变局加速演变和我国社会主义现代化建设新征程开局起步相互交融，新冠疫情影响广泛深远，医药卫生体制改革全面深化，医药工业发展的内外部环境将发生复杂而深刻的变化。新一轮技术变革和跨界融合加快。围绕新机制、新靶点药物的基础研究和转化应用不断取得突破，生物医药与新一代信息技术深度融合，以基因治疗、细胞治疗、合成生物技术、双功能抗体等为代表的新一代生物技术日渐成熟，为医药工业抢抓新一轮科技革命和产业变革机遇提供了广阔空间。

《规划》提出了六项具体目标：规模效益稳步增长、创新驱动转型成效显现、产业链供应链稳定可控、供应保障能力持续增强、制造水平系统提升及国际化发展全面提速。重点任务：加快产品创新和产业化技术突破、提升产业链稳定性和竞争力、增强供应保障能力、推动医药制造能力系统升级及创造国际竞争新优势。为强化贯彻实施，《规划》提出了四项保障措施：加强政策协同和规划实施、提升财政金融支持水平、规范市场竞争秩序和加强人才队伍建设。

（三）《"十四五"生物经济发展规划》

2022年5月，国家发展和改革委员会印发《"十四五"生物经济发展规划》，据此文件，"十四五"时期，我国生物技术和生物产业加快发展，生物经济成为推动高质量发展的强劲动力，生物安全风险防控和治理体系建设不断加强。生物经济总量规模迈上新台阶。生物经济增加值占国内生产总值的比重稳步提升，生物医药、生物医学工程、生物农业、生物制造、生物能源、生物环保、生物技术服务等战略性新兴产业在国民经济社会发展中的战略地位显著提升。生物经济领域市场主体蓬勃发展，年营业收入百亿元以上的企业数量显著增加，创新创业企业快速成长。

《"十四五"生物经济发展规划》明确，要在京津冀、长三角、粤港澳大湾区、成渝地区双城经济圈等区域，以城市为载体布局建设生物经济先导区，围绕生物医药、生物农业、生物能源、生物环保等领域开展科技创新和改革试点，打造具有全球竞争力和影响力的生物经济创新极和生物产业创新高地。《"十四五"生物经济发展规划》提出，加强原创性、引领性基础研究。瞄准临床医学与健康管理、新药创制、脑科学、合成生物学、生物育种、新发突发传染病防控和生物安全等前沿领域，实施国家重大科技项目和重点研发计划。超前部署引领性设施，加快转化医学研究、多模态跨尺度生物医学成像等建设，鼓励依托设施建设前沿交叉研究平台，加强设施运行开放和数据共享。《"十四五"生物经济发展规划》还提出，要建设关键共性生物技术创新平台，同时强化企业创新主体地位，支持龙头企业牵头组建创新联合体，承担建设产业创新中心、工程研究中心、技术创新中心、制造业创新中心等创新平台。

（四）国家药品监督管理局相关技术指导原则

过去两年，国家药品监督管理局频繁发布技术指导原则，以解决临床需求为目标，细化药物临床前和临床研究技术细则，为规范和指导创新药物研发提供可参考标准，并推动行业差异化布局，进一步促进我国创新药物行业发展。

2021年11月19日，我国CDE正式发布并施行《以临床价值为导向的抗肿瘤药物临床研发指导原则》，从患者需求的角度出发，对抗肿瘤药物的临床研发提出建议，以期指导申请人在研发过程中落实以临床价值为导向、以患者为核心的药物研发理念，为促进抗肿瘤药科学有序地开发提供参考。

2022年7月6日，CDE发布了《抗体偶联药物非临床研究技术指导原则（征求意见稿）》，为ADC药物的临床前开发指明了大方向。2022年9月15日，CDE又发布《抗肿瘤抗体偶联药物临床研发技术指导原则（征求意见稿）》。2022年10月9日，CDE发布《肿瘤治疗性疫苗临床试验技术指导原则（征求意见稿）》。2022年11月8日，CDE发布《新药获益-风险评估技术指导原则（征求意见稿）》

撰　稿　人：华玉涛　上海碧博生物医药工程有限公司
　　　　　　孙　蕾　上海碧博生物医药工程有限公司
　　　　　　王　峰　深圳市普天硕实业有限公司
　　　　　　黄隆锦　深圳市普天硕实业有限公司
通讯作者：华玉涛　yutao.hua@bibo-pharma.com

第八节　2022年小核酸药物研发最新进展及前景展望

RNAi技术（RNA干扰技术）拓宽了人类药物的来源和开发方向，理论上可以抑制任何基因，相比小分子药物和抗体药物，小核酸药物使药物靶点扩大至蛋白质的上游，能特异性地上调或下调指定的基因表达，且研发周期短，药物靶点筛选快，不易产生耐药性和其他副作用，近年来在人类重大疾病的治疗中展现出巨大的潜力，为现代生物医药产业开辟了一个全新的充满希望的方向。至2022年12月，全球共有5款siRNA（小干扰RNA）药物、10款ASO（反义寡核苷酸）药物、1款核酸适配体药物获批上市。其中伊奥尼斯制药公司（Ionis Pharmaceuticals Inc）和百健（Biogen）研发的ASO药物Spinraza 2019年的销售额达到20.97亿美元，2020年的全球销售额维持在20.5亿美元，2021年也达到19亿美元，成为小核酸药物领域首款"重磅炸弹"药物。Leqvio（Inclisiran）是第一个获批用于慢性常见疾病的siRNA药物，提示小核酸不仅可以治疗罕见病，对于严重影响人类健康的常见病种也是具有绝对优势的，小核酸对肝源性慢性病治疗模式的颠覆正在成为现实。

2022年，大部分医药生物企业感受到更多的是"寒冬"：一级市场上，投资者更加谨慎，创新药企融资的难度增加；二级市场上，医药生物上市公司市值持续缩水，新股上市破发频现。受新冠疫情影响，部分药企的业务无法展开，业绩受到影响；而一些创新药企开始实施战略收缩：调整研发管线、出售资产、回收现金流。不过，小核酸药物无论是融资上市还是商务活动，无论是技术创新还是产品研发，似乎还在持续的火热中，与整个生物企业的大形势形成鲜明对比。例如，在融资活动中更多Pre-A和A轮融资成功似乎更加印证资本市场对这个领域的认可；在商务活动中，也出现了Wave Life Sciences与葛兰素史克（GSK）达成总额超过33亿美元的战略合作的大手笔，以共同推进核酸药物的开发；产品方面2022年多款非肝靶向的siRNA药物进入临床研发阶段；2022年6月，阿里拉姆制药（Alnylam Pharmaceuticals）公司的siRNA药物A mvuttra（vutrisiran）获FDA批准上市，用于治疗遗传性转甲状腺素蛋白淀粉样变性成人患者的多发性神经病，成为第5款上市siRNA药物。2022年12月5日，Ionis和Biogen共同宣布，欧洲药品管理局（EMA）继FDA后接受Tofersen的上市许可申请（MAA），用于靶向超氧化物歧化酶1（SOD1）治疗肌萎缩侧索硬化（ALS），预示又有一款ASO药物即将问世。

一、最 新 进 展

（一）2022年小核酸技术/品种进展

（1）2022年1月，瑞博生物宣布其针对慢性乙型肝炎的1类小核酸新药RBD1016在澳洲完成了"一项随机、双盲、安慰剂对照、单剂量递增，评估RBD1016在健康受试者中的安全性和药代动力学的Ⅰ期临床试验"。临床试验结果显示RBD1016表现出良好的安全性和耐受性，为瑞博生物GalNAc-siRNA技术平台和全技术链整合的小核酸药物研发平台提供了验证依据。据悉，继此次临床试验，瑞博生物2022年已在中国香港启动RBD1016的"一项随机、双盲、安慰剂对照、评估RBD1016在慢性乙型肝炎感染受试者中单次及多次用药剂量递增的安全性、药代动力学及初步药效学的Ⅰ期临床试验"，并取得了良好的患者初步安全性数据和初步高效性、长效性数据。RBD1016是中国企业独立自主研发并进入临床阶段的首款抗乙型肝炎小核酸药物。

（2）2022年1月，Arrowhead公司宣布在PALISADE研究中完成首例患者给药，这是一项评估ARO-APOC3对成人家族性高乳糜微粒血症（FCS）疗效和安全性的Ⅲ期临床试验。ARO-APOC3是该公司研发的旨在抑制脂蛋白C3（APOC3）合成的小核酸药物。ARO-APOC3目前正处于多项临床试验，包括针对FCS患者的PALISADE Ⅲ期临床试验、针对严重高甘油三酯血症患者的SHASTA-2 Ⅱ期临床试验，以及针对混合型血脂异常患者的MUIR Ⅱ期临床试验。

（3）2022年2月，瑞博生物宣布公司开展的针对2型糖尿病的反义核酸药物ISIS449884注射液的两项Ⅱ期临床试验按计划顺利完成。两项临床试验结果均显示，ISIS449884治疗组较安慰剂组可显著降低糖化血红蛋白（HbA1c）水平，达到主要研究终点，且不增加低血糖事件和严重低血糖事件的发生率。特别是在二甲双胍作为背景用药的基础上，该药物显示了更强的具有临床意义的降低HbA1c能力。

（4）2022年2月，Ionis在《新英格兰医学杂志》发表论文，显示反义寡核苷酸Donidalorsen在遗传性血管性水肿患者参与的小规模Ⅱ期临床试验中可降低遗传性血管性水肿发作风险，改善患者生活质量。提示Donidalorsen是一款潜在"同类最优"（best-in-class）的遗传性血管性水肿预防疗法，可通过选择性抑制前激肽释放酶降低HAE发作频率和疾病负担。

（5）2022年5月，Arrowhead 公司靶向MUC5AC和RAGE 靶点的两款RNAi疗法药物在Ⅰ/Ⅱa期临床试验中（ARO-MUC5AC-1001和ARO-RAGE-1001）完成首例受试者给药，以评估其在健康受试者和哮喘患者中的安全性和耐受性、药代动力学和药效学。这两款新一代肺靶向治疗药物的临床试验启动具有重要的里程碑意义。

（6）2022年6月，Alnylam公司的siRNA药物AMVUTTRA™（Vutrisiran）获FDA批准上市，用于治疗遗传性转甲状腺素蛋白淀粉样变性成人患者的多发性神经病。这是FDA批准的首款只需每3个月皮下注射一次，就能够逆转神经病变损伤的RNAi疗法药物，也是全球第5款获批上市的siRNA疗法药物。2022年9月，Vutrisiran获得了欧盟的上市许可，同年12月在日本提交上市申请。该药还有在研的一项关于Stargardt病（眼底黄色斑点症）的临床试验。

（7）2022年6月，武田和Arrowhead公司宣布，他们近期在《新英格兰医学杂志》上发表了siRNA药物Fazirsiran（TAK-999/ARO-AAT）治疗α1-抗胰蛋白酶缺乏症（AATD）相关肝病的Ⅱ期临床试验（AROAAT-2002）的结果，表明存在肝脏损害的患者在用Fazirsiran治疗后可能会出现有临床意义的改善，包括门静脉炎症组织学特征的减少、肝酶水平的正常化及肝纤维化的改善，表明Fazirsiran可能迅速改善肝损伤，这也表明了靶向肝脏的siRNA疗法有望攻克以前无法治疗的肝脏疾病。

（8）2022年7月，Olix向FDA提交了其在研RNAi药物OLX10212的临床试验申请（IND）。OLX10212是一款治疗晚期年龄相关性黄斑变性（AMD）的RNAi疗法药物，全球约1.7亿人受到该疾病的困扰。OLX10212是2015年以来第一个进入临床阶段的RNAi疗法的眼科治疗药物。AMD分为地理性萎缩（GA）和新生血管性AMD。目前暂无FDA批准的GA治疗药物，OLX10212将有望填补这一空白。

（9）2022年8月，Avidity公司开发的抗体-寡核苷酸偶联（antibody-oligonucleotide conjugate，AOC）药物AOC 1001获得FDA核准，针对罕见疾病——Ⅰ型强直性肌营养不良（myotonic dystrophy typeⅠ）进入Ⅰ/Ⅱ期临床试验，成为全球第一个展开临床试验的AOC药物，也是首个将siRNA靶向递送至肌肉组织的RNAi疗法药物。AOC 1001由靶向转铁蛋白受体1（TfR1）的单抗与靶向DMPK mRNA的siRNA偶联构成，通过TfR1靶向递送siRNA到肌肉细胞，用于沉默突变的DMPK基因。

（10）2022年8月，Alnylam与再生元（Regeneron）制药公司联合开发的在研靶向C5补体的RNAi疗法药物Cemdisiran（ALN-CC5）于Ⅱ期临床试验获积极结果。数据分析显示，此疗法安全有效，可以降低IgA肾病（IgA nephropathy，IgAN）成人患者的蛋白尿（proteinuria）水平。此数据将支持此疗法进入Ⅲ期临床试验。

（11）2022年8月，圣诺制药核心候选药物STP705用于面部原位鳞状细胞皮肤癌（isSCC）的Ⅰ/Ⅱ期临床试验完成首例受试者系统给药。STP705是一种利用多肽纳米颗粒（PNP）增强递送实现的双靶向siRNA（小干扰核酸）疗法，通过敲低TGF-β1和COX-2基因表达实现RNAi疗效。

（12）2022年8月，圣诺制药宣布已成功研发肽对接载体（PDoV），进一步优化公司siRNA药物递送的多肽GalNAc平台。PDoV设计利用小肽优势——同时具备内涵体逃逸特性和提供双siRNA偶联位点，增强了GalNAc平台递送效率。双靶点siRNA偶联位点使得PDoV-GalNAc递送技术可以有效地适用于双靶向siRNA疗法，以及针对同一mRNA的两个区域的敲低。

（13）2022年9月，国家药品监督管理局（NMPA）批准瑞博生物自主研发的以PCSK9为靶点的RNAi疗法降血脂小核酸药物（RBD7022注射液）在我国开展首次人体临床试验。该药物预计可每6个月皮下给药一次，实现长效降脂。至2022年末，瑞博生物基于自主研发的RIBO-GalSTAR™肝靶向递送技术平台已经实现了4款小核酸药物的临床申报并取得了其中3项临床默批或准许。标志着在技术层面我国小核酸制药已经实现与全球领先企业并跑，并在品种研发上进入快车道。

（14）2022年9月，苏州星曜坤泽生物制药（星曜坤泽）宣布，旗下先导产品HT-101注射液用于治疗慢性乙型肝炎病毒感染（CHB）的IND已经获得了国家药品监督管理局药品审评中心（CDE）批准。HT-101注射液成为继瑞博生物研发的RBD1016抗乙型肝炎小核酸药物之后第二款我国企业研发进入临床研发阶段的抗乙型肝炎GalNAc-siRNA产品，也显示出我国小核酸药物研发能力在进一步加强。

（15）2022年10月，瑞博生物的小核酸药生产和质量管理体系成功通过欧盟质量授权人（QP）审计，标志着瑞博生物的质量体系建设和药学研发工作符合欧盟cGMP的要求，为公司产品全球开发战略的实施打下了坚实的基础。公司面向商业化阶段的大规模生产设施也于2022年完成建设。至此，瑞博生物围绕小核酸制药的全产业链布局基本完成，将加速我国小核酸药物产业化进程并强化其国际竞争能力。

（16）2022年11月，Silence Therapeutics Plc公司公布了其靶向Lp（a）的siRNA在研品种SLN360的Ⅰ期临床试验数据，接受单剂SLN360的健康受试者在5个月内，中位时间平均Lp（a）降低超过80%，一些患者在1年后仍然表现出Lp（a）的大幅降低，约为基线时的50%。此外，随访1年时，任一剂量组均未发现新的药物相关安全性问题。Lp（a）是动脉粥样硬化性心血管疾病（ASCVD）事件的独立危险因素，SLN360有望降低患心脏病、心脏病发作和脑卒中的风险。

（17）2022年11月，Ionis和GSK合作开发的在研乙型肝炎反义寡核苷酸ASO药物Bepirovirsen在慢性乙型肝炎病毒感染患者中开展的Ⅱb期 B-Clear研究获得安全性和有效性的积极数据。Bepirovirsen靶向HBV mRNA和前基因组RNA，通过ASO/RNA复合物募集内源性RNase H切割HBV RNA，造成HBV衍生的RNA、HBV DNA和病毒蛋白（包括HBsAg）减少，有助于对血液中病毒的持久清除。B-Clear研究结果提示，Bepirovirsen无论作为单一疗法还是与核苷类联合使用，都可能是一种潜在功能性治愈HBV的方法。该疗法为数百万长期感染HBV的人提供了功能性治愈的机会，特别是对于基线HBsAg水平较低的患者亚群。

（18）2022年11月，Arrowhead公司公布了其小核酸药物产品ARO-ANG3的ARCHES-2研究结果。ARCHES-2中期结果已显示出ARO-ANG3可大幅降低甘油三酯（TG）和非高密度脂蛋白胆固醇（non-HDL-C），呈剂量依赖性地有效降低了低密度脂蛋白胆固醇（LDL-C）和载脂蛋白B（ApoB）。ARO-ANG3表现出持久的作用时间，第一次给药的3个月内能维持稳定的降脂效果，并且在重复给药后进一步降低了受试者的血脂水平。结果显示ARO-ANG3呈剂量依赖性降低受试者肝脏脂肪分数达28%，并且没有报告长期肝酶升高。该研究显示出ARO-ANG3治疗动脉粥样硬化性心血管疾病的潜在价值，但仍需进一步评估其对心血管事件的影响。

（19）2022年11月，瑞博生物宣布，公司自主研发针对高甘油三酯血症和家族性高乳糜微粒血症的小核酸药物（RBD5044注射液）已在澳大利亚启动首次人体临床试验。RBD5044是瑞博生物基于具有自主知识产权的RIBO-GalSTAR™肝靶向技术平台研制的，是继抗乙型肝炎药物RBD1016和降低LDL-C药物RBD7022之后推进到临床开发阶段的第三款小核酸药物。又一款心血管代谢领域的小核酸重要产品进入临床阶段彰显了瑞博生物的小核酸药物研发实力。

（20）2022年11月，安进（Amgen）公司针对Olpasiran（AMG 890）的Ⅱ期OCEAN（a）-DOSE研究结果公布。Olpasiran可以剂量依赖性方式显著、持续降低ASCVD患者的Lp（a）水平，且具有良好的安全性。Olpasiran是靶向Lp（a）的siRNA，旨在降低人体载脂蛋白A的产生，进而降低脂蛋白，目前处于Ⅱ期临床试验阶段。

（21）2022年11月，Vir公司公布了VIR-2218单药或联合PEG-IFNα（聚乙二醇化-α干扰素）治疗慢性乙型肝炎的疗效和安全性数据，在经核苷类似物（NA）治疗实现病毒抑制的患者中，应用VIR-2218与干扰素联合治疗方案实现HBsAg清除和抗-HBs血清学转换，且联合用药未增加安全性风险。VIR-2218是由美国Alnylam和Vir Biotechnology公司联合开发的靶向HBV RNA的siRNA类药物。

（22）2022年12月，Ionis和Biogen共同宣布，EMA已接受Tofersen的上市许可申请（MAA），用于靶向超氧化物歧化酶1（SOD1）治疗肌萎缩侧索硬化症（ALS）。同时，Tofersen也正在接受美国FDA的优先审查，预计于2023年4月25日完成审查。Tofersen是由Ionis开发的ASO药物，通过结合SOD1的mRNA，介导其被核糖核酸酶RNase-H降解，进而减少突变SOD1蛋白的生成。Biogen根据合作开发和许可协议从Ionis获得了Tofersen的许可。ALS涉及多种基因，尚无基因靶向治疗方案。

（23）2022年12月，全球领先的RNAi疗法公司Alnylam举办了研发日，以展示其研发进展和平台创新，以及2023年研发计划。同时，该公司也披露了3个暂停的研发项目，包括分别靶向CC5、黄嘌呤脱氢酶（XDH）和羟基酸氧化酶1（HAO1）的治疗IgA肾病的药物Cemdisiran，用于痛风早期的药物ALN-XDH，以及治疗复发性肾结石的药物Lumasiran。其中用于治疗IgA肾病的药物Cemdisiran是Alnylam公司与Regeneron合作研发的，虽然在2022年8月公布的Ⅱ期临床试验数据令人鼓舞，而且宣布即将进入Ⅲ期临床试验，但Regeneron选择不参与进一步的研发，Alnylam公司表示需要花一些时间来考虑 Cemdisiran 在此适应证中的最佳前进道路。尽管如此，Alnylam 公司在一份研发更新报告中报道其产品从 Ⅰ 期到 Ⅲ 期的成功概率仍为 62%，大大高于行业平均成功概率水平（5%—10%）。

（二）2022 年我国小核酸药物相关的若干重大产业动向

（1）2022 年 3 月，苏州国家生物药技术创新中心发布了《核酸药物"揭榜挂帅"技术攻关项目指南》。核酸药物"揭榜挂帅"项目是国家生物药技术创新中心发布的首个技术攻关方向，目的是解决制约我国核酸药物产业发展的关键核心技术问题，该项目由谭蔚泓院士组织开展专家论证，凝练形成了新型高效递送系统，新靶点、新机制核酸药物发现研究，以及核酸药物原液生产主要原材料、仪器设备开发三大技术攻关方向。经组织申报、专家评审、主管部门审议等立项程序，现将拟立项目共 39 项。2022 年 9 月 14 日，国家生物药技术创新中心发布了 2022 年国家生物药技术创新中心核酸药物"揭榜挂帅"技术攻关拟立项目公示清单。之前小核酸药物和技术研究，以及品种开发在国家重大专项、863 计划和各省市级科技资助中均有多项支持，但该"揭榜挂帅"项目是我国各级政府第一个单独聚焦核酸药物品种和技术的专项资金。

（2）2022 年 7 月，上海宣布打造上海核酸产业园。上海核酸产业园于 2022 年 7 月中旬在上海杭州湾经济技术开发区（位于上海市奉贤区）正式开工，打造"东方美谷·生命信使"核酸产业生态圈，先期将打造 720 亩核酸产业首发地、先行区。核酸产业是开发区产业转型发展的新布局。上海杭州湾经济技术开发区定下核酸产业的发展规划后，于 2021 年 10 月 15 日举办首届核酸产业论坛，授牌打造"生命信使"核酸产业生态圈，以核酸领军企业兆维生物为支撑，建设 3 平方公里核酸产业特色园区。核酸产业园入驻项目包括兆维小核酸药基地、百力格核酸引物基地等。该地将转型发展为集科研、孵化、加速产业化、功能配套于一体，对标世界先进水平的核酸药产业园。奉贤区将选准自己的赛道，打造全产业链的核酸产业生态圈。该核酸产业园是继 2008 年昆山市打造我国第一个小核酸产业园之后的我国第二家核酸产业园。

（3）2022 年 12 月，中关村科技园区大兴生物医药产业基地组织开展北京国际核酸药物产业园项目集中签约仪式。我国的核酸药物领域已经有了较长时间的积累，该园的规划立意是支持我国核酸药物企业进一步完善产业链和生态链，解决"卡脖子"技术，尽快将核酸药物领域现有的基础性研究成果与实践相结合，实现高效转移转化，匹配必要的支撑设施、支持政策和金融支撑体系，打造我国核酸药物产业的全球竞争能力。首批七家行业领军企业入驻北京国际核酸药物产业园，表明园区建设已经迈入了实质建设的阶段，走出了大兴医药基地开展核酸药物前沿领域产业布局的关键一步。

北京国际核酸药物产业园虽然是全国直辖市中第二个实质性推进的核酸药物产业园，但由于北京院校及企业在核酸药物与技术方面有我国其他城市不可比拟的知识储备、人才积淀和设施基础，非常适宜作为我国小核酸产业进军世界市场的支点和在前沿领域支持我国产业国际化的政策探索试点。

（4）2022年12月，基于良好的生物医药产业基础，为抢抓核酸药物产业机遇，天津经济技术开发区高起点谋划天津经济技术开发区核酸药物产业园建设，成功举办核酸药物产业园研讨会。天津经济技术开发区将以产业园建设为全新契机和突破点，把构建核酸药物创新创业生态作为产业园建设的核心，以联盟的形式建立天津经济技术开发区、重点高校、国有资本平台、领军企业共商共建共有的运营机制，充分发挥政府政策引导、重点高校学科优势、领军企业产业带动能力和运营团队服务能力，将产业园打造成世界领先的涵盖核酸药物、核酸疫苗、核酸原料药、核酸单体、核酸固相合成设备、合成载体、纯化装置及填料、核酸药物递送载体、核酸制剂的核酸药物全产业链专业园区。

我国3个直辖市（北京、天津、上海）和生物制药的第一强市苏州不约而同地推进一个创新药产业细分方向的产业布局，这是较为罕见的动态，标志着在地方政府层面对于核酸药物作为现代制药第三次浪潮的前景正在形成共识。加上2023年1月国际小核酸药物CDMO巨头安捷伦豪掷6亿美元扩大小核酸药物生产能力的国际动态，可以看出小核酸药物产业化的热潮已经到来。

（三）2022年小核酸药物商务合作进展

（1）2022年1月，诺华与Alnylam达成合作，将在3年的合作期内利用Alnylam的siRNA平台，针对诺华指定的一个靶点开发一种旨在恢复终末期肝病（ESLD）患者功能性肝细胞再生的创新疗法，为肝衰竭患者提供肝脏移植的替代方法。

（2）2022年4月，Arrowhead公司与维梧资本成立合资公司Visirna Therapeutics，总部设在上海，维梧资本向合资公司提供6000万美元的初始资金。Visirna Therapeutics将获得在大中华区开发和商业化Arrowhead公司的4种在研RNAi药物治疗心血管及代谢疾病的独家权利。

（3）2022年7月，大睿生物医药科技（上海）有限公司宣布与赛诺菲（Sanofi）就小核酸管线和技术平台达成独家许可交易，获得了赛诺菲小核酸药物平台的化学修饰和递送平台的全球独家授权，以及4个未公开靶点的临床前候选药物的开发授权。此外，赛诺菲获得了在大中华区以外地区大睿平台开发的针对神经和肌肉候选药物的独家购买权。根据协议条款，大睿生物将向赛诺菲支付预付款，并进一步根据研发和商业里程碑，以及产品净销售额支付特许权使用费。

（4）2022年8月，华东医药股份有限公司全资子公司中美华东将合计出资不超过3.96亿元，以增资和受让股份的方式，获得华仁科技60%的股权，成为其控股股东，加码在小核酸药物方向上的布局。

（5）2022年10月，MiRecule与赛诺菲达成战略性合作与独家授权协议，开发并商业化抗体siRNA偶联药物（antibody-siRNA conjugates，ARC）以治疗面肩肱型肌营养不良症（FSHD），这是MiRecule专有DREAmiR平台的第一个授权交易，总金额可达近4亿美元。

（6）2022年12月，Wave Life Sciences公司与GSK达成总额高达33亿美元的战略合作，共同推进核酸药物的开发。GSK获得Wave Life Sciences公司针对α1-抗胰蛋白酶缺乏症品种WVE-006的全球独家许可，同时双方将利用各自优势共同推进包括乙型肝炎、非酒精性脂肪性肝炎在内的11个其他在研品种。

（四）2022年小核酸公司融资活动进展

1. 国内方面

（1）2022年3月，舶望制药完成超4亿元A轮融资，用于推进心血管疾病和罕见病管线的IND申报，推进包括乙型肝炎、自身免疫性疾病、神经系统疾病在内的多个管线的临床前候选药物分子（PCC）的发现，以及研发中心、中试车间的建设和团队的搭建。舶望制药成立于2021年，由数位拥有RNAi药物深度开发经验的科学家归国后创立。

（2）2022年4月，大睿生物医药（上海）有限公司完成3300万美元的A轮融资，主要用于推进自有递送平台的建立及药物管线研发。大睿生物成立于2021年，旨在建立自有平台以开发创新颠覆性核酸药物，赋予药物高特异性、稳定性和长效性。

（3）2022年7月，瑞博生物完成4000万美元的E1轮融资，本轮融资主要由磐霖资本、三一创新基金等现有股东和新增机构共同投资完成。

瑞博生物自主创新的小核酸RIBO-GalSTAR™肝靶向递送技术已经完全成熟并达到快速推出创新品种的阶段，公司针对中枢神经、肺等多个器官的小核酸药物肝外递送技术的创新研究也已取得良好进展。瑞博生物首个海外研发中心已经成立并投入运营，此举将提高公司产品在全球的临床开发效率，加速推动产品研发和商业化的国际化进程。

（4）2022年9月，上海昂拓生物医药有限公司完成近亿元种子轮融资。募集资金将主要用于建设独有的反义核酸双向调控技术平台，推进多个创新药物管线的早期研发和布局。昂拓生物成立于2022年，是一家基于反义核酸技术的药物开发企业。

（5）2022年10月，杭州浩博医药有限公司宣布完成了总计约1600万美元的Pre-A

轮融资，用于推进针对乙型肝炎的小核酸药物的全球临床试验和其他研发管线的推进。浩博医药成立于2019年8月，致力于研发用于治疗和预防慢性乙型肝炎及其他重大传染疾病的创新药物和疫苗。

（6）2022年11月，迦进生物医药（上海）有限公司成功完成4500万元的天使轮融资，用于管线研发、专利布局、公司运营包括实验室平台建设等。迦进生物成立于2022年1月，是国内首批从事小核酸偶联药物（X-oligo conjugate，XOC）研发的生物科技公司，专注于以偶联方式实现小核酸的肝外递送，填补了国内在这一细分领域的空白。

（7）2022年12月，苏州安天圣施医药科技有限公司完成2000万元Pre-A轮融资，用于ASO药物的开发。苏州安天圣施医药科技有限公司成立于2017年4月，位于苏州工业园区，是我国首个以RNA剪接和RNA编辑为靶标研发ASO药物的公司。

2. 国际方面

（1）2022年5月，PepGen Inc.在纳斯达克完成首次公开发行（IPO），募资1.008亿美元。PepGen是一家总部位于美国马萨诸塞州剑桥市的生物技术公司，成立于2018年，专注于寡核苷酸疗法及其递送技术的开发。PepGen的增强递送寡核苷酸（enhanced delivery oligonucleotides，EDO）平台利用细胞穿膜肽技术实现药物在骨骼肌、心肌、平滑肌等组织的高效递送。目前PepGen的管线重点覆盖神经肌肉疾病，包括进行性假肥大性肌营养不良（DMD）和1型强直性肌营养不良（DM1）。

（2）2022年10月，总部位于英国牛津的生物技术公司Ochre Bio宣布成功完成3000万美元的A轮融资，该资金将用于支持其针对慢性肝病的RNA候选药物的开发，并增强RNA疗法的开发能力，以解决更广泛的严重肝脏相关疾病。该公司的开发方向为慢性肝病开发RNA药物，已经建立了一个深度表型平台来识别新的肝脏目标。

2022年国内小核酸制药领域获得融资的企业略多，这在一定程度上是由于我国在这一领域长期只有瑞博生物、圣诺制药等少数几家创新企业开拓耕耘，而欧美已经形成了多家企业多足鼎立的局面。因此，在目前小核酸制药产业前景日趋明朗之际，不少投资基金和创业者处于"补票上船"的阶段。

二、前景展望

（一）小核酸药物商业化加快，市场空间巨大

小核酸药物全球市场规模从2016年的0.1亿美元增长至2021年的32.5亿美元，年复合增长率高达217.8%。而小核酸药物领域首款带来市场震动的Spinraza 2019年的销

售额达到20.97亿美元，2020年的全球销售额持续维持在20.5亿美元，2021年的全球销售额依然在19亿美元，成为小核酸药物领域首款"重磅炸弹"。未来，随着临床阶段小核酸药物的不断上市，尤其是针对患者群体较大的适应证药物，如高脂血症、乙型肝炎的潜在治愈性药物，将进一步驱动市场不断发展。预计2025年全球小核酸药物市场的规模将超过100亿美元，2026年将超过150亿美元。到2030年，全球小核酸药物在市场增量上成为与小分子药、抗体药三分天下的重要产业板块。小核酸药物在安全性、长效性、高效性上已建立很大优势且尚有很大提高空间，Inclisiran很好地诠释了小核酸药物的优势特征，半年给药一次的给药方式彻底颠覆了传统的治疗模式，大大提高了患者的依从性，也就是说小核酸药物的临床表现远远超出了产业开拓者们的预期。小核酸药物领域已经越过暴发性发展的起点，正在进入快速发展期。

（二）小核酸药物的技术挑战和应对

1. 非肝靶向递送有待突破

小核酸肝靶向递送已实现技术突破，但非肝靶向组织的递送技术仍未彻底解决，成为制约小核酸药物广泛应用所面临的主要挑战。全球小核酸领域在针对肺脏、中枢神经系统、心血管系统、肾脏、眼等脏器和组织的小核酸递送方面开展了大量的创新性研究，已经取得积极进展。

从目前的趋势看，虽然利用脂质体、外泌体、病毒、聚合物等包裹负电荷的核酸进行递送还有广泛的科学探索，但是GalNAc递送技术成功在小核酸缀合位置、连接子的选择及小核酸的化学修饰等方面，对非肝细胞递送技术的研发具有重大启示和借鉴意义，因此全球产业端的肝外靶向递送研究开发的重点方向已经聚焦到基于配体与细胞的特异性相互识别的小核酸递送技术。其中，配体包括①各种可以为细胞受体识别的各种糖类分子、脂类分子、多肽分子和其他各种药物或非药物小分子；②各种可以高特异性、高亲和力识别和结合细胞表面特征分子的抗体、核酸适配体，以及诸如亲和体（affibody）、纳米抗体（nanobody）的各种类抗体分子。第一个抗体偶联siRNA药物AOC 1001，目标适应证为肌肉萎缩症，已经处于Ⅰ/Ⅱ期临床试验阶段；第一个中枢神经系统领域的siRNA药物ALN-APP，目标适应证为阿尔茨海默病，已经启动Ⅰ期临床试验，展示出siRNA药物的优势正在向非肝疾病领域快速拓展。Ionis在研的LICA（Ligand-Conjugated Antisense）平台和Arrowhead公司在研的TRiM™（Targeted RNAi Molecule）平台都是配体介导的小核酸药物递送平台。而Alnylam与PeptiDream公司的合作显示这一全球最大的小核酸企业在多肽介导的小核酸递送方面已经投入巨资，以及其对于非肝靶向研发的决心。

2. 化学修饰不断升级换代，脱靶效应有待进一步消除

化学修饰直接影响药物的药效、安全和稳定性等成药因素，对小核酸制药至关重要。小核酸药物除了通过全长序列与其完全配对的 mRNA 结合并沉默相应的 mRNA 外，还有可能通过部分匹配以微小 RNA（miRNA）机制对非靶基因的表达产生不同程度的脱靶效应。小核酸研发领域一直在探索开发新的化学修饰方法或者探索不同修饰组合以降低脱靶效应的影响，如通过种子区引入 UNA 或 GNA 化学修饰，通过降低热稳定性以降低"类 miRNA 脱靶效应"的技术。

业内各方对小核酸药物化学修饰与药效、稳定性之间的关联机制探讨始终在进行中，持续探索不同化学修饰对小核酸药效、稳定性、脱靶效应的各种影响，新的化学修饰技术往往是在之前的化学修饰技术上不断进行改进和优化，以不断提高或维持活性、增加长效性、增强稳定性、减弱脱靶效应、消除免疫原性为目标，进而改善临床运输保存等成药性因素，这将是该领域持续的研发重点之一，对小核酸制药至关重要。

3. 从靶向单一靶点到靶向双靶点或多个靶点

伴随着抗体药物研发技术的飞速发展，双特异性抗体也迎来研发热潮。截至目前，全球已有超过 30 个不同的技术平台可用于设计、开发双特异性抗体，设计的双抗分子结构超过 60 种，有 3 个双特异性抗体已获批上市。这个开发思路同样适用于 siRNA 药物开发，对于 LNP、PNP 脂质纳米颗粒包裹来讲，技术难度相对较低，如圣诺医药的 TGF-β1/COX-2 双靶点药物已经推进到 IIb 期临床试验；而对于以 GalNAc 为代表的配体缀合技术，对于估计比例混合应用如 Arrowhead 公司与 JNJ 合作开发的 ARO-HBV（JNJ3989，由两个 GalNAc-siRNA 分子混合而成），也不会有太多技术挑战；但是如果以一种配体同时缀合两个以上靶点 siRNA 成为一个药物分子，则需要克服接头、缀合位置、多种 siRNA 的比例、受体结合相互作用等干扰因素带来的影响，需要更多的技术探索，但这也是接下来 siRNA 的重点研发方向。Alnylam 的 GEMINI™ 技术平台是针对这个研究方向的技术代表。

4. 给药方式的创新探索

几乎全部小核酸药物均通过注射给药，患者的用药便利性和市场推广面临挑战。目前已有企业在开展小核酸药物的口服和喷雾制剂研究，并取得了初步进展。对于中枢神经系统给药还基本上止于脊髓鞘内注射，有很大的临床依从性问题，接下来的研发方向是能够通过系统给药实现穿过血脑屏障，从而达到治疗中枢神经系统疾病的目的，也是接下来研发的方向。

（三）我国小核酸药物产业面临的挑战

（1）小核酸药物的特点和优势与现行药物研发监管体系的矛盾可能是发挥小核酸药物最大潜力面临的最大挑战。第一，目前小核酸药物发展仍在初期阶段，就已经可以实现单剂量给药维持稳定药效 6 个月以上的超长效性。从技术上，单剂量小核酸给药维持稳定药效 1—2 年是可以实现的。这将带来人类对很多疾病尤其是慢性病治疗模式的颠覆式变革，真正实现我国传统医学提出的"良医治未病"的先进医疗理想。但是临床前研究如何安排、临床试验如何规划才能使这样超长药效的药物研发不至于无限拉长，又能充分彰显其临床优势，这不仅是药物研发企业必须面临的问题，也是药物研发监管部门应该积极探索的一个问题。第二，小核酸药物目前已经展现的高安全性，使多个 siRNA 通过控制多个靶基因治疗复杂疾病成为可能。目前已有小核酸药物含有两个不同的 siRNA 分子，从技术上同时攻击 5—10 个基因已经成为现实。这将是小核酸药物优于小分子药物和抗体药物的一个重要方面。在目前全球药物研发监管方面对此尚无监管理论和实践准备。传统中药有大量的多味复方，虽然机制和形成源流完全不同，但相辅相成或相反相成的理念是相通的。在全球率先鼓励多小核酸复方的研发和监管探索，有利于我国小核酸产业做出世界领先的创新药物。

（2）目前我国大型制药企业对小核酸制药产业这一前沿行业的参与度有所提高，但与跨国公司兵家必争之地的情形还有很大差距。近年，头部制药企业齐鲁制药引进了 Arbutus 公司的抗乙型肝炎小核酸药物，另一个头部制药企业翰森制药与 Silence 和 Olix 进行了小核酸技术平台的研发合作，仅此而已。反观欧美跨国公司，前有诺华 97 亿美元收取降血脂小核酸药物 Inclisrian 的豪举，后有诺和诺德 33 亿美元鲸吞小核酸制药企业 Dicerna 的决断，目前多个大型跨国制药企业在小核酸药物品种和技术平台完成了布局。这种布局一方面可以大大加速小核酸药物品种的开发，另一方面也在 IPO 和风险（VC）融资之外，给优秀的小核酸企业开出一条获取开发资金的大路，从而大大提高了相关小核酸药物研发企业的发展速度。我国大型制药企业如果想在后集采时代有长足的发展和国际化，积极参与前沿创新领域的布局是必由之路，而小核酸制药方向则是各前沿方向中市场纵深最大、最值得布局的一个领域。

（四）技术发展趋势小结

技术的更新与迭代将有助于解决目前小核酸药物发展过程中存在的问题和进一步推进小核酸药物迅速发展，正如 GalNAc 递送技术推动了肝靶向小核酸药物研发热潮，当前小核酸制药相关的肝外靶向递送需求将成为小核酸药物的下一个爆发点。小核酸递送技术的突破具有可拓展性，一旦突破上述组织器官的靶向递送，即可依托小核酸药物数字化设计的优势、高度一致的药学特征快速开发一大批小核酸药物。在中枢神经系统，肺和肌肉靶向的递送技术目前已经显示出很好的研发苗头，相信其可率先实现突破，从而带动并拓展至其他组织器官的递送技术平台的建立，可为更多疾病领域未被满足的临床需求带来解决手段。

小核酸药物的诸多优势尤其是无与伦比的超长效性将颠覆性地改变人类很多疾病，特别是对于慢性病的治疗理念和策略。这一变化会带来单克隆抗体式的医药产业革命，尤其是很多慢性病治疗产业格局的重构！基于GalNac的小核酸药物递送技术，不仅为小核酸药物的肝特异递送提供了共识性的平台，也因其超长药效、超高安全性等特质，为其他组织和器官的小核酸药物递送技术的开发指出了方向。今后10—20年将是小核酸制药研发的黄金时期。

我国小核酸制药产业已为产业的大发展做好了技术基础、品种基础、设施基础、团队基础，产业化发展已开始进入快车道。我国小核酸药物研发企业和国内大型制药企业的强强联合将有助于我国在小核酸制药的全球竞争中取得更大的主动权。

撰 稿 人：梁子才　苏州瑞博生物技术股份有限公司
　　　　　高　山　苏州瑞博生物技术股份有限公司
通讯作者：梁子才　Liangzc@ribolia.com

第九节　细胞与基因治疗

一、行业概览

2022年是细胞与基因治疗（cell & gene therapy，CGT）行业发展里程碑的年份。临床研究法规制定及对患者的影响评估等方面取得稳步进展。

CAR-T（chimeric antigen receptor T-cell）治疗：对于基因治疗药物在罕见病方面的研究进展，2022年可以说是创下纪录的一年。美国FDA批复了2个CAR-T产品用于血液肿瘤的早期治疗。至此，美国和欧盟累计批复了6个CAR-T产品上市，也开始将其用于适应证的二线治疗。

CRISPR（clustered regularly interspaced short palindromic repeats）产品：2022年距发现CRISPR已有10年。美国FDA可能会在接下来不到一年的时间里批复一个CRISPR产品上市，治疗一种被忽略的罕见病——镰状细胞贫血，其也是目前再生医学能针对性发挥作用的单基因病。2022年6月，有一些新的基因编辑技术，如碱基编辑首次进入临床，用于治疗家族性高胆固醇血症，其是诱发心脏病的一个常见原因。

从业企业概览：2022年全球以CGT为主营业务的公司有1457家，相较2021年增加了11%。主要区域分布如下，北美地区686家，欧洲地区244家，亚太地区492家，其他地区35家。

行业投融资概况：2022年的投融资情况相对前2年回归理性，面对总体宏观经济逆势，CGT行业保持着发展韧性，总计投融资金额为126亿美元。生物科技行业的股票市场表现有所下降，对早期阶段的小型细胞和基因治疗公司的影响尤为突出，也因此，通货膨胀环境和预期对CGT行业的发展不算友好。从国际市场总体情况来看，IPO在2021年创下纪录后几乎枯竭。也因此，风险投资成了2022年最大的单一投资来源，虽然相较2021年的峰值略有回落，但仍显示出较强的发展动力，显示出市场对科学突破，以及改变罕见病与流行病治疗范式的潜力抱有预期。

主要临床研究：2022年全球总计有2220项注册临床研究在进行中，其中43%的临床研究项目在北美地区开展，38%在亚太地区，18%在欧盟地区；其中202项为Ⅲ期临床试验。所有开展的临床研究项目中，有超过100项的临床研究为基因编辑治疗。2022年当年新增的临床研究项目有254项，其中48%来源于亚太地区。58%的临床研究项目针对的适应证为常见病；60%聚焦肿瘤治疗，实体瘤和血液肿瘤呈现均分。

截至2022年12月31日，我国国内共有57款干细胞药物临床试验申请获得国家药品监督管理局药品审批中心（CDE）受理，其中43款获得临床试验默示许可，已经进入或即将进入临床试验阶段。共有106款免疫细胞药物临床试验申请获得CDE受理，其中39款获得临床试验默示许可，已经进入或即将进入临床试验阶段。

对于CGT行业的发展，2022年是创造了更多"第一"的一年。在罕见病方面，2022年是创纪录的一年（表12-86）。2022年7月，欧盟批复了第一个治疗罕见病芳香族L-氨基酸脱羧酶缺乏症的基因治疗药上市。2022年8月，欧盟再次批复了第一个治疗甲型血友病的基因治疗产品上市。下半年还有2个基因治疗产品获批上市，一个是乙型血友病的基因治疗产品同时在美国和欧盟获批上市，另一个是治疗早期活动性肾上腺脑白质营养不良的基因治疗产品在美国获批。这是以往从未发生过的监管情形，一年内批复超过1个治疗罕见病的新型基因治疗产品上市。还有一个值得关注的消息是，蓝鸟生物公司治疗β-地中海贫血的基因治疗产品于2019年在欧盟上市后，在2022年也获批进入美国市场（表12-87）。

表 12-86 2022年新获批上市的基因治疗产品

公司	产品名称	适应证	获批上市区域
传奇生物 & 杨森	Carvykti（CAR-T）	难治性多发性骨髓瘤	美国和欧洲
马林制药	Roctavian（基因治疗）	甲型血友病	欧洲
PTC Therapeutics 公司	Upstaza（基因治疗）	芳香族 L- 氨基酸脱羧酶（AADC）缺乏症	欧洲
uniQure& 杰特贝林公司	Hemgenix（基因治疗）	乙型血友病	美国
辉凌制药	Adstiladrin（基因治疗）	非肌层浸润性膀胱癌	美国
Atara 生物	Ebvallo（细胞治疗）	EB 病毒相关移植后淋巴增生性疾病	欧洲

表 12-87 已上市产品2022年新增获批区域/新增适应证

公司	产品名称	新增适应证（地区）
百时美施贵宝	Breyanzi（CAR-T）	复发性大 B 细胞淋巴瘤（美国）/原发性纵隔大 B 细胞淋巴瘤 /3B 级滤泡性淋巴瘤（欧洲）
诺华	Kymriah（CAR-T）	成人复发性滤泡性淋巴瘤（美国）
凯特（吉利德）	Yescarta（CAR-T）	复发性大 B 细胞淋巴瘤（美国）/复发性滤泡性淋巴瘤（欧洲）
蓝鸟生物公司	Zynteglo（基因治疗）	β- 地中海贫血（美国）
蓝鸟生物公司	Skysona（基因治疗）	早期活动性肾上腺脑白质营养不良

美国FDA有望在2023年批复至少5个治疗罕见病的基因治疗药物上市，并且第一个CRISPR药物有望在2023年获批上市；第一个治疗实体瘤的细胞治疗产品将于2023年获批上市；第一个异基因通用型T细胞治疗将于2023年在美国上市；第一个治疗进行性假肥大性肌营养不良的药物也有望于2023年上市。2023年，中国也有望批复3个本土研发的CAR-T产品在中国境内上市。

二、细胞与基因治疗产品的生产交付

（一）革命性治疗效果的CAT-T需要配套新的生产交付方式，以释放其临床治疗效能

美国FDA自2017年批复首个CAR-T产品上市，到目前已经有6个CAR-T产品在美国上市，适应证包括骨髓瘤、淋巴瘤和白血病等。但具有革命性临床疗效的CAR-T上市后，却遇到一个制药行业前所未有的新问题：生产供应不足，无法满足临床治疗需求。

CAR-T产品的生产是利用嵌合抗原受体（chimeric antigen receptor，CAR）基因将

患者的 T 细胞 "变成" 清除肿瘤细胞的 "杀手"。整个生产过程漫长、复杂而又劳动密集，并且是 "单人单份" 的个性化生产模式，也就是一个患者就是一个批次的生产方式，无法简单地复制传统制药行业的 "兴建厂房" 来实现产能的提升与扩大。这是因为细胞治疗与传统的制药行业相比有几个特点，一是原材料的人体化，二是生产的批次个体化，三是终产品的活性化。这些特征迫使行业需要有能兼容 CGT 产品这 3 个特征的生产交付方式。

因此，采用制药行业习以为常的交付方式，CGT 产品进入临床后必然会面临供应不足的窘境，临床医生如何决定临床中等待 CAR-T 治疗的患者的治疗顺序，也就是先为哪一位患者安排生产排期，而另外一些患者则必须等待更长的时间，这对于他们来说可能就意味着失去接受治疗的机会。

2022 年的一项研究（Kourelis et al，2022）显示，患者等待 CAR-T 治疗的时间可能长达几个月。2021 年，美国总计有 35 000 名新增的骨髓瘤患者，MD 安德森癌症中心每个月平均有 10 个新增病例符合接受 CAR-T 治疗的临床指征，但该中心只有 5 位患者的治疗名额。5 个 CAR-T 的治疗名额是因为 MD 安德森癌症中心的规模和声誉，美国境内的其他癌症治疗中心每月能获得的 CAR-T 治疗名额就更少了。

（二）原材料人体化与生产个性化导致产能无法无限扩展

目前每一个 CAR-T 产品都需要患者自己的细胞作为生产原料（原料人体化），而且必须在特定的洁净室单独生产（生产个体化），因此要满足临床中每个患者的治疗需求，生产商必须配置足够的产能并且加足马力生产，但每一个 CAR-T 产品的生产放行时间也需要大约 3 周的时间。并且生产期间，如果患者病情恶化，那正在生产中的 CAR-T 产品就会浪费。

此外，这种生产供应不足将随着 CAR-T 成为二线治疗方案进一步加剧。而导致 CAR-T 产品生产供应不足的主要原因是，这些个性化的活细胞产品必须在受控的高级别洁净室中由大量训练有素的技术人员手工生产。即便是依据当前制药行业扩大产能的解决方法，通过增加高级别洁净室面积的方式来提升产能，但新设施的建设期也需要数月，甚至是数年的时间建设，招聘或培训符合生产要求的技术人员。例如，资金充裕的公司能在短时间内新增 100 个洁净室，但却无法在短时间内找到能及时上岗操作的合格技术员。

目前，实际运行中的生产交付过程是这样的，也称为静脉到静脉的时间（vein-to-vein time）。临床治疗中心需要评估患者病情是否符合 CAR-T 治疗，然后采集患者的外周血，并在临床治疗中心将其中的 T 细胞分离出来，再将分离出的 T 细胞 "快递" 到细胞制备中心。在那里，技术人员用几天的时间准备 T 细胞，并利用病毒载体将 CAR 转染至 T 细胞，赋能 T 细胞能够识别并杀灭肿瘤细胞。之后，技术人员需要几天的时间将转染了CAR的T细胞进行培养扩增获得足够数量的CAR-T细胞。随后，制备中心的质控部门还需要大约7天的时间开展无菌检测、质量保障，以确保终产品符合放行标准，可以回输给患者。最后，将生产合格的CAR-T产品冻存再运回治疗中心。通常，此时患者还需要大约5天的时间做准备，然后才能接受CAR-T细胞的回输。

因此，按照当前的生产交付方式，实际上静脉到静脉的时间需要4—5周，这个时间预期的前提是任何一个环节都顺利推进。整个过程中有任何一个环节发生状况都会导致时间延长至5—8周，甚至是生产失败。

另一个导致CAR-T产品供给不足的原因是，目前用于支持药品生产的工艺和设备可以说已经过时，还是一种手工开放式的生产方式。而现代化的生产要求参与生产的不同部门，包括运营团队、质量团队、临床团队都从生产过程中获得所需要的生产过程数据。这些数据是保障药品安全生产的必要条件。传统药品生产方式能持续至今，是因为许多药品可以大批量生产，数以百万计的药品生产只需一套生产记录。但生产是个体化的，一批生产就是一个患者剂量，目前完全处于手工状态，是用纸和笔来记录所有的生产数据。

另外，CAR-T产品的许多生产步骤也是手工处理的，与数字系统相比，偏差或出错率会更高。如果生产记录实现电子化、数据化，将生产过程与临床、生产商及承运人等同步共享，CAR-T的总体"静脉到静脉的时间"可能会大幅缩短。从赛动智造的全生命周期溯源软件实际应用案例来看，可以缩短40%的时间，而应用赛动智造的全自动床边制造系统在治疗中心就近生产（point-of-care-manufacturing），总体时间会进一步优化缩短。

因此，目前该行业的主要公司都在寻求自动化生产解决方案，以进一步缩短静脉到静脉的时间。

（三）封闭式、连续性、自动化生产将有效缓解CGT产品的供给不足，并能节省时间和金钱

不仅是CGT产品的生产需要一种更快速、更安全及更有效的方式，药品的生产方式也需要改变。尽管美国FDA数年来一直鼓励医药行业采用更为有效的连续性生产，虽然封闭式、连续性、自动化生产在其他行业已经应用了数十年，但医药行业生产方式的改变却非常缓慢。

连续性生产是在不间断、封闭集成产线实现药品的生产全过程。与之相对的是，目前行业广泛采用的是批量生产，即按顺序实施不同的步骤完成药品生产。

作为CGT产品封闭式、连续性、自动化生产的先驱，笔者对包括CGT在内的生物医药公司接受这种创新的缓慢速度感到惊讶：一个治病救人并在许多研究领域都走在前列的行业，为什么在生产运营方面却远远落后于其他普通商品行业的平均水平？

当笔者参与赛动智造创建时，CGT 沿用制药行业广泛应用的批量生产非常普遍，并认为是理所当然的，生产救命药的设备和产线也不是在其他行业已经普遍使用的最尖端、最先进的系统，而是大量穿着洁净服的技术人员坐在生物安全柜旁边，将戴上手套的手伸进柜里按照标准操作规程（SOP）依次操作，完成生产。这种已经被其他行业淘汰的生产方式意味着 CGT 生产的效率低下，灵活性较差，通量也较低，并且会受限于质量控制的高要求，容易产生比其他行业更高的批次失败率。这样来看，发生前述的供应不足就不足为奇了。

当赛动智造的团队与细胞公司对接产线部署需求时，基于客户的需求，就能便利地实现赛动智造的封闭式、连续性、自动化产线方案，满足客户的细胞生产需求。2020 年初与客户达成共识，最终为客户提供了能满足良好药品生产质量管理规范（GMP）的连续制造生产线，实现一种通用型细胞产品（间充质干细胞产品）的大规模、连续性生产。到了 2021 年，客户又提出继续设计和部署适用于诱导多能干细胞（iPSC）产品的连续性生产解决方案，这是客户产品线中的主打产品，客户认为赛动智造的封闭式、连续性生产非常适合个体化细胞治疗产品的产能快速扩展及多样本并行处理的需求。赛动智造的团队其实有一个更大的愿景，即设计的自动化产线能够兼容客户管线中其他个体化细胞产品的生产工艺。

赛动智造为客户设计部署的连续性产线，相较于客户当前使用的人工开放操作的批量生产方式来讲，赛动智造封闭式连续性产线生产过程中对关键原辅料的使用会非常集约高效，极大地降低关键试剂因批次生产量无法匹配试剂包装量而导致的浪费，并能依据客户产能的耗材实际消耗，统筹、规划耗材管理。

封闭式、连续性产线的效率、灵活性、敏捷性和智能质量控制使得"技术密集、操作密集"的 CGT 生产得以在治疗中心实施，成为临床机构中心药房的延展，围绕着患者需求就近开展"即采、即做、即用"，破解革命性疗效的细胞治疗与临床中大量无法满足的需求之间的矛盾，缓解临床医生面对患者"生与死"的决策压力。

（四）美国 FDA 关于连续性生产的观点

美国 FDA 早在 2019 年 2 月就发布了指导性文件《连续性生产的质量考量》（"Quality Considerations for Continuous Manufacturing"），鼓励行业生产转向连续性生产方式。该指导性文件就申请人如何在新药注册申请、仿制药申请及补充申请材料中解决连续性生产工艺生产中的质量考量问题提出了建议及科学原理，FDA 支持包括生物制剂在内的药品生产商开发采用连续性生产工艺和产线。

FDA 认为，连续性生产特别适合突破性治疗（breakthrough therapy），包括 CGT 治疗，FDA 制定突破性治疗的初衷是加快临床开发速度，将关键疗法更快地推向市场以挽救更多生命。除了速度和质量的考量，CGT 产品采用连续性生产能产生批量生产中无法获取的CMC（chemistry，manufacturing and control，化学、制造与控制）数据，并降低总体生产成本。连续性生产能更充分地将质量源于设计（quality by design）的理念和原则嵌入工艺开发中。

依据FDA的定义［ICH Q8（R2），Pharmaceutical Development］，质量源于设计是以系统的开发方法，基于健全的科学和质量风险管理，从定义产品目标开始，强调通过对产品和过程的理解及过程控制，实现产品质量定义。工艺参数在连续性生产中一览无遗，质量控制过程也"变得"容易可行，可以通过旋转连续性生产"机器"上的"按钮"，依据患者"原材料"的个体特征进行调整参数和比率，并快速采样，以达到终产品的质量目标。同时也使得细胞公司能够快速有效地优化工艺，提升产品质量，同时减少浪费并降低成本。连续生产还提供了立即扩展到商业生产的能力，并且没有手工产线扩大产能时的显著滞后时间。

为此，FDA于2022年专门发布关于"FDA对药品连续生产的自我审计"（"An FDA Self-Audit of Continuous Manufacturing for Drug Products"），与批量生产方式相比，采用封闭式、连续性生产的药物的平均审评审批时间缩短了3个月。详细比较分析见表12-88。

表12-88 连续性生产 vs 批量生产

维度指标	连续性生产	批量生产
提交申请到获批时间	提前9个月［（6+2.35）个月］	（15+21）个月
获批到上市的时间	提前3个月［（0.4+0.55）个月］	（3.49+6.24）个月
生产工艺变更情况	0次	33次
批准前检查	由于是与存量技术不同的新技术，100%会进行批准前审查	大部分
补充材料	30%提交补充材料。但后续商业化生产过程中，设备、生产条件及批量大小等会维持不变	30%提交补充材料。但后续的生产设备、生产条件及批量大小会随着产能、场地的变化而发生变化
经济效益	更快的获批、更快的商业化生产，节省1.71亿—5.37亿美元	获批和进入市场时长增加，批准后的变更困难，更高的监管成本
报告总结	从设计上来讲，连续性生产产能扩展时具有监管优势，因为其产能扩大时通常只涉及增加运行时间和通量，其他制造元素（如过程参数、控制和设备）都保持一致。产能扩展的灵活性、生产优化的敏捷性能为公司带来4290万—11.284亿美元的额外收益；显著地缓解药物短缺	扩展产能需要历经购置新设备、扩展新场地、更新工艺及验证报批等烦琐流程

三、CGT 公司的关键成功要素：人才、企业文化和领导力

CGT 公司正在为临床疾病的治疗带来范式的改变，其能快速地开发出具有革命性疗效的产品，改变临床患者的生存状态。在实现这些产业愿景的过程中，CGT 公司也为行业发展重塑了生命科学领域中的人才特征。

在快速的发展过程中，CGT 公司也面临着全新挑战，从生产规划到供应链，再到产品运输及全链条的产品安全性等。这些挑战都是 CGT 行业特有的，是生物医药领域其他产业都没有遇到过的。CGT 企业的领导人从第一天起就要承受巨大的压力，不仅面临着在短时间内实现复杂创新的压力，还要面临组建一个比单独的研发阶段更高效、能力多元互补的管理团队的压力。

以笔者个人先后在 CGT 产业链的下游产品开发，然后转战上游智造装备开发的创业经历为例，笔者总结了一些组建 CGT 行业创业团队的经验，同时也观察了一些创业成功企业的团队组建情况。我们看到，能为股东带来价值的 CGT 企业领导者可根据企业发展的不同阶段明确地厘清该阶段需要的能力和人才，组建对应的管理人才团队，并带动公司从一个里程碑走向另一个里程碑。

从行业特点来看，CGT 行业的人才需要有一些独有特征才能应对行业发展的独特挑战，因此只有能突破生物医药行业定势思维束缚的人，才能识别到企业与行业快速发展不匹配的情况，并快速调整以跟上行业发展步伐。

CGT 行业是一个以创新为主要驱动力的领域，因此，良好的科学创新与商业能力之间的平衡非常重要，虽然不同阶段会有所侧重，但保持科学、医疗与商业之间的均衡发展，是 CGT 公司领导团队自始至终都要兼顾的事情。

领导团队的适应性和敏捷性。一项研究深入分析了最成功的 CGT 公司关键岗位任职人的概况和历史，认为这些关键岗位包括首席执行官、财务、运营、医疗和科学官。研究发现，除了专业技术和管理技能，适应性和敏捷性是这些成功公司核心团队的基本特征，他们会随着公司发展而发展，学习新的技能，并在合适的时机引进合适的人加入团队，不断为公司补充发展过程中所需要的人才和技能，保持企业的竞争力。例如，什么时候需要管理人才，什么时候要医学人才，什么时候需要商业人才，什么时候需要生产管理人才等，只有既具备科学研究和卓越运营能力的 CGT 公司才容易成功。

经研究发现，一般在创业伊始的 4 年内，能够成功从原始的实验室研究团队转型至可开发复杂、合规产品的团队，具备能更好地应对后期临床试验和商业化阶段挑战能力的团队更容易成功。

CGT 治疗为临床带来了改变范式的全新治疗方法。因此，要实现 CGT 所能创造的令人兴奋的治疗前景与产业上的成功，就需要一种新的、不同的组织方式建立有助于

实现这一前景所必需的人才团队和企业文化，复合型的人才团队能对 CGT 行业基本的政策、法规和伦理框架的动态性保持遵从，并充满热情。

因此，领导团队不仅需要具备开放与多元化的技能，还要能营造一种具有创造力、团队合作及合规的企业文化，在发展的过程中以新的思维、创新的方法和新颖的体验，形成对人才的吸引力，这不仅对 CGT 公司的发展极为有利，也能为生物医药公司带来回报。

卓越的领导人懂得如何授权和激励团队，并驱动建立一个与 CGT 行业快速发展特征相适配的企业文化，弥补公司不同发展阶段所需要的专业技能，并建立适配的人才队伍，应对产业化进程中的挑战。

四、肿瘤免疫治疗未来展望

（一）CGT 治疗实体瘤的新希望——CLDN6

CAR-T 在血液肿瘤的治疗中取得了令人瞩目的临床效果，虽然实体瘤的发病率占据了总体肿瘤的大部分，如乳腺癌、肺癌、胰腺癌、卵巢癌、前列腺癌等，但在实体瘤中，细胞治疗仍然存在巨大的挑战。CAR-T 用于实体瘤治疗的关键挑战在于如何找到一个针对具体肿瘤的特异性标志，并且这种标志物只存在于肿瘤细胞，而不存在于健康组织，尤其是不能存在于如心脏、脑组织等重要脏器组织。

CLDN6 有望成为治疗实体瘤的潜在标志物。2022 年 4 月的美国癌症研究协会年会（AACR 2022）上，有公司发布了结合 mRNA 的 CAR-T 能有效锚定表达 CLDN6 的实体瘤，显示其能有效缩小实体肿瘤。该研究认为 CLDN6 可能是一个治疗实体瘤的有效标志物。

CLDN6 是 Claudin 蛋白质家族的成员之一，参与调节细胞渗透性和黏附性，维持细胞的结构与形状，存在于胎儿发育过程中。肿瘤细胞通常利用激活胚胎基因以获得较强的增殖能力。CLDN6 存在于所有的睾丸癌细胞，大部分的卵巢癌、非小细胞肺癌、胃癌、乳腺癌和子宫内膜癌也会表达 CLDN6。在一些正常的人体组织如胰腺和肝脏也发现有 CLDN6 表达，但表达量非常低。从这一点来看，CLDN6 是一个较为理想的锚定实体肿瘤的标志物。

过去的几年中，越来越多的公司开始投资 CLDN6，并且在公司内部建立 CLDN6 管线。例如，前述在 AACR 2022 年会公布早期研究结果的 BioNTech（一个著名的疫苗公司）的 CLDN6-CAR-T 管线和"CLDN6 编码 mRNA+CAR-T"；Context 公司的 CLDN6 双特异性抗体等。

（二）肿瘤免疫治疗新靶点——LAG-3

免疫检查点抑制剂的作用机制是通过阻断关键的免疫细胞"刹车"，使免疫细胞处于"查岗"状态。通过关闭这些"安全系统"，免疫细胞可以自由地行使其天然"职能"，识别并攻击、摧毁身体内的癌细胞。在过去的10年里，科学家们针对PD-1和CTLA-4检查点研制出了非常成功的单抗，并使Keytruda、Opdivo和Yervoy等药物进入临床。

2023年，第三个免疫检查点LAG-3有望获批上市，为肿瘤免疫治疗的"武器库"增添新成员。

LAG是一种淋巴细胞活化基因（lymphocyte activation gene），3是研究人员发现的LAG的序号。LAG-3位于同一染色体上CD4的右侧，两者的基因序列具有相似之处，CD4是辅助性T细胞上的一个关键受体，承担着激活T细胞的作用。LAG-3和CD4都是由4个类似的抗体成分一个接一个地连接在一起，具有惊人的结构相似性，研究发现，LAG-3具有类似的功能，两者互为副本。

人体免疫系统的工作机制有点类似汽车，而免疫检查点分子则类似汽车的刹车系统。汽车有手刹和脚刹，当将脚放在油门上同时松开脚刹，汽车会移动但是速度不会特别快。目前发现的3个免疫检查点分子中，LAG-3相当于手刹，而PD-1、CTLA-4是脚刹，单独放开脚刹时汽车会移动，而单独放开手刹，汽车一般不会移动。因此，汽车的引擎发动需要放开更多的刹车。

目前开展的临床试验方案是"LAG-3+PD-1"抑制剂的联合用药治疗黑色素瘤，表现出良好的生存获益，并且不良反应较轻。AACR 2022上公布的研究数据显示，接受联合治疗的黑色素瘤患者平均无进展生存期为10.2个月，是仅接受PD-1抗体治疗的患者无进展生存期的2倍多。同时显示，43.1%的患者对联合治疗有应答，而仅接受PD-1抗体治疗的患者中，32.6%有应答。

基于组合治疗黑色素瘤的成功，LAG-3有望有更多的联合选择用于治疗更多疾病，如肺癌、乳腺癌、肝癌等。

（三）靶向治疗脑胶质母细胞瘤——SynNotch-CAR-T

CAR-T在血液肿瘤的治疗中获得了令人瞩目的治疗效果，迄今美国FDA已经批复了6种CAR-T产品上市，用于挽救一线、二线、三线治疗无效的血液肿瘤患者的生命，但CAR-T在实体瘤中的研究却一直不太理想。

新一代更智能的T细胞能克服当前CAR-T无法完成的"职能"。目前已经有科学家正致力于设计新的CAR-T，以用于肺癌、卵巢癌及脑癌等实体瘤的治疗。

一项研究SynNotch-CAR T 细胞克服治疗胶质母细胞瘤的特异性、异质性和持久性的挑战（SynNotch-CAR T cells overcome challenges of specificity, heterogeneity, and persistence in treating glioblastoma）初步显示了CAR-T治疗脑胶质瘤的可能性，通过在细胞内构建合成信号电路在动物模型上显示出良好的有效性。

当前临床中用于血液肿瘤治疗的CAR-T虽然能够有效识别和锁定癌细胞标志物，但无法有效控制接下来的"超级免疫反应"。于是，研究人员构建了一个名为SynNotch的细胞组分，这是一种横跨T细胞外膜的受体，当它与肿瘤细胞标志物结合时，一小部分会断裂并直奔细胞核，在细胞核中开启或关闭其他基因。SynNotch赋予T细胞一层新的类似电子电路板的生物逻辑。不再是仅仅当癌症特异性抗原存在时进行杀伤，而是可以指导T细胞行使其"职能"，当T细胞探测到癌细胞，并且癌细胞存在于目标器官中，或者当T细胞只探测到癌细胞而没有健康组织时，就可指示T细胞实施杀伤。

研究人员为人类T细胞设计不同版本的SynNotch电路，最终重新设计的SynNotch CAR-T清除了第一代CAR-T无法清除的脑肿瘤，并且不良反应也比较温和，5个月后，实验小鼠仍然没有肿瘤。

将2个自身都存在缺陷的抗原整合到一个电路板上，相当于建立了一个类似的生物系统运行的电路系统，用于疾病的治疗，其中一个分子的特异性太高了，而其他分子的特异性则太广了——不仅在脑癌细胞表达，也会在其他器官中表达，如肝脏和肾脏。如果不加以选择地派遣T细胞前往执行任务，可能会导致健康组织的附带损伤，但新构建的SynNotch的传感器就很好地解决了这一难题，第一个开关就是锁定脑胶质瘤的特异性分子，树立肿瘤的灯塔以引导T细胞，明确"作战半径"。当这个开关激活后，另一个开关就发出信号，引导T细胞攻击"灯塔"周围携带标志物的细胞，共同完成清除胶质瘤细胞的任务，由于"作战区域"的有效界定，不良反应也比较可控。

事实证明，这种组合不只适用于脑肿瘤，本研究作者之一Roybal于2017年更新了SynNotch版本，尝试治疗间皮癌和胰腺癌等，利用工程化的T细胞精准识别并杀灭肿瘤细胞，而不损伤正常组织，同时有效克服了CAR-T治疗较容易出现的T细胞衰竭的问题。

肿瘤治疗，尤其是占据临床主要比例的实体瘤治疗，是一个任重而道远的科学任务与临床目标，需要学界的不断研究探索，临床医生与患者的理解、参与、合作，业界的"点石成金"，不断完善和更新已有的机制和功能数据库，通过合成生物学的方法尝试设计、研究和制造更多复杂的产品，以解决临床中复杂的疾病，推动人类社会更健康、更美好。

撰 稿 人：刘沐芸　细胞产业关键共性技术国家工程研究中心
通讯作者：刘沐芸　muyun@ncgt.org.cn，muyun@kenuomedicallab.com

第十节　小分子药物

小分子药物是相对大分子药物而言的，一般指分子量小于1000 Da的化学有效成分，又可称为化学小分子药物。随着生命科学与生物技术的快速发展，在过去的几十年里，基于生物大分子和细胞的疗法已成功进入临床领域，并逐渐占据了曾经几乎完全是小分子药物的市场份额。但与大分子药物相比，小分子药物具有分子量小、可以穿透细胞膜（部分可透过血脑屏障）、不涉及免疫原性、稳定、可口服、易吸收、工艺成熟、易于存储和运输等优点，目前依然是药品开发中的主要角色。尤其是在新冠大流行中，小分子药物如Paxlovid（奈玛特韦片/利托那韦片）、Lagevrio（莫诺拉韦）、民得维（氢溴酸氘瑞米德韦）、先诺欣（先诺特韦/利托那韦）和捷倍安（阿兹夫定）等为疫情防控起到了积极作用。

自2015年深化医疗改革以来，随着一系列政策如2016年《关于发布化学药品注册分类改革工作方案的公告》、2017年《关于深化审评审批制度改革鼓励药品医疗器械创新的意见》和《关于鼓励药品创新实行优先审评审批的意见》，再到2022年《"十四五"医药工业发展规划》和《"十四五"生物经济发展规划》的发布和落地，我国创新药研发发生了翻天覆地的变化，经历了从仿制药到模仿创新再到原始创新（first-in-class）的转变过程。在小分子药物方面，已有多个原创产品产出，如宜诺凯（奥布替尼）、欣比克（本维莫德）、九期一（甘露特钠）、华堂宁（多格列艾汀）等，为重大慢性疾病的治疗带来了突破性进展。

目前，小分子领域还出现了多种新技术，推动了小分子药物创新研发的进一步发展。蛋白靶向降解技术、氘代药物开发技术、包含小分子偶联药物及放射性核素偶联药物在内的偶联药物技术等都在一定程度上助力了小分子创新药的开发。我国已在这些领域积极布局，通过自主原研和"License-in"模式，在一些局部研究层面已居于全球领先水平。

一、我国小分子药物市场概况

2017—2021年，全球小分子药物市场呈逐年递增的趋势，但占全球药物市场的份额在不断降低。2017年，全球小分子药物（包括专利药和仿制药）销售额为7538亿美元，占全球药物市场的73.7%，2021年销售额达8560亿美元，增长13.6%，占全球药物市场的66.4%（图12-112）。据艾昆纬（IQVIA）年度"The Global Use of Medicines 2023"报告预测，到2027年，全球药物市场将增长至1.9万亿美元，其中小分子药物支出或近 1.2 万亿美元，所占全球药物市场份额进一步降低，达 65%。

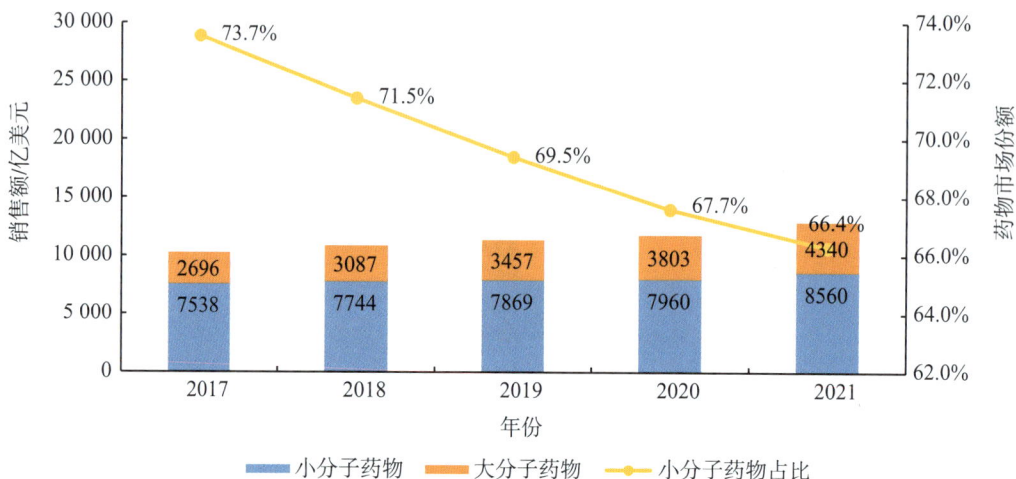

图 12-112　2017—2021 年全球小分子药物销售额

我国小分子药物市场与全球市场趋势基本一致，但增长速度远超全球平均水平。2017—2021 年，我国小分子药物销售额逐年递增，2017 年销售额为 780 亿美元，占我国药物市场的 90.9%，2021 年销售额达 1026 亿美元，增长 31.5%，占我国药物市场的 85.9%（图 12-113）。随着国内创新产品的上市，预计未来小分子药物的市场份额将会进一步被压缩。

图 12-113　2017—2021 年我国小分子药物销售额

自 2010 年以来，全球销售额 Top10 的创新药中，小分子药物的个数相较前十年下降了近 50%。2000 年全球销售额 Top10 的创新药中有 9 个是小分子药物，2010 年有5个，2022年有4个，分别为Paxlovid（奈玛特韦/利托那韦）、Eliquis（阿哌沙班）、Biktarvy（比克恩丙诺）与Revlimid（来那度胺）（表12-89）。小分子药物逐步失去了销售额的头把交椅，销售排名靠前的小分子的治疗领域也从胃肠道、心血管等慢性病逐渐转变为肿瘤、免疫性疾病及新冠病毒感染等专科疾病。

表12-89　2000年、2010年和2022年全球创新药物销售额Top10

排序	2000年			2010年			2022年		
	药品名	2000年销售额/亿美元	类型	药品名	2010年销售额/亿美元	类型	药品名称	2022年销售额/亿美元	类型
1	奥美拉唑（洛赛克）	62.6	小分子	阿托伐他汀（立普妥）	107.33	小分子	新冠疫苗（Comirnaty）	378.06	mRNA疫苗
2	辛伐他汀（舒降之）	52.8	小分子	氯吡格雷（波立维）	93.74	小分子	阿达木单抗（修美乐）	212.37	单抗
3	阿托伐他汀（立普妥）	50.31	小分子	氟替卡松+美沙特罗（舒利迭）	80.24	小分子	帕博利珠单抗（可瑞达）	209.37	单抗
4	氨氯地平（络活喜）	33.62	小分子	利妥昔单抗（美罗华）	78.98	单抗	奈玛特韦/利托那韦（Paxlovid）	189.33	小分子
5	普伐他汀（美百乐镇）	33.48	小分子	英夫利西单抗（Remicade）	73.24	单抗	新冠疫苗（mRNA-1273）	184.00	mRNA疫苗
6	氯雷他定（开瑞坦）	30.11	小分子	贝伐珠单抗（Avastin）	69.33	单抗	阿哌沙班（Eliquis）	182.69	小分子
7	兰索拉唑（达克普隆）	29.56	小分子	依那西普（Enbrel）	68.08	单抗	比克恩丙诺（Biktarvy）	103.90	小分子
8	阿法依泊汀（Procrit）	27.09	重组细胞因子	阿达木单抗（修美乐）	65.08	单抗	来那度胺（Revlimid）	99.78	小分子
9	塞来昔布（西乐葆）	26.41	小分子	阿立哌唑（Abilify）	60.77	小分子	乌司奴单抗（Stelara）	97.23	单抗
10	盐酸氟西汀（百优解）	25.74	小分子	缬沙坦（Varexan）	60.53	小分子	阿柏西普（Eylea）	96.47	单抗

我国临床用药与国外有较大的差别，2022年国内医院销售额Top10的药物（除了大输液品种外）有7个是小分子药物，分别为哌拉西林他唑巴坦钠（58.9亿元）、地佐辛（58.0亿元）、美罗培南（57.5亿元）、丁苯酞（55.3亿元）、头孢唑酮钠舒巴坦钠（47.5亿元）、奥希替尼（44.0亿元）和醋酸亮丙瑞林（42.1亿元）。

二、我国小分子药物研发情况

随着抗体、抗体偶联药物（antibody-drug conjugate，ADC）、基因疗法、细胞疗法、小核酸药物等众多创新生物技术的出现，全球小分子研发数量呈缓慢下降的趋势，但小分子药物依然是我国创新药研发的主力军，2019年百济神州的创新药泽布替尼获FDA批准，成为首个在美国获批上市的中国本土抗癌新药。中国原创小分子药物实现了真正意义上的走出国门，与世界接轨。

与欧美日等发达国家和地区相比，我国的制药行业发展相对落后，真正拥有创新药研发能力的制药企业并不多。然而，随着国家对创新药开发的大力扶持，一系列重磅利好政策相继出台，加之国内创新药企在研发、技术和人才引进方面的投入不断增加，我国创新药行业迎来了暴发式成长。近几年我国在创新药的研发方面已取得了长足的进步。

（一）2022年我国获批的小分子药物

2013—2022年，国家药品监督管理局（NMPA）共批准了57个中国1类化学药（图12-114），自2018年后获批数目呈明显增长趋势，2021年高达19个。2022年化学创新药获批数量有所回落，有6款药物获批上市（图12-115，表12-90）。其中，肿瘤领域的药物占据一半，另外3款药物分别应用于糖尿病、抑郁症和胃食管反流病。

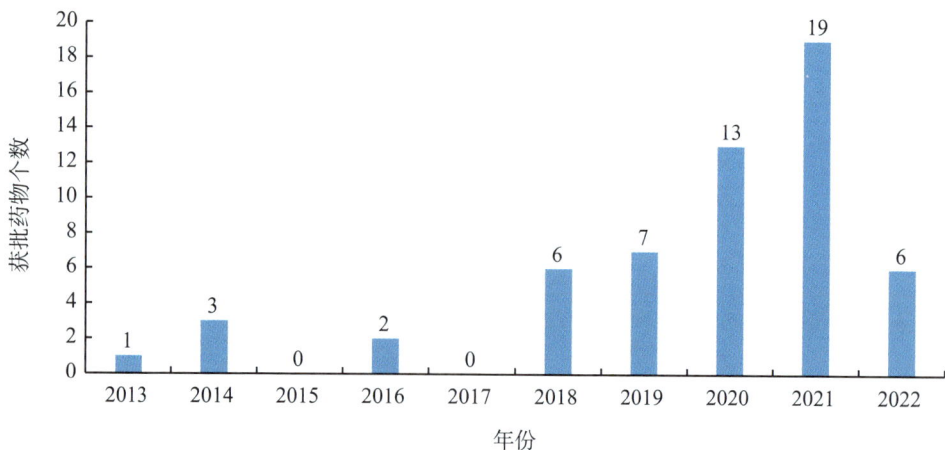

图12-114　2013—2022年NMPA批准的中国1类化学药数目

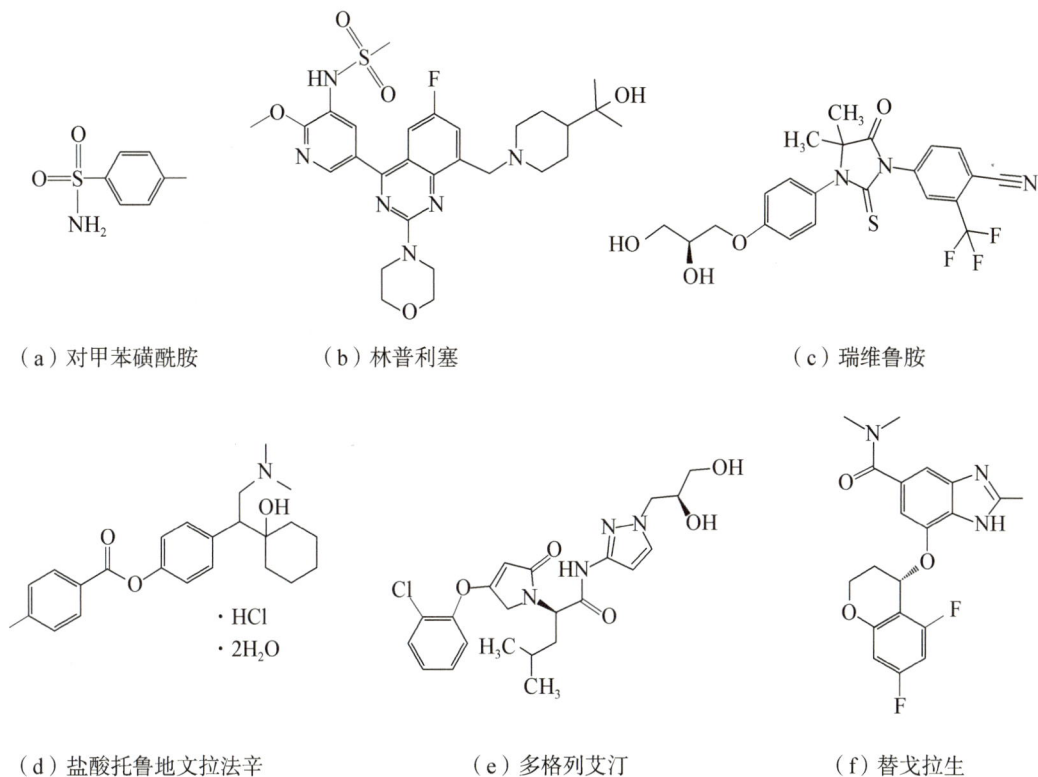

（a）对甲苯磺酰胺　　　　　（b）林普利塞　　　　　　　　（c）瑞维鲁胺

（d）盐酸托鲁地文拉法辛　　　　　（e）多格列艾汀　　　　　　　（f）替戈拉生

图12-115　2022年获批的中国1类小分子药物结构

表12-90　2022年获批的中国1类化学药详情

药品名称	靶标	公司	适应证	首批时间
对甲苯磺酰胺	—	天津红日健达康医药；共信医药科技	非小细胞肺癌	2022-11-15
林普利塞	PI3Kδ	上海璎黎药业	滤泡中心淋巴瘤	2022-11-09
盐酸托鲁地文拉法辛	DAT、NET、SERT	山东绿叶制药	抑郁症	2022-11-03
多格列艾汀	GK	华领医药技术（上海）	2型糖尿病	2022-10-08
瑞维鲁胺	AR	江苏恒瑞医药	前列腺癌	2022-06-29
替戈拉生	H^+/K^+ ATPase	山东罗欣药业	胃食管反流病	2022-04-13

注：中国1类化药指按照化学药品注册分类中第1类注册的药物，即境内外均未上市的创新药

1. 对甲苯磺酰胺

对甲苯磺酰胺是由天津红日健达康医药科技有限公司和共信医药科技研发的一种

小分子药物，用于治疗非小细胞肺癌。2014年向NMPA提交了该药的上市申请，2022年11月15日，对甲苯磺酰胺获得NMPA批准，由天津红日健达康医药科技有限公司销售，规格为5ml：1.65g的注射剂。

2. 林普利塞

林普利塞是由上海璎黎药业有限公司研发的一种小分子药物，属于PI3Kδ抑制剂，用于治疗滤泡中心淋巴瘤。2022年11月9日，林普利塞获得NMPA上市批准。

3. 瑞维鲁胺

瑞维鲁胺是由江苏恒瑞医药股份有限公司研发的一种小分子药物，属于雄激素受体（AR）拮抗剂，用于治疗前列腺癌。2022年6月29日，瑞维鲁胺（商品名：艾瑞恩）获得NMPA上市批准，由江苏恒瑞医药销售，规格为80mg的口服片剂。

4. 盐酸托鲁地文拉法辛

盐酸托鲁地文拉法辛是山东绿叶制药开发的1类抗抑郁药物，该药的抗抑郁作用可能与通过抑制5-羟色胺（5-HT）、去甲肾上腺素（NE）的再摄取而增强中枢神经系统的5-HT、NE效应有关。2022年11月3日，NMPA批准盐酸托鲁地文拉法辛缓释片（商品名：若欣林）上市。

5. 多格列艾汀

多格列艾汀是由华领医药技术（上海）有限公司研发的"first-in-class"葡萄糖激酶激活剂（GKA），作用于胰岛、肠道内分泌细胞及肝脏等葡萄糖储存与输出器官中的葡萄糖激酶靶标，改善2型糖尿病患者血糖稳态失调。2022年10月8日，NMPA批准了多格列艾汀片（商品名：华堂宁）上市，用于改善成人2型糖尿病患者的血糖控制。

6. 替戈拉生

替戈拉生是山东罗欣药业开发的钾离子竞争性酸阻滞剂（P-CAB），具有30分钟快速起效、强效持久抑酸、服用方便等特点。2022年4月13日，NMPA批准罗欣药业替戈拉生片（商品名：泰欣赞）上市，用于治疗反流性食管炎。山东罗欣药业于2015年10月与韩国CJ医药健康公司（CJ HealthCare Corporation）达成协议，获得替戈拉生中国境内开发、生产及商业化权益。

（二）国产小分子创新药与国外"first-in-class"药物研发差距

创新是保证长期成长的驱动力，目前国内的创新土壤已日趋成熟。随着政策支持的落地，我国化学创新药的上市进度将明显加快，同时与海外市场的产品和技术对接将更为直接。注册评审改革、临床试验改革、临床试验数据核查、上市许可持有人制度（MAH 制度）、医保目录调整等，使化学创新药研发效率大幅提升。

然而，值得关注的是，针对同一个靶标，我国自主研发的新药上市通常要比国外"first-in-class"药物落后 5 年以上（表 12-91），但近些年有逐渐缩短的趋势。贝达药业研发的表皮生长因子受体（EGFR）抑制剂埃克替尼在 2011 年获批上市，是我国第一个自主研发的小分子靶向抗肿瘤药物，而国际上最早获批的 EGFR 抑制剂吉非替尼在 2002 年就已走上市场；布鲁顿酪氨酸激酶（BTK）抑制剂泽布替尼落后第一个上市的伊布替尼 7 年；BCR-ABL 抑制剂氟马替尼落后第一个上市的伊马替尼 18 年。然而，近年来这种状况已经有所改善。我国自主研发的 $EGFR^{T790M}$ 抑制剂阿美替尼于 2020 年获批，仅仅落后第一个上市的奥希替尼 5 年。和记黄埔医药研发的 c-Met 抑制剂赛沃替尼于 2021 年获批用于非小细胞肺癌的治疗，仅落后全球首个获批的 c-Met 抑制剂特泊替尼 1 年。

表 12-91　国产化学创新药与国外"first-in-class"药物研发差距

药品名称（商品名）	NMPA 批准时间	落后国外 / 国外首药获批时间	靶标	适应证	公司
埃克替尼（凯美纳）	2011	9 年 /2002（吉非替尼）	EGFR	晚期非小细胞肺癌二线治疗	浙江贝达
阿帕替尼（艾坦）	2014	9 年 /2005（索拉非尼）	VEGFR-2	晚期胃癌	江苏恒瑞
安罗替尼（福可维）	2018	13 年 /2005（索拉非尼）	VEGFR/PDGFR/FGFR/C-KIT	局部晚期或转移性非小细胞肺癌	正大天晴
吡咯替尼（艾瑞妮）	2018	11 年 /2007（拉帕替尼）	HER2	HER2 阳性的晚期乳腺癌	江苏恒瑞
达诺瑞韦钠（戈诺卫）	2018	7 年 /2011（波西普韦）	NS3/NS4A	丙型肝炎	歌礼药业
呋喹替尼（爱优特）	2018	13 年 /2005（索拉非尼）	VEGFR	转移性结直肠癌	和记黄埔
泽布替尼（百悦泽）	2020	7 年 /2013（伊布替尼）	BTK	套细胞淋巴瘤	百济神州

续表

药品名称 （商品名）	NMPA 批准时间	落后国外 / 国外首药获批时间	靶标	适应证	公司
甲磺酸氟马替尼 （豪森昕福）	2019	18 年 /2001（伊马替尼）	BCR-ABL	Ph（+）的慢性粒细胞白血病慢性期成人患者	豪森药业
聚乙二醇洛塞那肽 （孚来美）	2019	7 年 /2012（注射用艾塞那肽微球）	GLP1R	2 型糖尿病	豪森药业
甲磺酸阿美替尼片 （阿美乐）	2020	5 年 /2015（奥希替尼）	EGFRT790M	局部晚期或转移性非小细胞肺癌	豪森药业
盐酸可洛派韦（凯力唯）	2020	6 年 /2014（达拉他韦）	NS5A	丙型肝炎	北京凯因科技
赛沃替尼（沃瑞沙）	2021	1 年 /2020（特泊替尼）	c-Met	非小细胞肺癌	和记黄埔

（三）我国小分子创新药物研发管线

近年来，我国自主研发的原创小分子新药取得了一系列重要进展。在"重大新药创制"国家科技重大专项持续支持下，由天济医药研制的本维莫德乳膏，经优先审评审批程序，于 2019 年获得 NMPA 批准上市；华领医药历时 10 年研发的"first-in-class"新药多格列艾汀被批准用于改善成人 2 型糖尿病患者的血糖控制，是首款获批的葡萄糖激酶激活剂，成为糖尿病治疗领域的一个重要突破。未来原创新药的开发有望成为我国生物医药行业的主旋律。

目前，国内临床在研的中国 1 类创新小分子药物共计 1124 个。肿瘤是我国创新小分子药物研发最活跃的疾病领域，有 592 个小分子药物正在临床研究中，占总药物的53%；其次是呼吸道疾病（250 个）、消化系统疾病（241 个）、免疫系统紊乱（191 个）、皮肤和结缔组织疾病（171 个）（图 12-116。注：在研药物可能针对多个适应证和靶点，因而统计有重复）。肿瘤相关靶标如 EGFR、BTK、VEGFR2、CDK4、CDK6、c-Met、HER2、FLT3，以及与肿瘤、免疫系统疾病和代谢疾病相关的 JAK1、URAT1 是临床在研小分子创新药涉及的热门靶标（图 12-117）。

图12-116　国内临床在研的中国1类创新小分子药物涉及的疾病领域Top10

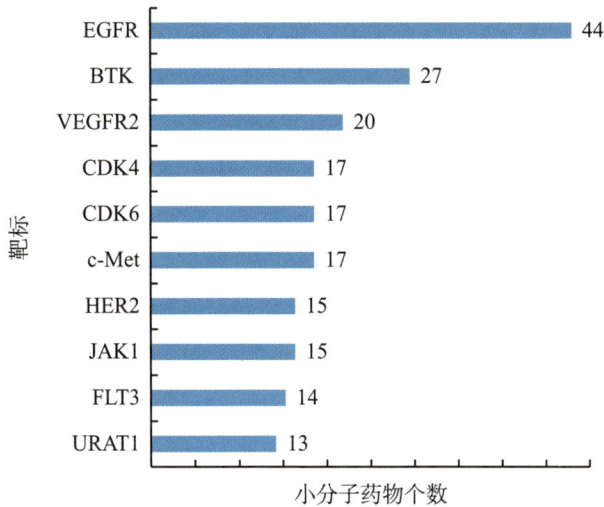

图12-117　国内临床在研的中国1类创新小分子药物涉及的靶标Top10

三、小分子创新药研发新技术

虽然抗体、细胞疗法、基因治疗等新药物形式正在逐步兴起，而小分子药物作为最传统的药物形式，也有其难以替代的优势。随着分子生物学、结构生物学的快速发展，小分子药物发现进入基于靶标的药物设计时代，高通量筛选（high throughput screening，HTS）、虚拟筛选（virtual screening）、基于结构的药物设计（structure-based drug design，SBDD）及基于片段的药物设计（fragment-based drug discovery，FBDD）逐渐成为小分子药物研发的常见技术。近几年，小分子领域还出现了多种新技术推动小分子药物创新研发进一步发展的现象，我国在蛋白靶向降解技术、氘代药物、小分子偶联药物及放射性核素偶联药物方向上都积极布局。

（一）蛋白靶向降解技术

靶向蛋白降解（targeted protein degradation，TPD）药物因具有攻克"不可成药"靶标的潜力，已成为新药研发领域备受瞩目的方向之一。靶向蛋白降解药物力图将小分子设计成为一种新型药物，传统小分子的作用是阻断蛋白的功能，而靶向蛋白降解剂的作用是通过将这些蛋白送入蛋白酶体使它们完全降解。目前TPD主要通过泛素-蛋白酶体和溶酶体降解目标蛋白，根据具体作用原理又可细分为近10个不同技术路线，如分子胶（molecular glue）、蛋白质水解靶向嵌合体（proteolysis targeting chimera，PROTAC）技术、降解标签（dTAG）、溶酶体靶向嵌合体（lysosome targeting chimera，LYTAC）、自噬小体绑定化合物（autophagosome tethering compound，ATTEC）等技术（图12-118），大大拓展了可降解的底物范围，这其中发展最快的当属基于泛素-蛋白酶体系统的分子胶和PROTAC技术。

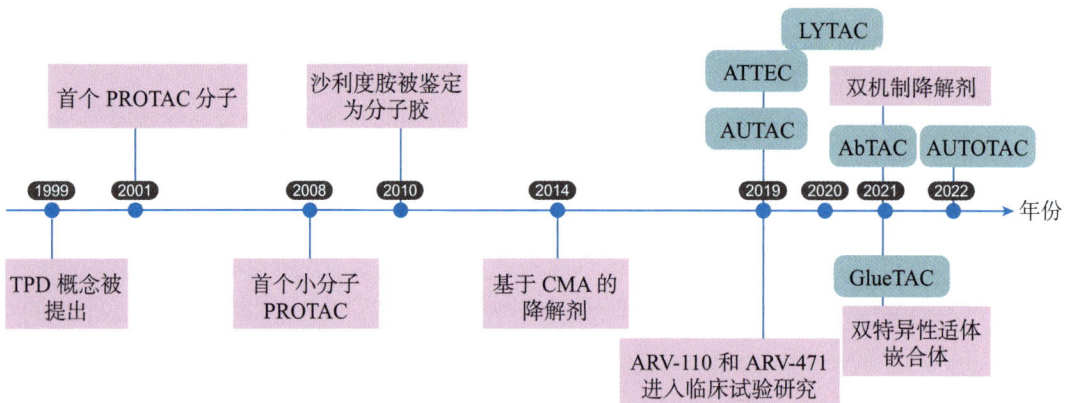

图 12-118　蛋白靶向降解技术重大进展事件

CMA，分子伴侣介导的自噬（chaperone-mediated autophagy）；ATTEC，自噬小体绑定化合物（autophagosome tethering compound）；AUTAC，自噬靶向嵌合体（autophagy-targeting chimera）；GlueTAC，胶体嵌合体（GlueBody chimera）

资料来源：Zhao L，Zhao J，Zhong KH，et al，2022. Targeted protein degradation: mechanisms, strategies and application. Signal Transduct Target Ther，7（1）：113

　　PROTAC由能招募E3泛素缀合酶的配体、能与目标蛋白（protein of interest，POI）结合的配体及连接前述两个配体的连接子（linker）组成。PROTAC能够招募E3泛素缀合酶与目标蛋白，使目标蛋白泛素化之后被蛋白酶体识别并降解。目前已被报道的PROTAC靶标已达到130多个，包括激酶、核受体、表观遗传等靶标，其中"可降解"激酶超过50个。

　　相比PROTAC，分子胶化学结构较为简单，其主要诱导E3泛素缀合酶和目标蛋白之间的蛋白-蛋白相互作用，形成三元复合物，从而使目标蛋白泛素化并被蛋白酶体降解，而PROTAC则诱导E3泛素缀合酶和目标蛋白接近，少数情况下会诱导形成蛋白-蛋白相互作用（图12-119）。分子胶分子量小很多，空间干扰少，成药性更好，但分子胶无法像PROTAC那样通过对各组分的大规模筛选来获得，比PROTAC分子的设计更难。迄今为止，FDA批准的分子胶药物只有沙利度胺（thalidomide）及其类似物来那度胺（revlimid）和泊马度胺（pomalyst），这3个药物2022年全球市场销售额近135亿美元。

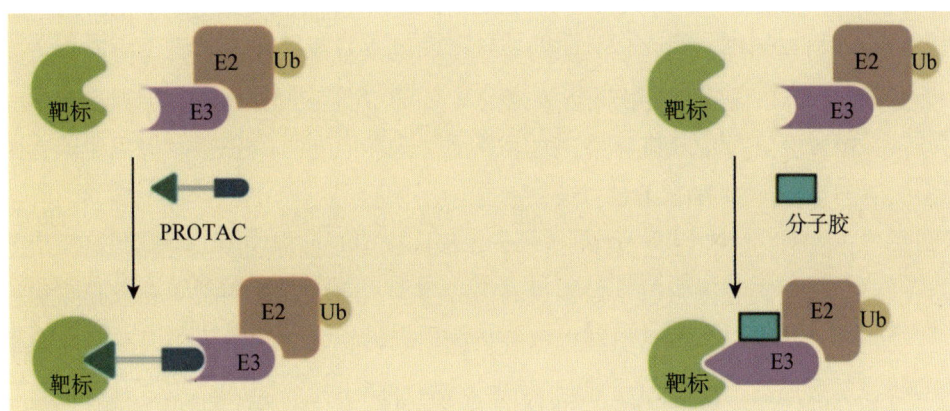

图12-119　分子胶和PROTAC的结构示意图

E2，泛素缀合酶（ubiquitin-conjugating enzyme）；Ub，泛素（ubiquitin）

资料来源：Molecular Glues: A New Dawn After PROTAC（https://www.biochempeg.com/article/271.html）

　　目前，已有30多种靶向蛋白降解剂进入临床试验阶段（表12-92），均为PROTAC和分子胶产品，我国在此领域有举足轻重的地位。Arvinas、C4 Therapeutics、Bristol Myers Squibb（BMS）、Dialectic Therapeutics、Foghorn、Nurix、诺华（Novartis），以及国内的珂诺生物医药、冰洲石生物科技、海思科医药、海创药业、苏州开拓药业、上海睿跃生物均有产品推进临床。

表 12-92　临床在研的靶向蛋白降解剂

公司类型	药物	在研公司	靶标	全球最高研发状态	在研适应证*	药物类型
国内公司	RNK05047	珃诺生物医药	BRD4	临床Ⅱ期	实体瘤与淋巴瘤	PROTAC
	CG001419	上海睿跃生物	TRK	临床Ⅱ期	实体瘤	PROTAC
	HSK29116	海思科医药	BTK	临床Ⅰ期	B 细胞淋巴瘤	PROTAC
	HP518	海创药业	AR	临床Ⅰ期	前列腺癌	PROTAC
	GT20029	苏州开拓药业	AR	临床Ⅰ期	痤疮与脱发	PROTAC
	BGB-16673	百济神州	BTK	临床Ⅰ期	B 细胞淋巴瘤；非霍奇金淋巴瘤；瓦尔登斯特伦巨球蛋白血症；慢性淋巴细胞白血病；套细胞淋巴瘤；B 淋巴细胞白血病；边缘带 B 细胞淋巴瘤；滤泡中心淋巴瘤；弥漫性大 B 细胞淋巴瘤	PROTAC
	AC176	冰洲石生物科技（上海）	AR	临床Ⅰ期	前列腺癌	PROTAC
	AC682	冰洲石生物科技（上海）	ER	临床Ⅰ期	乳腺癌	PROTAC
	KPG-818	康朴生物	IKZF1/3	临床Ⅱ期	系统性红斑狼疮；成人 T 细胞白血病 / 淋巴瘤；多发性骨髓瘤；滤泡中心淋巴瘤；慢性淋巴细胞白血病；弥漫性大 B 细胞淋巴瘤；套细胞淋巴瘤；血液肿瘤	分子胶
	KPG-121	康朴生物	CRBN	临床Ⅰ期	前列腺癌；去势抵抗性前列腺肿瘤；骨髓增生异常综合征	分子胶
	ICP-490	诺诚健华	CRBN；IKZF1/3	临床Ⅱ期	多发性骨髓瘤；自身免疫性疾病	分子胶
	TQB3820	正大天晴	IKZF1/3	临床Ⅰ期	血液肿瘤	分子胶

续表

公司类型	药物	在研公司	靶标	全球最高研发状态	在研适应证	药物类型
国外公司	Bavdegalutamide（ARV-110）	Arvinas	AR	临床Ⅱ期	前列腺癌	PROTAC
	ARV -471	Arvinas；Pfizer	ER	临床Ⅱ期	乳腺癌	PROTAC
	ARV-766	Arvinas	AR	临床Ⅱ期	前列腺癌	PROTAC
	CFT8634	C4 Therapeutics	BRD9	临床Ⅱ期	滑膜肉瘤	PROTAC
	CFT1946	C4 Therapeutics	BRAF	临床Ⅱ期	实体瘤	PROTAC
	CC-94676	Bristol Myers Squibb	AR	临床Ⅰ	前列腺癌	PROTAC
	DT-2216	Dialectic Therapeutics	Bcl-x	临床Ⅰ期	实体瘤；血液肿瘤	PROTAC
	FHD-609	Foghorn	BRD9	临床Ⅰ	滑膜瘤	PROTAC
	KT-474	Kymera/Sanofi	IRAK4	临床Ⅰ期	特应性皮炎；化脓性汗腺炎	PROTAC
	KT-413	Kymera	IRAK4	临床Ⅰ期	非霍奇金淋巴瘤；弥漫性大B细胞淋巴瘤；淋巴瘤	PROTAC
	KT-333	Kymera	STAT3	临床Ⅰ期	实体或液体肿瘤	PROTAC
	NX-2127	Nurix	BTK	临床Ⅰ期	B细胞瘤	PROTAC
	NX-5948	Nurix	BTK	临床Ⅰ期	B细胞瘤	PROTAC
	ASP3082	Astellas Pharma	KRASG12D	临床Ⅰ期	实体瘤	PROTAC
	PRT3789	Prelude Therapeutics	SMARCA2	临床Ⅰ期	非小细胞肺癌；实体瘤	PROTAC
	Iberdomide	Bristol Myers Squibb	CRBN	临床Ⅲ期	多发性骨髓瘤；阴燃多发性骨髓瘤；系统性红斑狼疮；B细胞淋巴瘤；肾功能不全；淋巴瘤	分子胶
	CC-92480	Bristol Myers Squibb	CRBN	临床Ⅲ期	多发性骨髓瘤；肝功能衰退	分子胶

续表

公司类型	药物	在研公司	靶标	全球最高研发状态	在研适应证*	药物类型
国外公司	CC-90009	Bristol Myers Squibb	CRBN	临床Ⅱ期	急性髓细胞性白血病；骨髓增生异常综合征	分子胶
	CC-99282	Bristol Myers Squibb	CRBN	临床Ⅰ期	非霍奇金淋巴瘤	分子胶
	CFT7455	C4 Therapeutics	IKZF3/1	临床Ⅱ期	多发性骨髓瘤；非霍奇金淋巴瘤	分子胶
	DKY709	诺华	IKZF2	临床Ⅰ期	鼻咽癌；非小细胞肺癌；黑色素瘤；结直肠癌；三阴性乳腺癌	分子胶
	MRT-2359	Monte Rosa Therapeutics	GSPT1	临床Ⅰ期	非小细胞肺癌；弥漫性大B细胞淋巴瘤；小细胞癌	分子胶
	BTX-1188	Biotheryx	GSPT1；CSNK1A1；IKZF1	临床Ⅰ期	非霍奇金淋巴瘤；急性髓细胞性白血病；实体瘤；血液肿瘤	分子胶

　　*一般一个药物为了争取更多的市场和提高研发成功率，早期临床试验都会针对多个适应证进行探索，因此适应证可能会有分型上的重叠

　　2022年，我国在蛋白降解领域取得了多项重要进展。以PROTAC来看，临床开发方面，珃诺生物医药的RNK05047已针对淋巴瘤和实体瘤在美国开展Ⅱ期临床试验；上海睿跃生物科技的CG001419针对实体瘤已在国内开展Ⅱ期临床试验；PROTAC转化靶标拓展方面，从初期的AR、ER、BRD9、RK等靶标，在难成药的靶标上也有产品在临床前研究中。以分子胶来看，已验证并推进到临床阶段的产品也更加丰富。除了康朴生物的产品外，诺诚健华和正大天晴开发的产品也获得了临床批件。

　　靶向降解技术也是国内投融资的热点。国内蛋白降解的初创型公司在2022年资本寒冬的大环境下依然得到投资者的支持，如2022年2月海创药业科创板IPO获通过，格博生物在一年内完成了两轮融资。未来，在不断创新和资金的支持下，我国的靶向蛋白降解技术将迎来收获期。

1. CG001419

　　2022年8月8日，上海睿跃生物宣布用于治疗晚期实体瘤的TRK降解剂CG001419的新药临床研究（IND）申请获批。CG001419是全球首创TRK（神经营养因子受体酪氨酸激酶）蛋白降解剂。

2. RNK05047

RNK05047 是由珃诺生物开发的一种选择性靶向 BRD4 蛋白的 "first-in-class" 小分子降解剂，该分子是基于珃诺生物专有的蛋白降解平台 CHAMP 发现的。2022 年 8 月，珃诺生物宣布 RNK05047 在美国的 I / II 期临床试验完成首例受试者给药。该试验旨在评估 RNK05047 在实体瘤及弥漫性大 B 细胞淋巴瘤（DLBCL）受试者中的安全性和耐受性，以及 II 期临床试验推荐剂量，次要终点则包括抗肿瘤活性和药效动力学。预计于 2023 年第二季度得到初步数据。

3. GT20029

GT20029 是开拓药业开发的一款局部皮肤给药的 PROTAC AR 降解剂，适应证为雄激素性脱发及痤疮。2022 年 11 月，开拓药业公布了 GT20029 治疗雄激素性脱发和痤疮的中国 I 期临床试验积极结果。结果显示，GT20029 作为外用药在健康受试者中耐受性良好。单次用药后所有受试者均无体内药物暴露量，所有剂量组的所有样品血药浓度均低于定量下限（LLOQ，0.001ng/ml）。连续用药 14 天后，各剂量组最大血药浓度均值均在 0.05ng/ml 以下。试验期间没有发生 1 级以上的不良事件。

4. HSK29116

HSK29116 是海思科医药自主研发的靶向 BTK 的口服 PROTAC 小分子抗肿瘤药物，用于治疗复发 / 难治性 B 细胞淋巴瘤。该药于 2021 年在国内开展 I 期临床，是国内首款进入临床研究的 BTK-PROTAC 药物。2022 年 4 月，HSK29116 在美国 IND 获 FDA 许可，本次临床试验主要评价 BTK 蛋白降解剂 HSK29116 在复发 / 难治性 B 细胞恶性肿瘤受试者中的安全性、耐受性和药代动力学 / 药效学。

5. HP518

HP518 是由海创药业研发的口服 AR PROTAC 药物。2022 年 12 月，FDA 批准了 HP518 用于治疗转移性去势抵抗性前列腺癌（mCRPC）的临床试验申请。继其在澳大利亚开展 I 期临床试验之后，现于美国也已进入临床阶段。

6. BGB-16673

百济神州的 BGB-16673 也是一款靶向 BTK 的蛋白降解剂，为国内第二款申报临床的 BTK-PROTAC。临床前模型显示，BGB-16673 能克服 BTK 蛋白的 C481S 耐药，有望突破患者对泽布替尼和其他 BTK 抑制剂耐药性的问题。同时，该产品具有良好的药理学特性、生物利用度，以及高选择性、有效性和较长的半衰期。2022 年，该药在国内针对 B 细胞淋巴瘤、非霍奇金淋巴瘤、慢性淋巴细胞白血病、瓦尔登斯特伦巨球蛋白血症、套细胞淋巴瘤的临床试验均在 I 期研究中。

7. KPG-818

KPG-818 是康朴生物医药设计开发的新一代 CRBN E3 泛素连接酶复合物（Cullin-RING E3 ubiquitin ligase complex，CRL4-CRBN）调节剂，对于靶标 CRBN 结合显示出极高的亲和力，高效诱导与 B 淋巴细胞发育和增殖密切相关的锌指转录因子 Aiolos（IKZF3）和 Ikaros（IKZF1）的降解，并能显著抑制脂多糖（LPS）刺激的人外周血单个核细胞（hPBMC）中白细胞介素-6（IL-6）、肿瘤坏死因子 α（TNF-α）、α 干扰素（IFN-α）等细胞因子的表达水平。2022 年 11 月，康朴生物在美国风湿病学会（American College of Rheumatology，ACR）年会上公布了 KPG-818 治疗系统性红斑狼疮 I b 期临床研究结果。结果显示，KPG-818 具有良好的剂量 - 暴露量相关性，血药浓度在 7 天内达到稳态。同时，KPG-818 有显著的免疫调节功能，包括诱导 Aiolos 的降解、B 细胞耗竭和 Treg 的上调等。耐受良好，不良反应多为 1 级或 2 级。

8. ICP-490

ICP-490 是由诺诚健华基于其分子胶平台研发的小分子化合物，可与 CRL4CRBN-E3 泛素连接酶复合物的底物受体 CRBN 特异性结合。2022 年，该药在国内获批用于临床治疗多发性骨髓瘤。

（二）氘代药物

氘代药物也称为重药、重氢药或含氘药，就是把药物分子上处于特定代谢部位的一个或多个碳氢键（C—H）用碳氘键（C—D）替代所获得的药物，以延长药物代谢循环、减少有毒代谢物的产生和药物间的相互作用，从而降低给药剂量、提高安全性及获得更佳的疗效。氘代药物的优势可以体现在四个方面：①改善原有药物的药代动力学特性，如系统暴露程度、血浆峰浓度、清除率、半衰期等；②发生代谢转换，抑制产生毒副代谢物的途径或促进产生活性代谢物的途径；③抑制手性药物异构体之间的相互转换；④抑制药物间的相互作用。氘代药物的发展趋势主要包括两大类：一类是对已上市药物进行氘代改造；另一类是在药物新分子中引入氘原子，得到全新的化学实体。

截至 2022 年底，全球共有 4 个氘代药物上市，分别为氘代丁苯那嗪（Deutetrabenazine，Austedo）、泽普生（Donafenib，多纳非尼）、氢溴酸氘瑞米德韦（Remindevir，民得维）和氘可来昔替尼（Deucravacitinib，Sotyktu）（图 12-120）。氘代丁苯那嗪是以色列梯瓦公司研发的一种 VMAT2 抑制剂，2017 年被 FDA 批准上市，用于迟发性运动障碍、亨廷顿舞蹈症和舞蹈病的治疗；多纳非尼是国内泽璟生物技术有限公司研发的一种口服多靶标、多激酶抑制剂类小分子药物，2021 年被 NMPA 批准上市，用于甲状腺癌和肝细胞癌的治疗；氢溴酸氘瑞米德韦是由中国科学院上海药物研究所、中国科学院武汉病毒研究所、旺山旺水生物医药和君实生物等研发的病毒 RNA 依赖性 RNA 聚合酶（RdRp）抑制剂，2021 年获得乌兹别克斯坦的上市批准（注：已于 2023 年 1 月获得 NMPA 的附条件上市批准），治疗轻中度 COVID-19 的成年患者；氘可来昔替尼是百时美施贵宝研发的蛋白变构抑制剂和酪氨酸激酶 2（TYK2）抑制剂，2022 年被 FDA 批准用于治疗银屑病和斑块银屑病。

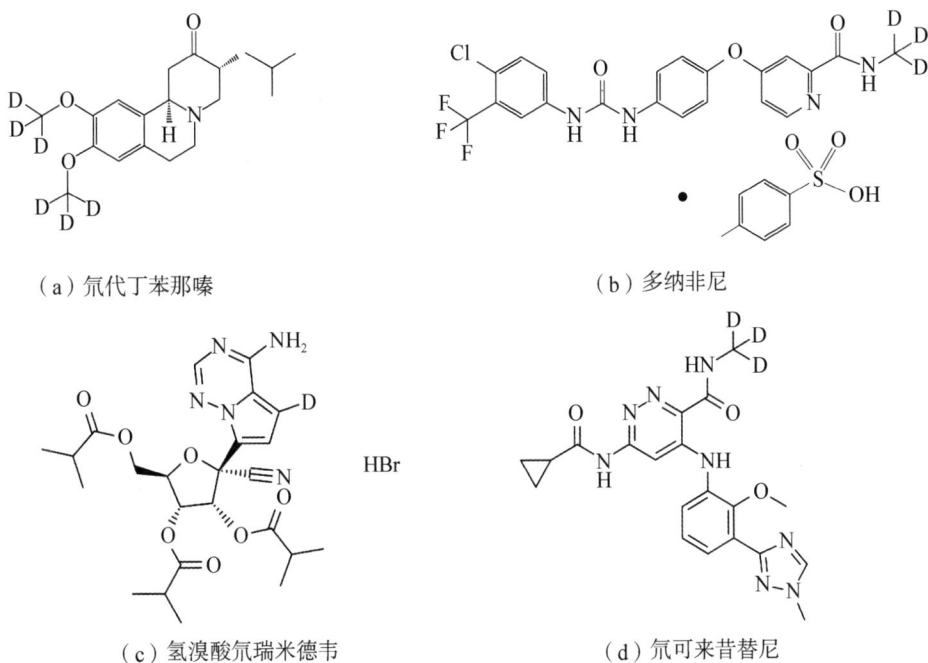

（a）氘代丁苯那嗪　　　　　　　　　　　　（b）多纳非尼

（c）氢溴酸氘瑞米德韦　　　　　　　　　　（d）氘可来昔替尼

图 12-120　已上市的氘代药物

　　目前，有 13 个氘代药物已进入临床试验阶段，其中已进入Ⅲ期临床试验的有 8 个，Ⅱ期和Ⅰ期临床试验的药物分别有 4 个和 1 个（表 12-93）。由我国医药公司研发的有 4 个，分别为海创药业的德恩鲁胺（HC-1119）、浙江同源康医药的 TY-9591 和 TY-302，以及深圳信立泰药业的氘右美沙芬/安非他酮。2022 年，海创药业公布德恩鲁胺治疗转移性去势抵抗性前列腺癌的Ⅲ期临床试验达到主要研究终点；TY-9591 针对非小细胞肺癌的Ⅲ期临床试验正在进行中。

表 12-93　全球临床在研的氘代药物

公司类型	药物名称	在研公司	全球最高研发状态	在研适应证	靶标
国内公司	HC-1119（德恩鲁胺）	海创药业	临床Ⅲ期	新型冠状病毒感染；去势抵抗性前列腺肿瘤；前列腺癌	AR
	TY-9591	浙江同源康医药	临床Ⅲ期	非小细胞肺癌；脑膜肿瘤脑转移	EGFR T790M
	TY-302	浙江同源康医药	临床Ⅰ期	乳腺癌；实体瘤；血液肿瘤；转移性乳腺癌	CDK6；CDK4
	Deudextromethorphan/ Bupropion Hydrochloride （氘右美沙芬/安非他酮）	深圳信立泰药业	临床Ⅰ期	抑郁；抑郁症；阿尔茨海默病；重度抑郁症	SIGMAR1；NMDAR；PGY1；DAT；Adrenoceptors
国外公司	Deudextromethorphan （AVP-786）	Adhesives；诺华；Otsuka（大冢制药）；Concert Pharmaceuticals	临床Ⅲ期	阿尔茨海默病；精神分裂症；焦虑症；强迫性障碍；躯体变形障碍	SIGMAR1；NMDAR；PGY1
	Deuterated Ruxolitinib （CTP-543）	Concert Pharmaceuticals	临床Ⅲ期	斑秃；肾脏疾病，肝功能衰退	JAK2；JAK1
	PHA-022121	Pharvaris	临床Ⅲ期	遗传性血管性水肿；遗传性血管性水肿Ⅰ型和Ⅱ型	BKR2
	ALK-001	Alkeus Pharmaceuticals	临床Ⅲ期	黄斑地图状萎缩；年龄相关性黄斑变性；Stargardt病（眼底黄色斑点症）	——
	RT001	Retrotope	临床Ⅲ期	弗里德赖希共济失调；神经轴索营养不良；进行性核上性麻痹；肌萎缩侧索硬化	——
	VX-121/Tezacaftor/ Ivacaftor deuterated	Vertex Pharmaceuticals	临床Ⅲ期	囊性纤维化	CFTR
	PXL065	Poxel；DeuteRx	临床Ⅱ期	肾上腺脑白质营养不良；非酒精性脂肪肝	——

续表

公司类型	药物名称	在研公司	全球最高研发状态	在研适应证	靶标
国外公司	Deuterated lumateperone（ITI-1284）	Intra-Cellular Therapies	临床Ⅰ期	痴呆；抑郁	5-HT2A；DRD2
	Deupirfenidone（LYT-100）	Pure Tech	临床Ⅰ期	特发性肺纤维化；新型冠状病毒感染；淋巴水肿	Collagen；Cytokines

1. 德恩鲁胺（HC-1119）

德恩鲁胺（HC-1119）是海创药业自主研发的、治疗转移性去势抵抗性前列腺癌（mCRPC）的1类新药，是第二代AR拮抗剂恩杂鲁胺的氘代药物。2022年6月，海创药业发布公告，德恩鲁胺治疗转移性去势抵抗性前列腺癌的多中心、随机、双盲、安慰剂对照的Ⅲ期临床试验达到了主要研究终点。结果显示，患者经其治疗后的影像学无进展生存期（rPFS）达到预期并且具有显著统计学意义，可以显著降低转移性去势抵抗性前列腺癌患者的疾病进展风险；总生存时间（OS）已观察到临床获益趋势并可以降低患者死亡风险。

2. TY-9591

TY-9591是浙江同源康医药研发的ATP竞争性的不可逆的第三代选择性EGFR-TKI，氘代奥希替尼。2022年，评估TY-9591对比奥希替尼一线治疗EGFR敏感突变的局部晚期或转移性非小细胞肺癌患者的疗效和安全性的随机、双盲、多中心Ⅲ期临床试验正在进行中（CTR20221053）。

（三）小分子偶联药物

小分子偶联药物（small molecule-drug conjugate，SMDC）是由小分子靶向配体、连接子和效应分子（细胞毒分子、E3泛素连接酶）组成的。与ADC使用抗体作为药物靶向定位不同，SMDC采用小分子定向。SMDC的细胞毒分子可选择美登素、卡奇霉素等，与ADC相同；SMDC的连接子与ADC基本相同，但SMDC所用的连接基通常可断裂，对连接子的稳定性要求相较于ADC偏低，稳定性一般仅需保持几分钟至1小时。

SMDC可利用受体取决于受体循环和再生率，避免引起毒性，可利用靶标有限，有叶酸受体（folate receptor，FR）、前列腺特异性膜抗原（prostate specific membrane antigen，PSMA）、生长抑素受体（somatostatin receptor）、碳酸酐酶Ⅸ（carbonic anhydrase Ⅸ，CA Ⅸ），以及磷脂丝氨酸等其他受体。其中，靶向叶酸受体的叶酸衍生物、靶向前列腺特异性膜抗原的谷氨酸脲衍生物、靶向生长抑素受体的生长抑素类似物、靶向碳酸酐酶Ⅸ的芳香磺酰胺类（图12-121）有较好的应用潜力。

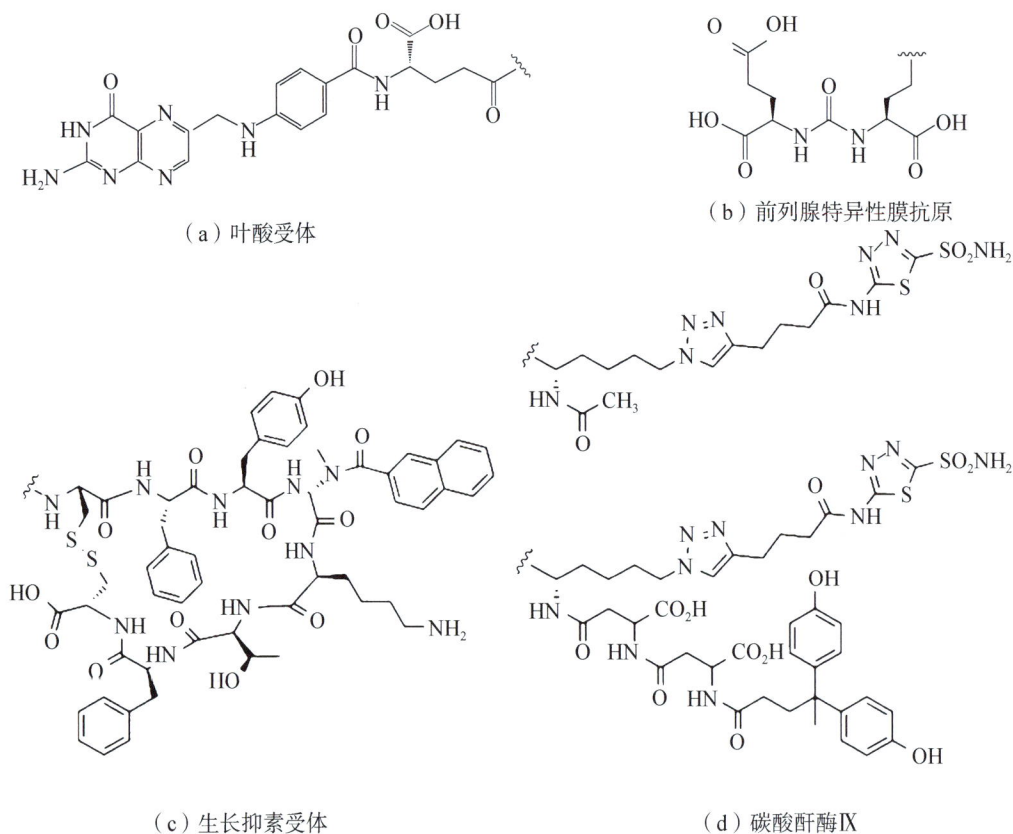

（a）叶酸受体

（b）前列腺特异性膜抗原

（c）生长抑素受体

（d）碳酸酐酶Ⅸ

图12-121　SMDC常见靶向受体的化学结构

相较于ADC药物，SMDC具有合成工艺和成本易控制、工业化操作简单、在实体瘤中细胞穿透性好、能更快地均匀分散在肿瘤组织、体内外稳定性良好、无免疫原性等优点。但SMDC存在难以解决口服制剂的问题，临床上通常需要注射给药，治疗优势不显著。

目前，SMDC研发管线中的活跃产品较少，靶标多样性不足，主要集中在叶酸受体，其次为Hsp90、PSMA等，暂无相关产品获批上市。处于临床研究阶段的产品有8个，其中由我国公司开发的药物有5个，适应证集中于实体瘤（表12-94）。

2022年，国内研发的SMDC取得了一系列进展。同宜医药研发的CBP-1008针对铂耐药卵巢癌的Ⅰb期临床试验取得了积极数据；PEN-866与QBS10072S在国内的临床试验获得了NMPA 批准。

表 12-94　全球临床在研的 SMDC 数据

公司类型	药品名称	研发机构	最高研发阶段	在研适应证	靶标
国内公司	CBP-1008	同宜医药	临床 II 期	腹膜癌；卵巢上皮癌；输卵管癌；鳞状细胞癌；卵巢癌；乳腺癌；实体瘤	FRα；TRPV6；Microtubule
	OBI-3424	艾欣达伟；Threshold Pharmaceuticals（Molecular Templates）；浩鼎生技	临床 II 期	急性淋巴细胞白血病；前体 T 淋巴母细胞性淋巴瘤 / 白血病；T 细胞白血病；T 细胞淋巴瘤；膀胱癌；非小细胞肺癌；肝细胞癌；骨髓增生异常综合征；急性髓细胞性白血病；结直肠癌；前列腺癌；肾细胞癌；食管癌；胃癌；周围 T 细胞淋巴瘤；子宫内膜样癌；实体瘤；胰腺癌	DNA；17β-HSD5
	QBS10072S	Quadriga BioSciences；本草八达	临床 II 期	脑转移；乳腺癌；膀胱癌；胆管上皮癌；肺癌；肝癌；宫颈癌；黑色素瘤；间皮组织肿瘤；结直肠癌；卵巢癌；泌尿系肿瘤；脑癌；前列腺癌；肉瘤；舌肿瘤；肾肿瘤；食管癌；头颈癌；胃癌；星形细胞瘤；胸腺瘤；胰腺癌	SLC7A5；DNA
	PEN-866	赛生药业；Synta Pharmaceuticals（Madrigal Pharmaceuticals）；Tarveda Therapeutics	临床 I / II 期	横纹肌肉瘤；尤因肉瘤；鳞状细胞癌；实体瘤；食管癌；胃癌；腺癌；小细胞肺癌；星形细胞瘤；胰腺癌；胰腺导管癌；转移性上皮癌；子宫内膜癌；非小细胞肺癌	Hsp90；TOP I
	CBP-1018	同宜医药	临床 I 期	肺癌；前列腺癌；肾细胞癌；实体瘤	FRα；PSMA；Microtubule
国外公司	DT-216	Design Therapeutics	临床 I 期	弗里德赖希共济失调	FXN
	DZ-002	Da Zen Thecranostics	临床 I 期	淋巴瘤；实体瘤	—
	UB-TT170	Umoja Biopharma	临床 I 期	骨肉瘤	FRα

资料来源：凯莱英药闻

1. CBP-1008

CBP-1008是同宜医药研发的靶向FRα和瞬时性受体电位通道香草酸受体6（TRPV6）的SMDC。2022年，CBP-1008在美国临床肿瘤学会（ASCO）大会上以口头报告的形式展示了其Ⅰb期的临床数据。数据显示，在49例铂耐药卵巢癌患者（PROC）患者中，整体反应率（ORR）达18.4%，疾病控制率（DCR）达61.2%。

2. PEN-866

PEN-866是Tarveda Therapeutics开发的一款小分子偶联药物，是热休克蛋白90（HSP90）和拓扑异构酶Ⅰ（TOPⅠ）抑制剂，2020年Tarveda Therapeutics与赛生就PEN-866在大中华区的开发及商业化签署许可协议。2021年该药在美国针对尤因肉瘤和横纹肌肉瘤开展了Ⅱ期篮式试验。2022年4月，该药针对非小细胞肺癌和小细胞肺癌治疗的临床试验被NMPA批准。

（四）放射性核素偶联药物

放射性核素偶联药物（radionuclide drug conjugate，RDC）是一种新兴的肿瘤精准治疗药物，利用肿瘤抗原特异性的分子载体递送，引导放射性核素精准靶向肿瘤，进而实现近距离内放射治疗。RDC治疗肿瘤不仅能直接损伤靶肿瘤细胞，还具有旁观者效应和远端效应，进而应用丁扩散性肿瘤。

RDC由介导靶向定位作用的抗体或小分子配体（ligand）、连接子（linker）、螯合物（chelator）和细胞毒/成像因子［放射性核素（radionuclide）；放射性同位素（radioisotope）］构成。不同的医用核素单独或兼具显像和治疗功能。Lu-177是目前RDC最常用的核素，可产生β粒子射线，半衰期近1周，尤其适合小体积肿瘤和转移灶的清除；Ac-225是近两年逐渐步入临床的新同位素，可产生α粒子射线，半衰期为10天。与ADC药物相似，RDC常用微管毒素（MMAE、MMAF、DM1、DM4）和DNA损伤毒素载荷造成细胞损伤累积，干扰细胞周期正常运转，精准定位至靶位置，避免全身暴露的潜在危害。放射性射线的能量能破坏细胞染色体，使细胞停止生长，进而消灭癌细胞。

诺华是RDC药物领域的头部药企，POINT Biopharma、Telix、ITM Solucin Gmbh、拜耳等也在积极参与RDC产品的研发，有5款肿瘤治疗产品处于Ⅲ期临床试验阶段（表12-95）。国内RDC药物研发处于起步阶段，远大医药是布局治疗及诊断性RDC药物最多的企业，北京协和医院、智核生物、深圳健元医药也在进行相关的RDC研究工作。远大医药通过与ITM Solucin Gmbh和Telix签订合作协议，引进了多款RDC药物（如TLX250和TLX101等），在全球的核药领域有领先的布局。

表12-95 全球最高研发阶段为Ⅲ期临床试验阶段的治疗用RDC产品

药物名称	全球最高研发状态	中国最高研发状态	在研公司	在研适应证	靶标
I-131-Tositumomab	临床Ⅲ期	无申报	葛兰素史克；美国国立癌症研究所；密歇根大学罗盖尔癌症中心	淋巴瘤；多发性骨髓瘤	CD20
I-131-Apamistamab	临床Ⅲ期	无申报	Actinium Pharmaceuticals；Immedica Pharma	急性髓细胞性白血病；造血干细胞移植；伯基特淋巴瘤；B细胞淋巴瘤；弥漫性大B细胞淋巴瘤；前体B细胞成人淋巴细胞白血病/淋巴瘤	L-CA
Lu-177-PNT-2002	临床Ⅲ期	无申报	Lantheus Holdings；劳森健康研究所；POINT Biopharma	去势抵抗性前列腺肿瘤；前列腺癌	PSMA
Lu-177-SSTR-PNT-2003	临床Ⅲ期	无申报	Lantheus Holdings；POINT Biopharma	神经内分泌肿瘤	SSTR
Lu-177-edotreotide	临床Ⅲ期	临床申请	远大医药集团；ITM Solucin Gmbh；奥尔什丁瓦尔米亚玛祖里大学	神经内分泌肿瘤；胰腺神经内分泌肿瘤	SSTR2

四、结　　语

随着人口老龄化的到来，以恶性肿瘤为代表的慢性非传染性疾病负担加剧，大量未满足的临床需求涌现，新发传染病的大流行也给社会发展带来巨大冲击，这些都驱动我国小分子创新药行业发展进入快车道，小分子药物仍然是我国创新药物开发的主力。我国创新药发展在经历了模仿创新阶段后，目前已进入原始创新阶段，开始逐步向真正意义上的原研和创新方向前进。肿瘤是我国创新小分子药物研发最活跃的疾病领域，虽然临床在研药物涉及的热门靶标大多为已有药物上市的成熟靶标，但已有多个创新靶标药物在全球居于先进水平。蛋白靶向降解技术、氘代药物技术、小分子偶联药物技术和放射性核素偶联药物技术等多种新技术推动小分子药物创新研发进一步发展，我国在这些技术的靶标层面创新加速，同全球的研发差距在不断缩小。

撰 稿 人：王春丽　中国科学院上海药物研究所
　　　　　彭　淳　中国科学院上海药物研究所
　　　　　黄瑶庆　中国科学院上海药物研究所
　　　　　毛艳艳　中国科学院上海药物研究所
　　　　　李剑峰　中国科学院上海药物研究所
通讯作者：李剑峰　lijianfeng@simm.ac.cn

第十三章 生物农业发展现状与趋势

第一节 生物育种

一、导 语

生物育种是利用遗传学、细胞生物学、现代生物工程技术等方法手段培育生物新品种的过程。生物育种是一个很广泛的概念，它可以涵盖常规育种、杂交育种、分子标记育种、全基因组选择、基因编辑、转基因等几乎全部育种技术和植物、微生物、动物等各类生物的育种活动。2020年12月中央经济工作会议提出，"要尊重科学、严格监管，有序推进生物育种产业化应用"，在这个语境下，生物育种就是指包括转基因、基因编辑、RNA干扰、合成生物学等技术在内的生物技术育种，可以理解为是生物工程/生物技术育种的简称。

生物育种是现代农业的"芯片"技术，也是解决我国种业"卡脖子"问题的核心技术。当前，世界各国都在加大力度开展基因遗传多样性的研究和开发利用，发展新型生物育种技术。随着中国育种技术不断发展，我国已经育成的新品种超过七万个，形成六到七次新品种大规模更新换代，农作物良种覆盖率达到96%，良种对作物单产贡献率达到40%以上，有效地支撑了粮食产量与质量稳步提升，也对中国粮食安全做出了巨大贡献。

推进生物育种产业化是保障国家粮食安全和重要农产品有效供给的战略选择，是促进现代农业高质量发展的现实需要。随着研发水平、管理手段的不断完善提升和舆论环境逐步向好，我国生物育种产业化应用的基础条件已基本成熟。在国家系列科技计划的支持下，我国转基因育种的技术水平已经进入国际第二方阵的前列，在监管方面也已制定了一系列的法律法规、技术规程和管理体系。为解决当前农业生产中面临的草地贪夜蛾和草害问题，2021年，我国对已获得生产应用安全证书的耐除草剂转基因大豆和抗虫耐除草剂转基因玉米开展了产业化试点。试点取得了显著成效，这标志着我国转基因大豆、玉米的产业化试种终于迈出了历史性的一步。

我国种业目前已经建成了较完善的全产业链育种创新体系,关键技术创新、产品研发等保障能力显著提升,实现了自主基因、自主技术、自主品种研发的新格局。2022年,我国生物育种基础和应用研究取得了一系列重要进展,相关突破性成果发表在了国际顶级学术期刊 *Nature*、*Science* 和 *Cell* 及其子刊上,概述如下。

二、重要进展

(一)作物生物育种重要进展

1. 玉米生物育种重要进展

2022年3月,中国农业大学杨小红/李建生和华中农业大学严建兵领衔的团队在 *Science* 上发文,从单基因和全基因组两个层次系统解析了玉米和水稻趋同选择的遗传基础,发现玉米穗行数基因 *KRN2* 与水稻 *OsKRN2* 受到了趋同选择,并通过相似的途径分别调控玉米与水稻的粒数和产量。该研究不仅克隆了在玉米与水稻中均具有重要育种价值的趋同选择同源基因 *KRN2/OsKRN2*,而且在全基因组水平上揭示了玉米与水稻趋同选择的规律,为进一步解析驯化综合性状形成的分子机制及其在育种中的应用奠定了重要理论基础。

2022年4月,中国科学院遗传与发育生物学研究所陈化榜研究组全面解析了单向异交不亲和(unilateral cross-incompatibility,UCI)*Ga2* 位点的遗传规律,通过图位克隆获得了 *Ga2* 位点的雌、雄决定因子并揭示了其单向异交不亲和机制。这是玉米单向杂交不亲和领域首次同步克隆并全面报道 UCI 位点的雌、雄决定因子,为创建玉米无隔离制种技术体系奠定了理论基础。中国农业大学蒋才富团队揭示了玉米 ZmSTL1/ZmESBL 蛋白通过调控内皮层凯氏带发育促进盐胁迫适应性的重要机制。该研究发现了一个重要的凯氏带发育调控因子,证明了凯氏带质外体屏障在作物 Na^+ 稳态维持中的关键作用,揭示了蒸腾作用对作物 Na^+ 长距离转运的显著影响,对认识作物耐盐基本规律及培育耐盐作物有重要意义。

2022年7月,中国农业科学院作物科学研究所联合华南农业大学、中国农业科学院生物技术研究所等单位揭示了玉米父、母本杂种优势群趋同与趋异选择的遗传规律,解析了玉米基因组分化特征及其对杂种优势的贡献,通过总结过去,将玉米育种实践经验理论化,为新时期玉米自交系创制和杂种优势利用提供理论指导。华中农业大学玉米团队成功克隆了玉米广谱持久抗南方锈病基因 *RppK*,在感病条件下,该基因能显著提高玉米对南方锈病的抗性,并增加11.9%—17.1%的产量;而在正常条件下,对产量没有影响。通过克隆 *RppK* 基因对应的南方锈病菌效应分子 AvrRppK,发现该效应蛋白在南方锈病菌的所有分离菌株中都存在且100%保守，进一步揭示了*RppK*基因广谱抗玉米南方锈病的分子机制，为开展玉米抗病育种提供了基因资源。

2022年8月，华中农业大学严建兵教授团队发现在Ga1位点三类共7个决定玉米单向异交不亲和表型的基因，提出了一个新的解释UCI成因的三基因遗传模型，该结果不仅对理解物种的生殖隔离这一重大基础科学问题有理论意义，也对作物的遗传改良尤其是杂交制种具有重要应用价值。

2022年9月，华中农业大学玉米团队研究发现扩张蛋白基因*ZmEXPB15*和两个NAC转录因子ZmNAC11、ZmNAC29通过促进珠心组织消除，影响籽粒早期发育过程进而调控玉米籽粒大小及粒重。这项研究揭示了一条调节早期胚乳和籽粒发育的新途径。

2022年10月，华中农业大学代明球团队联合李峰、李林团队利用多组学和基因编辑策略，详细阐述了玉米产量和抗性平衡的遗传与分子机制，为玉米高抗高产精准分子设计育种奠定了理论基础，提供了优异基因资源。中国农业大学杨淑华团队利用代谢组学全基因组关联分析（metabonomics genome wide association study，mGWAS）与液相色谱-串联质谱法（liquid chromatography tandem mass spectrometry，LC-MS/MS）相结合，通过多种分子生物学研究手段揭示了低温信号关键调控因子ZmICE1通过启动子变异改变玉米耐寒性的功能，阐释了ZmICE1转录因子除直接调控*DREB1*基因的表达外，还可通过调节氨基酸代谢及活性氧水平调控玉米低温响应的分子机制。华中农业大学严建兵团队与加利福尼亚州立大学戴维斯分校杰弗里·罗斯-伊瓦拉（Jeffrey Ross-Ibarra）团队利用玉蜀黍属7个野生亚种共计237份材料和507份现代玉米自交系材料，构建了玉蜀黍属的遗传变异图谱，揭示了玉蜀黍属适应性进化的遗传机制。该研究对玉蜀黍属的遗传变异和进化历史进行了深入解析，为玉米适应性改良提供了重要的理论基础和遗传资源。

2022年11月，中国农业大学张福锁院士团队揭示了随玉米现代育种改良进程，品种不断更替，根系构型变得逐渐陡峭，以适应高产密植群体；关键基因优良等位变异得到不断累积，同时挖掘到控制玉米根系构型的2个新基因并初步解析其功能。中国科学院分子植物科学卓越创新中心巫永睿团队与上海师范大学王文琴团队在*Nature*上发文，从野生玉米中发现的一个控制高蛋白玉米形成的关键优异变异基因*Thp9-T*，可以提高玉米中氮的同化效率从而有利于产生更多的蛋白质。将*Thp9-T*导入现代玉米品种，大大提高了氨基酸水平，尤其是天冬酰胺，并且在不影响粒重的情况下增加了种子蛋白质含量。

2022年12月，华中农业大学李林联合杨芳和严建兵课题组构建了玉米首个多组学整合网络图谱。该网络包括3万个玉米基因在三维基因组水平、转录水平、翻译水平和蛋白质互作水平的调控关系，由280万个网络连接组成，构成1412个调控模块。这套集合多组学数据构建的整合网络图谱是玉米功能基因组学研究的重大进展，为玉米重要性状新基因克隆、分子调控通路解析和玉米基因组进化分析提供了新工具。

2. 水稻生物育种重要进展

2022年3月，华中农业大学蛋白质科学研究团队采用整合结构生物学策略，利用多种生物物理技术手段，综合结构基础与动态分析，揭示了SPX2受体感受磷信号分子——磷酸肌醇、传递磷信号进而调控水稻磷稳态的分子机制，该研究从机制上阐明了水稻磷动态平衡的分子基础，对水稻农艺性状的遗传改良和合理施肥具有指导意义，为因地制宜地选育不同磷酸盐吸收能力的水稻品种提供了重要参考。

2022年4月，中国科学院遗传与发育生物学研究所李家洋及余泓团队利用平铺删除（tiling deletion）策略在水稻中通过编辑关键基因的顺式调控区成功实现了水稻产量关键要素间负相关性的解除，为创制全新遗传资源、打破水稻产量瓶颈提供了有效策略。中国科学院遗传与发育生物学研究所李云海团队等揭示了*OsMS1*的自然等位变异受温度影响并调控水稻雄性不育的分子机制。该研究对进一步阐明温度调控水稻育性转换的分子机制、指导两系杂交稻育种，乃至在其他作物中创制新的温敏不育系具有深远的意义。

2022年6月，中国科学院分子植物科学卓越创新中心林鸿宣团队与上海交通大学林尤舜团队在*Science*上发文，首次揭示了在一个控制水稻抗热复杂数量性状的基因位点（TT3）中存在由两个拮抗的基因（*TT3.1*和*TT3.2*）组成的遗传模块以调控水稻高温抗性的新机制和叶绿体蛋白降解新机制；同时发现了第一个潜在的作物高温感受器。

2022年7月，中国农业科学院作物科学研究所周文彬团队在*Science*上发文，利用作物碳-氮代谢协同的思路，在水稻中鉴定到一个重要转录因子OsDREB1C。研究发现该转录因子可同时提高水稻光合作用效率和氮素利用效率，可提高作物产量30%以上。此外，OsDREB1C可使水稻提前抽穗，实现高产早熟，为培育更加高产、氮肥利用效率更高及早熟新品种提供了重要基因资源。中国农业大学农学院李自超团队利用稻种资源和水稻、旱稻遗传群体，通过全基因组关联分析（genome wide association study，GWAS）和连锁分析等综合基因鉴定方法克隆了一个新的抗旱基因*DROT1*，阐明了其抗旱的分子机制和调控通路，鉴定出*DROT1*的抗旱优异基因型并揭示其起源与演化规律。通过转基因功能验证，发现敲除*DROT1*能够显著降低水稻植株抗旱性，而过表达*DROT1*可以显著增强水稻抗旱性。

2022年8月，山东农业大学生命科学学院王文广副教授与日本冈山大学马建锋教授团队克隆了水稻中一个镉吸收的主效数量性状基因座（quantitative trait loci，QTL）基因，显著降低了水稻种子中的镉含量，为水稻低镉育种提供了一个有效的优异基因资源。该研究不仅揭示了水稻低镉积累的分子机制，而且为水稻低镉育种提供了一个有用的靶点。中国农业科学院植物保护研究所和作物科学研究所团队发现水稻OsVQ25

蛋白与U-box类型E3泛素连接酶OsPUB73和转录因子OsWRKY53相互作用可平衡水稻广谱抗病性和生长，揭示了OsPUB73-OsVQ25-OsWRKY53模块平衡水稻广谱抗病性和生长的层级调控机制，为培育广谱抗病水稻品种提供了重要的理论基础和候选基因。

2022年9月，沈阳农业大学陈温福院士与孙健教授团队应用全基因关联分析与QTL作图，同时结合生物信息学分析，在粳型杂草稻中克隆到了决定其低氧下强萌发与出苗的关键基因 *OsGF14h*。将它转入普通栽培稻中极显著提高了直播条件下的萌发率与成苗率，这是杂草稻种质创新的一项标志性研究成果，将为直播稻遗传改良的育种实践带来了巨大利好。

2022年11月，云南大学胡凤益团队联合国内外相关团队利用多年生野生种和一年生栽培种杂交，经过长期坚持和探索，把长雄野生稻地下茎无性繁殖特性转移到一年生栽培稻中，成功创制了多年生稻，培育了系列多年生稻品系，审定了3个多年生稻品种，在全球多年生粮食作物育种领域具有里程碑意义，入围2022年 *Science* 年度十大科学突破。宁波大学陈剑平院士和孙宗涛团队发现了多种不同类型的RNA病毒侵染水稻后共同靶标赤霉素（gibberellin，GA）信号通路中重要的负调控因子SLR1，并且能通过调节植物体内SLR1的稳态直接削弱茉莉酸（jasmonic acid，JA）介导的广谱抗病毒通路，进而更有利于病毒自身的侵染与传播。南京农业大学范晓荣团队揭示了高温下维持水稻高产和高氮素利用效率的新机制，经过5年的田间实验从239份水稻种质资源中筛选到一个全新的硝酸盐转运蛋白基因 *OsNRT2.3* 的等位基因，此等位基因可以使水稻在高温下保持高产和高氮素利用效率。

2022年12月，中国科学院遗传与发育生物学研究所储成才团队利用强休眠的印度地方种'Kasalath'和弱休眠现代水稻品种'日本晴'构建染色体单片段代换系，成功从强休眠品种'Kasalath'中克隆到一个控制水稻种子休眠的数量性状位点SD6，并证实了SD6负调控水稻种子休眠性且其自然变异位点可显著提高穗发芽抗性。高彩霞团队对小麦 *TaSD6* 基因进行改良，也证实了该基因可提高小麦穗发芽抗性，表明SD6可应用于禾谷类作物穗发芽的快速育种改良。

3. 小麦生物育种重要进展

2022年2月，中国科学院遗传与发育生物学研究所高彩霞组、中国科学院微生物研究所邱金龙团队和中国科学院遗传与发育生物学研究所肖军团队在 *Nature* 上发文，阐明了小麦新型 *mlo* 突变体既抗白粉病又高产的分子机制，并通过多重基因组编辑实现对小麦感病基因 *MLO* 相关遗传等位的精准操控，使主栽小麦品种快速获得广谱抗白粉病的优异性状。该研究为感病基因在抗病育种中的实际应用提供了一条新路径。

2022年7月，中国农业大学农学院小麦研究中心团队解析了驯化多倍体小麦基因组的"马赛克式"祖源单倍型构成，揭示了驯化小麦的散布式起源规律和跨四倍体、六倍体的长期驯化的基因组学轨迹。该研究在作物中首次实现了跨倍性的单倍型溯祖解析，系统阐明了"野生种-栽培种"渗入和跨倍性渗入在多倍体小麦起源和驯化过程中对于恢复种群遗传多样性的重要作用。西北农林科技大学植物免疫团队在 *Cell* 上发文，首次鉴定到了小麦中被病原菌效应子靶标劫持的感病基因 *TaPsIPK1*，阐明了 *TaPsIPK1* 作为小麦基础免疫负调控因子，被条锈菌效应子利用并放大负调控作用打破小麦的抗病反应，从而导致感病的分子机制。*TaPsIPK1* 编辑品系在田间试验中表现出高抗条锈病且不影响小麦的主要农艺性状，是一个可用于小麦抗病改良的感病基因，打破了小麦抗病育种中主要利用抗病基因的传统思路，开辟了现代生物育种新途径。中国科学院遗传与发育生物学研究所/北京大学生命科学学院焦雨铃研究组发现，人工基因编辑一个 AP2/ERF 转录因子 DUO1 可以获得调控小麦籽粒产量的优异等位变异，显著提高小麦籽粒产量。

2022 年 9 月，清华大学、中国科学院遗传与发育生物学研究所、德国科隆大学和马克斯·普朗克植物育种研究所的柴继杰教授团队、陈宇航研究员团队和 Paul Schulze-Lefert 教授团队联合在 *Nature* 上发文，通过昆虫细胞重组共表达小麦抗病受体 Sr35 与效应因子 AvrSr35，利用冷冻电镜技术首次解析了作物 CNL 类抗病蛋白识别效应蛋白 AvrSr35 的五聚化抗病小体结构，结合细胞生物学和生物化学实验进一步揭示了其配体识别及活化的分子机制，阐明了该类抗病小体的结构和离子通道活性在进化中具有保守性。这也是首次揭示 CNL 类抗病蛋白对效应因子的直接作用识别模式。

2022 年 11 月，宁波大学植物病毒学研究所陈剑平院士团队联合河南农业大学陈锋教授团队揭示了土传小麦病毒病的一种新致病机制。通过对收集于我国黄淮海冬小麦种植区的 243 份小麦品种进行 GWAS 和 QTL 精细定位分析，发现一个编码 m^6A 甲基转移酶的基因 *TaMTB* 与小麦黄花叶病毒（wheat yellow mosaic virus，WYMV）的抗性显著相关。TaMTB 通过调控 WYMV RNA1 上 A^{6800} 位点的 m^6A 甲基化水平提高病毒基因组的稳定性，从而促进病毒的侵染。

4. 其他作物生物育种重要进展

2022 年 2 月，青岛农业大学园艺学院张忠华教授团队首次构建了高质量的黄瓜图形结构泛基因组，阐明了黄瓜驯化过程中基因组染色体核型的演化规律，鉴定了多个与黄瓜农艺性状和驯化相关的重要结构变异，并揭示了重要性状在驯化和育种改良过程中演化的基因组学基础，这为黄瓜重要基因挖掘、野生基因资源利用和分子设计育种提供了重要信息。

2022 年 3 月，山东农业大学张大健课题组在大豆基因组研究领域取得新突破，首次获得了多年生野生大豆的高精度基因组图谱，填补了大豆属泛基因组的空白，解析了大豆进化历程，高效准确地挖掘了大豆基因组的结构变异，拓宽了大豆分子育种可利用的基因资源,为大豆遗传基础解析、驯化性状调控基因挖掘及种质创新提供了重要的理论支撑。

2022年4月,中国农业科学院油料作物研究所伍晓明团队基于418份现代油菜种质高深度重测序数据,首次明确了油菜重要育种性状遗传位点的基因组热点区域,发掘了一批调控油菜株型、产量和籽粒品质的候选基因,为油菜高产优质遗传改良和全基因组设计育种提供了重要的理论基础和丰富的基因资源。

2022年6月,福建农林大学海峡联合研究院基因组中心张积森团队解析了野生同源四倍体甘蔗细茎野生种Np-X基因组,并利用基因组学手段系统阐明了甘蔗细茎野生种的起源、染色体基数、基因组倍体、关键性状相关基因的演化,为甘蔗的基因组辅助育种奠定了重要的理论基础。中国农业科学院深圳农业基因组研究所黄三文团队在 *Nature* 背靠背连发两篇论文:①首次获得了番茄的图泛基因组,并借此找回了番茄育种中"丢失的遗传力",为解析生物复杂性状的遗传机制提供了新思路;②首次解析了二倍体马铃薯的泛基因组,破解了马铃薯如何结薯的分子机制,并为杂交马铃薯育种改良提供了丰富的遗传变异信息。

2022年7月,福建农林大学廖红/陈志长团队发现并证实位于基因5′UTR开放阅读框(uORF)的一个碱基变异影响下游 *GmPHF1* 基因编码的蛋白质含量和空间分布,从而影响磷转运蛋白GmPT4从内质网向细胞膜的转移,最终形成大豆群体磷吸收效率的差异。

2022年9月,中国农业科学院作物科学研究所联合中国科学院微生物研究所、山东省农业科学院农作物种质资源研究所、国际半干旱热带作物研究所和澳大利亚默多克大学等国内外多家单位,完成了中国豌豆主栽品种'中豌6号'的基因组组装和解析,解决了长期以来悬而未决的豌豆基因组精细物理图谱组装难题,揭示了豌豆基因组结构和进化的独特特征,发掘了一批与粒型、株高和荚型等孟德尔性状和重要农艺性状相关的位点和基因,同时构建了栽培和野生豌豆泛基因组,展示了豌豆近缘野生种和地方品种作为未来豌豆育种改良资源的巨大潜力。中国农业科学院作物科学研究所联合北京市农林科学院、广西农业科学院、泰国农业大学、江苏农业科学院等国内外多家单位首次组装了直立型饭豆'FF25'高质量参考基因组,构建了饭豆地方品种的变异图谱,揭示了饭豆起源驯化、群体遗传结构与重要性状的遗传基础,鉴定了一批具有优良农艺性状的育种材料,对未来饭豆育种改良具有重要参考价值和指导作用,同时也为豇豆属其他作物的育种研究提供了很好的优异基因来源。

2022年10月,华中农业大学园艺植物生物学教育部重点实验室番茄团队克隆鉴定了番茄果实(果尖)发育基因 *POINTED TIP*(*PT*),揭示了该基因控制番茄果实远端形态的遗传基础及分子机制,为番茄果实远端形态的遗传改良提供了重要的理论基础和基因资源。

2022年11月,中国科学院华南植物园侯兴亮团队在甘薯抗虫遗传基础解析方面取得重要突破，首次克隆了两个甘薯小象甲抗性关键基因 *SPWR1* 和 *SPWR2*，还揭示了其下游天然抗虫物质的调控机制，为甘薯小象甲田间防治手段提供了新方向和新思路。

2022年12月，河南大学王学路团队在 *Science* 上发文，发现了大豆根瘤能量状态调控共生固氮的新机制。在根瘤碳源供应增加时，根瘤能量状态上升，该研究发现了新的能量感受器蛋白GmNAS1和GmNAP1感受上升的能量状态，进而调控糖酵解中间产物磷酸烯醇丙酮酸（phosphoenolpyruvate，PEP）在大豆根瘤细胞中的分配方向，促进PEP转化为苹果酸为共生体供能从而增强固氮能力。河北农业大学蔬菜遗传育种团队发掘到了打破同一代谢通路中叶绿素与血红素平衡的"分子开关"，证明了 *dBrFC2* 发生单碱基突变后作为功能获得型基因，可同时提高植物叶绿素及血红素含量；首次提出了BrFC2-BrPORB模型共同介导叶绿素与血红素合成的新通路，该项成果丰富了叶绿素合成途径新认识，为作物品质改良提供了理论基础，为进一步实现 *FC2* 基因编辑精准设计育种提供了可能。中国农业科学院蔬菜花卉研究所、中国农业科学院深圳农业基因组研究所、西北农林科技大学、北京市农林科学院蔬菜研究所等4家合作单位的研究团队，针对葫芦科瓜类作物遗传基础狭窄难以获得紧凑株型的问题，提出了一种定向进化策略，通过筛选近缘种中具有育种价值的显性矮生稀有变异，针对性地在其他多种瓜类作物中人工产生新的变异，创造出自然界原本不存在的紧凑株型连续体，大大提高了葫芦科瓜类作物的生产效率，显著节省了劳动力的投入。

（二）动物（畜禽）生物育种进展

2022年4月，江西农业大学黄路生院士课题组与陈从英课题组联合江西农业大学引进专家米歇尔·乔治教授课题组等在 *Nature* 上发文，发现ABO血型基因通过调节 *N*-乙酰半乳糖胺浓度显著影响猪肠道中丹毒丝菌科相关细菌的丰度，并系统地阐明了其作用机制。这是目前为止，国际上所有农业动物（猪、牛、羊、鸡等）中第一个被发现的宿主基因组影响肠道菌群的因果基因突变。该发现对于借助同样的手段研发宿主遗传通过影响肠道菌群调节饲料转化效率和促进生长新技术，培育节粮型和快长型新品种具有重要参考意义。

2022年8月，中国农业大学俞英教授团队参与国际畜禽动物研究计划FarmGTEx，构建全球首个牛多组织调控变异图谱。该图谱包括了牛的100多种组织/细胞类型的表达谱，同时还利用下载及产生的144个牛DNA甲基化数据，构建了包含21种组织的DNA甲基化图谱。这是目前在畜禽研究中规模最大的转录组图谱之一。

2022年9月，中国科学院西北高原生物研究所赵新全、杨其恩和中国科学院昆明动物研究所吴东东使用纳米孔测序和Hi-C数据组装了野生牦牛和家养牦牛的高质量基因组。使用基于比对的策略将长读长测序数据与黄牛的数据进行比较，以确定与高海拔适应相关的长读长数据筛选结构变异（structural variant，SV）。还使用单细胞转录组测序（single cell RNA-sequencing，scRNA-seq）构建了牦牛和黄牛肺的单细胞图谱。这些数据为理解牦牛适应性进化的遗传和细胞机制提供了重要信息，为未来牛物种研究提供了重要资料。

（三）我国相对于国外生物育种的优势与不足

我国生物育种与国外生物育种相比，优势体现在：①我国高度重视生物技术发展，国家发展和改革委员会印发《"十四五"生物经济发展规划》将推动生物农业产业发展作为培育壮大生物经济支柱产业的重要内容，拥有软环境的保障；②我国拥有全球最多的农业科研经费，以及最大的农业科研机构群和推广体系，拥有硬实力支撑。2021年我国生物育种领域的专利申请量超越美国，排名世界第一。

我国生物育种目前存在的不足之处：①基础研究和关键技术原创还需加强。大部分物种的基础研究尚在跟跑，重要性状形成的遗传基础与调控网络研究不系统，作物育种依旧缺乏具有重要育种价值的关键基因，类似具有重大育种利用价值的Bt抗虫基因较少；基因编辑工具、合成生物元器件、全基因选择预测模型、人工智能算法等关键技术原创不足。发达国家已开始迈入生物技术和人工智能技术深度融合的智能设计生物育种4.0时代，我国尚处于表型选择2.0时代到分子育种3.0时代的过渡阶段。②我国农业生物种质资源精准鉴定和优异资源挖掘不够，缺乏优异新种质，遗传基础狭窄，遗传改良进展缓慢，限制了品种源头创新。例如，水稻拥有10余个不同基因组的野生种，但除了少数不育基因、抗病和抗虫基因得到利用，众多基因有待发掘。③重大产品缺乏。国际生物技术产品迭代升级加速，多基因叠加产品不断涌现，我国玉米、大豆、生猪、奶牛、肉鸡等新品种培育差距明显。适应新时期农业特点的重大品种迭代滞后，也缺乏适应农业高质量发展的绿色宜机轻简化品种。部分核心种源受制于人，种业安全存在潜在威胁。

三、前 景 展 望

（一）我国生物育种产业化面临的机遇和挑战

我国新制定的"十四五"规划将生物育种列入需要强化国家战略科技力量的八大前沿领域，2022年"中央一号文件"提出，大力推进种源等农业关键核心技术攻关；全面实施种业振兴行动方案；启动农业生物育种重大项目。表明我国农业生物育种技术研发及其产业化发展已进入自立自强、跨越发展的新阶段。

但是，我国生物育种产业化面临一系列制约因素：①科研院所为核心的育种体系产业转化少。长期以来，中国研发实力集中在科研院所和高校，以科研院所为核心的科研体系育种研究以课题研究为主，脱离市场需求，往往不具备实用性。②企业研发能力弱、技术应用少。中国科研经费主要向科研院所倾斜，而作为市场主体的企业研发基础薄弱、研发实力有限，对于先进育种技术应用较少，而极度分散的种业市场格局使得大量种业企业无法支撑企业建立科研团队与商业化育种体系。③政策监管严格，技术产业化应用慢。当前中国在种业领域的监管政策为积极推动技术创新，谨慎推进产业化应用。这也促使国内育种领域呈现技术先进、产业化应用推进慢的发展现状，尽管国内逐渐推动转基因技术的产业化应用，但在基因编辑等领域的产业化应用进展仍较为缓慢。只有克服上述制约因素，才能加快我国生物育种技术产业化进程，增强我国现代农业核心竞争力，实现科技自立自强，保障国家粮食安全、生态安全与国民营养健康。

（二）面向未来的生物育种目标

1. 精心谋划好生物育种创新顶层设计

重点解决好生物种业科技基础研究和前沿技术的源头创新，支撑突破性重大品种的培育。建议加快实施农业生物育种重大项目，加大对生物育种与产业化发展的支持力度，在种业"卡脖子"核心技术领域抢得先机，取得主动权；加快布局生物种业国家实验室，开辟种业发展国际"新赛道"。

2. 科学规划好生物育种创新主攻方向

聚焦水稻、小麦、玉米、大豆、油菜、猪、牛、羊、鸡等关键物种，加强种质资源精准鉴定，强化重要性状分子机制解析，克隆具有重大育种价值的优质、抗病虫、耐逆、养分高效新基因；研发源头创新的基因编辑新工具和全基因组选择预测新模型，攻克多基因定向表达、靶向合成生物、人工智能设计等前沿关键技术；构建种业全链条溯源，高通量、智能化大规模筛选测试等种业科技创新支撑体系，促进高质量生物育种创新应用。

3. 培育更多大而强的领军企业

我国农作物种企有7000多家，但多数规模小、竞争力不强，全球种业前10强中，中国种企只占2席，分别是先正达集团和隆平高科，亟待培育更多大而强的领军企业。同时加大新修订种子法的实施力度，强化知识产权保护，激励企业加大研发投入。

撰 稿 人：吴锁伟　北京科技大学

通讯作者：吴锁伟　suoweiwu@ustb.edu.cn

第二节　微生物肥料

一、概　　况

2022年度，我国农业微生物市场发展势头迅猛，以微生物肥料、微生物饲料等为代表的产品，其技术研究和生产应用取得一定进展。微生物肥料俗称细菌肥料，简称菌肥。因其是从土壤中分离出的有益微生物，经过人工选育与繁殖后制成的菌剂，是一种辅助性肥料，应用于农业生产，故统称为农用微生物菌剂。在全球气候变暖、粮食危机及自然资源枯竭等大背景下，微生物肥料因其绿色环保、肥效高等优势在农业生产中广泛应用。我国微生物肥料产业经过近20年的稳定快速发展，现已跨入到技术创新最为渴望、极为迫切的时期。在国家绿色农业发展和乡村振兴等战略中，对微生物肥料产业提出了新的要求：研发新产品、新菌种、新工艺、新功效等。首要任务就是让微生物种质资源开始发挥在农业微生物产业中的"芯片"作用。以原位培养、微流控培养、细胞分选、单细胞测序等为代表的新型培养技术逐步成熟，发展了多种"非定向""定向"相结合的"未/难培养微生物"分离技术与方法，为发掘新的农业微生物资源创造了技术条件，也为获取优良菌种提供了基础。同时在国家绿色农业发展和乡村振兴等战略中，随着《全国高标准农田建设总体规划（2021—2030年）》[建设高标准农田8亿亩]、《到2020年化肥使用量零增长行动方案》《到2020年农药使用量零增长行动方案》和《开展果菜茶有机肥替代化肥行动方案》等的实施，以及绿色农用生物产品高技术产业化专项、耕地质量保护提升等项目的开展，微生物肥料产业驶入了发展的快速通道，必将在新时代迎来更好的发展机遇。

二、主要产品与监管

目前农业农村部登记的微生物肥料产品共有9个菌剂类品种：根瘤菌剂、固氮菌剂、溶磷菌剂、硅酸盐菌剂、菌根菌剂、光合菌剂、有机物料腐熟剂、微生物菌剂和土壤修复菌剂。根据农业农村部统计数据，我国微生物肥料产品累计登记数量从2007年的149个增长至2022年的9990余个，相关产品的有效菌种由单一型向复合多效型过渡。此外，我国微生物肥料年产量已达到3000万t，年产总值达到400亿元。现阶段各省份均有微生物肥料菌剂的应用，其中以华中地区最多，华北、西北地区次之，东北、华南地区较少。微生物肥料在30多种主要农作物生产环节得到应用，累计应用面积超过5亿亩；以禾谷类农作物应用量最多，其次是纤维类、油料类。

在新冠疫情蔓延和防控的3年间，随着生物安全问题得到更广泛关注，对应于农业微生物安全问题相应的监管法规和标准体系也进一步规范。农业微生物菌种的精准鉴定、生物安全等级要求更为严格，环境安全评价也已纳入菌剂产品的质量监督和管理程序。国内制定的微生物肥料标准体系包括5个层面、近30个标准，为微生物肥料市场的菌种资源、产品生产、质量检验、产品使用、包装和储存全过程的规范化，以及监管部门的质量监督提供了依据，支持了微生物肥料产业的稳健发展。例如，不在农业微生物领域中使用溶血型枯草芽孢杆菌已成为共识，从而将该菌的使用限制从医药行业拓展至农业领域。此外，转基因微生物的研发及产业化正在快速发展，突出问题便是对其进行有效的安全评价和法律监管；基因工程菌不能直接进行环境释放也成为多国的应用惯例。《中华人民共和国生物安全法》已经颁布和实施，"保护生物资源""生物资源安全"成为法定事项，标志着生物安全进入依法治理的新阶段。

三、企业发展与市场竞争

从资本市场出发，微生物肥料的研究和应用已成为加快农业创新发展、提升农业科技竞争力的主导力量，国际农业强国也已将微生物组列入农业领域五大亟待突破的方向。随着微生物技术的发展，农业微生物催生新产业发展，成为农业领域碳达峰碳中和的核心途径。受良好前景吸引，社会资本积极涌入农业微生物领域，微生物科技公司成为新兴的投资对象。美国吟地歌农业（Indigo Agriculture）公司率先创建了农业微生物基因组信息数据库，获取了有利于植物营养和健康的微生物，且增产提质效果明显，累计融资达到6.09亿美元。在我国，南宁汉和生物科技股份有限公司、甘肃中成德润生物科技有限公司、慕恩（北京）生物科技有限公司、成都新朝阳作物科学股份有限公司、北京蓝晶微生物科技有限公司等成功获得了融资，积极拓展微生物肥料、微生物菌剂、农业面源污染治理、退化耕地质量提升等方面的业务。例如，慕恩（北京）生物科技有限公司选择农业作为微生物组产业化的应用方向，在多轮融资的支持下快速推动了植物微生物组产品线的产业化。

从产品研发出发，当下微生物肥料产业正处于高速发展时期，未来几年充满机遇和挑战。国际龙头企业开发了一系列极具市场竞争力的产品，如诺维信公司的QuickRoots菌剂产品、孟山都公司的玉米微生物种衣剂、以色列拉姆拉特种肥公司的系列微生物复合菌剂都取得了良好的经济效益和生态效益。先正达集团中国依托国家级科研平台，以微生物菌剂为载体，打通"生物肥料-土壤健康-养分高效"之间的互作效应，形成了农用微生物菌剂、生物有机肥、生物复合肥、生物有机无机肥、微生物土壤改良产品等五大系列产品。2022年，先正达集团中国微生物肥料全年累计销量突破50万t，同比增长72%，一举奠定了微生物肥料领域行业领军者地位。面对激烈的国际竞争，企业为更好地应对挑战，应抓住机遇做好以下四件事：第一，加快优势资源和核心产品的筛选，加强自主知识产权的保护；第二，将微生物肥料产品的核心技术牢牢掌握在自己手里，确保产品质量不走样，确保质量稳定有效；第三，加快微生物肥料液体产品的生产和推广，未来随着水肥一体化的提倡，液体产品是未来发展的一个方向；第四，加强对功能性产品的研发和推广。

四、行业发展的新方向

2022年度，随着减肥增效、绿色发展、化肥零增长行动计划等的稳步推进，标志着政府对农业绿色革命的重视和决心。无论是土壤修复的需要还是政策导向，都使微生物肥料产业迎来爆发的机遇。在研发微生物肥料的过程中，产业链源头创新能力和行业标准不断提高。①加强了核心菌种资源的规模化挖掘和评价，持续选育并创制高效工程菌种、人工合成菌群；②系统性研究了发酵培养基成分、发酵工艺、加工工艺对微生物生理状态的影响；③开发了新型菌剂基质、辅剂，以及加工处理、运输、贮存技术；④初步构建了具有我国特色的微生物肥料标准体系，也是国际上首创的微生物肥料标准体系，实现了我国微生物肥料标准研究制订的跨越式发展。此外，在推广微生物肥料的过程中，企业和推广人员探索了新的方向和目标，体现在以下3个方面：①从微生物肥料在未来的推广模式上来讲，应当提高企业或生物技术人员的地位；②从国家农业政策和土壤治理的角度出发，研发品牌产品，发挥微生物肥料的作用，助力实现农业经济可持续发展；③从微生物肥料社会效益角度出发，从绿色、降碳、环境治理、人类健康等入手，提高农产品的品质。在未来的发展中让土地更健康、食品更健康、人类更健康，是未来微生物肥料产业发展的新方向；从传统产品推广、目标市场定位到配套农业政策和关注应用效果，使微生物肥料产品具有社会效益和经济效益，是未来微生物肥料发展的新模式。

五、前景与展望

通过文献计量可见，近20年来，国内外的研究在微生物菌种、微生物与植物生长等方面相对比较集中，国外更关注微生物肥料作用机制及农业可持续发展的相关研究，而国内近些年来则更关注农作物产量和微生物肥料应用方面的研究。从基础研究看，微生物资源鉴定精准化、功能评价系统化成为发展潮流。对微生物资源进行规模化、精准化鉴定评价，发掘满足现代农业发展需求的新型资源和基因，已经成为微生物利用领域的重要内容。在持续开展微生物资源的收集、保藏、应用开发等工作的同时，世界主要保藏中心正在由单一资源保藏机构向包含评价、专业应用开发在内的综合性资源中心转型，注重将资源保藏与研发相结合，使高附加值化微生物资源得以充分利用。此外，随着微生物组研究的深入，针对微生物遗传资源、代谢物的合成生物学研究，生物制造先进技术和颠覆性技术开发是未来农业微生物领域的研究热点。

从产业发展看，平台和政策的支持促进了行业间合作与融合的不断推进，加速了微生物肥料行业的蓬勃发展。近年来，国家通过各种措施推动了微生物肥料的应用与发展，例如，国家发展和改革委员会发布的《"十四五"生物经济发展规划》将微生物肥料纳入到了"农用生物制品发展行动计划"；在国家和部委的各大政策与项目下，微生物肥料产业被列为生物产业、高新技术产业和战略性新兴产业，明确了功能型微生物等生物技术在土壤修复中的应用。这是国家层面对微生物肥料的再度肯定，可以预料，未来该产业将迎来更大的发展空间。此外，国内外各大农资企业与科研平台也积极开展合作，加大技术和产品创新力度，实现我国微生物肥料的产业升级。例如，2022年3月，先正达集团中国发布"微生物肥料"规划，在研发体系上，先正达集团作物营养研发平台——中化农业临沂研发中心已经具备作物营养全体系研发能力，覆盖生物制剂、土壤健康和养分高效三大技术领域，同时还与中国农业科学院农业资源与农业区划研究所、中国农业大学、国家生物农药工程技术研究中心、北京航天恒丰等研发单位展开联合攻关；在生产基地上，战略投资了国内领先的微生物制剂生产企业北京航天恒丰，并正在山东临沂加快建设中化化肥生物制剂生产基地，立志成为引领中国微生物肥料产业的排头兵。除此农资巨头之外，国家微生物肥料技术研究推广中心从2023年起专注于平台联盟建设，搭建起多个资源共享平台与创新体系，协助各平台的科研成果完成实际的落地转化。未来，通过国际平台合作与融合及国内农业政策的大力支持，不断探索市场经济体制下农业技术推广、发展的运行模式，我们一定会逐步建立研究、开发、转化、推广的良性循环机制，推动我国微生物肥料产业的健康、快速发展。

撰 稿 人：刘晓璐　北京科技大学

　　　　　安学丽　北京科技大学

通讯作者：安学丽　xuelian@ustb.edu.cn

第三节　生物饲料

一、概　　况

近年来，企业和研究机构加紧了对生物饲料的研发和市场推广，微生物制剂、酶制剂、饲用氨基酸、发酵类生物饲料等在促进营养吸收转化、提高饲料使用率、适口性、代替部分抗生素的功能、拓宽蛋白质饲料来源等方面得到了饲料加工企业及养殖户的普遍认可。以基因工程、发酵工程和酶工程为代表的现代生物技术得到了广泛应用，是我国现代生物技术成功推行产业化应用的又一次有益的尝试，促进了生物饲料产业自主创新能力较强的企业与科研机构之间的合作，充分体现了现代科技在生物饲料产业发展中的支撑作用。

生物饲料不仅具有绿色、安全的特点，在解决食品安全、饲料资源短缺及环境污染等亟待解决的问题上也将发挥着重要的作用。由于生物饲料行业发展较快，微生物制剂、酶制剂、饲用氨基酸已成为饲料添加剂行业的重要组成部分，发酵豆粕、发酵棉粕已成为重要的优质蛋白质来源，推动了整个饲料行业的发展。

目前全球生物饲料的市场值达到每年30亿美元，并在以年均20%的速度递增，国内有1000余家企业专门从事生物酶制剂、益生素、植物提取物类饲料添加剂的生产。政策和标准的建立对我国生物饲料行业的规范性和健康发展做出了重要贡献，也进一步推动着我国生物饲料产业迅速发展。根据《中国生物饲料行业市场调研及"十四五"发展趋势研究报告》，预计到2025年，生物饲料产品市场份额将达到2000亿元/年。2022年（截至11月）全国工业饲料总产量为26 831万t，包括配合饲料24 856万t，浓缩饲料1309万t，添加剂预混饲料559万t，具体如表13-1所示。

表13-1　2022年（截至11月）我国饲料工业总产量分布表　　（单位：万t）

月份	总产量	配合饲料	浓缩饲料	添加剂预混饲料	合计
1	2 409	2 212	129	57	4 807
2	1 976	1 826	108	34	3 944
3	2 336	2 174	105	48	4 663
4	2 249	2 100	95	46	4 490
5	2 352	2 188	107	47	4 694
6	2 332	2 170	106	47	4 655
7	2 458	2 291	108	49	4 906
8	2 635	2 443	129	54	5 261
9	2 833	2 610	152	62	5 657
10	2 672	2 471	133	56	5 332
11	2 579	2 371	137	59	5 146
合计	26 831	24 856	1 309	559	

资料来源：中国饲料工业协会网（http:// www.chinafeed.org.cn）

二、主 要 产 品

生物饲料包括生物发酵饲料、酶解饲料、菌酶协同发酵饲料和生物饲料添加剂等。世界范围内生物饲料产品开发已经成为一个较大产业，开发的生物饲料产品已达数十个品种，主要包括饲料酶制剂、饲用氨基酸和维生素、益生素（直接饲喂微生物）、饲料用寡聚糖、植物天然提取物、生物活性寡肽、饲料用生物色素、新型饲料蛋白、生物药物饲料添加剂等；我国研究和生产过程中更加关注的主要包括饲用酶制剂、益生菌、生物活性寡肽和寡糖等。

在农业农村部发布的《饲料添加剂品种目录》（2045号公告及后续修订报告）的基础上，2022年批准了5个新饲料添加剂品种，扩大了4个饲料添加剂品种的适用范围，增补了1种饲料原料——奇亚籽进入《饲料原料目录》（农业农村部公告第614号）。

在团体标准方面，2022年4月中国饲料工业协会批准发布了15项团体标准，并于5月13日起实施。这些团体标准包括L-异亮氨酸、二甲酸钾、甘氨酸锌等6种饲料添加剂类型，γ-氨基丁酸等3种复合型饲料添加剂类型，3种不同来源饲料原料的提取及测定方法及1项生猪低蛋白低豆粕生产技术规范。这些团体标准的发布，将进一步推动我国饲料行业的发展。

三、市 场 分 析

1. 国家出台各项政策，大力扶持饲料行业发展

近年来，国家产业政策大力支持生物饲料产业发展，我国政府陆续出台多项扶持政策，支持、鼓励和指引生物饲料产业的健康有序发展。2022年《"十四五"生物经济发展规划》指出，为发展面向农业现代化的生物农业，将包括生物饲料在内的农业生物产品列入重点发展领域。经过多年努力，我国饲料工业基本实现由大到强的转变，为养殖业提质增效促环保提供了坚实的物质基础。

2. 生物饲料同时满足市场需求和国家农业绿色发展的需求

一方面，我国肉制品、奶制品、水产品的消费量稳步增长，饲料资源短缺逐渐成为制约我国饲料产业和畜牧业发展的瓶颈难题。饲粮缺口在所难免，优质蛋白质饲料资源短缺尤其严重。生物饲料扩大利用非常规饲料资源，有力维护国家粮食安全的同时可有力缓解饲料资源短缺问题。另一方面，食品与饲料安全要求无抗养殖，禁止使用饲用抗生素，由于生物饲料可以有效提高动物的免疫能力，且能有效防止畜禽腹泻，

降低腹泻率和死亡率，可有效替代饲用抗生素的使用。

四、研 究 动 向

生物饲料可降低饲料中抗营养因子对动物产生的不利影响，提高饲料利用率，有效促进农副资源饲料化与高效利用，减少抗生素等药物添加剂的使用，提高动物生产性能，因此开发绿色、环保、高效的生物饲料对降低饲料成本、减排环保，以及缓解大豆等蛋白质饲料供需矛盾具有重要意义。近年来生物饲料的开发与应用技术已成为饲料行业研究的热点。

目前关于生物饲料作用机制的研究主要集中于以下几个方面：①改善畜禽胃肠道微生态环境和生产环境；②提高畜禽机体的免疫功能；③提高饲料利用率和畜禽的生产性能。围绕着这几个主要的方面，科研工作者开展了不同的研究。例如，中国农业科学院北京畜牧兽医研究所饲用酶工程创新团队在抗生素替代品的开发方面取得新进展：研究人员采用结构生物学手段，确定了双结构域双功能果胶甲酯酶与多聚半乳糖醛酸酶的催化机制，阐明了以分子内协同相互作用的方式提高果胶底物水解效率的分子机制。研究表明，甲酯化果胶寡糖作为主要的水解产物，对革兰氏阳性菌和革兰氏阴性菌均具有明显的抗菌活性。该研究为实现抗生素替代品甲酯化果胶寡糖的高效生产提供了理论指导，也为果皮等农业废弃物资源再利用开辟了新路径。

国内外针对生物饲料产品技术的研究，主要包括酶制剂和活性肽两方面内容。发达国家基本实现了主要饲用氨基酸和酶制剂基因工程化技术；不论抗菌肽研制核心技术还是基因工程和生化工程技术，其在生物饲料工业中成功应用的关键在于如何降低成本、筛选更高效广谱或者特效抗菌而且安全的新产品，这是横贯多个学科与领域的国际研究热门，其瓶颈技术的突破尚需些时日，达至实用还有相当距离。而代谢工程研究远比基因工程和蛋白质工程要高级、复杂和困难得多，具有重要方法学意义。随着现代分离技术、组合化学、代谢组学、药理学与中药学的结合应用，植物提取物在替代饲料用抗生素中将发挥重要作用。

五、发 展 趋 势

我国高度重视生物饲料产业发展，综合施策，从管理制度和技术标准等多方面采取有效措施，有力促进了产业规范化健康发展。2020年，国务院办公厅印发的《关于促进畜牧业高质量发展的意见》明确提出"加快生物饲料开发应用"，为生物饲料产业加快发展指明了方向。此后，自2011年国务院修订发布《饲料和饲料添加剂管理条例》（以下简称《条例》）以来，又对《条例》进行了3次修订。农业农村部依据《条例》规定，按照国务院"放管服"改革有关要求，及时制定发布相应的配套规章和规范性文件，累计制定了 5 个部门规章、16 个规范性文件，发布实施了 600 余项国家标准或行业标准，初步形成了相对完善的饲料管理制度体系。

预计到 2025 年，生物饲料产品市场份额将达到 2000 亿元/年，而且生产技术和应用技术水平将大幅度提高并实现标准化。虽然我国生物饲料产业具有巨大的发展前景，但现阶段，我国生物饲料整体研发和产业化水平还有待提高，在产业发展中仍存在一些亟待解决的问题。例如，设备和工艺落后，饲料效果不稳定，特色功能菌筛选办法还需改进，耐药基因转移、有害代谢产物、黏膜损伤、超敏反应等来自菌种的威胁也不断增加，缺少产品标准和检测监控技术等。

未来生物饲料的研究重点主要集中在以下几个方面：①资源评估与发掘，建立生物饲料产品相关基因资源的高通量筛选技术和快速有效的功能评估系统，获得一批有自主知识产权、有应用价值的新基因资源；②构建基因工程技术平台，利用现代分子生物学技术和基因工程技术，构建高效生物反应器技术平台和多功能菌株改良技术平台，提高工程菌的蛋白质表达量，降低生产成本，实现规模化廉价生产；③建立生物饲料蛋白质工程技术平台，通过对天然蛋白质的基因进行定向改造，创造出新的具备优良特性的蛋白质分子，从而提高蛋白质活性，改善制品稳定性等；④建立生物饲料发酵工程技术平台，开发高效、稳定、实用的产品加工技术，加快生物饲料产业化步伐；⑤生物饲料产业化技术的系统集成，建立生物饲料产品的配套应用技术体系，促进重人生物饲料产品的研发、产业化和推广应用；⑥开发新型牛物蛋白质和能量饲料，利用生物酶制剂降解饲料中的非淀粉多糖，利用微生物发酵或酶解方法降解豆粕、棉粕、菜粕中的抗营养因子，从而提高蛋白质和能量饲料的利用效率；⑦建立生物饲料产品的饲用价值和安全性评价技术，包括饲料的适口性，饲料对动物健康状况和畜产品品质的影响等；⑧建立生物饲料产品的高效配套应用技术，通过对优质、高效新产品的选择，以及发酵工程新技术、新工艺的研究，有效提高我国生物饲料产品及企业的整体水平，解决我国存在的人畜争粮、饲料利用率低、饲料安全卫生质量差、发酵工艺技术落后、产品少的问题，增强我国饲料行业和畜禽产品的市场竞争力。

未来的生物饲料将是传统工业饲料中最重要的新的表达方式，生物饲料的发展事关长远、事关大局、任务艰巨、责任重大，需要行业从业者和研究者抓住机遇，持续创新，共同推动我国生物饲料产业的健康发展，加速我国饲料行业科技进步和转型升级迈向新台阶。

撰 稿 人：龙　艳　北京科技大学

　　　　　　刘晓璐　北京科技大学

通讯作者：龙　艳　longyan@ustb.edu.cn

第四节 生 物 农 药

一、引　言

预计2050年，全球人口将达97亿。同时，人类各种活动（包括因建设导致的耕地面积减少、水资源污染和退化）、外来入侵生物的聚集、现有耕地质量的退化和恶化、气候变化等因素的影响和叠加，给全球的粮食安全带来了巨大负担和挑战。

当前，可通过化肥、农药及限制极端环境造成损失（如生物和非生物胁迫）来提升农作物产量，是当前人类提升农业单位产量的重要举措。其中，农药的使用无疑是提高单产最经济和最高效的手段与措施，据联合国粮食及农业组织（FAO）统计，使用农药可以挽回30%—40%的农产品损失，同时可以提升农产品的质量，从而增加农业收入和减缓因各种因素带来的粮食安全问题的步伐。然而，随着人们长期不规范使用有机氯、有机磷传统农药，给人类、其他生物和环境带来了严重的风险。近十年来，人们对食品安全和质量的要求越来越高（主要体现在对进口产品的严格安全规定和对商品中农药残留量的严格规定上），同时，公众对农药对食品安全和环境的不利影响的认识有所提高。"十三五"期间，农业农村部组织开展化肥农药使用量零增长行动，经过5年的实施，截至2020年底，我国化肥农药减量增效已顺利实现预期目标，化肥农药使用量显著减少，化肥农药利用率明显提升，在2021年发布的《"十四五"全国农业绿色发展规划》中，强调继续推进化肥农药减量增效，特别是强调推行绿色防控技术和推广新型高效植保技术、推进科学用药，开展农药使用安全风险评估，推广应用高效低毒、低残留新型农药，逐步淘汰高毒、高风险农药等措施。可以预见，传统的农药行业和市场将经历重大的变化。

在过去的十余年里，生物农药作为一种安全的有害生物防治方法被并入到有害生物综合治理（integrated pest management，IPM）方案中，引起了全球的关注。IPM方案的采用大大提高了有害生物管理的效率，对传统农药的减量增效起到了显著的成效。生物农药也因环境相容性好、低毒、不易产生抗药性等因素而在植物保护中越来越受到重视。以下简要总结生物农药发展现状与趋势。

二、我国生物农药的分类及登记情况

（一）生物农药的分类

生物农药是指利用生物活体（真菌、细菌、昆虫病毒、转基因生物、天敌等）或其代谢产物（信息素、生长素等）针对农业有害生物进行杀灭或抑制的制剂。生物农药也称天然农药，通常是非化学合成。国际上对生物农药的定义和登记范围虽然没有统一的标准，但其毒性作用小、安全、环境兼容性好等特点得到公认，已成为全球农药产业最热门的发展重点和领域。从管理的角度看，国际上各组织、国家或地区对生物农药定义的范畴不同，总体而言，微生物农药都被认定为生物农药；生物化学农药、植物源农药、天敌生物、转基因生物和农用抗生素被部分国家认定为生物农药。但在我国，只有生物化学农药、植物源农药、天敌生物、微生物农药和农用抗生素被认定为生物农药。

（二）我国生物农药的登记情况

中国是生物农药研究和应用最重要的国家之一，中国已有百余种生物农药得以登记和商业化开发。截至2023年1月10日，在农业农村部农药检定所登记的农药总数达到45 178个，其中生物农药数量3543个，约为农药总登记数的7.84%（图13-1）。农用抗生素占据了生物农药登记数量的58%以上，其次是生物化学农药和微生物农药，植物源农药约占8%，而天敌生物仅有2个相关产品登记。以下分别介绍我国各类农药在国内的登记和发展状况。

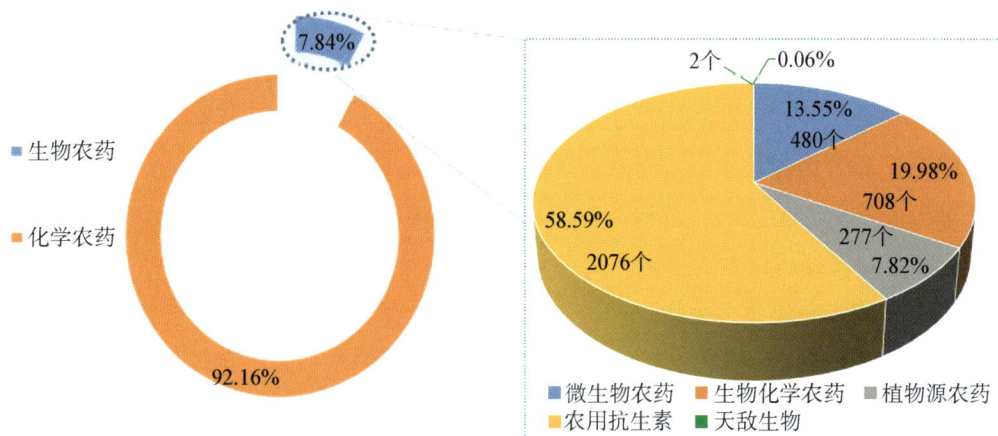

图13-1　我国农药登记概况

资料来源：农业农村部农药检定所农药登记数据库（截至2023年1月10日）

1. 农用抗生素及其登记情况

农用抗生素是由细菌、放线菌和真菌等微生物产生的、用于农业有害生物防治的次生代谢产物。甲维盐（全称为：甲氨基阿维菌素苯甲酸盐）和双丙环虫酯等实际上是以农用抗生素为原料得到的衍生物。在我国，链霉素、土霉素和氯霉素等曾经在农业上得以应用，但由于它们是医药上的主要成分，其在农药上的应用具有较大的安全风险，进而被禁用。在农用抗生素的应用上，以阿维菌素为代表的产品在我国占据了绝大多数。由图13-2可知，阿维菌素、甲维盐、井冈霉素、春雷霉素和多抗霉素（多氧菌素）等已成为生物农药的重要品种。与化学合成类农药相比，农用抗生素具有活性高、来源广、可共用生产设备、对环境污染小且不易富集等特点。从目前的登记情况看，以阿维菌素为代表的产品同质化严重，这也是我国农药产业面临的最大问题之一。

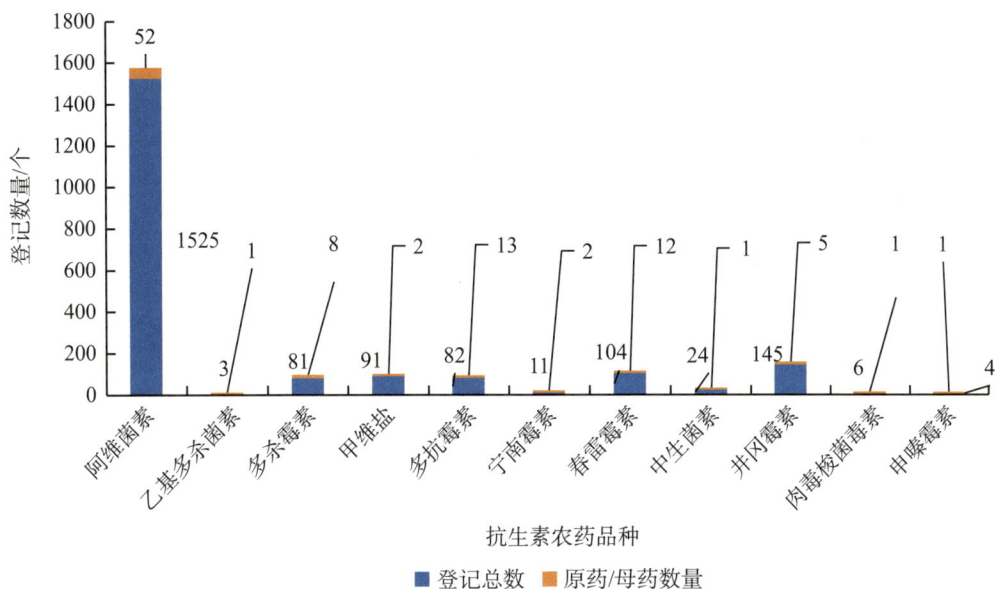

图13-2　我国农用抗生素品种及其登记情况
资料来源：农业农村部农药检定所农药登记数据库（截至2023年1月10日）

2. 生物化学农药及其登记情况

目前，在我国应用较多的生物化学农药主要包括化学信息物质、昆虫生长调节剂、植物生长调节剂、植物诱抗剂和其他生物化学农药等类别，可以是天然来源或化学合成，但都对靶标生物无直接致死作用。从国内登记情况看，我国生物化学农药以赤霉酸、芸苔素内酯（油菜素内酯）、萘乙酸、氨基寡糖素等为主，占据了该类农药的大多数，特别是赤霉酸在我国的登记数量超过了200个、芸苔素内酯也超过了100个（图13-3），而这些产品均为植物生长调节剂产品，这些有效成分在进入植物体后发挥植物激素或相似的生理和生物学效应，实现生长发育调控、株型调整、根茎膨大、植物性别分化诱控、抗逆性提升、产量增加和品质提高等。

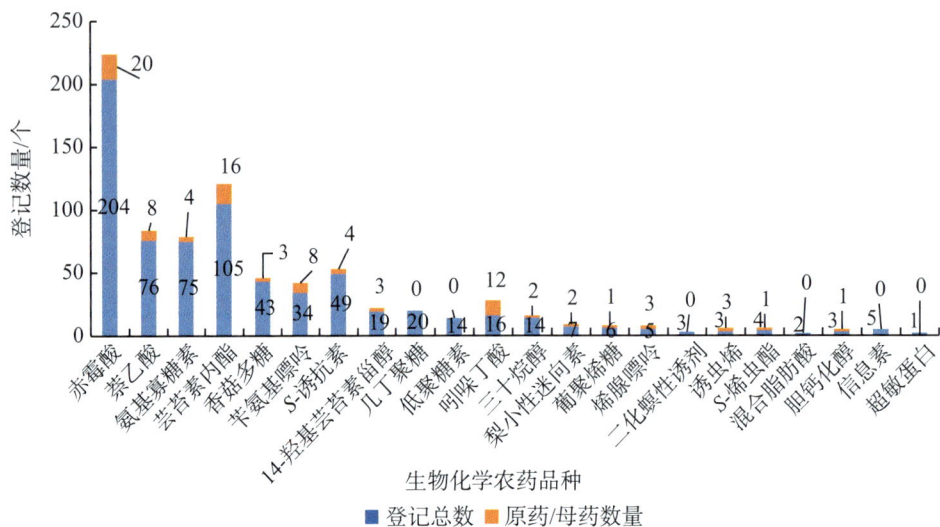

图13-3　我国生物化学农药品种及其登记情况

资料来源：农业农村部农药检定所农药登记数据库（截至2023年1月10日）

3. 植物源农药及其登记情况

植物源农药种类繁多，包括植物源杀虫剂、植物源杀菌剂、植物源杀螨剂、植物源激素等。我国目前登记的植物源农药涉及的有效成分共24个，登记的总数达到277个，包括苦参碱、除虫菊素、苦皮藤素、印楝素、丁子香酚、香芹酚。其中苦参碱登记产品数量最大，达到115个（可作为杀虫剂和杀菌剂）；其次是印楝素27个、鱼藤酮23个、蛇床子素17个（可作为杀虫剂和杀菌剂）（图13-4）。

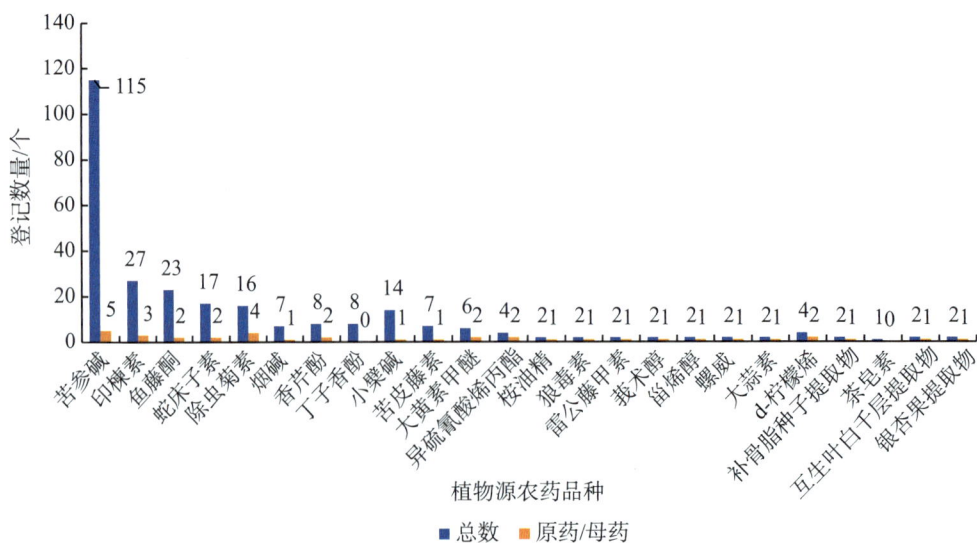

图13-4　我国植物源农药品种及其登记情况

资料来源：农业农村部农药检定所农药登记数据库（截至2023年1月10日）

4. 微生物农药及其登记情况

微生物农药是指以细菌、真菌、病毒和原生动物或经基因修饰的微生物活体为有效成分，防治病、虫、草、鼠等有害生物的生物源农药。2010—2020年，微生物农药行业发展迅猛，一些新的微生物农药品种，特别是一些基于新的微生物种类的微生物农药取得农药登记并上市，进一步丰富了农作物病、虫、草害的防治手段。国际上登记的细菌农药以芽孢杆菌为主，包括苏云金芽孢杆菌、枯草芽孢杆菌、解淀粉芽孢杆菌、坚强芽孢杆菌、短小芽孢杆菌、地衣芽孢杆菌及蕈状芽孢杆菌等；其他的细菌包括巴氏杆菌、假单胞菌、伯克霍尔德菌、色杆菌、沃尔巴克氏菌及乳杆菌等。在经济合作与发展组织（Organization for Economic Co-operation and Development，OECD）的38成员国中，已注册和可供使用的微生物农药有200种以上。在美国登记的微生物农药有近60种，在加拿大有20余种。中国目前登记的微生物农药共480个，其中细菌农药约占70%，但很多是如苏云金芽孢杆菌、枯草芽孢杆菌、蜡样芽孢杆菌等老品种，近年来也涌现了一些全新的细菌农药（如中国农业科学院植物保护研究所构建的工程菌株G033A、长沙艾格里生物肥料技术开发有限公司开发的嗜硫小红卵菌、中国科学院沈阳应用生态研究所开发的甲基营养型芽孢杆菌、陕西美邦开发的侧孢短芽孢杆菌A60菌株、苏科农化开发的解淀粉芽孢杆菌Lx-11菌株等），部分活性成分为全球首例。从目前的登记数量来看，苏云金芽孢杆菌登记产品数量最为庞大，达到182个，其次是枯草芽孢杆菌，为87个，球孢白僵菌，为30个，棉铃虫核型多角体病毒，21个（图13-5）。

总的来说，全球范围内微生物农药的登记正在不断增加，各种新技术的涌现拓宽了微生物产品的应用范围，微生物农药未来的发展趋势无疑是上升的。

5. 天敌生物

天敌生物农药是指除微生物农药以外的防治有害生物的活体生物，其作用方式主要涉及寄生和捕食。天敌生物的扩繁和利用一直是该类农药研究开发的重点，松毛虫赤眼蜂（*Trichogramma dendrolimi*）是当前唯一在农药检定所登记的品种（2个），主要用于防治鳞翅目类害虫。

三、生物农药的国内外市场概况

（一）生物农药的国外市场概况

目前，生物农药在全球整个作物保护市场中只占很小的份额，约为5%。但是，目前除草剂领域生物防治的使用微乎其微，因此仅考虑对害虫、线虫和病原体的防治，

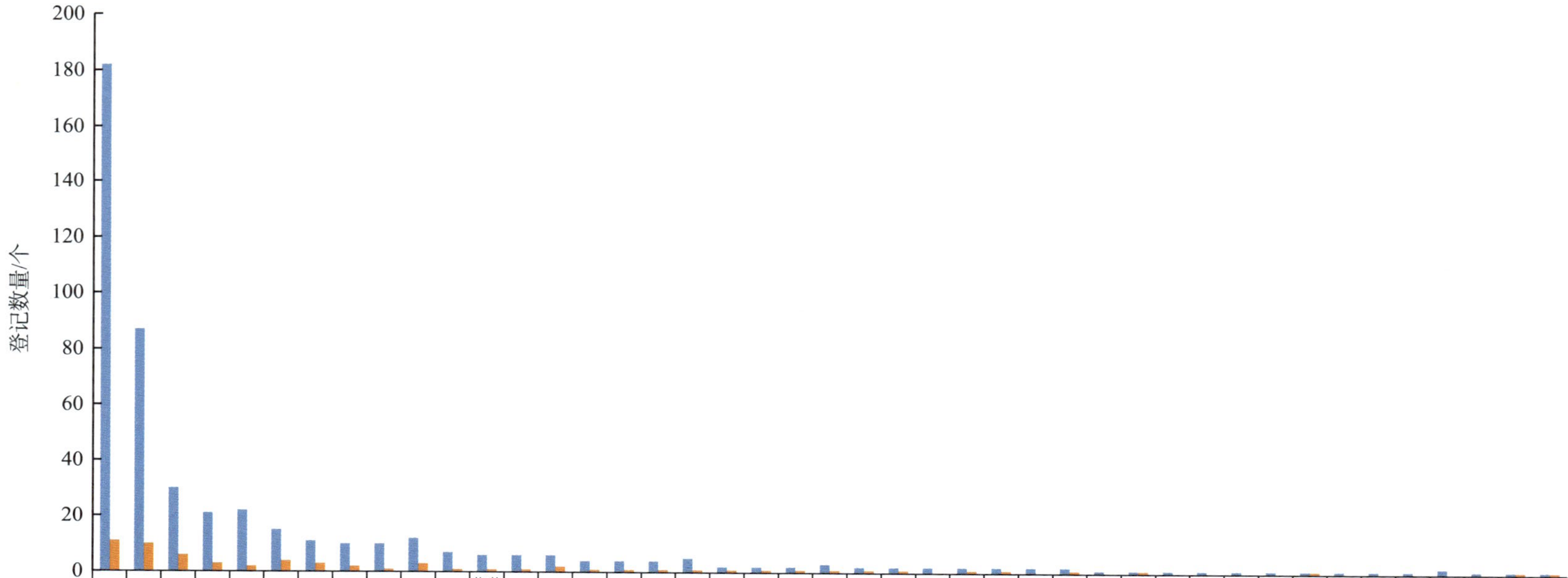

Y 轴标题：登记数量/个
X 轴标题：微生物农药品种
图例：■ 总数　■ 原药+母药

微生物农药品种	总数	原药+母药
苏云金芽孢杆菌	182	11
枯草芽孢杆菌	87	10
棉铃虫核型多角体病毒	30	6
球孢白僵菌	21	3
木霉菌	22	2
金龟子绿僵菌	15	4
多粘类芽孢杆菌	11	3
甜菜夜蛾核型多角体病毒	10	2
斜纹夜蛾核型多角体病毒	10	1
荧光假单胞菌	12	3
紫苏核型多角体病毒	7	1
甘蓝夜蛾核型多角体病毒	6	1
金龟子绿僵菌 CQMa421	6	2
厚孢轮枝菌	4	1
球形芽孢杆菌	5	1
解淀粉芽孢杆菌 P 菌 Q21 900	4	2
甲基营养型芽孢杆菌 9912 W-6	2	2
海洋芽孢杆菌 L 菌	2	2
多粘类芽孢杆菌 K 菌 N-03	2	2
地衣芽孢杆菌	2	0
侧孢短芽孢杆菌 A6 菌 B-S 0	2	1
沼泽红假单胞菌 PS 病毒	1	0
小盾壳霉颗粒体 CGMCC83 25 病毒	1	0
苏云金芽孢杆菌以色列亚种 033 病毒 A	1	0
苏云金芽孢杆菌 G 菌 病毒 A	1	1
松毛虫质型多角体病毒 HNI-11 1	1	0
解淀粉芽孢杆菌 LX-11 菌 619	2	0
蟑螂微孢子虫 B1 子 -1SB 病毒 ZS 型	1	0
茶尺蠖核型多角体病毒	1	1

图 13-5　我国微生物农药品种及其登记情况

资料来源：农业农村部农药检定所农药登记数据库（截至 2023 年 1 月 10 日）

该份额仅在1%左右；在占生物农药用量约90%的水果和蔬菜领域，其市场份额超过18%。根据埃信华迈（IHS Markit）公司的测算，2020年生物农药行业价值约为50亿美元，并且将保持快速增长态势。全球生物农药市场从区域来看，美国生物农药市场在全球位列第一（44%），并占据全球市场总额的1/3以上，其次是欧洲（20%）和亚洲（13%）。从类型上看，微生物制品在美国占主导地位并占据了2/3的市场份额；在欧洲，得益于收入增长、有机田耕作方法的改进等因素，市场上主要以生物杀菌剂为主（市场份额达到45%），而生物杀虫剂也占近40%。而在农药使用大国巴西的生物农药产品中，生物杀虫剂是最受欢迎的产品之一，占41%；其次是生物杀线虫剂和生物杀菌剂，分别占35%与24%。

目前，随着全球有机农业迅速发展，人们环保意识提升，政策大力扶持生物农药行业的发展。根据IHS Markit的预计，2020—2025年，全球生物农药行业市场规模将以约10%的复合年增长率增长，至2025年，全球生物农药行业市场规模将达到80亿美元以上。按此增长率计算，预计2026年，全球生物农药行业市场规模约达88亿美元，预计到2029年底将达到130亿美元。

目前，以美国、德国、日本为首的技术发达国家，通过跨国农药公司，在生物农药领域的竞争中占有绝对优势，其投入大量资金和人力用于生物农药的研发，说明跨国农药公司对生物农药的发展前景非常看好。当前，全球生物农药行业已逐渐聚拢于拜耳、巴斯夫、中国化工、科迪华、爱利思达等少数农药大型公司，形成寡头垄断的格局。

（二）生物农药的国内市场概况

根据国家统计局数据，近年来我国生物农药行业规模逐渐扩大，规模以上企业（年产值2000万元以上）数量稳步增长。特别是2017年《农药管理条例》修订以来，农药行业监管趋严，但生物农药凭借相对环保的优势取得了较好的发展成效。2017年，我国生物农药行业实现销售规模319.3亿元，同比增长5.7%，2018年，实现销售规模360.0亿元，同比增长12.7%，占整体农药比例达到10.9%，高于全球平均水平。2020年，生物化学农药及微生物农药制造业129家规模以上企业的资产总计为348.00亿元，占农药制造业的12.4%；主营业务收入为289.11亿元，占农药制造业的12.7%；利润总额为33.46亿元，占农药制造业的17.6%。

我国已多次将生物农药的发展写入了国家级规划，2022年国家发展和改革委员会印发的《"十四五"生物经济发展规划》再次提出，支持生物农药等绿色农药研发登记，推广绿色生产技术；调整产品结构，支持发展高效低风险新型化学农药，大力发展生物农药，同时在中西部重点培育一批生物农药优势企业和绿色农药制剂加工企业。

同时对生物源农药加大政策扶持力度和专项资金支持。这给生物农药行业的发展带来了历史性机遇。从全球生物农药市场容量看，生物农药的产业价值在不断凸显，蕴藏着百亿美元的市场空间。

四、生物农药研发概况及发展趋势

（一）植物源农药

植物源农药是生物农药的重要组成部分。此类杀虫剂是根据特定方法应用于受体植物的植物制剂，其基于植物中稳定的活性成分，以防止疾病、昆虫和杂草。一般来说，这类杀虫剂通常包含在各种类型的物质中，如生物碱、糖苷、有毒蛋白质、挥发性精油、单宁、树脂、有机物酸、酯、酮和萜烯。在过去的20年中，全球有关基于植物成分的农药的文献，已从总出版物的2%增加到21%以上。近10年，国内很多学者以生物萃取为导向，大力开发植物源农药，如百里香和马郁兰精油均对菜豆象甲具有很好的熏蒸活性，八角茴香油与八角叶油对淡色库蚊幼虫的毒杀活性较好，肉桂油、冬青油对淡色库蚊成虫具有很好的熏蒸和击倒效果，肉桂油对腌制食品常见害蝇丝光绿蝇和大头金蝇具良好的杀卵效果等。现阶段，我国从事研究和生产植物源农药的企业有成都新朝阳、内蒙古中农生化科技、北京清源保、山西德威、成都绿金等。虽然目前市场对植物源农药认可度不高，但随着开发力度不断推进，对农产品质量、安全要求不断提高，发展植物源农药是国内企业未来自主创新与国外公司抗衡的切入点。

植物杀虫剂的增长可能会更加强劲，从目前的市场份额1%—2%上升到超过7%，并以每年16%的速度增长。发达国家和地区，如欧洲和美国使用了世界上64%的植物杀虫剂。中国已发现约4000种具有农业活性的植物，其中2000多种具有杀虫活性，有巨大的发展潜力。目前，合成生物技术（如重组DNA技术、模块化代谢工程和基因组编辑等）广泛应用于植物源农药的合成。由于将合成生物技术引入植物源农药的开发中，可以有效解决传统生产面临的资源有限、生产过程复杂、生产效率低等问题，从而降低生物农药的生产成本，降低其应用的价格壁垒，必将带动整个生物农药产业的发展，为绿色农业的健康快速发展提供有力支撑。

（二）微生物农药

从国内外近10年所登记的微生物农药看，大量的新的微生物种类或具有新防治的对象不断涌现，其发展十分迅猛。目前发现至少有1500种天然的专门针对昆虫的微生物，其中100种是有杀虫效果的。

迄今为止，已经分离鉴定出100多种苏云金芽孢杆菌菌株，主要用于防治鳞翅目、双翅目和鞘翅目幼虫。Bt蛋白的编码基因已成功转移到不同的作物上，取得了显著的经济效益。苏云金芽孢杆菌和Cry蛋白由于其特异性和对环境的安全性，是一种高效、安全、可持续的化学杀虫剂替代品。Cry蛋白作用机制习惯上被解释为在细胞膜上形成孔洞或者产生离子通道导致细胞的渗透溶解。此外，Cry毒素单体似乎还通过一种腺苷酸环化酶/蛋白激酶A信号通路的机制促进昆虫细胞的死亡。苏云金芽孢杆菌毫无疑问是使用微生物进行生物防治最成功的案例之一，占据了全球生物农药市场的70%，并将继续作为最重要的微生物农药之一，保护我们的作物免受害虫的侵扰。

近年来发现了大批具有潜在应用价值的微生物农药。例如，研究者从草莓树的树冠上获得了黄蓝状菌（*Talaromyces flavus*）的菌株对苗圃中由炭疽叶枯病菌（*Glomerella cingulata*）和尖孢炭疽菌（*Colletotrichum acutatum*）引起的炭疽病具有强力的抑制作用，其中菌株SAY-Y-94-01的活性最高，与杀菌剂丙森锌相当。近年来发现具有农用生物活性的部分代表性微生物及其次生代谢产物在农业病害方面的应用情况分别如表13-2和表13-3所示。

表13-2　近年来报道的代表性微生物农药

菌种名称	机制	防治病菌	防治对象
贝莱斯芽孢杆菌 （*Bacillus velezensis*）	通过产生胞外酶抑制菌丝生长和孢子萌发	葡萄分生孢杆菌（*Coniella vitis*）	葡萄白腐病
	通过抑制菌丝生长和分生孢子萌发降低植物根系定植能力	假禾谷镰刀菌（*Fusarium pseudograminearum*）	小麦镰刀菌冠腐病
绿叶假单胞菌 （*Pseudomonas chlororaphis* R47）	HCN抑制菌丝体的产生和游动孢子萌发的抑制	马铃薯晚疫病菌（*Phytophthora infestans*）	马铃薯晚疫病
绿叶假单胞菌 （*Pseudomonas chlororaphis* B18）	真菌细胞壁降解酶的合成	黑粉菌（*Sporisorium scitamineum*）	甘蔗黑穗病
解淀粉芽孢杆菌（*Bacillus amyloliquefaciens*）	抗真菌脂肽合成	立枯丝核菌（*Rhizoctonia solani*）	姜黄根腐病
球孢白僵菌（*Beauveria bassiana*）	生物活性代谢物的生产	灰葡萄孢菌（*Botrytis cinerea*）	番茄和辣椒灰霉病
苏云金芽孢杆菌（*Bacillus thuringiensis*）	通过同时激活水杨酸、茉莉酸、乙烯信号通路诱导植物的系统反应	核盘菌（*Sclerotinia sclerotiorum*）及小菜蛾（*Plutella xylostella*）	甘蓝型油菜菌核病

表13-3　近年来报道的代表性微生物次生代谢产物及其应用情况

次生代谢产物	分泌性生物体	防治对象	机制
肽类	棘孢木霉菌（*Trichoderma asperellum*）； 长枝木霉（*Trichoderma longibrachiatum*）	串珠镰刀菌（*Fusarium moniliforme*）； 大刀镰刀菌（*Fusarium culmorum*）； 玉米禾谷镰刀菌（*Fusarium gramine-arum*）； 番茄早疫病菌（*Alternaria solani*）； 立枯丝核菌（*Rhizoctonia solani*）	植物诱导的系统抗性
嗜铁素 几丁质酶 淀粉酶 蛋白酶	长枝木霉（*Trichoderma longibrachiatum* S12）； 棘孢木霉菌（*Trichoderma asperellum* S11）； 深绿木霉（*Trichoderma atroviride*）	立枯丝核菌（*Rhizoctonia solani*）	抑制菌丝体生长
多酚 黄酮	木霉菌（*Trichoderma erinaceum* IT-58）； 盖姆斯木霉（*Trichoderma gamsii* IT-62）； 非洲哈茨木霉（*Trichoderma afroharzianum* P8）； 哈茨木霉（*Trichoderma harzianum* P11）	群结腐霉菌（*Pythium myriotylum*）	抑制菌丝体生长
吡喃酮和环辛醇类化合物	绿色木霉（*Trichoderma viride*）； 哈茨木霉（*Trichoderma harzianum*）	交链格孢菌（*Alternaria alternate*）	损害致病菌丝

目前已经分离得到700多种可以感染昆虫的病毒，主要用于防治鳞翅目、膜翅目、鞘翅目、双翅目和直翅目。这些病毒中大约有十几种已被商业化。用于害虫防治的病毒包括含DNA的杆状病毒（BV）、核多角体病毒（NPV）、颗粒体病毒（GV）、囊泡病毒（ascovirus）、虹彩病毒、细小病毒、多DNA病毒和痘病毒，以及含RNA的呼肠孤病毒（reovirus）、细胞质多角体病毒、诺达病毒（Nodavirus）、类小核糖核酸病毒（picorna-like virus）和四病毒（tetravirus）。这些病毒中，目前应用和登记较多的主要是核多角体病毒和颗粒体病毒。这些病毒在全球范围内被广泛用于防治蔬菜和大田作物有害生物。它们还能防治森林栖息地的舞毒蛾、松树锯蝇、冷杉合毒蛾和松毛虫。果树上的苹果蠹蛾和马铃薯块茎蛾可以用相应的颗粒体病毒防治。病毒类生防产品还

可用于防治卷心菜蛾、玉米害虫、棉叶虫和棉铃虫、甜菜夜蛾、芹菜尺蠖和烟青虫。

目前，细菌、真菌和病毒等微生物可以有效地用作生物防治剂，保护植物免受其他病原微生物的侵害。微生物生物防治剂通过多种机制提供生物防治，包括直接拮抗、次级代谢产物的产生、竞争及在宿主植物中诱导抗性。尽管在全球范围内，这方面的研究一直在进行，但仍需要更多的研究，将微生物与化合物结合使用，以获得更好、更长久的效果。CRISPR/Cas9等基因编辑新技术已被广泛应用在宿主植物中诱导抗性，以及宿主植物利用基因修饰生产抗微生物化合物以控制植物病害。生物防治（biological control agent，BCA）的遗传修饰也是未来更好的生物防治方法。对各种细菌素的遗传组织和生物合成途径的了解使细菌素及其生产宿主的分析和修饰得以提高，从而提高细菌素作为抗菌剂的有效性。具有独特特性的细菌素可以通过编码细菌素的不同细菌物种的基因突变或融合产生。与使用天然形式的细菌素相比，基因修饰具有多个优势，如使用基因融合技术扩大细菌素的损伤谱。利用这些技术可以进行更多的研究，并可以进一步用于创造具有广泛目标病原体的突变植物物种和转基因微生物农药。

（三）农用抗生素

农用抗生素已经广泛应用于农业害虫和植物病害的防治，为农业生产做出了重要贡献。随着微生物育种技术和发酵技术的提升，各种农用抗生素的发酵效价不断提高、发酵规模不断扩大、生产成本逐步降低，其在农业生产应用的竞争力日益增强，如井冈霉素、阿维菌素、中生菌素、春雷霉素等。近些年来，国内外对吩嗪类抗生素（主要有吩嗪-1-羧酸、吩嗪-1-甲酰胺、2-羟基吩嗪等）、聚酮类抗生素（疏螺体素、米尔贝霉素、藤黄绿脓菌素、茴香霉素、Xenocoumacin 1）、多肽类抗生素（杆菌霉素D、恩拉霉素）及核苷类抗生素（如新奥霉素）等方面开展了大量的研究工作，并发现这些抗生素在农业病虫害的防治方面表现出了巨大的潜力。近年来，常压室温等离子体（atmospheric and room temperature plasma，ARTP）技术、代谢工程技术及基因编辑技术的进步，为抗生素高产菌株的获得提供了新的途径，这将有利于推动农用抗生素的再次发展，并推进传统农药产业的结构调整和技术提升，将农业微生物产业带上了一个更高的台阶。

（四）天敌生物

当前，尽管我国生物农药仅仅登记了2个天敌生物，但其他天敌生物如异色瓢虫（*Harmonia axyridis*）、平腹小蜂（*Anastatus japonicus*）、螟黄赤眼蜂（*Trichogramma chilonis*）、啊氏啮小蜂（*Tetrastichus hagenowii*）、管氏肿腿蜂（*Sclerodermus guani*）、

巴氏钝绥螨（*Amblyseius barkeri*）、水葫芦象甲（*Neochetina eichhorniae*）等在田间已经有广泛的示范应用，害虫天敌的生产与利用技术达国际领先水平，如赤眼蜂的年繁蜂量100亿头左右，应用面积133.3万 hm² 以上，是全球应用面积最大的国家。近年来，国内外报道了蠋蝽（*Arma chinensis*）、花绒寄甲（*Dastarcus helophoroides*）、南方小花蝽（*Orius similis*）、大草蛉（*Chrysopa pallens*）、丽草蛉（*Chrysopa formosa*）、中华通草蛉（*Chrysopa sinica*）等具有广泛防治害虫活性的天敌生物，对其研究和应用已经成为我国农业病虫害绿色防控的重要和必要补充。

（五）昆虫病原线虫

线虫具有寄主广泛、能主动寻找寄主、高效、快速、安全、易规模化生产等优点，根据昆虫病原线虫和防治目标害虫的生活习性及特点，可用于防控草坪的蛴螬、柑橘上的桔根象甲、韭菜根蛆、花生和蔬菜地的蛴螬、牧草的蝼蛄、糖槭树的天牛、荔枝拟木蠹蛾、苹果小食心虫、桃小食心虫、蔬菜黄曲条跳甲、豆苗的豆秆蝇等难于用化学农药防治的农业害虫。

当前该类活体生物还没有任何登记。这些活体线虫能防治一些很隐蔽的地下害虫和钻蛀性害虫，为隐蔽性害虫的绿色防控提供了新的措施。当前，常见的昆虫病原线虫主要有斯氏线虫和异小杆线虫。其幼虫可自由生活于寄主体外并可通过口腔、肛门、气门或角质层进入宿主体内，然后释放携带的共生细菌，使其在害虫体内繁殖，产生毒素，从而达到防治害虫的效果。昆虫病原线虫可以在寄主体内最多繁殖三代，然后感染期幼虫就会去寻找新的宿主。当前，已经可通过发酵生产小卷蛾斯氏线虫（*Steinernema carpocapsae*）、格氏斯氏线虫（*Steinernema glaseri*）、里约布拉维斯氏线虫（*Steinernema riobrave*）、嗜菌异小杆线虫（*Heterorhabditis bacteriophora*）和大异小杆线虫（*Heterorhabditis megidis*）等。

（六）RNA农药

1998年，RNA干扰（RNA interference，RNAi）技术一经发现，国际上几大农药公司，如拜耳、孟山都、先正达、巴斯夫等均投入了大量的人力和财力开始了RNA生物农药的开发及应用研究，掀起了RNA生物农药研发的第一波热潮。RNAi技术被称为"农药史上的第三次革命"。2017年美国环境保护局（EPA）于2017年6月批准了第一个名为SmartStax Pro的RNA农药，并有效地控制了玉米根虫。该产品已于2021年获得中国农业农村部转基因安全许可证书。近期，美国绿光（GreenLight）生物科技公司RNA杀虫剂Ledprona获得国际标准化组织（ISO）农药通用名技术委员会临时批准的英文通用名。这是全球第1个获得ISO通用名的RNA杀虫剂。Ledprona为双链核糖核酸（dsRNA），包含490个碱基对。其作用机制新颖，国际杀虫剂抗性行动委员会（IRAC）有意将其归入Group 35（RNAi介导的靶向抑制物），可有效防治科罗拉多马铃薯甲虫（*Leptinotarsa decemlineata*）。

我国在利用RNAi技术进行病虫害防治领域的基础研究中，起步较早、起点也较高，但是在应用领域，由于缺乏规模化、系统化的研究投入，与国际农化巨头的研究还存在一定的差距。目前，国内有上海交通大学、中国农业科学院植物保护研究所、贵州大学、中山大学等相关机构在做相关研究工作，但离相关产品的产业化还有比较长的路要走。

（七）其他生物技术

近年来，人们发展了一些新的生物应用技术，用于农业病虫害的绿色防控。例如，加拿大蜜蜂矢量化生物（Bee Vectoring Technologies）公司开发了"蜜蜂载体技术"，将真菌粉红粘帚霉（CR-7）安置在专门设计的可移动托盘内，并在蜂箱内配有药剂分配系统，蜜蜂从蜂箱中携带上粉状药剂并将它们运送到作物上。其用于防治菌核病、灰霉病、褐腐病、炭疽病、链格孢病等会造成作物严重减产的病害，并减少病害对农药产生抗性的风险，"蜜蜂载体技术"进入市场意味着天然植保产品在应用方式上出现了突破性的转变。

近年来，一种新型农药——噬菌体农药悄然而至，并已在农业病虫害绿色防控中发挥作用。例如，美国的Agriphage、匈牙利的Erwiphage和英国的Biolyse正是这样的产品。2019年美国的Certis推出了业内唯一防治火疫病的噬菌体产品AgriPhage-Fire Blight，该产品在2019年种植季用于华盛顿、纽约、宾夕法尼亚和密歇根的苹果与梨的种植中，帮助解决火疫病越来越强的抗性问题。国内已有多家公司（菲吉乐科、诺安百特、农博菌社）有相关产品上市。噬菌体这一类新型生物农药为种植者有效应对日益严峻的细菌性病害提供了重要补充。农用噬菌体领域蕴藏着潜在的十亿级增量市场，有望成为抗生素的黄金搭档，且已成为生物农药发展的重要领域。

五、小结和展望

生物农药作为一种比化学农药更安全的药物，长期以来一直吸引着全球的关注。其具有减少对人类和环境风险的潜在作用。随着各国农药管理部门加强了对农药监管，禁止高毒化学农药的使用，加之国内外对生物农药产品的"推崇"，近年来生物农药产业发展十分迅速，并在农业的绿色防控中扮演了越来越重要的角色。生物农药可作为传统高毒农药的理想环境友好的替代品，是农业绿色发展中病虫害绿色防控的重要手段。因此，通过提供激励措施促进低风险化合物的登记，也可以促进生物农药的商业化和市场供应。当前，以基因重组为核心的战略高新技术竞争日趋激烈，关键技术创新显著加快，最新分子生物学手段越来越多地被应用到生物农药研发中去，转基因生物农药新品种不断涌现；其研发和应用向更安全和更环保方向发展；产品更新换代速度加快，生物农药产业已成为涉农工业最具前景的发展领域。

总之，研发安全、高效、环境友好型的、多功能的生物农药新品种，突破生物农药基因工程与发酵工程关键技术，降低生物农药的使用成本，解决生物农药的制剂加工、产品质量、环境行为等一系列问题，可保障农产品安全，保护人类生态环境，实现农业生产的可持续发展。

撰稿人：吴 剑 贵州大学
通讯作者：吴 剑 wujian2691@126.com

第五节 动 物 疫 苗

动物疫苗的发展是人类为了抵御动物疫病，降低动物感染疫病痛苦，减少经济损失，避免人畜共患病对人和动物感染风险的技术革新的过程。随着现代生物技术的进步，相继出现了亚单位疫苗、重组载体活疫苗、基因缺失疫苗及核酸疫苗等，许多疫苗已不再是完整的病原体。2016年世界动物卫生组织统计的法定动物传染病共有118种，其中能感染多种物种的25种，美国食品安全与公共卫生组织统计的人畜共患病共有69种。近年来，研究表明一些新发传染病自然宿主就是野生动物，因此动物疫病问题成为人们关注的焦点。动物疫苗生产是保证畜牧业正常发展的战略性产业，目前在传统疫苗发展受到明显限制的情况下，新型疫苗不断涌现成为动物疫苗的重要组成部分。本节对目前国内外动物疫苗发展现状进行分析和讨论，对其发展方向进行了展望。

一、国内动物疫苗发展现状

2021年，活疫苗生产能力为5275.13亿羽（头）份；灭活疫苗生产能力为811.59亿ml。活疫苗中，组织毒活疫苗生产能力为4145.46亿羽（头）份，产能利用率为30.86%；细胞毒活疫苗生产能力为865.02亿羽（头）份，产能利用率为2.13%；细菌活疫苗生产能力为264.65亿羽（头）份，产能利用率为3.39%。灭活疫苗中，组织毒灭活疫苗生产能力为448.56亿ml，产能利用率为36.79%；细胞毒灭活疫苗生产能力为

238.14亿ml，产能利用率为17.65%；细菌灭活疫苗生产能力为124.89亿ml，产能利用率为18.66%；基因工程苗生产能力为62.57亿ml，产能利用率为75.87%。

动物疫病的频发对动物疫病防控造成一定压力，我国动物疫苗的批签发呈现整体上升的趋势。2021年底，我国禽流感疫苗批签发数量为3800次，2015—2021年禽流感疫苗批签发次数年均批签发约4000次（图13-6）。

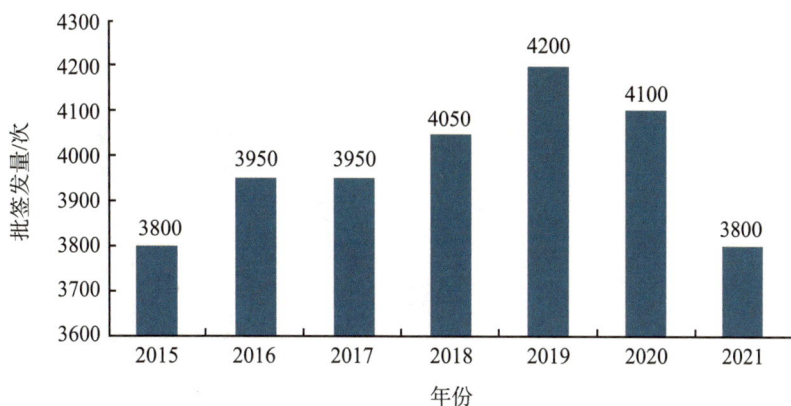

图13-6　2015—2021年我国禽流感疫苗批签发量统计情况

农业农村部逐步取消政府招采苗，动物疫苗行业市场竞争加剧，2020年11月，农业农村部印发《关于深入推进动物疫病强制免疫补助政策实施机制改革的通知》，推行疫苗流通市场化，放开强制免疫苗经营，实行养殖场户自主采购，至2025年逐步全面取消政府招采苗。自2017年以来非强制免疫苗市场份额超过强制免疫苗（图13-7），2020年非强制免疫苗市场份额达63.9%，市场化疫苗替代趋势持续加速。

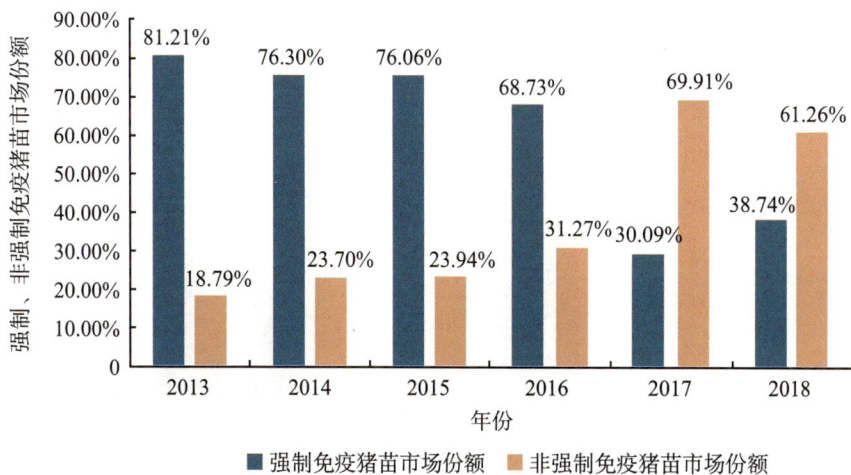

图13-7　2013—2018年我国强制、非强制免疫猪苗市场份额对比

在单身经济、居民收入增加和资本的共同推动下，我国宠物市场规模不断扩大，宠物经济持续升温。数据显示，2021年，我国宠物行业市场规模为3942亿元，同比增长33.5%（图13-8），城镇犬猫数量合计11 235万只，其中猫5806万只，犬5429万只。

图13-8　2015—2021年我国宠物行业市场规模及增长情况

虽然我国宠物数量基数大，但是宠物疫苗市场渗透率不足3%（图13-9），与国外发达国家40%的水平还有很大差距，行业整体处于培育阶段。不过，目前国内多家企业纷纷布局宠物疫苗的研发生产，高品质的国产宠物疫苗产品值得期待。因此，随着养宠数量的逐年增长。人们对国产宠物疫苗认可度及支付意愿有望提高，动物疫苗行业中宠物疫苗市场有较大发展空间。

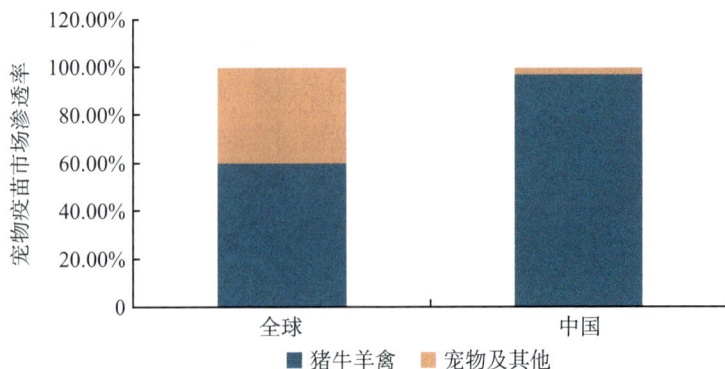

图13-9　全球及中国宠物疫苗市场渗透率对比情况

二、动物疫苗技术发展现状

动物疫苗技术路线主要分为灭活疫苗、自然致弱疫苗、基因缺失疫苗、代谢产物疫苗、重组载体疫苗、基因工程亚单位疫苗及核酸疫苗。其中灭活疫苗又称为死苗，已经丧失感染性或者毒性，但仍然保持良好的免疫原性，可刺激机体产生相应免疫力，抵抗野毒株感染；而自然致弱疫苗（弱毒疫苗）与之相反，它被称为活苗，是指采用人工致弱或筛选的自然弱毒株，但仍保持较好的抗原性和遗传性毒株；基因缺失疫苗是用基因工程技术将强毒株毒力相关基因切除后构建的活苗，具有安全、有效、免疫应答长久、联合免疫易于实现等优点；代谢产物疫苗是用细菌代谢产物，如毒素、酶等制成疫苗，其中类毒素是目前广泛应用的代谢产物疫苗；重组载体疫苗根据当前的分子生物学技术可以通过设计构建来自不同病原体基因的载体疫苗来预防多种疾病；基因工程亚单位疫苗是在基因重组技术的支撑下，通过导入编码的病原微生物保护性抗原的基因，然后表达于原核或者真核受体细胞，接着提取保护性抗原蛋白，然后加入相应的佐剂最终制作成为基因工程重组亚单位疫苗；作为新型疫苗的一种，核酸疫苗自身不具备抗原性，可以多次重复接种，动物接种之后也可以在其体内长时间存在，促进保护性蛋白的持续表达，并以此刺激动物机体生出更为强烈也更为持久的免疫应答，给动物更长效、有效的保护。

（一）灭活疫苗

灭活疫苗是指选用致病微生物或其弱毒株经鸡胚、细胞或实验动物人工大量繁殖，通过理化方法灭活后加入适当佐剂而制成的疫苗，主要有鸡胚组织灭活苗和细胞灭活苗。生产中也常使用自家灭活苗和病变组织灭活苗。自家灭活苗是指用本场分离的病原体制成的灭活疫苗，主要用于该场动物同种传染病的控制。病变组织灭活苗是将含有病原微生物的患病或死亡动物脏器制成水剂经灭活后而制成的疫苗，这种疫苗对病原尚不清楚或病原体不易人工培养的疫病预防具有重要意义。灭活疫苗安全性好、易于生产、保存和运输；缺点是成本较高、免疫期较短、要多次注射接种，主要诱导体液免疫。

（二）自然致弱疫苗

自然致弱疫苗即弱毒疫苗，是利用从自然分离得到的天然弱毒株或经过人工致弱的毒株制造的疫苗，弱毒疫苗的毒力已经不能引起动物发病，但仍然保持着原有的免疫原性，并能在体内繁殖，其主要特点是可用较少的免疫剂量诱导动物产生较强的免疫力，具有免疫期长、不影响动物产品品质等优点。活疫苗需要低温保存，为了延长保存期，常采用冻干保存，又称冻干疫苗。我国用于预防重大动物疫病的活疫苗有猪瘟、新城疫、炭疽、布鲁氏菌病等弱毒疫苗。

（三）基因缺失疫苗

病毒性疫苗是最早得到应用的活疫苗，例如，天花病毒活疫苗的应用成功地根除了天花，致弱的活的病原与灭活的病原相比能引起更强的免疫保护。利用分子生物学技术可以对病原进行目的性的致弱。同时，结合不同病原的病理学观察，从而确定出可以应用的致弱病原株。病原致病因子的确定是毒株致弱的第一步，在强毒株中利用重组技术除去有关毒力的特异基因从而减弱病毒的病原性与致病力，降低对宿主组织侵害，敲除表达毒力因子的基因的主要目的是在减弱病毒的毒力时不影响病原的免疫原性。因而，理想的疫苗株是无毒力却具有完整的免疫原性，但产生无毒的免疫毒株并不是容易的，往往得到的无毒的毒株由于毒力减弱而不能够产生明显的免疫保护。反之亦然，出于安全方面的考虑减毒株应该具有遗传上的稳定性和具备两种或更多的致弱缺失以防止病毒的反强。在细菌类病原体中，沙门氏菌疫苗是一个应用基因缺失技术得到的无毒疫苗株的成功例子。

（四）重组载体疫苗

活载体疫苗是根据当前的分子生物学技术，通过设计构建来自不同病原体基因的载体疫苗来预防多种疾病，载体疫苗似乎拥有理想疫苗的大多数特征。例如，没有或者只有很少的副作用，减少了投药接种程序和无需佐剂。重组载体疫苗类包括活载体疫苗及裸露疫苗，植物疫苗同样是载体疫苗。在兽医学中具有巨大的潜力且经典的活载体是致弱的细菌或病毒。除诱导抗其自身免疫应答外，还可作为载体表达其他病原体的免疫抗原。因此，能够预防多种疾病。这种疫苗构建可以通过在减毒疫苗株的基因组中插入一种或多种外源病原体的保护性抗原基因来完成。另一种策略是活的致弱嵌合重组技术。这种方法是将特定的致弱疫苗毒株用相应的强毒株进行基因替换，这种技术已被应用于构建嵌合弱毒活疫苗预防西尼罗河病毒。这种技术也应用于发展其他虫媒病毒疫苗，如日本脑炎病毒疫苗和登革热病毒疫苗。

（五）亚单位疫苗

运用基因重组技术将编码病原微生物保护性抗原的基因导入并在原核或真核受体细胞高效表达，提取保护性抗原蛋白，加入合适佐剂即制成基因工程重组亚单位疫苗。国内外学者对细菌和病毒的保护性基因进行了深入研究和分子生物学方法的不断完善后，通过基因扩增、克隆和调控表达，获得病原微生物的保护性蛋白，从而制成具有较好保护性的疫苗。这一方法采用的表达系统主要是原核表达系统、真核表达系统。例如，杆状病毒表达新城疫亚单位疫苗，狂犬病核蛋白、糖蛋白亚单位疫苗，均有较好的效果。基因工程亚单位疫苗相较于传统疫苗在较难培养、高度危险、致病性强的病原体的免疫预防中效果明显好于后者，对于外来病的预防也可起到良好的效果。同时相较传统疫苗，其可避免常规疫苗难以避免的变应原、热原、免疫抑制原及其他有害反应原导致的不良反应。另外，亚单位疫苗不能在宿主体内复制，对免疫动物没有致病性，是安全性和稳定性较好的一种疫苗。

（六）mRNA疫苗

新冠疫情的暴发推动了mRNA疫苗的发展，而mRNA疫苗快速、灵活的生产工艺让其在应对突发性公共卫生事件（尤其是传染病）中具有独特的优势。

第一代灭活和减毒活疫苗的生产应用已然成熟，第二代基因工程疫苗也先后有产品问世。mRNA疫苗作为第三代疫苗技术具有诸多优势，其抗原表达效率高，因无需进入细胞核即可完成翻译，其翻译效率是DNA疫苗的数倍；安全性高，生产过程中不使用病原及抗生素，且不存在整合进入宿主基因组的风险，因而提高了生物安全性；免疫原性强，能够同时激活体液免疫与细胞免疫，满足抵御各类病原体的需要；可编译性强，能够以设想方式编码目的抗原，从而实现高效表达。当机体接种mRNA疫苗后，其将进入细胞内并能够在细胞质中进行翻译，从而成功激活体内的免疫应答。mRNA疫苗不进入细胞核即可进行反应，而DNA疫苗只有到达细胞核才能发挥效果，因此mRNA疫苗不存在整合机体基因组的风险，不会导致基因整合突变，即不存在转基因生物安全风险，理论上比DNA疫苗安全性更高。mRNA分子还具有免疫佐剂效用，可以有效激活机体的免疫应答，作为佐剂时以被Toll样受体识别方式来刺激机体免疫细胞分泌产生肿瘤坏死因子（TNF-α）和干扰素（IFN-γ）等细胞因子，从而调节机体免疫应答。mRNA疫苗的制备生产采用全合成制备技术，不同品种mRNA疫苗使用的生产工艺和仪器设备均是相同的，因此研发周期较短、成本较低、易于标准化和规模化生产。此外，在mRNA疫苗的研发制备生产过程中，即使发现或寻找到新的病原体抗原蛋白，也不需要调整规模化生产过程，不需要更改生产设施、设备及其他工艺条件，仅需调整mRNA表达序列，因此mRNA疫苗的生产具有较高的灵活性和效率。

随着mRNA技术和LNP递送技术的不断完善，这一新型疫苗技术将有助于解决传统疫苗无法解决的问题，为动物疫病防控提供更有效、更持久的疫苗。相信mRNA疫苗技术将会具有更广泛的适用空间，成为人类对抗众多疾病的有力武器。

三、动物疫苗发展方向与展望

（一）常规疫苗的现实需求和发展方向

（1）研发多联或多价活苗和灭活疫苗。我国畜禽疾病种类和一些疾病的血清亚型或毒力型增多，但多联或多价苗少，不便于防疫和提高生产效率。

（2）研制动物新发传染病的疫苗、细菌病和寄生虫病的疫苗和不同动物品种的疫苗。一些严重危害养殖业的新发传染病如鸡传染性贫血病、猪繁殖与呼吸综合征及猪圆环病毒病的安全、高效疫苗紧缺；耐药性或药物防治效果不佳的细菌病、寄生虫病疫苗缺乏；宠物、经济动物和水生动物疫苗缺乏等。

（3）研发新型佐剂、免疫增强剂、活疫苗耐热保护剂。优良的免疫佐剂和增强剂是提高常规疫苗免疫效力必不可少的。活苗耐热保护剂可使疫苗在常温下保存更加稳定，便于基层医疗单位保存、运输和使用。

（4）改进生产工艺、强化疫苗原辅材料研发。例如，研究疫苗佐剂和乳化工艺，增加死苗的稳定性、降低其黏稠性和不良反应。我国普遍采用大批量的悬浮培养工艺减少培养空间、提高效率、节省成本。

（二）新型疫苗的现实需求和发展方向

从使用疫苗的最终目的即控制和净化传染病的角度来看，常规疫苗的最大缺陷是不能区分自然感染动物和免疫动物；另外，常规疫苗培育安全、高效弱毒株的过程是不能控制的，往往是随机的和碰运气的或者是长期的。新型疫苗的最大优势是容易制造区分自然感染动物和免疫动物的"标记"疫苗，便于疾病的净化，比如伪狂犬病基因缺失疫苗；还可以快速、定向地研制出致弱病原体及亚单位疫苗，利于疾病的快速控制。研发新型疫苗的原则是：第一，安全性应高于现有的常规疫苗；第二，免疫效力如不能显著高于常规疫苗，至少应与常规疫苗相当；第三，价格与常规疫苗大致相当；第四，解决一些常规疫苗无法解决的问题，如区分自然感染和疫苗应答等。根据我国畜禽疫病发生和控制的情况，新型疫苗研究的重点应放在以下几类疾病：一是国家需要区域性消灭和全国性消灭规划的疾病；二是现有常规疫苗存在较大缺陷，且用常规方法改进短期难以克服的疾病，如猪繁殖与呼吸综合征等；三是传统上依赖抗生素控制的重要细菌性疾病，这类疫苗的使用可大大减少畜禽抗生素的用量；四是一些目前有较好常规疫苗的重要传染病，研制的新型疫苗应有1—2个重要特性大大优于现有常规疫苗，可作为常规疫苗的补充，如猪瘟E2亚单位疫苗。

（三）行业长期发展趋势

在动物疫病的整个防控流程"消毒-免疫-保健-驱虫-治疗"中，免疫是重要的环节，动物疫苗是动物保健产品的重要组成部分。从外部环境看，随着全球动物养殖向规模化方向发展，发展中国家和新兴经济体更加关注动物健康与福利水平等因素，对动物疫苗的需求增加；从动物疫苗产业内部发展看，基因工程和新型佐剂等技术应用于动物疫苗研发，推动其持续创新，兼并与收购使产业格局不断优化，未来动物疫苗产业仍将持续增长，尤其是中国等发展中国家的动物疫苗市场仍将以两位数增长，步入"黄金时代"。从技术角度看，目前在研制的疫苗大部分是重组载体疫苗、亚单位疫苗、mRNA疫苗等新型疫苗，这些疫苗能够产生更好的免疫效力、更具成本效益。未来，这些新型疫苗陆续上市，将成为市场的主体。

目前，全球动物疫苗市场主要分布于牛羊疫苗、猪用疫苗和禽用疫苗，未来，宠物疫苗和水产疫苗也将有较快增长。动物疫苗市场仍将由目前的大型企业主导，因为这些企业拥有很强的研发实力。鉴于我国动物疫苗研发过度集中在猪用和禽用疫苗、企业研发能力较弱的现状，建议我国加大对疫苗研发的投入，在重点研制猪和禽用疫苗的同时，兼顾水产和宠物疫苗研发，注重各领域均衡发展；加强研发成果转化，将研究机构的研究成果加速转化成产品上市；引导企业加强技术研发，尤其是加强基因工程技术在疫苗研发中的应用，以便更好地参与到国际竞争中。在市场方面，我国需要加强疫苗市场的发展，促进市场竞争，进而促使企业加强研发。

撰 稿 人：黄　勇　西北农林科技大学

　　　　　　王小龙　西北农林科技大学

通讯作者：王小龙　xiaolongwang@nwafu.edu.cn

第六节　微生物菌剂

一、产业发展概况

微生物菌剂也称为土壤接种剂或生物接种剂，是利用有益的根际或内生微生物来改善植物营养或促进植物健康的农业微生物活菌制剂产品。广义上，以活体微生物作为主要功能成分的生物农药、生物肥料及生物刺激素都属于微生物菌剂。狭义上，我国国家标准《农用微生物菌剂》中将微生物菌剂定义为目标微生物（有效菌）经过工业化生产扩繁后加工制成的活菌制剂，它与复合微生物肥料及生物有机肥统称为微生物肥料。施用的微生物菌剂通常与目标作物形成互惠的共生关系，在改善植物营养的同时，还可以通过刺激植物激素的产生来促进植物生长，改善植物健康，增加养分和水分的吸收，提高抗逆性等；或与病原微生物形成拮抗、竞争关系，通过分泌抗生素等有效成分抑制病害发生发展；或通过直接寄生害虫、病原菌、线虫等，实现对有害生物的杀灭和控制。在国际上，微生物菌剂已经作为化肥和农药的补充或潜在替代品被广泛应用于农业种植中，一些产品比如根瘤菌已经拥有几十年的商业化历史。

2021年的中央一号文件中明确要求推进农业绿色发展，持续推进化肥农药减量增效，推广农作物病虫害绿色防控产品和技术，而且围绕农业绿色发展的意见持续出现在2022年和2023年的中央一号文件中。依托有益微生物资源，开发微生物菌剂产品，是实现上述国家政策要求的重要手段之一。2022年，全球农业微生物菌剂市场规模实现高速增长，一系列创新技术包括微生物组学、宏基因组学、生物信息学、基因组学、人工智能筛选、合成生物学等，已被广泛应用于功能微生物菌株及菌群的筛选及改造中，农业微生物菌剂产品不断推陈出新。

近十年来，我国微生物菌剂行业也涌现出一批代表性企业，取得了不俗的进展与成绩，但与国外同类企业相比，在整体的研发创新能力、生产工艺技术、产品效果及市场表现等多个方面，依然存在一定差距。

二、国内行业现状

相比常见的复合微生物肥料、生物有机肥，微生物菌剂的技术壁垒更高，国内企业多以营销驱动型、生产驱动型为主，真正的创新驱动型企业较少。目前，国内初具规模的农业微生物制剂企业包括慕恩生物、北京航天恒丰、河北根力多、天津坤禾、武汉科诺、青岛蔚蓝、海南金雨丰、陕西木美土里等，其中大多数企业以销售生物有机肥、复合微生物肥料为主，微生物菌剂的销售占企业整体份额较小。国内微生物菌剂企业的技术研发和专利布局主要围绕：①微生物菌剂功能及应用；②微生物活性物质功能及应用；③微生物菌株发酵及培养方法；④微生物菌剂制剂工艺等四个方面开展。申请及授权专利数量较多的代表性企业及其产品介绍如下。①慕恩生物拥有微生物菌剂相关专利50件，已经建成全球最大的商业化微生物菌种库之一，保存了超过21万株高度多样性的微生物菌株；基于培养组学技术、生物信息学算法、发酵和代谢组学分析及微生物微囊包衣技术等，开发新型微生物菌剂。慕恩生物的代表性产品包括：防治土传病害的木霉 *Trichoderma* spp. 系列产品；防治植物线虫病害的伯克霍尔德菌 *Burkholderia* spp. 系列产品及激活植物免疫、抗逆促生的甲基杆菌 *Methylobacterium* spp. 系列产品。②武汉科诺拥有微生物菌剂相关专利46件，其发酵及提取工艺颇具竞争力，年发酵能力可达6万t，微生物菌剂/农药产品以芽孢杆菌类（苏云金芽孢杆菌、枯草芽孢杆菌、地衣芽孢杆菌、多粘类芽孢杆菌、胶冻样类芽孢杆菌）为主。③北京航天恒丰拥有微生物菌剂相关专利31件，主要从事营养型微生物菌剂、抗病型微生物菌剂、土壤面源污染修复菌剂、单质元素改性菌剂、矿产资源生态修复菌剂、工业固废处理循环利用菌剂、有机废弃物处理菌剂、污水和油田处理菌剂等产品的研制与开发，打造了"微生物+"生态系统，通过微生物与物联网结合，再塑产业新业态。④青岛蔚蓝拥有微生物菌剂相关专利25件，主营业务为酶制剂、微生态、动物保健品、海洋水产生物的研发、生产和销售。近年来青岛蔚蓝生物将微生态制剂的应用扩展到种植业中，产品以芽孢杆菌类为主，定位在减少农药、化肥施用量，提高农产品质量，以及农业有机废弃物的无害化处理和资源化利用上。

截至2022年12月底，我国农业农村部微生物肥料和食用菌菌种质量监督检验测试中心已登记微生物菌剂证件共5558个，按照剂型分为液体、粉剂、颗粒型，数量分别为液体微生物菌剂1854个、粉剂2658个、颗粒剂1046个。在登记菌株方面，存在明显的物种同质化现象，菌株较为单一。其中登记较多的菌株是细菌类，数量排名前三的菌种分别为：枯草芽孢杆菌（相关证件3591个）、地衣芽孢杆菌（相关证件1148个）、解淀粉芽孢杆菌（相关证件940个）。相比而言，真菌类微生物菌剂证件较少，数量排名靠前的菌种分别为：哈茨木霉（相关证件353个）、淡紫紫孢菌（相关证件280个）。近年来，农业农村部相关部门围绕微生物菌剂产品的登记管理、质量监测、标准完善等方面开展了大量工作，从政府层面引导生态环保优质产品的研发，整个国内市场微生物菌剂产品得到了快速发展。但在产品端依然存在创新力缺乏、菌株同质化严重、产品功能不稳定、货架期短、片面夸大产品效果、知识产权意识薄弱等诸多问题。在产业化的维度如何实现新功能菌种的开发，解决功能菌株的规模级高密度发酵，攻克活菌剂型的稳定性，在产品功能、质量、货架期及成本间找到平衡，是我国微生物菌剂企业面临的巨大挑战。此外，在市场化的维度上，微生物菌剂经历了多年的"假、大、空"市场乱象，部分企业不去从源头做技术创新，在不了解微生物理论的前提下，简单地把微生物菌剂描述成包治百病的"神药"，最终不仅伤害了消费者的利益，也对我国微生物菌剂行业的科学有序发展产生了不良影响。

总的来说，目前我国微生物菌剂行业存在的突出问题包括：①产品创新匮乏。微生物的功能和种类虽然多样，但开发的产品菌种单一，高度同质化，产品效果不稳定。追根溯源是因为在微生物资源、功能筛选及剂型开发等环节缺少创新。微生物资源一直是全球生物技术竞争的战略重点，作为农用微生物菌剂创新的源头，其分离、保藏、高通量筛选、发酵、生物学及适配性都需要研发攻关，单个环节的短板会影响到终产品的创新力和生命力。②理论研究与产业化开发脱节。高校、研究所等机构在科研项目的资助下，做出了大量的科研成果，积累了一系列的优秀菌株。但是除少数成果走到了产业化进程外，大部分研究成果在发表高水平文章、申报专利后，并没有和产业化建立很好的联系。近年来，国家科研项目的立项和考核已经向产业化落地做了较大的倾斜，但是科研项目的周期一般只有3—5年的时间，在短时间实现成果落地的挑战较大。因此，要实现研究成果向产业化的高速转化，需要调动学术界、产业界的诸多人才积极参与到整个链条当中，对优秀的项目给予滚动支持，完善科研人员的考评机制，让应用研发的科学家有动力投入到技术成果的转化工作中去。③知识产权意识薄弱，法规不健全。微生物菌剂专利一般保护到菌株水平，但是在同质化严重的市场竞争中，菌株专利保护和维权是比较困难的。特别是不具有研发实力的小企业侵权成本较低，更扰乱了整个微生物菌剂市场，打击了研发型企业及微生物研究人员创新的积极性。

三、国外行业现状

从全球农业角度上看，大多数传统的化学农业市场已经趋于成熟，市场增长率放缓。而与之相反，随着种植者对农作物产品安全、品质、风味的追求，生物农业产业正处于高速发展阶段。2022年全球农用微生物制剂的销售额约为60亿美元，复合年增长率为14.21%。2022年12月，诺维信（Novozymes）与科汉森（Chr. Hansen）宣布合并，旨在创造出一个生物解决方案的全球领导者，从而进一步加强其在微生物制剂包括农业微生物菌剂的实力。由诺维信和孟山都（Monsanto）［后被拜耳（Bayer）收购］组建的"生物农业联盟"（The BioAg Alliance）宣布推出全球首款于出厂前对玉米种子进行处理的微生物种衣剂。同期农化巨头科迪华（Corteva）宣布以12亿美元收购生物制品公司世多乐（Stoller），以帮助其快速扩张成为生物制剂市场中最强者之一。拜耳、先正达、巴斯夫、富美实等国际农化巨头在近年也纷纷通过并购和投资等方式大力布局微生物制剂。

农业科技初创公司吟地歌农业（Indigo Agriculture）通过建立庞大的植物内生菌菌种库和微生物基因组信息数据库，预测筛选出对植物健康有益的候选菌株，改善土壤健康，作物产量与品质，提升作物对生物逆境（病虫害）及非生物逆境（干旱、极端温度、贫瘠土壤）的抵抗力，从而增加农业生产的收益和可持续性。传统微生物产品的开发周期平均需要10—15年，而吟地歌（Indigo）技术平台从识别有益微生物到产品上市，周期不超过3年。2016年，吟地歌第一款商业化产品Indigo Cotton™推向市场，其可显著提高干旱地区棉花植株对水资源的利用效率。目前吟地歌开发的微生物种子处理剂，已应用于棉花、小麦、玉米、大豆、水稻等多种作物。

生物科技初创公司马罗尼生物创新（Marrone Bio Innovations）聚焦于开发活体微生物及代谢产物的产品。2022年，马罗尼生物创新和比奥塞雷斯（Bioceres）合并成立全球最大的农业生物制剂公司，也是目前唯一一家拥有生物杀菌剂、生物杀虫剂和潜在生物除草剂、杀线虫剂、生物刺激素等所有类别产品的公司。合并后的公司将拥有

12家具有国际影响力的子公司、700项生物技术领域专利和420种登记产品。

另一家明星企业艾葛百奥（AgBiome）通过建立微生物菌种库及其遗传信息大数据平台开发低碳、环保、高效的微生物菌剂产品。艾葛百奥的核心竞争力来自其自主开发的研发平台Genesis™，通过构建微生物遗传信息大数据平台来快速高效地筛选、识别功能基因，从而进一步识别功能菌株及育种性状。根据其官网介绍，目前Genesis™平台已经发现了3500余种与昆虫防治相关的基因，80 000余株微生物菌株的基因序列，以及200余个活性先导菌株。通过知识产权保护等措施，艾葛百奥在全球主要市场构建护城河，从而占据竞争的有利位置。艾葛百奥已经在美国市场推出了它们第一个商业化的微生物杀真菌剂Howler™，基于一株高效的绿叶假单胞菌（*Pseudomonas chlororaphis*），在一些针对真菌病害的田间试验上Howler™表现出了远高于现有微生物菌剂的防治效果。

在微生物固氮领域的明星企业是皮沃特生物（Pivot Bio），其技术平台通过识别、预测及改造功能微生物菌株，让微生物可以从环境中转化氮元素，从而满足作物日常氮需求，为提供清洁的合成氮肥替代品提供了解决方案。他们通过合成生物学技术对野生型菌株进行改造，让野生型菌株的固氮效率提高了几个数量级。在2019年该公司发布了第一款应用于玉米的产品Pivot Bio Proven®，其中的功能微生物可以共生于玉米的根部，类似于豆科植物与根瘤菌的共生，将空气中的氮转化为植物生长所需的氨，并且在恶劣天气条件下不会流失，稳定地为作物提供营养。

四、产业前景与展望

微生物农业已成为全球农业发展最快的赛道之一，在各类创新性技术的助力下蓬勃发展。未来，微生物菌剂产业的发展具有三大趋势：①微生物组学技术将继续引领研发创新。过去人类能够分离和培养的微生物种类，仅占整个自然界微生物种类的不足10%。而随着微生物组学技术的发展，90%"难培养"微生物的分离培养已成为可能，更多种类的微生物源头创新将创造更大的市场空间。②合成生物学技术将加速研发创新。随着合成生物学技术的发展，利用合成生物学对野生型微生物菌株进行菌株改造，从而获得高产、稳定、优质、高效的微生物新菌株，将为生物固氮、生物固碳、抵抗生物及非生物胁迫等诸多领域提供创新性解决方案。③创新的剂型工艺开发将占据微生物菌剂创新研发的更大比例。农业微生物菌剂在使用过程中，面临着货架期短、产品效果不稳定、剂型不符合田间应用场景等多种问题。如何在保证产品货架期、田间应用效果的同时，开发出更具创新性的产品剂型，满足滴灌、喷灌、微喷、无人机喷洒等现代设施农业的需求，是研发创新的重要趋势。

当前，我们正处于微生物菌剂产业发展的黄金时期。传统的农业投入品，包括肥料、农药、除草剂、种子和种子处理剂等，市场规模复合年增长率为 2.4%—6.2%，而微生物制剂的市场复合年增长率超过 10%，在生物杀虫剂方面甚至超过 15%。与市场高速发展不匹配的是，国内微生物菌剂产业不论是从菌株的创新性、产品的丰富性，还是制剂的稳定性等方面，都与国际跨国公司具有较大差距。不过随着国内微生物产业进入高速发展期，真正具有技术竞争力的企业将在市场中占据龙头地位，并逐步实现对跨国企业的追赶与超越。

撰 稿 人：陈　娟　慕恩（广州）生物科技有限公司
　　　　　蒋先芝　慕恩（广州）生物科技有限公司
通讯作者：蒋先芝　jxz@moonbio.com

第七节　生物型食品加工

一、生物型食品加工发展总体趋势

随着世界经济的发展，人类生活水平逐年提高，人们对食品安全及其营养有了更严格的要求，食品加工技术伴随着这种需求而快速进步革新。生物型食品加工是指利用微生物对食品原材料进行加工的一种食品生产和处理方式。微生物加工的食品往往被赋予了独特的风味、质地、外观和功能，并含有新的活性成分。与传统的通过物理或化学手段处理食品的加工方式不同，生物型食品加工通过引入微生物分解利用原材料，可以用于功能性食品的生产。尤其是益生菌的参与不仅促进了传统食品发展的多样性和多元化，丰富了人类餐桌饮食，更带来了巨大的健康效益，增强了食品的保健功能。

微生物参与的食品加工过程实际上是一种发酵过程，在有氧或无氧条件下，微生物可以利用有机物生长繁殖，并生产制备初级或次级代谢产物。微生物参与加工的具有民族特色的食品在世界上众多国家都有体现。古今中外，真菌和细菌参与的食品加工过程涉及很多领域，如谷类、豆类、果蔬、乳制品和肉类的加工过程。这些生物加工形成了众多产品，如调味料、酒类、乳制品和发酵饮品、肉制品、酸菜、面包等众多类型的食物。

（一）世界范围内生物型食品加工总体进展

发酵食品长期以来一直是社会、文化和经济生态系统的一部分。在发展中国家，发酵食品的生产创造了对原材料的需求，并增加了社会就业岗位和维护了国家粮食安全。全球拥有众多的食品发酵产业，发酵食品是用于养活人口的主要来源之一，约占全球饮食的三分之一。发酵食品工业解决了发展中国家和工业化国家共同面临的许多可持续性问题。减少浪费，最大限度地减少生产和加工投入，提高生产力和食品加工效率都符合可持续发展目标。此外，这些安全健康的食品改善了生活在传统社会人们的社会福祉，在现代社会和现代食品工业中的占比也尤为重要。

在微生物加工基质、产品及涉及的微生物种类方面存在着许多差异，地理环境和工业化程度对发酵食品生产的影响同样不可忽视。例如，欧洲、北美洲、澳大利亚和新西兰生产的发酵食品通常依赖于确定的发酵菌种和技术，而目前亚洲和非洲发展中国家，以工业规模进行商品化生产传统发酵食品的企业也正不断进步。微生物培养技术的进步带来了更高的一致性、安全性和产品质量。目前微生物加工食品的营养价值得到了高度认同，而且特别是在资源贫乏的地区，酸奶和其他发酵食品可以改善公众健康并为经济发展提供机会。归根结底，对发酵食品的偏好取决于消费者的饮食习惯，以及区域农业条件和资源的可用性。例如，在畜牧业盛行的中东、欧洲和印度，发酵乳及相关乳制品发展较快。而中国、日本、韩国和其他远东地区，在生产模式、社会、文化、宗教和经济因素的影响下，加工方式更多地以大米和谷物、大豆、蔬菜和鱼类为主要基质。此外，非洲地区特有的谷物、木薯和其他块根作物长期以来一直作为非洲饮食文化中的主食发酵食品。

2022年全球发酵食品和配料市场规模约3728亿元，预计未来将持续保持平稳增长的态势，到2029年市场规模将接近5521亿元，未来六年复合年增长率（compound annual growth rate，CAGR）为5.7%。2022年全球食品和饮料加工设备市场规模达到约705亿美元，2028年将达到987.2亿美元，2022—2028年CAGR预计为5.77%。全球发酵食品及配料主要厂商有达能（Danone）、雀巢（Nestlé）、通用磨坊（General Mills）、菲仕兰（FrieslandCampina）、嘉吉（Cargill）等，前三大厂商共占有大约25%的市场份额。目前亚太是全球最大的发酵食品及配料市场，占有大约36%的市场份额，之后是欧洲和北美市场，共占有超过55%的份额。总体而言，全球对食品加工行业的投入正不断增加，以满足人们对健康食品的需求，加工技术的升级将有效降低生产成本，提高企业竞争力。

（二）我国生物型食品加工总体进展

20世纪60年代后，我国的相关食品加工和生产领域形成了初步的食品发酵工业体系。以谷氨酸钠为代表的氨基酸工业、以柠檬酸为代表的有机酸工业、以淀粉酶为代表的酶制剂工业及淀粉糖工业和酵母工业逐步兴起。20世纪末，我国玉米深加工行业的工业化和规模化时代来临。

目前，在国家政策的鼓励下，微生物食品加工产业向集团化、规模化、集约化方向发展，国家有效调整产业结构，微生物食品加工产业集中度大大提高。企业通过提升加工技术增强自身竞争力，在提升产量的同时，打造出品牌产品满足了我国老百姓对食品市场的需求。此外，现代科技和传统工艺相结合，整合资源提高利用率，在提高食品附加值的同时，减轻和消除了加工过程对环境的污染。

"十三五"期间，生物发酵产业主要产品产量从2016年的2626万t增加到2020年的3141万t；出口量从2016年的约429万t增加到2019年的约527万t。"十四五"期间，生物发酵产业将针对发展中的薄弱环节和瓶颈，梳理技术短板，加强核心技术攻关，鼓励和支持企业自主创新，逐步改变部分行业关键核心技术受制于人的被动局面。2022年2月25日，由中国社会科学院食品药品产业发展与监管研究中心主办的有关发酵食品产业发展的研讨会在京召开。随着国民健康意识的崛起，发酵食品蓬勃发展，益生菌、酵素等新品类虽起步较晚，但成长快速。我国发酵产业蓬勃发展，酵素消费热度飙升。对于酵素等发酵食品的未来，需要以消费需求引领产品生产，提高市场动力，逐步树立生物助推科技、发酵引领未来的理念，从而实现让生物发酵赋能健康中国的目标。此外，习近平总书记在2022年两会期间指出，"要树立大食物观""发展生物科技、生物产业，向动物植物微生物要热量、要蛋白"。针对健康可持续地满足全球日益增长的蛋白质需求，寻找可持续的蛋白质来源是有效、可行的解决办法，是未来食品科技研发的重要方向。

二、主要产品

（一）传统发酵食品

我国的发酵食品有着悠久的历史，传统发酵食品主要包括白酒、食醋、发酵乳制品、面食、酱类和泡菜。其中，白酒、食醋和面食在出口发酵食品中占有很大比例，且出口优势很大。然而在某些发酵乳制品方面，进口量和进口金额大于出口，详细信息参考表13-4。因此，中国的发酵乳制品企业在提高国际竞争力和影响力方面可能面临着挑战。

表13-4 2022年我国发酵食品的进出口信息

传统发酵食品	进口量	进口金额/美元	出口量	出口金额/美元
白酒	2 750 906 L	169 857 978	16 356 929 L	716 267 703
食醋（醋及用醋酸制得的醋代用品）	7 032 851 L	11 609 600	19 655 357 L	24 530 450

续表

传统发酵食品		进口量	进口金额 / 美元	出口量	出口金额 / 美元
发酵乳制品	酸乳 （不论是否浓缩，除允许添加的 添加剂外，仅可含糖或其他甜味 物质、香料、水果、坚果、可可）	16 245 107 kg	25 426 657	36 149 kg	128 575
	其他酸乳	5 754 264 kg	16 179 402	2 659 714 kg	4 518 929
	酪乳、结块的乳及稀奶油、酸乳酒 及其他发酵或酸化的乳和稀奶油	1 638 284 kg	6 975 889	3 455 008 kg	7 934 503
	鲜乳酪包括乳清乳酪；凝乳	59 988 462 kg	290 733 685	/	/
	各种磨碎或粉化的乳酪	33 402 302 kg	185 809 513	74 743 kg	952 969
	经过加工的乳酪（但磨碎或粉化 的除外）	18 115 317 kg	104 009 891	18 711 kg	196 236
	蓝纹乳酪和娄地青霉生产的带纹 理的其他乳酪	123 063 kg	1 294 880	/	/
	未列名的乳酪	33 851 317 kg	187 364 880	24 kg	259
面食	供焙烘面包糕饼用的调制品及面 团(全脱脂可可含量＜40% 的粉、 淀粉或麦精制，或全脱脂可可含 量＜ 5% 的乳制品）	20 994 382 kg	42 448 683	17 306 262 kg	45 751 321
	黑麦脆面包片	16 767 kg	26 360	/	/
	面包干、吐司及类似的烤面包	3 999 980 kg	16 399 895	5 501 257 kg	7 380 527
	未列名面包、糕点、饼干及其他 焙烘糕饼；装药空囊、封缄、糯 米纸及类似品	47 923 454 kg	485 383 971	138 793 719 kg	484 753 051

资料来源：中国海关总署 - 海关统计数据在线查询平台 http://stats.customs.gov.cn/
注："/"表示无数据

1. 白酒

我国的酿酒文化有着悠久的历史，白酒主要分为酱香型、浓香型、清香型、豉香型等。不同香型的白酒所需要的发酵温度及主要微生物群落有一定的差别，但相同的是白酒的酿造是多种微生物共同发挥作用的复杂过程。薄涛等的分析表明，厚壁菌门（Firmicutes）中的芽孢杆菌属（*Bacillus*）、乳杆菌属（*Lactobacillus*）及放线菌门（Actinobacteria）的嗜热放线菌属（*Thermoactinomyces*）在高温、中温和低温三种大曲中均为显著富集的优势细菌,而子囊菌门(Ascomycota)中的酵母菌属(Saccharomyces)和嗜热子囊菌属(Thermoascus)是三种大曲中共有的优势真菌。窖池中各种微生物类群的协同作用,影响白酒的风格和质量。

霉菌是白酒发酵原料中淀粉等大分子物质分解的主要动力。发酵的酒醅中常见的霉菌包括曲霉属(Aspergillus)、根霉菌属(Rhizopus)、红曲霉属(Monascus)等,这些优势真菌产生的糖化酶、液化酶、纤维素酶、蛋白酶、酯化酶、果胶酶、单宁酶等在酒醅发酵过程中具有重要的作用和功能,直接关系原料利用及白酒风味物质的形成。

细菌在白酒酿造中对风味化合物的产生有着极其重要的作用,如梭菌属和芽孢杆菌属的细菌。蒲秀鑫等对泸型酒窖泥中梭菌的分离及代谢产物分析表明,不同梭菌发酵液挥发性代谢产物的组成具有明显差,一些梭菌的发酵液中酸类物质含量比较高,主要为己酸、乙酸、丁酸和辛酸等,另一些梭菌的发酵液中醇类物质含量比较高,主要为己醇、丁醇和乙醇等。梭菌所产生的这些酸类物质和醇类物质在白酒发酵过程中可直接作为呈香物质,并且还可以在酶的催化作用下进一步形成相应的酯类化合物,如己酸乙酯、乙酸乙酯等,是白酒典型香气物质的主要来源。此外,梭菌还能代谢产生少量的醛酮类化合物、烷烃类化合物、吡嗪类化合物和一些其他物质,进一步影响白酒的品质。张春林等对茅台镇酱香型白酒二轮次堆积发酵酒醅样品中微生物结构多样性进行了研究,共检测出微生物171个属,其中芽孢杆菌属是对风味贡献最大的一个微生物属,与乙酸乙酯、异戊醇、糠醇等风味物质的形成正相关。

酵母菌是白酒酿造微生物家族中重要的菌群之一。这些酵母菌按照其功能可分为两类:一是酿酒酵母(Saccharomyces cerevisiae),它们是酿造白酒的发酵动力,可以通过自身代谢,将底物葡萄糖转化为酒精及二氧化碳。因此,酿酒酵母被认为是酒体中酒精的主要来源。二是非酿酒酵母(non-Saccharomyces cerevisiae),这些酵母菌产酒精的能力相对较弱,但其代谢产物对白酒的香气、风格及品质具有重要影响。曹润洁等对堆积酒醅中的酵母菌进行分离、纯化、测序、比对,鉴定出了酿酒酵母Y1、毕赤酵母Y2和异常威克汉姆酵母Y3,然后研究3株菌在酸性、碱性条件下代谢物含量,混菌发酵代谢物含量和产酒精能力,最后发现酿酒酵母Y1在酒醅中主要作用为产酒精,异常威克汉姆酵母Y3和毕赤酵母Y2在酒醅中主要作用为产香味。

2. 食醋

食醋具有悠久的历史,是世界各国人们餐桌上不可缺少的调味品。食醋的酿造主要依赖于微生物的发酵作用,微生物经过特殊的生化活动将富含糖分的原料转化为乙酸、乳酸等有机酸并伴随多种风味物质和功能性成分的生成,造就了食醋独特的风味。

在传统发酵食醋中占主导地位的细菌为醋酸杆菌属(Acetobacter)和乳杆菌属(Lactobacillus)。而主要的真菌种类则存在较大差异,例如,山西老陈醋和镇江香醋酿造过程中优势真菌属为酵母菌属（*Saccharomyces*），四川麸醋和天津独流老醋中曲霉属（*Aspergillus*）居于主导地位，而凉州熏醋酿造过程中的优势真菌属则为链格孢属（*Alternaria*），这可能是由地理气候、酿造原料和工艺等因素的差异所导致。

醋酸菌是醋酸发酵阶段的主要菌种，在食醋生产中起着关键的作用，其性能直接影响到产品的产量和质量。张琳等从山西老陈醋的醋醅中分离出 11 株耐酸及产酸能力较强的醋酸杆菌，其中有 5 株醋酸杆菌在发酵后期，其产酸速率基本不受影响。食醋酿造除功能性醋酸菌外，大量乳酸菌不仅能发酵产生乳酸和乙酸等有机酸，还可以提供众多的挥发性物质、氨基酸等风味物质，从而有效改善食醋的风味。刘阳等从保宁醋醋曲中筛选得到 12 株乳酸菌，经过测定，得到一株产多糖量为 191.98 mg/L、产酸率为 1.62% 的发酵乳杆菌（*Lactobacillus fermentum*）。该乳酸菌发酵液中共检测到 11 种挥发性物质，主要为 3-羟基-2-丁酮和乙酸，有机酸共检测到乳酸和乙酸，这些均有利于提高食醋酸度及川芎嗪含量。酵母菌在食醋的酿造中主要起到支撑酒精发酵的作用，缺氧的条件下分解糖产生酒精，其产生的酒精还可同经乳酸菌降解产生的乳酸合成为酯类，可提高食醋的风味。霉菌在食醋的酿造中，通过功能酶的分泌将淀粉、蛋白质等大分子物质酶解为葡萄糖、氨基酸等小分子物质。食醋酿造过程中以淀粉质为主要原料时，需通过霉菌产生糖化酶将淀粉水解为糖，进而为酒精发酵及醋酸发酵提供原料。米曲霉、黑曲霉是传统食醋发酵的关键微生物。

3. 发酵乳制品

发酵乳制品是原料乳在特定微生物的作用下，通过乳酸菌单纯发酵或乳酸菌和酵母菌共同配合发酵制成的具有特殊风味物质的酸性乳制品。其中以牛乳为原料的发酵乳制品最为常见。牛乳含有丰富的人体所需营养物质，通过多种微生物的协同发酵，将乳糖、蛋白质、脂肪等营养物质分解产生多味肽、氨基酸、脂肪酸等多种风味营养成分，不仅保留了鲜牛乳的乳香味，而且增添了特殊发酵风味。

乳酸菌在发酵乳制品中起着重要作用，它能够分解乳糖产生乳酸及风味物质，还可以抑制霉菌生长，延长产品保质期，双歧杆菌、链球菌、乳杆菌等为最常用的乳酸菌。嗜热链球菌（*Streptococcus thermophilus*）作为发酵乳最关键的发酵剂之一，在乳制品发酵和贮藏过程中具有重要作用。嗜热链球菌具备很强的产胞外多糖的能力，赋予产品细腻顺滑的口感，发酵过程中能产生一些风味物质，如乙醛和双乙酰等，赋予产品特有的香气。嗜热链球菌通过 β-半乳糖苷酶水解牛乳中的乳糖产生葡萄糖和半乳糖，在与保加利亚乳杆菌（*Lactobacillus bulgaricus*）协同发酵时优先发酵，产生小分子代谢产物并降低乳 pH，进而促进保加利亚乳杆菌的发酵。刘绒梅等对传统乳制品中的乳酸菌进行筛选与鉴定，最终得到 5 株性能较佳的菌株。其中，编号为 C-1 的嗜热链球菌菌株生长性能和产酸性能最佳，该菌株制备的发酵乳奶香明显，口感细腻顺滑，具备优良发酵性能菌株的应用潜力。

4. 面食

常见的发酵面食主要是由小麦研磨成的面粉进行制作的，如我国的馒头及西方的面包等。传统的发酵面食主要是利用乳酸菌和酵母菌来进行发酵，现代食品加工中主要使用面包酵母进行发酵。

酵母是一种生物疏松剂，经发酵作用而产生二氧化碳、乙醇和低分子的风味物质，从而提供发酵类烘焙产品特有的组织和风味，常用的烘焙酵母有四种：液体酵母、鲜酵母、干性酵母、速效干酵母。我国传统发酵面食常使用天然老肥，即谷物、水果或酒花等自带的天然野生酵母与其他微生物菌群形成发酵剂，与面粉、水混合发酵制成酸面团，加入食用碱制成中式面食，酸面团兑碱后形成的面团可用于下一次面团的发酵剂，并循环使用下去。对微生物的研究显示，天然老肥酸面团中有超50种乳酸菌，大部分为乳杆菌；20余种酵母菌，为酵母菌属和假丝酵母菌属，还含有一些其他种类的微生物菌群。乳酸菌与酵母菌相互作用，产生代谢产物有助于提高发酵面制品的品质，提高产品的营养价值。

5. 酱类

发酵酱类在人们的餐桌上不可缺少，深受世界各国人民的喜爱。发酵酱的种类繁多，有用豆类作为原料的豆酱，有用辣椒作为原料的辣椒酱，有用鱼虾作为原料的鱼酱、虾酱，有用肉类作为原料的肉酱，还有用小麦作为原料的面酱，等等。

豆酱是较为常见的发酵酱，关于豆酱的研究也较为丰富。贡汉坤等对自然发酵的传统酱类的微生物种类及其功能进行了分析。该研究发现霉菌主要出现在发酵过程的第一阶段，并分离鉴定得到4株典型霉菌菌株（米曲霉101、酱油曲霉302、高大毛霉489和黑曲霉530）；酵母活动的主要时期在发酵过程的第二阶段，分离鉴定得到3株酵母（鲁氏酵母638、球拟酵母795和一株未知酵母）；酱类发酵的第二阶段非常适合某些乳酸菌的生长，分离出的乳酸菌主要有片球菌765、植物乳杆菌710和芽孢杆菌961。根据菌相分析结果、蛋白酶活力、安全性及产香能力，可选择米曲霉101、酱油曲霉302作为制曲发酵的接种发酵剂，在发酵中后期选择鲁氏酵母、球拟酵母、片球菌、植物乳杆菌作为酱类中期发酵的接种发酵菌株。微生物在发酵食品酿造过程中通过代谢活动降解原料中蛋白质、淀粉、脂质等大分子物质，生成氨基酸、小肽、单糖、寡糖、脂肪酸等，这些物质经进一步的代谢作用，可产生醇类、有机酸、醛类、酮类、酯类、含氮化合物、芳香族化合物等，构成传统发酵食品复杂的风味。

6. 泡菜

泡菜是使用新鲜蔬菜，经过乳酸菌和酵母菌的作用发酵而成。我国很多地区都有制作泡菜的习惯，如四川泡菜、东北酸菜、湖南泡菜、贵州泡菜、广东泡菜等。因为制作泡菜可以使蔬菜的储存时间更长，且泡菜酸鲜开胃、价格低廉，所以泡菜深受人们的喜爱。

在泡菜的发酵过程中有多种乳酸菌在同时起作用，乳酸发酵贯穿于泡菜的整个炮制过程。酸泡菜中乳酸菌前期为肠膜明串珠菌和粪链球菌，后期为植物乳杆菌，它们相互协调，在特殊的环境中发生复杂的生物化学变化，赋予泡菜特殊的风味。肠膜明串珠菌、粪链球菌启动发酵，利用蔬菜的溶出物繁殖，最先适应生长环境，迅速生长繁殖并产生二氧化碳、乳酸、乙酸、乙醇等物质，使pH很快下降，并制造厌氧环境；植物乳杆菌主导发酵，产酸能力最强，生长繁殖快，并终止发酵过程。

目前我国泡菜发酵以自然发酵为主，虽然自然发酵的泡菜味道独特，口感适宜，然而由于生产季节、发酵周期、加工及卫生条件等诸多因素的影响，无法保证每批次的泡菜质量稳定，因此，传统的自然发酵方式很难实现现代化、工业化、标准化生产。陈大鹏等对自然发酵和人工接种发酵泡菜的品质进行了比较，与自然发酵相比，人工接种发酵可以明显地减少亚硝酸盐的含量，缩短泡菜发酵周期，自然发酵的泡菜中风味物质更加丰富，但两种发酵方式生成的风味物质已经非常接近。陈偲等筛选出一对具有互促关系的乳酸菌和酵母菌，所得互促菌组发酵性能较强，可缩短泡菜发酵周期，降低泡菜中亚硝酸盐含量。

（二）微生物在现代食品加工中的应用

我国发酵酒精型饮料的进口量很大（表13-5），与国外相关产品相比，我国企业在这方面还有很大的进步空间。

表13-5 2022年我国发酵饮料的进出口信息

发酵饮料	进口量 /L	进口金额 / 美元	出口量 /L	出口金额 / 美元
装入≤ 2 L 容器的鲜葡萄酿造的酒	216 558 465	1 223 512 197	2 722 237	38 140 482
装入 2 L 以上但不超过 10 L 容器的鲜葡萄酿造的酒（未加香料）	3 423 592	10 595 953	33 056	141 527
装入 10 L 以上容器的鲜葡萄酿造的酒（未加香料）	107 126 035	113 863 909	76 315	146 868
其他发酵饮料（如苹果酒、梨酒、蜂蜜酒、清酒）；其他品目未列名的发酵饮料的混合物及发酵饮料与无酒精饮料的混合物	17 362 895	106 930 918	3 465 749	32 043 969

资料来源：中国海关总署-海关统计数据在线查询平台 http://stats.customs.gov.cn/

1. 微生态制剂

随着微生态学在我国的飞速发展，以微生态调节剂为主的新的一类药品、保健食品、饲料添加剂、植物生长促进剂已经或正在形成产业。微生态制剂可以根据其物质的组成进行分类，分为益生菌、益生元和合生元。益生菌为含活菌和/或死菌，包括其组分和产物的细菌制品，常见的益生菌有9类：乳杆菌、双歧杆菌、枯草杆菌、地衣芽孢杆菌、粪肠球菌、粪链球菌、蜡样芽孢杆菌、酪酸梭菌和嗜热链球菌。微生态制剂的作用机制主要有3种：调控微生态的平衡；产生营养物质，降低肠道pH与促进机体对营养物质的吸收；竞争肠上皮细胞的黏附位点，防止病原菌的入侵。微生物制剂已经被广泛用于乳制品、功能性食品作为膳食补充剂食用，以乳制品为例，益生菌乳制品有益生菌酸奶、益生菌奶粉和益生菌干酪等，益生元与合生元乳制品也扩展到奶粉和乳饮料等产品的生产中。

2. 果酒

果酒是指以新鲜水果为原料，经破碎或压榨取汁，通过全部或部分发酵酿制而成的低度发酵酒，酒精含量一般在7—18度。果酒保留了水果原料中部分营养物质，如人体必需的多种氨基酸、矿物质、维生素、多酚等天然营养成分，营养价值高，适当饮用具有促进消化、提高食欲等功效。

现有发酵型果酒主要是以葡萄酒酵母为发酵菌种，出现水果发酵过程中菌种不适用的现象，同时果酒个性不凸显。吴卓凡等从自然界分离筛选得到一株在枇杷果汁内起酵快、发酵强、风味佳的枇杷果酒专用酿酒酵母（编号GP-34），经其发酵得到的枇杷果酒的风味物质测定结果优于使用商业酵母D254发酵的果酒。郝瑶等分离并筛选得到一株发酵能力好、产果香酒香浓郁的菌株Y-41，该菌株为库德里阿兹威毕赤酵母（*Pichia kudriavzevii*），其对葡萄糖、酒精度、pH具有较高耐受性，可作为富硒猕猴桃果酒发酵专用菌种。

3. 果醋

果醋是以水果或其他果品为主要原料，利用现代发酵技术，经酵母菌和醋酸菌进行酒精发酵和醋酸发酵阶段酿制而成的一种营养丰富、风味独特的酸性饮品。在发酵过程中，微生物将水果中的大部分糖转化为有机酸，果醋饮料成品内只有少部分糖类未经过转化，而各类维生素、矿物质、氨基酸等营养物质损失较少，保留在果醋成品内，因此果醋产品不仅保留了水果本身的营养元素，还丰富了产品中有机酸的种类与含量。目前已经开发成果醋的水果种类主要有苹果、猕猴桃、山楂、沙棘、蓝莓、芒果、菠萝等，但在市场流通领域，最常见的只有苹果醋，其他水果原料的果醋仍停留在实验室阶段。

当前，相关的科研工作者依据传统食醋酿造微生物多样性的研究对混合菌液态发酵果醋的风味及品质开展了相关研究。韩瑶烜等对不同菌种发酵的海棠果果醋进行了感官评价，发现由巴氏醋酸杆菌和氧化葡萄糖酸杆菌两种醋酸菌混合发酵制取的海棠果果醋，相比单菌发酵在理化检验指标、感官评定结果、物质利用率、产物转化率、发酵效率等方面都有明显提高，与同类的市售果醋饮料相比也具有一定的优势。石媛媛等以刺梨汁为主要原料，通过液态发酵的方式，将酵母菌分别搭配3株不同乳酸菌（鼠李糖乳杆菌H3、副干酪乳杆菌SR10-1、植物乳杆菌LP）进行混菌酒精发酵，再接种巴士醋杆菌进行醋酸发酵制备刺梨果醋，发现接种乳酸菌强化发酵不仅能有效保留刺梨果醋的营养物质，还有利于促进挥发性风味物质的形成，增加风味物质的种类和含量，提升产品风味品质和营养价值。

4. 益生菌发酵果蔬汁

益生菌发酵果蔬汁，是指果肉破碎后接入对人体有益的益生菌，通过短时间的发酵后立即冷藏保存的活菌饮料。通过发酵，水果蔬菜的营养被最大限度地保留，并且发酵过程中会产生大量活性多糖、短链脂肪酸等营养物质，还富含大量的活性益生菌，有利于肠道环境的改善和提高人体免疫能力。

益生菌发酵果蔬汁通常以芒果、胡萝卜、南瓜等多种果蔬为原料，以乳酸菌发酵为主。卢嘉懿等的研究发现乳酸菌发酵能提升果蔬汁风味、保护色泽，脐橙、蜜柚、芒果、苹果和梨发酵后感官总体接受度提高，并且发酵过程合成或释放的酚类及其他超级抗氧化物类似物（superoxide dismutase like，SOD-like）成分，活菌数的增加及产酸都有利于果蔬汁的总酚含量及相关抗氧化性的保持及增加。利用复合菌进行复合果蔬汁的发酵也有相关的报道。Chen等利用4种乳酸菌发酵苹果汁，经发酵和贮藏后，与苹果汁典型香气有关的大多数挥发性化合物都得以保留或富集，并且乳酸菌发酵产生了乙醛和一些新的酮类化合物，增加了重要的芳香族成分。李建强等分别以单一水果和综合果蔬为原料，利用酵母菌、乳酸菌、醋酸菌等微生物协同发酵，发现混菌发酵能提高酵素的超氧化物歧化酶（superoxide dismutase，SOD）活性。

5. 酶制剂

近年来，酶制剂的生产普遍引起各国重视，并且酶制剂已经广泛应用到食品生产中。例如，利用枯草芽孢杆菌生产液化型淀粉酶；利用根霉、黑曲霉等生产糖化型淀粉酶，淀粉酶可用于麦芽糖、酒等食品的生产，使其质量更优。再有，利用黑曲霉、根霉、青霉、枯草芽孢杆菌、灰色链霉菌等可生产蛋白酶，蛋白酶可用于乳酪生产、啤酒去浊等。可以通过蛋白质工程技术改善微生物酶制剂的性能，例如，促进凝乳酶性质转变以改善食品的口感，强化纤维素酶性能以提升食品工程的加工质量，保证食品安全。

三、研发现状与趋势

（一）常用微生物的定向选育

定向选育指的是按照人为规定的进化过程，构建具有新功能或者增强功能的物种。常用手段包括自发突变育种、诱变育种和杂交育种等。一般来说，基于微生物体自身突变和人为筛选结合，可单独使用，也可交叉进行。

相对于从野生环境中筛选功能更强大的菌株，以诱发基因突变为手段的微生物育种技术目前应用得最广泛，包括化学诱变法和物理诱变法，也可以二者结合。野生菌株可能拥有更加复杂的遗传结构，但是基于实验室的"驯化"过程是很有必要的。另外，微生物的定向选育应结合选育微生物的特性而定。

备受关注的定向育种方向，包括微生物饮品的风味、发酵的稳定性和产物产量、氨基酸、酶类等。在工业上，除提高发酵产品的质量以外，食品工业微生物某种程度上也需兼具个体胁迫的抵抗力，如高水平的醋酸盐、渗透胁迫等，而关注需要定向育种的方向（产物、发酵性能）和菌种本身的遗传和分子生物学背景是关键。例如，基于酵母的真核生物特性，在分子生物学的基础研究中有着重要的地位，基因重组技术在酵母菌的育种中应用广泛。目前，实验室中常用迭代法，结合多个芽殖酵母物种的基因组，以获得广泛的耐受和生产特性。在氨基酸或其他微生物代谢产物生产领域，从特定的菌株如谷氨酸棒状杆菌（*Corynebacterium glutamicum*）出发，表征其代谢网络并结合上述定向育种手法可筛选出优势菌株。由此看来，从生产目的出发（风味、特定代谢物）筛选相关微生物，并不拘泥于特定微生物，也是思路之一。

几十年来，益生菌和乳制品微生物一直受到广泛关注。乳杆菌属细菌通常用于饮料中，育种的思路应用在改善食品的外观、气味和风味或延长其保质期方面。另外，代谢工程可以定向改变乳杆菌菌株的功能特性，弥补经典诱变筛选的不足。乳杆菌的代谢策略主要集中在丙酮酸代谢的变化上，以产生必需的发酵终产物，如甜味剂、香料、芳香化合物和复杂的生物合成途径，从而导致胞外多糖和维生素的产生。以益生菌为例，它需要满足四大条件：益生菌的功能需要被充分表征、益生菌需要可以被安全使用、至少有一项人类临床试验的支持、产品在整个货架期内保持有效剂量。这为筛选相关具有功能的益生菌提供了参考。

益生菌的筛选通常是根据菌株的生长特性、生理生化特性、代谢特性及对不同人群营养与临床病理的影响分析等设计合适的筛子，将目标菌株从样本中筛选出来，并加以验证、评价和安全性分析等。微生物菌株的高通量筛选（high throughput screening，HTS）是一种自动化、大规模筛选目标菌株、细胞、药物等的技术，被广泛运用于菌株选育，因其筛选样本的多样性，可应用至益生菌不同种属和菌株的筛选。高通量筛选过程中的分析检测主要包括菌体生长情况及其代谢特性，如营养缺陷型、耐受性、水解圈、显色圈、抑菌圈，以及目标对象的荧光性或显色性等。上述方法中的显色原理可进一步结合益生菌菌株细胞的生理特性进行高通量筛选方法的设计与优化。另外，益生菌在发酵生产过程中面临着来自外界环境的多种胁迫，选育优良品种时，也应考虑如耐胃酸及耐胆盐特性、冻干恢复能力等。

目前，随着基因编辑工具和AI人工智能的蓬勃发展，为定向育种提供了新的发展赛道。其一是以CRISPR技术为代表，提升育种精准性。其二是计算机微生物高通量筛选，通过基因组学和分子模拟，大通量解决遗传突变的概率问题。二者都是未来微生物定向选育的关键方法。2022年11月，"第九届微生物育种工程与应用评价研讨会"在江苏省无锡市顺利召开。2022年微生物育种主要进展在于新兴技术于微生物育种上的应用，包括可能广泛应用的微流控、高通量谱学等技术。除此之外，对于微生物育种中基因组的复杂性，测序技术在2022年整体应用水平迅猛上升，可能是未来微生物育种分子技术不可缺少的一环，也是目前筛选和优化菌种的特定表型、底物利用率、耐受性的实用技术。对于未来，突变和筛选技术应与代谢工程紧密结合，最大限度地发挥其快速改善菌株表型的作用。建立基因型-表型关联生物信息学标准，可大大减少未来食品微生物育种的成本。

2022年4月28日，我国科学家通过电催化结合生物合成的方式，成功将二氧化碳高效还原合成高浓度乙酸，进一步利用微生物可以合成葡萄糖和油脂。此过程的第二步涉及对微生物的定向改造。研究团队通过敲除酿酒酵母中代谢葡萄糖的三个关键酶元件，废除了酿酒酵母代谢葡萄糖的能力，同时插入来自泛菌属和大肠杆菌的葡萄糖磷酸酶元件。将酵母体内其他通路中的磷酸分子转化为葡萄糖，增加了酵母菌积累葡萄糖的能力。经过改造后的工程酵母菌株的葡萄糖产量达到2.2 g/L，产量提高了30%。

2022年10月，中国国家食品安全风险评估中心发布了2'-岩藻糖基乳糖（2'-FL）的公开征求意见，用于生产的菌种来源为大肠杆菌，工业菌种为螺旋杆菌。这是一种占比最大的母乳低聚糖（human milk oligosaccharides，HMO）产品，是母乳中仅次于脂肪和乳糖的营养成分，具有极高的营养和健康价值。可见获得具有极高生产价值的菌株是目前人们所期盼的，但同样其应用于食品生产的安全风险也需要征集公众意见。

（二）微生物作用于食品加工的机制解析

微生物作用于食品加工的机制主要是发酵代谢物的产生。发酵是一种中央代谢过程，在该过程中，生物体将碳水化合物（如淀粉或糖）转化为乙醇或酸，而在一些其他发酵中，细菌也会利用如纤维素、木质素作为碳源。从生物化学的角度来看，酵母（和一些细菌）在葡萄糖代谢产生的丙酮酸分解为乙醇和二氧化碳时进行发酵（图13-10）。除此之外，微生物也可以酸化，将食品中的某些物质（如蛋白质、淀粉等）变性，从而改变食品的性质和口感。在食品加工中，可以利用抗菌物质来抑制微生物的生长和繁殖，从而达到抗菌的目的。

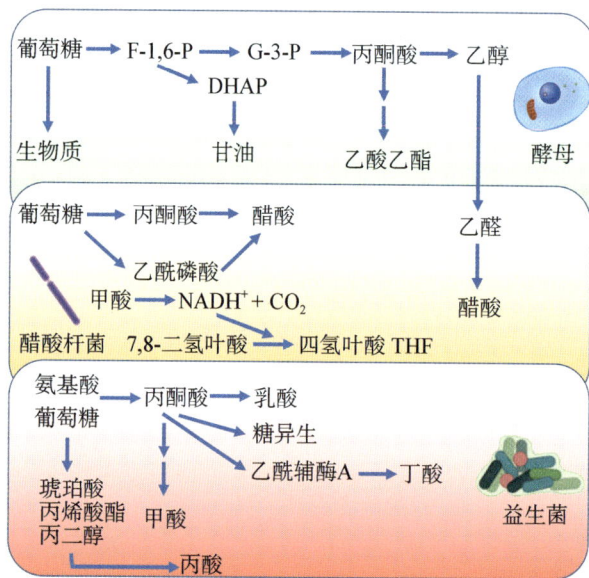

图13-10　酵母、醋酸菌、部分益生菌作用于食品的代谢机制

　　除了主产物的产生，产生食品特定风味也是发酵的关键课题之一。在发酵过程中，酵母细胞将谷物中的糖分转化为乙醇的同时产生数百种影响啤酒香气和口感的次级代谢产物。另外，酵母以其他发酵原材料进行发酵，如咖啡、果蔬、巧克力，也在现代食品生产中发挥关键作用。其机制也是利用其厌氧发酵的特性改变产品的甜度，控制酸度，赋予它们醇厚或其他感官风味。该过程由混合物中存在的酵母自然进行，也可以通过添加适当的酶（多聚半乳糖醛酸酶、果胶裂解酶、果胶甲酯酶）来改进该过程。目前针对酵母所应用的食品工业，人们越来越关注产品的速率和收率。在相关生产机制的改造上，人们做了以下工作：①扩展的底物范围，使酵母细胞能利用更多种类的底物；②通过基因工程敲除多余代谢通路的相关基因，或增强主产物通路上的基因表达；③能够在酵母中生产新化合物，如紫杉醇和阿片类药物；④改善细胞特性，如耐受苛刻的工业条件。

　　除了上述两种基于传统代谢途径作用于食品工业的微生物，益生菌在食品加工上的相关机制相对复杂。2022年，中国营养学会益生菌益生元与健康分会发布了《中国益生菌益生元消费者调研报告》，报告针对消费者对益生菌、益生元的认知、理解及区分度和对益生菌相关功能进行了研究。其中：充足的"活性"数量是关键。另外，①益生菌产生的短链脂肪酸是关键的有益产物。其代谢机制来源于对糖、纤维、非消化性碳水化合物的利用，以及厌氧发酵等代谢产物。②对于氨基酸分解代谢产生的风味物质，如发酵食品中的胺类可被单胺氧化酶转化。在奶酪中，乳杆菌和肠球菌会通过脱羧酶和酪氨酸转运蛋白的作用将酪氨酸转化为酪胺。在陈年奶酪中，戊糖片球菌可以在奶酪中产生组胺。③人们常常忽略，在食品工业中的维生素生产中，益生菌也有着举足轻重的地位，益生菌发酵过程中合成的维生素可以被认为是食品的营养强化剂，如叶酸和核黄素（维生素B_2）。乳杆菌菌株只有在培养基中加入对氨基苯甲酸（pABA）后才能代谢产生叶酸，而核黄素来源于细菌的rib操纵子，可催化鸟苷三磷酸（guanosine triphosphate，GTP）和5-磷酸核糖转化为核黄素。④产生其他包括蛋白质、胞外多糖、氨基酸衍生物类和辅助降解大分子物质，对于人体具有有益作用。2022年以来，国内功能性食品品种不断丰富、更新提速，益生菌其他功效正逐步被发现，未来可应用场景不断拓展，对益生菌的品类和销售驱动更强。预计，到2025年，全球益生菌产业产值将超过770亿元。此外，从全球看，亚太益生菌市场规模最大、增速最快。益生菌食品饮料的市场规模最大，益生菌膳食补充剂增速最快。中国益生菌市场发展前景巨大，现处于快速增长期。

总之，人们对于食品微生物的相关食品生产机制还在探索，包括对于环境微生物和肠道微生物的发掘使得相关具有食品工程潜力的微生物得以被发掘出来。2022年，科技部发布了"十四五"国家重点研发计划"食品营养与安全关键技术研发"重点专项2022年拟启动项目，对食品重要功能物质的挖掘和功能作用研究提出要求，其中包括微生物源的功能性食品健康机制探索。2022年，大量16S rRNA和宏基因组的发展也可以在转录水平窥见复杂的微生物群体协作。此外，材料生物学、人工智能、基因编辑技术等现代技术的发展及其在食品微生物中的应用，也有力地推动着相关食品工业研究的深入。对食品型工业微生物特性的研究，将有助于进一步指导微生物在食品工业和人类健康产业中的应用。2022年，有关微生物作用于食品加工机制的研究进展极大地提高了食品加工质量和安全性并满足了消费者的需求。在分子层面，表征微生物作用于食品的相关机制应被广泛重视，包括转录翻译与代谢表达、外源表达的分子工程搭建、膜转运相关技术等。未来，通过对食品更深入的研究，可以确保微生物的作用机制更加明确，以实现更好的加工效果，为消费者提供更优质的食品。

2022年国家发展和改革委员会印发的《"十四五"生物经济发展规划》，将生物经济作为今后一段时期中国科技经济战略的重要内容，加快发展高通量基因测序技术，加强微流控、高灵敏等生物检测技术研发，推动合成生物学技术创新，并明确提出发展合成生物学技术，探索研发人造蛋白等新型食品，实现食品工业化迭代升级，降低传统养殖业带来的环境资源压力。这些信号将大大推动微生物加工型食品的快速升级。

（三）加工技术和过程优化

我国对于食品微生物的加工技术历史悠久，元代的白酒酿造就出现了完善的蒸馏设备和加工流程。目前在原有技术上，生物型酒饮料的技术革新分别体现在酿造设备的革新和工艺流程的革新上。例如，"原窖分层"酿制工艺和"六分法"工艺，就有扬长避短、分别对待的特点，从而达到优质高产的目的。而在啤酒工业上体现的是高度机械化和流程化的加工技术革新。从麦芽制造、糖化、发酵、过滤及后处理，到灌装等均趋于高水平的机械化，大型、先进的生产设备被广泛推广应用。在酒类的饮品中，机械设备在破碎、控温、压滤、澄清上都明显提高了效率。除此之外，加工技术的优化也从上游的传统设备流程延伸到下游的包装技术和过程检测上，一些新型材料和纳米技术的兴起，也为生物型食品的生产提供了助力。另外，在食品工业和制药工程中，冻干技术的应用是必不可少的。发酵用菌粉、食品中添加的益生菌粉都要经过冻干处理。目前，冻干加工技术的优化在于冻干配方的配比和新型冻干材料的使用。

大型的生物型食品的生产依赖于发酵设备，对于实验室规模的发酵罐主要是间歇操作模式，然而这种模式限制了菌种生长和产物得率。在产品形成与生物量快速增长严格相关的情况下，应在发酵中进行补料和采取分批策略。目前，采用的发酵大多为连续发酵罐模式，为恒化器装置和灌流培养系统的结合。目前，对于生物发酵食品的过程改进主要体现在发酵菌数和发酵产物的提升上，除了优化培养基的成分，研究人员也可通过改变传质装置、更换搅拌器、优化曝气及通气装置来提高产率。

在食品加工中，优化需要识别特定过程，对情况进行精确建模，并应用合适的分析方法来获得最佳解决方案。由于其对食品加工的安全、质量和经济方面的影响，基于模型的食品加工优化在过去二十年中受到了极大的关注。实验室和食品工业中，相关过程和控制的主要研究对象包括：主因子设计、中心复合设计、以面为中心的中心复合设计、Box-Behnken设计、混合设计、响应面方法、人工神经网络，以及其他应用于食品和食品成分的提取、加工和纯化的内容。2022年，微生物食品生产工程优化和控制优化有了显著进展。在发酵工艺优化方面，应以更精准的参数控制、更好的发酵系统和更优质的能量管理为目标。

对于生物食品反应的过程优化，首先要对实际生产过程中的发酵体积、反应器传质速度、通气量、pH、氧化还原电位进行全面的评估。其次是对化学方面的氧分压、氧气的浓度、惰性气体的浓度进行全面的评估。生产过程中对于设备的过程控制，需要针对一些基本生物发酵参数进行相应的调整。例如，用于维持一定环境变量恒定的过程控制操作，如加酸/碱、生物反应器的加热/冷却、消泡剂的添加等，常与菌体生长和产物合成关联的操作也受过程干扰、代谢迁移和其他控制操作的影响。

另外，在当前过程优化的数学模型中，人工神经网络在建模、优化和控制方面得到了广泛应用，并取得了巨大成功。有研究表明：应用人工神经网络和遗传算法（genetic algorithm，GA）的组合可最大化天冬氨酸-β-半醛脱氢酶蛋白的天然浓度和保质期。总之，工业生产优化除了提升产品本身质量和提升产值，相应的经济效益也是必须要考虑的。2022年的研究进展主要集中于生物质资源热化学的充分应用，以及生物工程与过程设备的充分结合和应用。未来发展的大趋势是通过综合分析工具和人工智能技术的应用，能够以较高的精确度确定过程参数，以更大的抗性进行发酵和控制，从而得到更高的品质和更优的控制效果。

2022年，相关生物型加工企业在技术领域和行业竞争力方面已走在行业前列。2023年1月17日，蔚蓝生物接受采访时表示，2022年公司持续大规模的研发投入，已构建了里氏木霉、毕赤酵母、黑曲霉、芽孢杆菌等四大高效蛋白质表达系统及对应的规模化发酵体系，搭建了行业领先的高通量筛选工作站，并建立了通用型的高通量基因筛选及基于AI大数据模型与蛋白质工程改造等核心体系。这些先进的技术体系大幅提高了产品质量和工业应用属性，提升了生物产业技术创新能力。

四、前　景

（一）发酵食品市场稳定繁荣

生物型食品加工在现代食品工业的发展中有着不可动摇的地位，微生物发酵食品产业在未来将会不断提高人类生活水平，推动人类健康饮食和健康生活。发酵食品是当前食品市场，尤其是传统民族食品市场的重要组成部分，为食品结构调整、发展营养健康食品提供了良好的市场需求保障。高效利用食品原材料的需求，以及发酵技术的进步，正在刺激发酵食品行业的快速增长和创新。许多常见发酵食品中所含的微生物可以作为"微型工厂"，产生具有特定营养和健康功能的营养素和生物活性物质，针对这些功能性食品的开发将会迎合人民群众对吃得健康的需求。

此外，为发酵食品开发可持续的食品供应链、利用副产品和节约能源对于小型和大型食品生产企业同样重要。"效率"一直是发酵食品的一个关键特征，从利用奶酪乳清作为食物，到制造鱼露，人们改善了食品加工方式并提高了食品的利用价值，达到将食物"吃干榨净"的目的。鉴于发酵食品的悠久历史及其在全球的广泛分布，高知名度、受欢迎程度和多样性是消费传统发酵产品的关键特征。微生物加工食品将基于其优势，增加人们对其的喜好和需求。然而，熟悉度对跨文化民族食物的喜好和感知有很大影响，这可能是全球发酵食品细分市场继续增长并遍布全球的主要原因之一。

在发酵食品的开发过程中，应注意客观的文化差异，消费者选择发酵食品的动机是习惯还是兴趣，以及消费者对产品的心理感知/期望与实际接受度之间的差异都会影响产品市场。

（二）微生物食品加工技术的发展与进步

根据基因组学和代谢组学等高通量技术的最新进展，以及来自越来越多的科学研究的可用客观结果和数据，可以迅速制定基于证据，有针对性的和统一的食品加工标准，这在微生物加工食品方面有很大推动作用。

确定和表征发酵微生物是一个非常重要的问题，它们在食品质量（食品的物理化学特性和感官特性）和食品安全（控制病原微生物和腐败微生物的生长）方面起到关键作用。分子生物学方法将帮助人们通过探索微生物多样性和发现微生物群落动态变化，加强对发酵食品加工过程的把控。基因工程技术对生产菌株的定向选育将有助于人们提高食品加工效率。未来，下一代基因测序技术将能够增加一个分子维度，以了解并控制发酵过程中食品的风味、味道和质地的变化过程。全基因组测序和实时荧光定量PCR将继续作为快速分子工具，用于鉴定、筛选和分析发酵微生物群组成。

尽管人们对发酵食品中可能具有益生菌作用的微生物的存在已经有了很好的认识，但与迄今为止发现的大量菌株相比，只有部分发酵食品拥有机体健康证据，还有更多可能存在的菌株由于缺乏科学研究而未被发现。目前，在全球195个国家中，106个国家使用非乳制品发酵食品，其中40个国家，尤其是亚洲的印度和非洲的加纳，使用具有潜在益生作用的发酵食品，这可能是由于家庭规模生产的传统，在手工制备过程中涉及了人体皮肤微生物菌群。因为有可能开发为发酵剂，这些潜在的益生菌在产品开发市场上需求量很大。因此需要更深入的研究来证明这些来自传统发酵食品的微生物是有益的。

因此科学家可以共同努力，建立一个全球益生菌库，收集来自世界各地食物中的益生菌，提高消费者使用益生菌的可及性。然而，在当前全球变暖的情况下，需要优化利用能源，同时保护食物和微生物的生物多样性至关重要。对于经济可持续增长和生态保护而言，地方层面改造传统的中小规模发酵可能比资本密集型和限制饮食多样性的大型发酵更可行。然而，从长远角度考虑，扩大商业化规模仍然是最重要的一个问题。

此外还应该注重生物工程技术发展，促进发酵食品产业化。伴随着计算机工程技术的发展，工业4.0时代的到来，在现代食品加工业中，未来有望利用先进智能设备控制加工过程，提高生产效率。

（三）市场监管与食品安全

目前对发酵食品的监管框架，特别是对发酵乳制品以外的监管框架，总体上还不够成熟，无法充分监管市场上越来越多的发酵食品。此外，现有的立法基本上是被动的，而不是主动的。同样，在全球领域甚至区域各级，这种立法缺乏连贯性。

每种发酵产品都有特定的监管规范，其概述了成分、安全性、沟通和分销的规范。重要的是，使用食品法典标准作为准则实施的先例已经存在，特别是对于发酵乳制品。简化有关当局的批准程序和提供广泛的指导文件也是吸引投资和鼓励创新和商业化的重要手段。在食品标准制定和监管方面需要付诸行动，确保将从研究中收集的知识纳入标准、公共政策和立法中。为此，各国政府和组织应考虑成立发酵食品微生物组专家委员会，以促进将这些知识顺利转化为公共政策建议。此外，具有重大创新潜力的发酵食品的监管标准，如功能性发酵食品，必须根据强有力的新发现定期更新。

为了保持消费者的信心，需要紧急推进监管制度，提高政策的清晰度、一致性和协调性，以指导消费者推荐的成分、摄入量，并确保安全生产、储存、运输和分销等。多年来，对发酵产品的微生物和化学成分缺乏了解或缺乏评估相关安全指标的适当方法，可能会在制定此类标准方面造成障碍。解决监管方面的挑战将有助于简化食品开发过程，鼓励消费者和投资者的信心，促进微生物加工食品领域的增长和创新，进而促进整体经济的发展。

撰 稿 人： 魏　珣　北京中智生物农业国际研究院

通讯作者： 魏　珣　weixun@ziiab.cn

第十四章　生物制造产业发展现状与趋势

第一节　2022年度生物制造发展态势

在化石能源日渐枯竭、温室气体过度排放等造成的全球气候、环境危机背景下，推动由不可持续的线性经济增长方式转向低碳循环经济已成为全球共识，而生物产业是其中的重要一环。生物制造是一种以工业生物技术研发为核心，以生物体的机能生产燃料、材料、化学品或进行物质加工的先进工业模式，具有碳减排、可再生、促发展等优势，受到世界各国政府的高度重视，纷纷加强生物经济战略顶层设计，推出多项项目计划以及人才、财税及管理措施，为生物制造产业保驾护航。当前，全球已临近新技术产业和新经济形态更新迭代浪潮的拐点，根据经济合作与发展组织预测，未来十年至少有20%的石化产品、总值约8000亿美元的石化产品可由生物制造产品替代，而目前替代率尚不到5%，缺口近6000亿美元。

2022年，全球主要经济体高度重视生物制造产业发展，更新细化生物经济战略规划，大力资助生物质利用和生物基产品转化研发，生物技术研究不断取得突破，生物制造产品的种类和应用范围逐渐扩展，越来越多的新材料、新能源、药物中间体、精细化学品和营养品等实现生物路线生产，推动生物制造成为重新定义绿色产品和生产方式、开启下一代生物经济的重要产业突破口。

在"双碳"目标与政策的推动下，我国经济加快从高速增长阶段转向高质量发展，生物制造产业的发展将成为我国转变发展方式、优化经济结构、转换增长动力的重要一环，有助于推进建立健全绿色低碳循环发展经济体系，促进我国经济社会绿色可持续发展。

一、国际生物制造发展态势

（一）生物制造成为生物经济成长关键驱动力

低碳绿色循环经济发展成为全球共识，生物制造产业成为世界主要发达经济体科技产业布局的重点领域之一。目前全球已有五十多个国家发布了发展生物经济的相关政策。2022年2月，世界经济论坛（World Economic Forum，WEF）召集了一个由政府、企业、学术界、民间组织等组成的领导小组，讨论建设可持续和创新性的生物制造方案。该小组最终确定了实现生物经济发展的关键战略，发布了《加速生物制造革命》白皮书，重点聚焦于加强商业化生物制造领域的投资和战略伙伴关系、促进劳动力转型两个方面。

美国一直寻求在生物科技领域的全球竞争中保持领导地位，将发展生物技术和生物制造作为未来生物经济的关键动力。2020年5月，美国参议院通过《2020年生物经济研发法案》，明确建立推动国家生物经济研发计划，并在2021年6月正式将其纳入《美国创新与竞争法案》，将加快工程生物学的研发与应用上升到国家经济竞争高度层面。2022年4月，美国Schmidt Futures基金会成立的合成生物学和生物经济工作组发布战略报告《美国生物经济：为弹性和竞争性的未来规划路线》，重点关注发展基础科学和技术、建设生物制造相关基础设施、培养生物经济领域的高素质劳动力、创造有助于循环生物经济发展的政策环境。2022年7月，美国智库新美国安全中心（Center for a New American Security，CNAS）发布报告《重振：生物技术与美国产业政策》，从设备、人员、信息、资金四个方面衡量了美国合成生物学产业和生物经济的发展状况和前景，提出美国政府需要制定系统的产业政策来促进美国本土生物经济的发展。2022年9月，美国总统拜登发布第14081号行政命令，宣布启动"国家生物技术和生物制造计划"，宣布将协调多部门参与，投入20亿美元资金，探索建立可持续的生物经济发展模式。2022年12月，美国总统科学技术顾问委员会发布报告《推进生物经济的生物制造》，强调生物制造是将生物经济创新产品推向市场的重要引擎，是解决资源利用、气候变化、经济稳定等全球性议题的重要组成部分。

欧盟致力于到2050年实现"气候中和"目标，发展以自然环境、人类健康、居民福祉为先的经济模式，从化石能源驱动的经济向循环生物经济过渡。2022年6月，欧盟委员会发布《欧盟生物经济战略进展报告》（EU Bioeconomy Strategy Progress Report），总结了2018年生物经济战略和行动计划中三个行动领域下的进展情况。同期，欧盟的循环生物基欧洲联合计划（The Circular Bio-based Europe Joint Undertaking，CBE JU）发布了最新版的欧盟生物基产业联盟发布的战略文件《战略研究和创新议程》，确定了欧盟发展循环生物经济要解决的主要技术和创新挑战，并为资助项目和研究计划提供了框架。

其他主要经济体也在近年的创新和经济发展战略中强调生物技术与生物制造发展。日本内阁在《科技创新综合战略2021》中将生物技术、健康与医药确立为战略性基础技术和战略性应用领域，并进一步推进全基因组分析计划；加拿大发布《加拿大生物制造和生命科学战略》；印度科技部发布《2021—2025年国家生物技术发展战略：知识驱动生物经济》等。

（二）生物技术研发资助力度持续增加

随着全球在气候、环境、能源和生态等方面问题的逐渐凸显，世界主要经济体在生物质利用和生物基产品多元化发展方面提出更加细致的实施方案，并提供了充足的资金资助。

2022年2月，美国生物工业制造和设计生态系统（BioMADE）宣布向16个创新项目提供580万美元的联邦资金，旨在加速美国生物工业制造知识、能力和劳动力的发展。2022年3月，美国能源部宣布了一项3450万美元的资助机会，以改进当前的科学和基础设施，致力于将服务欠缺社区的废物流转化为有价值的生物燃料和生物产品。2022年4月，美国农业部（USDA）宣布资助多项生物能源项目，推广本土生物燃料研发与部署。2022年6月，美国能源部宣布在"规模化综合生物精炼厂"计划框架下资助5900万美元，支持规模化生物精炼和生物燃料减排技术研发，促进运输部门脱碳。2022年9月，美国能源部宣布将拨款1.78亿美元用于生物能源研究，用于支持生物能源作物、工业微生物和微生物组等尖端生物技术研发。这些资助项目的成果突破将支持拜登总统和美国能源部的目标，即到2050年推进生物能源的使用、实现具有成本竞争力的生物燃料以及实现净零碳经济。

2022年6月，欧盟通过CBE JU发布了首个项目提案征集，将总计1.2亿欧元用于12个主题的项目，重点关注原料、加工、产品以及通信和环境可持续的交叉问题，以推动欧洲具有发展竞争力的循环生物基产业。2022年12月，CBE JU发布2023年度工作计划，包括了下一次项目提案征集的相关信息，投入2.155亿欧元用于18个项目主题，以推动欧洲具有竞争力的循环生物基产业发展。

英国商业、能源和产业战略部宣布为生物质原料创新方案提供资助，以提高英国的生物质生产能力，为构建多样化绿色能源组合提供原料。日本经济产业省投入20亿日元/a的预算，启动"开发生物基产品加速碳循环"计划，促使依赖野生植物为原料的药品、化妆品和保健品的活性成分的发酵生产工业化，发展聚酰胺和聚丙烯的生物制造技术等，旨在提升日本生物经济的竞争力。

（三）技术进步推动生物产品迭代创新

近年来，生物技术飞速发展，合成基因组学研究上升到新的高度，多种新型基因编辑器不断问世，蛋白质结构预测工具迭代更新，利用机器学习算法等开展生物预测范围不断拓宽，组学技术、生物成像技术、单细胞分析技术、人工智能等前沿技术的交叉融合使更系统地认识生命成为可能，宏基因组技术、第三代测序技术、合成生物学技术、基因编辑技术、深度学习等前沿生物技术的进步大大促进生物资源保藏、分析、评价与利用，关键核心技术的不断革新全面赋能食品、农业、医药、能源、化工等产业转型升级，合成生物制造的技术难关不断突破，加速推进应用进程。

合成基因组学研究和合成生物技术应用创新上升到新的高度。酶促DNA合成技术加快商业化进程，推动合成生物学向可预测、可定量工程化方向发展。多种新型基因编辑器不断问世，在前期研究基础上扬长避短大大提升了技术的应用价值。基因编辑技术领域始终保持研发热度，研究人员通过开发新的编辑器来实现多种应用。伊利诺伊大学香槟分校赵惠民等多个课题组合作开发大规模发现新型天然产物的可扩展平台，将高通量生物信息学与自动生物合成基因簇重构相结合，用于快速评估未鉴定的基因簇。

人工智能已能完成多类型蛋白的结构预测，且达到近原子水平。世界知名人工智能团队DeepMind已利用"阿尔法折叠"预测了几乎所有人类表达的蛋白质结构，以及其他20种生物几乎完整的蛋白质组，并利用"阿尔法折叠2"绘制了核孔复合物的结构图。美国华盛顿大学著名生物化学家David Baker教授团队开发了一种基于深度学习的蛋白质序列设计方法ProteinMPNN，证明机器学习可以比以前更快速和更精确地创造蛋白质分子。同时，该研究团队另一项研究利用深度神经网络来生成广泛的对称蛋白质同源寡聚体，评估他们提出的氨基酸序列是否有可能折叠成预期的形状。这些研究结果表明使用深度学习生成的新蛋白质结构的丰富多样性，并为设计用于纳米机器和生物材料的日益复杂的组件，开发更多新的治疗方法、碳捕获工具等铺平了道路。

计算生物学研发突破推动智能生物制造快速发展。美国宾夕法尼亚州立大学帕克分校研究人员开发的生物技术平台使快速可定制疫苗生产成为可能。这种智能制造技术未来也可应用于其他病毒，有助于有效应对不断发展变异的病原体感染。设计和创建具有高效生物固碳能力的酶、生化途径、工程生物或微生物组，已成为合成生物固碳领域的国际研究热点，低碳生物工程技术发展为洁净能源生产和单碳资源高效利用带来重要机遇。美国西北大学研究人员用一种负碳发酵路线，以丰富的、低成本的废气为原料，用人工改造的一种微生物生产工业上重要的化学物质——丙酮和异丙醇。生命周期分析发现，与传统工艺相比，该负碳平台可以减少160%的温室气体排放。

（四）生物产业发展不断注入资本活力

当前，生物制造已成为世界主要发达经济体科技产业布局的重点领域之一，吸引了大量公共投资和社会资本，形成了价值数百亿美元级别的投资风口。众多科技创新企业致力于疫苗、抗体、药物、营养品、材料和食品等的生物路线研发，并获得投资者的关注和市场青睐。

近年来，生物基产业崛起，新材料应用加速。2022年6月，生物制造企业摩珈生物完成逾 8000 万美元 B 轮融资，用于摩珈生物核心生物基产品的产业化和商业化，以及新产品管线的研发和团队扩充。该公司致力于开发绿色环保的生物制造方法，用以取代高污染、高能耗的传统化工生产技术，现已完成多个大宗产品的工艺开发并进入产业化阶段。其 Viridimin® 系列维生素 B_5 产品于 2022 年 6 月实现量产，第二个即将商业化的产品领域为 Aliphane® 系列生物基聚合物产品，在涂料及胶黏剂领域应用广泛，市场巨大。

未来食品是这两年最火的生物领域投资方向之一，包括非动物来源的肉、蛋、奶等高蛋白食品，以及细胞工厂食品添加剂等。瑞典合成生物学初创公司（Melt & Marble 公司）于 2022 年 5 月 5 日宣布在种子轮融资中筹集了 500 万欧元，致力于通过基因工程酵母菌发酵糖类生产人造牛肉脂肪，其产品不含胆固醇、反式脂肪酸和污染物，且可以定制加入健康脂肪酸，同时这种非动物脂肪技术还可用于生产其他动物脂肪。

此外，生物技术平台公司也在资本的加持下蓬勃发展。2022 年 1 月，合成生物学技术公司（Ribbon Biolabs 公司）宣布完成 1800 万欧元 A 轮融资，资金将用于公司的 DNA 合成技术商业化，该技术采用了一种创新方法，整合优化算法来指导 DNA 的自动酶促组装。2022 年 4 月，Ansa Biotechnologies 公司宣布完成 6800 万美元 A 轮融资，加速 Ansa 基于聚合酶-核苷酸偶联物的下一代酶促 DNA 合成技术的研发，构建高通量合成仪，并推出其 DNA 合成服务。

（五）生物制造助力气候改善和可持续发展

2021 年 5 月，欧盟委员会发布《生物经济未来向可持续发展和气候中和经济的转变：2050 年欧盟生物经济情景展望》，对欧洲乃至全球生物经济的气候中和与可持续发展趋势进行了情景分析。2022 年 9 月，美国工程生物学研究联盟（The Engineering Biology Research Consortium，EBRC）发布题为《工程生物学应用于气候和可持续发展》（Engineering Biology for Climate & Sustainability）的研究路线图。该项目由美国国家科学基金会（NSF）资助，重点评估了工程生物学在解决气候变暖、推进可持续发展、增进人民健康与福祉等方面的可行性与重要性。该研究路线图是 EBRC 发布的第五个研究路线图，内容第一次围绕具体应用场景和应对全球性挑战展开，其中提出的能力建设和技术开发有望为实现可持续发展做出重大贡献。路线图提出可持续的解决方案需要经济和工业部门拥抱生命科学，发展由生物资源驱动的循环经济，建立有包容性的生态系统。2022 年 11 月，《联合国气候变化框架公约》第二十七次缔约方大会（COP27）在埃及举行，大会首次设置了专门的食品系统板块来讨论粮食和农业领域问题，推动粮食和农业系统转型成为气候危机解决方案中的重要组成部分。会议期间，联合国粮食及农业组织（FAO）发布了题为《气候议题中的可持续循环生物经济——改变粮食农业系统的机会》的研究报告，概述了生物经济和气候行动之间的有力联系，明确生物经济在全球气候议题中具有关键作用，能够成为各国政策制定者实现其气候变化目标及承诺的重要工具之一。

二、我国生物制造发展态势

我国生物制造产业基础雄厚，近年来发展势头良好。当前我国生物制造产业规模全球第一，并且仍在继续扩大，近年来保持年均12%以上增速。生物发酵制品、生物基精细化学品以及生物基材料等主要生物制造产品产量超过7000万t，产值超过8000亿元（不含传统酿造业），影响下游产业规模超过10万亿元。

党的十九大以来，中央高度重视贯彻新发展理念，建设现代化经济体系，坚持节约资源和保护环境，引导绿色低碳循环发展。为了进一步加强生物科技领域国际前沿研究和促进生物制造产业发展，我国在合成生物学和生物与信息技术融合方面的投入力度有所加强。我国早在"十三五"科技创新战略规划中，已将合成生物技术列为战略性前瞻性重点发展方向。《中华人民共和国国民经济和社会发展第十四个五年规划和2035年远景目标纲要》指出，要大力推动生物信息技术的融合创新，加快生物医药、生物材料、生物能源等产业的发展，将生物经济做大做强。2022年5月，国家发展改革委印发《"十四五"生物经济发展规划》，将新型生物药、新型生物材料、生物制造菌种、生物基环保材料、生物质能等重点领域列入生物经济创新能力提升工程建设内容，提出围绕生物医药、生物农业、生物制造等规模大、影响广的重点领域，进一步强化企业创新主体地位、发展壮大新型创新力量、建设生物经济创新发展高地，以及深化生物经济创新合作等。2023年1月，工业和信息化部、国家发展改革委等六部门联合印发了《加快非粮生物基材料创新发展三年行动方案》，提出围绕聚乳酸、聚酰胺、聚羟基脂肪酸酯等重点生物基材料，加快构建产品物理化学性能、不同工艺加工性能、不同条件下降解性能等标准。

（一）生物发酵

目前，我国已经发展成为生物发酵规模最大的国家，其生产产品种类也从原来的三大类五十多种发展到现在的八大类（氨基酸、有机酸、淀粉糖、酶制剂、酵母、多元醇、功能发酵制品及酵素等）三百多种。大宗发酵产品年产量超3000万t，年产值超2400亿元，如果将发酵食品涵盖在内，年产值将达到1.2万亿元左右。氨基酸、有机酸、淀粉糖、酵母等二十多个产品产量位居世界第一。根据中国生物发酵产业协会数据，由于新冠疫情影响，生物发酵行业2020年上半年整体产量下滑，主要行业产品产量约1414.7万t，与2019年相比下降约6.9%；总产值约1051.2亿元，与2019年相比下降约4.9%。2021年上半年主要产品产量1470万t，同比增长3.9%，产值1125亿元，同比增长7%。我国生物发酵产业全球规模第一、影响广泛，但是我国工业菌种和工业酶的知识产权受制于人，对生物产业安全发展也造成了极大威胁，近年来我国发酵行业也积极谋求菌种创制和发酵技术升级，整个行业的平均研发投入约占销售收入的3.9%，当前已经创建了59个国家级技术中心、重点实验室，18个中国轻工业重点实验室，5个中国轻工业工程技术研究中心，25个行业专项技术中心。

　　氨基酸是构成蛋白质大分子的基础结构，与生命活动有关，在饲料、食品、医药、培养基、保健品等营养健康领域发挥着至关重要的作用。根据 Polaris Market Research 数据，全球氨基酸市场规模在2021年达到261.9亿美元，预计在2022—2030年保持7.5%的年均复合增长率，2030年全球氨基酸市场规模将达到494.2亿美元。医药、食品和营养保健品等应用领域对氨基酸的需求不断加大，全球氨基酸市场规模也将呈现快速增长趋势。根据 IMARC Group 的数据，全球氨基酸产量规模在2021年突破1000万t，预计在2022—2027年保持4.7%的年均复合增长率，2027年产量规模将达到1380万t。我国氨基酸产业稳步增长，目前我国已经发展成为世界上最大的氨基酸出口国，生产的氨基酸品种众多，主要种类包含谷氨酸、赖氨酸、苏氨酸、蛋氨酸，其中谷氨酸、赖氨酸和苏氨酸产量占氨基酸总产值的近90%，谷氨酸是生产量较大的氨基酸种类。2022年味精行业国内年产量262.5万t，同比增长9.4%，因国际供应出现缺口，2022年味精（包括谷氨酸钠）总出口量增幅较为明显，共计出口76.9万t，同比2021年增加20.5%，东南亚的泰国、越南、缅甸、印度尼西亚及非洲、印度等地依旧是中国味精的主要输出方向。2022年中国赖氨酸市场价格涨跌互现，整体呈现下滑走势，在疫情多点发散及内需疲软的大背景下，2022年赖氨酸酯及盐出口势头强劲，出口量达到92.7万t，同比上涨12.2%。2022年苏氨酸均价10.6元/kg，较2021年下滑1.6元/kg，跌幅13.1%，主要原因是海外需求疲弱，出口量减少，但国内供应量相对充足，市场呈现供过于求的局面。2022年其他氨基醇酚、氨基酸酚及其他含氧基氨基化合物出口总量54.6万t，较2021年同期减少4.0%。2022年国内缬氨酸产能超过13万t/a，豆粕减量替代行动以及低蛋白日粮技术的持续推广，为缬氨酸需求增长提供了契机，预计2023—2028年在政策推动和市场需求的带动下，缬氨酸会进入快速增长期。此外，我国还在一些具有类氨基酸作用的非主流氨基酸市场占有率较高，占有全球瓜氨酸市场的50%，牛磺酸80%，肌醇70%，左旋肉碱30%。国内氨基酸行业的龙头企业包括阜丰集团、梅花生物、伊品生物、象屿、东晓生物、万里润达、新和成、安迪苏等。2022年12月阜丰集团在呼伦贝尔新建50万t氨基酸项目获批，规划产能80万t淀粉糖、25万t谷氨酸、30万t谷氨酸钠、20万t赖氨酸，五年投产后，预计阜丰集团玉米精深加工生产能力将达到350万t，工业总产值将突破150亿元。

　　我国发酵有机酸产业在世界上也占据着举足轻重的地位，目前国内发酵有机酸产能约180万t，年产能占全球70%以上，年产量占全球65%左右，产值超过100亿元。根据中国生物发酵产业协会数据，2021年上半年我国有机酸产量120万t，与上年持平，产值104亿元，同比增长30%。近年来国内柠檬酸行业的集中度不断提升，企业数量约20余家，大部分分布在山东、安徽、江苏、湖北、甘肃等地，主要厂家包括山东英轩实业股份有限公司（产能50万—60万t）、山东柠檬生化有限公司（25万t）、日照金禾生化集团股份有限公司（25万t）、宜兴协联生物化学有限公司（20万t）、中粮生物科技股份有限公司（16万t）、莱芜泰禾生化有限公司（15万t）等。近年来业界通过开发新菌种、新工艺、复合酶技术，使柠檬酸菌种发酵浓度超过220 g/L，对底物的转化率可以接近100%，远超发达国家。

2021年全球酵母总产能约为190万t，我国产能近50万t，产量约44.6万t，出口量15.34万t，同比增长2%，出口金额3.54亿美元，同比增长7.9%。酵母市场属于典型的寡头垄断行业，竞争格局较稳定，主要被乐斯福、英联马利、安琪酵母三家瓜分。安琪酵母已经成为全球最大的酵母供应商和全球第二大干酵母供应商，全球共拥有12个工厂，酵母发酵产能已达到31.6万t，在国内市场占比近60%，在全球占比超过15%，产销规模已达全球第二，公司产品出口163个国家和地区。2021年安琪酵母新建多个项目：宜昌年产3.5万t酵母及酵母抽提物项目、普洱年产2万t酵母项目以及年产0.5万t新型酶制剂项目、酵母绿色生产基地建设项目、年产2.5万t酵母制品绿色制造项目、年产5000 t新型酶制剂绿色制造项目等，预计2025年产能将增长至40万t。

2022年淀粉糖四大品类的总产量在1109.96万t，较2021年（1105.07万t）增幅仅为0.44%，其中结晶葡萄糖、果葡糖浆产量较2021年增长较少，而麦芽糖浆、麦芽糊精产量较2021年有所下降。2022年淀粉糖市场曾多次受到新冠疫情影响，且持续影响周期较长。淀粉糖企业产量较为集中，前十强企业产量占总产量的50%以上，其中广州双桥淀粉糖、西王糖业、诸城兴贸、中粮科技的年产量均超过10万t。进入2023年，国内预计新增淀粉糖产能将达到250万t左右，基本属于行业内企业继续扩产行为，其中包括河南金玉锋生物科技（结晶葡萄糖20万t，麦芽糖浆80万t，果葡糖浆10万t，麦芽糊精110万t）、广州双桥（结晶葡萄糖40万t，麦芽糖浆60万t，果葡糖浆100万t）、内蒙古玉王生物（结晶葡萄糖10万t）、恒仁（结晶葡萄糖10万t）、祥瑞药业（结晶葡萄糖20万t）。

糖醇产业为我国的医药、日化、食品、化工等行业的发展奠定了坚实的基础，也为我国淀粉糖产业发展打开了新市场，在国民经济中占有越来越重要的位置。我国糖醇产业作为玉米深加工中较重要的新兴行业，无论是生产规模、产量还是技术装备水平都处于国际领先水平。其中，2021年糖醇产量为152.2万t，同比增长10.7%，糖醇销售量为138.01万t，同比增长12%。2021年，我国山梨醇产量为113.6万t；结晶山梨醇产量为15.03万t；甘露醇产量为2.46万t；木糖醇产量为4.75万t；液体木糖醇产量为 0.6 万 t；液体麦芽糖产量为 12.59 万 t。我国糖醇出口数量较多，其中 2022 年上半年木糖醇出口数量为 25 503.799 t，进口数量为 43.81 t；甘露醇出口数量为 8002.98 t，进口数量为 523.153 t。2021 年，山东天力药业有限公司糖醇产量为 58.29 万 t，占总产量的 37.76%；罗盖特（中国）营养食品有限公司糖醇产量为 22.00 万 t，占总产量的 14.25%；肇庆焕发生物科技有限公司糖醇产量为 20.57 万 t，占总产量的 13.32%。由于原材料、食品安全政策等因素的制约，糖醇产业的进入壁垒较高，未来市场集中度有望进一步提高。

（二）生物基化学品

生物基化学品是指利用可再生的生物质（淀粉、葡萄糖、木质纤维素等）为原料生产的大宗化学品和精细化学品等产品。生物基化学品及关键的平台化合物是当今全球化学品领域的研发热点之一，化学品的生物制造是生物产业的重要组成部分。目前，我国生物基化学品与材料领域的产业规模约 600 万 t，约占全球产能的 12%，产值规模已经超过 3000 亿元。据乐观预计，到 2050 年，我国生物基化学品产量可达 1.13 亿 t，约占有机化学品市场的 38%。但国内生物基化学品产业还存在关键原料受限、核心技术缺乏、产品成本高昂、市场竞争力不足等现状，在总体规模和水平上仍与发达国家存在差距。

在基础化学品方面，我国率先在世界上实现了羟基乙酸的生物工业化生产，完成了乙烯、化工醇等传统石油化工产品的生物质合成路线的开发，基本实现了生物法乙烯、丁二酸、1, 3-丙二醇、L-丙氨酸、戊二胺、法尼烯等产品的商业化，完成异戊二烯、丁二烯、1, 4-丁二醇、丙酸、苹果酸等产品的中试或示范过程，实现烷烃、丙酮、丙二酸、乙二酸、己二酸、丙二醇、对-二甲苯、环氧氯丙烷、己内酰胺的小试过程；许多产品技术水平与产品产量呈快速增长趋势；1, 6-二磷酸果糖、黄原胶、L-苹果酸、长链二元酸等产品的生产技术已达国际先进或领先水平。国内氨基酸行业龙头梅花生物、生物法二元酸领军企业凯赛生物、乳酸行业领跑者金丹科技等均是各子行业的佼佼者，做好化学品业务的同时积极布局下游生物基材料领域。

乙二醇是一种重要的石油化工基础有机原料，主要用于生产聚对苯二甲酸乙二醇酯、聚萘二甲酸乙二醇酯、不饱和聚酯树脂、润滑剂、增塑剂、非离子表面活性剂及炸药等。2019 年全球乙二醇的总产能达 4210 万 t，我国的产能占比 27%，2021 年我国乙二醇产能有所增长，达到 2000 万 t 左右，但国内乙二醇进口依存度为 50%—60%，不能完全满足需求。目前乙二醇工业生产主要采用石油原料路线和煤制乙二醇路线，生物质原料制备乙二醇的可持续路线可以增加乙二醇的产量，减少对外的依存度。由中国科学院大连化学物理研究所张涛院士团队国际首创利用可再生的生物质资源（纤维素或秸秆糖）为原料在催化剂的作用下经一步法直接获得高收率的乙二醇和丙二醇，能够实现高达60%—80%的乙二醇产物选择性，2019年研究团队与河南省中原大化集团有限责任公司合作推进技术商业化，2022年7月，全球首个千吨级秸秆糖制乙二醇中试项目在河南能源化工集团濮阳园区顺利完成投料试车，未来有望打通生物质制乙二醇从原生物质到聚酯产品的产业链条。

1, 3-丙二醇（1, 3-PDO）是关键高性能新型聚酯PTT（聚对苯二甲酸-1, 3-丙二醇酯）的关键原材料，并能广泛应用于聚氨酯、化妆品、医药中间体、涂料等领域。杜邦公司已以多项专利技术垄断了基于葡萄糖的生物基PDO生产技术。经多年的努力，我国生物法1, 3-PDO生产已进入产业化阶段，产能在15.55万t左右，正在产业化中的技术以清华大学、大连理工大学、华东理工大学技术为主。2022年6月，广东清大智兴与山西长清生物合力打造的年产2万t糖法1, 3-PDO生产装置一次开车成功，这是广东清大智兴继2018年成功将甘油法发酵生产1, 3-PDO技术实现商业化后，再一次成功将新一代糖法1, 3-PDO生产技术应用到万吨级生产线上，标志着广东清大智兴成为全球范围内唯一一家掌握"甘油＋糖多原料PDO发酵技术"并实现产业化的高科技企业。

丁二酸又称琥珀酸，是一种重要的C_4平台化学品，作为重要的有机化工原料及中间体，广泛应用于食品、医药、农业等领域。预计未来我国对聚丁二酸丁二醇酯（PBS）的需求为300万t/a，丁二酸市场需求204万t/a，目前国内丁二酸的产能为7万t，满足不了市场需求，每年都需要进口丁二酸。山东兰典生物科技股份有限公司是国内唯一一家买断中国科学院专利技术，以生物发酵法生产生物基丁二酸，以及以丁二酸为原料生产生物基PBS可降解塑料的高新技术企业，规划产能生物基丁二酸50万t/a、生物基PBS可降解塑料20万t/a，分三期建设，一期首条6万t/a丁二酸生产线已竣工投产。2021年8月，久泰集团投资建设的生物基新材料项目中，拟投建20万t/a生物基丁二酸装置。2022年10月，赤峰华恒合成生物科技有限公司年产5万t生物基丁二酸及生物基产品原料生产基地建设项目备案，预计年处理60万t玉米，利用合成生物技术采用生物基原料生产丁二酸，最终形成年产34万t生物基产品原料（18万t淀粉，16万t葡萄糖）、18万t副产品、5万t生物基丁二酸及其盐，预计2025年4月建成投产。

乳酸是重要的化工原料，是聚乳酸等生物材料的重要原料。全球乳酸产能从2021年的75万t，增加至2022年的99.5万t，增长幅度达到32.67%；我国是全球第二大乳酸消费国，也是最大的乳酸出口国，产能占全球的50%左右。全球乳酸现有产能超过10万t规模的企业有荷兰的Corbion公司、美国的NatureWorks公司，以及我国的金丹科技、丰原生物。前四家企业的总产能达到75.5万t，占总产能的75.88%，我国领先的两家企业产能占总产能比重达到30.65%。现阶段，国内乳酸企业产能集中度高、市场竞争格局较好，受益于下游广泛的应用领域，乳酸企业大力发展产业的建设。随着乳酸行业的持续发展，各企业加大产能布局，生产工艺不断创新，我国乳酸产能规模将得到进一步提升。

我国生物基精细化工迅速发展，细分品种与日俱增，其生产能力、产量、品种和生产厂家仍在不断增长，L-苯丙氨酸、D-对羟基苯甘氨酸、烟酰胺、丙烯酰胺、D-泛酸和（S）-2, 2-二甲基环丙甲酰胺等产品的生产技术已达到国际先进水平，并且一跃成为L-酒石酸、丙烯酰胺、D-泛酸的第一生产大国。

5-羟甲基糠醛（HMF）是一种重要的生物基平台化合物，下游衍生物包括醇、酸、醚、醛等上千种衍生物，并通过这些新的衍生物继续合成上万种新的终端产品，可广泛应用于塑料、化工、油品添加剂等各个行业。浙江糖能科技是全球最早实现将HMF规模化放大的公司，依托中国科学院宁波材料技术与工程研究所技术，实现了生物基HMF高选择性合成，并将产量实现了千克级到吨级的放大；2019—2020年，其核心产品HMF实现从千吨级示范生产到连续化试生产；2021年，公司已与山东淄博政府部门签约，标准化的千吨级生产线即将正式投产，开启规模化生产之路；预计2023年可建成万吨级生产线，为规模化生产提供保障。2022年12月，中科国生完成近亿元Pre-A轮融资，用于核心管线产品HMF、2, 5-呋喃二甲酸（FDCA）、2, 5-四氢呋喃二甲醇（THFDM）产能放大及下游衍生高分子聚合物的持续开发，此前5月完成国内首个吨级FDCA订单交付后，又陆续交付了多个FDCA吨级订单，公司的丽水中试基地一直处于满产状态，公司已于7月在江苏泰兴完成了千吨级产线的奠基仪式，其将成为全球首个在HMF领域从原料—平台化合物—衍生物—终端聚酯全产业链的示范型生产基地。

植物天然产物是中药成分、营养成分、天然色素、天然香料的重要来源，针对重要经济植物资源面临枯竭、揭取过程污染严重等问题，我国学者正在积极创建微生物合成途径与工程细胞，以减少对自然资源的依赖与对生态环境的影响。当前我国完成了虾青素、龙涎香、灵芝酸、人参皂苷、大黄素甲醚等天然产物的生物发酵合成。中国科学院深圳先进技术研究院团队通过模拟天然模块组装方式，开发"mPKSeal"新型多酶组装策略，并应用于虾青素合成途径酶的组装，使虾青素产量提高2.4倍（干重达16.9 mg/g）。中国科学院大连化学物理研究所研究团队利用酿酒酵母构建细胞工厂，通过代谢工程、转录组学技术，以葡萄糖为原料生产龙涎香（高级香料）的合成前体香紫苏醇，产量达11.4 g/L，是目前所有报道中的最高产量。中国科学院天津工业生物技术研究所与上海交通大学开展联合研究，构建了灵芝酸在酿酒酵母中的高效异源生物合成途径，在摇瓶发酵条件下，Ⅱ型灵芝酸产量超过50 mg/L，与传统人工栽培生产方式相比，生产效率提高2个数量级以上。清华大学、北京理工大学联合团队通过筛选7个具有高催化效率和底物特异性的关键酶，利用酿酒酵母构建人参皂苷的高效从头合成途径，5 L发酵罐中产量达528.0 mg/L ± 18.0 mg/L，较此前报道高出37.4万倍。江南大学研究团队以具有自主知识产权的假丝酵母为底盘细胞，通过基因过表达、反义RNA抑制等策略，使萜烯产量提高约16倍（达6.0 mg/L）。中国科学院青岛生物能源与过程研究所研究团队利用土曲霉（一种丝状真菌）作为底盘细胞通过发酵生产大黄素甲醚，其产量最高可达 6.3 g/L（迄今最高），200 t 生物反应器相当于 10 万亩农田大黄的年产量，该技术目前已经与山东鲁抗医药完成技术转让进行商业转化。

（三）生物基材料

在全球"禁塑"大环境下，以"绿色、环保、可再生、易降解"著称的生物基材料显得尤为重要，迎来发展的黄金期。德国诺瓦（Nova）研究所报告提出，生物基材料在聚合物和塑料的市场份额约为 1%，到 2024 年，预计年均复合增长率为 3%—4%，与传统的石油基高分子材料增长率相近。2014—2021 年我国生物基材料产量保持逐年稳定增长的走势，2021 年全国生物基材料产量达到 179.4 万 t，相较 2014 年生物基材料产量增长了 94.8 万 t，随着国家产业支持力度加大，生物基材料企业生产技术水平提升，2019—2021 年全国生物基材料产量增速加快，由 9.9% 提速至 16.8%。

聚乳酸（PLA）又称聚丙交酯，是以乳酸为单体聚合成的一类脂肪族聚酯，被认为是现今应用潜力最大的一种可降解生物基材料。中国目前处于已投产、建设施工阶段、开展前期工作或计划中的聚乳酸项目超过 65 个，合计产能接近 600 万 t，预计 2025 年底形成 180 万 t 的聚乳酸年产能。2022 年底，中国聚乳酸有效年产能在 45 万 t 左右，其中已投产并正常运行的万吨级以上聚乳酸生产企业共 12 个（表 14-1），分别为丰原生物 10 万 t、金丹科技 10 万 t、河北华丹 5 万 t、浙江海正 3.45 万 t、金发科技 3 万 t、中粮科技 3 万 t、宁夏启玉 2.5 万 t、永乐生物 2 万 t、恒天集团 1 万 t、万华化学 1 万 t、上海同杰良 1 万 t、光华伟业 1 万 t。丰原生物拥有 10 万 t 聚乳酸年产能，在山东、海南、安徽等地区均有新增产能规划，目标实现百万吨级聚乳酸年产能，2022 年 3 月，丰原生物子公司山东丰原生物材料有限公司年产 10 万 t 聚乳酸项目环评第一次公示，以高光学纯乳酸为主要原料，采用丙交酯开环聚合制备聚乳酸工艺。金丹科技是行业龙头，具有 12.8 万 t 乳酸及衍生物的生产规模，5 万 t 高光纯乳酸项目、年产 20 万 t 乳酸和 10 万 t 聚乳酸项目已经实现生产，2022 年 7 月，金丹科技决定将"年产 1 万吨聚乳酸生物降解新材料项目"变更为"年产 7.5 万吨聚乳酸生物降解新材料项目"，该项目实施主体变更为子公司金丹生物新材料有限公司。浙江海正生物材料股份有限公司拥有 3.45 万 t 聚乳酸产能，成功掌握聚乳酸关键工艺——丙交酯合成技术，2021 年全资成立浙江海创达生物材料有限公司，其年产 15 万 t 聚乳酸项目预计 2024 年 6 月建成投产。2022 年底，金发科技年产 3 万 t 聚乳酸项目实现成功试车并稳定生产，通过打通"丙交酯—聚乳酸—改性聚乳酸"一体化产业链，开发新的应用领域，提升产品品质稳定性，增强抗风险能力。中粮科技 3 万 t/a 聚乳酸生产线于 2021 年 6 月恢复投产运营，为了使聚乳酸原料不再受制于人，中粮科技将自主生产丙交酯，2022 年 2 月，与榆树市人民政府正式签约 3 万 t/a 丙交酯加工项目，计划建设期 24 个月。万华化学早在 2018 年组建研究团队致力于"丙交酯的合成"研究，2021 年将丙交酯的合成推进到中试阶段，目前拥有

1万 t 聚乳酸产能，2022 年 3 月，万华化学年产 7.5 万 t 聚乳酸一体化项目第一次环评公示。2022 年 2 月底，宁夏启玉生物新材料有限公司年产 5 万 t 高纯 L-乳酸、2.5 万 t 聚乳酸项目（一期）进入试生产阶段，投产后将启动二期 2.5 万 t 聚乳酸生产线建设。此外，众多生物材料和相关企业也在大量布局聚乳酸开发项目。寿光金远东变性淀粉有限公司打破国外垄断，成为国内首创无钙盐法绿色生产高光学纯度聚合级 D-乳酸的厂家，2021 年 3 月立项开建年产 20 万 t 乳酸、10 万 t 丙交酯或 10 万 t 聚乳酸项目，2022 年 5 月一期 2 万 t 乳酸、丙交酯、聚乳酸项目工业化量产成功，二期启动建设。2022 年 6 月，普立思生物聚乳酸项目安装启动会顺利召开，年产 7.5 万 t 乳酸、5 万 t 聚乳酸项目一期工程预计 2023 年竣工和调试，项目采用的聚乳酸聚合技术来自中国科学院长春应用化学研究所。2022 年 7 月，联泓新科控股子公司江西科院生物新材料有限公司年产 20 万 t 乳酸及 13 万 t 聚乳酸项目环评获批。

表 14-1 我国聚乳酸重要生产企业及其产能

企业	现有产能	在建产能
丰原生物	10 万 t 聚乳酸	安徽 30 万 t 聚乳酸（预计 2023 年第一季度），内蒙古 30 万 t 和山东 10 万 t（预计 2024 年建成）
金丹科技	5 万 t 高光纯乳酸；20 万 t 乳酸和 10 万 t 聚乳酸	在建 7.5 万 t 聚乳酸（预计 2024 年投产）
河北华丹	5 万 t 聚乳酸	—
浙江海正	3.45 万 t 聚乳酸	子公司海诺尔生物 15 万 t 聚乳酸（预计 2024 年 6 月投产）
金发科技	3 万 t 聚乳酸	子公司珠海金发生物材料有限公司年产 10 万 t 聚乳酸和 10 万 t 改性聚乳酸
中粮科技	3 万 t 聚乳酸	规划 3 万 t 丙交酯（预计 2024 年建成）
永乐生物	2 万 t 聚乳酸	在建 8 万 t 聚乳酸
恒天集团	1 万 t 聚乳酸	
万华化学	1 万 t 聚乳酸	拟建 7.5 万 t 聚乳酸
上海同杰良	1 万 t 聚乳酸	
光华伟业	1 万 t 聚乳酸	
宁夏启玉	5 万 t 高纯 L-乳酸、2.5 万 t 聚乳酸试产	在建 2.5 万 t 聚乳酸
百盛科技	4 万 t L-乳酸	
会通新材料		35 万 t 聚乳酸
普立思生物		一期 5 万 t 聚乳酸项目（预计 2023 年建成），二期 30 万 t 聚乳酸
山东国安新材料		拟建年产 30 万 t 聚乳酸、20 万 t 丁二酸

续表

企业	现有产能	在建产能
浙江友诚控股集团		拟建 30 万 t 乳酸、20 万 t 聚乳酸、10 万 t 聚乳酸纤维
同邦新材料		拟建 30 万 t 乳酸、20 万 t 聚乳酸、10 万 t 聚乳酸纤维
山东泓达生物		拟 16 万 t 聚乳酸
浙江海创达生物材料有限公司		15 万 t 聚乳酸（预计 2024 年投产）
江西科院生物新材料有限公司		13 万 t 聚乳酸（预计 2025 年完工）
联泓新科		拟建 20 万 t 乳酸及 13 万 t 聚乳酸（一期 2023 年 12 月试车，二期 2025 年试车）
大禾科技		拟建 12 万 t 新型聚乳酸
易生新材料		拟建 11 万 t 聚乳酸/聚己内酯和 3 万 t 丙交酯
山东寿光巨能金玉米	1 万 t D- 乳酸	20 万 t 乳酸、10 万 t 丙交酯或 10 万 t 聚乳酸
扬州惠通科技		拟建 10.5 万 t 聚乳酸
寿光金远东变性淀粉		拟建 20 万 t 乳酸、10 万 t 丙交酯或 10 万 t 聚乳酸项目（预计 2024 年投产）
河南能源化工		拟建 10 万 t/a L- 乳酸和 6 万 t/a 聚乳酸
新疆东誉绿塑		拟建 10 万 t 高纯 L- 乳酸、5 万 t 聚乳酸
内蒙古禾光生物		拟建 6 万 t 聚乳酸（预计 2027 年投产）
江苏瑞祥化工		拟建 5 万 t 聚乳酸
莫高股份		拟建 5 万 t 聚乳酸、2.5 万 t 丙交酯、3 万 t 生物降解聚酯新材料、10 万 t BDO 生产线

作为生物基材料中的一个重要品类，淀粉基塑料（PSM）由于制作相对简单、成本较低而成为技术最成熟、产业化规模最大且市场占有率最高的一种生物基材料。PSM 主要包括热塑性淀粉、淀粉/生物降解塑料共混物、淀粉/纳米复合材料等，其总产能达 80 万—100 万 t/a，产量约 40 万 t/a。我国近年来在 PSM 方面的研发工作相对活跃，研究机构有天津大学、四川大学、中国科学院理化技术研究所、中国科学院长春应用化学研究所等，同时这些研究单位也在进行聚乳酸与淀粉共混的研究。在 PSM 生产企业方面，武汉华丽环保科技有限公司目前是全球领先的 PSM 研发生产企业，现已形成 6 万 t/a 的产能规模；苏州汉丰新材料股份有限公司 3 万 t/a 生物基与生物降解颗粒；江苏锦禾高新科技股份有限公司在 PSM 产业产能有 1.4 万 t/a；深圳市虹彩新材料科技

有限公司、烟台阳光新材料技术有限公司、比澳格（南京）环保材料有限公司、广东益德环保科技有限公司、浙江华发生态科技有限公司、常州龙骏天纯环保科技有限公司等也是在PSM领域相对具有优势的产业企业。

聚羟基脂肪酸酯（PHA）是微生物体内合成的100%生物基的生物降解材料，能在1年内自然降解，PHA是世界塑料环保组织最关注的可降解材料之一。2022年PHA的全球产能是4.8万t，预计到2027年将达到57万t，年均复合增长率超过50%。PHA的产业化品种已有4代：第一代产品的典型代表为聚-3-羟基丁酸酯（PHB），该材料脆性大，很难大规模应用。为改善加工性能而研发了第二代产品PHB和聚羟基戊酸酯（PHV）的共聚物——聚（3-羟基丁酸酯-co-3-羟基戊酸酯）（PHBV）、第三代产品聚（3-羟基丁酸酯-co-3-羟基己酸酯）（PHBHHX）以及第四代产品聚（3-羟基丁酸酯-co-4-羟基丁酸酯）（P34HB）。欧洲生物塑料协会数据统计显示，2020年PHA在全球生物塑料产能中占比不超过2%，而到2025年PHA生物塑料占比将上涨至11.5%。我国PHA现有产能在1万t左右（表14-2），生产企业包括宁波天安生物材料、北京蓝晶微生物、珠海麦得发生物科技、北京微构工场等。"十四五"期间，国内规划的PHA产能多达40万t。2021年4月，北京蓝晶微生物成立子公司江苏蓝素生物材料有限公司，并于5月发布"年产2.5万吨PHA产业化项目"。2022年10月，北京微构工场宣布在北京中德产业园新建成一座年产千吨级的PHA智能示范线，第一批产品也正式下线，北京微构工场还计划在5年内建立覆盖全国的3—5个大型生产基地，继续扩大生产建设至万吨、几十万吨量级。2022年7月，北京微构工场与安琪酵母合资建立"微琪生物"，2022年11月微琪生物年产3万t合成生物PHA可降解材料绿色智能制造项目备案审核通过，将生产上百种不同种类及功能的PHA。

表14-2 我国PHA主要生产企业产能

企业	现有产能/（万t/a）	规划产能/（万t/a）
山东省意可曼	0.5 P34HB	—
深圳市意可曼	—	20.5
宁波天安生物	0.2 PHBV	2.2
北京蓝晶微生物	0.1 PHBHHX	2.5
中粮科技	0.1 PHA	—
上海本农天合	0.05 PHA	2.38
珠海麦得发	0.01 PHB 和 P34HB	1.1（广东荷风生物 0.1）
北京微构工场	0.01 PHA	3
天津国韵生物	1 P34HB（已停产）	—

生物基尼龙也是重要的生物材料，应用场景广泛。根据Rennovia公司的预测，到2022年，全球生物基PA66的产量将达到100万t。国内金发科技、凯赛生物等企业也已开发了小批量实现量产的生物基尼龙，还有部分企业在进行项目扩建。2021年6月，凯赛生物乌苏生产基地年产5万t生物基戊二胺及年产10万t生物基聚酰胺生产线开始投料生产，2022年9月底，凯赛生物位于山西合成生物产业生态园区的4万t/a生物法癸二酸项目完成调试，实现了癸二酸全球首次生物法大规模生产，同时也标志着凯赛生物实现全部生物法长链二元酸（DC10—DC18）的规模化制造，长链二元酸市场主导地位将进一步增强。2022年11月，江苏太极实业新材料有限公司"子午线轮胎冠带用生物基聚酰胺56工业丝和浸胶帘线的开发与应用"项目顺利通过江苏省级科技成果鉴定，该项目在全球首次实现PA56工业丝和浸胶帘线的量产，整体技术达到国际领先水平。2022年10月，黑龙江伊品生物成功实现玉米—赖氨酸—生物基戊二胺的试生产，延伸了玉米深加工产业链，使附加值提高了3倍，预计该生产线可年产1万t戊二胺和2万t PA56，实现产值5.7亿元，项目规划分两期建设，一期建设2万t/a戊二胺及PA56项目，二期规划建设10万t/a生物基尼龙盐。

此外，生物基可降解材料聚丁二酸丁二醇酯（PBS）、聚丁二酸-己二酸丁二醇酯（PBSA）、聚对苯二甲酸-己二酸丁二醇酯（PBAT）的生产依赖于生物基丁二酸和1, 4-丁二醇（BDO）的供应，此前生物基BDO的生产技术一直被外国公司垄断，近几年，国内研究者在生物基BDO生产技术方面已经有了较大突破。2022年6月，合成生物学企业态创生物与南京工业大学启动生物基PBS项目合作，规划产能达百万吨级，生物法丁二酸技术由中国工程院院士欧阳平凯指导研发，合作项目由南京工业大学教授姜岷担任首席科学家，态创生物则依托其量产制造平台进一步优化代谢通路，双方结合大幅降低的生产成本直接击穿石油基PBS成本，规划年底实现量产。2022年4月，国产氨纶巨头华峰集团公布己二酸→30万t PBAT→CO_2基高分子量生物降解材料30万t PPC及改性可降解塑料产业链的详细规划。同年6月，华峰集团完成收购美国杜邦公司旗下剥离出的生物基产品相关业务及技术，包括研发、生产和销售用于聚酯PTT材料的生物基PDO，这家传统化工企业正在致力于生物经济转型。

（四）生物能源

由于石油的不可再生性和石油产区的不稳定性，传统化石能源安全问题在全球范围内引起了越来越多的关注，燃料乙醇、生物柴油及生物航空煤油等生物质能源产业，已成为国际可再生能源产业的重要组成部分。

1. 燃料乙醇

根据国际可再生能源署发布的数据，2021年全球燃料乙醇产量272.9亿gal（约合

1033亿L），同比增加3.10%，我国燃料乙醇产量为8.7亿gal（约合33亿L或264万t）同比降低6.90%，位列美国、巴西和欧盟之后，占全球产量的3%。2021年我国汽油产量达新高（15 457万t），按照乙醇汽油的乙醇添加标准10%计算，燃料乙醇市场缺口达1282万t，发展潜力巨大。当前我国燃料乙醇已建成产能500万t，在建产能超过300万t，已投产产能集中于中粮科技、河南天冠、吉林燃料乙醇，三家公司所占生产产能约达50%。

生物基燃料乙醇一共有三代制备方法，第1代粮作物（玉米、小麦、稻米等）提取法、第2代纤维素法（玉米秸秆、干草、树叶和其他类型的植物纤维）及第3代微藻，还有被业界称为第1.5代的非粮作物（以木薯、甜高粱等非粮作物）提取法。无论是从原材料成本，还是国家层面，长期来看，纤维素乙醇才是未来燃料乙醇的战略目标。纤维素燃料乙醇作为"十三五"期间中国燃料乙醇产业研发的重点，按照国家部署，近年来会完成纤维素燃料乙醇装置实现示范运行，到2025年，力争纤维素燃料乙醇实现规模化生产。目前，我国第2代乙醇生产技术的年生产能力处于1万—10万t的中试规模区间（表14-3），而国内在建或筹建的生物燃料乙醇项目仍以第1代和第1.5代技术为主。当前制约我国纤维素乙醇工业化的原因包括：纤维素乙醇生产用酶自主专利少、原料储运体系不健全、预处理效率低、能耗大、投资门槛高。近几年，随着政府扶持和科研攻关，我国在纤维素乙醇工艺和商业化方面已经取得巨大进步。2021年3月，科莱恩公司与中国绿色能源企业哈尔滨市呼兰中丹建业生物能源股份有限公司签署了sunliquid®纤维素乙醇技术许可协议，商业化示范工厂计划年产2.5万t纤维素乙醇，年消耗本地来源的玉米秸秆超过12.5万t，建成后将成为黑龙江省首批第2代生物燃料乙醇工厂之一。2021年4月，河北易高生物燃料有限公司24万t/a生物质综合利用项目（一期）环评批复审批决定公告，分两期建设，一期建设年产2.5万t生物乙醇、0.6万t木糖、2.5万t糠醛装置。2021年11月，中国化学工程第十三建设有限公司承建的河北易高生物燃料有限公司24万t/a生物质综合利用项目（一期）酶解及发酵工段、乙醇工段成功运行，产出合格乙醇，这标志着该项目一次开车成功。2021年8月，中国科学院青岛生物能源与过程研究所成功开发出具有完全自主知识产权的秸秆糖化创新技术，该技术处于国际领先水平，有望在秸秆转化生产各种化学品、功能食品和药品中得到广泛应用，进一步保障国家粮食安全。

表14-3　我国纤维素乙醇项目

公司	产量/（万t/a）	原料	开始时间
中丹建业生物能源和瑞士科莱恩公司	2.5	玉米秸秆	2021年
安徽国祯集团和瑞士科莱恩公司	10	玉米秸秆	2020年

续表

公司	产量/（万t/a）	原料	开始时间
安徽国祯集团和意大利M&G公司	18.5	农作物秸秆	2019年
大唐新能源和杜邦公司	8	玉米秸秆	2014年
山东龙力生物科技	5	玉米芯	2012年
河南天冠集团	3	麦秸、玉米秸秆	2013年
吉林松原光禾能源	2	玉米芯、秸秆	2014年
山东圣泉集团和丹麦诺维信公司	2	玉米秸秆	2012年
中粮科技	0.05	玉米秸秆	2009年

多家企业积极推进纤维素乙醇的产业化。但是由于纤维素乙醇生产成本过高，与石油和粮食乙醇相比，竞争优势不强，因此目前纤维素乙醇项目大多处于停产状态。

2. 生物柴油

生物柴油是一种由植物油、动物油、废弃油脂或微生物油脂与甲醇或乙醇经酯转化而形成的脂肪酸甲酯或乙酯。生物柴油具有十六烷值高、燃烧稳定充分、环保、可再生等优点，性能优于石化柴油，使用过程中无需对原有柴油引擎、加油设备、储存设备和保养设备进行改动。生物柴油是一种被广泛认可的先进可再生清洁能源，产业发展迅速。近年来全球生物柴油产量保持稳定增长，从2017年的2648.8万t上升至2021年的4159.5万t。2021年全球生物柴油需求量约4000万t，近10年全球需求复合增速达10%，并在2030年生物柴油的需求有望达到8000万t。2020年全球最大的生物柴油消费地区是欧盟，占全球生物柴油总消费的35.13%，其次是美国、印度尼西亚、巴西、泰国、阿根廷、中国。

我国主要以废弃的地沟油为原料生产生物柴油，成本上更具优势，且以地沟油为原料生产的生物柴油在欧洲可以双倍计算二氧化碳减排量，在市场竞争中具有价格优势。随着我国相应法规的日益完善，未来国内生物柴油行业优势明显。2021年全国生物柴油产量达到136万t，同比增长6.3%，生物柴油年产量相较2017年增加了44万t。但我国生物柴油表观需求量在2017—2021年表现出波动下滑的趋势，2021年全国生物柴油需求量为24.2万t，同比减少47%，相较2017年生物柴油年产量收缩了52.3万t，国内生物柴油市场的利用潜力还未被有效开发。近几年，中国自主开发的一代、二代生物柴油技术均已达到国际同类先进水平，单套装置的生产规模也在不断扩大，从最初的几万吨扩大到十几万吨、几十万吨。2022年我国生物柴油产能已经达到231.65万t，在建产能152万t（表14-4），当前生物柴油生产企业超过3000家，年产5000 t以上的厂家超过40家。目前，中国生物柴油产业主要上市公司有卓越新能、嘉澳环保、隆海生物、恒润高科、三聚环保、ST大地生等。卓越新能是我国生物柴油行业的龙头企业，生物柴油产能规模位列行业第一，公司于龙岩、厦门等地分别建设有6个生产基地，2022年生物柴油名义产能已达到38万t，新落成的美山二期10万t酯基生物柴油生产线于2023年1月完成测试投产，10万t烃基生物柴油和5万t天然脂肪醇项目正在建设，预计2025年建成。2022年9月，北清环能与山东尚能拟成立合资公司山高环能（广饶）新能源有限责任公司，建设10万t/a酯基生物柴油和40万t/a烃基生物柴油项目。

表14-4　我国重要生物柴油企业及其产能

公司	现有产能/（万 t/a）	在建产能/（万 t/a）
卓越新能	38	20
三聚环保	40	
易高生物	25	
河北金谷	25	
常佑生物	20	
扬州建元	17	
唐山金利海	16	4
嘉澳环保	15	35
碧美新能源	10	20
隆海生物	6	10
山东丰汇	6	3
荆州大地	5	
大地生物	5	
上海中器	3.65	
恒润高科	—	10
山高环能新能源		50
合计	231.65	152

3. 航空生物燃料

航空生物燃料又称生物航空煤油，是从废弃油脂、农林废弃物、藻类等生物质原料中提炼的可供航空器使用的新型燃料，不需要对飞机现有燃油、动力等相关系统进行改造。它的组成和常规航空燃料基本一致，燃烧时的碳排放量没有变化，但由于其原材料在生长过程中会吸收空气中的二氧化碳，除炼化中的能耗外，不会额外增加空气中二氧化碳的含量，从而起到减少碳排放的效果，在优化民航能源结构、推进民航绿色发展方面有望发挥重要作用。目前，美国等发达国家主要在军方资助下开展航空生物燃料相关应用开发。

我国已经成为全球最大的国内航空市场，年均航空煤油消耗量超过3000万t，市场前景广阔。国情决定了"非粮原料的油脂基航空生物燃料"在我国具有非常好的应用前景和战略意义。目前中国民用航空局也仅批准了采用该路线生产的航空生物燃料产品（HEFA-SPK）。国内企业及研究机构如中石化、中石油、北京航空航天大学、中国民航大学、三聚环保等虽然从生物航煤的原材料开发、生产工艺研究、生产设备建设等角度进行了持续性的工作，但由于生物燃油成品油价格高、原材料供应不稳定、缺少政策扶持等原因，商业应用发展缓慢。2022年9月，中石化生物航煤工业装置生产的首批30 t可持续航空燃料从镇海炼化出厂，运往空中客车（天津）总装有限公司，该批可持续航空燃料是将40%的纯生物航煤与石油基航煤调和而成。与传统石油基航空煤油相比，镇海炼化生产的生物航煤以餐余废油为原料，碳排放可减少50%以上。2022年9月，嘉澳环保公告其子公司连云港嘉澳新能源有限公司将投资建设生物质新能源和生物质新材料，将打造成一个大型可持续航空燃料生产基地，其中包括100万t生物航煤，将用行业领先的技术工艺进行生产。扩大国内可持续航空燃料产能，通过创新技术推动航空业碳减排。

（五）绿色生物工艺

据统计，生物技术的应用可以降低工业过程能耗15%—80%，原料消耗35%—75%，减少空气污染50%—90%，水污染33%—80%。另外，世界自然基金会（WWF）预估，到2030年工业生物技术每年可降低10亿—25亿t二氧化碳排放。

酶制剂广泛应用于食品、洗涤、生物能源、饲料、医药、纺织以及造纸等行业，可以有效提高下游行业的生产效率，降低能源消耗，减少环境污染，是促进传统产业动能升级、实现"绿色发展"的主要推动力，具有显著的经济和环境效益。2021年全球酶制剂市场规模61.0亿美元，同比增长7.0%。我国酶制剂行业起步时间较晚，高端市场长期被海外企业所占据。随着行业的不断发展，国内酶制剂涌现出溢多利、新华扬、蔚蓝生物等实力强劲的企业，在饲用酶等细分领域达到国际领先水平。2021年中国酶制剂需求量159.9万t（标准），同比增长5.02%。2021年中国酶制剂产量169.7万t（标准），同比增长5.26%。2021年，蔚蓝生物的酶制剂生产量与销售量分别为1.66万t与1.62万t，蔚蓝生物前瞻性布局了抗生素替代产品的研发，形成了以VLAND-PCP

（基于饲料酶应用大数据系统的精准定制平台）精准定制酶、葡萄糖氧化酶、霉菌毒素降解酶、溶菌酶等酶制剂、益生菌、植物提取物为核心的多元化替抗产品解决方案；微生态制剂产品主要包括禽畜微生态、植物微生态、水产微生态、食品微生态等。溢多利作为国内最大的饲用酶制剂供应商之一，2021 年的酶制剂生产量与销售量分别为4.15 万 t 与 4.06 万 t，"年产 2 万吨生物酶制剂项目""年产 1.5 万吨食品级生物酶制剂项目"顺利建设中，其坐拥基因工程技术、酶工程技术、生物工程技术等创新型核心技术，未来将进一步开拓反刍动物饲料添加剂、水产饲料酶的市场，扩大市场份额，同时升级现有产品，提高生产效率。

近年来，我国在利用生物制剂促进能源、纺织、医药、冶金、包装等重污染行业绿色转型方面不断取得技术突破。中国科学院理化技术研究所研发的酶法骨明胶生产技术，使得骨明胶生产周期由 60 天缩短至 3 天，吨胶耗水减少 50%，消除了固废排放，减少了吨胶用工量，提高了优质胶得率，同时降低了成本，目前采用酶法骨明胶生产技术商业化生产线包括宁夏鑫浩源生物 3000 t/a、包头东宝生物 3000 t/a、丰原生物 3000 t/a 等，2022 年产能超 10 000 t。中国石化胜利油田科研人员历时 6 年，开展"胜利化学驱聚合物溶液保黏关键技术与应用"研发，取得了包含以"微生物脱硫抑硫提高化学驱聚合物溶液黏度技术"为关键技术的 4 项原创成果。2022 年 11 月，胜利油田申报的"油田采油生物制剂研发及应用"项目进入国家重点研发计划"绿色生物制造"重点专项，构建以生物表面活性剂、生物聚合物和生物酶为核心的高效生物采油技术及工程应用体系，可大幅提高油田产量和采收率，同时实现油田绿色环保低碳开发，项目实施后预计可提高采收率 10%，增产原油超过百万吨。邢建民研究团队以生物脱硫技术为核心，与中石化、华北制药集团、石家庄制药集团、四川科伦药业、上海瑞必科公司、中广核等企业建立了长期合作关系，深入推进生物脱硫工艺在天然气脱硫、生物燃气脱硫及高硫制药废水高效处理等方面的工业化应用。2022 年 10 月，山东绿霸化工联合浙江工业大学郑裕国院士团队建设的年产 13 000 t 高光学纯 L-草铵膦（手性除草剂）生产线通过专家验收，首创的辅酶自足型工程细胞和 L-草铵膦生物无机胺化手性合成技术，缩短了反应步骤，避免了剧毒化合物使用，相关技术工艺达到国际领先水平。2022 年，青岛能源所微生物制造工程中心通过合成生物技术设计构建了一种高效合成反式乌头酸的微生物细胞工厂，并与山东鲁抗医药达成技术转让合作，在 20 t 发酵平台建立全球首条反式乌头酸微生物发酵生产示范线。2022 年 11 月，天津大学研究团队构建了一种工程化的酵母全细胞生物酶，在 10 天的长时间反应条件下，对高结晶度的聚对苯二甲酸乙二醇酯（PET）的降解率由野生型 PET 酶的0.003% 提高至 10.9%。

在全球碳中和技术加快发展的背景下，单碳生物转化利用技术为双碳治理提供了科技创新路径。2022年11月，北京首钢朗泽科技股份有限公司启动科创板上市辅导，公司利用经选育后的乙醇梭菌，可将含CO、CO_2的炼钢尾气转化为生物乙醇及新型饲料蛋白等高附加值产品，目前已形成21万t乙醇产能、2.3万t蛋白产能规模，通过优化厌氧发酵工艺，可在常温（37℃）常压下实现工业尾气一步转化为生物乙醇，且发酵反应速率快（22 s以内），能源转化率高（约60%），成本较粮食乙醇降低30%以上，对发酵液进行离心、干燥等工艺处理后得到高品质的菌体蛋白，可作为优质的饲料原料，于2021年8月获得农业农村部颁发的我国第一张饲料原料新产品证书。2022年4月，电子科技大学、中国科学院深圳先进技术研究院等机构研究者通过电催化结合生物合成的方式，将二氧化碳高效还原合成高浓度乙酸，进一步利用微生物可以合成葡萄糖和油脂，开辟了电化学结合活细胞催化制备葡萄糖等粮食产物的新策略，为进一步发展基于电力驱动的新型农业与生物制造业提供了新范例。

三、结　　语

近年来，我国在生物制造领域不断取得研究和应用突破，技术产业创新和投融资环境都有了很大改善和提升。同时，我国生物制造业具有较好的产业发展基础，在部分大宗产品产量、规模上具备市场优势，取得了资源综合利用水平的逐步提升和节能减排的初步成效。当前，我国新时代中国特色社会主义建设进程不断推进，国家创新驱动发展战略深入实施，在《"十四五"生物经济发展规划》总体规划部署下，随着"双碳"目标的推进，我国生物制造产业将进一步加快发展，预计到2030年发展到十万亿级规模，成为现代生物产业和下一代生物经济的重要支柱。

现阶段，我国生物制造业在技术含量、利润率、精细化方面与世界一流还有一定差距。部分粗放型的传统生物制造产业面临着产能过剩、国际竞争力减弱的压力。随着全球经济进入新一轮调整，中美围绕生物技术与生物制造的科技产业竞争也将进一步加剧，我国生物制造领域还须加强制度资源保障，加大知识产权保护力度，围绕关键基础前沿技术源头创新、颠覆性技术转化与产业化等集中发力，推进供给侧结构性改革深化、细化发展，促进生物制造相关产业专业化、精品化水平提升，提振资本市场活力，繁荣创新创业生态，加强国际技术与产业创新融合，不断推进制造产业绿色转型升级，逐步构建工业经济发展的生态路线，加快我国生物产业强国建设进程，为我国社会经济可持续发展做出巨大贡献。

撰　稿　人：陈　方　中国科学院成都文献情报中心

通讯作者：陈　方　chenf@clas.ac.cn

第二节　重要化学品的生物制造

一、化学品生物制造在生物经济中的重要性

（一）生物制造化学品的发展背景

化学品制造是各国国民经济中的基础产业和支柱行业，对社会经济的各个部门有着直接影响，世界化工产品年产值已超过 15 000 亿美元。全球对化学品的需求正迅速增长，联合国环境规划署资料显示，2000—2019 年，全球化学品销售年均复合增长率为 3.9%，而我国的增长率是全球增长率的 3 倍。传统化学品制造采用煤炭、石油和天然气作为原料和燃料，排放大量污染物，影响生态环境、危及人类健康，转换化学品制造模式、走可持续发展道路对于人类经济、社会发展具有重要的现实意义。

化学品的生物制造，依托工业生物技术，旨在实现化工原料和过程的生物技术替代，通过发展高性能生物基化学品，推动重要化学品制造与生物技术深度融合，向绿色低碳、无毒低毒、可持续发展模式转型。化学品的生物制造以新的生产方式替代了以化石原料为基础的传统工业生产方式，具有资源消耗低、环境污染少的特点，已应用在医药、农业、能源、材料、化工、食品、环保等多个工业领域。与石化路线相比，目前生物制造的化学品可以降低工业过程能耗 15%—80%、原料消耗 35%—75%、水污染 33%—80%、生产成本 9%—90%，可以减少燃料相关的温室气体排放量 75%—80%。这将对工业基础原材料的化石原料路线替代、高能耗高物耗高排放工艺路线替代以及传统产业升级，产生重要的推动作用。

（二）化学品生物制造在国际生物经济中的地位

化学品的生物制造代表了一种利用可再生生物资源可持续地生产化学品的工业和经济新模式，是未来社会生物经济的重要组成部分。世界经济合作与发展组织根据经济规模潜力分析，预计至 2030 年，35% 的石油化工、煤化工产品将通过生物制造生产，从而摆脱化石资源依赖，成为可再生产品。生物制造化学品创造的经济价值正快速增长，2022 年全球生物基化学品市场销售额达到 574.6 亿美元，预计 2029 年将达到 1048 亿美元，年均复合增长率为 8.5%（2023—2029 年）。欧盟联合研究所（European Commission Joint Research Centre）的数据显示，2016—2019 年生物制造化学品在欧盟创造的经济价值从 90 亿欧元增加到 100 亿欧元。麦肯锡全球研究院 2020 年发布的报告估计，到 2030—2040 年，全球生物经济每年可创造 2 万亿—4 万亿美元的直接经济影

响，其中化学品直接和间接带来的经济价值在2000亿—3000亿美元。

世界主要经济体均已加强了在化学品生物制造上的战略规划与支持。美国2021年发布的智库报告《清洁与竞争：美国在全球低碳经济中的制造业的领导力机会》（Clean and Competitive：Opportunities for U.S. Manufacturing Leadership in the Global-Low Carbon Economy）将化学品的生物制造视为美国工业净零排放、发展国内制造业和增加就业的重要途径。2022年美国总统执行办公室（Executive Office of the President）发布的《推进生物经济的生物制造》（Biomanufacturing to Advance the Bioeconomy）将使用生物质代替化石资源来制造日常材料和化学品视为生物制造的重要策略之一。2022年《欧盟生物经济战略进展报告》明确指出欧洲的生物化学品制造已占有31%的全球市场份额，促进了欧洲生物经济的发展和劳动生产率的提高。2022年《芬兰生物经济战略》将发展生物制造化学品作为重要的战略方向之一，并制定措施启动广泛的生态系统项目开发生物基化学品和燃料。日本经济产业省2021年发布《生物技术将培育第五次工业革命》报告，也将生物制造化学品列为生物经济领域优先发展方向。

（三）化学品生物制造对我国生物经济发展的影响和作用

我国高度重视化学品生物制造的发展，通过科研立项和战略规划支持和引领该领域的科研发展。2022年发布的《"十四五"生物经济发展规划》已明确要实现化工原料和过程的生物技术替代，推动化工、材料、轻工等重要工业产品制造与生物技术深度融合，向绿色低碳、无毒低毒、可持续发展模式转型。

近年来我国化学品生物制造领域出现了底层技术不断突破、关键产业技术加速布局、科技创新体系不断完善的良好局面。化学品生物制造已引发包括医药、食品、能源、材料、农业等产业的新一轮变革，正在培育生物经济新动能。当前，我国生物制造产业规模居全球第一，并仍在继续扩大，近年来保持年均12%以上的增速。生物发酵产品、生物基精细化学品以及生物基材料等主要生物制造化学品产量超过7000万t，产值超过8000亿元，影响下游产业规模超过10万亿元。大力发展化学品生物制造，可以拉动生物经济快速增长，这对推动我国经济社会发展全面转型，建立健全绿色低碳循环发展经济体系具有重要意义。

二、我国重要化学品生物制造的产业发展状况

（一）精细化学品生物制造的产业发展状况

精细化学品（fine chemical）指的是研发与生产技术密集型、附加值高、小批量多品种的化工产品。精细化学品及其中间体的制造在国民经济中占据重要地位，根据

国家统计局、中商产业研究院的统计数据，2021 年我国精细化工行业工业总产值突破 5.5 万亿元人民币，预计 2027 年有望超过 11 万亿元。

精细化学品生物制造采用生物合成和生物催化思路等新一代加工手段，有力地推动了精细化学品制造技术与工艺的发展，加快了产业结构的升级与高质量发展。在精细化学品制造中引入反应条件温和、选择性高、环境友好的生物酶法催化技术，开发高效清洁的生物催化合成工艺，几乎能催化各种类型的化学反应，易于控制化学品的质量和成本，满足低污染、低能耗、高经济性的需求，对环境效益起到了非常重要的作用，已经成为精细化学品合成研究的趋势。近年来，精细化学品的生物制造呈现出快速增长的势头。我国科研人员利用 4 种酶构建了新一代肌醇的合成路线，磷污染减少 99%，能耗降低 98%，成本降低 75% 以上。合作企业成为全球最大的肌醇生产基地，是全球第一个体外合成生物学的工业化成功范例。除此之外，我国 L-苯丙氨酸、D-对羟基苯甘氨酸、烟酰胺、丙烯酰胺、D-泛酸和（S）-2, 2-二甲基环丙甲酰胺等产品的生产技术已达到国际先进水平，并且一跃成为 L-酒石酸、丙烯酰胺、D-泛酸的第一生产大国。我国精细化学品生物制造技术不断取得突破，创制了一系列具有自主知识产权的芳香族化学品，如生产抗氧化剂 3-脱氢莽草酸、关键医药中间体原儿茶酸、食品添加剂天然氨基酸 L-酪氨酸、治疗帕金森病特效药左旋多巴等，这些化学品的产量、转化率以及生产强度等技术指标均达到国际领先水平，生产成本与化工路线相比有显著的环保优势和经济优势，部分产品率先实现产业化，经济社会效益显著（表 14-5）。

表 14-5　部分代表性精细化学品的生物制造技术产业化情况

品类	代表化合物	核心技术情况	产业化进展
食品与饲料添加剂	肌醇	通过 4 种酶构建了新一代肌醇合成路线，将甘油用于细胞生长，葡萄糖用于合成肌醇，并对生产、生长两个模块进行优化	国际上首次构建了多酶催化合成肌醇路线，生物制造肌醇，较传统工艺高磷废水排放减少 90%、化学需氧量减少 50% 以上，成本降低 50% 以上，已建成了千吨级肌醇生产示范线，正在推动万吨级肌醇生产线建设
甾体激素	甾体药物中间体	以油脂工业副产品植物甾醇为原料，通过微油生物转化，实现"一菌一产品"制备系列高纯度甾体药物关键中间体，实现了起始原料替代和工艺提升	建成了千吨级数字智能化工厂，可满足国内市场 50%、全球市场 30% 的需求，保障了甾体药物核心原料供应安全。减排效果显著，挥发性有机化合物排放减少 70%，废水排放减少 30%，固废排放减少 40%，能耗减少 40%

续表

品类	代表化合物	核心技术情况	产业化进展
芳香族化合物	左旋多巴	通过构建高效生物催化剂和新菌种，创建绿色生物合成工艺	相比化学合成途径，生物合成的左旋多巴能减少 2/3 的成本。1000 t/a 的发酵生产线预计 2024 年建成投产
	3-脱氢莽草酸	通过对相关基因串联表达调控和敲除相关基因，提高工程菌株的 3-脱氢莽草酸产量	极大地提高了工程菌株的产量，正推进产业应用。最近研发的生物传感器可快速检测细胞生产 3-脱氢莽草酸的差异
手性氨基酸	L-天冬氨酸	通过新酶设计、多酶级联催化及代谢通路改造，生产过程中节约 50% 生产用水、减少 70% 能源消耗、降低 70% 人工消耗并且消除强酸性废水排放	响应国家碳达峰碳中和政策。在合作企业建成年产万吨级规模生产线。产品投放市场，获得下游用户高度认可

（二）大宗化学品生物制造的产业发展状况

大宗化学品（commodity chemical）是大规模生产的商业化程度高的化学品，可作为其他化学品的中间体，广泛用于制造各种消费品，包括建筑材料、工业制剂、食品添加剂、基础化学品等。大宗化学品在国民经济中占据重要地位。以大宗化学品中的重要代表氨基酸为例，其产品在饲料、医药、保健、食品和化妆品行业中用途广泛。我国的赖氨酸、谷氨酸、苏氨酸等主要氨基酸产品的市场份额占据国际首位，产值达500亿元，我国已成为世界氨基酸生产和消费第一大国。

大宗化学品的生物制造，以可再生资源为原料，具有清洁、高效、可再生等特点，可从根本上改变当前以不可再生的化石资源为原料进行大宗化学品制备所带来的环境污染及二氧化碳排放等问题，实现大宗化学品的生物制造可推动工业制造向绿色、低碳、可持续发展模式转型。

我国大宗化学品发酵产业起步较晚，工业发酵核心菌种种类及菌种生产水平长期落后于国外，大部分产品生产菌株的转化率、产品终浓度、生产强度等关键技术指标比国际先进水平低20%—40%，许多重要高性能工业菌种国内空白，相关产品严重依赖进口，导致我国大宗化学品面临重大挑战。近年来合成生物学的发展大大提升了我国在菌种设计和改造方面的能力，尤其是有机酸、氨基酸、抗生素、维生素、微生物多糖等大宗发酵产品的工业生物制造技术得到了显著的提高。我国生物发酵产业规模继续扩大，主要生物发酵产品产量从2015年的2426万t增加到2020年的3141.3万t，2020年总产值约2496.8亿元，国产化能力持续提升。著名的案例有L-丙氨酸厌氧发酵技术，经过3年多的时间从实验室成功发展到万吨级生产线，在全球率先实现了 L-丙氨酸绿色生物合成的产业化，在市场上打败了德国巴斯夫等国际巨头化工企业，一举占据国际领先地位。通过合成生物学技术构建微生物细胞工厂、高效构建合成化学品的代谢调控机制，我国已实现了多种大宗化学品的生物制造（表14-6）。

表14-6　代表性大宗化学品的生物制造技术产业化情况

品类	代表化合物	重要案例
氨基酸	L-丙氨酸、赖氨酸、L-谷氨酸、苏氨酸、L-脯氨酸、蛋氨酸、L-甲硫氨酸、精氨酸等	L-丙氨酸厌氧发酵产业化生产，打破了氨基酸发酵葡萄糖原料转化率不高于78%的行业瓶颈。已为企业新增销售额28.8亿元，L-丙氨酸在全球市场占有率超过60%
		对 L-谷氨酸开发了国际领先的基于 CRISPR/Cas9 的高效基因组编辑技术工具包，开发了基于 RNA 干扰（RNA interference，RNAi）的多基因表达调控技术，实现了新菌种的百万吨级工业化应用，规模覆盖国内总产量的40%
		从头创制了 L-脯氨酸高产谷氨酸棒状杆菌，L-脯氨酸产量达到 142.4 g/L。L-脯氨酸已实现了绿色生产
有机酸	柠檬酸、葡萄糖酸、苹果酸、衣康酸、富马酸、丙酮酸、丙酸等	从以纤维素为原料的嗜热毁丝霉出发，构建了可在45℃温度条件下发酵产 L-苹果酸的细胞工厂。国际首条 2000 t 中试线已建成，全球规模最大的3万 t/a 生产线正在建设中
		开发柠檬酸工业菌种的迭代创制技术，进一步推进了基于黑曲霉的柠檬酸生产菌株的改造优化，具有自主知识产权的柠檬酸高产新菌株，产酸水平提高了11.8%，糖酸转化率提高11.63%，相关研究成果获中国粮油学会科学技术奖特等奖
		工程化构建嗜热毁丝霉，创建了苹果酸高产菌株，以玉米芯为碳源，发酵后苹果酸产量超过 150 g/L，达到目前利用生物质合成大宗化学品领域已报道的最高水平。苹果酸年产3万 t 项目已于2022年底建成
		生物法 1,3-丙二醇打破杜邦公司多项专利技术，已具备年产万吨制造能力
维生素	B 族维生素、维生素 C 等	首次实现从头合成维生素 B$_{12}$，菌种发酵周期仅为目前工业生产菌株的 1/10，国际市场占有率超过50%，美国市场占有率60%。产品销售于 100 多个国家和地区，近四年为企业新增收入 10.6 亿元

（三）材料化学品生物制造的产业发展状况

材料化学品包括从石油提炼的合成聚合物和由可再生生物质资源制成的生物聚合物（biopolymer）。传统上由石油衍生的合成聚合物不可重复使用、产生了大量的废物，由于未被正确处理和回收，造成的"白色污染"破坏了地球生态系统。由生物质制成的聚合物由可再生资源产生，可以固定大气中的二氧化碳并减少温室气体排放，可生物降解生物聚合物更为产品的处理和回收带来了便利性。生物聚合物分为可生物降解聚合物与不可生物降解聚合物，均广泛应用于包装材料、农业或医用生物材料。2022年以来欧美发达经济体均推出法令限制、禁止一次性塑料的使用并推进可再生塑料的使用，预计2025年底全球生物降解塑料需求规模将超2000万t。

利用可再生原料，包括农作物及其废弃物（如秸秆等），通过生物制造方法生产可再生材料化学品，能缓解化石能源短缺带来的问题，是新时代发展绿色经济、实现可持续发展的需要。近年来我国政府相继颁布了《关于进一步加强塑料污染治理的意见》《中华人民共和国固体废物污染环境防治法》《商务领域一次性塑料制品使用、回收报告办法（试行）》等文件，要求进一步加强塑料污染治理、建立健全塑料制品长效管理机制，加快推广生物降解地膜、加大生物降解垃圾袋推广力度。在政策推动和市场需求带动下，预计生物基及可生物降解塑料制造行业将迎来快速发展机遇。

围绕材料化学品可再生路线合成的重大需求，我国在发展纤维素酶降解新酶重组、基于还原力平衡的生长合成偶联进化等关键技术均取得了突破，解决了木质纤维素糖苷键重排及高效降解与物质定向合成协同等关键问题，建立了从生物质到有机酸、化工醇、高分子材料等化学品的整合生物炼制工艺，减少了化工制造对化石资源的依赖。近年来我国已完成了乙烯、化工醇等传统石油化工产品的生物质合成路线的开发，基本实现了生物法乙烯、戊二胺、法尼烯等产品的商业化，实现了包括丁二酸、乳酸、戊二胺、聚羟基烷酸酯（PHA）等多种材料单体和聚合物的生物工业化生产（表14-7）。

表14-7　代表性材料化学品的生物制造技术产业化情况

品类	代表化合物	核心技术情况	产业化进展
材料单体	丁二酸	通过遗传和代谢改造，构建出高效生产丁二酸的细胞工厂，并进一步将其合成途径进行模块化改造提升，获得新菌种	达到了理论上最大的91%的糖转化率。已在山东建成2万t全球最大规模生产线，比石化路线减少成本20%，减少90% CO_2 排放
	乳酸	从一株野生型大肠杆菌出发，通过酶工程获得一株在厌氧条件下只生产D-乳酸的工程菌	建成D-乳酸万吨级生产线，打破了国外公司长期以来在D-乳酸发酵技术上的垄断

续表

品类	代表化合物	核心技术情况	产业化进展
材料单体	戊二胺	用蛋白工程手段获得赖氨酸脱羧酶突变体，优化酶的生产工艺和赖氨酸催化工艺，进行戊二胺生产	提升了转化率，节约了生产成本，已建成年产能 5 万 t 生产线
	长链二元酸	以石油中的副产物正烷烃为原料，采用微生物发酵的方法生产长链二元酸，是世界上首个使用生物法产品取代石油化学法产品的商业成功案例	凯赛生物长链二元酸占有全球市场主导地位，除癸二酸以外的长链二元酸在全球市场份额达 80%，于 2018 年被工业和信息化部评为制造业单项冠军。4 万 t 生物法癸二酸项目于 2022 年投产试运行，实现了癸二酸全球首次生物法大规模生产
	5-羟甲基糠醛（HMF）	以木质纤维生物质为原料，后续催化转化合成	已在全球率先建成 HMF 及其衍生物的千吨级生产示范
聚合材料	聚羟基烷酸酯（PHA）	运用合成生物学手段，通常常见的 PHA 以葡萄糖为单一碳源来合成	我国在 2019 年实现了年产 PHA 2 万 t，在建 PHA 生产线产能超过 5 万 t
		首次采用自主研发的盐单胞菌作为底盘细菌，并实现了 PHA 发酵过程中开放生产，将综合成本降低 30% 以上，目前完成了全球最大的 PHA 生产罐体工艺开发	微构工场已建成年产千吨 PHA 示范线，与中国纺织科学研究院共同优化 PHA 纺织纤维制品工艺。微琪生物利用"下一代工业生物技术"首批生物制造 PHA 产品正式下线，可用于生产上百种不同种类及功能的 PHA。后续年产能达 3 万 t

三、我国重要化学品生物制造产业发展趋势

　　化学品生物制造是实现工业绿色化的重要途径。近年来，我国在化学品生物制造技术研发及其产业化推进方面取得了许多重要进展。通过建立一批精细化工产品、大宗化学品、材料化学品的颠覆性技术路线，使生物制造的成本低于传统路线，大幅降低"三废"排放，实现可再生资源对化工资源的替代及绿色生物合成路线对高污染化工方式替代，为构建我国工业绿色产业模式发挥了重要的支撑作用。然而，我国虽是化学品生物制造产业大国，但还不是强国。尽管一部分化学品生物制造技术已达到国际先进标准，并占领了一定的国际市场，但在化学品核心菌种创制、高端精细化学品的先进生物制造模式、化学品结构布局方面和发达国家相比仍有较大差距。因此，在未来全球生物经济竞争中，我国重要化学品生物制造产业还需要在以下三方面着力发展。

（一）加快构建我国具有自主知识产权的高性能化学品生物铸造核心菌种

我国重要化学品生物制造产业发展面临核心菌种水平低、菌种创制能力不强等瓶颈问题，导致企业生产能力与国外差距明显，产业利润率普遍较低，国际竞争力差，部分产品受制于人。加强核心化学品菌种和工业酶的创制已成为支撑我国生物制造产业自主创新发展的关键。因此，需要大力发展微生物细胞基因组工程技术体系，提升工业菌种设计创制能力，大幅缩短工业菌种改造周期，获得自主知识产权菌株。开发新型发酵工艺与装备，提升原料利用能力和转化率，加快传统发酵产业、氨基酸、有机酸、抗生素、维生素等现代发酵产业的技术革新和产业升级，显著提升综合经济效应，促进节粮、节能和减排，提升国际市场竞争力，推进我国从大宗化学品生产大国向大宗化学品强国转变。

（二）突破化工基础和高端精细材料向先进生物制造技术转型

要突破化工基础和高端精细材料向先进生物制造技术转型，就要找准化学品的高效合成的难点与发展方向。以精细化学品为例，决定精细化学品高效合成的首要因素就是新型酶催化元件的挖掘及其工业催化属性的提升改造，其次是如何利用生物催化反应的高选择性，创建与重构化学-酶偶联的合成新工艺。与世界发达国家相比，我国在高性能生物催化剂的设计能力、生物合成与生物催化工艺构建关键技术、可工业化生产的产品种类和规模上还有明显差距，存在生产成本高、优势产品少、部分产品严重依赖进口等问题，导致产业发展未来竞争力和对经济社会发展支撑能力不强。因此，变革化学品制造的合成工艺，创建具有自主知识产权的催化新技术，建立"高效、清洁、低碳、循环"的绿色制造体系是推动化学品生产由粗放低效向绿色高效的先进制造模式转变的必经之路。

（三）建立统筹协调机制，贯彻落实政策推动化学品生物制造产业的发展

产业发展离不开政策的保障，政策法规在推动技术进步、产业发展方面具有重要意义。

（1）政府需加大对研发平台建设的政策引导。我国尚未建立支持和支撑化学品制造生物技术源头创新研究开发以及高水平工程平台或产业转化的体系，尚未形成市场服务与支持体系，缺乏对初创企业的激励和保障机制。政府应出台政策、建立机制鼓励企业、科研机构联合更多平台化的发展，从而形成化学品制造生物技术的应用与成果转化体系。

（2）当前生物制造企业急需的相关法规包括相关减税举措与补贴、知识产权保护、

生物产品市场准入等，急需的相关标准包括能耗指标、安全标准、碳交易制度等。政府应加快相关法规与标准的制定，以及支撑标准建立的相关技术及方法的系统研究。政府各部门应建立协调机制，发挥部门的合力，加强生物制造新技术与产品市场准入法规和监管体系建设，为生物制造产业发展构建和营造良好的生态环境。

撰 稿 人：汪琪琦　中国科学院天津工业生物技术研究所

　　　　　　王钦宏　中国科学院天津工业生物技术研究所

通讯作者：王钦宏　wang_qh@tib.cas.cn

第三节　生物活性物的生物制造

一、生物活性物概述

生物活性物是一类对生物体生理或细胞功能具有重要影响的活性成分，是合成生物体内关键分子的重要底物，是生物体器官、组织结构及功能的重要调节剂。生物活性物具有抗氧化、抗炎、抗癌等功能，可有效预防多种疾病及代谢紊乱，减轻不健康的生活方式和压力对人体产生的不利影响，被誉为"生命之源"。

生物活性物多数是生命体的初级、次级代谢产物。根据来源不同，可分为提取自动植物的生物活性物、微生物细胞代谢所生成的活性产物。根据生物活性物的类别，分为功能糖、氨基酸、蛋白质、多肽、萜类、黄酮类、酚类、生物碱、核酸、益生菌类、活性脂质、酶和维生素等（图 14-1）。

动物是生物活性物的丰富来源之一，种类包括功能糖、蛋白质、氨基酸、多肽、核苷酸等。生物活性物有助于维持身体机能并保护机体免受内、外部压力，被人体吸收后能对人体的生理活动产生有利影响。例如，ω-3 脂肪酸在多种海洋生物及家禽中含量丰富，但人体中不能合成该物质。研究证明，通过膳食补充 ω-3 脂肪酸能够降低心血管疾病相关的死亡率，还能够减轻慢性糖尿病并发症、调节炎症性疾病等，在发育、代谢和心理健康中发挥关键作用。

植物中含有种类丰富的生物活性物，主要包括萜类、酚类及生物碱三大类。人类迄今为止发现了超过 10 万种植物天然产物，如已经鉴定出天然类胡萝卜素约 1200 种。植物中的生物活性物虽然不是植物体的主要成分，但在植物适应胁迫、信号交流等生理活动中发挥着至关重要的作用。作为大自然创造的天然医药宝库，植物天然产物的应用涵盖食品保健、制药、化学品、个人护理等领域，它们除了满足人体对必需成分的营养需求外，还可以改善人类或动物的健康状况，对身体及心理有积极影响。

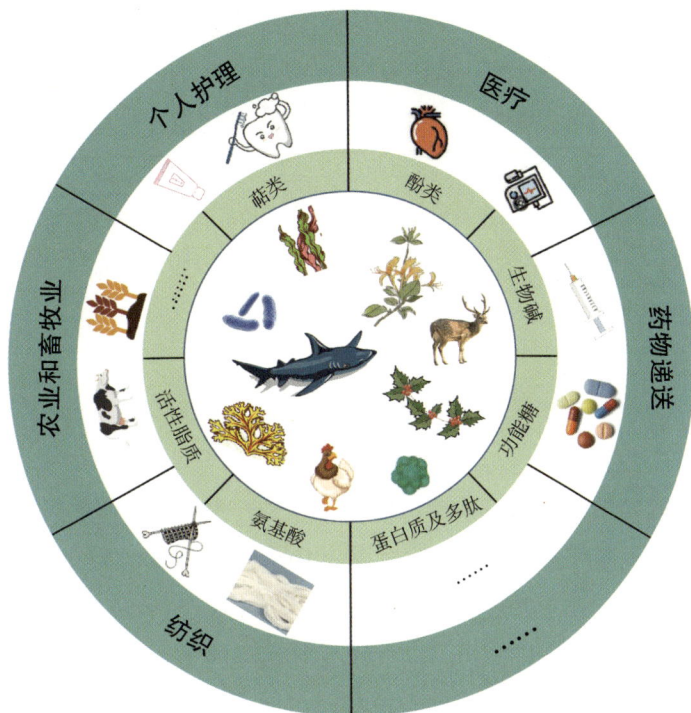

图 14-1　生物活性物总览图

微生物中也含多种对人体有益的次级代谢产物，如抗生素、毒素、激素等。随着发酵及合成生物学的发展，利用微生物生产生物活性物逐渐得到广泛应用。例如，通过微生物发酵生产青霉素、四环素等抗生素，这些抗生素在治疗由病毒、细菌感染引起的疾病中具有重要作用。利用合成生物学技术在微生物中异源表达生物活性物，如透明质酸、红景天苷等，为生物活性物的生产提供了新的重要途径。

生物活性物有助于提高人类生命质量，延长生命长度，为人类带来健康、美丽、快乐的生命体验。生物活性物作为医药、食品、个人护理等领域的重要原料来源，其逐渐被应用到与人类健康、生活息息相关的场景中。

在医药健康领域，生物活性物可被用于生化药品、医疗器械、卫生材料、药物递送等场景中。例如，透明质酸原料，在敷料、组织填充等医疗产品中得到了广泛的研究及应用。2021年全球生物活性药物成分市场规模达到12 550.45亿元，预计2027年达到17 354.36亿元，年均复合增长率约为5.55%。其中，中国在全球生物活性药物成分的市场比重已超过25%，未来也将是市场增速较快的地区之一。

在食品保健领域，生物活性物，如维生素、辅酶Q10、鱼油、褪黑素、透明质酸、螺旋藻等，以增强免疫力、助眠、抗氧化、抗衰老等功效著称。2021年全球营养及保健品等食品活性原料市场规模为1180.4亿美元，预计2022—2030年将以6.4%的年均复合增长率增长，到2030年达到2195亿美元。中国的食品活性原料市场规模位列全球第二，份额占比达到 17.8%。随着人口老龄化程度不断加深，食品领域生物活性物原料市场将持续攀升。

在个人护理领域，诸多生物活性物因其抗氧化、美白、除皱、保湿等功效而被广泛应用。2021 年全球个人护理品原料市场规模达到 118 亿美元，预计 2027 年将达到 149 亿美元，预测期内年均复合增长率为 4.0%。国内 2021 年个人护理品原料市场规模约为 181 亿元，随着居民消费水平的提高及对美的需求增加，中国将成为全球最大的个人护理品原料消费市场之一。

二、生物制造的发展历程及概述

生物活性物的制造经历过三次生产方式的革新。最开始以提取为主，从动植物体内经过分离纯化，定向获取某种或多种成分。19 世纪 30 年代以来，合成化学技术飞速发展，科学家能够通过化学反应合成化合物及其衍生物，解决动植物提取产量低等问题，并且创造出天然不存在的成分，丰富了生物活性物的种类并拓展了其应用。但以上两种生产方式高度依赖动植物及化石资源，对地球资源和环境造成了不利影响，不符合人类可持续发展的要求。在全球化石资源告急、环境污染严重的危机下，以发酵和生物合成为主要方式的生物制造技术，逐步完成了原料生产方式的替代，成为生物科技发展的主流方向之一。

生物制造在百年的生物技术发展过程中也经历了三次技术革命。第一次技术革命是基础发酵技术，通过单一培养发酵生产初级代谢产物，如利用发酵技术做面包、制酱、酿醋、酿酒等。第二次技术革命是微生物定向发酵，通过筛选自然界中能够生产某种特定物质的细菌或细胞，获得对生命健康有帮助的生物活性物，如酶、抗生素、透明质酸等。基因编辑、生物信息学、酶工程等技术的不断更迭，催生了以合成生物学为核心的第三次技术革命。利用工程化手段有目的地改造设计原有生命体，构建细胞工厂，创造性生产生命体所需要的功能糖、蛋白质、氨基酸、维生素等活性物质。

生物制造是绿色、可持续的生产方式。其运用生命科学、现代制造科学的原理和方法，以 CO_2、葡萄糖、淀粉、木质纤维素等可持续来源的生物质作为基础原料，在天然或经设计改造的生物系统（植物、动物、微生物、组织、细胞、酶等）中将来源广泛、价格低廉的成分转化为具有更高附加值的生物活性原料，具有能耗低、排放少、资源利用率高等特点，能够减少工业经济对生态环境的影响，推动物质财富的绿色增长和经济社会的可持续发展。同时生物制造技术突破了传统物理化学制造的界限，极大地拓展了人类改造自然、制造产品的能力。以透明质酸的生产为例，华熙生物通过生物合成的方式生产透明质酸，将产率提高到动物提取的 4 倍以上，同时使能源和淀粉等物质消耗减少60%—75%，碳排放降低35%—65%，创造了绿色生物制造替代动植物提取的典型案例。

目前，生物制造已成为全球重点技术方向。世界经济合作与发展组织（Organization for Economic Co-operation and Development，OECD）曾预测，到2030年，OECD国家将形成基于可再生资源的生物经济形态，生物制造在生物经济中的贡献率达到39%。生物活性物的生物制造，按产业链上下游区分，可分为生产上游原料的原材料供应商，利用天然提取、化工合成、发酵、合成生物学等技术开发生产生物活性物的中游制造企业，以及医药、个人护理、食品、饲料等领域的下游终端产品生产商。

随着生物活性物的商业化发展，全球范围内诞生了多家生物活性物及其产品核心生产厂商，主要包括巴斯夫（BASF）、帝斯曼（DSM）、亚什兰（Ashland）、嘉吉（Cargill Inc.）、杜邦（Dupont）、禾大（Croda）、克莱恩（Clariant）、赢创（Evonik）、诺维信（Novozymes）等，截至目前，生物活性物企业格局已基本形成。中国作为生物活性物的重要供应和消费国，在不同领域分别发展出一批优秀的生物活性物研发与生物制造企业。国内部分生物活性物研发企业如表14-8所示。

表14-8　国内部分生物活性物研发企业

国内代表企业	业务／产品	核心技术／平台
华熙生物	透明质酸、胶原蛋白、麦角硫因、依克多因、氨基丁酸、聚谷氨酸等	微生物发酵平台、合成生物研发平台、应用机理研发平台、交联技术平台、中试转化平台、配方工艺研发平台
嘉必优	二十二碳六烯酸（DHA）、花生四烯酸、唾液酸、虾青素、番茄红素、β-胡萝卜素、α-熊果苷等	集成工业菌种定向优化技术、发酵精细调控技术、高效分离纯化制备技术
中科欣扬	超氧化物歧化酶（SOD）、依克多因、麦角硫因	合成生物学使能平台，包括自动化工程平台（siyo-AI）和反脆弱生物平台（siyo-AF）
安琪酵母	传统酵母、酵母衍生物、酵母抽提物、酶制剂、人体健康营养品、酵母精华护肤品系列等	极端环境微生物资源平台、微生物资源筛选平台、蛋白质高效表达系统平台、微生物代谢工程平台
恩和生物	高附加值产品可持续、经济型生产，酶、甜味剂、维生素等	自动化技术平台（Bota Freeway）、高精度发酵平台
华东医药	核苷酸系列产品、微生物来源半合成抗寄生虫药物及其他药物	微生物构建、代谢产物表达和纯化修饰体系平台
瑞德林生物	谷胱甘肽、肌肽、索马鲁肽、芋螺毒素等	固定化酶催化技术、绿色生物智造平台
欣贝莱生物	塔格糖、阿洛酮糖、根皮素、紫杉醇等	菌种构件改造、生物酶设计等

续表

国内代表企业	业务 / 产品	核心技术 / 平台
华熙生物	透明质酸、胶原蛋白、麦角硫因、依克多因、氨基丁酸、聚谷氨酸等	微生物发酵平台、合成生物研发平台、应用机理研发平台、交联技术平台、中试转化平台、配方工艺研发平台
巨子生物	重组胶原蛋白、重组胶原蛋白肽、稀有人参皂苷、淫羊藿等	合成生物学技术平台、重组胶原蛋白仿生组合技术

注：表中各项信息来自各公司官网

生物活性物的生物制造是助力生命健康产业朝向绿色可持续发展的重要举措。在科技创新驱动和战略政策引领下，依托合成生物学、微生物细胞工厂等生物制造技术，利用天然可再生原料，采用数智化绿色发酵工艺，降低碳排放，提高自然资源利用率，实现了生物活性物的生产制造向绿色低碳、无毒无害、可持续发展的新模式迈进，满足了人们对营养、健康、美丽生活品质的更高诉求，最终可实现提升生命质量、延长生命长度的愿景。

三、主要产品的市场和产业化发展情况

（一）功能糖类

功能糖是一类具有特殊功效的糖类，按照分子结构的不同，可分为功能多糖（如糖胺聚糖类、膳食纤维类等）、功能低聚糖（如母乳寡糖、低聚木糖、低聚果糖等）和功能单糖（如赤藓糖醇、木糖醇、阿洛酮糖等代糖）。功能糖在营养与保健方面具有极大潜力，其结构与功能的研究显著推动了下游领域的发展。本部分以糖胺聚糖、母乳寡糖为例，介绍相关功能糖产业的现状及发展趋势。

1. 糖胺聚糖

糖胺聚糖（glycosaminoglycan，GAG）是一类由氨基糖和糖醛酸组成的二糖结构单元聚合形成的高分子酸性黏多糖，广泛分布于细胞表面和细胞外基质，参与人体多种生理过程。GAG主要包括透明质酸、硫酸软骨素和肝素，关键合成方式可分为动物组织提取、微生物发酵法和体外酶法三种，多变的分子结构赋予其多样的生物活性，被广泛应用于护肤品、食品、医药等领域（表14-9）。

表 14-9　GAG 的概况

类别	透明质酸	硫酸软骨素	肝素
功能	保湿、润滑、黏弹性	改善退行性关节炎、降血脂、保湿	抗凝血
应用领域	护肤品、食品、医美、药品	保健食品、药品、护肤品	药品
关键技术路径	动物组织提取：鸡冠提取	动物组织提取：猪、牛软骨组织提取	动物组织提取：猪小肠黏膜提取
	微生物发酵法：链球菌或基因工程菌发酵	微生物发酵法：基因工程菌发酵	微生物发酵法：基因工程菌发酵
	体外酶法：以尿苷二磷酸葡萄糖醛酸（UDP-GlcA）和尿苷-5'-二磷酸-N-乙酰氨基葡糖胺钠盐（UDP-GlcNAc）为前体，在透明质酸合酶的催化下聚合成高分子透明质酸	体外酶法：以软骨素为前体骨架，在硫酸转移酶的催化下修饰成硫酸软骨素	体外酶法：以 UDP-GlcA、UDP-GlcNAc 为前体，在糖基转移酶和硫酸转移酶的催化下合成核心五糖
市场需求	2021 年全球需求约 720 t	2022 年中国供给量约 1.6 万 t	2020 年中国供给量约 260 t
生产企业	华熙生物、焦点福瑞达、阜丰集团、安华生物、丘比（Kewpie）、康蒂普罗（Contipro）等	烟台东诚药业、美泰科技（青岛）、嘉兴恒杰生物制药等	深圳海普瑞药业、常山药业、常州千红生化制药、南京健友生化制药、烟台东诚药业等

2016—2020 年中国透明质酸市场规模由 23.20 亿元升至 35.20 亿元，预计 2021—2025 年将以 8.8% 的年均复合增长率提升至 52.90 亿元（图 14-2）。根据山东省生物药业

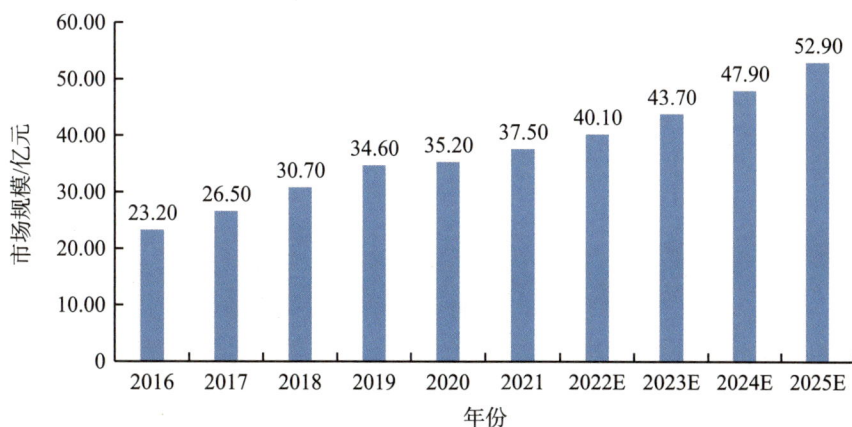

图 14-2　2016—2025 年中国透明质酸市场规模现状及预测
资料来源：弗若斯特沙利文（Frost & Sullivan），观研天下整理

协会硫酸软骨素分会数据，2021年全球硫酸软骨素市场规模达到78亿元左右（图14-3），预测将以3.76%的年均复合增长率增长，至2027年将达到18亿美元。弗若斯特沙利文数据显示，2021年全球肝素市场规模超过了23亿美元，预计2022—2028年将以年均复合增长率2.8%的速度增长，2027年全球肝素市场规模将超过61亿美元（图14-4）。

图14-3　2017—2022年3月全球硫酸软骨素产业总体产能分析
资料来源：山东省生物药业协会硫酸软骨素分会及公开资料

图14-4　全球肝素市场规模及增长率（2016—2027年）
资料来源：弗若斯特沙利文，恒州博智（QYResearch）整理研究

2. 母乳寡糖

母乳寡糖（human milk oligosaccharide，HMO）是人乳中含量仅次于乳糖和脂类的

第三大成分，是由200多种不易消化和非营养性碳水化合物组成的复杂混合物。HMO的基本组成单元包含葡萄糖、半乳糖、岩藻糖、N-乙酰葡糖胺和唾液酸等，根据组成可将HMO分为3类：中性岩藻糖基化HMO、中性非岩藻糖基化HMO和酸性唾液酸化HMO（图14-5）。

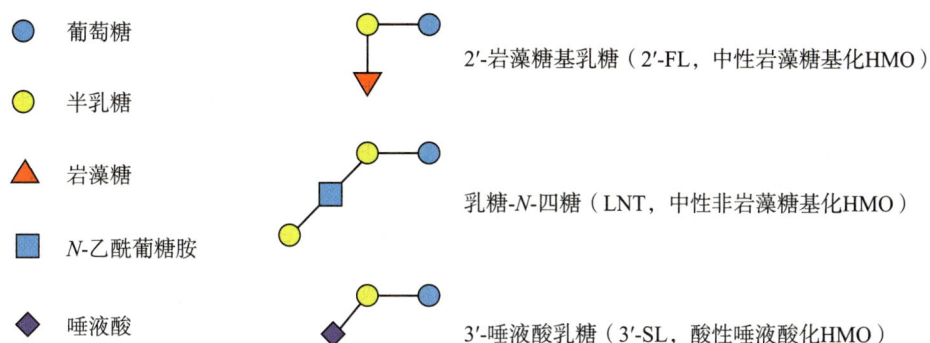

图例：
- 葡萄糖
- 半乳糖
- 岩藻糖
- N-乙酰葡糖胺
- 唾液酸

2′-岩藻糖基乳糖（2′-FL，中性岩藻糖基化HMO）

乳糖-N-四糖（LNT，中性非岩藻糖基化HMO）

3′-唾液酸乳糖（3′-SL，酸性唾液酸化HMO）

图14-5　HMO基本组成单元及结构示意图

HMO具有维护肠道微生态平衡、调节免疫力、预防坏死性小肠结肠炎、促进大脑发育和减少感染等多种功能，当前主要应用于调制乳粉、婴幼儿配方食品和特殊医学用途婴儿配方食品。HMO的主要合成技术路径有化学合成、酶法合成和生物合成3种，但化学合成的副产物较多，分离纯化困难，得率低。随着代谢工程和合成生物学的发展，通过改造合成路径，利用微生物发酵可实现利用低价原料规模化生产HMO，降低生产成本。目前已经在美国、欧盟等地获批新食品原料的HMO绝大部分为微生物发酵法制备。法规政策的开放和布局企业的增加，也使得HMO的市场需求逐年扩大（表14-10）。

表14-10　HMO的概况

类别	中性岩藻糖基化HMO（2′-FL、3-FL、LNFP I等）	中性非岩藻糖基化HMO（LNT、LNnT等）	酸性唾液酸化HMO（3′-SL、6′-SL、DSLNT等）
主要功效	益生元、抗病原菌黏附、免疫调节、促进大脑发育	益生元、抗病原菌黏附、促进伤口愈合、促进毛发生长	维护肠道稳态、预防或改善坏死性小肠结肠炎、减少黑色素、修复瘢痕
应用领域	调制乳粉、婴幼儿配方食品、特殊医学用途婴儿配方食品等	调制乳粉、婴幼儿配方食品、特殊医学用途婴儿配方食品等	调制乳粉、婴幼儿配方食品、特殊医学用途婴儿配方食品等

续表

类别	中性岩藻糖基化 HMO（2′-FL、3-FL、LNFP I 等）	中性非岩藻糖基化 HMO（LNT、LNnT 等）	酸性唾液酸化 HMO（3′-SL、6′-SL、DSLNT 等）
关键技术路径	酶法合成：乳糖为受体，岩藻糖、半乳糖、N-乙酰葡糖胺等为供体，组合使用不同的糖基转移酶体外反应合成 生物合成：改造模式微生物，导入糖基转移酶，以乳糖和廉价碳源为底物发酵合成	酶法合成：乳糖为受体，半乳糖、N-乙酰葡糖胺等为供体，组合使用不同的糖基转移酶体外反应合成 生物合成：改造模式微生物，导入糖基转移酶，以乳糖和廉价碳源为底物发酵合成	酶法合成：乳糖为受体，唾液酸、岩藻糖、半乳糖、N-乙酰葡糖胺等为供体，组合使用不同的糖基转移酶体外反应合成 生物合成：改造模式微生物，导入糖基转移酶，以乳糖和廉价碳源为底物发酵合成
市场需求	2021 年全球 HMO 市场需求为 300—400 t，预计未来 5 年全球 HMO 市场需求将达 1000 t，市场规模达 10 亿美元		
法规情况	美国：2′-FL、3-FL、2′-FL/DFL、LNT、LNnT、3′-SL、6′-SL 已获批为一般认为安全（GRAS）的食品添加剂 欧盟：2′-FL、3-FL、2′-FL/DFL、LNT、LNnT、3′-SL、6′-SL 已获批为新型食品（novel food） 澳大利亚和新西兰：2′-FL、LNnT 已获批为新食品 中国：尚未批准任何 HMO 组分为"三新食品"		
龙头企业	帝斯曼（DSM）、科汉森（Chr. Hansen）、Inbiose、杜邦（Dupont）、菲仕兰（Friesland Campina）		

注：2′-FL. 2′-岩藻糖基乳糖；3-FL. 3-岩藻糖基乳糖；LNFP I. 乳糖-N-岩藻五糖 I；LNT. 乳糖-N-四糖；LNnT. 乳糖-N-新四糖；3′-SL. 3′-唾液酸乳糖；6′-SL. 6′-唾液酸乳糖；DSLNT. 二唾液酸乳糖-N-四糖；DFL. 二岩藻糖基乳糖

　　根据恒州博智（QYResearch）的统计预测，2021 年全球 HMO 市场规模达到了 3.85 亿美元，预计 2028 年将达到约 11 亿美元，年均复合增长率约为 16%；2021 年中国 HMO 市场规模达到了 0.39 亿美元，预计 2028 年将达到 2.20 亿美元，年均复合增长率约为 25%（图 14-6，图 14-7）。

　　当前，HMO 市场主要被一些大型跨国公司占据（表 14-11）。近些年来，国内也有一些企业开始加速进入该领域，如一兮生物、恒鲁生物、芝诺科技、弈柯莱、嘉必优、华熙生物等。国内的 HMO 研发企业目前主要集中在 2′-岩藻糖基乳糖上，有些企业已进入中试或试产阶段。未来随着国内法规的开放，中国将成为 HMO 原料和下游产品的另一重要市场，HMO 原料价格和产品的丰富度将成为市场竞争的关键。

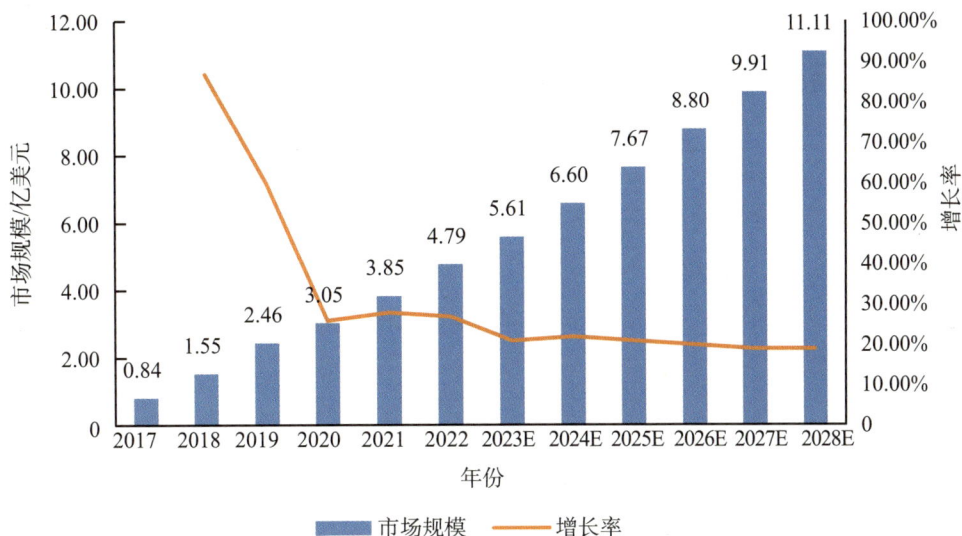

图14-6　全球HMO市场规模及增长率（2017—2028年）

资料来源：第三方资料、新闻报道、业内专家采访及恒州博智（QYResearch）整理研究，2022年

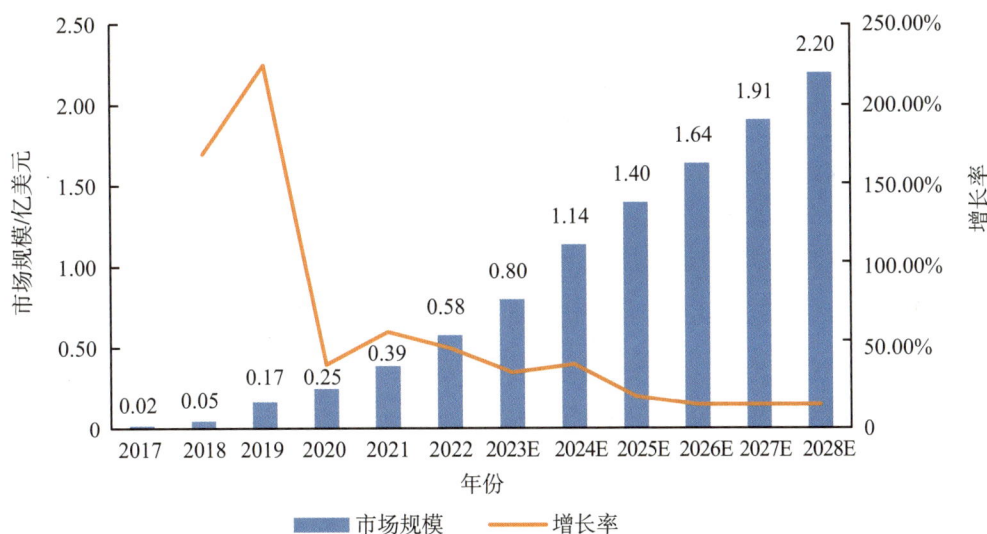

图14-7　中国HMO市场规模及增长率（2017—2028年）

资料来源：第三方资料、新闻报道、业内专家采访及恒州博智（QYResearch）整理研究，2022年

表14-11　全球主要厂商HMO销量（2018—2022年）　（单位：t）

企业	2018 年	2019 年	2020 年	2021 年	2022 年
雅培（Abbott）	72.17	109.14	128.77	155.70	189.44
Inbiose	11.38	17.13	20.81	24.85	30.48
Glycom	54.42	83.81	104.94	129.61	153.15

续表

企业	2018 年	2019 年	2020 年	2021 年	2022 年
科汉森（Chr. Hansen）（Jennewein）	11.26	21.04	27.87	33.11	40.74
其他企业	5.93	12.04	22.75	34.53	54.92
全球	155.16	243.16	305.14	377.80	468.73

资料来源：第三方资料、新闻报道、业内专家采访及恒州博智（QYResearch）整理研究

（二）氨基酸类

氨基酸是构建生物机体的众多生物活性大分子之一，对于生命活动具有不可或缺的重要意义。根据是否参与蛋白质合成，可以将氨基酸分为蛋白质氨基酸和非蛋白质氨基酸。蛋白质氨基酸作为蛋白质的基本组成单元，是组建生物体的物质基础，共有22种，如谷氨酸、丙氨酸、亮氨酸等；非蛋白质氨基酸则不能直接参与到蛋白质分子中，如γ-氨基丁酸、麦角硫因、5-氨基乙酰丙酸。

1. γ-氨基丁酸

γ-氨基丁酸（γ-aminobutyric acid，GABA），又称氨酪酸，是一种非蛋白天然活性氨基酸，广泛分布于动物、植物、微生物体内，是哺乳动物中枢神经系统中最为重要的抑制性神经递质，在生物体内参与多种神经生理活动。GABA的主要生产工艺包含化学合成法、植物提取法和生物发酵法3种，其中生物发酵法主要是通过微生物发酵来实现GABA合成的，具有产率高、安全性高、成本低等优势，已发展成为当前市场上的主流生产方式（表14-12）。

表14-12 GABA的概况

名称	γ-氨基丁酸		
领域	食品	医药	化妆品
主要功效	安神，有助睡眠	抑制性神经递质，发挥神经递质抑制剂作用，被开发为抗焦虑精神类药物	高效透皮吸收，即时抗皱，抗衰老

名称	γ- 氨基丁酸
生产工艺	化学合成法：反应迅速，易于操作，如以吡咯烷酮为起始原料，用氢氧化钙和碳酸氢铵水解，开环生成 GABA，此种方法虽然快速、简单，但存在一定的化学残留，有安全隐患
	植物提取法：植物体内的腐胺在二胺氧化酶的催化下脱氨形成 H_2O_2、氨和 4- 氨基丁醛，4- 氨基丁醛脱水形成 1- 吡咯啉，1- 吡咯啉再在吡咯啉脱氢酶的催化下生成 GABA
	生物发酵法：谷氨酸脱羧酶（GAD）对 L- 谷氨酸进行脱羧产生 GABA，以乳酸菌发酵产量最高，采用全细胞催化方式产量普遍在 50—100 g/L。高产 GABA 工程菌株经改造后产量可达 500 g/L 以上
法规情况	日本：普通食品，各类食品产品中均可以添加，化妆品，医药
	美国：膳食补充剂，化妆品，医药
	中国：新资源食品，化妆品原料，医药
生产企业	海外：日本富尔玛，其全球市场份额占比最高，达到 21%，其他还有日本协和发酵工业、日本积水化学等
	国内：华熙生物、上海励成营养、洛阳华荣生物、安徽欣诺贝、天津世纪天龙、合肥迈可罗、宁乡县佳源生物、浙江天瑞化学等

　　在中国，用生物发酵法生产的GABA于2009年被评为新资源食品，应用于食品饮料、膳食补充剂等保健食品中，大大拓展了微生物发酵产品的市场。根据新思界产业研究中心发布的2022—2027年行业报告，2022年全球GABA市场规模约为0.88亿美元，预计将以6.7%左右的年均复合增长率增长，到2027年市场规模达到1.35亿美元（图14-8）。在全球范围内，中国是最大的γ-氨基丁酸需求市场，占比达到60%左右。

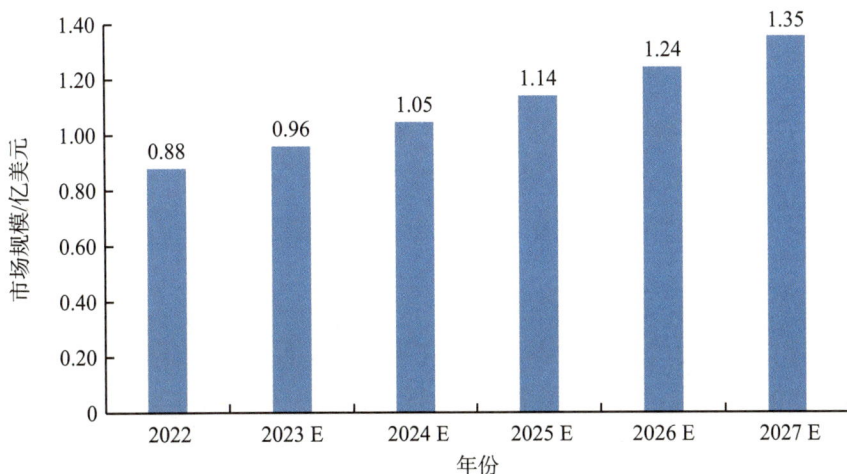

图14-8　2022—2027年全球GABA市场规模预测
资料来源：新思界产业研究中心

2. 麦角硫因

麦角硫因（ergothioneine，EGT）是一种稀有的天然手性氨基酸，具有良好的清除自由基、维持 DNA 合成、细胞免疫、抗辐射、美白、抗衰老等细胞生理保护功能。麦角硫因作为一种稀有的高附加值产品，在功能食品、化妆品和生物医药等行业具有广阔的应用前景，主要生产工艺为化学合成法、提取法和生物发酵法 3 种。其中，化学合成法很难控制产物的旋光性，而采用真菌提取也存在产率低、培养周期长、遗传操作难等问题。生物发酵法通过代谢调控、纯化工艺等手段可实现低成本、高产率规模化生产，是目前最具有潜力的麦角硫因生产方法（表 14-13）。

表 14-13　麦角硫因的概况

名称	麦角硫因		
领域	保健品	医药	化妆品
主要功效	增强免疫力、辅助降血糖、抗氧化、增强免疫力	抗抑郁、焦虑、老年痴呆、帕金森病，器官保藏	保湿、抗氧化、促进皮肤细胞产生胶原蛋白、防晒、美白
生产工艺	化学合成法：以 L-组氨酸为起始原料，经酯化、咪唑开环、脱保护、咪唑关环、巯基保护、还原胺化、甲基化、脱保护 8 步反应制得，步骤烦琐，很难控制产物的旋光性		
	提取法：野生食用菌如灵芝、牛肝菌等，采用热水浸提，含量为 1—5 mg/g 干重，产量较低，难以大规模产业化		
	生物发酵法：①食用菌液体深层发酵，如糙皮侧耳、松蕈、日本灵芝等，发酵产量为 10—500 mg/L。②利用合成生物学构建高产工程菌，发酵产量可到克级以上		
法规情况	欧盟：新资源食品［一般人群（孕妇和哺乳期妇女除外）使用限量为 30 mg/d，3 岁以上儿童使用限量为 20 mg/d］，化妆品		
	美国：膳食补充剂，化妆品		
	中国：化妆品		
	日本：膳食补充剂，化妆品		
生产企业	海外：Tetrahedron 占有 58% 的市场份额，其他还有 Mironova Labs、Blue California 等		
	国内：华熙生物、成都健腾生物、西安赛邦生物、天津市中科诺识、泰州天鸿生化科技等		

2020 年，全球麦角硫因市场规模达到了 0.97 亿元，预计 2027 年将达到 8.10 亿元，年均复合增长率为 36.17%（2021—2027 年）；2021 年全球麦角硫因产能达到 925 kg，预计 2027 年将达到 6450 kg（图 14-9）。

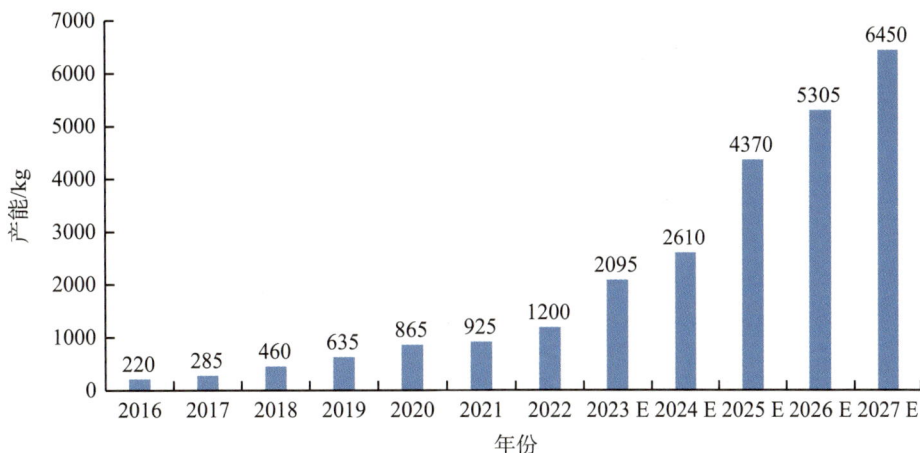

图14-9　全球麦角硫因产能及发展趋势（2016—2027年）

资料来源: 广州环洋市场信息咨询有限公司（Global Info Research）整理，2022年

3. 5- 氨基乙酰丙酸

5- 氨基乙酰丙酸（5-aminolevulinic acid，5-ALA），是一种高附加值的氨基酸衍生物，它是生物体内天然存在的一种功能性非蛋白质氨基酸，是血红素、叶绿素、维生素 B_{12} 等四吡咯化合物生物合成的必需前体，对植物光合作用和细胞能量代谢有重要影响。该原料对碱、光、热敏感，一般以盐酸盐和磷酸盐的形式存在。由于5-ALA对人畜无毒性，在环境中易被微生物降解、无残留，作为生物体内源性物质，在生命过程中发挥着重要作用，因此在医药、化妆品、保健品、农业、畜牧业等领域的应用前景广阔。

目前主要采用化学合成法进行5-ALA的工业化生产，但是化学合成副产物多、分离纯化困难且反应条件苛刻，生产成本高（仅原料成本就高达100万元/t），限制了市场发展。随着多种微生物基因组测序的完成以及基因重组技术的不断完善，通过基因工程等手段获得性状优良的5-ALA生产菌株成为现实。生物发酵法合成5-ALA的研究大多集中在关键酶谷氨酰tRNA合成酶活性的增强和发酵过程的控制优化上，生物发酵法已成为未来研究发展的趋势（表14-14）。

5-ALA的市场价格根据纯度而有所不同，平均价格为1.2万—1.7万元/kg，医药级的5-ALA价格可达450万元/kg。2020年，全球5-ALA市场规模达到了约77亿元（其中中国约为4.5亿元），预计2027年将达到187亿元左右，年均复合增长率为10.29%（图14-10）。目前，中国的绝大多数5-ALA生产企业采用化学合成法，只有日本思佰益公司在中国投资的企业使用生物发酵法生产5-ALA，2021年5-ALA产能份额达到全球的14.86%。

表14-14　5-ALA 的概况

名称	5- 氨基乙酰丙酸		
领域	保健品及化妆品	医药	农业及畜牧业
主要功效	①提高机体基础代谢水平，促进代谢、缓解疲劳、提高运动机能、增强免疫机能、清除自由基、缓解代谢疾病（高血压、高血脂、糖尿病）等，可用于多种代谢疾病的预防和改善；②有效抵抗光老化和色素沉着，能减淡细纹，均匀肤色，使肌肤光滑	作为第二代光敏剂，可用于癌症的光动力学治疗，主要通过局部外用、内服或静脉注射等方式用于痤疮、光线性角化病、尖锐湿疣等皮肤病，以及老年性黄斑变性、类风湿关节炎等疾病的治疗，也可以用于膀胱癌、前列腺癌、胃癌等的诊断	①促进植物光合作用；②提高植物的抗逆性（如干旱、低温、寡照、盐碱等）；③促进果实着色，提高产品品质；④发挥除草剂和杀虫剂的功效；⑤能够有效促进畜禽生长，提高饲料转化率和机体免疫力，是一种功能独特的新型安全饲料添加剂
生产工艺	化学合成法：反应步骤多、副产物多、分离提纯难、5-ALA 的得率低以及环境污染严重，且因为原料成本高，反应条件苛刻，并使用大量重金属催化剂和有机溶剂，所以生产成本高		
	生物发酵法：5-ALA 的生物合成可通过两种代谢途径实现——C4 途径和 C5 途径。C4 途径是琥珀酰辅酶 A 和甘氨酸在 5-ALA 合成酶的催化下生成 5-ALA；C5 途径是三羧酸循环中的 α- 酮戊二酸经谷氨酸氨酰化、转氨等作用生成 5-ALA		
生产企业	西安赛邦生物、郑州信联、苏州纳美特、西安天丰、复旦张江、思佰益、美达克（Medac GmbH）、迈达斯医药（Midas Pharma Gmbh）、Neopharma 等		

图14-10　全球 5- 氨基乙酰丙酸市场规模及增长率（2016—2027 年）

资料来源：恒州博智（QYResearch）整理研究，2021 年

随着应用领域的不断开发，高附加值氨基酸衍生物呈现出蓬勃发展的态势。虽然氨基酸衍生物发展较快，但受限于现阶段的生产技术水平，其生产规模较小、成本较高，较小的产能与较高的成本阻碍了其在日化、食品等领域的应用，目前多数用于医药及保健品领域。随着现代生物制造技术的发展，合成生物学技术的运用，氨基酸衍生物的开发水平不断提高，生产成本不断降低，将持续推动下游应用领域的拓展。

（三）蛋白质类

活性蛋白广泛存在于动物、植物和微生物中，动物来源的有：①免疫球蛋白，包括人免疫球蛋白、乙型肝炎人免疫球蛋白和破伤风人免疫球蛋白等；②激素，包括胰岛素、人生长激素等；③转运蛋白，如乳铁蛋白；④酶，如超氧化物歧化酶（superoxide dismutase，SOD）、溶菌酶等；⑤组织材料用蛋白，如胶原蛋白、纤连蛋白及弹性蛋白等。植物蛋白是人类膳食蛋白质的重要来源，谷物、豆类和坚果等均含有丰富的活性蛋白。微生物来源的活性蛋白包括真菌免疫调节蛋白、凝集素等。

生物活性物中的蛋白质产品种类丰富，其除具有一般蛋白质的营养作用外，还具有抗氧化、抗衰老、免疫调节、保护心血管、镇痛等生理活性，广泛应用于医药、护肤品、食品等领域。目前，活性蛋白的获取方式有动植物提取、化学合成法和生物合成3种。动物蛋白大多从血液提取，但存在交叉感染和过敏性反应等风险。植物蛋白提取方法较多，但提取工艺复杂、生产成本相对较高。化学合成法的产率低，无法满足工业化生产需求。随着合成生物学的快速发展，微生物制造成为一种新型生产方式。微生物生长速度快、可利用廉价碳源、成本低、适合大规模自动化发酵，且不受天气和环境影响，为活性蛋白的生产提供了新的思路（表14-15）。

表14-15　活性蛋白原料的概况

产品	胶原蛋白	弹性蛋白	免疫球蛋白	乳铁蛋白
作用功效	用于组织填充，具有保湿美白、紧致祛皱、抗衰老、屏障修复等作用	促进伤口愈合，刺激皮肤微循环，促进纤维细胞合成胶原蛋白，减少皱纹	作为疫苗，包括注射用人免疫球蛋白、狂犬病人免疫球蛋白、乙型肝炎人免疫球蛋白等几种产品	具有结合并转运铁的能力，可增强铁的吸收利用率
应用领域	医疗、食品、护肤品及其他	医药、护肤品	医药	食品

续表

产品	胶原蛋白	弹性蛋白	免疫球蛋白	乳铁蛋白
生产方法	动物组织提取：以动物富含胶原蛋白的组织为原材料，采用酶解、化学分解等方法提取 生物合成：对人体胶原蛋白基因进行特定序列设计、酶切和拼接、连接载体后转入工程细胞，发酵表达	动物组织提取：以动物富含弹性蛋白的组织为原料，用酶解、化学分解等方法提取 生物合成：在酵母、大肠杆菌或细胞中导入弹性蛋白基因，以廉价的碳源为底物进行生物合成	动物组织提取：动物血清分离 生物合成：利用基因工程，用微生物或病毒生产	动物组织提取：牛乳提取或从生产干酪的副产品乳清中提取 生物合成：目前仍未实现工业化应用
市场规模及发展趋势	预计 2027 年，中国胶原蛋白市场规模将达到 15.8 亿美元	2021 年全球市场规模为 1108 亿元，其中骨与关节健康占的比重最大，其次是化妆品与口腔护理，再次是食品与饮料	2020 年全球市场规模达到 105 亿元，同比增长 4.87%，预测年均复合增长率为 4%，2026 年全球市场规模可达 132 亿元	2021 年全球市场规模大约为 3.8 亿美元，预计 2028 年达到 5.7 亿美元，年均复合增长率为 5.9%
主要供应商	华熙生物、锦波生物、巨子生物、江山聚源等	巴斯夫（BASF）、嘉法狮（Gattefossé）、南京斯拜科生物（Spec-Chem Industry）、艾缇（Active Concepts）、日本林兼产业等	天坛生物、上海莱士、远大蜀阳药业、卫光生物、泰邦生物等	杰诺（Jarrow Formulas）、Jatcorp Ltd、OSKIA 等

（四）多肽类

多肽是重要的生物活性物，广泛参与并调节生物体内各系统、器官和细胞功能活性，是细胞生理代谢不可或缺的参与者。目前多肽在药物应用中的研究已有 100 余载，除医药领域外，还普遍应用于食品、保健品、日化产品、检测试剂盒、化妆品、生物材料、生物农药等众多领域。根据多肽应用方向，可将其分为多肽药物、营养多肽、其他功能多肽。常用的多肽原料类别及其概况见表 14-16。多肽主要通过化学合成法和生物合成法进行合成，目前多肽人工合成技术日渐成熟，可实现不同肽链长度的定制化生产，肽链长度可达 40 个氨基酸，但提高合成效率及降低长肽链合成成本仍是研究重点之一。

表14-16　常用的多肽原料类别及其概况

类别	多肽药物	营养多肽	抗菌肽	美容肽
常见多肽	利拉鲁肽、索马鲁肽、胸腺五肽等	大豆肽、玉米肽、牡蛎肽、地龙蛋白肽等	乳酸链球菌素、天蚕素、短杆菌肽等	肉毒杆菌肽、芋螺肽、胜肽、蛇毒肽等
主要功效	作为信号分子参与生理代谢	调节生理功能、抗衰老、调节神经系统、增强机体免疫功能	抗菌活性、抗病毒活性、癌细胞杀伤功效	抗皱、美白、祛斑、促进毛发生长、创伤修复、抗衰老等
应用领域	治疗糖尿病、肿瘤、胃肠道疾病、心血管疾病、病毒类疾病等	功能性食品及保健品	医药领域，农业中用于动植物病害的生物防治	在抗衰老及皮肤护理过程中发挥独特的效果
生产方法	化学合成法：固相合成法和液相合成法			
	生物合成法：微生物发酵法、蛋白酶解法和基因工程法等			

　　全球多肽药物市场规模在2010年约为152亿美元，到2018年已达到285亿美元，年均复合增长率达到8.17%，主要供应商为罗氏（Roche）、辉瑞（Pfizer）、赛诺菲（Sanofi）等。中国营养多肽市场规模自2016年起持续扩张，到2020年已达1023.2亿元，年均复合增长率为15.6%，主要供应商为翰宇药业、中和药业、地奥九泓等。2021年中国抗菌肽市场规模为112.08亿元，预测2021—2025年中国抗菌肽市场规模年均复合增长率为7.08%，主要供应商为中食营科、武汉天天好、盛美诺等。2021年全球美容肽护肤市场规模大约为18.26亿美元，预计2028年将达到41.72亿美元，2022—2028年年均复合增长率为12.55%，主要供应商为派克生物（AnaSpec）、AMP Biotech、Phoenix Biotech等（表14-17）。

表14-17　多肽类原料市场及主要供应商情况

多肽种类	市场规模及发展趋势	主要供应商
多肽药物	全球多肽药物市场规模在2010年约为152亿美元，到2018年已达到285亿美元，年均复合增长率达到8.17%，相比2018年全球医药市场约1.3万亿美元的规模，多肽药物市场规模占比仅为2.19%，且多肽药物市场规模的增速约为全球药物市场规模整体增速的2倍。预计未来多肽药物市场将以7.9%的年均复合增长率增长，2027年达到495亿美元市场规模	罗氏、辉瑞、赛诺菲、诺华制药、赛生、辉凌、默克雪兰诺等

续表

多肽种类	市场规模及发展趋势	主要供应商
营养多肽	中国营养多肽市场规模自 2016 年起持续扩张，到 2020 年已达 1023.2 亿元，同比增长 15%，年均复合增长率为 15.6%	翰宇药业、中和药业、地奥九泓、中肽生化、苏豪逸明、双成药业等
抗菌肽	根据中研普华《2022—2027 年中国抗菌肽行业市场投资策略及深度预测研究报告》，2021 年中国抗菌肽市场规模为 112.08 亿元，预测 2025 年中国抗菌肽市场规模为 147.36 亿元，预测 2021—2025 年中国抗菌肽市场规模年均复合增长率为 7.08%	中食营科、武汉天天好、盛美诺、壹健康、华肽生物等
美容肽	2018 年中国美容肽市场规模达 41 亿元。2018 年中国化妆品多肽产量为 85.1 t，同比增长 4.07%。恒州博智（QYResearch）调研显示，2021 年全球美容肽护肤市场规模大约为 18.26 亿美元，预计 2028 年将达到 41.72 亿美元，2022—2028 年年均复合增长率为 12.55%	派克生物（AnaSpec）、AMP Biotech、Phoenix Biotech、NovaBiotics、中肽生化、昂拓莱司（Ontores）、金斯瑞（GenScript）、艾美捷科技（Hycult Biotech）、山美（Sunsmile）、睿星生物、中农颖泰生物、格拉姆生物科技（Glam Technology）

多肽行业是生物工程、蛋白质工程、酶工程三项高科技交际科学的产业，近些年尽管在合成方式的改进、结构预测、多肽药物递送、多肽疫苗研发等方面也取得一些提升，但具体仍以配套服务为核心，制剂企业偏少。我国多肽行业起步较晚，至 20 世纪 80 年代才出现萌芽，但发展迅速，已有上万家企业进入这一行业，多肽产值近数千亿元，就业人员有千万人，是一个刚刚兴起的新兴产业，已成为我国生物经济发展的"大风口""新赛道"。

（五）核酸类

核酸是由核苷酸单体通过磷酸二酯键连接而成的生物大分子，由戊糖、碱基和磷酸组成。根据戊糖种类不同，核酸可分为脱氧核糖核酸（DNA）及核糖核酸（RNA）。构成天然核苷酸的碱基共有 5 种，可分为嘌呤和嘧啶两类。而根据结合磷酸个数，核酸类物质又可以分为不含磷酸基团的核苷、含单个磷酸基团的单核苷酸（NMP），以及分别含两个和三个磷酸基团的核苷二磷酸（NDP）和核苷三磷酸（NTP）。

核酸产业的主要产品包括核苷、核苷酸类及寡核苷酸类。除此之外，通过对核酸类物质不同基团的取代，还可以生成多种具有生物活性的衍生物，主要包括碱基修饰、异构化、糖环开环修饰、3 号位羟基修饰、糖环碳原子修饰、4 号位羟基的磷酸化修饰等。目前这些修饰主要还是通过化学手段来实现的，但也逐步有越来越多的生物酶被发现具有相似的功能。例如，通过酯酶催化可以高选择性地对3号位羟基进行酰基化修饰，从而得到伐昔洛韦和缬更昔洛韦。此外，对核酸类物质的氧糖基化、脱氨化、去乙酰化修饰都已有诸多报道。可以预见，随着越来越多高活性酶的发现，生物手段很快将替代化学手段来实现对核酸类物质的各种修饰。

核酸产业在国民经济中占据重要地位，涉及食品、医疗保健、农牧渔业和生化试剂等多个领域。例如，某些核苷酸作为调味剂，其鲜味是普通调味品的数十甚至上百倍；在保健行业，某些核酸类物质具有促进生长发育、延缓衰老等功效；在农牧渔业，核酸类物质也被用作肥料或饲料促进作物和畜禽生长；在医药行业，核酸类物质在抗病毒、治疗癌症和慢性病中广泛应用；在科研中，核酸类物质作为生化制剂已达数百种。

核酸类原料主要分为核酸类物质［酵母RNA、鲑鱼精多聚脱氧核糖核苷酸（PDRN）等］、核苷酸/核苷单体（腺苷、肌苷、尿苷、鸟苷等）、核苷酸/核苷衍生物（依度尿苷、阿糖胞苷、阿昔洛韦、瑞德西韦等）三类，主要生产工艺分别为提取法、发酵法、酶法、化学法等。具体产品分类、主要功效、生产工艺、应用领域及主要供应商情况见表14-18。

· 表14-18　核酸类物质的概况

产品分类	核酸类物质	核苷酸/核苷单体	核苷酸/核苷衍生物
代表物质	酵母RNA、鲑鱼精PDRN等	腺苷、肌苷、尿苷、鸟苷等	依度尿苷、阿糖胞苷、阿昔洛韦、瑞德西韦等
主要功效	降解产物作为前体物质，参与机体核酸物质补救合成途径；促进肠道发育和菌群平衡；激活腺苷A2A受体通路	增强能量代谢、促进蛋白质合成、提升免疫力等	抑制细胞分化、诱导细胞凋亡、抑制核苷合成代谢途径酶活性、抑制病毒逆转录酶活性等
生产工艺	从酵母细胞、鲑鱼精巢等直接提取	主要通过微生物发酵生产，也可以通过核酸物质水解后分离制备	以核苷、核苷酸为底物，通过化学或酶催化修饰等手段制备
应用领域	水光、关节注射、面部填充、滴眼液等医美药械领域；功能食品、饲料添加剂	心脑血管、肝脏疾病治疗，神经保护；癌症辅助治疗；调味品；功能食品等	抗病毒、抗肿瘤、急性白血病治疗药物等
主要供应商	海外：丹纳赫（Danaher Corporation）、默克（Merck KGaA）、Eurofins Scientific SE、赛默飞世尔（Thermo Fisher Scientific Inc.）、安捷伦科技（Agilent Technologies Inc.）、通用医疗（GE HealthCare）、钟化（Kaneka Eurogentec S.A.）、GeneDesign, Inc.、LGC Biosearch Technologies、Bio-Synthesis, Inc. 等		
	国内：华熙生物、广州锐博、合全药业、上海兆维等		

　　我国核酸行业市场规模不断增长，从2011年的3.49亿元增长到了2020年的29.95亿元，2021年我国核酸行业市场规模超过50亿元，2022年接近60亿元（图14-11）。

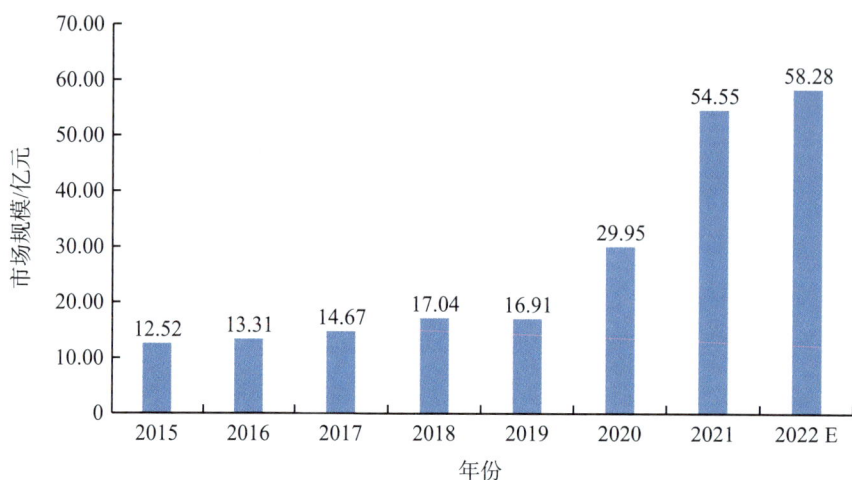

图14-11　2015—2022年中国核酸市场规模情况
资料来源：共研网整理

　　当前，国内核酸行业产能整体较高，但主要产能集中在相对低附加值细分行业中，如饲料、膳食补充剂、调味品等，附加值较高的医药行业主要还是由大型跨国公司占据。随着国家对生物产业投入的不断加大，以及国内企业、科研院所研发水平的不断提高，国内核酸产业将在量的基础上实现质的突破。

（六）植物天然产物

　　人类在公元前2600年就将植物天然产物作为小分子药物的重要来源。功能明确的植物天然产物主要包括萜类、苯丙素类、黄酮类、生物碱。例如，紫杉二烯是二萜、甘草酸是三萜、红景天苷是苯丙素类、灯盏乙素是黄酮类、血根碱是苄基异喹啉类生物碱。

　　植物天然产物生物活性众多，在医药及化妆品领域应用广泛，在食品及保健品领域也有涉及。萜类具有降糖和抗癌等功效，同时植物来源的萜类具有芳香气，被广泛应用于香料、香水、调味剂及化妆品等行业。生物碱由于具有N杂化结构，其具有显著的抗癌活性。苯丙素类主要在抗氧化、心血管保健、抗病毒和凝血等方面有显著药理活性（表14-19）。

表 14-19　植物天然产物的概况

类别	萜类	苯丙素类	黄酮类	生物碱
主要功效	具有广泛的抗癌功效，还有消炎、降糖等药理作用	抗氧化、心血管保健、抗病毒和凝血	抗癌、抗肿瘤、抗心脑血管疾病、抗炎、镇痛及护肝等	具有抗菌、抗癌、镇痛等作用，也是当今肿瘤、心血管疾病相关治疗药物
应用领域	医药、食品、化妆品	医药、食品、化妆品	医药、食品、化妆品	医药、食品、化妆品
生产工艺	通过代谢工程手段直接在植物中促进萜类的合成；在微生物等底盘细胞中合成目标产物	利用合成生物学手段改造模式微生物，导入外源酶，以葡萄糖和廉价碳源为底物发酵合成	通过构建共同的前体物质，在丙二酰辅酶 A 大量积累的菌株中，前体物质经过 4- 羟化酶的催化生成对 - 香豆酸，通过表达甲基转移酶、细胞色素 P450 酶等催化其生成不同的产物	以 L- 色氨酸、牻牛儿基二磷酸盐（GPP）、L- 酪氨酸、鸟氨酸为前体，细胞色素 P450 酶、甲基转移酶、还原酶、脱羧酶等催化其结构形成
市场需求	2021 年全球植物天然产物的销售额为 500.2 亿美元，植物天然产物的市场需求将以年均 13% 的速度增长			
法规情况	化妆品国外与国内名录均有收录			
	《中国药典》与《欧洲药典》均有收录			
	各国食品添加剂相关法规中收录			
主要供应商	海外：国际香精香料公司（IFF）、奇华顿（Givaudan）、德之馨（Symrise）、凯瑞（Kerry Group PLC）、艾地盟（ADM）、Synthite Industries Ltd、凯斯克（Kalsec Inc.）、Carbery Group、帝斯曼（DSM）等			
	国内：华熙生物、晨光生物、莱茵生物、红星药业、欧康医药、岳达生物、华康生物、康隆生物、博瑞生物等			

　　植物天然产物类原料的主要生产工艺有提取法和生物合成法。植物提取依靠对植物组织特定部位的分离提取，受自然条件限制较多，产率很低，后期分离纯化也会使用大量有机试剂造成环境污染。合成生物学的发展解析了不同类型天然产物的合成路径，通过对这些路径进行异源宿主重构，可以突破植物资源限制，为植物天然产物的绿色、高效合成提供了新的路线。

　　我国植物天然产物行业受到传统的中医药文化影响，具备独特的发展优势。同时，随着全球植物天然产物需求的迅速增长，我国植物天然产物行业的市场规模也呈现增长态势。根据智研瞻产业研究院推算，2022 年中国植物天然产物市场规模达 437.84 亿元（图 14-12）。

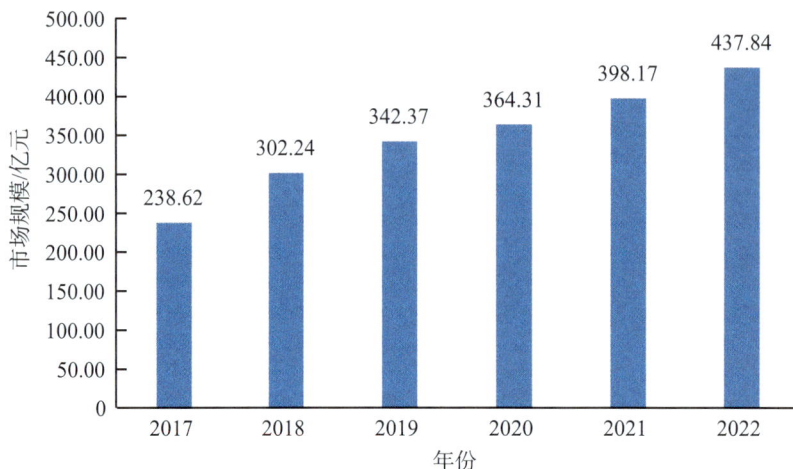

图 14-12　2017—2022 年中国植物天然产物市场规模预测趋势图

（七）活性脂质

活性脂质是存在于人体或者动植物体内发挥重要生理活性的一类物质，对人体健康具有较大的益处。在获批的新食品原料中约有30%属于活性脂质，包括ω-3多不饱和脂肪酸［二十二碳六烯酸（DHA）、α-亚麻酸（ALA）］、类胡萝卜素（叶黄素）、植物甾醇、磷脂等，起到促进脑发育、调节心脑血管、抗肿瘤、调节免疫等多种生理功能，是人体内最重要的营养素之一。活性脂质，包括神经酰胺、角鲨烯等，是皮肤屏障的重要组成部分，起着保护作用。随着生物技术的快速发展，利用微生物发酵生产功能性油脂具有生产周期短、不受场地和季节限制及产品纯度高等优势，具有较大的开发空间。本部分以ω-3多不饱和脂肪酸为例，介绍相关活性脂质产业的现状及发展趋势。

ω-3多不饱和脂肪酸（ω-3 PUFA）主要是α-亚麻酸（ALA）、二十碳五烯酸（EPA）和二十二碳六烯酸（DHA），广泛存在于植物及动物（如鱼类）中，能有效促进人体生长发育，具有抗炎、抗癌、预防心脑血管疾病、防治糖尿病和降血脂等重要的生理功能。

ω-3 PUFA与人体的健康息息相关，在法规方面，2011年卫生部（现国家卫生健康委员会）颁布了《食品安全国家标准 食品添加剂 二十二碳六烯酸油脂（发酵法）》，这标志着DHA藻油可以食用油的身份出现在餐桌上。《中国居民膳食营养素参考摄入量（2013版）》中首次增加了ω-3 PUFA的推荐值，推荐中国居民（孕妇）每天摄入1600—1800 mg α-亚麻酸。ω-3 PUFA的主要功效、应用领域及生产工艺总结见表14-20。

表 14-20 ω-3 PUFA 的概况

类别	二十二碳六烯酸（DHA）	α-亚麻酸（ALA）	二十碳五烯酸（EPA）
主要功效	促进脑细胞的生长发育（脑黄金）、预防心脑血管疾病、调节中枢神经	降血脂、抗过敏、调整人体免疫系统、抗抑郁、抗肿瘤、抗衰老等	预防血脂异常、调节血压、调节葡萄糖代谢、减肥、抗炎、减少抑郁
应用领域	功能性食品及饮料、婴儿配方奶粉、药品、膳食补充品	功能性食品及饮料、婴儿配方奶粉、药品、膳食补充品	功能性食品及饮料、婴儿配方奶粉、药品、膳食补充品
生产工艺	提取法：从深海鱼油中提取	提取法：以亚麻籽、大豆和油菜籽为原料提取	提取法：从深海鱼油中提取
	生物合成（较成熟，实现产业化）：2018年，江南大学王武教授采用常压室温等离子体（ARTP）诱变技术获得了裂壶藻突变株，DHA 产量达到 14.0 g/L。2022年，Kujawska 等采用 PB 试验和响应面法优化裂壶藻发酵工艺，DHA 产量为 17.25 g/L	生物合成（不成熟）：天津科技大学陈野教授利用低温等离子体诱变技术制备了高产小球藻菌株，其小试产量最高为 3.83 mg/g CDW。中国科学院徐旭东教授筛选获得了一株栅藻，在摇瓶中 ALA 产量可达 1 g/L	生物合成（不成熟，仅以色列的 Qualitas Health 公司实现了商业化规模生产）：在开放池或管状光生物反应器中利用微拟球藻生产 EPA，获得了 EPA 含量为 25%—30% 的藻油
主要供应商	海外：帝斯曼（DSM）、巴斯夫（BASF）、Pelagia（EPAX）、Golden Omega、TASA、Omega Protein、禾大（Croda）、GC Rieber、北极星（Polaris）等		
	国内：禹王制药、江苏奥奇海洋生物、四川欣美加生物、成都圆大生物、新洲海洋、仁普药业、新诺佳生物等		

目前，ω-3 PUFA 类产品大部分的生产方式仍然为从动植物中提取获得，但该种方式存在场地、季节、气候等因素的限制。随着合成生物学及其相关生物技术的发展，后续这些技术会逐步取代动植物提取法进行产品的大规模产业化生产。

据《2021—2027 全球与中国 ω-3 多不饱和脂肪酸市场现状及未来发展趋势》介绍，2020 年，全球 ω-3 多不饱和脂肪酸市场规模达到了 984 亿元，预计 2026 年将达到 1447 亿元，年均复合增长率为 5.6%，具体趋势见图 14-13。

四、关键技术

生物制造是利用生物体机能进行物质加工与合成的绿色生产方式，而工业菌种是生物制造产业看不见的"芯片"，是完成生物制造过程的核心。以抗疟疾药物青蒿素的生产为例，传统模式是种植黄花蒿，经过 18 个月的生长周期才可进行提取；而利用合成生物学的先进生物制造技术，理性构建人工酵母，再通过工业化发酵的方法在几周内就可大量生产青蒿素，使用大规模 100 m³ 工业发酵罐，可以替代 5 万亩的传统农业种植。这背后一方面基于理性改造的合成生物学技术所构建工业菌株使得生物活性物的规模化开发及应用变成可能，另一方面发酵工业自动化、智能化发展进一步推动了生物活性物落地生产的实现。

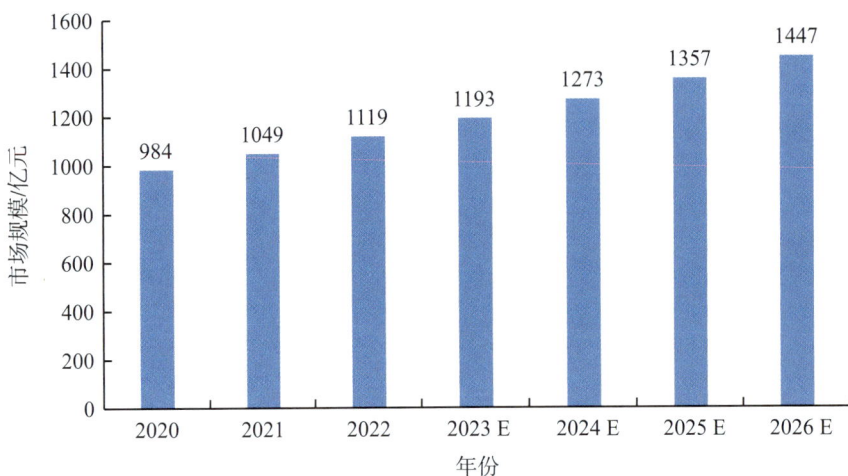

图 14-13   2020—2026 年全球 ω-3 多不饱和脂肪酸市场规模

（一）菌种关键基因组件的挖掘及高通量筛选

将经过功能表征、编码某种生物学功能的基因序列通过人工设计，构建相应的模块或合成途径，转入合适的底盘细胞中表达，获得功能增强或者全新的细胞工厂，实现生物活性物的高效合成。这个过程中特定基因序列功能的发现为构建细胞工厂实现规模化生物制造奠定了物质基础，高通量测序技术及高通量筛选技术则为其指明了方向。越来越多具有潜在能力的菌株被筛选鉴定出来，如黄三文课题组通过破解黄瓜的基因组数据，结合代谢组学、比较基因组学等，最终发现 9 个与黄瓜中葫芦素 C 合成相关的基因，并鉴定了其中 4 个酶的功能，破解了黄瓜苦味合成及调控的机制，为三萜葫芦素的生物合成奠定了重要基础。

（二）工业化底盘细胞的优化

基因片段需要在底盘细胞中发挥作用，所以用于工业开发的菌株需要遗传背景清晰、遗传操作简便、生长快、易大规模培养等。常见底盘细胞有大肠杆菌、酿酒酵母、链霉菌、恶臭假单胞菌、枯草芽孢杆菌等，已有丰富的代谢工程手段对上述大多数底盘细胞构建相应合成途径以提高目标产物产量，从而实现生物活性物的规模化生产。通常可通过精减基因组来改善底盘细胞特性。例如，采用CRISPR技术、多重自动化基因组工程（MAGE）、位点特异的同源重组等基因编辑技术，均可实现同时对基因组多个位点的编辑，如应用快速编辑宿主基因组的CRISPR，辅助多重自动化基因组工程，可在大肠杆菌BL21（DE3）中敲除噬菌体序列等可能造成基因组不稳定的元件及一些非必需序列，从而显著提高了细胞及基因组的稳定性。合理选择和利用底盘细胞是人工重构高效表达途径、实现工业生物制造的前提。

（三）生物活性物合成途径的工业化系统设计

在生物活性物的规模化制造中，转化率、生产速率和产量是衡量细胞工厂是否能实现工业应用的关键指标，为使所构建细胞实现工业化应用，可针对特定生物活性物的合成路线进行系统性优化。实际上，在所构建的细胞工厂合成途径中常存在各个酶的催化效率不协调、中间代谢产物积累、对细胞有毒性作用等问题，这些制约着整个合成途径的高效运转，从而导致所构建菌株无法应用于生产。通过调整合成途径中关键酶的活性、检测中间代谢产物的含量变化、选择能响应关键中间代谢产物的元件、构建动态感应调控系统来调控基因的表达高低，可智能地维持代谢途径的平衡，实现途径的高效运作，使生物活性物发酵产量跃迁上升，向低成本制造及工业化生产迈出了坚实的一步。

（四）生物制造过程的智能化开发

在工业化发酵中，最为重要的就是菌种发酵批次间的稳定性。生物制造的规模越大，传质、传热越难以控制，菌体生长和产品性能则会出现不可预见性偏差。伴随着科技的发展，发酵技术发生着里程碑式的转型，有关自动化、智能化的设备逐渐被开发设计和运用，这可以很好地解决工艺重现难、过程不稳定的问题。例如，多维度传感器的开发使得工业生产中不再仅仅局限于温度、压力、溶解氧、pH等基本物理化学参数的抓取，渗透压、氧化还原电位、产物浓度，甚至活细胞浓度、菌体形态，也可以在无菌状态下直接同车间发酵设备相连，实现发酵过程参数在线自动实时采集，为生产提供了有力的数据支持。再如，在氨基葡萄糖和麦角固醇的生产中，真菌孢子数量是发酵过程检测的重要参数，但手动检测耗时较长、不易操作。数字化图像处理成为检测发酵、监控生物量的一种有力工具，可快速无菌取样进行立体显微拍摄，直观反映菌体的生长状况。除了数据上的智能化收集与分析以外，代谢智能化动态调控、多参数自动偶联等越来越多的工业智能化模型也在为生物制造服务。有了这些智能化解决方案，在生产中可以高效地对各个条件进行快速优化，将所得最优条件适配到各个生物活性物的规模化生产中,可降本增效。

生物活性物的生物制造离不开菌种,拥有一个菌种,就拥有一个产品,甚至占领一个市场,而菌种的获得需要有一套先进的"系统论""控制论""信息论"的合成生物学做支撑,有了优势菌株,经过智能化设备高效优化,可以为每一个生物活性物迈向产业化搭建坚实的桥梁。

五、机遇与挑战

(一)机遇

1. 中国是世界生物活性物生物制造的主战场和主力军

中国是地球上生物资源最为丰富的国家之一,拥有约48万种生物,可开发的生物活性物类别众多。中国也是世界制造大国,拥有国际上生物发酵产业中的所有主要产业,其中氨基酸、有机酸产能世界第一。在生物制造技术的引领下,开发多样化的生物活性物,培育新兴产业,可将资源优势转化为竞争优势。

据统计,中国在生物制造领域已拥有国家、部门和地方政府资助的生物技术重点实验室近200个,国家级企业技术中心近100家,搭建了一系列关键平台技术。中国科学家在合成生物学研究与技术开发、基因编辑、生物活性物的生物制造等方面取得了多项重大原创性突破,达到全球领先水平。随着技术创新体系建设的持续推进,企业创新投入增加,产学研合作链培育成果显著,获得的知识产权成果数量也逐年递增。此外,中国作为人口大国,也是世界上最大的生物制造产品消费市场之一,随着全球对生物活性物市场需求的增加,中国将成为生物活性物生物制造的主战场和主力军。

2. 合成生物学助力生物活性物绿色可持续的生物制造转化

传统的利用动植物提取获得生物活性物依赖动植物资源,其效率低下、可持续性差、成本较高。合成生物学将工程学原理和生物学相结合,建立了定量预测、可控再造的细胞工厂生产新范式,颠覆了传统生物活性物的生产制造方式,使得生物活性物的获取变得具有可持续性,且具有绿色环保的优势。细胞工厂(即生产菌种)是生物制造的核心要素,合成生物学的发展大大提升了菌种设计与改造能力,生产菌种能直接将原料逐步转化为目标产品,显著提高了原料利用能力和转化效率,这使得生物活性物的获取效率大大提升,成本大大降低,从而进一步扩大了其市场应用。

3. 数智化技术进步推动生物活性物生物制造产业迈进新高地

生物制造已经进入快速发展阶段,突破性成果不断出现,基因编辑、核酸合成技术、计算机辅助设计、自动化技术、人工智能（AI）等技术及相关平台的发展，为生物活性物的研发和生产提供了有力的技术支持。例如，基因编辑技术的迭代允许科学家进行高效简易的遗传改造，AI的发展给蛋白质设计带来了巨大的技术变革。由英国人工智能公司DeepMind开发的AI程序AlphaFold能够预测出2.14亿个蛋白质结构，几乎涵盖了地球上所有已知的蛋白质，极大地加速了生物活性物的研发。

（二）挑战

大力发展生物活性物的生物制造产业，是抢抓生物经济发展机遇的有力手段，同时也是扩大生物活性物消费市场的有效举措。尽管中国在生物经济发展的机遇期抓住了抢先的机会，但依然面临着诸多挑战，想要打造绿色生物制造大国乃至强国还有很长的路要走。

1. 颠覆式技术创新不足，先进生物制造技术体系不完善

经过数十年的努力，中国生物技术的产业与发展已经取得了长足进步，但总体来看，在生命科学、生物制造等领域的理论水平和生产技术尚处于起步阶段，与发达国家相比依然滞后。在硬件设备、人工智能、菌株改造等方面存在短板，核心技术和中高端设备及零部件严重匮乏，流式细胞仪、高效液相色谱仪、大型生物反应器、高通量测序仪等严重依赖进口；发酵及生物合成中大量的核心菌种被国外垄断。

欧美等发达国家和地区为保持其科技的领先地位，对中国生命科学领域的打压由来已久，尤其是美国对中国技术及设备出口限制日趋严格。数据显示，美国先进生物技术出口至中国的比重在2019—2020年环比下跌19%。此外，美国商业部工业和安全局（BIS）于2022年对生命科学上游涉及的设备、耗材进行了细致严格的出口管制，如生物反应器、切向过滤器、冻干机、核酸合成装备等。这种严格的限制对中国的研发和生产影响很大，如果过多的特定必要物品无法进口，势必造成国内企业供应链的中断。

2. 科技成果转化体系不完善，对企业创新人才的支持力度仍待加强

党的十八大以来，国家对加快科技成果转化做出了大量决策部署，多措并举推动科技成果转化，取得了一定成效。但目前的科技成果转化仍存在较多"堵点"，如科技成果自主处置权、转让支付模式、企业风险承担、政策资金支持、专业人才支撑等。国家应进一步加强顶层设计，助力科研成果落地转化，加快支持企业发展的政策落地见效。同时，应加快部署新的生物技术攻关计划，增大产学研结合力度。

人才是创新的第一资源，科技成果或企业转化成果归根结底在于人才。对于人才

来说，事业是"吸铁石"，平台是"梧桐树"，只有给人才更多的支持才会加速行业的发展。当前在合成生物学领域，对人才尤其是企业创新人才的支持力度仍待加强。培养人才，支持人才，将科技成果逐渐转化落地，才能够在国际形势扭转的大背景下实现生物技术的弯道超车，从而推动国家生物经济高速发展。

3. 生物制造产业法律法规建设滞后，监管力度不足导致生物活性物市场尚不规范

在我国，与生物制造产业相关的项目审批、资源采购、科技成果转化、知识产权保护等制度还不能适应技术飞速发展的节奏，体系建设不全、法规不健全等问题阻碍了生物活性物研发及商业化的进程。例如，在生物活性物研发的政策法规方面，尤其是食品原料，美国食品药品监督管理局（FDA）、欧盟和澳新食品标准局等已批准了一些合成生物技术生产的物质，如 HMO、替代蛋白等。而国内一方面参考国外法规批准的物质，另一方面对于合成生物学生产的物质法规门槛更高，申报审批时间更长，尚未打开口子。同时，合成生物学生产的新型健康原料必须纳入安全评价和监管体系中，因此整个过程漫长，且费用较高，让大部分企业对于食品级原料的开发望而却步。

通过改革创新、积极探索、持续优化体制和政策环境，打破不利于生物制造及生物活性物产业发展的制度性障碍，有利于从供给侧和需求侧双向发力改善当前的现状。明确产品准入标准、监管机构及市场准入制度，同时深化招标采购定价制度改革，发挥政府采购撬动市场的作用，才能促进生物活性物市场的良性发展。

4. 知识产权保护及监管力度不足，研发及市场环境亟待改善

作为一个发展速度较快的新兴领域，强调知识产权保护对维护生物活性物及生物制造产业的良性发展极其重要。我国目前对生物技术的知识产权保护力度薄弱，技术"借鉴"频发，容易引起学术界及产业界的诸多矛盾。尤其是随着合成生物学工程化、模块化、标准化等理念的拓展，知识共享和数据开源使获取及利用各类资料更加便捷，这也使得数据安全及知识产权问题更加突出。例如，工程菌株的保护问题，工程菌株的选择是保证合成生物学产品性能和成本优势的关键因素，但菌株极易被盗取，且难以取证，导致侵权成本低、维权成本高。同时，生物技术领域专业性较强、涉及细分技术领域广，目前尚未形成统一的鉴定标准规范，使得侵权的司法鉴定更加困难，并高度依赖鉴定机构的专业性。

在生物技术的创新链条上，每一个环节都非常重要，政府应加大对生物经济知识产权的保护力度，进一步完善知识产权保护体系，让科学家和创业者能够安心地进行成果的公开与转化，为生物经济发展创造友好的商业化环境。

综上，生物活性物巨大的健康应用价值使其在生物经济中占据重要地位，我国要紧紧抓住新一轮科技革命的重大机遇，加快高端人才培养，加强战略规划布局，制定关键发展目标与实施路径，推动生物活性物的生物制造技术及研发水平的提升。在新型冠状病毒感染大流行的警示下，国家要更加重视公共健康产业发展，坚持服务民生需求，加快生物活性物的市场开发，拓展其在医药、食品、保健品、护理品中的应用，让生物活性物在民生和社会经济发展中发挥出最大价值。

撰 稿 人：王瑞妍　华熙生物科技股份有限公司

　　　　　杨婷婷　华熙生物科技股份有限公司

　　　　　刘　毅　华熙生物科技股份有限公司

　　　　　王　浩　华熙生物科技股份有限公司

　　　　　赵春华　华熙生物科技股份有限公司

　　　　　陆　震　华熙生物科技股份有限公司

　　　　　曹丛丛　华熙生物科技股份有限公司

　　　　　张伟平　华熙生物科技股份有限公司

　　　　　周　伟　华熙生物科技股份有限公司

　　　　　张一鸣　华熙生物科技股份有限公司

　　　　　张天萌　华熙生物科技股份有限公司

　　　　　陶文文　华熙生物科技股份有限公司

　　　　　孙劲靖　华熙生物科技股份有限公司

　　　　　秦海玉　华熙生物科技股份有限公司

通讯作者：王瑞妍　wangry@bloomagebiotech.com

第四节　微生物制造植物天然产物

一、概　　况

天然产物是自然界中活体生物产生的具有一定药理或生理活性的初级或次级代谢产物，其中结构复杂多样的次级代谢产物及其衍生物含有大量生物活性相关的分子骨架和药效团，这些天然产物一直以来都是现代药物的重要组成部分及新药发现和药物设计的重要源泉。植物天然产物是人类生存与发展过程中使用历史最为悠久的一类天然产物，主要包括萜烯类、黄酮类及生物碱等功能性次级代谢产物。目前，超过50%的药物直接或间接来源于天然产物及其衍生物，其中就包括著名的抗疟疾药青蒿素及抗肿瘤药紫杉醇。然而，传统的从植物中提取分离天然产物的方法往往存在步骤烦琐、耗时长、成本高、提取效率低等问题，严重制约了植物天然产物的生产能力。另外，很多植物天然产物的获取也因组织部位而受到极大限制，如来源于红豆杉树皮的紫杉醇（扒皮提醇），来源于甘草根的甘草酸和黄酮类化合物（挖根提酸和挖根提酮）。植物天然产物复杂的分子结构使得其合成过程涉及多步反应，导致其产率较低，如利用化学法从头合成紫杉醇的产率仅为 0.02%，这导致化学法在结构复杂的植物天然产物合成方面具有非常有限的实际应用价值。

由于微生物生长迅速，利用可再生糖质资源对植物天然产物进行异源合成可作为解决当前问题的一种选择。经过理性设计的微生物细胞工厂能合成单一目标产物，避免了多种结构类似物的合成，可以解决植物提取过程中多种结构类似物导致目标产物分离纯化困难的问题，并且减少了有机溶剂的使用，降低了纯化过程对环境的污染。此外，微生物发酵过程安全可控、不占用耕地，减小了气候变化对植物种植和化合物生产的影响，可实现目标产物的持续供应。

在过去十几年里，利用合成生物技术生产天然产物已经取得了重要进展，如利用工程化的酿酒酵母已经实现了青蒿酸、香草醛等植物天然产物的规模化生产。这些成功的案例不但激发了研究人员继续探索用微生物系统来合成高附加值的天然产物，而且让人们意识到一种天然产物分子从异源合成的理论证明到规模化生产之间所面临的挑战，这些挑战包括合成途径的解析及工程菌的代谢网络优化。

测序技术的快速发展促进了植物基因组与转录组的解析，基因簇挖掘、转录组差异分析、基因共表达分析等策略促进了天然产物合成途径的阐明，同时也使研究人员积累了海量的数据。为进一步提高处理海量数据的能力、提高途径预测的准确性和效率，机器学习的方法已经被广泛用于代谢途径的预测与重构，涌现出了一系列途径预测工具，如 novoPathFinder、RetroPath RL 等。

植物来源的关键酶在微生物宿主中的催化活性低及专一性差是限制植物天然产物异源合成效率的重要因素之一。为解决这一问题，研究人员通过解析关键酶的结构或者使用同源建模等方法，来阐明其催化机制，并利用定向进化、分子动力学模拟及近年来快速发展的机器学习辅助的理性设计对关键酶进行改造，以提高其在微生物宿主中的催化活性与专一性。此外，微生物宿主内源酶也可能对目标产物或者其中间产物产生修饰作用，从而导致目标产物的积累效率降低。基于机器学习的 ATLASx 等工具可以对微生物宿主中目标产物或其中间产物的副反应进行预测，通过对微生物宿主内催化类似反应的酶进行验证和基因敲除，可以有效消除副反应对微生物合成植物天然产物效率的影响。为实现长途径植物天然产物在微生物中的高效途径组装，以及工程菌中辅酶、能量等公用物质在产物合成与宿主基础代谢中的动态平衡，同时避免反应之间的串扰及毒性产物对工程菌生长的影响，研究人员开发出了基于 CRISPR 的高效分散组装策略。

随着合成生物学的发展，目前已实现多种萜烯类、黄酮类和生物碱等植物天然产物，如番茄红素、红没药烯、那可丁、甜菊苷和氢可酮等在大肠杆菌、酵母等宿主中的从头合成。2022 年以来，我国在人参皂苷、番茄红素、长春质碱等微生物合成方面取得了重要进展，其中番茄红素产量达到 39.5 g/L，已具备工业化生产的潜力。

二、主要产品

（一）萜烯类

萜烯类化合物种类繁多、结构多样，主要由五碳骨架异戊二烯（C5H8）以不同方式连接而成，由于其具有抗病毒、抗炎症、抗肿瘤、保肝护肝等多种生理活性，因此被广泛应用于食品、日化、医疗等领域。目前，利用微生物细胞工厂已经实现了多种萜烯类化合物的异源合成，除了已经工业化生产的青蒿素外，2022 年以来，虾青素、胡萝卜素、（+）-瓦伦烯等产量均达到了克每升（g/L）的级别。表 14-21 中为微生物合成萜烯类化合物的主要产品。

表 14-21　微生物合成萜烯类化合物的主要产品

类型	名称	植物来源	宿主	产量	报道时间
单萜	蒎烯	松柏纲植物	大肠杆菌	166.5 mg/L	2018 年
	柠檬烯	柑橘属果皮	大肠杆菌	3.6 g/L	2020 年
	月桂烯	月桂	大肠杆菌	58.19 mg/L	2015 年
	香叶醇	玫瑰	大肠杆菌	2.12 g/L	2021 年
	乙酸香叶酯	玫瑰	大肠杆菌	10.36 g/L	2022 年
倍半萜	紫穗槐二烯	黄花蒿	大肠杆菌	30 g/L	2019 年
	青蒿酸	黄花蒿	酿酒酵母	25 g/L	2013 年
	α-檀香烯	檀香	毕赤酵母	21.5 g/L	2022 年
	广藿香醇	广藿香	酿酒酵母	466.8 mg/L	2019 年
	红没药烯	香柠檬	荚膜红细菌	9.8 g/L	2021 年
	（+）-瓦伦烯	柑橘	酿酒酵母	16.6 g/L	2022 年
二萜	贝壳杉烯	贝壳杉	大肠杆菌	623.6 mg/L	2020 年
	紫杉烯	红豆杉	大肠杆菌	1 g/L	2010 年
	佛术烯	圣罗勒	酿酒酵母	34.6 g/L	2021 年
	5α-羟化紫杉烯醇	红豆杉	大肠杆菌	58 mg/L	2010 年
	丹参酮二烯	丹参	酿酒酵母	488 mg/L	2012 年
	香紫苏醇	南欧丹参	酿酒酵母	11.4 g/L	2022 年

续表

类型	名称	植物来源	宿主	产量	报道时间
三萜	原人参二醇	人参	酿酒酵母	15.88 g/L	2022 年
	α- 香树脂醇	甘草	酿酒酵母	1 g/L	2020 年
	β- 香树脂醇	甘草	酿酒酵母	3 g/L	2021 年
	11- 氧 -β- 香树脂醇	甘草	酿酒酵母	108.1 mg/L	2018 年
	甘草次酸	甘草	酿酒酵母	36 mg/L	2018 年
	齐墩果酸	女贞	酿酒酵母	606 mg/L	2018 年
	甘草酸	甘草	酿酒酵母	5.98 mg/L	2021 年
	三七皂苷 Rg1	三七	酿酒酵母	1.95g/L	2021 年
四萜	番茄红素	番茄	解脂耶氏酵母	39.5 g/L	2022 年
	玉米黄素	玉米	绿藻	0.8769 g/L	2022 年
	虾青素	胡萝卜	解脂耶氏酵母	3.3 g/L	2022 年

（二）黄酮类

黄酮类化合物是一种结构多样、具有多种生理和药理活性、用途广泛的植物次级代谢产物。因其传统的制备方式（植物提取）具有收率低、工艺复杂等缺点，研究者开始利用代谢工程和合成生物学的方法去合成具有复杂结构的植物黄酮类化合物。近年来已在大肠杆菌、酿酒酵母、解脂耶氏酵母等宿主细胞中实现了黄酮类化合物的从头合成，且部分化合物的合成水平已具有了产业应用的潜力（表14-22）。

表14-22　植物黄酮类化合物的微生物合成

类型	名称	植物来源	宿主	产量	报道时间
黄酮	芹菜素	芹菜	大肠杆菌	109.7 mg/L	2019 年
	芫花素	芫花	大肠杆菌	41.0 mg/L	2015 年
	黄芩素	黄芩	大肠杆菌	271.6 mg/L	2021 年
	野黄芩素	黄芩	大肠杆菌	288.9 mg/L	2021 年
	野黄芩苷	黄芩	酿酒酵母	108.0 mg/L	2018 年

续表

类型	名称	植物来源	宿主	产量	报道时间
二氢黄酮	柚皮素	葡萄柚	酿酒酵母	1129.44 mg/L	2021 年
	圣草酚	柠檬	酿酒酵母	152.0 mg/L	2018 年
	松属素	五针松	大肠杆菌	525.8 mg/L	2016 年
	甘草素	甘草	解脂耶氏酵母	62.4 mg/L	2021 年
黄酮醇	山柰酚	茶叶	酿酒酵母	168.1 mg/L	2020 年
	8- 异戊烯基山柰酚	淫羊藿	酿酒酵母	25.9 mg/L	2021 年
	宝藿苷 II	淫羊藿	大肠杆菌	96.7 mg/L	2018 年
	淫羊藿素	淫羊藿	大肠杆菌 - 酿酒酵母	19.7 mg/L	2021 年
	漆黄素	草莓	酿酒酵母	2.3 mg/L	2017 年
	槲皮素	茶叶	酿酒酵母	154.2 mg/L	2020 年
异黄酮	染料木素	槐角	大肠杆菌	18.6 mg/L	2019 年
	葛根素	野葛	酿酒酵母	72.8 mg/L	2021 年
	大豆苷元	大豆	酿酒酵母	85.4 mg/L	2021 年
	大豆苷	大豆	酿酒酵母	73.2 mg/L	2021 年

（三）生物碱

生物碱是一类含有氮原子且大多数具有复杂环状结构的天然产物，目前已知的生物碱类化合物约为 12 000 种，是中草药中重要的有效成分之一，具有抗肿瘤、镇痛或麻醉等作用，镇痛效果以吗啡及可待因的作用尤其显著。2022 年以来，生物碱的微生物合成又取得了重大进步，其中我国科学家首次在非模式毕赤酵母中实现了长春质碱的从头合成，产量达到 2.57 mg/L。表 14-23 展示了实现微生物异源合成的、具有长反应途径与复杂结构的重要生物碱类化合物。

表 14-23　部分微生物合成的生物碱类型及其药用成分和来源

类型	名称	植物来源	宿主	产量	报道时间
莨菪烷类	莨菪碱	茄科植物	酿酒酵母	480 μg/L	2021 年
	东莨菪碱	茄科植物	酿酒酵母	172 μg/L	2021 年

续表

类型	名称	植物来源	宿主	产量	报道时间
单萜吲哚类	文朵灵	长春花	酿酒酵母	13.2 μg/L	2022 年
	文朵灵	长春花	酿酒酵母	149.3 μg/L	2022 年
	长春质碱	长春花	酿酒酵母	91.4 μg/L	2022 年
	长春质碱	长春花	酿酒酵母	527.1 μg/L	2022 年
	长春质碱	长春花	毕赤酵母	2.57 mg/L	2023 年
苄基异喹啉类	S- 牛心果碱	牛心果	酿酒酵母	4.6 g/L	2020 年
	（S）- 去甲乌药碱	南天竹	酿酒酵母	600.0 mg/L	2020 年
	蒂巴因	罂粟	酿酒酵母	7.8 μg/L	2015 年
	诺斯卡品	罂粟	酿酒酵母	2.2 mg/L	2018 年

三、市 场 分 析

（一）植物天然产物的产业现状

2021 年全球植物天然产物市场规模为 306.3 亿美元，2022 年为 344 亿美元，预计 2027 年达到 615 亿美元，年均复合增长率为 12.3%。2023 年植物天然产物的产业链将进一步发展。终端消费者在植物天然产物产业链中获得的价值正不断被丰富：消费者从植物天然产物中获得了医药保健、美妆护肤及食品营养等多元化的价值满足。例如，2022 年 1 月淫羊藿素获国家药品监督管理局批文可用于治疗肝癌；2022 年，（3R，3$'S$）- 二羟基 -β- 胡萝卜素等植物天然产物成为新食品原料接受公开受理。

据调查，新型冠状病毒感染大流行背景下全球范围有超过 50% 的消费者期望寻求植物天然产物帮助他们改善免疫力、消化和心理健康。癌症是全世界死亡的主要原因，2022 年全球抗癌药物市场规模达到近 1728 亿美元，并将以 6.8% 的年均复合增长率继续扩大，预计 2032 年达到 3350 亿美元。在已发现的治疗癌症的近 200 种小分子药物中，约 1/3 直接来源于植物天然产物或是其衍生物，包括多糖类、蒽环类、有机酸酯类、萜烯类、生物碱类、大环内酯类及烯二炔类等，多种已在临床肿瘤治疗中发挥了极其重要的作用。这些肿瘤治疗药在肿瘤药物市场中占有重要地位，是肿瘤治疗市场中不可或缺的产品。

2021 年我国护肤品行业市场规模达 2938.06 亿元，同比增长 8.8%。化妆品中的大量成分属于植物天然产物。《已使用化妆品原料目录（2021 年版）》中有 3400 余种植物原料。积雪草苷、光甘草定、红景天苷、熊果苷等植物天然产物备受市场欢迎。据统计，有76 229个备案商品使用光果甘草提取物。

目前，植物天然产物产业以提取为主。上游原材料为中草药、农林副产品，受到种植、采摘的周期性、区域性和季节性的影响，具有不稳定的特性。虽然植物天然产物产品繁多，但生产规模大的企业寥寥无几。中国相关企业超过2000家，但规模小，技术和管理水平低。年销售额在2000万元以上的企业仅占4.5%，85%的企业年销售额在500万元以下。另外，中国植物天然产物提取行业以出口为主，出口额占行业收入的80%以上。

（二）微生物工厂带来的产业升级

到目前为止，市场上植物天然产物供应仍然主要来自植物提取的生产方式。在我国，大部分植物天然产物是以我国本身特有的中药及植物资源为主体开发的，如从黄花蒿中提取青蒿素、从绿茶中提取茶碱、从人参中提取人参皂苷等。自从自然界分离得到植物天然产物后，科学家就一直在尝试利用人工合成的方法合成植物天然产物。一般情况下，一个复杂分子的合成途径如果超过10步，那么这种方法便几乎不具备实用性，因为每一步反应都会降低回收率并造成资源浪费，这一缺陷严重限制了化学法在结构复杂的天然产物合成中的应用。

随着近代生物技术的发展，利用生物工程将微生物改造为"细胞工厂"，即通过发酵的方法合成植物天然产物，已经得到广泛应用，这种方法称为生物合成。生物合成方法是在微生物细胞中构建植物天然产物的合成路线，经过发酵可以快速合成结构复杂的植物天然产物，不仅大大缩短了合成周期，而且原料便宜易得，整个发酵过程更加可控，同时还能减少对植株的砍伐和大量酸碱的使用。另外，通过基因重组、酶工程、代谢平衡等手段，可以优化生产菌株，提高工程微生物的产量，实现植物天然产物的大量生产。除了耳熟能详的青蒿酸外，2022年我国科学家构建的高产番茄红素工程菌的产量也已经达到39.5 g/L。

据不完全统计，2022年我国发生了41起合成生物学相关的早期投资交易。四川盈嘉合生科技有限公司、成都雅途生物等企业从事植物天然产物的微生物合成研究。但是由于微生物合成植物天然产物的技术尚不成熟，因此所需成本仍然较高。例如，以萜烯类化合物柠檬烯为例，柠檬烯的市场价格为9美元/kg，而在生产过程中，葡萄糖和其他原料成本以及产物蒸发的分离成本约为465美元/kg，远远高于市场价格，而且不完全的原料利用率和产物残留还会进一步增加生产成本，不能达到收支平衡。因此降低微生物生产植物天然产物的生产成本及提高产物的产量是几乎所有天然产物生产都存在的瓶颈问题，亟待解决。

四、研发动向

（一）植物天然产物的合成途径解析

要在微生物细胞工厂中异源合成植物天然产物，必须首先实现该植物天然产物合成途径的解析或人工设计。当前天然产物词典（Dictionary of Natural Product）等数据库中记录了超过了30万种植物天然产物，但只有约33 000个酶反应被表征和确认。基于这些反应实现了青蒿酸、东莨菪碱、长春质碱等植物天然产物在微生物细胞工厂中的生产，但其他数十万种已知天然产物尚未建立包括中间化合物的完整生物合成途径。植物基因组学、转录组学、蛋白质组学及代谢组学等组学技术的快速发展为解析植物天然产物生物合成途径提供了数据基础，基于序列相似性的BLAST（基本局部比对搜索）序列比对、系统发育树分析，与基于FPKM等表达量信息的差异基因、共表达基因分析相结合，成为解析植物天然产物合成途径、系统性挖掘途径中候选酶的主流工具。生物逆合成算法除能解析植物天然产物合成途径外，还可实现植物天然产物合成途径的人工设计，该方法基于专家精简反应规则，从目标化合物出发逆向预测反应前体化合物，并结合多种指标对预测途径的可行性和底盘适配性进行综合评价，给出最具实际可行性的推荐途径，目前该方法已在那可丁衍生物等生物碱类植物天然产物合成途径设计中应用，表14-24列举了当前主要的生物逆合成工具。

表14-24　当前主要的生物逆合成工具

工具	开发时间	基础数据库	反应规则工具	途径搜索算法	评价指标
novoStoic	2018 年	MetRxn	分子指纹	混合整数线性规划	热力学可行性、化合物毒性、理论产量、市场利润
RetroPath 2.0	2018 年	MetaNetX	RetroRules	枚举	酶序列可行性、理论产量
Transform-MinER	2019 年	KEGG	数据驱动的SMARTS	最短路径	底物相似性
PrecursorFinder	2019 年	Literature	分子指纹	最大公共子结构	底物相似性
RetSynth	2019 年	Multiple	化学计量矩阵（Stoichiometry matrix）	混合整数线性规划	途径长度、理论产量
novoPathFinder	2020 年	Rhea、KEGG	SMIRKS	启发式搜索	热力学可行性、酶序列可行性、途径长度、化合物毒性、理论产量

续表

工具	开发时间	基础数据库	反应规则工具	途径搜索算法	评价指标
RetroPath RL	2020 年	MetaNetX	RetroRules	枚举	底物相似性、酶序列可行性、化合物毒性
BioNavi-NP	2021 年	MetaCyc、KEGG	与 / 或树（AND-OR Tree）	Transformer	底物相似性、途径长度
ATLASx	2021 年	bioDB	BNICE.ch	最短路径	热力学可行性、酶序列可行性、途径长度、化合物毒性
ARBRE	2022 年	MetaCyc、ModelSEED 等	NICEpath.ch	K 条最短路径算法	BridgIT 的平均分数、平均原子守恒、途径长度、已知反应百分比

（二）关键酶的设计与改造

当将来源于植物的天然酶整合到微生物中进行表达时，会存在折叠不正确、表达水平较低、催化效率低、底物范围狭窄、亚细胞定位不正确等问题，提高代谢途径中关键酶的催化效率和专一性可以有效增加目标化合物的代谢流。

基于定点突变和理性设计的方法常常用于代谢途径中关键酶的设计和改造。通过对番茄红素环化酶进行改造，获得的突变体 Y27R 完全解除了底物抑制且不降低酶活性，结合代谢调控使番茄红素合成速率处于抑制水平之下，在不触发底物抑制的前提下，确保足够多的代谢流用于合成 β- 胡萝卜素，最终使得番茄红素的产量达到了 39.5 g/L。

定向进化可以对酶进行多轮突变和筛选，使用每轮中最好的突变体作为下一轮的起点，直到达到功能目标。但定向进化依赖于高通量的实验表征，而这也是许多酶工程化改造的瓶颈。为了减轻筛选负担，机器学习被用于进行突变体的虚拟筛选，这可以降低大量蛋白质突变体的实验测试费用，并改善结果。2019 年，为了解决视紫红质通道蛋白筛选通量太低，并且要同时保留其多种特性的问题，研究人员利用实验表征的和文献报道得到的 183 个序列 - 功能数据，构建了人工智能分类模型，利用该模型能够有效排除重组文库 120 000 条序列中绝大多数的非功能序列。然后针对视紫红质通道蛋白不同特性来建立不同的回归模型，对所有具有功能的序列进行特性得分的预测。最后从预测库中选择少部分排名靠前的突变体（28 个）进行实验验证，并得到了目标属性都优于现有视紫红质通道蛋白的三个变体（图 14-14）。

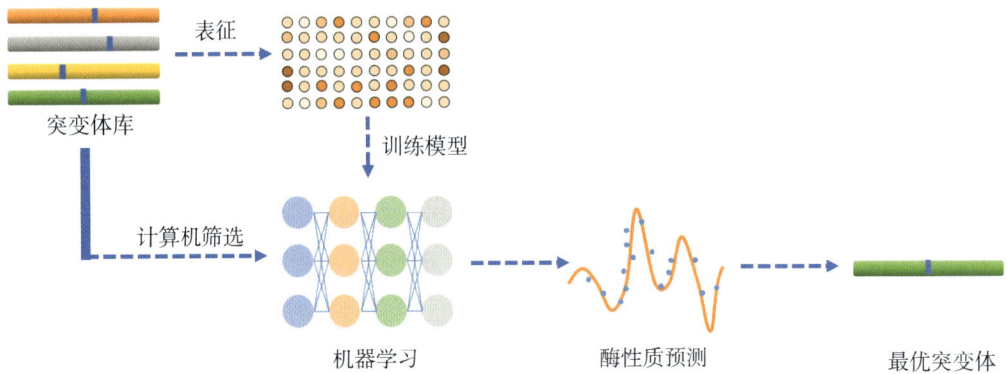

图 14-14　机器学习加速定向进化

缺少酶的三维结构信息限制了对关键酶的设计与改造。通过实验可以确定酶的三维结构，如 X 射线晶体学和冷冻电镜，但这些方法往往要花费数月甚至数年时间。近两年，利用机器学习算法进行蛋白质序列的三维结构预测取得了巨大进展。2020 年，基于 Transformer 的 AlphaFold2 在 CASP14 蛋白质结构预测竞赛中拿到了 87.0 的 GDT_TS 分数，在常规项目中拿到了 92.4 分，这意味着该系统预测的均方根偏差（即预测数据与实验数据在原子位置上的偏差）大约为 1.6Å，已经达到了常规蛋白质晶体结构的实验精度，并且预测时间只需要几天甚至半小时。同时，RoseTTAFold 及 HeliXonAI 等越来越多竞争工具的出现，也在进一步提高蛋白质结构预测的精度。

（三）微生物底盘的改造与代谢流全局调控

微生物底盘指的是能够为细胞工厂的终产物提供前体物质的菌株，这些前体物质既包含菌体本身的代谢产物，也包含植物天然产物合成途径中作为结构复杂的目标产物构成单元的各个中间产物，由于微生物底盘中外源的植物天然产物的合成途径通常包含三到数十个基因，通过连续地构建能够高产中间产物的底盘菌株可有效降低途径重构的复杂性（图 14-15）。近年来，通过对底盘细胞进行优化，已经获得了一系列可以高产植物天然产物中间体的菌株，包括甘草次酸前体 β- 香树脂醇、生物碱前体色氨酸、黄酮前体对羟基肉桂酸等。计算机辅助的优化策略在微生物底盘改造中的应用也越来越广泛，加利福尼亚大学伯克利分校的 Keasling 团队利用基因组模型寻找代谢工程的编辑靶点，高效地设计了代谢途径重构文库，结合高通量生物传感器来训练不同的机器学习算法，通过一个数据生成循环，显著促进了工程酵母芳香族氨基酸的合成能力，使色氨酸产量和产率分别提高了 74% 和 43%。

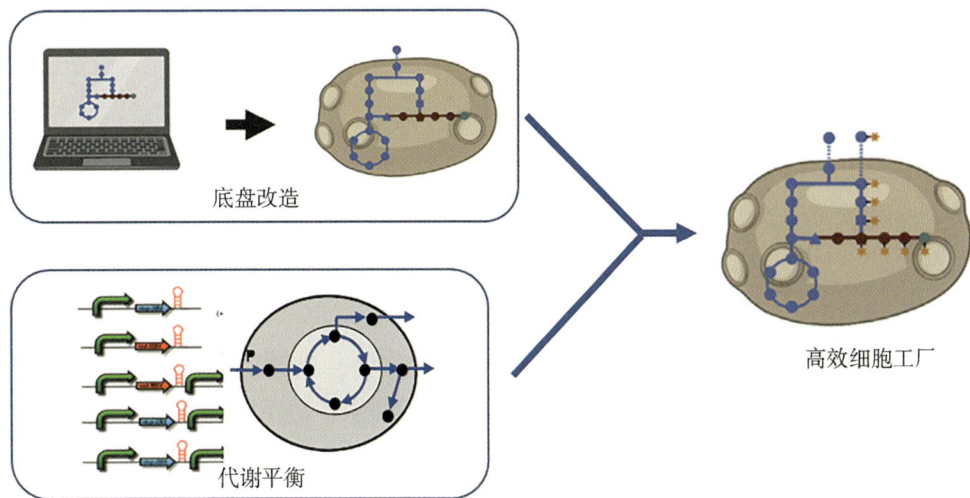

图14-15　通过底盘改造与代谢平衡调控构建高效细胞工厂

许多植物天然产物及其中间产物的检测依赖于高效液相色谱-质谱（HPLC-MS）、气相色谱-质谱（GC-MS）等高精确度但是低检测通量的化学分析方法，导致目标化合物的检测通量成为限制产物合成途径优化效率的重要因素。为了提高目标化合物的检测效率，近年来，研究人员基于别构调节因子和适配体开发出了一系列基因编码的生物传感器，用来代替HPLC-MS、GC-MS等化学分析方法，实现了茶碱、罂粟碱、海罂粟碱、罗通定等生物碱类化合物在活细胞中的高通量检测，显著提升了这些化合物生物合成途径的优化效率。

由于植物天然产物对于微生物通常具有一定的毒性，因此将其快速排出细胞，减少其在细胞内的富集可以有效降低产物毒性，促进细胞的生长和产物合成，中国科学院天津工业生物技术研究所张学礼团队通过在酿酒酵母细胞内引入一种半月弯胞菌的ABC转运蛋白CICDR4，使工程酵母的氢化可的松产量从223 mg/L提高至268 mg/L。对于具有长外源途径的天然产物，如莨菪烷型生物碱，其反应模块分布在不同的亚细胞区室，提高中间体在不同区室之间的传质能力对于提高合成效率具有重要意义。斯坦福大学的Christina D. Smolke团队使用机器学习来对代谢产物的转运蛋白进行预测，发现两种转运蛋白AbPUP1和AbLP1，这两种蛋白质通过促进液泡外排能力和菌体对莨菪碱等的吸收能力，从而显著促进了工程菌莨菪烷型生物碱的合成能力。

CRISPR/Cas基因编辑系统的快速发展为长途径的异源整合提供了强有力的基因操作工具。优化后的CRISPR/Cas9系统已经可以实现5个以上表达盒在酿酒酵母基因组上的多位点分散整合，CRISPR/Cpf1可以在一个单链向导RNA（sgRNA）阵列的介导下，在多个位点同时对PAM序列5′远端的DNA双链进行切割，形成具有黏性末端的双链断裂，使得研究人员可以通过黏性末端引入外源序列，解决了在非分裂细胞中难以通过同源重组插入基因的难题。在挖掘新型 Cas9 的同时，研究人员通过蛋白质进化的方法降低了限制 Cas9 应用的脱靶效应，提高了编辑精确性，也拓宽了能识别 PAM 序列的范围，进一步提高了其实用性。

为平衡工程菌代谢网络，减少天然产物合成途径引入造成的辅酶、能量等公用物质供应的扰动，研究人员使用了反应过程的动态调控策略。通过 CRISPRi、脂肪酸诱导启动子和类黄酮诱导杂合启动子，研究人员构建了与代谢产物成瘾相关的脂肪生成负自动调节回路，以重新分配碳通量，并改善脂溶型解脂耶氏酵母（*Yarrowia lipolytica*）菌株的稳定性，从而使类黄酮高产表型持续了 320 代。除此之外，混菌培养技术在天然产物合成中的应用也展现出一定的应用前景，混菌培养技术可以将合成途径中不同中间产物的合成模块，在能够耐受不同毒性中间产物的宿主中进行整合，从而解决了毒性中间产物积累抑制菌体生长导致目标产物产量低的问题。大肠杆菌与酵母的混菌培养技术成功地促进了紫杉二烯 -5α- 醇、儿茶酸、花青素等植物天然产物的合成。

在实现异源合成的天然产物中，除了作为微生物合成植物天然产物典范的青蒿酸已经达到 25 g/L 之外，2022 年以来，番茄红素的产量达到了 35.9 g/L，需要多位点糖基化的稀有人参皂苷 Ro 在酿酒酵母中的产量达到了 0.53 g/L，这一系列研究都表明微生物可能取代传统植物提取方式来合成萜烯类化合物，但仍需要进一步提高滴度，以提高成本竞争力。而替代途径可以通过提供更高的正交性而避免有毒中间体，绕过高度管制的或瓶颈步骤，以途径更短、更有效、更容易操作的方式提高产物滴度。一方面可以使用来自不同物种的同源酶重新设计经典的 2-C- 甲基 -D- 赤藓糖醇 -4- 磷酸酯（MEP）途径或甲羟戊酸（MVA）途径来解决代谢通量低的瓶颈问题。另一方面可以利用古菌 MVA 途径和新的人工途径获得将代谢流引入 MEP 和 MVA 途径的新节点，以提高目标途径代谢流。随着越来越多的细菌基因组数据被发表，充分利用机器学习的方法从中挖掘潜在的替代酶将极大地促进这一策略在高效萜烯细胞工厂构建中的应用。

（四）植物天然产物的挖掘及非典型萜烯类物质

虽然具有独特特征和结构多样性的植物天然产物持续地为科学家开发新型药物提供了灵感，但是由于缺乏有效的发掘手段来从植物天然产物库中直接获得高效的新药，在相当长一段时间内，制药行业已经基本上放弃了直接从天然产物中挖掘新产品。近年来，随着高性能计算机硬件、高容量存储设备、高性能服务器的快速发展，以及使用成本的下降，许多部门和研究领域都已经可以使用人工智能（AI）。结合自然语言处理和机器学习算法开发人工智能方法将极大地促进生物活性天然产物的发现，研究人员还可以捕获这些特殊结构的分子"特征结构"用于组合设计或选择性合成具有特定功能的天然产物衍生物。

天然萜烯分子是由五碳基本单元异戊烯焦磷酸（IPP）和二甲基烯丙基焦磷酸（DMAPP）缩合构成的，分子中碳原子的数量是5的倍数。近年来，研究人员设计并实现了一种基于C16结构单元的非典型萜类化合物在酵母中的合成，在天然产物类似物的生物合成方面做出了理念上的进一步创新。2022年，美国劳伦斯伯克利国家实验室在能够合成异源萜烯化合物的大肠杆菌中引入含有铱-卟啉复合物的ArM，实现了具有高非对映构象选择性的非天然产物的合成，并且这些分子是在大自然中从未被发现的。这种通过酶工程和代谢工程，成功让微生物合成了自然界不存在的"天然产物"的研究，进一步拓宽了我们对生物可合成分子的认知，并暗示存在许多大自然和化学家都未曾触及的化合物，也证明合成生物学也能像化学一样，成为探索未知化学空间的有力工具。

五、自主创新情况

（一）萜烯类

萜烯类是自然界中广泛存在的一类化合物，几乎存在于自然界中的各类生物体中，也是种类和数量最为庞大的高度多样化的植物天然产物，因其具有许多重要的生理和药理活性，被广泛地应用于医疗健康等领域。自2022年至今，我国在萜烯类化合物尤其是在三萜、四萜的微生物异源合成的研究中处于国际先进水平。

人参皂苷Ro具有多种生理、药理活性，在医药、保健品等领域有良好的应用前景。作为一种为多糖基修饰化合物，其在人参中的天然含量低且合成途径尚不完全清晰，目前虽然已有利用酿酒酵母从头合成人参皂苷Ro的报道，但产量仅为微克级。清华大学/北京理工大学的李春-冯旭东课题组从15种不同植物中选择了29种酶来筛选适用于酿酒酵母合成人参皂苷Ro的关键酶。最终，从5种植物中筛选到7种具有高催化效率和底物专一性的关键酶，成功在酿酒酵母中构建了人工双糖基化途径，实现了人参皂苷Ro的高效从头合成，产量达到0.53 g/L。

高浓度的底物番茄红素对番茄红素环化酶有强烈抑制作用，是限制解脂耶氏酵母高效合成类胡萝卜素的主要限制因素。为了实现番茄红素的高效微生物合成，通过对番茄红素环化酶进行改造，获得的突变体能够完全解除底物抑制且不降低酶活性，同时建立一个调控代谢的流量控制器，限制番茄红素合成速率，从而控制其浓度处于抑制水平之下，在不触发底物抑制的前提下，确保足够多的代谢流用于合成β-胡萝卜素，最终使得番茄红素的产量达到了39.5 g/L，为当前已报道的最高产量。

（二）黄酮类

植物黄酮类化合物具有多种生理和药理活性，且其传统制备和获取方式存在污染环境等诸多缺点，因此革新其制备和获取方式引起了研究者广泛的兴趣。2021年江南大学未来食品科学中心和粮食发酵工艺与技术国家工程实验室陈坚院士团队周景文教授课题组，基于脂肪酸分解代谢工程的调控策略，实现了黄酮类化合物柚皮素的高效合成，工程菌经过在5 L发酵罐上发酵优化，柚皮素的产量达到1129.44 mg/L。同时，2021年清华大学李春团队首次在解脂耶氏酵母中进行了甘草素从头合成代谢途径的构建，并对不同来源的基因进行筛选鉴定以提高解脂耶氏酵母中甘草素的滴度。通过查耳酮合酶与查耳酮还原酶融合，以及启动子长度的设计，在摇瓶水平，菌株YL-603产甘草素62.4 mg/L，是此前报道过的大肠杆菌和酿酒酵母中甘草素产量的4.6倍。此外，2022年中国科学院微生物研究所尹文兵研究组从真菌中发现了柚皮素合成的新途径，其不同于植物、细菌中由Ⅲ型聚酮合酶（PKS）催化多步合成柚皮素的途径，挖掘并鉴定了一种新的非核糖体肽合成酶（NRPS）-聚酮合酶（PKS）杂合酶FnsA，其作为一种新的柚皮素合酶，能以游离酸（对羟基肉桂酸或对羟基苯甲酸）为底物直接合成柚皮素，FnsA的发现为微生物高效生产植物活性黄酮类化合物提供了新策略。

（三）生物碱

由于生物碱类植物天然产物具有生物来源多样、化学结构多样和生物活性多样的特点，在全世界备受重视。在癌症治疗领域，长春花扮演着重要角色，从中分离的长春质碱，被广泛应用于抗癌药物中。当前基于植物提取的生产方式，通常提取1 g长春质碱需要2000 kg以上长春花的干叶片，同时由于长春质碱高度复杂的结构，其很难通过化学合成。为解决这一问题，浙江大学连佳长课题组通过基于CRISPR高效整合策略、挖掘高效催化酶、增加限速酶的基因拷贝数等在毕赤酵母中重构并优化了长春质碱的合成途径，实现了长春质碱的从头合成，通过细胞代谢及发酵优化，其产量达到了2.57 mg/L，首次在非模式酵母菌株中实现了高度复杂植物天然产物的从头合成，不仅为高效合成长春质碱提供了新思路，同时也表明毕赤酵母细胞工厂可用于高效合成植物天然产物。

撰 稿 人：孙文涛　清华大学化学工程系
　　　　　孙甲琛　清华大学化学工程系
　　　　　林广源　清华大学化学工程系
　　　　　张　震　清华大学化学工程系
　　　　　李　春　清华大学化学工程系
通讯作者：李　春　lichun@tsinghua.edu.cn

第五节　医药化学品的生物制造

一、概　　况

近年来，随着全球城市化进程加快、人口老龄化程度加剧、民众健康意识增强、各国医疗保障体制日益完善、创新类药物持续研发创新和推广等，全球医药市场蓬勃发展。植物提取和化学合成是目前生产医药化学品的主要方法，但面临植物中含量少、破坏生态，化学合成步骤烦琐、转化率低等问题。利用生物制造的方式生产医药化学品既能有效控制原料供给，又能保护自然资源和环境，其作为一种绿色高效的生产模式受到学术界和产业界的关注，成为研究热点。

二、主要产品

（一）酚酸类药物

酚酸类化合物是一类含有酚环的有机酸类药物，具有杀菌作用，在植物中主要由莽草酸通过苯丙烷途径产生。根据酚环所带羟基个数不同可分为多种类型，包括单羟基类（对羟基苯甲酸）、双羟基类（龙胆酸、原儿茶酸）和三羟基类（没食子酸、间苯三酚酸）。近年来，部分酚酸类医药化学品如水杨酸、没食子酸、阿魏酸、对香豆酸等生物合成途径已见诸多报道。生物制造生产酚酸类医药化学品的进展如表14-25所示。微生物合成酚酸类化学品的研究策略主要包括：①增强酚酸类化学品生物合成的前体供应。酚酸类化学品的生物合成途径主要依赖于莽草酸途径，而莽草酸途径作为次级代谢途径，存在碳通量小、反馈抑制明显等问题。利用系统代谢工程策略，敲除竞争性途径减少碳源损失，增强磷酸烯醇式丙酮酸（PEP）和4-磷酸赤藓糖（E4P）的供应，解除莽草酸途径的反馈抑制以及加强莽草酸途径关键基因的表达，可将更多的碳通量定向到莽草酸途径，有效地增强酚酸类化学品生物合成的效率。例如，Chen等重构了酿酒酵母的中心碳代谢网络，使其有效地提供E4P，构建了高产对香豆酸的菌株平台，最终生产12.5 g/L对香豆酸。②定向进化提高限速酶催化效率。在酚酸类化学品的生物合成过程中某些酶的活性较低，无法满足目标产物大量合成的需求，成为生物合成途径的限速步骤，因此对关键酶的结构进行理性改造是提高酶活力的有效手段。Chen等对4-羟基苯甲酸羟化酶pobA进行理性分析，成功筛选出新的突变体PobA$^{Y385F/T294A}$，该突变体对两种底物4-羟基苯甲酸和原儿茶酸的催化效率分别提高了4.5倍和4.3倍，最终从头合成没食子酸的产量达1.3 g/L。③酚酸类化学品耐受菌株的筛选和进化。酚酸类化学品通常具有抗氧化和抑菌的功效。因此当目标产物的滴度达到较高水平（＞10 g/L）时，将对宿主细胞的生长产生较为严重的抑制作用。为了实现酚酸类化学品的高效生物合成，需通过筛选或定向进化的方法得到耐受酚酸类化学品的底盘菌株。适应性进化和基因组改造是产生细胞遗传多样性以提高耐受性的常用策略。Liu等采用温室等离子诱变、适应性进化及基因组改组技术，对菌株进行改造以增强其对4-羟基苯乙酸耐受性，将4-羟基苯乙酸的产量提升到25.42 g/L。

表14-25　利用微生物合成酚酸类化合物

酚酸		调控优化策略及产量	宿主菌
单羟基	对香豆酸	将糖酵解通量转向E4P的形成，替换重要基因的启动子优化糖酵解和目标产物合成途径之间的碳分布，最终生产对香豆酸12.5 g/L	酿酒酵母
	阿魏酸	内源基因提供足够的甲基供体促进S-腺苷甲硫氨酸（SAM）循环，辅助因子的再生，发酵条件优化，最终滴度提高到5.09 g/L	大肠杆菌
	香草酸	培养基优化，产量104.4 mg/L	无枝酸菌
	4-羟基苯乙酸	采用温室等离子诱变、适应性进化及基因组改组技术，对菌株进行改造，将4-羟基苯乙酸的产量提升到25.42 g/L	大肠杆菌
	水杨酸	采用群体感应系统动态调控多种代谢通量增加水杨酸的生产，从头合成生产水杨酸3.01 g/L	大肠杆菌
双羟基	丹酚酸B	重组菌株异源表达7个基因，模块优化，发酵条件优化，在重组菌种合成丹酚酸B最高滴度34 μg/L	酿酒酵母
	迷迭香酸	共培养发酵筛选限速酶和优化模块，敲除竞争通路，酶条件优化，最终菌株在补料分批发酵中，最高产生迷迭香酸5.78 g/L	大肠杆菌
	咖啡酸	增强辅因子黄素腺嘌呤二核苷酸（FAD）供应，过表达关键基因，调控代谢网络，咖啡酸从头生物合成产量可达7.92 g/L	大肠杆菌
	绿原酸	使用4-香豆酰辅酶A连接酶（4CL2）和羟基肉桂酰辅酶A：羟基肉桂酰转移酶（HQT）组成的操纵子，底物添加量优化，敲除旁路，启动子质粒拷贝数优化，提高酶催化活性，多模块培养，最高产量250 μmol/L	大肠杆菌
	龙胆酸	密码子优化、启动子优化、敲除竞争途径旁路，提高前体4-羟基苯甲酸（4-HBA）供应，整体代谢调节，最高产量105 mg/L	大肠杆菌
	原儿茶酸	过表达速率限制酶，去除负调控因子，减弱通路竞争，增强前体供应，分批补料发酵，最高滴度21.7 g/L	大肠杆菌
三羟基	没食子酸	通过表达分支酸裂解酶（UbiC）和突变体PobA$^{Y385F/T294A}$成功构建了没食子酸异源合成途径，从头合成没食子酸1.3 g/L	大肠杆菌

（二）黄酮类医药化学品

黄酮类化合物是一类特殊的天然次生代谢产物，广泛存在于植物和某些真菌中。黄酮类化合物都具有相同的（C_6-C_3-C_6）结构，即两个苯环通过三个碳原子连接，一般将两个苯环分别标记为A环和B环。根据中央三碳结构上的不同（氧化程度、是否成环等），黄酮类化合物可进一步分为查耳酮、二氢查耳酮、黄酮、黄烷酮、异黄酮、黄酮醇、黄烷醇、花青素等多类化合物。黄酮类化合物在植物体内承担着多种功能，如花朵着色、共生固氮、紫外线防护等。得益于其独特的化学结构，黄酮类化合物普遍拥有良好的生理医药活性。多数黄酮类化合物具有抗氧化、抗炎、抗菌和抗癌活性。2020年以来，随着新冠疫情的出现，黄酮类化合物的抗病毒活性受到很大关注。Ngwa等研究表明，橙皮素、杨梅素等黄酮类化合物与解旋酶、ACE-2受体以及新冠病毒的突刺（S）蛋白具有出色的结合能力。Cheng等的研究表明柚皮素与ACE-2受体亲和力很高。种种研究表明，黄酮类化合物在新冠病毒防治中有着巨大潜力。

随着代谢工程的发展，利用微生物异源生产黄酮类化合物成为研究热点。2003年，东京大学的Hwang在大肠杆菌中过表达了来自红酵母的苯丙氨酸解氨酶（PAL）、天蓝色链霉菌的4-香豆酰辅酶A连接酶（4CL）以及洋甘草的查耳酮合酶（CHS），通过添加酪氨酸与苯丙氨酸，合成了0.2 μg/L的生松素和0.57 μg/L的柚皮素，首次报道了利用微生物异源合成黄酮类化合物。随后经过20年的发展，在逐步解析黄酮类化合物合成途径的基础上，突破了关键酶催化活性低、长途径中碳源分配不合理、关键辅因子供应不足等技术瓶颈，成功在大肠杆菌、酿酒酵母、谷氨酸棒状杆菌等微生物中实现了黄酮类化合物的合成，大部分黄酮类化合物的产量已达到毫克级别，为生物制造黄酮类化合物奠定了理论和技术基础，表14-26展示了部分典型黄酮类化合物的生物合成案例。

表14-26 黄酮类医药化学品生物合成现状

黄酮类		调控优化策略及产量	宿主菌
黄烷酮	柚皮素	过表达柚皮素异源合成途径；动态调控系统；生物传感器进化，柚皮素产量达到 1.18 g/L	酿酒酵母
	圣草酚	筛选最优途径酶；引入丙二酸途径提升丙二酰辅酶 A 含量；过表达 hpaBC；发酵条件优化；圣草酚产量达到 14.1 mg/L	谷氨酸棒状杆菌
	生松素	高效酶筛选；下游途径优化；提升丙二酰辅酶 A 浓度；生松素产量达到 80 mg/L	酿酒酵母
黄酮	芹菜素	异源途径过表达；丙二酸同化途径引入，脂肪酸合成酶抑制提升丙二酰辅酶 A 浓度；芹菜素产量达到 110 mg/L	大肠杆菌

黄酮类		调控优化策略及产量	宿主菌
黄酮	芫花素	优化芹菜素合成途径；引入 O- 甲基转移酶；过表达 aroG 和 tyrA 加强酪氨酸供应；芫花素产量达到 41 mg/L	大肠杆菌
	黄芩素	转录组学分析；酶组装；模块化调控；产量达到 367.8 mg/L	大肠杆菌
	野黄芩素	应用自组装酶反应器，减少中间产物积累；产量达到 143.5 mg/L	大肠杆菌
	芹菜素 -7-O- 葡糖苷	共培养；产量达到 16.6 mg/L	大肠杆菌
	野黄芩苷	关键酶筛选；野黄芩素合成途径模块调控；关键酶拷贝数调整；发酵罐条件优化；产量达到 346 mg/L	解脂耶氏酵母
	异牡荆苷	糖基转移酶筛选；酶偶联催化反应；产量达到 3820 mg/L	大肠杆菌
	异荭草苷	糖基转移酶筛选；酶偶联催化反应；产量达到 3772 mg/L	大肠杆菌
异黄酮	染料木素	引入查耳酮异构酶样蛋白纠正 CHS 杂泛性；异黄酮合酶 N 端改造；三菌株共培养；产量达到 60.8 mg/L	大肠杆菌
	大豆苷元	重建大豆苷元合成途径；筛选生物合成酶；动态调控；工程底物运输；微调竞争途径；大豆苷元产量达到 85.4 mg/L	酿酒酵母
	雌马酚	多酶级联系统；NADPH 供应重设计；基因表达强度调控；利用酶催化转化大豆苷元，产量达到 3418.5 mg/L	大肠杆菌
黄酮醇	山柰酚	途径酶筛选；苯乙醇生物合成分支途径敲除；核心类黄酮途径敲除；线粒体工程；山柰酚产量达到 86 mg/L	酿酒酵母
	槲皮素	槲皮素异源合成途径构建；关键酶融合表达；槲皮素产量达到 20.38 mg/L	酿酒酵母
	漆黄素	单加氧酶（FMO）筛选；FMO 与细胞色素 P450 还原酶（CPR）融合表达；漆黄素产量达到 2.29 mg/L	酿酒酵母
二氢黄酮醇	花旗松素	优化查耳酮合酶与 CPR 基因拷贝数；过表达莽草酸途径与丙二酰辅酶 A 途径基因；培养基与培养条件优化；最高产量为 110.5 mg/L	解脂耶氏酵母
	水飞蓟宾	关键酶筛选；酪氨酸合成加强；α- 酮戊二酸合成加强；NADPH 供应加强；补料分批发酵；体外酶催化，水飞蓟宾产量达到 104.85 mg/L	酿酒酵母
	异水飞蓟宾	关键酶筛选；酪氨酸合成加强；α- 酮戊二酸合成加强；NADPH 供应加强；补料分批发酵；体外酶催化，异水飞蓟宾产量达到 196.26 mg/L	酿酒酵母
黄烷醇	阿夫儿茶精	途径酶筛选；关键酶融合表达；启动子优化；NADPH 供应增强；培养条件优化；产量达到 500.5 mg/L	酿酒酵母
	儿茶素	途径酶筛选；关键酶融合表达；启动子优化；NADPH 供应增强；培养条件优化；产量达到 321.3 mg/L	酿酒酵母

（三）生物碱类医药化学品

生物碱是一类含氮有机化合物。根据含氮结构特征的不同可分为多种类型，且不同类型的生物碱都有其特定的合成途径，如异喹啉类生物碱以莽草酸途径合成的酪氨酸或苯丙氨酸为前体，进而生成异喹啉类生物碱。那可丁（Noscapine）是天然苯酞异喹啉类生物碱药物，作为一种安全的非麻醉性镇咳药已在世界范围内使用了50多年。那可丁及其衍生物具有明显的抗癌活性，市场需求量逐渐增大。目前从罂粟中提取是其唯一的获取方式，然而，罂粟种植受到严格管控并且存在生长周期长、受环境影响大等不稳定因素，限制了那可丁的大规模生产应用。为了解决上述问题，美国斯坦福大学的Christina Smolke课题组在酿酒酵母中引入25个外源基因并过表达了6个内源基因成功合成了那可丁，通过精细调节途径酶的表达水平、平衡宿主内源代谢途径和优化发酵条件等策略将那可丁的滴度提高了18 000倍，达到2.2 mg/L。

单萜吲哚生物碱是一类结构多样的天然产物，但目前仅有伊立替康、长春碱和长春新碱成药，原因是天然提取的产量低，无法实现批量生产，且其结构中存在多个立体活性中心，使得化学合成路线非常复杂。例如，500 kg干燥的长春花叶仅可提取1 g长春碱。目前主要的生产路线是从长春花提取其前体文多灵和长春质碱，再通过化学方法合成长春碱，其供应受当年植物产量影响巨大，因此，长春碱和长春新碱被FDA列为2019—2020年短缺药物。2018年前长春碱生物合成途径尚未完全解析，多个研究团队利用酵母实现了其前体的生物合成。如2015年英国约翰英纳斯中心O'Connor团队从头合成了异胡豆苷；2015年加拿大布鲁克大学团队以它波宁为前体合成了文多灵，2021年法国图尔大学继续提高了文多灵的产量。最近，Jay D. Keasling课题组以酵母为底盘菌株，通过对其基因组进行多次编辑，包括过表达来自植物的34个异源基因，敲除、上调或下调10个酵母内源基因，实现了长春碱和文多灵的从头生物合成和长春碱的半合成。连佳长课题组以毕赤酵母为底盘细胞重构长春质碱合成途径，通过构建稳定的基因组整合位点库、筛选活性和/或特异性更高的生物合成途径酶、重构细胞代谢网络和优化发酵工艺，从头生物合成生产了2.57 mg/L长春质碱。其他生物碱的具体分类和生产现状如表14-27所示。

表14-27　利用微生物合成生物碱化合物

生物碱	调控优化策略及产量	宿主菌
那可丁	表达6个内源基因和25个外源基因，通过酶工程、代谢途径和发酵条件的优化等手段，那可丁产量2.2 mg/L	酿酒酵母
长春碱	采用并行路径构建长春碱和文多灵从头生物合成途径，总共进行了56次基因编辑，半合成长春碱产量29.4 nmol/L	酿酒酵母

续表

生物碱	调控优化策略及产量	宿主菌
长春质碱	稳定整合位点的选择、活性和/或特异性更高的生物合成途径酶的筛选、限流酶编码基因的扩增、细胞代谢的重新布线和工艺优化，长春质碱产量 2.57 mg/L	毕赤酵母
文多灵	增加和调整通路基因的拷贝数、将细胞色素 P450 酶（CYP）与适当的细胞色素 P450 还原酶（CPR）配对、改造 CYP 功能性表达的微环境、增强辅因子供应和优化发酵条件，文多灵产量 16.5 mg/L	酿酒酵母
阿马碱	提升 NADPH 辅因子供应，增强 GPP 供应，以及关键酶表达将产量提升到 mg 级别；提升 S- 腺苷甲硫氨酸供应，结合类萜支路酶敲除，P450 酶多拷贝化和启动子激活系统再提升产量数倍；最后优化氮源中的蛋白胨和培养温度。阿马碱产量 61.4 mg/L	酿酒酵母
胡豆苷	增加前体的供应、去除竞争途径和增加限速酶编码基因的拷贝数，胡豆苷产量 0.5 mg/L	酿酒酵母
托烷生物碱	结合了功能基因组学来识别缺失的途径酶、蛋白质工程以通过运输到液泡实现酰基转移酶的功能表达、异源转运蛋白以促进细胞内浓度以及菌株优化以提高滴度，托烷生物碱产量 3 mg/L	酿酒酵母
氢可酮（阿片碱）	通过构建途径、选择合适的 P450 还原酶（CPR）、解决关键酶在大肠杆菌体内表达问题以及使用四步培养系统合成 2.1 mg/L 的氢可酮合成前体蒂巴因。最后通过两步酶催化，氢可酮产量 0.36 mg/L	大肠杆菌
莨菪碱和东莨菪碱	整合了 34 个途径基因，在不同亚细胞位置上定位了 20 多种酶，构建了一个完整的全细胞体系。莨菪碱和东莨菪碱的产量达 30 μg/L	酿酒酵母

（四）香豆素类医药化学品

香豆素是一类具有 $2H$-1-苯并吡喃 -2- 酮母核的天然产物，通常在芳香环上存在羟基、甲氧基或异戊烯基等取代基，按照结构可细分为简单香豆素、呋喃香豆素、吡喃香豆素和其他香豆素。香豆素在植物中的生物合成途径是以羟基肉桂酰辅酶 A 为前体从苯丙烷生物合成途径分支而来的。合成的第一步是通过依赖 Fe（Ⅱ）和 α- 酮戊二酸的加氧酶在芳香环脂肪侧链邻位进行羟基化，随后自发的反 - 顺式异构化或内酯化形成核心结构。香豆素具有广泛的药理活性，包括抗菌、抗炎、兴奋中枢神经及抗凝血，是医药、食品和化妆品领域的重要原料。例如，目前应用最广泛的是 4- 羟基香豆素，它是合成抗凝剂（如华法林）的直接前体；中药秦皮中秦皮甲素和秦皮乙素是抗炎、镇咳、镇痛的有效成分；补骨脂内酯（psoralen）具有光敏活性，用于治疗白斑病；奥斯脑（osthole）来源于蛇床子和毛当归，可抑制乙型肝炎表面抗原；滨蒿内酯（scoparone）是生药茵陈蒿平肝利胆、松弛平滑肌的主要活性成分。此外，研究证实该类化合物在癌症及艾滋病的治疗中也有潜在的应用。目前常见的香豆素生产方法是从植物中提取，但其生产往往受到有限的资源、植物生长条件的影响。另外由于提取过程中使用大量极性溶剂（水、乙醇、甲醇），导致环境污染严重。香豆素类化合物合成大致有以下几种方法：Perkin合成法、Pechmann合成法、Witting合成法。其中Perkin合成法最为经典，是以水杨醛和乙酸酐为原料，在乙酸钠的催化下发生反应得到中间体邻羟基肉桂酸，然后发生分子内缩合的关环反应得到香豆素母环，该方法的缺点是反应温度高、时间长、副反应多、收率低；Pechmann合成法最常用，是以苯酚为原料，在路易斯酸的催化下与取代的乙酰乙酸乙酯发生缩合反应得到香豆素母环，但是反应时间较长，而且易产生废弃物；Witting合成法是用取代水杨醛和乙氧羰基甲叉磷叶立德反应合成中间体邻羟基肉桂酸乙酯，然后中间体发生分子内酯交换得到香豆素母环，这种方法使用比较少，但一般用来合成吡喃环上无取代的香豆素。合成生物学通过微生物细胞工厂的设计为化学品的生产提供了新的解决方案。

如今，几种简单香豆素的生物合成已经在微生物中实现，如东莨菪素、7-羟基香豆素、秦皮乙素和4-羟基香豆素等。其中在4-羟基香豆素的生物合成途径尚未完全阐明的情况下，美国佐治亚大学的Yan课题组设计了一种新的生物合成途径，将异分支酸合酶、异分支酸丙酮酸裂解酶、水杨酸辅酶A连接酶和联苯合酶催化的反应移植到莽草酸途径上，通过限速酶的挖掘和筛选、代谢网络的优化使4-羟基香豆素产量达到了935 mg/L。此外，以对香豆酸、咖啡酸、阿魏酸为前体生产不同结构的香豆素已见诸多报道，具体信息如表14-28所示。

表14-28　利用微生物合成香豆素类化合物

香豆素	调控优化策略及产量	宿主菌
7-羟基香豆素、东莨菪素	加强莽草酸途径，共表达 4CL 和 C2'H/F6'H；从头合成 7-羟基香豆素产量为 2.5 mg/L，东莨菪素产量为 3.1 mg/L	大肠杆菌
7-羟基香豆素、秦皮乙素、东莨菪素	将谷胱甘肽 S-转移酶和 F6'H 融合表达；敲除基因 gc；7-羟基香豆素产量 82.9 mg/L，秦皮乙素产量为 52.3 mg/L，东莨菪素产量为 79.5 mg/L	大肠杆菌
7-羟基香豆素	异源表达来自当归的 AdPAL、Ad4CL 和 AdC2'H；工程改造 Ad4CL；7-羟基香豆素产量为 356.6 mg/L	大肠杆菌
东莨菪素	关键基因整合到基因组；Linker 融合表达；甲基转移酶的筛选；东莨菪素产量为 4.79 mg/L	酿酒酵母
呋喃香豆素、吡喃香豆素	启动子的筛选；酶的解析和改造；呋喃香豆素产量为 3.6 mg/L，吡喃香豆素产量为 3.7 mg/L	大肠杆菌

（五）核苷酸类医药化学品

肌苷（inosine）又称次黄嘌呤核苷，是一种嘌呤核苷类化合物。肌苷作为人体正常成分，参与机体的核酸代谢、能量代谢及蛋白质合成，在维持细胞的正常生理代谢中发挥着重要作用。目前主要作为增味剂及营养助鲜剂，以及医药领域中的中间体，肌苷可用于治疗白细胞减少症、血小板减少症、各种心脏疾患、急性及慢性肝炎、肝硬化等，也可治疗中心视网膜炎、视神经萎缩等。异丙肌苷是一种正在开发的肌苷衍生物，除具有抗病毒、增强记忆的作用外，还具有延缓衰老的功能。目前，肌苷的生产方法基本上可以分为三大类：化学分解法、酶解法和微生物发酵法。化学分解法面临设备条件要求高、工艺复杂及环境污染等问题，酶解法由于成本较高限制其工业化应用。微生物发酵法由于其成本低、效益高的显著特点，是目前生产肌苷的主要方法。2018 年中国肌苷类医疗制药企业共 566 家，数量最多的三个区域是华东、华中和东北，其企业数量分别为 148 家、123 家和 95 家，肌苷谱系药品数量前三甲企业分别为山东新华制药股份有限公司、江苏吴中医药集团有限公司苏州制药厂和云南植物药业有限公司，共占据全国谱系药品数量份额的 2.65%。生产产品主要集中在三大领域：肌苷片、肌苷注射液和肌苷口服溶液，企业占比分别达 77.21%、23.14% 和 11.66%。天津科技大学谢希贤课题组构建了一株生产肌苷的基因工程菌株，通过优化代谢网络，5 L 发酵罐 48 h 生产了 20.16 g/L 肌苷。广东肇庆星湖生物科技股份有限公司刘咏梅等公开了一种肌苷的生产方法，采用二级发酵工艺，肌苷产量达到 54 g/L。

咖啡碱（caffeine）又称咖啡因，是一种植物源性的嘌呤生物碱，也是肌苷的重要代谢衍生物，是一种世界上消耗最多的精神活性物质之一，在药理学、食品化学及医药领域中均有重要的作用。在食品领域作为茶、咖啡、软性饮料、能量饮料以及含咖啡碱的食品的添加剂；医药领域主要辅助降低帕金森病、阿尔茨海默病、2 型糖尿病、抑郁症、肝癌和子宫内膜癌等风险。目前咖啡碱生产依赖于植物提取，但面临咖啡碱含量低和植物生长周期长的限制。近年来，随着基因工程和代谢工程的快速发展，利用生物合成咖啡碱具有巨大的科学和工业价值。斯坦福大学 Christina D. Smolke 课题组异源构建了可可碱-咖啡碱的生物合成途径，并通过两个靶基因的过表达完成了黄嘌呤—黄嘌呤核苷的转化途径，以确保黄嘌呤核苷的嘌呤环骨架的充足供应，最终工程菌株生产了 270 μg/L 咖啡碱。此外，安徽农业大学张正竹课题组在大肠杆菌中异源构建了新的咖啡碱合成途径，该途径使用了单一的茶树（*Camellia sinensis*）来源咖啡因合成酶 TCS1，并且采用了新的甲基化顺序——N3-N1-N7 进行合成，然后通过提高关键酶的表达以及增强黄嘌呤和 S-腺苷-l-甲硫氨酸供应，提高咖啡碱产量，最终在摇瓶中生产了 21.46 mg/L 咖啡碱。肌苷及咖啡碱的微生物合成现状如表 14-29 所示。

表14-29　利用微生物合成肌苷及咖啡碱

产品名称	调控优化策略及产量	宿主菌
肌苷	过表达 pbuE、purEKBCSQLF^{K316Q}MNHD 和 purF^{K316Q}，以 purA^{P242N} 替换了基因 purA，并敲除 deoD、ppnP、rihA、rihB、rihC，5 L 发酵罐发酵 48 h 产量为 20.16 g/L	大肠杆菌
	发酵生产肌苷专用蛋白胨，肌苷产量高达 33 g/L	大肠杆菌
	发酵工艺优化，肌苷产量达 39.3 g/L	枯草芽孢杆菌
	采用二级发酵工艺，提高糖苷转化率，最终使肌苷产率达到 54 g/L	枯草芽孢杆菌
咖啡碱	通过两个靶基因的过表达完成了黄嘌呤—黄嘌呤核苷的转化途径，在 0.3 L 生物反应器中生产了 270 μg/L 咖啡碱	酿酒酵母
	目标酶高水平表达以及黄嘌呤和 S- 腺苷 -1- 甲硫氨酸生物合成增强。最终菌株在摇瓶发酵中可生产 21.46 mg/L 咖啡碱	大肠杆菌

三、市场分析

（一）医药化学品的需求与供给

随着国民经济的快速发展以及国民对生活品质要求的进一步提高，国务院印发《"健康中国2030"规划纲要》，确定了国家大健康产业的发展战略。2021年全球医药市场规模已达到 14 235亿美元，预测2022—2026年全球医药市场将以3%—6%的年均复合增长率增长，到2026年全球医药市场规模将达到17 500亿—17 800亿美元。美国是全球最大的医药市场，2021年美国医药市场规模达到5804亿美元，占全球市场的40.77%。中国是仅次于美国的全球第二大医药市场，2021年市场规模为1694亿美元，占全球市场的11.90%。由中国、印度、巴西、俄罗斯等国家组成的新兴医药市场是全球医药市场增长的主要动力，IQVIA预测2022—2026年新兴医药市场规模将以5%—8%的年均复合增长率增长，显著高于发达市场增速2.5%—5.5%。同时，全球范围内生物医药产业正呈现出新技术驱动创新、数据联通产业上下游的创新态势，并且中国正成为全球生物医药产业增长的最强动力。为提升原料药产业绿色升级，助力医药行业高质量发展，2019年12月工业和信息化部、生态环境部、国家卫生健康委员会、国家药品监督管理局联合推出的《推动原料药产业绿色发展的指导意见》提出，到2025年原料药产业结构需要更加合理，采用绿色工艺的原料药比重进一步提高，高端特色原料药市场份额显著提升；产业布局需要更加优化，原料药基本实现园区化生产，打造一批原料药集中生产基地，技术水平有效提升，突破20项以上绿色关键共性技术的发展计划。

（二）医药化学品生物合成的水平与成本控制

医药化学品的成本是关乎全球人类健康和生活质量的重要因素，科学家们一直在尝试降低化学法生产医药化学品的成本，但是受到环保、安全、资源等限制（表14-30），化学合成的成本波动大且部分药品有上升趋势，如对乙酰氨基酚，原料药价格由最低点的20元/kg增加至60元/kg。

表14-30　化工各行业原料消耗比较

工业（实例）	年产量 /t	环境因子	废物积累 /（t/a）	反应步骤	过程开发时间 /a
石油化工	10万—1亿	约 0.1	1000 万	分离	＞ 100
大宗化学品（塑料、聚合物）	1万—100万	＜ 5	500 万	1—2	10—50
精细化学品	100—1万	＞ 5	50 万	3—4	4—7
医药（原料药、制剂、抗体等）	10—1000	＞ 25	10 万	＞ 6	3—5

利用生物工程及合成生物学方法将微生物改造为"细胞工厂"，大大缩短了医药化学品合成的周期，而且原料便宜易得，整个发酵过程更加可控，还能减少对不可再生资源的依赖。虽然通过基因重组、酶工程、代谢网络调控等手段，可以优化生产菌株，提高工程菌株生产能力，但是大部分医药化学品尤其是人工设计药物分子、黄酮类及生物碱类医药化学品的产量较低，生产成本依然很高。以对乙酰氨基酚为例，每年对乙酰氨基酚的市场需求量超过15万 t，市场价格平均为40元/kg，而在生产过程中目前摇瓶产量仅达到120 mg/L，距离工业化还有非常长的路要走。因此，降低医药化学品生物制造的生产成本以及提高产物的产量是几乎所有医药化学品都存在的瓶颈问题，亟待解决。

四、研发动向

（一）关键酶的设计与改造

医药化学品种类繁多，结构复杂，合成途径多样，途径中大多存在限速步骤，主要由酶催化效率低或专一性差导致，如细胞色素P450酶、查耳酮合酶等催化活性差的酶类涉及多种生物碱类及黄酮类医药化学品的生物合成。酶的设计和改造可有效改善酶的催化特性，提高酶的催化能力，是解决这些问题的有效方式。在解析蛋白质进化、折叠、稳定性的基础上，采用计算机辅助设计的方式，对酶进行初步的结构改造，以确定其催化机理及关键催化位点。随后，采用定点突变、饱和突变或随机突变等手段再对其进行半理性设计或理性设计，得到催化活性更高或专一性更好的突变体酶，从而实现产物高效合成。例如，周景文团队通过对类黄酮-3′-羟化酶（F3′H）和细胞色素P450还原酶（CPR）的定向进化，配合启动子工程与培养条件优化，添加柚皮素生产了3.3 g/L圣草酚。然而，高强度的筛选工作限制了定向进化技术的广泛应用。人工智能技术的发展为蛋白质功能改造提供了新的助力，成为研究热点。通过大量数据的学习，人工智能现已能预测较为准确的蛋白质结构，为酶的精准理性设计奠定了基础。此外，人工智能还可以根据需要提供具备所需结构和功能的全新蛋白质分子。因此，人工智能可为医药化学品的高效生物合成提供新的方向。

（二）平衡代谢网络

生产黄酮类化合物的酶通常来自植物和真菌，由于其表达强度和催化活性各异，合成途径各步反应不平衡，目标产物产量低。因此，常用的研究策略是调整途径中关键酶的表达强度减少代谢不平衡引起的中间代谢物积累，实现高产。江南大学周景文团队通过在酿酒酵母中引入柚皮素合成途径基因并增加拷贝数以提高其表达水平，以葡萄糖为碳源从头合成了149.8 mg/L柚皮素。为了使途径代谢通量更平衡，需更精确地调控途径中相关基因表达，该团队筛选并构建了一个包含66种启动子的启动子文库，并选取其中的30种启动子与柚皮素合成途径中关键基因（*4CL1*、*CHS*、*CHI*）随机组装，将柚皮素的产量提高到337.8 mg/L。另外，动态调控策略也可以根据胞内代谢物的变化或细胞的生长状态实时调控基因表达水平以平衡代谢流，从而减少代谢负担和副产物的形成。查尔姆斯理工大学Nielsen团队通过引入动态调控启动子GAL调控甘草素合成途径基因，甘草素产量相较于对照组提高了284%。周景文团队设计的三重动态调控网络将柚皮素、对香豆酸与胞内丙二酰辅酶A供应量进行偶联，对柚皮素合成途径基因进行动态调控，柚皮素产量提升至523.7 mg/L。北京化工大学袁其朋团队通过群体感应系统动态控制关键基因的表达，生产了2.1 g/L水杨酸。该团队还利用咖啡酸响应启动子，构建了可动态调控的多细胞培养体系，首次实现了水飞蓟宾的从头合成。

（三）增强前体供应

为了高效生产医药化学品，需要增加目标产物的前体供应，以达到提高产量及产率的目的。近些年，随着代谢工程和合成生物学的发展，出现了一系列优化前体供应的策略。酚酸的生物合成途径主要依赖于莽草酸途径，而莽草酸途径作为次级代谢途径，在未经改造前往往存在通量小、反馈抑制明显等问题。可以利用系统代谢工程，减少中心碳代谢导致的碳源损失，增强PEP和E4P的供应，解除莽草酸途径的反馈抑制以及加强莽草酸途径的关键途径基因，将更多的碳代谢流引入莽草酸途径。黄酮类化合物合成的重要前体是丙二酰辅酶A，但其生产在细胞中受到严格调控且通常用于脂肪酸合成，因此在黄酮类化合物合成过程中面临丙二酰辅酶A可利用度低的问题。目前，增强丙二酰辅酶A供应主要包括提高前体乙酰辅酶A产量、增强乙酰辅酶A羧化酶催化能力、抑制脂肪酸合成等方法。具体手段包括敲除乙酸生产途径、选用催化活性更高的乙酰辅酶A羧化酶、抑制脂肪酸合酶活性、细胞代谢网络重构等，这些方法都可有效提高黄酮类化合物的产量。例如，伦斯勒理工学院的Mattheos A. G. Koffas团队在谷氨酸棒状杆菌中过表达丙二酰辅酶A合成酶MatB和二羧酸载体蛋白MatC建立丙二酸同化途径，在培养基中添加丙二酸以提高丙二酰辅酶A的供应，使柚皮素产量从0.5 mg/L提高至17.96 mg/L，增加了35倍。得克萨斯大学奥斯汀分校的Hal S. Alper团队在解脂耶氏酵母中通过强化脂肪酸β-氧化途径来增强胞内乙酰辅酶A的量，进而过表达乙酰辅酶A羧化酶生产丙二酰辅酶A，提高了胞内丙二酰辅酶A的浓度，最终生产了898 mg/L柚皮素。这些工作展示了增强前体供应对于提高目标产物产量的重要性。

（四）增加辅因子供应

调节辅因子的再生及供应是生物合成医药化学品的主要策略。多种黄酮类医药化学品、核苷酸类医药化学品等其生物合成都涉及的羟基化、甲基化等，需要消耗大量的$FADH_2$、$NAD(P)H$、S-腺苷甲硫氨酸（SAM）等辅因子。因此辅因子的充足供应可以有效提高目标产物的产量。北京化工大学袁其朋课题组通过使用内源基因提供足够的甲基供体来激活大肠杆菌中的S-腺苷甲硫氨酸循环，将一种小蛋白Fre引入该途径以有效再生$FADH_2$用于羟基化，提高代谢途径中两种辅因子的供应，显著提高了阿魏酸的生物合成能力。在减少副产物形成和增加前体供应的同时，阿魏酸的产量在补料分批条件下达到5.09 g/L，与原始生产大肠杆菌菌株相比提高了20倍。

五、自主创新情况

目前，医药化学品生物合成的研究在世界范围内受到广泛的关注，我国科研人员也取得了多项创新成果。通过自主科技创新，我国科研人员突破了合成关键酶催化特性差、合成途径缺乏、代谢网络复杂等多个技术瓶颈，取得了一系列创新性结果。浙江大学连佳长课题组通过选择稳定的整合位点、筛选活性和/或特异性更高的途径酶、增加限速酶的基因拷贝数、重构细胞代谢网络及优化发酵工艺，创建了能够高效合成长春质碱的毕赤酵母细胞工厂，优化后的工程菌株能够合成 2.57 mg/L 长春质碱。另外，该课题组还将合成阿马碱的基因整合在已筛选的高效整合位点，下调类萜合成支路酶的表达，关键酶改造、增强辅因子和前体供应及增加 P450 酶拷贝等策略提高了阿马碱的产量，结合发酵条件优化，使阿马碱产量达到 61.4 mg/L。天津科技大学谢希贤课题组构建了一株生产肌苷的基因工程菌株，该基因工程菌株异源过表达核苷转运蛋白、嘌呤操纵子、PRPP 转酰胺酶及异源腺苷琥珀酸合成酶，5 L 发酵罐生产了 20.16 g/L 肌苷。

北京化工大学袁其朋团队使用单加氧酶 HpaBC 代替细胞色素 P450 酶，在大肠杆菌中实现了柚皮素向圣草酚的生物转化，在此基础上对 HpaB 进行饱和突变，最佳突变体对柚皮素的催化效率提高 26.4 倍；通过一种代谢物响应型生物传感器，实现了菌群比例的自我调节，成功使用三菌株共培养从头生物合成了水飞蓟宾。中国科学院微生物研究所尹文兵课题组基于基因组挖掘，鉴定了一个新的柚皮素合酶，该酶能以对香豆酸和对羟基苯甲酸为底物直接合成柚皮素，为微生物高效生产黄酮类化合物提供了一种新的策略。江苏省农业科学院夏秀东团队在大肠杆菌中重构了染料木黄酮的合成途径，通过识别限速步骤，应用人工蛋白质支架系统及增强辅因子供给等策略，构建了一个以甘油为碳源可持续生产染料木苷的大肠杆菌细胞工厂，为利用微生物生产异黄酮奠定了基础。

撰　稿　人：申晓林　北京化工大学
　　　　　　王　佳　北京化工大学
　　　　　　孙新晓　北京化工大学
　　　　　　袁其朋　北京化工大学
通讯作者：袁其朋　yuanqp@mail.buct.edu.cn

第六节　食品生物制造

一、概　　况

食品产业作为我国第一大制造业，在保障民生、拉动内需、带动相关产业和区域经济发展、促进社会和谐稳定等方面具有关键的战略意义。食品生物产业广泛运用代谢工程、酶工程、发酵工程等现代生物技术，以实现高效、绿色和可持续的食品原料生产、加工和制造，从而保障营养食品的可持续供给。

二、主要进展

近年来，食品原料的生物制造、食品功能因子的合成、食品酶的挖掘与制备，以及益生菌资源的开发与应用，有力地推动了食品生物技术的产业化。通过构建微生物底盘和重构基因回路，已经合成多种天然产物（图14-16）。

图14-16　微生物合成多种天然产物

（一）食品原料的制造

传统种植、养殖和食品加工方式面临着资源超载、环境污染、成本高等诸多发展压力。合成生物学在食品领域的应用，正在颠覆传统的食品生产的供给方式及相关产物的用途。合成生物学可利用细胞、微生物等构建目标食物定向合成的工厂，改变传统生产和加工方式对水资源、土地资源等生产要素的依赖，保障食物的可持续供应和营养功能性物质的高效定向合成，正成为食品制造领域创新的战略高地。采用合成生物学手段，实现重要食品原料的生物制备与可持续生产，也是近年来的产业热点。

中国、美国、日本和欧盟等国家或组织，将食品生物技术的发展提升到战略高度，相继投入巨额的研发经费。据统计，全球有近300家公司涉足食品生物技术相关的研究和开发，包括美国杜邦、丹麦诺维信、美国孟山都、德国巴斯夫、荷兰帝斯曼、日本味之素、美国联合利华等行业巨擘。近年来，欧美还涌现出以Codexis为代表的一大批创新型技术公司。

以人造肉、人造牛奶和人造鸡蛋为代表的人造食品的研发与产业化进展迅速，人造的牛肉、猪肉、鸡肉、牛奶等相继面世。例如，美国加利福尼亚州Impossible Foods公司融资2.6亿美元，创建了人造牛肉关键组分——血红素蛋白的酵母细胞工厂，利用植物蛋白组分合成了人造牛肉。与养殖牛相比，这种方法可节省74%的水，减少87%的温室气体排放，所需的养殖土地面积减少95%，且生产的人造牛肉不含激素、抗生素、胆固醇或人造香料。Impossible Foods公司的人造牛肉汉堡已在纽约餐厅开卖。Impossible Foods公司在全球多国（包括中国）申请了发明专利。此外，硅谷的另一家高科技食品公司Hampton Creek利用从牛身上获取的细胞，采用细胞培养技术生产出新型"人造肉"，其相关产品计划已进入全球市场。

据调查，全球大约75%的人口表现出乳糖不耐受，其中绝大多数为亚洲人。人造牛奶不含胆固醇和乳糖，其口味和营养与天然牛奶相同，但适用更广的人群，且产生的碳排放比养殖奶牛减少84%。完美日（Perfect Day）公司先利用细胞工厂技术，创建出能够合成牛奶香味和营养成分的人工酵母，然后利用酵母细胞工厂，生产出牛奶一样的蛋白质，新生产出的蛋白质被业内专家视为下一代重要的牛奶替代品，而这项技术有可能彻底改变整个乳品行业。目前该公司已从投资者手中筹集到数千万美元的资金。

硅谷的Clara Foods科技公司是利用分子合成技术创制动物蛋白的范例。该公司不用鸡来制造蛋清蛋白，而是利用酵母细胞工厂经发酵合成乳清蛋白。美国Hampton Creek公司研发出了蛋类替代品"人造蛋"。该公司采用独特的技术将种植于加拿大的豌豆和多种豆类植物混合，制作出味道和营养价值可与真鸡蛋相媲美且保存时间更长的植物蛋产品，相关产品"植物蛋黄酱"已在我国香港等地的超市销售。

生物技术的发展已经让微生物细胞工厂成为"新型种子"，所有的奶牛制品（从牛肉、牛奶、牛胰岛素到牛胶原蛋白）都能用发酵罐生产，因而不用养殖奶牛就可以合成奶制品。未来的食品生产将集成食品营养关键组分的合成技术、3D打印技术与蛋白仿真技术等，这是一种完全不同于传统的生产模式。

（二）食品功能因子的生物制造

食品功能因子在调节营养和健康方面具有重要作用。利用生物技术构建的细胞工厂，可用于制造食品功能因子，这是一项保障食品功能因子绿色、可持续供给的重要技术。

在打通从珍稀植物的基因组测序、基因挖掘到重组合成的通道之后，科研人员利用酵母细胞实现了从葡萄糖到植物天然产物的从头合成，此外，还利用细胞工厂以工业生物发酵的方式，实现了植物来源次生代谢产物的高效合成。植物天然产物（阿片类生物碱、红景天苷、番茄红素、天麻素、白藜芦醇、水飞蓟素、灯盏花素，以及玫瑰花和茉莉花的香味物质）的生物制造正在逐步产业化。母乳寡糖是婴儿配方奶粉的关键功能营养因子，其高效制备为实现婴儿配方奶粉对母乳的"深度模拟"提供了重要技术支撑。2′-岩藻糖基乳糖（2′-FL）和乳糖-N-新四糖（LNnT）是典型的母乳寡糖。2′-FL 被美国食品药品监督管理局（Food and Drug Administration，FDA）批准为婴幼儿奶粉的添加剂，被欧盟批准为新型食品添加剂；LNnT 被美国和欧盟批准为食品添加剂。2′-FL 在婴幼儿配方奶粉中的建议添加量为 2 g/kg，按全球婴幼儿奶粉年产量 270 万 t 计算，预计全球需求量为 32 400 t/年。目前荷兰、德国的公司已投入巨资研发母乳寡糖，包括 2′-岩藻糖基乳糖、3′-岩藻糖基乳糖、二岩藻糖基乳糖、乳糖-N-四糖、6′-唾液酸乳糖和 3′-唾液酸乳糖，相关技术上已满足规模化生产的要求。

（三）食品酶的挖掘及制造

食品酶制剂在改进产品的风味和质量等方面发挥着重要作用，已广泛用在饮料工业、乳品工业、焙烤工业、水产品肉类工业和油脂加工行业等。随着基因挖掘、蛋白质智能设计、高效分子进化、超高通量筛选等酶工程技术及其装备的开发和应用，新酶基因挖掘技术、酶蛋白的大规模高效表达技术及其表达系统和应用系统等研究取得显著进展。

满足食品领域不同应用需求的复合酶制剂的制造和应用取得重要进展。荷兰皇家帝斯曼集团推出新的 Maxilact Super 乳糖酶，该酶可用于生产无乳糖的减糖乳制品，以满足消费者对无乳糖食品日益增长的需求。该乳糖酶可用于生产牛奶、牛奶饮料、酸奶及各种有机乳品，通过将乳糖"分解成更甜的形式"，使产品减糖高达 20%，此外，还可减少 33% 的水解时间，有助于优化生产效率。

日本天野酶制品株式会社 2021 年推出酶制剂 Umamizyme™ Pulse。该酶制剂可产生更高含量的谷氨酸和半胱氨酸，为植物蛋白质产品提供类似谷氨酸钠的鲜味和浓厚味；同时减少植物蛋白质产品（如豌豆、大豆、杏仁）的苦味；还可用于酸性环境，降低产品中防腐用盐的添加量。此外，蛋白质谷氨酰胺酶已实现商品化，主要用于提升植物基乳制品的口感，有广阔的应用前景。随着人造肉的不断开发及其产业化，用于调控人造肉质构的谷氨酰胺转氨酶等酶制剂的需求和市场也不断扩大。

（四）益生菌的功能解析及应用

近年来，益生菌有益于人体健康的各种不同功能逐渐被人们熟知。随着益生菌的理论研究不断取得突破，其技术成果得以加速转化。益生菌的产业发展迅速，其国际市场规模2022年达到574亿美元左右。典型益生菌产品包括：2019年英国推出的开菲尔发酵水果酸奶，其含有超过40种有益于肠道的菌种；俄罗斯开发的富含双歧杆菌和菊粉的葡萄柚饮用型酸奶，其有助于改善消化功能；专为肠胃健康设计的饮用型酸奶在韩国上市，每份酸奶含2000亿个活性乳酸菌；日本推出的改善肠道健康的功能性发酵乳Bifidus，其中搭配了长双歧杆菌（*Bifidobacterium longum*）BB536菌株，能够增加肠道长双歧杆菌数量，改善肠道健康；此外，日本采用罗伊氏乳杆菌（*Lactobacillus reuteri*）DSM17938菌株，开发出以"改善口腔内菌群，保护牙龈健康"为功能性标示的益生菌发酵乳。

三、市场分析

我国食品产业位居全球第一，是国民经济的支柱产业。2019年，我国食品工业主营业务收入9.23万亿元，占国内生产总值（GDP）的9.3%。预计未来10年，我国的食品消费将增长50%，价值超过7万亿元。同时，我国也是全球最大的食品贸易国，食品进出口均位居世界第一。2019年食品产业进口额908.1亿美元、出口额221.5亿美元，分别涉及全球185个、210个国家（地区），初步形成"买全球、卖全球"食品贸易格局。食品工业是融合全球供应链和提升我国国际竞争力的重要支撑。

根据联合国的预测，到2050年世界人口预计将增长到97亿人，这必然要求更高效、更持续的食物生产方式。以维持人类生命和生长发育的必需蛋白质为例，根据《中国居民膳食营养素参考摄入量（2013版）》中的建议，成年男性和女性的蛋白质摄入量应分别为65 g/天和55 g/天。研究表明，对于特殊人群，如运动员、老年人和孕妇，最佳每日蛋白质摄入量应高于对一般人群的推荐量。同时，《中国居民膳食指南（2022）》推荐混合蛋白质饮食，包括动物性食物、乳制品和植物性食物。植物蛋白通常缺乏一种或多种必需氨基酸，不易消化，而动物蛋白更符合人体的需要，通常能提供所有必需氨基酸。例如，牛肉富含赖氨酸、亮氨酸和缬氨酸，猪肉含有苏氨酸、苯丙氨酸和赖氨酸，而禽蛋类富含甲硫氨酸、苯丙氨酸、色氨酸和组氨酸。根据可消化必需氨基酸评分（DIAAS），鸡蛋和牛乳中的蛋白质得分更高，氨基酸组成/含量与人类所需更加相似。目前动物来源蛋白质生产仍是主要的传统蛋白质供应方式之一，其占人类蛋白质总消耗量的40%，预计这一比例还将大幅增加。联合国粮食及农业组织（FAO）预测，从2000年到2050年，全球肉类和奶制品的消费量将分别增长102%和82%，这需要额外生产2.33亿t肉类和4.66亿t牛乳。

虽然我国食品领域科技发展迅速，但是依然面临以下问题：我国食品工业消耗大量资源和能源，年用水约100亿t、耗电2500亿kW·h、耗煤2.8亿t，产生废水50亿m³、废物4亿t。食品毒害物侦测国外依赖度高。我国快速检测产品以农兽药残留为主（占比80%），受国际认可不足10%。食源性致病菌等核心检测试剂和毒素标准物质高度依赖进口。复杂基质分离材料国产产品占比不足15%，用于8种微生物快速检测的84个检测产品几乎没有国产产品。生鲜食品储运损耗大。美国蔬菜加工运输损耗率为1%—2%，荷兰向世界配送果蔬损耗率为5%，日本生鲜农产品产后商品化100%。而我国生鲜农产品物流损耗率较大，分别为果蔬20%、肉类8%、水产品11%、粮食8%，生鲜食品冷链流通率仅8%，储运损耗方面损失高达千亿元。

四、研发动向

（一）食品生物智造

细胞工厂人工智能设计是构建微生物细胞工厂最重要的一步。迄今为止，已经开发出了一系列用于工业生产的微生物，包括酿酒酵母（*Saccharomyces cerevisiae*）、大肠杆菌（*Escherichia coli*）、芽孢杆菌（*Bacillus* spp.）、梭菌（*Clostridium* spp.）、假单胞菌（*Pseudomonas* spp.）、解脂耶氏酵母（*Yarrowia lipolytica*）、黑曲霉（*Aspergillus niger*）等。在这些微生物中，大肠杆菌、枯草芽孢杆菌和酿酒酵母三种模式微生物由于成熟的基因操作工具和明确的遗传背景，经常被作为合成生物学改造与代谢工程的首选宿主菌株，但总的来说，不同的微生物具有不同的内源代谢和工业生产性能。因此，对于特定的化学生物合成，宿主选择往往对其最终是否具有工业竞争力起着决定性的作用。

例如，革兰氏阳性模式微生物枯草芽孢杆菌，由于其生长快、易培养，并具有强大的蛋白质合成系统，目前在工业上已经广泛应用于营养化学品（如N-乙酰葡糖胺、莽草酸、核黄素）、平台化学品（如乙偶姻、乙酸盐、苹果酸、异丁醇、2, 3-丁二醇）、工业酶（如碱性蛋白酶、木聚糖酶、半乳糖苷酶、淀粉酶）和生物材料等的生产。又如，氨基酸生产通常使用谷氨酸棒杆菌，脂质和脂肪酸的生产通常选择酵母，乳酸的生产通常选择乳酸菌，苹果酸的生产通常使用米曲霉，柠檬酸的生产使用黑曲霉等。此外，还需要考虑微生物的其他方面，包括利用廉价碳源的能力、大规模工业发酵的稳健性和安全性。针对不同的靶向代谢工程改造，不同的宿主通常具有不同的效果，这是因为目的代谢途径往往会消耗大量的碳源或氮源、能量和辅助因子，并可能产生有毒的中间代谢产物，而不同宿主对不同辅助因子的供应具有独特的优势，或者不同宿主对不同的辅助因子或有毒的中间代谢产物可能有不同的耐受性。同时，靶标的部分代谢途径往往来源于宿主本身。如果相应的天然酶促反应是高效的，则将促进进一步的代谢改造。目前，除了实验尝试外，还发展出了一些使用基因组规模的代谢网络模型预测宿主细胞与代谢途径选择的工具。

（二）关键酶的设计与改造

通过细菌转录组的分析可以确定代谢合成中新的调控靶标。对生产核黄素的枯草芽孢杆菌RH33和野生型枯草芽孢杆菌168菌株进行了转录组分析，并结合核苷酸测序和细胞内代谢产物浓度的测量，确定了核黄素合成途径中的两个关键酶可以用来改善核黄素的生产。转录组的数据表明，pur操纵子和编码全局调控因子PurR的基因在枯草芽孢杆菌RH33中均被下调表达。PurR的活性受到嘌呤合成前体磷酸核糖基焦磷酸（PRPP）的调节，而低浓度的PRPP前体供应是限制枯草芽孢杆菌RH33合成核黄素的主要原因。因此，研究人员对枯草芽孢杆菌RH33中合成PRPP前体的两个关键酶基因prs和ywlF共表达，可以有效提高核黄素的产量，核黄素在5 L分批补料发酵中的产量达到15 g/L。在这项研究中，基于系统生物学的转录组分析有助于确立新的合成代谢靶标，以便进一步提高枯草芽孢杆菌中核黄素的产量。

番茄红素是一种重要的类胡萝卜素，具有抗氧化、抗衰老、消炎等重要的生理活性。当前番茄红素的生产主要依赖于植物提取和化学合成，而这两种方法带来的高成本和环境污染等都是番茄红素生产中亟待解决的问题。番茄红素在酿酒酵母中的生产主要以法尼基焦磷酸（FPP）为底物，研究人员通过导入香叶基香叶基焦磷酸合酶基因（CrtE）、八氢番茄红素合酶基因（CrtB）和八氢番茄红素脱氢酶基因（CrtI）这3个基因构建了番茄红素合成途径。其中，香叶基香叶基焦磷酸合酶是最主要的限速酶。Xie等结合关键酶定向进化和代谢调控在酿酒酵母中构建了畅通的番茄红素合成途径，实现了番茄红素的合成。该研究不仅比较了不同来源八氢番茄红素合酶的催化能力，并且对其中活性最高的八氢番茄红素合酶/番茄红素β-环化酶（CrtYB）这个双功能酶进行了定向进化，获得了仅具有八氢番茄红素合酶功能的突变体。在此基础上，进一步通过定向进化提高了香叶基香叶基焦磷酸合酶的催化性能，并结合CrtE、CrtI、tHMG1基因的过表达，使番茄红素产量达到1.61 g/L。Shi等通过筛选crt系列基因并调整拷贝数、强化乙酰辅酶A和还原型烟酰胺腺嘌呤二核苷酸磷酸（NADPH）的供应等综合调控手段，将番茄红素的产量提高到了3.28 g/L。

（三）微生物底盘细胞的改造与外源途径的组装

合成生物学是在基因工程的基础上整合了电子学、计算机科学、数学等多门学科的内容，主要通过DNA合成、代谢途径的组装和基因回路的设计等来构建新的代谢途径，或者从头合成全新的微生物基因组。代谢工程旨在优化和重编程细胞代谢网络来增强目标产物的合成或促使细胞合成新的生物化学品，侧重先整体分析，后局部分析，再到代谢节点进行遗传改造。近年来，基于合成生物学和代谢工程技术构建的微生物底盘细胞已经被广泛应用于食品生产。

作为一种典型的革兰氏阳性细菌和模式工业微生物，枯草芽孢杆菌具有非致病性、强大的胞外分泌蛋白能力及无明显的密码子偏倚等优点，并且是一种一般认为安全（generally recognized as safe，GRAS）级食品安全宿主菌，在功能营养品、精细化学品和酶制剂的生产中具有广泛应用。然而，相较于大肠杆菌，枯草芽孢杆菌底盘细胞的开发还存在较明显的滞后。因此，设计和构建性能优良的枯草芽孢杆菌底盘细胞具有重要的科学意义与应用价值。目前，利用枯草芽孢杆菌底盘细胞已生产出多种天然生物化学品，如七烯甲萘醌、核黄素、软骨素、L-天冬酰胺酶、N-乙酰葡糖胺等。以N-乙酰葡糖胺为例，简要介绍枯草芽孢杆菌底盘细胞的设计与应用。N-乙酰葡糖胺（N-acetylglucosamine，GlcNAc）是氨基葡萄糖的乙酰化衍生物，被广泛应用于维持骨关节健康及治疗骨关节疾病。近年来，研究人员通过CRISPR基因编辑、空间支架、核糖开关和生物传感器等技术和工具从多方面改善并优化了GlcNAc的合成途径，显著提高了枯草芽孢杆菌中GlcNAc的合成效率。例如，Liu等首先将氨基葡萄糖-6-磷酸合成酶基因（*GlmS*）和氨基葡萄糖-6-磷酸乙酰化酶基因（*Gna1*）引入枯草芽孢杆菌中成功构建了GlcNAc合成途径。随后，研究人员利用DNA支架增强了GlcNAc合成代谢中两种酶的协同催化作用，利用RNA支架抑制了GlcNAc合成竞争途径中糖酵解和肽聚糖合成模块的活性。最后，为进一步提高GlcNAc的产量，研究人员结合动力学模拟及动态代谢组学发现了GlcNAc-6-P与胞内GlcNAc之间存在无效循环，这可能是GlcNAc合成途径的限速步骤。通过敲除重组菌BSGN中葡糖激酶编码基因*glcK*可阻断无效循环，导致GlcNAc的生产率增加了2.3倍。

酿酒酵母作为底盘细胞在食品合成中具有较大的优势，除自身拥有良好的鲁棒性外，酿酒酵母的胞内环境、细胞器等亚细胞结构，以及翻译后修饰机制等相比于大肠杆菌等原核生物也都更具优势。近年来，随着合成生物学、代谢工程、DNA测序及组学分析等技术的快速发展，利用酿酒酵母构建细胞工厂合成天然产物已经取得很大进展。青蒿素是能够有效治疗疟疾的药物成分，在20世纪80年代，我国科学家就成功地从植物中提取了青蒿素。但是植物中天然存在的青蒿素含量极低，难以满足市场需求。Keasling课题组通过构建重组酿酒酵母菌株合成了青蒿素的重要前体青蒿酸，然后通过化学法获得了青蒿素，大幅度降低了生产成本。与其他倍半萜一样，青蒿酸的合成也是以FPP作为底物，先通过紫穗槐二烯合酶将FPP转化为紫穗槐二烯，再引入来自黄花蒿的细胞色素P450酶CYP71AV1和细胞色素P450还原酶CPR1，将紫穗槐二烯氧化为青蒿酸。因此，增强FPP的供应是一种行之有效的代谢改造。Erg20、3-羟基-3-甲基戊二酰（HMG）还原酶等MVA途径关键酶的过表达能够有效促进FPP的积累，下调*ERG9*等竞争途径基因的表达也是代谢优化的有效手段之一。Lenihan等通过将*ERG9*的启动子更换为PMET3，利用甲硫氨酸下调*ERG9*基因的表达，同时建立溶解氧计算模型，优化发酵条件，将青蒿酸的发酵产量提高到2.5 g/L。青蒿酸生物合成的另一个

难题是 *CYP71AV1* 和 *CPR1* 高水平表达时产生的活性氧会缩短细胞寿命。Paddon 等利用铜离子调节的启动子 PCTR3 替换了 PMET3，降低了下调 *ERG9* 表达的成本，同时引入了黄花蒿来源的细胞色素酶 b5（cytochrome b5）编码基因（*Cyb5*）、醇脱氢酶（alcohol dehydrogenase）编码基因（*Adh1*）和醛脱氢酶（aldehyde dehydrogenase）编码基因（*Aldh1*），使青蒿酸合成途径代谢流更加通畅，增强了细胞活力和各步骤的生产能力，将高密度发酵产量提高到了 25 g/L。

随着合成生物学的发展，毕赤酵母已被开发为生产天然产品的细胞工厂。与细菌细胞工厂（即大肠杆菌）相比，翻译后修饰的能力和内膜系统的存在使酵母更适合表达真核生物复合蛋白，如细胞色素 P450（CYP450），这些蛋白质通常参与天然产品的生物合成。与模型酵母酿酒酵母相比，毕赤酵母具有强大且受严格调节的启动子，可以高水平表达重组蛋白质。例如，异源蛋白的表达量可能占毕赤酵母总蛋白质的 30% 以上，这远高于酿酒酵母。毕赤酵母是大规模生产天然产品，特别是那些起源于真核生物的产品的有前途的宿主。

虽然毕赤酵母是非常规酵母，但它的遗传学、生理学和细胞生物学已经得到了深入研究。目前，除了治疗蛋白和酶外，毕赤酵母被设计成生产各种化学品和增值化合物，如 D-乳酸、2,3-丁二醇（BDO）、2-苯乙醇、异丁醇和乙酸异丁酯、类胡萝卜素和洛伐他汀等。

（四）基因编辑技术与代谢流全局调控

基于 CRISPR 的高效基因组规模工程工具也得到了迅速发展。CRISPR/Cas 系统不仅可以实现基因组规模的基因编辑，还可以在细胞构建过程中动态调节多基因表达。对于基因组规模的基因编辑，在大肠杆菌中开发了一种易于使用且高效的工具，允许同时编辑（插入或敲除）三个目标基因，最大效率可达 100%。Cas9 蛋白是一种单亚基的核酸酶，是目前微生物合成生物学研究中使用的 CRISPR 系统中最常用的切割组件，通常将该类系统称为 CRISPR/Cas9 系统。该系统在进行基因编辑时，tracrRNA、pre-crRNA 和 Cas9 蛋白先被转录和表达出来；接着，tracrRNA 启动 RNA 酶Ⅲ修饰 pre-crRNA，形成成熟的 crRNA；然后 crRNA、tracrRNA 和 Cas9 蛋白形成复合体，通过 crRNA 的识别作用将复合体靶向目标 DNA，与此同时，tracrRNA 激活 Cas9 蛋白；接着，Cas9 发挥核酸酶的作用切割目标 DNA，使其双链断裂（double-strand break，DSB）。产生 DSB 后，细胞可通过不同修复方式修复 DNA 双链。在该系统中，crRNA 和 tracrRNA 可被一种单链向导 RNA（single-guide RNA，sgRNA）取代，简化识别组件 RNA。为了确保复合体的成功识别，在 sgRNA 的靶序列下游必须含有 PAM（protospacer adjacent motif）序列。PAM 是位于靶向 DNA 的 3′ 端后、长度为 3bp 的序列，供sgRNA和Cas9蛋白复合体识别，其序列组合取决于Cas9蛋白种类，通常为NGG。CRISPR/Cas9系统通过上述过程可在微生物中实现基因的缺失、插入和替换等基因编辑操作，使微生物表现出与编辑前不同的特性，实现特定的生物学功能。微生物合成生物学的两个最重要的目的分别是改造已有的微生物底盘细胞和创造新的底盘细胞，使其实现特定的生物功能。因此，设计和构建元件库来改造、编辑或合成微生物底盘细胞基因组是合成生物学的重点研究内容（图14-17）。

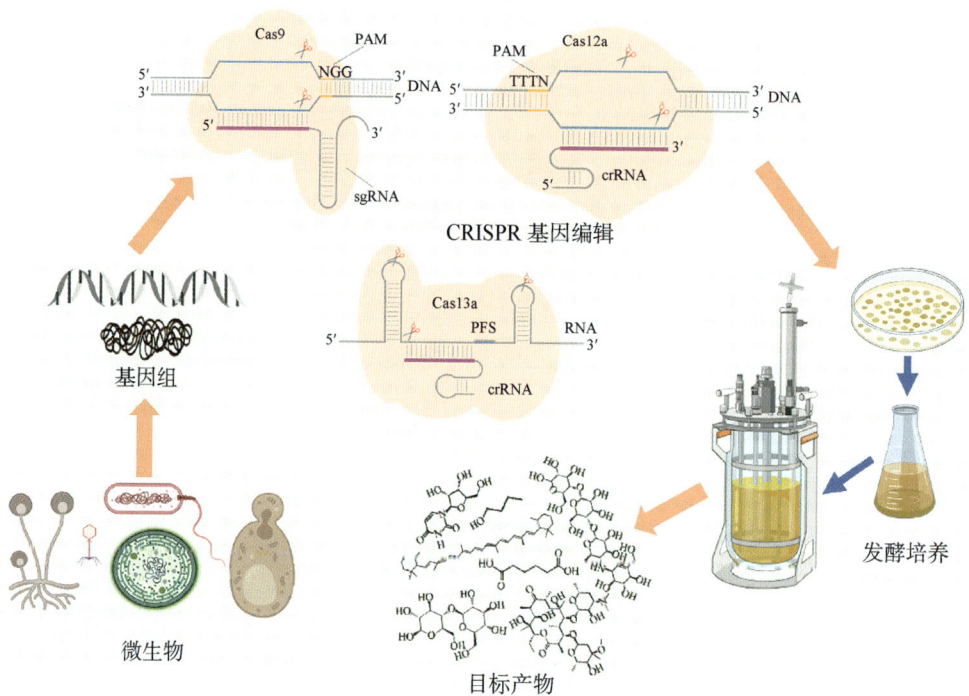

图14-17　基于基因编辑技术构建微生物底盘细胞生产目标产物
PFS. 原间隔物侧翼位点

经典的基因表达调控工具虽然可以实现对单基因表达水平的调控，但在合成生物学和代谢工程的实际应用中往往需要对多基因表达调控的配合。这限制了对宿主进行改造的通量，以及同时探索多个基因的可能，使细胞难以实现全局的最佳表型。同时，细胞内代谢网络往往存在复杂的调控机制，在细胞内进行单基因或多基因表达强度的改变或引入异源代谢途径往往造成细胞内代谢的失衡，使代谢负荷加剧，进一步损害细胞生长，不利于代谢工程菌株在工业上的大规模应用。细胞内天然代谢网络的调控机制为解决这些限制问题提供了替代方法。当环境条件发生变化或细胞处于不利环境时，细胞内代谢网络可以迅速响应环境的变化，开启或促进当前环境条件下利于细胞生存的一系列基因的表达，并抑制对细胞不利的基因的表达。这种全局性的基因表达调控使细胞能够适应不同生长环境中的各种营养条件，诱导相应环境条件下合适的细胞过程，如细胞发育、氮代谢和碳代谢等，提高细胞在不同环境下的抗逆性。而这些全局性的基因表达调控系统往往受调控于某些特定的蛋白质或RNA，如全局转录调节因子、σ因子、6S rRNA、DNA修饰酶等。因此，通过改变相应基因的表达水平，即可实现细胞内全局性的基因表达精确调控。最初，使用σ因子进行细胞内全局转录调控的策略称为全局转录机器工程（GTME）。目前，此概念已经拓展至对所有的全局基因表达调控工具的应用策略。

静态基因表达调控工具可以实现合成生物学对于基因表达的基本要求，并在代谢工程中通过调节基因表达量来平衡细胞内各代谢途径的通量。但是，当静态基因表达调控工具存在局限，如目的基因的表达或中间代谢产物对细胞生长造成损害或加剧细胞代谢负荷时，实现精确的基因表达动态调控显得越来越重要。在细胞内，动态的基因表达调控是天然代谢产物的普遍调控方式。经典的基因表达调控元件中，仅有很少的工具，如诱导型启动子可以实现对基因的动态表达调控，但启动子数量的有限性、诱导剂的额外添加、较小的动态范围及基础表达的泄漏使其越来越不能满足合成生物学研究与代谢工程应用的需要。因此，目前已经发展出一系列新型的可响应多种特定信号的基因表达动态调控工具。例如，通过天然代谢产物对基因表达的反馈调节开发了生物传感器（biosensor），通过宿主间基于化学信号交流导致特定基因表达的现象开发了群体响应分子开关。此外，通过组合天然发现的分子工具或通过人工改造已有分子工具的生物学特性，开发出了一系列天然不存在的人工基因表达调控工具。例如，通过将CRISPR系统中dCas9蛋白（仅有DNA结合功能，无DNA切割功能）与σ因子结合，可以实现转录的激活。这些工具及其组合的使用可以实现类似于天然的基因表达调控功能，在缓解细胞代谢负荷、细胞内中间代谢产物自动控制、解偶联细胞生长与生产过程等方面具有广阔的应用前景，是未来研究和开发的重要方向之一。

除了能响应化学信号的动态基因表达调控工具，目前也开发了一些响应物理信号，如光、热、电和磁信号的基因表达调控工具。在所有的输入信号中，光是一种理想的基因表达调控信号，其可以被瞬间开启或关闭。在自然界中，天然存在多种光调控的基因表达元件，通过光信号的输入，可以实现胞内蛋白的相互作用或基因转录的开启。光诱导基因的转录一般基于感光蛋白结构的变化，在有特定波长光照射的情况下，其可以将光信号转化为基因表达信号，当移除光源时，感光器会发生暗还原，恢复原始状态。基于这一原理，最初在神经元的控制领域构建了光遗传学工具，用于在完整的哺乳动物神经组织内实现神经元刺激或抑制的精确时空调控。目前光遗传学工具箱已广泛扩展至所有的典型模式微生物，并在离子选择性、光谱灵敏度和时间分辨率等方面进行了优化以用于合成生物学研究和代谢工程改造。在大肠杆菌中，基于蓝细菌植物色素8基因（*Cph8*）构建了红光依赖的基因表达调控工具，基于蓝细菌膜相关组氨酸激酶基因（*CcaS*）及其调节蛋白基因（*CcaR*）构建了红光依赖的基因表达调控工具，使工程大肠杆菌能够独立感应红光和绿光，实现了多基因表达的精确时空调控。这套光遗传调控系统进一步被引至枯草芽孢杆菌，通过优化途径基因表达，在枯草芽孢杆菌内成功实现了超过70倍的基因表达激活。在酿酒酵母中，基于一种蓝光激活的光、氧、电压结构域（LOV）光敏蛋白（EL222），成功构建了两个酵母光遗传基因表达工具OptoEXP和OptoINVRT，分别用于蓝光依赖的基因表达激活与基因表达抑制，并成功应用于代谢工程中，提高了酿酒酵母异丁醇和2-甲基-1-丁醇的产量（图14-18）。

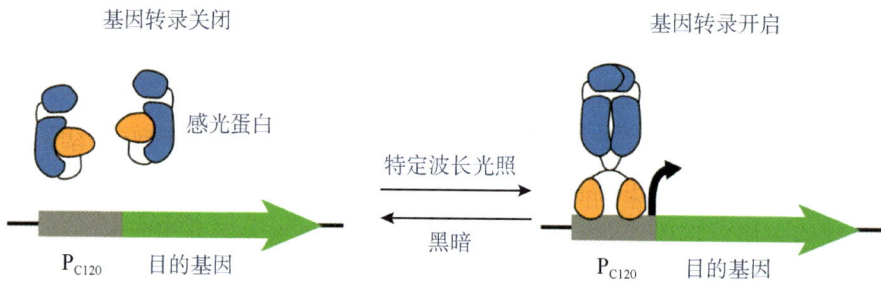

基因转录关闭　　　　　　　　　　　基因转录开启

感光蛋白

特定波长光照

黑暗

P_{C120}　目的基因　　　　　　　　　　P_{C120}　目的基因

图14-18　基于光遗传学的基因表达调控工具

目前，典型模式微生物基因表达精细调控工具已经围绕中心代谢各个层面进行了补充、增强与发展，包括基因水平、转录水平、翻译水平和蛋白质水平，实现了工具的多样化和创新性。同时，新型的基因表达调控工具已经在一定程度上实现了理想基因表达调控元件的表征，如严格控制的泄漏率、便于调节的动态模式、宽泛的响应区间、良好的正交性、稳定的信号响应性等。此外，随着系统生物学和计算分析技术的进一步发展，研究人员发现了越来越多性能强大的天然细胞基因表达精细调控工具。同时，根据日益丰富的生物学信息开发功能更强大的基因表达精细调控元件也是未来发展的方向之一。性能更强大的基因表达调控工具可以进一步促进合成生物学和代谢工程的发展，如使工程菌株能够响应监测到的代谢压力而自动精确调节基因表达，这在实现细胞内资源平衡、防止代谢毒性和抑制低产亚群等方面具有广阔的应用前景。

五、自主创新情况

在政府的高度重视下，我国食品生物技术的产业化发展迅速。在人造肉市场方面，我国拥有潜力巨大的市场，不断涌现出人造肉初创企业，相继有企业推出各种与中国传统美食相结合的人造肉产品。传统素食企业和其他食品企业持续加强与高校和科研院所的合作，以推进人造肉品质的提升。

在细胞工厂创制领域，我国已进入国际先进水平的行列，在构建丹参酮、人参皂苷、水飞蓟素、类胡萝卜素等植物天然产物的细胞工厂上取得了一系列国际领先的成果，开发出了很多新技术，这些新技术显著降低了很多产品的发酵生产成本，完全有可能取代传统的化学合成法或植物提取法。

在食品功能营养因子的合成方面，我国开发出了更适合生产母乳寡糖的微生物发酵法，这种方法以不产生内毒素的枯草芽孢杆菌（典型食品级微生物）作为细胞工厂。此外，以酵母、裂殖壶菌等为底盘细胞，还创建出可高产量生产出脂肪酸（亚油酸、亚麻酸、二十碳五烯酸、神经酸等）的单细胞体系和油脂发酵技术，这些技术以葡萄糖等为原料，生产高附加值功能油脂，丰富了我国功能油脂的生产技术体系。

近几年，我国酶制剂行业的市场竞争力不断增强，国产酶制剂产品在国内市场占有率显著提升。通过生物数据库快速挖掘食品酶编码基因、开发基因编辑技术以及构建食品酶复配与使用技术，淀粉加工用酶、脂肪酶等食品酶创制及产业化应用取得了重要突破。

在益生菌方面，我国致力于研发适用于中国人肠道健康的具有自主知识产权的优良菌株。乳品公司联合科研院所开发出的新型乳双歧杆菌和植物乳杆菌等新菌种，已广泛用于益生菌发酵乳和乳饮料产品中。同时，国内市场对益生菌产品的需求也大幅增加，发展空间大。

撰稿人：刘延峰　江南大学生物工程学院
　　　　刘　龙　江南大学未来食品科学中心
通讯作者：刘　龙　longliu@jiangnan.edu.cn

第七节　生物能源制造进展

一、产业背景

生物能源是可再生能源的重要组成部分，国际公认其拥有零碳或负碳属性。随着使用比例的不断提升，生物能源降低碳排放、服务"三农"等作用逐步显现。作为生物能源的代表性产品，在全球范围内，近年来生物液体燃料使用量大幅增长，成为极具潜力的化石替代能源。在当前全球携手应对气候变化、共同降低碳排放的背景下，生物液体燃料的推广使用已逐渐成为交通领域降碳的重要手段。

2022年10月，美国可再生燃料协会（RFA）公布了生物燃料乙醇降低碳排放的研究结果。从全生命周期评价（LCA）考量，在交通领域，以玉米为原料的生物燃料乙醇推广使用具有良好的减排效果；以玉米秸秆为原料的生物燃料乙醇对比同等热值汽油的减排幅度最高可达135%。目前93%的轻型车辆可以在不进行任何改造的前提下使用E15乙醇汽油。欧洲标准化委员会（CEN）不久前完成的一项针对掺混比例更高的E20乙醇汽油（乙醇含量20%）的成本效益研究表明，使用E20乙醇汽油温室气体排放量可在E10乙醇汽油的基础上再减少10%，此外，欧洲这项研究与美国能源部下属的国家可再生能源实验室（NREL）近期的一份研究都显示E20乙醇汽油具有较强的市场应用潜力。除了已经使用高掺混比例乙醇汽油的巴西以外，欧盟、美国、印度等也正计划在中长期使用E20乙醇汽油。鉴于重型车辆使用的化石燃料短期内难以被电力全面替代，具有良好降碳能力的生物柴油推广使用是尽快实现该领域碳达峰碳中和的有效解决方案。不同的生产原料导致生物柴油的减排效力有差异。以棕榈油和豆油为原料的生物柴油在全生命周期的温室气体排放比同等热值化石基柴油减少19%和31%，使用餐厨余油（UCO）等废弃物为原料的生物柴油减排幅度可达79%—86%。

近年来，在国际民用航空组织和国际海事组织（IMO）承诺碳中和目标的背景下，生物燃料迎来了新的发展机遇。2021年10月4日，第77届国际航空运输协会年度大会批准全球航空运输业于2050年实现净零碳排放的决议，由于生物基可持续航空燃料（SAF）相比于当前使用的航空燃料可以降低60%的温室气体排放，在航空领域碳中和目标的驱动下，预计未来将会取得显著增长。2018年4月，国际海事组织（IMO）173个成员签署协议，到2050年将海运二氧化碳排放量降至2008年水平的一半，并逐步朝着零排放的目标迈进。在使用生物柴油替代现有燃油的同时，使用生物天然气作为动力燃料也成了近年来探索的新方向。由于能量密度高，且作为船用燃料的技术与配套基础设施相对成熟，生物天然气具有较显著的温室气体减排潜力，与传统的船用液体燃料相比最多可减排80%，目前已逐渐成为交通领域重要的低碳燃料。天然气应对气候组织（Gas for Climate，GfC）提出生物甲烷应该在海运、工业与建筑等领域中扮演重要角色。

随着氢燃料电池技术及相关产业的逐渐成熟，氢能成为当今能源领域研究的热点。从产业链角度看，氢能要在实现"双碳"目标进程中发挥作用，需要大力推进绿氢产业的发展。当前绿氢的生产技术研发主要集中在通过可再生能源电解水。然而由于资源条件与分布、运输距离与手段、基础设施等方面的限制，保障绿氢的供给还需要开拓其他来源。通过生物质转化的氢气是一种优质低碳能源，具有资源分布广泛、转化手段丰富、储运便利、基础设施相对成熟等特点，未来将成为氢能产业的重要组成部分。

全球气候变化、自然灾害、金融危机、战争等不利因素无不对全球粮食安全造成实质性影响，同时人们也在担忧生物能源产业发展中原料规模的扩张对粮食安全造成威胁。近年来，随着生物技术的进步，农林废弃物资源化利用效率显著提升，从而支持农业农村提高土地利用效率，增加收入，进而促进农业发展和保障粮食安全。在多因素影响下，全球生物能源产业正在逐步推进原料转型，预计未来以农林废弃物为原料的先进生物燃料将大幅增长。

现阶段，生物能源产业的发展仍然高度依赖政策。欧盟近年来在生物能源领域立法较为活跃，设定了到2030年实现温室气体排放比1990年减少55%的目标，为此，在2021年7月采纳了对可再生燃料指令（RED II）进行修订的立法建议，拟将2030年终端消费的可再生能源比例提高到38%—40%，其中交通能源维持了7%的可食用原料生物燃料的上限，并提出先进生物燃料比例需要实现2025年占比达到0.5%，2030年占比达到2.2%。

2022年，我国出台了一系列政策，推动生物能源产业向先进生物燃料升级，特别是"十四五"的相关规划指出了生物能源发展的重点（表14-31）。在品类上，提出大力发展纤维素燃料乙醇、生物柴油、生物航空煤油、生物天然气等非粮生物燃料。在应用领域上，提出市政、交通等重点领域替代推广应用，以及加快生物能源在农村生活中的应用。在应用模式上，提出鼓励开展醇、电、气、肥等多联产，开展县域生物天然气应用。在重点技术攻关上，提出加快生物天然气、纤维素乙醇、藻类生物燃料等关键技术研发和设备制造，优选和改良中高温厌氧发酵菌种，提高生物质厌氧处理工艺及厌氧发酵成套装备研制水平。

表14-31　2022年我国生物能源相关政策

时间	政策名称	相关内容
1月	促进绿色消费实施方案	加快生物质能在农村生活中的应用
2月	"十四五"推进农业农村现代化规划	推进农村生物质能源多元化利用，加快构建以可再生能源为基础的农村清洁能源利用体系
3月	"十四五"现代能源体系规划	大力发展纤维素燃料乙醇、生物柴油、生物航空煤油等非粮生物燃料。在粮食主产区和畜禽养殖集中区统筹规划建设生物天然气工程，促进先进生物液体燃料产业化发展

续表

时间	政策名称	相关内容
5月	"十四五"生物经济发展规划	推动生物燃料与生物化工融合发展，建立生物质燃烧掺混标准。 优选和改良中高温厌氧发酵菌种，提高生物质厌氧处理工艺及厌氧发酵成套装备研制水平，加快生物天然气、纤维素乙醇、藻类生物燃料等关键技术研发和设备制造。 积极推进先进生物燃料在市政、交通等重点领域替代推广应用，推动化石能源向绿色低碳可再生能源转型
6月	"十四五"可再生能源发展规划	在粮食主产区、林业三剩物富集区、畜禽养殖集中区等种植养殖大县，以县域为单元建立产业体系，积极开展生物天然气示范。统筹规划建设年产千万立方米级的生物天然气工程，形成并入城市燃气管网以及车辆用气、锅炉燃料、发电等多元应用模式。 积极发展纤维素等非粮燃料乙醇，鼓励开展醇、电、气、肥等多联产示范。支持生物柴油、生物航空煤油等领域先进技术装备研发和推广使用

二、各国（地区）生物燃料技术与产业进展

（一）中国

在由化石能源为主的能源结构向多元化能源组合的变革过程中，政策引导具有重要作用。对比生物能源产业发展相对领先的国家和地区，指令性消费和税收减免等政策在我国尚未实施，我国的生物能源产业政策体系仍需不断完善。

目前，我国生物能源产业的代表性产品燃料乙醇主要是以玉米、稻谷等粮食作物为原料生产的一代生物燃料乙醇，非粮作物为原料的生产装置较少，且产能利用率不足。近年来，我国陆续出台了多项政策，鼓励生物能源产业向非粮原料转型。2021年7月，国家能源局印发《2021年能源工作指导意见》明确提出，要加快推进纤维素等非粮生物燃料乙醇产业示范，指出了发展纤维素燃料乙醇将是生物燃料乙醇的重点方向。在全行业坚持不懈的努力下，我国二代生物燃料乙醇（纤维素乙醇）的产业化取得突破。国投生物科技投资有限公司在黑龙江省海伦市投建的年产3万t纤维素乙醇示范项目，以海伦市及周边地区玉米秸秆为原料，采用"玉米秸秆粉碎汽爆+发酵+多级差压精馏+分子筛变压吸附脱水+分离蒸发"的生产工艺，于2022年成功投产并实现较长时间平稳运行，标志着我国二代生物乙醇取得了重大技术突破。Clariant（科莱恩）公司与安徽国祯集团股份有限公司（简称安徽国祯集团）、康泰斯（上海）化学工程有限公司（简称康泰斯）签署了sunliquid®纤维素乙醇技术许可协议。安徽国祯集团和康泰

斯拟共同在安徽阜阳建设一套5万t/a纤维素乙醇工业化装置。我国纤维素乙醇产业进入商业化发展阶段。

我国在政策上支持以餐厨余油和油料植物为原料的生物柴油的生产，产品主要出口欧洲市场。近年来，由于欧盟RED Ⅱ提高了对生物柴油的消费目标，并对原料提出了更高要求，对以棕榈油和豆油为原料的生物柴油做出了限制。我国以餐厨余油为原料的生物柴油在欧洲销量大增。因此，中国柴油行业重点企业加大了对生物柴油的研发与投资。截至2021年9月，中国生物柴油专利申请量的全球占比达到17%，成为继美国之后的全球生物柴油第二大技术来源国，同时行业的产能利用率明显上升。

北京三聚环保新材料股份有限公司（简称三聚环保）2019年建成MCT（mixed cracking treatment）悬浮床加氢工业示范装置，以棕榈酸化油、地沟油、湔水油等生物废弃油脂为原料，生产二代生物柴油。2020年，中国科学院青岛生物能源与过程研究所与河北常青实业集团有限公司联合攻克沸腾床改造均相加氢工艺生产生物柴油技术，新建的20万t/a装置开车成功，初步实现了产业化应用。该技术于2021年10月通过中国石油和化学工业联合会的成果鉴定。上海自2013年起在公交车、环卫车试点使用生物柴油，并在2018年发布鼓励办法对相关企业进行补贴。截至2020年底，B5生物柴油供应已覆盖上海市区243个加油站。2021年，上海再次修订鼓励办法，将补贴期限延长了两年。

依托废弃油脂加氢的二代生物柴油技术［酯和脂肪酸加氢（hydroprocessed esters and fatty acids，HEFA）工艺］，我国已经具备生产生物基SAF的能力。中石化已在2022年实现SAF的商业化生产和销售，三聚环保等公司已在年报中披露其在该领域投资的意向。

生物制氢是通过生物质原料转化成绿氢的新型技术路线，为我国氢能绿色低碳发展提供新路径。2022年，由中国科学院生态环境研究中心与国投生物科技投资有限公司合作开发了生物质乙醇催化重整制氢技术，利用生物乙醇绿色低碳、储存运输便利等优势，提高绿氢可获得性，降低使用成本。此项研究完成了实验室阶段工作，目前已经进入中试阶段，预计2023年完成中试实验。该项技术的攻克有望推动氢气加注站点实现站内制氢加氢一体化的商业模式。

（二）美国

美国的生物能源消费一直处于全球领先水平。目前美国生物能源消费的保障性政策体系主要由可再生能源标准（RFS）、加州低碳燃料标准（LCFS）及生物柴油的退税等组成。2022年，美国环保局（EPA）通过了一项对《清洁空气法案》（Clean Air Act，CAA）夏季雷特蒸气压（RVP）限制的司法解释，取消了人口稠密地区夏季4个月的

E15乙醇汽油销售禁令。然而，华盛顿特区巡回法院认为EPA超越了权限，驳回了这项豁免，但仍影响了E15汽油的推广。为应对能源供给紧张，降低汽油价格，2022年美国通过紧急豁免，允许夏季使用E15汽油，全美已有2%的加油站出售E15乙醇汽油。受汽油消费总量下降趋势影响，这些利好因素难以在短时间内带动美国燃料乙醇的消费增长，EPA试图通过推动全年使用E15乙醇汽油提振市场需求。

纤维素乙醇方面，美国早期的纤维素乙醇工厂均已停产，但相关研究工作仍在开展。2020年9月底，美国能源部出资1000万美元继续开展柳枝稷草转换为生物能源的研究。2021年12月，Blue Biofuels（BIOF）公司与美国农业部合作优化王草（king grass）的纤维素制糖（cellulose-to-sugar，CTS）工艺。在合作中，美国农业部负责提高种植水平，BIOF公司负责优化生物质原料处理工艺，进一步提升纤维素乙醇生产技术水平。

近年来，美国生物柴油和SAF消费明显增长，生物能源市场保持总体平稳。2022年，美国给予可再生柴油（renewable diesel）1美元/gal（1 gal≈3.785 43 L）的税收抵免，以此推动可再生柴油的消费显著增长。美国菲利普斯66公司和马拉松石油公司等传统炼油商开始计划对炼油装置进行改造，增加可再生柴油的产能。美国2021年推出《航空气候行动计划》，不仅将生物基SAF作为美国实现航空业碳中和目标的重要手段，还希望成为全球该领域的领先者。2022年，美国能源部牵头组织编写并发布了《SAF大挑战路线图》，推动SAF产业降低成本，提高可持续性，并实现2030年产业规模达到30亿gal/a的目标。

（三）欧盟

2003年，欧盟通过颁布机动车生物燃料指令为生物燃料产业的发展奠定了基础。2006年，欧盟发布了《欧盟生物燃料战略》，提出将生物燃料作为交通领域替代燃料加以推广。多年来，欧盟的可再生燃料指令经历两次修订，可再生燃料目标不断提高。欧洲可再生能源现行政策为RED II，设定了欧盟2030年交通领域生物燃料在能源消费的比例为14%（2019年约7.3%），且以粮食为原料的传统生物柴油添加比例上限要由2021年的7%下降到低于3.8%。以非粮物质为原料的先进生物柴油添加比例下限由2021年的0.5%提升到6.8%。将棕榈油和豆油制成的传统生物柴油列为导致森林砍伐和比使用化石燃料排放更多温室气体的高风险能源。欧盟成员国不能再将以棕榈油为原料生产的传统生物燃料计入其可再生能源，作为实现气候目标的手段。

2021年7月，欧盟推出"Fit for 55 Package"提案，提出比RED II更高的生物燃料目标。目前，欧盟生物燃料产业发展的主要特点是提高生物燃料在交通燃料中的使用比例，对以粮食为原料的燃料乙醇设置上限，提高纤维素乙醇的用量，逐步提高生物柴油的掺混比例，以温室气体减排幅度为标准对生物柴油原料设置门槛，逐步减少以棕榈油和豆油为原料的生物柴油消费，推动欧盟境内广泛使用SAF，提高生物甲烷的产量。

2020年1月，丹麦、匈牙利、立陶宛和斯洛文尼亚等国相继开始推广使用乙醇汽油，欧盟使用乙醇汽油的成员国增加到13个。2021年10月，科莱恩公司宣布完成了罗马尼亚纤维素乙醇项目的建设，该装置于2022年1月投入运行，产出纤维素乙醇销售给荷兰皇家壳牌集团公司，此举标志着欧盟向纤维素乙醇商业化目标迈出了坚实的一步。

此外，欧洲航空业也开始在各机场部署生物基SAF，挪威和瑞典是欧盟SAF推广应用的先行者。挪威规定航空燃料中最少添加0.5% SAF，到2030年将逐步增加到30%，SAF的原料必须是非粮生物质。瑞典规定从2021年到2030年，SAF添加比例从1%逐步增加到30%。欧洲部分航空公司与SAF生产商签订长期供应合同也刺激了SAF的产能增长与技术创新，传统石油化工公司［如英国石油（BP）公司］计划新建SAF产能，以满足中长期市场需求。除了主流的HEFA工艺，LanzaTech（简称朗泽科技）基于生物基乙醇制航空燃料的技术也开始向商业化迈进，现阶段朗泽科技计划在英国新建三套醇制航煤（alcohols-to-jet，ATJ）装置。

2022年5月，欧盟为发布REPowerEU能源保障计划，明确了2030年生物甲烷产量达到350亿 m^3 的目标，此举旨在助力欧盟实现2050年碳中和目标和提高能源安全。为了实现这一目标，欧盟要求各国建立相应的生产设施，升级并网设施和相关标准。

（四）其他国家

除了以温室气体减排为目标，一些生物质资源丰富的国家为了降低对进口能源依赖的程度和能源成本，纷纷根据自身资源条件大力提倡使用生物燃料。

巴西依靠RenovaBio政策与灵活燃料车（FFV）成为全球重要的生物燃料生产与消费市场。RenovaBio政策是与美国RFS、加州LCFS及欧盟RED类似的法规文件，能够确保生物燃料在国内普遍使用。目前，巴西是世界上唯一一个交通能源中生物燃料占比超过10%的国家。

E100乙醇汽油在巴西交通领域扮演了重要的战略性角色，作为世界第二大燃料乙醇生产和消费国，巴西能够在全国范围供应E100乙醇汽油。2021年，巴西在格拉斯哥COP26会议上承诺碳中和目标，进一步巩固了生物燃料在该国的战略地位。在此背景下，Raízen公司宣布计划2030年前建设20套二代生物燃料乙醇装置。2022年，壳牌公司与Raízen公司签订长期协议，总计将购买约25万t（32.5亿L）二代生物燃料乙醇。巴西同时也是世界领先的脂肪酸甲酯（FAME）生物柴油生产和消费国。巴西于2018年开始实施生物柴油掺混指令，掺混比例为10%，2020年掺混比例提高到

12%，2021年提高到13%。巴西矿业和能源部2021年出台了国家氢气计划。2022年9月，壳牌公司联合Raízen等公司宣布共同开发乙醇转化绿氢技术，披露的合作内容是分阶段建设两套装置。一期建设一套5 kg/h规模的小型装置，成功投产后再建设一套44.5 kg/h的制氢装置。该项目由壳牌公司出资，Raízen公司提供乙醇，采用德国诺曼艾索（NEA）集团的制氢技术，预计2023年完工，建成后氢气供圣保罗市校园内通勤车使用。

2020年12月，印度政府宣布计划到2025年生物燃料乙醇掺混比例达到20%的目标，比此前提出的计划提前5年。此计划将分段实施，在2022年11月前达成在全国范围内实现生物燃料乙醇掺混比例10%的目标。2022年6月初，印度总理莫迪宣布提前实现乙醇掺混比例10%的目标，并于2023年开始提供掺混比例20%的乙醇汽油。2022年8月10日，印度宣布建成一套以稻草为原料的2.4万t/a二代生物燃料乙醇装置。根据印度石油和天然气部消息，印度未来将建设12套二代生物燃料乙醇装置。为完成2025年掺混比例达到20%的目标，印度第三大炼油商巴拉特石油公司（BPCL）扩建了其乙醇储存能力。此外，丰田汽车公司在印度推出了灵活燃料车，发动机可以使用高比例乙醇汽油（20%—100%）。

撰 稿 人：林海龙　国投生物科技投资有限公司
通讯作者：林海龙　linhailong@sdic.com.cn

第八节　我国生物制造装备的发展

一、本行业的发展情况

全球生物医药产业在近三十年发展过程中，平均每年销售额以25%—30%的速度增长。2022年我国生物医药产业规模已超过4万亿元，占GDP的比重接近4%。2022年5月发布的国家《"十四五"生物经济发展规划》明确提出打造国家生物技术战略科技力量，加快突破生物经济发展瓶颈，实现科技自立自强。未来五年和更长一段时间，在《"十四五"生物经济发展规划》牵引下，我国生物领域战略科技力量将持续壮大，有力支撑生物经济高质量发展。在生物制造领域，这些生物技术产业化的技术起点是生物反应，而实施规模化生物反应过程的核心装置是生物反应器。在过去的10年里，我国生物制造产业已取得了飞速发展，在合成生物学、生物创新药等领域已实现国际"并跑"甚至局部"领跑"。但是，我国创新生物制造产业仍面临着严峻的形势，主要表现在生命科学领域共性关键技术及成果转化相关的上、下游核心装备、仪器、仪表或核心部件被欧美大公司垄断，其中包括研发用生物反应器、细胞规模化生产用生物反应器、细胞治疗用生物反应器以及细胞培养过程代谢特性检测设备等。我国在这些设备的供应方面处于全面落后状态，并且存在巨大的产业风险，一旦欧美公司切断供应，将严重威胁我国整个生物制造产业的发展。因此，我国亟须在生物制造领域开展相关装备研究，打破国外垄断，实现生物制造装备的中国"智"造，乃至中国"创"造。

二、生物制造装备发展情况

（一）大规模细胞生物反应器是生物医药产业的核心生产装置

2017—2022年，我国获受理1类新药中生物药数量和占比保持持续增长，2022年生物药占比首次超过50%，达到52%。EMA所批准的所有生物医药中，70%以上的份额需要用细胞培养技术来生产，而生物反应器是实现各类细胞培养的技术基础。CHO（Chinese hamster ovary，中国仓鼠卵巢）细胞、大肠杆菌、酵母细胞占到了EMA所批准的生物药生产用细胞系的80%以上。哺乳动物细胞反应器的悬浮培养技术、无血清培养技术、固定床微载体培养技术、灌流培养技术、连续培养技术等是当前世界范围内各大生物制药公司产业化生产疫苗、抗体和重组融合蛋白等生物医药的首要选择和发展方向。多种细胞培养技术对生物反应器有着多样性的技术要求和培养规模需要。在一次性产品使用量增加、疫苗需求畅旺、治疗药物开发、先进技术应用日益广泛及生物反应器技术发展等因素的推动下，全球生物反应器市场规模稳步增长。数据显示，2021年全球生物反应器市场规模达34亿美元，2022年全球生物反应器市场规模已达40亿美元。相关资料显示，由国内企业提供的生物反应器在中国生物反应器市场的占比于2021年达27.7%。同时，数据显示，2021年中国生物反应器市场规模达41.5亿元，2022年中国生物反应器市场规模已超过50亿元。人口老龄化、慢性疾病患病率的上升和创新药物研究的增长将推动生物反应器全球市场规模的增加。近年，越来越多的生物制药公司将重点放在抗体、细胞治疗、基因治疗方案的开发上，这将推动生物反应器行业的发展。个性化药物正在改变许多疾病的识别、分类和治疗方式，针对特定人群的个性化药物增长将进一步促进生物反应器行业的发展。从2022年下半年始，发展合成生物技术及下游的生物制造产业又成了下一波生物制造发展的热点，特别是利用合成生物技术实现生物基材料、复杂化合物等产业的迅速崛起，对高端的微生物制造反应器的需求也会增大，使国内的微生物高端生物反应器的发展有更多的机会。

从生物反应器等核心装备的产业布局来看，长期以来，我国高端生产医药产业所需的药物开发和生产装备，基本被欧美发达国家垄断，供应链和定价权完全由国外主导。在高端生物反应器研制方面，国际主流生产商有丹纳赫（美国）、通用电气（General Electric，GE）（美国）、赛默飞世尔科技（美国）、颇尔（美国）、赛多利斯（德国）、默克（德国）等。其中，赛多利斯开发的 Amber 系列平行反应器配置拉曼光谱的 PAT（process analysis technology，过程分析技术）；m2p-labs 公司的 RoboLector 微型阵列反应器可实现基于试验设计（design of experiment，DoE）的发酵过程高通量智能优化；Eppendorf 公司的 DASGIP 平行反应器系统逐渐朝向自动化、智能化发展。这些国外头部企业都拥有自己的生物反应器、耗材、膜材和工艺技术整体解决方案。目前全球销量前五的生物反应器生产商如下。

（1）丹纳赫（Danaher）：该公司的主要生物反应器产品为 iCELLis 生物反应器，其为一次性使用的自动化固定床生物反应器，为贴壁细胞提供了极好的细胞生长条件。

（2）GE 医疗（GE HealthCare）：该公司的主要生物反应器产品为 Xcellerex XDR 10，该产品是一种灵活的一次性搅拌罐式生物反应器系统，可用于小规模生产、工艺开发和过程故障排除。2019 年 GE 生命科学公司的生物医药业务已被丹纳赫收购，丹纳赫在原 GE 生命科学公司的基础上成立了新的公司——Cytiva。

（3）默克（Merck KGaA）：该公司的主要生物反应器产品为 Mobius 一次性搅拌式生物反应器，用于悬浮和贴壁细胞大规模培养。

（4）赛多利斯（Sartorius）：该公司的生物反应器产品涵盖面广，包括 Ambr 系列高通量细胞培养器、一次性生物反应器和不锈钢生物反应器，产品规模从毫升级到千升级，并采用模块化和平行化设计，具有较高的自动化水平。

（5）赛默飞世尔科技（ThermoFisher Scientific）：该公司的主要生物反应器产品包括开放式结构的一次性生物反应器和集成式一次性生物反应器。

对于未来发展迅速的对接合成生物学引发的生物制造产业的高端微生物大规模制造产业，则为国内现有生物反应器制造企业提供了新的挑战与机会。基于国内现有制造产业的基础，智能化平行生物反应器这几年也都有了长足的进步，相信这些反应器的国产化应该是一个大的趋势。

（二）生物反应过程检测装备助力生物医药产业智能化升级

全球生物医药产业和新型治疗技术手段日新月异的发展对规模化哺乳动物细胞培养技术和装置提出了更高的要求，包括生产效率的提高、产品质量和安全性的稳定、生产过程成本的降低、个体化细胞培养生产模式的临床应用等。但由于细胞系统极其复杂，以及缺乏适合的传感系统，人类对细胞生长过程的了解非常有限。因而生物制药的研究耗时耗力，成本高。早在2004年，美国FDA（Food and Drug Administration，食品药品监督管理局）就发表了关于PAT的工业指南——《PAT——创新药物的研发、生产和质量保证的框架》，明确了PAT的地位与作用。近几年来，随着生物制药行业对PAT认识的逐步深入，PAT也逐步被运用到生物药品研发、生产与质量管理等诸多方面。

　　发酵液成分的在线检测要求耐高温灭菌、信号稳定、无须预处理、不易染菌，已成为生物过程研究的一个热点和难点。目前动物细胞培养的生物反应器配备的在线传感器主要包括温度、pH和溶解氧等，主要停留在物理环境参数的测试上。基于纳米晶体材料的酶电极检测，以及无损的在线光谱检测技术，包括红外吸收、荧光和拉曼散射光谱等，在生物过程营养物和代谢物浓度监测方面优势明显。光传感器利用光和物质的相互作用而被用于成分分析，目前在生物过程监控中变得日益重要。光可以进行无创无损、连续和多参量的同时检测，不会给反应器带来污染，同时光不会对细胞的新陈代谢产生干扰，可进行细胞体内的检测，这是其他方法无法实现的。目前光传感技术主要包括紫外吸收光谱、近红外和中红外吸收光谱、拉曼光谱、荧光光谱及脉冲太赫兹光谱等，其中最有潜力可以产业化的光传感器技术包括荧光传感、中红外传感和拉曼传感。过去三十年荧光传感器已经被用于各种生物过程监控，最近基于激发和发射荧光矩阵的二维荧光光谱仪逐渐成为监控复杂生物过程的主流荧光光谱仪，多波长激发和多波长荧光检测相结合可以观察不同的生物过程。由于水对中红外有强烈的吸收，导致红外光谱技术在发酵液成分测定方面面临极大挑战。但是得益于衰减全反射（attenuated total reflection，ATR）波导探头的成功开发、傅里叶红外光谱仪电子降噪技术的提高，以及化学计量学的发展，红外光谱技术已实现对水溶液中各成分的分析。在拉曼光谱方面，时间门控拉曼技术有效解决了发酵液的背景荧光干扰问题，使得特异性高的拉曼指纹图谱技术在生物过程检测方面具有较大的应用前景。由于可以同时测试多种参量的浓度，识别性能高，拉曼光谱是目前生物过程监控最适合，同时也是发展最快的技术之一。

　　目前全球几个大的制药公司包括辉瑞（Pfizer）和Biogen，以及欧美很多的大学机构都在进行这方面的研究及应用尝试。美国的Kaiser Optical System公司（被德国耶拿公司收购）在这个领域已经进行了十多年的开发，可以提供完整的检测系统，但是单套系统售价100万元以上。其他公司还包括大型的仪器耗材供应商Sartorius Stedim（美国），以及专业提供拉曼过程监控系统的加拿大Tornado Spectral Systems和美国MarqmeTrix公司。国内包括华东理工大学、大连理工大学、中国科学院青岛生物能源与过程研究所等在内的十多所高校和机构成功将近红外、拉曼光谱应用于发酵过程研究和单细胞成分分析。高特异性荧光探针和微型化无机盐离子传感器等工具的开发为实现胞内外代谢物浓度的准确定量提供了前瞻性方法。国内华东理工大学庄英萍教授团队对发酵过程质谱仪、红外光谱仪、活细胞传感器、细胞显微观察仪等科学仪器的应用开发与过程大数据获取等方面开展了前期探索性研究。但目前这些工作主要集中于仪器原理设计与制造技术，在生物过程传感设备的开发和集成化应用方面还急需拓展。

（三）基于数据科学与人工智能的生物"智"造装备

生物制造过程产生的海量数据，包括生物组学数据以及大量的宏观过程监测数据，迫切需要大力推进生物过程数据科学技术的研究，指导生物过程的智能决策。针对多源异质数据的清洗，目前主流的方法包括基于完整性约束的算法、基于规则的算法、基于统计分析与机器学习的算法等。近年，法国雷恩第一大学Laure教授提出"检测—探索—清洗"的定量数据清洗方法；国内华东理工大学颜学峰等提出基于自组织映射网络的异常数据检测方法。针对数据特征提取与降维，目前主要的方法包括统计分析与机器学习的方法。为挖掘数据的复杂相关关系，基于深度学习的特征提取方法近年来取得广泛应用。加拿大多伦多大学教授、图灵奖获得者Hinton（辛顿）等提出基于无监督栈式自编码器的深度特征提取与数据降维方法，在过程数据分析、图像识别、语音处理等领域都取得了成功应用；国内华东理工大学颜学峰等提出了半监督的深度质量相关特征提取与数据降维方法，通过逐层消除冗余特征提升了过程建模的准确性。然而，目前针对多源异质生物过程数据进行清洗、特征提取与降维的研究尚处于起步阶段，生物过程异源异质数据来源及种类多，数据之间往往存在复杂关联。如何对存在复杂关联的异源异质生物过程数据进行数据清洗、特征提取与降维，还需要进一步研究。

生物过程的实时智能分析、诊断与优化控制的研究，正成为国际生物智能制造的前沿。国际上，马萨诸塞大学的Henson教授团队专注于生物化学制品、生物计时和下游制药制造等领域，设计了一种综合的实验-计算方法，用于理解设计原则、预测动态行为、优化性能和设计系统特性等。国内，浙江大学的刘兴高教授团队一直从事生物智能制造方面的研究，早期利用各种人工智能的技术在生物过程智能分析、优化与控制中开展了大量研究，包括基于人工神经网络的软测量技术对发酵过程状态的估计及过程优化等，并且针对发酵过程状态变量在线监控、故障诊断以及优化控制等问题，利用发酵过程中丰富的数据信息，结合人工智能方法，提出了应用于生物发酵过程的高精度智能分析、诊断与优化控制方法，相关成果涉及生物过程海量数据的实时智能信号处理、高置信度数据挖掘与深度学习、高品质故障预报动态优化与最优控制等高端理论与应用前沿。

三、我国生物制造装备的短板

习近平总书记在二十大报告中指出："以国家战略需求为导向，集聚力量进行原创性引领性科技攻关，坚决打赢关键核心技术攻坚战。"[①] 2023 年 2 月 21 日，在中共中央政治局第三次集体学习中，习近平总书记强调"要打好科技仪器设备、操作系统和基础软件国产化攻坚战……提升国产化替代水平和应用规模，争取早日实现用我国自主的研究平台、仪器设备来解决重大基础研究问题"[②]。针对生物制造装备产业，在瞄准世界科技前沿、强化基础研究和颠覆性技术创新的同时，更应突出关键共性技术和现代工程技术，为建设科技强国、数字中国、智慧社会提供有力支撑。

由于美国在核心知识产权方面的垄断地位，加之我国缺乏工艺、工程、材料、装备一体化的研究体系，目前国内还没有符合要求的大规模生物反应器定型产品，更缺乏系统的供应商和服务商，导致我国生物医药高端装备长期依赖进口，这严重制约了我国生物医药产业的发展。在新冠疫情的影响下，疫苗的大规模产能建设带来设备领域需求的大幅增长，造成了疫苗生产的全球供应链紧张。西方发达国家优先考虑本国生物制药企业的装备供应，而美国已明确禁止细胞大规模培养反应器出口中国，我国疫苗生产公司面临着产能受限的威胁和挑战。2022 年美国商务部将 33 家中国实体纳入所谓的"未经核实名单"，CDMO 公司药明生物和药明生物（上海）在列，影响范围主要包括生物反应器等有潜力制造生化武器的相关容器、化学品。国内生物制药企业在进口某些用于生物反应器的硬件控制器、中空纤维过滤器等设备也受到美国出口管制。目前，我国生物制造装备发展的主要短板见表 14-32。

表 14-32　我国生物制造装备发展的短板

类别	名称	与国外差距
智能制造装备（整机）	微生物大规模培养反应器	大宗产品反应器国际并跑，但符合 GMP（Good Manufacturing Practice of Medical Products，《药品生产质量管理规范》）论证反应器跟跑
	动物细胞大规模培养反应器	总体水平跟跑，大规模生物药反应器几乎全进口

---

① 参见《人民日报》2022 年 10 月 17 日第 2 版文章：《高举中国特色社会主义伟大旗帜 为全面建设社会主义现代化国家而团结奋斗》。

② 《习近平主持中共中央政治局第三次集体学习并发表重要讲话》，http://www.gov.cn/xinwen/2023- 02/22/content_5742718.htm，2023 年 2 月 22 日。

续表

类别	名称	与国外差距
智能制造装备（关键零部件）	各类自动阀门、控制模块	国产产品质量不过关，可靠性差 进口阀门、Siemens 模块普遍应用
工业软件	DCS（distributed control system，分布式控制系统）控制	国产进口元器件组装
	智能制造软件	国内外几乎同步在发展
核心技术	常规生物过程控制技术	与国际同步
	PAT	国内在传感器应用上超越国外，但整体系统还有差距
解决方案	开发动物细胞大规模培养用反应器以解燃眉之急	机械加工能力、自动化能力、GMP 论证相关能力等各个方面均需突破
解决方案	智能生物制造软件开发	前提是开发研制各类在线传感技术、大数据库建立和基于大数据的智能软件开发，需要工艺人员和大数据处理人员的有机结合才有可能取得突破

近十年，我国抓住了细胞免疫治疗这个生物医药的发展机遇，目前在国际上我国的 CAR-T（chimeric antigen receptor T cell immunotherapy，嵌合抗原受体 T 细胞免疫治疗）技术处于明显的优势领先地位。截至 2020 年 6 月，中国的 CAR-T 临床试验数量已位居全球首位，占比达 53%。但是中国 1000 多家 CAR-T 科研机构和制药企业采用的细胞扩增技术全是手工技术。而且目前我国申请细胞治疗临床批件中，几乎所有的关键设备均使用国外进口产品。我国迫切需要在 CAR-T 细胞规模化生产装置装备领域内与我国在细胞免疫治疗基础研究的发展同步。

在生物制药过程监测传感器方面，国内 80% 以上的市场份额被梅特勒托利多、哈美顿等国外公司垄断，即使最基本的 pH、溶氧电极，国内也没有可替代的商业化产品。目前全球大型制药公司包括辉瑞和 Biogen 在生物过程先进传感器方面进行了大量的研究及应用。以拉曼光谱检测技术为例，美国的 Kaiser Optical System、MarqmeTrix、Tornado Spectral Systems 等公司在这个领域已进行前瞻性的布局和商业化开发，单套系统售价达 100 万元以上。国内相关高校在生物过程科学仪器应用开发等方面开展了前期探索性研究，但在生物过程传感设备的开发和集成化应用方面还急需拓展。

我国在大宗生物制造产品如有机酸、氨基酸、酶制剂、淀粉糖、功能糖等产业方面已成为国际的制造大国，生产的产能均已达到全球领先的规模，然而总体生产过程还比较粗犷，尤其是一些复杂的生物过程更是批次间的差异大、无法重现优化的批次、产品质量控制存在差异等。而解决这一难题的主要方法就是实现智能生物制造，该技术的利用将助力我国生物制造产业大国向强国转变。针对复杂的以细胞代谢为过程特征的生物制造过程而言，实现复杂生物过程的状态识别、预警，以及基于大数据和人工智能的最优化操作是实现生物过程控制从自动化到智能化飞跃的必由之路。实施过程中，智能生物反应器与相关分离纯化装备的智能化等设备保障也是必需的，只有这样才能为实现科技强国、数字中国、智慧社会提供有力支撑。

四、相 关 建 议

　　全球生物医药产业和新型治疗手段的发展对规模化细胞培养装备提出了更高的要求，包括成本和效率、产品质量和安全性等方面，平行化、微型化、智能化成为高端生物反应器未来的发展方向。开发适合大规模抗体、疫苗、细胞治疗产品等生产的高端装备，提高生物医药产业生产效率，扩大产能，保障供应，对社会经济的平稳运行具有重要的意义。同时，国产化的生物医药装备的开发能帮助我国疫苗和抗体药物生产企业走出国门，给其他发展中国家的疫情防控提供有力支持，进一步提升我国的国际影响力，并且带来新的经济增长点。从历史机遇角度分析，我国在生物医药某些领域的国产化设备的质量已经达到国际一流水平。但是生物制药是一个强监管行业，导致目前工艺相对保守，定型之后也很难变更，所以拥有完善track record（业绩记录）的进口产品一直占据国内80%以上的市场份额。当前，美国对中国的技术封锁加剧，加之新冠疫情影响，在客观上加速了国产化产品的使用和推广。由于国际物流受到巨大影响，原本一些保守的企业更能将目光投向更容易获得的国产产品，这也给国产化供应链体系的建立提供了新的契机。在未来5年，一方面，希望继续开展细胞大规模培养和大宗发酵产品的智能生物制造技术开发和推广；另一方面，希望能鼓励支持有关治疗用细胞产品的工程化技术及监测装备开发。

　　在生物反应器研制技术方面，目前用于治疗细胞培养用的生物反应器仍以通用的反应器为主，国内外都处起步阶段。如不及时布局，国际主流生产商如赛多利斯、GE、美天旎等企业已开始对此领域形成垄断之势。但是，我国在工业4.0和人工智能相关技术方面的快速赶超，为细胞治疗等相关装备的跨越式发展提供了很好的基础。因此，迫切需要系统开展生物学和工程学的整合研究，形成我国自主的技术和装备体系，为我国细胞治疗产业的发展提供坚实的保障。智能细胞规模化制备的发展将推动生物学、生物医学、工程信息技术和人工智能技术的融合发展，形成交叉学科。制造业是技术创新最活跃的领域。生命元件与系统制造装置的发展，将对生物医学、生物材料、核心器件（过程传感器、分析元件）、细胞制备关键工艺，以及重大装备与智能软件等五个领域技术的深度融合起到推动作用，从而摆脱国内长期以关键设备、分析仪器、关键材料等进口的被动局面。智能化生物过程装备的研发将以仪器自我研发和制造为核心，推动我国在分析仪器、细胞制造、质量控制等技术的发展和相关设备制造业的高质量发展，从而不断增强我国在生物制造领域的核心竞争力，为生物产业迈向中高端奠定硬件基础。

针对各种细胞治疗产品的工程化培养开展相应生物反应器的研制是占领生物医药产业制高点的重要战略方向。干细胞能够持续分裂并维持多能干性，并且具有分化成不同类型的功能细胞的特性，使其在治疗各种损伤和疾病中具有巨大的潜力。特别是2012年诺贝尔奖获得者Shinya Yamanaka（山中伸弥）发明人工诱导多能干细胞（induced pluripotent stem cells，iPSCs）后，由此绕开了多能干细胞的伦理和免疫排斥问题，为再生医学治疗退行性疾病和代谢性疾病铺平了道路。目前用于干细胞扩增的生物反应器主要有：旋转壁式生物反应器、搅拌生物反应器、灌注型生物反应器、气升式环流中空纤维膜生物反应器、灌注式中空纤维膜生物反应器、滚压载荷生物反应器。美国博雅旗下的ThermoGenesis Corp.（简称TG医疗）已开发满足干细胞库需求的专有自动化平台，包括AXP、AXP（Ⅱ）和BioArchive。这一平台占据了全球主要市场份额，支持着数百家干细胞机构以及生物科技公司的发展。另外，其开发的功能封闭、自动化、低成本的CAR-T细胞制造系统，集临床级细胞分离、纯化、培养、洗涤和制剂于一体，囊括了X-Series™产品，如自动化单个核细胞分离系统X-LAB™、基于专利浮力分离法的自动化细胞纯化和筛选系统X-BACS™、封闭式自动化细胞清洗与制剂系统X-WASH™等。在细胞免疫治疗的快速发展车道中，我国的过程工程研究领域需要尽早布局，研发与生产支撑细胞免疫治疗临床广泛实施的高标准装置装备，确保我国在未来细胞免疫治疗产业中在CAR-T临床治疗细胞品种上和规模化生产装置中都能处于领导地位。

此外，国内在微流控反应器方面的研究具有一定的基础，尤其是在微流控用于化工过程反应强化这方面取得了较大的突破，同时在基于微流控细胞筛选、单细胞包裹等方面也有很好的积累。但是在微流控用于反应过程优化与细胞培养方面，特别是整套反应器装备技术以及在线过程检测装备与技术方面尚有较大欠缺，需要投入更多的研究力量形成自主知识产权的关键技术和装备。

在生物过程监测装备方面，通过国内科研院所和企业的共同努力，在5年内研制出可替代进口的二维荧光在线传感器、高通量荧光细胞分析仪、中红外在线传感器、拉曼在线传感器、在线微低通气过程质谱仪、高通量荧光细胞分析仪、在线高分辨率细胞形态与性能检测用显微仪、低场核磁共振仪等仪器样机，供细胞培养过程试用并形成初步产业化。打破国外对该领域的垄断，实现国产化高端反应器全部拥有自主知识产权的细胞培养过程在线监测装备。

国内生物制造装备发展模式与经验总结见表14-33，具体实施方案如下。

表14-33 生物制造装备发展模式与经验

行业名称	发展模式	发展经验
生物制造装备	大宗发酵产品绿色智能制造装备	将基于生理特性的过程优化放大关键技术和智能生物制造软件包相结合，提升大宗发酵产品的国际竞争力
	大规模细胞培养用反应器	集中精力和国家支持，大力开展该类反应器的过程化工程，以解决生物医药领域的关键产业化技术
	过程在线传感器研制	突破核心传感器和元器件的卡脖子问题，开展PAT开发与应用，实现生物过程的智能化
	基于过程大数据的智能软件包开发	结合传感器技术，建立过程大数据库，实现基于大数据的过程分析、诊断和精确控制

（1）研制生物制造过程智能传感装备与执行器件，包括各类在线传感器，为生物过程的智能感知数据获取提供技术和装备支撑。目前国内华东理工大学等高校和科研院所已开发应用了多种过程传感器，包括在线质谱仪、在线红外光谱仪、在线活细胞量监测仪、在线拉曼光谱仪等，为该领域装备的应用开发和国产化替代奠定了很好的基础。

（2）大力发展数据科学在生物过程工程研究中的关键技术，开展基于多组学数据的细胞微、宏观生理代谢特性整合研究，并建立典型工业微生物过程大数据库，解决复杂生物过程代谢机制解析、过程建模与优化控制的智能决策等关键问题。华东理工大学已初步开发出基于生物过程大数据的数据处理软件包和相关算法，初步实现过程动态分析、诊断与精准调控。

（3）针对典型工业生物过程，如氨基酸、有机酸等产生过程，在过程大数据的基础上，整合细胞代谢机理，建立基于大数据-机理混合驱动的智能管控系统，从而实现生物过程实时在线智能分析、诊断与精确控制；建立智能化分离纯化与产品精制过程调控系统，实现高效、高质量生产。

（4）以工业互联网和物联网为基础，将智能生物过程与企业MES（manufacturing execution system，制造执行系统）和ERP（enterprise resource planning，企业资源计划）相结合，在重大生物产品上实现生产企业智能化、全局优化与监管，从而实现智慧工厂的建设。

撰 稿 人：庄英萍 华东理工大学生物工程学院
通讯作者：庄英萍 ypzhuang@ecust.edu.cn

第九节　生物制造政策研究

生物制造是利用生物体的机能，对物质进行合成、转化和加工的绿色制造方式，其制造的物质包括生物基化学品、生物材料（包括有机材料和活体生物材料）、生物制剂等，应用范围涵盖化工、材料、能源、环境、医药、信息等诸多领域。与传统的化工制造等其他制造方式相比，生物制造具有绿色、高效、经济等特点。其中，绿色是指在化石资源日渐枯竭，温室气体过度排放，全球气候、环境危机日益严峻的时代背景下，生物制造有望将不可持续的经济增长方式转变为低碳循环，因而生物制造成为"双碳"政策下多方关注的焦点；高效是指生物制造利用酶等活性成分的催化，实现物质的高效转化，因而在资源集约型的发展中，成为政策支持的重点方向之一；经济是指随着合成生物学等技术的运用，生物制造的投入产出比逐渐提高，因而有望在能源、化工和医药等领域改变全球制造业格局，形成下一个新的经济增长点。

生物制造革命已经到来，它不仅显示出用可持续的或更具成本效益的替代品取代或增强多种传统产业的潜力，同时也能够为重大的全球性挑战提供解决方案，例如促进创新、实现可持续发展目标以及加强生物安全。同时，从长远来看，新兴生物经济的发展将会受到技术、监管、知识产权等因素的影响。正是看到了生物经济的巨大发展潜力，各国（地区）十分注重生物制造的技术开发和产业引导，以期推动生物制造的新发展。正如经济合作与发展组织（Organization for Economic Co-operation and Development，OECD）发布的《2030年生物经济：制定政策议程》报告中所指出的那样，要应对生物制造在农业、卫生和工业三大应用领域中所面临的挑战，充分发挥生物制造对促进生物经济发展的作用，需要研究制定针对生物制造不同研发阶段、不同应用场景的多层次的支持与管理政策。

一、生物制造的兴起与发展

"生物制造"一词在20世纪末已提出，早期较具代表性的是由美国国家研究理事会（National Research Council）于1998年提出的概念。20世纪末，美国发布的《开发和推进生物基产品和生物能源》（Developing and promoting bio-based products and bioenergy）总统令提出"以生物为基础的经济"。此后，中国、欧盟、日本等多国（地区）的学者也广泛探讨生物制造的概念，逐步完善与之相匹配的引导政策。此后，随着制造业尤其是快速原型技术在生物医学中的深入应用，生物制造的概念逐渐明晰。总体上看，生物制造的发展大体经历了以工业微生物为主的早期阶段、合成生物学赋能的中期阶段，如今已进入以生物经济为重点的第三阶段。

（一）工业生物技术的政策引导

中国是世界上最早利用微生物的国家之一，通过发酵技术酿造食醋、酱油等产品的历史悠久。19世纪末到20世纪初，生物技术的应用主要是通过微生物的初级发酵生产产品，且局限于化学工程和微生物工程领域。在这一时期，多国开始建立发酵工业并利用微生物菌株制取丙酮、丁醇等化学产品。作为工业生产丙酮的"丙酮-丁醇-乙醇"（acetone-butanol-ethanol，ABE）发酵受到重视，其规模一度仅次于乙醇的生物生产。此后一段时期，主要以抗生素、氨基酸、酶制剂为代表，抗生素提取、氨基酸发酵、酶制剂工程相继得到发展。这一时期的政策，可以看作以工业生物技术为核心的引导政策，政策制定的主要依据是需求拉动，其重点是石油化工产品的替代，抗生素和维生素等医用生物产品的制造。

在这一时期，尽管各国（地区）已经对生物制造的重要性有所认知，但是大规模的生物制造引导政策尚未出台。究其原因，一方面是生物技术的发展仍处于早期阶段，生物制造的巨大潜力尚未显现；另一方面，当时的化石原料还未呈现紧缺状态，其所带来的全球气候变化等影响也未受到充分重视。总体上看，由各大企业针对市场需求较大的产品加以制造，成为当时发展的重点。例如，20世纪60年代，由微生物制造的单细胞蛋白（single cell protein，SCP）受到关注，一些国家通过建立蛋白质制造设施，填补人类营养中的"蛋白质缺口"，并由一些石油巨头和化学公司牵头开展相关研究。

20世纪70年代以来，石油危机等导致成本上涨，石化原料的价格成本也抑制了相关产业的发展。自此，石化原料的替代策略日益受到重视。与此同时，基因工程等技术的发展，使得人类在改造工业微生物方面的能力有了极大的提高。技术迭代升级的驱动、对石化原料的替代需求，加深了人们对生物制造的理解与重视，生物制造的概念由此提出，而相关政策也逐步出台。

（二）合成生物学时代的生物制造引导政策

以基因工程为核心的生物技术带动了现代发酵工程、酶工程、细胞工程以及蛋白质工程的发展，逐渐形成具有划时代意义和战略价值的现代生物技术，并为包括药物和化学品在内的生物制造带来了动力。21世纪以来，合成生物学的兴起和发展助推了化工、医药、能源等产品的按需设计和制造。作为化学品绿色制造的核心技术，合成生物学已经广泛应用于各类化学品的生产中，例如大宗化学品、生物能源、食品添加剂和生物医药等。

不同于传统微生物的生产模式，化学品先进制造并不仅依赖于对产物天然合成菌株进行优化，而是重新合成全新的人工生物体系，将原料以较高的速率最大限度地转化为产物。合成生物学技术在非天然分子生物合成、新的代谢通路的创建和代谢路径异源构建方面有着独特的优势。以抗疟药物青蒿素的生产为例，传统生产模式是通过种植黄花蒿，经过18个月生长周期才能提取青蒿素；而利用基于合成生物的先进生物制造技术，可以构建人工酵母菌，通过工业化发酵的方法在几周内大量生产青蒿素。此外，美国能源部（Department of Energy，DOE）联合生物能源研究所的研究人员构建了可合成先进生物燃料的大肠杆菌菌株，所合成的生物燃料可以替代汽油、柴油和航空燃油，这也成为合成生物制造的重要里程碑事件。

这一时期，得益于合成生物学的技术的推动，生物制造受到广泛重视。以合成生物学相关的资助和产业引导为重点，各国（地区）的政策体系不断完善（图14-19、图14-20）。

（三）生物经济视角下的生物制造引导政策

生物制造具有原料可再生、过程清洁高效等特征，可从根本上改变化工、医药、能源、轻工等传统制造业高度依赖化石原料和"高污染、高排放"不可持续的加工模式，减少工业经济对生态环境的影响，推动物质财富的绿色增长和经济社会的可持续发展。近年来，世界主要发达经济体的生物制造产业规模不断扩大，对经济增长的贡献持续加大，生物制造逐渐成为带动未来生物经济发展的关键力量，为不断增长的生物经济做出贡献。预计未来十年，其市场价值将达到年均4万亿美元。

美国总统拜登于2022年9月签署《关于推进生物技术和生物制造创新以建立可持续、安全和有保障的美国生物经济的行政命令》（以下简称《行政令》），启动20亿美元的"国家生物经济与生物制造计划"，旨在投入更多资金用于美国生物技术研发，希望通过《行政令》减少美国在生物技术与生物制造领域对其他国家的依赖，并明确了美国政府针对生物技术、制造和研发领域的政策。欧盟发布的《欧洲化学工业路线图：面向生物经济》以生物制造作为生物经济的重点发展方向。日本经济产业省于2021年2月发布的《生物技术驱动的第五次工业革命报告》指出，生物技术将在医疗保健、环境与能源、材料以及食品等领域发挥重要作用，并有助于提高日本生物产业竞争力。

中国《"十四五"生物经济发展规划》也明确将生物制造作为生物经济战略性新兴产业发展方向，推动化工、医药、材料、轻工等重要工业产品制造与生物技术深度融合，实现向绿色低碳、无毒低毒、可持续发展模式转型。

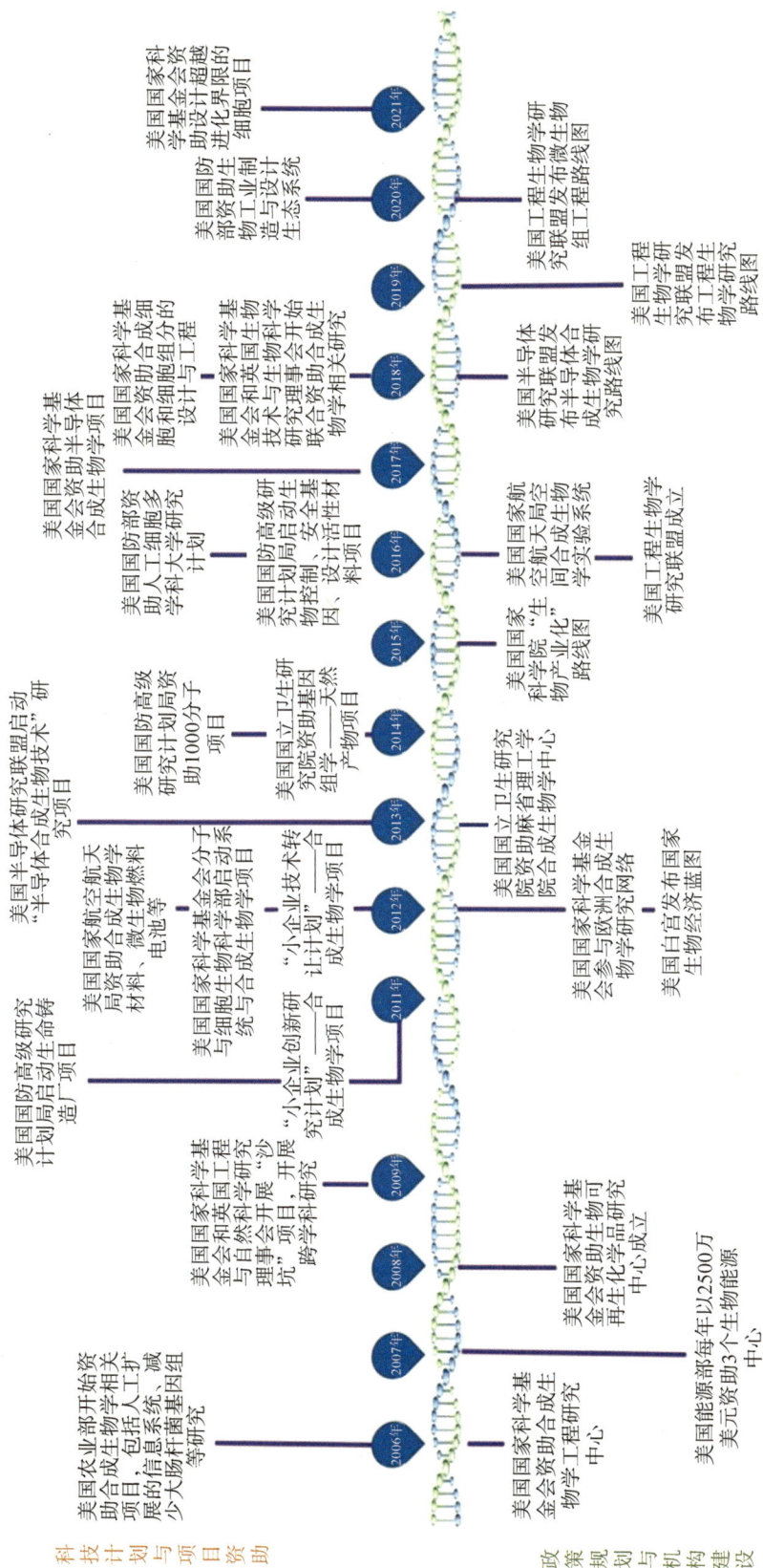

图14-19　美国的合成生物学及其在生物制造等领域应用的引导政策

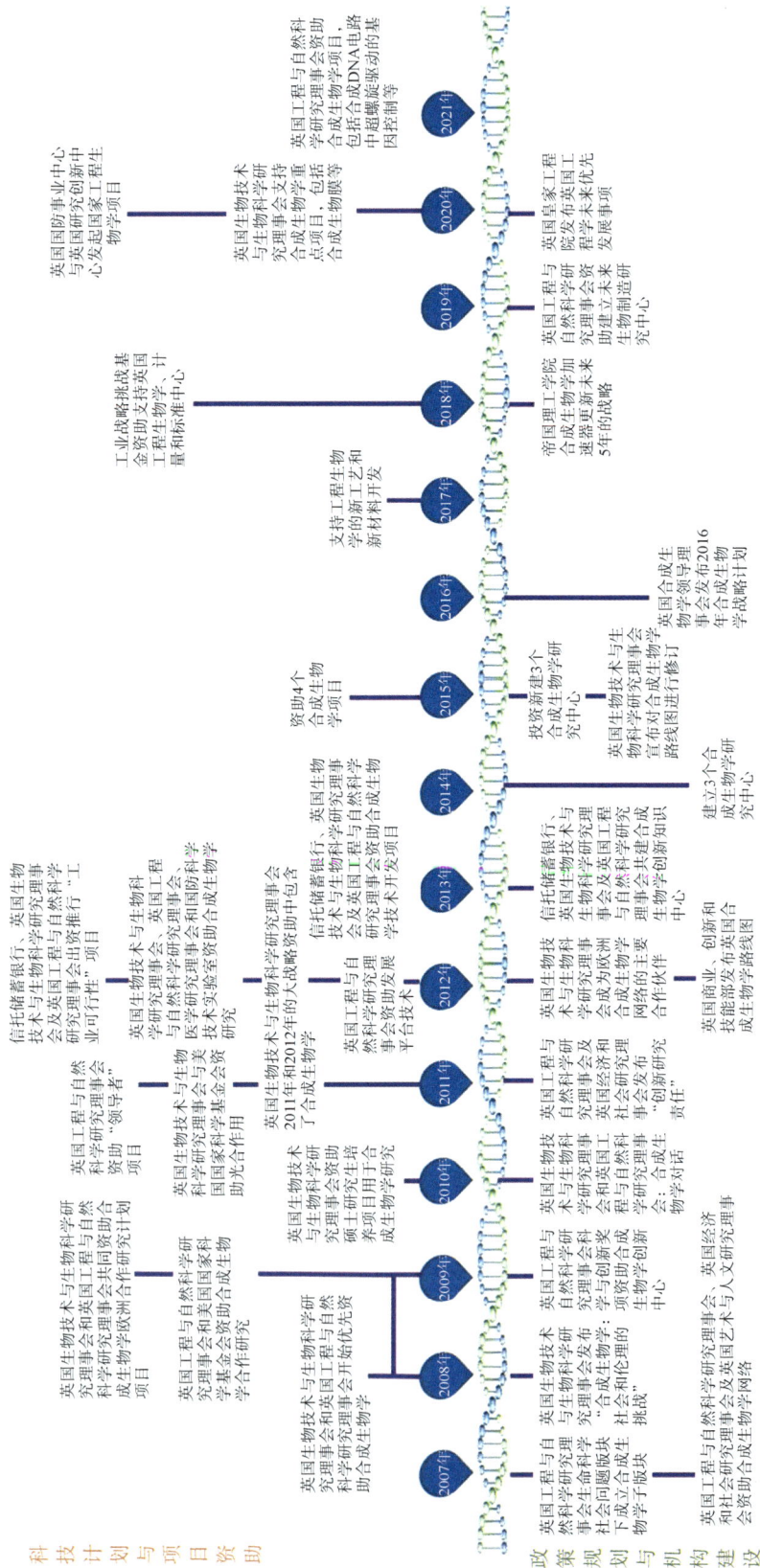

图 14-20 英国的合成生物学及其在生物制造等领域应用的引导政策

二、各国（地区）在生物制造领域的规划与布局

与生物制造的技术和业态演进相同步的是，从早期引导生物制造发展的政策，到合成生物学时代将生物制造作为国家（地区）生物经济发展的核心，生物制造已经上升为国家（地区）的战略，截至2021年底，全球至少有50多个国家发布了发展基于现代生物制造的相关政策，不断完善生物制造相关的法规与技术指南体系，通过资金支持生物制造研究项目的开展，有效促进了生物制造领域的发展。

（一）美国在生物制造领域的规划与布局

20世纪末，美国已开始关注生物制造产业并进行布局，在促进可持续发展的同时，通过发布一系列产业复兴计划及制造业振兴和创新法案等举措，进一步巩固其在生物经济领域的领先地位。

1. 重视生物资源的开发利用

早在1979年，美国便启动首个生物质能源计划，提出采用生物质燃料直接发电。美国国会于2000年通过《生物质研究与开发法案》，要求在可持续发展的基础上，大量增加由生物质生产的燃料油、化学品、材料和能源，以减少对石油的依赖，并促进生物质产业的发展。同年，基于该法案，美国生物质研究与开发委员会（Biomass Research & Development）成立。该委员会主要负责生物燃料、生物产品和生物能源研发的联邦政府机构之间的协调工作，系统组织和管理美国国内的生物质资源研究，以利用生物质资源，加快开发生物燃料、生物基产品和生物能源的创新技术，振兴美国生物经济，促进经济可持续增长、能源安全以及改善环境。2002年，时任美国总统布什签署《美国农业法令》，鼓励联邦政府通过采购、直接投入资金和对可再生能源项目给予贷款等方式支持生物质能企业的发展，还提出应在能源目录下更加关注可再生燃料和生物质能源，对纤维素法制备燃料乙醇给予1亿美元的直接支持。2002年12月，美国能源部和农业部联合发布生物质技术路线图，不仅提出了美国生物质的研发计划，还提出了生物质计划的具体实施方案。2021年9月，美国众议院农业委员会通过《重建更好法案》，提出将通过10亿美元的资助在未来8年内完善美国生物燃料领域的基础设施，增加乙醇或生物柴油的混合燃料的可用性。

2. 推动现代生物经济时代生物制造技术的发展

出于对生物经济巨大潜力的认识，自奥巴马政府执政时期，美国就开始大力发展

生物经济产业。2012年发布的《国家生物经济蓝图》，提出采取切实行动促进生物技术研究创新，并将其作为美国创新和经济增长的主要驱动力，利用生物技术来应对美国在健康、食品、能源和环境方面的挑战。在《国家生物经济蓝图》指引下，美国生物质研究与开发委员会发布的《生物经济计划：实施框架》提出了振兴美国生物经济，最大限度促进生物质资源在国内平价生物燃料、生物基产品和生物能源方面的持续利用，促进经济增长、能源安全和环境改善的要求。

2019年9月，美国国会众议院科学、空间和技术委员会审议批准了《工程生物学研发法案》，但该法案未得到总统签署。随着新冠疫情的暴发，美国认识到投资工程生物学研究有助于加快相关医疗策略的研发，同时也迫切需要建立一个法律框架来保护工程生物学研究。2020年5月，美国参议院通过《2020年生物经济研发法案》，明确建立推动国家生物经济研发计划，并在2021年6月正式将其纳入《美国创新与竞争法案》，将加快工程生物学的研发与应用上升到国家经济竞争高度层面。

美国总统拜登2022年9月12日签署生效的《行政令》明确了美国政府针对生物技术、制造和研发领域的政策，并宣布将加大对生物技术、制造和研发领域的投资，建立有助于生物技术和制造发展的生物数据生态系统，提高美国国内生物制品的生产能力，加快科技成果转化，扩大生物能源和生物基产品的市场机会等，从而充分发挥生物制造在健康、气候变化、能源、粮食安全、农业等领域的重要作用。《行政令》的颁布标志着美国已将生物制造提至前所未有的战略高度，从人才、技术、设施、市场、监管等方面全方位地加以布局。此外，该行政令也对美国卫生和公众服务部、国防部及能源部在生物制造领域的主要工作做出了明确指示。其中，美国卫生和公众服务部将为推动生物制造投资4000万美元，用于生产活性药物成分、抗生素以及生产基本药物和应对流行病所需材料；美国国防部将在5年内投资2.7亿美元用于成果转化，并推动国防供应链生物基材料的先进开发。

3. 提升现代生物经济时代的安全保障

读取遗传密码、编辑生物体基因组、合成基因组生物体能力的提升带来了研究方式和产品类型的突破，而技术的进步也使得近年来全球生物经济领域的竞争日益加剧。鉴于生物经济的快速发展及其安全与重要性，美国国家情报总监办公室要求美国国家科学院、工程院和医学院成立"保护生物经济的战略委员会"，对美国生物经济的范围进行评估，明确经济和国家安全方面的潜在风险以及相关的政策鸿沟。该委员会举行了数次会议，并于2020年1月发布《保卫生物经济》，定义和评估了美国生物经济现状，提出了保卫美国生物经济的战略及建议。在保卫美国生物经济方面，重点应资助和扶持生物经济研究型企业、建设和维持技能熟练的人才队伍、应对知识产权挑战、保护价值链，以及优先考虑网络安全和信息共享问题等。

2022年1月，美国科学家联合会（The Federation of American Scientists，FAS）就国家安全、新兴技术与竞争力、基础设施、生物经济与健康安全等主题进行了讨论。其中，FAS从"推进美国生物经济以创造就业机会、增强竞争力"和"保护美国人免受生物威胁"两大方面向美国国会提出建议，并在此基础上提出了财政支持措施建议。

此外，基于拜登签署的《行政令》，美国能源部和美国国家核安全局将资助2000万美元启动生物安全计划，从而提高美国预测、评估、监测和应对生物技术和生物制造风险的能力。

4. 大力支持平台建设和科技研发

在国家战略的引导下，联邦政府部门也积极响应，通过平台建设、项目资助等方式积极推动相关组织合作，促进生物制造领域的发展。美国能源部基因组科学计划支持"下一代生物燃料的生物系统设计"，并于2023年1月宣布将提供1.18亿美元用于加速国内生物燃料生产。美国预算也体现了对发展生物制造领域的支持，2022年的预算草案显示，将在2022—2026年，提供10亿美元支持生物燃料的研发、154亿美元用于加强生物精炼、可再生化学和生物基产品的制造，以及未来10年针对可持续航空燃料的税收优惠66.36亿美元。

此外，美国国防部于2020年10月批准建立一家新的生物工业制造创新研究所（Manufacturing Innovation Institute，MII）。该研究所为美国制造业网络中的第16个由联邦政府资助的制造创新研究所，旨在发展可持续的生物工业制造技术并提高生物工业生产能力。美国国防部自2012年起已向该国制造业网络投资逾10亿美元，资助超过865个研究项目，并与制造商、初创企业、高校等1270余家机构展开合作。此外，美国国防部于2020年10月批准向生物工业制造与设计生态系统（BioMADE）资助8700万美元，结合来自企业、高校等非联邦机构的1.87亿美元共同支持新建生物工业制造创新研究所。该研究所将成为美国防部建立的第9个制造创新研究所，旨在发展可持续的生物工业制造技术并提高生物工业生产能力。同时，国防高级研究计划局（Defense Advanced Research Projects Agency，DARPA）的"生命铸造厂"项目部署经费超过4亿美元，现阶段已成功实现合成生物制造技术的转化，生产了1630多种分子和材料。2020年2月，美国卫生和公众服务部为美国生物技术公司创建首家"美国生物技术铸造厂"，该铸造厂由美国国防部先进再生制造研究所（Advanced Regenerative Manufacturing Institute，ARMI）和机器人创新企业DEKA研发公司管理，是美国卫生和公众服务部准备和响应助理部长办公室（Office of the Assistant Secretary for Preparedness and Response，ASPR）公私合作的一部分，旨在为增强医疗保健和应对健康安全威胁提供解决方案。

（二）欧盟等国家（地区）在生物制造领域的规划布局

欧盟于 2011 年发布的"地平线 2020"计划提出大力发展欧洲生物经济的需求，并于 2012 年 2 月发布《欧洲生物经济的可持续创新发展战略》，以加快部署可持续的欧洲生物经济，为实现可持续发展目标做出贡献。此后，欧盟委员会进一步强化其生物经济战略，2019 年制定并发布《面向生物经济的欧洲化学工业路线图》，确定了在 2030 年将生物基产品或可再生原料替代份额增加到 25% 的发展目标。2020 年 3 月，欧盟生物基产业联盟发布的《战略创新与研究议程（SIRA 2030）》报告草案提出，2050 年将建立循环生物社会的愿景，即"一个具有竞争力、创新和可持续发展的欧洲，引领向循环型生物经济转变，使经济增长与资源枯竭和环境影响脱钩"。2021 年 5 月，该产业联盟为 18 个循环生物项目提供 1.045 亿欧元支持，将在欧洲建造首个生物精炼厂、建立示范规模的生产设施、利用新技术并缩小价值链中的差距，以及解决生物经济中的挑战，加速生物基产品被市场接纳。

英国商业、能源和工业战略部（Department for Business，Energy and Industrial Strategy，BEIS）在 2018 年发布的题为《发展生物经济——改善民生及强化经济：至 2030 年国家生物经济战略》的报告中指出，生物经济作为英国工业战略的一部分，将确保英国建立世界一流的生物经济体系，消除对有限土地资源的过分依赖，同时提高城市、乡村和社区的生产力。2021 年 3 月，英国发布《工业生物技术报告：标准和法规的战略路线图》，明确了农业、生物燃料、精细和特种化学品、塑料和纺织品等行业领域在利用工业生物技术减少碳排放方面的中短期潜力。

德国在 2011 年至 2013 年陆续发布《国家生物经济研究战略 2030》、《生物炼制路线图》和《国家生物经济政策战略》，提出生物经济国家战略的总体目标和重点内容。2016 年底，德国生物经济委员会就继续发展"生物经济研究战略 2030"从加强生物制药领域生物技术研发、重视从研究向应用转化的合作项目资助、开展国际合作、建立国际生物经济平台、能力建设和人才培养等五个方面提出了总体建议。

日本制定的"生物技术产业立国"的国家战略，高度重视生物技术发展。日本政府于 2019 年 6 月颁布《生物战略 2019——面向国际的生物社区的形成》，提出通过建立生物优先思想、建设生物社区、建成生物数据驱动，实现到 2030 年建立世界最先进的生物经济社会的目标，并将通过生物方法可持续制造原料和材料作为建设要点之一；更新版的日本《生物战略 2020》提出重点发展技术领域与产业布局。

（三）中国在生物制造领域的规划与布局

我国十分重视生物制造技术的发展及其产业化，在"四个面向"要求和"双碳"战略目标的指引下，生物制造已成为战略性新兴产业发展的重要组成部分。从

"十五"到"十二五"，重点发展生物医药、生物农业、生物能源、生物制造被写入规划；"十三五"开始，进一步明确了针对生物经济四大领域发展的具体方向，"十四五"围绕生物医药、生物育种、生物材料、生物能源等产业，正式提出做大做强生物经济。国家发展改革委2022年5月印发的《"十四五"生物经济发展规划》是我国首部生物经济的五年规划，明确了生物经济发展的具体任务，明确提出"依托生物制造技术，实现化工原料和过程的生物技术替代，发展高性能生物环保材料和生物制剂，推动化工、医药、材料、轻工等重要工业产品制造与生物技术深度融合，向绿色低碳、无毒低毒、可持续发展模式转型"，为生物制造的高质量发展提供了指引（表14-34）。

表14-34　中国国民经济和社会发展五年规划中的相关政策

规划文件	发布时间	与生物制造相关的政策规划
《中华人民共和国国民经济和社会发展第十个五年计划纲要》	2001年	建设生物技术工程，发展生物制药、生物芯片、遗传改良动植物、基因工程药物及疫苗等生物技术
《中华人民共和国国民经济和社会发展第十一个五年规划纲要》	2006年	面向健康、农业、环保、能源和材料等领域的重大需求，重点发展生物医药、生物农业、生物能源、生物制造
《中华人民共和国国民经济和社会发展第十二个五年规划纲要》	2011年	生物产业重点发展生物医药、生物医学工程产品、生物农业、生物制造；加快农业生物育种创新和推广应用；大力发展生物质能
《中华人民共和国国民经济和社会发展第十三个五年规划纲要》	2016年	加快发展合成生物和再生医学技术，加快生物育种技术攻关，拓展生物燃料等新的清洁油品来源，扶持海洋生物医药
《中华人民共和国国民经济和社会发展第十四个五年规划和2035年远景目标纲要》	2021年	加快发展生物医药、生物育种、生物材料、生物能源等产业，做大做强生物经济；聚焦生物医药等重大创新领域组建一批国家实验室；集中优势资源攻关新发突发传染病和生物安全风险防控、医药和医疗设备
《"十四五"生物经济发展规划》	2022年	培育壮大生物经济支柱产业：加快推动医疗健康、生物农业、生物能源与生物环保、生物信息产业发展；积极推进生物资源保护利用；加快建设生物安全保障体系；努力优化生物领域政策环境

1. 不断加强基础创新能力并推动应用研究

"十一五"期间，我国生物制造产业一直呈高速增长态势，产业规模不断扩大。"十二五"以来，我国将生物制造列为重要战略性新兴产业。要实现我国生物制造产业的发展目标，需着力建设生物制造产业技术的创新能力。国家发展改革委于2017年印发《"十三五"生物产业发展规划》，强调提高生物制造产业创新发展能力，推动生物基材料、生物基化学品、新型发酵产品等的规模化生产与应用。其中，对于生物制造领域，提出了要围绕生物产业发展技术支撑需求，大力推进生物制造产业创新体系建设，在原料利用、生物工具创制、生物加工过程和装备等领域开展关键技术研发；以新生物工具创制与应用为核心，构建大宗化工产品、化工聚合材料、大宗发酵产品等生物制造核心技术体系，持续提升生物基产品的经济性和市场竞争力；以生物催化剂的发现和工程化应用为核心，构建高效的工业生物催化与转化技术体系等重大需求。此外，2021年3月发布的《中华人民共和国国民经济和社会发展第十四个五年规划和2035年远景目标纲要》也提出，要发展壮大战略性新兴产业，以推动生物技术和信息技术融合创新，加快发展生物医药、生物育种、生物材料、生物能源等产业，做大做强生物经济。

2. 注重培育壮大竞争力强的创新主体

我国也正致力于促进研究机构和相关企业的供需协同，构建良性循环发展机制。《"十三五"生物技术创新专项规划》提出"推动建设以绿色生物制造、创新药物研发、生物医学工程为重点的若干生物技术创新中心"，提出构建生物医药专业园集聚区、打造生物制造专业示范区的目标。对于生物制造专业示范区，将遴选5—10个生物制造产值超100亿元的优势地区，集中力量开展生物燃料、生物基大宗化学品、工业酶制剂、高值精细化学品的研发和产业化；探索重大化学品的生物合成，以及非粮生物质的开发利用；促进具有国际竞争力的绿色生物制造产业集群的发展。

同时，我国也积极推进创新平台建设。《"十三五"生物技术创新专项规划》指明需要依靠跨学科、大协作和高强度支持开展协同创新，重点发展引领产业变革的颠覆性技术，建设大型综合性研究基地；以绿色生物制造、创新药物研发以及生物医学工程为发展重点，组建生物技术创新中心，构建战略定位高端、组织运行开放、创新资源集聚、治理结构多元的技术创新综合体。

3. 积极推进生物资源保护与利用

生物资源是生物产业、现代农业和生命科学研究的源头与基础。《"十三五"生物技术创新专项规划》中重点强调，要以能源补充替代和改善生态环境为目标，突破高效转化与高值利用的核心技术，实现以废弃生物质资源为原料的能源补充替代和改善生态环境的重要目标。《"十四五"生物经济发展规划》明确定义生物经济是"以生命科学和生物技术的发展进步为动力，以保护开发利用生物资源为基础，以广泛深度融合医药、健康、农业、林业、能源、环保、材料等产业为特征"。在生物医药、生物农业、生物质替代应用、生物安全领域，高水平的细胞制造和微生物制造、高质量的农用功能型微生物或酶制剂生产、高质量的生物质资源利用与生物基化学品/生物材料开发、高价值的生物安全产品制造，都离不开生物制造的基石。同时，要积极推进生物资源保护利用，强化生物资源保护和综合开发利用能力，提高制度化、规范化、信息化水平，为医药、农业、能源、环保等领域发展提供基础保障。

4. 支持"绿色生物制造"等科技项目

绿色生物制造创新前沿技术及在能源、化学品和材料、功能产品等领域的开发与产业化，有助于我国实现碳达峰碳中和目标任务，引领产业升级、发展生物经济。国家重点研发计划"绿色生物制造"重点专项自2020年启动，在工业酶创制与应用、生物制造工业菌种构建、智能生物制造过程与装备、生物制造原料利用、未来生物制造技术路线及创新产品研发、绿色生物制造产业体系构建与示范这6个领域部署22个研究方向，旨在实现揭示生物制造"芯片"——核心工业酶和工业菌种的设计原理等基本科学问题，建立现代生物制造产业的支撑技术与装备体系等目标，完成绿色生物制造产业体系构建与示范任务，包括在生物基化学品的绿色生物制造与产业示范领域，部署纤维素乙醇生物炼制与产业示范、全生物合成生物聚合物的绿色制造与产业示范、生物基耐高温聚酰胺材料的绿色制造与产业示范、生物基聚氨酯多元醇的开发与产业化示范等。

三、各国（地区）在生物制造领域的规范与管理

从传统发酵工业向现代生物制造产业转变的过程中，生物制造的产品种类显著增加，产业规模不断扩大，并逐渐广泛应用于化工、食品、制药、造纸、纺织、采矿、能源以及环境保护等许多重要领域，也对规范该领域的研发及应用提出了挑战，各国（地区）也在实践中不断完善管理政策，建立科学高效的监管体系。

1. 美国的管理

美国对生物制造技术研发及相关产品的管理起步较早，已建立较为完善的监管体系。美国对于生物技术的监管采用实质等同原则，即只监管具体的终端产品，而不监管产品生产、存在的过程。美国白宫科技政策办公室1986年6月发布的《美国生物技术监管协调框架》，确定了生物制造产品管理主要涉及的机构有生物技术科学协调委员会、国立卫生研究院、国家科学基金会、美国环境保护署、美国农业部、美国食品药品监督管理局、美国疾病控制和预防中心、美国海关等8个部门，并规定美国环境保护署、美国农业部和美国食品药品监督管理局3个机构牵头组成监管体系。

美国环境保护署、美国农业部和美国食品药品监督管理局作为美国生物技术监管合作框架的主要机构，推动着相关生物制造相关产品监管流程的透明度和效率的提高，进而为生物制造产品创新方面的挑战提供新的解决方案。这些美国政府部门的积极响应也意味着在美国在《行政令》发布后，拟登记产品中具有创新性的生物技术将可能获得监管部门更多的协助。

2. 欧盟的管理

对于生物基材料，欧盟委员会于2022年11月发布《生物基、可生物降解和可堆肥塑料的政策框架》，对生物基、可生物降解和可堆肥塑料进行立法，并重点关注了相关产品生产和消费过程对环境产生的影响。对于生物基塑料的监管，首先欧盟规定只有在指明产品中生物基塑料含量的准确和可测量的份额时才能使用该术语。此外，还规定制造生物基塑料所使用的生物质资源必须是可持续的，对环境不造成危害，这些塑料的采购应符合可持续性标准，生物基塑料的生产商应优先考虑有机废物和副产物作为原料，从而最大限度地减少初级生物质的使用；在使用初级生物质时，必须确保其在环境上是可持续的，并且不损害生物多样性或生态系统健康。该规定的发布将有助于避免消费者对传统产品与生物材料的混淆，并减少生物制品对环境所产生的不良影响。

3. 中国的管理

我国对生物制造技术的研发及产品的应用也制定了一系列的管理制度。

对于生物基材料，我国卫生部早在1997年6月便发布《生物材料和医疗器材监督管理办法》，提出鼓励生物材料和医疗器材的科学研究和先进技术的推广，但新生物和医疗器材进行临床研究前，研制单位必须向所在省级卫生行政部门提出申请。省级卫生行政部门初审后报卫生部审核，经审查合格的由卫生部批准临床研究；进口生物材料和医疗器材必须向卫生部提出申请并报送检验样品和有关资料，经中国药品生物制品检定所检验合格后，报卫生部审核批准，核发批准文号。对于生物能源，国家能源局《2021年能源监管工作要点》中提出要加强能源市场监管和行业监管，维护公平公正的能源市场秩序，保障国家能源战略、规划、政策、项目有效落地，推动构建清洁低碳、安全高效的现代能源体系，并将积极支持生物液体燃料发展，督促石油销售企业按规定销售生物液体燃料。

我国也十分注重对生物制造产品知识产权的保护，《"十四五"生物经济发展规划》提出要加大对我国生物资源的保护力度，健全生物遗传资源获取与惠益分享管理制度。支持发展专业化知识产权运营机构，开展知识产权全链条运营服务，促进知识产权价值实现与科技成果的转化实施。推动建立产业专利导航决策机制，助力培育高价值专利。

在生物安全方面，2020年10月颁布的《中华人民共和国生物安全法》确立了生物安全风险监测预警制度、风险调查评估制度、信息共享制度等11项基本制度。《"十四五"生物经济发展规划》更是强调了完善国家生物安全保障体系的重要性，加强对各类生物安全风险监管，对生物技术研究、开发与应用活动的安全管理，对涉及生物安全的重要设备、特殊生物因子等实施追溯管理。

四、结　　语

从当前全球生物制造的发展态势看，美国的生物制造技术创新优势明显，且仍在加速推动生物制造的政策布局，欧洲在生物制造领域有着良好的积淀。近年来，我国生物制造的应用基础研究迅速发展，研究水平和国际影响力不断提升，产业规模位居全球第一，但与国际先进水平相比，前沿技术应用和创新型产品种类与数量存在明显不足，部分工具、仪器和试剂对外依赖度高，企业发挥创新主体作用有限。同时，美国《行政令》的出台预示美方对华技术限制升级已从芯片扩展至生物技术领域，如何依托《"十四五"生物经济发展规划》等推出的契机，进一步增强自主创新能力，提升生物制造的平台发展和市场开拓能级，把握战略机遇期十分重要。

首先，应进一步加强前沿共性技术与产业关键技术的研发，提高生物制造技术自主创新能力；围绕大宗发酵产品、可再生生物基化学品、聚合材料等重大产品的生物制造，突破生物制造核心菌种的创制，解决制约原料转化利用、生物催化剂开发、过程工艺效率方面的关键科技问题，攻克一批前沿核心技术、突破一批技术瓶颈，形成生物制造技术体系，推动生物制造业高质量发展，加速成为生物经济新支柱。其次，制定有助于生物制造研发与应用的支持和管理政策，建设有利于技术创新和产业转化的生态环境。通过政企学研联动，从行业、产品和要素三个层面探索建立生物制造创新链、产业链、供应链的评估体系。明确生物制造菌种和产品的安全、性能评价标准，完善生物制造产品的知识产权保护政策；健全生物制造产品市场准入的法律法规，加强生物制造产品的标识和管理，简化生物制造评估和审批流程，完善市场准入渠道。最后，强化科技伦理和生物安全治理，加强科普宣传，为生物制造和生物经济的发展提供保障。

撰　稿　人：朱成姝　中国科学院上海生命科学信息中心　中国科学院上海营养与健康研究所
　　　　　　陈大明　中国科学院上海生命科学信息中心　中国科学院上海营养与健康研究所
　　　　　　马　悦　中国科学院上海生命科学信息中心　中国科学院上海营养与健康研究所
　　　　　　熊　燕　中国科学院上海生命科学信息中心　中国科学院上海营养与健康研究所
通讯作者：熊　燕　yxiong@sinh.ac.cn

第十五章　生物环保产业发展现状与趋势

　　随着全球环境污染的日益严重和生态资源的逐渐匮乏，发展环境生物技术已成为解决全球性环境和资源问题最重要的途径之一。目前，环境生物技术广泛赋能于重工业、日用消费品工业、石油工业、农业、食品业、污水处理业等，对相关的产业政策产生了深远的影响。尤其是伴随着各省市污染排放标准的逐渐提升，环境生物技术也快速发展，逐渐成为一种以环境资源可持续发展为目标，上中下游技术集成的系统工程技术，成为全球经济发展中一个新的经济增长点。

　　目前，生物技术已是环境保护中应用最广的、最为重要的单项技术，其在"三废"治理、清洁能源开发、环境监测、环境修复和清洁生产等环境保护的各个方面，发挥着极为重要的作用。环境生物技术最显著的优势包括：污染物处理的最终产物无毒无害、稳定，如二氧化碳、水和氮气；生物方法处理污染物通常是一步到位，避免了污染物的多次转移。因此，它是一种安全而彻底消除污染的方法。随着现代生物技术的发展，特别是基因工程、细胞工程和酶工程等生物高新技术的飞速发展和应用，上述环境生物处理过程得到显著强化，使生物处理具有更高的效率、更低的成本和更好的专一性，为生物技术在环境保护中的应用提供了更为广阔的前景。

一、生物环保产业发展概况

（一）全球生物环保产业发展概况

　　生物产业作为21世纪创新最为活跃的新兴产业，在全球环境污染问题愈发突出的背景下，生物技术集效率高、反应条件温和、无二次污染等显著优势，正逐渐成为清除工业废物、修复生态系统、推动生态文明建设的重要力量。伴随着其在环保产业的广泛应用，全球生物环保产业快速发展，生物环保产业的范畴也不断扩大。目前，国内外学者普遍认为凡是直接或间接利用生物体或生物体的某些组成部分或机能，进行生物净化、生物修复、生物转化和生物催化，从污染治理、清洁生产、能源开发、可再生资源利用，多层面、全方位地为解决工业和生活污染、农业和农村面源污染、荒漠化和海水污染等提供相关产品和服务的行业，均属于生物环保产业研究和应用的范畴，也是其发展的趋势和方向。

据统计，未来生物经济产业规模将达40万亿元。然而，目前全球生物环保行业规模仍处于发展初期，环保生物技术企业的营业额仅占整体生物技术产业的2%左右。但是，环保生物技术产业在企业数量、规模、资金、人员、产品等方面快速扩大，发展环保生物技术受到了各国的空前重视。目前全球环保产业发展最具有代表性的是美国、欧洲和日本。美国的生物技术环保产业起步较早、较发达，其全球主导地位已基本确立。目前，由于我国在生物经济领域的长期持续投入不足、创新力量分布重复分散等原因，尚未培育形成具有国际领先水平的科研机构和具有引领带动作用的行业领军企业。相对应地，生物环保产业依赖于生物经济赋能，我国生物经济发展的现状也决定了我国生物环保产业的原始创新能力不强、关键核心技术受限的问题。然而，我国作为全球生物资源最丰富的国家，生物产业门类、体系齐全，具备加快发展生物经济赋能各行各业的有利条件。

通过对生物环保领域专利申请的检索、分析，全面、客观地调研全球生物环保技术领域的研发态势和专利保护现状，可以为该领域的技术研发决策、产业化布局提供参考意见。如图15-1所示，据《生物产业技术》报道，1980—2018年，生物环保领域在incoPat数据库共计检索全球专利申请超14万件。生物环保领域的全球专利申请量从20世纪90年代初开始持续增长，在2009年申请量开始井喷式增加，近十年内专利申请量达到7.4万件，这说明生物环保领域的研发一直处于稳步向上的状态。从专利申请地区来看，我国处于世界前列，达到55 539件，占近十年全球生物环保产业专利申请量的73.67%，日本、韩国、美国、欧洲形成第二梯队。如表15-1所示，从专利权人来看，北京工业大学、浙江大学、哈尔滨工业大学、同济大学等8所高校，以及中国石油化工股份有限公司（排名第三）和中国环境科学研究院（排名第十），占据了生物环保领域排名前十。如表15-2所示，从专利申请分类号来看，C02F3（水、废水或污水的生物处理）分类号下的全球专利申请量最多，达39 330件，其他排名靠前分类号对应的技术主题包括生物处理污泥、微生物或酶再生污染土壤、固体废物的破坏或转化等，可见全球生物环保的重点领域集中在污水污泥的治理、土壤修复和固废治理等方面。

（a）

（b）

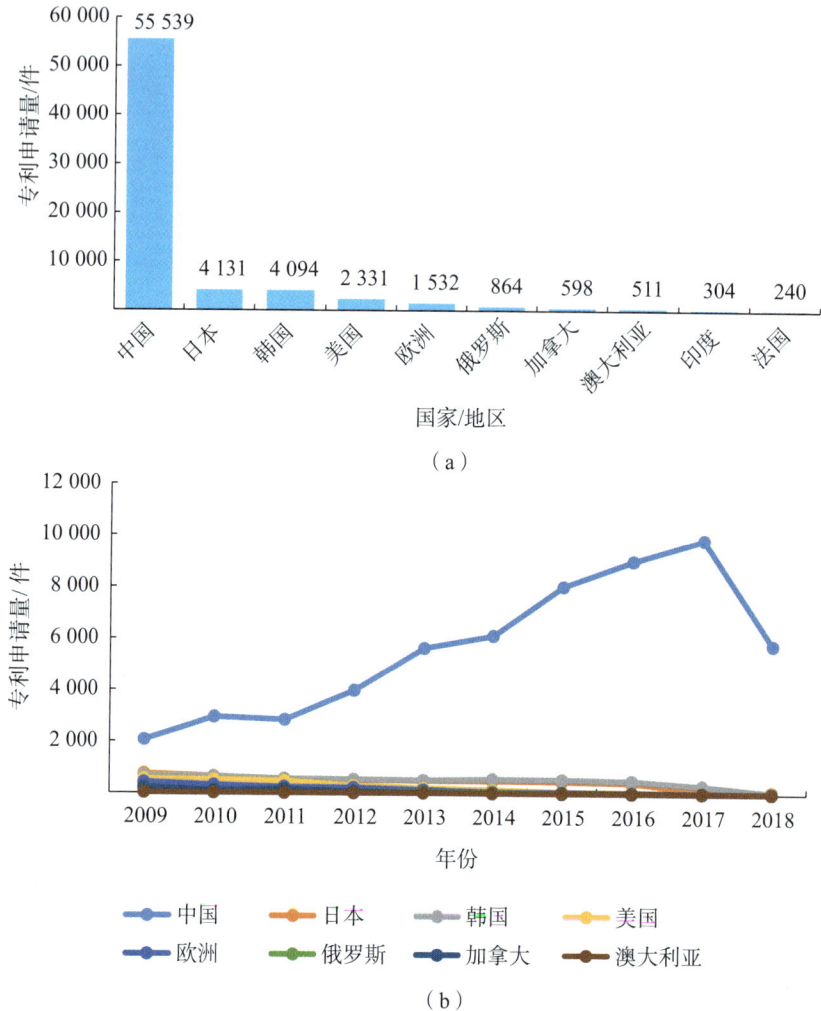

图15-1　全球生物环保专利申请incoPat数据库检索情况

资料来源：公开数据整理

表15-1　1980—2018年incoPat数据库中生物环保领域专利申请前十专利权人

排名	专利权人	国家	专利申请量/件
1	北京工业大学	中国	770
2	浙江大学	中国	507
3	中国石油化工股份有限公司	中国	444
4	哈尔滨工业大学	中国	436
5	同济大学	中国	391
6	河海大学	中国	389
7	华南理工大学	中国	310

续表

排名	专利权人	国家	专利申请量 / 件
8	南京大学	中国	299
9	四川师范大学	中国	298
10	中国环境科学研究院	中国	272

表15-2　1980—2018年incoPat数据库中生物环保领域专利申请前十分类号

排名	IPC	技术主题	申请量 / 件
1	C02F3	水、废水或污水的生物处理	39 330
2	C02F9	水、废水或污水的多级处理	21 491
3	B09B3	固体废物的破坏或将固体废物转变为有用或无害的物质	11 081
4	C02F101	污染物的性质	8 161
5	C12N1	微生物本身（或原生动物）及其组合物；繁殖、维持或保藏微生物或其组合物的方法；制备或分离含有一种微生物的组合物的方法及其培养基	7 370
6	C02F11	污泥的处理及其装置	6 916
7	C02F1	水、废水或污水的处理	6 888
8	C02F103	待处理水、废水、污水或污泥的性质	5 711
9	C12R1	微生物	5 647
10	B09C1	污染土壤的复原	4 547

（二）我国生物环保行业发展概况

随着"绿水青山就是金山银山"理念的深入普及，以及为了实现碳达峰碳中和的既定目标，国务院、国家发展改革委、生态环境部等多部门发布各项政策或意见。其中，《"十三五"生物产业发展规划》将"促进生物环保技术应用取得突破"列为生物产业发展的七大重要领域之一。2021年11月2日印发的《中共中央 国务院关于深入打好污染防治攻坚战的意见》也提出"加快发展节能环保产业"。2021年12月20日国家发展改革委《"十四五"生物经济发展规划》明确指出，加快生物制造技术赋能生物能源和生物环保产业，积极推进绿色低碳能源的发展，顺应"追求产能产效"转向"坚持生态优先"的新趋势。这些政策的出台，为我国近十年生物环保产业的快速发展提供了强有力的支撑，也指导了生物环保行业发展的重点方向。如表15-3所示，目前，发展生物技术治理水污染新技术、发展污染土壤生物修复新技术、加速挥发性污染物生物转化、发展环境污染生物监测新技术成为我国生物环保技术重点发展领域。

表 15-3　我国生物环保产业发展的重点领域

应用领域	发展方向
发展生物技术治理水污染新技术	重点发展高效低耗的生活污水、农业养殖废水、典型工业废水的生态治理技术，通过生物技术，促进富含碳、氮、磷、硫、重金属等污染物的防治与资源化利用；推进污（废）水、污泥处理及资源化生物环保技术 / 工艺装备的成套化、系列化、标准化、产业化
发展污染土壤生物修复新技术	加快研发污染土壤的植物 - 微生物联合修复技术、重金属污染土壤土地的生物固化与生物修复技术、土壤农用化学品残留组分的生物消减（除）技术，以及中药材生产用地产生的连作障碍生物解除技术，推进技术示范与应用推广，逐步修复与治理污染土壤复合污染问题，改善和恢复土壤环境质量
加速挥发性污染物生物转化	针对多来源挥发性有机污染物，重点推进石油、化工、医药等行业有毒、有害废气的生物 - 化学集成治理技术、工业源含碳废气生物转化利用技术和污水厂等生活源生物脱硫、脱氮技术，加速工艺系统及产品的规模化应用与技术推广，实现空气净化与清洁化
发展环境污染生物监测新技术	开展有毒有害污染物、持久性有机污染物的生物筛查与监测新技术、新方法，建立污染性生物检测方法，开发相关设备，促进生物检测技术标准化、业务化

据统计，2020 年，我国环保产业规模突破 2 万亿元大关，预计到 2025 年将突破 4 万亿元，成为我国绿色经济的重要组成，并为拉动国民经济发展和就业做出重要贡献。生物环保技术作为应用前景巨大的前沿技术，在我国环保领域已相对成熟应用的领域如下：①环境修复，如工业污染土壤修复、黑臭水修复、矿山环境修复、油田污染治理与修复、养殖水体调节等。②污染治理，环保微生物技术在"三废"治理中均有深度应用。污水处理，如生活污水和工业废水的处理；空气污染治理，如生物除臭、工业废气的生物降解处理；固废处理，如污泥生物降解处理等。③资源化利用，主要是食品、农业等相关有机废弃物的资源化利用，如堆肥发酵、沼气利用等。④清洁生产，生物环保技术在清洁生产应用中也已经取得一定程度的突破，如造纸中的生物制浆与漂白、生物制革等。表 15-4 总结了生物技术在环境保护中的应用。除此之外，一些新兴污水处理技术，如厌氧氨氧化技术、好氧颗粒污泥（AGS）技术、硫自养反硝化技术等已经取得中试规模的突破，有望在不久的将来迎来产业化应用。这将为进一步扩大生物环保市场做出重要贡献。另外，2022 年 1 月 30 日生态环境部下发《关于征求〈城镇污水处理厂污染物排放标准〉（GB 18918—2002）修改单（征求意见稿）意见的函》，可以预见的是，新标准的发布将对上述生物技术在环境保护中的操作规范和监测指标提出新的要求。

表15-4　生物技术在环境保护中的应用

应用领域	相关技术	原理
废气处理	生物吸收法、生物滴滤法、生物洗涤技术等	生物法净化废气是通过氧化分解反应使废气中的有机组分变成填料活性微生物的"食物"，为其供给必要的能源和养分，使对大气环境有毒有害的有机工业废气污染物转变成无机物或简单的细胞组织的过程
废水处理	活性污泥法、生物膜法、厌氧生物处理法、土地处理系统等	污水处理中的生物处理法就是利用微生物新陈代谢功能，使污水中呈溶解状态和胶体状态的有机污染物被降解并转化为无害的物质，使污水得以净化
微生物	原位修复技术：投菌法、生物通风法、生物培养法	原位微生物修复技术是指不改变土壤自身位置，向土壤中添加养分以及供给氧气，促进微生物自身代谢，降解和剔除土壤中的有害物质，从而保证土壤质量
土壤修复	异位修复技术：堆制处理法、生物反应器法、预制床法	异位修复是将受污染的土壤从发生污染的位置挖掘出来，在原厂址范围内或经过运输后再进行治理的技术
固体废弃物处置	厌氧消化、堆肥、生物降解塑料等	利用微生物的新陈代谢作用使固体废弃物分解、矿化或氧化，从而达到减量化、无害化、资源化的目的

2022年5月，国家发展改革委印发《"十四五"生物经济发展规划》，明确指出生物经济规模迈上新台阶，并提出2035年生物经济综合实力稳居国际前列的远景目标。具体到生物环保产业来说，要聚焦新一代生物技术、生物质能、生物材料、绿色环保等战略性新兴产业，加速关键核心技术创新应用，增强要素保障能力，培育壮大产业发展新动能，通过基因与生物技术赋能生态领域发展。相信在国家政策的大力支持下，我国生物环保产业一定会在生物技术取得突破的基础上迎来快速的发展。

二、生物环保产业现状及市场分析

（一）废水生物处理

伴随多年的人口快速增长和粗放型生产方式副作用的累积，自20世纪中叶以来，我国开始暴露出水质变化越来越严重的问题，因此污水处理工作刻不容缓。废水生物处理是指利用微生物对废水进行处理，使废水净化，减少污染，以达到废水回收、复用，充分利用水资源的目的。在技术层面，污水生物处理技术按其对氧的需求情况可分为厌氧生物处理和好氧生物处理两类。其中，好氧生物处理系统采用机械曝气和自然曝气为污水中好氧微生物提供氧气，促进好氧微生物的分解活动，使污水得到净化，常用方法包括活性污泥法、生物滤池、生物转盘等。厌氧生物处理系统运行机理为在无氧条件下利用厌氧微生物的降解作用使污水中的有机物质降解。污水中的厌氧细菌可将碳水化合物、蛋白质、脂肪等有机物分解生成有机酸；然后在甲烷菌的作用下，将有机酸分解为甲烷、二氧化碳和氢等，从而使污水得到净化。

相比于好氧生物处理工艺，厌氧处理技术种类繁多（表15-5），除表中所列五种典型工艺外，常见工艺还包括厌氧流化床（AFB）、接触式厌氧反应器、厌氧生物滤池、推流式厌氧反应器等，为了选择最适合的工艺，需要对反应器的构型和进水水量、特性等进行系统性评估。

表15-5　各种典型厌氧生物污水处理工艺优缺点分析

工艺类型	优点	缺点	运行范围/[kg TS/（m³·d）]	运行时长
完全混合式（CSTR）	①连续运行； ②运行条件简单； ③易操作； ④投资与运行成本低； ⑤易清洗	①转化效率低； ②水力条件较差； ③易形成死区	4—6	15—20 d
厌氧膜生物反应器（AnMBR）	①污染物去除效率高； ②启动时间非常短； ③SRT与HRT分开； ④促进厌氧微生物生长； ⑤占地小； ⑥出水水质好，能够实现水回用	①运行成本较高； ②存在膜污染问题； ③需专业操作； ④仍缺乏设计规范	0.3—20	2—12 h
升流式厌氧污泥床（UASB）	①高效降解污染物； ②无需添加载体； ③运行成本较低； ④耐高有机负荷，负荷最高达10 kg BOD/（m³·d）； ⑤剩余污泥少	①启动时间长； ②需要接种足够的颗粒污泥； ③需专业操作	5—10	4—20 h
厌氧折流板反应器（ABR）	①设计简单； ②无需填料或三相分离器； ③投资运行成本低； ④污泥产量低； ⑤耐冲击负荷强	①需要专业的设计； ②施工启动时间较长； ③缺乏设计规范	2—5	2—4 d
厌氧膨胀床/流化床（EGSB/AFB）	①污染物降解效率高； ②控制及优化生物膜厚度； ③不易造成污泥床堵塞； ④水头压力低； ⑤载体比表面积大； ⑥投资成本较低	①要添加载体； ②对反应器设计要求较高； ③易产生管道堵塞及死区问题； ④易产生气体滞留	10—30	2—12 h

从产业方面来看，水污染治理行业作为环保产业最为成熟的板块，市场规模巨大。2015年4月国务院颁布《水污染防治行动计划》（简称"水十条"），我国正式展开对于水污染的全面治理。我国环保行业市场规模从2016年的11 151.2亿元增长到2020年的19 300.4亿元。五年数据计算四年的年均复合增长率达14.7%。在2020年的我国环保行业市场中，水污染治理行业市场规模为10 691.3亿元，占比超过50%。其中，水环境治理领域市场规模为1203.5亿元，城市污水治理领域市场规模为3969.5亿元，农村污水处理领域市场规模为3206.5亿元，工业废水处理领域市场规模为2311.8亿元。城镇污水治理占据了大部分污水治理市场。未来，预计我国水污染治理行业市场规模在2025年将达到约24 486.7亿元，年均复合增长率达18.0%。

步入"十四五"时期，国家发展改革委与住建部在2021年6月联合发布了《"十四五"城镇污水处理及资源化利用发展规划》（以下简称《规划》）。《规划》中指出，到2025年，基本消除城市建成区生活污水直排口和收集处理设施空白区，全国城市污水集中收集率力争达到70%以上，县城污水处理率达到95%以上。到2035年，城市生活污水收集管网基本全覆盖，城镇污水处理能力全覆盖，污水污泥等资源化利用水平显著提升，城镇污水得到安全高效处理。此外，污水排放量逐年增加，而人民生活水平不断提升对污水处理质量的要求也逐渐提高，污水处理的市场规模也将得到进一步增大。随着城市和县城污水处理率逐渐增加，污水处理量将与排放量同步提升，新建污水处理厂数量将保持稳定增长。数据显示，我国城市和县域污水处理厂数量由2016年的3552座增长至2020年的4326座，年均复合增长率达5.05%。

（二）有机固体废弃物的处理

有机固体废弃物（简称有机固废）管理与大气、水、土壤污染防治密切相关，是整体推进环境保护工作不可或缺的重要一环。生物处理技术处理有机固废主要包括餐厨垃圾、树木、秸秆、粪便、污泥等。生物处理方法包括好氧处理、厌氧处理、兼性厌氧处理，可达到废弃物无害化，但处理过程时间较长，处理效率还需提高。近年来，有机固废处理行业整体进入相对稳定的发展期。2021年，我国已进入"高质量发展"阶段，质量和效益替代规模和增速成为经济发展的首要问题，"垃圾分类"开始全面向地级市推广；"十四五"时期将继续推动100个左右地级及以上城市开展"无废城市"建设。

2020年，全国共有196个大、中城市向社会发布了2019年固体废弃物污染环境防治信息。其中，应开展信息发布工作的47个环境保护重点城市和53个环境保护模范城市均已按照规定发布信息，另外还有96个城市自愿开展了信息发布工作。经统计，此次发布信息的大、中城市一般工业固体废弃物产生量为13.8亿t，工业危险废弃物产生量为4498.9万t，医疗废弃物产生量为84.3万t，生活垃圾产生量为23 560.2万t。2014—2020年发布固体废弃物处理信息的城市数量见表15-6。

表 15-6　2014—2020 年固体废弃物处理信息发布城市数量

发布年份	强制发布城市数量 / 个		自愿发布城市数量 / 个	总数 / 个
	重点城市	模范城市		
2014	47	54	162	263
2015	47	56	141	244
2016	47	56	143	246
2017	47	57	110	214
2018	47	57	98	202
2019	47	55	98	200
2020	47	53	96	196

196 个大、中城市一般工业固体废弃物产生量达 13.8 亿 t，综合利用量 8.5 亿 t，处置量 3.1 亿 t，储存量 3.6 亿 t，倾倒丢弃量 4.2 万 t。一般工业固体废弃物综合利用量占利用处置总量的 55.9%，处置量和储存量分别占比 20.4% 和 23.6%，综合利用仍然是处理一般工业固体废弃物的主要途径，部分城市对历史堆存的一般工业固体废弃物进行了有效的利用和处置。

2021 年 3 月，国家发展改革委印发《关于"十四五"大宗固体废弃物综合利用的指导意见》（以下简称《意见》）。《意见》中指出，"十四五"时期，我国将开启全面建设社会主义现代化国家新征程，围绕推动高质量发展主题，全面提高资源利用效率的任务更加迫切。目前，大宗固废累计堆存量约 600 亿 t，年新增堆存量近 30 亿 t，占用大量土地资源，存在较大的生态环境安全隐患。因此，需要大力推进大宗固废源头减量、资源化利用和无害化处置，强化全链条治理，着力解决突出矛盾和问题，推动资源综合利用产业实现新发展。

1. 餐厨垃圾

根据 2019 年 11 月 15 日住建部发布的《生活垃圾分类标志》规定，厨余垃圾包括家庭厨余垃圾、餐厨垃圾和其他厨余垃圾（农贸市场、农产品批发市场产生）。其中，家庭厨余垃圾主要来自家庭日常生活中产生的果蔬及食物边料、剩余饭菜及瓜果皮等易腐垃圾，家庭厨余垃圾以生料为主，盐分、油脂含量较低，具有产生量大且分散的特点，收集运输难度相对较高。餐厨垃圾主要包括餐馆、饭店、单位食堂等场所的饮食剩余物，以及后厨加工过程中产生的废弃物，以熟料为主，具有油脂和盐分含量高、易腐变的特点，同时产生量大且数量相对集中，收集运输相对容易。

随着我国"双碳"政策的推动、垃圾分类工作的铺开，以及城镇化的快速发展，餐厨垃圾分出量大幅增长，使得餐厨垃圾处理逐渐成为"刚需"。近三年来，受疫情影响，全国的餐饮行业遭受重创，但居民在家做饭产生的厨余垃圾产生量大增，餐饮垃圾的产生量不降反增。2020年我国餐厨垃圾产生总量增加，达到1.28亿t，增加的幅度为5.79%，2009—2020年我国餐厨垃圾产生量规模情况如图15-2所示。据估算，到2026年，我国整体餐厨垃圾的产生总量预计将达到1.81亿t。"十四五"末期，餐厨垃圾产生量将基本饱和。

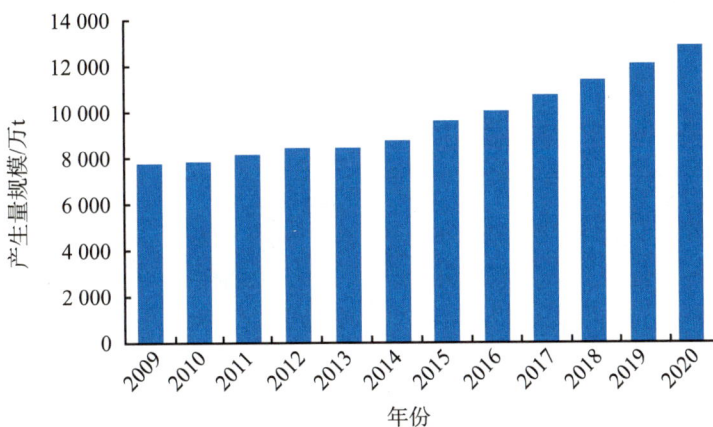

图15-2 2009—2020年我国餐厨垃圾产生量规模情况
资料来源：公开数据整理

我国于"十二五"期间逐步开始餐厨垃圾相关处理设施的建设工作，建设时间尚短，且餐厨垃圾过速增长，餐厨垃圾处理能力不足，导致环境和相关处理行业将遭受巨大压力。"十三五"期间，国家加大规划引导力度，积极稳妥地推进了餐厨垃圾分类、收集、运输、处理，为行业发展打下基础。"十四五"期间，厨余垃圾分类处理被列为重点发展项目，垃圾分类和处理设施的建设进入关键节点，我国环保产业将进入蓬勃发展时期。

餐厨垃圾的处理方法主要分为填埋、焚烧和资源化处理。资源化处理是未来餐厨垃圾处置行业的必然选择。餐厨垃圾资源化处理主要有三种模式：厌氧发酵、好氧堆肥、饲料化。三种模式各有利弊，目前，厌氧发酵是餐厨垃圾主流处理方法（表15-7）。其中餐厨垃圾饲料化是指将餐厨垃圾经高温脱水、灭菌和粉碎处理，直接或经昆虫处理后制成动物蛋白饲料原料的一种处理工艺。目前餐厨垃圾饲料化技术工艺主要有厌氧发酵、好氧堆肥、微生物处理及物理干化处理等，还有新兴的昆虫过腹化处理法。

表 15-7　我国餐厨垃圾处理技术优缺点

处理技术	优点	缺点
厌氧发酵	①工艺先进稳定，具有较高的有机负荷承担能力； ②全封闭处理过程减少二次污染，环保水平提高； ③资源化利用水平高； ④目前国内 80% 以上处理项目采用该工艺	①工程投资大； ②工艺链长、工艺复杂； ③产生的沼渣、沼液需进行资源化利用
好氧堆肥	①工艺简单成熟，应用时间长； ②产品有农用价值； ③易于机械化	①无法很好地解决有害有机物及重金属等的污染，无害化不彻底； ②处理过程不封闭，容易造成二次污染； ③有机肥料质量受餐厨废弃物成分制约很大，往往销路不畅； ④堆肥处理周期较长，占地面积大，有臭味和蚊蝇，卫生条件相对较差； ⑤对于餐厨废弃物中的油脂和盐分，目前堆肥技术无法降解，长期使用该法还会加剧土壤的盐碱化
微生物处理	①处理时间较短，采用前后分选工艺，分选相对简单； ②前端工艺链扁平、简单	①投资及能耗较高； ②采用单机设备处理，处理规模受限； ③无污水处理工艺段，易造成二次污染； ④部分产品仍间接进入食品链，存在食品安全的隐患
物理干化处理	①工艺链短，操作简便，系统稳定； ②前期国内较多采用该工艺； ③工程投资适中	①终端产品为饲料，存在产品许可的政策风险，存在动物的同源性隐患； ②处理工艺单一，无污水处理工艺段，易造成二次污染； ③能耗较高
昆虫过腹化处理法	①投资成本低； ②运行费用低； ③饲料安全性和营养价值高	①处理规模较小； ②工艺还处于改进阶段； ③工艺的产业化还需提高

　　我国餐厨垃圾处理项目以政府为主导、社会资本方重点参与。在餐厨垃圾收运及处置环节，政府相关部门进行监督管理，保障项目安全、稳定、有效运行。经过十余年的发展，我国餐厨垃圾处理行业已初步成熟，逐步形成定点收集、统一运输、集中处置的模式。我国餐厨垃圾处理价格平均约为238元/t，收运价格约为172元/t，收运处理一体的价格约为293元/t，集约化优势明显，中标价格逐渐上涨。2018—2021年餐厨垃圾收运、处理、收处一体市场化项目平均价格如图15-3所示。

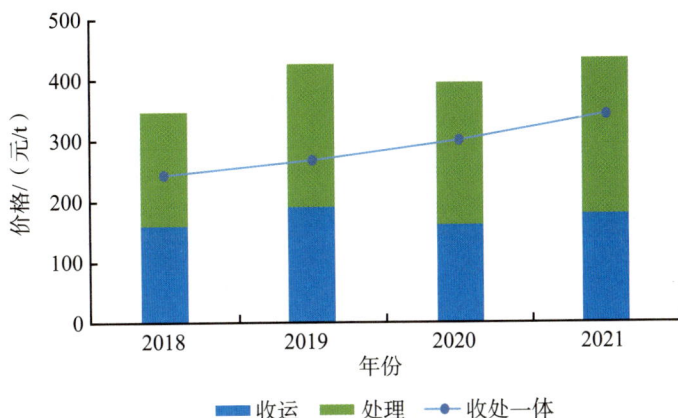

图15-3　2018—2021年餐厨垃圾收运、处理、收处一体市场化项目平均价格
资料来源：公开数据整理

2. 农作物秸秆

近年来，我国农村地区秸秆焚烧现象仍较为普遍，焚烧不仅污染环境，还浪费资源。根据国家统计局公开数据测算，2020年我国主要农作物的秸秆理论资源量达87 326万t（表15-8）。

表15-8　2020年我国主要农作物的秸秆理论资源量

种类	作物产量 / 万 t	草谷比	秸秆产量 / 万 t
稻谷	21 186	0.95	20 127
小麦	13 425	1.3	17 453
玉米	26 067	1.1	28 674
豆类作物	2 287	1.6	3 659
薯类作物	2 987	0.795	2 375
油料作物	3 586.4	2.7	9 683
糖料作物	12 014	0.17	2 042
甜菜	1 198.4	0.07	84
瓜果	28 692.4	0.1	2 869
麻类作物	24.9	1.5	37
烤烟作物	202.2	1.6	324
总计			87 326

　　国家连续出台了关于推进农作物秸秆综合利用的相关政策，以加快实现秸秆的资源化、商品化，在环境保护的同时为农民增收。2021年作为"十四五"开局之年，我国全面开展秸秆综合利用行动。农业农村部提出要聚焦北方地区清洁取暖，加快秸秆生物质能开发利用，促进秸秆高质量还田，构建秸秆零碳排放模式，全面实现乡村振兴，提升秸秆利用产业化水平。生物质发电在"十四五"时期或将迎来系统性改革，国家连续出台关于推进生物质发电的相关政策，加快生物质发电行业发展（表15-9），预计到2025年我国秸秆资源化处理行业市场空间可达700亿元。

表15-9　近年推进生物质发电的相关政策

时间	发文机关	文件号	内容
2020年1月20日	财政部、国家发展改革委、国家能源局	财建〔2020〕4号	《关于促进非水可再生能源发电健康发展的若干意见》提出以收定支，合理确定新增补贴项目规模。按合理利用小时数核定中央财政补贴额度
2020年9月29日	财政部、国家发展改革委、国家能源局	财建〔2020〕426号	《关于〈关于促进非水可再生能源发电健康发展的若干意见〉有关事项的补充通知》明确各类项目全生命周期合理利用小时数
2020年9月11日	国家发展改革委、财政部、国家能源局	发改能源〔2020〕1421号	《关于印发〈完善生物质发电项目建设运行的实施方案〉的通知》明确，补贴由中央和地方分担，2021年新纳入补贴范围的项目（包括2020年已并网但未纳入当年补贴规模的项目及2021年起新并网纳入补贴规模的项目）补贴资金由中央和地方承担
2021年8月11日	国家发展改革委、财政部、国家能源局	发改能源〔2021〕1190号	《关于印发〈2021年生物质发电项目建设工作方案〉的通知》明确，补贴资金央地分担原则，突出分类管理，逐年减少中央财政分担比例
2021年10月21日	国家发展改革委、国家能源局、财政部等	发改能源〔2021〕1445号	《"十四五"可再生能源发展规划》明确，稳步推进生物质能多元化开发，稳步发展生物质发电。探索生物质发电与碳捕集、利用与封存相结合的发展潜力和示范研究

3. 禽畜粪便

近年来，受2018年猪瘟和新冠疫情的影响，畜牧养殖业发展受到一定阻碍，但总体仍呈上升趋势。国家统计局数据显示，2021年1—10月，农林牧渔业投资同比增长10.4%，前两季度平均增长18.4%，增速比前三季度快0.2个百分点，其中，畜牧业投资同比增长29.8%。全国猪牛羊禽肉产量6428万t，比上年同期增加1176万t，增长22.4%。猪肉产量大幅增长，牛羊禽肉产量稳定增长，禽蛋产量有所下降，牛奶产量较快增长。

畜牧业产值占农林牧渔业总产值比例维持在25%—30%，已经成为其支柱产业。畜牧业的快速发展对农民的增收、农村经济的发展做出了重大贡献。根据E20环境平台公开数据推算，我国禽畜养殖业主要类别禽畜产粪量将在10亿t左右，产尿量逾7亿t。

目前，禽畜粪便处理根据主要资源化产品的不同，按照好氧堆肥、厌氧制沼及堆肥进行处理。其中堆肥工艺用于生产有机肥产品。据E20环境平台预测，预计到2025年禽畜粪污处理市场空间可达1390亿元。

（三）基因及生物技术

在2021年3月，国务院印发的《中华人民共和国国民经济和社会发展第十四个五年规划和2035年远景目标纲要》中指出，明确"基因与生物技术"作为七大科技前沿攻关领域之一；"生物技术"作为九大战略性新兴产业之一。

2022年3月31日，国家发展改革委组织召开"十四五"规划102项重大工程实施部际联席会议第一次会议。基因与生物技术列入国家"十四五"规划102项重大工程。"十四五"规划指出，基因组学研究应用主要包括：遗传细胞和遗传育种、合成生物、生物药等技术创新，创新疫苗、体外诊断、抗体药物等研发，农作物、畜禽水产、农业微生物等重大新品种创制，生物安全关键技术研究。

当前，全球进入生物技术变革时代，正好为我国全面推进该领域科技高质量发展和国家健全完善伦理治理体系提供了机遇。近年来，生物技术迅猛发展，推动生物经济的范围扩大至诸多领域，并将逐渐引领世界未来经济的发展，其中以干细胞、合成生物学、基因编辑等为代表的前沿技术领域发展尤为迅速。从全球科研论文量来看，自2000年以来3个新兴领域的论文量均快速增长（图15-4）。其中，干细胞研究的规模较大，到2014年，年度论文量已经超过4万篇，随后几年呈相对稳定状态；基因编辑领域论文量在2014年后激增。在合成生物学领域，2021年我国科学家取得重大突破，在国际上首次于实验室实现了二氧化碳到淀粉的从头合成，这项突破为人工和半人工合成"粮食"提供了新技术。

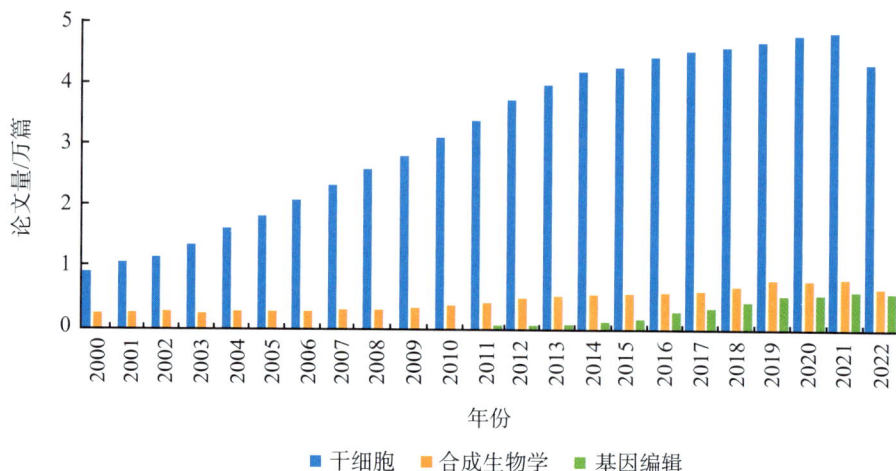

图15-4　2000—2022年干细胞、合成生物学、基因编辑相关领域研究论文全球年度分布
资料来源：公开数据整理

总体而言，全球生物技术发展迅速且前沿技术领域仍处于发展早期阶段。相较于西方发达国家，我国生物技术的发展由于起步偏晚，整体实力较差，体系建设不完善，但随着近年来政府资源的大量投入，发展速度已经在国际上处于领先地位。在一些新兴前沿生物技术领域，如干细胞与再生医学、合成生物学等领域，我国在起步上并不落后于西方发达国家，现在已经处于甚至领先国际一流地位。可以说，在部分领域我国与其他发达国家一同步入探索的前沿或"无人区"。未来可对特异微生物和转基因微生物开展研究，从遗传学、基因学等角度开发高效菌剂、酶制剂等生物制品。

（四）生物环保产品

2007年，国务院办公厅颁布了《国务院办公厅关于限制生产销售使用塑料购物袋的通知》，正式揭开了我国禁限塑工作的序幕。2021年5月18日，国家发展改革委环资司印发了《污染治理和节能减碳中央预算内投资专项管理办法》，在附件3的"重点支持内容"中提到将支持可降解塑料项目的发展，进一步推动了生物降解塑料行业的发展态势。目前，研究较多的生物环保产品包括生物降解材料、酶制剂和微生物菌剂三种。

1. 生物降解材料

生物降解材料是一类可在土壤微生物和酶的作用下被降解的材料，该材料不仅有优良的使用性能，且废弃后能被完全分解，最终转化为二氧化碳和水，继续参与自然界的碳循环，因而有"绿色生态材料"之称。常见的几种类型包括聚乳酸（PLA）、聚羟基脂肪酸酯（PHA）、聚丁二酸丁二醇酯（PBS）和聚己内酯（PCL）等。在我国治理"白色污染"的进程中，这些新型环保材料被寄予厚望。在许多发达国家，生物可降解材料也已经得到大力推广和使用。

作为一种可有效解决环境危机等问题的生物环保产品，近年来生物降解材料的需求量不断增长，被越来越多地应用于日用塑料制品、包装、纺织纤维、农林渔牧用制品、汽车工业、电子电器、医用生物降解材料等领域（表15-10）。其中，淀粉基聚合物由于其易得性，被广泛应用在食品包装领域。PLA可用于黏合剂、药物输送系统和外科缝合线等医疗应用中。此外，还可用于农业覆盖、淀粉基包装、基于纤维素的包装等。随着支持推广可降解材料的政策出台，对传统塑料最具替代优势的生物降解塑料的产能快速增长，有关数据表明，2019年国内生物降解塑料产能约为52万t，同比增长15.6%，到2021年生物降解塑料产能实现翻番，产业迎来了新的发展契机。

表15-10　生物降解塑料的主要应用领域、用途及废弃后适宜的处置方式

应用领域	用途	废弃后适宜的处置方式
日用塑料制品	玩具、非一次性餐具、工艺品等	材料物理回收
包装	生活垃圾袋、购物袋、小型包装袋； 各种成型用片材（吸塑成型、压制成型）电子部件（媒体录音带、光碟等）、信用卡用片材、透明视窗领域、冲压加工领域； 信封透视窗薄膜，各种密压基材、密封袋、标签用薄膜、卡片用拉伸片材、取向薄膜、胶带、印刷相关领域、单双面热封包装薄膜、收缩标签、杯封、火锅领域、密封杯等； 一次性餐饮具、食物容器等； 快递、外卖、电商包装等	生物回收（可堆肥处理、厌氧消化处理、酶解化学回收等）
纺织纤维	无纺布、长丝、短丝、服装、住宅用地毯、纺织品等	材料物理回收再利用
农林渔牧	地膜、育苗容器、灌溉管、沙土袋、护板、捆绑绳、农药微胶囊等	自然降解
汽车工业	汽车内装饰品，如地垫、轮胎盖、仪表盘等	材料化学回收
电子电器	电子电路板、电器外壳等	材料化学回收
医用生物降解材料	医药用品及其医用包装材料、骨钉等，药物缓释材料等	体内降解

可生物降解聚合物是当今世界新型材料发展的主题之一，具有对环境无毒无害、降解率可控且降解前可保持完整性等优点。但是由于生物降解材料成本高、应用市场低端等因素的影响，国内生物降解材料市场短期内依赖于政策导向、政府的鼓励和扶持。目前，我国已成为全球塑料制品消费大国，数据显示，自2010年以来，我国塑料产量不断增长，至2020年已突破1亿t。因此，在"禁塑令"执行后，降解塑料替代是

塑料污染源头减量的重要途径，生物降解塑料替代传统塑料的市场前景广阔。

我国生物降解塑料作为"十三五"期间塑料行业发展的重点，得到快速发展，2020年国内产能已达50万t左右，约占全球生物降解塑料总产能的50%。2012—2020年我国生物降解塑料需求量及市场规模如图15-5所示，呈现逐年递增的态势。2020年，我国生物降解塑料市场规模近70亿元。相较于2012年增长了约2.5倍。预计到2025年，我国生物降解塑料需求量有望达到260万t，市场规模有望超过500亿元。目前生物降解塑料行业正处于产业爆发的前期，预计未来3—5年内生物降解塑料供应和需求都将高速增长。

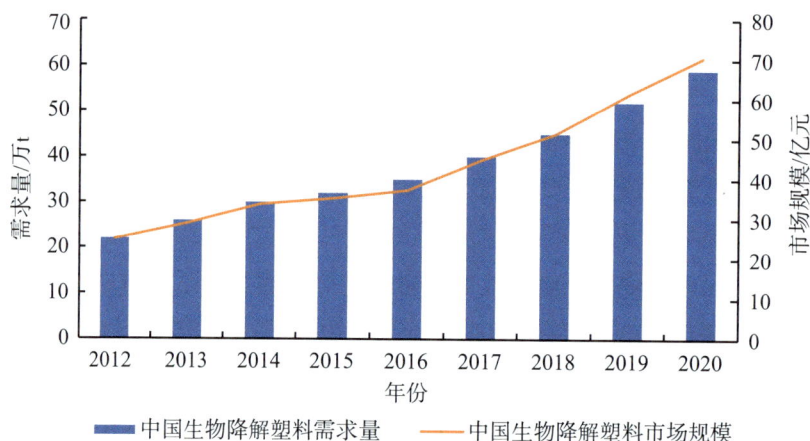

图15-5 2012—2020年我国生物降解塑料需求量及市场规模
资料来源：公开数据整理

2. 酶制剂

酶制剂是指酶经过提纯、加工后的具有催化功能的生物制品，主要用于催化生产过程中的各种化学反应，具有催化效率高、高度专一性、作用条件温和、降低能耗、减少化学污染等特点，其应用领域遍布食品（面包烘烤业、面粉深加工、果品加工业等）、纺织、饲料、造纸、皮革、医药以及能源开发、环境保护等方面。行业研究报告数据显示，2017年我国酶制剂生产总量达178.17万t，到2022年将超过260万t。图15-6展现了2017—2022年我国酶制剂生产总量变化。我国酶制剂行业近年来发展迅速，根据中国生物发酵产业协会2019年的统计数据，2018年国产酶制剂的产值约合5亿美元，约占全球市场的10%，产值增长10%，产量同比增长4.3%。随着酶制剂技术的不断完善和产品的更新，市场中酶制剂所占份额及应用范围也在逐渐增大。2018年全球工业酶制剂的市场规模为55亿—60亿美元，Markets & Markets公司预估2023年该市场规模将增长至70亿美元，而BBC Research公司预计其2018—2023年的年均复合增长率为4.9%。我国酶制剂行业经过长期不断地发展，已经取得了长足进步，酶制剂工业正不断推出新型酶制剂、复合酶制剂、高活力和高纯度特殊酶制剂来满足日益发展的食品工业需要。酶制剂属于知识、技术密集型产业，近10年来，我国酶制剂专利申请在2017年达到顶峰，申请数量为1241件，随后整体开始呈现下滑趋势，到2021年，我国酶制剂专利申请数量为899件。我国酶制剂行业起步时间较晚，高端市场长期被海外企业所占据，虽然近年来行业有了巨大发展，但仍需努力采用和推广高新技术，尽快发展具有我国自主知识产权的创新技术。

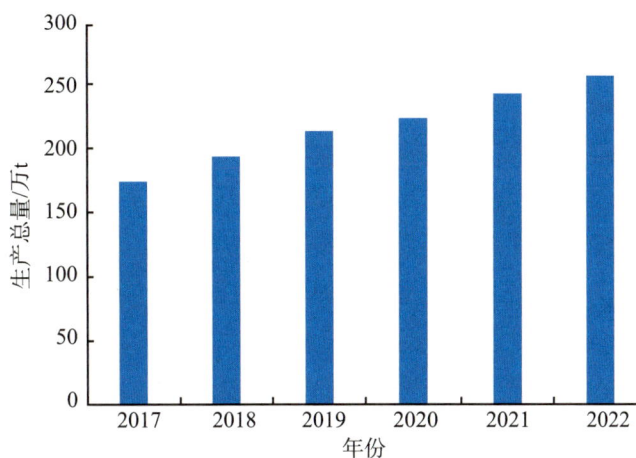

图15-6 2017—2022年我国酶制剂生产总量
资料来源：公开数据整理

3. 微生物菌剂

微生物菌剂是指目标微生物（有效菌）经过工业化生产扩繁后，利用多孔的物质作为吸附剂（如草炭、蛭石），吸附菌体的发酵液加工制成的活菌制剂。微生物菌剂技术目前已经广泛应用于环境保护领域。其在水污染控制、大气污染治理、有毒有害物质的降解、清洁可再生能源的开发、废物资源化、环境监测、环境污染的修复和污染严重的工业清洁生产等方面发挥着极为重要的作用。此外，微生物菌剂在动物饲料、生物农药、矿山复垦等领域也已被广泛应用。

随着国家对微生物肥料行业重视程度的不断提高，微生物菌剂的产量和需求量也在逐步增加。据统计，2019年我国微生物菌剂行业产量约246.54万t，销售量为181.05万t（表15-11）。相较于2015年分别增长了18.30%和17.27%。国内市场环保用菌剂的三个重要来源分别是：①国外进口，份额占总量的60%以上，代表方为丹麦诺维信、美国碧沃丰、日本琉球大学（EM菌剂）等；②国内企业生产，占市场份额30%左右，代表厂家有广州农冠（台资）生物、广宇生物、深圳清谷环境等；③国内高校科研院所研发生产，占5%—10%，主要代表为中国科学院微生物研究所、清华大学等。

表 15-11　国内外商品化微生物菌剂应用现况

来源	产品	研发单位	应用领域
国外进口	BI-CHEM 微生物制剂	丹麦诺维信	水产养殖，农业及植物护理，工业清洁
	EM 菌剂	日本琉球大学	污水、河湖水质，垃圾处理，家庭环保
	Aqua-Purification、Aqua-Clarifier 菌剂	美国碧沃丰	污水、水环境治理，水产养殖，民用净化
	MicroPlex-N、MicroPlex-RL 系列	美国普罗生物	石油、制浆造纸、化工废水，市政污水
	利蒙 LLMO 系列	美国通用环保	工业废水，河湖修复，水产养殖
国内企业生产	除 COD 系列、除氨氮系列、除总氮系列	北京甘度环保	生活污水，工业废水，特殊水体
	除 COD 系列、除氮磷系列	广州瀚潮环保	湖泊、池塘、水库、河道等水体及淤泥中的有机物、氮、磷等
	除臭油系列、除蓝藻系列	鹤壁市人元生物	景观水池、湖泊、河道的生态治理及修复，含油废水
	海精灵除 COD 系列、除氨氮系列、除臭系列、厨余降解系列	深圳清谷环境	高盐废水、医疗污水、印染污水、含油废水、养殖污水、生活污水，垃圾除臭，河道治理
	种植类：粮棉油作物系列、中药材类作物系列、水果类作物系列、蔬菜类作物系列	通化万赢生物	农业生态类产品、畜禽水产环保类产品
	养殖类：畜牧类系列、家禽类系列		
	水产类：海水养殖系列、淡水养殖系列		
	RW 酵素剂、RW 促腐剂、秸秆（还田）快速腐熟剂、功能性菌剂系列产品	鹤壁市人元生物	畜禽粪便、农作物秸秆快速、高效分解功能性菌剂既能起到解磷、解钾、固氮作用，又能达到治病和防病效果
国内高校及科研院所研发生产	除重金属菌剂、高浓度有机物降解菌剂	中国科学院成都生物研究所	工业废水、污染河流或湖泊修复
	炼油及印染废水处理菌剂	清华大学	含油废水、印染废水
	微生物絮凝剂、低温生物强化菌剂、特种废水处理菌剂	哈尔滨工业大学	污水、废水

在国内市场上流通的微生物菌剂除国内厂家自主研发生产外，也有国外（美国、日本、韩国、澳大利亚、荷兰等）引进的菌剂产品。尽管与国外相比，我国微生物菌剂在深度研究方面尚有欠缺，在产品稳定性方面也存在不足，但随着我国农业种植不断升级以及种植大户的思维变化，微生物菌剂在我国的市场是相当可观的。

4. 生物环保新技术

在水处理方面，一些新兴生物环保技术，如AGS、厌氧氨氧化、硫自养反硝化等已经取得中试规模的突破，在不久的将来有望得到大规模应用。AGS技术作为一种污水生物处理新技术因颗粒密实、沉降性能好、抗冲击、抗有毒污染物能力强和脱氮除磷能力较强，目前已在市政污水处理中发挥了无可比拟的优势。在现有成功案例的污水处理厂中，市政污染物中COD、BOD和SS等去除率均高达90%以上，而TN去除率也达到80%以上，与传统絮体活性污泥技术相比，AGS技术平均节约能耗30%、节省土地面积20%，其运行成本节约高达50%。1991年荷兰代尔夫特理工大学等最早发现了AGS，并第一次报道了利用连续流好氧上流式污泥床（aerobic upflow sludge blanket，AUSB）反应器培养出AGS。而国内学者对AGS的研究始于1995年，相对滞后于国外。目前，AGS技术在我国市政污水处理的应用仅有1例——北京建筑大学，但以北京建筑大学为代表的研究团队已经在小试、中试基础上将项目升级为工程应用的示范项目，诸多高校、企业研发团队也相继取得了中试规模的突破。厌氧氨氧化技术在污水厂节能降耗、绿色环保方面表现出显著优势，过去二十年，国内外研究者对其展开了大量研究。厌氧氨氧化技术是20世纪90年代由荷兰代尔夫特理工大学开发的一种新型自养生物脱氮工艺，与传统脱氮技术相比，自养型厌氧氨氧化工艺被认为是一种更高效、节能的废水处理方法，其在厌氧或缺氧条件下以NO_2^--N为电子受体，利用厌氧氨氧化菌将氨氮直接氧化为氮气。在节约了硝化反应曝气能源的基础上，还无需外加碳源，且由于厌氧氨氧化菌属自养型微生物，生长缓慢，因此可大大减少工艺的污泥产量。虽然厌氧氨氧化技术在20世纪90年代已经开始研究，但是与AGS技术一样，目前其在工程规模上的应用仍不普遍。我国的一些厌氧氨氧化工程应用案例见表15-12。相信随着生物技术的发展，以AGS和厌氧氨氧化等为代表的污水生物处理新技术所面临的关键科学与技术难题一定会被攻克，从而赋能生物环保产业的发展。

表 15-12　我国厌氧氨氧化工程应用案例

工程名称	处理对象	反应器容积 /m³	脱氮负荷 /[kg N/(m³·d)]
安琪酵母（滨州）有限公司污水处理	酵母生产废水	500	2.0
通辽市梅花工业园区污水处理Ⅰ期	味精生产废水	6600	1.67

续表

工程名称	处理对象	反应器容积 /m³	脱氮负荷 /[kg N/(m³·d)]
通辽市梅花工业园区污水处理 II 期	味精生产废水	4100	2.2
山东祥瑞药业有限公司污水处理	玉米淀粉和味精生产废水	4300	1.42
新疆五家渠工业区污水处理	味精生产废水	5400	1.98

资料来源：公开资料整理

在固废处理方面，目前的研究主要聚焦于有机固废的资源化利用。以城市污泥厌氧发酵定向产挥发性脂肪酸技术为例，其通过将高含固的城市污泥进行厌氧发酵产生具有高附加值的化学品——挥发性脂肪酸（volatile fatty acid，VFA）。而挥发性脂肪酸可以满足污水脱氮除磷过程中对碳源的需求，使城市污泥在得到减量化处置的同时实现资源化利用。目前，江南大学研发的"城市污泥发酵产酸强化生活污水脱氮除磷的新工艺"已经在无锡某污水处理厂构建了污泥产酸示范工程。

近年来，能够利用细胞外电子转移路径与电极发生电化学作用的微生物——电化学活性细菌，因在微生物燃料电池（microbial fuel cell，MFC）和微生物电合成系统（microbial electrosynthesis system，MES）等生物电化学系统中的应用而备受关注。MFC是一种能够利用具有电化学活性的微生物的新陈代谢将有机物的化学能直接转换成电能的装置。近年来，国内外对MFC的关注度逐年增长，且研究最多的国家为我国、美国和印度。在MFC构型、阴阳极材料、处理难降解污染物等方面进行了大量研究，并衍生出其他新技术，如微生物电解池、微生物脱盐池、微生物反向电渗析电解池等，使反应器在产电的同时，实现污水处理、清洁能源生产、脱氮脱硝、化学品合成等，使MFC具有独特的技术优势及功能优势，显现出广阔的应用前景。目前，MFC已经应用于废弃生物质处理、沉积物发电、节能型废水处理、生物传感器、小型电源、金属回收等领域。此外，MES可以利用电力驱动微生物固定二氧化碳、合成化学品，具有一定推进低碳经济的潜力。我国已经是世界上最大的碳排放国。在我国提出碳达峰碳中和目标的背景下，MES技术因其具有明显的资源化潜力将会迎来快速的发展。目前，以福建农林大学、江南大学、中国科学院等为代表的诸多研究团队已经在实验室研究规模上取得了一定的突破，通过电催化结合生物合成的方式将二氧化碳高效还原合成高浓度乙酸，进一步利用微生物可以合成葡萄糖和脂肪酸。

三、生物环保产业未来展望

面对资源日益短缺的现象，达标排放的环境治理理念已经不再符合当今社会发展的需求。以微生物技术为核心的生物处理方法由于具备资源化的潜力，在未来的环境治理中必将发挥重要作用。"十四五"时期是我国生物经济由大转强、实现高质量发展的关键时期，生物经济赋能的生物环保产业也将顺势而为，前景广阔。在碳达峰碳中和的目标下，我国正在加快生物制造技术赋能生物环保产业，这对于缓解农林废弃物、生活垃圾、工业废弃物等对生态环境的破坏，满足人民群众对生产方式更可持续的新期待大有裨益。目前，生物技术在水环境治理、大气环境治理、土壤修复、有机固废资源化等领域得到了广泛的应用。此外，新兴的生物环境材料，如酶制剂、微生物菌剂等，也为产业规模的增长做出了重要贡献。生物技术在国家相关政策的大力支持下得到快速发展，其市场规模及产能也在逐步扩大。但是当前生物环保产业的发展仍存在一些问题，如面临"从处理到回用，从能源消耗到能源自给"的转型、部分生物材料及反应器依赖进口的现象严重，缺乏专注于环保业务的国际龙头企业等。

因此，未来生物环保产业的发展要注重前沿关键技术的研发，努力通过技术创新占领产业的制高点，全面提升我国生物环保产业的国际竞争力。此外，生物环保产业的从业人员应从国家战略需求出发，切合人民发展实际关切，开发适合于我国国情的新技术、装备、成套工艺，如功能微生物制剂、酶制剂、新型生物质能源，从资源化与能源化的角度强化环境污染生物治理的重要性，顺应"追求产能产效"转向"坚持生态优先"的新趋势。最后，在完善的市场监管制度及健全的市场反馈机制下，进一步扩大生物环保产业规模，鼓励和加强产学研合作，发挥我国科研机构和高校的技术研发特长以及企业在资金及市场把控方面的优势，孵化我国生物环保产业形成具有国际话语权、主导国际标准制定、具有核心技术竞争力的龙头企业。

我国作为世界工厂和碳排放第一大国，环境治理任重而道远，对于生物环保产业而言是机遇也是挑战。在《"十四五"生物经济发展规划》的引领下，在政府的大力支持下，在全体同仁的共同努力下，生物环保产业一定会取得新的突破，为建设美丽中国做出更大的贡献！

撰 稿 人：刘　和　江南大学环境与土木工程学院
通讯作者：刘　和　liuhe@jiangnan.edu.cn

第十六章 生物能源产业发展现状与趋势

一、主要生物能源的市场现状

共同应对气候变化已在全球范围内达成共识，世界各国为实现各自的减排目标纷纷将生物燃料的推广使用作为减排的重要手段。目前全球约70个国家颁布了生物燃料的混合授权政策，美国、巴西、欧洲和印度尼西亚等是生物能源产业较为成熟的地区。综合各机构数据分析，自2021年全球生物能源需求逐步恢复，生物燃料乙醇、生物柴油等生物燃料产量合计约为1639亿L，消费量约为1460亿L，约占交通能源的4%。2022年产量约为1849亿L，消费量约为1551亿L，较上一年增长6%。

（一）生物燃料乙醇

2021年全球生物燃料乙醇产量为8103万t（273亿gal或1032亿L）。图16-1为全球各国或地区燃料乙醇产量统计图，美国、巴西的产业规模最大，2021年两国生物燃料乙醇产量约占全球产量的82%。其中，美国的生物燃料乙醇主要以玉米为原料，2021年产量约占世界总产量的55%，位居全球首位，E10乙醇汽油在美国已基本实现全境覆盖。巴西的生物燃料乙醇主要以甘蔗为原料，2021年产量约占世界总产量的27%。巴西平均年产甘蔗约6亿t，基于丰富的甘蔗资源，巴西已发展成全球第二大燃料乙醇生产国和消费国。

2022年，生物燃料乙醇行业最受瞩目的焦点是能否在现有的轻型车辆不做改动的情况下突破汽油中乙醇添加量10%的上限。此前，由于担忧在较高温度下，高比例乙醇汽油中增加的乙醇蒸气容易产生雾霾，美国在6—9月不允许在人口密集地区销售E15乙醇汽油。2022年4月，美国环保局紧急豁免夏季E15乙醇汽油销售禁令，成为行业新的突破。但是，美国15.3万座加油站中，只有约2300座具备加注E15乙醇汽油的条件。2022年，豁免带来的燃料乙醇消费量仅增加4.5万t左右。因此，美国燃料乙醇全年的生产与消费总体维持在2021年的水平，未出现大幅增长。

图16-1　全球燃料乙醇产量

*1gal=3.79L

资料来源：可再生燃料协会（Renewable Fuels Association）

巴西的可再生燃料政策"RenovaBio"自2019年生效以来，推动了生物燃料乙醇消费的进一步增长。为实现到2030年生物燃料乙醇供应比2019年增加45%的目标，巴西正在试图克服原料带来的制约。Raízen公司实现了蔗渣为原料的二代生物乙醇生产后，极大地鼓舞了该国的生物燃料乙醇行业信心。

我国历年燃料乙醇产量情况如图16-2所示。2021年，受疫情反复、大宗原料价格上涨等因素影响，我国生物燃料乙醇产量为257万t，占全球产量的3%左右，与2019年相比下降了14.86%。2021年，我国燃料乙醇进口量为25.76万t，同比增长414%，出

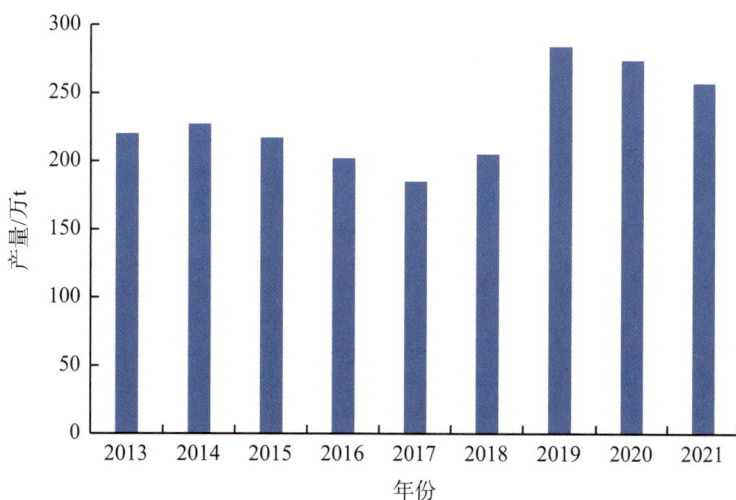

图16-2　2013—2021年我国燃料乙醇产量情况

口量为0.29万t，同比下降83%。2022年，我国提出要严格控制以玉米为原料的燃料乙醇加工，并鼓励非粮原料二代乙醇技术与设备的研发。我国发展燃料乙醇本着"不与人争粮、不与粮争地"的原则，正迈向高质量发展的新阶段。

截至2022年12月，我国生物燃料乙醇产能为557.5万t，主要生产商为国投生物科技投资有限公司（运营产能133万t）及中粮生物科技股份有限公司（运营产能125万t），两家企业产能占全国总产能的46.3%。我国生物基乙醇产能情况详见表16-1。

表16-1 我国生物基乙醇产能汇总

序号	企业名称	装置地点	原料	产能/（万t/a）
1	国投铁岭	辽宁铁岭	玉米	30
2	国投吉林	吉林吉林、吉林榆树	玉米	55
3	国投广东	广东湛江	木薯	15
4	国投海伦	黑龙江海伦	玉米	30
5	国投先进生物质	黑龙江海伦	玉米秸秆	3
6	中粮安徽	安徽蚌埠	小麦、玉米	75
7	中粮肇东	黑龙江肇东	玉米	30
8	中粮广西	广西北海	木薯	20
9	吉林燃料乙醇	吉林吉林	玉米	60
10	中鑫新能源（原河南天冠乙醇）	河南南阳	小麦、玉米、木薯	70
11	吉林辽源巨峰	吉林辽源	玉米	25
12	黑龙江鸿展桦南	黑龙江桦南	玉米	30
13	哈尔滨鸿展	黑龙江巴彦经开区	玉米	30
14	黑龙江鸿展双鸭山	黑龙江双鸭山	玉米	30
15	黑龙江万里润达	黑龙江双鸭山	玉米	30
16	吉林新天龙	吉林四平	玉米	10
17	江西雨帆	江西东乡	木薯	10
18	河北首钢朗泽	河北唐山	炼钢尾气	4.5
	合计			557.5

2022年3月，河南中鑫新能源产业发展有限公司（简称中鑫新能源）正式联动投料试车，标志着南阳市属国企河南天冠燃料乙醇有限公司经历破产重组成功。2020年3月，南阳市政府与中石化、中金国际、南南亚太签订战略协议，约定由南阳市政府牵

头，市政府控股的南阳产业投资集团有限公司出资参股，引进中石化、中金国际和南南亚太，四方出资成立合资公司河南中鑫生物能源股份有限公司（简称中鑫生物），依法参与河南天冠乙醇的破产重整。2020年8月，南阳市政府领导主持召开中鑫生物股东会，决定控股设立中鑫新能源，作为河南天冠乙醇破产重整的主体公司。中鑫新能源正式接管河南天冠乙醇，入驻并组织技术改造，承接河南天冠乙醇管理权、经营权和收益权。目前，河南天冠乙醇股权已划转完毕，中鑫新能源先后投入并购资金2.5亿元、购买华融资产债权2.68亿元，成为河南天冠乙醇的100%控股股东。

（二）生物柴油

2021年，世界经济开始摆脱新冠疫情影响出现复苏，生物柴油市场实现增长。图16-3为近7年按国家/地区和燃料类型分列的生物柴油产量情况。如图所示，2021年全球柴油消费量为4565万t（550亿L），较上年增长近13%，较2011年1733万t基础上增加了1.6倍。在全部生物柴油消费中，有16%为可再生柴油（RD）。由于需求恢复和原料价格上涨，生物柴油近两年的价格达到了历史新高。欧盟是全球最大的生物柴油产区，2021年产量占全球生物柴油产量的31%，其次是美国、印度尼西亚和巴西，占比分别是19%、16%和12%。

图16-3　2016—2022年按国家/地区和燃料类型分列的生物柴油产量
资料来源：IEA

欧盟方面，2021年生物柴油产能246亿L/a（2066万t/a），其中含193亿L/a（1621万t/a）传统生物柴油（FAME），含53亿L/a（445万t/a）可再生柴油；生物柴油产量为156亿L（1310万t），其中传统生物柴油产量为121亿L（1016万t），可再生柴油产量为

34.9亿L（293万t）。作为欧盟最重要的生物燃料，生物柴油占欧盟交通运输部门生物燃料市场总量的81%。尽管受到新冠疫情影响，但在掺混比例提高的作用下，欧盟生物柴油年度消费总量仍实现了3%的增长。按消费量排列，法国、德国、西班牙、瑞典、意大利和波兰位居前六位，占欧盟27国消费总量的72%。为突破法规瓶颈，欧洲生物柴油委员会（EBB）正在开展相关工作，推动生物柴油的掺混比例从7%提高到10%。

美国是全球生物柴油消费的第二大国，以自产自销为主，进口量和出口量都较少，产量的90%以上都用于国内消费。美国生物柴油有多种不同混配比例的产品，包括B2、B5及B20，也有一些车队使用B100。美国在售的大多数柴油会添加约1%的生物柴油作为润滑剂。2021年，美国有75套传统生物柴油生产装置，产能717万t/a，约62%的产能位于中西部各州。美国可再生柴油在税收减免上的力度较大，近年来随着产能产量增长迅速，成为世界可再生柴油消费总量与占比最高的地区。2021年美国可再生柴油产能已经达到603万t/a，基本与传统生物柴油产能达到同等规模水平。2021年，美国传统生物柴油产量大约572万t，进口63万t，出口46万t，消费量约604万t，可再生柴油消费量约580万t。2022年美国可再生柴油产量596万t，消费量630万t，首次超过传统生物柴油。

印度尼西亚是世界最大的棕榈油生产国，2022年棕榈油产量为4650万t，占世界总产量的66%，出口量为3090万t。该国以棕榈油为原料生产生物柴油具有较大的原料优势，是世界第三大生物柴油生产与消费地区。2021年印度尼西亚生物柴油产量802万t，消费量781万t，比2020年高10%，2022年消费量升至915万t。

2021年我国生物柴油消费量为24.2万t。尽管我国生物柴油消费量较低，但近年来由于欧盟对生物柴油需求快速增长，从我国进口生物柴油量显著增多，我国生物柴油产量出现大幅增长，其中2020年产量增长55.2%。表16-2为我国主要生物柴油企业产能情况。如表所示，2021年全国生物柴油产能约225万t/a，在建产能也超过200万t，产量达到150万t，同比增长17%。我国目前主要的生物柴油生产企业有卓越新能、海新能科（原三聚环保）、易高生物、河北金谷、常佑生物、嘉澳环保（收购东江能源）、隆海生物、恒润高科、大地生物、唐山金利海和碧美新能源等。2021年，行业的龙头企业是卓越新能和海新能科，产能均为40万t/a。前五家企业产能占总产能的66%，行业集中度较高。

表16-2 我国主要生物柴油企业产能情况

公司简称	2021年生物柴油产能 /（万t/a）	生物柴油在建产能 /（万t/a）
卓越新能	40	30
海新能科	40	—
易高生物	25	—

续表

公司简称	2021年生物柴油产能/（万t/a）	生物柴油在建产能/（万t/a）
河北金谷	20	—
常佑生物	20	—
扬州建元	17	—
嘉澳环保	15	35
碧美新能源	10	30
隆海生物	6	10
大地生物	5	—
唐山金利海	6	—
上海中器	3.6	—
山东丰汇	6	—
荆州大地	5	—
山高环能	—	120
其他	6.4	—
合计	225	225

2022年6月底，三聚环保更名为北京海新能源科技股份有限公司，实际控制人为北京市海淀区人民政府国有资产监督管理委员会。该公司生物柴油项目为下属山东三聚于2021年建成的烃基生物柴油（即可再生柴油）装置，产能为40万t/a。2022年，该装置实现了长周期稳定生产。嘉澳环保2016年收购东江能源100%股份切入生物柴油业务，产能为15万t/a，2021年产能利用率96.33%，产品部分自用，作为环保型增塑剂的原材料，其他精炼提纯制成生物柴油外销，主要出口欧美。2021年2月，公司与壳牌正式签署约10.89亿元生物柴油出口销售合同。2021年8月，其子公司嘉澳绿色新能源年产10万t生物柴油项目变更为年产35万t生物柴油项目，该项目于2022年下半年建成并进行调试。山高环能是餐厨处置龙头，通过向产业链下游延伸，深入布局生物柴油产业。2022年2月，公司发出公告将与滨阳燃化合作开展40万t/a的可再生柴油及30万t/a的传统生物柴油加工生产项目。2022年9月，公司与山东尚能签署协议，拟共同出资建设10万t/a传统生物柴油和40万t/a可再生柴油项目。碧美新能源2022年10月开工建设20万t/a生物柴油及延伸产品项目，项目投产后，总产能将达到30万t/a。

（三）可持续航空燃料

可持续航空燃料（SAF）的产生来自合成航空燃料技术的发展。根据合成航空燃料标准ASTM D7566，非石油基航空燃料共有七条不同的生产路线，每条生产路线均可以使用生物质原料。国际航空运输协会（IATA）认为发展生物航空燃料是航空业实现减排目标的重要手段，同等热值的生物基 SAF 比化石燃料温室气体排放减少约 80%。2022 年 10 月 7 日，在蒙特利尔召开的国际民用航空组织（ICAO）第 41 届大会达成决议，重申国际航空碳抵消和减排计划（CORSIA）的承诺，激励 SAF 产能，施行强有力的政策举措，将国际航空排放量稳定在 2019 年水平的 85%。在航空领域的拓展对生物能源乃至生物制造业都是一个令人振奋的进展。全球可加注 SAF 的机场数量如图 16-4 所示。

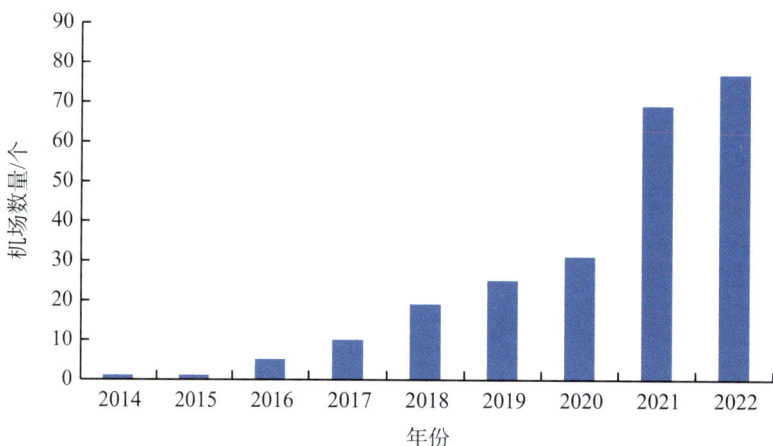

图 16-4 全球可加注 SAF 的机场数量

全球 SAF 消费增长的速度飞快，主要集中在欧美市场。2019 年，SAF 的消费仅占全部航空燃料的 0.1%。2021 年消费量达到 7.8 万 t，而 2022 年全球生物航空燃料的消费量增长约 200%，达到 23 万 t。欧盟地区将会对航空燃料中的 SAF 比例做出规定，2025 年降落到欧盟地区的飞机，其燃料中 SAF 的比例需要达到 2%，到 2050 年需要达到 63%。法国计划到 2023 年将 SAF 的掺混比例提高到 5%，挪威则计划提高到 30%。

近年来，SAF 的生产增长十分迅速。表 16-3 为世界主要 SAF 生产厂商的技术与产能情况。2021 年以前，全球仅有芬兰的 Neste 公司和美国波士顿的 World Energy 公司两家企业实现 SAF 生产装置商业化运行。2021 年和 2022 年西班牙的 Repsol 公司、法国的 Total Energies 公司、英国的 BP 公司和 Phillips 66 公司，以及美国的 Fulcrum Bioenergy 公司等进入这一领域的生产和销售。新产能的投入运行使欧洲的 SAF 产能达到 20 万 t/a。

表 16-3 世界主要 SAF 生产厂商

生产商	国家	厂址	技术路线	产能 /（万 t/a）
Neste	芬兰	波尔沃（Porvoo）	HEFA	40
Neste	荷兰	鹿特丹市（Rotterdam）	HEFA	130

续表

生产商	国家	厂址	技术路线	产能 /（万 t/a）
UPM	芬兰	拉彭兰塔（Lappeenranta）	HEFA	10
Total Energies	法国	米德（LaMede）	HEFA	50
Cepsa	西班牙	圣罗克（San Roque）	HEFA	10
Repsol	西班牙	卡塔赫纳（Cartagena）	HEFA	20
ENI	意大利	威尼斯（Venice）	HEFA	40
Preem	瑞典	哥德堡（Gothenburg）	HEFA	100
Velocys	美国		G+FT	90
中石化镇海炼化	中国	宁波	HEFA	10

注：表中产能为 HEFA 产柴油产能，可灵活转换为 SAF 产能

目前，美国已将 SAF 的技术与生产的重要性上升到国家战略层面。在美国发布的《美国 2021 年航空气候行动计划》中，提出确保美国成为 SAF 行业的全球领导者，除了帮助实现本国温室气体减排的目标，还计划向全球其他国家输出相关技术和产品。

我国还没有民用航空使用 SAF 的标准，相关标准仍在制定过程中，根据《"十四五"民航绿色发展专项规划》，2021—2025 年我国 SAF 使用累计量预计达到 5 万 t，力争 2025 年当年 SAF 消费量达到 2 万 t 以上。此后，2022 年又相继在《"十四五"生物经济发展规划》《"十四五"可再生能源发展规划》中提出推进 SAF 的技术研发、示范应用和推广使用，但目前尚未出台相关政策法规，提出明确的 SAF 应用要求，没有机场向定期航班提供 SAF 加注服务。在生产领域，我国 SAF 已取得重大突破，中石化镇海炼化以餐厨余油为原料的 10 万 t/a 装置在 2022 年 6 月实现生物基 SAF 量产，随后取得了通过可持续生物材料圆桌会议（RSB）认证。同年 10 月，中石化镇海炼化已向欧洲空客的天津基地供货。同年 12 月，加注镇海炼化 SAF 的中国国际货运航空波音 777 型货机顺利完成从杭州到比利时的商业飞行。

（四）生物甲烷

生物甲烷具有低碳属性，是电力、供热、交通等温室气体减排难度较大领域实现"双碳"目标的一种重要工具。在 2021 年格拉斯哥举行的《联合国气候变化框架公约》第二十六次缔约方大会（COP26）上，超过 100 个国家签署《全球甲烷承诺》，计划到 2030 年在能源、农业和废弃物管理等领域减少甲烷排放 30% 以上，其中，通过厌氧发酵技术生产生物甲烷将提供约 50% 的减排量。

生物甲烷已成为投资的热点，2021 年全球累计建成 1161 座生物甲烷装置，大部分

在欧洲地区，总产能为 67 亿 m^3/a，总产量为 42 亿 m^3。生物甲烷的主要市场为欧洲和美国等天然气管网相对发达的国家和地区。2022 年爆发的俄乌冲突让欧洲再次重点关注天然气供应安全的问题，部分国家选择使用生物甲烷来缓解能源供应紧张和抑制天然气价格上涨。2022 年欧洲提出的 REPowerEU 计划特别提出了生物甲烷的发展目标。此外，利用生物甲烷生产低碳氢气未来也会形成较大的市场。

在我国，2019 年国家发展改革委、国家能源局等十部委联合印发了《关于促进生物天然气产业化发展的指导意见》，提出到 2030 年生物天然气年产量超过 200 亿 m^3 的目标。截至目前，我国生物甲烷实际产量约为 1 亿 m^3，距离 200 亿 m^3 的目标仍有较大差距。在标准化体系建设方面，2022 年 11 月由西南化工研究设计院有限公司牵头制定的《生物天然气》（GB/T 41328—2022）国家标准正式实施，与 2021 年颁布的国家标准《生物天然气 术语》（GB/T 40506—2021）、《车用生物天然气》（GB/T 40510—2021），以及农业行业标准《生物天然气工程技术规范》（NY/T 3896—2021）等初步构建起生物天然气的标准体系。生物天然气标准体系的建立将有助于我国生物甲烷行业的加速发展。2022 年 6 月，山西省华新燃气集团在朔州市应县投资 1.5 亿元的 460 万 m^3/a 生物天然气工业直供项目一期工程投运，产出的合格生物天然气顺利并入燃气管网，应用于当地陶瓷产业集群。

二、发展趋势

（一）生产与消费长期保持增长

气候变化已成为当今世界面临的重大挑战。温室气体的排放量不断增长造成全球气候变暖，极端天气频发，由此促使人类更加关注气候的变化。目前，共同应对气候变化已成为全球共识，在温室气体减排的大背景下，具有优良降碳效果的生物能源未来将继续保持良好的发展势头。为实现降低温室气体排放，全球各国已分别出台相关政策支持产业的健康发展，未来相关政策体系将不断完善，保障生物能源产业的有序发展。

生物燃料乙醇方面，欧盟 RED Ⅱ 要求 2030 年实现交通领域可再生能源比例的目标由 10% 提高到 14%。欧盟正在计划于 2030 年前后投入使用 E20 汽油。相关政策法规的出台表明在新冠疫情影响结束后，全球生物燃料乙醇仍将继续增长。同时考虑到生物燃料乙醇主要消费地区市场已经成熟，汽油消费随着汽车轻量化、能效提高、电动替代等影响，预计未来燃料乙醇市场会温和增长，2021—2030 年预计平均年增速在 3% 左右，到 2030 年消费量可达到 1 亿 t 以上。我国生物燃料乙醇市场发展空间较大，预计随着纤维素乙醇生产技术逐渐成熟，到 2030 年我国生物燃料乙醇市场规模可达到 500 万 t 左右。

生物柴油方面，印度尼西亚、马来西亚等油料作物资源丰富的国家正不断提高生物柴油的掺混比例。以美国为首的发达国家强力推动可再生柴油的使用，逐步提高掺混比例。这些国家的相关举措将助推生物柴油产业快速发展，预计到2030年全球生物柴油消费量将达到6440万t，其中可再生柴油约2290万t，比例提高到36%。我国由于原料限制在餐厨余油等废弃物，且生产成本较高，在没有出台强有力推广政策及法规的情况下，国内消费市场短期内难以实现快速增长。考虑到我国餐厨余油生产的生物柴油有较高的温室气体减排效果，欧洲市场需求强烈，预计2030年产量为450万t左右，其中大部分用于出口。

SAF方面，尽管成本较高，但掺混比例较低，对航空公司成本影响较小。随着可加注SAF机场的持续增加，各航空公司履行各自的减排承诺，全球SAF消费也会快速增长。预计到2030年，全球SAF消费量将达到600万t以上。我国航空业相关规划已经出台，从原料到生产技术等要素已具备，预计2030年消费量可达到5万t以上。

生物甲烷方面，未来将可以注入到现有的燃气管道使用，也可以应用于已有的CNG/LNG加注站、发电厂、天然气锅炉等设施，因此推广生物甲烷的基础设施条件较好。全球生物甲烷到2030年消费量预计可以达到1000亿m³。我国关于生物天然气的政策框架与标准体系已经具备，预计在政策支持下，2030年生物甲烷的消费量有望超过100亿m³。

（二）非粮原料比例提高

使用非粮原料是先进生物燃料的重要特征之一。非粮原料包括秸秆、废弃油脂等，这些原料资源丰富，可满足生产的先进生物燃料不断增长的原料需求，并且对耕地的影响更小，能减少对人类食物的竞争，破解当前产业发展面临的原料困局。

在生物燃料乙醇的生产路线上，除了采用农业作物秸秆以外，对能源草的研究也在持续推进，未来有望成为一种可靠的原料选择。美国政府自1978年开始支持能源草研究项目，能源部门先后支持了多个草本能源研究计划，筛选出18种最具潜力的禾草。2020年9月底，美国能源部出资1000万美元进一步开展柳枝稷草转换为生物能源的研究。2021年12月，蓝色生物燃料公司（Blue Biofuels，BIOF）与美国农业部合作优化王草（king grass）纤维素转化糖工艺（CTS）。

欧盟对能源草的研究主要集中在芒属植物，其研究历史超过50年。丹麦、德国、英国、荷兰和瑞士等都通过国家项目来资助芒属植物培育、管理实践以及加工方面的研究工作。2019年，欧盟生物基产业联盟（BBI JU）在GRACE项目上成功测试了以芒草为原料生产生物乙醇的技术方案。

"十二五"以来，中国开始加大对能源草相关的科技研发投入，重点进行草本能源植物品种选育、边际土地利用及先进生物液体燃料转化，相关研究被列入国家973计划和国家863计划，形成了内蒙古科尔沁、湖南洞庭湖、河北涿州、北京上庄、四川成都等地的能源草种植示范基地。

欧盟在最新的生物能源政策中，特别提到了生物柴油原料来源不同对温室气体减排效果的差异，并更加重视非粮原料路线的生物柴油。美国、新加坡等国也非常关注餐厨余油等非粮原料生产可再生柴油的产能发展。中国未来布局的生物柴油产能也均采用非粮原料。

生物甲烷的技术路线也主要是城市垃圾、畜禽粪便、农业秸秆等非粮原料的厌氧发酵路线。未来生物甲烷的巨大发展也体现了生物能源非粮化的重要趋势。

（三）产业向先进生物燃料升级

受减碳政策驱动，为追求更好的减排效果，近年来纤维素乙醇、可再生柴油、生物基SAF等新兴的先进生物燃料均取得了突破性进展。未来生物能源产业将全面升级，先进生物燃料的占比将不断提升。

由于传统生物燃料乙醇生产所用的原料与食物同源，在粮食供需紧张期间容易引发争议，同时在温室气体减排效果上与先进生物燃料相比存在差距，近年来全球相关科研机构不断努力研发纤维素生物乙醇技术。从各国的实践活动看，除以往发达国家继续推动纤维素乙醇技术的研发以外，巴西、印度等发展中国家也陆续建成了各自的纤维素乙醇工厂，并且计划建设更多的纤维素生物燃料乙醇装置。在燃料乙醇这个规模最大的液体生物燃料行业，除了市场需求的自然增长外，追求更好的减碳效果、破解当前原料瓶颈也将成为纤维素乙醇产业发展的动力。

近年来由于需求大幅增长，可再生柴油的生产与消费占整个生物柴油总量的比例已经提高到20%左右。预计到2030年产量达到2290万t，比例将进一步提高到36%。

目前使用的SAF基本都是生物基航空燃料。未来更多的机场加入到SAF供应的领域，添加的比例也还有提升的空间。航空业降碳的技术手段相对较少，也会更多地依赖生物基SAF这一途径。BP公司预测，到2050年SAF的消费量将在生物燃料总需求中从现在的不到1%，提高到2050年55%—65%的水平。

撰 稿 人：闵　剑　国投生物科技投资有限公司
　　　　　徐慧贞　国投生物科技投资有限公司
　　　　　薛晓舟　国投生物科技投资有限公司
　　　　　林海龙　国投生物科技投资有限公司
通讯作者：林海龙　linhailong@sdic.com.cn

第十七章 生物信息产业发展现状与趋势

21世纪以来，生物经济时代成为人类继信息经济时代后正在迈入的下一个革命性产业经济时代。生物产业是生物经济的重要组成部分，全球主要发达国家和新兴经济体十分重视生物产业的发展，纷纷做出战略部署。在生命科学的研究中，始终不能缺少计算机的工作，生物产业因计算机的加盟而提速。运用数学、计算机科学和生物学的各种工具，来阐明和理解大量基因组研究获得数据中所包含的生物学意义，生物学和信息学交叉、结合，从而形成了一个新的产业——生物信息产业。生物信息产业是关系到我国21世纪经济发展和国家命运的关键领域，并将成为我国创新产业的经济增长点。

在生物信息产业中，生物信息数据是核心，生物信息技术和生物信息平台是重要组成部分。当前，我国作为生物信息产出及应用大国，虽然积累了丰富的生物数据资源，生物技术研发水平也得到了快速提升，但生物经济发展还存在原始创新能力不强、关键场景应用不足、核心技术受制于人等问题，亟须在药物研发、数据共享、远程医疗、产品追溯等产业领域借助第五代移动通信（5G）、云计算、大数据、人工智能（AI）等先进信息与通信技术来闯出新天地，同时也凸显一片产业新蓝海。

2022年5月，国家发展和改革委员会印发《"十四五"生物经济发展规划》，为加快培育发展生物经济、加强生物资源保护利用、完善生物安全政策体系指明了发展方向。文件指出，促进生物技术与信息技术深度融合，推动生物经济高质量发展，推动生物信息产业发展。一是推进研发生产。依托人工智能技术、生物医学和健康大数据资源，发展智能辅助决策知识模型和算法，辅助个性化新药研发，并发展基于智能视觉与语音交互、脑机接口等技术的新型护理和康复装备，为疾病的诊断和治疗提供支持。二是促进数据共享。利用第五代移动通信、区块链、物联网等前沿技术，实现药品、疫苗从生产到使用全生命周期管理，并促进区域医疗健康数据安全有序汇聚与共享，实现健康态数据和主动健康产品数据互联互通。三是优化便民服务。积极推动"互联网＋卫生健康""互联网＋药品流通"，实现线上线下医疗服务一体化。加强智慧健康养老技术推广，搭建医养结合信息共享平台，提升老龄化人口和特殊人群的健康生活质量。

参照《"十四五"生物经济发展规划》，未来我们应面向国家生物大数据保护和发展战略的重大需求，提高生物学基础数据资源的建设能力和开放共享水平，促进生物数据资源最大限度地收集、保藏、分析、评价和利用，推动我国生物产业可持续发展；加大生物信息平台研发力度，开展多边融合生物数据库并构建强关联性数据体系，搭建数据质量监控与数据纠错体系，并加强可视化及机器学习应用，为我国生物产业发展注入活力；布局DNA存储与计算、数字细胞、基因编辑、类脑计算等前沿引领技术，攻克关键核心技术制约，实现自主"所有"。加速生物技术与信息技术跨界融合，推进生物信息技术数字化转型，推进生物信息产业优化升级。

第一节 生物信息数据

新技术带来的数据激增及数据管理要求的提高，推动着生命科学向大数据驱动发现的维度发展。与生物资源相关的数据资源以数据库、工作流程、数据分析与挖掘的方法和软件形式而存在，是支撑现代生命"大科学"发展与创新的重要基础，也是未来国际竞争的主要着眼点。与生物资源本身一样，生物资源信息数据也已成为国家重要战略资源，成为国际科技与产业竞争热点和战略制高点。近年来，在云计算、大数据、人工智能等新一代信息技术所支撑的数字环境下，科学数据已成为推动科学研究和创新发展的重要因素，各界对科学数据的开放、共享、应用、安全、治理等问题也愈发重视。

一、发展现状与趋势

（一）新一代信息技术所支撑的数字环境下生物数据资源及其相关数据库的爆发性增长

前沿新兴技术不断迭代更新，数据获取更加便捷，成本快速下降，使得生物领域的科学数据发生了爆炸式增长。生命科学与医学、农业与林业科学作为典型的数据生产与应用型学科领域，产生了大量的数据资源。这些数据的获取及对其科学解读正在不断推进生物医学研究、诊断测试、个性化医疗、药物发现、农业育种、生态保护等领域变革性发展。

随着基因组测序工作的蓬勃发展和后基因组时代的到来，以及基因芯片技术、高通量测序技术、质谱（mass spectrometry，MS）技术和生物化学技术的快速发展，在近十年中生物信息学数据呈指数型增长，这些信息被分别收集在种类繁多的生物数据库中。据统计，仅仅与分子生物学相关的数据源就有数百个，既有美国国立生物技术信息中心（National Center for Biotechnology Information，NCBI）、欧洲生物信息学研究所（European Molecular Biology Laboratory-European Bioinformatics Institute，EMBL-EBI）和日本核酸数据库（DNA Data Bank of Japan，DDBJ）等综合型数据库，也有微生物基因组数据库（Integrated Microbial Genomes，IMG）、催化酶数据库（BRENDA）等专门针对特殊生物学问题的数据库。按照数据库自身的特点，可以把这些数据库分为三种类型：基础型、整合型和专题型。基础型数据库包括NCBI、EMBL和DDBJ等数据库。这种类型的数据库是最基础也是最重要的，因为它们储存了几乎所有的生物学研究的基础数据，包括DNA、RNA、蛋白质、基因组、转录组、分子结构、物种分类和科研文献等信息。这种类型的数据库有几个重要特点：首先，这种类型的数据库大而全，在这些数据库里面可以找到很多科学研究产生的原始数据、原始文件；其次，数据特别粗糙，从这些数据库下载的原始数据需要经过自己的再次处理和分析才能更好地利用。这类数据库的建设是一项极其庞大而且长久的工作。整合型数据库包括IMG等。IMG中储存了数千种微生物的基因组数据，包括微生物采样信息、物种分类信息和基因组序列等基础信息（这些信息在基础型数据库中也能找到）。除基础信息之外，IMG中还包括基因组上基因的位点和序列信息、蛋白质序列、GC含量等统计信息，甚至还包括不同物种之间的比较基因组学信息。整合型数据库专注于某个具体问题（如IMG专注于微生物基因组的各种信息），除了集成一些基础信息之外，还能在基础信息之上进行一些数据的处理、统计和挖掘，提供更为人性化的数据服务，从而成为某个研究领域的核心数据库。这类数据库的建设是庞大而且长久的工作。专题型数据库包括核糖体数据库项目（Ribosomal Database Project，RDP）等。RDP集合了所有微生物的16S rDNA，并对16S rDNA基因进行一些预处理，包括基因的比对和向量特征的提取，同时提供基于16S rDNA序列的快速物种鉴定工具，为进行微生物物种分类和鉴定的相关科学家提供服务。相对基础型数据库和整合型数据来说，专题型数据库包含的内容更少，提供的服务也更加专一。专题型数据库的建设具有更高的灵活性，同时能为特定研究方向的科学家提供最为实际的科研服务。基础型数据库在微生物学研究中起着核心作用，不仅仅是因为它储存的数据最多最全，更是因为任何的科研成果得到认可之前，都需要把相关的科研数据提交到NCBI、EMBL-EBI和DDBJ等基础型数据库中。整合型数据库和专题型数据库是微生物信息学数据库建设的重要发展方向和发展趋势，因为它们可以更好地切合实际科研需求，并提供更为个性化的科研服务。

（二）数据资源的标准化管理及数据质量控制

数据标准的制定和实施有助于保证数据质量、提高全球范围数据的兼容性和互操作性，为高效的数据共享和大数据分析提供基础。规范中心数据管理的程序和内容，以及外部用户的数据发布，才可以实现世界范围内的高效数据共享和交换，并显著提高数据的质量和完整性，满足跨学科研究的需求，并促进企业通过共享数据来深入研究开发企业现有生物资源并寻求合作机会。

2020年11月9日，国际标准化组织生物技术委员会（ISO/TC 276）正式发布《微生物资源中心数据管理和数据发布规范》（*Specification on Data Management and Publication in Microbial Resource Centers*），这是国际微生物领域的第一个ISO级别的数据标准，也是我国在国际标准化组织生物技术委员会主导制定的第一个国际标准。本标准提供了一组供数据发布的数据字段集，旨在通过应用唯一标识符和统一的数据形式增加微生物资源中心（MRC）在线目录间的数据交换，并有助于通过共享微生物资源来促进实现后续惠益共享。标准中规定了数据管理和内部数据质量控制的要求，以提高MRC以文件形式记录的数据和信息的整体准确性和可靠性，这是高效数据共享和交换的基础。此外，标准中还规定了MRC数据管理和发布的要求，包括实现一致格式化的数据格式和提高数据整体质量的质量控制工作流程，这将对访问、获取、认证、保存、存储、分发和处置等程序产生影响。标准还为MRC提供了建议，以促进与微生物资源相关的数据共享和数据整合。标准适用于MRC、监管机构、认证机构及使用同行评估的方案，以确认或认可MRC数据发布和共享中的数据管理能力。

（三）数据资源的国际化开放与共享趋势

近几年，开放科学得到了前所未有的重视，这也使得科学数据的开放共享显得更为迫切。联合国教科文组织（UNESCO）、国际数据委员会（CODATA）、世界数据系统（WDS）等国际组织联合发布的《开放科学促进全球变革》报告指出：科学界有机会也有义务系统性地向社会各界和公民开放科学知识与成果，推动科学数据的普及、使用和有效治理将是重中之重。美国国家科学基金会（NSF）正在充实其数据库，包括纳入科学数据的元数据以便公众访问（包括科研人员），进而使公众能利用这些科学数据开展研究和发表论文。

一些机构在总体上对科学数据持开放态度，同时越发重视相关的安全与隐私问题。例如，欧洲研究理事会（ERC）表示将在默认情况下进一步强制开放科学数据，但强调"在可能的情况下尽量开放，在必要的情况下尽量封闭"（as open as possible, as closed as necessary）。欧盟于2018年5月开始实施的《通用数据保护条例》（*General Data Protection Regulation*，GDPR）为其他国家保护个人数据树立了典范，已有若干国家制定了或正在制定相关法案，这对科学数据的安全和隐私保护提出了更高的要求，因此会有更多此方面的讨论、研究与实践。

（四）数据资源的产业化，创新科学数据相关产品与服务模式

为了让科学数据得到更广泛的应用、发挥更大的价值，并让数据提供机构获得可持续性发展，科学数据的相关产品与服务模式正在受到更多重视。例如，英国自然环境研究理事会（NERC）的"数字解决方案计划"（Digital Solutions Programme）打算与商业机构和公共部门开展合作，创新数字产品与服务并改善其可用性和实用性。英国地质调查局（BGS）的"数字战略2020—2025"也将打造科学数据产品与服务列为重要战略目标之一，提出以开放形式向公众提供数据产品与服务，其特点是采用"免费增值模式"（freemium model），即先为用户提供免费服务，再向用户提供增值的附加服务并进行收费，这将有助于数据平台的可持续性发展，进而促进科学数据的推广应用。

二、前景展望

科学数据是国家科技创新发展和经济社会发展的重要基础性战略资源。数据持续增长使得科学家不仅可以监测和分析数据以解决科学问题，更将数据作为研究对象，科学研究方法正在向基于科学数据进行探索的数据密集型科学研究范式转变。在海量数据的支撑下，出现了材料基因工程、人工智能、生物信息学等一批高度依赖信息/数据的新型交叉研究领域或学科专业。生物学很有可能是数据科学未来最重要的开拓领域。

随着微生物研究系统性和复杂性的不断增加，大规模组学数据与传统研究方法，以及高通量培养、单细胞分析等新兴技术的深度融合，各种信息化资源的无缝获取、数据的存储和分析、高通量计算模型和可视化、跨区域的协同工作等对信息化支撑都提出了新的要求。

数据标准是生物数据资源开放科学成功实施的关键，由于各数据库采用不同的数据形式进行内部数据管理和网上数据共享，大大影响了数据中心的数据交换和在全球范围共享资源的效率。如果科研人员和商业用户难以获取生物资源数据信息，那么就更无法进一步获取和利用生物资源，阻碍了学术界和生物企业对生物资源的进一步利用。国际通用数据标准的制定和实施将有助于保证生物资源数据质量、提高全球范围生物数据的兼容性和互操作性，为高效的数据共享和大数据分析提供基础。只有规范生物资源数据中心和生物技术企业的数据管理程序和内容，以及外部用户的数据发布，才可以实现世界范围内的高效数据共享和交换，并显著提高生物资源数据的质量和完整性，满足生物科研人员使用标准数据库格式来优化跨学科累积研究的需求，促进生物技术公司通过共享数据来深入研究开发企业现有生物资源并寻求合作机会。

完善的数据知识产权政策与数据保护机制是数据开放共享的前提和基础。因此，

在加快信息资源共享、完善数据开放共享机制的同时，必须划分信息共享的权限边界，制定完善的知识产权保护机制，保证数据提交及共享的质量，同时也保证数据提供者的知识产权，尊重数据加工者在此过程中的权益。同时，加快构建信息资源共享交换平台体系，促进信息资源整合、管理资源集聚，提升科研信息服务化水平。

同时，生物数据安全已经成为国家生物安全的重要组成部分。因此，面向生物资源数据领域的国际环境和我国生物安全保护与生命科学发展的需求，数据中心迫切需要突破生物数据安全科技发展的关键技术瓶颈，保护我国生物数字主权。

第二节　生物信息技术

当前，全球新一轮科技革命和产业变革正在兴起，新技术的发展正在改变科学发现方式，促进科学技术不断取得重要突破。生命科学自1953年DNA双螺旋结构的解析以来发展迅猛，从"人造生命"、基因编辑研究不断取得突破性进展，再到脑机接口、神经芯片等交叉融合应用的出现。同样，信息科技领域近年来新技术也是层出不穷，云计算、大数据、人工智能、物联网、区块链等创新技术一经推出，就对经济社会产生了重大影响。作为世界科技发展的前沿领域，目前生物技术与信息技术都处于高速发展时期，呈现出群体性和融合性的重大革新态势。信息技术的融入不仅有助于解决很多生命科学问题，还推动了生物产业的发展，尤其是医药产业的发展。生物信息技术的融合发展将在新一轮科技发展浪潮中显现出巨大潜能。

一、发展现状与趋势

（一）新技术不断研发突破推动生物科学进入"计算设计"时代

目前，全球科技呈现加速创新态势，计算生物学正在成为现代生物学研究的核心方法之一。2019年6月美国工程生物学研究联盟（EBRC）发布《工程生物学：下一代生物经济研究路线图》，将数据科学作为四大技术主题之一，提出通过建立计算基础设施支持工程生物学研究，实现功能预测、优化生物制造流程，推动其在工业生物技术、健康与医学、食品与农业、环境生物技术和能源等领域的应用。随着大数据分析和挖掘技术不断进步，基于深度学习的AI算法在海量数据的持续学习和对未知空间的智能探索方面极具优势，逐步形成了从分子、细胞到系统层级的生物信息预测与计算设计研究体系。利用计算模拟和构建数字细胞模型，定向设计合成与优化改造人工酶和分子机器；通过预测细胞生理或代谢功能，促进后续代谢途径或系统模块组装成高效

"细胞工厂"；从头设计集成传感、计算和记录等功能以执行特定任务的生物系统。例如，得克萨斯大学研究者利用基于自监督学习的卷积神经网络框架来设计稳定且有活性的聚对苯二甲酸乙二醇酯（PET）水解酶，成功实现了PET塑料从降解到再利用的闭环。信息控制技术的理论与方法为在发酵条件下对人工细胞代谢调控和发酵参数快速智能控制提供了可能，人工智能可以从数据中捕获复杂的模式和多细胞尺度的代谢关系，指导代谢工程和发酵优化。中山大学等联合团队依托"天河二号"开发了基于深度学习的天然产物生物合成途径导航器BioNavi-NP，为天然产物生源途径发现和异源途径设计重构提供了重要工具。这些成果将加速实现智能生物制造，从根本上改变物质供给模式和经济增长方式。

以谷歌旗下DeepMind公司开发的AlphaFold算法为代表的人工智能从首次精准预测蛋白质三维结构后，经过短短1年多时间，目前已大规模地预测出几乎所有的人类蛋白质结构，这种指数级发展完全打破了传统结构生物学的发展模式。机器学习不仅在预测蛋白质的数量上具有优势，在速度和精度上也都比之前有了显著提升。美国华盛顿大学David Baker团队在利用计算机程序从头设计蛋白质的研究领域处于全球领先地位，他们借助开发的RoseTTAFold程序自开创从头创建和定制复杂跨膜蛋白的先河以来，已设计出多款具有各种应用价值的全新结构的人工蛋白质，包括白细胞介素类似物、根据环境变形的蛋白质、具有生物活性的蛋白质开关等。近期，该团队基于靶点蛋白的结构信息，利用预测蛋白质结构的算法，设计出了与其高度亲和的迷你蛋白（miniprotein），其可特异性地结合到靶点蛋白的特定位置，由此实现精准调控靶点蛋白的生理功能。这种完全不依赖蛋白质复合结构的从头设计策略为药物发现和分子生物学研究带来了全新思路。人工智能算法不仅可预测蛋白质的结构和结合形式，还能预测生成自然界中不存在的新的蛋白质形状。除基于RoseTTAFold开发的蛋白质设计工具以外，中国科学技术大学开发的"SCUBA模型+ABACUS模型"构成了能够从头设计具有全新结构和序列的人工蛋白完整工具链。同时，通过算法改进，华盛顿大学团队新开发的蛋白质序列设计工具ProteinMPNN在速度和精度方面均优于之前的工具。分子蛋白质从头设计的时代已然到来，未来，人工智能设计蛋白将会在疫苗、药物、治疗方法、生物材料和碳捕获工具等方面具有广阔的应用前景。

（二）生命科学领域正在建构数据和智能驱动的研究新范式

基因组测序精度的不断提高、测序成本的不断降低，加上国内外各类基因组测序计划，使得生物科学相关的数据量急剧攀升，尤其是生命与健康领域。生物大数据分析技术和云计算为高速、高效地应用海量生物学高维数据样本，推动改善人口健康、提高生命质量等目标的实现提供了解决方案。美国国家科学基金会宣布将成立新的分子与细胞科学合成中心，通过生物数据融合及相关科学知识来提高人类对复杂分子和细胞现象的解释与预测能力。英国制定的"数据拯救生命：用数据重塑健康和社会护理"战略、"2022—2025年战略交付计划"都将利用数据开展研究，开发和采用新的工具、技术和模型，提高疾病诊断和治疗水平。在国家战略规划和项目资助下，全球研究人员不断创新，在利用新的算法工具和机器学习模型进行蛋白质注释、靶点挖掘、药物设计、病毒检测与疾病诊断等方面取得了多项成果。谷歌和欧洲生物信息学研究所合作开发了一个名为ProtCNN的深度学习模型，其能够准确预测蛋白质序列的功能，并能对更多未知蛋白质序列进行注释。湖南大学DrugAI实验室提出了基于分子图像的自监督深度学习框架，实现了对分子性质和药物靶标的准确预测。百度生物计算团队提出了一种新的几何增强分子表征学习方法（GEM），将化合物的几何结构信息引入自监督学习和分子表征模型，对化合物进行"3D建模"，以预测化合物的性质，为AI赋能药物研发提供了重要基础。英国与瑞士研究人员合作对AI对药物发现的影响进行了分析，表示AI或可改变药物研发模式，尤其是在小分子药物发现方面，将影响研究和发现机构的组织和管理方式。加拿大的Artem Babaian研究团队开发的Serratus云计算工具为新病毒检测提供了强大工具。美国博德研究所与马萨诸塞大学医学院的科学家开发了一种机器学习模型用于分析来自新冠病毒样本的数百万个基因组，从而预测哪些病毒变体将占主导地位并可能引发新的流行。美国哥伦比亚大学利用基于图注意力网络的新方法准确预测了基因组中的致病因子。美国杜克大学的计算机工程师和放射科医生开发了一个新型人工智能平台，其可分析乳房X线扫描数据中的潜在癌性病变。

生物信息学的发展衍生出了基因组学、转录组学、蛋白质组学、代谢组学和微生物组学等一系列组学研究。生物信息学工具通过对复杂的多组学数据集开展管理、集成和分析，来加深对疾病生物学的见解，为癌症患者的风险预测、早期诊断、准确预后和生物标志物的鉴定等提供了理论基础，也推动了癌症个性化治疗的发展。单细胞多组学技术和空间转录组学技术先后在2019年和2020年被《自然-方法》评为年度技术方法。空间多组学技术又在2022年被《自然》评为七大颠覆性技术。单细胞多组学的发展成为研究人员获得单个细胞在遗传学、转录组学、表观遗传学和蛋白质组学等方面异质性信息的有力工具。空间转录组学的问世则使系统性地测量所有或大多数基因在组织空间的表达水平，并且定位和区分功能基因在特定组织区域内的活跃表达成为可能。两者结合可在时间和空间维度下获得细胞类型群体、基因表达和细胞的空间位置等更全面的信息，从而发现更多未知且精细的结果，为研究发育或疾病病理、疾病诊断带来了新的契机。该领域的研究发展迅猛，成果频频在国际顶级期刊上成果发布。由深圳国家基因库和深圳华大生命科学研究院共同研发的时空组学技术Stereo-seq，可以实现单细胞分辨率的全组织尺度的细胞定位。应用该方法，科学家已经系统构建了小鼠、斑马鱼、果蝇、拟南芥等模式生物发育的时空转录组图谱和全球首个高分辨率蝾蝾脑再生时空图谱。"高精度生命全景时空基因表达地图绘制"这一系列成果也入选2022年度"中国生命科学十大进展"。比利时鲁汶VIB癌症生物学中心研究人员也利用Stereo-seq等技术，在黑色素瘤中鉴定出一群数量有限但能有效支持肿瘤生长的致瘤细胞群，该发现有助于癌症早期检测与治疗方法的制定。比利时根特大学研究人员利用空间转录组学、空间蛋白质组学技术，整合蛋白质组学图谱等数据集揭示了独特的和进化上保守的肝巨噬细胞生态位。美国西奈山伊坎医学院研究人员开发了一种空间功能基因组学方法，结合空间转录组学技术可识别肿瘤微环境的调控因子。此外，中国科学技术大学研究团队系统性地评估了16种空间转录组和单细胞转录组数据整合算法在预测基因或细胞类型空间分布方面的性能，为进一步提升算法性能提供了参考。哈尔滨工业大学研究团队开发了一种基于深度学习的网络集成算法用于高精度的空间域（基因表达和组织形态学上具有相似性的区域）识别。随着该项技术的进一步优化和广泛应用，聚焦于组织器官再生、疾病进展和发育等领域的生命科学将进一步得到极大的发展。

（三）以碳基为核心的存储与计算技术具备巨大发展潜力

信息技术发展所依赖的摩尔定律接近物理极限，需要寻求超越传统硅基半导体的新技术和下一代半导体制造方法。DNA存储、DNA传感和DNA集成芯片等技术凭借其体积小、能耗低、稳定性好、存储量大、运算速度快和并行性高等特点，未来将得到进一步发展与应用，有望颠覆传统信息技术的物理基础，从而突破信息技术产业增长极限面临的瓶颈。《科学美国人》将DNA存储技术列为十大新兴技术之一。上海交通大学联合《科学》杂志发布的全球"新125个科学问题"中将DNA存储作为信息科学领域4个科学问题之一提出。美国国防部高级研究计划局（DARPA）、情报高级研究计划局（IARPA）、国家科学基金会（NSF）等都围绕新型信息存储与处理技术启动了相关的研发项目，DNA分子等新型存储介质是重要研发方向。美国半导体行业协会（SIA）和半导体研究公司（SRC）联合发布的《半导体十年计划》将DNA存储列为优先发展方向。Twist Bioscience、因美纳（Illumina）、西部数据、微软研究院等成立了DNA数据存储联盟，并发布了首份白皮书。中国也十分重视DNA存储技术的发展，《中华人民共和国国民经济和社会发展第十四个五年规划和2035年远景目标纲要》和《"十四五"国家信息化规划》中都明确提出加强DNA存储等前沿技术的战略布局。科技部"十四五"国家重点研发计划"生物与信息融合（BT与IT融合）"重点专项已正式启动，DNA储存被列为专项的重要组成部分。

近年来，国内外多个机构和团队对DNA数据存储过程中合成、编解码、存储稳定性等方面存在的技术挑战进行了探索，取得了多项重要突破。日本东京大学研究团队使用酶、人工神经元和神经网络对DNA数据进行直接操作的新方法，为克服对特定数据检索和操作的技术障碍奠定了基础。华大研究团队提出了一种"阴阳编解码"系统，该系统对多种数据类型表现出较高的鲁棒性和可靠性，具有信息密度大、技术兼容性好、数据恢复稳定性好等多方面优势。东南大学研究团队运用电化学方法，将汉字"翻译"为DNA序列，并将其存储在电极上，随后又成功读取出来，实现DNA合成与测序环节的一体化，提高了DNA存储的效率和准确性。美国华盛顿大学研究人员开发了首个纳米级的DNA存储写入器，将DNA写入密度提高了3个数量级，写入通量达到每秒百万字节。天津大学合成生物学团队结合创新的算法将10幅敦煌壁画存入DNA中，并实现了DNA分子在室温下保存超过千年，在9.4℃条件下可保存2万年，为长期保存人类历史文化遗产提供了一个潜在的数字化解决方案。

应用DNA、生物化学和分子生物学硬件，以及遗传电路、参数设计等合成生物学工具设计的分子计算系统致力于解决不同领域的复杂问题，近年来也成为国际关注的热点。上海交通大学DNA存储研究中心开发了一种精简的架构，利用最低限度的DNA链置换反应，实现高信噪比和快速计算的二进制加法运算，为发展分子计算机和开发特定应用场景的逻辑电路提供了一种策略；基于DNA分子计算理论，设计了一套可同时分析基因上多个单核苷酸多态性位点的技术平台，用于快速鉴定ABO血型基因型。韩国浦项科技大学通过优化人工合成逻辑门并将其无缝整合后实现了对细胞内小分子输入计算操纵。

（四）以仿生驱动的类脑智能推动人工智能向通用型发展

类脑智能、仿生驱动等研究及生物传感器、神经芯片等技术创新层出不穷，并加速走向应用。脑科学和类脑研究已成为全球科技界和产业界重点关注的前沿热点之一。通过对人类认知功能系统的探索和神经网络的研究，研究人员借鉴和模拟人脑神经系统结构和信息处理过程，在硬件实现与软件算法等多个层面变革现有计算体系与系统，由此突破目前在计算能耗、计算能力与人工智能通用性方面的限制，实现以极低的功耗对信息进行高速并行的分布式处理，并使类脑芯片具备自主感知、认知、学习和记忆存储等多种能力。以仿生驱动的类脑智能极大地提升了性能，拓展了功能及应用领域，终将逐步替代简单的人工智能。脑科学研究与人工智能的进步密切相关，各国都十分重视这方面的研发布局。欧盟委员会将"人脑计划"列为"未来与新兴技术"以来，持续开展项目资助，旨在建立神经科学数据和技术基础设施，利用大脑模型为机器人配备更高级的人工智能。美国国防部高级研究计划局、空军研究实验室、国家科学基金会等投入上亿美元支持相关研发，IBM、英特尔、高通等企业已开发出相关的产品。我国"十四五"规划也提出要前瞻部署类脑智能、量子信息、基因技术等一批未来产业。由谷歌和多伦多研发团队提出的Transformer模型在近几年已彻底改变了人工智能处理信息的方式。这是一种基于自注意力机制的深度学习模型，不仅在性能和精度方面优于传统的循环神经网络（RNN）和卷积神经网络（CNN），还可用于对大脑进行建模，促进人类对大脑功能的理解。中美联合团队开发的NeuRRAM神经形态芯片不仅准确度高，而且能效是目前最先进的"内存计算"芯片的两倍，使AI离在与云断开的广泛边缘设备上运行又近了一步。德国德累斯顿工业大学研究人员开发并表征了一种由有机电化学晶体管组成的大脑启发网络，并使用储备池计算（reservoir computing）方法将它们用于时间序列预测和分类任务。

二、前景展望

目前，人工智能技术赋能下的生物医药行业已成为最具发展前景的领域之一，主要包括药物研发、多组学数据分析、辅助诊疗和医学影像等应用场景。AI预测蛋白质结构并参与蛋白质从头设计为海量的非天然蛋白质序列的结构预测提供了便利工具。几乎所有药物都是通过与靶标蛋白的相互作用而改变蛋白质的功能，从而达到疗效的。因此，AI预测蛋白质技术也开创了药物研发尤其是小分子药物研发的新纪元。2022年有多款基于人工智能开发的药物进入临床试验。据"智药局"统计，截至2022年6月20日，全球共有26家AI制药企业、约51个由AI辅助进入临床Ⅰ期的药物管线。2022年2月，Oncocross公司宣布包括肌少症在内的肌肉疾病的在研疗法OC514启动全球性Ⅰ期临床试验。Schrödinger公司2022年6月宣布，基于其物理计算平台发现的治疗复发/难治性B细胞淋巴瘤的MALT1抑制剂SGR-1505获准开启Ⅰ期临床试验。创新AI算法在探索药物潜在结合位点方面也颇具优势。Nimbus Therapeutics和Schrödinger公司使用AI发现了靶点蛋白上的别构位点，加快了候选化合物的设计和优化。Nimbus Therapeutics公司的两款小分子候选药物已进入Ⅱ期临床试验，用于治疗癌症和自身免疫性疾病。中国的AI制药虽然起步稍晚于国外，但近年来本土生物科技公司凭借海量数据资源优势在AI辅助药物研发方面研发水平快速提升。AI蛋白质设计平台公司分子之心（MoleculeMind）2022年4月完成了数千万美元天使轮融资，将用于自主研发的AI蛋白质优化与设计平台的持续升级，以及科研成果的商业化转化。这一平台可用于多肽、抗体、酶和小蛋白的研究和设计，实现可预测、可编程大分子创新药物研发。此外，借助深度学习、神经网络等工具，通过模型构建以动态变化的方式协同处理和挖掘转录组学、蛋白质组学及代谢组学等多组学大数据，探索复杂疾病致病机制及药物反应机制将会极大地推动以个性化的癌症治疗方案为代表的精准医学和转化医学的发展。AI深度学习在海量高质量医疗数据的基础上，可开展更高效的数据处理和特征规律分析，尤其在图像识别上更具有优越性。AI辅助诊断、AI筛查、AI超声等智能影像诊断大大提高了影像识别的效率和质量，为疾病诊断和治疗带来了新的曙光。

近十年来，DNA存储领域得到了极大的发展，但DNA合成的成本和读写速率仍然是限制该领域发展的主要瓶颈。传统的基于有机化学的DNA合成方法效率低下，极大地阻碍了DNA数据存储的商业化发展。利用工程酶合成DNA片段的技术有望成为"第二代"合成技术，结合微阵列平台的发展，将从根本上降低成本，促进数据存储应用领域的新技术开发。中国科学院天津工业生物技术研究所科研团队通过生物信息数据库的筛选与功能测试，并利用设计与改造蛋白质工程，开发合成酶，创建出二步循环酶促DNA合成技术，合成DNA的平均准确率已与商业化的DNA化学合成法相当。在产业发展方面，目前商业化应用的DNA存储虽然尚未出现，但预计将在2025年达到4.369亿美元的规模，市场潜力巨大，预计未来几年将有大量资金投入。2021年8月，由中国科学院深圳先进技术研究院孵化成立的中科碳元（深圳）生物科技有限公司完成了数千万元天使轮融资。目前通过其DNA在线编解码系统（ATOM）已成功实现从编码、合成、保存、测序到解码全流程的DNA存储技术路径。总部位于浙江杭州的密码子公司成立于2021年，其开发了通过特有的编码算法将文字、图片、声音等各类数据转化为DNA序列并进行存储与读取的创新技术，已于2022年初完成数千万元Pre-A轮融资。芯宿科技聚焦新一代DNA合成技术研发，在降低长链DNA合成成本的同时开发了灵敏度更高的单分子检测系统，该系统在合成生物学、第二代测序（NGS）、DNA信息存储等诸多领域都有广泛应用，目前也已完成数千万元天使+轮融资。此外，美国Twist Bioscience公司、法国DNA Script公司和英国Evonetix公司凭借各自先进的DNA合成技术都完成了高额筹资。2022年1月，酶促DNA合成领域领导者DNA Script公司宣布完成2亿美元的C轮融资，总筹资额度达到3.15亿美元。除初创公司外，微软研究院、美光科技公司、华为公司也在进行DNA存储技术领域的探索研究。在资本的全力加持下，随着核心技术的不断改进，该领域有望在更加广泛的计算机科学领域和其他应用领域带来创新。

在人工智能向生命化方向发展方面，类脑智能是脑科学、生物学、医学、材料科学、电子科学及计算机科学等多学科交叉的研究领域。未来需要对具有技术带动性的认知神经科学与脑科学原理形成更加深入和全面的见解，并基于此开发能低功耗、高效率地模拟大脑运作方式的存算一体化的类脑芯片，以解决人工智能领域当前面临的可解释性与灵活自主决策等问题。通过建立相应的认知结构以提高神经网络、认知计算模型及智能系统的自适应能力，从而进一步发展通用类脑认知计算模型。

第三节 生物信息平台

随着测序技术由一代、二代到三代的不断发展，以及单细胞及空间组学技术的迅速兴起，信息技术也在最近几十年在并行计算、云计算及人工智能等关键领域产生了划时代的变革，推动生命科学从传统的分子生物学研究正式进入大数据时代，由原来的科学发现产生数据积累，发展为大数据推动大科学计划，直到如今的数据驱动科学发现，生命科学的研究范式已经发生了根本性的改变。生物大数据已经成为影响生物学和医学发展的关键核心技术，对于提升生命科学原始创新能力、破解健康领域科技难题起到了至关重要的战略支撑作用。生物信息平台作为生物信息技术及生物信息装备的综合服务终端，现阶段也从数据服务的单一模式发展成科研探索、产业服务、数据协作等多维的应用模式，可以预见生物信息平台在未来将成为对接生物信息数据及产业落地的核心承载部分。

一、发展现状与趋势

（一）国际生命科学数据增长迅速，中国成为生物信息产出及应用大国

近年来，由高通量测序技术提供支持的生物信息以爆炸性的速度和规模不断产出，导致现阶段从传统的数据生产转为数据管理与知识发现的生物信息需求愈发强烈，生物信息平台作为全球科学界生命健康领域的基础设施，极大地促进了相关大数据向知识发现方向的发展，并进一步推动了广大领域内的各类创新。

根据2001—2021年的统计数据，美国、中国、印度、英国分别拥有1432个、1106个、425个、408个生物信息相关的数据库，占全球领域内数据库的58%，其次为德国、日本、法国、意大利、加拿大和韩国。这些数据库分别以研究人类、小鼠、拟南芥、果蝇、酿酒酵母、水稻、大肠杆菌、大鼠、线虫和斑马鱼等物种为热点，伴随着不同机构及组织在更多细分领域的发力，更多的数据及研究方向将进一步被挖掘发现。

在全球拥有数据库的1975个机构中，欧洲生物信息学研究所（EMBL-EBI）、中国国家基因组科学数据中心（NGDC）、美国国立生物技术信息中心（NCBI）是全球拥有数据库最多的机构，分别为95个、64个、61个，中国现阶段已成为全球生物信息领域数据生产、数据应用的大国（全球生物数据库的最新目录及其精选的元信息和衍生统计数据可在数据库共享目录中查看https://ngdc.cncb.ac.cn/databasecommons/）。

（二）国际机构协作紧密，多边数据库融合关联成为趋势

伴随生物信息数据的增长及相关领域的知识网络构建不断发展，现阶段生物信息数据库的数据量在增长的同时也更加注重相关细分领域的交叉引用，数据之间的关联性也越来越强。

据NCBI在2023年的数据资源发展回顾报告，PubMed数据库增加了超过130万次

引用，使数据库的总引用量增加到超过3440万次，该数据库自2022年5月起进一步加强与MeSH数据库索引元数据及NLM机构的整体协同，加速增强MeSH词库索引跟上已发表生物医学文献量迅速增长的步伐。在公共化合物（PubChem）数据库相关领域，NCBI引进了60多个新的数据资源，其中包含来自美国食品药品监督管理局（FDA）、美国国家药品验证号（NDC）、人类免疫缺陷病毒（HIV）临床信息数据库等多方相关的药物数据资源，该举措加强了公共化学领域相关应用的发展与关联。同时在医学相关领域，NCBI病原体检测项目（The NCBI Pathogen Detection Project）通过整合从培养的细菌分离物质中获取的病原体基因组序列，有效加快了公共卫生科学家对疾病暴发的调查，现阶段该项目已成功用于帮助发现由受污染的蘑菇引发的国际疾病暴发调查工作，并被证明可显著减少美国由食源性病原体引起的疾病和相关社会负担。截至2022年8月，NCBI已分析超过1 162 000个病原体隔离菌，分离物涵盖52个细菌分类群和一种新兴的真菌病原体。可以看出，伴随着国际各领域生物数据资源的交换与使用，更多细分领域内的数据将会被有效组织形成更多知识网络。

近年来，群体基因组学和宏基因组学的数据增长正在改变序列研究的格局，同时结合云计算及超级计算机的广泛应用，研究人员可进行更大规模的计算及研究，现阶段新的序列数据的主要贡献来源于经济增长的国家，中国伴随着数据生产与数据使用的爆发式增长，已然成为国际数据的主要贡献者，国际上以国际核酸序列共享联盟（INSDC）为代表的数据寡头形势也逐渐弱化，现阶段构建全球集中化、标准化的数据交换框架至关重要，标准的数据交换框架将促进更为广泛的生命科学数据的比对与分析。

2020年3月16日深圳国家基因库与全球共享流感数据倡议组织（GISAID）达成战略性合作，国家基因库生命大数据平台（CNGBdb）成为GISAID的中国首个正式授权平台，GISAID凭借其在流感数据共享方面的广泛专业知识和广泛的合作网络，包括2009年甲型H1N1流感病毒和2013年暴发的H7N9型禽流感病毒，能够更好地应对未来相当于"X病"未知病毒暴发的情况。

（三）面向海量数据冗余，数据质量监测成为发展必要

存储在公共数据中心的核苷酸和蛋白质序列数据是许多生物信息学分析的基石。该类数据集通常以多元异构的方式进行数据集成，这种方式满足数据多样性的扩展需求，但通常情况下伴随数据量的增加，不同机构或个人的提交来源容易出现各种错误，包括不正确的功能注释、序列数据污染、分类错误等。

面对上述情况，有助于检测错误数据信息的根据之一是通过数据之间较强的相互依赖性进行数据质量的筛选与优化。一个数据库中新增数据的原信息可能会在多个

其他数据库或相关数据中产生新记录，并且该原信息与现有记录存在不同程度的相似性，从新增数据库内部及跨库关联的数据资源中组织该类数据的关联网络，为进行数据质量检测或者数据纠错带来了一定可能。2022年墨尔本大学的Benjamin Goudey根据该概念构建的"序列数据库网络"描述了如何通过网络化分析提供关键关系的数据质量和数量判定。该方法指出：①序列记录之间的不一致在一定程度上是由未能及时更新或更正数据造成的，使用序列记录之前的关联链接是改进数据一致性的重要策略；②系统地进行序列注释的记录与存储有助于减少数据分发过程中产生的错误问题；③利用数据库之间可以进行网络关联的数据资源点可以有效地验证数据的准确性；④扩大对现有序列记录的持续质量检查有助于提高整个序列数据库网络生态的质量。

（四）可视化应用及机器学习在生物信息领域成为数据功能扩展的关键

近年来，随着生物信息数据多样性及专业性的不断扩展，对专业数据的特定分析工具应用的需求也在不断增加，尤其突出在数据可视化工具与机器学习等人工智能方法在产业内应用落地方面，伴随着各国科研机构的深度研发，该领域相关工具不断迭代，促使数据可用性、易用性有了一定的进步。

NCBI基因组数据查看器（GDV）是一款支持带注释的真核细胞基因组可视化分析工具，研究人员可以将NCBI提供的基因注释、变异和RNA测序（RNA-seq）分析数据作为数据轨道信息进行统一的分析与查阅，该工具同时支持网络流传输或结合BLAST分析工具进行使用，在NCBI GDV工具近期版本的更新中，该工具进一步支持对来自SRA、GEO、dbGaP数据库的数据进行直接分析，该工具不仅将相关可视化工具应用适配范围进行了扩展，还在一定程度上为疾病预测及分析提供了便利。

iCn3D作为一款3D结构可视化工具在大分子蛋白质相关领域应用广泛，当前该工具新版本支持查看由AlphaFold预测的超过2亿个3D结构，同时该工具提供了丰富的坐标集注释，还提供了来自蛋白质结构数据库（PDB）的实验衍生3D结构的对齐和叠加功能。该工具支持注释包括保守区位置、功能点位、单核苷酸多态性（SNP）、ClinVar数据库产出的与人类蛋白质变异相关的信息、UniProt数据库提供的翻译后修饰信息、3D域、二硫键等，可以通过VAST或Foldseek检索快速发现AlphaFold预测的相似3D结构，并支持通过对应3D结构或序列特性直接对比PDB及AlphaFold数据库中的所有数据。iCn3D还支持基本的虚拟现实（VR）和增强现实（AR）视图，该工具通过优化显示不同分子相互作用，促进了分子相互作用的分析与应用。

生物信息软件和服务的开发及相应的产业往往与新研究技术和潜在研究需求息息相关。2006—2007年，随着表达平台和转录组分析的普遍使用，与DNA、基因表达相关的软件及服务数量出现了急剧增长；2010—2012年引入的第二代测序技术则导致基因组学和序列比较相关的工具急剧增加；而人工智能浪潮的再度兴起则使得医疗影像领域、蛋白质结构预测领域、药物研究领域分别诞生了 Watson for Oncology、AlphaFold、DeepChem 等工具。

（五）云端生物应用成为国际机构合作及生命健康领域学术交流培训热点

现阶段生命科学数据和计算机结合得越来越紧密，生物信息学在当前生命科学领域内扮演着核心角色，但面向该领域基本的计算机数据分析、数据管理等技能却缺少系统科学的教育途径，这个问题导致许多在该领域负责大数据研究及分析的科研人员工作水平存在差距。

Galaxy Training Network（GTN）近年来开发了相关的 Galaxy 培训框架，该框架利用用户友好型的 Galaxy 分析平台作为核心，收集 FAIR（可查找、可访问、可互操作、可重用）数据分析培训材料及数据构建相关实践社区，为研究人员及相关从业教师、学生等提供免费的在线培训资源，将他们与全球生物信息分析社区联系起来。伴随着计算机科学及生命科学的共同发展，在教育资源越来越依赖现有计算机技术及在线资源的趋势下，这类领域学术培训与跨地区科研交流的方式也会越来越普遍。

但当前生物信息云平台在发展的同时也面临着一系列挑战。其中数据的隐私与安全问题对云平台的发展有着重要影响，如人类遗传资源的监管越来越严格，影响国内企业开展国际业务。同时一些公司、机构、医院也更侧重于将数据保存在本地。因此生物信息公有云服务商也需要适应私有云业务的升展，还需要整合更多优质资源，提高自身服务的专业性。

二、前景展望

随着人工智能（AI）产业的兴起和发展，IBM、谷歌、微软、亚马逊、脸书、苹果等科技巨头近年来在 AI 领域投入了大量资源，建立了庞大的 AI 团队，抢占 AI 市场，形成了 AI 关键技术及其容器化、知识图谱等核心技术体系。这一"战火"也延续到了医疗健康领域。近几年，无论是通过外部收购中小企业还是内部组建自家团队，或者与医院、医学研究机构、传统医疗企业合作，科技巨头纷纷涉足医疗健康领域，试图用 AI 改变甚至颠覆传统的医疗健康行业。将 AI 用于医疗健康的相关科技巨头包括 IBM、谷歌、微软、脸书、苹果等。奥地利启动的卫生政策和规划的决策支持计划 DEXHELPP（Decision Support for Health Policy and Planning），旨在通过大数据的收集、分析和诊治或干预策略的制定，促进公共健康管理的可持续性。英国国民医疗服务体系（National Health Service，NHS）有着全球领先的医疗水平，并积极推动英国成为全球AI发展领导者，计划通过AI技术实现个体健康的个性化与数字化管理。2018年，谷歌DeepMind团队开发出的AlphaFold首次亮相便摘取CASP13的桂冠。2020年11月30日，AlphaFold 2在蛋白质结构预测大赛CASP14中，对大部分蛋白质结构的预测与真实结构只差一个原子的宽度，达到了人类利用冷冻电子显微镜等复杂仪器观察预测的水平，这是蛋白质结构预测史无前例的巨大进步。

因此，伴随着生物大数据的不断积累，围绕复杂、多维、异构的生物大数据整合分析与深度挖掘，需要与信息技术等多学科领域交叉融合，针对各类具体科学问题研发数据分析的新技术和新方法成为目前最大的挑战。借助人工智能、云计算、深度学习等一系列新型信息技术手段，拓展生物大数据研究的新理论和新方法，必将促使生命科学研究向"数据密集型"的新范式转变，推动多学科领域的交叉融合。

综合近年来生物数据中心、生物专业数据库、生物云计算平台和生物软件及服务等几个方面的生物信息平台发展情况，可以看出综合生物数据中心服务综合性加强并偏向产业化发展，具备较为完善的数据提交、分发、服务的流程体系。伴随着领域数据发展专业化、多元化不断增强，生物数据库开展多边融合并构建强关联性数据体系的趋势正在不断增强。与此同时，数据海量交换的模式也造成了一定数据冗余与错误，数据质量监控与数据纠错成为下一步发展的关键。结合生物计算云平台的崛起与超级计算机的应用，现阶段可视化应用与人工智能的发展不断加速生命健康数据落地，在分子结构可视化、蛋白质预测与比对、药物研发等方向皆有长足的发展，同时伴随着云端生物计算平台兴起带来的便利，国际生物信息相关标准及培训也在不断加强，为生命科学领域不断带来活力。

第四节　生物信息产业优化升级

随着全球各国相继迈入数字化时代，数字经济已然成为引领未来社会经济发展与科技创新的重要动能，新型冠状病毒感染的出现在一定程度上也促使全球数字经济发展进程进一步提速，各国纷纷加快相关战略的制定与实施，争夺云计算、大数据、人工智能等高新技术前端领域，并与传统各产业深度融合，促进产业数字化的加速发展。

一、生物信息产业优化升级的现实背景

（一）各国将数字经济纳入国家发展战略

近年来，全球主要经济体均陆续出台了国家级别的数字经济发展战略，并且持续

在数字经济的细分领域推出各种支持政策。在发达经济体当中，美国从20世纪90年代末即开始大力支持和鼓励数字经济发展，如克林顿任内的"国家信息基础设施行动计划"、奥巴马任内的《网络空间国际战略》、特朗普任内的《国家网络战略》等，都明确了美国对未来数字经济发展的政策导向。英国政府早在2009年即推出了"数字大不列颠"行动计划，致力于实现英国主导的世界数字经济世代；后又分别于2015年和2017年出台了《数字经济战略（2015—2018）》和《英国数字化战略》，力争让英国成为全球领先的数字化经济体。日本在21世纪初就制定了"IT立国"战略，并通过"e-Japan战略""u-Japan""i-Japan"等政策指引，促使日本数字经济逐步向信息化、网络化与智能化方向发展，并在2013年提出建设最尖端IT国家与"超智能社会"。新加坡从1981年起就先后实施了"国家电脑计划""国家IT计划""IT 2000计划""Infocomm 21"和"全联新加坡计划"，为数字经济发展打下了坚实基础；2006年6月正式推出"智慧国2015（iN2015）"计划，致力于将新加坡打造成为信息技术无处不在的智慧国家。

发展中经济体的数字经济战略布局起步较晚，但近年来也纷纷出台了相关政策。印度在2015年推出"数字印度"计划，体现在普及宽带上网、建立全国数据中心与促进电子政务三个方面。巴西在2016年颁布《国家科技创新战略（2016—2019年）》，将数字经济与数字社会列为其优先发展的十一个领域之一。俄罗斯在2017年将数字经济列入《俄联邦2018—2025年主要战略发展方向目录》，并将其编制为《俄联邦数字经济规划》。作为最先关注数字经济的国家之一，我国自党的十八大以来高度重视发展数字经济，将其上升为国家战略。先后提出要实施网络强国战略和国家大数据战略，支持基于互联网的各类创新；推动互联网、大数据、人工智能和实体经济深度融合，建设数字中国、智慧社会；发展数字经济，推进数字产业化和产业数字化，推动数字经济和实体经济深度融合，打造具有国际竞争力的数字产业集群等，并陆续出台了一系列支持政策。

（二）生物技术与信息技术加速融合，推进生物信息产业优化升级

对于生物科技领域而言，无论是医药行业，还是医疗器械行业，都在朝着数字化的方向发展。企业通过应用云计算、互联网、大数据等多种信息技术，从基础设施建设、领域模型升级、数字化应用场景设计、技术选型与系统落地等各方面，促进研发设计、生产加工、经营管理、销售服务等向数据驱动、数据赋能转型。借助数字化转型，企业不仅可以优化业务流程、实现业务线上线下联动，还能探究线上渠道管理、私域流量运营等新业务模式，赋能业务洞察、助力业务决策。

当前，新一轮科技革命和产业变革加速演进，生命组学、合成生物学、脑科学等生命科学的研究，基因编辑、细胞工程、生物传感等技术的开发和运用，推动人类在

认识和理解生命的尺度、维度、深度上不断深入；同时，云计算、大数据、人工智能等新兴信息技术正广泛渗透和应用于各领域，助力千行百业的数字化、智能化发展。近年来，生物技术（BT）与信息技术（IT）的跨界融合，已成为大国博弈的战略制高点，正在催生学术新思想、科学新发现、技术新发明、产业新方向，重塑创新链和产业链，两者的融合，不仅为生物技术、信息技术各自的进步和发展带来了重要机遇，同时也为各行各业的高质量发展、经济社会的可持续发展带来了新动力。

在人类科技发展的前进道路上，生物技术与信息技术的融合将成为孕育思想、破解难题、应对挑战、创造未来的重要动力。DNA计算与存储、数字细胞、器官芯片、类脑计算、脑机接口、半导体-生物混合系统等新领域、新方向逐渐进入人们的视野。

在政策导向方面，我国国家发展改革委在2022年5月印发的《"十四五"生物经济发展规划》指出，要推动生物信息产业发展。一是促进数据共享，利用5G、区块链、物联网等前沿技术，构建药品、疫苗从生产到使用、售服的全生命周期管理体系；二是依托AI、生物医学和大数据资源，辅助个性化新药研发，为疾病诊断和治疗提供决策支持；三是优化医疗便民服务，发展远程医疗服务，支持发展"互联网+卫生健康"，建设区域性远程医疗服务中心、基因技术服务中心、第三方影像信息中心等，实现线上线下医疗服务一体化。

二、生物信息产业优化升级的发展进程

（一）制药4.0

我国高度重视生物医药行业发展，近年来中央和地方一系列政策加快出台。2022年5月，国家发展改革委印发的《"十四五"生物经济发展规划》强调推动生物信息产业发展，利用信息技术支撑新药研制，提升制药装备的自动化、数字化和智能化水平。上海2022年6月印发的《关于全面加强药品监管能力建设的实施意见》提出，推进新一代信息技术与生物医药产业深度融合，加快人工智能赋能创新研发，提升产业链智能化自动化生产水平，推动技术服务模式数字化发展，加快数字化示范企业建设。

随着人工智能等数字化技术的突破，数据及智能技术在生物医药产业发展过程中的重要性越来越显著。一方面，研发智能化。全球大量药企已经开始探索将人工智能与新药研发相结合，通过智能技术加速新药研发进程，提升研发效率。目前主要的智能化应用包括开展新药设计、理化性质预测、药剂分析、疾病诊断靶标筛选、药物组合使用等研究，并且在药品研发过程中数据已经无处不在。另一方面，产业数字化协同。生物医药产业业态复杂化程度高、细分领域多，亟须通过数字化技术打破信息不对称，加速信息与资源在产业链条之间的流通，提升产业协同效率。目前中国生物医

药产业中的数字科技赋能有望随着时间的积累达到常态化的发展，从而进一步带动生物医药产业的创新升级。

人工智能的优势在于能在海量的数据中筛选新的治疗靶点和新药物，从而减少药物发现所需的时间和高昂成本。比起传统新药研发每年将近2000亿美元的费用，使用AI技术可以减少约35%的研发成本，周期也从5—10年缩短到了1—2年。得益于产业界人士的努力，越来越多的创新疗法从实验室走向临床应用，我国也成为世界上细胞与基因治疗临床研究最活跃的地区之一，预测2021—2026年我国生物医药行业市场规模将保持10%—15%的增速，预计到2026年我国生物医药行业市场规模将超过5000亿元。

在生物技术浪潮的推动下，我国目前已建有生物产业园区150多个，除长三角、环渤海地区部分园区外，大多数呈同质化发展，未来"大学提供科学技术和人才保障，风险投资提供资金支持，行业龙头与中小企业合作"的"生物医药生态模式"，无法在某个实体园区承载，结合新兴5G、AI、大数据等技术的产业互联网将是最有效的承载模式，可为诸多分散在不同地区的生物园区创新资源，构建跨越空间的高效要素聚焦和协作机制，极大地提高生态运作效率，从而提高行业整体创新效率。

三种医药行业的数字化场景如下。

一是数字化研发：技术赋能，创新药物研发模式。利用人工智能等技术在新药研发的各个环节进行创新，能有效降低研发失败风险、缩短研发周期、降低研发成本。

二是数字化生产：智能制造，保障药品质量稳定。通过技术手段实现医药生产环节的可视、可控和智能化，从而保证药品生产质量，降低生产成本，并对数据进行分析，以持续改进药品质量。

三是数字化营销：合规背景下，实现多渠道营销。通过互联网医疗、虚拟代表等数字化营销方式触达更多客户，通过线上业务闭环实现药品消费转化，为药企提供更广阔的增长空间。

（二）数字健康

利用生物与信息的技术融合，可将基因组学、转录组学、蛋白质组学、代谢组学、表型组学等各类组学产生的生物医学数据，与临床类数据、饮食和运动类数据，以及社会和物理环境信息等连接起来，建立起开放共享的数据网络，综合考量"生物-社会-心理-环境"等复合因素，通过更精细、更准确的疾病分类，提供更精确的诊断和治疗，实现个性化的"一人一方案、一病一路径"。

近年来，人们的就医需求、就医习惯、诊疗流程都发生了很大变化，数字技术赋能的医疗健康与传统线下医疗之间的边界日益模糊，在线预约、诊断、康复支持等互联网医疗，正在加速传统医疗服务、管理模式的数字化变革。数字健康正成为人工智能等新兴技术的典型应用场景之一。数字健康是能获取、存储或传输健康及医疗数据，可帮助消费者改善生活方式和健康状况的相关技术、平台或系统，涉及数字监测、数字诊断、电子处方、智能设备、远程医疗等载体，涵盖数字医疗、医药、保健、医检、医养康养、医疗健康云服务等业态。目前，全球有超过5000家企业从事数字健康方面的技术研发及应用。截至2021年底，美国有至少40款数字疗法产品获美国食品药品监督管理局（FDA）认证许可。我国也有近20款数字疗法产品获得医疗器械注册证。全球数字健康领域融资总额达590亿美元，同比增长81.5%。我国数字健康领域融资总额也达到184.1亿元。数字健康产业有望成为拉动内需的新动力。

（三）先进生物制造

生物制造是利用生物体的机能进行物质加工与合成的绿色生产方式，可降低工业过程能耗、物耗，减少废物排放及空气、水和土壤污染，大幅降低生产成本，提升产业竞争力。新兴信息技术的引入，促进了先进生物制造技术的研发，从而使基因合成、酶的理性设计、细胞制造等方面的能力有了质的突破，有助于实现化工原料和过程的生物技术替代，发展高性能生物环保材料和生物制剂，向绿色低碳、无毒低毒、可持续发展模式转型。预计未来10年内，35%的石油化工、煤化工产品可被生物制造产品替代，从而为能源、材料、化工等领域的生产带来极大变革。牛奶、食糖、油脂等食品，一旦实现工业生物制造，将产生颠覆性影响，其全球经济规模也十分可观。

现代生物制造已经成为全球性的战略性新兴产业，在化工、材料、医药、食品、农业等诸多重大工业领域得到了广泛应用，根据经济合作与发展组织（OECD）预测，到2030年约有35%的化学品和其他工业产品来自生物制造。欧洲、美国、日本等主要发达国家和地区都将绿色生物制造确立为战略发展重点，并分别制定了相应的国家规划。我国正处于建设创新型国家与加快生态文明体制改革的决定性阶段，紧随并引领世界科技前沿，发展新型绿色生物制造技术，支撑传统产业升级变革，关乎资源、环境、健康，符合国家重大战略需求。

（四）智慧农业

生物技术和信息技术的融合，还能推动以数字农业、智慧农业和精准农业等为特色的农业新体系的构建。新农业通过提供名、特、优、新的产品，以及生产、生活、生态、生息"四生共融"的功能，从而使农产品的消费模式由追求温饱型转变为追求安全、营养的健康型。随着物联网、大数据、云计算、卫星遥感、人工智能等新一代信息技术与农业的融合，信息化成为实现农业现代化的重要支撑力量。通过农业全要素、全系统、全过程的数字化，实现农业科学决策和数字化管理；通过智能技术的运用，提高对农业系统综合管控的能力；强调基于农业动植物和空间环境等信息的变化而进行精细管理的精准农业，也将因数字化的助力而迈上新台阶。

智慧农业是现代科技尤其是信息技术与传统农业深度融合形成的数字化农业方式。它是现代农业的高级形式，也是农业信息化发展的高级阶段，数字化、集成化、智能化是其最主要的特征。智慧农业依托的是现代信息技术和先进装备条件，在生产过程中寻求的是精准感知、智能控制、智慧管理，追求的是更高的资源利用率、更高的劳动生产率、更好的农业从业体验感，以及农产品附加值的更高提升。按领域来划分，智慧农业囊括智慧种植、智慧养殖、智慧加工等多个生产类型。按照应用场景来划分，则体现在智慧温室、智慧农场、智慧养殖场、智慧牧场等多场所类别。

智慧农业生产体系首先依赖于物联网感知技术，这一技术实现的前提是现代农业设施的搭建，包括智能控制设施和感知设施。以温室场景为例，电动遮阳系统、电动顶开窗、风机、湿帘、补光系统、灌溉系统等统称为温室的智能控制设施。温室感知系统则包括自动摄像头和传感器等多种数字触角。摄像头负责拍照，不同种类的传感器对温室内各种环境要素进行检测，配置的传感器包括二氧化碳传感器、温湿度传感器、光照传感器、水质传感器、植物生理数据传感器等。在大田种植中，还配置气象站，实时监测小气候环境中的光照、风速、降雨量、大气压力、土壤水分、昼夜温差等参数。此外，接入大田种植物联网的感知设施还有无人机、搭载传感器、数码相机、多光谱相机、高光谱相机、热成像仪、激光雷达等，利用遥感技术，收集农田作物长势、病虫草害、生长环境等农情信息，以实施精准施药或精准撒播。

除了物联网感知技术，智能装备技术也是智慧农业发展的关键。智能装备属于智能控制设施单元，它融合了AI、5G、边缘计算、新型人机交互等新技术，也在推动着农业转型升级。以农业机器人为例，主要有除草机器人、施肥机器人、育苗机器人、授粉机器人、捕捞机器人、挤奶机器人、采摘机器人、喷药机器人、包装机器人等。相较于传统工业机器人，农业机器人属于特种机器人，具有作业环境复杂、作业对象特殊等应用特征，融合了人工智能技术，将不断向智能化、高效率、高安全、高灵活度方向升级。

撰 稿 人： 周园春 中国科学院计算机网络信息中心

马俊才 中国科学院微生物研究所

汪 洋 中国科学院计算机网络信息中心

陈 方 中国科学院成都文献情报中心

吴林寰 中国科学院微生物研究所

孟 珍 中国科学院计算机网络信息中心

魏 鑫 中国科学院计算机网络信息中心

通讯作者： 周园春 zyc@cnic.cn

第十八章　2022年度生物医学工程发展态势分析

"十四五"时期，我国生物医学工程领域快速发展，以提升关键核心技术、补短板为目标的科技创新活动持续活跃，产业转型升级和高端仪器设备国产化进程进一步加速。在材料、工程、机械等相关技术发展的推动下，高端医疗设备基本靠进口的形势逐渐扭转，以国内大循环为主体、国内国际双循环相互促进的新发展格局逐步在生物医学工程领域实现。2022年，以生物医学工程为基础的医疗器械行业监管制度持续完善，《医疗器械生产监督管理办法》《医疗器械经营监督管理办法》等法规制度陆续修订发布，高值医用耗材采购范围进一步扩大，接续采购政策逐步明确，科技布局力度进一步增大，资助方向明确，项目数量显著增加；产学研方面，我国生物医学工程领域科技论文数量居全球第二，已与美国十分接近，基础研究主要集中在医学影像学、工程学和材料科学等方向，我国主要研究方向同全球基本一致；我国医疗器械领域专利申请数量超过全球总量的3/4，全球专利申请技术领域分布主要涉及材料研究、分析方法、气体分离方法、气体过滤工艺、医药配制品等，我国专利申请技术领域分布与全球基本一致；全球临床试验数量较上年有所下降，但我国医疗器械临床试验数量呈增长趋势，高于前5年的年平均数量；注册、备案产品数量较上年有所回升，骨科耗材、体外诊断试剂、神经和心血管手术器械、注输、护理和防护器械注册产品数量较多，医用影像设备和配件领域发展迅速。

一、制度建设与科技自立自强

（一）持续优化完善监管制度

在2021新版《医疗器械监督管理条例》的基础上，2022年3月，国家市场监督管理总局发布《医疗器械生产监督管理办法》（国家市场监督管理总局令第53号）和《医疗器械经营监督管理办法》（国家市场监督管理总局令第54号），前者在风险防控和违法惩戒制度方面加强监督，后者从采购、验收、贮存、销售、运输和售后服务等方面强化经营质量管理制度。在生产许可方面，新制度允许受托生产企业凭注册人的注册证办理生产许可，取消了同一产品同一时期只能委托一家企业生产的限制。在备案方面，新制度取消了委托生产备案，提出生产一类器械可在办理产品备案时一并办理生产备案；经营二类器械者，产品安全性、有效性不受流通过程影响的，免于备案。在材料提交方面，申请生产许可，办理一类器械生产备案、经营许可和备案无须提交营业执照复印件等材料。在时限方面，生产许可和经营许可监管部门做出决定的时间均从30个工作日缩短至20个工作日，进一步实现简政放权，在规范监督管理的同时，优化产业环境，促进产业良性发展。

此外，2022年10月国家药品监督管理局发布《国家药监局关于全面实施医疗器械电子注册证的公告》，借助我国近几年电子注册证试点及应用的经验总结与积累，我国自2022年11月1日起全面实施医疗器械电子注册证制度，进一步激发市场主体发展活力，为企业提供更加高效便捷的政务服务。

2022年，国家组织高值医用耗材采购工作持续有序推进。同年7月发布的《国家组织骨科脊柱类耗材集中带量采购公告（第1号）》开启了我国第三轮国家高值医用耗材集中采购工作，采购的产品范围包括颈椎前路钉板固定融合系统、颈椎后路钉棒固定系统、胸腰椎前路钉棒固定融合系统等14类骨科脊柱类医用耗材。此外，国家组织高值医用耗材联合采购办公室发布《国家组织冠脉支架集中带量采购协议期满后接续采购文件》（采购文件编号：GH-HD2022-2），针对2023年初到期的国家组织冠脉支架集中带量采购协议做出规划，探索了医疗器械带量采购后接续管理的新机制，接续采购将为中选企业带来长期稳定的市场预期，也为患者和医疗机构带来更加稳定的供应。根据文件要求，下一周期内冠脉支架产品最高有效申报价为798元/个，伴随服务最高有效申报价为50元/个，采购周期3年，周期内每年签订采购协议。

（二）优化科技计划布局

科技投入是国家宏观科技布局的直观体现，可反映政府主导的科技研发活动情况，也是理论研究和技术开发的重要支撑。2022年作为"十四五"科技规划布局全面开展的关键时期，新一批科技计划陆续立项、启动，领域布局逐渐清晰，以科技创新自立自强为目标的生物医学工程基础研究和技术开发不仅致力于补齐科学技术短板，实现关键核心技术的国产化，更是要在面向国际前沿的生物医学工程新方法、新技术、新材料方面有所突破，为创新驱动的产业发展注入新动能。

1. 国家自然科学基金

国家自然科学基金主要从基础研究角度给予生物医学工程领域项目资助，相关项目主要来自医学科学部、生命科学部、信息学部等。2022年国家自然科学基金医学科学部相关科学处（五处）共资助面上项目269个，资助金额1.4亿元，资助青年科学基金项目287个，资助金额8580万元，资助地区科学基金项目37个，资助金额1226万元，基本与2021年持平。生命科学部交叉融合科学处共资助生物材料、成像与组织工程（C10）研究242个，共资助金额9933万元，较2021年略有上升。

2. 国家重点研发计划

2022年，国家重点研发计划继续推进，"诊疗装备与生物医用材料""干细胞研究与器官修复""生物与信息融合（BT与IT融合）"三个重点专项部署的多个方向与生物医学工程和医疗器械关键技术、产品产业和监管高度相关。"智能传感器""合成生物学""生物大分子与微生物组""前沿生物技术"等专项也从不同技术角度对生物医学工程领域中的部分方向进行布局资助。

具体从项目指南上看（表18-1），"诊疗装备与生物医用材料"重点专项2022年度围绕前沿技术研究及样机研制（含青年科学家项目）、重大产品研发、应用解决方案研究、应用评价与示范研究、监管科学与共性技术研究、青年科学家项目、科技型中小企业研发项目7个任务，按照基础前沿技术、共性关键技术、示范应用，拟启动68个方向项目研究（含3级子方向）。该专项2022年增设了青年科学家项目和科技型中小企业研发项目，从诊疗装备、生物医用材料和体外诊断技术三个方向对人才团队和中小企业给予项目支持。除以上资助外，"诊疗装备与生物医用材料"专项还发布了定向项目指南，以精准化、智能化和个性化为方向，以诊疗装备和生物医用材料重大战略性产品为重点，以实现"高端引领"为目标，布局影像、激光治疗、放射治疗等7个方向研究。

表18-1　国家重点研发计划对生物医学工程的资助方向（2022年）

"诊疗装备与生物医用材料"重点专项	
前沿技术研究及样机研制	①诊疗装备前沿技术研究及样机研制； ②生物医用材料前沿技术研究及样机研制； ③体外诊断设备和试剂前沿技术研究及样机研制
重大产品研发	①诊疗装备重大产品研发； ②生物医用材料重大产品研发； ③体外诊断设备和试剂重大产品研发
应用解决方案研究	①基于国产创新PET/MR的神经系统疾病诊疗解决方案研究； ②基于国产创新心磁图仪的冠脉微循环障碍临床诊断解决方案研究； ③基于国产创新一体化放疗设备的临床新技术解决方案研究； ④基于高诱导成骨活性材料的斜外侧腰椎间融合术临床应用解决方案研究； ⑤周围神经缺损修复产品临床应用解决方案研究

续表

"诊疗装备与生物医用材料"重点专项	
应用评价与示范研究	①国产创新高端医用腔镜系统及微创手术器械应用示范研究; ②机器人远程诊疗体系构建与应用示范
监管科学与共性技术研究	应急救治系列装备可靠性共性关键技术研究和评价体系构建
青年科学家项目	①诊疗装备青年科学家项目; ②生物医用材料青年科学家项目; ③体外诊断技术青年科学家项目
科技型中小企业研发项目	①诊疗装备科技型中小企业研发项目; ②生物医用材料科技型中小企业研发项目; ③体外诊断设备和试剂科技型中小企业研发项目
定向项目	①在用 MRI 和 PET/CT 检测校准及临床质控技术研究; ②脉冲式激光治疗设备可溯源在线检测及临床质控技术研究; ③放射治疗装备质量评价技术和临床应用质量保障体系构建; ④医用手术机器人质量评价技术研究; ⑤医疗器械中应用的纳米材料质量控制及评价技术研究; ⑥组织工程类医疗器械产品安全性有效性评价技术研究; ⑦恶性肿瘤早期诊断及筛查产品监管科学研究
"干细胞研究与器官修复"重点专项	
干细胞命运调控及机理	①基于干细胞的类胚胎构建; ②干细胞休眠和激活调控; ③造血干细胞损伤和耗竭的调控机理; ④基于干细胞的类器官高通量制备及应用; ⑤解析干细胞命运决定的新型空间多组学技术
干细胞与器官的发生和衰老	①器官形成与修复的干细胞功能及微环境调控; ②免疫耐受机理与干细胞移植的免疫耐受诱导; ③干细胞在衰老中的作用及机理; ④干细胞及器官衰老的干预技术研究; ⑤脑、肺、造血等组织干细胞成瘤及逆转; ⑥干细胞在胃肠、乳腺和卵巢等肿瘤耐药、转移和复发中的作用
器官的原位再生及其机理	①间充质干细胞在骨骼、肌肉、肝脏、性腺等组织器官稳态维持中的作用; ②干细胞在人脑发育与损伤修复中的作用及机理; ③特定环境条件下干细胞对器官功能的重塑; ④牙颌生物重建与原位再生; ⑤促进心肌原位再生和修复的新策略

续表

"干细胞研究与器官修复"重点专项	
复杂器官制造与功能重塑	①基于干细胞的肝、肌肉或皮肤等复杂组织构建； ②基于干细胞的智能多器官芯片系统； ③人类复杂器官互作系统与功能化； ④干细胞来源的体外器官和类器官功能的数字化评估； ⑤干细胞衍生物调控器官功能与促修复作用； ⑥器官修复相关产品监管和评价的技术体系； ⑦基于干细胞和生物材料的组织构建与应用
基于干细胞的疾病模型	①基于干细胞的器官互作模型； ②基于干细胞的肿瘤微环境类器官模型与应用； ③基于干细胞的人类遗传性疾病猪模型； ④视觉疾病大动物模型及应用； ⑤干细胞在新型冠状病毒肺炎发病机制和损伤修复中的作用
"生物与信息融合（BT 与 IT 融合）"重点专项	
基于 DNA 原理的信息存储系统开发	① DNA 存储的超高通量低成本分子合成技术； ②基于纳米孔原理的新一代高通量测序仪； ③基于集成生物光电子技术的单分子测序的关键技术； ④高准确、全类型 TB 级通量测序数据实时分析系统； ⑤便携式半导体测序仪研发； ⑥非传统 DNA 原理的数据存储方式探索
面向生命 - 非生命融合的智能生物系统构建与开发	①柔性高密度主动式头皮生物电极设计与仪器开发； ②听视觉认知模式自动个体刻画及其应用； ③面向主动运动增强与重建的高效感知与交互技术及产品研制； ④基于微弱物理源激励的细胞快速响应通讯元件精准构建技术； ⑤视 - 听 - 触交互反馈式智慧虚拟手术关键技术与系统； ⑥基于柔性材料的超感生物气液电传感监测； ⑦基于超灵敏传感器件的头盔型生物磁成像技术与仪器； ⑧可调控光感智能生物眼的开发与设计
BT-IT 融合技术的健康医药场景应用示范	①基于 AI 大数据驱动和可信安全计算的创新药物筛选系统研发与应用； ②抗体分子的智能设计筛选技术平台与示范应用； ③基于大数据计算模拟的肿瘤免疫细胞仿生分子修饰技术研发及疗效评估； ④病毒基因组未来变异演化预测与预警技术研发； ⑤基于多模态数据的肿瘤风险智能评估关键技术研发及示范

资料来源：国家重点研发计划重点专项 2022 年度项目申报指南

"干细胞研究与器官修复"重点专项 2022 年度围绕干细胞命运调控及机理、干细胞与器官的发生和衰老、器官的原位再生及其机理、复杂器官制造与功能重塑、基于干细胞的疾病模型5个重点任务进行部署，拟支持28个项目。

"生物与信息融合（BT与IT融合）"重点专项2022年度围绕基于DNA原理的信息存储系统开发、面向生命-非生命融合的智能生物系统构建与开发，BT-IT融合技术的健康医药场景应用示范3大任务，按照原创理论研究、创新产品研发、场景应用，拟启动19个项目。

二、生物医学工程发展态势

医疗器械科技创新涉及理论研究、技术开发、临床转化、产品注册等多个环节，各环节紧密衔接、互相影响，只有补齐短板、全面提升全链条创新能力、优化制度、激发转化活力，才能真正提高我国医疗器械创新水平，实现产业高质量发展。

（一）理论研究实力

理论研究是创新的第一个环节，是技术研发和临床转化的基础。科技论文是理论研究的重要载体，发文量是量化反映理论研究实力的重要指标。

2022年，Web of Science数据库共收录医疗器械领域SCI论文63 545篇，论文国别分布见图18-1。美、中两国处于第一梯队，发文量均超15 000篇（美国16 769篇，中国15 985篇），德国、英国、意大利、日本、加拿大、荷兰、法国、印度和韩国以2000—6000篇处于第二梯队，澳大利亚、瑞士、西班牙、土耳其、伊朗、比利时、巴西、瑞典和奥地利以800—1999篇处于第三梯队，其他国家发文量均不足800篇（数据检索日期：2023年1月12日）。

2022年医疗器械领域发文量排名全球前20位的机构见图18-2。全球前20位机构的国别分布如下，美国9家，中国5家，法国3家，英国、加拿大和德国各1家。哈佛大学、加利福尼亚大学系统、法国研究型大学联盟协会、得克萨斯大学系统、中国科学院、伦敦大学六家机构的发文量均超过1000篇。我国的中国科学院排全球第5位，上海交通大学、复旦大学、四川大学、浙江大学分别排全球第8位、第15位、第16位和第17位。

2022年，全球医疗器械领域的基础研究主要集中在医学影像学（36 225篇）、工程学（20 626篇）和材料科学（12 459篇），中国的主要研究方向同全球基本一致，包括医学影像学6702篇，工程学5979篇，材料科学4767篇。值得一提的是，中国在工程学领域和材料科学领域的发文量均明显多于美国。具体如表18-2所示。

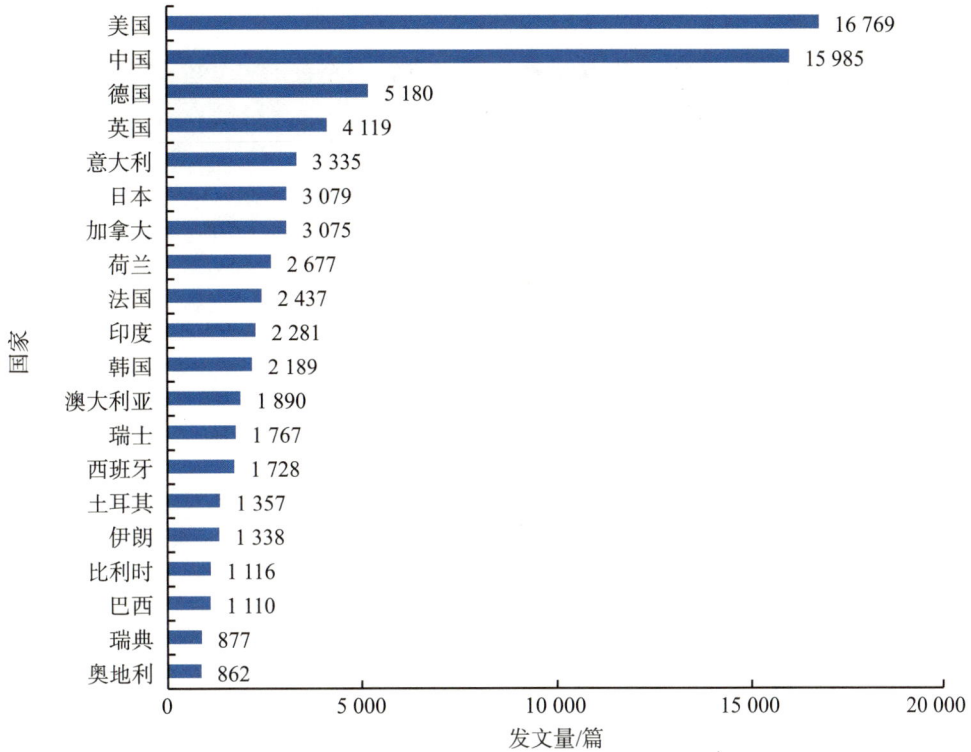

图18-1　2022年医疗器械领域发文量排全球前20位的国家

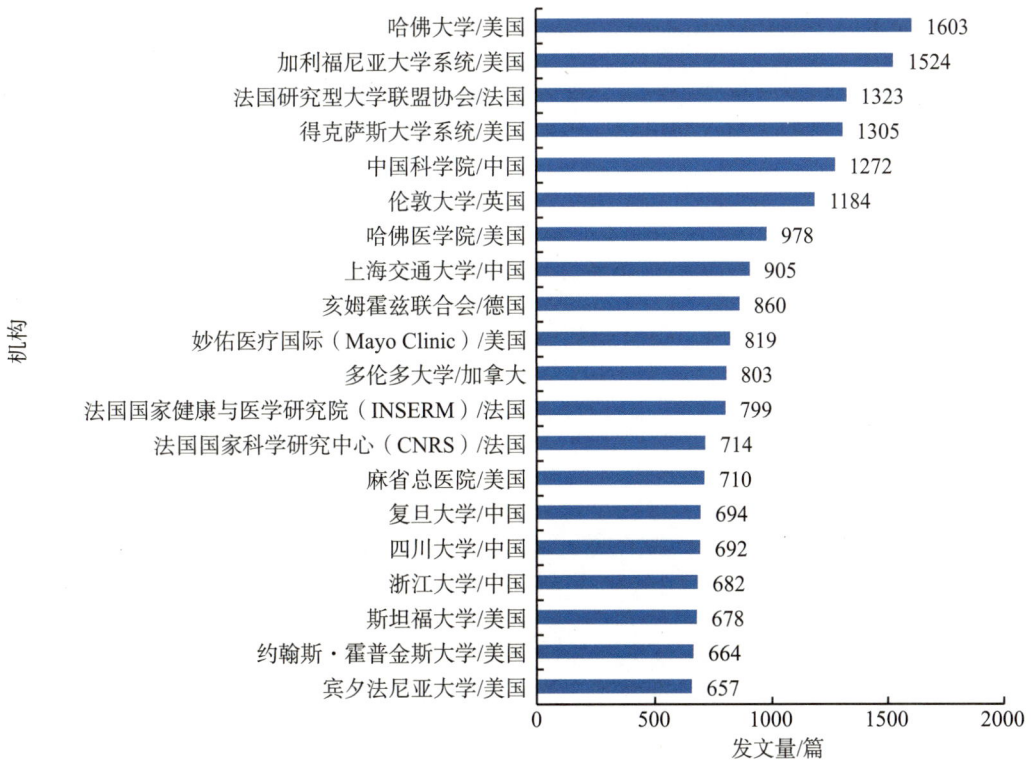

图18-2　2022年医疗器械领域发文量排全球前20位的机构

表18-2 2022年全球、美国和中国在医疗器械领域的基础研究方向

	全球 /篇	美国发文量 /篇	美国占全球 之比	中国发文量 /篇	中国占全球 之比
医学影像学	36 225	11 156	30.80%	6 702	18.50%
工程学	20 626	4 614	22.37%	5 979	28.99%
材料科学	12 459	2 144	17.21%	4 767	38.26%

（二）技术开发实力

1. 专利申请数量

医疗器械行业是一个知识密集、资金密集且多学科交叉的高技术产业。专利是技术信息最有效的载体，囊括了全球90%以上的最新技术信息。通过对医疗器械的全球专利申请来分析医疗器械的技术开发规模，有助于了解我国医疗器械技术的开发情况。

基于智慧芽专利数据库，对全球医疗器械领域2022年申请的专利进行分析（检索时间为2023年1月），我国医疗器械领域2022年技术开发规模超过全球总量的3/4。2022年全球医疗器械领域专利申请共计328 586件，其中我国共申请249 760件，全球占比超过3/4，从专利申请数量来看，我国医疗器械领域的技术开发优势明显。合并同族后，全球医疗器械领域有专利303 429组，我国有242 013组，接近全球总量的4/5，我国医疗器械领域的技术创新活跃（图18-3）。

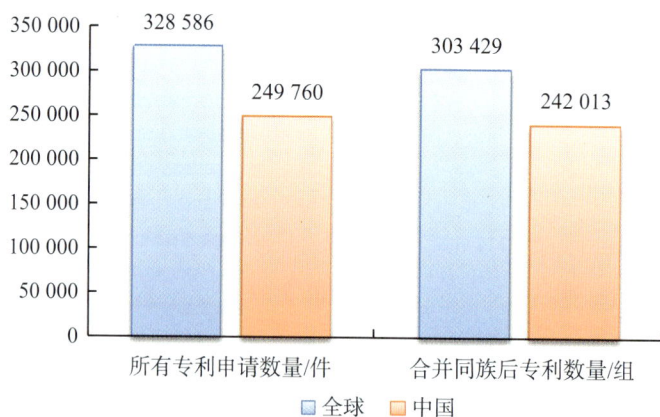

图18-3 全球与中国医疗器械领域2022年专利申请情况

PCT专利申请是衡量一个国家/地区的国际专利申请实力和水平的重要指标。全球医疗器械领域共有PCT申请17 618组，我国有1189组，全球占比不到10%，我国医疗器械领域对海外市场的开拓还有很大的提升空间。我国在医疗器械领域专利申请数量

具有明显优势，但PCT专利申请数量较少，表明我国医疗器械领域的海外布局相对较小，未能充分开拓海外市场。

2. 专利申请主要国家

2022年全球医疗器械领域专利申请有303 429组，全球专利申请数量排名前10位的国家如图18-4所示。我国有242 012组，处于全球第一位，全球占比超过3/4，技术创新活跃，领先优势明显。美国处于第二位，专利申请数量17 488组，处于第二梯队。日本（8076组）、印度（6055组）处于第三梯队，专利申请数量在5000—10 000组。韩国（3840组）、德国（2748组）、瑞士（1690组）、英国（1455组）、法国（1277组）处于第四梯度，专利申请数量在1000—5000组。加拿大（885组）专利申请数量在1000组以下。

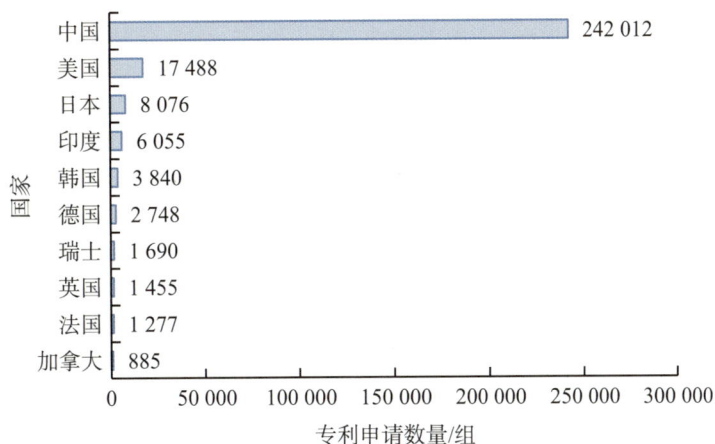

图18-4　全球医疗器械领域2022年专利申请数量排名前10位的国家

3. 专利技术领域分布

全球和我国的2022年专利申请主要技术领域分布如表18-3、表18-4所示。全球专利申请技术领域分布主要涉及材料研究、分析方法，气体分离方法，气体过滤工艺，医药配制品等。2022年在G01N33（25 618组）和B01D53（23 407组）两个技术领域专利申请量最多，分别是关于材料研究、分析方法及气体分离方法的专利。我国专利申请技术领域分布与全球基本一致，2022年在B01D46（22 616组）和B01D53（21 910组）两个技术领域专利申请量最多，分别是关于气体过滤工艺及气体分离方法的专利。

表18-3　全球医疗器械领域2022年专利申请主要技术领域分布

IPC 分类号	分类号解释	专利申请数量 / 组
G01N33	利用特殊方法来研究或分析材料	25 618
B01D53	气体或蒸气的分离；从气体中回收挥发性溶剂的蒸气；废气例如发动机废气、烟气、烟雾、烟道气或气溶胶的化学或生物净化	23 407
B01D46	为从气体或蒸气中分离分散颗粒而专门改进的过滤器或过滤工艺	23 251
A61K31	含有机有效成分的医药配制品	21 982
G01N1	取样；制备测试用的样品	21 634
G01N21	利用光学手段，即利用亚毫米波、红外光、可见光或紫外光来测试或分析材料	20 139
B01D29	过滤器，例如压滤器或吸滤器；其过滤元件	20 138
G01N3	用机械应力测试固体材料的强度特性	13 749
A61K9	以特殊物理形状为特征的医药配制品	12 201
A61P35	抗肿瘤药	11 312

表18-4　我国医疗器械领域2022年专利申请主要技术领域分布

IPC 分类号	分类号解释	专利申请数量 / 组
B01D46	为从气体或蒸气中分离分散颗粒而专门改进的过滤器或过滤工艺	22 616
B01D53	气体或蒸气的分离；从气体中回收挥发性溶剂的蒸气；废气例如发动机废气、烟气、烟雾、烟道气或气溶胶的化学或生物净化	21 910
G01N1	取样；制备测试用的样品	20 722
B01D29	过滤器，例如压滤器或吸滤器；其过滤元件	19 785
G01N33	利用特殊方法来研究或分析材料	19 763
G01N21	利用光学手段，即利用亚毫米波、红外光、可见光或紫外光来测试或分析材料	17 237
G01N3	用机械应力测试固体材料的强度特性	13 410
A61K31	含有机有效成分的医药配制品	9360
B01J19	化学的，物理的或物理 - 化学的一般方法；及其有关设备	8317
B01D35	过滤装置；用于过滤的辅助装置；过滤器外壳结构	7140

（三）临床转化能力

医疗器械临床试验是评价申请注册的医疗器械是否具有安全性和有效性的重要环节，可在一定程度上体现临床转化的活跃程度。

2022年1月1日至2022年12月31日，美国临床试验数据库（ClinicalTrials.gov）共登记医疗器械领域临床试验5523项，中国（包括港澳台地区）占470项。与2021年相比，2022年全球医疗器械临床试验数量略有减少，但高于前5年（2017—2021年）的年平均数量（约为4856项）；与前5年相比，中国医疗器械临床试验数量呈现增长趋势，高于前5年的年平均数量（约为379项）（图18-5）。

图18-5 全球和中国医疗器械临床试验注册数量年度分布（2017—2022年）
检索日期是2023年1月17日

全球范围内，2022年医疗器械临床试验主要分布在北美（1933项）和欧洲（1413项），东亚（579项）、中东（252项）和非洲（187）超过150项，其他地区分布较少。94个开展医疗器械临床试验的国家中，按注册数量排名前10位的依次为美国、中国、法国、加拿大、英国、西班牙、土耳其、德国、意大利和埃及。其中，美国有1721项，占全球总数的31.16%，远超其他国家；中国有470项，占全球总数的8.51%，约为美国的1/4，排在第二位（图18-6）。

实验性研究根据研究目标、参与者数量及其他特征的不同可划分为0期、Ⅰ期、Ⅱ期、Ⅲ期和Ⅳ期。2022年全球5523项医疗器械临床试验中，实验性研究有4504项，其中4084项对应的为"not applicable"（不适用，主要指设备或行为干预，无分期），40项处于0期，72项处于Ⅰ期，38项处于Ⅰ/Ⅱ期，97项处于Ⅱ期（数量最多），26项处于Ⅱ/Ⅲ期，61项处于Ⅲ期，86项处于Ⅳ期。中国470项医疗器械临床试验中，实验性研究401项，其中375对应的为"not applicable"，3项处于Ⅰ期，2项处于Ⅱ期，6项处于Ⅱ/Ⅲ期，7项处于Ⅲ期，8项处于Ⅳ期（数量最多）（图18-7）。

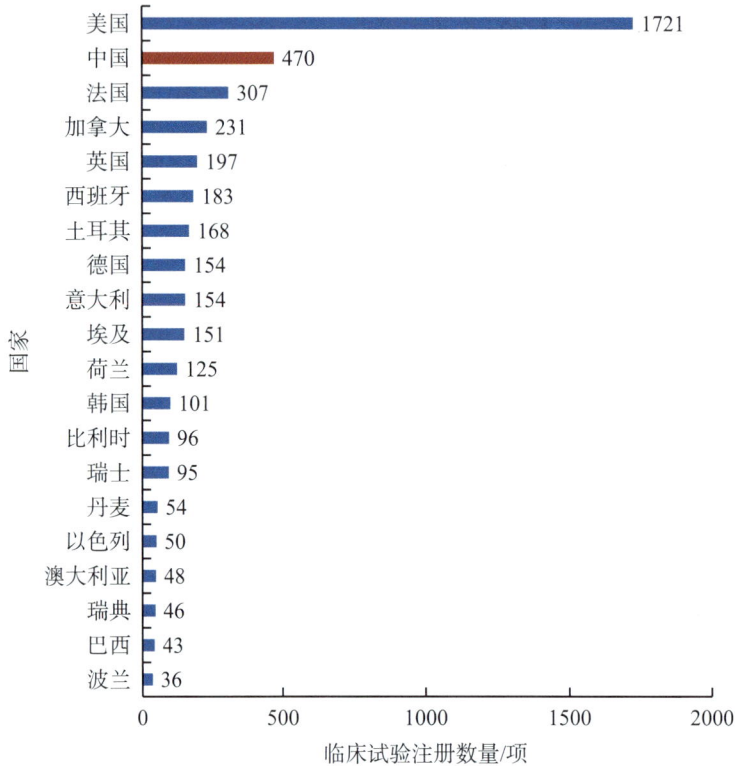

图 18-6　全球医疗器械临床试验注册数量排名前20位的国家（2022年）

"国家"指临床试验机构所在国家；检索日期是2023年1月17日

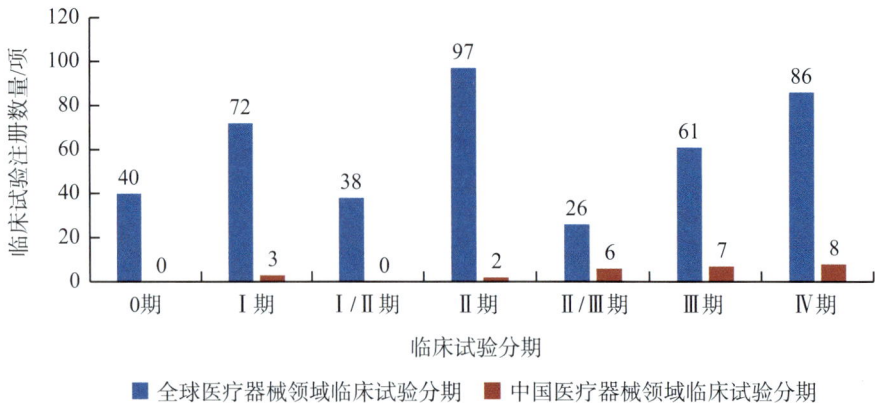

图 18-7　全球和中国医疗器械领域临床试验分期分布（2022年）

2022 年全球医疗器械临床试验的适应证（表18-5）主要集中于卒中（59项）、帕金森病（32项）和膝骨关节炎（32项），中国医疗器械临床试验的适应证（表18-6）主要集中于近视（9项）、卒中（8项）、冠心病（6项）和孤独症谱系障碍（6项）。

表18-5 全球医疗器械领域临床试验的主要适应证（2022年）

序号	适应证		临床试验注册数量 / 项
	英文名称	中文名称	
1	stroke	卒中	59
2	Parkinson disease	帕金森病	32
3	knee osteoarthritis	膝骨关节炎	32
4	breast cancer	乳腺癌	29
5	atrial fibrillation	心房颤动	28
6	type 1 diabetes	1 型糖尿病	26
7	myopia	近视	26
8	heart failure	心力衰竭	25
9	COVID-19	新型冠状病毒肺炎	25
10	coronary artery disease	冠心病	21
11	major depressive disorder	重度抑郁症	18
12	chronic pain	慢性疼痛	16
13	hearing loss	听力损失	15
14	peripheral arterial disease	外周动脉疾病	15
15	cataract	白内障	14
16	spinal cord injuries	脊髓损伤	14
17	urinary incontinence	尿失禁	14
18	obesity	肥胖	13
19	hypertension	高血压	13
20	obstructive sleep apnea	阻塞性睡眠呼吸暂停	13

表18-6　中国医疗器械领域临床试验的主要适应证（2022年）

序号	适应证		临床试验注册数量 / 项
	英文名称	中文名称	
1	myopia	近视	9
2	stroke	卒中	8
5	coronary artery disease	冠心病	6
3	autism spectrum disorder	孤独症谱系障碍	6
4	schizophrenia	精神分裂症	4
6	mild cognitive impairment	轻度认知损害	4
7	major depressive disorder	重度抑郁症	4
8	parkinson disease	帕金森病	3
9	tricuspid regurgitation	三尖瓣反流	3
10	insomnia	失眠	3

（四）产品注册与相关产业

2022年，中国注册、备案医疗器械44 520个，其中境内医疗器械43 187个，进口医疗器械1333个，比2021年略有上升。上市的境内医疗器械中，第一类医疗器械备案27 587个，第二类医疗器械注册13 756个，第三类医疗器械注册1844个。进口医疗器械中，第一类医疗器械备案661个，第二类医疗器械注册323个，第三类医疗器械注册349个（图18-8）。

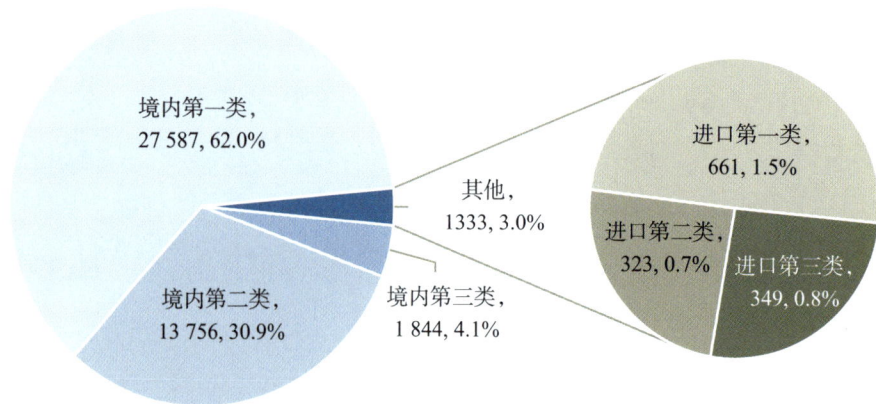

图18-8　2022年中国上市医疗器械类型与数量

资料来源：NMPA数据库（检索日期是2022年12月31日）

从注册的第三类产品类型来看，无源植入器械是 2022 年注册上市最多的第三类器械产品类型，以骨科手术植入物为主，境内和进口均有大量产品上市。此外，体外诊断试剂、神经和心血管手术器械、注输、护理和防护器械也有大量国内外产品上市，上市产品数量超过 200 个。医用成像器械、有源手术器械注册产品数量均超过 100 个，反映出影像设备领域和手术设备领域处于快速发展状态（图 18-9）。

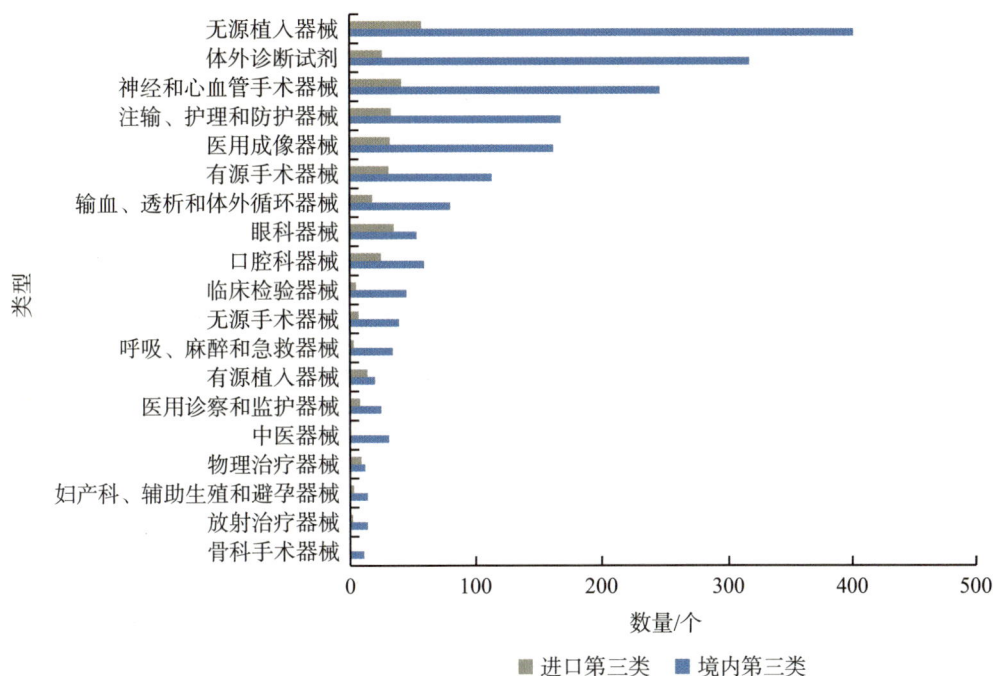

图 18-9　2022 年注册第三类医疗器械类型

资料来源：NMPA 数据库（检索日期是 2022 年 12 月 31 日）

从注册的第二类产品类型来看，体外诊断试剂上市产品数量远高于其他产品类型，主要包括体外诊断试剂盒和医用校准试剂、质控试剂等。此外，注输、护理和防护器械仍是 2022 年注册数量较多的产品类型，产品主要包括医用口罩、防护服、手术衣、消毒产品、手术包等产品。除以上两个器械类型外，口腔科器械、物理治疗器械和医用成像器械也是注册产品较多的医疗器械类型，代表性产品分别为义齿、紫外/红外治疗仪和光学设备配件等（图 18-10）。

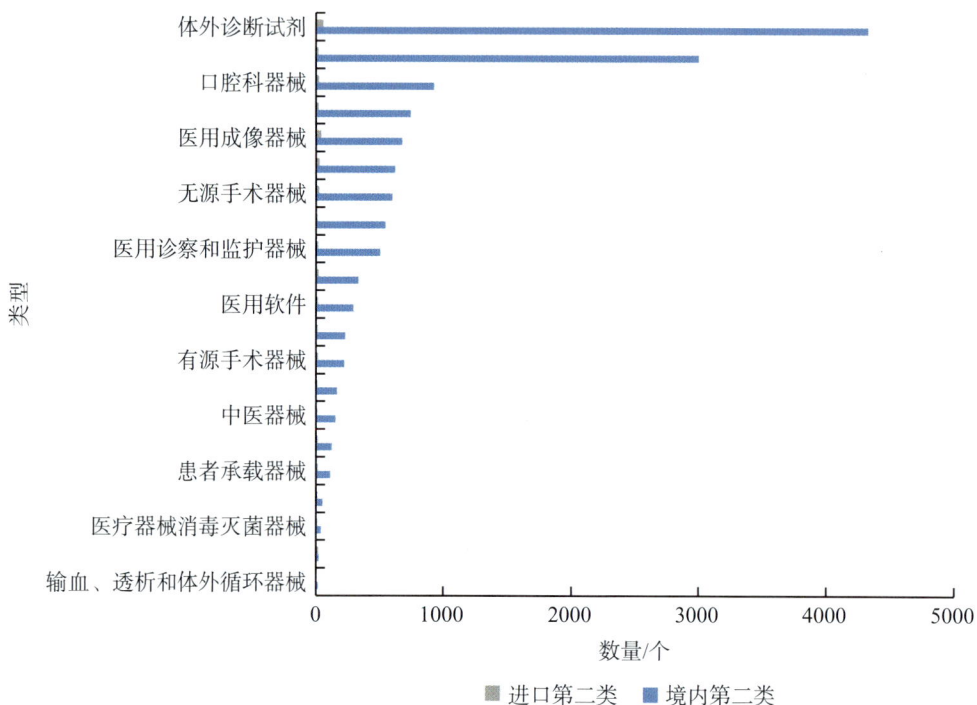

图18-10　2022年注册第二类医疗器械类型
资料来源：NMPA数据库（检索日期是2022年12月31日）

撰 稿 人： 池 慧　中国医学科学院医学信息研究所

欧阳昭连　中国医学科学院医学信息研究所

严 舒　中国医学科学院医学信息研究所

张 婷　中国医学科学院医学信息研究所

陈 娟　中国医学科学院医学信息研究所

卢 岩　中国医学科学院医学信息研究所

通讯作者：欧阳昭连　zoeouyang@163.com

第四篇

生物经济未来技术

第十九章　合成生物学应用研究现状与趋势

合成生物学的内涵较为宽泛，原则上说，它是一门在分子生物学、系统科学及合成科学基础上发展起来的，融入工程学思想和策略的新兴交叉学科。自21世纪初兴起以来，合成生物学不断地带来生命科学发现与生物技术发明，基于此，人们在生物组件及代谢路径设计改造、细胞工厂和生物工程化平台构建、合成智能生物体系等方面取得了许多突破性进展，并在医药、健康、农业、能源、制造等领域展现出广阔的应用前景，将对全球产业形态和社会经济产生重大影响。世界各国均将合成生物学确定为优先发展的战略性关键技术。近两年，国内外陆续出台了相关政策规划，强势推进合成生物学技术创新，尤其注重其在新药开发、疾病治疗、农业生产、物质合成、环境保护、能源供应和新材料开发等领域的应用研发。随着合成生物学的发展，其潜在安全风险也受到高度重视。

第一节　多国出台政策，强势推进合成生物学发展

美国、英国、澳大利亚、韩国、印度、中国等世界主要国家先后制定合成生物学发展路线图及相关规划，并投入大量资金支持其研究和开发工作。其中，发展最快的是美国，其次是英国。

美国作为合成生物学技术研究的先驱者和全球领先力量，在生物医药、农业、工业和国防等诸多领域密集开展大量研究，积极推进合成生物学的跨学科应用布局。近年来，美国更是利用合成生物学技术加大力度推动健康、农业和能源等多行业实现升级转型，以促进其生物经济发展并保持技术领先地位。在《2021年美国创新与竞争法案》中，美国将合成生物学列为十大关键技术重点领域之一。2022年7月，美国通过《2022年芯片和科学法案》（"CHIPS and Science Act of 2022"），指出美国国家科学基金会（NSF）将在未来5年获得810亿美元，其中一部分资金将用于建立和支持NSF技术创新理事会。该理事会将负责每年审查和更新"战略挑战"和"关键技术重点领域"两大名录，其更新的最新十大关键技术重点领域中就包含合成生物

学。2022年8月，新美国安全中心（CNAS）发布《重振：生物技术和美国产业政策》报告，指出合成生物学和农业交叉领域的新技术有望重振美国的经济增长引擎。2022年9月，拜登政府启动"国家生物技术和生物制造计划"，拟投入20多亿美元，旨在扩大美国国内的生物制造业，加强供应链韧性，推进生物产品商业化，从而促进生物经济发展。根据该计划，美国卫生与公共服务部（HHS）将通过弗雷德里克国家实验室（Frederick National Laboratory）的"生物制药开发计划"（"Biopharmaceutical Development Program"）等项目，扩大细胞工程能力和平台，并建立合成生物学方法，以开发一种治疗急性髓系白血病的新细胞系。同月，美国能源部（DOE）宣布为生物能源研究拨款1.78亿美元，以推动可持续技术取得突破，从而改善公众健康，帮助应对气候变化，改善食品和农业生产，并创造更具弹性的供应链。其中9970万美元被用于可再生生物能源和生物材料生产的研究，以开发新的生物生产平台，包括合成生物学研究和关于生物能源作物、工业微生物、藻类及微生物群落的计算模型。2022年10月，美国国家科学基金会（NSF）和美国能源部生物能源技术办公室（BETO）合作资助了多项合成生物学和工程生物学领域相关研发项目，以期推动美国生物经济发展。

英国是欧洲范围内较早将合成生物学纳入国家战略规划的国家，在合成生物学基础科学方面处于国际领先水平。同时，英国非常重视对合成生物学研究基础设施建设和初创企业的投入，使其在合成生物学发展方面发挥主导作用。2021年7月，英国政府启动"英国生命科学愿景"，指出英国已在合成生物学领域投资约4500万英镑，并筹划了一个独立小组制定相关技术路线图，为建立世界领先的合成生物学产业所需的行动提供建议。2022年6月，英国合成生物学国家产业转化中心（SynbiCITE）收到SynBioVen的550万英镑资助，旨在使该中心能够支持英国的合成生物学初创公司和中小企业，加强英国生物经济，并帮助释放合成生物学的社会效益。同期，英国创新与科学种子基金（UKI2S）将其创新研究基金扩大了3700万英镑，将使UKI2S能够启动并扩大对合成生物学等领域的投资。

澳大利亚政府已将合成生物学确定为具有战略重要性的关键技术。2021年8月，澳大利亚联邦科学与工业研究组织（CSIRO）发布《国家合成生物学路线图》，提出未来短期（2021—2025年）要提升合成生物学的应用能力，并论证其商业可行性；中期（2025—2030年）要推动合成生物学初步实现商业化发展，建立群聚效应；长期（2030—2040年）要重点向由市场决定的合成生物学优先应用方向发展，实现相关产业的规模化增长的发展路线图。该报告指出，合成生物学或将成为澳大利亚经济发展重要的驱动力，可帮助澳大利亚建立具有成本效益的国内制造能力，增强供应链韧性。2022年4月，CSIRO计划在未来5年内投资5000万美元用于"先进工程生物学"等4个新项目。"先进工程生物学"项目旨在开发强大的生物设计和原型制作新工具，有助于实现CSIRO合成生物学路线图中确定的每年提供5万个工作岗位和创造300亿美元收入的目标，并帮助确保澳大利亚成为工程生物学的世界领导者。2022年9月，澳大利亚新南威尔士州政府为一项新的合成生物学和生物制造开发计划投资600万澳元（约合390万美元），旨在支持合成生物学和生物制造研究的基础设施、设备和计划共享，以实现研究转化和小规模制造。同月，澳大利亚研究理事会合成生物学卓越中心（ARC CoESB）宣布与美国生物技术公司扭曲生物科学（Twist Bioscience）建立伙伴关系。Twist Bioscience专有的DNA制造工艺、质量控制和规模可协助开发新型生物体，并为ARC CoESB提供行业领先的DNA合成产品，提高其塑造新产品的能力。

印度科技部生物技术局（DBT）于2022年发布了关于合成生物学的前瞻性文件草案，对合成生物学及知识产权将如何适用于生产过程和产品做出定义，并提出政府应制定一项合成生物学国家政策。

韩国科技信息通信部将在2023年投入5594亿韩元（约合4.39亿美元）用于核心生物技术的研究和开发，并将合成生物学列为未来有希望的技术领域，拟投入760亿韩元。这项投资是韩国"生物技术计划"的开端，旨在开发能够与日本和中国等邻国及美国竞争的生物技术。

日本合成生物学领域的基础研究活动较为活跃，但尚未见有关长期发展路线规划和投资部署计划。2019年，日本政府在综合创新战略推进会议上发布了《生物战略2019》，提出在2030年前将重点资助高性能生物材料、生物塑料、生物药物、生物制造系统等9个领域，并提出"到2030年成为世界最先进的生物经济社会"的总体目标。

中国正在大力推进对合成生物学研究和开发的战略部署及政策支持，合成生物学市场规模不断扩大，预计2025年有望突破70亿美元。2018年，科技部启动国家重点研发计划"合成生物学"重点专项，旨在针对人工合成生物创建的重大科学问题，围绕物质转化、生态环境保护、医疗水平提高、农业增产等重大需求，突破合成生物学的基本科学问题，构建实用性的重大人工生物体系，创新合成生物前沿技术，为促进生物产业创新发展与经济绿色增长等做出重大科技支撑。2020年8月，国家发展和改革委员会、科技部等四部委联合发布了《关于扩大战略性新兴产业投资 培育壮大新增长点增长极的指导意见》，包括支持建设合成生物技术创新中心在内的各项细则。2022年5月，国家发展和改革委员会印发了《"十四五"生物经济发展规划》，将生物经济作为今后一段时期中国科技经济战略的重要内容，提出加强原创性、引领性基础研究，瞄准合成生物学等前沿领域，实施国家重大科技项目和重点研发计划，发展合成生物学技术，探索研发人造蛋白等新型食品，实现食品工业化迭代升级，以降低传统养殖业带来的环境资源压力。

第二节 合成生物学应用研发最新进展

一、合成生物学带来了全新的生物育种和食物生产方式

在良种培育方面，基于合成生物学可创造出氮高效利用、耐低温、抗旱、耐盐碱、抗病等具有重大育种价值的新基因，以培育抗病、抗逆、高产、优质的新品种，可克服传统品种表型培育周期长、效率低、成本高、易受环境气候影响等缺陷。2021年，美国农业生物科学公司Yield10生物科学公司（Yield10 Bioscience）基于GRAIN算法挖掘出4个让亚麻荠籽含油量提高的基因，利用成簇规律性间隔短回文重复序列（clustered regularly interspaced short palindromic repeat，CRISPR）技术提高该基因活性后成功使其含油量提升10%。澳大利亚昆士兰大学将人工智能（AI）与基因组预测技术相结合，以确定最有可能改善作物表现的基因组合，有望重新定义鹰嘴豆育种策略，从而开发高产、营养丰富的鹰嘴豆品种，并为提高作物产量、抗旱、抗热和抗疾病性能奠定基础。2022年，中国科学院微生物研究所使用传统育种方法将对白粉病具有较强抗性的Tamlo-R32小麦突变体与优良小麦品种杂交，成功将抗病性状引入优良品种，并使用多重CRISPR基因编辑技术直接在优质小麦品种中创建相应遗传扰动，从而在2—3个月内成功创建出广谱抗白粉病小麦。

研究人员利用合成生物学开发改善二氧化碳固定和碳保存的合成代谢途径，从而提升了光合作用效率；对作物中固氮工程进行改造并构建合成根际微生物群落，以减少农业中化肥的使用；将光自养生物作为生产平台，实现作物产量提升、可再生原料转化等商业价值。2021年，北京大学、贵州大学和芝加哥大学在水稻和马铃薯植株中添加 *FTO* 基因，使植物产量提高了50%，且产生了更长的根系、更大的果实及获得了更好的耐干旱能力和更高的光合速率。2022年，美国伊利诺伊大学通过生物工程提升了大豆的光合速率，该技术使大豆产量提高了20%以上，且种子蛋白质含量保持不变。美国加利福尼亚大学戴维斯分校使用CRISPR技术对水稻进行工程改造，以促进土壤细菌固氮，减少了种植水稻所需的氮肥用量，且改良后的水稻具有更高的产量。上海交通大学利用合成生物学技术，在光驱动蓝细菌平台上使用代谢工程和高密度培养的组合策略，在国际上首次以二氧化碳为原料直接合成了可降解塑料聚乳酸（PLA）。该技术不仅能够解决塑料污染、PLA生产的非粮原料替代问题，还能在合成PLA的过程中直接捕获二氧化碳，助力碳达峰碳中和。

在食品工业方面，研究人员利用合成生物学可构建细胞农业，创建了适用于食品工业的细胞工厂，通过精密发酵方法在生物反应器中生产动物蛋白质，实现了在没有

动物的情况下生产肉、蛋、奶制品和各种动物产品。英国肉类培植公司"高级肉排"（Higher Steaks）将动物的体细胞放置于生长培养基进行扩增，并引导其成为肌肉、脂肪和其他类型的生物组织，最终加工获取了所需肉制品。日本大阪大学采用干细胞提取法，从牛身上分离出牛肌卫星细胞和脂肪干细胞，孵育并诱导其成为可生成肌肉、脂肪和血管所需的纤维组织，并将3D打印出的肌肉纤维、脂肪组织、毛细血管束制成直径5 mm、全长15 mm的肉块。中国农业科学院饲料研究所与北京首朗生物科技有限公司在全球首次实现了从一氧化碳到蛋白质的一步合成，并已形成万吨级工业产能。该研究突破了乙醇梭菌蛋白制备的关键核心技术，大幅度提高了反应速度，创造了工业化条件下一步生物合成蛋白质获得率最高85%的世界纪录，并成功实现了工业化应用，对弥补中国饲用蛋白原料对外依存度高的农业短板及促进国家"双碳"目标达成具有深远意义。

二、合成生物学成为医药创造的重要手段

在药物制造方面，对于植物源性药物来说，一般都存在供应链脆弱，易受流行病、气候、虫害和全球物流影响的问题。现今，合成生物学为解决这一挑战提供了可用性较强的工具和方法。基于合成生物学技术，可以通过设计构建工程酵母来合成植物源性药物，克服其传统提取方式存在的价格、含量、产量和质量方面的问题。2022年，丹麦技术大学使用高度工程化的酵母，首次从头合成了长春碱和长春新碱及体外化学偶联长春碱，展示出合成生物学在生物制药领域广阔的应用前景，并为缓解未来药品供应短缺提供了有效解决方案。英国乔治亚研究院基于合成生物学和基因工程技术，利用重组的4-羟基苯乙酸-3-单加氧酶和黄素腺嘌呤二核苷酸（FAD）还原酶基因为帕金森病患者提供安全稳定的工程益生菌，使患者产生足够且稳定的多巴胺，以避免症状波动等副作用，取得稳定控制颤抖和肌肉僵硬的疗效。中国科学院天津工业生物技术研究所与国家合成生物技术创新中心雷茨（Reetz）大师工作室通过人工酶设计与人工途径重构，成功构建了酿酒酵母细胞工厂，实现了头孢菌素C、7-氨基头孢烷酸、6-氨基青霉烷酸和7-氨基去乙酰氧基头孢烷酸在酿酒酵母中的从头合成，对抗生素生产及开发新的抗生素药物具有重要意义。中国华南农业大学动物科学学院、国家生猪种业工程技术研究中心利用转基因猪的唾液腺作为生物反应器，合成出一种对神经性疾病具有良好治疗作用的蛋白，即人神经生长因子（NGF）。该研究为生产高活性的人类药用蛋白提供了新技术，拓展了畜牧动物在人类医学中的应用范围。

在医疗策略方面，2020年，中国合生基因基于合成生物技术研发出了能精准识别肿瘤、改善免疫环境、有效提高肿瘤杀伤力的基因治疗产品SynOV1.1，并获得了美

国食品药品监督管理局（FDA）临床试验许可。这是全球首次将经过合成生物学技术优化、改造的免疫疗法用于中晚期肿瘤治疗。2021年，美国银杏公司（Ginkgo）利用合成生物学技术对皮肤表面吸引蚊虫的微生物进行基因改造，开发出"新一代"驱虫剂，降低了其对蚊虫的吸引力且不像现有常用的 N, N, N-二乙基间甲苯胺（DEET）驱虫剂一样需每隔几小时补涂。澳大利亚蒙纳士大学和生物技术初创公司"皮质实验室"（Cortical Labs）开发出了一种合成生物智能新装置"DishBrain模型"，其行为更接近真实大脑，并已显示出基本的智力迹象，可更便捷地检测大脑运作方式，促进对癫痫、痴呆等症状的理解，还可提供动物实验的替代方法，助力相关药物、疗法的开发。2022年，美国休斯敦大学开发出了一种基于mRNA的心脏细胞再生技术，并在小鼠测试中展现出恢复心脏功能的极大潜力。美国华盛顿大学制造出生物"智能"线路，可不需额外细胞机制实现对人类T细胞内基因表达的调控，可用于提高嵌合抗原受体T细胞（CAR-T）癌症疗法的持久性和安全性等广泛生物医学领域。美国斯坦福大学通过单种细菌体外培养，首次合成出人类肠道微生物组"hCom1"，可用于研究特定菌群对肠道菌群系统的作用，还能以工程微生物组的疗法治疗相关肠道疾病，进一步探究肠道菌群在人体疾病中的功能。以色列特拉维夫大学通过基因改造人工心脏瓣膜中的生物成分，使其免受免疫攻击和钙化风险，从而创造出下一代耐用的生物人工心脏瓣膜。

在疫苗研发方面，合成生物学为提高疫苗的有效性、安全性，以及降低研究成本和缩短研发时间提供了重要思路和解决方案。全球多家生物制药公司对mRNA和DNA疫苗的开发展开竞争。2022年，辉瑞和碱基编辑技术公司"光束疗法"（Beam Therapeutics）启动了一项高达13.5亿美元的mRNA基础编辑合作。美国RNA药物生物技术公司"大角星治疗学"（Arcturus Therapeutics）与全球最大流感疫苗公司之一的CSL塞奇鲁斯（CSL Seqirus）签订了43亿美元合同，利用自扩增mRNA技术（samRNA）开发新冠疫苗、流感疫苗、大流行病预防疫苗和三种尚未公开的"全球流行呼吸道传染病"疫苗。2022年，瑞典卡罗林斯卡学院构建出一种高表达的、结构更稳定的融合p53蛋白，其直接通过合成的mRNA表达而来，未来有望开发出一款与治疗 $p53$ 基因突变相关癌症的mRNA疫苗。中国人民解放军海军军医大学采用合成生物学细胞重编程方法，建立了能够识别多样性未知抗原的"合成免疫细胞组库"技术。该技术可实现针对不同肿瘤组织的免疫细胞克隆性富集和杀伤，具有较好的可重复性，且受试动物在接种后能形成肿瘤免疫能力。

在健康设备方面，集成于微生物传感器、可穿戴设备、荧光成像仪等终端产品中的合成生物学技术有助于增强对人体生理状态、疾病的感知和监测能力，以及对细菌、病毒等病原体的动态跟踪能力，还可用于发展更具优势的医疗成像技术等。2021年，美国哈佛大学将合成生物反应嵌入织物中，创造出了可穿戴生物传感器，可定制检测病原体和毒素并提醒穿戴者。此外，利用该技术开发的带有冻干CRISPR传感器的口罩可在室温条件下90 min内无创检测新冠病毒。同年，澳大利亚联邦科学与工业研究组织-昆士兰科技大学（CSIRO-QUT）合成生物学联盟与美国克拉克森大学研发出了构建小分子生物传感器的模块化方法，旨在捕获所选生物标志物并产生可测量反应的人工蛋白质。该技术能够进行治疗药物监测等测试，精确测量免疫抑制剂环孢素A、他克莫司和雷帕霉素及抗癌药物甲氨蝶呤等药物的剂量，以减少毒性和器官损伤，还可用于监测人体中癌症、关节炎和器官移植治疗的药物剂量/浓度。

三、合成生物学能够以更低的价格生产更多的生物燃料

生物燃料是缓解环境污染和能源危机、实现社会经济可持续发展的重要选择。合成生物学技术的快速发展为构建性能优良的合成微生物、降低生物燃料的生产成本，以及实现合成生物能源的高效生产提供了重要支撑。2021年，英国布里斯托大学开发出了可执行活细胞能量产生和基因表达等关键功能的系统。该活性物质组装方法为自下而上的共生生物、合成细胞结构的构建提供了机会，以便在合成生物学的诊治领域，以及生物制造和生物技术中进行开发，未来还可改善用于生物燃料和食品加工的乙醇生产工艺。美国华盛顿大学改造了一种称为"沼泽红假单胞菌 TIE-1"的微生物，借助该微生物，研究人员仅使用二氧化碳、太阳能电池板产生的电力和光三种可再生且天然丰富的来源成分即生产出生物燃料正丁醇。中国科学院青岛生物能源与过程研究所从微藻中剥离出大量基因组，并敲除其发挥作用所必需的基因，从而创造出"基因组手术刀"。该"基因组手术刀"可快速修剪微藻基因组，去掉其所有重复或无用的基因组，由此产生的"最小基因组"微藻可用于增强生物燃料等生物大分子的定制生产。2022年，美国国家科学基金会和美国能源部生物能源技术办公室合作资助了6个有助于生产可再生生物化学品和生物燃料的研发项目，以促进美国生物经济。其中聚焦生物燃料的项目包括：圣路易斯华盛顿大学将开发协助设计用于生物燃料和天然产物生物制造的非模式酵母菌的机器学习管道；怀俄明大学将开发分离微生物生长和生产阶段的方法，以提高生物燃料的整体生产率；北得克萨斯大学将开发用于温室气体缓解和转化生物技术的甲烷氧化菌；加利福尼亚大学欧文分校和河滨分校将开发设计具有生物燃料生产前景的非模式酵母新的基因工具。2023年1月，美国能源部为加速生产可持续生物燃料的研发项目拨款1.18亿美元，以推动美国国内生物燃料和生物制品的生产，从而创造更多减少排放的可持续燃料，满足其国内交通和制造业需求。受资助的项目将有助于实现美国能源部的目标，即到2030年生产具有成本竞争力的生物燃料和降低至少70%的温室气体排放。

四、合成生物学助力工业新材料的研发和生产

合成生物学技术可以替代或修改化学合成和商品制造等传统工艺，有望创造出更高阶、更先进的新材料。通过控制和设计底物的转化，还能够制造出自然界不存在的生物材料，满足工业和民用的多种需求，同时提高制造效率并减少制造过程对环境的影响。此外，将合成生物学平台与增材制造等其他能力平台相结合，可用于制造多组分、多功能和新型复合材料。2021 年，美国华盛顿大学设计出可将肌联蛋白的较小片段拼接成大小约 2 MDa 的超高分子量聚合物的细菌，并使用湿法纺纱工艺将肌联蛋白转化为直径约 10 μm 的纤维。这种纤维比防弹背心中使用的凯夫拉材料更坚韧，且与肌肉组织中的蛋白质几乎相同，具有生物相容性，可用于生物医学领域，是缝合线、组织工程等方面的绝佳材料。英国帝国理工学院和美国麻省理工学院通过将基因改良的酿酒酵母与其产生的酶结合于细菌性纤维素中，生产出可感知环境的工程生物材料，有望用于生物传感和生物催化方面。2022 年，英国朴次茅斯大学受小型水生软体动物帽贝启发，培育出具有极高强度的复合生物材料。该团队在实验室中模拟了帽贝牙齿的形成，并生产出半厘米宽的生物材料样品。该生物材料可与合成材料的强度和灵活性相媲美，但在制造时不会像合成材料一样产生有害废物。

第三节 合成生物学技术若干最新进展

人工智能和大数据推动的多技术融合势头劲猛，在合成生物学领域尤为突出。近两年来，全球在合成生物学领域产生出许多突破性研究成果和创新应用。

一、合成生物学与代谢路径的设计改造

美国耶鲁大学利用计算生物学和 DNA 合成创建出新的合成生物学技术"合成遗传元素"，可作为通用翻译器激活生物体中的遗传途径，确定分子功能，追踪不同生物体中从前未知的基因和代谢事件。美国匹兹堡大学和雷神公司（Raytheon Company）开发出转录调节因子和重组酶调节基因通路安全开关，将治疗系统的运行与安全开关联系起来，有效解决了合成生物过程中脱靶编辑和免疫反应等问题，降低了合成生物学的安全风险。美国耶鲁大学研发出通用的全合成路线，能够高效合成 17 种结构多样性的截短侧耳素（pleuromutilin）类抗生素。美国斯坦福大学通过构建和连接启动子制造布尔逻辑门，实现了对模式植物遗传回路的功能表达进行编程和调控。

中国农业科学院和中国科学院揭示了几丁质生物合成的完整过程，并阐明尼克霉素抑制几丁质生物合成的机制，为靶向几丁质精准设计的绿色农药开发提供了基础性、关键性信息。中国电子科技大学、中国科学院深圳先进技术研究院与中国科学技术大学通过电催化结合生物合成的方式，将二氧化碳高效还原合成了高浓度乙酸，并进一步利用微生物合成了葡萄糖和脂肪酸。北京化工大学通过设计和构建人工生物合成途径，首次实现利用微生物生产非天然产物乙酰氨基酚，为其工业化绿色生产奠定了基础。

二、合成生物学与酶的改造和人工构建

美国加利福尼亚大学旧金山分校开发出了能够从头生成与天然酶同样有效的人工酶的人工智能系统ProGen。美国劳伦斯伯克利国家实验室首次创造出自然界无法自然合成的人工金属酶及其产物，为生产化工、医药用品等提供了更绿色、可持续的方式，还可用于制造聚合物、可降解塑料、生物燃料等一系列生活用品。英国剑桥治疗性免疫学与传染病研究所设计、合成和筛选出一系列人工酶XNAzymes，能够分别靶向新冠病毒的ORF1ab、ORF7b、刺突和核衣壳的RNA序列，为快速生成抗病毒试剂提供平台的潜力。丹麦奥胡斯大学使用RNA折纸技术对微生物中的酶途径进行高级遗传控制并开启酶途径，以提高有价值的生化产品的生产速率。该技术有助于合成生物学实现对生物过程的有力控制，进一步为各种工业、诊断和治疗应用创造、设计生物体。

中国科学院深圳先进技术研究院模拟天然模块聚酮合酶高度有序的组装方式，开发出模拟PKS酶组装线（mPKSeal）多酶组装策略，以组装虾青素合成途径酶，将虾青素的产量提高了2.4倍，为生物催化、代谢工程及合成生物学等相关领域提供更广泛有效的合成效率提高方案。中国华中科技大学和美国西北大学通过合成生物学构建出一类全新人工酶生物催化剂"三重态光酶"，该生物催化剂融合了化学合成的天然反应性和生物合成的精准高效性，有助于实现绿色生物制造。

三、合成生物学与细胞工厂

美国伊利诺伊大学香槟分校将模式光合蓝藻的各种突变体设计为酵母的内共生体，研发出一款人工光合内共生系统，可作为新生物底盘实现生物能量转化，支持乙醇、葡萄糖等生物合成及生物生产应用。日本大阪市立大学成功合成可以自行移动的最小生命体，可推进对细胞运动的进化和起源的理解，以开发模仿细胞的微型机器人。

中国农业科学院深圳农业基因组研究所和美国麻省理工学院构建出高效生物合成类胡萝卜素细胞工厂，为在细胞工厂消除底物抑制、生产高价值化合物研究提供参考。

中国科学院深圳先进技术研究院通过理性设计，组合磷酸戊糖循环、转氢循环和外部呼吸链三个模块，在酵母细胞内构建了一个合成能量系统，其可支持细胞生长和高还原性化合物的生产，并实现40%的自由脂肪酸产率，为目前酿酒酵母研究的最高水平。

四、合成生物学与人造细胞和细胞器

美国纽约大学利用新的DNA合成技术和干细胞基因组工程创造出人工*Hox*基因，其可指导组织或器官发育。英国布里斯托大学利用大肠杆菌和铜绿假单胞菌创造出活体合成细胞，能够通过糖酵解产生能量储存分子ATP，实现基因的转录和翻译等复杂过程，可用于生物燃料和食品加工等生物制造与生物技术的开发。美国麻省理工学院创建出合成生物部件库"crisprTF启动子系统"，可控制转基因的传递和精确表达，用于治疗癌症等疾病。

中国科学院深圳先进技术研究院通过对噬菌体复制包装及诱导突变等关键功能模块的设计和改造，构建出空间噬菌体辅助连续定向进化系统（SPACE），实现了高效、可视化地大规模设计和构建生命体系。中国寻竹生物科技有限公司和法国国家健康与医学研究院首次在细菌中开发出人工合成细胞器，为在空间尺度上改造工程菌提供了灵活、有效的底层工具，有助于在生物合成与制造方面提高产量、降低损耗。中国上海交通大学和英国皇家科学院构建出基于原核细胞的新型人造细胞仿生系统，在人造细胞研究领域取得了重大突破。

五、合成生物学与蛋白质结构预测和设计

美国罗格斯大学设计出一种可快速检测出致命神经毒剂VX［即*S*-（2-二异丙基氨乙基）-甲基硫代膦酸乙酯］的合成蛋白质，有助于开发新一代生物传感器、治疗剂和诊断剂。英国深度思维公司（DeepMind）与欧洲生物信息学研究所（EMBL-EBI）利用AlphaFold预测出超100万个物种的2.14亿个蛋白质结构，几乎涵盖了地球上所有已知蛋白质，为获得可用于制药和其他生物活性化合物的高纯度元件提供了重要的合成途径，在厘清蛋白质工作机制、推进抗疟疾疫苗和抗抗生素耐药性药物研发、挖掘复杂生物特征、不断创造和优化生命系统等方面具有巨大潜力。

第四节　合成生物学潜在安全风险监管

合成生物学的发展无疑将为医学、制造业和农业等诸多领域带来具有突破性的解

决方案。但是，合成生物学也存在极高的双重用途研究风险。利用合成生物学技术也有可能构建出危险病毒或细菌，或被生物恐怖主义者用于制造生物武器，导致新的国家安全威胁的出现。对这类潜在风险必须要高度警惕和有效监管。

2022年1月，英国《国家安全与投资法》（"The National Security and Investment Act"，NSI）正式生效，强制性要求将17个敏感领域的收购情况告知政府，其中包含合成生物学。根据该法案，合成生物学主要包括：设计和工程化基于生物的酶、基因电路和细胞的部件及新型装置和系统；重新设计现有的自然生物系统；使用微生物作为模板材料；无细胞系统；基因编辑和基因治疗；使用DNA进行数据存储、加密和生物计算。该法案豁免了基因治疗、细胞治疗、诊断和工业生物技术研发和生产。对于开发标准的单克隆抗体疗法，因其不存在双重用途的潜力，可以得到豁免。但是，抗体-药物结合物的研发却不属于豁免范围，因为这些产品使用一种连接剂技术，使抗体能够将毒素输送到人体内的特定组织。

2022年9月，世界卫生组织发布了《负责任地使用生命科学的全球指导框架》（"Global Guidance Framework for The Responsible Use of The Life Sciences"）报告，指出生命科学领域正在与化学、人工智能、纳米技术和神经科学等领域融合，导致风险格局逐渐变化，可能带来传统生物风险框架中没有涵盖的威胁。因此，在生物融合的背景下，生物风险治理体系需要一个全面、有预见性、灵活、持久和反应及时的新指导框架。该框架应以生物风险治理的三个核心支柱为基础，即实验室生物安全、生物安保和对双重用途生命科学研究的监督，涵盖合成生物学、神经科学、基因驱动、生物调节器、基因组编辑和生物信息学等领域可能产生的风险，还需包括由事故和无意及故意滥用引起的、可能对人类和非人类动物及环境造成伤害的全部风险。

第五节　总体趋势分析

第一，全球合成生物学市场愈发活跃，呈高速增长态势。根据《研究与市场》（"Markets and Markets"）统计预测，全球合成生物学市场规模将从2021年的95亿美元增至2026年的307亿美元，期内复合年增长率为26.4%。商业银行洞察（CB Insights）的数据显示，预计到2024年合成生物学市场规模将达189亿美元。随着政府和民间组织对合成生物学领域不断增加资金投入，DNA测序、基因编辑和合成技术不断进步，合成关键原材料成本逐渐降低，平台型生物铸造厂设计制造新型微生物的技术水平显著提升，涌现出更多突破天然生物系统限制、满足社会产业化需求的合成生物学应用领域，其市场主要包括医药应用、生物能源、化学材料、粮农环境，其中医疗领域占近20%的最大投资比例。此外，随着人口、环境和气候压力的加剧，人们对粮食安全的关注和需求推动合成生物学在食品和农业领域的应用，CB Insights预测2019—2024年食品饮料和消费品市场增速最快，高达60%，尤其亚太地区在未来将有巨大的市场发展空间。

第二，生物制造、生物能源和生物育种将是未来重点研发应用方向。由合成生物学驱动的下一代生物制造将带来新的优势：一是替代化学合成或天然提取的原有制造路线，提高生产效率和经济效益；二是具有创造疗效更好的药品、性能优越的化学品或材料等新产品的潜力；三是实现可持续的"循环"生产模式，使用可再生生物质原料，显著减少对化石燃料的依赖。粮食安全、气候变化、能源安全是当今全球面临的重大问题，因此，合成生物学在农作物育种和生物能源生产方面显示出的优势和潜力备受重视。与生物制造一样，生物农业和生物能源仍将是合成生物学重要的研发应用领域。

第三，多技术融合将使合成生物学技术发展成为更强有力的工具，变革产业模式，造福人类社会进步。借助人工智能、大数据等技术，可以分析大量数据、优化生物系统，并预测生物系统的行为，有助于构建新的生物系统。基于人工智能的工具可以快速、准确地做出预测，并显著加快合成生物学领域的研究和开发。现在应用人工智能已经实现了蛋白质结构预测和人工设计，这将有助于新药筛选，而且将人工智能与基因组测序技术相结合，以确定最有可能改善作物农艺性状的基因组合从而培育高产、抗逆、抗病农作物新品种，也将成为一种新的育种策略。

撰 稿 人： 戴　吉　国务院发展研究中心国际技术经济研究所
　　　　　张芮晴　国务院发展研究中心国际技术经济研究所
　　　　　周永春　中国科学技术发展战略研究院
通讯作者：张芮晴　zhangrq98@163.com

第二十章　精准医疗

一、概　　述

精准医疗，又被称为个性化医疗，是一种利用现代遗传技术、分子影像技术、生物信息技术，根据个体的基因或蛋白质构成，充分考虑其在遗传基因、环境和生活方式上的差异，设计出针对不同患者的个性化预防、诊断和治疗方案的新兴的疾病预防和治疗方法。精准医疗能够提高疾病诊治和预防效益，同时还能为新型药物和疗法的开发提供信息。2011年，美国国家科学院发布《迈向精准医疗：构建生物医学研究网络和新的疾病分类体系》报告，以人类基因组计划为背景的精准医疗在科学研究、产业发展等方面开始迅速发展。

精准医疗的基础在于对个体基因组进行编目，以更全面地了解致病因素，并提供更早、更快和更准确的诊断。精准医疗可分为精准预测、精准诊断和精准治疗三方面，技术基础包括基因测序、数据分析等环节，不仅有助于肿瘤、慢性病、遗传病、传染病等的早期发现和筛查，还能通过高准确性诊断和最有效的靶向治疗选项改善患者的预后。开发精准医疗特有的基因诊断和个性化治疗的关键在于了解和收集患者独特的身体特征，包括基因组序列、微生物组成、健康史、生活方式和饮食等，然后从海量数据中集中筛选并有效分析有价值的信息。研究显示，不同患者对同一疗法的反应不尽相同。目前的处方药物对60%的患者有效，30%无效，而10%有害。与传统医学相比，精准医疗在药物开发方面有更具针对性的方法，可帮助研究人员了解更多关于疾病起源及其行为背后的遗传学信息，从而缩短药物临床试验的时间，减少成本和失败率。

这种新兴的医疗方式不仅专注于解决疾病症状，更是为了研究疾病的根本原因，丰富研究人员对遗传学和基因组学的认知，彻底改变对患者的治疗、护理及预后，减轻无效治疗给医疗系统带来的经济负担。而且，通过基因测序识别个体患病的风险还能为患者提供及时有效的预防计划，从而为患者减少不必要的痛苦。因此，精准医疗被视为解决迄今无法有效治疗或治愈疾病的最有希望的方法之一，或将引领健康和医疗保健的未来。

当前，基因组学、遗传学、分子诊断学、数据科学和人工智能（AI）等先进技术的飞速进步正在扩大精准医疗的潜力。基因测序开启了精准医疗时代，使药物治疗和个性化治疗得以发展，基因组和表型信息可为精准医疗实践蓝图提供见解；下一代测序技术（NGS）的兴起正在逐渐提高基因组测序的能力和速度，以快速识别人类基因组的大部分区域，帮助诊断、治疗和预防罕见遗传病和各种癌症。全球顶尖咨询公司麦肯锡在其"精准医学开创新光圈"（Precision Medicine：Opening the Aperture）的报告中指出，由大数据驱动的时代给精准医疗创造新的愿景，使其通过收集、储存、分析和连接数据，推动医疗研发工作。AI技术在帮助加快分析精准医疗中大量数据方面发挥着至关重要的作用。当前，医疗领域的数据呈爆炸式增长，基于AI的工具和平台已成为处理海量医疗数据的最佳方式，并在诊断疾病和扫描异常图像方面迅速走向成熟，有些甚至在准确性、敏感性和判断速度上都已超越人类，可协助临床医生更迅速地为患者提供高质量的治疗决策和护理。2017年美国纽约基因组中心和洛克菲勒大学的研究人员指出，AI和基因测序相结合可显著加快精准医疗的发展，或能快速有效地为更多患者提供精准医疗服务。作为未来大健康产业发展的重要方向，基于大数据的精准医疗的实现、个人基因测序的普及正在给全球健康和医疗产业带来巨大变革。

二、世界各国推动精准医疗发展的战略政策和规划

（一）美国、澳大利亚及欧洲各国积极收集本地基因组数据，大力推动精准医疗研究

世界主要发达经济体已经在精准医疗领域展开布局，制定战略政策和规划，推动对精准医疗的探索和应用。随着基因测序技术的完善，测序成本大幅减少，各国政府纷纷启动精准医疗计划。英国最早启动关于精准医疗的规划。2013年，英国政府启动耗资3亿英镑、为期4年的"十万基因组计划"（100kGP），旨在研究基因在人类健康和疾病中的作用，为英国基因组学战略的制定发挥了重要作用，也是将基因组学纳入国民医疗服务体系核心的关键一步。2015年，英国国民医疗服务体系发布《通过个性化医疗改善结果》（Improving Outcomes Through Personalized Medicine）战略文件，概述了四项首要原则：一是预测和预防疾病；二是更精确的诊断；三是有针对性和个性化的干预措施；四是更强的患者参与性。2019年，英国生物银行（UKB）项目发布50 000名参与者的基因组数据，为推进精准医疗提供了宝贵资源。2022年12月，英国计划从2023年开始对10万名新生儿的约200种罕见遗传病进行基因测序，以对疾病进行早期预警和治疗，从而避免永久性残疾甚至死亡。

2015年，美国总统奥巴马在国情咨文中提出2.15亿美元的"精准医疗倡议"（PMI），旨在开展个性化治疗、基因组检测和罕见疾病的高级研究，扩大癌症研究领

域的精准医疗，并将精准医疗大规模地应用于健康和医疗保健的所有领域。为响应这项倡议，美国国立卫生研究院（NIH）发起"All of Us"计划，在全国选择至少100万名背景不同的志愿者，建立有关基因、生物样本和其他相关健康信息的数据库，帮助更好地预测疾病风险、了解发病机制，找到更个性化的诊疗策略。2022年3月，"All of Us"计划公布了首个包含近10万个全基因组序列的基因组数据集，该数据集将有助于研究人员解决健康和疾病相关尚未回答的问题，进而推动新的突破和发现，以减少持续存在的种族和族裔人口之间数据差异和医疗差异问题，并为个体化、高效的医疗保健新时代奠定科学基础。拜登政府在《2022年研发预算优先实现备忘录》中将公共卫生安全领域技术研发列为最高优先级，其中包括基因组测序、个性化医疗等技术。2023年1月，美国食品药品监督管理局（FDA）启动一项试点项目，推出检测"最低性能标准"（minimal performance criteria）的概念，意味着医生可以使用任何满足这一标准的检测，无须使用与药物绑定的特定伴随检测。这一举措扩展了医生和患者对伴随诊断产品的选择，潜在提高了样本利用率，减少了重复采样带来的痛苦，加快了患者更换精准治疗的选择速度。该项目将革新伴随诊断使用方式，促进精准抗癌药物的使用。

2018年，澳大利亚基因组学健康联盟宣布"基因组学健康未来使命"（GHFM）计划，预计在2018—2019年至2027—2028年投资5亿美元用于基因组医学研究，帮助个性化治疗方案更好地针对个体疾病。2022年3月，澳大利亚政府宣布资助抗癌药物研发项目"PrOSPeCT"6120万美元，用于开发精准肿瘤筛查平台，以及提供基于精准医疗的临床试验，并根据个体基因信息为罕见病患者制订准确、适当的疗法。

此外，2015年，法国国家生命科学与健康联盟启动"法国基因组医学计划2025"（PFMG2025），将精准医疗引入护理路径并以此制定国家框架，以提供更个性化的诊治。2017年，芬兰启动耗资6542万美元的"FinnGen"项目，预计在6年内收集和分析来自50万芬兰人生物样本的基因组和健康数据，通过基因研究确定针对多种疾病的新治疗靶点和诊断方法，持续推进精准医疗和基因组学的发展。2018年，丹麦议会通过新法案，建立运营和发展个性化治疗方案的国家基因组中心，协助丹麦政府实施国家个性化医疗战略。2020年，西班牙推出"个性化医学2020战略"，旨在利用基因组学和大数据在健康和精准医疗培训方面的应用，同时实施预测医学和个性化治疗。2022年3月，爱尔兰科学基金会（SFI）发起耗资1000万欧元的"Precision ALS"研究项目，该项目将结合临床研究、数据和人工智能，开发促进基于精准医疗的临床试验工具，为更多常见和罕见疾病的诊断和治疗带来益处。

（二）亚洲基因组样本急缺，各国加强基因数据的收集和分析

亚洲人口的基因组样本在公共基因数据库的代表性不足。截至2022年6月，国

际人类表观基因组联盟（IHEC）公开的5048个种族或民族试验中，87.1%为欧洲人，9.3%为非洲人、非裔美国人或黑种人，1.7%具有亚洲血统，其余1.9%有其他血统。缺乏与临床表型相关的亚洲特异性遗传变异的大规模数据库将成为亚洲开展精准医疗的重大障碍之一。

新加坡将精准医疗列为其"研究、创新和企业2025战略"（RIE 2025）目标的一部分，新加坡卫生部也将发展精准医疗视为优先事项。2017年，新加坡启动为期10年的"国家精准医疗（NPM）战略"，以加速生物医学研究并在全国范围内实现精准医疗，最终改善公共卫生，加强疾病预防。NPM战略第一阶段的工作已完成针对1万名健康新加坡人的基因组测序，建立了一个重要的亚洲人种标准基因型资料库。新加坡的多民族人口占亚洲80%的遗传多样性，因此，新加坡完全有能力解决亚洲特定精准医疗领域的基因型缺口。2021年4月，NPM战略进入第二阶段，将分析10万名健康新加坡人（SG100K研究），以及5万名患病新加坡人的基因结构，以了解精准医疗在临床上的实用性。

2017年，韩国教育部与科技信息通信技术部成立了精准医疗促进机构，指定韩国高丽大学医学应用研发全球倡议中心（KU-MAGIC）为未来五年的领导小组。韩国卫生部表示，韩国政府将投资430亿韩元用于开发针对癌症患者基因突变而定制的靶向治疗剂。关于开发靶向治疗剂，新创建的机构将分析10 000名癌症患者的基因信息，并对约2000名符合靶向治疗条件的人进行个性化治疗。这项政府资助将集中韩国国内的研究能力来发展精准医疗技术，并通过战略性综合研究和开发，努力抢占定制治疗的未来市场。

日本处于精准医疗研究的前沿，有许多政府支持的项目，包括但不限于日本生物库项目及国家资助的下一代测序技术。此外，日本还成立了Pharma SNP财团和PGx数据科学财团（JPDSC）来研究药物基因组学，帮助开发精准药物。

精准医疗已成为中国国家战略性新兴产业的重要组成部分，不断驱动医疗保健产业发展。2016年3月，我国科学技术部召开国家首次精准医学战略专家会议，提出"中国精准医疗计划"，计划到2030年前，将在精准医疗领域投入600亿元，其中，中央财政支出200亿元，企业和地方财政配套400亿元。精准医疗成为中国"十三五"期间重点发展的医学领域之一，被纳入"十三五"重大科技专项，极大地推动了国内精准医疗的发展。根据"中国精准医疗计划"，我国计划研发一批国产新型防治药物和医疗器械，形成一批中国定制、国际认可的疾病诊疗指南和干预措施，以显著提升重大疾病防治水平，针对肿瘤、心脑血管疾病、糖尿病、罕见病分别制定8—10种精准治疗方案并在全国推广。同年，国家卫生和计划生育委员会公布首批肿瘤基因测序临床应用试点单位，表明政府力推精准医疗发展的决心；中共中央、国务院印发《"健康中国2030"规划摘要》，指出要"加强慢病防控、精准医学、智慧医疗等关键技术突破"；

中国科学院发布"中国精准医学计划"（CPMI），旨在获得和访问数百万人的基因数据，以更好地提供医疗服务。2017年，国家发展和改革委员会发布《"十三五"生物产业发展规划》，加快发展精准医疗新模式。2018年，中国启动10万人的人类基因组研究项目，以记录其基因构成，帮助产生精准药物。2022年5月，国家发展和改革委员会印发《"十四五"生物经济发展规划》，在重点发展领域强调"重点围绕药品、疫苗、先进诊疗技术和装备、精准医疗等方向，提升原始创新能力"，持续推动精准医疗发展。

三、国内外精准医疗研发现状

（一）国外精准医疗领域的研发现状

北美是精准医疗市场的最大细分市场。根据SkyQuest关于全球精准医疗市场研究支出的调查结果，仅2021年，美国就在精准医疗研发上花费了26.8亿美元，较前几年大幅增加。精准医疗现阶段目标主要聚焦于癌症治疗，长期目标是创建个体化参与、数据共享和隐私保护的医学科学新模式。其核心技术主要包括基因测序、细胞免疫治疗及基因编辑等，近两年，国外在这些核心技术领域取得了许多重要进展。

在基因测序方面，美国斯坦福大学开发出超快速基因组测序技术，将人类基因测序时间由14小时缩短至5小时，可通过长读测序发现参与者基因组中的可疑DNA片段，并在平均8小时内诊断罕见遗传病；国际科研团队Telomere to Telomere（T2T）联盟完成了最新的人类参考基因组"T2T-CHM13"，包括所有22条常染色体和X染色体的无缝组装，生成了真正完整的人类基因组序列，为人类DNA蓝图提供了首个全面视图，将更好地支持个性化医疗；英、美、澳、日等多国科学家发布全基因组关联研究，使用来自281项研究贡献的500多万人的DNA，其中超100万的研究参与者都不是欧洲裔，为非洲裔、东亚裔、西班牙裔或南亚裔，填补了基因与身高关系研究的空白，为诊疗心脏病或精神分裂症等受基因影响疾病的精准医疗奠定了基础；美国密苏里大学哥伦比亚分校确定了与自闭症儿童胃肠道问题相关的特定表观遗传生物标志物，或对未来的精准医疗产生积极影响，并指导相关疾病的个体化治疗；德国马克斯·普朗克生物物理化学研究所整理了由成对的肠道宏基因组及生活在欧洲、亚洲和非洲的1225个个体的人类基因组组成的数据集，发现肠道微生物组中的细菌菌株在人类群体中具有遗传多样性，有助于开发针对每个群体的、基于微生物组的个性化治疗方法；美国国立卫生研究院下属的国家心脏、肺和血液研究所（NHLBI）使用"精准医疗跨组学项目"（TOPMed）参与者的数据，分析了主要来自少数种族的53 000多个全基因组，有助于促进精准医疗，缩小不同种族和民族间的健康差异；德国马克斯·普朗克分子遗传学研究所和慕尼黑计算生物学研究所开发出人工智能系统"多组学图形集成"（EMOGI），并用其确定了 165 个与癌症有关的新基因，可用于诊断多种复杂疾病，该人工智能系统将有助于促进个性化医疗及药物靶向治疗领域的发展，为生物标志物的开发开辟了新的道路。

在细胞免疫治疗方面，英国大奥蒙德街儿童医院为一名急性 T 淋巴细胞白血病女孩定制了一种基于碱基编辑的 CAR-T 细胞疗法，接受治疗后 1 个月内，患者体内的癌细胞被成功清除；英国巴斯大学治疗创新中心和法国贝尔戈尼癌症研究所证实 FRET 分子成像平台可以预测癌症患者是否会对免疫治疗产生反应，极大地增加了患者获得精准医疗的机会；美国明尼苏达大学双城分校开发出一种可预测和定制的"位点特异性重组"的特定 DNA 编辑新工具，可用于编程干细胞，以产生再生医学应用的新组织或器官，并为糖尿病和癌症等疾病的更个性化、更有效的基因和细胞治疗铺平道路；瑞典隆德大学开发出"肿瘤表面标测"技术，可对患者肿瘤组织中所有可获得的细胞表面肿瘤抗原进行直接分析，使对患者的全细胞表面肿瘤抗原图谱进行全面绘制成为可能。

在基因编辑方面，美国加利福尼亚大学欧文分校开发出精准基因编辑试剂，可精确进行靶基因矫正，为未来精准基因编辑疗法的设计和转化提供重要支撑；美国生物技术公司 PACT Pharma 和加利福尼亚大学洛杉矶分校使用 CRISPR-Cas9 基因编辑系统在 T 细胞中插入基因构建出 neoTCR-T 细胞，实现个性化抗癌；英国牛津大学开发出一种新的计算方法"稀疏阵列分解"（SDA），有助于识别包括癌症在内的多种疾病的基因表达模式，为诊断特定的基因缺陷提供新机会，协助 CRISPR 等基因编辑工具对基因缺陷进行矫正，将助力推动精准医疗领域的发展。

此外，德国弗赖堡大学和微系统技术研究所开发出一种器官芯片系统，可通过微传感器实时测量和控制细胞的培养条件及代谢率，精确监测体外 3D 肿瘤组织，将为个性化治疗提供新机会；美国哥伦比亚大学开发出能够测试患者对癌症疗法是否耐受的先进器官芯片系统，该系统首次允许同时研究药物干预对多个器官的影响，可帮助患者实现个性化医疗；美国纽约市立大学研究生院和大学中心开发出人工智能模型 CODE-AE，用于筛选新的药物化合物，以准确预测其对人体的疗效，该模型可显著提高准确性，减少药物开发过程的时间和成本，极大加速药物发现和精准医疗的发展进程；美国休斯敦大学开发出一种经过改进的微流体脑癌芯片，以使其快速评估抗癌药物对脑肿瘤的有效性，并确定能够杀死最多肿瘤细胞的最佳药物组合和具体比例；瑞典隆德大学开发出一种新型个体化技术 TS-MAP，其有助于研究人员对患者机体中所有细胞表面肿瘤抗原进行更为全面的分析，或能用于开发新型个体化疗法；美国南加利福尼亚大学开发出一种可以分析磁共振成像（MRI）大脑扫描的 AI 模型，可通过识别神经退行性疾病的生物标志物，比以前更早地准确捕捉与阿尔茨海默病等神经退行性疾病相关的认知能力下降，未来有可能在早期就对患者实施干预措施。

（二）国内精准医疗领域的研发现状

目前，中国在基因组学、蛋白组学领域的研究水平位于国际前沿，分子标志物、靶点、大数据等技术也在快速发展，这些都对精准医疗的发展提供了有力支撑。中国精准医疗论文数量已进入全球前10位，显示出良好的发展前景。中国在精准诊断领域发展较早，进展较为成熟，在整个精准医疗市场中约占29%，其中又以基因测序在精准诊断产业中占据最大份额，所占比例达52%。据前瞻产业研究院的报告，由于国内需求不断增长、人口老龄化和政策支持，预计到2024年，中国精准医疗市场规模将达到1356亿元。但是，精准医疗技术的局限性导致新的治疗方法暂时还难以大规模使用，基因库和大数据等基础设施尚待建设，整个行业还处于起步阶段。

近年来，国内在精准医疗领域研发方面也取得了一些重要进展。香港大学将在妊娠16—24周获得的羊水细胞作为一种新的样本类型，用于产前诊断的RNA测序，以帮助更多家庭进行量身定制的临床管理和胚胎植入前遗传学诊断等精准医疗；中国科学院青岛生物能源与过程研究所与中国疾病预防控制中心传染病预防控制所等医产学研联合团队开发出单个细菌细胞精度、"鉴定-药敏-溯源"全流程一体化的幽门螺杆菌单细胞精准诊疗技术CAST-R-HP，其具有快速病原鉴定、精确药敏表型检测、基于单细胞全基因组支撑耐药机制研究与精准溯源等优势；海军军医大学通过添加DNA损伤修复抑制剂并通过CRISPR诱导癌细胞特异性DNA双链断裂，开发出一种新的精准个性化癌症治疗策略I-CRISPR，其在多种肿瘤模型中有效，或为癌症精准治疗提供新的概念；人工智能药物研发公司英矽智能通过人工智能药物研发平台所发现的候选药物已完成第一例健康志愿者的临床给药，可被开发用于治疗特发性肺纤维化；中国科学院与中国医学科学院开发的全转录组关联研究（TWAS Atlas）知识库正式上线，可为相关研究人员的基因-性状关联知识的创建和挖掘等个性化研究提供重要参考；中国科学技术大学构建出从人外周血单个核细胞大量扩增红系祖细胞并高效诱导分化为成熟红细胞的实验体系，首次发现外源表达BMI1基因可以促使红系祖细胞体外扩增高达1万亿倍，为解决红细胞紧缺这一世界性难题提供了新思路，而体外扩增的红系祖细胞可被进一步基因工程化修饰来满足更广泛的精准医疗；上海快序生物科技有限公司开发出EasyM多发性骨髓瘤血检技术，可在3—5天内完成个性化监测，2—3周完成精确诊断，为多发性骨髓瘤患者的下一步精准治疗方案的制订提供了参考，有助于保障患者的生命健康；字节跳动、新加坡国立大学等机构合作，首次将AI元学习方法引入神经科学及医疗领域，可在有限的医疗数据上训练可靠的AI模型，提升基于脑成像的精准医疗效果。

四、精准医疗发展趋势分析

（一）未来十年精准医疗将快速发展

当前，大多数疾病的诊断测试都在医院或临床实验室进行，需要昂贵的设备和训练有素的专业人员，导致这些测试成本高昂、耗时且具有侵入性，因而使早期疾病诊断极具挑战性，这也是全球医疗保健系统面临的关键问题之一。精准医疗通过减少试剂消耗、缩短分析时间和提高效率，帮助确定患者的特定疗法，从而降低总体医疗成本。与非侵入性手术相结合的精准医疗技术的最新进展正在加速快速、低成本和可靠的诊断和治疗的发展。根据《视觉研究》（*Vision Research*）杂志的报道，到2030年，全球精准医疗市场规模预计将扩大约955亿美元，在2022—2030年的预测期内将以11.9%的复合年增长率增长。

（二）未来十年数字技术将与医疗手段深度融合

大数据将深度融入人口健康管理，科研数据、电子病例和医疗设备互联后采集信息的不断积累，将有助于医生制订更精准的诊疗方案，提高决策效率；医生将更多使用由人工智能辅助的临床决策工具进行决策，实现更精准和科学的诊断和治疗。信息分析公司爱思唯尔（Elsevier）发布的《未来医生白皮书》显示，这是全球大多数医护人员的共识或期望。

（三）未来十年治疗癌症仍将是精准医疗的重点

目前，精准医疗方法的应用主要集中在肿瘤领域，包括基础科研和临床应用。基础科研是对肿瘤致病机制的研究，临床应用主要是遗传学肿瘤基因检测、肿瘤常规个体化用药基因检测和肿瘤个体化用药指导基因检测。美国临床研究机构艾昆纬（IQVIA）在其《2022年全球药物研发趋势报告》中指出，精准医疗在癌症治疗领域中日益占据主导地位，几乎所有肿瘤学研究都在使用精准医疗的基础，即靶向治疗，且超40%的研发管线针对罕见癌症；SkyQuest的数据显示，截至2022年7月，全球正在进行超225项精准医疗临床试验，约65%基于基因组学和蛋白质组学，其中大多数针对癌症治疗和提高药物效率，突显全球精准医疗市场中市场参与者和研究人员的当前倾向。可以预见，未来十年，癌症治疗仍将是精准医疗的重点。

撰 稿 人：张芮晴　国务院发展研究中心国际技术经济研究所
　　　　　　周永春　中国科学技术发展战略研究院
通讯作者：张芮晴　zhangrq98@163.com

第二十一章 基因编辑

第一节 概　述

利用基因编辑技术可对生物遗传物质进行精准修饰，其是探索生命机制和开展遗传工程的重要技术。早期的基因编辑技术包括归巢内切酶（HE）、锌指核酸酶（ZFN）、转录激活因子样效应核酸酶（TALEN）等，但这些技术因为存在操作复杂、效率低等缺点，其广泛应用受到限制。2012年，基因编辑领域的革命性突破——CRISPR-Cas9系统成功地在体外和真核细胞中实现了基因编辑，使科学家具备了在短时间内精准改变生命密码的能力。CRISPR-Cas9系统因其精确、简单、高效的优点迅速风靡生物学界，《科学》杂志曾4次（2012年、2013年、2015年和2017年）将其评为年度世界十大科学进展。2020年，CRISPR-Cas9技术的原创者仅用近10年的时间就获得了诺贝尔化学奖。2022年初，《自然》杂志列举了未来可能对科学领域产生重大影响的七大前沿技术，其中有两项与CRISPR技术相关。CRISPR技术大大推进了基础科学研究、人类基因治疗、作物遗传育种及合成生物学等领域的发展，是当前生命科学领域最受瞩目的颠覆性技术。

CRISPR-Cas9系统主要由可切割目的DNA序列的Cas9核酸酶和负责在基因组上精确定位的单向导RNA（single-guide RNA）两个元件组成，它能够对靶序列进行定点切割，并经由细胞内源的修复机制对靶基因进行编辑，实现精准的基因敲除、碱基替换，以及基因的插入、替换或删除。近几年，CRISPR技术的理论研究及其相关的机制解析进一步深入，并以CRISPR-Cas9技术为基础发展了多种编辑工具，包括碱基编辑（base editing，BE）、引导编辑（prime editing，PE）等前沿新技术。此外，还衍生了基于Cas13等核酸酶的RNA编辑技术、线粒体编辑技术，以及将引导编辑系统与重组酶耦合的大片段DNA高效插入技术等。未来，基于应用的技术研发导向或将着重于快速迭代基因编辑系统，并进一步提升其安全性及可递送性以满足不同应用场景的需求。

基因编辑的迅速发展，促进了以人类医学健康和农产品新品种培育为主的产业化应用方向的形成。在人类医学健康领域，基因编辑技术在绝症（如部分癌症）治疗、遗传疾病治疗、传染性疾病的防治和检测及新型药物的研发等诸多方面展现了巨大的应用潜力。目前，基于CRISPR技术的药物及治疗手段已开始被应用于临床试验。2021年，世界首个支持人体内CRISPR基因组编辑的安全性和有效性临床试验数据被公布于《新英格兰医学期刊》；2022年，世界首个体内碱基编辑的临床试验获批。以CRISPR为代表的基因编辑技术在生物医药领域的快速发展将为地中海贫血、肺癌、艾滋病及家族性高胆固醇血症等人类重要疾病的治疗提供全新方案，助力保障全球人类健康。然而，基因编辑在疾病治疗领域也面临一定的阻力，主要是一些科学家和社会伦理学家认为目前基因编辑所带来的脱靶效应、嵌合突变等存在潜在安全问题，以及对生殖细胞编辑所引起的伦理问题。

在农业领域，以CRISPR-Cas9系统为代表的基因编辑技术掀起了新一轮变革，是当前具有颠覆性和引领性的生物育种前沿技术，为农业发展带来了前所未有的机遇。2016年，"植物基因精准编辑技术"被《麻省理工科技评论》评为"十大突破性技术"之一；2019年，《科学》杂志以"梦想的大地——中国在基因编辑作物上开疆拓土"为题，指出中国在植物基因编辑中取得的重要成就将促进我国农业未来格局的改变，以保障国家粮食安全；2022年，我国科学家高彩霞研究员联合全球知名科学家、经济学家、人文学家和联合国粮食及农业组织（FAO）发布的主题为《基因编辑与农业食品系统》的议题报告中指出，基因编辑技术在动植物育种方面的应用将有助于改善农业生产的诸多方面，帮助满足全球对食品和农产品日益增长的需求，农业领域将是基因编辑技术的重要应用场景之一。

基因编辑强劲的技术力量背后也蕴藏着巨大的知识产权价值和商业价值。2022年3月，围绕CRISPR基因编辑技术长达数年的专利之争暂时画上句号，专利权归属趋于明朗。基因编辑远大的发展前景吸引了来自政府及社会资源的大量投入，激发了国内外研究机构和生物科技公司的研发活力。世界正逐步形成以基因编辑技术为核心的生物经济产业体系。作为一项颠覆性的前沿生物技术，基因编辑正以迅猛的态势改变世界，也会成为世界各国在生命科学领域竞争的关键技术制高点，将给人类生命健康、农业生产方式乃至人类社会的发展带来广泛且深远的影响。

第二节　国内外研发现状与趋势

基因编辑技术因其强大且精准的基因组改造能力而得到了学术界和产业界的广泛关注，尤其是CRISPR-Cas系统在短短10年便得到了飞速的发展，并在近几年间突破性地涌现了碱基编辑、引导编辑等具有颠覆性意义的生物技术。持续的资源投入极大地促进了基因编辑相关理论研究的推进和全新底层技术的稳定产出。如何进一步改造这一技术，使其更加安全、便捷、高效地服务人类，将是未来技术研发的焦点。

一、国内外基因编辑技术研发现状

（一）新型基因编辑底层技术开发和理论研究

美国等几个西方发达国家主导了基因编辑底层核心技术的研发，在现有底层技术源头上占据着核心地位，包括ZFN（1996年）、TALEN（2011年）、CRISPR-Cas9（2012年）三代技术。CRISPR-Cas9技术因具有简单性、高效性和可编程性，成为基因编辑领域的颠覆性技术。作为天然广泛存在于细菌和古菌中的适应性核酸免疫系统，CRISPR-Cas系统具有庞大的家族，如何开发不同CRISPR-Cas家族使之成为具有新功能的编辑技术，是当前基因编辑底层技术研究的重要方向之一。最具代表性的是2015年博德研究所张锋开发的新型CRISPR-Cas12a（CRISPR-Cpf1）系统，相比于Cas9蛋白，Cas12a蛋白具备体积较小、特异性较高、可识别胸腺嘧啶富集（T-rich）的前间隔序列邻近基序（protospacer adjacent motif，PAM）等特点。在此后的研究中，一系列新的CRISPR-Cas被挖掘和开发，包括可切割DNA的NmeCas9、StCas9、SaCas9、Cas12b、Cas12i、Cas12f等，以及可编辑RNA的Cas13a、Cas13b等。

（1）为提高基因编辑组分的递送效率，近几年基因编辑底层技术的开发主要偏向挖掘紧凑型CRISPR系统及CIRSPR机制的研究。重要的突破是来自立陶宛维尔纽斯大学的Virginijus Siksnys团队（CRISPR开创者之一）在2021年开发了CRISPR-Cas核酸酶的祖先——TnpB介导的可重编程的RNA引导的功能性核酸酶；同年，张锋团队重建了CRISPR-Cas9系统的进化起源，发现IscB蛋白利用单个非编码RNA（ncRNA）进行RNA引导的双链DNA切割，并可用于人类细胞的基因组编辑。TnpB和IscB蛋白的大小仅为SpCas9的1/3，极大地提高了向细胞内的递送能力。2022年，斯坦福大学亓磊团队开发出了一个超微型、多功能、高效的迷你CRISPR系统——"CasMINI"，其能够被开发为多种基因工程工具来实现基因的调控与治疗。

（2）解析和研究不同类型CRISPR家族的功能是开发新型基因编辑系统的前提；此外，对现有CRISPR系统的机制解析是改善其特性的重要途径。2022年，东京大学与其合作者发现Cas7-11可以缩小为更紧凑的版本，使其成为编辑活细胞内RNA的一种更可行的选择，同时还对原始的Cas7-11进行了详细的结构分析。同年，美国康奈尔大学可爱龙实验室和荷兰代尔夫特理工大学合作，发现Craspase系统[CRISPR偶联的蛋白酶新系统（CRISPR associated caspase）]是一个gRNA引导并且受到靶向RNA激活的蛋白酶，该蛋白酶受到激活之后可以对天然的蛋白底物进行切割并诱导细胞死亡，该工具有望引领出全新的精准医疗思路。2022年，美国得克萨斯大学奥斯汀分校的研究团队发现了 CRISPR-Cas9 基因编辑系统中脱靶效应背后的结构机制，在此基础上重新设计了 Cas9 蛋白——SuperFi-Cas9，其防脱靶效率提高为原来的 500 倍，且编辑效率与野生的 Cas9 蛋白相当。同年 8 月，瑞士苏黎世大学的 Martin Jinek 实验室解析了 CRISPR-Cas9 基因编辑系统 R 环（R-loop）形成和活化的结构基础，促进了新的 Cas9 突变体的开发，以及具有增强特异性和活性的单向导 RNA 的设计。

（3）中国在基因编辑技术方面的研究论文和专利数均居全球第二位，在基因编辑底层技术的开发方面取得了一定的进展，但与美国等西方国家的研究存在一定差距，目前处于跟跑阶段。在新系统开发方面，2018 年，中国科学院动物研究所的李伟实验室开发了 CRISPR-Cas12b 系统，利用其可以在常温下对哺乳动物进行基因组编辑，且尺寸更小、脱靶性更低，更适合用于临床基因治疗。2021 年 8 月，辉大基因首席科学顾问杨辉研究员开发出了具有高编辑活性但旁切活性极低的高保真 Cas13 蛋白变体 Cas13X（也称为 Cas13e）和 Cas13Y（也称为 Cas13f），对基于 RNA 编辑的基础科学研究、基因治疗策略研发及后续的临床转化具有重要意义。2021 年 12 月，辉大基因团队自主研发的基因编辑系统 CRISPR-Cas13 的底层专利正式获美国专利及商标局（USPTO）专利授权，成为中国首个自主研发的 CRISPR-Cas13 基因编辑工具，一举打破了欧美在底层基因编辑工具领域的专利垄断。

2021 年，上海科技大学季泉江团队开发了一种极小型 CRISPR 核酸酶——AsCas12f1，并解析了其 DNA 切割机制。2022 年，中国清华大学的刘俊杰课题组与美国加利福尼亚大学伯克利分校的 Jennifer Doudna 课题组合作，解析了 DpbCasX 和 PlmCasX 各异的体内外 DNA 切割活性的结构基础。同时，通过对 CasX 蛋白和 sgRNA 的结构进行改造，极大地提高了 DpbCasX 和 PlmCasX 的基因编辑效率。CasX 还具有分子量小、编辑效率高及特异性高等众多优点，有望为基因编辑工具的临床应用提供重要技术支撑。2022 年 8 月，吉林大学李占军教授团队、赖良学教授团队合作开发了一种名为 Cje3Cas9 的新型紧凑型 Cas9，其可被用于体内高效的基因编辑和腺嘌呤碱基编辑。2022 年 6 月，中国科学院动物研究所建立了一种蛋白质工程化改造的新方法（improving editing activity by synergistic engineering，MIDAS），并利用该方法获得了高活性的 Cas12iMax 及高特异性的 Cas12iHiFi 等基因编辑新工具。

（二）碱基编辑技术的研究

单核苷酸变异是约 2/3 人类遗传疾病的病因，也是许多作物重要农艺性状变异的遗传基础。2016 年，哈佛大学的 David Liu 团队通过将胞嘧啶脱氨酶 rAPOBEC1 与 nCas9（D10A）融合，率先开发了胞嘧啶碱基编辑器（CBE）。2017 年，David Liu 团队通过人工定向进化腺嘌呤脱氨酶，开创性地开发了腺嘌呤碱基编辑系统（ABE）。碱基编辑系统的开发将CRISPR-Cas系统从切割DNA的"剪刀"变为能改写特定碱基的"修正器",打开了精准基因组编辑的大门,该系统目前已被广泛地应用于农业、基因治疗、作物育种等各个领域。

国内研究团队在碱基编辑技术的理论研究和技术创新方面也取得了重要的突破。2018年,高彩霞团队开发了植物高效的碱基编辑系统A3A-PBE,在多个物种中可实现高效的编辑。2019年3月,中国科学院遗传与发育生物学研究所高彩霞研究团队和中国科学院神经科学研究所杨辉研究团队分别在《科学》杂志上同期发表了两篇论文,两项研究分别在水稻和小鼠中证实胞嘧啶碱基编辑系统存在严重的脱靶效应,同时会诱导大量的DNA突变;2020年,上述两个团队及合作者通过对脱氨酶的改造,分别开发出了低脱靶的碱基编辑技术,解决了胞嘧啶碱基编辑系统的随机脱靶效应问题。2021年,高彩霞团队和李家洋团队合作将CBE和ABE进行组合,构建了双碱基编辑器,并在植物中实现了内源基因的定向进化和功能筛选。2020—2021年,中国科学院天津工业生物技术研究所张学礼和毕昌昊团队,以及中国农业科学院深圳农业基因组研究所左二伟团队,分别通过改造现有的碱基编辑工具CBE,构建出哺乳动物细胞适用的介导C-G碱基颠换的编辑器——GBE/CGBE系统。

2022年12月,北京大学生命科学学院伊成器课题组通过在TadA-8e腺嘌呤脱氨酶中引入N46L突变,成功将其转变为专一且高效的胞嘧啶脱氨酶,并以此为基础开发了新型的碱基编辑器Td-CGBE与Td-CBE。2022年5月,中国科学院广州生物医药与健康研究院赖良学团队将TALEN技术与Cas9技术结合起来,开发了更安全高效的胞嘧啶碱基编辑系统——TaC9-CBE。2023年初,杨辉团队和上海脑科学与类脑研究中心胥春龙团队合作,对ABE进行工程化改造,开发出了新型DNA碱基编辑器——腺嘌呤碱基颠换编辑器,该研究对基础研究领域疾病模型的建立及基因治疗领域等都有着非常重要的意义。

(三)引导编辑技术研究

由于碱基编辑技术不能实现碱基的任意替换且编辑位点容易产生不需要的副产物,在实际应用中具有一定的局限性。2019年,David Liu团队开发了全新的引导编辑技术,利用其能够在基因组的靶位点处实现精准的片段插入、删除,以及所有12种类型的任意碱基替换。2021年,David Liu团队继续对引导编辑向导RNA(prime editing guide RNA,pegRNA)组分进行优化,筛选不同类型的RNA基序,开发了高效的引导编辑技术。引导编辑被认为是基因编辑的一项重大技术进步,有望解决大多数遗传疾病的障碍,具有巨大的理论价值与潜在的治疗应用潜力。在此基础上,David Liu团队进一步开发了双重先导编辑技术(twinPE),通过在两个邻近位点分别进行先导编辑,可以实现更长的DNA序列的插入，且这种编辑产生的有害副产物极少。此外，将twinPE与位点特异性整合酶结合起来，可以实现长度为数千碱基对的DNA序列的插入。2022年，美国麻省理工学院的Omar Abudayyeh、Jonathan Gootenberg等在CRISPR的基础上开发了名为PASTE（programmable addition via site-specific targeting element）的新技术，利用其能够向哺乳动物及人类细胞中定点插入长达36 000个碱基的DNA长片段。

国内在引导编辑技术的研究上也开展了系统的工作。2020年，高彩霞团队通过探索融合不同的逆转录酶、工作温度、pegRNA表达形式、PBS（primer binding site）和RT模板（reverse transcriptase template）序列长度等条件，在水稻和小麦中建立并优化了适用于植物的引导编辑器（plant prime editor，PPE）。2021年，该团队建立了基于熔解温度值（T_m）指导的PBS序列设计方案，提出了双pegRNA（dual-pegRNA）策略，并进一步开发了植物pegRNA设计网站——PlantPegDesigner，提高了引导编辑效率并简化了植物pegRNA的设计流程。此外，该团队还通过全基因组重测序发现PPE系统在全基因组水平上具有很高的特异性。2022年，高彩霞团队通过蛋白质的理性设计，进一步开发出高效的植物引导编辑系统ePPE。2022年3月，陈佳教授与杨力教授合作，通过规律性引入同义突变和pegRNA骨架优化，开发了新型引导编辑系统sPE和aPE，优化的sPE系统将碱基转换效率平均提高了353倍（最高至4976倍），优化的aPE系统将碱基插入/缺失效率平均提高了2.77倍（最高至10.6倍）。2022年2月，武汉大学殷昊团队基于引导编辑开发出了一种名为GRAND editing（genome editing by RTTs partially aligned to each other but nonhomologous to target sequences within duo pegRNA）的新型基因编辑系统，可通过DNA逆转录过程高效靶向插入20—250 bp大小的基因片段，并能够插入最长约1000 bp大小的基因片段。

（四）线粒体编辑技术开发

线粒体是负责细胞内能量代谢的半自主细胞器，如果发生基因突变，将导致与能量代谢有关的严重遗传疾病。例如，导致双眼突然失明的莱伯遗传性视神经病变（Leber hereditary optic neuropathy，LHON）、线粒体脑肌病伴高乳酸血症和卒中样发作（mitochondrial encephalomyopathy with lactic acidosis and stroke-like episode，MELAS）等。因此，开发能够编辑线粒体DNA的可靠技术一直是基因组工程的前沿领域之一。

2020年，哈佛大学博德研究所David Liu团队开发了全新的线粒体碱基编辑器，被命名为DddA衍生的胞嘧啶碱基编辑器（DdCBE），可以实现线粒体DNA的C-T转换，理论上能纠正10%确诊的致病性线粒体点突变，为线粒体疾病治疗提供了重要的技术策略。2022年，韩国基础科学研究所的研究团队开发了一种能够在线粒体中进行A到G碱基转换的碱基编辑器，被称为转录激活因子样效应子相关脱氨酶（TALED）。这一新技术为治愈多种线粒体遗传病带来了新的希望。而中国2022年最具代表性的研究出自北京大学生命科学学院、北京大学-清华大学生命科学联合中心伊成器课题组，该工作评估了DdCBE在人类细胞系中的核基因组脱靶编辑效应，深入探究了其核基因组脱靶作用机制和工具的优化方案。

二、国内外基因编辑技术研发趋势

近10年来，基因编辑领域的研究飞速发展，从基因编辑方法的创新、编辑精度及效率的改进，再到人类疾病的治疗及农业研究的应用，基因编辑毫无疑问正在改变我们的生活。2023年初，诺贝尔化学奖得主Jennifer Doudna在《科学》杂志上发表文章指出：编辑的准确性及开发和改进基因编辑组分的递送策略是CRISPR基因编辑下一个10年需要解决的关键挑战。此外，开发原创的基因编辑技术并获得核心知识产权的专利更是该领域竞争的重要目标。

（一）开发精准基因编辑技术，确保其安全性

近几年，围绕CRISPR技术的改进工具不断涌现，基因编辑从CRISPR-Cas9技术进一步发展，开发了精准的碱基编辑技术及引导编辑技术，可实现的突变也由最简单的DSB（DNA double-strand break）诱导的基因敲除突变提升为不依赖于DSB的精准的单个碱基的突变、多个碱基的突变，以及多个甚至大片段的碱基删除和插入，推动基因编辑技术向更精准、高效、安全可调控、多靶点编辑的方向发展。然而，现有技术有时仍然存在脱靶效应、效率低下、体内递送困难、产生副产物等技术缺陷，在基因治疗的应用中存在安全问题。因此，继续挖掘或通过人工改造获得更为高效、精准、无脱靶并易于递送的安全的基因编辑技术是未来发展的趋势。

（二）改进基因编辑递送策略和方式，突破基因编辑应用限制

对于真核生物基因编辑来说，如何将基因编辑组分高效递送到细胞并实现编辑是非常关键的一步。目前在临床应用的递送载体主要可以分为病毒载体（如慢病毒、腺相关病毒等）和非病毒载体（如脂质纳米颗粒等）。但目前这些载体都存在一些不足之处。例如，病毒载体常常受到载量的限制，而脂质纳米颗粒目前只能靶向肝脏等少数器官。递送技术限制了基因编辑技术的应用，改进和创新递送策略，是推进CRISPR技术在未来人类基因治疗中应用的关键。2022年，David Liu团队开发出一种工程化类病毒颗粒（engineered virus-like particle，eVLP），克服了包装、递送和释放中的瓶颈，可以有效包装和递送核糖核蛋白形式的碱基编辑器和CRISPR-Cas9，在人类细胞、小鼠原代细胞

及多种小鼠器官和组织中实现了有效的编辑，使递送过程更为高效和安全。此外，在农业领域，如何高效递送基因编辑组分也是基因编辑应用的瓶颈问题。特别是植物领域，开发不需组织培养及不受基因型限制的植物细胞递送体系是未来研究的重要方向。

（三）大片段DNA编辑技术开发

目前基因编辑技术主要集中在对基因的敲除和少量核苷酸水平的编辑，而高效的大片段DNA操纵甚至染色体层面的操纵技术是基因组编辑研究领域的难题。大片段DNA的编辑技术在基因治疗和农业育种中具有重要的意义。CRISPR-Cas系统介导的同源重组（homology-directed repair，HDR）能够实现DNA的精准插入或替换，但对于10 kb以上长片段的精准插入（或删除）效率却很低。2022年，上海科技大学生命科学与技术学院高冠军团队开发了名为"TEd"的简单、高效的基因编辑方法，其是通过在传统HDR-供体（HDR-donor）上引入转录过程以改变DNA修复过程中的供体染色质结构状态来促进同源重组的发生，以实现细胞内大片段DNA的高效编辑。基于引导编辑技术的大片段DNA编辑技术的开发也取得了一定突破（如前文已述的David Liu实验室、Omar Abudayyeh和Jonathan Gootenberg等团队及殷昊实验室等的工作）。尽管如此，大片段DNA的编辑技术仍然处于初步研究阶段，其效率和通用性需要进一步提升，是未来研究的重要方向。

（四）攻克"卡脖子"环节——自主知识产权的基因编辑创新性工具

原创核心技术及其核心专利决定着产业的话语权，商业化的必备条件是获得技术授权或有自主知识产权。美国在基因编辑的底层技术开发、CRISPR机制研究、碱基编辑技术、引导编辑技术、线粒体编辑技术等方面处于主导地位，拥有CRISPR-Cas9、碱基编辑、引导编辑等重要原创技术的核心知识产权。中国对基因编辑技术的研究仍以延伸性、尾随性居多，原始创新不足，缺乏核心专利，处于被国外"卡脖子"的状态。因此，开发具有自主知识产权的基因编辑新技术、新方法，获得更好用的编辑工具，是未来中国科研单位或企业研发的重要目标。

中国过去在基因编辑基础研究领域起步晚、积累少，在现阶段的竞争中必定需要进行底层研究的创新。近年，国内已逐步开始进行底层技术的研发。例如，2022年，辉大基因开发的CRISPR-Cas13X、Cas13Y的底层技术获得美国专利及商标局专利授权；正序生物科学创始人团队创建的变形式碱基编辑器（transformer base editor，tBE）正式获得美国专利及商标局专利授权，成为首个获得海外专利授权的中国自主研发碱基编辑工具；中国农业大学和舜丰公司开发的Cas12i.3和Cas12j.19已经获得中国内地、中国香港地区和日本的专利授权。国内的许多科研团队和科技公司也将原始创新基因编辑技术开发作为重要的研发方向。例如，齐禾生科已经在全新的CRISPR-Cas基因编辑系统挖掘、新型脱氨酶挖掘和优化，以及开发全新不需CRISPR的碱基编辑系统方面取得了重要进展，并申请了相关专利。

第三节 前 景

　　未来，以CRISPR-Cas技术为代表的基因编辑技术将继续占据基因编辑市场的主导地位。CRISPR-Cas技术的市场应用主要覆盖生物医学、生物农业和生物工业三大领域，其中生物医学所占比例最大。美国CRISPR-Cas9技术在生物医学行业应用的市场规模占整体市场规模的56.3%，中国CRISPR-Cas9技术在生物医学领域的应用占37.3%，CRISPR的临床试验及应用已被广泛接受。此外，通过CRISPR-Cas技术还可以精准、高效地改变控制植物重要农艺性状的关键基因，实现了突破性种质的快速创制和野生植物的快速从头驯化，基因编辑技术的应用将大大加快植物生物育种的创新和农业发展的步伐。

一、基因编辑应用前景

（一）利用CRISPR进行疾病治疗和药物开发

　　CRISPR基因编辑技术在疾病治疗方面发展前景广阔，备受学术界和资本关注。大型生物公司和制药公司积极布局CRISPR技术，并与CRISPR技术专利拥有公司建立了战略合作。癌症是医学领域的难题，而基因编辑的工程化T细胞是目前最具革命性的癌症治疗手段之一。CRISPR-Cas9编辑的T细胞已进入临床阶段被用于治疗其他方法无效的晚期癌症，并初步证实了其可行性和安全性。2022年，Verve Therapeutics公司宣布，其开发的碱基编辑疗法VERVE-101在新西兰完成了首例患者给药，该疗法用于治疗杂合子家族性高胆固醇血症（HeFH），这也是首个体内碱基编辑的临床试验。此外，Verve Therapeutics公司还表示将在英国和美国提交临床试验申请，标志着基因编辑技术开始进入常见疾病的治疗阶段。2022年，美国坦普尔大学刘易斯·卡茨医学院和Excision生物治疗有限公司联合开展针对艾滋病的新型基因编辑疗法"EBT-101"临床研究，并进行了全球首次人体试验，以评估该疗法的安全性和有效性。EBT-101基因编辑疗法将有望成为艾滋病治疗领域的重要里程碑。

　　CRISPR-Cas技术在药物研发方面也具有巨大应用潜力，可有效解决当前药物研发中的诸多挑战。典型的药物研发周期长且复杂，开发出一个产品通常需要10—14年并花费超过10亿美元。CRISPR-Cas技术可以提高药物靶点的筛选效率，提供高效的动物疾病模型和药物测试平台，大幅缩短研发周期，降低研发成本，提高研发效率。此外，通过基因编辑技术构建人体类器官或与人类高度相似的灵长类动物疾病模型能够提高体内外模型的安全性和预测准确度，降低药物研发在临床试验中的失败率。2021年，英国曼彻斯特大学开发出利用CRISPR-Cas9系统操纵细菌中关键的装配线酶的新方法，有助于生产急需的改良抗生素，帮助对抗新出现的耐药病原体。2022年，丹麦奥胡斯大学利用基因编辑技术培育出携带阿尔茨海默病致病相关基因的克隆猪，可帮助跟踪疾病的早期迹象，并进行早期药物的开发和测试工作。同年，西奈山伊坎（Icahn）医学院等机构开发出一种新技术，或能以此前不可能实现的规模和分辨率将特定基因与复杂的肿瘤特征联系起来，助力抗癌药物的开发。

（二）基因编辑加快动植物新品种培育，为全球粮食安全问题做出新贡献

基因编辑技术打破了传统育种技术的局限性，可以高效地实现性状的创制、多性状的聚合乃至新物种的定制。我国在农业基因编辑应用领域具有一定的优势，相继在水稻、小麦、玉米、棉花、番茄、苜蓿、烟草、柑橙、猪、牛、羊等重要动植物上建立了基因敲除、基因替换或插入、基因转录调控、碱基编辑等基因组定点编辑技术体系，并实现了野生植物驯化、杂交育种新方案等多种育种技术创新，获得了耐除草剂、抗病、品质改良、抗生物及非生物逆境胁迫等农作物新材料，如抗白粉病小麦、低镉水稻、玉米雄性核不育系与保持系等重要材料。

农业基因编辑育种的监管放宽和相关鼓励措施的出台，极大地加速了基因编辑作物和动物新品种的开发培育和推广应用。世界多国在政策上积极推进基因编辑技术产业化：美国农业部对若干基因编辑作物授予转基因监管豁免权，目前已有70种基因编辑植物产品获得产业化资格；阿根廷、加拿大、巴西、澳大利亚、日本等国相继认同基因编辑产品不需监管即可上市，日本在2021年批准了富含 γ - 氨基丁酸（GABA）的番茄和两种基因编辑河豚进入市场，大幅度推进了基因编辑产品的商业化进程。2021年，英国政府宣布放宽针对基因编辑农作物和动物的法规规定，经基因编辑的动植物在进行田间试验和商业审批前或不再需要详细的申请和审查。2022年，中国农业农村部发布《农业用基因编辑植物安全评价指南（试行）》，对我国基因编辑生物育种技术研发与产业推动具有里程碑意义。

二、基因编辑经济效益

基因编辑技术的兴起引起了政府机构和市场资本的广泛关注。2018年，美国政府

发布了《2018—2023年战略计划》，将基因编辑列为长期投资的5个颠覆性技术之一。2019年，俄罗斯宣布在未来10年内投入约17亿美元研发30种基因编辑动植物品种。我国"十四五"计划的布局中，基因技术被确定为国家战略性科技前沿攻关领域，并重点关注了基因编辑技术的原始创新。

在政府政策导向和基因编辑技术强大应用前景的驱动下，大量资金涌入基因编辑的投资赛道。美国以基因编辑为主导的公司自2013年以来吸纳了超过10亿美元的投资，基因编辑技术商业化十分活跃，已涌现出一大批高科技创新企业，如CRISPR Therapeutics、Editas Medicine、Beam Therapeutics、Sangamo Therapeutic等。2019年9月，David Liu联合张峰和J. Keith Joung共同创立了首家利用CRISPR碱基编辑技术开发全新疗法的基因编辑治疗公司Beam Therapeutics，并正式向美国证券交易委员会（SEC）递交了纳斯达克上市申请，计划募资1亿美元。2021年7月基于引导编辑技术的Prime Medicine正式亮相，并宣布已完成3.15亿美元的融资，仅15个月后，Prime Medicine即登录纳斯达克，估值约为18亿美元。2022年，亓磊基于迷你CRISPR系统（CasMINI）技术创立的公司Epic Bio完成了5500万美元的A轮融资。

近几年，中国也逐渐涌现了以基因编辑技术开发、疾病治疗、作物遗传改良为应用场景的一系列生物技术公司，如辉大基因、正序生物、舜丰生物、博雅辑因、齐禾生科等，在激烈的竞争中表现亮眼。辉大基因开发的CRISPR-Cas13X、Cas13Y底层技术于2022年获美国专利及商标局专利授权；正序生物科学创始人团队开发了首个正式获得美国专利及商标局海外专利授权的中国自主研发碱基编辑工具的变形式碱基编辑器（transformer base editor，tBE）；齐禾生科在成立不到一年的时间即完成由杏泽资本独家领投的逾亿元人民币种子轮融资，这也是中国已公布的基因编辑企业种子轮投资的最大手笔。基因编辑的竞赛正在中国的大地上如火如荼地展开。

根据世界经济论坛的报告，全球基因治疗市场预计将从2022年的53.3亿美元增至2027年的198.8亿美元。2017—2019年，诺华、罗氏、礼来和百时美施贵宝等大型药企均通过并购方式加快进入细胞和基因疗法领域，并购交易金额居高不下。目前，美欧前十大药企中的90%都已部署基因治疗药物的研发，美国食品药品监督管理局（FDA）预测，从2050年开始，每年将至少许可10种细胞和基因治疗产品。到2030年，将有60多种基因疗法获批。生物技术公司和制药公司在基因编辑市场中占主导地位，2020年占据48.4%的最大收入份额。2022年，全球的基因编辑市场规模达到63.5亿美元，预计2023年将以17.3%复合年增长率（compound annual growth rate，CAGR）增长为74.5亿美元，2027年将以17.7%的CAGR增长到142.8亿美元（https://www.thebusinessresearchcompany.com/report/gene-editing-global-market-report）。

基因编辑技术作为农业领域的重要生物育种技术，具有传统手段无可比拟的巨大优势，已成为解决全球粮食危机的重要手段。基因编辑技术的高效性使得产品管线丰富、培育高效、资源节约，将为产业链带来较高的经济效益增值。相比于转基因技术开发单一品种通常需要十余年时间及数亿美元的投入，基因编辑只需要大约3年时间及数十万美元的投入，因此更多企业能够参与到基因编辑赛道中来，世界各国和种业公司早已展开布局。拜耳、科迪华、先正达等国际农作物育种龙头和Pig Improvement Company Ltd.（PIC）等畜禽育种领先企业相继成立基因编辑研发中心，进行技术攻关和产品研发，各公司年均投入经费达5000万—1亿美元，力图掌控未来产业主导权。据IDTechEx Research统计，从2020年开始，全球的植物生物技术种子市场以57%的速度增加，2031年整体有望达443亿美元，而基因编辑育种将承载市场这10年的新增量。

撰 稿 人：高彩霞　中国科学院遗传与发育生物学研究所
通讯作者：高彩霞　cxgao@genetics.ac.cn

第二十二章　人工智能辅助药物设计

一、概　　述

目前，中国已经迈入"十四五"时期，生物医药作为我国"十四五"生物经济发展规划中战略性新兴产业的主攻方向，是推进"健康中国"建设的重要支撑点。受益于研发投入的高速增长，近年来我国生物医药创新发展取得显著成就，每年获批的创新药数量整体呈增长态势。2021年国内共有89款创新药获批，远超2020年的48款；在2022年，尽管新冠疫情仍影响着全球医药市场，但国产新药首次试验用新药申请（IND）品种数量达到518个，共有14款国产创新药获批上市，2个国产创新药获美国食品药品监督管理局（FDA）批准，在研的创新药数量居全球第二；在2023年伊始，由中国科学院上海药物研究所领衔研发的两款抗新型冠状病毒（SARS-CoV-2）创新药——民得维（VV116）和先诺欣（SIM0417），通过国家药品监督管理局（NMPA）审批上市。国内生物医药产业正进入创新收获期，为国计民生做出了重要贡献。

然而，创新药快速发展的背后是高强度的研发投入。药物研发领域面临"三高一长"问题，即高技术、高投入、高风险和长周期。从合成到上市批准，将一种新药品推向市场的平均时间约为15年，平均资本化成本为26亿美元，但临床成功率只有11.8%。近十年来，随着全球医药创新研发费用的持续攀升，市场回报率却一直未能实现高速增长。2019年，全球医药研发支出已达到1820亿美元。与国际水平相比，中国在药物研发领域同样面临"三高一长"问题，但也表现出不同的特点：中国药物研发以仿制药为主，整体临床通过率为34%，高于欧美10%的水平。这主要是由于国内创新药多为生物相似（follow-on）型药物，相关基础研究完善，初期进展快。随着监管部门和制药行业对仿制药质量一致性工作的深入，仿制药厂将逐渐向原研药企转型，企业研发投入也在快速增加。截至2022年前三季度，医药生物企业的研发费用金额达到681.1亿元，同比增长约29.6%，明显高于同期的营收增速。

为了加速药物发现过程，降低药物发现成本，20世纪末诞生了一门多学科交叉的新学科——计算机辅助药物设计（computer-aided drug design，CADD）。这是一种通过计算机的模拟、计算和预测药物与受体生物大分子之间的关系，设计和优化先导化合物的方法。然而，高效、快速、低成本的CADD方法虽然早已发展多年，却未能扭转新药研发成功率整体逐步走低的趋势。近十年来，第二代高通量测序技术、冷冻电镜等为代表的各类组学技术的飞速发展，使得我们能以更低的成本获得化学和生物学"大数据"。基于理论模拟和专家经验总结的传统CADD方法正在快速迭代更新，利用具有强大泛化能力的深度学习技术，可以更加高效地探索化学和生物学空间，加深我们对新药研发多学科复杂性大数据的理解。通过将人工智能（AI）应用在多个药物研发场景中，新药研发的成功率预计可以提升到14%，并为制药企业节省数十亿美元的研发费用。2020年，"人工智能发现分子"入选《麻省理工技术评论》发布的"全球十大突破性技术"。可以发现，AI正在从根本上改变分子生物学和药物设计的研究范式，新药研发正在进入大数据时代。2017年国务院发布的《新一代人工智能发展规划》明确将人工智能纳入国家战略，指出到2030年我国人工智能理论、技术与应用总体达到世界领先水平，成为世界主要人工智能创新中心。2021年3月公布的"十四五"规划纲要将未来发展指向以人工智能为代表的新一代信息技术。有研究报告称，预计到2025年人工智能产业规模将超过4500亿元，中国有望成为世界上最大的人工智能市场。创新驱动发展是国家的核心战略，而生物医药产业是创新的支柱产业之一。人工智能辅助药物设计是利用多学科交叉加速医药创新的重要手段，不仅可为我国经济发展提供新动力，同时也有助于解决民生健康问题和应对疾病防治重大挑战。

二、国内外研发现状与趋势

AI为药物发现创造出更高的生产力、更广泛的分子多样性和更高的临床成功机会，尤其是在辅助小分子药物发现方面已经发展出了成熟的研发管线。据CB Insights统计，目前全球共有超过130家AI药物研发初创企业，其中薛定谔（Schrödinger）、Relay、Recursion、Exscientia、英矽智能（Insilico Medicine）等数家AI制药企业公布的多种候选药物已经快速进入临床试验阶段；同时，大型制药企业都正在增加对AI的投资，以应对技术投资组合的老化和竞争加剧带来的威胁。2017—2021年，AI药物开发领域的投资以约每年递增50%的速度增长，而且AI制药企业内部管线中的在研药物也从2017年的28款激增到2021年的158款。从公开披露数据来看，目前全球已有超30款AI制药企业的产品进入临床研究阶段。2021年2月，英矽智能公司宣布发现了治疗特发性肺纤维化的新机制，并从头设计了靶向新靶点的候选新药ISM055，在2021年底首次进入临床试验；2022年，在与复星医药达成战略合作后，NMPA已批准ISM055启动在国内的Ⅰ期临床试验。从靶点发现到人类细胞和动物模型的实验验证和安全性评估，ISM055的研究推至临床前的整个过程只用了不足18个月，显著降低了研发成本。

自2014年我国第一批AI制药企业成立以来，AI技术在中国药物研发行业的技术开发与商业模式探索随之展开。在早期，企业主要通过提供AI计算工具来辅助药物开发，即利用提供算法平台的软件服务（SaaS）作为主要的商业模式。2018年后，随着最早一批AI制药企业基本完成前期技术积累，并陆续开始获得临床前候选药物（pre-clinical candidate，PCC）等类型的验证性成果，部分AI制药企业为药企或药物研发外包服务（CRO）企业提供更具广度和深度的端到端AI技术服务。从事AI赋能的各种医药研究、开发和法规服务的AI+CRO开始出现。2020年后，AI+药物行业进入快速发展阶段，AI制药企业与传统药物巨头的合作频次、合作范围、合作深度不断拓展，部分AI制药企业开始部署自研的候选创新药物管线，即商业模式为生物技术（AI Biotech）的企业开始出现。SaaS、AI CRO与AI Biotech，成为我国目前AI制药企业的三种主要商业模式。我国目前已经有超过10家AI Biotech企业将自研管线从候选药发现阶段推进到了临床试验阶段，甚至进入了中后期临床试验。埃格林医药已有2条管线进入到临床中后期，一款用于治疗眼底干性黄斑病变，一款用于治疗产科的先兆子痫；锐格医药也在2022年4月宣布其自主研发的新型小分子GLP-1R激动剂RGT-075在美国完成Ⅱ期临床试验首例患者给药；冰洲石生物的在研药物AC0682于2021年底获得美国IND批准并启动美国Ⅰ期临床试验后，于2022年4月获得NMPA的临床试验批准用于雌激素受体阳性乳腺癌患者的治疗；2022年10月，费米子科技的非成瘾性镇痛靶点项目的一类化学药物FZ002-037胶囊的临床试验申请获得NMPA受理。从药物发现到临床阶段，将AI方法布局到其药物开发管线中，助力新机制和新靶点发现、鉴定新型药物分子、药物重定向和加速临床试验等，AI辅助药物设计已对药物开发展现出巨大的"降本增效"潜力。

（一）新机制和新靶点发现

药物靶点对于整个新药研发项目起到决定性的作用，失败的靶点会造成制药企业的巨额研发投资付诸东流。例如，辉瑞、罗氏和默沙东等发起的降脂靶点胆固醇酯转运蛋白（CETP）抑制剂项目的临床试验均惨淡谢幕。另外，对优质靶点的重复投入会造成研发管线的同质化和不必要的资源浪费。例如，程序性死亡受体1（PD-1）的发现引领了生物大分子和肿瘤免疫治疗领域的新阶段，但预计近两年全球上市的PD-1产品可能会超过20个。对医药行业而言，更高水平的原始创新离不开新靶点、新机制的发现。2022年2月发布的《"十四五"医药工业发展规划》提出"把创新作为推动医药工业高质量发展的核心任务"，并明确了"支持企业立足本土资源和优势，面向全球市场，紧盯新靶点、新机制药物开展研发布局"，标志着我国医药行业向更高水平原始创新的转变。在国际上，AI辅助药物设计方法在新靶点和新机制方面创新成果突出；在国内，AI辅助药物设计方法也同样逐渐崭露头角，成为我国医药行业向更高水平原始创新转变的驱动力之一。

一方面，将系统生物学、多组学数据和患者临床健康信息相关联，我们可以利用AI寻找潜在的通路、蛋白和机制等与疾病的相关性，以发现新机制和新靶点。英矽智能在研发的ISM055项目中利用了其新药靶点发现平台PandaOmics。他们利用纤维化患者组学数据和健康人组学数据进行对比，寻找两者之间的显著差异，同时用iPANDA在信号通路上找到能够影响这些信号通路的组学数据，进而发现了20多个新靶点并对其进行优先级排序。之后，根据靶点敲除数据对靶点安全性和未来价值进行筛选，确定了治疗特发性肺纤维化的全新靶点QPCTL。阿斯利康也宣布通过与BenevolentAI的合作发现了第二个肺纤维化靶点。通过将阿斯利康的数据整合入其知识图谱（Knowledge Graph）平台中，BenevolentAI快速地标准化、脉络化多种不同来源的内、外部数据，如科学论文、专利、遗传学与化学信息、临床试验数据等，最终提供了5个创新靶点并部署了新药研发管线，其中包含两项慢性肾病和三项特发性肺纤维化的靶点。AI生物技术公司BERG是阿斯利康的另一个合作对象。基于阿斯利康自有的中枢神经系统优化分子片段库，BERG利用Interrogative Biology平台确定和评估治疗帕金森病等神经系统疾病的新靶点和新疗法。Interrogative Biology平台基于系统生物学和贝叶斯人工智能算法，联合自然语言处理技术检索分析文献、专利和临床报告等非结构化数据库，将多组学数据与临床健康信息相结合生成因果推理网络。通过分析"健康"和"疾病"网络图之间的差异可识别疾病的驱动因素（靶标和生物标志物）。该方法已被用于新型肿瘤靶标BPM 42522、其先导分子及其抗癌作用机制的发现研究中。

另一方面，基于结构的靶标发现方法的发展也受益于AI技术的应用。核磁共振、X射线晶体学、冷冻电镜等实验方法被广泛用于蛋白质的结构解析，已经提供了大量有关蛋白质和药物受体结构的信息，但这些方法仍受限于极高的设备成本和实验周期等限制性因素。2020年的CASP14竞赛中，谷歌的DeepMind团队开发的AlphaFold 2取得了远超第二名的高分，在解决蛋白质结构预测这一生物医药领域内公认的长期性难题上取得了划时代的突破。目前，AlphaFold 2的源代码和开源预测平台已公开，此外DeepMind还开放了36.5万个、涵盖了98.5%的人类蛋白质结构的预测数据集。应用AI技术开发强大的蛋白质预测和分析工具，将为结构生物学带来深远的影响。随着AI算法和算力的精进，我们有希望通过开发更高精度的蛋白质结构预测方法以助力药物和疫苗的研发。据报道，DeepMind正在利用AlphaFold 2帮助非营利性制药组织Drugs for Neglected Diseases initiative（DNDi）解析克氏锥虫中的蛋白质结构，以探究一种新型小分子对对发展中国家居民健康影响较大的美洲锥虫病（恰加斯病）和利什曼病的治疗作用机制。2022年初，英矽智能利用AlphaFold 2预测的蛋白质结构，结合AI分子生成和设计技术，开发出了靶向周期蛋白依赖性激酶20（CDK20）的全新（first-in-class）的药物苗头化合物。在此之前，因缺乏CDK20的蛋白质结构，业界尚无靶向CDK20的小分子化合物的报道。可以发现，AI技术在预测人体所有蛋白质的结构方面开拓了新的研究领域，我们可以利用这些预测的分子结构并结合与药物设计方法，快速发现创新的治疗方法以满足未竟的临床需求。

（二）药物分子的发现及优化

从先导化合物发现到临床前候选药物的优化是药物研发过程中的关键挑战，高质量的先导化合物会缩短药物探索的时间，提高后续临床试验的成功率。我们可以根据靶标结构和小分子相互作用数据，通过AI建模计算，快速从数百万规模的天然、合成或生物工程来源的化合物中筛选能和靶点有效结合并且副作用最小的候选药物。其中较为常见的商业模式是AI CRO公司通过将研究成果与药企等进行商业转化，合作推进药物研发管线。

2020年，成立于英国的Exscientia成功将全球首个完全由AI设计的小分子5-HT$_{1A}$受体激动剂DSP-1181推进至临床试验阶段，至今该公司已推进3种药物进入临床阶段。Exscientia的药物研发自动化AI平台Centaur Chemist可根据已有的药物研发数据自动设计单靶点的小分子药物，以及针对靶点组合的双特异性小分子药物，并根据药效、选择性、药代动力学特性等对化合物进行评估和筛选，相关的实验数据会被反馈到系统中用于改善下一轮化合物的优化。尽管DSP-1181因临床Ⅰ期的研究未达到预期标准已经停止开发，这一案例仍证实了AI技术加速先导化合物发现的潜力。2022年1月，赛诺菲宣布通过Exscientia开发的端到端AI驱动的个体化医疗平台，共同开发了15种新型小分子疗法，涉及肿瘤学和免疫学领域；在国内，上海湃隆生物和Exscientia合作，联合开发包括特异性CDK7抑制剂在内的多个针对周期蛋白依赖性激酶（CDK）的抗肿瘤新药。成立于美国的Atomwise公司致力于基于结构的小分子药物发现，其基于深度卷积神经网络的AtomNet平台包含了超过160亿个用于虚拟筛选的小分子，通过学习小分子和目标靶点结合的三维特征进行先导化合物的发现及优化。2022年8月，Atomwise与赛诺菲建立独家战略性研究合作，利用AtomNet平台针对5个药物靶点进行计算发现和药物研究；在中国市场，豪森药业也与Atomwise达成合作，双方将在多个治疗领域针对11个未公开靶标设计和发现潜在的候选药物。国内的AI CRO大部分是著名高校的科研成果转化而来，其中具有代表性的是晶泰科技。该公司从最初的药物晶型研究起家，逐步发展出了分子通用力场、AI分子生成算法，已与辉瑞、罗氏、阿斯利康等全球顶级药企形成合作，处于我国业内领先地位。在与希格生科（Signet Therapeutics）合作的弥漫性胃癌项目中，晶泰科技利用自主研发的AI药物发现平台ID4生成百万量级的化合物分子，并对其活性和类药性进行分析，从中挑选出10—20个候选化合物分子进行生物学和功能学的实验验证，并反馈实验结果给ID4平台进行新一轮的迭代，目前已获得临床前候选化合物。

除此之外，部分AI CRO企业采取与SaaS企业进行合作的形式，结合双方的技术优势，推进自主管线以及与药企合作开发管线的研发。以SaaS模式提供AI辅助药物设计算法的企业的创始团队成员一般具有计算机算法、物理、数学背景，也包括百度、华为、腾讯等互联网企业的研究人员。例如，百图生科、华为云EIHealth、云深智药、碳云智能、深势科技、星药科技等的研究人员。利用SaaS，这些团队可以快速地将其AI算法引入到已有的研发流程中，或共同开发定制化的AI工具。2020年7月的世界人工智能大会云端峰会上，腾讯正式对外发布了其自主研发的AI驱动的药物发现平台"云深智药"（iDrug），该平台覆盖了临床前新药研发的全流程，即蛋白质结构预测、虚拟筛选、分子设计/优化、ADMET性质预测及合成路线规划等在内的五大模块。腾讯已和多家药企开展合作，将AI模型应用到实际药物研发项目中。与此同时，华为也在世界人工智能大会云端峰会上发布了华为云EIHealth平台。EIHealth主要覆盖基因组、临床研究和药物研发三个方向，包括用于药物靶点早期研究的蛋白质结构预测算法iPhord，用于快速发现生物标志物的多组学自动建模工具AutoOmics，用于实现药企数据高效安全整合的个性化联邦学习整合算法FedAMP等。此外，EIHealth与中国科学院上海药物研究所合作，使用后者开发的亿级规模的人工可合成DrugSpaceX药物筛选库支持EIHealth的大规模药物虚拟筛选云服务。百度创立的生命科学平台"百图生科"（BioMap），依托百度智能云的高性能计算开展超大规模的蛋白质预训练模型、图神经网络靶点分析、蛋白质结构预测和模拟等研究。2021年BioMap推出的"免疫图谱卓越计划"收到了中国科学院、北京协和医学院、北京大学、清华大学、复旦大学等近百个研究团队的申报。除此之外，阿里云也与全球健康药物研发中心合作，开发AI药物研发和大数据平台；字节跳动也已经组建AI药物团队。

（三）药物重定向

将全新化学实体推向市场面临研发时间和成本的"绝对悬崖"；而基于治疗某种疾病的已有药物，发现其新的适应证并用于治疗另一种疾病可以显著降低研发成本。药物重定向的著名案例包括西地那非和米诺地尔的新适应证开发。AI技术有望将这种偶然的成功变得有迹可循。例如，BenevolentAI推出的判断加强认知系统JACS利用AI工具和生物医学知识图谱来识别潜在的候选药物，通过发现疾病、药物、试验数据等大量非结构化数据间的新联系，实现药物重定向，帮助科学家发现药物更有价值的适应证。强生与BenevolentAI合作签署了一系列临床阶段候选药物的独家许可协议，将强生此前开发用于注意缺陷多动障碍失败的高选择性的组胺H_3受体反向激动剂Bavisant重新开发用于帕金森病患者的日间极度嗜睡症，并已开启Ⅱ期临床试验。2020年2月，在世界卫生组织宣布COVID-19暴发为国际关注的突发公共卫生事件后不久，

BenevolentAI利用知识图谱在短短几天内就将礼来（Eli Lilly）开发的用于治疗类风湿关节炎的药物Baricitinib重定向为潜在的COVID-19治疗药物，而且该药物的紧急使用授权快速获得了FDA的批准。当时，SARS-CoV-2的几种关键靶标蛋白的晶体结构尚未被解析，华为云EIHealth团队针对COVID-19的21个靶点蛋白进行结构建模，并对超过8500个已上市、进入临床的小分子药物进行了计算评估，为后续基于老药新用的机制研究、临床试验提供了线索。

（四）加速进入药物监管流程

在临床前研究阶段，候选药物需要经过化学制造与控制（chemistry，manufacturing，and controls，CMC）、药代动力学评估、安全性药理研究、毒理研究、制剂开发，目的是验证和评估其可转化性。辉瑞生产的COVID-19口服药Paxlovid的关键成分nirmatrelvir（PF-07321332）是其在2002年严重急性呼吸综合征（SARS，又称传染性非典型肺炎）暴发时研发出的PF-00835231基础上改造而来的。在Paxlovid研发过程中，辉瑞从2020年重拾化合物PF-00835231，再基于改善口服利用度的需求优化得到PF-07321332，再到Paxlovid上市，整体研发仅用了一年多的时间，而在这个过程中AI辅助药物设计方法起到了很大的提速作用。辉瑞利用晶泰科技的AI预测算法结合实验验证，仅用6周就确认了该候选药物的优势晶型，并用于其后续的开发和生产，而传统方法可能需要几个月甚至更久。通过计算预测来评估药物稳定性，可以避免漏掉关键晶型可能导致的临床试验停滞乃至上市后的药品召回。除了晶型研究，提升药物递送也已成为新一代药物研发的核心环节。国内的初创公司剂泰医药就是以AI作为核心技术来辅助制剂开发和提升药物递送效率。

临床试验的高失败率是药物开发周期漫长和效率低下的一个主要原因。临床试验是药物开发工作流程的关键阶段，从Ⅰ期临床试验到批准的候选药物的平均成功率估计约为11%。即使候选药物安全有效，临床试验也可能因资金不足、患者入组或研究设计不佳而失败。患者队列选择和招募技术不达标和临床试验期间对患者的监测不力是临床试验失败的两个关键因素。通过利用AI技术将患者的基因表征数据、电子健康记录、医学文献和临床试验数据库关联，可以更好地改进试验设计，有利于提高患者-试验匹配和招募的精确度及在试验期间对患者进行监测。GNS Healthcare的机器学习平台GNS REFS™可以将纵向电子病历、下一代测序和其他"组学数据"等患者数据转化为计算模型，能够从患者层面揭示癌症进展和药物反应的隐藏驱动因素，从而识别疾病新靶标和生物标志物，进而用于更准确地对患者人群进行分层。诺华已使用名为Nerve Live的AI系统监控和管理所有的临床试验，通过多个内部数据源抓取临床数据来预测和监控临床试验的患者招募、花费和质量，使得患者招募时间缩短了10%—

15%。在患者依从性方面，AiCure利用AI的人脸识别和自然语言处理等技术捕获患者的视频、音频和行为数据，以建立患者、疾病和治疗的直接联系。

三、人工智能辅助药物设计的前景与挑战

在化学信息学领域，应用于药物发现的AI方法和20世纪的定量结构活性关系（QSAR）模型有着深厚的关联。经过多年来发展，AI辅助药物设计在小分子先导化合物发现到候选药物开发流程中的应用已较为成熟。相比之下，新型靶标的发现，如靶向蛋白质-蛋白质相互作用、蛋白质-核酸相互作用，利用细胞的蛋白质降解机制等，正在推动各种新型药物和治疗方法的出现。蛋白质-蛋白质相互作用调节剂、蛋白降解靶向嵌合体（proteolysis targeting chimera，PROTAC）、单克隆抗体（mAb）、肽和肽模拟物，以及基于核酸的全新模态（modality），已成为药物发现的关键焦点。2022年4月，以色列 Biolojic Design 公司宣布了他们的首个基于结构计算设计的单克隆抗体进入临床试验，验证了通过使用数百万抗体-抗原对训练得到的AI模型可以针对我们感兴趣靶点筛选模板抗体。Exscientia现在也正在扩展生物制剂发现领域的业务。2022年11月，Exscientia宣布其AI平台将包括人类抗体的设计；Exscientia 还在牛津建立了一个自动化生物制品实验室，以在内部生成和分析新型抗体。此外，AI在PROTAC药物的研究中有望成为新型驱动力。基于PROTAC的蛋白降解剂有着独特的优势，其中，最大的优势之一是能够靶向以往我们认为难以成药的靶点或突变蛋白。目前，全球尚无PROTAC药物获批上市，但近年来罗氏、辉瑞、拜耳、默沙东、GSK、诺华、阿斯利康等制药企业都在加大在PROTAC领域的研究投入。在前文中提到的冰洲石生物开发的AC0682就是一款口服生物可利用的PROTAC，旨在以高效力和选择性靶向和降解雌激素受体α（ERα）蛋白，用于治疗雌激素受体阳性的乳腺癌。此外，冰洲石生物还利用其ACCU-Degron技术平台开发了针对前列腺癌的雄激素受体（AR）降解剂和针对血液肿瘤的野生型和C481S突变的布鲁顿酪氨酸激酶（Bruton's tyrosine kinase，BTK）降解剂。对于 PROTAC，过去需要依赖高成本的反复试验来筛选具有合适连接片段的高效分子；利用AI，我们可以预测靶点蛋白质、E3泛素连接酶和潜在PROTAC的三元复合物的结构，以及相关的蛋白与蛋白间的相互作用，探索PROTAC的结构-活性关系，以帮助设计有效的PROTAC分子。用于PROTAC分子设计的方法包括Celeris Therapeutics构建的AI驱动平台Xanthos，国内研究机构开发的DeepPROTACs、PROTAC-RL等。

伴随着人工智能技术的快速迭代革新和商业模式的不断演化，我国创新药企业在AI+药物研发领域呈现了良好的发展态势。以非结构化数据作为数据基础、以AI作为计算分析手段的研发新范式正在改变药物研发行业。放眼全球，AI对临床前研究和临

床试验方面的技术探索也已经起步。剂型设计、新形态药物递送、临床患者分层、临床试验设计优化、临床结果预测、虚拟临床试验、真实世界研究等新的AI技术应用场景开始出现。可以预见，未来不论是AI辅助药物设计技术的应用探索，还是AI制药企业的发展重心，都会进一步向临床阶段的研究延伸。无论国内外，制药公司在决定布局数字化研发时不得不正视多重挑战和风险因素。2021年初，IBM考虑出售其"AI超级医生"Watson Health 业务。作为IBM人工智能的招牌业务，Watson Health 可以通过分析患者医疗记录，提供治疗方案选项。然而，Watson Health 成立十年来始终未实现盈利，面临越来越多的质疑。Watson Health在试图规模化落地的过程中，遭遇了来自不同维度的困难，这些困难也是AI制药领域的共同难题。

（1）药物研发领域数据的高壁垒、高成本、高机密性造成了优质数据的稀缺，量少而且高度有偏的企业内部数据给高质量的AI药物研发模型带来了很大的挑战。国际上，AI制药企业通过与制药巨头的合作获取后者长年积累的优质数据，这类数据主要集中用于小分子创新药物的研发。AI 辅助大分子药物设计，以及细胞疗法、基因疗法、RNA疗法研发，普遍面临着数据量不足的典型问题。大分子之间的作用和动态变化是更复杂的计算问题，目前已有的数据还不足以支撑AI技术产生高精度的算法。在国内，创新药研发起步较晚，药企和生物技术公司尤为受优质数据缺失的掣肘。近年来，联邦学习等新兴的分布式机器学习技术可以在保证数据隐私安全的前提下，实现多家机构之间的联合建模，为解决AI算法开发的数据问题提供了新的思路。国内已有一些机构开始对利用联邦学习进行协同药物开发开展可行性尝试，中国科学院上海药物研究所联合华为云发布AI药物联邦学习服务，同济大学联合微众银行开发了基于联邦学习的协作药物发现平台。

（2）深度学习模型的可解释性缺失会产生一定的信任度风险。可解释性模型不仅有助于活性和成药性的优化，更重要的是使得AI模型更加可信赖，这对于非技术人员或者参与新药研发的多学科背景研究人员来说非常重要。可解释性不仅仅是一个技术问题，更是社会公共治理问题，它涉及与相关政策法律要求的匹配，乃至与使用者和社会公众的沟通，是人工智能在制药领域落地的重要基础。

（3）AI技术的本土化水平不能满足中国的临床需求。举例而言，自2015年进入中国市场以来，Watson 已经在中国22个省区市、43个城市的近80家医院落地，但始终"水土不服"：Watson 不具备中西医结合的能力，而且会推荐国内尚未上市药物。中国人口众多，医院规模庞大，数据的规模和产生速度都在快速增加；具有9000亿元市场规模中药产业的现代化进程也在快速推进。将中国本土的医疗数据引入到AI制药研究中，可以规避本土化水平不足带来的风险。

（4）AI药物研发面临来自政策和人才的外部挑战。药物研发模式的改变需要相关政策和规范的同步更新，需要出台针对性的政策指南以建立共担和共享机制来处理AI

带来的技术、经济和道德风险。AI在药物领域的应用需要算法工程师和药学、化学家的紧密合作，更需要懂得AI技术和药物研发手段的交叉学科人才。Excientia是第一个将AI候选药物推进临床阶段的企业，公司的200多名员工中技术人员占比41.3%，药物发现科学家的比例则高达40.4%。人才培养模式的转变将显著影响我国在AI领域的持续竞争力，同时需要加大投入来构筑AI药物研发的技术基础和技术壁垒。随着我国AI人才的培养力度的加大，与国外人才储备上的差距会逐步缩小。

2023年是"十四五"规划中承上启下的关键一年，医药产业仍旧是被重点"点名"产业，"加强原创性引领性科技攻关"意味着AI辅助药物设计在新药研发领域的长期活跃。尽管近五年来国内资本投入的驱动和整体医药研发产业链相对缺失的矛盾导致中国医药研发投资回报呈现下降趋势，国内医药创新研发的成本仍然远低于全球并相对平稳，这得益于中国存在巨大的未被满足的临床需求。随着个人支付能力的增加和老龄化趋势等因素影响，中国医药支出的增长率高于全球。面对研发回报率的下降趋势，企业需要更先进的技术、更创新的产品和更优秀的外部引进策略来支撑增长。中国医药产业迎来继往开来的关键时期，AI掀起的技术革命浪潮将进一步驱动医药产业转型，推动中国医药产业高质量发展。

撰 稿 人：李叙潼　中国科学院上海药物研究所药物发现与设计中心
　　　　　郑明月　中国科学院上海药物研究所药物发现与设计中心
通讯作者：郑明月　myzheng@simm.ac.cn

第二十三章　纳米脂质体递送系统

一、概　　述

（一）纳米脂质体递送系统

根据美国FDA的定义，纳米制剂指尺寸分布在1—100 nm范围内的药物制剂，也包括尺度在此范围之外却显示出纳米尺寸效应的药物制剂形式。纳米脂质体特指尺寸分布在50—200 nm范围的脂质双分子层囊泡，可将毒副作用大、稳定性差的药物包裹在其中。纳米脂质体一般通过静脉注射给药，将携带的药物浓集于病灶部位，后通过与细胞膜融合将药物输送到细胞内部。与小分子药物相比，纳米脂质体制剂能延长药物半衰期，控制药物在体内的释放速率，减少给药频率，让人体获得平稳有效的血药浓度。纳米脂质体能够通过局部给药或者通过全身的血液循环，选择性地将药物浓集于靶组织、靶器官、靶细胞或者细胞类结构中，实现靶向治疗，在提高药物生物利用度的同时，降低药物可能对其他器官组织的伤害。纳米脂质体是目前获批上市最多的一类纳米制剂类型，目前已有26种药物在全球上市。近年来纳米脂质体技术发展迅速，还出现了脂质纳米粒（LNP）、免疫脂质体、长循环脂质体、磁性脂质体、膜融合脂质体和柔性脂质体等新型技术，极大丰富了制剂领域，不断突破治疗困境（表23-1）。纳米脂质体结构示意图见图23-1。

表23-1　部分新型纳米脂质体类药物概况

类别	技术特点	优势	劣势	代表公司	代表产品
温度敏感脂质体 ThermoDox	在一定的温度下，结构变化导致纳米脂质体膜的通透性发生改变，从而释放药物	控制释放	需外加热源，操作复杂	Celsion	ThermoDox（临床Ⅲ期）

续表

类别	技术特点	优势	劣势	代表公司	代表产品
脂质纳米粒（LNP）	由结构脂质（模拟细胞膜并屏蔽正电荷）和聚乙二醇修饰脂质（防止 LNP 聚集和与生物环境发生不必要的相互作用）形成	核酸包封率高，能够有效转染细胞，组织穿透性强，细胞毒性和免疫原性低	在血液中的滞留量大，引起免疫毒性	Alnylam	Onpattro（2018 年上市）
多囊脂质体 Depo Foam	由非同心的脂质双分子囊泡紧密堆积而成的泡沫状球形聚集体	持续释放药物；患者依从性好	工艺复杂、成本高，仅适用于实体瘤	Pacira	Exparel（2011 年上市）
免疫脂质体	单克隆抗体或其片段、受体修饰的纳米脂质体；借助其表面修饰与靶细胞表面过度表达或特有的标识物结合，释放药物	特异性地杀伤靶细胞，减少毒性	生产成本较高，制备工艺复杂	SynerGene Therapeutics	SGT-53（临床 II 期）
长循环脂质体	循环系统中稳定存在并使半衰期延长	增加肿瘤组织对它的摄取	在血液中的滞留量大，引起免疫毒性	Regulon	Lipoplatin（临床 III 期）
多糖脂质体	通过静脉注射或口服给药，然后在外界磁场的引导下富集于靶部位，并以配体介导的内吞的方式释药	控制释放	工艺复杂	北京茵诺医药科技有限公司	YN001（临床 I 期）
pH 敏感脂质体	使用 pH 敏感纳米脂质体材料，当脂质体处于中性环境中会保持稳定，在酸性条件下引发纳米脂质体膜不稳定而释放药物	环境敏感释放，提高药效和安全性	pH 敏感材料受影响因素多，设计复杂	暂无	暂无
融合脂质体	在传统纳米脂质体基础上引入具有融合特性的病毒而形成的一种新的给药系统，可与特定病毒融合，继而将这些病毒特异性地导入靶细胞	可以作为疫苗载体、低毒性	机制仍需进一步研究	暂无	暂无

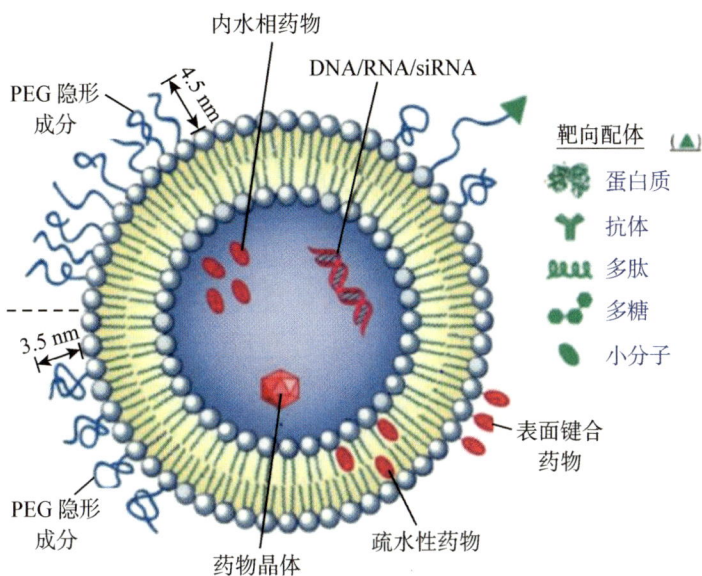

图23-1　纳米脂质体的结构示意图

（二）纳米脂质体的特点和优势

纳米制剂是一类高端复杂的载药系统，包括纳米脂质体、微球、胶束、白蛋白纳米粒、纳米晶等主要形式。纳米制剂由于原料特殊且工业生产技术复杂，所以当之无愧属于"高""精""尖"药品。纳米制剂设计的初衷是解决药物水溶性差、生物利用度低等问题，通过剂型的改良实现"老药新用"，从而满足临床需求，获得市场效益。微球是一种粒径在1—300 μm的生物物理靶向载药制剂。通过合适的制备工艺和处方，制备的载药微球可在几周或几个月时间内以一定的速率释放药物，减少给药次数，增加患者顺应性。对于蛋白质和多肽药物而言，微球是相当理想的载药系统。胶束是两亲性高分子材料在水相自发组装的纳米颗粒，粒径一般在20—100 nm，其疏水内核通过极性相容负载疏水药物，提升药物的生物利用度。

纳米脂质体是商业转化最为成功的纳米制剂，截至2023年1月全球范围内已上市26种纳米脂质体药物，应用于肿瘤、感染、神经、麻醉、眼科和诊断等多个领域。相比较微球、胶束、纳米晶等纳米制剂，纳米脂质体具有如下优势。①良好的药物兼容性：可有效负载水溶性和脂溶性药物于纳米脂质体内，增加药物溶解度，提高药物稳定性，改变药物体内分布。②高荷载：载药量高，药脂比可高达1∶3。③生物安全性好：纳米脂质体在体内可降解，无蓄积风险。④靶向作用：具有天然被动靶向性，也便于设计成主动靶向制剂，减轻药物的毒副作用。和普通制剂相比，纳米脂质体制剂在各个疾病领域都具有一定的优势，如在肿瘤领域，纳米脂质体包裹的药物比游离药物的毒性要降低50%—70%，抑癌活性上纳米脂质体制剂则高于游离药物。表23-2为纳米脂质体应对不同适应证的产品开发情况。

表23-2　纳米脂质体应对不同适应证的产品开发情况

适应证	优势	上市产品
肿瘤领域	纳米脂质体包裹的药物比游离药物的毒性要降低50%—70%，抑癌活性上比游离药物高	盐酸多柔比星纳米脂质体注射液、注射用紫杉醇纳米脂质体和盐酸伊立替康纳米脂质体注射液等
感染领域	抗感染药物一般毒性较大，纳米脂质体包裹后可以降低治疗剂量，安全性大大提高	注射用两性霉素 B 纳米脂质体
麻醉药领域	缓释，延长作用时间	布比卡因纳米脂质体注射液
眼科领域	增加角膜通透性、缓释和降低毒性反应	暂无
神经领域	通过表面修饰血脑屏障靶向配体脂质体，可以跨越血脑屏障	暂无
肽和酶领域	半衰期显著提高，纳米脂质体还能增加细胞对超氧化物歧化酶（SOD）的摄取能力，从而更好地保护细胞免受自由基损伤	暂无
核酸领域	核酸包封率高并且能够有效转染细胞，组织穿透性强，细胞毒性和免疫原性低	Onpattron
诊断领域	具有荧光性酶活性物质包封于纳米脂质体中。在纳米脂质体上连接特异性抗体。当纳米脂质体上抗体与抗原结合后，脂质体破裂，释放出荧光物质，测其荧光强度，得到抗原含量	Onpattron

（三）纳米脂质体递送技术分类

纳米脂质体通过特殊结构设计和改造，可实现被动靶向、主动靶向、物理化学靶向等多种体内药物控制释放形式。其中被动靶向（自然靶向）纳米脂质体指利用体内特定组织器官的生理特点使药物选择性富集于病变部位，并逐渐释放药物而发挥疗效。主动靶向纳米脂质体是用特殊配体（抗体、多糖等）修饰的纳米脂质体作为递送"导弹"，使其在血液循环过程中不易被单核巨噬细胞系统清除，通过体内的亲和识别作用将药物定向地运送到靶部位，加速细胞内吞，在提高药物生物利用度的同时，降低药物可能对其他器官组织的伤害。物理化学靶向纳米脂质体是应用物理化学方法（磁力、超声、红外、病灶局部微环境）辅助纳米脂质体在特定部位发挥药效，如利用体外磁场将磁性载药微粒导向靶部位的制剂、热敏脂质体、pH敏感脂质体。

（四）纳米脂质体的核心成分

已上市纳米脂质体使用的主要成分有甘油磷脂（GP）、鞘磷脂（SM）、胆固醇（Chol）和聚乙二醇化脂质（PEG）。甘油磷脂是甘油连接一对疏水脂肪酸尾链和亲水极性头部。疏水脂肪酸尾链（R1和R2）可以是饱和或不饱和脂肪酸。亲水极性头部则可以为磷脂酰胆碱（PC）、磷脂酰乙醇胺（PE）、磷脂酰丝氨酸（PS）、磷脂酰肌醇（PI）、磷脂酸（PA）、磷脂酰甘油（PG）和心磷脂。鞘磷脂与甘油磷脂具有相似的结构，只是甘油被鞘氨醇取代。含有SM/Chol的纳米脂质体具有最佳的药代动力学特性，如延长循环时间，提高了药物的靶向递送效率和释放率。胆固醇是纳米脂质体双分子层膜中另一主要成分。胆固醇可以改善脂质链和双分子层形成的结构，调节膜的流动性和刚性，进一步影响药物释放、纳米脂质体的稳定性和药代动力学。mPEG-DSPE是甲氧基聚乙二醇（M_w=2 kDa）和DSPE共价连接形成，用于制备"隐形"和空间稳定的纳米脂质体。聚乙二醇（PEG）的分子量和mPEG-DSPE在脂质组成中的摩尔比例对双分子层结构、循环时间和热力学稳定性都有重要影响。高分子量的PEG（ > 2 kDa）连接到脂质头部基团，会在纳米脂质体表面形成排斥力，防止纳米脂质体结合血清蛋白质和避免被单核吞噬细胞系统（MPS）快速清除，但同时也会降低靶细胞对纳米脂质体的内吞作用。而低分子量PEG（ < 750 Da）的空间稳定作用则不够明显。此外纳米脂质体为RNA递送的困境提供了有效途径，使得基因药物和疫苗给药取得了重大突破，其中的独特成分可电离脂质在保护RNA和促进胞质转运方面发挥着重要作用。可电离脂质在酸性环境下带正电荷，可将RNA聚集到LNP中，在生理pH下（中性），将毒性降至最低。细胞摄取后，LNP在酸性内体中质子化，并与阴离子内体磷脂相互作用形成与双层不相容的锥形离子对，这些阳离子-阴离子脂质有助于膜融合-破坏、内体逃逸和药物释放。

（五）纳米脂质体的制备工艺

相较其他纳米制剂，纳米脂质体的制备工艺具有更为成熟的工业放大体系。常用的制备方法有薄膜水化法、乙醇注射法、复乳法等。粒径和粒度分布是影响纳米脂质体性质和安全性的关键因素。用于纳米脂质体粒径控制的方法有水浴超声或探针超声法、弗氏压碎器（French press）法、挤出法、均质法或组合法（冻融挤出法、冻融超声法、高压均质技术）。在这些技术中，挤出技术（extrusion technology）和高压均质（high-pressure homogenization，HPH）技术是纳米脂质体最常用的粒径控制技术。最理想的产品设计是高载药量同时尽量减少辅料用量，达到预期的治疗药物浓度，减少给药体积，缩短给药时间。通常使用两种载药技术，即被动载药和主动载药。此外，还有一些其他的药物包封方法，如药物-脂质共价偶联，被动和主动联合包封药物。

（六）国内外纳米脂质体上市产品情况

现有上市纳米脂质体药物载体旨在解决保护包载活性成分不被生理环境降解、延长药物半衰期、控制药物分子释放、提高药物生物相容性和安全性，解决抗肿瘤和抗感染类药物耐受性差、毒性高等问题。在已上市的纳米脂质体产品中，43%的产品是2000年之前获批，57%的产品是2010年之前获批。作为纳米脂质体成功应用的典型代表，1995年，FDA批准首款纳米脂质体注射剂药物Doxil（盐酸多柔比星纳米脂质体注射液，欧盟上市商品名为Caelyx），用于治疗卵巢癌、艾滋病相关的卡波西肉瘤和多发性骨髓瘤。与多柔比星药物相比，Doxil由于长循环半衰期（45小时）显示出更强的疗效和更低的心脏毒性。此外，Doxil还能通过肿瘤部位增强的通透性和保留（EPR）作用靶向肿瘤。Doxil在2001年达到年销售额峰值6亿美元，取得了巨大的商业成功，并且带动了整个纳米脂质体行业的发展，后续一批具有显著临床优势的纳米脂质体药物先后上市：Ambisome（注射用两性霉素B纳米脂质体）于1997年获得批准用于治疗深部真菌感染，DepoDur（硫酸吗啡纳米脂质体注射液，2004年）和Exparel（布比卡因纳米脂质体注射液，2011年）作为麻醉剂进入市场。Depocyt（注射用阿糖胞苷纳米脂质体，1999年）、Margibo（硫酸长春新碱纳米脂质体注射液，2012年）、Onivyde（伊立替康纳米脂质体注射液，2015年）和Vyxeos（注射用柔红霉素阿糖胞苷纳米脂质体，2017年）获批，涉及肿瘤、感染、麻醉、疫苗、肺部疾病和光动力治疗等诸多领域，主要为无菌混悬液和冻干粉（表23-3）。纳米脂质体制剂在肿瘤、心血管、脑部神经系统和基因治疗领域具有突出的优势，随着26款纳米脂质体药物（含疫苗）相继上市，纳米脂质体适应证的拓宽及高端制剂市场潜力的爆发，纳米脂质体已受到全球制药公司及资本市场的关注。

表23-3 FDA批准上市纳米脂质体品种

序号	产品（批准时间）	给药方式	药物成分	脂材（摩尔比）	适应证	公司
1	Doxil（1995年）	i.v.	多柔比星	HSPC：胆固醇：PEG2000-DSPE（56：39：5）	卵巢癌、乳腺癌、卡波西肉瘤	Sequus
2	DaunoXome（1996年）	i.v.	柔红霉素	DSPC：胆固醇（2：1）	AIDS相关卡波西肉瘤	NeXstar
3	Depocyt（1999年）	脊椎麻醉	阿糖胞苷	DOPC、DPPG、胆固醇、三油酰甘油酯	恶性淋巴瘤	SkyPharam
4	Myocet（2000年）	i.v.	多柔比星	EPC：胆固醇（55：45）	乳腺癌	Elan
5	Mepact（2004年）	i.v.	米伐木肽	DOPS：POPC（3：7）	骨肉瘤	Takeda
6	Marqibo（2012年）	i.v.	长春新碱	SM：胆固醇（60：40）	AML和黑色素瘤	Talon
7	Onivyde（2015年）	i.v.	伊立替康	DSPC：PEG-2000：DSPE（3：2：0.015）	转移性上皮膀胱癌	Merrimack
8	Abelcet（1995年）	i.v.	两性霉素B	DMPC：DMPG（7：3）	真菌感染	Sigma-Tau
9	Ambisome（1997年）	i.v.	两性霉素B	HSPC：DSPG：胆固醇：两性霉素B（2：0.8：1：0.4）	真菌感染	Astellas
10	Amphotec（1996年）	i.v.	两性霉素B	胆甾醇硫酸：两性霉素B（1：1）	真菌感染	Ben Venue Laboratories
11	Visudyne（2000年）	i.v.	维替泊芬	DMPC：EPG（1：8）	脉络膜血管增生	Novartis
12	DepoDur（2004年）	硬脊膜外麻醉	吗啡	DOPC、DPPG、胆固醇、三油酰甘油酯	术后疼痛	SkyPharma
13	Exparel（2011年）	i.v.	布比卡因	DEPC、DPPG、胆固醇、三辛酸甘油酯	卵巢癌、乳腺癌、NSCLC	Pacira

续表

序号	产品（批准时间）	给药方式	药物成分	脂材（摩尔比）	适应证	公司
14	Epaxal（1993 年）	i.m.	甲肝疫苗	DOPC ∶ DOPE（75 ∶ 25）	预防甲型肝炎	Crucell，Berna Biotech
15	Inflexal V（1997 年）	i.m.	流感疫苗	DOPC ∶ DOPE（75 ∶ 25）	预防流感	Crucell，Berna Biotech
16	Lipo-Dox（2012 年）	i.v.	多柔比星	PEG-DSPE，DSPC	黑色素瘤、转移性乳腺癌、卵巢癌、多发性骨髓瘤	Sun Pharam
17	Vyxeos（2017 年）	i.v.	阿糖胞苷/柔红霉素	DSPC	急性粒细胞白血病	Celator
18	Onpattro（2018 年）	i.v.	Patisiran	胆固醇 USP	转甲状腺素蛋白淀粉样变性引起的神经损伤	Alnylam
19	力朴素（2007 年）	i.v.	紫杉醇	EPC	卵巢癌、乳腺癌、NSCLC	绿叶思科

注：i.v.，静脉注射；HSPC，氢化大豆磷脂；PEG2000-DSPE，甲氧基聚乙二醇磷脂；DSPC，二硬脂酰磷脂酰胆碱；DOPC，1，2-二油酰基-sn-甘油-3-磷酸胆碱；DPPG，二棕榈酰磷脂酰甘油；EPC，蛋黄卵磷脂；DOPS，二油酰基磷脂酰丝氨酸；POPC，棕榈酰油酰磷脂酰胆碱；SM，神经鞘磷脂；AML，急性髓系白血病；DSPE，1，2-二硬脂酰基-sn-甘油-3-磷酸乙醇胺；DMPC，二肉豆蔻酰磷脂酰胆碱；DMPG，二肉豆蔻酰磷脂酰甘油；DSPG，二硬脂酰磷脂酰甘油；DEPC，二芥酰磷脂酰胆碱；NSCLC，非小细胞肺癌；i.m.，肌内注射；DOPE，二油酰磷脂酰乙醇胺；USP，大豆卵磷脂。

国内目前上市的纳米脂质体注射剂产品有盐酸多柔比星纳米脂质体注射液、注射用两性霉素B纳米脂质体、注射用紫杉醇纳米脂质体、盐酸米托蒽醌纳米脂质体注射液和盐酸伊立替康纳米脂质体注射液，主要适应证为肿瘤。国内目前生产厂家包括石药集团、绿叶制药、复旦张江和上药新亚等。目前我国纳米脂质体注射剂以盐酸多柔比星纳米脂质体注射液、注射用两性霉素B纳米脂质体和注射用紫杉醇纳米脂质体三大品种为主（表23-4）。

表23-4　国内部分已上市纳米脂质体注射剂情况

商品名	活性成分	生产厂家	适应证	获批时间	销售额（2021年）
盐酸多柔比星纳米脂质体注射液	多柔比星	石药集团欧意药业	多种肿瘤	2011年	28.5亿元
盐酸多柔比星纳米脂质体注射液	多柔比星	复旦张江	多种肿瘤	2012年	5.9亿元
注射用两性霉素B纳米脂质体	两性霉素B	上药新亚	感染	2003年	1亿元
注射用紫杉醇纳米脂质体	紫杉醇	绿叶制药	多种肿瘤	2003年	9.6亿元
盐酸多柔比星纳米脂质体注射液	多柔比星	常州金远	多种肿瘤	2012年	12.5亿元
盐酸米托蒽醌纳米脂质体注射液	米托蒽醌	石药集团中诺药业	多种肿瘤	2022年	
盐酸伊立替康纳米脂质体注射液	伊立替康	Ajinomoto Althea	多种肿瘤	2022年	2.8亿美元

二、我国研发纳米脂质体递送技术的意义

"十三五"期间，规模以上医药工业增加值年均增长9.5%，高出工业整体增速4.2个百分点；越来越多的创新药研发企业走出国门，开拓海外市场。面对人民群众日益增长的就医用药需求，我国医药产业发展仍然面临短板，具有自主知识产权的重大原创药物和引领性的医疗技术相对缺乏，高端制剂创制能力较弱。因此发展新型纳米制剂技术是推动我国跻身医药强国行列的契机。2016年发布的《化学药品注册分类改革工作方案》和2020年发布的《化学药品注册分类及申报资料要求》均将境内外均未上市的改良型新药（指在已知活性成分的基础上，对其结构、剂型、处方工艺、给药途

径、适应证等进行优化，且具有明显临床优势的药品）列为2类新药，其中将含有已知活性成分的新剂型（包括新的给药系统）、新处方工艺、新给药途径，且具有明显临床优势的药品列为2.2类新药。另外，从2015年以来，国家相关部门不断出台政策优化新药审评审批程序，加快新药上市。优先审评审批的范围包括使用先进制剂技术、创新治疗手段、具有明显治疗优势的创新药。近几年，国家相关部门多次出台政策明确提出要重点发展脂质体、脂微球、纳米制剂等复杂制剂技术。2016年11月，工信部、国家发改委、科技部、商务部、国家卫计委、国家食药监总局等六部门联合印发《医药工业发展规划指南》，将化学药中的高端制剂列为重点发展领域，并提出要重点发展脂质体、脂微球等新型注射纳米给药系统，推动高端制剂达到国际先进质量标准。2022年1月，工业和信息化部、国家发展和改革委员会等9部门联合印发《"十四五"医药工业发展规划》，提出在化学药技术方面，重点开发具有高选择性、长效缓控释等特点的复杂制剂技术，包括微球等注射剂，缓控释、多颗粒系统等口服制剂，经皮、植入、吸入、口溶膜给药系统，药械组合产品等；在生物药技术方面，提出重点开发生物药新给药方式和新型递送技术等。

（一）纳米脂质体应用领域广

纳米脂质体给药系统在降低药物毒性、增加药物在靶点聚集和提高药物疗效等方面起着非常重要的作用。目前研究人员已设计出膜上载有或不载有靶识别分子的纳米脂质体，包括抗肿瘤药、抗寄生虫药、抗真菌药、激素、多肽、酶类药物及用于疫苗、基因治疗和免疫诊断的药物。

纳米脂质体在药物递送中最主要的适应证在癌症治疗领域，纳米脂质体包封抗肿瘤药的生物利用度和选择性优于游离药物，纳米脂质体可降低抗肿瘤药物对正常组织的毒性，还可通过增强的渗透性和保留（EPR）效应提高疗效，增加疏水性药物的水溶性，延长药物停留时间，实现药物控制释放。

第二类应用领域为抗真菌药物。例如，两性霉素B是一种广谱多烯抗生素，几十年来一直在医学上使用，被认为是治疗侵袭性真菌感染的金标准。虽然具有很高的抗真菌活性，但两性霉素B有严重的副作用，尤其是肾毒性，纳米脂质体两性霉素表现出良好的药代动力学特征并能显著降低药物的副作用。

第三类应用领域包括基因治疗和疫苗。核酸是多价阴离子和高度亲水性分子，因此几乎不被细胞吸收。核酸也很容易被血液中的核酸酶降解。因此，核酸药物需要递送载体才能进入细胞并发挥作用。纳米脂质体是递送核酸药物的成功方法之一。核酸药物Patisiran（ONPATTRO）是一种用纳米脂质体递送siRNA的基因药物，能够减少肝脏中转甲状腺素蛋白的形成，最近获得FDA批准用于治疗遗传性转甲状腺素蛋白淀粉样变性。它是最早获批的 siRNA 药物，是核酸治疗药物发展的重要里程碑。最新成功应用的纳米脂质体是辉瑞的 BioNTech 和 Moderna 最近批准的两种 COVID-19 mRNA 疫苗的递送载体，这些疫苗以无与伦比的速度开发并上市使用，并在疾病预防方面显示出显著的效果。基于 LNP 的 mRNA 疫苗已进入针对多种传染病的临床试验，如针对寨卡病毒、巨细胞病毒、结核杆菌和流感病毒的核苷修饰 mRNA 疫苗。mRNA 治疗性疫苗在针对黑色素瘤、卵巢癌、乳腺癌和其他实体瘤的癌症免疫治疗方面具有巨大潜力。

第四类适应证包括罕见病治疗。蛋白质替代疗法是一种用于替代或补充患者体内缺乏或缺失蛋白质的医学疗法。它通过改造 mRNA 编码感兴趣的蛋白质达到治疗目的。LNP 是输送 mRNA 到细胞的首选载体，使用 mRNA 表达治疗性蛋白质有望治疗多种疾病，但基于 LNP 的 mRNA 药物通常需要长时间重复给药，因此需要进行仔细的安全分析和测试。

（二）纳米脂质体市场空间巨大

随着当前社会老龄化程度加剧，肿瘤、心血管系统、脑部和神经系统疾病患病率也随之升高，纳米脂质体作为治疗药物的良好载体，为尚未满足的临床需求提供了新机遇，进而迸发出大量行业机遇。作为高端制剂的一种，它拥有许多不可比拟的优势且有非常好的临床表现，是许多企业争相布局的高端制剂类型之一。在我国，纳米脂质体市场自 2017 年起正式进入快速放量阶段，至 2020 年销售规模已超过百亿元人民币，销售市场主要由盐酸多柔比星纳米脂质体注射液、注射用紫杉醇纳米脂质体两者共同撑起。在 2020 年中国公立医疗机构终端这两种药的销售额均超过 20 亿元，另外注射用两性霉素 B 纳米脂质体的市场体量也超过 1 亿元。国内对于纳米脂质体的研发处于相对良好的竞争态势，但不乏部分"火爆"品种，包括布比卡因纳米脂质体注射液、盐酸米托蒽醌纳米脂质体注射液、盐酸伊立替康纳米脂质体注射液、注射用前列地尔纳米脂质体、注射用多西他赛纳米脂质体等，其中盐酸伊立替康纳米脂质体注射液竞争激烈，恒瑞医药、石药集团、绿叶制药等 9 家企业争夺国内首款产品。

纳米脂质体注射剂市场销售额从 2016 年的 32.7 亿元增长至 2019 年的 62.2 亿元，年复合增长率为 23.90%。我国纳米脂质体注射剂销售市场被传统大型药企占据。国内纳米脂质体注射剂目前的生产厂家包括石药集团、绿叶制药、复旦张江、常州金远和上药新亚等传统大型药企，以茵诺医药为代表的 Biotech 企业也开始涉足该领域。2019 年及以前，绿叶制药凭借其核心产品力扑素（注射用紫杉醇纳米脂质体产品）占据国内纳米脂质体市场销售额最大份额。同期，石药集团的盐酸多柔比星纳米脂质体注射液产品开始放量，2021 年样本市场销售额达到 28.5 亿元，石药集体占据 2021 年国内公立样本医院纳米脂质体市场销售额的 50%。

此外，纳米脂质体不仅能够用于疾病的治疗和诊断，而且在生物化学、生物物理学、免疫学及免疫诊断等许多领域中得到了应用。此外，纳米脂质体在食品、化妆品及血液学等行业也有应用价值。

（三）纳米脂质体技术门槛高

从技术的角度讲，与创新药散发式创新不同，纳米脂质体是一个平台化技术，工业化生产制造门槛虽非常高，但却可以支持产品的迭代更新，后续可以不断地开发不同诊断、示踪用途的创新产品，以及向递送技术方向延展。目前纳米脂质体已经从早期的用于对小分子药物的减毒增效功能，拓展到更为先进的靶向控释系统——基于病灶的特殊的生理环境和特点，有选择地将其包载的活性成分递送至病变部位，从而减少全身副作用，进一步提高药物耐受剂量和改善治疗效果。

（四）纳米脂质体研发风险低

纳米制剂凭借进入壁垒高、研发工艺难度大、竞品少、受集采政策影响小，已成为备受资本青睐的黄金赛道，具有明显的研发经济学优势，追逐热潮也已经在医药行业内逐渐涌现。按研发进展预测，2022—2025年将有大批高端制剂产品上市，迎来市场爆发期。相比于普通仿制药，高端纳米制剂研发工艺及市场准入壁垒高，竞品少；相比于原研药，高端纳米制剂研发周期短，能有效节约研发成本（表23-5）。因此高端制剂是企业差异化发展的高性价比方向，其产品创造的收入不亚于新分子实体。

表23-5　原研药、高端纳米制剂、普通仿制药对比

类型	原研药	高端纳米制剂	普通仿制药
临床前研究	3—5 年	1—3 年	无
临床研究	8—15 年	5—8 年	无
必要研究	安全性与有效性	安全性与有效性	可使用已有文献或 FDA 结论生物等效性
上市时间	长	中	短
研发成本	★★★	★★	★
市场独占期	14 年	3—5 年	180 天
专利保护	强	强（2.2 类新药）	无
毛利率	★★★	★★	★
市场竞争		★★	★★★

（五）纳米脂质体递送技术挑战

目前我国纳米脂质体产业发展仍以仿制国外上市产品为主导，发展纳米脂质体的应用和技术拓展主要面临以下挑战。①技术壁垒高：开发纳米脂质体需解决粒度分布、载药率、包封率、无菌度、稳定性等诸多难题，目前国内缺乏成熟的经验，没有形成完整的技术体系。②优质辅料欠缺：纳米脂质体的物理特性与生物药剂学特性各异。关键辅料PEG化磷脂价格高昂且为国外公司垄断。③产业化设备缺乏：国外上市的纳米脂质体因设计上的差别，使用技术和生产工艺大相径庭，生产设备也多为厂家定制，难以直接购买。④质量控制难：纳米脂质体的制备方法多，工艺复杂，质量控制点多，质量一致性难以保障。⑤技术人员缺乏：目前国内缺乏很成功的纳米脂质体开发案例和技术人才，要集齐研发生产和质量人员存在的挑战不小。

纳米脂质体已经成为全球医药市场增长的新引擎，但大规模产业化能力薄弱成为整个行业的痛点。首先，纳米脂质体集独特的尺寸效应、表界面效应与小分子的特性于一身，展示出独特的药代动力学和毒理效应，其开发工艺要比小分子更为复杂。而制约实现大规模产业化的，在于难以保证批量生产的高质量工艺。以产品的生产过程为例，该类技术的基础研发需要跨学科技术，横跨材料学、影像学、制剂学、药理学等多个学科，技术更新快，传统药企或医疗器械企业很难切入。其次，纳米脂质体特殊注射剂的生产过程复杂，质量不易控制。例如，其膜材选择、水化介质选择及成膜的过程和工艺，将决定纳米脂质体体内行为特征，一旦其中一个环节出错或者未把控好质量，产品的整体质量就会出现问题。由于纳米脂质体是单层泡，是动力学竞争、热力学不稳定状态，其关键参数的范围很窄，容错率极低，在实验室摸索出来的参数参考价值有限，只有在工业化设备上生产出相同质量的产品才有意义。未来，随着工业界对纳米制剂研究的热度攀升，先进控释纳米脂质体的研发还将面临激烈的市场和知识产权的挑战，未来的市场将由掌握核心知识产权的平台型纳米药物研发企业主导，功能脂质研发、特殊辅料合成、生物活性筛选平台、高端制剂关键质量参数研究等方面的自主知识产权将成为纳米脂质体研发企业的核心竞争力。

三、国内外纳米脂质体递送系统研发进展

（一）纳米脂质体递送小核酸药物

21世纪以来，多组分制剂处方发生了根本改变，纳米脂质体用于基因治疗取得极大的进展，并用于递送寡核苷酸实现基因治疗。寡核苷酸具备的生物学功能使其表现出比小分子药物更高的治疗指数，但由于其生理条件下的不稳定性和难以透过细胞膜，

很难直接用于疾病治疗，因此核酸递送系统成为基因药物开发的关键技术。

2018年基于纳米脂质体递送基因药物取得重大突破，FDA批准了Onpattro（Alnylam Pharmaceuticals，Inc.，Cambridge，MA，USA）和Sanofi Genzyme（Cambridge，MA，USA），由纳米脂质体纳米粒子（LNP）包裹siRNA用于治疗遗传性转甲状腺素蛋白淀粉样变性患者的多发性神经病。该LNP由DLin-MC3-DMA脂质、二硬脂酰磷脂酰胆碱（DSPC）、胆固醇和PEG脂质（PEG-DMG）组成，PEG脂质在体内将颗粒靶向肝细胞。在酸性介质（pH～4）中，LNP中的阳离子纳米脂质体可以通过静电作用与核苷酸形成复合物。在生理pH（7.4）条件下，该制剂会带中性电荷，更隐蔽，从而抑制与其血液成分的相互作用。当这些LNP被细胞内化时，这些结构脂质带正电，从而促进其与带负电的内溶酶体膜的复合。这种与细胞组分的相互作用会破坏纳米脂质体并将核酸释放到胞质中，从而发挥作用。研究表明，可电离脂质的结构和pK_a对药物向靶细胞的输送效率有至关重要的作用。例如，Onpattro中的可电离脂质（Dlin-MC3-DMA）的pK_a为6.44，其药物递送效率比pK_a为6.7的Dlin-KC2-DMA高10倍。然而，应注意的是，脂质结构的细微差异可导致LNP的组装结构发生变化，从而导致不同的形态和药物递送情况。为了提高颗粒稳定性，处方中加入了具有两个饱和酰基链和一个大头基的DSPC。这些脂质产生圆柱形几何形状，并在LNP中发挥辅助脂质的作用，以维持外层结构并促进Onpattro的形成。颗粒表面的PEG-DMG由于隐形特性有效避免了颗粒聚集，并延长了体内循环时间。mRNA分子量大，亲水性强，工业生产比较容易，但自身的单链结构也导致它极其不稳定，易被降解，实现跨越细胞膜递送亦是极大挑战。随着两款基于纳米脂质体递送的mRNA疫苗被批准用于预防CDVID-19，纳米脂质体再次成为炙手可热的递送载体。这些技术引发了人们对进一步开发基因疗法和新型给药系统的极大兴趣。此外，纳米脂质体也便于快速大规模生产，这是进入临床试验和商业应用的一个显著优势。

（二）主动靶向纳米脂质体递送系统

茵诺医药经历9年时间，创新性地建立了国内首个主动靶向纳米脂质体技术平台，利用纳米脂质体包裹提高药物利用率并大幅降低毒性的同时，将药物精准递送至疾病靶点，提高治疗效率。该技术平台应用范围广，不受疾病领域限制，目前正在开发的产品主要有动脉粥样硬化治疗药物YN001、动脉粥样硬化诊断试剂YN002、脑胶质瘤治疗药物YN003，以及胰腺癌治疗药物YN004等。YN001是全球首个进入临床试验阶段的动脉粥样硬化特效药，通过将药物精准递送到动脉粥样硬化斑块，可缩小斑块体积50%以上，有效预防和治疗冠心病和缺血性脑卒中，有望颠覆并替代现有治疗药物、支架植入和冠脉搭桥等治疗手段，大幅降低患者用药和手术费用，大大减轻患者手术痛苦。YN001获得"十四五"国家重点研发计划支持，拥有完全自主知识产权（PCT专利10个），近日已成功获得美国FDA的IND批件，且已在澳大利亚启动临床试验。

茵诺医药基于主动靶向纳米脂质体技术平台具有较强的延展性能。纳米脂质体可以负载化疗药物、小分子核酸、抗体、光敏剂等药物，实现化疗、基因治疗、免疫治疗和光动力治疗等多种治疗模式，如若进一步融合多种疗法组合使用，可以实现治疗效果的攀升，目前北京茵诺正在积极探索该方向应用。

（三）纳米脂质体仿制药物

国内目前有盐酸伊立替康纳米脂质体注射液、注射用紫杉醇纳米脂质体、注射用硫酸长春新碱纳米脂质体、注射用两性霉素B纳米脂质体和注射用熊果酸纳米脂质体等20来项在研纳米脂质体注射剂项目，适应证主要包括肝癌、肺癌、乳腺癌、胃癌等癌症领域以及真菌感染、术后镇痛等领域。研发公司主要包括石药集团、绿叶制药、齐鲁制药、四川科伦等大型传统药企。

石药集团是一家集创新药物研发、生产和销售于一体的国家级创新型企业。公司的纳米技术平台已研发了包括纳米脂质体、白蛋白纳米制剂、聚合物胶束及用于递送核酸药物与核酸疫苗的脂质纳米粒在内的多项核心递送技术，相关管线布局在国际上亦处于领先地位。公司已上市2款纳米脂质体注射剂，拥有5款在研纳米脂质体药物。盐酸多柔比星纳米脂质体注射液（多美素）是石药集团上市的第一款纳米脂质体注射剂药物。多美素是由石药集团新型药物制剂与辅料国家重点实验室研发及国家重大新药创制项目支持的产品，并被美国《国家综合癌症网络（NCCN）指南》及中国临床肿瘤学会（CSCO）推荐用于一线治疗淋巴瘤、卵巢癌、复发或转移乳腺癌、软组织肉瘤、艾滋病相关的卡波西肉瘤等。多美素于2021年5月通过一致性评价，为扩大市场占有率提供了有力的保障。多恩达是全新升级的米托蒽醌纳米脂质体药物，是石药集团自主研发的2类新药，并获得多个国家的专利授权。多恩达通过纳米脂质体包裹，改变了米托蒽醌在体内的药代动力学和组织分布，降低了心脏毒性及其他非血液学毒性，亦有效降低了输注反应、手足综合征、皮肤黏膜毒性等纳米脂质体常见的不良反应；可以给予更高给药剂量，拥有更高的抗肿瘤活性及更持久的疾病缓解能力；实现了靶向肿瘤，精准触发；延长了药物体内循环，改善了普通蒽环类药物治疗NK/T细胞淋巴瘤耐药的问题，为复发/难治性外周T细胞淋巴瘤（PTCL）的治疗提供了新的选择。米托蒽醌作为细胞周期非特异性药物，抗瘤谱十分广泛，除主要适应证恶性淋巴瘤、乳腺癌和急性白血病外，对肺癌、卵巢癌、黑色素瘤、多发性骨髓瘤等均有一定的疗效。石药集团正积极拓展多恩达在白血病、多发性骨髓瘤等血液肿瘤和头颈部肿瘤、卵巢癌等实体瘤方面的临床开发，并进行全面布局。多恩达用于治疗复发或难治性PTCL于2022年1月获得药品注册批件，并于2月上市。公司在研的纳米脂质体药物包括伊立替康纳米脂质体注射液、注射用两性霉素B纳米脂质体、注射用柔红霉素阿糖胞苷纳米脂质体、注射用紫杉醇阳离子纳米脂质体和注射用前列地尔纳米脂质体，其中，伊立替康纳米脂质体注射液和注射用两性霉素B纳米脂质体已完成关键临床试验，其余3款纳米脂质体药物处于前期临床阶段（表23-6）。受益于纳米技术平台的赋能，石药集团目前发力打造高质量的核酸药物开发平台，实现端到端的研发能力。以mRNA疫苗为先行军，正在布局其他疫苗产品及小核酸领域的慢病产品。

表23-6　公司在研纳米脂质体药物情况

候选药物	种类	适应证	阶段
伊立替康纳米脂质体注射液	纳米脂质体	胰腺癌	关键临床试验完成
注射用两性霉素B纳米脂质体	纳米脂质体	侵袭性真菌感染	关键临床试验完成
注射用柔红霉素阿糖胞苷纳米脂质体	纳米脂质体	白血病	前期临床阶段
注射用紫杉醇阳离子纳米脂质体	纳米脂质体	肿瘤	前期临床阶段
注射用前列地尔纳米脂质体	纳米脂质体	心血管	前期临床阶段

四、展　　望

作为工业化最为成功的高端制剂，纳米脂质体行业正在飞速发展，随着核心技术的更新迭代，纳米脂质体更是在基因治疗和疫苗领域得到了重要突破而得到了行业高度认可。近年来满足不同临床需求的纳米脂质体药物接连获批，且显示出巨大的临床应用优势，正日益受到全球制药公司的关注。我国纳米脂质体研究起步晚，上市品种集中在肿瘤领域且均为仿制药，对于新进入者而言，差异化的适应证布局有望拓展市场，避免产品陷入同质化竞争，成为集中采购的基石甚至需要面对价格战。除了适应证创新外，也可以借鉴国外主动靶向纳米制剂新型技术，如主动靶向、药物负载提升等，来增加企业产品的创新性。纳米脂质体有其平台属性，随着递送技术的迭代升级，可以进一步拓展研发管线及疾病领域，建立高技术壁垒的企业在未来市场上更具竞争优势。

撰　稿　人：马　茜　首都医科大学附属安贞医院

　　　　　　孙洁芳　北京市疾病预防控制中心

　　　　　　汲逢源　北京茵诺医药科技有限公司

通讯作者：马　茜　fsmaqian@163.com

第二十四章　环状RNA研究现状及产业前景

一、概　　述

（一）环状RNA研究概况

近十年来，环状RNA研究几乎从零开始，但发展迅猛。特别是自2020年新冠疫情以来，生物产业领域认识到既可以将环状RNA作为药物新靶点或疾病诊断的标志物，又可以人工合成环状RNA导入体内用作疫苗或治疗癌症等疾病的核酸药物。2020—2022年，每年有2000篇左右的研究论文以环状RNA为主题，另外还有100篇以上的综述发表；环状RNA相关专利申请超200项/年。2021年在全球开启了环状RNA研发和产业化的投资热潮。可以预见，环状RNA的分析、制备和应用必将成为生物经济的未来关键技术。

环状RNA（circRNA）一般指在细胞内产生的，无5′-端的环状单链RNA，是具有闭环的线型大分子结构。虽然有些环状RNA因源于5′-端与2′-OH形成的磷酸二酯键（RNA剪接形成的套索结构副产物）而带有一个游离的3′-OH，但绝大部分是由线性RNA的5′-端与3′-端经反式剪接（back-splicing）相连而成（主链全部由5′—3′磷酸二酯键相连）。20世纪70年代发现了类病毒（viroid）等环状RNA，科学家们认为它只是偶然发生的、无功能的异常剪接副产物。从2012年开始，高通量RNA测序（RNA-seq）等技术的发展大大促进了环状RNA研究领域的发展。例如，仅在哺乳动物和人体细胞中就已经发现了数万种长度不同的环状RNA。同线性RNA一样，环状RNA既可被翻译成多肽（或蛋白质），又可通过直接吸附RNA和蛋白质等分子而发挥作用。相对于具有游离末端的线性RNA，环状RNA因具有核酸外切酶耐受性而稳定得多，且具有相对较低的免疫原性。

环状RNA是生物体内普遍存在、在进化上保守性强的重要功能分子，而广义上的环状RNA还包括人工合成（本来体内不存在）的无游离末端的所有环形RNA分子。人工设计的环化既可在细胞内（*in vivo*）发生，也可在体外（*in vitro*）进行。例如，人们正将环化后的mRNA用作疫苗和药物。人工环化还包括不用酶的化学方法，并可引入修饰核苷酸（包括主链修饰）。

环状RNA有以下几个主要研究方向：①在体内的分布及含量分析，如细胞内、组织、体液及细胞间经外泌体的交换等；②内在功能及机制，如直接吸附其他分子或通过翻译发挥作用、如何影响癌症等；③人工制备及导入，如体外和体内制备技术（涉及克级以上的较大规模生产），既包括体内本来存在的，也包括人工新设计的序列；④各种涉及以上研究的生物技术在环状RNA领域的应用，如提取、荧光标记、定量分析、酶工程、测序技术及组学分析等。

（二）环状RNA知识产权概况

近年来，我国在高科技领域的专利申请数量呈快速增加趋势，但在原创核心技术方面同发达国家还有很大的差距。令人欣慰的是，对于得到越来越多的研究者、企业家和投资者关注的新兴环状RNA产业，我国展现出了非常强的国际竞争力，同环状RNA相关的专利申请，我国占95%以上。

据不完全统计，环状RNA相关专利申请共1000余项（表24-1），其中约75%是近三年申请的：2020年186项，2021年248项，2022年330项（按专利公告日统计）。国际专利共约30项，以欧洲和美国居多，以环状RNA药物治疗及疫苗制作为主。环状RNA相关的专利技术所涉及的范围很广，包括环状RNA的制备、检测、疫苗、疾病标志物及环状RNA的应用等（表24-2）。这些专利中很大一部分是关于环状RNA在不同疾病中作为标志物及治疗靶点的，包括肺癌、膀胱癌、胃癌、肝癌、舌鳞癌、肾癌、三阴性乳腺癌、宫颈癌、前列腺癌、脑卒中、鼻咽癌、类风湿关节炎、肺结核、胰腺癌、喉鳞癌、侵袭性甲状腺乳头状癌、食管鳞状细胞癌、树突状细胞肿瘤、慢性淋巴细胞白血病、胶质瘤、黑色素瘤、卵巢癌、鼻咽癌、糖尿病、脑缺血、注意力异常、骨关节炎、克罗恩病、系统性红斑狼疮、动脉粥样硬化、肌萎缩、急性呼吸窘迫综合征等多种疾病。

表24-1　环状RNA相关专利数量统计

项目	2014年	2015年	2016年	2017年	2018年	2019年	2020年	2021年	2022年
专利数	1	8	14	32	75	124	186	248	330

表24-2　部分与疾病相关环状RNA情况表

疾病	环状RNA	相关功能
宫颈癌	circ0067934	促进EIF3C表达从而发挥抑制作用
	Hsa_circ0101996	促进增殖、迁移和侵袭
食管鳞状细胞癌	Hsa_circ0067934	促进增殖和迁移

续表

疾病	环状 RNA	相关功能
乳腺癌	circ_Ccnb1	抑制肿瘤的生长和三个 *p53* 突变的功能
	Hsa_circ0008039	促进发展
	circ0001982	抑制细胞的增殖和侵袭
肝癌	circMTO1	被用作抑癌剂
	Hsa_circ0001649	促进侵袭和转移
	Hsa_circ0005075	生物标志物
结直肠癌	Hsa_circ001569	促进增殖和侵袭
	circHIPK3	促进增殖
	Hsa_circ0001178	促进转移和扩散
	Hsa_circ0000069	促进增殖、侵袭和迁移
胃癌	Hsa_circ0001649	生物标志物
	Hsa_circ104916	抑癌剂
	circPVT1	促进增殖
	Hsa_circ0000096	影响增殖和迁移

（三）环状 RNA 产业发展概况

环状 RNA 具有非常广阔的应用前景。越来越多的研究发现，环状 RNA 与感染性疾病、罕见病、血液病、自身免疫病、肿瘤等多种疾病相关（表 24-2），可通过同 miRNA、mRNA、lncRNA 及各种蛋白因子结合或翻译成蛋白而发挥调控作用。因此，可以通过检测体内环状 RNA 的含量进行疾病诊断，并开发作用于体内环状 RNA 的药物。同时，利用其高稳定性的特点，可人为设计针对其他现有靶点（包括核酸和蛋白）的环状 RNA，通过静脉或肌内注射发挥疗效；还可以将含有部分病毒序列的 RNA 环化而用作疫苗。近期环状 RNA 产业的重点在于搭建环状 RNA 的制备、疫苗、疗法、诊断及序列设计和递送等研发平台。2022 年 8 月，美国默沙东（MSD）宣布与美国 Orna Therapeutics（全球首家开展环状 RNA 疗法业务的公司）达成一项总额高达 36.5 亿美元的环状 RNA 相关的合作协议。近三年来，在环状 RNA 领域全球融资已超过 9 亿美元，汇集了 Orna Therapeutics、Laronde、圆因生物、环码生物、Circular Genomics 等多家高科技公司。迫切需要投入市场的技术包括：①具有成本竞争优势的高质量环状 RNA 制备及质控技术；②具有足够强的体内翻译能力的分子设计；③精准靶向导入技术；④临床检测人体内环状RNA含量及分布的精确分析技术。可以坚信，环状RNA必将在疾病预防和治疗领域发挥巨大作用。

二、国内外研发现状与趋势

（一）环状RNA基础研究

自2012年科学家们开启了环状RNA研究热潮的大门以来，在其如何产生、分布、特性表征、研究方法、功能及作用机制和同疾病的关系等基础研究方面已经建立起了一整套研究体系，并在短短10年间取得了长足的进步，基本搞清了"环状RNA世界"的大致轮廓。2022年环状RNA相关论文中有1200余篇影响因子大于5.0，其中270篇大于10.0，表明环状RNA基础研究水平快速提高。

目前普遍认为，环状RNA的产生利用了真核细胞生成mRNA的剪接（splicing）机制，即利用同样的酶体系通过反向剪接（back-splicing）形成环状RNA［图24-1（a）］。以经典剪接过程形成的主要由内含子组成的环状RNA（源于套索结构）数量较少（10%左右），虽然研究较少但也可能有重要功能。众所周知，真核细胞的mRNA由前体RNA中的外显子剪接而成。外显子的末端（5′-和3′-端）或者说外显子同内含子的连接处有一些共同的剪接用特征序列。正常剪接一般是在前体RNA被转录出来后立即发生的，因此这一过程有序进行，可以控制不发生反向剪接。而当剪接不及时，某个外显子的5′-端就有机会和其自身的3′-端（而不是下一个外显子的3′-端）发生连接而环化。研究发现，有些情况下可通过拉近某个外显子两端而促进环化，如内含子中含有的回文或近似回文的序列杂交，或RNA结合蛋白（RBP）结合在外显子两端的内含子上［图24-1（b）］。显然，这种反向剪接不是一种偶然的错误，而是进化过程中的"主动"选择。从进化的角度看，环状RNA的形成可看作是一些偶然发生的反向剪接的选择和固定，并逐渐产生了可以主动产生新的反向剪接的机制。早在真核细胞形成以前，某些RNA可能就通过拉近末端的方式进行环化。可以认为，进化过程中生命总是积极主动地利用自发进行的各种生化反应来满足进化的需要。环状RNA形成的详细机制并不十分清楚。例如，如何调控环化和如何选择环化的外显子等问题仍没有答案。

细胞及体液中环状RNA的富集和提取是研究的关键之一。可以通过生化方法富集转录组中的环状RNA，如先用RNase R等核酸外切酶去除带有游离末端的线性RNA，然后对剩余的RNA（主要是环状RNA）进行电泳、直接成像（如电子显微镜）和测序等分析。高通量测序结合寻找环状RNA的算法，一次试验就能找到数千种环状RNA。环状RNA的序列特征是在反向剪接连接处（back-splicing junction，BSJ）产生了不同于其DNA模板的新序列。可以直接设计同BSJ序列互补的荧光探针并导入细胞，通过

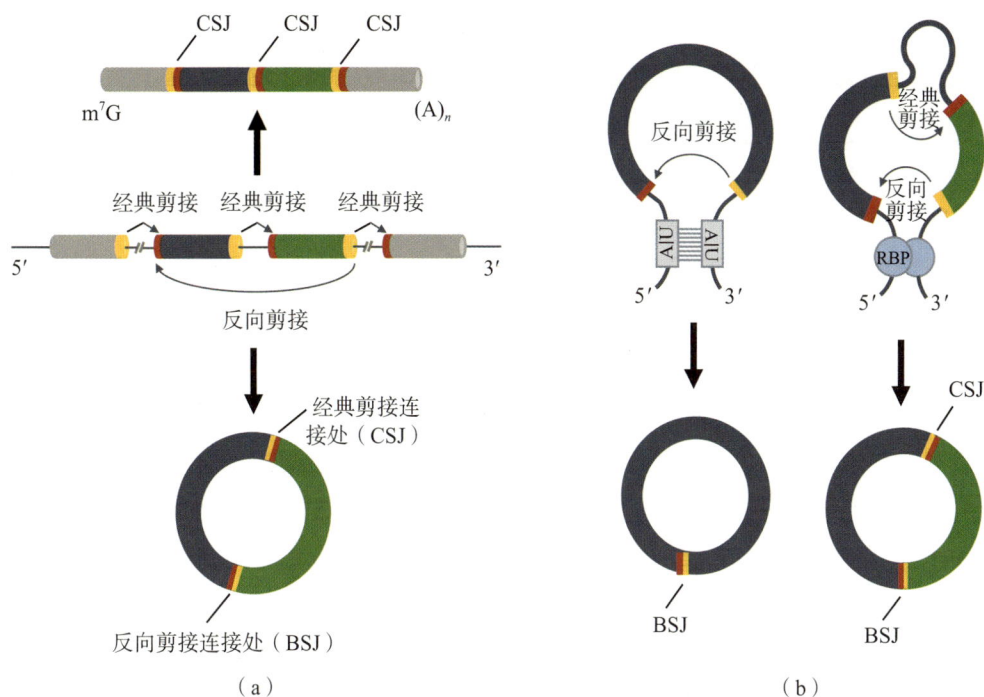

图24-1　反向剪接环化（a）和通过拉近外显子末端促进反向剪接（b）示意图

细胞内杂交试验定位环状 RNA 的亚细胞位置。BSJ 是形成环状 RNA 所产生的特有序列，因此可以用于寻找结合环状 RNA 的蛋白、判断环状 RNA 的翻译情况或作为研究环状 RNA 高级结构的特征序列。环状 RNA 在各个细胞器中的分布还可直接根据不同细胞器中基因转录的差异进行判断，因为一般只有表达的前体 mRNA 才可环化。但仍需谨慎，因为环状 RNA 仍存在时空特异性加工，并且它们还可在细胞内和细胞间进行交换。

因环状 RNA 不含帽子结构和 Poly A 尾，以前一直认为内源性环状 RNA 不能翻译。直到 2017 年才找到了内源性环状 RNA 可以翻译的确切证据，这一发现大大激发了对环状 RNA 研究的兴趣。中国科学院上海营养与健康研究所王泽峰研究团队发现，环状 RNA 可以通过其自身含有的内部核糖体进入位点（IRES）或甲基修饰的腺嘌呤（m^6A）等方式起始翻译，有些还能以滚环的方式翻译出重复的多肽序列。人类内源性环状 RNA 还可以通过使用重叠密码子（重叠基因）翻译出功能性蛋白，首次证明这种以前只在病毒中偶然发现的高效利用基因序列表达蛋白的现象也存在于人体中。环状 RNA 翻译的蛋白质一般具有特殊的功能，如在热休克时抑制细胞增殖或影响肿瘤的发展等。

除翻译成蛋白质发挥作用外，环状 RNA 还被发现可以通过多种方式发挥功能。如与 miRNA 或 mRNA 等功能性 RNA 作用来调控它们的浓度（发挥作用的速度），直接调控 mRNA 剪接（如造成外显子跳跃）。有的环状 RNA（ci-ankrd52）可与 DNA 形成 R-

环（R-Loop）而被分解或发挥调控作用。除了结合核酸之外，环状 RNA 还可通过同蛋白结合发挥作用，如同环 GMP-AMP 合成酶（cGAS）结合调控基因表达，同某些蛋白形成复合物发挥作用（如改变线粒体活性氧 mROS 的输出），作为吸附蛋白质的"海绵"调控这些蛋白质在细胞质中的浓度，以及同结合 mRNA 的蛋白质发生竞争结合以促进或减缓其翻译等。环状 RNA 形成短的 dsRNA 还可竞争结合某些蛋白质来抑制 dsRNA 造成的丙酮酸激酶（PKR）激活。环状 RNA 可能是目前认识到的在基因表达为 RNA 后，微调细胞工作状态的最后手段。这一调节可能相对比较温和但作用更为持久，如用作 miRNA 海绵时，序列只是部分互补，环状 RNA 浓度高时趋向于吸附，而环状 RNA 浓度较低时趋向于释放。正是这些精密的微调让细胞既有足够的敏感性又不至于发生剧烈变化。环状 RNA 可以在原有基因信息的基础上提供更多的可能。包括环化引起的 RNA 二级结构变化，BSJ 附近形成的新的 RNA 序列，以及环状 RNA 半生命周期（half-life）较长带来的时空调控的优势等。

以上的研究成果可为其应用提供理论依据。如将以下的环状 RNA 导入人体以发挥作用：可吸附因异常高表达而致病的 miRNA 的环状 RNA；可将结合某些有害蛋白的 RNA 环化后导入；还可将某些环化的适配体 RNA 导入用于吸附某些代谢产物等。针对某些 RNA 病毒（如新冠病毒），直接将其部分反义序列环化后导入以抑制病毒的繁殖（如环化的靶向新冠病毒保守区的反义 RNA），从而达到预防和治疗的目的。在使用过程中应注意其脱靶、引起异常免疫等副作用。

（二）环状 RNA 的体外制备

可将细胞内生产环状 RNA 的必要元件导入质粒，然后再将质粒转染进入细胞，使之转录后合成环状 RNA；还可构建稳转细胞系，使环状 RNA 在子代细胞中生成并发挥作用。但作为核酸药物或疫苗，主要还是需要体外制备后通过注射等方式给药。环状 RNA 的体外制备技术是环状 RNA 产业化应用的基础。RNA 的体外环化主要是通过化学连接、酶法连接或核酶剪接作用使线性 RNA 的两个末端连接而形成共价闭合的环状结构，因此可分为酶法、核酶法和化学法三种。

1. 连接酶催化的酶法连接

常用于 RNA 环化的酶有 T4 RNA 连接酶 1（T4 Rnl1）、T4 RNA 连接酶 2（T4 Rnl2）和 T4 DNA 连接酶 1（T4 Dnl1）三种。所有连接方法都要求 RNA 的两端靠近，T4 Rnl1 要求通过互补关系拉近 RNA 的两端，但其末端不能形成完美的 Watson-Crick 碱基对，即需要有几个核苷酸长度的 RNA 呈单链状态；T4 Rnl2 和 T4 Dnl1 都要求形成切口（nick）结构，即末端碱基要互补配对。因此，一般用连接酶都需要加入 DNA 夹板

（splint）来拉近RNA的末端并满足所用连接酶对连接处详细结构的要求。夹板的加入会产生夹板和线性RNA前体的比例控制及反应后需要去除夹板的问题。

中国海洋大学的梁兴国团队开发了一种无需夹板的，用T4 Rnl2进行高效环化的方法。与已有的常识相反，他们发现T4 Rnl2可以允许连接处有多个错配碱基。利用T4 Rnl2的这一特点，并注意到多种线性前体序列环化后产生同一种环，他们模拟所要制备的环状RNA的二级结构，筛选出适合环化的线性前体RNA序列；然后制备出这一前体线性RNA，可在无需夹板的条件下，利用RNA自身形成的二级结构进行环化。该技术为环状RNA的规模化生产提供了支撑，颠覆了之前RNA体外酶法高效环化必须使用夹板的认知，并可应用于其他方法，市场应用潜力巨大。

2. 特殊RNA序列催化的核酶法连接

核酶是核糖核酸酶的简称，它只含有RNA序列却能催化断裂或连接等反应，既在生物体内存在（自然进化而来），又可经人工筛选获得。在RNA剪接反应中就有内含子序列参与剪断和连接反应（分为Ⅰ型内含子和Ⅱ型内含子）。利用内含子的核酶功能进行的RNA环化也被称作PIE（Permuted Intron–Exon）法（最早于1992年报道），即将一些内含子序列设计到DNA模板中，使得转录出的RNA自身可进行反向剪接而环化。利用Ⅰ型内含子的PIE法往往在环化位点处需要特殊的序列（另需GMP或GTP辅助断裂），因此难以精准制备不带多余序列的环状RNA。而Ⅱ型内含子虽然对外显子序列不做要求，可以精准制备环状RNA，但其机制还不清楚，效率也有待进一步提高。

近几年PIE法在不断改进。2018年，麻省理工学院Anderson团队通过添加同源臂，增加了RNA的环化效率（并通过引入IRES等辅助翻译序列提高了翻译效率），且成功实现了5 kb长RNA的环化及翻译。2022年5月16日，Orna Therapeutics在美国细胞基因治疗行业会议上指出，利用该技术成功在T细胞中引入了表达嵌合抗原受体（CAR）的环状RNA，使T细胞的细胞杀伤功能大大增强。此外，该公司还将环状RNA（长达11 kb）递送进入人类细胞，表达出全长抗肌萎缩蛋白。2021年另有团队利用在环化后序列不变的前提下可以随意设计前体RNA序列的策略，成功实现了无外源序列引入的环状RNA的精准制备，但收率受序列影响较大。2022年中国科学院上海营养与健康研究所王泽峰团队利用改进的酵母Ⅱ型内含子实现了环状RNA的精准制备。

3. 化学法连接

有多种化学方法可实现连接，但保留5′—3′磷酸二酯键的化学法主要是指通过溴化氰（CNBr）或1-乙基-3-（3-二甲氨基丙基）碳二亚胺（EDC）催化的连接。化学连接法因会形成难以分离的含2′—5′磷酸二酯键的副产物从而影响到所制备的环状RNA的纯度。同时，这种方法只能采用化学修饰的RNA原料，且只适合小于100 nt的RNA

的环化，因此不适合放大生产，需同酶法连接等结合使用。

（三）环状RNA的应用潜力

与传统的小分子药物和抗体药物相比，核酸药物最大的优点是研发周期可大幅缩短，只需通过核酸序列的改变，就可快速研发出不同的药物，技术复用性很强。例如，mRNA疫苗成为全球首个进入临床的新冠疫苗，在大型突发性传染病的防控中可发挥重要作用。而环状RNA比线性RNA稳定，且不需要额外修饰，可在室温下储存2周以上，效果无明显降低。Orna Therapeutics的首席执行官曾表示，与线性mRNA相比，环状RNA技术相当于mRNA 2.0版，在生产、递送和治疗效果方面具有优势。因此环状RNA作为核酸药物和疫苗具有极大的发展潜力，甚至可以用于治疗禽畜等的流行性传染病。

因RNA环化、纯化及递送等技术尚不成熟，且成本相对较高，要想发展环状RNA产业，仍需完善很多技术细节。例如，解决RNA递送过程中细胞摄取效率低、内吞体逃逸难等研发难题；潜在的免疫原性也限制了疫苗的研发和实际应用。这些未知因素制约着环状RNA的应用，亟待通过大量的研发加以解决。另外，作为一种新兴生物技术，因其极易针对不同序列进行类似的设计和生产，RNA药物有望成为第三代药物模式，可用于很多疾病的治疗，从而改变了针对每种疾病都要经历漫长研发过程的传统药物研发模式。环状RNA已经成为科研与产业化领域研发的热门，特别需要指出的是，国内外环状RNA的研发基本处于同一起跑线上，相信在不远的将来，我国有望引领这一新兴领域的发展。

下面以具体实例进一步说明环状RNA的应用潜力。心力衰竭（HF）是抗癌药物治疗导致患者死亡的常见原因。汉诺威医学院Thomas Thum和Christian Bär团队的合作研究证明，Circ-INSR（一种环状RNA）通过与SSBP1（单链DNA结合蛋白）相互作用，参与调控心肌细胞凋亡和线粒体膜电位的平衡。同时，使用体外制备的环状RNA在细胞水平及腺相关病毒（AAV）介导的动物体内试验均提示，Circ-INSR在多柔比星（阿霉素）诱导的心肌细胞DNA损伤的过程中显示出强烈的心脏保护作用，有望开发治疗多柔比星诱导的心功能不全的环状RNA药物。为了进一步拓展环状RNA在产业化方面的应用，斯坦福大学的科研团队开发了一种可以快速组装和测试影响环状RNA蛋白产生因素的方法：通过优化环状RNA的5'和3'-UTRs、IRESs和相关修饰，将由环状RNA翻译表达的蛋白质产量提高了数百倍。

2022年3月，北京大学魏文胜团队针对新冠病毒首次开发了环状RNA疫苗，制备的环状RNA疫苗（环状RNA^RBD-Delta）可在小鼠体内诱导产生广谱的中和抗体，有效中和包括奥密克戎在内的多种新冠病毒变异株。与mRNA疫苗相比，环状RNA疫苗具有以下优势：①稳定性更高，可以在体内产生更高水平、更加持久的抗原；②诱导机体产生的中和抗体比例更高，可以更有效地对抗病毒变异，降低疫苗潜在的抗体依赖增强症（ADE）副作用；③诱导产生的 IgG2/IgG1 值更高，表明其主要诱导产生 Th1 型保护性 T 细胞免疫反应，可以有效降低潜在的疫苗相关性呼吸道疾病副作用。2022 年 8 月，清华大学林欣和喻国灿团队基于环状 RNA 平台，设计了编码肿瘤抗原的环状 RNA 疫苗，其研究结果表明该疫苗可触发抗原特异性 T 细胞应答，发挥强大的抗肿瘤特性。也有很多研究利用环状 RNA 可通过结合 miRNA 等功能性分子以调控其功能来开发药物（请参见相关综述），在此不再赘述。

综上，一方面，我们可以利用环状 RNA 翻译治疗性或者预防性蛋白质；另一方面，可利用环状 RNA 结合 miRNA 或蛋白质的特性，使其发挥生理调控作用。环状 RNA 还有望使体内基因编辑技术变得更加稳定、更加成熟。未来仍需要科学界及产业界的专家学者一起努力，利用环状 RNA 技术创造更大的社会价值。

三、环状 RNA 行业现状与行业大事件

（一）环状 RNA 的行业现状

目前已有多家企业布局环状 RNA 产业（包括 Orna Therapeutics、吉赛生物、环码生物、圆因生物、科锐迈德等），且有越来越多的企业正在加入环状 RNA 赛道（表24-3）。大部分公司以开发环状 RNA 药物及疫苗为主，另有部分公司定位于环状 RNA 相关疾病的诊断或开展环状 RNA 相关的科研服务。而从全球视角看，目前国内外在此领域都尚处于早期阶段，在同一起跑线上。对于国内企业而言这是难得的引领国际环状 RNA 产业发展的机会。相信在环状 RNA 赛道上，我国能显示出强大的国际竞争力。

表24-3 各企业环状 RNA 相关管线及业务方向

企业名称	部分管线开发和业务板块
Orna Therapeutics	原位 CAR-T 免疫治疗、杜氏肌营养不良症（DMD）基因替代疗法、传染病及肿瘤学领域的疫苗和治疗药物
Laronde	eRNA 治疗性蛋白的表达具有模块化和可编程特性，通过改变 eRNA 的蛋白编码盒可使机体在细胞内外生产多种肽、酶、抗体、通道蛋白及受体蛋白
Circular Genomics	抑郁症测试
Chimerna Therapeutics	常染色体显性遗传性疾病药物、神经退行性疾病药物
Circularis	环状 RNA 和启动子筛选平台
圆因生物	预防性和治疗性新药产品管线

续表

企业名称	部分管线开发和业务板块
环码生物	传染病疫苗、个性化肿瘤疫苗、蛋白替代疗法及免疫疗法
科锐迈德	传染病疫苗、基因治疗、蛋白替代疗法、肿瘤免疫
奥明基因	环状 RNA 可编程药物的数字化平台
吉赛生物	环状 RNA 创新疗法 CRO 服务
斯微生物	与百度开发针对环状 RNA 的 AI 算法

注：表内信息均根据公开资料整理所得

无疑，RNA 环化技术是该行业的核心技术之一，各个公司采取了不同的方法。如 Orna Therapeutics 基于核酶（PIE 技术）oRNA 平台，圆因生物为 Ana PIE 平台，环码生物采用 II 型内含子自剪接系统，科锐迈德使用 I 型内含子自剪接系统的 Clean-PIE，吉赛生物采用无需夹板的 T4 Rnl2 成环策略和无序列残留精准制备 PIE 系统（已有环状 RNA 产品投入市场）等。环状 RNA 的导入（给药方式）也成为各大公司关注的焦点之一，一般可以借助于 mRNA 的导入技术或进行一定的改进。此外，国内多家企业也在布局环状 RNA 技术的 CXO 服务，如耀海生物、源兴基因，部分企业也逐步开发基于环状 RNA 的 CAR-T 等细胞治疗技术。

（二）环状 RNA 的行业大事件

2021 年是环状 RNA 相关企业的融资元年，国内外企业完成了一定规模的资金注入，大大助力了环状 RNA 领域的产业化进程。2022 年，投资资金急剧增长，开发环状 RNA 疗法的各个公司展开了与多方企业的深度合作。下面列出环状 RNA 行业在投融资和产业发展方面的大事件。

1. 投融资

2021 年 2 月，美国初创公司 Orna Therapeutics 宣布其"环状 RNA 疗法"项目首获 8000 万美元融资。作为全球首家利用环状 RNA 技术开发新疗法的公司，Orna Therapeutics 致力于设计和递送新型工程化环状 RNA，可克服线性 mRNA 技术局限，在癌症、自身免疫性疾病和遗传病等多种疾病中提高 RNA 的治疗潜力。这也预示着"mRNA2.0"时代的到来。

2021 年 5 月，美国环状 RNA 公司 Laronde 以 5000 万美元资金创立；3 个月后，该公司再获 B 轮 4.4 亿美元融资。该公司把其环状 RNA 称为 Endless RNA™（eRNA）。Laronde 与 Moderna 同为"资本的宠儿"，且师出同门，均由美国知名风险机构 Flagship Pioneering 孵化。

2021 年 6 月，中国初创公司圆因生物完成天使轮数千万美元融资，同年 12 月，宣布完成超 2000 万美元 Pre-A 轮融资，进行环形 RNA 技术平台的完善、管线推进及上海研发中心的建设，全面增强各个领域的战略布局能力，并成为国内首家使用环状 RNA 技术开发新冠疫苗的团队。

2021 年 12 月，美国 Circular Genomics 公司表示筹集了 450 万美元的种子资金，旨在将环状 RNA 生物标志物技术的抑郁症测试商业化，该公司指出环状 RNA 在脑部疾病中的临床转化拥有可喜的研究前景。

2022 年 6 月，圆因生物宣布顺利完成超过 2.8 亿元人民币的 A 轮融资。本轮融资后，将加快推进技术平台建设、管线产品研发、临床试验和注册申报及国际合作等。

2022 年 8 月，美国 Orna Therapeutics 宣布完成 2.21 亿美元 B 轮融资，其中默沙东（MSD）投资 1 亿美元。此轮融资将用于推进其原位 CAR-T 疗法 isCAR 走向临床，以及其他内部和合作临床前项目的开发。

2. 产业发展

2021 年，国内外环状 RNA 疗法企业成立并开始布局管线开发，2022 年开始，各家研究机构和企业相继发布最新成果和进展。

2022 年 3 月，圆因生物首次报道其环状 RNA 疫苗技术平台，以及据此开发的针对新冠病毒及其一系列变异株的环状 RNA 疫苗。宣称该项研究中制备的针对新冠病毒德尔塔变异株的环状 RNA 疫苗（circRNA$^{RBD-Delta}$）对多种新冠病毒变异株具有广谱保护力。

2022 年 4 月，中国公司吉赛生物推出两项原创专利环化技术 circPure™ 和 circPrecise™。区别于传统的 T4 连接酶和内含子自剪接策略，吉赛生物规模化体外制备环状 RNA 的效率可达 90%，产物纯度可达 99%，可为全球客户提供包括药物开发、序列设计、circRNA 生产、circRNA-LNP 包封、药效评估等创新疗法 CRO 服务。

2022 年 5 月，环码生物发布了其最新开发的基于 II 型内含子的 RNA 环化技术。该技术制备效率高且无需添加蛋白酶、GTP 等辅料，且其终产物中不残留任何多余序列。

2022 年 6 月，科锐迈德公开了其高效、精准、低免疫原性的环状 mRNA 底层成环框架技术，称为 "Clean-PIE"，实现了量产放大和体内长时间持续的表达。

2022 年 6 月，第十四届中国生物产业大会暨第六届环状 RNA 研究与转化论坛（广州市生物产业联盟和吉赛生物联合主办）召开，来自全球产、学、研、医等领域的行业领军人物在广州"集结"。环状 RNA 研究与转化论坛已成功举办六届，大大促进了我国在环状 RNA 领域的融合发展。

2022 年 8 月，美国默沙东（MSD）公司宣布与美国 Orna Therapeutics 公司达成一项总额高达 36.5 亿美元的合作协议，已开发和商业化多个项目，包括传染病和肿瘤学领域的疫苗和疗法。根据协议，默沙东向 Orna Therapeutics 支付 1.5 亿美元预付款。Orna Therapeutics 还将有资格获得与多个疫苗和治疗计划进展相关的开发、监管和销售里程碑付款，以及合作中获得的任何获批产品的特许权使用费。Orna Therapeutics将保留其oRNA-LNP技术平台的权利，并将继续推进肿瘤学和遗传性疾病等领域的其他全资项目。

2022年9月，国家生物药技术创新中心发布了2022年国家生物药技术创新中心核酸药物"揭榜挂帅"技术攻关拟立项目公示清单。科锐迈德申报的"环状mRNA编码的细胞因子组合抗肿瘤免疫治疗药物研发"项目入选创新项目。

2022年9月，斯微生物与百度共同开发，通过LinearDesign优化后的mRNA序列以提高mRNA的稳定性和表达水平。该优化算法目前已被赛诺菲授权引进。基于此算法平台，斯微生物正在与百度开发针对环状RNA的AI算法。

2022年10月，合成生物学公司Ginkgo Bioworks宣布收购拥有专有环状RNA和启动子筛选平台的Circularis公司。Circularis平台拥有快速识别具有适当强度和组织特异性的新型启动子的能力，可快速识别肿瘤微环境中的特殊启动子，也可与基因治疗中的有效载荷和衣壳结合，助力Ginkgo的生物生产、RNA治疗、细胞治疗和基因治疗方面的解决方案。

2022年11月，浙江大学智能创新药物研究院、中国计量大学-奥明生物联合实验室研究团队开发了DeepCIP工具，该工具采用了多模式深度学习方法专门对环状RNA IRES进行预测，能更好地帮助研究环状RNA的编码潜力及提升环状RNA药物的设计能力。

四、结　　语

无论是从产生及发挥作用的机制等基础研究、体外制备技术等应用基础研究，还是从相关产业的创立及发展来看，环状RNA都是一个生机勃勃的处于少年时期的高科技新领域。环状RNA的发展是生物技术、信息技术（包括大数据）、测序技术和合成生物学等多项高科技发展的必然结果，也必将引领生物产业的大发展。内源的环状RNA可作为药物新靶点或疾病诊断的标志物，而人工制备的环状RNA可针对多种靶点并在细胞内发挥作用。显然，环状RNA必将成为全球生物经济的未来关键技术。可喜的是，我国在环状RNA领域并不落后，特别是基础研究领域。期待着相关企业能尽快获得大量投融资，发挥这一产业的巨大潜力，在环状RNA生物产业领域能走在世界前列。

撰 稿 人：梁兴国　中国海洋大学

　　　　　陈　辉　中国海洋大学

　　　　　马晓丹　广州吉赛生物科技股份有限公司

　　　　　张　雪　广州吉赛生物科技股份有限公司

　　　　　杜　艺　广州吉赛生物科技股份有限公司

　　　　　张歆移　广州吉赛生物科技股份有限公司

　　　　　张茂雷　广州吉赛生物科技股份有限公司

通讯作者：梁兴国　liangxg@ouc.edu.cn

第五篇

重点行业协（学）会发展报告

第二十五章　生物发酵产业分析报告

一、2021年度行业经济运行状况

（一）产业经济运行基本面稳定向好

一是在能源双控、原辅料价格上涨、国内外疫情冲击等影响下，氨基酸、有机酸、多元醇和功能发酵制品、酶制剂、酵母逆势实现产量、产值增加。国内食品用氨基酸基本稳定，饲料行业随着低蛋白日粮的推进，赖氨酸、苏氨酸和部分小品种氨基酸的需求量明显提升。有机酸行业的增加主要体现在乳酸产品的增长，受国家产业政策导向，乳酸及其衍生品丙交酯、聚乳酸市场前景看好，国内乳酸产能快速扩增。多元醇和功能发酵制品的增长主要源于消费者对维生素C等营养健康产品、低热量甜味剂等的需求日益增长；低聚糖类、膳食纤维类、微生物多糖类、抗氧化剂、活性肽类、微生物油脂、微生态制剂等产品研发及增长活跃，部分产品已经在国际上占有重要地位，在疫情防控常态化背景下，消费者对健康营养和减糖需求日益关注，特别是新冠疫情诊疗方案中提到的关于增强肠道健康、增强免疫力方面的方案，使得消费者更加关注这类产品。酶制剂行业由于国内畜禽存栏规模上升以及玉米、豆粕等饲料原料价格上涨，饲料酶制剂销售实现增长；食品酶制剂作为酶制剂最大的应用领域，由于下游市场的带动，市场良好；洗涤用酶、造纸用酶、医药用酶等其他工业用酶受合成生物学的带动以及下游发展绿色化、健康化趋势的影响，全年的销售及利润状况良好。酵母行业由于后疫情时代我国消费结构发生变化，家庭、电商和餐饮行业居民消费习惯改变，食品行业发展趋势总体稳中向好，显示出下游产业对酵母及相关深加工产品持续不断的需求增长，整体实现了6.2%的涨幅。

二是淀粉糖和食用酵素受影响较大，均为负增长。2021年9月份以来，虽然玉米价格成本压力稍有缓解，但辅料价格大幅上涨，据了解，部分辅料价格涨幅超200%，其他产品涨幅均在20%以上，且呈继续上扬态势，部分产品的供应面临紧张趋势，极大地增加了淀粉糖的生产成本，固体糖产量下降较大。酵素行业以科技推动转型升级作用更为显著，企业生产成本降低，产品价格逐渐平民化，受国内外疫情影响，国内酵素市场总体同比略有下滑。

三是三季度以来，主要生产原料如玉米、糖蜜以及其他农副产品、无机盐类、化工类原料价格大幅上涨，企业生产用电、蒸汽、污水处理费用等价格也上涨较快，行业虽然也进行了少量提价，但提价不能冲抵生产成本涨价带来的压力，对行业利润造成了较大的影响。

根据中国生物发酵产业协会数据统计，2021年生物发酵行业主要行业产品总产量3167.7万t，较2020年同比增长0.8%；总产值2593.0亿元，较2020年同比增长3.8%，详见表25-1。

表25-1 2021年生物发酵主要行业产品产量、产值

序号	主要产品分类	产量/万t	同比增长率	产值/亿元	同比增长率
1	氨基酸类	639.0	8.7%	600.0	20.0%
2	有机酸类	260.0	5.3%	215.0	13.2%
3	淀粉糖类	1455.0	−5.3%	482.0	3.0%
4	多元醇类	184.0	2.8%	157.0	5.3%
5	酶制剂类	196.0	21.0%	41.0	18.0%
6	酵母类	44.7	6.2%	97.0	5.4%
7	功能发酵制品类	376.0	0.5%	806.0	1.6%
8	食用酵素类	13.0	−3.7%	195.0	−27.8%
	总计	3167.7	0.8%	2593.0	3.8%

资料来源：中国生物发酵产业协会统计数据

（二）主要行业、主要产品进出口总量下降

1. 产品进口量、进口额

根据海关2021年进出口数据统计，生物发酵行业主要行业的主要产品总进口量1 376 563 t，较2020年同比下降40.44%；总进口额209 646万美元，较2020年同比增长10.87%，详见表25-2。

表25-2 2021年生物发酵行业主要行业的主要产品进口量、进口额

序号	分类	进口量 /t	同比增长率	进口额 / 万美元	同比增长率
1	氨基酸类	18 715	19.8%	11 977	19.20%
2	柠檬酸类	2 985	−6.28%	1 326	−3.77%
3	乳酸类	14 843	−13.88%	2 123	−0.42%
4	葡萄糖酸类	1 003	70.87%	263	53.91%
5	淀粉糖类	673 759	−57.67%	64 382	−27.09%
6	多元醇类	648 184	−2.81%	83 597	53.66%
7	酶制剂类	14 443	3.53%	44 157	46.15%
8	酵母类	2 631	22.80%	1 821	44.40%
	总计	1 376 563	−40.44%	209 646	10.87%

资料来源：海关统计数据

氨基酸产品进口量逐年增加，主要以小品种氨基酸的进口量增加为主，2021年小品种氨基酸进口增幅达28.7%。淀粉糖进口量继续保持较大降幅，主要是2021年将蔗糖糖浆等产品移出了"17029000其他固体糖及未加香料或着色剂的糖浆"条目，此条目进口量较2020年下降95.22%；此外，下降幅度较大的是葡萄糖及糖浆（20%≤果糖＜50%），下降了96.1%，果糖及果糖浆（果糖＞50%）下降了63.07%，侧面反映了国内果葡糖浆供应充足。多元醇进口量小幅下降，编码2905.4400以外的山梨醇、其他多元醇、未列名二元醇、山梨醇下降幅度较大，降幅最大的是编码2905.4400以外的山梨醇，达86.46%。有机酸的进口除乳酸外其他量都很小，与2020年同期相比，乳酸进口量降低13.88%，说明我国高端乳酸已能实现部分自给，产品质量有较大提升。

2. 产品出口量、出口额

根据海关2021年进出口数据统计，生物发酵行业主要行业的主要产品总出口量564.88万t，较2020年同比增长0.44%；总出口额82.10亿美元，较2020年同比增长43.86%，详见表25-3。

表25-3 2021年生物发酵行业主要行业的主要产品出口量、出口额

序号	分类	出口量 / 万 t	同比增长率	出口额 / 亿美元	同比增长率
1	氨基酸类	193.40	2.20%	32.90	36.60%
2	柠檬酸类	132.69	13.60%	13.69	84.50%

续表

序号	分类	出口量 / 万 t	同比增长率	出口额 / 亿美元	同比增长率
3	乳酸类	8.18	45.55%	1.23	61.84%
4	葡萄糖酸类	20.24	1.81%	1.67	27.48%
5	淀粉糖类	130.09	−19.39%	11.42	15.50%
6	多元醇类	54.98	20.63%	12.36	91.30%
7	酶制剂类	8.80	12.10%	5.13	21.20%
8	酵母类	16.50	2.80%	3.70	8.50%
	总计	564.88	0.44%	82.10	43.86%

资料来源：海关统计数据

　　氨基酸类产品出口量有小幅的增加，其中谷氨酸类产品出现下滑的趋势，赖氨酸类及其他氨基酸产品有小幅上涨。受疫情影响，辅料价格上涨和出口货柜紧张，出口价格大幅增长。柠檬酸、柠檬酸盐及酯出口价格提高60%以上，主要原因是国外柠檬酸企业由于疫情影响，无法正常生产，依靠国内企业供货，本土柠檬酸企业掌握出口议价权力。葡糖酸及其盐和酯的出口价格提高约25%，乳酸及其盐和酯的出口价格涨幅相对较低，约为11.17%，乳酸出口量较2020年有更大涨幅。淀粉糖出口量大幅下降，下降幅度较2020年下降幅度增加近17个百分点，主要是果糖及果糖浆（果糖＞50%）下降了70.3%，近几年东南亚国家陆续对果葡糖浆进口采取的措施给我国果葡糖浆的出口带来了致命的打击，全年出口量仅5.88万t；葡萄糖及葡萄糖浆（果糖＜20%）出口也呈继续下降态势，并且下降幅度达到17.26%。多元醇出口持续增加，除编码2905.4400以外的山梨醇、丙三醇（甘油）出口下降外，包括赤藓糖醇在内的其他化工多元醇、未列明二元醇的出口大幅增加；出口价格除木糖醇价格较2020年下降外，其他产品均呈不同程度上涨。

二、行业发展遇到的问题

（一）行业发展受到原料资源涨价和紧缺的影响

　　2021年生物发酵行业的主要原辅料对行业的发展影响较大。一是玉米的价格上涨及波动，增加了生产企业产品成本的不确定性，给生物发酵行业及玉米加工产业链、供应链安全带来严重影响。二是酵母行业的主要原料糖蜜，目前国内糖蜜资源严重紧张，酵母行业面临原料成本的压力，酵母提价将影响到酵母作为有机氮源的生物制药、工业发酵制品、酿酒、焙烤、饲料及民用酵母等行业，加快新的糖蜜替代原料加工性能提升，成为行业急需解决的紧迫问题。

（二）微生物工程菌来源新产品审批难问题仍未解决

微生物工程菌来源的新产品存在的审批难的问题目前仍未得到解决，成为生物发酵行业科技产业化进步的一大制约因素。

（三）出口受海外疫情影响凸显

自2020年全球疫情暴发以来，海运成本不断增加，同时造成的集装箱短缺问题越来越严重，对企业出口业务产生较大影响。

（四）部分行业产品因法规、归类问题发展受阻

近年来氨基酸行业、酵素行业一直被产品归类和监管所困扰，导致大部分氨基酸作为营养物质使用时，在我国无法申请生产许可证；酵素产品在原国家食品药品监督管理总局（现为国家市场监督管理总局）发布的《食品生产许可分类目录》中无相应类别，也没有相对应的食用酵素安全标准，导致食用酵素企业无法正常申请生产许可证。

三、政策建议

（一）国家继续给予财税政策支持

激励和扶持生物发酵制品的出口，增加高科技含量产品的出口退税率，如微生物油脂产品等，鼓励企业出口，增加国际市场竞争力；健全对生物发酵企业节能环保奖励机制，进一步扩大节能减排财政政策补贴标准。在金融政策上，多向民营企业、中小企业倾斜，适当降低融资成本，提供专项贷款，放宽贷款审核条件，降低贷款利率，保障企业运营安全；政府继续在减税降费、社保等方面给予政策支持。

（二）国家持续对生物发酵前沿和共性技术给予支持

建议在绿色生物制造产业链、生物制造工业菌种或工业酶的创制、智能生物制造过程与装备以及生物制造产业示范四个环节的前沿和共性技术方面，国家持续在项目、重点实验室、工程中心、工程技术中心等方面给予支持和建设，将有利于缩短差距，

实现技术并跑和某些领域技术领跑。

（三）国家尽快建立工业用工程菌生物安全评价委员会

基因编辑技术已经成为工业生物技术产品研发的常规技术手段。现如今，我国实行双部门审批管理，即农业农村部组织国家农业转基因生物安全委员会负责转基因生物安全评价，国家卫生健康委员会负责新产品安全评价，因此新品种行政许可时间较长，阻碍了我国生物发酵产业发展和产品创新。为了加快推进工业生物技术成果转化和新产品入市，抢占市场先机，为人民的美好生活需求、人民的生命健康提供保障，建议尽快建立工业用工程菌生物安全评价委员会。

（四）加强消费者科普宣传和先进表彰

用好新媒体和传统媒体等传播方式，政府引导，协会、学会、企业和高等院校等各类单位共同参与，多层次、广角度宣传我国生物发酵行业技术和产品创新，助力我国生物发酵制造获得更广泛的认知。通过表彰先进集体、先进人物、典型经验，正确引导、激励和动员同行及企业为生产、技术、经营领域提供示范。通过典型案例分析，发挥警示教育作用，从反面典型中吸取教训，禁于未然。

撰 稿 人：王　晋　中国生物发酵产业协会
　　　　　　王　洁　中国生物发酵产业协会
通讯作者：王　洁　wangjie0510@126.com

第二十六章　生物医用材料产业分析报告

生物医用材料是用于与生命系统结合，以诊断、治疗、康复和预防，以及替换人体组织、器官或增进其功能的材料，具有良好的生物相容性、生物功能性以及良好的可加工性。

按生物医用材料属性可分为：天然高分子生物材料、合成高分子生物材料、医用金属材料、无机生物医用材料、杂化生物材料、负荷生物材料等。按生物医用材料来源可分为：人体自身组织、同种器官与组织、异种同类器官与组织、天然生物材料、合成材料等。结合医疗器械产业，按照应用性质可分为：骨科耗材、血管耗材、口腔耗材、眼科耗材、医疗美容耗材、血液净化耗材、医用膜材料、组织黏合剂和缝合线材料、临床诊断和生物传感器材料等。

目前，中国生物医用材料产业处于快速发展阶段，国产产品在技术结构方面仍以中低端产品为主，技术含量较高的高端产品还主要依赖进口。

一、市　场　分　析

（一）全球市场分析

随着全球经济与科技发展，以及人口老龄化程度提高，全球范围内医疗器械市场将持续增长。据Mordor Intelligence统计和分析，全球主要地区17个国家的市场规模和趋势数据显示，2021年全球医疗器械市场达5326亿美元，2022—2027年的复合年增长率将达到5.5%左右。全球生物医用材料及其制品占医疗器械产品市场份额为45%左右，据此计算，2021年生物医用材料及其制品市场规模约2400亿美元。

在全球生物医用材料市场中，需求量最大的是骨科耗材，市场份额约占全球生物医用材料市场的37.5%；血管耗材位居第2位，约占36.1%；牙种植体约占10%；医疗美容耗材约占8%。

目前，全球生物医用材料市场由美敦力、强生、史赛克、雅培、波士顿科学、贝朗、捷迈邦美、泰尔茂、施乐辉、士卓曼、库克等为代表的行业巨头所垄断。

（二）中国市场分析

近年来，随着中国经济的快速发展，居民生活水平不断提高，在国家产业政策支持及医疗卫生体制改革的推动下，医疗健康产业的基础与运行环境逐步改善，中国已经成为仅次于美国的第二大医疗器械市场，在全球医疗行业中的重要地位越发凸显。根据艾瑞咨询数据，中国医疗器械市场规模已从2016年的4601亿元增长至2021年的9641亿元，预计到2025年，中国医疗器械市场规模将达到17 168亿元。2021年中国生物医用材料市场规模占比为43%，约为4145亿元。

从细分市场来看，2021年血管耗材（含血管介入、电生理和起搏器等耗材）占全国医疗器械市场规模约为8.8%，据此估算，血管耗材市场规模约为848亿元；骨科耗材占比约5.6%，市场规模约为540亿元；口腔耗材占比约1.4%，市场规模约为135亿元；眼科耗材占比约1.4%，市场规模约为135亿元；血液净化耗材占比约1.2%，市场规模约为116亿元（图26-1）。

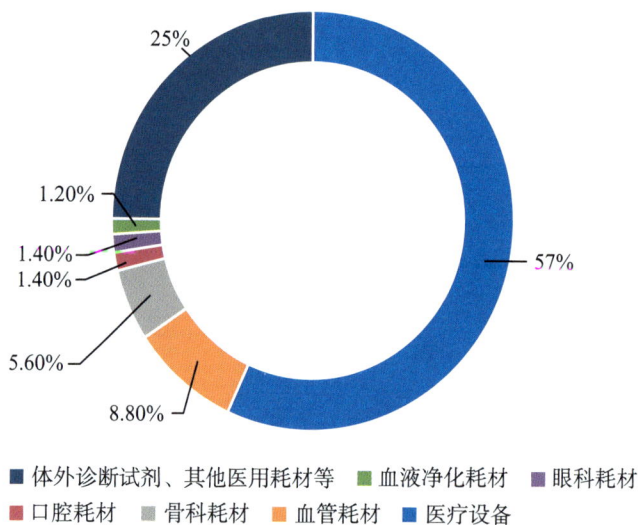

图 26-1　2021年中国生物医用材料细分市场结构
资料来源：艾瑞咨询，中国医疗器械行业协会

2022年是"十四五"规划关键之年，是第二个百年奋斗目标开局之年。受到国内新冠疫情的影响，国内医院门诊量和手术量受到影响，导致医院生物医用材料销售受到影响，总体市场规模增长速度有所放缓。

近年来，国家针对医疗器械行业出台了一系列的利好政策，推动了包括生物医用材料在内的医疗器械行业蓬勃发展。《"十四五"医药工业发展规划》明确提出要加快产品创新和产业化技术突破。着重强化关键核心技术攻关，大力推动创新产品研发，提高产业化技术水平；推动创新药和高端医疗器械产业化与应用，加快新产品产业化进程，促进创新产品推广应用。

在鼓励国产、优先国产、采购国产等国家政策的大力支持下，中国生物医用材料企业替代进口产品的能力得到了有效提升，中国生物医用材料行业迎来了快速发展。

未来十年，随着人口老龄化程度逐年加深及国民医疗保健意识的持续加强，医疗需求将持续增长。同时，分级诊疗政策的推行将强化数量众多的基层医疗机构职责，医疗资源下沉将带来对医疗器械采购需求的提升。随着医疗保险制度不断完善，医疗机构和个人对医疗器械的需求持续加大，中国医疗器械市场规模也在不断扩大。

政策的红利、需求的增长以及供给层面的优化，将推动国内生物医用材料市场的可持续发展。

二、细分行业发展现状

（一）血管耗材

血管耗材包括心血管介入器械、脑血管介入器械、外周血管介入器械、电生理介入器械等几大类，主要细分产品有支架、球囊、导管、导丝、心脏起搏器、心脏瓣膜等。

1. 集中带量采购深入推进

冠脉支架是首个进行国家带量采购的高值耗材品种。2020年11月5日，中国首次对冠脉支架进行集中带量采购。10个品种中标，价格由均价1.3万元下降到700元左右，平均降幅94.6%。截至2022年10月底，国家组织冠脉支架集中带量采购共采购中选支架320万个，达约定采购量的1.3倍。首轮冠脉支架集采后，相关企业营业收入普遍显著下滑。2020年首次冠脉支架集采后，乐普医疗支架营业收入11.13亿元，同比下降37.85%；微创医疗心血管介入产品业务营业收入下降48.84%；蓝帆医疗心脏介入器械营业收入9.86亿元，同比下降43.24%。

2021年9月6日，国家医保局官网发布《国家组织冠脉支架集采平稳实施中选产品供应充足》，直面回应关于支架产品供应不足、药物球囊增长过快等问题的相关质疑。提出规范药物球囊使用，会同相关部门规范药物球囊使用，推动地方开展药物球囊集采，对使用药物球囊非正常增长的医疗机构加强监管力度，必要时函询约谈。

2022年11月29日，国家组织冠脉支架集采协议期满后接续采购在江苏常州开标，产生拟中选结果。共有10家企业的14个产品获拟中选资格，企业中选率达91%。平均中选支架价格770元左右，加上伴随服务费，终端价格区间在730元至848元。

2021年起，球囊、导管、导丝纷纷被纳入带量采购，且都是规模较大的联盟集采。

2021年6月25日，内蒙古医保局发布《省际联盟采购办公室关于发布冠脉导引导丝集中带量采购文件（SJLM-14-HC2021-1）的公告》，集采联盟包括内蒙古自治区、山西省、辽宁省等13省（自治区）。本次集中带量采购品种为冠脉导引导丝，首年意向采购总量为36.2万根，由联盟地区各医疗机构报送采购总需求量的80%累加得出，申报价低于720.00元/根。

2021年9月8日，京津冀采购中心发布《关于开展京津冀"3+N"联盟冠脉药物球囊类和起搏器类医用耗材带量联动采购有关工作的通知》，确定京津冀黑吉辽蒙晋鲁豫川黔藏等13省开展冠脉药物球囊和起搏器两类高值耗材带量联动采购。

2021年10月29日，省际联盟冠脉药物涂层球囊带量采购办公室发出通知，11月19日正式进行价格申报。本次采购联盟由江苏、山西、福建、湖北、湖南等12个省市组成，年度约定采购量为5.14万个。面向贝朗医疗、垠艺生物、凯德诺医疗、上海申淇医疗、乐普医疗、上海赢生医疗、浙江巴泰医疗等7家企业采购8个品种。通过现场竞争，最终6家企业、7个产品中选，中选率达88%。由以前的单个球囊2万以上进入万元以内，中选价格均在6300元左右，平均降幅70%，最大降幅77%。

2022年11月18日，天津市医保局发布《"3+N"联盟部分西药和中成药带量联动采购和使用工作方案（征求意见稿）》，此次带量采购品种为冠脉导引导丝、冠脉导引导管、冠脉扩张球囊类耗材等。

2. 大量临床需求尚未满足

目前中国正面临人口老龄化和代谢危险因素持续流行的双重压力，心血管疾病负担将持续增加。《中国心血管健康与疾病报告2021》显示，中国心血管病患病人数约3.3亿，其中脑卒中1300万，冠心病1139万，心力衰竭890万，心房颤动487万，肺源性心脏病500万，风湿性心脏病250万，先天性心脏病200万，下肢动脉疾病4530万，高血压2.45亿。这意味着心血管领域的治疗需求旺盛，存在大量未被满足的临床需求。

随着行业新技术的不断发展，冠脉领域的诊疗方式也呈现更为精准化的趋势，经皮冠脉介入术（percutaneous coronary intervention，PCI）是针对冠状动脉慢性闭塞最常用的治疗方案，一般经桡动脉或股动脉途径植入鞘管，通过导丝、导管、球囊以及支架对病变狭窄的部分进行诊疗，将从前期同质化的简单PCI逐步发展成为更符合患者临床需求的精准化PCI，"介入无植入"或"介入少植入"这一理念贯穿其中。根据全国介入心脏病学会数据，2021年中国大陆地区冠心病介入治疗总病例数为116万例，同比增长20.18%，较2019年同期增长13.57%，未来冠心病介入治疗手术量在老龄化趋势下预计仍将保持稳健的增长态势，冠脉领域的临床需求远远未被满足。2022年11月，国家组织冠脉支架带量采购协议期满接续采购申报医疗机构共填报需求量186.5万个，是2020年10月第一批集采107万个的1.7倍。因为更加符合冠脉狭窄治疗"介入无植入"的理念和发展趋势，加上适用人群的慢慢扩大，近年来药物球囊的使用量也在不断增加。数据显示，2015—2019年，中国药物涂层球囊行业的市场规模由22.9亿元增长至43.9亿元，年复合增长率为17.7%。业界预期，随着中国介入手术量不断增长，药物涂层球囊的需求量还会越来越高。

中国是心律失常疾病高发国。中国的心律失常患者已超2000万人，随着老龄化加剧，患者数量还在持续增长。中国国家心血管病中心统计数据显示，中国每年心源性猝死者高达55万人，平均每天有1500人死于心搏骤停，其中80%以上由恶性心律失常引起。心脏起搏器、除颤器、射频消融导管都是治疗心律失常的主要器械设备。国内心脏起搏器每百万人的植入量仅70台，在亚太经济相对发达的地区，每百万人的植入量在300—500台；在欧美，这个数字则达到1000台以上。另外还有许多来自基层患者未被满足的需求。

卒中方面，据世界卫生组织统计，全世界每6个人中就有1人可能罹患卒中，每6秒钟就有1人死于卒中或因卒中永久致残。《中国脑卒中防治报告2020》指出，卒中是中国成年人致死、致残的首位病因。中国40岁及以上人群的卒中人口标化患病率由2012年的1.89%上升至2019年的2.58%，至2019年中国40岁及以上人群现患和曾患卒中人数约为1704万。由于药物溶栓存在的时间限制，机械取栓的重要性逐渐凸显。据沛嘉医疗招股书，中国的机械性血栓切除手术数量由2014年的0.41万例增至2018年的1.45万例，年复合增长率为36.9%，预计2025年将增至8.75万例。机械取栓市场发展向好，颅内取栓支架产品需求量也将持续增长。

外周血管是指除心脏及颅内血管以外的所有血管，外周血管疾病中最常见的是下肢血管闭塞和狭窄，若不及时治疗，会引发截肢甚至心源性猝死。《中国心血管健康与疾病报告2021》显示，中国下肢动脉疾病患者约4530万人，在60岁以上人群中，外周血管疾病发病率达10%；65岁以上人群中动脉硬化闭塞症发病率达20%。国内外周血管疾病患者数量庞大，但手术治疗渗透率仍处于较低水平，未来发展空间巨大。目前外周血管疾病的介入诊疗与早期冠脉治疗类似，产品种类较少，主要为金属支架、药物球囊、普通球囊，而基于下肢动脉特点，药物球囊上市后较金属支架更受临床欢迎。

3. 产品领域竞争格局各不相同

冠脉支架国产化率已达80%左右，基本完成进口替代，国内市场竞争格局相对稳定，目前支架领域的研究主要集中在第四代完全可降解支架。2020年10月16日国家组织高值医用耗材联合采购办公室发布的《国家组织冠脉支架集中带量采购文件》显示首年支架采购量107万个，国产产品占比68.3%，进口产品占比31.7%。入围的国内企业微创医疗意向采购量领跑，旗下四个品种累计需求共约39万个，占总量约达36%；

乐普医疗位列第二，为一个品种12万个，占总量的11%，其他入围国内企业包括山东吉威、金瑞凯利、易生科技、苏州桓晨、万瑞飞鸿等；进口企业份额由波士顿科学、雅培和美敦力三家平分。2022年11月29日，国家组织冠脉支架集采协议期满后接续采购开标，微创医疗、赛诺医疗、金瑞凯利、易生科技、美敦力等10家企业的14个产品获拟中选资格。

在药物球囊领域，2009年左右药物球囊才在欧洲率先开始应用。全球市场上，美敦力、波士顿科学、贝朗、百多力是主要生产企业。国产药物球囊发展仍处于起步快速发展期。2017年，垠艺生物的药物球囊才获得中国第一张注册证。2020年，远大制药、心脉医疗（微创医疗）、乐普医疗等企业产品集中获得注册证。截至2022年12月，国内已有30余家企业注册有相关产品。

经导管主动脉瓣置换术（transcatheter aortic valve replacement，TAVR）产品是心脏瓣膜领域发展最成熟的产品。截至2021年底，中国TAVR手术量累计完成约1.6万例，预计2021年至2030年年均复合增长率将达到36.6%，TAVR市场规模将在2030年突破百亿元。相比二尖瓣、三尖瓣及肺动脉瓣大部分产品仍处于验证性临床阶段，主动脉瓣膜病是目前最成熟、发展最快的心脏瓣膜领域。目前国内有8款经导管主动脉入路的TAVR瓣膜，包括球囊扩张式瓣膜、自膨胀式瓣膜两大类，其中已有3款升级为可回收系统。6款国产产品分别来自启明医疗、心通医疗（微创医疗）、沛嘉医疗、苏州杰成（健适医疗），2款进口产品由爱德华和美敦力生产。启明医疗的VenusA-Valve®是中国大陆首个上市的经导管主动脉瓣置换系统，临床应用已超过2000例；微创医疗的VitaFlow®经导管主动脉瓣置换系统获得医疗器械注册证，成为国内第3个上市的经导管主动脉瓣系统。

按照电极导线数量，心脏起搏器可分为单腔、双腔、三腔和四腔起搏器。其中双腔起搏器市场占比为65%，国内以美敦力、雅培的圣犹达、波士顿科学、百多力和索林集团等企业的进口产品为主，仅乐普医疗Qinming8631一款国产双腔起搏器。单腔起搏器市场占比为30%，国产产品和进口产品均有。植入式心脏起搏器有4款，分别由乐普医疗、先健科技、创领心律（微创医疗）生产。国产临时起搏器为先健科技研发生产。三腔和四腔起搏器市场较小，均为进口产品。

颅内支架可分为辅助弹簧圈支架、密网支架、颅内覆膜支架等。辅助弹簧圈支架主要适用于宽颈中小型动脉瘤。国内上市的辅助弹簧圈支架，国外企业主要有泰尔茂、强生和史赛克等生产的产品，国内企业微创神通（微创医疗）2017年上市的APOLLO™颅内动脉支架系统。密网支架适用于大型、巨大型动脉瘤。国内上市的密网支架，国外企业主要有美敦力、史赛克等生产的产品，国内企业有微创神通（微创医疗）2018年上市的Tubridge®血流导向密网支架和艾柯医疗2022年上市的Lattice™血流导向密网支架。颅内覆膜支架适用于复杂颅内颈动脉、椎动脉瘤。微创神通（微创医疗）2014年上市的 Willis® 颅内专用覆膜支架是国际上首个获批上市的覆膜支架产品。颅内药物洗脱支架系统含有药物涂层支架及快速交换球囊导管输送系统，适用于颅内动脉粥样硬化性狭窄。赛诺医疗的颅内药物洗脱支架系统于2021年上市。颅内取栓支架由取栓支架与装载器组成，用来移除堵塞在颅内大动脉血管内的血栓。国内上市的进口产品由美敦力、史赛克、麦克罗医伟司安（柯惠）和迈道国际（强生）生产。2018年5月，江苏尼科（健适医疗）Reco取栓支架获批，颅内取栓装置国产化进程慢慢步入正轨。其他国内生产企业还有心玮医疗、归创通桥、湖南瑞康通、心凯诺医疗、北京久事神康、微创神通、苏州中天等。

外周血管支架进口品牌主要以百多力为主，2020年4月库克的"药物洗脱外周血管支架系统"通过创新医疗器械特别审批，这也是国内批准的第一款药物洗脱外周血管支架。外周血管产品领域，国内企业微创医疗、先健科技、有研医疗、华脉泰科和北京裕恒佳均有产品上市[①]。

4. 各企业纷纷多元化布局

面对新冠疫情反复以及集中带量采购政策，血管耗材各生产企业通过研发创新产品、执行渠道下沉、国际化发展等战略，销售业绩均有不同程度的增长（表26-1）。

表26-1　血管耗材部分重点企业业务营业收入情况

企业名称	2021年营业收入/亿元	同比增长	细分业务	2021年营业收入/亿元	同比增长	2022年上半年营业收入/亿元	同比增长
乐普医疗	106.60	32.61%	医疗器械业务（含新冠疫情相关检测试剂）	61.69	81.43%	29.9	−27.02%
微创医疗	49.64	20.00%	心率管理业务	14.04	18.80%	6.63	7.20%
			大动脉及外周血管介入业务	6.76	45.60%	4.52	26.60%
			心血管介入业务	8.93	−10.80%	—	—
			球囊及配件产品	1.56	47.50%	—	—
			神经介入业务	3.76	72.50%	1.98	22.90%
			心脏瓣膜业务	2.00	93.20%	1.21	44.80%

---

① 《冠脉支架进入"千元时代"？我国植入支架产业链发展现状分析》，https://www.cnhealthcare.com/articlewm/20201110/content-1161457.html。

续表

企业名称	2021年营业收入/亿元	同比增长	细分业务	2021年营业收入/亿元	同比增长	2022年上半年营业收入/亿元	同比增长
先健科技	9.25	44.10%	结构性心脏病业务	—	—	1.95	30.80%
			外周血管病业务	—	—	3.17	10.40%
			起搏电生理业务	—	—	0.44	187.50%
心脉医疗	6.85	45.59%	Castor 分支型胸主支架	—	—	1.83	37.82%
			Minos 腹主支架	—	—	0.75	78.95%
			Reewarm®PTX 药物球囊	—	—	0.31	41.91%

资料来源：企业年报

近年来，乐普医疗进行了产业结构调整，除了以前一直专注的泛心血管领域医疗器械、药品及相应医疗服务外，还开拓了体外诊断、外科、麻醉等非心血管医疗器械业务。2021年，乐普医疗总营业收入106.6亿元，受益于新冠疫情相关检测试剂的出口，同比增长32.61%。乐普医疗医疗器械业务（含新冠疫情相关检测试剂）营业收入61.69亿元，同比增长81.43%，毛利率61.03%。随着带量采购的实施，乐普医疗传统金属药物支架经营业务显著下降，但可降解支架、药物球囊和切割球囊等介入创新产品组合实现了显著增长，同比增长827.36%。除了抗疫产品布局，乐普医疗将重点推进以下产品：冠脉和外周的介入无植入创新产品组合、结构性心脏病产品线、心律管理和电生理、以心电AI为核心技术的生命体征监测相关产品等。同时，乐普医疗在进行产业"多样化"尝试，在齿科方向、消费医疗行业进行探索，在自费蓝海市场多元化布局。

乐普医疗房间隔缺损、室间隔缺损、动脉导管未闭封堵器等产品在全球获批的产品包括从一代双铆、二代单铆（CE认证）、三代氧化膜单铆，直至四代完全可降解产品。乐普医疗的一代左心耳封堵器已投入市场并处在国内第一梯队，同时二代可降解左心耳封堵器目前已处于型检和动物实验阶段；一代卵圆孔未闭封堵器（金属单/双铆）已获CE认证并在海外上市，二代卵圆孔未闭封堵器已完成临床入组，已完成6个月术后随访，计划在2022年第二季度递交注册申请。目前临床阶段产品包括经导管植入式主动脉瓣膜系统SimoCrown™、经心尖二尖瓣修复系统（腱索）和经心尖二尖瓣夹修复系统，研发阶段产品包括各类经导管及经心尖的介入类瓣膜病相关产品。截至2021年，乐普医疗单、双腔起搏器累计植入超过10 000台；正在研发Qinming8632全自动起搏器及磁共振兼容全自动起搏器、治疗心力衰竭的CCM和治疗帕金森病的脑起搏器产品等。

微创医疗专注于创新、制造以及销售高端医疗器械产品，涉及心血管介入业务、骨科医疗器械业务、心律管理业务、大动脉及外周血管介入业务、神经介入业务、心脏瓣膜业务、手术机器人业务、外科医疗器械业务及其他业务。由于研发投入的增加以及冠脉支架全国集中带量采购政策影响，2021年，微创医疗营业收入7.79亿美元（49.70亿元），同比增长20.02%；净利润亏损2.76亿美元（17.61亿元），亏损同比扩大44.75%。受益于新产品上市销量快速增长，以及新冠疫情得到控制带来的手术量回升。心脏瓣膜业务、神经介入业务和大动脉及外周血管介入业务延续强劲增长态势。微创医疗第一大业务心率管理业务营业收入2.20亿美元（14.04亿元），同比增长18.8%，占比28.3%。受益于新品上市，大动脉及外周血管介入业务营业收入1.06亿美元（6.76亿元），占比13.6%，同比增长45.6%。受国内冠脉支架带量采购导致产品的价格下降所影响，心血管介入产品营业收入1.40亿美元（8.93亿元），占比17%，同比减少10.8%。球囊及配件产品实现全球营业收入0.245亿美元（1.56亿元），较上年大幅提升47.5%。微创医疗共有4款药物洗脱支架、4款球囊产品在售。冠脉支架实现全球销售数量122万套，较上年增长132.0%。神经介入业务营业收入0.59亿美元（3.76亿元），占比7.6%，同比增长72.5%。受益于采用牛心包瓣膜的VitaFlow®和VitaFlow Liberty™瓣膜系统获得积极的市场认可和销售数量的增加，心脏瓣膜产品营业收入同比增长93.2%，占比4.1%。

近年来，微创医疗将主动脉及外周血管介入业务、心脏瓣膜业务等拆分成立子公司。2019年7月，微创医疗分拆子公司心脉医疗在上交所科创板上市；2021年2月4日，心通医疗于港交所主板上市；2021年11月2日，微创机器人在港交所主板上市；2022年7月15日，微创脑科学于港交所主板上市；2022年8月31日，微电生理在上交所科创板上市。

先健科技的创新产品布局覆盖结构性心脏病、外周血管病、心脏节律管理等领域。2021年，先健科技继续实行"创新"和"国际化"发展战略，实现营业总收入约9.25亿，同比增长44.1%。先健科技三款创新产品——LAmbre™左心耳封堵器系统、IBS Titan™可吸收药物洗脱外周支架系统和IBS Angel™铁基可吸收支架系统已获得美国FDA"同情使用"批准；先健科技的LAmbre™左心耳封堵器于2021年9月在国内获批上市，是目前为止唯一同时拥有欧盟CE和中国上市许可的国产品牌。2021年12月，先健科技与美敦力进一步达成扩大"芯彤"国产心脏起搏器的项目合作，拟启动国产核磁兼容起搏系统的战略合作，满足多样化需求。

2022年上半年先健科技实现营业收入约5.55亿元，同比增长20.4%；实现毛利约4.42亿元，同比增长约17.9%。结构性心脏病业务方面，先健科技致力于在全球市场因地制宜，根据当地治疗需求和经济水平推广和销售三代先天性心脏病封堵器产品。多元化的产品组合带来差异化的市场优势。2022年上半年，结构性心脏病业务营业收入约为1.95亿元，同比增长22.5%。其中销售先天性心脏病封堵器所产生的收入同比增长约30.8%，三代先天性心脏病封堵器HeartR、Cera和CeraFlex的营业收入同比增长分别为9.1%、42.6%和34.6%。外周血管病业务方面：先健科技目前主要在售产品包括胸主动脉覆膜支架、腹主动脉覆膜支架、髂动脉分叉支架及腔静脉滤器。2022年上半年，先健科技外周血管病业务营业收入约为3.17亿元，同比增长10.4%，其中覆膜支架营业收入同比增长13.9%，腔静脉滤器同比减少10.1%。起搏电生理业务方面，2022年上半年继续实现强劲增长，营业收入0.44亿元，同比增长约187.5%，其主要核心产品植入式心脏起搏器和植入式心脏起搏电极导线的营业收入分别同比增长218.2%及32.6%。目前在研产品有Absnow™可吸收房间隔缺损封堵系统、针对"烟囱技术"开发的主动脉覆膜支架系统、G-Branch™胸腹主动脉覆膜支架系统、针对"开窗技术"开发的主动脉弓支架系统、适用于儿童的铁基可吸收支架、IBS®可吸收药物洗脱冠脉支架系统等。

心脉医疗是微创医疗科学有限公司旗下子公司，主要从事主动脉及外周血管介入医疗器械领域的研发、生产和销售。2021年，面对新冠疫情，心脉医疗执行渠道下沉的销售战略，加强销售渠道的拓展，加大创新性产品线上、线下医学教育培训，全力推进市场开拓，创新性产品的市场接受度不断提升，促进了销售业绩的持续快速增长。心脉医疗2021年营业收入6.85亿元，相较上年同比增长45.59%；净利润3.63亿元，同比增长45.15%。2022年上半年，心脉医疗实现营业总收入4.59亿元，同比增长26.64%；净利润2.50亿元，同比增长16.16%。从产品来看，Castor®分支型主动脉覆膜支架及输送系统实现营业收入1.83亿元，同比增长37.82%，累计植入量超过1.2万例；Minos®腹主动脉覆膜支架及输送系统实现收入0.75亿元，同比增长78.95%；Reewarm®PTX药物球囊扩张导管实现营业收入0.31亿元，同比增长41.91%，累计覆盖医院超过500家。此外，心脉医疗的Talos®直管型胸主支架、Fontus®分支型术中支架均完成首例临床植入，开始在多家医院展开临床应用，并在国内10个省市完成挂网。

5. 重磅创新产品不断推出

2021年11月25日，苏州同心医疗科技股份有限公司研发的植入式左心室辅助系统CH-VAD获得国家药品监督管理局批准上市。这是中国首个获得国家药品监督管理局批准的拥有完备自主知识产权的国产人工心脏，也是全球范围内首个获得国家药品监督管理局批准的全磁悬浮式人工心脏，标志着全球新一代（全磁悬浮技术路线）心室辅助装置产品在中国商业化落地，将开启中国心力衰竭治疗新时代。

2021年12月16日，国家药品监督管理局宣布，经审查批准了上海微创心脉医疗科技（集团）股份有限公司生产的创新产品"分支型术中支架系统"注册。该产品适用于Stanford A型和常规介入无法治疗的复杂Stanford B型主动脉夹层的手术治疗。是国内批准上市的第一款分支型外科手术专用支架，其侧支结构可便于支架植入左锁骨下动脉，降低手术操作难度，减少因深度游离和吻合左锁骨下动脉带来的相关风险，让更多主动脉夹层疾病患者受益。

2022年5月，国家药品监督管理局批准了杭州唯强医疗科技有限公司研发的创新产品"胸主动脉支架系统"注册。该产品由近端胸主动脉覆膜支架系统和远端胸主动脉裸支架系统组成。近端胸主动脉覆膜支架系统封堵B型夹层近端破口，促使假腔内血栓化；远端胸主动脉裸支架系统扩张降主动脉远端真腔，促进主动脉真腔重塑。其中支架的结构设计使其具有良好的柔顺性及一定的径向和轴向支撑力。胸主动脉覆膜支架和胸主动脉裸支架分别预装在对应的输送器中，输送器的设计可保证释放过程的稳定性及支架精准定位。

2022年7月，航天泰心科技有限公司开发的HeartCon型植入式左心室辅助系统，取得国家Ⅲ类医疗器械产品注册证获批上市。HeartCon型植入式左心室辅助系统是采用磁液悬浮技术的植入式人工心脏。2009年起，由泰心医院与中国运载火箭技术研究院联合开发，因此也被称为"火箭心"，是中国国内最早开展研究的第三代人工心脏。其具有体积小、质量轻、温升低、溶血好、质量稳定的特点，各项技术指标均达到了国际一流水平。

2022年9月20日，国家药品监督管理局批准了山东吉威医疗制品有限公司生产的创新产品"优美莫司涂层冠状动脉球囊扩张导管"注册。该产品凭借公司独家专利的BA9药物、结合独特的晶体化工艺、配合PEO亲水涂层，攻克了西罗莫司（雷帕霉素）类药物难以应用于药物球囊的壁垒，为药物球囊提供了安全剂量范围更大、安全性更高的药物选择。

2022年11月17日，江苏百优达生命科技有限公司自主研发和生产的人工血管"VASOLINE"获得国家药品监督管理局的批准上市。VASOLINE主要由PET线编织制成，涂覆有牛胶原蛋白和甘油，其作用于主动脉及其分支血管的置换或旁路手术。2020年12月，VASOLINE通过创新医疗器械特别审查申请，进入绿色审批通道。

（二）骨科耗材

骨科耗材是医疗器械重要细分行业之一。骨科耗材指的是通过手术植入人体，可以起到替代、支撑人体骨骼或者可以定位修复骨骼、关节、软骨等组织的器材材料，主要包括骨接合植入物及关节植入物，如接骨板、接骨螺钉、髓内钉、脊柱内固定植入物、人工关节等。骨科耗材因为长期植入人体，对人体的生命和健康有着重大影响，按照中国医疗器械分类管理的规定，一般属于Ⅲ类医疗器械。根据使用部位的不同，骨科植入医疗器械可以分为创伤类、脊柱类、关节类和其他四大类。其中，创伤类为最大的细分市场，脊柱类排名第二，关节类排名第三。

基于中国庞大的人口基数以及正处于加速老龄化的趋势，中国骨科市场规模巨大且成长潜力可观。近年来，借助国家政策支持和国内市场扩容的机遇，国内骨科医疗器械企业逐渐发展壮大。

1. 产品领域竞争格局各不相同

创伤类产品的生产技术较为成熟，市场开发较为充分，国产化率约70%，近年来保持较快增长。国产品牌大致规模较小，整体较为分散，主要企业有大博医疗、威高骨科、凯利泰等。

受益于医疗需求的不断增加、脊柱微创技术的发展，中国脊柱类植入医疗器械的市场规模也在逐渐增长。脊柱类产品国产化率约40%，主要企业有威高骨科、三友医疗、凯利泰等。

关节类产品根据使用部位不同可以分为人工髋、膝、肩、肘关节等。进口人工关节由于进入中国早、技术资金力量雄厚，占据很大的优势，但是，进口人工关节主要是根据西方人的解剖特点设计的，在国内临床应用时，有可能导致关节尺寸不合适。随着国内企业的快速发展，国际品牌的市场占有率逐步下降，但在高端市场仍具有优势。关节类产品国产化率约30%，国内关节厂商主要有微创医疗、威高骨科、爱康医疗、春立医疗等。

2. 集中带量采购有序开展

近年来，国家计划集采多关注关节和脊柱，地方集采多关注创伤、运动医学、人工骨、骨水泥等。

2019年5月，中央全面深化改革委员会第八次会议审议通过《关于治理高值医用耗材的改革方案》。2019年7月，国务院办公厅印发《治理高值医用耗材改革方案》，提出对于临床用量较大、采购金额较高、临床使用较成熟、多家企业生产的高值医用耗材，按类别探索集中采购，鼓励医疗机构联合开展带量谈判采购，积极探索跨省联盟采购。随后全国范围内众多省份相继开展高值耗材带量采购试点。

2020年11月20日，国家医疗保障局医药价格和招标采购指导中心下发《关于开展高值医用耗材第二批集中采购数据快速采集与价格监测的通知》，第二批集采涉及六类产品：人工髋关节、人工膝关节、除颤器、封堵器、骨科材料和吻合器。

2021年4月1日，国家组织高值医用耗材联合采购办公室发布了《关于开展部分骨科类高值医用耗材产品信息采集工作的通知》，在前期采集医疗机构采购数据的基础上，为进一步了解骨科类高值医用耗材市场状况，计划分批开展骨科类高值医用耗材产品信息采集工作。首批开展人工髋关节、人工膝关节类高值医用耗材产品信息采集。

2021年6月21日，国家组织高值医用耗材联合采购办公室发布人工关节国家集采公告《国家组织人工关节集中带量采购公告》（第1号），并于2021年8月23日正式发布《国家组织人工关节集中带量采购文件》，就本次集采的产品类别、采购规则、竞价规则等进行全面说明。2021年9月，国家组织高值医用耗材联合采购办公室就本次国家带量采购拟中选结果进行公示，公开信息显示，拟中选髋关节终端价格平均降幅80%，膝关节终端价格平均降幅84%。

2022年3月31日，国家医保局和国家卫生健康委联合发布《关于国家组织高值医用耗材（人工关节）集中带量采购和使用配套措施的意见》。从规范产品挂网工作和价格、落实医保基金预付政策、做好医保支付政策衔接、落实结余留用政策并统筹医疗服务价格调整、确保中选产品稳定供应、规范医疗机构采购和使用行为、监督落实七个方面推动人工关节集采中选结果平稳实施。国家人工关节"带量采购"在各省陆续落地。

2022年9月27日，国家组织骨科脊柱类耗材集中带量采购在上海开标，国家组织高值医用耗材联合采购办公室宣布此次骨科脊柱类耗材集采的拟中选结果。从公布的信息来计算，对比最高有效申报价，多家企业的拟中选价格降幅在60%—70%。此次骨科脊柱类耗材是继冠脉支架、人工关节后，第三个被纳入国家级集采的高值耗材，也是骨科领域的第二次国家集采。

2021年7月20日，以河南省牵头的十二省区市骨科创伤类医用耗材联盟采购工作逐步展开，本次骨科创伤类共有2.07万个产品拟中选，中标价格整体降幅较大，中选产品平均降幅为88.7%。江苏、安徽、福建、山东、河南等省及省市联盟已经对部分骨科医疗器械产品实施带量采购。

2022年1月24日，天津市医疗保障局发布了《关于〈京津冀"3+N"联盟骨科创伤类医用耗材带量联动采购和使用工作方案〉公开征求意见的公告》，本次集中带量采购品种为接骨板及配套螺钉、髓内钉及配件、中空（空心）螺钉等骨科创伤类医用耗材，带量联动采购周期一年，到期后联盟各地区可根据采购和供应等实际情况延长采购期限，最高降幅或超95.78%。

随着骨科耗材集采的有序开展，短期内可能会对市场规模造成一定波动，但是长期来看，利好整个产业的平稳发展。一方面，有利于骨科耗材企业向规范化、规模化转型。缺乏经济规模的小品牌将逐步退出市场，龙头品牌将进一步扩大市场份额。耗材集采可能对未能中标企业的业绩造成不利影响，中标企业亦将面临产品终端价格大幅下降的风险。迫使企业持续进行产品线统筹规划，依托技术优势提供有竞争力的报价，通过中标带量采购保持乃至提升产品的市场占有率。要求企业在保证产品质量的前提下进一步提升生产及运营效率，进而降低产品的生产成本以及销售费用等，为长期参与带量采购提供充足的价格空间。由于进口品牌不再享受价格优势，进口替代速度也将加快。另一方面，价格的下降会减轻患者负担，提升患者对于手术的需求，从而增加整个行业的市场规模。

3. 各企业寻找新的增长点

2021年全球骨科市场，强生DePuy Synthes、史赛克、捷迈邦美、美敦力和施乐辉五巨头业务均实现增长，其中强生骨科营业收入85.88亿美元，同比增长10.6%，稳坐骨科领域霸主地位。

2021年，疫情控制下国内市场手术量恢复上升趋势，各企业加强销售渠道开发，并且积极应对带量采购政策，大部分企业总营业收入呈现上涨的趋势。2022年上半年，全国关节植入物带量采购政策执行后，大部分企业实现营业收入小幅增长态势。伴随带量采购的推进，各企业也在不断调整发展策略，寻找新的增长点（表26-2）。

表26-2　骨科耗材部分重点企业业务营业收入情况

企业名称	2021年营业收入/亿元	同比增长	2022年上半年营业收入/亿元	同比增长	细分业务	2021年营业收入/亿元	同比增长
威高骨科	21.53	18.06%	11.05	0.90%	脊柱类耗材	10.20	24.87%
大博医疗	19.94	25.68%	8.28	−2.20%	创伤类产品	11.28	14.97%
					脊柱类产品	5.65	53.14%
微创医疗（骨科业务）	13.78	5.10%	6.83	2.40%	—	—	—
春立医疗	10.81	15.29%	5.71	18.39%			
三友医疗	5.93	51.97%	2.97	13.70%	脊柱类植入耗材	5.16	41.13%
					创伤类植入耗材	0.29	26.04%
爱康医疗	7.61	−26.50%	5.31	18.70%	—	—	—

资料来源：企业年报

威高骨科从事研发、生产与销售植入性骨科医疗器械，主要产品为脊柱类植入物、创伤类植入物、关节假体、运动医学及骨科修复材料产品等。威高骨科坚持渠道下沉的销售战略，加强销售渠道的拓展和县级医院开发，持续加大研发投入。2021年威高骨科实现营业总收入21.53亿元，同比增长18.06%；净利润7.04亿元，同比增长26.02%。其中，2021年威高骨科的脊柱类耗材营业收入为10.20亿元，增速为24.87%。研发投入金额为1.21亿元，同比上涨47%。2022年上半年威高骨科实现营业收入11.05亿元，同比增长0.9%；净利润3.98亿元，同比增长7.81%。威高骨科在骨科高值耗材纵深布局的同时，谋求以骨科为基础向大外科产品拓展，大力发展运动医学、微创外科、3D打印领域的产品。2022年5月，为加快3D打印项目推进，威高骨科成立湖南威高高创医疗科技有限公司以加快布局研发定制式骨科手术导板，提高骨科手术质量。2022年8月，威高骨科还与北京天智航医疗科技股份有限公司就手术机器人在骨科领域的研发和应用正式确立战略合作关系。威高骨科最近几年逐渐开始重视海外市场，开拓东南亚、欧洲和南美洲的市场。

大博医疗致力于医用高值耗材的持续开发和研究，产品涵盖骨科多个植入类产品线。大博医疗2021年实现营业收入19.94亿元，同比增长25.68%；净利润6.73亿元，同比增长11.17%。大博医疗50%以上收入来自创伤类产品，营业收入11.28亿元，同比增长14.97%；脊柱类产品增速较快，营业收入5.65亿元，同比增长53.14%。大博医疗研发投入1.67亿元，同比增长30.50%。2022年大博医疗受集采政策影响，以及研发、管理和营销投入、期间费用的增加，2022年上半年实现营业总收入8.28亿元，同比下降2.2%；净利润1.8亿元，同比下降43.3%。大博医疗拓展神经外科、微创外科及齿科等医用高值耗材领域。其中，大博医疗微创外科类产品2021年营业收入1.50亿元，同比增长34.20%；神经外科类产品营业收入0.44亿元，同比增长14.93%。

微创医疗骨科医疗器械业务涉及全面的骨科产品系列，包括关节重建、脊柱创伤以及其他专业植入物及工具等产品。2021年，微创医疗骨科医疗器械整体业务营业收入2.16亿美元（13.78亿元），同比增长5.1%。国内市场受人工关节集采影响，2021年微创医疗骨科业务收入1.93亿美元（12.31亿元），同比增长11.8%。微创医疗骨科业务海外收入0.22亿美元（1.40亿元），同比减少31.7%。2022年上半年微创医疗骨科医疗器械收入1.07亿美元（6.83亿元），同比增长2.4%。

春立医疗主要从事植入性骨科医疗器械的研发、生产与销售，主要产品为关节假体产品及脊柱类植入产品。近年来，春立医疗主营业务稳健发展，提升产品竞争力，扩展品牌影响力，持续加大研发投入和市场推广力度。2021年，春立医疗实现营业总收入10.81亿元，同比增长15.29%；净利润3.13亿元，同比增长10.44%。春立医疗集采下关节类产品销量增长，同时脊柱类、运动医学类产品销量亦有增长。2022年上半年春立医疗营业收入5.71亿元，同比增长18.39%；净利润1.57亿元，同比略增0.92%。春立医疗正在积极推进骨科机器人研发，在研的骨科手术机器人项目包括应用于髋、膝等多种关节置换手术的骨科手术机器人。

三友医疗主要从事医用骨科植入物和超声动力设备及耗材的研发、生产与销售，主要产品为脊柱类和创伤类植入物、超声骨刀和超声止血刀。2021年，三友医疗通过加强市场开拓和渠道建设、创新产品推广和培训，推进渠道进一步下沉，实现营业收入5.93亿元，同比增长51.97%；净利润1.86亿元，同比增长57.2%。三友医疗的脊柱类植入耗材营业收入为5.16亿元，同比增长41.13%，其脊柱类植入耗材营业收入占到总营业收入的八成以上。创伤类植入耗材营业收入0.29亿元，同比增长26.04%。三友医疗的研发投入金额为5655.26万元，同比上涨66.74%。三友医疗产品线相对集中，收入和利润主要来自脊柱类植入耗材，2021年该品类的国家组织带量采购尚未正式开始，集采影响也尚未明显地反馈到企业。2022年上半年三友医疗实现营业总收入2.97亿元，同比增长13.7%；净利润7666万元，同比增长8.8%。

爱康医疗主营业务聚焦于骨科内植入物行业和3D打印技术在骨科的应用。由于关节植入物价格下跌，爱康医疗经销商减少了关节植入物进货，主要产品收入减少，导致整体业绩大幅下滑。2021年，爱康医疗实现营业收入7.61亿元，同比下降26.5%；净利润4.99亿元，同比下降30.1%。2022年，爱康医疗得益于带量采购髋、膝关节产品销量增长，并且积极开拓市场，推出新产品有效推动翻修置换内植入物产品、ICOS定制产品和手术增值服务收入的增长，2022年上半年爱康医疗营业收入5.31亿元人民币，同比增长18.7%；净利润1.26亿元，同比增长13.1%。其中，髋关节置换植入物的收入为3.27亿元，膝关节置换植入物的收入为1.28亿元，两者合计占总收入的61.7%。

4. 重磅创新产品不断推出

2021年9月，威高骨科取得与运动医学相关的"聚醚醚酮韧带固定螺钉"注册证，该产品适用于膝关节韧带重建术中固定骨-肌腱-骨或软组织移植物，威高骨科在运动医学等细分领域不断发力和布局。

2020年5月，春立医疗BIOLOX®OPTION带锥套的陶瓷头产品获批上市，春立医疗成为国内首家拥有此陶瓷头注册证的企业。2021年8月，春立医疗获批"单髁膝关节假体"注册证，成为国内首家同时拥有活动平台单髁和固定平台单髁的企业。2022年，春立医疗获得了膝关节假体注册证，其胫骨平台垫、髌骨部件选用维生素E高交联超高分子量聚乙烯材料制造，进一步提高了人工膝关节假体的耐磨性，是应用于临床的最新一代聚乙烯产品。此款产品的上市，填补了国内空白。从长期来看，将提高国产膝关节假体耐磨性能以及该企业膝关节假体的市场占有率。

2022年11月，微创骨科宣布通过在美商业化联合手术解决方案来扩大与Pixee Medical的合作伙伴关系。此次合作主要聚焦于人工智能方面，微创骨科旨在利用Pixee Medical已被FDA批准的AR手术应用程序来辅助全膝关节置换术。有望将微创骨科的Evolution® Medial-Pivot膝关节植入物与Pixee Medical Knee+平台相结合，以帮助外科医生在植入手术时实现更好的精确度和控制力。

2022年11月，武汉亚洲生物材料有限公司的人工骨修复材料获得注册证，这是国内首个获批上市的具有人工生物活性的多级结构人工骨修复材料医疗器械。该款人工骨修复材料是由华中科技大学生物材料与医疗器械监管科学转化团队和武汉亚洲生物合作研发而成。其关键原料是一种高活性钙磷生物材料，十分接近于人体骨骼组织。同时从关键原材料到技术全都实现了国产化①。

（三）口腔耗材

口腔耗材是指用于口腔科疾病治疗的一系列医用耗材的统称，包括口腔颌面外科植入物、牙种植体、骨修复材料、义齿、充填修复材料、正畸材料等。

1. 中国市场需求高速增长

据艾瑞咨询《2022年中国口腔医疗行业发展趋势研究报告》统计，2021年中国口腔医疗服务市场规模约1507亿元，在国民爱牙意识增强、口腔诊疗需求扩大、国民收入快速增长、民营口腔医疗机构持续发力等因素的驱动下，预计未来口腔医疗服务市场将持续快速扩张，有望于2026年突破3000亿元，达到约3182亿元。预计2022年到2026年的复合增长率将达到15.6%，口腔行业未来市场前景广阔。正畸、牙种植体和修复是最大的口腔细分领域，市场规模均达口腔医疗服务市场的25%以上。

2. 高端产品领域差距逐步缩小

口腔耗材主要分为低值耗材、高值耗材及设备。低值耗材产品种类多且杂，多数市场空间较有限，竞争格局较差；高值耗材集中在牙种植体和正畸两大领域。

截至2022年底，中国牙种植体进口产品主要来自士卓曼、诺保科、登士柏西诺德、奥齿泰等，国内牙种植体生产企业主要有江苏创英、威海威高洁丽康、常州百康特等近30家企业。牙种植体性能差异主要表现在表面处理技术、牙种植体结构（锥度设计、自攻刃设计等）、牙种植体材料等方面，目前国内企业在工艺上已实现较大进步，与进口企业牙种植体差距正快速缩小。

口腔正畸材料主要包括托槽、正畸丝、矫治器等。其中隐形矫正器由高分子材料制成，属于高值耗材，行业集中度较高，行业壁垒较高，目前国内隐形矫正器进口产品来自爱齐科技等，国内企业有时代天使、四川迪耀、北京固瑞等。

口腔充填修复材料和义齿国内生产企业较多。

---

① 《中国有五个，2022 全球骨科器械十大事件》，https://finance.sina.cn/stock/med/2023-01-24/detail-imycifek1445970.d.html。

3. 带量采购布局牙种植体

2022年9月6日，国家医疗保障局印发《关于开展口腔种植医疗服务收费和耗材价格专项治理的通知》（医保发〔2022〕27号），明确由四川省医疗保障局牵头组建种植牙耗材省际采购联盟。2022年9月22日，四川省医疗保障局发布《口腔种植体系统省际联盟集中带量采购公告（第1号）》，明确全国各省（自治区、直辖市）、新疆生产建设兵团组成采购联盟，四川省医疗保障局成立口腔种植体系统省际联盟集中带量采购办公室实施口腔种植体系统集中带量采购，四川省药械招标采购服务中心承担省际联盟联采办日常工作并负责具体实施，标志着口腔种植体集中采购进入实施阶段。2023年1月11日，由国家医疗保障局指导、四川省医疗保障局牵头开展的口腔种植体系统省际联盟集采在四川成都开标。全国共有近1.8万家医疗机构参加报量，汇聚287万套牙种植体系统需求量，约占国内年种植牙数量（400万颗）的72%，共有55家企业参与，其中39家拟中选，中选率达71%，拟中选产品平均价格降至900余元，与集采前中位采购价相比，平均降幅55%，中选价格区间在600元至1850元。

4. 重点企业处于成长期

国内口腔耗材企业主要有国瓷材料、正海生物、爱迪特、沪鸽口腔等（表26-3）。

表26-3　口腔耗材部分重点企业业务营业收入情况

企业名称	2021年营业收入/亿元	同比增长	细分业务	2021年营业收入/亿元	同比增长	2022年上半年营业收入/亿元	同比增长
国瓷材料	31.62	24.37%	生物医疗材料	6.95	21.98%	4.12	63.30%
正海生物	4.00	36.45%	口腔修复膜	1.92	49.04%	1.10	16.40%
爱迪特	5.45	—	—	—	—	2.70	—
沪鸽口腔	2.60	—	—	—	—	—	—

资料来源：企业年报

国瓷材料主要从事各类高端陶瓷材料的研发、生产和销售，已形成包括电子材料、催化材料、生物医疗材料和其他材料在内的四大业务板块。国瓷材料2021年实现营业收入31.62亿元，同比增长24.37%；净利润7.95亿元，同比增长38.57%。其中，以氧化锆瓷块、玻璃陶瓷等牙科材料为主的生物医疗材料业务的营业收入6.95亿元，同比增长21.98%。面对疫情的不利影响，国瓷材料采取了积极的应对措施，通过积极开拓海外市场部分缓解了国内市场的压力。2022年上半年生物医疗材料板块的营业收入

4.12亿元，同比增长63.30%。

正海生物主营业务为生物再生材料的研发、生产与销售，主要的收入来源是口腔修复膜和可吸收硬脑（脊）膜补片。正海生物2021年实现收入4.00亿元，同比增长36.45%；净利润1.69亿元，同比增长42.44%。其中，口腔修复膜方面，随着国内新冠疫情的形势逐渐向好，口腔民营诊所、公立私立医院等口腔终端已全面开放，面对市场转机，正海生物销售队伍迅速反应、乘胜追击，口腔修复膜销售实现同比较大幅度增长。2021年口腔修复膜产品实现营业收入1.92亿元，同比增长49.04%。2022年上半年，正海生物口腔修复膜产品实现营业收入1.10亿元，同比增长16.40%。

爱迪特是口腔修复材料及口腔数字化设备生产企业，其中，口腔修复材料的主打产品为氧化锆瓷块。爱迪特2021年营业收入5.45亿元；净利润5545.84万元；2022年上半年营业收入为2.7亿元，净利润为4383万元。

沪鸽口腔主要从事口腔医疗器械产品的研发、生产、销售和服务，主营业务包括临床类产品、技工类产品、隐形正畸产品三大类。沪鸽口腔2021年主营业务收入2.6亿元。其中，弹性体印模材料营业收入占比38.42%，合成树脂牙营业收入占比27.23%，隐形正畸产品占比8.77%。

（四）眼科耗材

眼科器械包括眼科诊察、手术、治疗、防护所使用的各类眼科器械及相关辅助器械，不包括眼科康复训练类器械。据弗若斯特沙利文统计，中国眼科器械细分领域中，眼科耗材市场占比最高达44%。其中用于眼科疾病的高值医用耗材产品主要包括人工晶状体、人工玻璃体、接触镜等。

1. 市场发展潜力较大

Market Scope数据显示，2017年全球眼科医疗器械市场规模达230亿美元，预计2018年至2023年年均复合增长率为4%，全球眼科市场仍将保持稳定增长态势；2019年中国眼科相关市场规模为29.0亿美元，预计2023年中国眼科相关市场规模将达到45亿美元。

中国是世界上盲和视觉损伤患者数量最多的国家之一，国民眼科健康状况严峻，年龄相关性眼病患病率提高，青少年屈光不正等问题日益突出。国际防盲协会（IAPB）研究估计，2020年中国患白内障人群（45—89岁）预计达到1.32亿人。2020年国家卫生健康委员会近视专项调查结果显示：2020年，中国儿童青少年总体近视率高达52.7%。2021年1月国家卫生健康委员会发布《“十四五”全国眼健康规划（2021—2025年）》，该规划指出，要聚焦重点人群、重点眼病。关注儿童青少年、老年人两个重点人群，聚焦近视等屈光不正、白内障、眼底病、青光眼、角膜盲等重点眼病，推广眼病防治适宜技术与诊疗模式，提高重点人群眼健康水平。

随着眼科患病人数增加、国家眼病诊疗相关政策持续推动、居民健康意识逐渐提升，中国眼科就诊人次和眼科专科医院数量持续增长，对眼科器械需求也不断增加，推动了中国眼科材料市场的增长。

2. 进口替代趋势明显

中国的眼科耗材起步较晚，受到核心技术、关键工艺、资金规模、产业化能力等方面的限制，国内眼科耗材曾一度被外资企业垄断。近年来，国家不断推出相关产业政策支持眼科耗材行业的发展，鼓励国产替代，同时中国经济的稳步上升刺激了国内眼科医疗需求的快速扩大，这些为国内眼科耗材企业提供了良好的发展机会。目前，国内眼科耗材行业通过引进、吸收消化和自主研发，初步建立了较为完整的产业体系，行业技术水平明显提高。

以人工晶状体材料为例，白内障手术由复明性治疗向屈光性治疗转变，其推动了人工晶状体材料、光学与结构设计等方面的发展进步。目前市场上人工晶状体材质主要为亲水性丙烯酸酯和疏水性丙烯酸酯，二者之间相比较，疏水性丙烯酸酯材质在降低后发性白内障（PCO）、眼内植入长期稳定性、力学机械强度等方面较亲水性丙烯酸酯材质具有优势，是目前国际市场上主流的人工晶状体材料，同时疏水性丙烯酸酯材质在附加防蓝光、肝素表面改性等方面可探索改良功能。人工晶状体经历了单焦点、多焦点、连续视程的发展历程，迄今没有可安全植入眼内、真正具有足够可调节能力的人工晶状体问世。同时为了满足临床实际需求，人工晶状体及白内障手术向预装、微创、精准化及个性化方向发展。2019年人工晶状体带量采购之前，国内人工晶状体行业进口品牌占据绝大多数市场份额。目前国内进口产品主要来自爱尔康、强生视力康、卡尔蔡司和博士伦20余家生产企业。国内有爱博诺德、河南宇宙（昊海生科）、世纪康泰、宁波艾克伦等10余家生产企业。从产品性能以及销售能力角度看，国产人工晶状体的有效性和安全性与进口竞品相当，但是价格相对更低，因此国产人工晶状体更具备性价比优势，正处于替代进口的节点。

屈光不正用接触镜主要包括硬性角膜接触镜、角膜塑形用硬性透气接触镜、软性角膜接触镜等。国内市场进口产品主要来自强生视力健、亨泰光学、博士伦、日本欧得士、韩国露晰得、荷兰普罗克尼、鹰视等生产企业。国内软性角膜接触镜生产企业较多；硬性角膜接触镜主要有欧普康视、爱博诺德、天津视达佳等7家企业；角膜塑形用硬性透气接触镜主要有欧普康视、爱博诺德、世纪康泰、上海菲士康等10余家企业。

随着国内相关市场需求的进一步扩大和技术水平的不断提升，预计中国本土眼科医疗器械行业将持续发展，本土产品和进口产品的差距将进一步缩小，本土优秀产品将逐步实现高端眼科医疗器械的进口替代。

3. 带量采购全国覆盖率高

目前全国大部分省市已实行人工晶状体带量采购。2019年7月，安徽省率先开展了人工晶状体带量采购，国产产品平均降价18.1%，进口产品平均降价20.9%。随后，江苏省、京津冀3+N、陕西10省、河南省、上海市、广东省、安徽省等也相继对人工晶状体进行带量采购，平均降幅约在50%，最高降幅达85%。从中国人工晶状体带量采购政策来看，基本上都是以性价比较高的中端产品为主。带量采购给中端产品提供了更大的市场机会，相应也弱化了进口产品的先发优势，国产企业有望借此实现大幅度实现进口替代。

在角膜塑形镜方面，2022年10月26日，河北省医用药品器械集中采购中心发布《关于开展20种集采医用耗材产品信息填报工作的通知》，其中涉及角膜塑形用硬性透气接触镜。此次集采落地后是否会在更多省份铺开，还有待进一步观察。

4. 重点企业处于快速发展期

眼科耗材国内重点企业主要有昊海生科、欧普康视和爱博医疗等（表26-4）。

表26-4　眼科耗材部分重点企业业务营业收入情况

企业名称	2021年营业收入/亿元	同比增长	细分业务	2021年营业收入/亿元	同比增长	2022年上半年营业收入/亿元	同比增长
昊海生科（眼科）	6.74	19.24%	人工晶状体产品	3.33	0.70%	4.12	63.30%
			眼科黏弹剂产品	1.07	26.84%	—	—
			近视防控与屈光矫正产品	2.17	57.14%	—	—
			视光材料业务	1.62	22.17%	—	—
			视光终端产品	0.55	889.07%	—	—
欧普康视	12.95	48.74%	角膜塑形镜	6.70	28.45%	3.46	3.82%
爱博医疗	4.33	58.61%	人工晶状体	—	40.27%	—	15.10%
			角膜塑形镜	—	110.64%	—	71.70%

资料来源：企业年报

昊海生科是眼科、医疗美容与创面护理、骨科、防粘连及止血四大治疗领域"原料+研发+制造+销售"的生物医用材料生产企业。

2021年，昊海生科实现营业收入17.67亿元，同比增长32.61%；净利润为3.52亿元，同比增长53.20%。昊海生科是国内第一大眼科黏弹剂产品的生产商。根据标点医药的研究报告，昊海生科2020年眼科黏弹剂产品在中国的市场份额为45.24%，连续十四年位居中国市场份额首位，市场占有率超过四成。同时，昊海生科旗下各品牌的人工晶状体销售数量，约占中国市场年使用量的30%。此外，昊海生科子公司Contamac是全球最大的独立视光材料生产商之一，为全球70多个国家的客户提供人工晶状体及角膜塑形镜等视光材料。

人工晶状体和眼科黏弹剂主要用于白内障手术治疗。2021年，昊海生科眼科产品实现营业收入6.74亿元，同比增长19.24%。昊海生科白内障产品线共实现营业收入4.40亿元，同比增长6.03%。其中，受益于全面的中选型号以及具有竞争力的中选价格，虽然人工晶状体平均销售单价受到带量采购影响有所下降，但是昊海生科在带量采购招标已基本落地的地区的产品销量呈现了良好的增长势头，人工晶状体产品线实现营业收入3.33亿元，与上年基本持平。眼科黏弹剂产品线实现营业收入1.07亿元，同比增长26.84%。昊海生科近视防控与屈光矫正产品线共实现营业收入2.17亿元，同比增长57.14%。获益于全球疫情影响逐步减弱，以及昊海生科高透氧材料等产品在美国等国际市场持续开拓。处于供应链上游的视光材料业务实现营业收入1.62亿元，较上年增长22.17%。视光终端产品涵盖角膜塑形镜及其验配、佩戴过程中配合使用的设备及润眼液产品、软性隐形眼镜、有晶体眼屈光晶体等产品。昊海生科视光终端产品实现营业收入0.55亿元，与上年相比增长889.07%。

2022年上半年，受疫情影响，昊海生科眼科产品实现营业收入3.56亿元，与上年同期相比基本持平。在白内障治疗领域，昊海生科的各类人工晶状体及视光材料研发项目有序推进。由昊海生科牵头申报的科学技术部"十三五"国家重点研发计划"新型人工晶状体及高端眼科植入材料的研发"项目，于2022年3月通过科学技术部的验收；昊海生科的创新疏水模注工艺非球面人工晶状体产品已完成全部患者出组，即将启动注册申报工作；疏水模注散光矫正非球面人工晶状体产品在国内的临床试验正有序推进。非球面多焦点人工晶状体已进入注册检验阶段，在2022年下半年启动临床试验。在近视防控及屈光矫正领域，昊海生科研制的新型角膜塑形镜产品已完成临床试验，正在进行注册申报工作。第二代PRL产品房水通透型有晶体眼后房人工晶状体已完成注册检验，并于2022年8月启动临床试验。

欧普康视主要业务为角膜塑形镜等硬性接触镜类产品及配套护理产品的生产和销售。受益于主营产品角膜塑形镜的应用处于上升通道，2021年，欧普康视实现营业收入12.95亿元，同比增长48.74%，净利润5.55亿元，同比增长28.02%。其中，角膜塑形镜营业收入6.70亿元，同比增长28.45%。2022年上半年，欧普康视实现营业收入6.84亿元，同比增长20.05%，净利润2.58亿元，同比增长0.90%。其中，硬性角膜接触镜营业收入3.46亿元，同比增长3.82%。企业发展策略是在产品拓展方面，首先是丰富硬镜类产品，力争为社会提供所有的硬镜类产品，然后是与硬镜应用于同样领域的视光类产品，再接下来是眼科与眼健康产品，最后是市场需求大的其他健康类产品。

爱博医疗主要产品覆盖手术和视光两大领域，主要针对白内障和屈光不正这两大类造成致盲和视力障碍的主要眼科疾病，其中手术领域的核心产品为人工晶状体，视光领域的核心产品为角膜塑形镜。2021年，爱博医疗实现营业收入4.33亿元，同比增长58.61%，净利润1.71亿元，同比增长77.45%。其中：受益于爱博医疗在各地区人工晶状体集中带量采购中广泛中选，人工晶状体销量同比增长40.27%；由于行业整体仍处于上升期，爱博医疗角膜塑形镜销量同比增长110.64%。2022年上半年，爱博医疗实现营业总收入2.73亿元，同比增长32.33%，其中：人工晶状体收入同比增长15.10%，角膜塑形镜收入同比增长71.70%。爱博医疗内单件式疏水性非球面人工晶状体AW-UV以及可折叠一件式人工晶状体的多个新增型号获批上市，多功能硬性接触镜护理液已于2022年2月取得Ⅲ类医疗器械注册证获批上市销售，角膜塑形镜增扩度数适用范围注册申请已于2022年6月获得国家药品监督管理局批准。非球面衍射型多焦人工晶状体进入产品注册阶段，有晶体眼人工晶状体、眼用透明质酸钠凝胶等产品正在稳步推进临床试验，新增非球面三焦散光矫正人工晶状体进入临床试验阶段。

（五）医疗美容耗材

医疗美容主要是通过手术、医疗器械、药物及其他医疗技术来改变外观或改善生理机能的所有医学治疗。医疗美容行业兼具医疗与消费的双重属性。近年来，医疗美容产品和技术发展迅速，新产品和新技术不仅满足存量消费者的需求，也随着供给的日益丰富、疗效的不断提升，以及消费观念的转变带来了消费群体的扩容。目前，中国已成为全球第三大医疗美容市场，但与其他主要医美国家相比，中国医疗美容市场项目渗透率低，市场空间依然广阔。

1. 市场需求增长强劲

据弗若斯特沙利文研究报告统计，中国医疗美容市场的市场规模自2017年的993亿元人民币增至2021年的1891亿元人民币，年复合增长率为17.5%。中国医疗美容市场的增长率远高于全球市场，中国医疗美容市场拥有巨大的消费基数，也是全球增速最快、未来增长潜力巨大的市场。经济的发展、人均可支配收入的增加、购买力和个人医美意识的提升，为中国医疗美容市场的增长提供了强有力的支撑。2021年，中国医疗美容类透明质酸终端产品的市场规模仍大于其他医药级终端应用领域，达到64.3亿元人民币，2017年至2021年的年复合增长率为19.7%，并预计将以25.0%的年复合增长率在2026年达到196.2亿元人民币。

医疗美容项目可分为手术类治疗项目与非手术类治疗项目。其中，非手术类治疗项目占比约60%，凭借操作简单、恢复时间快、价格和风险相对较低的优点，有更高的市场接受度和复购率。近年来，非手术类医疗美容的市场规模增速已超过医疗美容市场的整体增速。根据国际美容整形外科学会（ISAPS）发布的调查报告，2020年，全球非手术类医疗美容疗程量占医疗美容总疗程量的58.7%。而根据弗若斯特沙利文研究报告统计，2020年，中国非手术类医疗美容疗程量占国内医疗美容总疗程量的49.9%。相比之下，国内非手术类医疗美容市场还具有较大增长空间，有望在未来继续保持快速增长。

非手术类医疗美容可以进一步划分为注射类和光电类，光电类通过特定波长光能刺激皮下组织破坏和新生，注射类通过针剂材料实现填充或萎缩，不同治疗手段各有功效特点。2021年中国注射类项目市场规模424亿元，预计2026年达1091亿元。注射类医疗美容市场结构主要为填充类和萎缩类，市场份额分别为61%和33%，填充针剂产品国产化率较高，市场增长动能强劲，未来有望快速扩容。

2. 产业竞争格局亟待重塑

当前全球透明质酸原料市场集中度高，行业增速快，中国是最大的产销国。华熙生物、昊海生科、爱美客是国内透明质酸行业主要的三大企业，分别在原料生产、医药及产品线拓展、医疗美容产品线拓展方面表现突出。透明质酸填充剂市场集中度高，增速快，国产品牌规模增长较快，但整体市场仍由韩国LG、美国艾尔建、瑞典Q-Med等外资品牌主导。

3. 重点企业处于快速发展期

国内医疗美容耗材重点企业主要有华熙生物、爱美客、昊海生科等（表26-5）。

表26-5　医疗美容耗材部分重点企业业务营业收入情况

企业名称	2021年营业收入/亿元	同比增长	细分业务	2021年营业收入/亿元	同比增长	2022年上半年营业收入/亿元	同比增长
华熙生物	49.48	87.93%	原料业务	9.05	28.62%	—	—
			皮肤类医疗产品	5.04	15.88%	2.08	−5.37%

续表

企业名称	2021年营业收入/亿元	同比增长	细分业务	2021年营业收入/亿元	同比增长	2022年上半年营业收入/亿元	同比增长
爱美客	14.40	104.13%	溶液类注射产品	10.46	133.84%	6.43	35.12%
			凝胶类注射产品	3.85	52.80%	2.37	59.71%
昊海生科（医疗美容）	4.63	91.49%	玻尿酸产品	2.40	64.59%	—	—

资料来源：企业年报

　　华熙生物主营业务为研发、生产和销售透明质酸等生物活性物质原料产品及生物医用材料终端产品，主要产品为玻璃酸钠、透明质酸钠、透明质酸钠1%溶液、酶切寡聚透明质酸钠等多种产品。2021年，华熙生物实现营业收入49.48亿元，同比增长87.93%；净利润7.82亿元，同比增长21.13%。其中，2021年，原料业务实现收入9.05亿元，同比增长28.62%；皮肤类医疗产品实现收入5.04亿元，同比增长15.88%。2022年上半年，受新冠疫情影响及华熙生物主动调整产品策略、优化产品结构影响，华熙生物皮肤类医疗产品实现收入2.08亿元，同比下降5.37%。近年来，华熙生物深耕玻尿酸类产品，聚焦于玻尿酸全品类优势。2021年底，华熙生物推出一款800μm粒径的超大颗粒双相交联产品，适用于深层注射，甚至可起到面部提拉的效果，且兼具支撑性强和维持时间长的优势。2021年，华熙生物升级微交联透明质酸真皮焕活产品"熨纹针"，适用于面部年轻化综合治疗和浅层细纹微填充注射的微交联透明质酸产品。截至2022年上半年，华熙生物两款单相填充剂即将完成注册申报工作，等待取得Ⅲ类医疗器械注册证；Ⅲ类医疗器械水光产品已经进入临床试验阶段；胶原蛋白敷料正在工艺验证中。

　　爱美客是生物医用软组织修复材料生产企业，已成功实现基于透明质酸钠的系列皮肤填充剂、基于聚乳酸的皮肤填充剂以及聚对二氧环己酮面部埋植线的产业化，同时正在开展重组蛋白和多肽等生物医药的开发。爱美客2021年营业收入14.4亿元，同比增长104.13%；净利润9.5亿元，同比增长117.81%。其中，溶液类注射产品和凝胶类注射产品营业收入分别为10.46亿元和3.85亿元。2022年上半年，爱美客溶液类注射产品和凝胶类注射产品营业收入分别为6.43亿元和2.37亿元，同比增长分别为35.12%和59.71%。截至2022年上半年，爱美客已拥有7款医疗美容产品获得国家药品监督管理局批准的Ⅲ类医疗器械注册证。在研产品还包括用于治疗颏部后缩的医用含聚乙烯醇凝胶微球的修饰透明质酸钠凝胶、用于去除动态皱纹的A型肉毒毒素、用于软组织提升的第二代面部埋植线、用于慢性体重管理的利拉鲁肽注射液、用于溶解透明质酸可皮下注射的注射用透明质酸酶等。

医疗美容与创面护理是昊海生科四大主营业务之一。2021 年，昊海生科医疗美容与创面护理产品营业收入 4.63 亿元，同比增长 91.49%。其中，受医疗美容行业自疫情中逐渐恢复和新产品投放影响，玻尿酸产品实现营业收入 2.40 亿元，同比增长 64.59%。昊海生科已形成覆盖真皮填充剂、肉毒毒素、射频及激光设备四大品类的完整医疗美容产品布局。昊海生科自主研发掌握了单相交联、低温二次交联、线性无颗粒化交联以及有机交联等交联工艺，第四代有机交联玻尿酸产品的临床试验正有序推进。昊海生科利用基因工程技术研发生产的重组人表皮生长因子（rhEGF）"康合素"为国内唯一与人体天然 EGF 拥有完全相同的氨基酸数量、序列以及空间结构的表皮生长因子产品，亦是国际上第一个获得注册的重组人表皮生长因子产品。

三、发 展 趋 势

未来，生物医用材料产业将向着规模化、个性化、精准化和智能化方向发展，技术创新、高端产品开发、产业融合、区域集群和国际化布局将成为生物医用产业的发展趋势。

（一）疫情恢复期行业反弹，市场需求仍持续增长

新冠疫情期间，由于国内新冠疫情的反复和政府相关防疫措施，各级诊所及医院暂停营业或受到限制，迭加消费环境疲软等多重因素的影响，生物医用材料所处的市场环境面临着前所未有的挑战，导致产业发展增速减缓。2023 年，随着疫情防控政策逐步优化，疫情退潮，社会运行恢复正常，院内诊疗等层面生物医用材料需求迎来反弹。业内各企业将继续通过研发创新产品，调整产品组合，从客户需求出发深度运营等策略，满足市场需要，提升产品竞争力、品牌影响力。

此外，随着国民可支配收入的增加、老龄人口比例的上升、医保覆盖面的扩大，中国对于生物医用材料的需求将继续保持高速增长。在资本持续加持下，蕴含新技术、新材料、新产品的生物医用材料产品不断涌现，良好的市场前景以及巨大的成长空间将给生物医用材料产业带来更大的动力。

（二）国家政策接力布局，支持产业高质量发展

政府政策的大力支持规范了行业的市场环境，以国产化、高端化、品牌化、国际化为方向，着力提高国产生物医用材料的核心竞争力，推动产业的跨越式发展。

2021 年 5 月 17 日，科学技术部发布关于国家重点研发计划"病原学与防疫技术体

系研究""诊疗装备与生物医用材料"等"十四五"重点专项2021年度项目申报指南的通知。涉及有源植入器械磁共振兼容技术研究及样机研制、仿生骨电学活性牙槽骨/牙周再生材料研制、新型可降解镁合金硬组织植入器械研发、天然生物材料构建的降解调控神经移植物产品研发等生物医用材料技术与产品的研发布局。

2021年12月20日，国家发展和改革委员会印发《"十四五"生物经济发展规划》。提出将着眼提高人民群众健康保障能力，重点围绕先进诊疗技术和装备、生物医用材料、精准医疗、检验检测等方向，提升原始创新能力，满足人民群众对生命健康更有保障的新期待；完善基本医保用药管理制度，将符合条件的医用耗材按程序纳入基本医保支付范围；深化高值医用耗材集中采购改革，推动医保支付、医疗服务价格、质量监督、供应保障等政策协同。

2021年12月29日，工业和信息化部、科学技术部、自然资源部等三部门联合发布《"十四五"原材料工业发展规划》，明确指出采用"揭榜挂帅""赛马"等方式，支持材料生产、应用企业联合科研单位，开展生物医用材料等协同攻关。建立生物医用材料等上下游合作机制。

2022年1月30日，工业和信息化部等九部门发布《"十四五"医药工业发展规划》。提到重点发展支架瓣膜、心室辅助装置、颅骨材料、神经刺激器、人工关节和脊柱、运动医学软组织固定系统、人工晶状体等高端植入介入产品；发展重组胶原蛋白类、可降解材料、组织器官诱导再生和修复材料、新型口腔材料等生物医用材料。

2022年3月10日，国家市场监督管理总局发布《医疗器械生产监督管理办法》（国家市场监督管理总局令第53号）和《医疗器械经营监督管理办法》（国家市场监督管理总局令第54号），自2022年5月1日起施行。上述两部办法是根据《医疗器械监督管理条例》制定，旨在加强医疗器械经营监督管理，规范医疗器械生产活动与医疗器械经营活动。

2022年12月7日，工业和信息化部办公厅、国家药品监督管理局综合司发布《关于组织开展生物医用材料创新任务揭榜挂帅（第一批）工作的通知》，旨在加快中国生物医用材料研制生产及应用进程，推进生物医用材料上下游协同创新攻关，更好支撑医疗器械产业高质量发展。

（三）集中带量采购常态化，坚持创新驱动发展

随着中国医用耗材集中采购进入到"常态化、制度化"发展阶段，高值医用耗材国家联采及各省地市带量采购进一步探索，带量采购规则将不断迭代完善，范围将进一步扩大，行业经营生态正在发生改变。2022年5月，国务院办公厅发布《深化医药卫生体制改革2022年重点工作任务》。对国家组织采购以外用量大、采购金额高的药品

耗材，指导各省份至少各实施或参与联盟采购实施1次集中带量采购，提高药品、高值医用耗材网采率。目前，国内已形成一定规模的采购联盟，包括"广东16省联盟""京津冀3+N联盟""内蒙古13省联盟""河南12省联盟""陕西10省联盟""四川6省2区联盟""四川7省联盟"等，联盟成员几乎覆盖全国，联合带量采购品种涉及血管、骨科、口腔和眼科等耗材。未来高值耗材带量采购将成为常态化政策，有助于加快国产替代进程，行业集中度有望不断提升，企业创新能力将成为长期发展的核心竞争力。

目前，国内各企业正在探索可持续发展的创新产品孵化之路，紧密跟踪政策变化预判市场情况，丰富在研管线产品，形成显著梯队，有序推进项目研发进度和商业化进程；通过规模化生产优势确保产品进入集采后，进一步成本控制尽量对冲集采所带来的降价风险；积极推行国际化战略，通过产品的全球化布局，有效降低国内集采政策的风险；通过规划在境外国家或地区建设生产基地，缩短生产半径，降低生产成本，更好地进入属地国家及全球市场并提升海外销售占比。

撰 稿 人：苏文娜　中国医疗器械行业协会
通讯作者：苏文娜　suwn@camdi.org

第二十七章　聚乳酸纤维产业发展报告

当前，全球面临能源资源短缺、生态环境恶化等挑战，特别是海洋"微塑料"已成为全球备受关注的环境问题之一。联合国环境署统计数据显示，全球每年大约有800万t塑料垃圾进入海洋，相当于每分钟就有一辆垃圾车的塑料垃圾倒入海洋。《科学》的一项研究预测，到2030年可能一年有5300万t塑料垃圾被排放到海洋等水体环境中。当前，全球白色污染形势依旧严峻，疫情期间产生的一次性塑料医疗防护用品垃圾也在加剧目前的污染情况。微塑料难以降解并极易吸附毒害物质，严重影响海洋生态系统，威胁海洋生物，进而影响人类健康。因此，多国持续出台政策措施，加强海洋污染防治工作，在限塑、禁塑方面展开行动，以保护全球生态环境。大力发展生物降解材料是解决微塑料问题的有效途径。

化纤工业是我国国际竞争优势产业，是战略性新材料产业，是纺织产业链稳定发展和持续创新的核心支撑产业。"十三五"以来，化纤产量持续增长，2021年，我国化纤产量6524万t，占全球的70%以上；化纤约占纺织纤维加工量的85%；化纤行业收入首次突破万亿元大关，化纤产品出口量超过500万t，4家企业进入世界500强，化纤行业上市公司超过30家。然而，化纤工业高质量发展面临的突出制约是化纤基础原料对外依存度高，石油基化纤占比达90%以上，废弃后不能生物降解，而天然纤维的增长受到粮棉争地等问题的制约，未来增长幅度也有限。生物基化学纤维是以生物质为原料或含有生物质来源单体的聚合物所制成的纤维，产品具有生态环保、人体亲和、抑菌舒适，废弃后可生物降解等性能，为化纤工业的发展提供了新的方向。

传统石油基化学纤维如涤纶、锦纶、丙纶和氨纶等（如图27-1所示，处于第三象限）。这些纤维具有高熔点，高结晶度，分子结构规整，力学性能优良，并且具有较好的耐水解性和抗化学腐蚀性，因此在自然环境中降解非常缓慢。生物基化学纤维是以生物质为原料或含有生物质来源单体的聚合物所制成的纤维（处于第一象限）。生物基化学纤维由于保留了天然生物质的多糖或蛋白结构，因此其纤维制品具有与天然生物质较为类似的完全生物降解性。

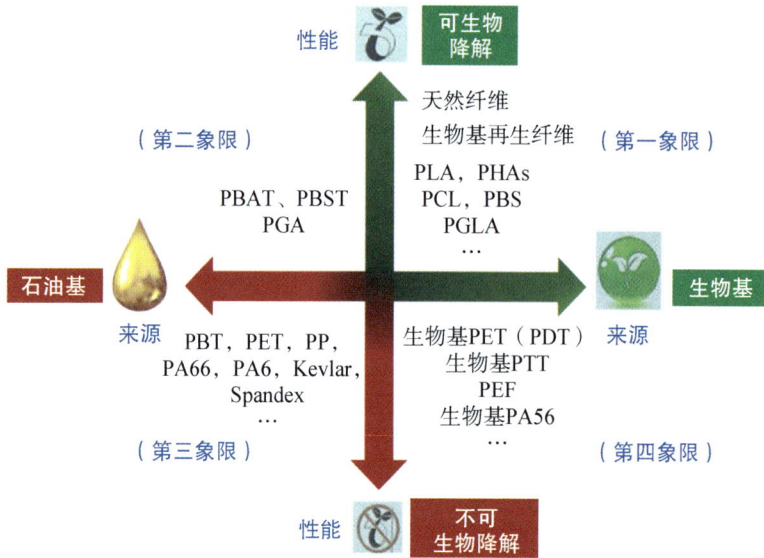

图 27-1　纤维象限图

聚乳酸纤维是由聚乳酸（PLA）原料通过熔融纺丝等方法制备的新型绿色纤维，可分为聚乳酸长丝、聚乳酸短纤和聚乳酸复合纤维。目前国内工业化生产聚乳酸纤维主要采用熔融纺丝工艺，即将聚乳酸切片在高真空下干燥预处理后通过螺杆挤出机纺丝。

聚乳酸纤维具有较好的力学性能、吸湿透气性，良好的可生物降解性和生物相容性，其中生物降解性能经多种方法测试，通常聚乳酸纤维产品废弃物在土壤中1—2年内强度逐渐降低，最后分解成 CO_2 和 H_2O。此外，聚乳酸纤维还具有一定的抗紫外线性能和抗菌性能，聚乳酸纤维制成的织物手感柔软、悬垂性好，这些性能使聚乳酸纤维能够广泛应用于服装、家纺和医用卫生材料等领域。

近年来，随着居民消费升级，消费结构出现了明显转变，传统消费向品质生活消费转变，向智能、绿色、健康、安全方向转变，大健康、绿色将成为消费新热点、新模式。聚乳酸作为可完全生物降解的新型绿色材料，加快规模化应用，对推动生物基材料加快创新发展具有重要战略意义。

一、产业发展情况

聚乳酸纤维产业链集生物发酵、化学、化工、高分子材料加工等技术成就于一体，体现为技术门槛高、技术集成度高、多学科深度交叉融合等特点。因此，聚乳酸纤维的发展历史是伴随着聚乳酸合成制造技术的发展成熟和大规模工业化而推进的。

（一）产业规模

相关资料显示，截至2022年全球聚乳酸产能约62.5万t，纤维产能约为12万t，其中国产能占比达82%。全球聚乳酸纤维及原料生产主要集中在美国、荷兰、日本和中国。日本钟纺（Kinebo）公司是世界上最早开展聚乳酸纤维研发工作的企业，1994年成功研发出聚乳酸纤维工业化制备技术，并推出商品名为"Lactron"的聚乳酸纤维产品，目前日本钟纺公司聚乳酸纤维产量约为700 t；日本尤尼吉可（Unitika）公司采用美国CDP公司的聚乳酸原料，通过熔融纺丝技术，成功生产出商品名为"Terramac"的聚乳酸纤维、薄膜和非织造布系列产品，年产量约为1万t。美国NatureWorks公司是目前全球最大的聚乳酸生产公司，目前总产能约为15万t。荷兰普拉克（Purac）公司是全球最大的高光纯丙交酯生产企业，目前拥有D-型乳酸5000 t及75 000 t L-聚乳酸生产规模。近年来，我国一些企业和高校积极参与聚乳酸合成与纤维材料的研究，这些正在成为行业重点发展的纤维新材料。

（二）技术分析

聚乳酸是一种良好的热溶解性的热塑性高分子材料，其结晶性、透明性和耐热性都较好，并且具有良好的成型性能。因为聚乳酸大分子有多种立体结构，可分为聚右旋聚乳酸、聚左旋聚乳酸和聚外消旋聚乳酸。一般来说，生产聚乳酸纤维是聚左旋聚乳酸，分子结构是等规立构，具有很强的结晶性。聚乳酸纤维的加工方式比较多，可以采用传统的溶液纺丝和熔融纺丝工艺，将聚乳酸胶体溶液或熔融成熔体，经喷丝口挤出细流，在合适的介质中固化成纤维。虽然溶液纺丝纤维的力学性能优于熔融纺丝纤维，但是溶液纺丝工艺复杂，成本高，环境要求高，且溶剂回收成本高，不适合工业化。因此目前国内外企业生产聚乳酸纤维都为熔融纺丝工艺，纤维品种有长丝、短纤和复合纤维。

聚乳酸纤维制备技术路线通常是淀粉（糖）→乳酸→丙交酯→聚乳酸→聚乳酸纤维，根据装备、原料不同，各企业略有差异。美国NatureWorks公司的淀粉（糖）→乳酸→丙交酯→聚乳酸切片路线是将三个可独立的产业链合成一条生产链；荷兰普拉克公司的木薯淀粉（糖）→乳酸→丙交酯路线是将两个可独立的产业链合成一条生产链。我国多数企业是从聚乳酸切片着手，再经后加工工艺，实现聚乳酸纤维的制备。

聚乳酸纤维的熔融纺丝与现有涤纶生产和锦纶、丙纶等熔融纺丝工艺相近，如高速纺丝一步法、纺丝－拉伸两步法均适用。但聚乳酸的熔纺成型比涤纶难控制，原因是聚乳酸熔体的黏度高以及对温度的敏感性，对相同分子量的聚乳酸熔体，其黏度远高于涤纶熔体的黏度，为达到纺丝成型时较好的流动性，聚乳酸必须具有较高的纺丝温度，但聚乳酸在高温下尤其是经受较长时间的高温容易分解，造成纺丝成形的温度范围较窄。因此，聚乳酸熔纺工艺的良好控制非常关键。

我国聚乳酸纤维加工技术与国际水平相比，主要是高光纯乳酸、丙交酯加工技术存在一定差距，聚合及纤维加工技术与国际水平平齐甚至领先，对比情况见表27-1。

表27-1 我国聚乳酸纤维技术与国际水平比较

工艺技术	国内水平	国际先进水平
高光纯乳酸	★★★	★★★★★
丙交酯	★★	★★★★★
聚合	★★★★	★★★★★
纺丝	★★★★★	★★★
织染	★★★★★	★★★
制成品	★★★★★	★★★

资料来源：中国化学纤维工业协会

聚乳酸纤维的性能与涤纶性能相近，产业链加工技术比较情况见表27-2。

表27-2 我国聚乳酸纤维与涤纶加工技术比较

工艺技术	聚乳酸纤维	涤纶
单体原料	原料丙交酯的产业化技术处于成长阶段	对二甲苯、乙二醇、对苯二甲酸产业化技术成熟
聚合技术	★★★	★★★★★
纺丝	★★★	★★★★★
织染	★★★	★★★★★
制成品	★★★★	★★★★★

资料来源：中国化学纤维工业协会

（三）我国生产现状

当前，在全球禁塑限塑的推动下，聚乳酸纤维已成为我国行业发展热点。2022年聚乳酸纤维产能达到9.8万t，产能快速增长；由于全球限塑，推高了原料成本，使聚乳酸纤维价格高涨，市场应用处于开拓期，实际产量比较小。

安徽丰原集团与上海交通大学联合开发的高光纯、高产酸乳酸发酵菌种［发酵周期35 h、产酸≥20%（质量体积分数）、糖酸转化率≥95%、L-乳酸光学纯度≥99.5%］，该菌种处于国际先进水平。自主攻克了国产高光纯丙交酯制备关键技术，使该公司成为拥有高光纯、高化学纯乳酸发酵→高光纯丙交酯制备→纤维级（含注塑级）聚乳酸→聚乳酸纺丝（长丝、短纤）成套制备技术的企业。目前，已建成了5000 t乳酸、3000 t聚乳酸产业化示范线和8万 t/a乳酸、5万 t聚乳酸产业化生产线，实现了聚乳酸切片的稳定生产。2020年8月启动的50万 t乳酸、30万 t聚乳酸项目已建成；并建有5000 t/a短纤、1000 t/a长丝、200 t/a烟用丝束，以及20 000锭赛络紧密纺纱线等四条聚乳酸下游产品生产线，可以生产各种规格的短纤、长丝和烟用丝束等聚乳酸纤维产品。

安徽丰原集团联合中国农业科学院农业环境与可持续发展研究所成功研发以农作物秸秆为原料生产秸秆混合糖联产黄腐酸高效有机肥技术，已建成百吨级示范线，打通了工艺技术路线，万吨级生产线正在建设中，预计2023年中建成投产。以混合糖为原料，利用特殊驯化的菌种、生物发酵技术、提取纯化技术、合成聚合技术、精馏技术等加工生物材料和生物能源，实现了农作物秸秆可再生资源的利用与转化，推进非粮路线生产聚乳酸纤维材料。

江西科院生物新材料有限公司在乳酸领域有20年的研发生产经验，对自主研发的乳酸菌种（米根霉）持有发明专利，从乳酸—丙交酯—聚乳酸有钙盐法和氨法两条工艺路线。曾与世界三大乳酸制造商之一的株式会社武藏野化学研究所于2000年在中国合资建立了国内首条万吨级高品质（高光学纯度、高化学纯度）乳酸生产线。经自主创新，开发了高纯度L-乳酸生产技术，产品光学纯度达99.5%以上。目前公司拥有年产3000 t高纯手性乳酸及其酯的生产线、1000 t从乳酸—丙交酯—聚乳酸一体化示范生产线、300万支聚乳酸饮料瓶生产线。可生产L-丙交酯—聚乳酸和D-丙交酯—聚乳酸两种产品，通过L/D-聚乳酸共混复合生产的耐热型聚乳酸纤维，可耐200℃高温，解决了聚乳酸纤维耐热性差的问题。目前融资6000万元，计划投资建年产3万 t聚乳酸生产线，已完成选址。

安徽同光邦飞生物科技有限公司依托同济大学聚乳酸技术开发能力，从事环保可降解新材料——聚乳酸纤维的开发与生产，年产2万 t聚乳酸特种纤维，目前一期规模年产1万 t已投产运行。公司主要的产品方向为聚乳酸非织造纤维、纺织服装纤维、烟用聚乳酸丝束纤维及油气开采用超短纤维制造，各种规格产品广泛地应用于口罩、卫生巾、纸尿裤、干湿巾等卫材，服装家纺，香烟过滤嘴材料，以及石油工业的油气开采等领域。其中聚乳酸非织造纤维、纺织服装纤维为公司主打产品。2021年公司通过了"绿色纤维标志"认证。

恒天长江生物材料有限公司2017年建成了1万 t/a聚乳酸连续聚合-熔体直纺生产

示范线和2000 t/a非织造布生产线，产品质量稳定提升。经过十多年的研发，该公司具备从丙交酯到聚乳酸纤维、无纺布及塑料制品的生产技术，具有自主知识产权。目前，该公司拥有年产10 000 t连续聚合熔体直纺聚乳酸纤维生产线1套、年产2000 t聚乳酸差别化纤维生产线1条、年产2000 t聚乳酸无纺布生产线1条。具备年产10 000 t丙交酯开环聚合聚乳酸材料的生产能力，年产12 000 t聚乳酸纤维的生产能力和年产2000 t聚乳酸热粘合无纺布的生产能力。

目前，我国在建聚乳酸纤维项目22.5万t，企业产能及规划项目情况见表27-3、表27-4，未来聚乳酸原料国产化将带动聚乳酸纤维的快速增长。

表27-3　聚乳酸纤维产能情况表

序号	企业名称	2022 年产能 /t	生产情况
1	恒天长江	10 000	连续聚熔体直纺（一步法），1万t长丝，2 000 t短纤无纺布
2	上海同杰良	10 000	万吨级乳酸一步法聚合，千吨级纺丝试验线
3	河南龙都	10 000	4 000 t长丝，6 000 t短纤；河南龙都天仁生物聚乳酸产能为10 000 t/a（2017年至今处于停产状态）
4	安徽丰原	6 200	2020年9月，丰原集团采用自主技术，建设50万t乳酸、30万t聚乳酸项目在固镇开发区奠基，以高光纯乳酸为主要原料，采用丙交酯开环聚合制备聚乳酸工艺，新建丙交酯制备车间、聚合车间及配套公辅工程，建设年产30万t聚乳酸生产线，该项目2021年底已建成投产
5	新能新高	1 000	产品为聚乳酸长丝、短纤
6	嘉兴昌新	1 000	2022年4月，高级医用生物滤材（双组分聚乳酸热风无纺布），年产30 000 t智能化生产项目通过能评及项目论证
7	上海德福伦	3 000	产品为聚乳酸短纤
8	安顺化纤	1 000	产品为聚乳酸短纤
9	宁波禾素	1 000	产品为 PHBV/PLA 共混纤维
10	河北烨和祥	25 000	目前运行2条生产线，产能2.5万t
11	龙福环能	10 000	聚乳酸长丝、聚乳酸地毯制品（与安徽丰原合作）
12	安徽同光邦飞	20 000	1万t短纤、1万t长丝，2021年10月已建成1万t短纤生产线
	合计	98 200	

表27-4　聚乳酸纤维及原料规划产能及企业情况

序号	企业名称	在建项目	生产情况
1	河北烨和祥	6.5万t差别纤维	目前运行2条生产线，产能2.5万t，项目全部投产后年产能将达到7.5万t
2	吉林中粮	2万t（长丝、短纤各1万t）	目前已建成年产1万t的聚乳酸工厂。拟建3万t丙交酯项目
3	浙江友诚	10万t聚乳酸	以甘蔗渣为原材料，德国BluCon Biotech GmbH公司的"第三代乳酸技术"。浙江友诚在建聚乳酸产能50万t，项目落户广西崇左，充分利用广西地区丰富的甘蔗渣资源、秸秆纤维资源；在宁波市象山县总投资约51亿元建设生物基可降解新材料项目，建成后，将形成以第三代秸秆乳酸技术为核心的年产30万t乳酸、20万t聚乳酸、10万t聚乳酸纤维的生产基地
4	江科生物	3万t聚乳酸	公司建有1000t从乳酸—丙交酯—聚乳酸一体化示范生产线，2021年初开工建设年产3万t聚乳酸生产线
5	山东同邦新材料	10万t聚乳酸	项目分两期建设，一期工程建成后年产聚乳酸10万t、聚乳酸纤维5万t；二期工程建成后全厂年产聚乳酸20万t、聚乳酸纤维10万t
6	惠通科技	3万t聚乳酸	2021年4月，合资投建35万t聚乳酸项目，扬州经济技术开发区、中国科学院长春应用化学研究所合作。自主研发的丙交酯生产技术以及相关设备，引进国外先进的专利技术和部分核心关键设备，通过外购乳酸、改性助剂等原料，分两期建设年产10.5万t（3.5万t＋7万t）聚乳酸及其配套生物降解改性塑料。还规划了3万t聚己二酸对苯二甲酸丁二醇酯（PBAT）和聚乳酸共混纤维
7	珠海万通	3万t聚乳酸	建设规模为年产10万t聚乳酸和10万t改性聚乳酸

二、聚乳酸纤维应用

（一）聚乳酸纤维的特点

1. 机械性能及物理性能良好

聚乳酸适用于吹塑、热塑等各种加工方法，加工方便，应用十分广泛。聚乳酸通过假捻、空气变形、复合等方法，可以加工成各种差别化纤维，使纤维具有毛型风格、仿真丝、仿麻竹节丝、网络丝、空气变形丝和包芯纱等。聚乳酸纤维密度为1.29 g/cm³，介于腈纶和羊毛之间，比天然纤维、棉、毛轻。断裂强度为3.2—4.9 cN/dtex，干湿断裂强度与涤纶产品相近。因此，在农用织物、保健织物、抹布、卫生用品、室外防紫外线织物、帐篷布、地垫面等市场前景十分看好。聚乳酸纤维与其他纤维性能比较列于表27-5中。聚乳酸纤维主要应用领域列于表27-6中。

表27-5　聚乳酸纤维与其他纤维性能比较

性能	聚乳酸纤维	羊毛	棉	涤纶	锦纶 6	腈纶
密度 /（g/cm³）	1.29	1.32	1.52	1.39	1.14	1.18
断裂强度 /（cN/dtex）	3.2—4.9	1.8	3.3—5.5	6.5	6.1	4.4
回潮率	0.4%—0.6%	13.0%—18.0%	7.0%—11.0%	0.2%—0.4%	4.0%—4.5%	1.0%—2.0%
回弹率	93.0%	69.0%	52.0%	65.0%	89.0%	50.0%
可燃性	低烟	可燃	易燃	浓烟	可燃	可燃
抗紫外线性能	较好	一般	一般	一般	较差	较好

表27-6　聚乳酸纤维主要应用领域

应用领域	终端用途
服装	内衣、T恤、运动服、家居服、泳装、外套、衬衣、袜子
家纺	冬被、床品四件套、枕头、地毯、宠物毯、窗帘
产业用	卫生巾、医用敷料、口罩、面膜、湿巾、过滤材料、医用缝合线

为提高聚乳酸纤维的力学性能，除了调控纺丝工艺，还可以采用与其他高分子原料物理或者化学共混纺丝的方式。将左旋聚乳酸（PLLA）与3-羟基丁酸酯与3-羟基戊酸酯的共聚物（PHBV）共混制备皮芯结构纤维，以PHBV作为纤维皮层，PLLA作为纤维芯层，熔融纺丝制成皮芯结构双组分纤维，这种双组分纤维综合了两种原料的特点，可以同时提高纤维的韧性和强力。

2. 生物降解性良好

聚乳酸使用后能被自然界中的微生物完全降解，最终生成二氧化碳和水，不污染环境，不会造成温室效应，对保护环境非常有利。在正常的温度与湿度下，聚乳酸及其产品相当稳定。在有一定温度、湿度的自然环境（如沙土、淤泥、海水）中时，聚乳酸会被微生物完全降解。

聚乳酸纤维降解的机理首先在降解环境中主链上不稳定的C—O链水解生成低聚物，水解作用主要发生在聚合物的非晶区和晶区表面，使聚合物分子量下降，活泼的端基增多。而末端羧基对整个过程的水解产生了一种自催化的作用，使得降解加快，聚合物的规整结构进一步受到破坏（如结晶度、取向度下降，促使水和微生物容易渗入，内部产生生物降解），最后在酶的作用下降解成二氧化碳和水。

3. 生物相容性良好

聚乳酸纤维的主要原材料聚乳酸是经美国食品药品监督管理局（FDA）认证可植入人体，具有100%生物相容性，安全无刺激的一种聚酯类物质。聚乳酸在体内能够最终完全分解为CO_2和H_2O，再经人体循环排出体外，而这种分解过程的中间产物乳酸也是人体肌肉内能够产生的物质，可以被人体当作碳素源吸收，完全无毒性。

早在1962年，美国Cyanamid公司发现用聚乳酸做成的可吸收的手术缝合线，克服了以往用多肽制备的缝合线所具有的过敏性，且具有良好的生物相容性，这种缝合线及其改进型产品至今仍然在市场上热销。近年来，随着聚乳酸合成、改性和加工技术的日益成熟，聚乳酸纤维广泛应用于免拆型手术缝合线、药物缓释包和组织工程材料等生物医用领域。

4. 纤维材料的服用性能

聚乳酸纤维的回潮率（0.4%—0.6%）与涤纶（0.2%—0.4%）接近，远低于棉、毛等，吸湿性差，疏水性好，制品使用干爽。纤维在5%拉伸变形时，其弹性回复率（回弹率）高（93%），从而使纯聚乳酸纤维织物的褶皱恢复性最好，保型性好；聚乳酸纤维的初始模量低于棉纤维和涤纶，因而其织物的悬垂系数小，说明织物具有很好的悬垂性能。此外，其抗起毛起球、耐磨性都较优良。

5. 阻燃性能

聚乳酸纤维本身的阻燃性能较差，其极限氧指数仅为21%，为UL-94HB级，燃烧时只形成一层刚刚可见的碳化层，然后很快液化、滴下并燃烧。近几年国内的高校和企业对聚乳酸纤维进行阻燃改性，主要使用卤素、磷系、氮系、金属化合物、纳米粉体等复配协效体系。提高聚乳酸成炭性和抗熔滴性是提高聚乳酸纤维阻燃性能的关键。

6. 抗紫外线性能

聚乳酸纤维拥有良好的抗紫外线性能。聚乳酸的纤维的分子结构中含有大量的C—C键和C—H键，这些化学键一般不吸收波长长于290 nm的光线，照射到地球表面的紫外线，对含有这些化学键的纤维几乎没有影响。因此聚乳酸纤维及其织物几乎不吸收紫外线。同时大部分聚乳酸纤维是由高纯度L-乳酸制成的，所含杂质极少，这也赋予了聚乳酸纤维优良的抗紫外线性能。在紫外线的长期照射下，聚乳酸纤维强度和伸长的影响均不大。例如，聚乳酸纤维在室外暴露200 h后，抗张强度可保留95%，明显高于涤纶。因此，聚乳酸纤维在农业、园艺、土木建筑等领域具有应用优势。

7. 抑菌性能

聚乳酸纤维有一定的抑菌性能。聚乳酸本身具有一定的抑菌性，不直接受微生物所产生的氧化酶和水解酶的攻击而新陈代谢或腐败、降解，聚乳酸降解初期发生的水解作用只导致聚合物分子量的下降，而不产生任何的可分离物，这种水解产生的大分子也不能成为微生物的营养品而发生新陈代谢作用。而且聚乳酸纤维特有的超细纤维结构，可以极好地阻隔细菌以及微生物入侵，且因不亲水、吸湿率低、透气性好，对微生物的生存和滋生有一定的抑制作用，适用于医用卫生材料、抗菌敷料、一次性用品等。

（二）聚乳酸纤维的市场应用

1. 纺织品领域

2021年中国服装产量为168.02亿件，同比增加6.71%，其中梭织服装产量为91.26亿件，同比增加6.71%；针织服装产量为76.80亿件，同比增加6.71%，产品产量增长势头良好。据统计，2021年我国人均衣着消费达1419元，消费金额创新高。新消费时代下，用户的消费习惯、结构、观念及消费行为正在不断重塑，服饰舒适度与产品功能性体验愈加被消费者所看重，我国服装市场仍存在较大价格增长空间。由于聚乳酸纤维拥有较好的抑菌防螨纤维特性及绿色环保属性，已被多家服装、内衣、家纺企业研究和开发。

聚乳酸纤维具有与聚酯纤维相似的高结晶度和取向度，所以聚乳酸纤维可以像聚酯纤维一样制成长丝、短丝、纱线、针织物、机织物和非织造布等。也可与其他天然纤维和化学纤维混纺，特别是利用其吸湿性和湿扩散能力与棉或麻混纺制成吸汗速干型面料。

1）针织物

内衣面料：聚乳酸纤维混纺织制内衣面料，有助于水分的转移，不仅接触皮肤时有干爽感，且可赋予优良的形态稳定性和抗皱性，不会刺激皮肤（pH=6.0—6.5），对人体有亲和性。运动衣和外衣面料：聚乳酸纤维具有良好的吸水性和快干效应，具有较小的密度，断裂比强度和断裂伸长性能与涤纶接近，非常适合开发运动服装。

2）机织物

长丝丝绸型机织物：聚乳酸纤维长丝机织物为丝绸型织物，聚乳酸纤维的使用使面料兼有吸湿排汗和舒适透气等优良特性，产品有着天然洁净的外观、高雅大方。舒适高档衬衫面料：高支高密聚乳酸衬衫面料，经整理后织物手感轻柔舒适，布面具有真丝般光泽，抗皱挺括，舒适性好，大大提升了品质和档次。家纺面料：聚乳酸纤维具有抗紫外线、燃烧热低、发烟量少、稳定性良好、耐洗涤性好的特点，特别适合做室内悬挂物（如窗帘、帷幔）、室内装饰品、地毯等产品。利用聚乳酸纤维的回弹性、抑菌抗螨性，可以制成十分蓬松柔软的床上用纺织品。

3）纤维填充物

聚乳酸纤维具有良好的抑菌防螨性、透气排湿、保温舒适和天然亲肤性，特别适合作被芯、枕头、玩具的填充材料。抑菌防螨：对细菌真菌的抑菌率达98%，对螨虫也有抑制作用。透气排湿：独特的Y形微纤维结构，透气干爽，导湿不闷，南方天气尤佳。保温舒适：特有的3D结构，保暖系数为优质棉芯的1.8倍，回弹性好、蓬松度高。天然亲肤：来源于天然植物，不致敏，对瘙痒过敏人群更适用。

2. 非织造布

非织造布产品应用于医卫防护、民用卫生、工业基布、服装里衬以及电子、过滤、包装、美容、文化用品、装潢装饰等多个领域，但目前市场需求量主要集中于民用、医用消费性领域。聚乳酸纤维非织造布，应用于一次性卫生用品、汽车用无纺布、医用材料、环保购物袋、包装袋、服装衬布、合成革基布、空气过滤、水过滤等领域。随着下游消费升级意识的提升，一次性非造织布（如婴儿纸尿裤、成人失禁用品及女性卫生用品等）等品类渗透率提升，将成为无纺布行业发展的主要推动力。

1）一次性卫材用品

全球每年用于一次性卫材制品约4000万t，其中主要是妇女卫生用品、婴儿纸尿裤、成人失禁用品、湿纸巾、宠物用一次性卫材和面膜基布等。随着全球老龄化加剧，二、三孩政策的开放，卫材用无纺布需求量每年增速在15%左右。婴儿纸尿裤、婴儿湿巾作为日常护理必备且消耗量巨大的一次性用品，市场潜力巨大。聚乳酸纤维独有的亲肤性、不刺激皮肤、废弃后可降解等特性，可实现水刺无纺布、热风/热轧无纺布、纺粘、熔喷无纺布的制备，在卫材领域具有广阔的应用前景。

2）汽车用无纺布

汽车内饰无纺布在汽车上使用也比较广泛，逐步发展已经不断代替了之前的汽车内饰、隔音棉等多种不同材料的原料，从驾驶舱过滤器和座椅的后备箱内衬，到保温垫和地毯纤维过滤器，在汽车市场上起着重要的作用。汽车用无纺布绿色环保化体现在原材料选用、开发、制造、回收等多个环节。在汽车领域的应用上，目前主要通过向聚乳酸中加入一些其他高分子材料制成复合物，改进聚乳酸的耐热性、柔韧性、抗冲性等，从而扩展其在车用市场的应用范围。

3）合成革基布

随着疫情后全球经济和贸易逐步复苏，革基布下游不同的应用需求将进一步释放，2021—2025年，全球革基布产量预计将以4.1%的年均复合增长率增长，2025年达到229.4万t。合成革基布原料多采用聚酯纤维，也采用聚酰胺纤维或一些双组分纤维。随着革基布的功能性属性和环保属性的日渐凸显，采用环保材料基布成为行业重点关注的对象，目前已有企业开发出纯针刺聚乳酸纤维无纺布，可应用于革基布、鞋用中底基布等领域。

4）环保购物袋

环保塑料袋成为发展趋势，据统计全球包装市场对可降解塑料的需求量将在2023年达到945万t，年均复合增长率高达33%。中国每天使用约30亿个塑料袋。限塑后，超市和商场通过使用收费等方式，塑料袋行业使用量减少了2/3，而环保塑料袋业市场需求超10亿。环保塑料袋已渐渐成为发展趋势，塑料袋价格的提升，会促使部分人使用无纺布或织物袋子进行购物。此外，快递包装垃圾已成为全社会亟待解决的问题。聚乳酸纤维作为最具发展前景的一类生物降解材料，无疑成为制作可替代普通塑料袋的首选原料。

5）滤材市场

空气净化过滤、食用液态滤材改用可降解材料已成为发展趋势。疫情防控常态化期间，口罩成为日常消费品，这为聚乳酸纤维提供了广阔的市场空间。我国是全球最大的茶叶生产国和消费国，茶叶销售达200万t，而袋泡茶的年销售量不到茶叶总量的4%，销售额不超过2%。国际市场上，袋泡茶销售量占茶叶销售量的1/4，欧洲各国的袋泡茶消费量占其茶叶消费总量的80%以上，说明国际市场容量巨大，上升空间很大。聚乳酸纤维市场将发挥风向标的作用。我国产业链完备，面对新增长的市场需求总能保持快速反应，欧盟新兴市场（茶包、咖啡包），将带动国内聚乳酸无纺布滤材和膜类市场爆发。

3. 烟用丝束

我国是世界香烟生产和消费大国，产量位居世界之首。香烟过滤嘴用纤维丝束用来过滤烟草所含焦油，要求纤维丝束无味、无毒、膨松、吸附能力强、吸气阻力小、过滤效果好、滤嘴软硬适度、容易粘接、成棒率高、不发生凹陷等；在我国卷烟生产领域，卷烟滤嘴材料应用最为广泛的是醋纤丝束，并且随着国产烟用醋纤丝束产量规模的不断增大，用量也逐步扩大。聚乳酸纤维凭借较低成本、良好的可降解性和优良的化学稳定性，加之与醋酸纤维过滤嘴在卷烟上有着近似的烟气和口感，是可行的滤嘴材料替代品。

三、存在问题分析

我国聚乳酸产业链整体仍处于起步阶段，与国外先进技术相比仍有一定差距，特别是丙交酯制备、聚合技术存在短板，纤维性能需要进一步优化，生产成本较高，品种不够丰富，应用领域需进一步拓宽。

（一）高光纯丙交酯制备技术需要提升

关键单体和原料是制约我国生物基化学纤维产业化进程的重要因素。聚乳酸纤维关键原料丙交酯长期受国外垄断制约，国产丙交酯虽已取得产业化突破，但总体纯度较低，游离酸较高，制成的聚乳酸切片指标与进口切片相比，残单含量略高。规模化、低成本化、高性能化技术亟待提升。

（二）聚合技术及装备仍有差距

聚乳酸聚合通常采用间歇式小聚酯聚合装置，目前缺少针对乳酸聚合开发专用装备和技术。丙交酯的开环聚合生成的聚乳酸中的残余单体会引起聚乳酸的快速降解，需要在高温真空条件下脱除单体，制成高分子量的聚乳酸。因此，需攻克聚乳酸聚合规模化高效制备技术。

（三）耐热性和染色性需进一步改善

聚乳酸是一种热塑性脂肪族聚酯，玻璃化温度和熔点分别约为60℃和175℃，在室温下是一种硬质高分子，由其纺成的纤维手感差、染色性能差（与早期涤纶的缺陷相似）。需要进一步攻克L/D-乳酸立构复合技术、提高聚乳酸纤维的耐热性、染色性和手感，提升聚乳酸纤维的物理性能，开发差别化（耐热、异型、易染、轻柔、耐高温、抗水解等）聚乳酸纤维，拓展应用领域。

（四）生产企业规模小成本高

我国聚乳酸纤维生产企业规模较小，多数企业的丙交酯原料和纤维级聚乳酸切片依靠进口，采用切片纺技术，制造成本高于常规聚酯纤维（受油价影响目前PET聚酯切片6000元/t左右，进口聚乳酸切片42 000元/t左右），产品市场竞争力较弱，亟须突破聚乳酸原料多元化、国产化，降低生产成本。

（五）尚未形成大规模的应用

聚乳酸制品具有可生物降解、绿色环保、亲肤抑菌等特点，近来逐步在塑料制品、薄膜包装、卫生材料与服装领域应用。但由于其原料成本高、生产批量小，需要针对批次调工艺，下游企业积极性不高。生产企业多以中小型科技企业为主，技术储备、资金实力、市场开拓能力都较弱。

四、发展建议

（一）重视原料供给多样性与安全平衡

工业和信息化部等六部委联合印发《关于印发加快非粮生物基材料创新发展三年行动方案的通知》，提出加快推进非粮生物基材料产业发展。当前，聚乳酸原料主要为淀粉质原料，在"不与人争粮、不与粮争地"原则的制约下，需要持续鼓励聚乳酸产业发展后原料供给多样性与安全平衡，赋予生产菌种原料的利用多样性是解决此类问题的关键核心。充分发挥除淀粉质原料外，如秸秆、玉米芯、生物质甘油等新原料制糖到乳酸的应用研发。

（二）依托重点企业突破关键技术

一是聚焦聚乳酸材料产业当前存在的突出问题，重点突破关键核心技术，形成自主知识产权，建立自主供应、研发、生产和销售的"内循环"体系，防范产业链供给风险；二是依托行业内有一定基础的企业，充分发挥在资金、技术上有优势的企业，整合技术、人才等优质资源，全面增强企业核心竞争力和国际竞争力。同时进一步发挥龙头企业示范引领作用，带动产业链集聚延伸，推动协同配套企业应用新技术，以高标准硬核生产能力和优质服务水平，提高产业链整体水平，促进产业向高端化发展。

（三）坚持需求牵引形成应用示范

一是针对当前聚乳酸材料应用规模小的问题，聚焦在纺织化纤、日用包装材料、农用地膜、塑料袋等领域的规模化应用，在上述领域形成应用示范，逐步扩大终端市场。二是重视发挥下游应用拉动作用，促进研发、生产、应用、装备等产业链上下游协同发展，不断丰富产品结构，提高有效供给能力，加快培育聚乳酸材料下游产业链。三是扬长避短，充分发挥聚乳酸材料性能特点和优势，有针对性地开发下道产品，避免与涤纶等成熟产品的正面竞争，比如一次性卫生防护防疫用品、一次性医疗用品、一次性妇幼老人用品、一次性餐具购物袋等。

（四）设立专项支持重点项目

将聚乳酸纤维纳入基础研发、产业化等现有政策渠道支持方向。参照国家关于科技重大专项、绿色制造专项支持政策相关内容，对企业的产业化建设项目加快审批，并对相关产品给予财政补贴、税收优惠政策。建议国家、地方出台相关政策支持聚乳酸材料规模化推广应用。发挥国家产融合作平台作用，引导投资基金、金融机构等社会资本支持聚乳酸纤维研发、产业化及应用示范。

撰　稿　人：王永生　中国化学纤维工业协会生物基化学纤维及原料分会

李增俊　中国化学纤维工业协会生物基化学纤维及原料分会

通讯作者：李增俊　lzj1107@126.com

第六篇

生物资源保护与利用

第二十八章　生物资源保护利用发展现状与趋势

第一节　植物资源保护利用现状与趋势

一、植物资源概况

《中国植物志》记载了我国301科3408属31 142种植物的科学名称、形态特征、生态环境、地理分布、经济用途和物候期等。《中国迁地栽培植物志名录》收录了我国植物园迁地栽培的植物15 812种及种下分类单元（含亚种181个、变种932个、变型68个），隶属于312科3181属。从上述数据看，中国植物种类和迁地栽培植物种类数量均约占全球的1/10，可以说中国的植物种类众多，资源植物丰富。特别是，中国的栽培植物种类多，品种资源丰富，中国是世界上栽培作物的三大起源地之一，世界上主要栽培的1500余种作物中，有近1/5起源于中国；中国园林花卉资源丰富，有"世界园林之母"的称号；中国还有丰富的药用植物资源，且应用历史悠久。

《中国植物志》根据植物的用途和所含有用成分及性质，将中国植物资源分为如下16类：纤维植物资源、淀粉植物资源、油脂植物资源、蛋白质（氨基酸）植物资源、维生素类植物资源、糖类和非糖类甜味剂植物资源、植物色素植物资源、芳香植物资源、药用植物资源、园林花卉资源、植物胶和果胶植物资源、鞣质植物资源、树脂类植物资源、橡胶和硬橡胶植物资源，还有蜜源植物和环保植物等其他植物资源。

我国从事植物资源保护和利用的机构主要有农业、林业、药用植物类研发机构、大学和植物园。中国的植物园迁地保护了20 000余种本土植物，约占全国总物种数的64%；国家作物种质资源库和资源圃共保存种质资源50余万份。对野生植物资源开发利用的机构主要是分布于全国的约200个植物园。据统计，自1980年以来，中国植物园培育了植物新品种1352个、申报植物新品种权证494个、获国家授权新品种452个、推广园林观赏/绿化树种17 347种、开发药品/药物748个、开发功能食品281个、推广果树新品种653个。

每个国家和每个地理区域的主要商业化经济作物类型不同。未来可商业化的植物资源可分为非本地植物和本地植物。非原生植物资源是指引进的经济作物，包括粮食资源和非粮食资源。本地植物资源是指用于重新造林、生态恢复等的植物物种或种子。本地植物资源的利用涉及多个行业，包括农业领域、公园、高等教育机构、植物爱好者、园林绿化企业、景观修复承包商、植物苗圃、非营利保护组织、保护区、森林公园、城市花园、公路部门、自然资源部门、专业协会、学校、园艺大师、博物学家、本土植物学会、入侵植物控制组织和种子库等。针对本土野生植物资源和珍稀濒危植物资源的开发利用，将是未来植物资源发掘的重要源头资源，具有广阔的发展空间。

二、植物资源主要产品

经济作物是用于工业生产、服务人类生活等用途的农作物，具有经济价值高、效益好、地域性强等特点。现代经济作物育种与产业创新能力已成为衡量一个国家和地区农业现代化水平与综合国力的重要标志之一。我国是经济作物生产大国，2020年我国经济作物种植面积达6.6亿亩，总产值超4万亿元，占种植业总产值的79.9%；同时，我国又是经济作物原材料需求大国，经济作物为国内工业和轻工业分别提供了40%和70%的生产原料。

经济作物具有季节性强、周期性强、受自然条件约束、跨国转移困难等特点，且各国刚性需求极大。全球种子市场中以种子为繁殖器官的主要经济作物的主要产品可分为5类，即纤维作物、饲料作物、油料作物、蔬菜作物和其他未分类的可食（蔬果类）植物。植物种类如下所示。

（1）纤维作物：棉花等纤维作物。

（2）饲料作物：苜蓿、饲料玉米、饲料高粱和其他饲料作物。

（3）油料作物：油菜、油菜籽和芥末、大豆、向日葵、其他油籽作物。

（4）蔬菜作物：①十字花科类蔬菜，如卷心菜、胡萝卜、花椰菜及其他甘蓝类蔬菜；②葫芦科瓜类蔬菜，如黄瓜和加工小黄瓜、南瓜类、冬瓜类及其他葫芦科瓜类蔬菜；③根和球茎蔬菜，如大蒜、洋葱、土豆、其他根和鳞茎蔬菜；④茄科蔬菜，如辣椒、茄子、番茄及其他茄科蔬菜。

（5）其他未分类的可食（蔬果类）植物：芦笋、生菜、秋葵、豌豆、菠菜和其他蔬果菜。

中国的主要经济作物分类如下。

（1）纤维作物：棉花、苎麻等。

（2）油料作物：油菜、油菜籽和芥末、大豆、向日葵及其他油籽作物。

（3）糖源作物：甘蔗、甜菜根。

（4）蔬菜和水果作物：①蔬菜，如十字花科类蔬菜、葫芦科瓜类蔬菜、根和球茎蔬菜、茄科蔬菜及其他未分类的蔬果菜；②水果，如瓜果类、浆果类、柑橘类、核果类、坚果类。

（5）茶叶。

（6）蚕茧。

（7）草本植物（药用植物）。

根据植物资源开发利用的对象不同，可以将经济植物的开发利用分为整体植株的开发利用、植物器官和组织的开发利用、植物代谢物的开发利用、植物基因的开发利用。整体植株的开发利用包括观赏植物、生态恢复植物、可食用特色果蔬、药用植物、工业用植物（纤维、油料、糖源、橡胶等原料）等的开发利用。植物器官和组织的开发利用包括愈伤组织培养、细胞悬浮培养和毛状根培养，主要用于特殊代谢产物的生产和应用。植物代谢物的开发利用主要包括从植物、植物内源和植物共生的微生物中发掘新型化合物，用作生物医药、农药、兽药、生物除草剂、生物肥料等。植物基因的开发利用包括从特殊类型或极端环境植物中发掘生长发育、逆境适应（抗旱、抗寒、抗热等）、耐生物胁迫（抗病、抗虫等）、生物制造等基因。

三、植物资源市场分析

根据摩多情报（Mordor Intelligence）咨询公司预测的市场趋势，2021年欧洲地区经济作物种子市场的市场规模为97亿美元，预计2028年将增至139亿美元。全球种子市场预计将增长至4.21%的复合年均增长率（CAGR）。根据Mordor Intelligence的种子市场分析，由于种植者利润高、食品消费量高，以及润滑油行业对生物燃料生产的需求增加，作物的最大部分将是粮食和麦片类谷物。由于加工行业的需求和市场上高产品种的供应，市场价值增加，根茎类经济作物将是生长最快的植物。饲料作物和高蛋白作物（传统饲料替代作物）的需求也将急剧增加。杂交种、开放授粉品种和杂交衍生品种被归类为农业生产中的主要育种技术，其中杂交种子的需求最高。这是由于有机种植者、动物饲料、食品和生物燃料行业对杂交和开放授粉种子的需求不断增长。杂交种子需求的增长主要受到主要农业国家的影响，因为杂交种子的好处包括更高的生产力、更广泛的适应性及对生物和非生物胁迫的高度抗性。

杂交种子市场在2021年主导了欧洲市场，杂交种子占66.8%，开放授粉品种和杂交衍生物占33.2%。中国占全球蔬菜产量的51%，是主要的蔬菜生产国。由于生产力提高，杂交种子市场在预测期内以5.1%的复合年均增长率快速增长。中国的蔬菜种子市场中，目前杂交种使用最多的是茄科蔬菜植物，主要特性有较高的产量、抗病性和非生物胁迫耐受性，目前优质的杂交品种也是制约我国主要茄科作物产业发展的瓶颈。

2020—2025年，我国牧草种子市场以9%的复合年均增长率增长，以提高动物的奶类和肉类产量。饲料作物类型包括谷物（饲料玉米、饲料高粱、其他谷物）、豆类（苜蓿、其他豆类）和牧草。因此，目前优质饲料作物、牧草、牧草替代作物的开发利用也是我国畜牧业的发展瓶颈。

根据中华人民共和国农业农村部2019年报道的消息，我国棉花产量增加到约600万t，糖源种植园的增加使糖产量激增约1.14亿t，蔬菜作物约3亿t，水果作物约1.8亿t，茶叶产量增加到约260万t，蚕茧产量增加到68万t。为了提高农村地区居民的经济地位和生活水平，农业农村部强调了这些农业领域的发展，同时对于未来的乡村产业振兴和农业三产融合、农旅融合提出了重要的规划，通过构建完整的农业市场供应链和旅游景点的发展，可以深入挖掘地方特色植物资源，综合发展乡土特色产品、品牌农业、文化产业。

药用植物作为新药研发和先导化合物发现的重要自然资源，在疾病预防和治疗中发挥着重要作用。药用植物作为调节人体机能、防治疾病、新药研发、创新制剂研究的重要自然资源，含有丰富的生物活性物质，被广泛应用于食品、化妆品、药品及保健品等行业。2021年出版的《中国药用植物志》以现代国内外多数植物志采用的恩格勒植物分类系统为纲目，收载我国药用植物427科2509属，共11 985个类群（包括10 974种、156亚种、952变种、37栽培变种、46变型）。全球草药市场规模2021年达6132.97亿元人民币，贝哲斯咨询公司预测，至2027年，全球草药市场规模将以8.91%的复合年均增长率达到10 236.39亿元。中国占全球草药市场的份额仍然较低，约20%，随着我国对于中医药的重视和中医药在全球的推广，未来对于药用植物资源的开发需求将急剧增加。

中国拥有悠久的观赏植物栽培历史，拥有丰富的观赏植物资源，被誉为"世界园林之母"。据估计，中国至少有31 000种维管植物，其中6000多种具有观赏价值。大多数著名观赏植物，如桂花、牡丹、菊花、芍药、玉兰、杜鹃花、玫瑰、山茶和梅都起源于中国。观赏植物在园林绿化、植物造景、生态恢复中发挥着重要作用，虽然我国具有十分丰富的观赏植物资源，但是各地城市园林绿化中运用的植物材料及营造的植物群落显得单调、雷同。随着经济的发展，人们对观赏植物的观赏性状提出了更多的要求。近几十年来，育种家致力于鉴定花型、花色、株型等观赏性状开发和利用。2021年，全球花卉和观赏植物市场规模达到了3268亿元，预计2028年将达到5038亿元，2022—2028年复合年均增长率（CAGR）为6.4%，2021年我国花卉行业市场规模达2205亿元，比2020年增长了17.5%。

四、植物资源研发动向

面向野生植物资源保护、种源安全和资源高效利用的国家重大需求，围绕野生资源优异性状形成及快速驯化改良等科技问题，通过植物学、植物化学、中药学和作物遗传育种学等优势学科的深度交叉融合，开展野生植物资源精准评价与高效利用的前沿基础与应用研究，为新型经济作物育种提供源头资源，创新驯化改良理论与技术，创制绿色高值新品种和新产品，发掘植物化学成分和特色基因资源，以应用于未来的农业、食品、生态、化妆品、工业等行业。

在野生植物资源保护方面，已经开展了全国第四次中药资源普查、泛喜马拉雅植物资源普查、青藏高原动植物普查、迁地栽培植物评价等。在国际上主导或参与东南亚、南美、非洲植物资源考察，持续推进国家引种战略，全方位掌握国际生物多样性、地方生物多样性、生态系统功能及生物种群变化规律，完善生物多样性红色名录，新建一批珍稀濒危动植物繁育基地，加大珍稀、特有资源与地方特色品种收集保护力度，抢救性收集并保存稀有生物遗传资源。

在提升植物资源开发利用技术体系方面，建立植物资源科学评价体系和标准规范，推动国家植物园体系建设，加强特种植物资源的发掘和评价。由于植物生长发育、次生代谢产物合成等控制基因和遗传规律多样且复杂，随着高通量测序的发展，植物基因组、转录组、蛋白质组、代谢组等多组学信息得到了极大的发展和丰富，采用多组学联用的方式研究也成为未来植物基因发掘和研究的主要策略。未来抗病虫、抗旱、耐寒、耐高温、营养价值高、产量高、株型好、花色优、生长调控等优质功能基因资源将成为高效、快速、定向培育优质种质资源的重要保障，也将为植物化合物的异源合成、代谢工程等提供丰富的源头资源，进一步提升我国生物种质国际竞争力。

在新型研发创新平台建设方面，建立标准化、模块化的生物元件实体库和数字信息库、开源软件库，建设涵盖"智能化机器学习设计—自动化合成装配—高通量定量分析测试"的生物设计创制工作站将极大地推动新种质的发掘和利用。植物表型是一种新兴的科学技术，它将基因组学与植物农学联系起来，即在植物生长和发育过程中，通过基因型与环境之间的动态相互作用形成功能性植物体或表型。通过植物表型研究和相关技术的使用能够获得环境中各种植物的生长发育知识，并且将这些特性应用于作物生产以提高产量和可持续性。例如，美国亚利桑那州的第一个全自动温室于2020年开放，其中包括专有种子芯片、先进标记技术、自动化和数据科学方面的创新和育种应用。中国规划的大科学装置国家作物表型组学研究设施——"神农设施"已在中国科学院武汉植物园光谷园区完成预研。"神农设施"建成后将是国内农业领域首个重大科技基础设施，可实现人工智能可控的全生境模拟，在全球处于领先地位。植物全自动育种平台的应用也将极大地缩短育种周期，促进新型植物资源的开发和利用。

总之，加大植物资源收集和保护力度、健全植物资源开发利用体系、拓展植物资源的应用将从源头解决经济植物育种资源不足的问题，从植物驯化和进化基础理论创新、育种理论和技术创新推动重要化合物、基因资源的发掘和研究，通过打通产业链的各环节推动新型作物的产业化应用和提升综合效益。

五、植物资源自主创新情况

粮食安全和生态安全已成为全球关注的重要领域。人口的增加推动了种植高产作物以满足粮食安全的需求，这反过来又推动了对创新植物育种技术的需求，以提高作物生产力。极端天气条件和全球变暖的频繁发生也增强了全世界对作物生产力的需求。植物生物多样性的保护和发掘利用将是粮食作物和经济作物的保障。

在植物资源引种保育方面，我国建立了国家公园和国家植物园的植物资源就地保护与迁地保护体系，同时通过各植物园与东南亚、南美、非洲等地区的合作，推动了国内植物资源的保护和国际特色植物资源的引种与研究。

随着基因组学技术的发展，资源植物基因组研究进展迅速。例如，壳斗科植物系统基因组学研究深入分析了自新生代以来全球气候变化导致北半球森林组成发生的剧烈演变，揭示了壳斗科植物的系统发育关系、分化历史及种间杂交的遗传效应，证实了响应环境变化的性状创新和动植物的协同进化是壳斗科物种多样性产生的重要推动力。另外，极端生境中物种演化的研究意义非凡，青藏高原拥有其独特极端环境的丰富生物资源，是全球生物多样性热点地区之一，针对青藏高原及毗邻地区的物种，研究了物种适应性进化、物种多样性及物种对第四纪冰期的响应等科学问题。该类研究对于揭示关键性状创新和种间杂交在物种进化过程中的意义重大，为现代种质创新和种业发展奠定了重要的理论依据。

目前已经完成了月季、野菊、蝴蝶兰、牡丹在内的近百种观赏植物的基因组测序，基因组、代谢组、转录组、蛋白质组等的整合分析，加快了观赏植物的花色、花型、株型等基因的发掘和利用。但是在观赏植物分子育种过程中，观赏植物的性状复杂多样。例如，梅的曲枝和菊花的复杂花型不仅使测量工作极其困难，所记录的性状数据的有效性也很低，导致性状数据与候选基因之间无法很好地对应，很难从大量基因组数据中定位到与关键性状相关的基因，这在很大程度上是由于缺乏合适的表型数据。另外，许多观赏植物（尤其是木本植物）缺乏有效的转化系统，因此新基因不能转化植物以创造新品种。转基因观赏植物是否满足安全和健康的需求也是观赏植物育种者面临的问题之一，尽管至少有50种观赏植物得到了转化体，但很少有转基因观赏品种通过田间试验并获得监管批准。

观赏植物对城市和城郊环境的生态安全也具有重要的作用。一方面可以起到隔音防风的作用，另一方面通过植物的蒸腾作用，可以降低城市温度，且植物树冠可以在炎热的夏季创造遮阴区域。植物还有利于改善城市土壤污染和空气污染，不同物种增加了城市和城郊地区的生物多样性，同时对于土壤和生态修复具有重要作用。其中，植物修复（phytoremediation）是一种新兴、经济、环保的重金属修复方法，主要是通过某些植物的根部吸收将重金属从土壤中转移到植物地上部分。目前已有45科的450多种植物被鉴定为植物修复物种。

药用植物资源的有效利用在于其植物体内的次生代谢物的有效利用，也就是说如何让植物生成尽可能多的、化学结构和药效满足人们需求的次生代谢物质。迄今为止，已经有150余种药用植物的全基因组被测序，其中包括一些珍贵的中药材，如大麻、人参、灵芝等，还包括一些大宗药材和被原国家食品药品监督管理总局认定为药食同源的药用植物，如枸杞、甘草、决明、穿心莲等。药用植物功能基因的挖掘，基因调控网络的构建，次生代谢产物、抗性基因和遗传多样性的研究都是药用植物资源发掘和利用的重要方向。次生代谢化合物的产生有赖于一定的生物合成途径，因此利用多种技术对合成途径解析和调控关键功能基因进行筛选，进而对整个代谢网络进行有目的的调控，以此来提高药用植物次生代谢产物量，是目前药用植物开发利用研究中最前沿和最基础的问题。目前已经完成了灯盏花素、淫羊藿苷、人参皂苷、紫杉醇、枸杞红素等合成途径解析，实现了多种化合物在酵母或大肠杆菌中的全合成或半合成。

特色的区域种质资源的发掘利用，将在我国的某些地区，特别是农村地区经济作物的自主创新中发挥重要作用。例如，安徽省加强了对茶叶育种、新品种创新和茶叶加工生产升级研究计划的支持，以促进乡村振兴，通过茶叶的基础理论研究、种质创新、产业链的整合发展，为茶叶在安徽省农村地区的发展提供了重要的研究机会和前景。西北地区的药食同源作物枸杞，是宁夏、青海、新疆等省份的特色经济作物，通过种质资源发掘利用、基因组研究、新基因新成分的发掘，推动了新品种的研发及鲜果、果浆、枸杞叶相关产业的创新发展。

总之，植物资源引种保育和物种多样性研究是实现粮食安全和生态安全的重要保障。植物种质资源的表征、评价和分析，病虫害抗性分析，植物资源在极端气候变化中的耐受性，植物资源的营养水平分析，是优质植物资源发掘和为高产作物提供进一步育种基础的主要核心。

撰稿人：王　瑛　中国科学院华南植物园
　　　　任　海　中国科学院华南植物园

第二节　生物标本资源保护利用现状与趋势

一、生物标本概况

生物标本是指保持生物实体或其遗体、遗物的原样，或经特殊加工处理后，用于长期保藏、学习、研究、展示等的动物、植物、微生物、古生物的完整个体或部分，是自然界各种生物最真实、最直接的表现形式和实物记录，是生物多样性的载体，被广泛应用于科学研究、科普展示、生物学教学等方面，并在生物多样性保护、有害生物入侵、全球气候变化及进化生物学等生命科学和交叉学科前沿领域发挥着重要作用。

从科学发展的角度看，生物标本是物种名称的实物载体和参考凭证，是生物系统学乃至整个生物学研究的基础材料，在分类学、系统学、生态学等各个分支学科中都有着十分重要的地位；从资源的角度看，生物标本是人类认识自然和改造自然的重要基础，是生物多样性最全面的代表，是一种重要的不可再生的战略生物资源；从信息的角度看，生物标本能够提供物种、空间和时间三个维度的重要信息，在服务生物多样性的研究与保护等方面有着巨大潜力。

二、生物标本资源国内外研发进展

（一）国外生物标本资源研发进展

生物标本具有重要的战略资源价值，发达国家很早就开始了本国乃至全球生物标本的收集和研发工作，并拥有一大批藏量丰富、收藏类群齐全、覆盖范围广泛的国家级生物标本馆。目前世界上生物标本馆保藏量排名前十的收藏机构见表28-1，均位于欧美发达国家，且有着悠久的收藏和研究历史。其中几个大型的植物标本馆未包括在内，如英国皇家植物园（邱园）标本馆、美国纽约植物园标本馆、美国密苏里植物园标本馆等。排名前几位的超大规模的机构如美国史密森尼国家自然历史博物馆、英国自然历史博物馆、俄罗斯科学院动物博物馆等，其某一单类群的馆藏量甚至可达千万、百万以上。例如，英国自然历史博物馆仅昆虫部的标本收藏就达3400余万号，其收藏历史更是达到了300年以上。

表28-1　全球生物标本资源保藏量排名前十的机构

排名	国家	机构名称	馆藏总量 / 万号	资料来源
1	美国	美国史密森尼国家自然历史博物馆	14 700	https://naturalhistory.si.edu/research
2	英国	英国自然历史博物馆	7 600	https://www.nhm.ac.uk/
3	俄罗斯	俄罗斯科学院动物博物馆	6 000	https://www.zin.ru/collections/index_en.html
4	法国	法国国家自然历史博物馆	5 370	https://www.mnhn.fr/en/collections/collection-groups/vertebrates

续表

排名	国家	机构名称	馆藏总量 /万号	资料来源
5	美国	菲尔德自然历史博物馆	3 978	https://www.fieldmuseum.org
6	美国	美国自然历史博物馆	3 363	https://www.amnh.org/research/vertebrate-zoology/ornithology/collection-information
7	德国	柏林自然历史博物馆	2 595	https://www.museumfuernaturkunde.berlin/en
8	奥地利	维也纳自然史博物馆	2 024	https://www.nhm-wien.ac.at/en/research
9	美国	哈佛大学比较动物学博物馆	2 100	https://mcz.harvard.edu
10	美国	卡内基自然历史博物馆	1 419	https://carnegiemnh.org/

（二）我国生物标本资源研发进展

我国生物标本的收集和保藏始于19世纪，起步于20世纪初，发展于1949年之后。据2016年调查和统计分析，全国正常运转的生物标本馆有250余家，保藏总量为4000万—4500万号（份），主要集中在各科研机构、高等院校和自然博物馆。

中国科学院生物标本馆体系是我国生物标本资源最重要、最集中的保藏场所，目前由以19个研究所作为依托单位的20家生物标本保藏和科普展示场馆组成，所收藏生物标本的采集地基本覆盖全国各地和几乎所有生境类型（包括海域），收集保藏的生物标本资源涵盖了动物、植物、菌物、化石等。该体系拥有中国乃至亚洲最大的动物、植物和菌物标本馆及馆藏量，还拥有一系列中国最大、最有特色的专类标本馆，是我国生物标本资源保藏、研究和科学教育的重要实体，具有中国最大、在国际上有重要影响力的生物标本资源保藏体系与数字化数据信息网络，也是生物标本资源整合与共享利用的平台，因此在国家战略生物资源的保护与可持续利用中具有不可替代的重要作用。截至2021年底，中国科学院生物标本馆体系保藏各类生物标本共计2283.6万号（份），占全国标本资源总量的一半以上。

（三）生物标本资源国内外情况对比

与欧美等发达国家和地区相比，我国生物标本资源收藏的差距比较明显，主要体现在藏量和收藏范围上。从藏量上看，我国各收藏机构中目前馆藏量还没有达到千万级的，且我国收藏总量在世界各机构中仅能排到第5位。从收藏范围来看，欧美发达国家的博物馆收藏范围非常广，采集地点遍及全世界，特别是一些模式标本和已灭绝生物的标本仅在很少的博物馆保藏，其收藏的起始时间也较早。我国因起步较晚，收藏以本国生物为主。

国外对生物标本资源的积累已有多年，但已过了大规模采集的时期，且随着对物种认识的加深和环境问题的凸显，各国均非常重视物种的保护，已难以进行大批量的采集。我国近些年也提高了对物种保护和物种资源及生物和生态安全的重视，陆续支持了一些较大的项目，使得各馆能够有针对性地对国内研究薄弱的地区进行标本采集，且能走出国门与周边国家及其他较不发达国家合作并开展联合考察和标本采集活动。在这些项目的支持下，各馆藏量呈现较快且稳定增长的态势，而近几年又因新冠疫情而有所减缓。但随着与其他国家合作的深入和扩大，未来将逐步缩小我国与发达国家标本藏量间的差距。

三、生物标本资源利用现状

生物资源是一个国家保障和协调生态文明、经济发展、人民健康和生物安全的重要战略资源。早在1992年联合国环境与发展大会上通过的《生物多样性公约》就明确指出：生物资源是指对人类具有实际或潜在用途或价值的遗传资源、生物体或其部分、生物群体或生态系统中任何其他生物组成部分，最好在遗传资源原产国建立和维持异地保护及研究植物、动物和微生物的设施。生物标本作为一种重要的生物资源，其保护与利用也一直得到各国尤其是发达国家的高度重视。标本资源具有研究、服务和教育三大功能，标本资源的共享和利用也主要从这几个方面发挥支撑作用。

国外很早就积累了大量标本用于科学研究，近年来更是通过建立各类共享和服务平台以促进标本资源的利用。例如，美国自然历史博物馆于1993年创建了生物多样性保护中心，将其科学收藏和技术整合到美国和世界各地的各种项目中，通过提供广泛的科学和教育资源保护全球生物多样性；英国皇家植物园（邱园）近年来加大了植物的应用研究力度，加快了自主品牌的开发，并于2018年成立了一个商业化的部门，专门负责商业资助的科学研发和认证工作，包括授权邱园产生的知识产权，提供植物国际贸易监管和药用植物名称方面的专业服务，以及通过邱园的品牌认可第三方产品。

我国对生物标本资源的利用虽起步较晚，但随着资源的积累，大量依赖标本的研究正在进行，依托标本资源也开展了大量服务和科学普及的工作，在资源共享利用和服务方面与发达国家的差距并不太大。标本资源为这些项目的实施提供了重要的支撑作用，同时产出了大量的科研成果。例如，依托中国科学院生物标本馆体系资源，2021年共支撑发表论文710篇、专著47部，发表了7个新属、149个新种等新分类单元、83个新记录。为了促进标本资源的妥善保藏和合理共享利用，2019年，在科技部和财政部的支持下，中国科学院动物研究所组织院内7家研究所的标本馆和院外6家高校标本馆联合成立了国家科技资源共享服务平台"国家动物标本资源库"，同时中国科学院植物研究所也组织全国16家植物标本馆联合成立了国家科技资源共享服务平台"国家植物标本资源库"，标志着我国生物标本资源的保藏和利用进入了一个新的阶段。

标本资源在科学研究方面的功能主要通过支撑生物多样性研究与保护来体现。各标本馆积极牵头或参与国内外生物多样性的研究与保护，加强对未知或研究薄弱区域、领域进行探索，通过对资源的收集、保藏和利用来支撑国家重大科研项目与重要决策。例如，以中国科学院海洋研究所分库为依托，2021年首次系统研究和报道了热带西太平洋海山铠甲虾的多样性概况，揭示了西太平洋海山深海区域不仅存在着很高的生物多样性，还有很高的生命未知性，也说明了人们对这片海域生物的了解极为匮乏，为深海海山脆弱海洋生态系统保护和合理开发利用提供了科学依据。在生物多样性编目方面，如《中国生物物种名录》2021版的发布，得到了各标本馆的全力支持与配合。此外，基于馆藏标本及相关数据信息能有效服务于濒危物种的保护。例如，中国科学院成都生物研究所两栖爬行动物标本馆编著的《中国生物多样性红色名录：脊椎动物第三卷 爬行动物》根据近年分类学研究成果对中国爬行动物分类体系进行了调整和完善，科学评估了中国475种爬行动物的生存状况、受威胁因素等，为我国爬行动物保护策略的制定提供了重要的参考依据。

标本资源可在生物安全和地方发展等方面发挥服务功能。在国家重视生物安全的背景下，各标本馆推动重点地区、重点类群及口岸检疫等生物类群的资源保藏，建立相关资源库，为防范有害生物入侵、评估入侵物种自然分布及其控制提供第一手资料，并坚持为海关等检验检疫一线部门提供专业支撑服务，如帮助海关对进境包裹中查获的活体生物进行标本制作并用于检验检疫违法案例展示，为海关提供标本用于比对鉴定或组织专家对查获物种进行鉴定等工作，并邀请相关海关单位共建截获生物标本专题库等。

生物标本是生物学各学科和理论研究的材料与基础，也是公众认识生物学的窗口。各保藏机构还利用标本进行多种多样的科学普及活动来发挥教育功能。例如，中国科学院各生物标本馆积极参与"全国科普日""全国科技活动周""公众开放日"等活动，同时举办各类专场科普活动和展览，以让公众集中了解自然界中的各种生物，并提升科学素养和对生态环境的认识，在做好基本科研科普服务的同时，也在积极发掘标本资源的其他价值。

四、生物标本发展趋势

生物标本虽然在生物学领域各个学科有重要的基础支撑作用，但其具有某些固有劣势：在收集方面，由于每一份生物标本都蕴含着独一无二的信息，其实体随着时间推移或在使用过程中会不断损耗，是一种不可再生资源，需要保护，同时需要不断收集和补充；在保藏方面，实物标本的保存需占据一定空间，并置于专门建立的标本馆中，其运行和维护都需要一定的人力和物力；在利用方面，生物标本支撑生物学最基础的理论研究，且随着分类学热潮的退去，对标本的直接利用有所减少，而相关的应用研究又难以体现其价值，无法利用标本直接产生经济效益，其作用的发挥往往通过间接的方式，严重影响了人们对其直接价值和潜在价值的认识。因此，自 21 世纪以来，各国均加强了生物标本的整合和共享，并站在国家战略资源的高度重新审视标本存在的意义，采取一系列措施使其与其他形式的生物资源共同服务于国家和社会发展，以最大限度地发挥标本的价值。

（一）通过数字化和共享平台建设提高标本利用效率

标本共享和利用的内容主要包括各类型标本馆内所保藏的实物资源，以及标本数字化后形成的信息资源。实物资源的共享是通过直接将标本提供给研究者以进行实地借阅、检视、测量、拍照或标本交换等方式来实现的；信息资源的共享是将标本所蕴含的丰富的物种、时间和空间信息提取出来后建立数据库或专题数据集，以供相关研究者查阅和调用。后者不受时间和空间限制，成本较低且可多次调用，因而受到越来越多研究者的青睐。但其前期需要投入较多的人力和物力等以完成标本的数字化工作。同时各国也通过将这些信息资源集中起来，建立标本数字化中心或信息资源的共享平台，以提高标本的利用效率。

国际上对生物标本信息资源共享平台的建设有三种类型：一是对全领域资源的集大成，进行全球性或国家级综合性的平台建设，如全球生物多样性信息网络（Global Biodiversity Information Facility，GBIF）、美国生物标本综合数字化平台（Integrated Digitized Biocollections，iDiGBio）、澳大利亚国际生物多样性数据库（Atlas of Living Australia，ALA）；二是以类群为主的全信息平台，如脊椎动物标本信息网 VertNet、数字化植物模式标本数据库 Global Plants 等；三是各博物馆、标本馆自建的数据共享平台。前两种类型的共享平台建设均趋向于全类型数据收集、建设和共享服务，而第三种类型则更趋向于数据、图片及其他信息检索功能。

我国开展标本数字化和平台建设工作已有多年。自 2003 年起，在国家科技基础条件平台中心的支持下，由中国科学院植物研究所牵头建立了国家标本资源共享平台（National Specimen Information Infrastructure，NSII），是科技部认定并资助的 28 个国家科技基础条件平台之一，是汇集了植物、动物、岩矿化石和极地标本数字化信息的在线共享平台，下设植物标本、动物标本、教学标本、保护区标本、岩矿化石标本和极地标本 6 个子平台，截至 2018 年底有 198 个参加单位，涉及中国科学院、教育部、国土资源部、自然资源部与国家林业和草原局等主管部门。该平台目前已共享近 1644.6 万条标本信息数据。此外，各子平台也通过相关网站进行资源共享。例如，中国科学院动物研究所牵头组织37个机构开展动物标本资源数字化建设和共享，建成了"国家动物标本资源共享平台"，并通过国家动物标本资源库网站（原名国家数字动物博物馆）进行标本资源共享，目前已累计共享各类群动物标本388万余号，是国内最大的动物标本资源建设及共享服务平台。

（二）从保存生物标本到保存生物资源

随着生物学研究重心的转移、生物信息提取技术的发展及生物样本保存技术的进步，国际上大型的标本馆或博物馆将保存的范围逐渐从生物标本扩展到其他类型的生物资源，如种质资源等。例如，邱园目前已从单一从事植物收集和展示的植物园成功转型为集教育、展览、科研、应用为一体的综合性机构，其于2000年建成的"千年种子库"（The Millennium Seed Bank）是世界上最大的野生植物种质资源保存库，不仅储存了英国本土的植物种子，还收集保存了24亿颗全球重要和濒危植物的种子；美国史密森尼国家自然历史博物馆于2011年建成的生物储存库收集了大量的基因组材料，是现存最大的基于博物馆标本的储存库，服务于全世界有关DNA、组织和基因组方面的研究。

我国在对生物资源的保存方面紧跟国际步伐，最有代表性的就是中国西南野生生物种质资源库（The Germplasm Bank of Wild Species）的建立。中国西南野生生物种质资源库是由国家发展和改革委员会于2004年批复建设，并于2007年建成运行的国家重大科技基础设施，是国家重大科学工程项目，由中国科学院和云南省共建，依托中国科学院昆明植物研究所进行管理。中国西南野生生物种质资源库是我国唯一以野生生物种质资源保存为主的综合保藏设施，目前已保存我国本土野生植物种子10 917种87 863份，植物离体培养材料2143种24 200份，DNA分子材料8029种67 631份，微生物菌株2295种22 950份，动物种质资源2228种70 312份，是亚洲最大的野生生物种质资源库，是保障我国生物资源安全的重要基础设施，对我国的生物多样性保护与研究工作起到了重要的推动作用，是我国战略性生物资源保存的重大飞跃，为我国经济社会可持续发展提供了生物资源战略储备。

（三）利用新技术加强生物标本信息的提取

对于标本的形态信息，以往的研究多利用的是标本的一维长度测量数据。近年来借助显微计算机断层扫描术（CT）、激光共聚焦显微成像、激光扫描、连续组织切片、核磁共振、透射电镜、结构光照明显微成像等技术，结合计算机三维重建的方法，可建立生物标本真实而直观的空间形态，并被应用于分类学、系统学和仿生学等研究领域。通过标本的三维形态能产生海量数据以用于其他交叉学科的研究。随着深度学习和人工智能的快速发展，生物形态结构的三维可视化和人工智能大数据平台的建立将为物种快速识别和鉴定带来新的契机，对系统发育、个体发育、形态与功能、仿生机制等方面的研究也有重要的指导意义。

在遗传信息的获取方面，随着基因组测序技术的发展，近年来研究开发出的第三代测序技术，即单分子测序技术，实现了对每个DNA分子的单独测序，具有超长读长、运行快、不需模板扩增、可直接检测表观遗传修饰位点等优点，所得数据适于进行生物信息学分析。这使研究人员对生物标本中遗传信息的获取变得越来越有效和便捷，也使标本保藏机构通过大量提取遗传信息建立与标本相对应的信息库成为可能，这将对生物标本资源的保护和可持续利用起到一定的促进作用。此外，作为目前影响较大、应用广泛的DNA鉴定技术之一，DNA条形码技术也将在生物标本的鉴定方面发挥巨大作用，同时结合快速、廉价、小型的测序仪，将为生物大发现开启全新篇章。

未来，来自标本的数据的规模化整合与深度挖掘、数据类型的拓展与应用（如基因组数据、形态数据、可视化数据等）将成为新的建设内容和发展方向，代表了未来生物标本资源建设与共享的新趋势。

撰 稿 人：贺　鹏　中国科学院动物研究所
陈　军　中国科学院动物研究所
乔格侠　中国科学院动物研究所

第三节　生物遗传资源保护利用现状与趋势

一、生物遗传资源概况

根据联合国《生物多样性公约》，遗传资源是指具有实际或潜在价值的来自植物、动物、微生物或其他来源的任何含有遗传功能单位的材料。本章所述"生物遗传资源"是指可以在人工设施中长期保存、可以通过一定的技术方法进行繁殖或复制的、具有实际或潜在经济和社会价值的动植物和微生物及其遗传材料（组织、细胞、DNA片段、基因等）。

在各类生物资源中，生物遗传资源因具有开发链短的优势，在革命性解决人类发展面临的健康、工业、农业、环境、生物安全等重大问题方面已经发挥了巨大的作用并展现出广阔的前景，不仅为生命科学的发展奠定了基础，也是生物技术创新的突破口和形成颠覆性技术的源泉，同时，生物遗传资源的拥有量也是衡量一个国家基础国力的重要指标之一。因此，加强生物遗传资源的保护和开发利用，对我国抢占世界生物技术创新高地，保障国家科技安全，建设现代化经济体系具有重要的战略意义。

二、生物遗传资源国内外研发进展

随着国际竞争态势的加剧，美、欧、日等发达国家和地区多年来在生物遗传资源的保护与利用上投入了大量的人力、财力，建立了生物遗传资源保藏机构设施，开展了生物遗传资源的收集保藏、评价挖掘、开发利用，成为开展生命科学研究、发展生物产业不可缺少的、公益性的基础设施。世界微生物数据中心（WDCM）的统计数据显示，全球在WDCM注册的保藏中心有832个，分布在78个国家和地区，登记保藏了超过330万株微生物菌种和3.8万株细胞株。其中，中国和美国保藏的微生物菌种和细胞株的数量均超过34.3万株，居全球第一位。另外，世界知识产权组织最新统计结果显示，分布在全球25个国家的48个《国际承认用于专利程序的微生物保存布达佩斯条约》国际保藏机构中，共保藏用于专利程序的生物材料13.79万株。2021年，中国首次超过美国，成为全球用于专利程序的生物材料保藏量最多的国家（42 948株），美国居第二位（42 493株）。我国在微生物菌种和细胞株等生物遗传资源保藏方面已经具有一定规模，建立了生物遗传资源保护的基本框架体系。

2003年，科技部启动国家科技基础条件平台建设项目，2019年，科技部、财政部进一步优化调整国家科技资源共享服务平台，形成了30个国家生物种质和实验材料资源库，其中包括了植物种质资源库5个（国家重要野生植物种质资源库、国家作物种质资源库、国家园艺种质资源库、国家热带植物种质资源库、国家林业和草原种质资源库）、动物种质资源库4个（国家家养动物种质资源库、国家水生生物种质资源库、国家海洋水产种质资源库、国家淡水水产种质资源库）、微生物资源库3个（国家菌种资源库、国家病原微生物资源库、国家病毒资源库），以及细胞和干细胞资源库4个（国家干细胞资源库、国家干细胞转化资源库、国家生物医学实验细胞资源库、国家模式与特色实验细胞资源库），为科学研究、技术进步和社会发展提供了高质量的生物资源共享服务。

2013年，国家卫生和计划生育委员会发布了《人间传染的病原微生物菌（毒）种保藏机构规划（2013—2018年）》，明确了由国家级保藏中心、省级保藏中心和专业实验室三级架构组成的国家病原微生物保藏体系，并完成了6个国家级病原微生物菌（毒）种保藏中心的机构认定工作。

2015年，中国科学院野生生物资源库工作委员会更名为中国科学院生物遗传资源库工作委员会，包括了隶属中国科学院13个研究机构的14个资源库，保藏的生物遗传资源类型涵盖了植物种子和离体材料，人、动物的细胞株和干细胞，微生物，淡水藻种，海藻等，旨在建成国际上具有重要影响的生物遗传资源科学保藏网络体系，引领我国生物遗传资源收集保藏、共享利用工作（表28-2）。

表28-2　中国科学院生物遗传资源库

序号	名称	依托单位	保藏的主要资源类型
1	中国西南野生生物种质资源库	昆明植物研究所	植物种子、植物离体材料
2	野生动物细胞库	昆明动物研究所	动物细胞
3	国家模式与特色实验细胞资源库	上海生命科学研究院	实验细胞、干细胞
4	中华民族永生细胞库	遗传与发育生物学研究所	细胞
5	国家干细胞资源库(原北京干细胞库)	动物研究所	细胞、干细胞
6	野生动物遗传资源库	动物研究所	野生动物组织、细胞、DNA
7	海藻种质库	海洋研究所	海藻
8	淡水藻种库	水生生物研究所	淡水微藻
9	微生物菌（毒）种保藏中心	武汉病毒研究所	病毒、病毒样本、细胞
10	中国普通微生物菌种保藏管理中心	微生物研究所	微生物、专利生物材料
11	华南干细胞转化库	广州生物医药与健康研究院	细胞、干细胞
12	人类资源样本库	生物物理研究所	血液、尿液、细胞、DNA
13	中国癌症功能细胞库	合肥物质科学研究院	癌症细胞

三、生物遗传资源利用现状

生物资源特别是基因资源的争夺已引起了国际社会的高度重视，展开了激烈的竞争，谁拥有特殊的种质资源，谁就掌握了基因利用的主动权。它涉及国家资源安全、生物安全、生态安全等问题。国际上陆续发起一系列生物遗传资源保藏相关的计划、项目，许多国家也都投入了大量的人力和财力对生物遗传资源进行收集与研究，各类基因组研究项目的实施加速了生物遗传资源的开发与利用。2010年，由加拿大领导的国际生命条形码计划（International Barcode of Life，iBOL）正式启动，计划在5年内建设完成50万种真核生物500万份标本的DNA条形码参考数据库。早在1998年，美国国家科学基金会（NSF）便开始关注动植物基因组的研究，并启动了美国国家植物基因组计划（National Plant Genome Initiative，NPGI），该计划结束后，美国NSF又于2012年启动了新一轮的植物基因组研究项目（Plant Genome Research Program，PGRP）。2008年，美国NSF与美国农业部还启动了微生物基因组测序计划（Microbial Genome

Sequencing Program）。美国能源部于2002年7月正式推出了为期5年、资助额度为1亿美元的后基因组计划——"从基因组到生命"（Genomes to Life，GTL）计划。

我国对生物遗传资源的本底调查和评估一直保持高度关注，长期以来，持续开展生物遗传资源的采集与保藏、开发与利用。

2004年全部出版完成的《中国植物志》，标志着我国植物资源家底基本摸清。近20年在我国调查空白或薄弱地区的科考中，继续发现大量新分布记录和新物种类群（超过4000种），中国维管植物的物种数量平均每年新增200个。已建成的亚洲最大的野生植物种子库收集保存我国野生植物种子超过1.1万种，通过技术攻关解决了一批珍稀濒危、极小种群植物的组培快繁，以及引种驯化和野外回归；结合细胞培养技术和超低温保存技术，实现了木兰科、富民枳、三七等濒危物种及经济植物的细胞系构建和超低温长期保存。

在干细胞资源方面，国家干细胞资源库建立了我国首株临床级人胚干细胞系，成功研发了多巴胺神经前体细胞、视网膜色素上皮细胞、间充质样细胞（M类细胞）等多种临床级干细胞制剂。联合3个国家级资源平台及65个代表性细胞资源库共同组建了中国干细胞与再生医学协同创新平台（原国家干细胞资源库创新联盟），提升了科技资源共享服务水平。2021年，国家干细胞资源库获中国合格评定国家认可委员会（CNAS）颁发的我国第一张生物样本库认可证书，入选该年度"中国科技资源管理领域十大事件"。2022年，在已经主导制定发布多项细胞相关标准的基础上，国家干细胞资源库主导制定的国际标准《人和小鼠多能干细胞通用要求》（"Requirements for Human and Mouse Pluripotent Stem Cells"）由国际标准化组织（ISO）出版，这是国际标准化组织系统中第一个多能干细胞的标准，为多能干细胞资源标准化管理奠定了基石，促进了干细胞的转化研究与应用。

在过去30多年间，我国持续开展了特殊环境生物遗传资源的发现和利用工作，在热液区、海山区、深海平原、海沟和深部生物圈等区域开展大洋航次的资源、环境和生物基因资源综合调查，已分离鉴定并保藏大量深海来源的微生物菌株等生物遗传资源，获得了在新药创制、工业制造、绿色农业、生物环保、生物能源等方面有重要应用价值的菌种、基因、酶和化合物，快速提升了我国深海生物专利的拥有量。

围绕生物能源和双碳政策，实施了一批微藻资源调查和利用项目，包括：微藻能源规模化制备的科学基础（973计划）、CO_2-油藻-生物柴油关键技术研究（863计划）、微藻生物固碳关键技术与产品开发（863计划）、微藻二氧化碳减排技术研发及示范（国家科技支撑计划）、能源微藻育种与高效生产关键技术研究与示范（国家科技支撑计划）、中国产油微藻调查（科技基础性工作专项）、二氧化碳烟气微藻减排技术（国家重点研发计划）等，开展微藻资源的收集保存、筛选育种及培养技术研究。

四、生物遗传资源发展趋势

生物遗传资源事关国家核心利益，其保护和利用受到世界各国的高度重视。我国政府高度重视生物资源的保护和利用工作，在《国家中长期科学和技术发展规划纲要（2006—2020年）》《"十四五"生物经济发展规划》《国家科技基础条件平台建设纲要》等多个国家发展规划中明确提出要建立完备的生物资源保护与利用体系，加强生物资源调查和收集保藏，积极推进生物资源保护利用。随着学科的发展和需求驱使，在国家层面上加强生物遗传资源的收集保藏、筛选评价、挖掘利用是长时期内生物资源工作的主题。

1）生物遗传资源保护力度日趋加强

目前许多国家将生物遗传资源视为产业竞争的一个重要因素，是支撑生命科学和生物技术发展的关键基础之一，高度重视生物遗传资源的保护保藏、评价筛选和应用开发工作，建立了生物遗传资源国家公共保护和研究体系，储备丰富的生物遗传资源，为未来争取更多的优势和主动权。保藏中心也由单一资源保藏机构向包含评价、应用开发在内的综合性资源中心发展，资源高附加值化快速发展；生物遗传资源保护呈现出从一般保护到依法保护，从遗传资源主权保护到基因资源产权保护的发展态势。

2）生物遗传资源评价精准化、规模化、系统化

随着基因组、宏基因组、合成生物学、基因编辑等生物技术的发展和应用，微生物资源仍然是寻求和发现下一代化学治疗剂与代谢活性物质最大的潜在生物物质基础。以干细胞为基础，旨在替代或修复病变的细胞、组织或器官，从而恢复机体正常功能的再生医学是医学科学发展的重要方向。对微生物与细胞等生物遗传资源进行规模化和精准化鉴定评价，发掘能够满足现代生物技术需求的新型资源和关键基因，已经成为发展方向；基于微生物底盘、元件库、酶库、代谢物库的合成生物学及生物制造先进技术等颠覆性生物技术开发将是未来的研究热点。

3）生物遗传资源共享利用法规体系和机制日趋健全

随着《生物多样性公约》《〈生物多样性公约〉关于获取遗传资源和公正公平分享其利用所产生惠益的名古屋议定书》等国际公约的实施，各国围绕资源获取、惠益分享、监测利用方面逐步完善国家生物遗传资源法律法规和管理办法，国家间进行生物遗传资源获取与交换，已经形成规范的资源获取和利益分享机制，推动了生物遗传资源的有效保护和合理利用。但是，发达国家长期的全球资源积累，以及在先进生物技术方面的垄断，也加剧了我国生物遗传资源获取和被获取的严重不平衡。在联合国《生物多样性公约》第15次缔约方大会上通过的《昆明-蒙特利尔全球生物多样性框架》中将遗传资源数字序列信息（digital sequence information，DSI）列入未来十年全

球生物多样性行动框架。DSI就是以数字方式存储和转移的遗传资源的基因序列信息，是基于生物多样性的价值链而产生的。目前，日本、欧盟、美国各有一个大型公共遗传资源数据库，中国建有国家生物信息中心，但在基础设施、安全保障、数据服务能力等方面还有差距。下一步要在促进获得遗传资源需要获得资源持有人的事先知情同意和双方同意的获取条款、获得的利益共享等方面建立新机制。

我国自然生物遗传资源极为丰富，但科技资源匮乏，已成为制约我国生物技术和生物产业发展的瓶颈。加强科学评价体系和标准，强化生物资源保护和综合开发利用能力，推动我国生物资源开发由收集保藏向全面评价和综合利用转变，高效筛选、评价具有生物技术开发价值的物种、细胞、基因、代谢功能及代谢产物等生物遗传资源，为医药、农业、能源、环保等领域发展提供基础保障，必将推动我国工业生物技术和生物产业整体水平的提升，增强国际竞争力，创造重大的社会和经济效益。

撰稿人：周宇光　中国科学院微生物研究所
　　　　郝　捷　中国科学院动物研究所
　　　　蔡　杰　中国科学院昆明植物研究所
　　　　宋立荣　中国科学院水生生物研究所

第四节　动物资源保护利用现状与趋势

一、动物资源概况

动物资源一般包括野生动物、经济动物和实验动物等。野生动物是指从自然界捕获的动物，是重要的国家资源，野生动植物一起构成了完整的生物链，保证了生态系统的稳定。经济动物主要包括家畜家禽和水产动物资源，经济动物养殖吸纳了大量的农民和林业工人，经济收益惠及了约5000万的人口，促进了经济发展，维持了社会，特别是农村地区的稳定。实验动物是指经人工饲育，对其携带的病原体实行控制，遗传背景明确或来源清楚，用于生命科学和生物技术研究、食品和药品等质量检验与安全性评价的动物。

保护和合理利用动物是可持续发展战略的重要前提。我国动物资源极为丰富，但是应用到生物医学研究中的实验动物种类仅为其中极少一部分，如猴类、鼠类、兔类等，因此潜力极大，值得开发。在科技部、国家发展和改革委员会与中国科学院等相关部门的支持下，经过"九五"到"十四五"的发展，借助于国家各个科技计划的推动，我国实验动物资源工作取得了长足的进步，已经基本建成了包括小鼠、大鼠、鱼类、兔、犬、巴马小型猪、禽类和非人灵长类的国家实验动物种子中心和种质资源基地。

二、动物资源国内外研发进展

野生动物的利用方式主要包括服饰、肉用、药品和保健品、实验动物、工艺品和宠物。

实验动物方面，国外实验动物发展领先于我国，以美国杰克逊实验室（Jackson Laboratory）为代表的非政府机构和以查尔斯河实验室（Charles River Laboratory）为代表的商业机构，全面实现了"实验动物"和"动物实验"并举，深耕实验动物常规资源和战略资源保存与开发，不断培育应用于精准医疗和个性化治疗的人源肿瘤异种移植（PDX）与人源肿瘤细胞系异种移植（CDX）动物模型、各类人类疾病模型、免疫缺陷鼠模型、人源化模型等，为新药研发与生命科学、医学研究、疾病预防与防疫挖掘出更多的"生物试剂"。同时，实验动物与新药研发、药物评价、安全性评估深度融合。根据弗若斯特沙利文（Frost & Sullivan）公司统计，全球动物模型市场从2015年的108亿美元增长至2019年的146亿美元，复合年均增长率为7.8%。到2024年，全球动物模型市场预计增长至226亿美元，复合年均增长率为9.1%（图28-1）。

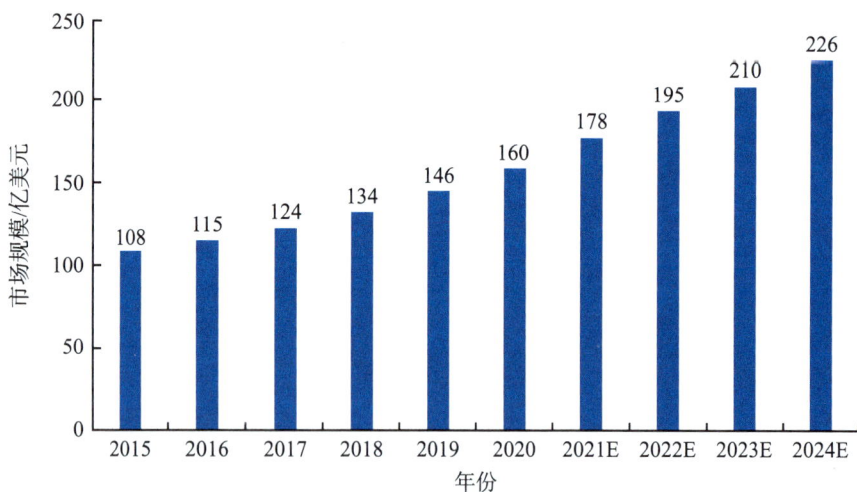

图28-1　2015—2024年全球动物模型市场规模（含预测）
资料来源：中国科学院上海生命科学信息中心

中国实验动物市场仍处于早期发展阶段，但增长潜力巨大。GMI（Global Market Index）乐伯市场管理有限公司的数据显示，2017—2021年，我国实验动物市场规模呈现稳步增长，2020年我国实验动物市场规模约为5.1亿美元，2021年我国实验动物市场规模达到约6亿美元（图28-2）。

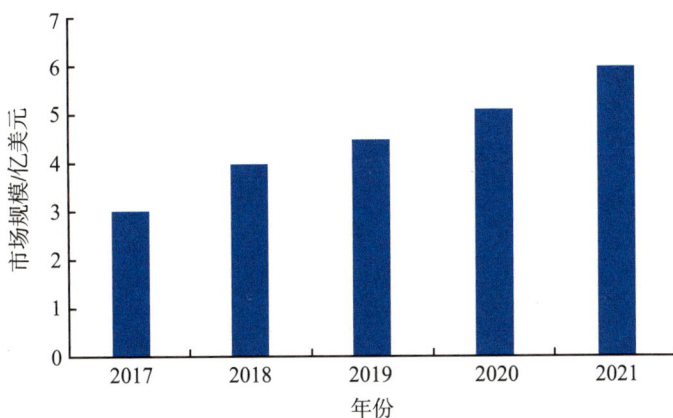

图28-2　2017—2021年中国实验动物市场规模
资料来源：中国科学院上海生命科学信息中心

三、动物资源利用现状

入药或作为保健品是东亚地区包括我国在内对野生动物特殊的利用方式。2016年修订的《中华人民共和国野生动物保护法》首次以肯定方式将野生动物及其制品作为药品经营和利用写入国家法律，代表着野生动物药用的正式化和常态化。尽管涉及的种类少，但大部分药用的脊椎动物是国家保护动物或濒危动物，如穿山甲、黑熊、高鼻羚羊、林麝、海马、林环蛇、尖吻蝮等。在《中华人民共和国药典》涉及的19种野生脊椎动物中，除梅花鹿、马鹿2种在繁育目录中，剩余17种均为一般意义的野生动物，其中8种是国家重点保护动物，11种在《中国脊椎动物红色名录》中在易危级别以上，6种在《濒危野生动植物种国际贸易公约》附录Ⅰ和Ⅱ中。野生动物药用在我国法律体系下是一种特殊的利用形式。其特殊性表现在：第一，规定药用的第29条是单列成款，独立于第27条，意味着利用野生动物及其制品生产经营药品的行为未列入法定禁止范围。原则上来说，只要没有被现有的国家禁令（如国务院1993年《关于禁止犀牛角和虎骨贸易的通知》）所禁止，且符合有关药品管理的法律法规，并遵循以人工繁育来源为主的基本要求，野生动物种药用活动便可以进行。第二，濒危动物药的生产、经营和临床使用受到严格的管控。只有政府指定的药厂、销售门店和医院才有资格生产、销售或临床使用含有国家重点保护野生动物成分的药品。《中华人民共和国野生动物保护法》对野生动物药用的肯定性支持，引发了国内野生动物研究单位和保护机构的担忧，质疑珍稀濒危野生动物合法入药有可能对其野生种源造成负面影响。穿山甲虽然已经被从《中华人民共和国药典》的"药材"部分移出，但仍有14个药方、130种药品涉及穿山甲片。2020年，穿山甲片相关的使用审批几乎完全停止了，考虑到穿山甲属大部分物种属于极危或濒危，这种严格的限制措施也许应该进一步延长。玳瑁、鹿角、熊胆、蛤蚧和龟甲也是中药中常见的动物成分。目前，尚未听说玳瑁有大规模的人工繁育基地，鹿角、熊胆、蛤蚧和龟甲的来源则可能以养殖个体为主。海马和蛇类也有人工繁育场，但也有相当部分来自野外捕捉或进口，由于对动物药材源头缺乏追踪，尚不清楚养殖和捕获个体占消费总量的状况，难以推测养殖和捕获个体各自在中药中的使用规模。麝香和熊胆在中药中的用量大、使用规模广，由于麝香和熊胆的收集方式会对动物造成持续性的伤害，有悖动物福利，国内研制了人工麝香和合成熊胆酸，其药性接近生物来源的麝香和熊胆。另外，高鼻羚羊的羚羊角作为常见的解热镇静药，也逐渐被其他非珍稀濒危的偶蹄目有角动物的角替代。

随着我国生物工程技术的迅速发展，作为高度跨学科的实验动物科学也进入了发展快车道，由"实验动物"全面转向"动物实验"，由"自发性动物模型定向培育"全面转向"个性化动物模型定制"，并加速研发"人源性疾病动物模型人工制造"。在这个发展过程中，资源保藏机构发挥了积极和巨大的作用与贡献，为我国生命科学、人类健康和精准医疗等研究提供了支撑和保障。目前，中国科学院实验动物资源平台保存有20 000余个品系资源，国家遗传工程小鼠资源库保存有近17 000个品系资源，国家啮齿类实验动物资源库保存有200余个品系资源，国家鼠和兔类实验动物资源库保存有500余个品系资源。Global Market Index公司和Frost & Sullivan公司的数据显示，2017—2021年中国基因修饰动物模型市场规模呈现逐年上升态势，从2017年的2.1亿美元上升至2021年的4.1亿美元（图28-3）。2021年我国实验动物市场规模为93.21亿元，

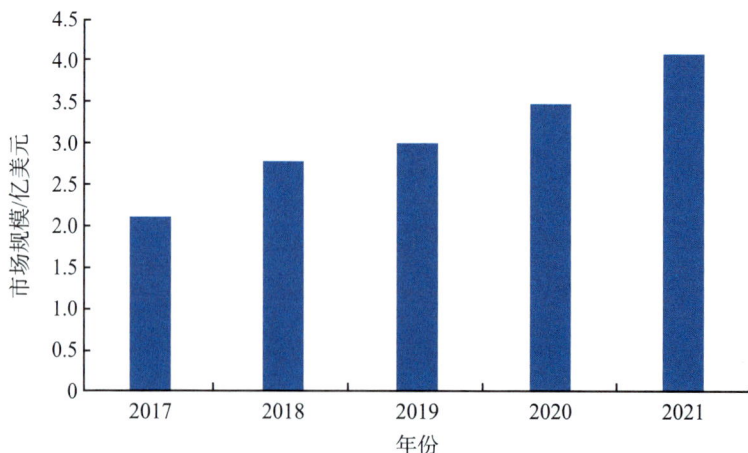

图28-3　2017—2021年中国基因修饰动物模型市场规模
资料来源：中国科学院上海生命科学信息中心

其中，实验鼠市场规模为39.42亿元，实验兔市场规模为0.74亿元，实验犬市场规模为1.57亿元，实验猴市场规模为41.7亿元，实验小型猪市场规模为1.65亿元，实验鸡胚市场规模为7.52亿元，其他实验用动物市场规模为0.61亿元（图28-4）。

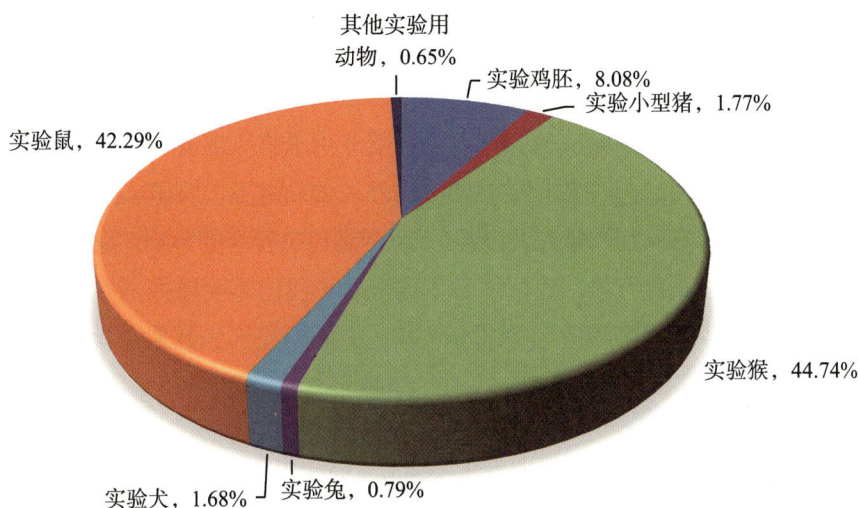

图28-4　2021年中国实验动物市场规模构成
资料来源：中国科学院上海生命科学信息中心

近年来，我国生物医药研发市场规模迅速扩大，极大地推动了实验动物产业的快速发展。2021年我国实验鼠需求量为4982.34万只，实验兔需求量为220.55万只，实验犬需求量为6.41万只，实验猴需求量为12.92万只，实验小型猪需求量为6.6万只，实验鸡胚需求量为7768万枚，其他实验用动物需求量为11 710只（图28-5）。

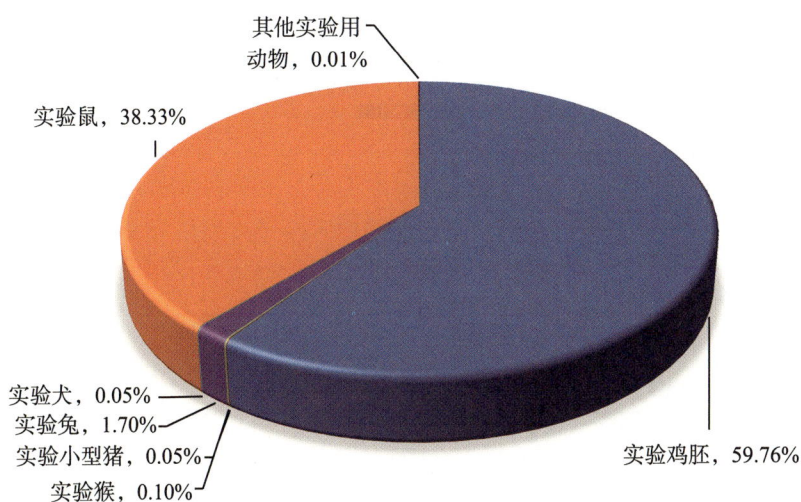

图28-5　2021年中国实验动物需求数量格局
资料来源：中国科学院上海生命科学信息中心

非人灵长类模型在国内外具有较好的基础和良好的发展前景，拥有非人灵长类模型资源或技术将会赢得市场主动权，甚至可以作为战略资源进行配置，相关模型研究必将是医学和生物学未来发展的重要方向，如糖尿病动物模型（Ⅰ型、Ⅱ型）、心血管疾病模型（大动脉硬化、冠状动脉硬化、血管移植、高血压）、肾功能不全、关节炎、骨质疏松症、痴呆、眼科疾病模型等，将有力支撑我国重大疾病的研究和药物开发。

由于实验猴与人类具有高度同源性，而且其组织结构、生理和代谢功能等与人类相似，它适用于新药临床前研究的各环节，目前多用于临床前的安全性评价环节，尤其是毒理学测试中。2021年在实验猴市场价格暴涨的刺激下，我国实验猴市场规模突飞猛进，2021年我国实验猴产量为12.92万只，受到出口禁令的影响，实验猴进出口为0，实验猴需求量为12.92万只。而从细分市场来看，我国实验猴中，食蟹猴的需求市场规模达到25.68亿元，恒河猴的需求市场规模达到8.68亿元，其他实验猴的需求市场规模达到7.34亿元。

国家实验动物资源库发布的统计数据显示，截至2022年6月底，我国实验猴行业相关企业数为321家，其中生产许可企业为56家（图28-6），使用许可企业为261家（图28-7）。

根据已掌握的调查数据，2013—2022年我国实验动物使用量呈明显逐年上升趋势，如大鼠、小鼠、猴、犬、兔等几个主要动物品种的产量和使用量在世界上都是名列前茅。动物出口的品种主要有灵长类动物、比格犬、兔、豚鼠、雪貂、小鼠、其他模式动物等。随着国家面向生命科学领域不断给予的政策倾斜与科研经费投入的增加，预计未来实验动物使用量仍将呈平稳增长趋势。从行政区域使用量分布来看，全国各省份

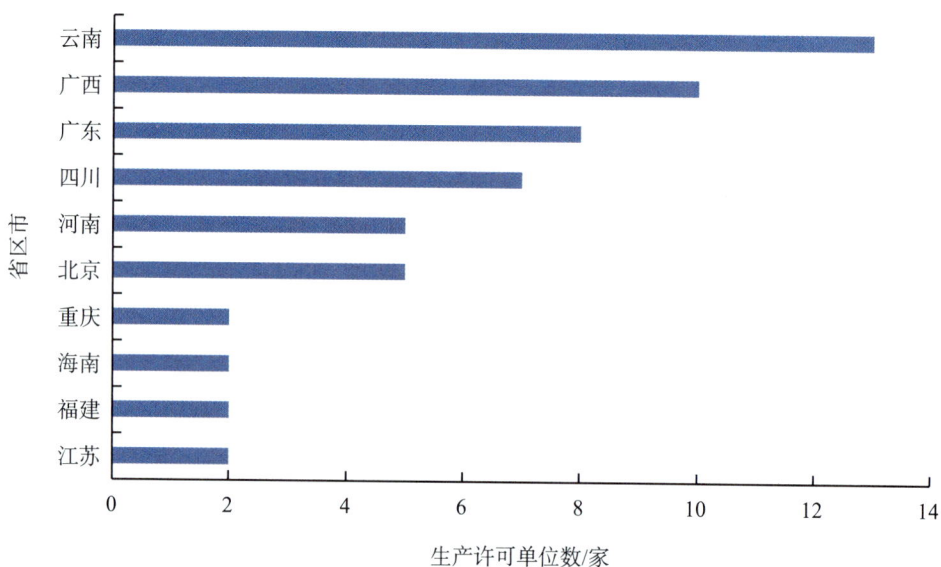

图28-6 2022年上半年我国实验猴生产许可企业分布情况
资料来源：国家实验动物资源库

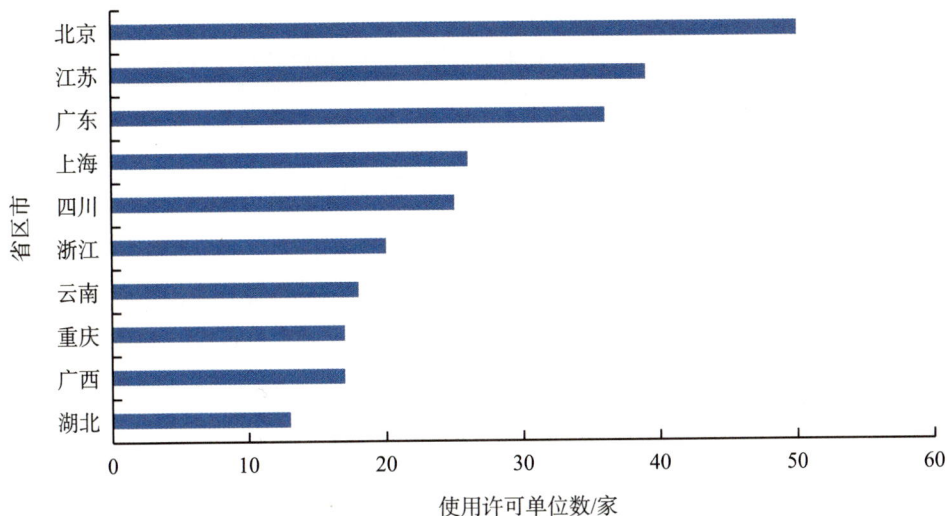

图28-7　2022年上半年我国实验猴使用许可企业分布情况
资料来源：国家实验动物资源库

实验动物使用量差异较大，以京、沪等地为代表的较发达地区使用总量位居前列。另外，随着国家针对实验动物、微生物等级及检测相关标准的不断提升，高质量实验动物使用占比明显升高，我国实验动物的等级也由普通级逐步扩展到无特定病原体（SPF）级和无菌级等，实现了由单纯的量，向量、质并举的方向转变。

四、动物资源发展趋势

加大野生动物资源调查与评估的投入。及时了解野生动物资源的动态变化及原因，才能科学评估资源状况，制订科学有效的管理方案。加大物种濒危机制研究的投入。基因组时代的到来，为我们提供了越来越多的遗传信息，利用全基因信息可更加深入地认识物种的濒危机制。加强野生动物基因资源库及野外研究基地和网络体系的建立。

我国政府历来高度重视实验动物模型行业工作，近年来出台了多项政策，为行业健康快速发展提供了强大动力。创新药物研发已成为世界范围内的投资热点，进一步带动了临床前研究及其实验动物小鼠模型需求的增加。总之，实验动物作为生命科学研究特别是医学研究领域的重要基础和支撑条件，其本身的创新研究程度对人类健康事业的不断发展起到了重要的推动作用，每一项生命科学和医药学的重要成果都离不开实验动物。

撰　稿　人：田　勇　中国科学院生物物理研究所
　　　　　　张　强　广东省科学院动物研究所

第五节　生物监测设备发展现状与趋势

一、生物监测设备研制概况

智能传感器、人工智能、信息技术等现代科学技术的创新应用，正在不断扩大我们在保护和恢复全球生物多样性方面的潜力与机会。目前，针对野生动物监测和研究的关键技术革新主要涉及三个方面：小型低功耗监测设备的商业化应用，基于无线通信的实时传输网络，以及基于人工智能的自动识别算法和模型。目前，红外相机技术已成为研究陆生兽类和鸟类的主要工具之一，能够在更大空间和时间尺度上加强野生动物的监测力度，从而产生了大量动物物种分布和多度的新信息，而这些信息对于明确保护现状并提出存在问题的解决方案至关重要。

二、红外相机主要产品应用

红外相机技术的革新主要来源于相机及触发灵敏度的总体性能改进。红外相机技术的革新带来了快速的触发速度、可探测小型动物的能力、伪装的外形和肉眼不可见的补光光源等优点。同时，由于具有功耗低、造型小巧且便于携带、影像质量高及对恶劣环境的耐受性能强等优势，大量的相机能同时部署在广阔的区域，并连续工作数月（待机时长可达3—6个月），从而帮助研究人员获取大量物种的有效数据。无人值守的红外相机技术不用捕捉活体动物，普遍提高了该技术在隐秘物种、稀有物种研究和保护方面的效率。

在过去10年中，红外相机技术已快速发展到了一个新的阶段，使其成为全球许多陆地兽类和鸟类的标准监测方法，并在全球陆地各个生态系统部署了大量红外相机，积累了数以亿计的图像数据，但这些海量图像的数据挖掘非常耗时，并导致现有数据收集和后续共享利用之间存在明显的滞后，非常不利于当前全球生物多样性生态危机情景下的保护工作。可喜的是，以机器学习和深度学习为代表的人工智能自动分析算法和模型不断被研发，为提升红外相机图像数据的处理速度和能力带来了极大希望。因此，随着红外相机技术在全球各地的广泛应用及人工智能分析方法的研发，该技术对野生动物保护的影响在日益增加，进而提升了人们对全球生物多样性保护的认识。

三、红外相机市场分析

红外相机的国内产品在我国野生动物监测中的应用大致始于2006年。最初，国内一家生产企业做出口供应，现在国内拥有产品生产线的生产厂家已有4家以上，并形成了10余个国内红外相机品牌，主要分为单机版红外相机、4G类红外相机和自组网式红外相机等三类产品。目前，基层用户的需求还是以单机版红外相机为主，4G类红外相机进行辅助，4G类红外相机具有明显增量。

在过去10多年里，红外相机在全国的销售总量达12万—13万台，并逐年有增加，主要用于自然保护地野生动物监测与评估。其中，部分保护地的用量很大。例如，东北虎豹国家公园和大熊猫国家公园内布设的红外相机数量均超过1万台。因此，随着以国家公园为主体的自然保护地体系的建设，以野生动物本底调查和常态监测为重点的野生动物监测和评估需求在日益增长，中国自然保护地对红外相机的需求数量将会持续增加。

目前，红外相机及配套软硬件系统（如自组网、数据中心、大数据管理平台等）在国内每年的市场价值可达百亿元，但红外相机等监测产品的种类和性能仍不能满足监测应用需求，相关产业联盟尚未建立，同类产品之间有较大竞争。

四、生物监测设备研发动向及自主创新情况

结合各类智能传感器、移动终端、人工智能、云计算、边缘计算和数字孪生等技术方法的创新，研发新一代红外相机如自动行为响应红外相机、激光测距和广角红外相机，以及具有AI功能的红外相机等，提升对更小物种、动物性状（如动物体尺的测量）和行为的监测与研究能力，提高物种、个体和行为等方面的智能识别精度和大数据的快速处理效率，搭建红外相机大数据平台，完善平台的数据存储、智能识别和共享性能及提高安全稳定性，为未来能在更大的时空尺度上实现对多类群野生动物的动态监测、研究和评估提供关键技术支持和推广应用。

除了红外相机技术，还需要结合声纹监测技术、动物追踪技术、移动物联网、网络信息技术和公民科学等其他监测技术和分析方法，从更多类群、更多维度和更多尺度来理解与评估全球生物多样性的变化及其威胁因素。野生动物监测设备研制在未来仍需要产学研以实现产品升级，并更好地满足现代野生动物监测、研究与保护管理的需求。

结合国家生物多样性野外台站和长期监测站点的建设，集成优化红外相机技术、声纹技术等各类新技术、新方法在野生动物监测研究中的应用，进一步完善相关监测

和评估指标体系，形成和实施相关核心监测技术的行业和国家标准规范，形成局域—区域—国家等不同尺度的全国野生动物监测技术体系和综合数据信息共享服务平台，形成以监测、研究、评估、保护恢复及相关政策法规落实等为重点的野生动物管理科学决策机制和全链条的系统解决方案，更好地服务国家重大战略需求和国内国际重大任务。

撰稿人：肖治术　中国科学院动物研究所

第六节　生物衍生物发展现状与趋势

一、我国生物衍生物发展概况

生物衍生资源泛指由能够被人类利用的植物、动物、微生物等种质资源提取或衍生出的相关资源，如药物前体、标准物质等功能活性代谢产物、基因、蛋白质等生物元件及生物信息数据等可存储大数据资源，它们具备直接、间接或潜在的经济、社会和科研价值。

生物衍生物与医药、农业、食品、能源等领域的发展紧密关联，也与生物经济息息相关。2022年5月，我国首次颁布了《"十四五"生物经济发展规划》，提出发展生物医药、生物农业、生物质替代、生物安全四大重点发展领域，以及生物医药技术惠民、现代种业提升等7项重大建设工程，为未来生物经济发展定调。近年来，飞速发展的合成生物学技术使得非自然快速生产高附加值生物衍生物成为可能，诸多企业纷纷布局这一领域，相关产业已达一定规模，但核心技术落后于欧美国家。目前，代谢工程、多组学分析、代谢网络模型计算、调控基因回路设计与基因元件设计等多种合成生物学技术已在我国被成功应用于生物衍生物的开发和市场化生产。

其中活性天然产物产业以植物及微生物发酵提取物为核心，并在此基础上进行纯化、配方、化学修饰等深加工，最终被应用于食品、化妆品、医药等下游产业。2022年，我国天然产物研究学者在国内外主流期刊中共发表天然产物相关文章8133篇，涉及从动物、植物、微生物等中分离的化合物7952个，其中新化合物2910个，以萜类（1211个）和生物碱类（345个）化合物为主。另外，在"天眼查"数据库中，我国有天然产物相关企业1000余家，其中2022年新成立的有6家，其中注册资本1000万元以上的企业有2家，而200万—1000万元的企业有4家。广阔的市场前景、不断增长的下游行业需求及良好的政策环境是我国天然产物行业发展的有利因素。国家"十四五"

规划明确指出：健全中医药服务体系，发挥中医药在疾病预防、治疗、康复中的独特优势，推动中医药走向世界。同时，国家也通过各类项目支持开展天然产物相关研发。例如，2022年，中国医学科学院药物研究所牵头联合申报的"基于天然活性分子的新药发现研究"获国家自然科学基金重大项目资助，并获批经费1500万元。

我国天然产物行业发展的不利因素包括：①国际市场影响力小。以天然产物为核心的对照品和标准品产业在我国还处在起步阶段，提取物的出口以粗提物为主（据海关总署数据：2022年，我国出口中药材121 354 t，计592 592万元；出口中成药11 619 t，计226 901万元）。②企业发展规模小，产业化程度低。③行业标准缺失，检测技术落后等。

二、生物衍生物主要产品

2022年，我国在生物衍生物天然活性产物方面共新增天然产物类标准品143个。天然产物功能小分子或相关衍生物目前主要被应用在药物研发领域，全球目前研究最多的是神经系统疾病领域，而中国目前主要针对肿瘤领域。2022年主要的生物衍生物产品有以下5类。

（1）6款中药创新药获批上市，包括参葛补肾胶囊（1.1类）、淫羊藿素软胶囊（1.2类）、广金钱草总黄酮胶囊（1.2类）等3款1类新药，以及苓桂术甘颗粒（3.1类）、散寒化湿颗粒（3.2类）、芪胶调经颗粒（6.1类）。其中淫羊藿素软胶囊（阿可拉定）是以单体成分入药的天然创新药物，其核心成分为从传统中药材淫羊藿中提取纯化的淫羊藿素，拉开了原创中药新药精准治疗晚期肝癌的序幕。

（2）9款中药创新药以1类新药递交上市申请尚在审批中，包括芍药舒筋片、风叶咳喘平口服液、拈痛祛风颗粒、小儿紫贝止咳糖浆、奥兰替胃康片、芪黄明目胶囊、参味宁郁片、太子神悦胶囊、脑伤乐生颗粒等。

（3）13项"中药/天然药物"临床研究注册登记，其中Ⅲ期研究的有椒七麝凝胶贴膏、郁枢达片、参蒲盆炎颗粒、安神滴丸、柴黄利胆胶囊、清肺消炎丸、抗肿瘤药物优替德隆注射液等7项，另外还有QA108颗粒（Ⅱ期）、银杏二萜内酯葡胺注射液（Ⅰ期）、断金戒毒胶囊（Ⅰ期）、JNSW10032（Ⅰ期）、芹槐胶囊（Ⅰ期）、植物源天然产物抗肿瘤新药注射用KH617（Ⅰ期）等。其中，KH617采用生物合成技术生产，拟用于治疗晚期实体瘤，有望成为国内第一个合成生物学来源的植物天然产物新药。

（4）化妆品原料红没药醇实现3000 kg/月级别规模的试生产：红没药醇是一种天然存在的倍半萜烯醇，主要来源于洋甘菊，具有抑菌抗炎、抑制黑色素、修复受损皮肤等功效，目前主要被用于化妆品和护肤品中。2022年底，川宁生物宣布其在合成生物学领域自主研发的红没药醇产品的发酵水平已接近15 g/L，并已成功完成红没药醇的中试验证及约 3000 kg/ 月级别规模的试生产。

（5）植物信号分子调控剂冠菌素有望在多个领域得到转化应用，冠菌素来源于丁香假单胞菌，是一种新型植物生长调节物质，是我国自主研发的重大农业科技创新成果。冠菌素有望在低温种子处理，作物抗逆增产，柑橘、葡萄、苹果等的转色增糖，棉花、辣椒等作物的脱叶，生物除草等多个领域得到深入持续研究及转化应用。

三、生物衍生物市场分析

国民经济的飞速发展、原料供应紧缺与市场需求快速增长的矛盾、国际政治经济格局的风云变幻、日趋加剧的国际竞争等因素，使得我国生物衍生物的开发与利用面临着前所未有的挑战。将生物衍生物开发与制造作为重要发展方向，充分体现了《"十四五"生物经济发展规划》新发展理念的要求，将助力我国加快构建绿色低碳循环经济体系，推动生物经济实现高质量发展。目前，我国生物衍生物研发和发展方向主要有：①基于新型发酵工艺的产能提升；②基因工程及组学技术驱动的菌株改良；③生物反应预测及设计、靶向高通量筛选驱动的新代谢物发现；④综合酶工程、生物催化、结构生物学等多学科技术手段驱动的复杂生物衍生物异源合成；⑤基因编辑驱动的微生物代谢途径精准改造；⑥基于多学科交叉及机器学习的活性生物衍生物的开发。

四、生物衍生物研发动向

在产品研发方面，基于基因组学、代谢组学、蛋白质组学等多组学技术的相关生物衍生物的发现、合成机制解析及资源利用将成为研究热点，继续助力医药、食品、农业等多个行业的发展。在技术研发方面，我国已能实现目标产物合成途径的异源构建、表达调控及改造，然而，用于生物衍生物合成的基因编辑技术尤其是CRISPR-Cas9相关的核心专利基本都掌握在欧美等发达国家和地区手中，我国还需开发具有独立自主知识产权的新型核心技术。

五、生物衍生物自主创新情况

就植物基生物衍生物的相关研究而言，2022年，我国学者独立解决了长期遗留的有关临床药用托品烷生物碱的生物合成世纪难题，并在烟草中实现了托品烷生物碱的从头合成；从植物内生真菌中发现了全新的柚皮素合酶FnsA，该酶可单独催化对香豆酸或对羟基苯甲酸合成柚皮素，大大缩短了合成柚皮素的步骤，革新了传统认知，为微生物高效生产植物活性黄酮提供了新策略。在酵母中实现了长春质碱、阿玛碱、血根碱、人参皂苷Rg2和Re、香紫苏醇等系列活性分子的异源合成。构建了高产大黄素甲醚和反式乌头酸的土曲霉细胞工厂。首次实现了在植物和病原菌细胞壁中广泛存在的由1080个单糖单元组成的结构均一的多糖阿拉伯聚糖的自动化合成。从金粟兰科植物中发现了对耐氯喹的恶性疟原虫的半数效应浓度（EC_{50}）为4.3 pmol，是迄今为止报道的最有效的抗疟药物，约比青蒿素强1000倍。

就微生物基生物衍生物的相关研究而言，2022年，我国学者的代表性成果主要有：通过解析大豆疫霉几丁质合酶*PsChs1*的冷冻电镜结构，阐明了几丁质生物合成的机制，为针对几丁质合酶的新型绿色农药精准设计奠定了基础；构建了高产食品添加剂——活性豆血红蛋白的酵母菌株；发现关键肠道共生菌——解木聚糖拟杆菌（*Bacteroides xylanisolvens*）通过新型尼古丁代谢酶NicX降解肠道尼古丁，可有效缓解吸烟加重的非酒精性脂肪性肝炎；在大肠杆菌内构建了"光-生物合成"系统，大大提升了航空燃油——法尼烯的摇瓶产量。

就天然产物相关专利的申请量而言，2022年，中国在天然产物领域相关专利申请量在全球范围内排名第一，远超美国、日本等发达国家（图28-8），但是中国从2017年（6627件）开始相关专利申请呈下降趋势，2022年相关技术研发方面明显减弱。

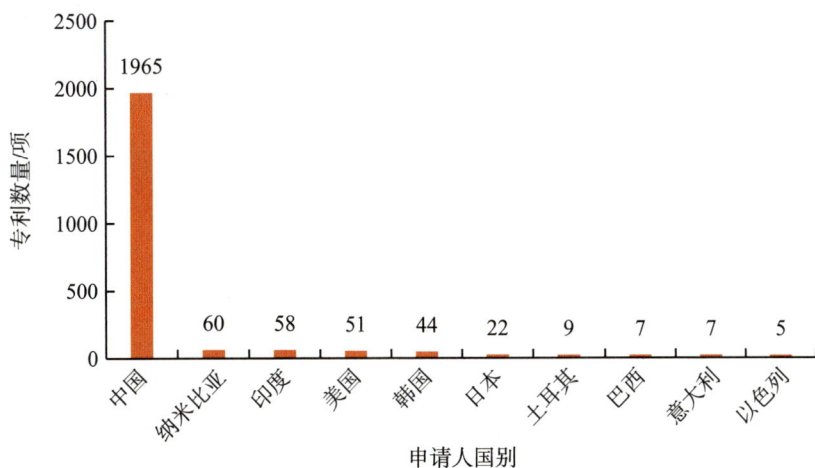

图28-8　2022年天然产物主要国家专利申请数量比较

从相关专利的价值度来看，2022年，中国在天然产物领域的相关专利有一定的价值度，但还远低于美国、日本等发达国家。从专利涉及技术领域方向看，2022年，中国在天然产物领域的相关技术创新主要集中在与天然产物相关的药品、化妆品、食品等方面。同时，对天然产物的提取、成分、性质等也有较多的关注。此外，对天然产物在畜牧业方面的应用也给予了较多的关注。

对检索到的专利族去除外观专利和失效专利后，得到其沙盘地图（图28-9），可以看出在天然产物领域相关技术首先集中在天然产物对疾病的预防、天然产物用途等；其次关注来自天然产物的化妆品、天然产物的提取等；另外，还关注来自天然产物的中药（中药制剂）、食品等；而与天然产物相关的天然多糖、水凝胶及抗菌性等也受到了较多的关注。此外，畜牧兽医、饲料添加剂、植物乳杆菌、复合微生物、天然药物、动物用药、过滤装置等也是出现频次较高的主题词（图28-9，图28-10）。

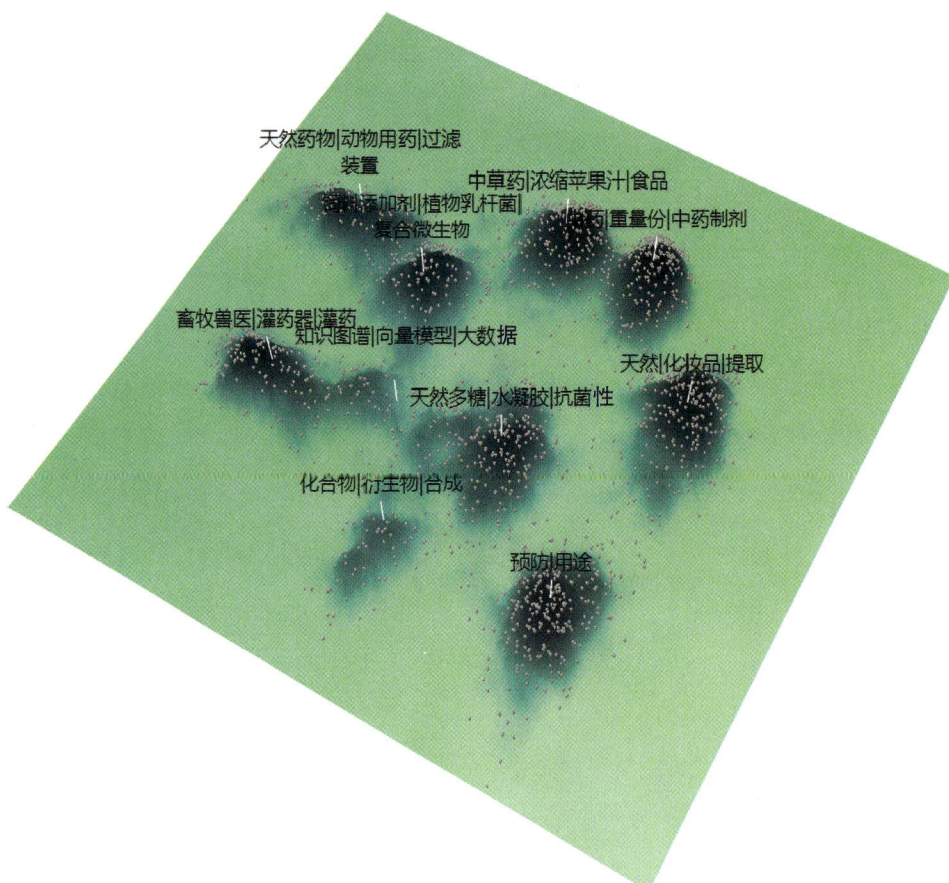

图28-9　2022年天然产物领域3D专利地图

从相关专利申请人所属单位来分析，2022年中国相关专利申请机构及高价值专利拥有者主要为高校和科研机构，企业参与得较少，一定程度上说明中国企业在天然产物领域的研发投入还较少。

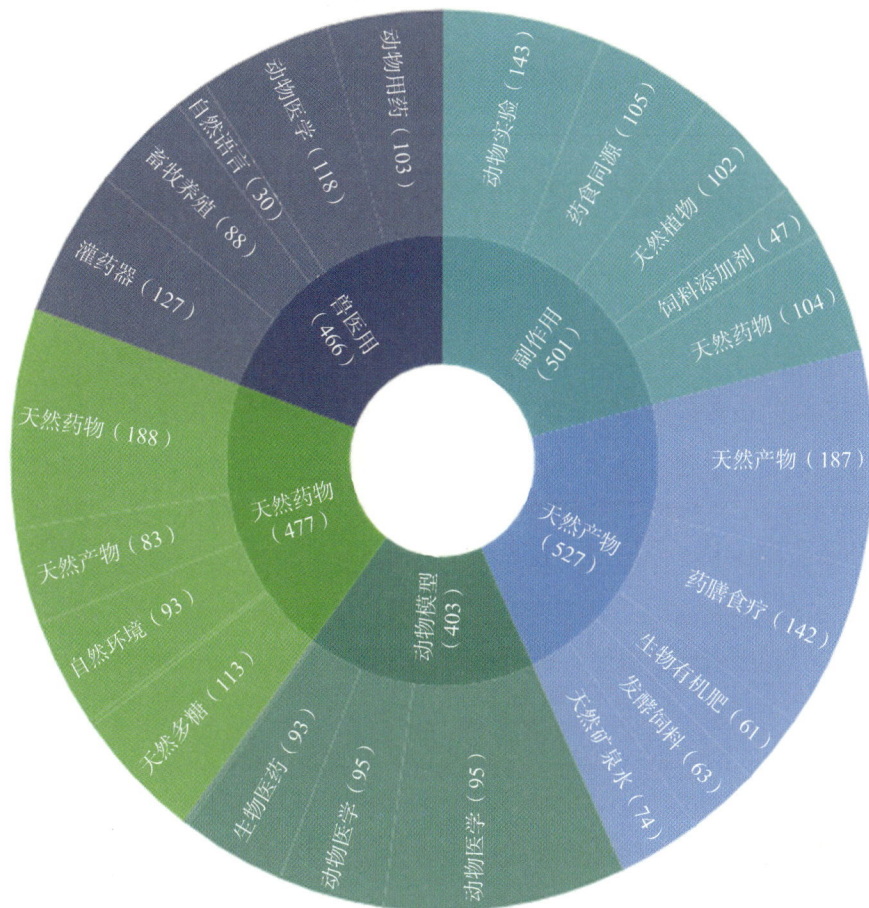

图28-10 2022年中国在天然产物领域相关专利申请关键词饼图

撰 稿 人： 黄胜雄 中国科学院昆明植物研究所

马小锋 中国科学院成都生物研究所

尹文兵 中国科学院微生物研究所

青琳森 中国科学院成都生物研究所

周 燕 中国科学院成都生物研究所

卿立燕 中国科学院成都文献情报中心

第二十九章　药用植物资源的可持续利用

药用植物是中药材的主要来源，中药材中87%以上来自药用植物。中药材是中医药防治疾病的物质基础，也是祖国传统医学留给人类的宝贵财富。药用植物资源与自然环境密切相关，其种类、数量和质量均受地域和自然条件制约，是典型的生态依赖性资源。药用植物资源的可持续利用，是指资源利用速率保持在其再生速率限度之内、使资源的生产和再生能力达到可持续稳定发展和利用的状态。

我国药用植物资源虽物种丰富多样，但面临野生资源匮乏、濒危种类增多、栽培药材品质下降等问题。另外，除中药饮片等传统用法外，药用植物也是高价值天然产物的重要来源，在创新药物研发、功能性食品、保健品以及日用品中也得到广泛应用。随着传统中医药逐渐被认可，国内外市场对于中药材及其提取物、单体化合物的需求也日益增长，对药材资源形成了巨大压力。如何实现药用植物资源的可持续利用是关系到中医药事业健康、长远发展的重大问题。

与一般粮食作物不同，许多药用植物为多年生植物，且药材品质受环境因素影响显著，药材的栽培繁育与优良品种培育技术没有完全突破，存在种苗繁育困难、产量低、品质下降等问题，由此影响了药用植物资源的再生速率。因此，运用先进技术开展药用植物特别是珍稀濒危、贵重药用植物资源的再生或代用品研究，是从源头上解决药用植物资源可持续利用的有效途径之一。

一、我国药用植物资源现状

当前，我国药用植物资源主要面临以下几个问题。

1. 国内外对中药材市场需求日益增长

随着全球经济一体化和人类医药保健事业快速发展，国际上兴起了回归自然、崇尚天然药物的热潮，国内外对天然药物的需求量逐年上升，对药用植物的需求量快速增长。据报道，20世纪50年代消费的天然药物价值200多亿美元，到21世纪初叶已增长至2000亿美元，近年更攀升至3000亿美元左右。国际市场对我国优质中药材及其提取物需求量不断增长，越是珍稀濒危的中药材越受到国外公司的青睐，被掠夺式开发甚至囤积。

2. 野生药材资源逐年减少，珍稀濒危物种增多

中药材的多样性是中医药产业的根本。长期无序开发导致大量野生药材资源逐年减少，生态环境受到破坏。自然环境的日益恶化又进一步加快了野生药材资源的灭绝速度，危及生物多样性，尤其是对生态环境要求较高的贵重药材，如冬虫夏草、野山参、石斛、雪莲等。一些以野生资源为主的常用药材储量急剧下降，如杜仲、天麻、黄连等濒临灭绝。根据《国家重点保护野生药材物种名录》《中国植物红皮书》及《濒危野生动植物种国际贸易公约》（CITES公约）附录，被列入国家重点保护名录、红皮书、限制进出口名录的珍稀濒危药用植物有168种，既有人参、血竭、石斛、杜仲等名贵中药材，也有黄连、贝母、羌活、甘草等大宗常用中药材。

3. 药材品质下降，优良品种繁育与种质保护亟待解决

当前，我国常用中药材主要依赖栽培。对中药材资源的过度需求，导致了栽培药材产业的畸形发展，化学肥料、农药、生长素等的滥用，使药材有毒、有害物质超标。部分药材因盲目引种导致品种退化、品质下降，许多传统品种主产区已无法生产出优质道地药材，严重影响了药材的有效性和安全性，制约了中药产业发展。

4. 以药材特定成分为原料的创新药物研发，对药材资源提出了新的要求

中药材有着悠久的临床应用历史，是创新药物研发的资源宝库。以中药材为原料，从中获取某类或某种活性成分，是新药研发的重要途径。例如，源自蛇足石杉的石杉碱甲，源自丹参的丹参酮、丹酚酸等，都已作为前体或直接作为药用成分制成相关制剂，用于治疗早老性痴呆、冠心病、心绞痛、脑梗死等疾病。对药材特定成分的需求加速了药材资源的消耗，也对药材品质提出了新的要求，对适合于单体化合物提取制备的中药新资源的需求快速增长。

二、现代生物技术在药用植物资源可持续利用研究中的应用现状

现代生物技术的发展，为解决药用植物资源问题提供了新的思路与策略。现代生物技术以生命科学理论研究为基石，综合多学科科学原理与技术，利用生物体、组织或细胞固有特性和功能，与化学、物理学、计算机信息学及工程原理等相结合，按照预期目标通过人为设计，构建新体系、生产新产品，并随着科学的认识与发展不断推

陈出新，是最活跃的研究领域和最实用的科学工具之一，在医药卫生领域发挥着越来越重要的作用。

我国科研工作者从20世纪70年代开始将现代生物技术引入药用植物资源研究领域，发展至今已取得许多令人瞩目的成果。建立在植物细胞全能性基础上的植物组织培养技术，是最早应用于药用植物再生与繁殖的生物技术，也是迄今应用最为成熟的技术。20世纪80年代，上海中医药大学胡之璧院士率先将毛状根技术引入中药材研究领域，构建了黄芪、丹参、青蒿、刺果甘草、穿心莲、小蔓长春花等药用植物毛状根体系，推动了中药生物技术的发展。现代生物技术在药用植物资源领域的研究和应用越来越深入和广泛。

1. 成熟的植物组织培养技术为药用植物种苗的快速繁育和种质保护提供了技术保障，在药用植物优良品种培育及保护方面取得突破性进展

药用植物的引种驯化与栽培是减轻野生资源压力的有效手段。植物组织培养技术丰富和拓展了药材引种驯化方式，也为药用植物脱毒培养、快速繁殖等提供了关键技术，在药用植物特别是珍稀濒危药用植物的培育方面备受重视，显现出重要的经济价值。例如，被称为中华九大仙草之首的传统名贵中药铁皮石斛，在自然条件下生长繁殖较为缓慢，长期无节制的采挖，使得自然资源几近枯竭，被列为濒危保护品种。20世纪70年代以来，我国科技工作者对铁皮石斛的组织培养、栽培等开展了系列研究。进入21世纪，铁皮石斛的试管苗工厂化生产技术和人工栽培技术逐渐成熟，并进行了推广应用。铁皮石斛资源问题得以解决，野生资源也得到保护，由此推动了石斛产业的规模化发展，成为我国中药产业的一大热点。

2. 以植物组织培养为核心技术的药用植物生物反应器，为天然活性化合物生产提供了新途径

药用植物生物反应器以植物细胞、不定根、原球茎、小植物等为培养物，在人工控制条件下进行大规模培养，可以不受环境和季节限制，高效生产药用植物产品和活性次生代谢产物。这种培养方式不仅减少了对野生和栽培资源的消耗，缩短了活性化合物的生产周期，所得产品也避免了重金属、有机污染物及微生物等的污染，成为提取制备单体化合物的药用新资源。日本和韩国已经分别实现了紫草和人参悬浮细胞及人参不定根的工业化培养。我国科研工作者也开展了大量的基础性研究，在人参细胞和不定根培养、红豆杉细胞培养等方面取得了一定成果。例如，2000年前后，军事医学科学院梅兴国教授及其他一些科研团队，已就红豆杉培养细胞生产紫杉醇进行了一定规模的小试、中试，因受限于成本等问题尚未实现工业化生产；从大规模培养的人参不定根中提取的人参皂苷，与天然来源人参皂苷具有相似组成，已应用于保健品与

化妆品行业。而且，由此发展起来的药用植物组织培养及其相关的转基因技术、毛状根技术等遗传转化体系，成为解析药用植物基因功能、活性成分生物合成与调控机制、生长发育调控机制等的重要工具。

3. 基因工程技术为培育药用植物新品种、生产高价值天然产物提供了新途径

基因工程技术是农作物改良技术之一，在农作物的优良品种培育方面得到应用。药用植物的有效成分含量是评价其品质优劣的重要指标，是品种培育更多关注的表型特征。植物有效成分多为次生代谢产物，这些次生代谢产物种类繁多，但在植物中含量通常很低。当前，这些化合物主要从植物材料中提取制备，大量制备消耗了药材资源，造成了资源浪费。基因工程技术对药用植物进行基因改造或遗传修饰，可以显著提高特定成分含量，成为培育优质药用植物新品种的有效手段。

在我国，药用植物经过几千年应用实践形成了传统的中药材。由于缺乏药用植物功效与安全性等评价体系，基因改造植物作为中药使用尚有诸多问题。但转基因植物特定成分高含量的特性，使其成为专一性制备高价值天然产物的特殊材料，相关技术已在一些药用植物中取得成功。例如，上海交通大学唐克轩教授团队在破译青蒿"基因密码"基础上，采用基因工程技术培育出了高产青蒿素的代谢工程改良青蒿品种，其青蒿素含量达到了叶片干重的3.2%，该品种除计划在国内开展种植外，也将在非洲"落地生根"，用于专一性生产抗疟疾成分青蒿素。

基因工程技术也可以用于提高药用植物抗虫、抗病、抗逆等优良品质，在药用植物品种培育方面也多有研究，如抗虫菘蓝、抗虫枸杞等，但用于生产实践的转基因抗性药用植物还鲜有报道。

4. "多组学"技术对药用植物优良品质及药材道地性形成的遗传特性解析，为高品质品种选育与栽培技术提供了科学依据

传统中医药注重药材的道地性，其实质就是强调药材的品质。道地药材的形成是指特定物种在特定环境条件下生长，因而积累了独特的药理活性成分，再经后天独特的加工炮制成为品质优良、疗效突出的著名药材。植物药材优良品质的形成不仅与药用植物物种相关，环境因素如地理位置、气候温度、栽培土壤、采收时间及栽培年限等对药材品质也具有显著影响。

近年来发展的高通量、高灵敏度的"多组学"技术，包括基因组学、转录组学、蛋白质组学、代谢组学、宏基因组学等，从不同层面对受诸多因素影响的药材优良品质与道地性形成的遗传特性进行诠释，为解析药用植物生长发育、有效成分物质基础提供了新思路。目前，我国科学家已完成灵芝、人参、三七、石斛、丹参、青蒿等160种药用植物全基因组测序，相关数据与植物种类、药用部位、药用价值等信息以

及相关分析工具等收录于中药植物基因组数据库（TCMPG，http://cbcb.cdutcm.edu.cn/
TCMPG/）。药用植物的转录组学、蛋白质组学、代谢组学、宏基因组的研究也多有报
道。这些信息为阐明重要药用价值的中药药效物质基础如人参皂苷、石杉碱、丹参酮、
丹酚酸等的生物合成途径及代谢调控机制提供了第一手资料，也为高品质药材品种选
育及科学栽培提供了技术指导。例如，丹参酮的生物合成与脱落酸信号通路以及干旱
关系的解析，为丹参药材收获前期进行适度干旱处理来提高丹参酮含量的栽培技术提
供了科学依据。

5. 分子辅助育种为快速精准培育优质药用植物新品种提供了新手段

与基因工程技术不同，分子辅助育种不需要进行转基因操作，因而更容易被人
们接受和认可，成为改良药用植物品质的重要途径。分子辅助育种是在常规育种基础
上发展起来的植物品种改良技术。简单来讲，分子辅助育种将分子生物学技术与传统
育种技术结合，在分子水平上进行品种选育。分子辅助育种注重表型选择的同时，更
强调基因型的选择。它利用植物体系在后代繁育过程中，控制表型的遗传信息与特定
DNA分子标记连锁遗传的原理，通过对后代特定DNA分子标记的检测，实现对待选择
表型的快速、精准选育。

无疑，获得与高产、优质、抗逆等优良表型关联的DNA分子标记是药用植物分子
辅助育种的关键。"多组学"技术在解析药用植物有效成分生物合成机制之外，也为分
子辅助育种提供了诸多分子标记信息，并在一些药用植物新品种选育方面得到应用。
例如，中国中医科学院中药研究所陈士林教授团队，通过对紫苏优势单株的后代种植
与选择，结合全基因组测序信息，筛选出与优良品质关联的30个特征性SNP标记，用
于紫苏新品种的材料鉴选，最终选育形成了具有叶籽两用、丰产、高抗、耐瘠等特性，
可做绿肥使用的"中研肥苏1号"紫苏新品种。采用相似策略，该团队利用筛选到的与
三七抗根腐病关联的SNP位点作为抗病品种的遗传标记，辅助三七品种系选育，选
育出首个三七抗病新品种"苗乡抗七1号"。

6. 分子鉴定技术在中药材质量控制与药材代用品身份认证方面发挥着越来越重要的作用

药材质量是中药资源可持续利用的根本保证。药材质量控制包括药材的品种控制
和品质控制两个方面，前者强调药材的真伪，后者更注重药材品质的优劣。种质资源
是决定药材品质的内在因素。基于动植物性药材遗传物质特异性的分子鉴定是新近发
展的一种中药材鉴定方法。与基于药材形态学性状特征、显微特征的形态鉴定、显微
鉴定及基于药材化学成分的理化鉴定方法不同，分子鉴定技术不受药材状态影响，且
操作便捷、结果可靠，因而在药用动植物鉴定中越来越受到重视。以中药材基因组ITS

为核心序列的分子鉴定技术已列入《中国药典》，成为珍稀濒危贵重药材真伪鉴别的有效辅助手段。例如，上海中医药大学中药研究所王峥涛教授团队将分子鉴定技术与化学指纹图谱相结合，在进口药材索尼娅石斛的合法身份认证中起了关键作用，拓展了石斛的药用资源，也为南京金陵药业脉络宁注射液的药材资源提供了技术保证。

7. 合成生物学技术在重要价值药用活性成分生产中的应用，为药用植物资源可持续利用提供了新思路

以药材有效成分为主要成分制成的新型中药制剂是现代中药的一大特色，也是中药研发的一个重要组成部分，并在临床中发挥着日益重要的作用，如治疗心血管疾病的丹参多酚酸盐注射液等。

合成生物学在解析药用植物有效成分生物合成途径基础上，利用微生物作为"细胞工厂"，达到大量生产目标化合物的目的，成为合成重要药用价值的天然小分子化合物的一个重要工具。采用合成生物学策略，我国科学家在酿酒酵母中构建了人参皂苷、红景天苷、雷公藤甲素等重要天然产物合成途径，创建了高产天然产物的工程菌株。例如，中国科学院分子植物科学卓越创新中心周志华研究员团队，通过解析传统名贵药材人参和三七的三萜皂苷类化合物生物合成途径，创建了酵母细胞工厂，实现了人参皂苷CK、Rg1、Rh2、Rg3、F1、Rh1，以及三七皂苷R1与R2的从头生物合成，其中人参皂苷CK产量突破5.7 g/L，人参皂苷Rg1、三七皂苷R1与R2产量达到1 g/L以上。2022年底，由中国中医科学院中药资源中心黄璐琦院士团队、中国科学院天津工业生物技术研究所和康弘药业合作开发的KH617新型制剂，已获得NMPA和FDA许可开展新药临床试验，有望成为首个合成生物学制造的中药来源创新药，为药用植物资源的可持续发展提供了新的思路。

结　语

药用植物资源与人类健康生活密切相关，是重要的战略性资源。科研工作者利用传统方法与现代生物技术已在药用植物资源领域取得许多令人瞩目的成果，但仍有许多药用植物的资源问题尚未能解决，如西红花、红景天、蛇足石杉等的快速繁殖与栽培技术仍存在瓶颈。因此，要实现药用植物资源的可持续利用，仍需要综合运用多学科技术，甚至发展新技术，针对资源领域瓶颈问题开展深入探索与研究，不断提高药用植物资源的生产与再生能力，最终实现生态、经济和社会效益的统一。

撰稿人：赵淑娟　上海中医药大学中药研究所
通讯作者：赵淑娟　zhaoshujuan@126.com

第七篇

生物安全发展态势分析

第三十章　中国生物安全风险防控体制的建设

历史上曾发生多次传染病大流行，导致国家、城邦衰退，甚至摧毁某种文明。21世纪以来，也已发生多起大流行疾病如 MERS（Middle East respi-ratory syndrome，中东呼吸综合征）、埃博拉、新冠疫情等，给人类生命健康和经济社会发展造成重大伤害。

恐怖主义盛行、国际难民大量增加、生物技术及产品滥用误用、环境与生态灾难频发等问题的全球弥漫，逐步推动生物安全潜在危机的突显与激化，使危害来源更为广泛，形式更为多样，引发的生物安全问题日益严峻。

第一节　国内外生物安全政策法规及战略性文件进展

2021—2022年，国际生物安全形势依然严峻，生物安全威胁复杂多样，平战难分，传统与非传统挑战交织叠加。国内外在生物安全治理领域重拳频出，多国出台生物安全相关法律法规，美国发布一系列战略规划，引发国际社会高度关注。

一、法　律　法　规

（一）中国

2021年4月15日，《中华人民共和国生物安全法》正式生效，为我国生物安全领域法律规范的细化打磨、生物安全事件的针对性管控和生物安全风险的综合性治理奠定了基础。此外，2022年1月7日，我国农业农村部修订了《动物病原微生物菌（毒）种保藏管理办法》；6月29日，农业农村部修订了《一、二、三类动物疫病病种名录》；12月30日，商务部和海关总署联合发布2023年度《两用物项和技术进出口许可证管理目录》。

（二）俄罗斯

2022年7月4日，俄罗斯联邦政府颁布了两个关于危险生物设施的规范性文件，分别是《潜在危险生物设施清单》和《遏制和消除因事故和（或）破坏而造成的生物污染区的措施规定》。出台这两个文件是落实《俄罗斯生物安全法》第十二条第二款的具体措施，文件自生效之日起6年内有效。《潜在危险生物设施清单》规定了三类具有潜在危险的生物设施，《遏制和消除因事故和（或）破坏而造成的生物污染区的措施规定》规定了上述三类潜在危险生物设施因事故或蓄意破坏造成生物污染区时开展快速响应的基本原则、领导机构、措施细则等。

（三）哈萨克斯坦

2022年4月28日，哈萨克斯坦议会通过了《哈萨克斯坦共和国生物安全法》，该法案共有八章32条，旨在完善国家对生物安全的监督和管理，完善在生物安全领域的应对措施，确定在生物安全领域国际合作的优先方向，特别是在发生紧急情况下的信息交换机制以及完善病原体使用许可发放制度等。哈萨克斯坦卫生部表示，2022—2024年，政府将拨款250亿哈萨克斯坦坚戈（约合5308万美元）落实法案中的相关措施，其中包括提高相关从业人员的社会保障、更新国家实验室设施、打造统一信息平台和完善微生物储存条件等。

二、战 略 计 划

（一）美国

2021年1月21日，美国总统拜登签发《应对COVID-19国家战略》，该战略阐释了美国政府要达到的7个目标，为美国应对公共卫生危机提供了路线图，同时附带了12项行政命令。美国政府在疫情快速蔓延之际发布国家战略，旨在加强新冠病毒检测、加快疫苗研发及疫苗接种进程、为各州提供资金和指导，在有效遏制疫情蔓延的同时，重获美国民众的支持。

2021年3月5日，美国陆军发布《陆军生物防御战略》，旨在使陆军能够解决生物防御领域的条令、组织、训练、装备、领导、培训、人员、设施以及政策方面的不足，确保陆军能在各种潜在生物威胁的情况下顺利完成任务。该战略确定了四条工作主线，分别是应用知识预防生物伤亡、生物防御态势感知、加强战备工作和实现现代化。该战略将在2020财年第3季度至2023财年期间分三阶段全面实施，在2024—2028财年进入维持阶段，并在2028财年实现该战略全部目标。

2021年9月3日，美国政府发布《美国大流行病防范：革新我们的能力》报告。该报告是美国政府检视新冠疫情应对措施及美国政府生物防御和流行病应对准备能力的过渡性报告，重点介绍了五个关键目标。一是从疫苗、治疗和诊断方法研发的角度，保障和提升国家医疗准备和防御能力。二是构建和完善传染病早期预警系统，提高实时监测能力，强化态势感知能力。三是提高公共卫生紧急事件的响应能力。四是加强研发与供应链稳定，增强生物安全防御核心能力建设。五是强化职业纪律和道德教育，确保美国流行病应对准备能力项目的可问责性。对此，美国政府拟投资653亿美元用以强化其流行病应对准备能力，投资期为7—10年。

2022年4月12日，美国生物安全智库——两党生物防御委员会发布《雅典娜议程：推进阿波罗生物防御计划》报告，向国会和政府提出美国如何在十年内结束疫情大流行的具体建议。报告指出，美国目前的生物防御能力难以应对日益严峻的生物威胁，"雅典娜议程"可为该计划的具体实施提供指导。具体建议包括：全面实施《生物防御国家蓝图》；全面实施生物防御计划（或同等项目）；提供经费拨款；编制新冠疫情报告；完善监管流程和政策，在突发生物事件前中后期间快速授权或批准创新技术；制订家庭检测试剂和药物的分发战略和实施计划；支持突发生物事件应急公共卫生研究；改善风险沟通方式，建立公众信任。

2022年5月26日，美国国会研究服务部发布《病原体功能获得性研究的监管问题》的报告，回顾了功能获得性研究的背景，美国功能获得性研究监管体系，并向国会提出了加强功能获得性研究监管的七条建议，分别是削减或限制研究资助、禁止或限制功能获得性研究、统一实验室设计和监管标准、增加替代功能获得性研究的研究项目资助、研究结果公开透明和公共参与、合作制定生物风险管理框架以及增加生物安全和生物安保研究资助。

2022年6月28日，美国白宫网站公布国家猴痘疫苗战略第一阶段任务。该战略拟通过在全国范围内向高危人群提供疫苗，遏制猴痘疫情。具体工作包括提供天花疫苗、提高猴痘检测能力、加强猴痘宣教以及促进全球合作应对猴痘疫情。美国政府的猴痘应对工作由国家安全委员会全球卫生安全和生物防御局（通常称为白宫流行病办公室）协调。

2022年9月12日，美国总统拜登签署行政令，正式启动《国家生物技术和生物制造计划》，以确保美国发明的东西都能在美国制造。该计划将为美国本土创造更多工作岗位，完善供应链，降低美国家庭的消费价格。同日，白宫举办了一场"国家生物技术和生物制造计划峰会"。期间内阁宣布一系列投资计划和资源安排，以确保美国能充分发挥生物技术和生物制造的潜力，推动总统行政命令的落实。

2022年10月12日，美国发布新版《国家安全战略》，在第三部分"我们的全球优先事项"中将流行病和生物防御视为全球共同面临的严峻挑战，并指出在大规模疫情暴发时，允许各方做出疫情准备的窗口期很短，加强国家生物防御能力是必然之策。美国将疫情应对纳入考量范畴，强调了国家对生物安全风险的应对能力准备及生物防御能力建设，反映了美国未来国家生物安全能力建设的基本态度和方向，对未来美国在生物领域的预算制定、投资及外交产生较大影响。

2022年10月18日，美国发布新版《国家生物防御战略和实施计划》，详细阐明了美国国家生物防御战略的形势、目标及任务。与2018年出台的上一版相比，新版更加突出了生物安全的战略重要性，将美国面临的生物威胁由自然发生和蓄意实施两类拓展至自然发生、蓄意实施和意外发生三类，阐述了新冠疫情对美国生物安全的影响，以及"同一健康"理念在应对生物威胁中的重要作用，强调要利用政府内外、国内外的重要合作伙伴，有效评估、预防、准备、响应和恢复可能对美国和国际社会造成伤害的生物事件。

（二）欧盟

2022年5月19日，在G7发展和卫生部长会议上，欧盟委员会委员宣布启动新的欧盟全球卫生战略工作，并发布声明，强调必须让可持续发展目标重回正轨。必须在全球范围内解决健康问题，必须共同努力改善卫生系统，以便它们能够更有效地预防和应对全球卫生威胁，并应对所有传染性和非传染性疾病等。

2022年7月12日，欧洲卫生应急准备和响应局（European Health Emergency Preparedness and Response Authority，HERA）提出了一份需要在欧盟层面协调医疗对策措施的三大健康威胁的优先清单，其中包括三类威胁。一是具有高度流行潜力的病原体，包括研究令人关切的特定病毒家族，同时也考虑到大多数后果严重的新出现的人畜共患传染病；二是化学、生物、辐射和核威胁，这些威胁可能源于意外或故意的释放，以及由恐怖行为者造成的事件；三是由耐药性导致的威胁。

（三）澳大利亚

2022年8月，澳大利亚发布首份《国家生物安全战略》，旨在构建生物安全风险防范体系，保护澳大利亚及其国民免受生物安全威胁。该战略以澳大利亚2018年发布的《国家生物安全声明》为依据，在详述国内外生物安全形势的基础上，提出该国各部门在六大安全领域采取的关键行动，分别是共享生物安全文化、开展合作、高技能人才培养、提高体系响应能力、确保资金支持的可持续性以及加强技术、研究和数据支持的整合。

（四）英国

2020年5月，英国政府成立了联合生物安全中心（Joint Biosecurity Centre，JBC），

以应对新冠疫情暴发，为地方和国家决策提供依据。2023年1月9日，英国发布《植物与生物安全战略（2023—2028年）》，该战略提出了英国未来五年在植物与生物领域的战略愿景与具体目标，将确保国家生物安全并制订保护本地物种和推动经济增长的行动计划。该战略将英国定位为植物与生物安全的全球领导者，阐述了建立新的生物安全制度和生物安全植物供应链的愿景。该战略具体包括四大战略目标：建立世界级生物安全制度，将加强应对措施储备以及预防病虫害与病原体传播；重视并构建"健康植物"社会；建立生物安全与植物供应链；建立植物健康与科学研究能力，充分利用创新技术，以应对不断变化的威胁。

（五）国际组织

2021年2月，WHO发布《2021年新冠肺炎疫情战略准备和应对计划》，确定了6个主要目标：遏制新冠疫情传播，减少暴露，打击虚假信息，保护脆弱群体，减少死亡率和发病率，加快疫苗、诊断和治疗等新应对工具的公平分配。同时，WHO与各国家和地区紧密合作，组织和领导"获得抗击新冠肺炎工具加速器"（access to COVID-19 tools accelerator，ACT-accelerator）项目，重点关注诊断、治疗、疫苗研发，同时强化卫生系统和社区网络等重要力量，为有效遏制新冠疫情传播提供支撑。2021年，该项目拓宽了其关注重点，着力解决低收入国家和地区在获取新冠肺炎防护产品中的不公平现象。

2021年10月22日，WHO发布了《新兴技术与值得关注的两用性研究：全球公共卫生地平线扫描》报告，报告运用地平线扫描识别社会和生命科学技术变革带来的新机遇和风险，确定了包括新兴技术、全球治理等15个需关注的优先事项，详述了生命科学研究可能存在被滥用的领域，同时WHO呼吁成员国和相关组织为防范与应对生命科学研究可能被滥用而引发的风险和挑战做好充分准备。

三、指南倡议

2021年6月28日，WHO发布《卫生健康领域人工智能伦理与治理指南》，旨在规范和加强新兴领域卫生安全治理。该指南指出，AI可提高疾病诊断和筛查速度及准确性，加强药物研发，支持疾病监测、疫情响应。相关部门应谨慎设计AI系统，以反映社会经济和卫生保健环境的多样性，并在人权义务和伦理、法律和政策指导下使用。

2021年10月11日至10月15日，《生物多样性公约》第十五次缔约方大会（Conference of the Parties，COP15）第一阶段会议在昆明召开，会议正式通过《昆明宣言：迈向生态文明，共建地球生命共同体》。该宣言由中方起草，承诺要制定、通过和实施一个有效的"2020年后全球生物多样性框架",扭转当前生物多样性丧失趋势并确保最迟在2030年使生物多样性走上恢复之路,进而全面实现"人与自然和谐共生"的2050年愿景。

2022年9月,WHO在其官网发布了题为《负责任地使用生命科学全球指导框架:降低生物风险和管理双重用途研究》的报告,该报告提出了一个针对全球生命科学风险治理的框架,以作为各国的政策指导和行动指南,旨在防范生命科学技术和信息产生的潜在危害,同时不损害生命科学创新能力,维护生命科学对健康和社会发展的积极影响。该框架涵盖范围突破了传统的两用性研究类型,从更广泛的生命科学研究的视角看待生物风险治理。目标受众包括生命科学研究体系的参与人员,如政策制定者、科学家、出版商等。

第二节　我国生物安全现状

一、我国生物安全领域风险

（一）防控重大新发突发传染病、动植物疫情

1. 面临着新冠大流行的严峻风险

新冠疫情让全球更加深刻地认识到,世界面临着区域或全球性疾病流行或大流行的严峻风险。新冠疫情以惊人的速度席卷全球几乎所有国家和地区,发展成为一场全球性的卫生、社会和经济危机。COVID-19暴露了各个国家的脆弱性和对传染病暴发的准备、应对以及从中恢复的集体能力不足的问题。

新冠疫情导致了全世界范围内的巨大生命损失,截至2023年3月21日,全球累计确诊新冠病例超7.6亿例,累计死亡病例超680万例。然而,对超额死亡率的分析表明,截至2021年底,全世界可能有多达1800万人因该大流行病而死亡。2020年和2021年,许多经济合作与发展组织国家的预期寿命下降。新冠大流行对全球健康和卫生系统构成了重大威胁。与新冠疫情相关的社会限制、患者激增、卫生设施基础设施资源不足,以及医疗设备、药品、诊断和工作人员短缺,使卫生保健工作者承受巨大压力,基本卫生服务普遍中断。因新冠疫情期间的护理中断、病毒变异等挑战继续给卫生系统带来负担,新冠大流行的遗留问题可能会持续数十年之久。

新冠疫情造成了人力资本的大规模崩溃,使低收入和中等收入国家的数百万儿童和年轻人的未来发展陷入困境。由于新冠疫情引起的教育冲击,现在的学生的未来收

入可能会损失高达10%。现在的儿童的认知缺陷可能会导致这些孩子成年后收入下降25%。新冠疫情对全球青年就业造成了沉重打击，使青年失业趋势恶化。

虽然很难说清楚全球新冠大流行的经济损失是什么，但这场疫情对全球经济产生了严重的负面影响。此外，这场危机导致了国家内部和国家之间的不平等加剧，初步证据表明，新兴经济体和经济上处于弱势的群体需要更多的时间来恢复大流行病引起的收入和生计损失。

一场流行的代价以万亿美元计算，新冠疫情为世界带来的损失足够世界进行500年的防范投资。如果不吸取新冠疫情的教训并以必要的资源和承诺采取行动，将意味着肯定会到来的下一次大流行的破坏性会更大。

2. 面临着境外流行病输入的风险

除了猴痘、登革热、寨卡、黄热病、埃博拉疫情反复出现，还有SARS、MERS、甲型H1N1流感等新发传染病不时发生。人口增长、城市化进程加快、全球经济一体化、交通旅行、冲突、移徙和气候变化等生态、政治、经济和社会趋势的融合加剧了传染病疫情的暴发和扩散。

2022年5月以来，多个猴痘非流行国家发现猴痘病例，这是猴痘首次出现大规模跨境暴发，首次在WHO五个区域同时报告病例，并出现聚集性病例。2022年7月23日，WHO宣布多国猴痘疫情构成国际关注的突发公共卫生事件（public health emergency of international concern，PHEIC）。这也表明，少数国家特有或正在出现的疾病可能迅速演变成影响遥远地区乃至整个世界的疫情。

新冠疫情期间，我国发生多起猴痘输入病例引发的本土疫情。2022年9月16日，重庆确诊1例境外输入猴痘病例；2022年，台湾地区报告4例猴痘输入病例；截至2023年3月23日，台湾地区已报告发现12例本土病例。我国周边的韩国、日本等多个国家也报告发现猴痘病例。这再次表明，我国面临着境外流行病输入的风险。

3. 面临病毒不断变异给疫情防控带来严峻挑战的风险

自2021年11月26日奥密克戎被WHO指定为关注变体以来，病毒持续进化已导致产生具有不同基因突变的数百种奥密克戎后代谱系。不断变异的病毒、更强的传染性、更快的传播速度以及可能增强的免疫逃逸，给全球疫情防控带来极大挑战。

2021年底，我国首次在入境者中检出奥密克戎毒株。进入2022年，奥密克戎变异株在我国迅速蔓延。国内新发疫情不断出现，如2022年上半年的香港、上海，2022年下半年的拉萨、乌鲁木齐、呼和浩特等，波及31个省区市，部分地方疫情持续3个月左右。在开展高频次大规模核酸筛查的情况下，单日新增确诊病例和无症状感染者数量不断创新高，给医疗系统带来了严峻挑战，疫情防控的社会成本和代价攀升。此外，病毒变异造成的免疫逃逸给接种疫苗和中和抗体药物的作用也带来重大挑战。

（二）生物技术研究、开发与应用安全

1. 存在双重用途技术滥用的潜在风险

2021年10月22日，WHO出版的《新兴技术与值得关注的两用性研究：全球公共卫生地平线扫描》报告中，将生物科学中关注的双重用途研究（dual use research of concern，DURC）中的15个优先问题按专家预期的事件表进行了分类，其中在5年内可能发生的DURC问题包括生物调节剂、云实验室、变种病毒的新合成、2019-nCoV的研究、用于病毒重建的合成基因组学平台。在5年到10年内可能发生的DURC问题涉及用深度学习识别新的生物结构、极端高通量发现系统、功能增益实验、用于输送化合物的稳定的生物颗粒、靶向基因驱动应用。10年以后可能发生的DURC问题包括对神经生物学的敌意利用、纳米技术和纳米颗粒的毒性。很难预测未来20年、10年甚至5年后的全球技术格局会是什么样子。但不难预测的是，随着技术的进步和新兴技术的多元融合，滥用技术的机会也会增多。

2. 面临陷入"功能增益"争议的风险

反向遗传学和合成生物学等新兴生物技术的发展，驱动着2000年以来美国在涉及潜在大流行病原体双重用途研究和功能增益研究的快速发展。2014年，美国暂停了美国国立卫生研究院对可能涉及"功能增益"的11项研究的资助，涵盖流感、MERS、SARS研究。2017年，美国解除了此前的禁令并发布关于潜在大流行病原体研究监督审查机制的P3CO（potential pandemic pathogen care and oversight，潜在大流行病原体护理和监督）指南。

（三）病原微生物实验室生物安全

2020年10月，美国圣迭戈某生物实验室的一位工作人员在给小白鼠注射牛痘病毒时不小心刺破手指等事件表明，病原微生物实验室工作人员操作不当或者失误可能造成病原体感染甚至不经意释放到周围社区环境中。2021年12月中国台湾"中研院""P3实验室染疫案"初步调查发现有五项问题，包括实验鼠咬伤事故未依规定流程通报、实验室环境污染疑似因操作未遵照标准流程、实验室个人防护装备穿脱未完全依照标准流程、被感染患者疑未得到足够操作训练和疑似未有管理或资深人员于中控室监控。人为失误甚至恶意释放造成实验室病原体或危害因子泄漏会带来巨大的威胁。

我国在生物安全实验室建设和管理方面取得了显著的成绩，在烈性传染病的预防

和控制及生物防范中发挥了重要的作用，国家对高等级生物安全实验室建设越来越重视，全国也掀起了建设热潮。但我国生物安全实验室方面在整体上仍与欧洲、美国、日本等先进国家和地区存在一定差距。这些差距则主要体现在以下几个方面。

（1）设计方面。专门从事实验室设计的单位和人员较少，人员素质和知识结构参差不齐，缺乏正规的、专业的、系统的培训，并且受制于国内规范和审批申报制度的限制，导致设计周期、建设周期较长，设计水平与理念仍然滞后于发达国家。

（2）施工建造方面。尽管国内企业的施工能力提高较快，但在洁净室建设的规模和技术水平上与先进国家存在一定差距，国内厂商中仅有少数企业掌握了高洁净度的洁净室建造技术，大部分企业仍主要从事低端洁净室的建设。国内实验室设备尤其是关键设备的生产制造水平低下，关键设备仍然需采用进口产品。

（3）管理运行方面。目前我国高级别生物安全实验室缺少专职管理人员，核心关键进口设施设备运行维护主要依赖外国高级技术人员。实验人员往往担当运行管理的角色，即谁使用，谁负责，谁管理。由于实验人员只懂实验专业知识，对于实验室的建造技术、运行原理等相关知识却了解甚少，且缺乏必要的培训，对关键设备的管理维护不够熟练，出现不良运行状况或运行故障时不能及时修复排除。另外，由于业务量少，建设和管理经费不足等原因，实验室利用率不高。

（4）法规标准方面。与美国、加拿大、法国、澳大利亚等实验室先进的国家相比，我国的实验室生物安全法规建设比较滞后。2003年，SARS疫情在促进我国生物安全实验室快速发展的同时，也加快了我国生物安全实验室法规、标准出台的步伐。但是，目前我国生物安全实验室全国性的统筹管理力度有待加强，缺乏实验室生物安全标准化技术委员会，实验室生物安全标准体系有待进一步完善。实验室使用人员及实验操作者生物安全意识有待提升，需要加强人员培训，提升从业人员能力水平。

随着从事危险性病原体研究的高等级生物安全实验室越来越多，实验室工作人员也越来越多，同时相应的监管有待进一步完善，否则可能存在实验室病原体意外泄漏的风险，如灭菌装置发生故障、去感染淋浴设备意外断水、工作人员对致命病原体处理不当等安全事故将时有发生，因此需要进一步完善实验室的生物安全管理。

（四）人类遗传资源与生物资源安全

人类遗传资源信息的流失和不当开发将带来巨大的安全隐患，可能对我国国家安全产生威胁。

1. 存在人类遗传信息流失的潜在风险

非法采集的人类遗传资源已由传统人体组织、细胞等实体样本转向人类基因序列等遗传信息，出境途径也由携带实体样本转变为通过互联网将基因数据发往国外，隐蔽性越来越强且难以发现。在新冠疫情危机的背景下，医疗设施、生物技术供应链、能源公司、数据中心和信息网络的相互依存产生了严重的脆弱性。生物数据的存储方式带来的网络生物安全问题在新冠疫情的影响下变得更加突出，包括患者数据的隐私、公共卫生数据库的安全性、诊断测试数据的完整性、公共生物数据库的完整性、自动化实验室系统的安全影响以及专有生物工程进展的安全性。在全球化、信息化的今天，指纹、人脸识别等生物技术被广泛应用于工作和日常生活，生物识别数据的泄露可能产生巨大的风险。

2. 存在违法违规采集盗窃的潜在风险

基因组学项目的开展也伴随着众多生物样本（主要是与人相关的材料和信息）的产生，在频繁的国际交流中，生物样本的违规跨境转移和生物盗窃成为亟须解决的问题。例如，英国著名的基因组研究中心桑格研究所在没有与用于开发基因芯片的人类生物材料供应商或人类生物材料捐赠者，即非洲研究参与者达成适当法律协议的情况下将基因芯片商业化。桑格中心被要求返回样本这一事件表明了国际转让人类生物材料的敏感性，并强调了制定公平和起草良好的材料转让协议的必要性。近年来，复旦大学附属华山医院、华大基因、阿斯利康等多家机构或者公司均因违反我国人类遗传资源管理规定而遭到我国主管部门处罚。

3. 存在违背伦理要求的风险

人类遗传学的研究为人类提供了极大的便利，但也在一定程度上产生了违背伦理要求的风险。随着基因编辑技术的日渐完善和成熟，利用基因编辑技术治疗疾病已经不再是天方夜谭，如常见的CAR-T技术用于肿瘤免疫疗法、基因疗法治疗糖尿病和囊性纤维化等。目前众多的基因组信息被详细地阐释，人类可以利用现有的基因编辑技术对人类乃至动植物进行有目的性的改造。但现阶段的基因编辑存在众多的问题，首先是基因编辑技术的安全性，如CRISPR系统的脱靶问题可能会导致基因组的不稳定性，破坏正常基因的功能，从而可能使临床前和临床研究产生安全问题；其次是伦理问题，如对胚胎进行基因治疗是否会侵犯其"人格尊严"，贫富差距是否会导致出现部分人为干预基因优劣的现象。

（五）生物恐怖和生物战将是我国必须长期面对的严峻问题

恶性传染疾病的自然暴发固然是我国面临的严重威胁，但随着生物技术门槛和成本不断降低，一些非国家行为体，如个人、组织、集团或恐怖组织、分裂势力获得生物材料及相关技术的可能性增大，利用生物技术制造恐怖活动的意图更加明显，有可能利用恶性传染病毒和生物战剂，给我国人民生命健康带来威胁，对我国的生物多样性造成灾难性后果。相比于核武器，生物战剂成本低、危害大。任何国家只要有意愿和科学基础就能够生产。因此在未来，使用生物武器可能会成为相对弱势国家在非对称性对抗中的选择。

我国作为当今世界快速崛起的发展中国家，长期面对大国间的科技、经济、贸易、金融、军事博弈，面临全球范围内可能的人为生物技术滥用、误用等未知颠覆性威胁，生物安全风险日益严峻和复杂。生物武器作为大规模杀伤性武器，虽然有《禁止生物武器公约》的限制（到2023年1月，全球《禁止生物武器公约》缔约国有184个），但随着生物科技的不断进步，传统生物武器不断更新换代，新生物武器试验在一些西方强国一直在悄悄进行，导致生物武器虽禁难止。目前，全世界至少有25个国家具有生产大规模杀伤性生物武器的能力，一些恐怖组织也具备利用生物战剂发动恐怖袭击的能力。利用细菌、病毒等病原微生物研制而成的生物战剂，主要有炭疽杆菌、鼠疫杆菌、天花病毒、出血热病毒等。敌对势力和恐怖组织有可能把我国列为生物恐怖袭击的对象，因此，我国面临生物恐怖袭击的威胁。

二、我国生物安全风险防控体制

随着生物安全问题的日益突出，我国相继颁布了生物安全相关的各种法律法规。2004年，国务院颁发《病原微生物实验室生物安全管理条例》并将其作为生物安全实验室建设运行的指导性文件，此后相继出台国家标准《实验室生物安全通用要求》和《生物安全实验室建筑技术规范》等一系列规章制度，有力地推动了生物安全实验室的建设和管理。2018年，国务院颁布了《病原微生物实验室生物安全管理条例》修订版，对病原微生物实验室管理做了补充。2019年7月1日，《中华人民共和国人类遗传资源管理条例》开始施行。该条例系统强化对人类遗传资源的规范管理，鼓励对人类遗传资源的合理利用，积极提升人类遗传资源政务的服务能力。2019年《生物技术研究开发安全管理条例》开始征求意见。至此，初步形成了生物安全法律体系。2020年10月17日，第十三届全国人民代表大会常务委员会第二十二次会议通过了《中华人民共和国生物安全法》，并于2021年4月15日起施行，这是我国乃至全球生物安全领域第一部基础性、综合性、系统性、统领性法律。随着《中华人民共和国生物安全法》的实施，我国生物安全法逐渐进入完善的"全国一盘棋"的分层管理体系。

在我国目前的监管实践中，科学技术部主要负责生物安全科技支撑体系的建设和管理工作。此外，与生物安全相关的监管部门至少包括自然资源与农业主管机构（自然资源部、农业农村部）、健康医疗主管机构（国家卫生健康委员会）、国家安全与应急管理主管机构（国家安全部、应急管理部）、进出境监督管理机构（海关总署）、药品监督管理机构（国家市场监督管理总局管理的国家药品监督管理局）等，涉及的部委机构数量占国务院组成部门总数量的三分之一。

三、结　语

2020年新冠疫情的大流行凸显了人类面临着重大的生物安全挑战，也敲响了世界生物安全的警钟，生物安全在我国已上升到国家安全的高度，在未来生物安全将像核安全一样影响世界的和平与发展，加速世界格局发生根本性转变。面临严峻的生物安全形势，我国于2021年发布《中华人民共和国生物安全法》，这是我国国家安全治理体系和治理能力现代化进程中的一个标志性事件，对于筑牢国家生物安全防线具有重要意义。《中华人民共和国生物安全法》的出台，在提升生物安全领域在国家未来发展的重要性、加强生物技术两用性管控、切实加强病原微生物实验室生物安全、加强生物安全风险研判、筑牢国家生物安全防线、切实加强防范生物恐怖与生物武器威胁、增强生物安全保障能力和推动完善全球生物安全治理等方面发挥巨大作用。2022年5月，国家发展和改革委员会印发了《"十四五"生物经济发展规划》，指出"十四五"时期是生物技术加速演进、生命健康需求快速增长、生物产业迅猛发展的重要机遇期。新冠疫情防控取得重大战略成果的同时，生物经济发展也面临不少挑战，如全球疫情仍在持续演变、传统生物安全问题和新型生物安全风险相互叠加、生物产业原创能力仍较为薄弱、生物资源保护开发利用体系尚不完备、生物经济发展缺乏顶层设计和统筹协调等。21世纪被称为生命科学和生物技术的时代，生物技术在许多领域取得了重大进展，如人类基因组计划提前完成，合成生物学、基因编辑技术等领域取得了令人瞩目的成就。在生物安全发展方面我国主要任务应当是大力夯实生物经济创新基础，建立健全生物安全法律法规体系，积极推进生物资源保护利用，加快建设生物安全保障体系。

撰 稿 人：武桂珍　中国疾病预防控制中心病毒病预防控制所
　　　　　　曹玉玺　中国疾病预防控制中心病毒病预防控制所
　　　　　　梁慧刚　中国科学院武汉文献情报中心
　　　　　　周　巍　中国人民解放军军事科学院军事医学研究院
通讯作者：武桂珍　wugz@ivdc.chinacdc.cn

第三十一章 提升国家生物安全软实力 与生物安全治理能力

当前，全球生物安全环境形势日益严峻。我国在生物安全领域起步较晚，发展滞后，亟须系统化提升生物安全保障能力。"十四五"时期是我国生物安全事业发展承上启下的关键时期，是中国全面提升生物安全软实力和生物安全治理能力的关键阶段。

第一节 提升国家生物安全软实力

当前，中国受到的生物安全威胁极其严重。"十四五"期间，我国提升生物安全软实力的主要内容包括：完善生物安全战略规划和组织架构、完善生物安全法规与标准体系、强化生物安全信息与情报工作以及加强生物安全人才培养与专业培训，从国家战略层面加强生物安全保障能力。

一、生物安全战略规划与组织架构的完善

（一）国家生物安全战略规划的发展

中国的生物安全战略规划在本质上要解决的关键问题包括以下几个方面。

（1）中国面临的生物安全风险。正确认识国家所处的国际生物安全环境，界定中国面临的生物安全挑战，保持对国家生物安全风险清晰的认识，这是国家开展生物安全工作的基点。

（2）建设实力强大的国家生物安全体系。国家生物安全体系是复杂的系统集成，包括生物安全组织架构、法规与标准体系、人才培养与专业培训、科技研发等。

（3）将生物安全事业与国家经济和社会发展计划深度融合。以国家意志推动生物

安全事业发展，在国民经济和社会发展规划中稳步推进国家生物安全体系的建设。

（4）提高中国在国际生物安全事务中的话语权。通过壮大国家生物安全实力，扩大国家在国际生物安全领域的影响力，抗衡生物安全领域的霸权主义，维护国家利益。

"十四五"期间应进一步完善我国生物安全战略规划顶层设计，加强生物安全组织架构、生物安全相关法规与标准、生物安全人才培养及生物安全培训、生物安全相关科学研究、生物安全信息与情报工作等。

（二）国家生物安全组织架构的发展

当前，新发和突发传染病，尤其是全球大流行的新发和突发传染病，对国家生物安全治理水平提出了更加严格的考验。社会各界普遍意识到建立国家生物安全中心的必要性。

国家生物安全中心负责国家生物安全战略规划的制订和实施，具备强大的信息和情报收集能力，同时兼顾常态化管理与应急管理职能，能够在识别和评估重大生物安全风险的基础上，有效动员和协调各部门生物安全管理机构开展各项工作。

国家生物安全中心的建立有助于有效整合我国分散于各部门的生物安全管理机构，汇集生物安全人才资源，提高国家生物安全战略规划能力，对于系统化完善国家生物安全法规体系、健全组织架构、提升国家生物安全科技力量进而保障国家生物安全利益意义重大。

二、生物安全法规与标准体系的完善

（一）生物安全法规体系的完善

我国生物安全立法起步较晚，相关法律规范体系正处于逐步完善阶段。《中华人民共和国生物安全法》已由第十三届全国人民代表大会常务委员会第二十二次会议于2020年10月17日通过，自2021年4月15日起施行。《中华人民共和国生物安全法》规定的原则和宗旨展现了新时期我国生物安全理念，为以《中华人民共和国生物安全法》为核心的国家生物安全法规体系建设提供了契机。

"十四五"期间，我国生物安全法规体系建设应在新的战略高度审视和规划法规的制定与修订工作，着眼于完善立法体系和立法内容。

1.进一步构建完备的生物安全法规体系

国家现行的生物安全相关法规高度分散、缺乏系统性。应以《中华人民共和国生物安全法》为统领，客观分析我国生物安全立法体系，通过适时制定新的法规以及修订已有法规，形成涵盖生物安全各领域的全面法规体系。同时，各法规应相互协调，方便司法操作。

2. 进一步完善生物安全立法内容

我国生物安全相关立法尚处于初步成形阶段，存在较多的立法空白区域，一些已经具备相关法规的领域，随着形势发展也出现了现行法规不能覆盖的区域。在分析和参考国际生物安全立法体系基础上，结合我国的国情，"十四五"期间在一些重点关注的领域应弥补生物安全立法空白。

（二）生物安全标准体系的发展

标准是直接的实践指南。伴随生物安全理念的逐步推广，我国生物安全相关标准制定工作逐步开展。我国生物安全标准研制工作还存在较多问题，突出的问题包括以下几个方面。

（1）缺乏国家层面的战略规划。国家对于生物安全各行业部门的标准需求及制定缺乏必要的总体规划，导致各行业部门分散行动，互不兼顾。

（2）标准的系统性与协调性差。已经研制的标准不成体系，交叉重复研制情况突出，甚至出现相互矛盾冲突的情况。

（3）较高水平的国家标准稀少。一般而言，团体标准、行业标准在经过长期实践检验后才能晋级国家标准，国内生物安全标准研制开展较晚，能够提炼晋级为国家标准的为数极少。

（4）标准实用性严重不足。多数标准在制定之后并未发挥实用价值，成为单纯的文字标准。

"十四五"期间生物安全标准研制工作应得到实质性加强，主要包括以下几个方面。

（1）完善生物安全标准体系的顶层设计。在分析和参考国际生物安全标准体系基础上，结合我国的国情，合理规划我国生物安全标准体系，重点突出，兼顾配套，初步形成符合中国国情的生物安全标准体系。

（2）提高标准研制水准。注重汇集跨行业部门生物安全专家资源，严格执行标准制定流程，强化标准的检验，提高国家标准的数量和覆盖领域范围，总体提升我国生物安全标准体系的水平。

（3）发挥标准的实际效用。注重行业部门对生物安全标准的执行情况，依据标准的实际使用情况，检验标准的实际效用，对标准进行适应性修订，对实用价值大的标准应加大推广力度。

三、强化生物安全信息与情报工作

（一）生物安全信息平台建设

美国是全球网络生物信息技术强国，在全球网络生物信息领域发挥主导作用。美国较早开展了网络生物安全布局，以有效应对生物大数据引发的国家安全风险，保障国家生物经济安全。我国在生物安全信息平台建设方面起步较晚，而且前期缺乏国家层面的顶层系统性规划，呈现分散、规模小、效能低、保障难等问题。"十四五"期间，国家生物安全信息平台建设应主要考虑如下因素。

（1）在国家层面顶层规划生物安全信息平台布局。未来的国家生物安全信息平台将具备整合各行业部门生物安全信息平台的能力，具备高水平的网络信息安全保障能力。同时，各相关行业部门应配置对应的生物安全信息分中心，形成覆盖全国的生物安全信息平台网络。

（2）建立和完善生物安全信息平台技术标准。依托我国在5G领域的优势，建立和完善符合国情的生物安全信息平台技术标准，提高生物安全信息收集、存储、处理、传播全过程的安全保障能力。

（3）培养和壮大我国生物安全信息平台建设技术骨干力量。生物安全信息平台建设需要大量对信息技术和生物技术精通的专业人才。国际上，网络生物安全已经作为交叉学科受到重视，国家应从学科建设角度逐步培养专业人才，服务于生物安全信息平台建设、维护、改进的长远目标。

（二）重视生物安全情报工作

我国生物安全情报工作存在的主要问题：一方面，国家层面、各行业部门并无明确的专业情报工作架构，出现了职能上的空白区域；另一方面，情报处理能力与反情报工作能力薄弱。

"十四五"期间，迫切的工作是构建我国的生物安全情报工作体系，主要包括如下几个方面。

（1）落实生物安全情报组织结构规划。按照生态安全类、资源安全类、科技安全类、军事安全类、网络安全类、经济安全类、社会安全类生物安全情报的内容划分落实相应的各领域管理部门。

（2）建立全流程国家生物安全情报处理体系。按照国家生物安全情报规划、数据搜集、数据处理、数据分析、情报应用、情报反馈流程规划国家生物安全情报处理体系，确立常态化的国家生物安全情报处理工作程序。

（3）建设生物安全情报服务基础平台。不同于一般的生物安全信息平台，生物安全情报服务平台更加强调对情报资源的整合分析，一方面应充分利用AI等信息分析技术；另一方面要充分依托专家智库的分析研判。

（4）重视生物安全反情报工作。发现、监测、研判可能威胁我国生物安全的情报，分析其动机、举措，采取主动防御手段，确保国家安全利益不受侵犯。

四、加强生物安全人才培养与专业培训

当前，在国家生物安全各项工作压力日益加大的背景下，生物安全专业人才短缺的问题日益突出，应从学科或专业领域发展的角度规划生物安全人才培养，健全各级生物安全机构和专业人员的生物安全培训体系。

（一）生物安全人才培养

当前，我国生物安全专业人才短缺局面持续存在，主要是由于还没有专业的生物安全人才培养机构和教育体系。我国当前的生物安全人才培养还处于起步阶段，应着力发展培养高素质生物安全人才的教育体系。

"十四五"期间，应确立生物安全学科地位，完善学科教育建设，为生物安全事业发展奠定坚实的人才基础。"十四五"期间，生物安全人才培养应重点关注以下几个方面。

（1）确立生物安全在高等教育中的学科地位。生物安全需要微生物、生物技术、生物材料、生物防护等多科目理论和实践体系支撑，已经具备发展为学科的充分条件。设置生物安全专业将极大促进生物安全专业人才的培养，逐步改变我国生物安全人才短缺状况。

（2）合理构建生物安全专业的理论和实践教育体系。依据我国生物安全专业发展重点方向，前期使用通用教材与教程，逐步编制生物安全专业教学的教材与教程，形成我国生物安全专业的教育课程体系。

（3）加强人才培养与就业和创业的衔接。在生物安全学科设置时应充分了解行业人才需求，使得人才培养与就业和创业无缝对接，确保生物安全教育工作的持续性。

（二）生物安全专业培训

各级各类医疗卫生机构、动物疫控机构、检验检疫机构等大量生物安全相关保障

人员需要接受系统的专业培训，生物安全专业培训在内容、范围、形式方面都需要适应形势发展。当前，国内推出的生物安全培训课程主要由各行业部门依据自身的需求制作，通用性有待提高，课程设置及培训方式有较大改进与提升空间。"十四五"期间，国家有必要进一步完善生物安全培训体系，扩大生物安全培训范围，主要包括以下几个方面。

（1）编制高水平的生物安全培训教材。按照总论与各论原则，既包括生物安全的基本概念、通用原则、一般方法等共性化培训内容，又包括不同行业部门（卫生健康、动物疫控、植物疫控、国境检验检疫等）的个性化培训内容。

（2）建设高水平生物安全培训师资队伍。要逐步建设懂专业、会讲课的师资队伍，培养优秀生物安全培训教师，形成覆盖全国的生物安全培训师资力量，确保需要进行生物安全培训的人员全部培训合格。

（3）建设生物安全培训基地。以国家级生物安全培训基地为核心，配置数个区域性生物安全培训基地，学员的理论与实践培训相结合，提高生物安全培训能效，促进生物安全培训同质化水平的提升。

撰 稿 人：吕新军　中国疾病预防控制中心病毒病预防控制所
通讯作者：吕新军　73xj@163.com

第二节　提升国家生物安全治理能力

近年来，新发和突发传染病引起的公共卫生事件频发，对全球生物安全治理提出了严峻挑战。面对复杂的国际生物安全形势，中国致力于建设符合本国国情的生物安全治理体系。

一、中国面临巨大的新发突发传染病防控压力

我国作为发展中的大国，近年来城镇化速度明显加快，正在建设的几个超大城市圈分别聚集了上千万常住人口和数百万流动人口，未来大城市群的建设将会导致城市群人口进一步聚集和人口流动性提高，航空、铁路、公路、航运等交通网络的高速发展也使人口流动达到空前规模。然而，各地区经济发展不平衡带来的卫生水平失衡及新发突发传染病疫情防控机制的差异等问题也长期存在。我国生物安全和公共卫生风险预防及应急管理能力建设明显滞后，人口密集、流动量大，以及各地区防控机制与经济实力的差距将会促进传染病的传播，造成巨大健康与经济损失，影响范围也将会

更加广泛。

二、我国生物安全治理与同期国际先进水平的差异

（一）美国生物安全治理现状

近年来，各国逐渐重视对生物安全的防范和治理。1984年美国CDC（Center for Disease Control and Prevention，疾病预防控制中心）和NIH颁布的《微生物和生物医学实验室生物安全》手册，成为美国生物安全的实践和政策的基石。以"9·11"事件及"炭疽事件"为代表的一系列国内和全球性生物安全问题促使美国政府开始将生物安全纳入战略考量。此后陆续出台了《2002年公共卫生安全和生物恐怖防范应对法》《生物盾牌法案》等一系列法律法规。美国总统小布什于2004年4月28日签署《21世纪生物防御》总统行政命令，为美国生物防御政策的构建提供了框架，美国生物安全治理从此起步。2009年奥巴马政府发布了《应对生物威胁的国家战略》，2018年特朗普政府发布了《国家生物安全防御战略》报告，正式将"生物安全"置于国家总体发展的战略之下。2021年拜登政府对美国的生物安全战略进行修复和升级，并于9月公布了一项全面的新生物安全计划，旨在加强传染病防范基础设施建设。2022年10月，拜登政府发布《国家生物防御战略和实施计划》，强调建立全链条、全政府、全球化的生物防御体系，制定了加强风险监测预警、增强生物防御体系能力、快速高效响应、降低生物事件影响、促进事后恢复等5大类、23个具体目标任务。

（二）我国生物安全治理现状

我国在生物安全实验室建设及法律法规制定方面起步较晚。1989年我国出台《中华人民共和国传染病防治法》，主要是应对国内发生的自然疫源性传染病的流行。近20年来，中国陆续出台了一系列法律法规，如《基因工程安全管理办法》《生物技术研究开发安全管理办法》《中华人民共和国生物安全法》等。法律制度的不断完善反映了中国日益加强生物安全的立法需求。在生物技术上，中国对生物实验室安全管理、生物技术应用出台了规定，同时中国通过科学技术部建设了81家生物安全三级（P3）实验室，2家正式运行的生物安全四级（P4）实验室，生物实验室的建立也证明了中国在生物科研方面正在积极展开研究。在国际合作中，中国与法国在2004年就重大传染性疾病的致病机制等关键科学问题展开合作，还共同建立了上海巴斯德研究所。然而，尽管中国在生物安全治理中采取了一定的措施，但在全球生物安全治理现状下，依然面临许多问题，如生物安全立法体系尚不完善等；生物技术研发及管理能力相对不足；

国际交流合作仍不够充分；对于生物安全从业人员的培训没有针对性，对于特定的生物安全相关实验没有针对性的培训；面对重大新发突发性公共卫生安全风险，不能够充分发挥生命科学与基础医学、临床医学、护理学、传染病学、重症医学的融合和协同作用等。

三、我国生物安全治理的前景

21世纪以来，我国也经历了多次重大传染病的流行，生物安全在我国已上升到国家安全的高度。我国于2021年发布《中华人民共和国生物安全法》，这是我国国家安全治理体系和治理能力现代化进程中的一个标志性事件，对于筑牢国家生物安全防线具有重要意义。《中华人民共和国生物安全法》的出台，在提升生物安全在国家未来发展领域的重要性、加强生物技术两用性管控、切实加强病原微生物实验室生物安全、加强生物安全风险研判、筑牢国家生物安全防线、切实加强防范生物恐怖与生物武器威胁、增强生物安全保障能力、推动完善全球生物安全治理等方面发挥巨大作用。2022年5月，国家发展和改革委员会印发了《"十四五"生物经济发展规划》，指出"十四五"时期是生物技术加速演进、生命健康需求快速增长、生物产业迅猛发展的重要机遇期；同时，生物经济发展也面临不少挑战，传统生物安全问题和新型生物安全风险相互叠加，生物产业原创能力仍较为薄弱，生物资源保护开发利用体系尚不完备，生物经济发展缺乏顶层设计和统筹协调等。在生物安全发展方面，我国的主要任务应当是建立健全生物安全法律法规体系，积极推进生物资源保护利用，加快建设生物安全保障体系等。

四、提升生物安全治理能力的策略与规划

（一）完善生物安全法律法规体系

在立法理念方面，应该以总体国家安全观为指导思想，以生物安全理念为基本理念，按照生物安全的层次性、关联性和整体性，形成全领域、全过程、全方位的法律规定。在完善立法方面，围绕生物技术开发、军事应用、产业应用、医学应用等形成专门的法规、标准和规定。在法律配套方面，要研究梳理与生物安全相关的法律，统筹推进立法修法工作，形成维护生物安全的法律合力。"十四五"期间，应致力于建立由技术标准、管理办法、条例规章等组成的体系完备、层次分明的生物安全法律法规体系。此外，健全生物安全通用标准和制度体系。围绕生物安全风险评估和治理、监测预警、应急管理与决策咨询，形成生物安全通用制度和标准体系，为生物安全风险

防控和治理提供标准规范、技术支撑及制度依据。

（二）盯牢抓紧生物安全重点风险领域，强化底线思维和风险意识

健全监测预警体系，重点加强基层监测站点建设，提升末端发现能力。要坚决守牢国门关口，加强入境检疫，强化潜在风险分析和违规违法行为处罚。着力强化生物安全风险的源头治理，建设生物安全大数据监测信息平台，定期开展生物安全风险的评估和防控对策研究，及时、广泛收集和评估国际流行性疾病信息，力求防患于未然。

（三）实行风险分级管理，有力支撑生物技术高效研发

参照《中华人民共和国生物安全法》《生物技术研究开发安全管理办法》制定的相关标准，根据生物医药企业、科研院所及医疗机构从事活动范围，将生物技术研究、开发活动分为高风险、中风险、低风险三级，实行分级管理，并设立相应的风险控制措施。

（四）建立生物安全信息系统，有力夯实生物安全监管部门联动基础

根据国家生物安全法制定生物安全名录和清单制度，联动公共卫生、市场监管、招商、街道、社区工作站等单位，对市内医疗机构、科研院所、企业进行全面摸底调查，建立"口径统一、信息准确、定期更新"的生物安全名录和清单，定期对清单上的单位进行风险对象再评估和分级，形成动态台账，实施实时共享，以便和监管部门联动，同时提升专项数据对政府决策判断的支撑作用。

（五）利用人工智能实时开展公共卫生监测与评估

要快速感知识别新发突发传染病和重大动植物疫情，做到早发现、早预警、早应对。实现人工智能大数据技术在监测预警、病毒溯源、防控救治等方面的拓展应用，增强风险感知能力，如对覆盖全国的患者电子病历数据库进行疫情监测，通过监测社交媒体或频繁检索的词条来预测某些传染病的流行。

五、加强生物安全科技研发

我国在生物安全领域系统化的科研工作起步较晚、投入不足，总体力量相对薄弱。充分借鉴和学习国际生物安全先进科技，突破生物安全核心技术，是"十四五"乃至今后相当长时期中国生物安全科技研发工作的重点，主要包括以下方面。

（1）在国家生物安全战略规划中明确生物安全科技发展规划。围绕国家生物安全领域的重点关切，制订明确的生物安全科技发展规划，引导高校、科研机构、企业等开展重点攻关，掌握生物安全核心科技。

（2）重视生物安全关键基础研究的同时推进应用研究。生物安全领域涉及信息科学、材料科学、生命科学、物质科学、环境科学、计算科学、工程科学等多学科关键原理和技术，应坚持基础研究和应用研究并重。

撰 稿 人： 李丽娟　中国人民解放军军事科学院军事医学研究院
　　　　　朱志华　中国人民解放军军事科学院军事医学研究院
　　　　　王　磊　中国人民解放军军事科学院军事医学研究院
通讯作者： 王　磊　wangleienjoy@163.com

第八篇

生物领域投融资分析

第三十二章 2022年生物投融资报告

第一节 国 际 篇

一、生物科技面临增长悬崖

2022年全球经济与市场步入低迷，应对危机投放的巨量货币催生了2020—2021年的市场繁荣，但同时也推升了全球的通胀。为了应对通胀，以美国联邦储备系统（简称美联储）为首的西方央行开启了加息的漫漫征程。美国联邦基金目标利率一年七次提高，从年初的0.25%提高到4.50%，即使是这样，依然没有平抑通胀的高企，反而使连续十三年的牛市戛然而止。2022年三大指数均出现回落，美国标准普尔500指数全年下跌19.44%，纳斯达克综合指数全年下跌33.1%，道琼斯工业指数下跌8.78%。

市场整体的低迷也打击了生物技术指数的表现，纳斯达克生物技术指数（NASDAQ biotechnology index，NBI）连续第二年收跌，2022年跌幅为10.91%，相比纳斯达克综合指数–33.1%的表现，生物技术板块相对算强势板块（图32-1）。从纳斯达克生物技术指数273家公司的全年市场表现看，仅86家公司上涨，占比为31.5%，其余187家公司表现为下跌。涨幅最大的前五家公司分别是维罗纳制药（288.84%）、Madrigal Pharmaceuticals（242.52%）、Rhythm Pharmaceuticals（191.78%）、Prometheus Biosciences（178.2%）和ADMA Biologics（175.18%）。涨幅最大的维罗纳制药是一家英国公司，2022年8月以10.5美元的价格发行了1240万股，所募资金用于Ensifentrine的后期临床支出，作为有潜力成为第一个结合支气管扩张剂和抗炎活性化合物的呼吸道疾病治疗药物的公司，公司发布公告后受到市场追捧，涨幅跃居2022年榜首。跌幅最大的五家公司分别是Instil Bio（–96.32%）、诺瓦瓦克斯医药（Novavax）（–92.81%）、Kodiak Sciences（–91.55%）、天境生物（–91.18%）和Greenlight Biosciences（–88.1%）。这几家公司基本都是曾经的明星公司，但临床表现欠佳的数据打击了市场信心，导致

2022年股价大幅下跌。跌幅最大的 Instil Bio 公司主要开发肿瘤的细胞免疫疗法，曾经是2021年的融资明星，跌幅排名第二的诺瓦瓦克斯医药是新冠疫苗研发公司，公司2021年峰值时股票价格高达331.68美元，2022年收盘时股价跌至了10.28美元。Kodiak Sciences 公司的 KSI-301 是一种抗体–生物聚合物偶联物，通过把抗 VEGF 的 IgG1 抗体与一种磷脂胆碱多聚物偶联，来提高抗 VEGF 药物在眼睛内的持续作用时间，但这一针对老年黄斑变性的药物 III 期临床效果不佳而使股价居跌幅榜第三。排名第四的天镜生物也是从事肿瘤免疫治疗的公司，但公司 CD47 抗体来佐利单抗联合阿扎胞苷治疗初诊 HR-MDS（higher risk myelodysplastic syndrome，较高危骨髓增生异常综合征）的 III 期临床研究进展顺利，市场表现低迷预期和监管政策相关。跌幅第五的是一家从事动物 RNA 疫苗研究的公司，2021年由两家公司合并而来，但合并后公司状况依然不佳。

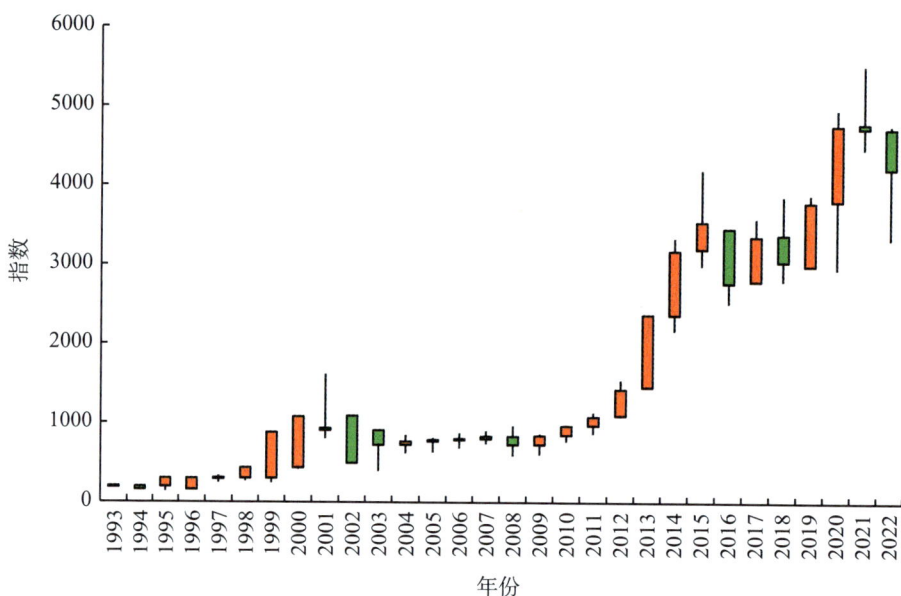

图32-1　纳斯达克生物技术指数年度走势

资料来源：Wind 资讯、西南证券整理

　　在市值最大的十家公司中，前三名的排位依然没有变化，阿斯利康（AstraZeneca）（2101.16亿美元）、安进（Amgen）（1401.39亿美元）和赛诺菲（1227.69亿美元）继续保持在前三位，但2022年的市值变化分别是16.4%、10.6%和–3.0%，2021年表现优秀的莫德纳（Moderna）（690.06亿美元）市值缩水33%，被吉利德科学公司超越，市值排序下降3位居第七，再生元制药（Regeneron Pharmaceuticals）（785.72亿美元）和福泰制药（Vertex Pharmaceuticals）（741.27亿美元）依靠15.7%和32.8%的市值涨幅分别上升了1位和3位，稳居第五、第六的宝座。Biogen（398.77亿美元）以13.2%的涨幅从第十位升至第八位。市值缩水最大的两家公司 BioNTech（370.75亿美元）、Illumina

（318.06亿美元）则分别落入第九位、第十位，市值降幅分别达到40.5%和46.5%（图32-2）。

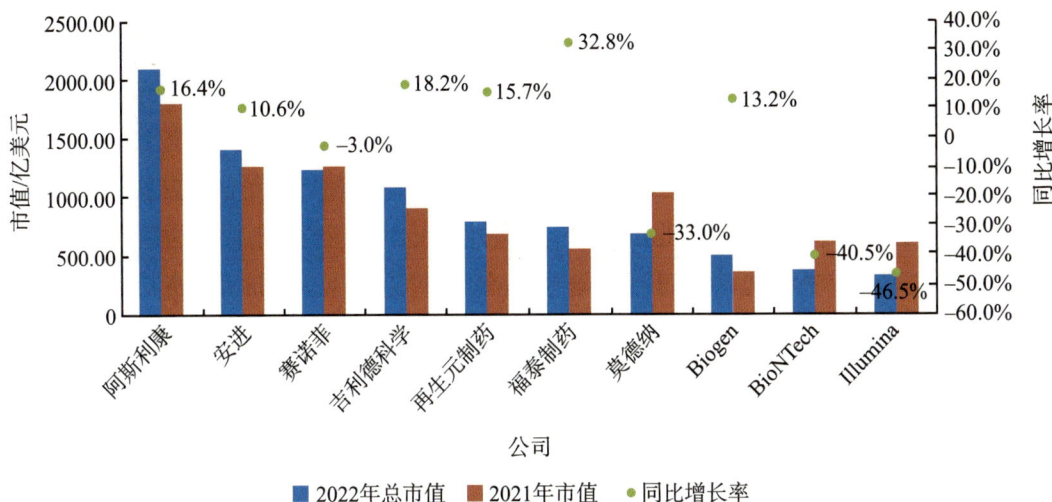

图32-2　纳斯达克生物技术板块市值最大十家公司
资料来源：Wind资讯、西南证券整理

生物制药领域巨头安进之所以能够稳居行业前列，是因为2022年该公司完成的并购给了市场信心。安进2022年相继完成两起有影响的并购：8月以37亿美元收购了治疗罕见血管炎症药物制造商ChemoCentryx公司；12月12日以278亿美元收购专注于开发治疗罕见疾病、自身免疫性疾病和严重炎症性疾病药物的Horizon。安进进行大额并购的原因是其主要药物面临较大的竞争压力以及专利到期，特别是银屑病治疗药物Otezla、关节炎治疗药物Enbrel等主要产品，而营收超过40亿美元的Enbrel则面临对手Humira的生物仿制药竞争。

二、首发融资跌落悬崖

2022年医疗保健领域首发融资在经历2021年所创的历史纪录后，出现断崖式下降。59家公司28.43亿美元的融资额，创下了该行业最大融资跌幅，首发融资总额和融资公司数分别较2021年下降92.5%和77%（图32-3）。

有10家公司募资总额超过了1亿美元，Bausch & Lomb Corporation是一家总部位于加拿大的全球领先的眼科保健公司，2022年5月初公司以18美元的价格发行了3955.04万股，募资总额达7.12亿美元；排名第二的是Hillevax，Inc.，这是一家专注于开发和商业化新型疫苗的生物制药公司，公司疫苗瞄准诺沃克病毒，目前产品依然处于临床阶

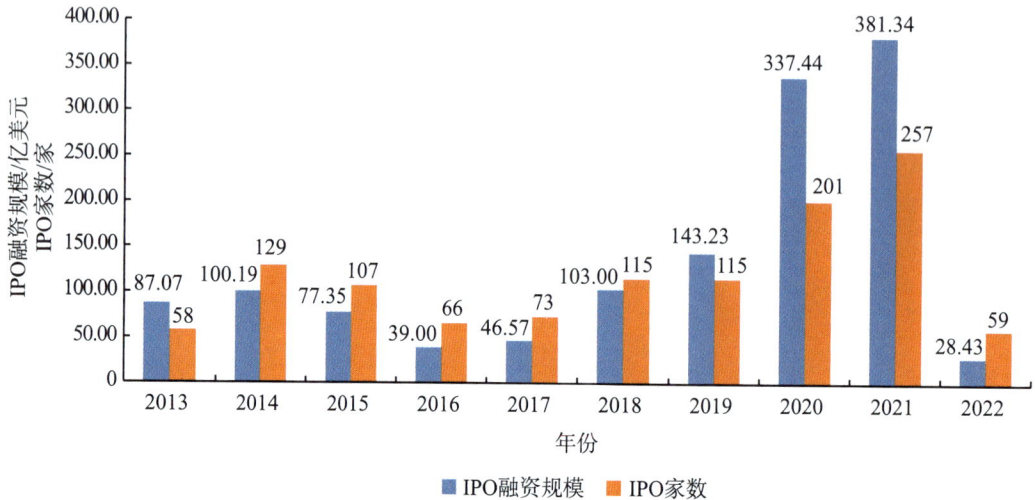

图32-3　美国市场生物医疗首发融资
资料来源: Wind 资讯、西南证券整理

段，公司2022年4月底以17美元的价格发行了1352.98万股，融资总额达2.3亿美元；排名第三的是一家临床阶段的神经退行性疾病药物开发者Amylyx Pharmaceuticals, Inc.，公司2022年初以19美元的价格发行了1150万股，募集资金总额达2.185亿美元。募资总额同样达2亿美元的还有Third Harmonic Bio和CinCor Pharma，前者专注治疗过敏性和炎症性疾病，公司正在开发的产品是一种高度选择性的口服小分子KIT抑制剂，作为一种细胞表面受体，充当肥大细胞的主要存活和功能调节器，CinCor Pharma公司专注于治疗高血压和其他心肾疾病。其正在临床阶段的产品CIN-107是一种高选择性口服小分子醛固酮合成酶抑制剂，醛固酮合成酶是肾上腺合成醛固酮的酶。

此外，融资总额在3000万～1亿美元的还有三家公司，高于1000万美元但低于3000万美元的公司有16家，其余募资均在百万美元级。相比2020—2021年的首发融资辉煌，2022年可谓是天上地下。

除了美国市场，英国市场2022年仅有一家生物科技公司完成首发融资，Genflow Biosciences plc是一家总部位于英国的生物技术公司，主要专注于衰老产品的研究和开发，2022年1月公司以0.08英镑/股的价格发行了4703.65万股，融资金额为376.29万英镑。

融资超过5亿美元的还有Sana Biotechnology，这是一家从事细胞治疗的生物技术公司，公司的愿望是能够控制或修饰体内的任何基因，以替换任何受损或缺失的细胞，并显著改善获得细胞和基因药物的机会。公司2022年2月4日以25美元/股发行了2350万股，融资合计达5.875亿美元。

三、增发融资热度下行

2022年在医疗健康领域的增发融资继续回落，205家公司共175.2亿美元的增发融资总额（图32-4），分别较2021年降低32%和44.2%。但相比IPO融资，数据似乎略好些，毕竟资本市场尽管有所回落但整体依然在高位，市场的高估值给了公司更多的再融资机会。

图32-4　医疗健康领域增发融资
资料来源：Wind资讯、西南证券整理

在生物技术领域增发融资最大募资额由一家开发精神疾病治疗药物的研发型公司Karuna Therapeutics斩获，公司用自有的新型毒蕈碱激动剂xanomeline与经批准的毒蕈碱拮抗剂trospium结合，优先刺激中枢神经系统中的毒蕈碱受体，用于治疗精神分裂症患者的急性精神病。公司2022年8月以215美元/股的价格发行了401.16万股，募资总额达8.625亿美元。

紧随其后的是一家下一代疫苗公司Vaxcyte，Inc.，该公司拥有无细胞蛋白质合成平台，使它能够设计和生产蛋白质载体和抗原，其产品线包括一款24价的肺炎球菌结合疫苗（pneumococcal conjugate vaccine，PCV），该产品被认为是目前正在开发的最广谱的PCV候选疫苗，其目标是全球70亿美元的肺炎球菌疫苗市场。公司2022年10月27日以32美元/股的价格发行了1781.25万股，募资总额达5.7亿美元。

排名第三的是一家致力于发现、开发和商业化治疗炎症性肠病（inflammatory bowel disease，IBD）新型治疗和辅助诊断产品的生物技术公司Prometheus Biosciences，Inc.，该公司拥有世界上最大的胃肠道（gastrointestinal，GI）生物信息学数据库用于识别新的治疗靶点。2022年12月9日以110美元/股的价格发行了454.55万股，融资总额超5亿美元。同样超过5亿美元再融资总额的还有一家医疗服务公司Surgery Partners，该公司2014年11月收购了Symbion，后者是一家拥有55家手术医院的私有公司。2022年11月22日公司以24.5美元/股的价格发行了2346.94万股，融资总额达5.75亿美元。

增发融资额超过4亿美元的还有3家公司，分别是开发精神分裂症小分子药物的Intra-Cellular Therapies，Inc.（4.6亿美元）、致力于为自身免疫性疾病和炎症性疾病研究新的治疗化合物的Apellis Pharmaceuticals，Inc.（4亿美元），以及快速成长的基因诊断和生物信息技术公司Natera，Inc.（4亿美元）。前两家公司产品依然处于临床开发阶段，但后者在全美有很强的直销机构，还与全球超过70个实验室和分销合作伙伴建立了长期合作关系，包括许多国际最大的实验室机构。Natera，Inc.于2013年3月推出了非侵入性全景胎儿产前检测系统，目前在单细胞肿瘤检测领域具有一定的实力，年销售收入超过7亿美元。

此外，还有3家公司再融资总额超过3亿美元，19家公司募资总额在2亿—3亿美元，27家公司募资总额超过1亿美元，但低于2亿美元。再融资的相对活跃，为临床阶段的生物技术公司可持续发展提供了资金保障，也是生物技术产业健康发展的重要基础。

四、巨头再次发力并购

二级市场低迷一般会催生并购的高潮，2022年的国际生物医药并购市场依然符合这一特点。2022年生物技术领域共发生50多起有影响的并购交易，而且部分并购交易再次刷新了近几年的新纪录，安进、辉瑞和百时美施贵宝均有值得称道的并购纪录。

如前所述，2022年最大的并购交易由安进完成，12月12日，安进宣布以278亿美元的现金收购了Horizon。创立于2008年的Horizon公司2011年上市，2021年，该公司实现营业收入32.26亿美元，实现净利润5.34亿美元。有趣的是该公司自身也是并购专家，其成长一直与并购伴随，2014年，Horizon Pharma以6.6亿美元收购爱尔兰专科药企Vidara Therapeutics International，并将全球总部迁往爱尔兰都柏林。随后又相继收购了Nuvo Research、Hyperion Therapeutics、Crealta Holdings等生物制药公司，在公司的发展历程上，公司累计对外并购支出超过63亿美元。如今被安进收购，预计将在罕见病和风湿病领域给安进带来新的增量。但安进的并购并不是一帆风顺，强生、赛诺菲的加入，逼迫安进最后以全部现金及较高的价格才拿下Horizon。相比并购前的62美元/股的价格，Horizon股价实现了三级跳，最终安进以公告日价格112美元的价格击败竞争对手，相比初始价格，股价涨幅为80.6%。Horizon市场走势如图32-5所示。

图 32-5　Horizon 市场走势图

资料来源：Wind 资讯、西南证券整理

2022年交易金额居次席的是辉瑞并购 Biohaven。5月10日，辉瑞宣布以116亿美元现金收购 Biohaven（NYSE：BHVN），这是2022年规模第二大的医药行业并购事件，也是辉瑞自2016年以140亿美元收购 Medivation 以来的最大一笔交易。Biohaven 是一家中枢神经系统药物公司，其重磅药物 Rimegepant 在2021年销售额达4.6亿美元。2021年11月两家曾达成战略合作，辉瑞向后者支付5亿美元首付款获得 Rimegepant 以及在研药物小分子 CGRP（calcitonin gene related peptide，降钙素基因相关肽）受体拮抗剂 Zavegepant 的部分商业化权益，总交易额高达12.4亿美元。

除了完成年度第二大规模并购，辉瑞2022年还并购了血液病治疗药物公司 Global Blood Therapeutics 与呼吸道合胞病毒（respiratory syncytial virus，RSV）治疗药物公司 ReViral，其中 Global Blood Therapeutics 的并购规模达54亿美元，成为2022年生物医药领域第三大并购案例。

2022年第四大并购案例是百时美施贵宝以41亿美元收购 Turning Point Therapeutics。2022年8月17日，百时美施贵宝公司宣布已成功完成对 Turning Point Therapeutics 的收购，该收购是一项全现金交易。Turning Point Therapeutics 是一家处于临床阶段的致力于针对癌症驱动基因开发新一代肿瘤精准疗法的公司，拥有一系列针对与肿瘤发生相关的最常见突变的在研新药。其中 Repotrectinib 已获得美国食品药品监督管理局（Food and Drug Administration，FDA）授予的三项突破性疗法认定，是具有同类最佳（best-in-class）潜力的下一代酪氨酸激酶抑制剂（tyrosine kinase inhibitor，TKI）。目前百时美施贵宝公司的三大营收支柱药物 Revlimid、Eliquis、Opdivo 专利将分别在2025年、2027年和2028年到期。百时美施贵宝通过收购Repotrectinib可以快速切入ROS1靶点赛道，并缓解几款重磅药物的专利悬崖危机。

2022年第五大并购案例也是安进完成的。2022年8月4日，安进斥资37亿美元收购ChemoCentryx，是2022年的第五大交易。这一收购让安进巩固了在炎症和肾脏病学领域数十年的领导地位。Tavneos是一种口服给药的选择性补体5a（C5a）受体抑制剂，于2021年10月获FDA批准，作为严重活动性抗中性粒细胞胞质自身抗体（anti-neutrophil cytoplasmic antibodies，ANCA）相关血管炎成人患者的辅助治疗。

2022年位居前列的还有5月31日葛兰素史克宣布以33亿美元的价格收购Affinivax，以加强其疫苗管线。本次收购Affinivax是葛兰素史克自2015年收购诺华疫苗业务以来最大的疫苗交易。Affinivax的在研疫苗（AFX3772）包括24种肺炎球菌多糖加上两种保守的肺炎球菌蛋白，已经获得FDA的突破性疗法认定。其30多价肺炎球菌候选疫苗目前处于临床前开发阶段，适应证囊括了肺炎、脑膜炎、血液感染和鼻窦炎等。

2022年溢价最高的并购案例是10月3日阿斯利康旗下罕见病业务子公司Alexion宣布以6800万美元的价格收购临床阶段基因公司LogicBio，溢价比例达667%，股价单日涨幅达637.43%。此外还有两个案例交易价格溢价超过300%。Syncona以1.07亿美元收购基因疗法公司Applied Genetic，溢价率达344%；再生元制药以2.5亿美元收购Checkmate Pharmaceuticals，这是再生元制药自1988年成立以来第一次对外并购，溢价率达335%。

从2022年的并购案例来看，大公司业绩焦虑是并购的主要动因，而技术的突破和研发管线的丰富也为并购市场提供了更多优秀的标的。

五、生物新药（新疗法）占比提升

2022年，FDA共批准37款新药，相比2021年度的50款下降了26%（图32-6）。2022年批准的新药数告别了连续5年的高产量，但生物类新药（新疗法）占比从2019年的21%提升到2022年的49%。生物在新药创制领域终于撑起了制药界的半壁江山。按适应证看，抗肿瘤药物依然占据主导地位，2022年共有12款抗肿瘤药物获批，占比32.4%，比2021年的35%略有下降。

2022年1月，FDA批准基因泰克公司的Vabysmo（faricimab）上市，这是首款获FDA批准治疗下述两种眼科疾病的双特异性抗体，它可用于治疗湿性年龄相关性黄斑变性（age-related macular degeneration，AMD）和糖尿病性黄斑水肿（diabetic macular edema，DME），这两种疾病是成年人主要的视力丧失原因。2022年2月，FDA批准

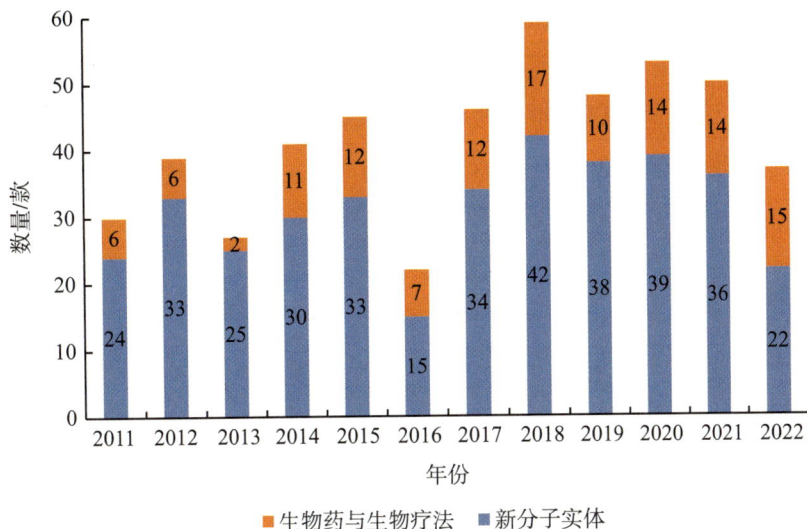

图32-6　FDA批准的新药数量

资料来源：CDER

传奇生物和强生合作开发的BCMA CAR-T疗法Carvykti（cilta-cel）上市，这是首款获得FDA批准的国产CAR-T疗法，它可用于治疗复发/难治性多发性骨髓瘤。2022年3月，FDA批准百时美施贵宝的Opdualag上市，这款产品由抗LAG-3单抗Relatlimab与抗PD-1单抗Nivolumab组成，用于治疗不可切除或转移性的黑色素瘤。Relatlimab的上市使LAG-3成为继PD-1和CTLA-4之后，第三个成功应用于临床的免疫检查点。2022年获批的另一个创新疗法是9月29日，FDA批准Amylyx制药公司开发的药物Relyvrio（苯丁酸钠和牛磺酸钠）用于治疗成人肌萎缩性脊髓侧索硬化症。临床前试验表明，这两种药物联用的协同效应，能够将神经细胞因为氧化应激而产生的死亡减少90%。FDA曾授予Relyvrio孤儿药资格和优先审评资格。除以上创新疗法外，2022年FDA批准的生物药和生物疗法还有如下十多个。

6月13日，FDA批准了Alnylam Pharmaceuticals公司的Amvuttra（vutrisiran），用于遗传性转甲状腺素蛋白淀粉样变性所致的多发性神经病治疗，该产品是一种由GalNAc递送的小干扰RNA，是其开创性siRNA药物Onpattro（patisiran）的后续产品。

8月17日，FDA批准了bluebird bio研发的首款针对β-地中海贫血患者潜在遗传病因的一次性基因疗法Zynteglo，适应人群覆盖了需要定期输血的所有基因型成人、青少年和儿童β-地中海贫血患者。Zynteglo的售价将高达280万美元。

9月1日，FDA批准勃林格殷格翰白细胞介素-36受体（IL-36R）单抗Spevigo（spesolimab）上市，用于治疗泛发性脓疱型银屑病（generalized pustular psoriasis，GPP）。这是首款获FDA批准的成人GPP疗法。

9月16日，FDA批准bluebird bio研发的Skysona上市，以减缓4—17岁男孩患有早期活动性脑肾上腺脑白质营养不良（cerebral adrenoleukodystrophy，CALD）的神经功能障碍的进展。这是首款FDA批准用于治疗CALD的基因疗法。该疗法定价高达300万美元，刷新了此前Zynteglo 280万美元的定价纪录，但该纪录年内就被另一个基因疗法所改写。

9月28日，FDA批准Dupixent®单抗（dupilumab）用于治疗成人结节性痒疹患者。

10月21日，阿斯利康的抗CTLA-4单抗tremelimumab（替西木单抗）获FDA批准上市，获批适应证为单次启动剂量的tremelimumab与度伐利尤单抗联用一线治疗不可切除的肝细胞癌。10月25日，强生旗下杨森宣布，FDA已批准BCMA/CD3双特异性抗体teclistamab上市，用于治疗复发/难治性多发性骨髓瘤。

11月10日，FDA批准Tremelimumab联合德瓦鲁单抗和含铂化疗治疗无EGFR敏感突变和ALK重排的转移性非小细胞肺癌患者。11月14日批准Immunogen公司的Mirvetuximab Soravtansine（商品名：Elahere）注射液上市，用于治疗既往接受过1—3种系统治疗的叶酸受体α阳性、高铂耐药的上皮性卵巢癌、输卵管癌或原发性腹膜癌成年患者。11月17日，FDA批准了Tzield（Teplizumab-mzwv）作为首个也是唯一的1型糖尿病免疫调节疗法，用于延缓8岁及以上的2期1型糖尿病成人和儿童患者的3期1型糖尿病发病，这也是100年前发现胰岛素以来对该病症的最大治疗突破。

2022年11月，FDA批准CSL Behring/uniQure的Hemgenix（etranacogene dezaparvovec）上市，这是首个获批治疗B型血友病的基因疗法。B型血友病是一种出血性遗传病，患者因为先天遗传的基因缺陷，肝脏无法制造凝血因子IX，会出现血液凝固障碍。据悉，该药每剂的价格高达350万美元，刷新了全球药物售价纪录。作为一款一次性基因治疗产品，该疗法以腺相关病毒（adeno-associated virus，AAV）为载体，通过静脉输注形式递送B型血友病所缺乏的凝血因子IX，在肝脏中表达并产生因子IX蛋白，增加因子IX的血液水平从而限制出血发作。该疗法的批准也带热了全球基因治疗的研究。

12月16日，FDA宣布，批准Ferring Pharmaceuticals公司的基因疗法Adstiladrin（nadofaragene firadenovec）上市，用于对卡介苗（BCG）无应答的高风险非肌层浸润性膀胱癌（non-muscle-invasive bladder cancer，NMIBC）患者。这些患者携带原位腺癌（crinoma in situ，CIS），可能携带或不携带乳头状肿瘤。FDA的新闻稿表示，这是FDA批准的首款用于治疗这一适应证的基因疗法。

12月22日，罗氏制药子公司Genentech宣布，FDA已批准其CD20×CD3 T细胞结合双特异性抗体Mosunetuzumab（商品名：Lunsumio）在美国上市，此前该产品已经获准有条件在欧盟上市。

12月28日，TG Therapeutics公司宣布，其CD20单抗ublituximab新药上市申请获FDA批准，用于治疗复发型多发性硬化症（remitting multiple sclerosis，RMS）。

纵观近几年FDA批准的新药，随着人类对生命科技的认知加深，生物技术在根除疾病、维护健康的能力和手段上也日益丰富。这些科技与产品的发展，也为资本提供了更多的投资机会，加速了生命科学和人类健康事业的发展。

第二节　国　内　篇

一、生物医药投融资暂入佳境

2022年国内生物医疗健康产业依然保持高活跃度，投融资继续保持在高位运行。2022年国内沪深京市场有99家公司完成了1395.01亿元的融资，与2021年相比，融资公司数减少了33家，降幅为25%，融资总额增加了23.75亿元，同比增长1.73%。其中，55家公司首发融资807.34亿元，29家公司完成增发融资469.34亿元，17家公司完成可转债和可交换债融资118亿元（图32-7）。

图32-7　国内资本市场生物医疗健康板块直接融资分析
资料来源：Wind资讯、西南证券整理

2022年的疫情防控虽然拉高了部分防疫医疗物资的需求，但也使正常的医疗服务受到冲击。2022年医药制造业实现收入29 111.4亿元，同比下降1.6%，实现利润4288.7亿元，同比下降31.8%，呈现出减收减利的态势。

行业资产合计47 885.3亿元，同比增长8.2%，负债合计18 833.8亿元，同比增长9.4%，行业资产负债率为39.3%，仍然处于历史低水平，但较2021年提高0.66个百分点。利润的减少和债权融资的增加是行业资产数据出现细微变化的主要因素。不过整个制药行业总体依然保持良好的资产结构（图32-8）。

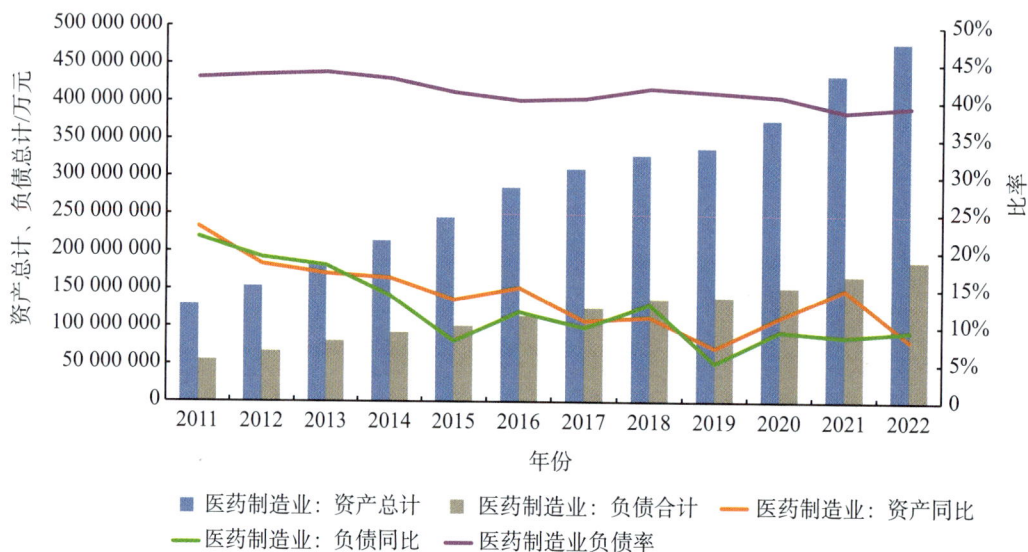

图32-8　国内医药制造业资产分析
资料来源：Wind资讯、西南证券整理

二、市场服务步入佳境

2022年的55家公司内地市场首发融资继续由科创板领跑。从首发公司板块与市场看，55家公司分布在上证主板4家、科创板24家、创业板22家、北京证券交易所（简称北证）5家，从融资额结构看，科创板首发融资额为459.2亿元，占比为59.8%，与2021年相比融资额下降27.6%；创业板首发融资额为253.9亿元，占比为33.0%，融资额减少2.3%；上证主板首发融资额为44.6亿元，占比为5.8%；北证首发融资额为10.8亿元，占比为1.4%（图32-9）。

经过多年的发展与建设，国内资本市场已趋于完善，不仅有成熟企业融资的沪深主板市场，还有满足高成长中小企业融资的创业板、科技型未盈利企业融资的科创板，以及科技成长型小微企业融资的北证。不同类型的生物医药企业均可以找到与之匹配的直接融资场所，成为助力生物产业发展的重要金融平台。

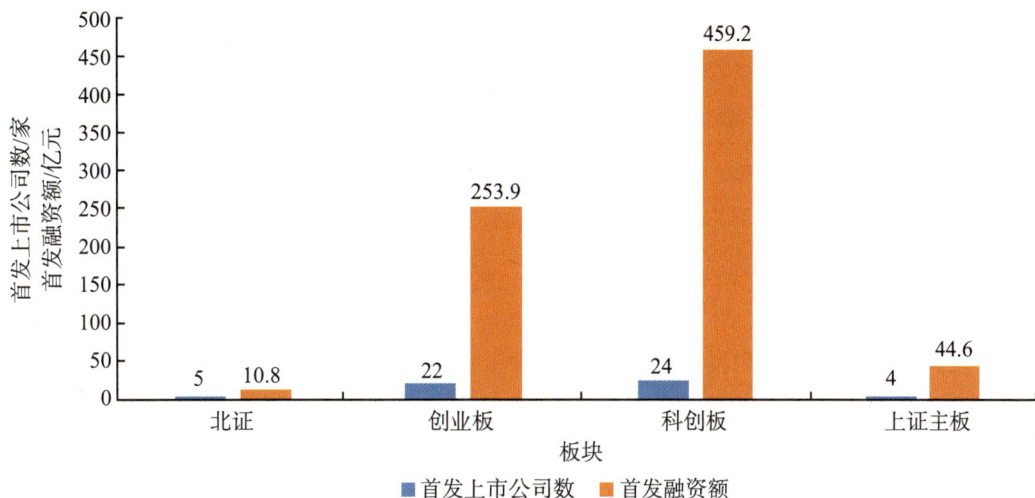

图32-9　国内市场生物医疗健康首发融资板块分布
资料来源：Wind资讯、西南证券整理

2022年国内资本市场医疗健康领域首发融资总额居前的是三家科创板企业和两家创业板企业，联影医疗（109.88亿元）、三元生物（36.86亿元）、华大智造（36.02亿元）、迈威生物-U（34.77亿元）、华夏眼科（30.53亿元）分别位列榜首前五，其中三元生物和华夏眼科在创业板上市。

融资首位的联影医疗是一家总部位于上海，为全球客户提供高性能医学影像设备、放射治疗产品、生命科学仪器及医疗数字化、智能化解决方案的公司。公司在美国、马来西亚、阿联酋、波兰等地设立区域总部及研发中心，在上海、常州、武汉、美国休斯敦进行产能布局，已建立全球化的研发、生产和服务网络。公司的首发融资受到市场热捧，发行价格达109.88元/股，发行市盈率达77.69倍。

三元生物是国内较早开始工业化生产赤藓糖醇的专业厂商，自2007年成立以来公司专注深耕赤藓糖醇产品十余年，先后攻克菌种选育、配方优化、发酵控制、结晶提取等多个环节的工艺难题，逐步成长为全球赤藓糖醇行业领导者之一。公司2022年以109.3元/股的价格发行了3372.1万股，融资总额达36.86亿元。

华大智造是全球领先的基因测序仪和实验室自动化两大设备供应商，近几年围绕全方位生命数字化布局了如远程超声机器人等新兴领域产品。公司在2022年8月以87.18元/股的价格发行了4131.95万股，融资总额达36.02亿元。

排名第四的迈威生物-U是一家尚未盈利的创新药研发公司，公司在2021年底公告募股，2022年初上市。公司是一家位于上海的抗体药物研发企业，公司已有1个进入商业化阶段品种，14个在研品种，包括11个创新药，4个生物类似药，覆盖自身免疫、肿瘤、代谢、眼科、感染等多个治疗领域。其中，9MW0113为修美乐的生物类似药，于 2022 年 3 月获得治疗类风湿关节炎、强直性脊柱炎及银屑病的药品上市许可。

除了迈威生物 -U，2022 年还有诺诚健华 -U、益方生物 -U、首药控股 -U、微电生理 -U、海创药业 -U、盟科药业 -U 和百利天恒 -U 七家公司获准在科创板上市，合计融资金额达 107.66 亿元。这样非营利生物类公司科创板融资总额达 143.42 亿元，占到了科创板融资总额的 31%。此外，2022 年还有三家未盈利公司完成了再融资，分别是君实生物 -U、神州细胞 -U 和前沿生物 -U，融资金额分别为 39.69 亿元、22.40 亿元和 3.0 亿元。

从细分行业看，生物科技领域的首发融资依然活跃，而且从行业分布看，紧跟国际行业发展态势的特征非常明显。说明近几年国内生物医药创新发展在多因素共振的背景下，已经开始进入一个良性的发展阶段。

2022 年 29 家增发融资居前的公司分别是上海医药（139.75 亿元）、复星医药（44.84 亿元）、君实生物 -U（37.77 亿元）、爱尔眼科（35.36 亿元）和万泰生物（35.00 亿元）。此外，万东医疗以 12.71 元 / 股的价格向美的集团定向增发 16 224.49 万股，使这家老牌医疗设备公司焕发新的生机，高端医疗设备自主是当前生物医疗领域的关键，这也是家电制造商进军健康领域后迈出的一步战略投资。

2022 年 8 家公司发行了可转换债券，合计融资达 75.43 亿元，其中发行规模最大的三家公司分别是科伦药业（30 亿元）、药石科技（11.5 亿元）和九强生物（11.39 亿元），票面利率和补偿利率合计均不超过 3%，期限均为 6 年。

三、并购交易依然活跃

2022 年的并购交易整体呈现回落态势，全行业统计数据显示，医疗健康领域 2022 年并购交易无论是从案例数还是交易金额看，都呈现典型回落态势。2022 年并购交易金额 362.45 亿元，相比 2021 年的 347.8 亿元同比增长 4.2%，交易案例数 171 个，相比 2021 年度 100 个同比增长 71%（图 32-10）。

从上市公司的并购数据看，2022 年的并购也明显回落而且季度分布不均。云南白药认购上海医药非公开发行股份获其 18.02% 股权（109 亿元）、华润三九收购昆药集团 28% 股权（29 亿元）和天坛生物增资成都蓉生 4.45% 的股权（25.4 亿元）分列 2022 年并购前三。此外，白云山收购广州医药 18.1847% 股权交易金额也超过 10 亿元。

相比美国的制药巨头为专利过期而担忧展开并购，国内医药行业的并购更多的是为了巩固传统市场，而快速成长的生物科技型企业在良好的资本市场氛围中，更多地选择自主发展而相对排斥大企业的收购兼并。

图32-10　国内上市公司生物科技并购分析
资料来源：Wind资讯、西南证券整理

四、多因素致市值缩水

相比融资和并购市场的繁荣，2022年二级市场生物科技公司的表现却不尽如人意。其中既有资本市场自身整体（2022年上证指数−15.13%、深圳综指−25.83%）调整的因素，也有行业自身因素（如招标采购），还与新冠疫情接近尾声，相关抗疫市场需求萎缩相关。

行业市值排名冠亚军依然没有变化，药明康德和智飞生物依然位居榜单前列。但两家公司的市值缩水都在30%左右。爱美客依靠5.6%的市值增长超过万泰生物跻身前三，这四家公司也是2022年底生物科技板块市值超过千亿元的公司，而2021年的长春高新、康龙化成和泰格医药则跌出千亿元市值公司榜单（表32-1）。

表32-1　2022年市值前20名生物科技公司

证券简称	2022 年市值 / 亿元	2021 年市值 / 亿元	市值变化	营业总收入 2021 年报 / 亿元	净利润 2021 年报 / 亿元
药明康德	2369.0	3472.9	−31.8%	229.02	51.36
智飞生物	1405.3	1993.6	−29.5%	306.52	102.09
爱美客	1225.4	1159.9	5.6%	14.48	9.57
万泰生物	1148.0	1344.6	−14.6%	57.50	20.79

续表

证券简称	2022 年市值 / 亿元	2021 年市值 / 亿元	市值变化	营业总收入 2021 年报 / 亿元	净利润 2021 年报 / 亿元
泰格医药	884.5	1057.3	−16.3%	52.14	33.92
康龙化成	770.5	1064.4	−27.6%	74.44	16.20
长春高新	673.7	1098.4	−38.7%	107.47	38.97
华熙生物	650.8	745.4	−12.7%	49.48	7.76
沃森生物	645.2	900.0	−28.3%	34.63	6.01
上海莱士	427.4	459.7	−7.0%	42.88	12.89
华兰生物	412.9	531.6	−22.3%	44.36	14.54
天坛生物	391.0	397.7	−1.7%	41.12	10.69
荣昌生物	372.9			14.26	2.76
安图生物	362.6	322.8	12.3%	37.66	9.80
凯赛生物	357.5	767.9	−53.4%	21.97	6.47
康泰生物	353.3	677.1	−47.8%	36.52	12.63
昭衍新药	293.6	402.6	−27.1%	15.17	5.56
我武生物	288.5	300.0	−3.8%	8.08	3.26
百克生物	285.3	283.2	0.7%	12.02	2.44
康希诺	246.7	539.3	−54.3%	43.00	19.07

资料来源：Wind 资讯、西南证券整理

2022 年市值增长排名前 20 的公司还有安图生物（12.3%）和百克生物（0.7%），整个生物科技板块 124 家公司中，仅有 12 家公司 2022 年市值同比表现为增长，增长幅度最大的三家公司分别是双成药业、瀚宇药业和迪瑞医疗（图 32-11）。

双成药业是国内化学合成多肽行业的重点企业，一直从事化学合成多肽药物的研发、生产和销售。公司生产和销售的多肽药物主要包括注射用胸腺法新、注射用生长抑素、注射用胸腺五肽等。公司近两年收入表现为增长，但净利润一直处于亏损。市值增幅排名第二的瀚宇药业也是一家多肽研发生产企业，近几年公司经营也面临不小压力，但公司 2022 年研发出一款新型多肽膜融合抑制剂 HY3000 鼻喷雾剂，通过与新冠病毒刺突蛋白 HR1 区域结合，阻止病毒六螺旋束结构形成，阻断病毒侵染细胞以达到抗病毒效果。产品预期在 2023 年临床试验申请能够获批。

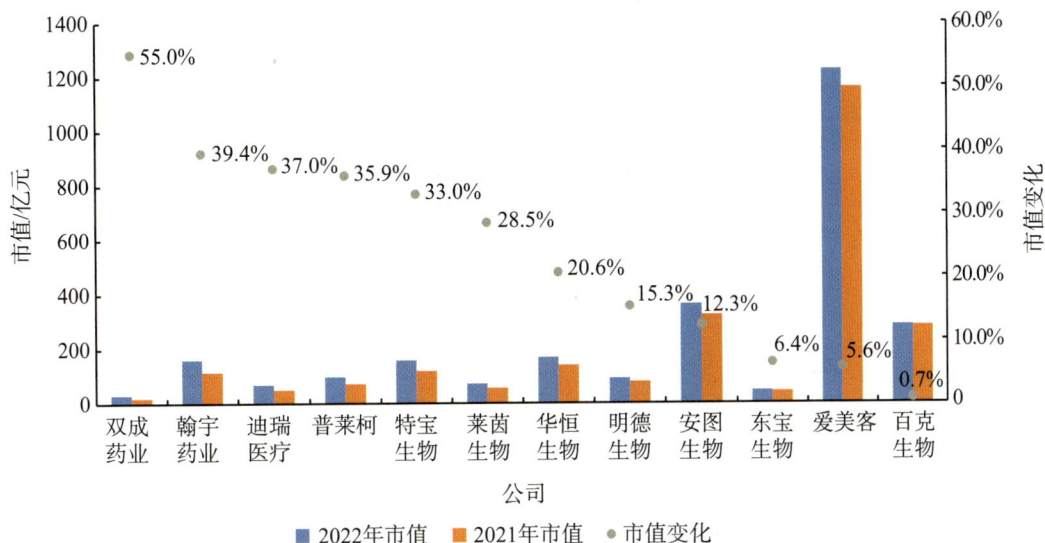

图32-11 2022年国内市场市值增长最快的生物科技公司

资料来源：Wind资讯、西南证券整理

市值增幅排名第三的是迪瑞医疗，公司是国内领先的医疗检验仪器及配套试纸试剂制造商，公司产品主要包括尿液分析、尿有形成分分析、生化分析、血细胞分析、化学发光免疫分析、妇科分泌物分析系统等系列，液体尿液分析质控液技术是国内首创；率先在国内研制出CS-800型全自动生化分析仪、H-800型全自动尿液分析仪，FUS-100全自动尿有形成分分析仪采用流式细胞技术及影像法进行尿有形成分的识别与分类，填补了国内空白。公司产品出口到100多个国家和地区。公司2022年前三季度营收和利润增长幅度都在20%以上。

五、PEVC融资创新低

2022年PEVC（private equity and venture capital，私募股权投资与创业投资）投资低迷，医疗健康领域全年有451个PEVC投资案例，合计投资金额349.27亿元，分别下降64.5%和16.9%。其中有97.98亿元投资了108个生物科技公司，同比下降75.5%和58.9%（图32-12、图32-13）。

从投资案例分布看，A轮、B轮和战略投资案例居多，分别占投资案例数的27.3%、22.2%和17.1%。天使轮投资占比为9.5%，与稍后期的Pre-A+合计占比为20.4%，说明资金依然在寻找更加早期的投资机会。

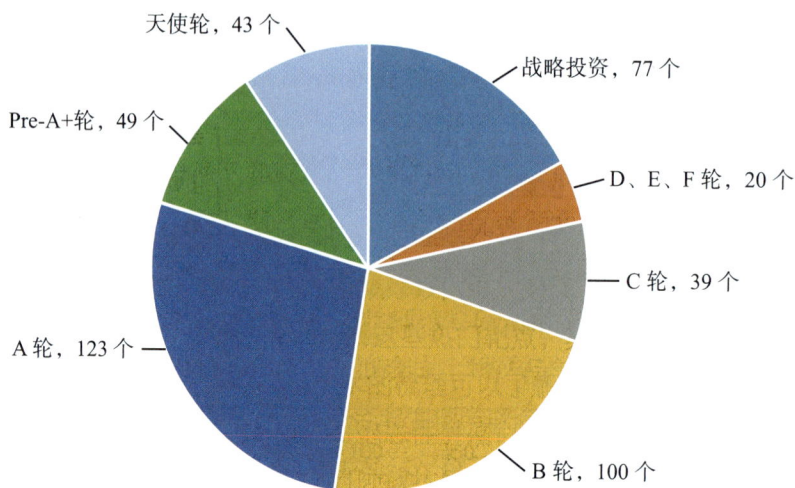

图32-12　国内医疗健康领域投资案例轮次分布
资料来源：Wind 资讯、西南证券整理

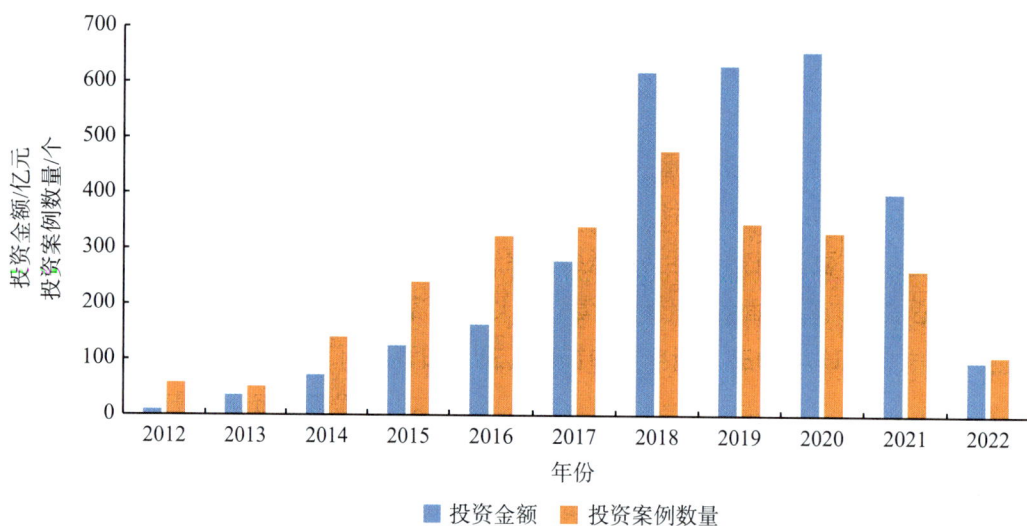

图32-13　国内 PEVC 投资生物科技年度分析
资料来源：Wind 资讯、西南证券整理

2022年的PEVC投资面临三重压力，一是资金的压力，近几年创投市场资金募集持续低迷，资金源头非常紧张；二是新冠疫情防控导致的实地调研障碍，2022年各地不间断的疫情管制致使许多调研活动推迟；三是市场估值压力，相对低迷的二级市场也给投资机构以较大的心理压力。

但即使如此，2022年依然诞生了不少优秀的投资案例（表32-2）。

表32-2　2022年融资规模居前（≥30 000万元）的投资案例

披露日期	融资企业	行业	融资轮次	融资金额/万	融资币种
2022-08-02	山东泰邦生物制品有限公司（泰邦生物）	生物科技	A	30 000.00	美元
2022-01-01	拨云生物医药科技（广州）有限公司（拨云制药）	生物科技	C	13 000.00	美元
2022-03-28	深圳深信生物科技有限公司	生物科技	B	12 000.00	美元
2022-11-07	上海泽纳仕生物科技有限公司	生物科技	B	11 800.00	美元
2022-05-09	瑞石生物医药有限公司	生物科技	A	10 000.00	美元
2022-01-12	上海臻格生物技术有限公司（臻格生物）	生物科技	C	10 000.00	美元
2022-08-22	苏州博腾生物制药有限公司（苏州博腾生物）	生物科技	B	52 000.00	人民币
2022-09-24	上海瑞宏迪医药有限公司（瑞宏迪）	生物科技	A	49 773.71	人民币
2022-06-02	亿一生物医药开发（上海）有限公司	生物科技	战略投资	7 000.00	美元
2022-05-18	来凯医药科技（上海）有限公司（来凯医药）	生物科技	D	6 100.00	美元
2022-05-30	上海原能细胞生物低温设备有限公司（原能生物）	生物科技	A	41 000.00	人民币
2022-01-26	上海傅利叶智能科技有限公司（傅利叶智能科技）	生物科技	D	40 000.00	人民币
2022-01-05	苏州克睿基因生物科技有限公司（克睿基因）	生物科技	B	6 000.00	美元
2022-06-02	阅尔基因技术（苏州）有限公司	生物科技	B	5 000.00	美元
2022-03-04	应世生物科技（南京）有限公司	生物科技	B	5 000.00	美元
2022-01-26	广州思安信生物技术有限公司（广州思安信）	生物科技	A	30 000.00	人民币
2022-06-08	上海鹍远生物技术有限公司（鹍远基因）	生物科技	B+	30 000.00	人民币

资料来源：Wind资讯、西南证券整理

2022年PEVC融资最大的生物科技公司是山东泰邦生物制品有限公司，该公司是在山东省生物制品研究所的基础上，于2002年11月1日重组成立的合资公司，公司主要是以血液制品、生化制药为主，拥有血液制品和小容量注射剂两个GMP生产车间，目前是山东省唯一的血液制品公司。2022年公司获得3亿美元的A轮融资。

融资额排名第二的拨云生物医药科技（广州）有限公司于2018年9月30日成立。公司主要从事药品研发，创始人此前在眼力健和惠氏制药从事新药研究与科研管理。

2022年公司获得了1.3亿美元的C轮融资。

融资排名第三的深圳深信生物科技有限公司是一家位于深圳的新型疫苗及药物研发企业，基于mRNA技术及国际领先的自主知识产权脂质纳米粒（lipid nanoparticle，LNP）递送技术，从事预防性和治疗性新型疫苗的开发。公司曾获得"影响未来的8家中国RNA企业"等若干殊荣。2022年公司获得1.2亿美元的B轮融资。

上海泽纳仕生物科技有限公司融资1.18亿美元居第四，公司于2021年11月11日成立。从事生物科技、医疗科技领域内的技术服务、技术开发、技术咨询、技术交流、技术转让、技术推广等业务。2022年11月获得1.18亿美元的B轮融资。

2022年还有两家公司融资额达1亿美元，分别是瑞石生物医药有限公司和上海臻格生物技术有限公司。前者是一家专注于研究开发创新免疫和炎症疗法及精准治疗药物的领先生物制药公司，总部位于上海，并在北京和美国设有实验室。公司新一代高选择性JAK1抑制剂艾玛昔替尼片（Ivarmacitinib tablet），用于治疗成人和12岁及以上青少年特应性皮炎，目前已经完成Ⅲ期临床，2022年公司完成1亿美元的A轮融资。上海臻格生物技术有限公司是一家CRO服务公司，公司提供从临床前开发到商业化生产的全方位CDMO服务，助推和加速全球药企和科研机构的大分子生物药物的研发和产业化进程。臻格生物的核心业务覆盖大分子生物药CDMO、抗体偶联药物CRDMO、哺乳动物细胞培养基配方开发及生产服务、分析检测服务、质量及注册服务等。公司2022年完成1亿美元的C轮融资。

从投资币种看，2022年生物科技公司PEVC融资前六的案例都是美元基金，此外，排名居前的还有5个案例也是美元基金。合计2022年融资额超过3亿元人民币的17个投资案例有11个是美元基金，仅有6个案例是人民币基金投资。这一现象是国内生物科技领域的一个里程碑，说明国内生物科技公司的潜力已经获得国际资本的青睐。

国内人民币基金投资的两个比较大的案例分别是苏州博腾生物制药有限公司完成5.2亿元的B轮融资，以及上海瑞宏迪医药有限公司完成49 773.71万元的A轮融资。前者作为上市公司博腾股份的子公司，主要专注于细胞和基因治疗。后者主要从事腺相关病毒（adeno-associated virus，AAV）基因治疗药物和治疗型mRNA药物的产业化研发和临床应用，包括AAV基因治疗载体和mRNA脂质体载体的前端筛选、生产工艺优化、GMP生产、临床质控标准和临床试验等，公司管线开发药物聚焦神经、眼科、心力衰竭、代谢、肿瘤等多个热门领域。这也是继和元生物上市后，国内基因治疗领域的两个比较大的融资案例。

六、香港市场融资萎缩

2022年有24家公司在香港市场首发融资上市，合计募资约79.32亿港元，相比

2021年分别下降22.6%和87.7%（表32-3）。

表32-3 2022年香港市场首发融资生物医疗公司

代码	名称	发行价格/港元	发售募资净额/万港元	实际发行总数/万股	上市日期
2157.HK	乐普生物-B	7.13	80 420.000 0	12 777.500 0	2022-02-23
2325.HK	云康集团	7.89	76 090.000 0	14 625.050 0	2022-05-18
2179.HK	瑞科生物-B	24.80	67 240.000 0	3 471.300 0	2022-03-31
6639.HK	瑞尔集团	14.62	58 990.000 0	4 652.750 0	2022-03-22
2291.HK	心泰医疗	29.15	56 730.000 0	2 245.500 0	2022-11-08
2367.HK	巨子生物	24.30	49 580.000 0	2 600.000 0	2022-11-04
9955.HK	智云健康	30.50	48 170.000 0	1 900.000 0	2022-07-06
2315.HK	百奥赛图-B	25.22	47 110.000 0	2 446.850 0	2022-09-01
2373.HK	美丽田园医疗健康	19.32	38 720.000 0	4 661.650 0	2023-01-16
6929.HK	业聚医疗	8.80	36 680.000 0	5 463.300 0	2022-12-23
9886.HK	叮当健康	12.00	34 160.000 0	3 353.700 0	2022-09-14
2407.HK	高视医疗	51.40	28 310.000 0	1 310.410 0	2022-12-12
2172.HK	微创脑科学	24.64	27 810.000 0	1 370.000 0	2022-07-15
1244.HK	3D MEDICINES-B	24.98	25 110.000 0	1 676.500 0	2022-12-15
1406.HK	清晰医疗	1.60	16 290.000 0	13 600.000 0	2022-02-18
9877.HK	健世科技-B	27.80	15 480.000 0	807.640 0	2022-10-10
6667.HK	美因基因	18.00	15 340.000 0	1 196.180 0	2022-06-22
6955.HK	博安生物-B	19.80	15 280.000 0	1 069.480 0	2022-12-30
6922.HK	康沣生物-B	18.90	13 990.000 0	1 111.000 0	2022-12-30
0314.HK	思派健康	18.60	12 040.000 0	991.940 0	2022-12-23
2297.HK	润迈德-B	6.24	7 890.000 0	2 379.900 0	2022-07-08
1947.HK	美皓集团	0.84	7 490.000 0	15 000.000 0	2022-12-14
2427.HK	GUANZE MEDICAL	0.53	7 330.000 0	19 285.000 0	2022-12-29
6660.HK	艾美疫苗	16.16	7 001.000 0	1 106.260 0	2022-10-06

资料来源：Wind资讯、西南证券整理

募资净额最大的是乐普生物-B，这是一家聚焦于肿瘤治疗领域的生物制药企业，公司已构建多个肿瘤产品管线，有多个产品在国内和美国开展临床研究。公司以7.13港元/股的价格发行了约1.28亿股，融资净额约8.04亿港元。排名第二的是云康集团，一家专注于诊断检测领域的生物科技公司，为医疗机构提供全套的诊断检测服务，首发募资净额约7.6亿港元。排名第三的是瑞科生物-B，公司是一家创新型疫苗公司，拥有高价值疫苗组合，并由自主研发的新型佐剂技术及蛋白工程技术所驱动。一款重组HPV九价疫苗目前处于Ⅲ期临床试验阶段，公司首发募资净额约6.72亿港元。

导致香港市场生物科技公司首发融资萎缩的因素除了交易所之间的竞争，还有新冠疫情防控带来的人员交往减少等因素。相信随着2023年疫情防控进入一个新的阶段，国内与国际交往逐步恢复，2023年生物科技领域的投融资活动会好于2022年，行业发展有望再迎来一个新的繁荣。

撰 稿 人：张仕元　西南证券股份有限公司

通讯作者：张仕元　zsyatlas@263.net

第九篇

生物领域专利分析

第三十三章 免疫细胞治疗专利分析

免疫细胞治疗是利用人体自身或供体来源的免疫细胞，经过体外扩增或转化，再回输到患者体内，激发或增强机体的免疫功能，从而清除肿瘤细胞、病原体感染等异常细胞的治疗方法。免疫细胞治疗主要包括：肿瘤浸润性淋巴细胞（tumor infiltrating lymphocyte，TIL）疗法、细胞因子诱导的杀伤（cytokine-induced killer，CIK）细胞疗法、树突状细胞（dendritic cell，DC）疗法、DC-CIK细胞疗法、淋巴因子激活性杀伤（lymphokine-activated killer，LAK）细胞疗法、自然杀伤（natural killer，NK）细胞疗法等。近年来，随着国内外政策的放宽与大力支持，免疫细胞治疗相关的研究逐步成为研发的热点。本章通过文献调研、专利分析等方法，对免疫细胞治疗的产业发展概况进行综述，并重点对免疫细胞治疗的重点分支嵌合抗原受体自然杀伤（CAR-NK）细胞的专利申请趋势、地区分布、主要申请人、研发靶点及临床研究情况进行分析，以期为免疫细胞治疗领域的生物技术公司技术研发和专利布局提供参考。

第一节 免疫细胞治疗产业概况

一、免疫细胞治疗产业研发现状

（一）免疫细胞治疗全球竞争格局

自2017年美国FDA批准两款免疫细胞治疗产品上市以来，免疫细胞治疗行业在全球范围内进入快速爆发期。全球2021年免疫细胞治疗产品研发管线共有2073个，相比于2020年增加572个，增长率高达38%，由此可见免疫细胞治疗的火热程度。从竞争格局来看，美国和中国免疫细胞治疗行业走在世界前列。截至2021年，中美两国的免疫细胞治疗产品研发管线分别为791个和695个，占全球比例分别为38%和34%。

嵌合抗原受体 T（CAR-T）细胞、T 细胞抗原受体 T（TCR-T）细胞、自然杀伤 / 自然杀伤 T（NK/NK-T）细胞是免疫细胞治疗的主要研究对象，以 CAR-T 细胞治疗热度最高。在不同类型的免疫细胞治疗中，CAR-T 细胞疗法继续占据主导地位，增加了 299 种 CAR-T 新药物，比 2020 年同期增加了 35%。大多数 CAR-T 细胞疗法（80%）处于临床前和临床Ⅰ期阶段。TCR-T 细胞疗法增加了 80 种新药，其次是 NK/NK-T 细胞疗法，增加了 67 种（图 33-1）。

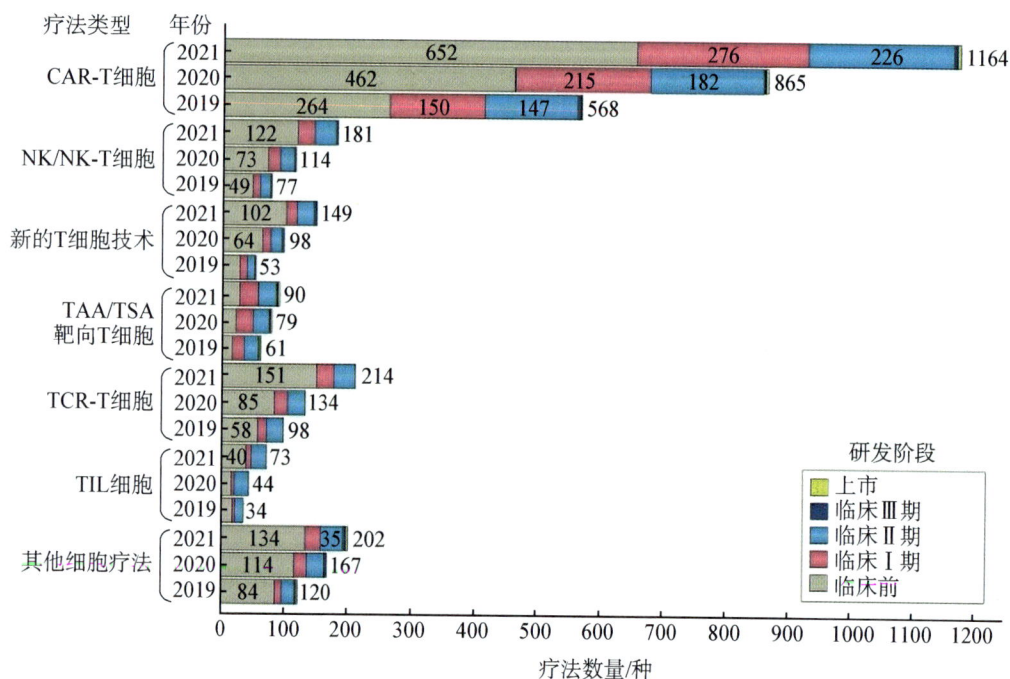

图 33-1　免疫细胞治疗研发状况统计

研究靶点较为集中且血液瘤研究居多，免疫细胞治疗用于实体瘤治疗有待突破。对于癌症细胞疗法的靶点，CD19、BCMA、CD22 仍是血液类癌症研究最多的靶点，但 2021 年增长率（分别为 15%、23% 和 56%）相比上一年度（分别为 51%、83% 和 80%）已显著减缓。实体瘤一直是癌症细胞治疗的难点，实体瘤细胞疗法靶点变化不大，未公开的肿瘤相关抗原（TAA）最多，接下来是 HER2、MSLN、GD2、EGFR、GPC2/3。值得一提的是，GPC2/3 靶点自 2019 年以来迅速增长，几乎每年翻一番，主要是针对肝癌治疗。

（二）国内免疫细胞治疗产业情况

2017 年，CFDA 发布《细胞治疗产品研究与评价技术指导原则（试行）》，将免疫细胞治疗产品作为药品监管，明确免疫细胞研究需要获得临床研究批件，是中国免疫细胞治疗行业规范化管理的重要里程碑。2018 年 3 月，南京传奇生物科技有限公司正式收到NMPA关于LCAR-B38M CAR-T细胞自体回输制剂研究的临床试验批件，这是中国首个获批的CAR-T细胞疗法临床试验申请。2021年，NMPA批准两款CAR-T上市；2022年2月，中国药企研发的CAR-T产品西达基奥仑赛（LCAR-B38M/JNJ-4528，也称cital-cel）成功在美国上市销售。

2014—2018年中国细胞免疫治疗行业市场规模从570.6亿元增长至925.4亿元，年复合增长率达到12.9%。未来五年，免疫细胞治疗行业市场将在规范管理中保持理性化增长，年复合增长率为10.4%，预计2023年市场规模将达到1520.7亿元。

中国免疫细胞治疗行业处于快速发展时期，新兴企业不断涌入市场，并开始向全产业链方向布局，各个环节相互支撑，集采集、存储、科研与临床于一体的产业链已基本形成。从中国细胞存储市场构成来看，近五年细胞储存企业快速发展，部分企业已逐步建成全国性细胞资源库。中国细胞资源供应企业包括中源协和、冠昊生物、安科生物等。免疫细胞治疗中应用的设备与仪器主要包括生物感应器、细胞分离机、细胞培养箱及配套风险监控系统，相关设备90%以上依赖进口。纽约癌症研究所（Cancer Research Institute）统计数据显示，截至2019年3月，全球共有1011个免疫细胞疗法试验，其中中国有305个，全球占比达30%。从免疫细胞疗法来看，基于CAR-T技术的免疫细胞疗法研究最为集中。中国已有CAR-T细胞疗法临床试验超过200项，有南京传奇、聚明生物等多个临床试验申请获NMPA批准，适应证包括急性淋巴白血病、骨髓瘤、淋巴瘤、乳腺癌等。

二、免疫细胞治疗重要产品

截至2022年初，全球经批准的免疫细胞治疗产品共12种，分别是CAR-T细胞8种，DC细胞3种，CIK细胞1种。目前只有T细胞和DC细胞产品被批准上市。其中大多数T细胞产品是用于血液系统恶性肿瘤的CAR-T细胞疗法，而DC细胞产品是用于治疗实体肿瘤的疫苗。

（一）CAR-T细胞疗法产品

目前全球市场上共有8种CAR-T细胞疗法产品获上市批准。2017年，美国FDA批准全球第一款CAR-T细胞疗法Kymriah（表33-1）。Kymriah适用于复发/难治性及青少年B细胞急性淋巴性白血病（ALL），主要用于青少年、儿童患者。

2020年，第三款CAR-T细胞疗法产品Tecartus获得美国FDA批准。Tecartus适用于治疗成人复发/难治性套细胞淋巴瘤（MCL），这是一种侵袭性、罕见的非霍奇金淋巴瘤。Tecartus制备过程包括一个丰富T细胞群的步骤，并从患者外周血单个核细胞（PBMC）中去除循环肿瘤细胞（CTC），目的是防止CAR-T细胞在体外制备过程中活化和随后耗尽。

表33-1　全球获批CAR-T细胞疗法产品统计

药品名	细胞	靶点	适应证	获批时间和地点	备注
Yescarta（凯特）	CAR-T	CD19	ALL、DLBCL	2017年（美国），2018年（欧盟），2019年（加拿大）	第一款针对非霍奇金淋巴瘤的CAR-T细胞疗法
Tecartus（凯特）	CAR-T	CD19	MCL	2020年（美国）	第一款针对套细胞淋巴瘤的CAR-T药物
Kymriah（诺华）	CAR-T	CD19	NHL	2017年（美国），2018年（欧盟），2018年（加拿大），2019年（澳大利亚，以色列，瑞士）	第一款FDA批准上市的CAR-T细胞疗法
Breyanz（百时施贵宝）	CAR-T	CD19	DLBCL	2021年（美国）	—
Abecma（百时施贵宝）	CAR-T	BCMA	MM	2021年（美国）	第一款FDA批准上市的靶向BCMA的CAR-T细胞疗法
奕凯达（复星凯特）	CAR-T	CD19	LBCL	2021年（中国）	—
倍诺达（药明巨诺）	CAR-T	CD19	LBCL	2021年（中国）	—
西达基奥仑赛（传奇/强生）	CAR-T	BCMA	MM	2022年（美国）	中国企业研发，在美国上市

（二）CIK细胞疗法产品

目前全球市场上只有1种CIK细胞疗法产品获上市批准。ImmunCell-LC是一种自体细胞因子诱导杀伤细胞疗法，在2007年获得韩国KFDA批准，并在2018年获得美国FDA孤儿药资格认定。它被用于肝细胞癌、脑肿瘤和胰腺癌切除后的辅助治疗，通过清除残余肿瘤细胞实现治疗作用。ImmunCell-LC的制备：通过分离外周血单个核细胞（PBMC），然后用IL-2和抗CD3抗体一起刺激培养，最后得到活化的混合的一群异质性T细胞。

（三）DC细胞疗法产品

目前全球市场上共有3种DC细胞疗法产品获上市批准。DC疫苗是免疫细胞治疗的另一个活跃领域，主要采用自体细胞。2010年，Provenge获得美国FDA批准，用于治疗激素难治性前列腺癌。Provenge是美国FDA批准的第一个DC细胞疗法，也是FDA批准的唯一的DC细胞疗法。

2007年，自体DC细胞疗法CreaVax-RCC被韩国KFDA批准，用于肾细胞癌的治疗。2017年，自体DC细胞疗法APCeden被印度CDSCO批准，用于治疗前列腺癌、卵巢癌、结直肠癌和非小细胞肺癌等疾病的治疗（表33-2）。

表33-2　全球获批DC细胞疗法产品统计

药品名	细胞	适应证	获批时间和地点	制造商
Provenge	DC	激素难治性前列腺癌	2010年（美国）	Dendreon
CreaVax-RCC	DC	转移性肾细胞癌	2007年（韩国）	JW CreaGene
APCeden	DC	前列腺癌，卵巢癌，结直肠癌，非小细胞肺癌	2017年（印度）	APAC Biotech

三、免疫细胞专利态势分析

在全球范围内以免疫细胞疗法技术领域的专利申请总量为基础进行统计分析。图33-2显示了免疫细胞疗法全球专利申请量随年份变化的趋势，由此可以看出，专利申请量在1981—1999年处于萌芽阶段，2000—2013年经过缓慢而平稳的增长，2014年进入快速增长期，2021年申请量达到顶峰。需要注意的是，专利申请公开需要一定周期，所以2021—2022年的专利申请量存在被低估的可能。

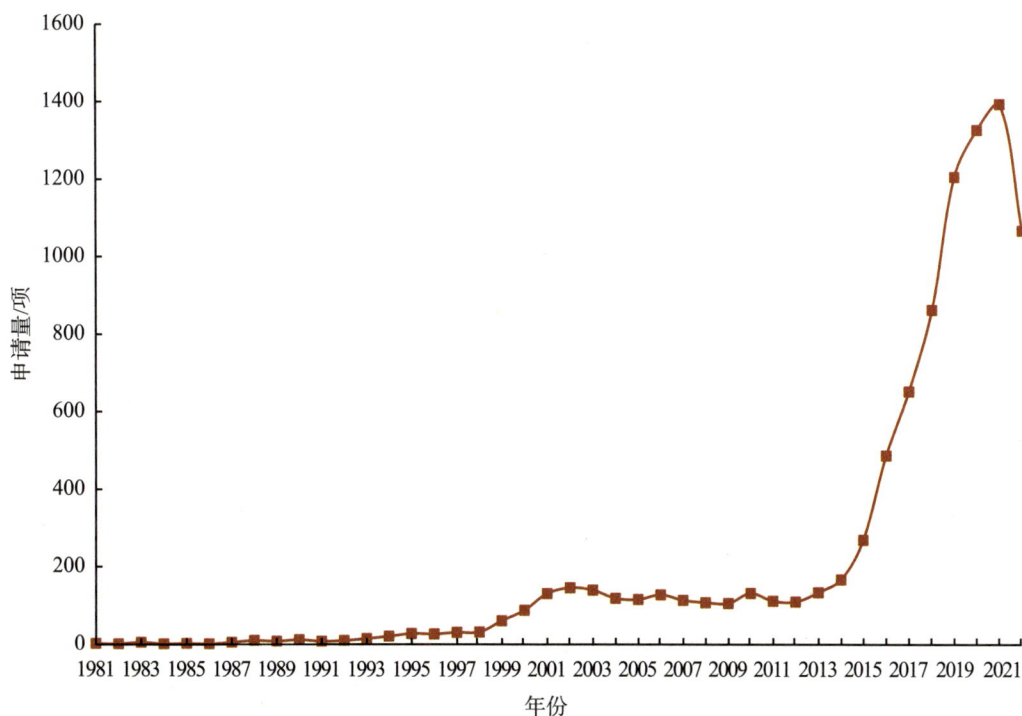

图33-2　全球免疫细胞疗法专利申请量变化趋势

在全球范围内对优先权号进行国家/地区统计，分析全球范围内免疫细胞疗法专利申请的主要技术来源地。第一名来源于美国（专利申请量为4800余项），第二名是中国（2500余项），第三名是欧洲（1500余项），前三名遥遥领先于其他国家和地区，凸显了美国、中国和欧洲在免疫细胞治疗领域的研发实力和领先地位（图33-3）。

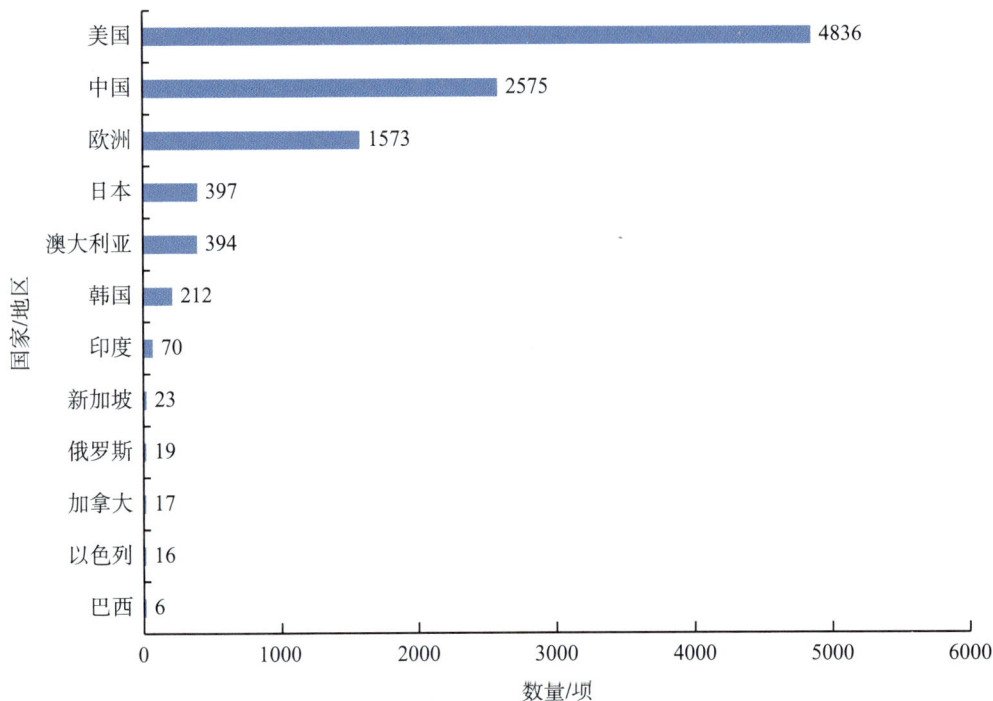

图33-3　全球免疫细胞疗法专利申请来源国家/地区分布

在全球范围内对公开号进行国家/地区统计，分析全球范围内免疫细胞疗法专利申请的目标国家/地区，美国以5000余项高居榜首，中国以4800余项紧随其后，之后是欧洲、日本、澳大利亚。免疫细胞疗法专利申请的目标国家/地区，与该技术产出国家/地区的排名有着密切关系，而我国具有较高的技术产出量，同时人口众多，另外还是巨大的潜在市场，因此成为仅次于美国的目标国家（图33-4）。

第二节　免疫细胞疗法的CAR-NK技术

CAR全称为chimeric antigen receptor（嵌合抗原受体），主要由胞外结构域、跨膜结构域和胞内结构域这三个功能域构成。CAR就像一个精准导航，可以准确地识别敌人并且完成追踪，基于CAR技术，改造NK细胞，将免疫细胞赋予靶向性，达到高效

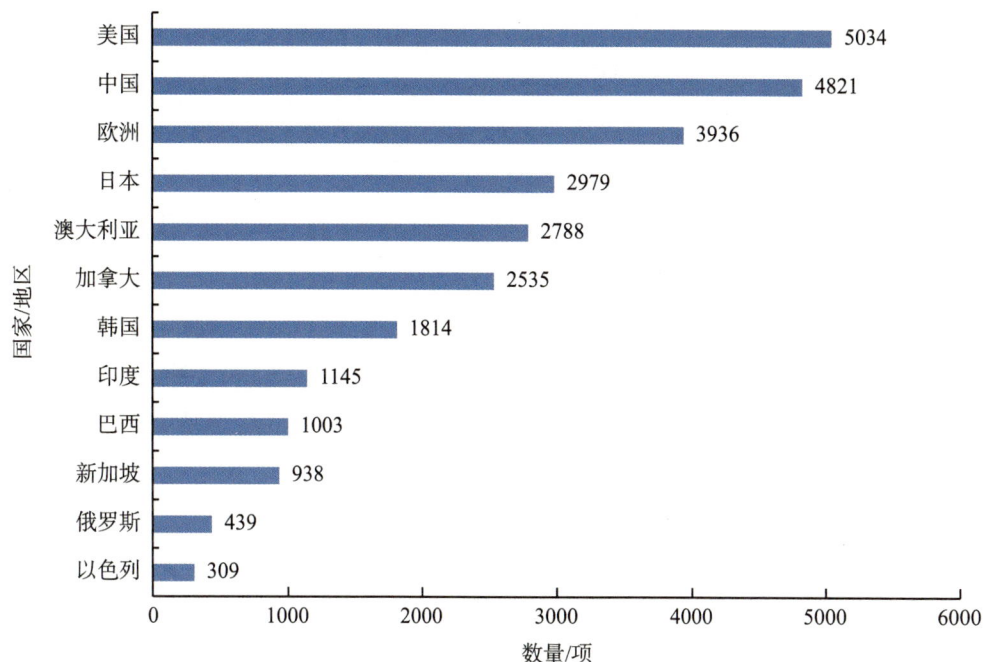

图33-4　全球免疫细胞疗法专利申请目标国家/地区排名

杀伤肿瘤细胞的效果。随着CAR技术的发展成熟，以及对CAR-T局限性的了解，科学家们一方面不断地在CAR-T上进行技术的改进，另一方面也在积极探索替代疗法。NK细胞是先天免疫系统的一组细胞毒性淋巴细胞，可以对非自身细胞产生快速反应。与识别主要组织相容性复合体（MHC）上呈递的抗原的T细胞不同，NK细胞可以在没有MHC的情况下直接识别目标细胞。此外与可释放炎性细胞因子并导致CRS（细胞因子释放综合征）和神经毒性的CAR-T细胞的接合和激活不同，NK细胞具有不同的细胞因子谱。因此，CAR-NK技术得到了越来越多的关注。

2020年，CAR-NK免疫细胞治疗就被权威学术期刊《自然-医学》纳入年度生物医学领域十大瞩目进展之一。

与CAR-T细胞相比，CAR-NK细胞的第一个优势是免疫细胞的来源。由于同种异体反应和移植物抗宿主病（GVHD），CAR-T细胞疗法需要使用自体T细胞，由于这些患者通常在CAR-T细胞治疗之前接受过大量其他治疗，因此他们中的许多人外周血中的T细胞计数较低。收获足够的自体T细胞会显著延迟治疗，有时不可能收获足够的细胞用于CAR-T制造。由于NK细胞不通过MHC途径激活并且同种异体反应风险降低，因此CAR-NK细胞制造不需要自体NK细胞。它可以使用现有的NK-92细胞系、脐带血和诱导多能干细胞（iPSC）。事实上，有5个临床试验在人类患者身上使用了NK-92细胞系。在一项使用脐带血开发的HLA不匹配的CAR-NK细胞疗法的试验中，11名患者均未发生GVHD。因此，CAR-NK细胞疗法的一个主要优势是"现成的"即用型

CAR-NK细胞，可以通过大规模生产制造并随时输注给患者。

与CAR-T细胞疗法相比，CAR-NK细胞疗法的第二个主要优势是未见CRS和神经毒性。CAR-T细胞激活导致炎症细胞因子的大量释放，从而导致CRS和神经毒性。在接受来自脐带血的HLA不匹配的抗CD19 CAR-NK细胞治疗的11名患者中，没有人出现CRS或神经毒性。CAR-T和NK细胞之间这两种毒性的差异可能继发于细胞激活时释放的细胞因子的差异。

第三个优势，除了CAR途径之外，NK细胞还具有多种靶向和消除癌细胞的机制。NK细胞是抗体依赖性细胞介导的细胞毒性的关键介质。此外，可以通过接合NK细胞表面的活化性杀伤细胞免疫球蛋白样受体（KIR）和（或）脱离抑制性KIR，来激活NK细胞以杀死癌细胞。应激细胞和癌细胞中的细胞下调MHC Ⅰ类表达并解除抑制性KIR，或上调应激诱导的分子，如MICA/MICB（MHC Ⅰ类链相关蛋白A/B），以参与激活KIR，从而使NK细胞激活杀死靶细胞。

第四个优势，NK细胞的寿命有限。NK细胞的平均寿命约为2周，这意味着，在发生靶向肿瘤毒性的情况下，它可以随着CAR-NK细胞的消失而自我限制。然而，这是一把双刃剑，可能需要反复输注CAR-NK细胞以延长缓解期。

总体而言，NK细胞无需预先致敏、不受MHC限制、不会诱发移植物抗宿主病、容易在体外分离和扩增，且NK细胞寿命较短，诱发细胞因子风暴的风险较低等，都使得其成为一种极具潜力的疗法。

一、CAR-NK增长势头明显，美中遥遥领先但中美仍有实力差距

（一）全球态势分析

1. 全球专利申请趋势

这里以全球范围内CAR-NK技术的专利申请总量为基础，通过申请数量的年度统计分析来研究全球CAR-NK技术的发展趋势，我们分析了2022年8月15日前全球范围内公开的CAR-NK技术的专利申请共计286项。以专利申请量（项）为纵坐标，以时间（年）为横坐标，得到CAR-NK技术的历年专利申请变化情况，结果如图33-5所示。

从全球发展来看，2003年开始有研发团队对CAR-NK技术开展研究，然而2004—2006年全球范围内并无CAR-NK技术的专利申请，直到2007年开始到2014年，CAR-NK技术进入萌芽期，但每年专利申请量仅为1—2项，整体技术发展较为缓慢。自

2015年以来进入快速发展时期，2019—2020年达到目前发展巅峰，但由于专利申请的滞后性，近三年提交的专利申请中部分尚未公开，其实际申请量将存在一定的低估现象。虽然从2015年开始进入快速增长期的12项到2019年达到峰值的70项，平均年申请量增加约55%，但是就目前的发展趋势来看，CAR-NK技术的申请量尚未达到平台期。由于CAR-NK相比于CAR-T存在很多优势，且随着NK细胞基础研究和免疫细胞治疗工业化产业化技术等的不断发展，CAR-NK细胞疗法未来几年内一定会得到更广泛的研究与应用，相关专利申请量仍有很大的上升空间。

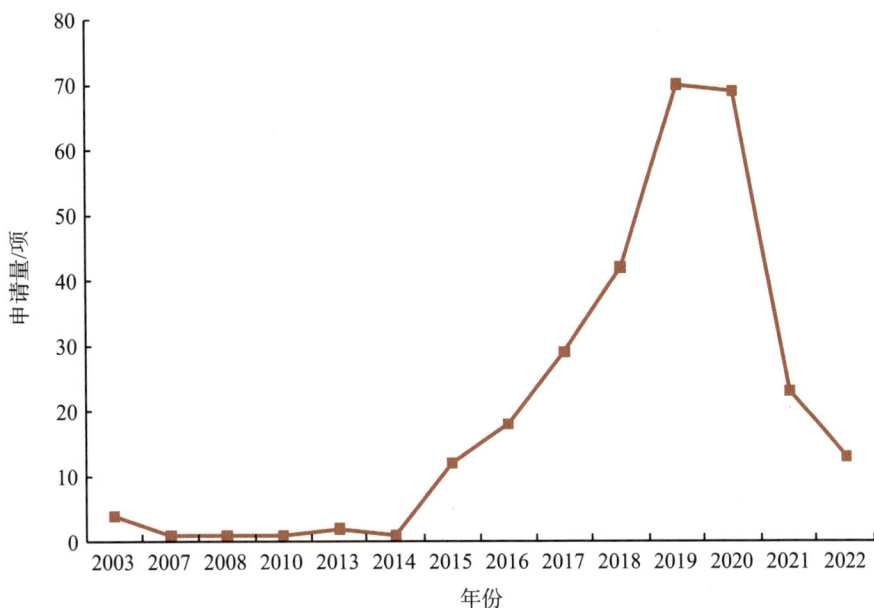

图33-5　全球CAR-NK技术领域专利申请量变化趋势

我们分析了CAR-NK技术的中国、美国、韩国申请人的申请量，得到中国和美国、韩国CAR-NK技术专利申请量数据，以分析上述三个国家的技术发展特点与趋势（图33-6）。

从图33-6可以看出，美国是最先在全球范围内进行CAR-NK技术专利布局的国家，并且在相当长的一段时间内没有其他的竞争对手。直到2015年，中国开始在CAR-NK技术领域参与专利布局，并且发展迅速，2016年就已经迅速超越美国跃居申请量世界第一，甚至在2018年申请量一度大幅度超越美国。虽然在2019年有所回落，但无论如何可以看见的是，中美两国在CAR-NK技术领域的专利申请量远远超过韩国，在CAR-NK技术领域储备上，优势明显。同时，自2015年CAR-NK技术在全球进入迅速发展时期，中国就已经迅速调整跟上步伐，这一技术在中国起步与布局的时间也处于世界领先水平。

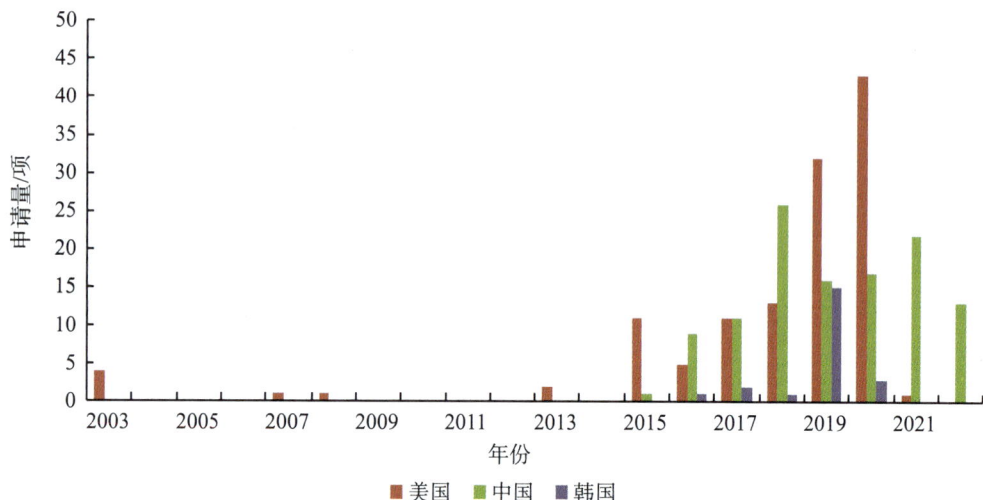

图 33-6　中国、美国及韩国 CAR-NK 技术专利申请量变化趋势

值得注意的是，韩国在 CAR-NK 技术领域也有一定的专利申请储备，甚至在2019年申请量还有大幅提升，区别于全球对于 CAR 结构改造、NK 改造等技术领域的关注，韩国的技术显示了其独有的特点，其中对于改造手段等配套技术的开发是其研发的重点技术之一。

2. 全球专利来源与目标国家/地区/组织分布

在全球范围内对优先权号进行国家/地区统计，分析全球范围内 CAR-NK 技术专利申请的主要技术来源地。来源于美国的专利申请量为124项，紧随其后的是中国（共115项），前两名遥遥领先于其他国家和地区，凸显了美国和中国在 CAR-NK 技术领域的研发实力和领先地位，韩国和欧洲分别为22项和18项（图33-7）。

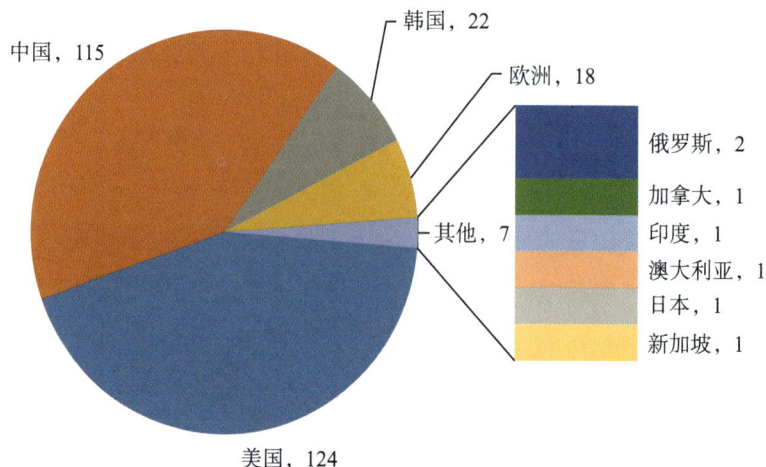

图 33-7　全球 CAR-NK 技术领域来源国/地区分布

除了前面提到的中美两国在CAR-NK技术领域的专利申请量远远超过韩国、欧洲及其他国家，在CAR-NK技术领域储备上优势明显，韩国以22项申请排名第三也值得我们的关注。圣光医疗财团（Sung Kwang Medical Foundation）于1990年成立，并建立韩国首个整体医疗检查中心Sporex。圣光医疗财团对于干细胞、生殖医学、癌症及其治疗等多方面均有研究，专利包括自然杀伤细胞、树突状细胞、T淋巴细胞的制造方法及其药物，用于包括癌症在内的各种适应证等。对于CAR-NK技术领域，来自韩国的专利申请除了CAR结构的改造、NK的改造增强细胞毒性等常见CAR-NK技术外，韩国专利申请量的主要构成是圣光医疗财团和车医科大学均研究的一种基因递送系统，其利用制备的纳米颗粒将基因转移到NK细胞中而有效地表达靶蛋白。

对排名靠前的CAR-NK专利技术来源地的PCT占比进行分析，发现美国专利中有约90.3%为PCT申请，韩国专利中有54.5%为PCT申请，而我国专利中仅有21.7%为PCT申请（表33-3）。由此可见，我国对海外市场的开拓较为欠缺，绝大多数专利都仅在本国布局，推测原因是我国技术创新主体将科技成果送出国门的意识不足、技术转化能力不够或知识产权保护意识有待进一步加强。创新主体和国家宏观层面应进一步思考和行动，加强政策支持，进一步提高创新主体专利保护意识，促进优势技术"出海"。

表33-3　美国、中国和韩国CAR-NK技术专利的PCT占比

国家	PCT 占比
美国	90.3%
中国	21.7%
韩国	54.5%

图33-8展示了全球CAR-NK技术申请排名前10位的目标国家/地区/组织，美国以304项高居榜首，这也和美国是CAR-NK技术产出国家中全球第一有着直接的关系。我国由于同样具有较高的技术产出量，同时我国人口众多，是巨大的潜在市场，因此，我国（不含港澳台地区）以199项排名第二。虽然日本、澳大利亚在专利输出量上没有排在全球前列，但其存在的市场价值也决定了上述国家成为全球CAR-NK技术专利的主要目标国家。

（二）中国态势分析

本节考察CAR-NK技术在中国的专利申请情况，包括从专利申请的申请量、趋势以及主要技术来源省市等方面进行详细分析。在本节中，对于中国专利的申请量按件计数。

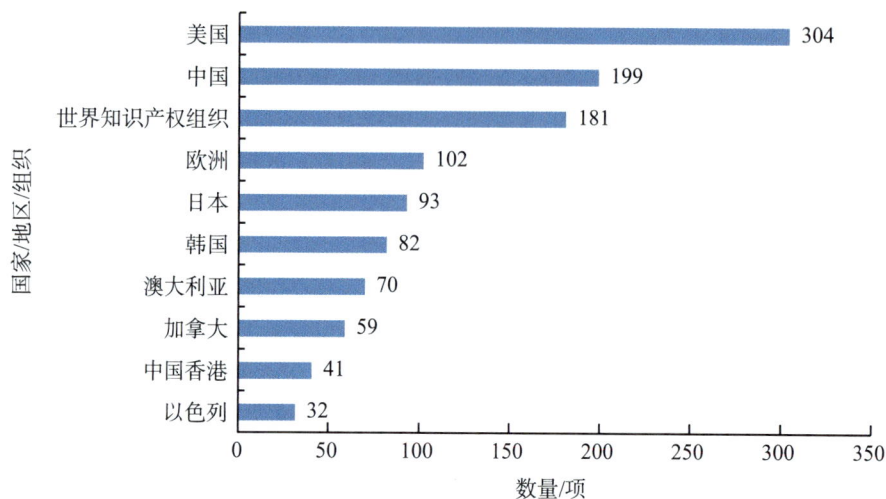

图33-8　全球CAR-NK技术专利申请目标国家/地区/组织排名

1. 我国申请人成为中国申请的主要来源

图33-9显示了我国CAR-NK技术领域专利申请量情况以及中国申请人申请量的变化趋势，可以看到，国外来华申请人从2013年开始已经有专利进入我国布局，但是中国申请人从2015年才开始出现CAR-NK技术的专利申请，随后迅速进入高速发展期，中国申请人也成为我国CAR-NK技术领域专利的主要申请量来源，整体变化趋势与国外来华申请人进入中国申请量变化趋势一致。虽近两年整体有所滑落，可能受到配套技术开发能力不足、专利布局策略调整以及监管政策等多方面影响，但是总体来看，中国市场受到全球CAR-NK研发者的关注，同时中国申请人在CAR-NK技术领域也具备广阔发展前景的一定的竞争能力。

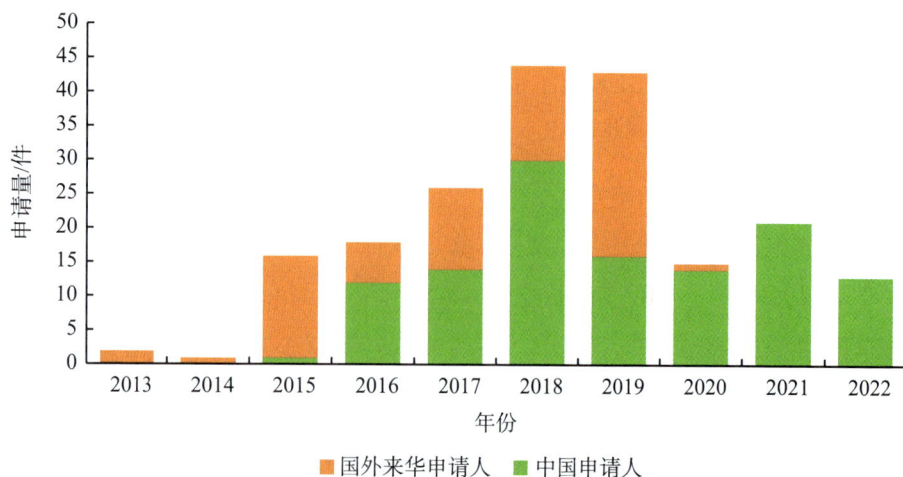

图33-9　中国CAR-NK技术专利申请情况

2. 国外来华申请以美国为主

我们分析了中国CAR-NK技术专利申请中各来源国/地区申请人的比例，从图33-10可知，中国申请人以61%高居榜首，这也符合本国申请人优先在本国进行专利布局的规律，美国以32%紧随其后，欧洲、韩国分别以4%和3%分列第三、四位，新加坡和澳大利亚分别有1件申请在中国进行了布局。一方面，这个数据受到该国家/地区本身CAR-NK技术专利申请拥有量的影响；另一方面，也应该看到，中国巨大的医疗领域市场也确实吸引了激烈的创新主体的竞争。

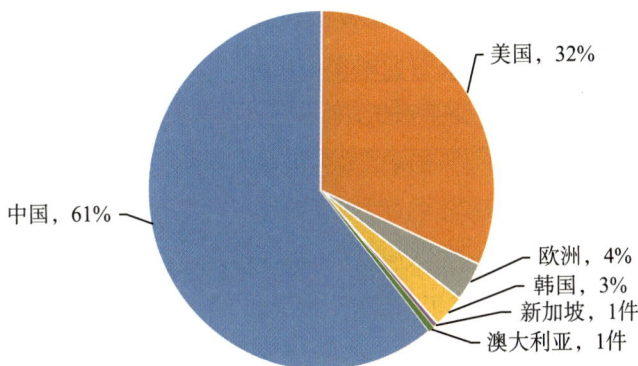

图33-10　中国CAR-NK技术领域专利申请的来源分布

3. 产业园区分布成为影响国内申请分布的重要因素

申请CAR-NK专利的中国申请人中，来自江苏、广东、北京、上海、浙江的申请人分别申请了28件、24件、19件、15件、11件，共计97件，约占所有国内申请量的80%，如图33-11所示。可见，CAR-NK专利的申请人主要来自经济和科技研发力量都较为发达和集中的地区。

其中，江苏排名第一的主要原因在于CAR-NK技术的国内领头羊企业阿思科力位于苏州工业园区，该公司依托中国（江苏）自贸区建设机遇，围绕免疫细胞治疗、干细胞治疗和基因治疗前沿技术领域，在苏州工业园区建立了细胞产业研发、应用、产业化监管和审批试验区。并且，苏州借助于距离上海近的地理位置优势，也成为部分上海药企的生产或大型研发基地。除阿思科力外，多家细胞治疗企业如博生吉等均位于苏州，因此江苏成为中国申请人来源省市第一名。

北京排名靠前的主要原因在于北京呈诺在北京经济技术开发区注册成立了呈诺医学，北京亦庄细胞治疗研究中试基地是全国规模最大的细胞治疗产业专业载体、北京市首个精准定位发展细胞治疗产业的专业化载体，以引进高质量细胞治疗企业为主，推动细胞产业创新集群发展，帮助企业从产品试制走向规模生产。

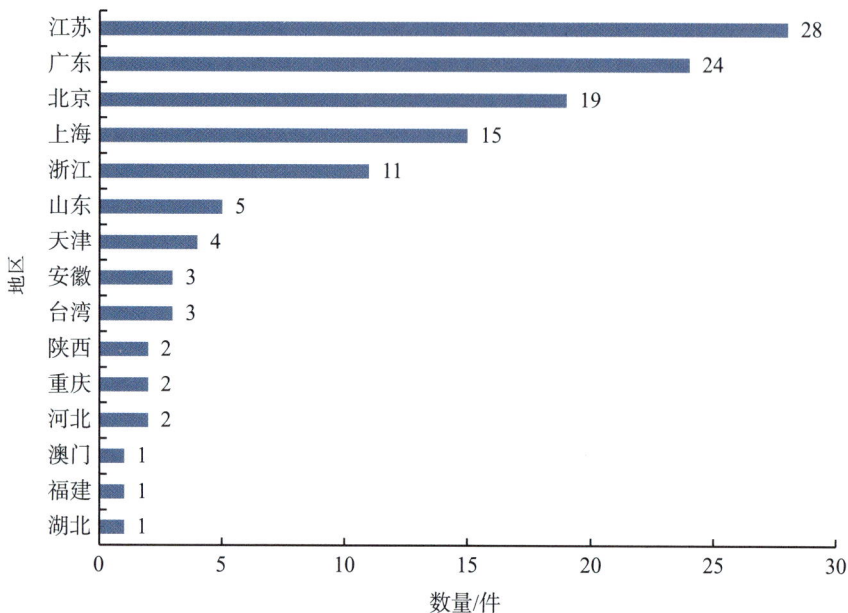

图33-11　中国申请人地区分布

相较于江苏和北京依托于产业园区的集中化发展，广东省则是以深圳、广州、汕头、清远、珠海、佛山等多市来源的申请人排名第二，并且，除了深圳市默赛尔生物医学科技发展有限公司、赛诺（深圳）生物医药研究有限公司外，呈诺医学旗下的呈诺再生医学科技（珠海横琴新区）有限公司也有贡献，同时，广东省的申请人中除企业外，机关团体/大专院校的比例也较高，深圳市罗湖区人民医院、南方医科大学南方医院以及广东药科大学等也是广东省该领域的重要科研力量。

总体而言，除了经济发达地区以外，影响国内申请人省市分布的主要原因之一在于相关产业园区的分布。可能由于细胞免疫治疗行业自身的特性决定其为技术密集型、人才导向型行业，产品的研发需要大量的资金及人才成本投入，且其商业化流程各阶段也存在较高的进入壁垒，因此成熟的产业园区建设对于行业的创新发展有不可或缺的作用。

4. 在华发明多数处于未决状态，未来局势尚未可知

如图33-12所示，CAR-NK技术领域的199件在华专利申请中，专利有效及未决申请共190件，9件失效，其中中国失效8件，美国失效1件。中国的8件失效申请中，撤回3件，驳回5件。美国的失效申请为撤回。

中国失效的3件撤回分别为1件公开后未进入实质审查视为撤回和2件在实审过程中未答复通知书视为撤回。美国的1件失效为未答复通知书后视为撤回。

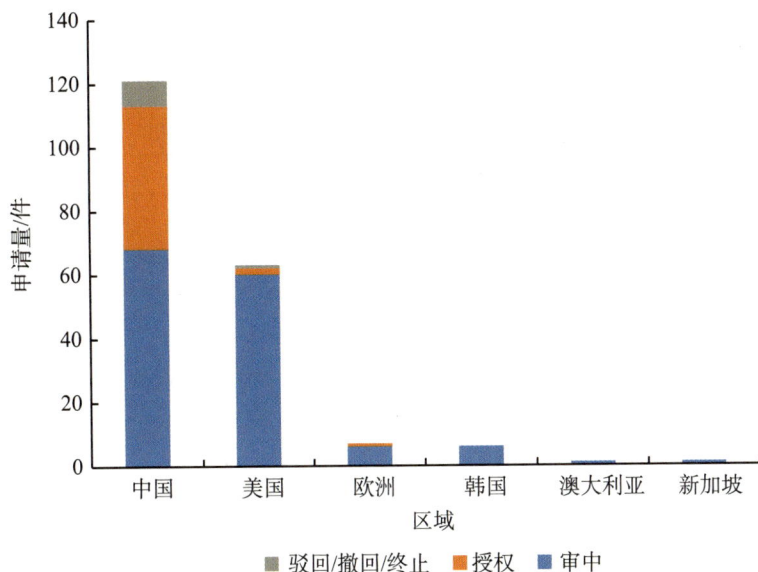

图33-12　CAR-NK领域在华专利申请法律状态分布

在华申请中可将法律状态进一步细分为审中、授权及驳回/撤回/终止（即失效）（图33-12）。其中，未决申请中中国最多，共有68件，美国紧随其后有60件，欧洲和韩国各6件，澳大利亚和新加坡各1件。目前中国有45件申请获得授权，驳回/撤回共8件，美国有2件获得了授权，均来自NantKwest，1件撤回，欧洲有1件获得授权，来自英国。总体来看，未决申请中美国申请大部分还处于未进入实质审查状态，而中国申请已经大部分处于实质审查中，大批的未决申请随着其进入实质审查获得授权或驳回，可能会对CAR-NK技术领域在华申请的专利布局带来新的变化。其中分析了美国的1件撤回（CN107708741A）的扩展同族的法律状态，该申请的申请人为Immunomedics Inc，发现此申请PCT有效期满后进入了IP5CN/US/EP/JP，未进入韩国。非IP5中还进入了CA/IN/AU。中国、美国和欧洲专利局的法律状态均为撤回，日本专利局还在审查中（表33-4）。

表33-4　CN107708741A扩展同族法律状态

公开号	法律状态
WO2016201300A1	PCT有效期满进入国家阶段
CN107708741A	撤回
US62193853P0	撤回
US20160361360A1	撤回
EP3307282A4	撤回
JP2018522833A	审中

同时，我们也关注到在中国获得授权的2件美国申请，一件（CN112567024A）在美国、日本、欧洲专利局都获得了授权，韩国正在审查中，另一件（CN112292448A）在美国、欧洲都获得了授权，然而在日本以新创性的理由被驳回。

而中国申请人在中国获得授权的申请，在布局国外方面，虽然数量比较少，但是结果是非常不错的，除了有效期满未进入国家阶段的外，已经进入国家阶段的均在审查中或已经获得授权，没有放弃或驳回的情况。下面以阿思科力一件申请（CN109810995B）为例（图33-13），可以看到除了美国专利局还在审查中，其余进入国家阶段的均已获得授权，授权的范围也是一致的，均对嵌合抗原受体的完整结构进行授权保护。

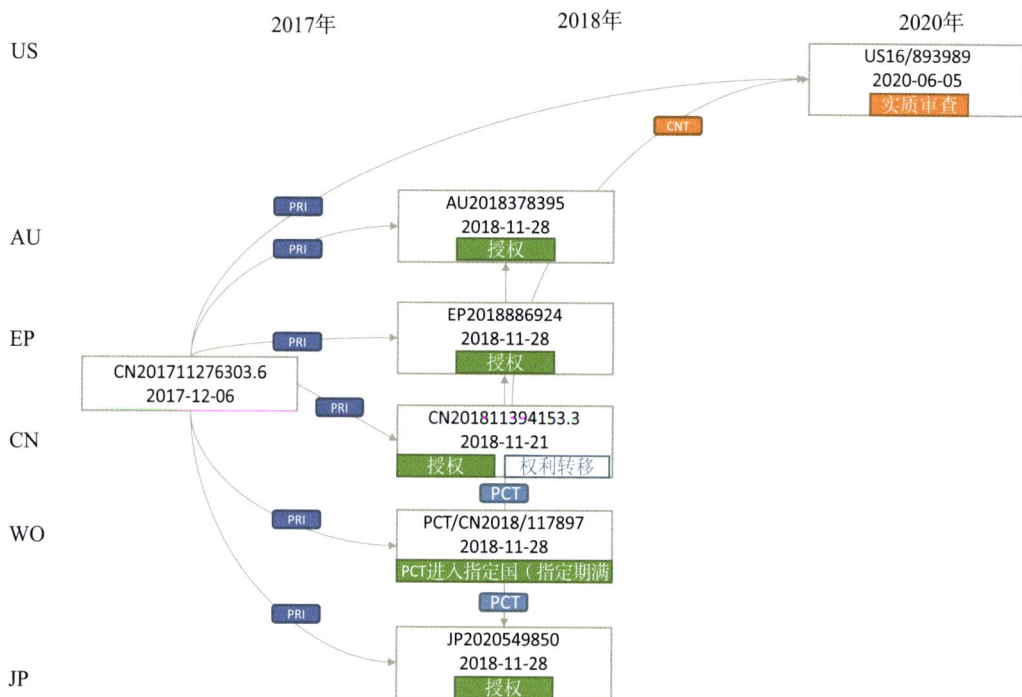

图33-13　CN109810995B扩展同族法律状态示意图

（三）美中创新主体单兵实力仍有差异

我们统计了全球CAR-NK技术领域申请量5项及超过5项的申请人，共有9个企业/科研院所（图33-14）。

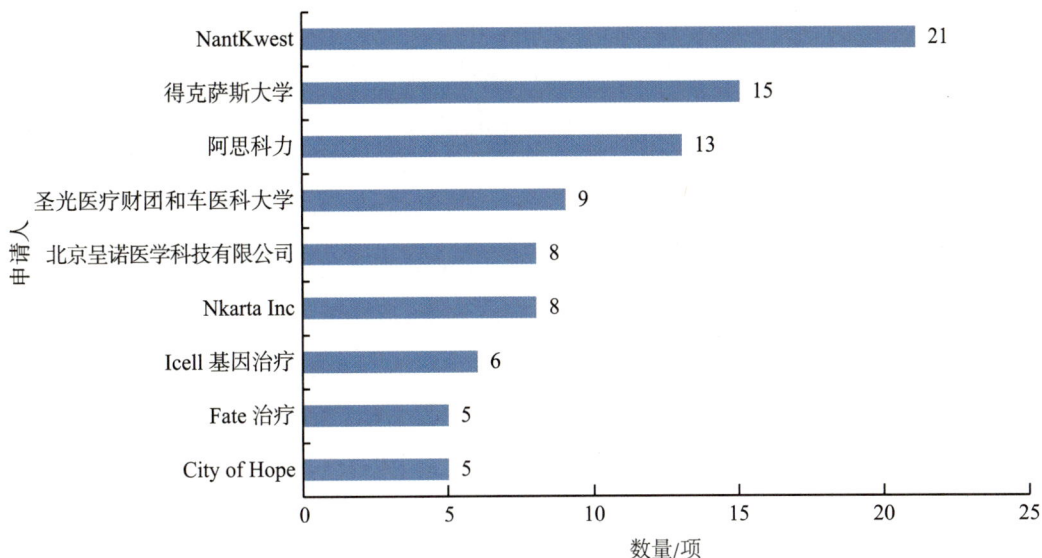

图33-14　全球CAR-NK技术领域申请人排名

从图33-14、图33-15可知，从专利申请量来看，在全球CAR-NK技术领域申请量5项及超过5项的申请人的申请量总和共90项，占全部申请量的比例约为32%，并且值得注意的是，实际上申请量为3—4件的申请人还有15位，这个区间的申请人的申请总量也达到了49项。可见，在全球CAR-NK技术领域中，除了少数明显具有领先实力的申请人外，中间段仍有大批企业处于激烈竞争中，同时整体领域研发呈现百家争鸣的状态。

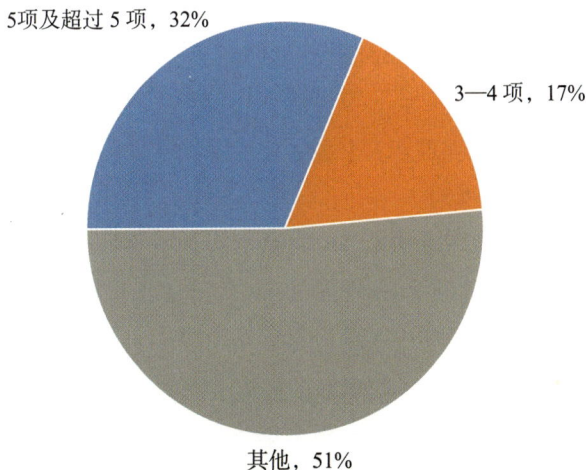

图33-15　全球CAR-NK技术领域申请量占比

如图33-14所示，在全球CAR-NK技术领域申请量排名前9名的申请人以企业为主，两个高校分别为来自美国的得克萨斯大学和来自韩国的车医科大学，NantKwest以21项的申请量稳居全球第一，得克萨斯大学紧随其后以15项居全球第二，而来自中国的阿思科力（苏州）生物科技有限公司以13项申请量位居全球第三，北京呈诺医学科技有限公司也以8项的申请量与知名药企Nkarta分列5—6位，这也显示了我国在CAR-NK技术研发领域具备一定的国际竞争力。

CAR-NK技术的头部玩家当属美国NantKwest，该公司成立于2002年，总部位于美国加利福尼亚州，公司的前身是ConKwest，于2015年7月更名为NantKwest。ConKwest作为申请（专利权）人的申请主要涉及自然杀伤细胞系和使用方法、用于储存和运输NK-92细胞系的介质以及采用NK-92细胞进行实体瘤的治疗等，并未涉及CAR-NK技术，因此，在此不对其前身公司做更多的讨论。2020年12月该公司宣布与免疫疗法初创企业ImmunityBio达成协议，以换股方式进行合并，因此ImmunityBio的专利申请也被计入NantKwest参与全球排名。目前NantKwest作为一家临床阶段的免疫治疗产品开发公司，致力于使用NK细胞治疗癌症、传染性疾病和炎症性疾病，拥有haNK、taNK和t-haNK三个技术平台。2019年3月，NantKwest与ProMab Biotechnologies签署协议，开发针对多发性骨髓瘤的CAR-NK细胞疗法。2019年6月26日，继CD19 t-haNK获FDA批准进入临床试验后，该公司PD-L1 t-haNK新药临床试验申请（IND）已获得FDA批准，这是该项目在局部晚期或转移性实体瘤中的首次人体临床试验。PD-L1 t-haNK是首次设计的、GMP级的、冷冻保存的、现成的双特异性NK细胞疗法。

得克萨斯大学排名如此靠前的重要原因之一在于其所拥有的得克萨斯大学安德森癌症中心（UT MD Anderson Cancer Center），该中心始建于1941年，位于美国南部的得克萨斯州休斯顿，属得克萨斯大学系统成员之一，是世界上专门从事癌症治疗、研究、教育和预防的医疗中心之一。成熟的医疗体系、丰富的临床经验、充足的科研经费等多方面的优势，使得得克萨斯大学在CAR-NK技术领域在全球也处于领跑地位。2015年，得克萨斯大学就已经开始对CAR-NK中的NK细胞结构进行改造以增强细胞的杀伤作用（WO2016197108A1），随后又陆续开展对于NK细胞改造、CAR-NK的工业生产方法、大规模生产基因编辑的NK细胞方法甚至于细胞的储存与运输等方面的研究。近日，来自得克萨斯大学安德森癌症中心等机构的研究人员也公布了美国首个CAR-NK细胞临床试验（NCT03056339）的结果，总体来说CAR-NK细胞疗法显示出了安全性和有效性。

阿思科力（苏州）生物科技有限公司由李华顺博士创建，因此李华顺博士作为申请人的申请量也在图33-14中被计入阿思科力（苏州）生物科技有限公司的申请量参与全球排名。该公司自成立起一直致力于CAR-NK细胞疗法的开发和应用，现已跻身全球前列，这一成果是非常令人欣喜的。与多数CAR-NK在研企业的研发思路不同的是，阿思科力的研究主要集中在其自有的靶点——ROBO1，阿思科力发现了该靶点并全球第一个阐明了其在迁移细胞中的导向分子机制。ROBO1在80%的实体肿瘤中都存在高表达，而正常组织表达水平非常低，靶向ROBO1的CAR-NK在临床早期显现出卓越的直接杀伤+继发免疫的功效，目前全球药企中只有阿思科力针对该靶点进行CAR-NK的开发。

北京呈诺医学科技有限公司专注于包括实体肿瘤在内的多种肿瘤细胞疗法的开发，以CAR-NK技术为基础，为患者提供规模化现货型抗肿瘤药物。2021年2月7日，北京呈诺医学科技有限公司的1类新药"靶向间皮素嵌合抗原受体NK细胞注射液"临床试验申请获得受理，这是我国首个申报临床的用于实体瘤治疗的"现货型"异体来源的CAR-NK细胞疗法，也是目前唯一一款进入临床阶段的CAR-NK细胞疗法，是CAR-NK治疗实体瘤的重要里程碑。

而前9名中来自韩国的申请人是圣光医疗财团和车医科大学，且9件申请均为该企业与高校的联合申请，主要的研究内容也非常集中，均在于开发基因递送系统，利用制备的纳米颗粒将基因转移到NK细胞中。同时，通过对圣光医疗财团的专利分析可知，该财团的专利主要布局在韩国与美国，少数布局在中国，研发过程中与韩国大学如璟园大学、首尔大学等均有密切合作。

Nkarta，致力于"通用型"CAR-NK细胞疗法的研究，2022年4月，该公司公布了两款CAR-NK产品NKX101和NKX019治疗血液瘤的最新Ⅰ期临床数据，其中NKX101靶向NKG2D配体治疗复发/难治性急性髓系白血病和骨髓增生异常综合征，另一个NKX019则是靶向CD19治疗复发/难治性B细胞淋巴瘤。

综上所述，国内创新主体在申请量等具备一定的积累，也拥有独特的靶点或已经开展临床试验的药物，但是，相较于美国NantKwest、得克萨斯大学等，无论是采集、存储、运输等配套技术的研究，还是NK细胞的丰富武装方向，对于工业化、产业化的关注等，均还具有一定的差距。

二、CAR-NK细胞疗法以血液瘤为主，实体瘤热门

免疫细胞治疗作为免疫疗法中的"活药物"，疗效凸显，上市的数款CAR-T的客观缓解率（objective response rate，ORR）普遍在70%—90%，显著高于抗体药PD-1/PD-L1的客观缓解率（通常在10%—30%）。但基于CAR的细胞治疗，如CAR-T或CAR-NK的靶点需要具有足够特异性以专一杀伤肿瘤细胞，同时应具有足够的覆盖能力，以达到对全部肿瘤细胞的有效清除，对靶点的要求较高。目前8款上市的CAR-T产品的适应证均为血液瘤，由于血液瘤通常表达单一的、特异性的肿瘤相关抗原，如CD19和BCMA均是B细胞表面抗原，因此其特异性的CAR-T或CAR-NK细胞可以全面、高效地杀伤血液瘤细胞，治疗难度低于实体瘤。相比于血液瘤，实体瘤治疗领域

缺乏有效靶点，目前针对的靶点多为肿瘤相关抗原（tumor-associated antigen，TAA），但其在部分正常组织中也有表达，带来了脱靶风险和安全性问题。同时，实体瘤具有显著的抗原异质性和肿瘤微环境的免疫抑制等问题，使得实体瘤研发过程中存在重重阻碍。尚未有产品获批，仍处于摸索阶段。

在CAR-T、CAR-NK、CAR-M等竞争赛道中，由于NK细胞属于固有免疫细胞，其活性受其表面激活和抑制性受体调控，不依赖于肿瘤细胞上某个特定抗原，因而，相比于CAR-T细胞等，CAR-NK细胞兼具安全性和有效性。目前可通过靶点选择、靶点组合、改善肿瘤微环境和去除肿瘤屏障等多种策略，以改善CAR-NK细胞在实体瘤的治疗效果。我们结合CAR-NK全球专利和临床数据，对适应证、靶点选择和组合等进行梳理和分析，厘清CAR-NK细胞治疗领域中申请人的研发热点和竞争格局，以期预测未来的研发方向，为相关创新主体制定研发策略和专利布局提供参考。

（一）CAR-NK细胞疗法的适应证

1. 研究高度集中于肿瘤领域

由于CAR-NK细胞疗法仍处于起步阶段，通过分析CAR-NK相关专利申请在肿瘤、感染性疾病、自身免疫性疾病等不同疾病类型中的分布情况，可以明晰目前CAR-NK细胞治疗适应证的研发热点。全球CAR-NK细胞治疗领域286项专利申请中涉及适应证的共261项。从图33-16可以看出，肿瘤治疗领域依旧是研究重点和热点，CAR-T疗法在血液瘤治疗中的成功显示了免疫细胞疗法治疗肿瘤的巨大潜力，94.7%的专利申请都集中于该领域，研发方向高度集中，在血液瘤和实体瘤方面的研究如火如荼。相比于T细胞，NK细胞具有多种肿瘤杀伤途径，对实体瘤可能有更好的杀伤效果，成为实

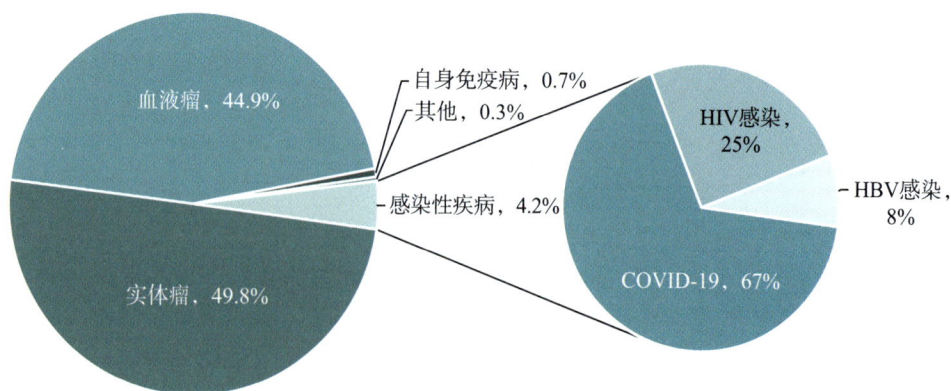

图33-16　CAR-NK细胞治疗领域不同适应证的分布

体瘤领域中的新星，44.9%的专利申请关注血液瘤的治疗，49.8%的专利申请关注实体瘤的治疗，对实体瘤的研发热度开始超过血液瘤，可以看出CAR-NK的申请人希望在实体瘤领域领先于CAR-T，率先攻克实体瘤，占据市场。此外，除了肿瘤，适应证也拓展至感染性疾病、自身免疫病和其他，分别占比4.2%、0.7%和0.3%。随着2019年COVID-19的暴发，感染性疾病中对SARS-CoV-2研究最多，12项涉及治疗感染性疾病的专利申请中，有8项申请研究治疗SARS-CoV-2感染引起的COVID-19，对HIV和HBV引起的艾滋病和乙型肝炎的研究分别是3项和1项。

虽然在专利申请中实体瘤的申请量高于血液瘤，但由于实体瘤相比于血液瘤治疗难度大，因此在临床研究中依然以血液瘤为主，但速度开始放缓。实体瘤在开展临床试验研究的数量上低于血液瘤，但研究热度持续升高，目前也取得了一些积极的效果。根据Nature Reviews Drug Discovery的最新报道，截至2022年4月15日，全球免疫细胞治疗药物共计2756种在临床阶段处于活跃开发中，同2021年2031种活性药物相比，仍维持36%的快速增长。从肿瘤的类型来看，2021年1353项关于肿瘤的临床试验中血液瘤有814项，实体瘤有539项，2022年1795项关于肿瘤的临床试验中血液瘤有1018项，实体瘤有777项（图33-17）。2022年实体瘤、血液瘤管线数量分别增长44%、25%，实体瘤成为当下免疫细胞治疗领域中备受关注新热点，存在最大的市场。

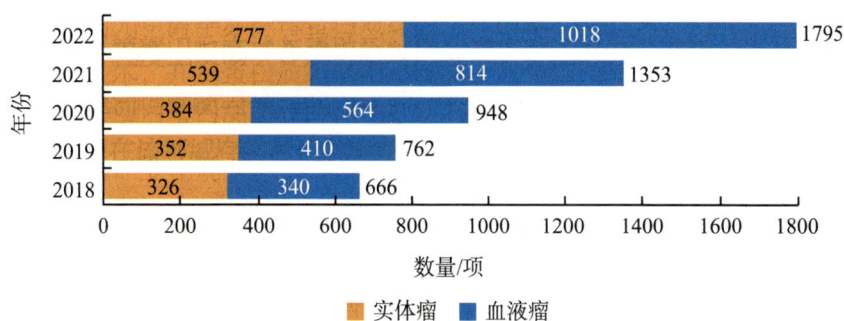

图33-17　全球免疫细胞在研临床试验中血液瘤和实体瘤的分布

我们在ClinicalTrials.gov官网一共收集了43项在研的临床试验，从图33-18可以看出，在肿瘤领域，CAR-NK临床试验中血液瘤和实体瘤的数量分布与整个免疫细胞领域趋势相同，以血液瘤为主。一共29项在研临床试验涉及血液瘤，占比67.4%，13项临床试验涉及实体瘤，占比30.2%。2019年之后，COVID-19也成为新的研究热点，我国有一项治疗COVID-19的临床试验。结合专利数据以及实体瘤的研究热度，预测实体瘤的临床试验将爆发式增长，有望超过血液瘤。

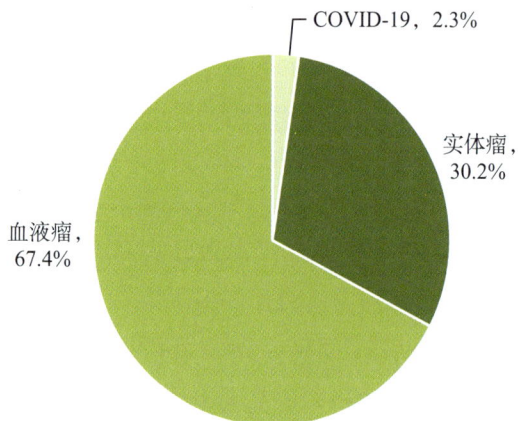

图 33-18　CAR-NK 在研临床试验中适应证的分布

2. 肿瘤的年度分布

从图 33-19 所示的专利申请数据和临床试验数据中血液瘤和实体瘤的年度分布也可以看出，实体瘤起步较晚，但研究始终处于活跃状态，热度持续增加。2003 年最早的 4 项专利申请均是血液瘤相关的，2003—2014 年的早期起步阶段一共有 8 项血液瘤相关的申请。实体瘤起步较晚，相关的专利申请开始于 2010 年，2010 年和 2014 年分别各有 1 项专利申请。可见，在 2003—2014 年，虽然血液瘤相比于实体瘤起步早了 7 年，但二者均偶有申请，对 CAR-NK 整个领域的关注度很低。2015—2020 年，CAR-NK 处于快速发展期，血液瘤和实体瘤的申请量相当，实体瘤略高于血液瘤，尤其 2017 年 CAR-T 上市之后，2018—2019 年申请量增长速度加快，而且在 2019 年，实体瘤的申请量为 44 项，显著高于血液瘤的 27 项，可能是 CAR-T 的上市点燃了对于 CAR-NK 的研发热情，看到了 CAR-NK 对攻克实体瘤的潜力。由于专利公开的滞后性，虽然 2021 年和 2022 年中实体瘤申请量显著高于血液瘤，但由于部分专利申请可能没有公开，因而该趋势可能不准确。相比于专利申请，直到 2016 年 CAR-NK 领域才开展临床研究，值得一提的是，2016 年的 4 项临床试验的申办方是中国的博生吉。可见，虽然最早的专利申请不是以中国开始的，但中国在 CAR-NK 领域迅速追赶，首先开展临床试验的相关申请和研究，并且对血液瘤和实体瘤均有涉及，以血液瘤为主。2017 年 CAR-T 首款药物上市后，2018 年开始，CAR-NK 相关的临床试验如火如荼地开展，经过 2003—2020 年对 CAR-NK 技术的研究积累，2021 年临床试验数量翻了一倍多，一共 14 项临床试验。2016—2022 年血液瘤和实体瘤均有临床试验开展，以血液瘤为主，2018 年开始实体瘤研究数量明显增多，与专利数据基本一致。由于临床数据的收集时间截至 2022 年 8 月 1 日，所以 2022 年数据仅代表了一部分，基于目前 CAR-NK 领域的研究热度，相比于 2021 年，2022 年临床试验数量下降的趋势不准确。

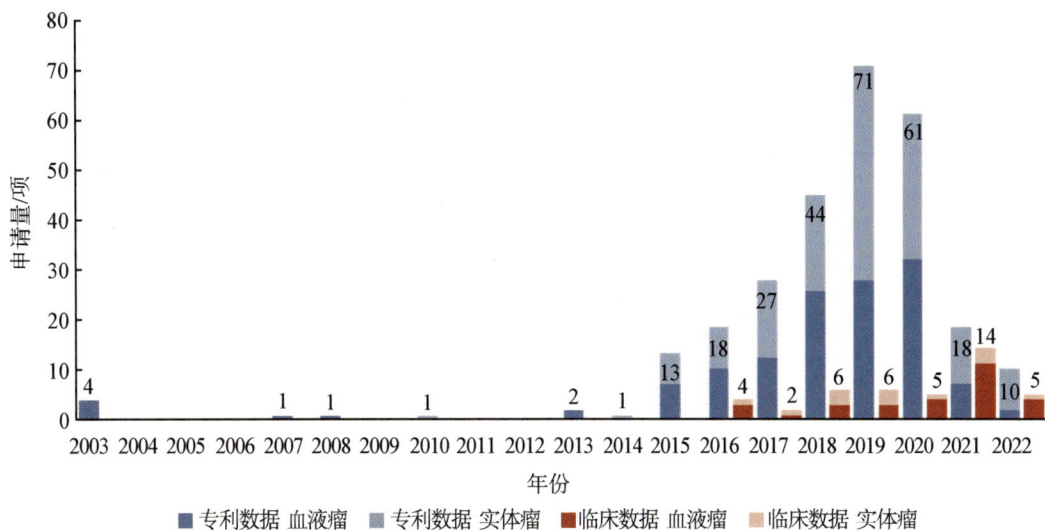

图33-19　全球专利申请和临床试验肿瘤相关申请的年度分布

3. 适应证竞争格局

我们进一步分析了CAR-NK相关全球专利在血液瘤、实体瘤、感染性疾病等不同适应证中首次申请国家/地区分布，以了解不同国家或地区在适应证方面的关注热点。相比于其他国家或地区，美国和中国由于申请量和研发基础的优势，在血液瘤、实体瘤、感染性疾病和自身免疫病中均有涉及，其中中国还将CAR-NK用于肝纤维化的治疗，对适应证进行了全面覆盖。而韩国、欧洲和其他国家或地区均仅涉及肿瘤领域的研究。具体到肿瘤类型，中国和韩国等亚洲国家更关注实体瘤，美国和欧洲等地对血液瘤的关注度更高，可见不同国家或地区的申请人对适应证研究的侧重点不同（图33-20）。基于CAR-NK治疗实体瘤的潜力，结合中国对细胞治疗药物管理的双轨制和政策支持力度，若中国持续深耕实体瘤的治疗，有望在实体瘤领域进行赶超。

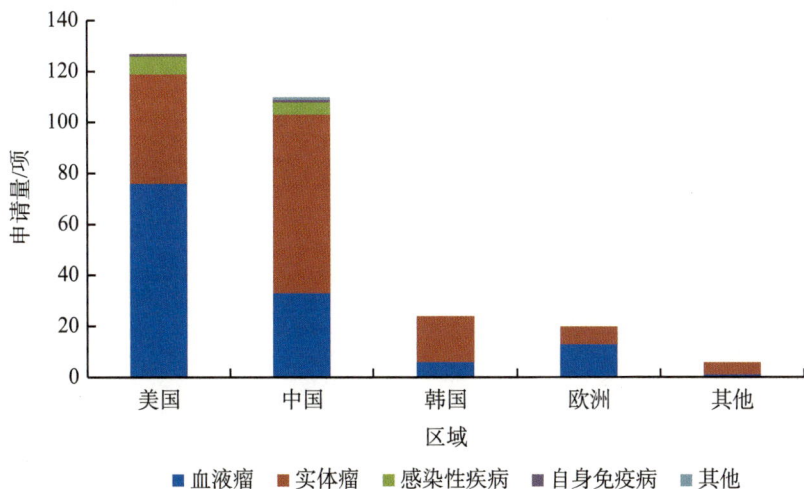

图33-20　CAR-NK细胞治疗的适应证专利申请国家/地区分布

（二）CAR-NK细胞领域中的热门靶点

CAR-NK作为一种靶点依赖型的疗法，靶点的选择对于CAR-NK的特异性、有效性和安全性都至关重要。286项CAR-NK的全球专利申请中，涉及靶点的专利申请一共270项，具体公开了84种靶点。图33-21是CAR-NK领域专利申请量大于10项排名前8的热门靶点。CD19是血液瘤中最受欢迎的靶点，其相关的专利申请量一共76项，占比28%，遥遥领先于靶向其他靶点的CAR-NK。中国、美国、韩国和欧洲四地均有相关申请，其中美国数量排名第一，远高于其他国家和地区。虽然靶向CD19的CAR-NK上市的潜力巨大，但目前该靶点是最拥挤的赛道。实体瘤中最常用的靶点是HER家族，25项专利申请涉及EGFR和EGFR Ⅷ。EGFR为一个广谱的抗肿瘤靶点蛋白，是发现最早、研究最深入的一个靶点，在全球药物研发中排名也是第一。中国、美国、韩国、欧洲等地的CAR-NK均有靶向EGFR的申请。HER2紧随其后，其在正常成年人机体组织中低表达或不表达，临床上HER2的表达与肿瘤对化疗、生物治疗的敏感性呈明显的负相关性。这两个特性让HER2成为一个理想的特异性肿瘤治疗靶点。来自中国、美国、韩国和欧洲一共23项专利申请，中国和美国的专利数量相当。排名第四的是血液瘤中的第二热门靶点BCMA，其是多发性骨髓瘤疾病治疗中最热门的靶点。来自美国、中国、韩国、欧洲等地一共18项专利申请涉及BCMA，是除了EGFR之外，另一个多个国家均有涉及的靶点。随后依次是NKG2D配体、PD-L1、CD33和间皮素。其中NKG2D配体是CAR-NK细胞领域相比于其他疗法而言一个特殊的靶点。因为NKG2D是一种活化的NK细胞受体，可以通过与其肿瘤相关的过表达配体相互作用来调节NK细胞抗癌的细胞毒性潜力，可同时发挥靶向肿瘤和提高NK细胞有效性的功能。可以看到中国在该靶点的专利申请量排名第一，是中国仅次于CD19的第二热门靶点。

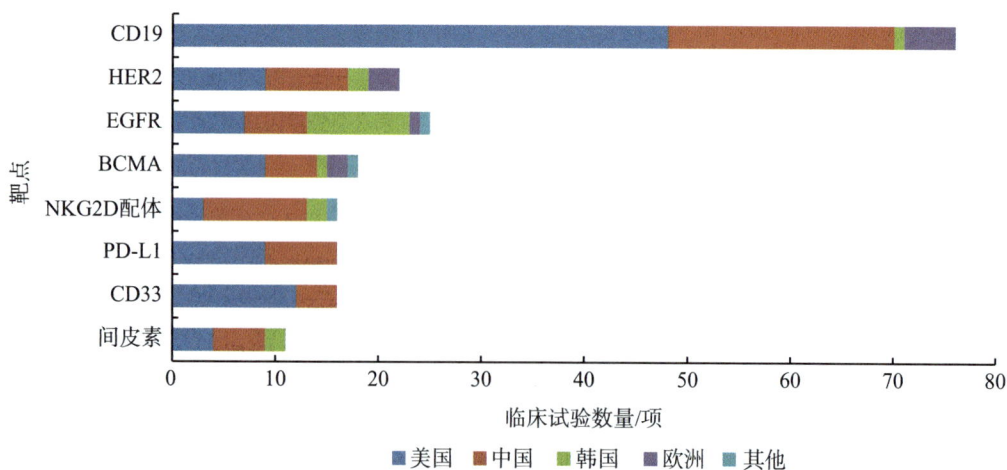

图33-21　CAR-NK细胞领域排名前8的靶点分布

由于CAR-NK起步较晚，基本处在探索和追随的阶段，技术形式多样。在靶点方面也是，上述8种热门靶点的申请量一共203项，占比75%，剩余的76种靶点仅有67项专利申请，其中针对40种靶点的CAR-NK只有一项专利申请。可见，除了热门靶点赛道相对拥挤之外，可开发的靶点空间很大。

综上，可以看出，血液瘤中热门的靶点有CD19、BCMA、CD33，实体瘤中热门的靶点是EGFR、HER2、NKG2D配体、间皮素。其中PD-L1为不限癌种的靶点，而且可与各种靶点联合使用，解决肿瘤免疫抑制的问题，是整个免疫治疗领域的热门靶点。中国和美国在热门靶点中均有相关专利申请，但关注点各有侧重。美国更关注血液瘤的治疗，在血液瘤相关靶点的专利申请均高于其他国家或地区，而中国更关注实体瘤，尤其是在NKG2D配体这个靶点，专利申请量远高于其他国家或地区。

我们进一步对临床试验中的靶点进行梳理，从图33-22可以看出，靶向CD19的CAR-NK的临床试验数量依旧遥遥领先于其他靶点，43项临床试验中有15项是针对CD19的CAR-NK。目前进展至临床Ⅰ/Ⅱ期，但大多数仍处于临床Ⅰ期。临床中进展最快的是靶向PD-L1的CAR-NK，已进展至临床Ⅱ期。CAR-NK临床试验中的靶点种类繁多，排名前6的靶点分别是CD19、PD-L1（4项）、BCMA（3项）、ROBO1（2项）、NKG2D配体（2项）和CD33（2项），余下的13种靶点均只有1项临床试验。可见，与专利数据的靶点开发情况相似，除了相对热门的靶点，CAR-NK的临床试验也针对多种不同的靶点开展研究。TPBG、CLDN6、CLEC12A这3个靶点在专利数据中没有出现，后续可关注这几个靶点的研发动态，调整研发策略。

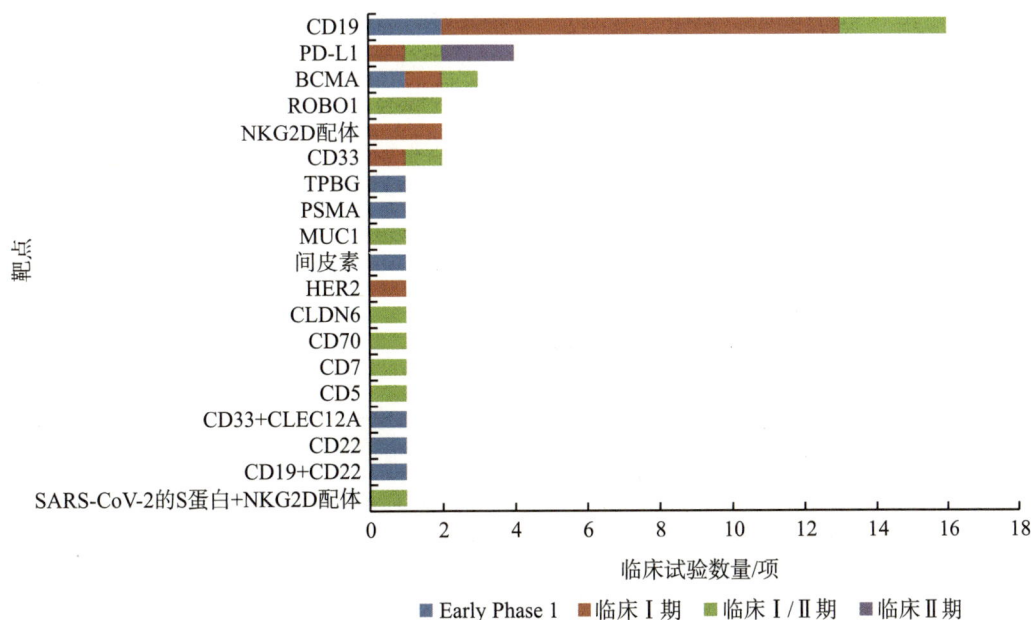

图33-22　CAR-NK临床试验中针对的靶点分布及其进展

（三）临床试验申办者竞争格局

2021年CAR-T上市4款药物，已然进入井喷期，预示着CAR-NK上市的潜力。我们对目前开展的CAR-NK临床研究中研发实力领先的公司/机构和热门靶点及其相关的专利申请进行梳理，以了解CAR-NK领域的研发方向和竞争程度，为预测CAR-NK药物的上市提供参考。43项临床试验共涉及22个公司/机构，其中12个公司/机构仅一项临床试验，图33-23列出了排名前10的公司/机构，排名第一的是中国的呈诺医学，一共5项分别针对CD19、CD22、CD19-CD22、间皮素和PMSA的CAR-NK。其中，靶向间皮素的CAR-NK是我国自主研发的针对晚期上皮性卵巢癌治疗的CAR-NK，于2021年11月11日经国家药品监督管理局药品审评中心通过，标志着我国的免疫细胞药物治疗实体瘤的研究迈入了新的里程碑。紧随其后的分别是美国的得克萨斯大学和NantKwest以及中国的博生吉，各有4项临床试验。得克萨斯大学以血液瘤为主，针对热门靶点CD19有2项临床试验，并取得了积极的效果，但并未止步于CD19，新开发了分别针对CD70和CD5的CAR-NK。NantKwest则主要集中于PD-L1的临床研究，也取得了积极的效果，治疗胰腺癌、三阴性乳腺癌等实体瘤的PDL1 t-haNK，已处于临床Ⅱ期，有可能成为最早实现CAR-NK上市的公司。博生吉是最早开展CAR-NK临床研究的公司，对CD19、CD33、CD7和MUC1均有涉及。阿思科力主要布局自身开发的ROBO1靶点和BCMA靶点。可见，不同公司/机构的研发策略不同，有的重点开发有潜力的靶点，有的对靶点和CAR-NK产品进行多元化的布局。

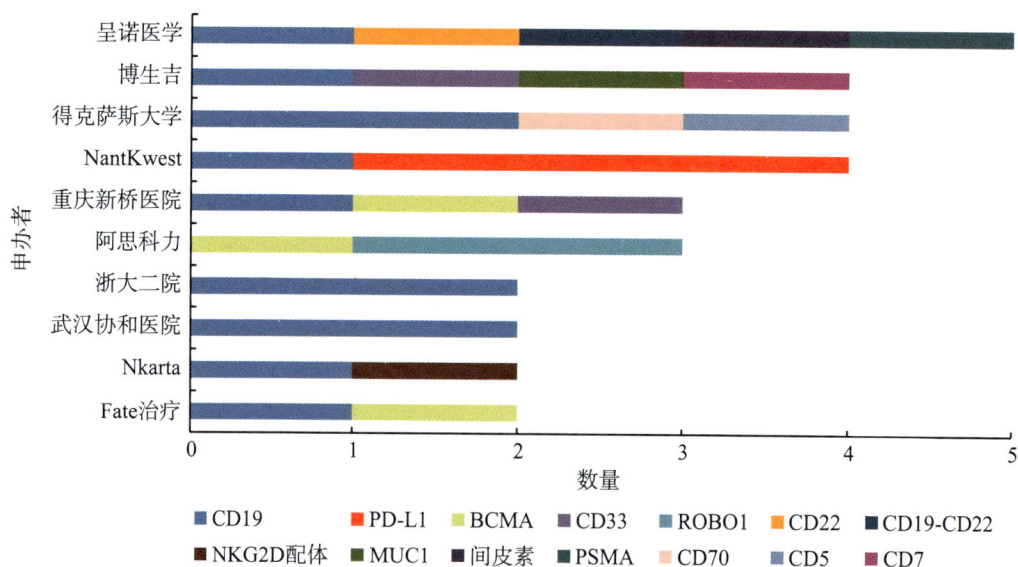

图33-23　CAR-NK相关临床试验中主要申办者及其靶点分布

结合图33-22和图33-23，我们选择了目前拥有临床试验2项以上的公司/机构，呈诺医学、博生吉、得克萨斯大学、NantKwest、重庆新桥医院、Fate治疗、Nkarta和阿思科力，以及拥有2项以上临床在研的靶点，CD19、BCMA、CD33、CD22、PD-L1和NKG2D配体以了解目前的研发格局。如图33-24所示，CD19是目前最拥挤的赛道，8家公司/机构有7家在进行靶向CD19的CAR-NK的开发，既有CAR-NK的领跑者得克萨斯大学和NantKwest，还有拥有独特技术的Fate治疗和Nkarta，其临床研究结果均取得了积极效果，中国研发者想要在CD19这个赛道有所突破存在很大的难度。在已有专利数据中可以查到呈诺医学、得克萨斯大学、NantKwest、Fate治疗和Nkarta关于CD19 CAR-NK的专利申请，对技术进行了专利保护。第二热门的是BCMA靶点，可以看出CD19和BCMA竞争激烈。而PD-L1这一热门靶点，仅有NantKwest这个头部玩家，几乎没有竞争压力，而且对靶向PD-L1的CAR-NK有6项专利申请，其CAR-NK的制备均使用自身建立的NK-92和haNK细胞，围绕自身的核心技术进行了相应布局。CD22这个靶点仅有呈诺医学有相关临床研究，相比于CD19，CD22对血液瘤的杀伤性有限，容易复发，目前CD22主要与CD19联合使用，以克服CD19治疗的复发性问题。CAR-NK领域相对特色的靶点NKG2D配体，前8名中仅Nkarta在开发CAR-NK，即NKX101，是Nkarta的首发管线，可用于治疗多种血液系统恶性肿瘤和实体肿瘤。最新临床研究结果表明NKX101治疗AML具有良好的耐受性、安全性和高度活性。国内

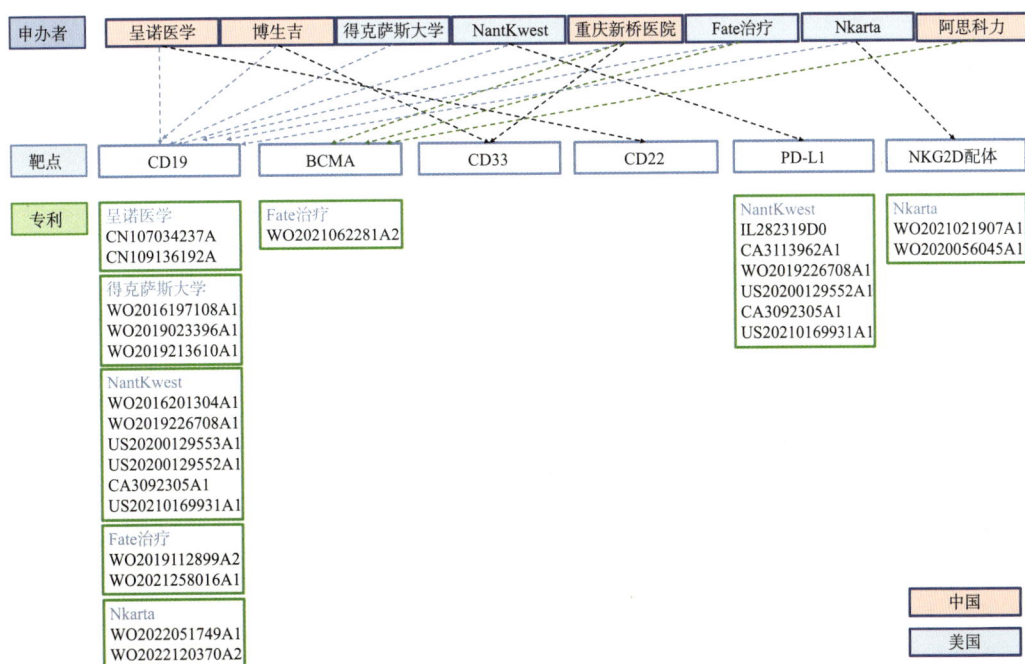

图33-24　CAR-NK临床试验中热门靶点的开发和布局

与之竞争的是康万达针对NKG2D配体设计的CAR-NK，也已经完成三例患者的剂量爬坡试验，而且该款CAR-NK是基于mRNA技术设计的，相比于Nkarta使用病毒载体制备的NKX101可能更安全。

（四）血液瘤

CAR-NK和CAR-T在血液瘤治疗领域疗效凸显，显示出了优于其他免疫疗法的强大优势。研究主要集中在CD19和BCMA这些热门靶点，其中CD19作为开发最成熟的靶点，对靶向CD19相关的CAR-NK技术的梳理可以了解整个血液瘤治疗领域CAR-NK的研发现状。近年来为了解决B淋巴细胞恶性肿瘤以外的其他癌症，扩大CAR-NK细胞免疫疗法的治疗范围，也在开发新的肿瘤抗原。对这些新靶点的介绍也可为相关创新主体制定研发策略和专利布局提供参考。

1. CD19

CD19是一个非常理想的B细胞淋巴瘤标志抗原，自从1983年被发现以来，其被证实在大多数急性淋巴细胞白血病（ALL）、慢性淋巴细胞白血病（CLL）和B细胞淋巴瘤中表达，而在大多数B细胞肿瘤中高度保守。CD19可调节B细胞活化及增殖，参与其信号传导功能，起到协同受体的作用。以CD19为靶点的CAR-T的上市，为晚期B细胞瘤患者带来了希望的曙光。但由于CAR-T容易引发免疫细胞因子风暴和GVHD等缺陷，CAR-NK领域的研究者迅速以CD19作为靶点进行开发。从图33-25可以看出，

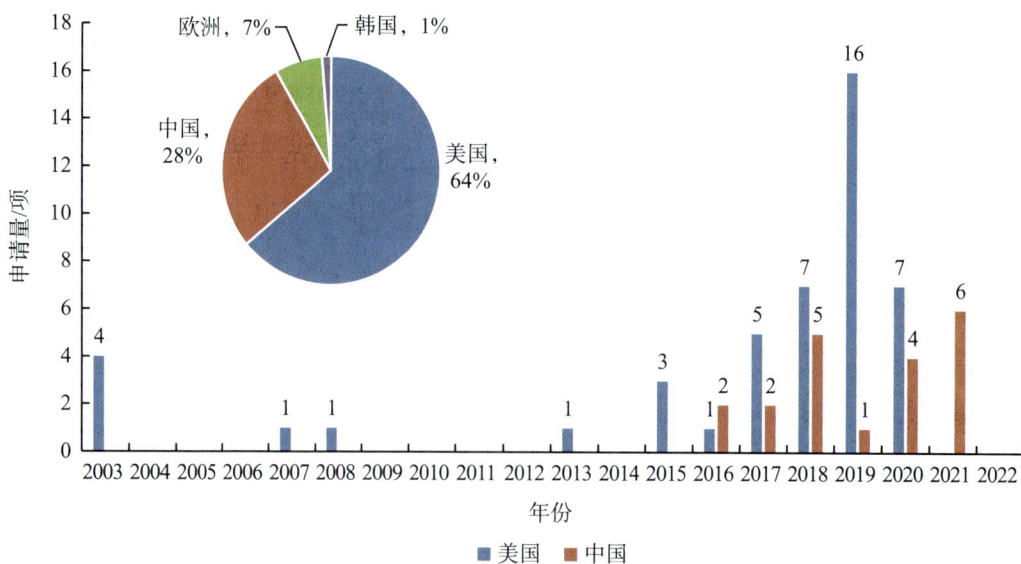

图33-25　靶向CD19的CAR-NK相关专利申请的分布

美国、中国、欧洲和韩国的申请人均在开发靶向CD19的CAR-NK，其中美国申请数量遥遥领先，占比64%，具有绝对的竞争优势，中国排名第二，占比28%。可见中国和美国占据了靶向CD19的CAR-NK领域的92%。从中国和美国的专利申请历年变化情况可以看出，美国最早开始研究，2003—2016年早期偶有相关研究，从2017年开始实现快速增长，2019年达到最高点。中国于2016年开始有相关专利申请，增长速度不明显，对CD19的研发热情不高。可能是因为美国在CD19这个赛道拥有良好的研发基础并投入了大量的研发力量，中国的研发者试图在其他靶点赛道有所突破。

从图33-26可以看出，NantKwest和得克萨斯大学依旧排名前两名，NantKwest一共19项专利申请中9项是靶向CD19的CAR-NK，得克萨斯大学一共15项专利申请中8项是靶向CD19的CAR-NK，占比均超过了50%。可见CD19是NantKwest和得克萨斯大学开发的重点，集中了主要研发力量对靶向CD19的CAR-NK进行开发。其次是排名第三的Nkarta，8项专利申请中有6项是靶向CD19的CAR-NK，对CD19这个靶点更加重视。该公司一共2项临床管线，分别是靶向CD19的NKX019和靶向NKG2D配体的NKX101。NKX019在治疗复发/难治性B细胞淋巴瘤的临床试验中，5名达到客观缓解（ORR=83%），3名达到完成缓解（CR=50%），取得了很好的治疗效果。剩下的圣犹达儿童研究医院（St Jude Children's Research Hospital）有3项专利申请，呈诺医学、Icell基因治疗和Onk治疗各有2项专利申请。可见CAR-NK领域的佼佼者们均针对CD19靶点开发了CAR-NK，有望开发出可以克服CAR-T缺陷的CAR-NK。

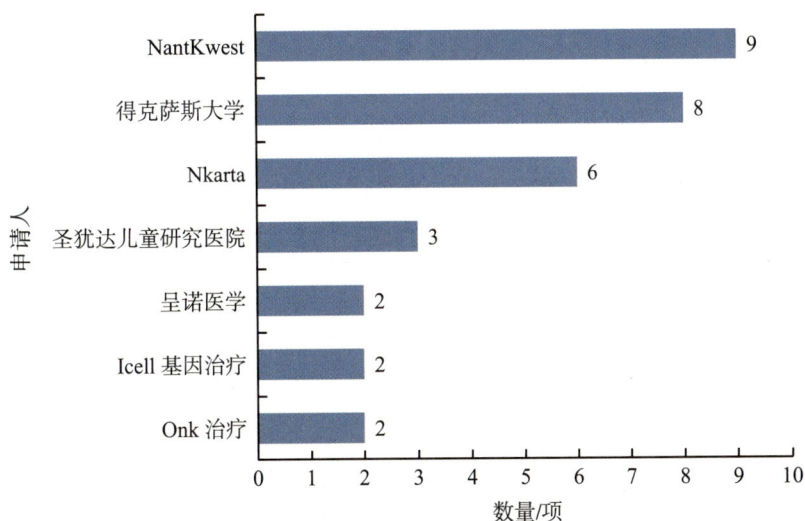

图33-26　靶向CD19的CAR-NK相关专利申请中排名前7的申请人

2. CD7和CD5

CAR-T和CAR-NK细胞疗法在各种类型的复发/难治性B细胞恶性肿瘤领域已得

到广泛应用，但侵袭性T细胞恶性肿瘤代表了一个高度未满足的医疗需求领域，临床治疗结果不佳，目前治疗选择非常有限。由于CAR-T细胞和转化T淋巴细胞之间共同表达会带来自相残杀的风险，导致注入的CAR-T细胞攻击自身。而CAR-NK细胞缺乏T细胞标志物的表达，在T淋巴系统恶性肿瘤中，CAR-NK可能优于CAR-T细胞。CD5是约85%的T细胞恶性肿瘤中存在的一种泛T细胞表面标志物。CD7（T细胞抗原7，又称作GP40，TP41，LEU-9）是一种单链跨膜糖蛋白，属于免疫球蛋白超家族成员。95%以上的淋巴母细胞性白血病和淋巴瘤以及部分外周T细胞淋巴瘤表达CD7。靶向CD5和CD7的CAR-NK也进入了临床试验阶段，分别是博生吉靶向CD7的CAR-NK和得克萨斯大学靶向CD5的CAR-NK。我们对靶向CD5和CD7的CAR-NK的相关专利进行了梳理，涉及CD5和CD7的CAR-NK专利申请一共有7项，其中靶向CD5的CAR-NK有5项，靶向CD7的CAR-NK有4项。7项专利申请中，Icell基因治疗一共有3项专利申请，对CD7和CD5均有涉及，剩余4项专利申请分别是博生吉（CN109652379A：靶向CD7）、河北森朗生物（CN112980788A：靶向CD7）、中国医学科学院血液病医院（CN109266667A：靶向CD5）和江苏蒙彼利生物（CN109266667A：靶向BCMA+CD5）。靶向CD7、CD5和CD4的CAR-NK除了表达特异性CAR之外还需要敲除CAR-NK细胞的CD7、CD5和CD4，防止CAR-NK细胞之间的"自杀现象"。可以看出，对T淋巴系统恶性肿瘤的关注还不高，仅有少数的申请人对此有涉及，其中Icell基因治疗专注于开发治疗T淋巴系统恶性肿瘤的CAR-NK。

（五）实体瘤

相比于血液瘤，实体瘤治疗方面的应用举步维艰，困难重重。如前所述，CAR-NK领域对于实体瘤的研究持续升温，治疗实体瘤的策略也不断被开发出来，靶点的选择是影响实体瘤治疗有效性和安全性的关键因素，我们对CAR-NK全球专利关于实体瘤治疗的数据进行梳理，以明晰目前实体瘤的研究方向和靶点的选择情况。2021年全球癌症统计中肿瘤发病率的排名为乳腺癌、肺癌、结直肠癌、前列腺癌和胃癌。女性中排名前三的是乳腺癌、肺癌和结直肠癌，男性中排名前三的是前列腺癌、肺癌和结直肠癌。乳腺癌、肺癌和结直肠癌的治疗也是CAR-NK领域的重点关注适应证。如图33-27所示，全球286项专利申请中，有143项专利申请涉及实体瘤，其中乳腺癌排名第一，共有61项专利申请，数量远高于其他肿瘤。排名第二的是肺癌，有28项专利申请。卵巢癌、胶质瘤、肝癌、结直肠癌数量相当，均在20项上下。胰腺癌、黑色素癌和前列腺癌数量在10项上下。胃癌和肾癌各为4项，宫颈癌3项，骨肉瘤2项，研究相对比较少。虽然胃癌发病率排名第5，但CAR-NK对其关注度不高，主要集中于乳腺癌和肺癌。对卵巢癌的研究热度高于前列腺癌。接下来对几个重要适应证及靶点进行介绍。

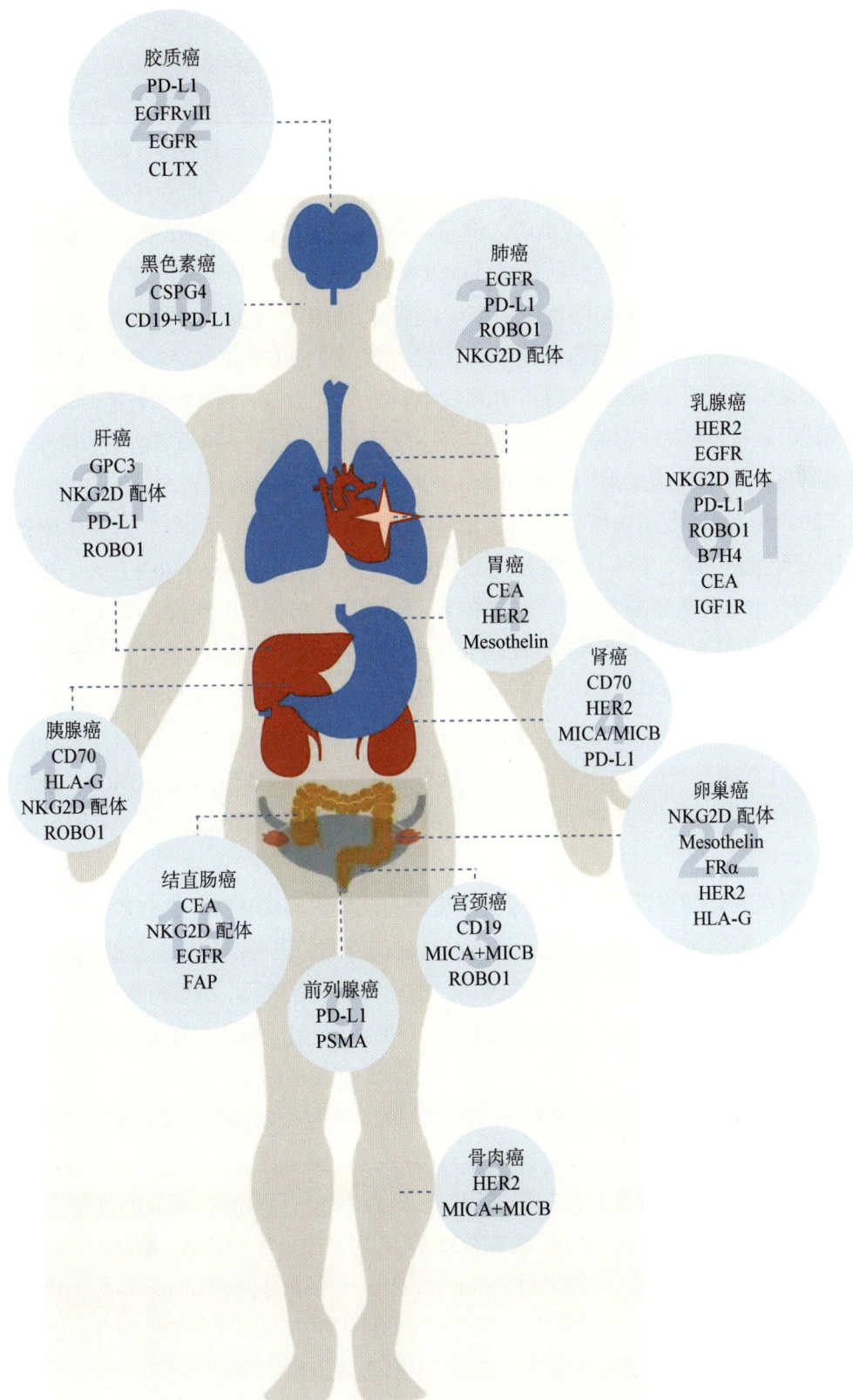

图 33-27　CAR-NK 细胞领域实体瘤及其热门靶点分布

近年来乳腺癌的发病率不断升高，从2020年开始超过肺癌，成为发病率第一的肿瘤，而且患者年龄不断降低。对于复发和转移风险高且生存率低的乳腺癌患者开发有效的治疗方法是一项未满足的治疗需求。HER2阳性乳腺癌占据全部乳腺癌的20%左右，与HER2阴性患者相比，此类患者癌细胞生长更快、容易转移。靶向治疗仍是HER2阳性患者的首选方案。如图33-27所示，61项乳腺癌相关的专利申请中，靶向HER2的CAR-NK有15项专利申请，研究表明靶向HER2的CAR-NK在体外和体内对乳腺癌均有治疗活性。紧随其后的是EGFR靶点，一共有11项专利申请。三阴性乳腺癌（TNBC）占乳腺癌的比例为15%—20%，临床上表现为进展快、侵袭性强，目前尚缺乏有效的治疗手段，术后复发转移早，预后差。在TNBC中13%—76%存在EGFR表达，阳性率不同与评估方法和抗体使用不同有关。研究发现，EGFR高表达者与低表达者相比，具有更短的生存时间，EGFR水平为三阴性乳腺癌的一个重要的预后指标。研究表明EGFR特异性的CAR-NK可用于EGFR表达升高的TNBC患者。

2022年2月，我国国家癌症中心发布的癌症统计结果中，肺癌、结直肠癌和胃癌是三大高发癌症，其中肺癌发病人数是82.8万人，比结直肠癌（40.8万人）和胃癌（39.7万人）的总数还多。死亡率也排名第一，死亡人数高达65.7万人。非小细胞肺癌（NSCLC）中最常见的基因突变是EGFR突变，EGFR突变在中国患者中的发生比例约为50%，在欧洲患者中的发生比例为10%—15%。目前治疗肺癌EGFR突变阳性的手段远多于其他突变，是治疗NSCLC首选的一线药物。CAR-NK细胞治疗肺癌中最热门的靶点也是EGFR， 共有6项专利申请（图33-27）。其中排名第三的是ROBO1，该靶点是阿思科力创始人李华顺于1999年发现，并围绕该靶点开发了CAR-NK产品，临床数据表明对肺癌治疗效果良好。

结直肠癌是消化系常见的恶性肿瘤之一，对于早期结直肠癌患者来说，有机会通过手术取得治愈。而中晚期患者中，肿瘤的复发和进展是治疗结直肠癌的挑战。CEA是人类胚胎抗原特异性的酸性蛋白，在癌组织广泛表达，常见于结直肠癌、胃癌、乳腺癌等，特别是在结直肠癌患者中有80%以上阳性表达。正常组织细胞中只有消化道细胞有少量的CEA在细胞膜表达，因而CEA是免疫细胞治疗结直肠癌的有效靶点。CAR-NK细胞治疗结直肠癌中最热门的靶点也是CEA，一共有4项专利申请（图33-27）。

对于具有肿瘤特异性抗原的实体瘤，在该实体瘤的研究中，对应的肿瘤特异性抗原也是CAR-NK细胞的首选靶点（图33-27）。如对于肝癌的治疗，GPC3作为肝癌的潜在靶点，潜力巨大，稳居CAR-NK研究的第一。GPC3全称Glypican-3，GPC3基因表达的GPC3蛋白在不同的发育时期和不同的组织中表达存在显著性差异，如在胃癌、乳腺癌、卵巢癌等癌症中低表达或不表达，而在肝细胞癌中常处于过度表达。并且在健康成人肝脏中检测不到，仅通常在胎儿肝脏中检测到。靶向GPC3的CAR-NK

在肝癌的治疗中也取得了积极的效果。对于前列腺癌的治疗，前列腺特异性膜抗原（prostate-specific membrane antigen，PSMA）这个前列腺癌的经典靶点也是CAR-NK的主要选择。除了肿瘤特异性抗原，不限癌种的靶点PD-L1在多种肿瘤，如乳腺癌、肺癌、胶质癌、肝癌、黑色素癌、前列腺癌等均是CAR-NK的热门选择，不仅可以作为单一靶点，而且可以与其他靶点组合，解决肿瘤免疫抑制的问题。NKG2D配体也是实体瘤的热门靶点，在乳腺癌、肺癌、结直肠癌、肝癌、卵巢癌、胰腺癌等多个领域均有其特异性的CAR-NK。NKG2D是NK细胞的激活型受体，拥有多种配体，可识别肿瘤、病毒感染细胞等。NKG2D/NKG2D配体可以介导免疫细胞的肿瘤杀伤作用。目前以NKG2D为靶点的在研药物/疗法主要集中在临床早期，作用机制以CAR-T/CAR-NK为主，尤其在CAR-NK领域中热度很高。目前靶向NKG2D配体的CAR-NK在复发/难治性急性髓系白血病（AML）、高危骨髓增生异常综合征（MDS）、结直肠癌、COVID-19等的治疗中效果均不错。

可见CAR-NK领域对于实体瘤的研究主要集中于具有广大市场的适应证和开发比较成熟、研发风险低的有效靶点，但也不乏NKG2D配体和ROBO1这样在CAR-NK领域研究比较突出的靶点。CAR-NK细胞作为免疫细胞治疗领域的"新星"，对于实体瘤治疗具有天然优势，对多种实体瘤和靶点均有涉及，有望引领新一波细胞治疗热潮。

三、结　语

近年来，细胞治疗，尤其是免疫细胞治疗进入快速发展时期，其中，CAR-NK细胞免疫治疗由于能够在没有人类白细胞抗原（HLA）限制的情况下靶向肿瘤，具有更高的通用性而受到人们的关注。全球CAR-NK技术研发增长势头强劲，我国总体处在全球竞争格局的"第二梯队"，且已呈现出产业区域集群化发展的趋势，但以PCT申请为指标的海外市场拓展能力仍十分有限，还需多方合力、多措并举，增强行业整体对外竞争力。

撰稿人：王　雪　国家知识产权局专利局医药生物部

　　　　杜涧超　国家知识产权局专利局医药生物部

　　　　梁亚茹　国家知识产权局专利局医药生物部

　　　　王宗岳　国家知识产权局专利局医药生物部

　　　　张　弛　国家知识产权局专利局医药生物部

通讯作者：张　弛　zhangchi_1@cnipa.gov.cn

第三十四章　合成生物制造专利分析

　　21世纪将是生命科学和生物技术大放异彩的世纪。合成生物学是继DNA双螺旋发现所催生的分子生物学和"人类基因组计划"实施而催生的基因组学之后的第三次生物技术革命，其采用工程化设计理念，对生物体进行有目标的设计、改造乃至重新合成，具有重大的科学与技术价值，以合成生物为工具形成的新一代生物技术，被广泛认为是前瞻性、颠覆性的技术领域，有望引领产业技术变革方向，推动或引发生产方式、社会模式的深刻变化。

　　习近平总书记多次指出，抓住新一轮科技革命和产业变革的重大机遇，就是要在新赛场建设之初就加入其中，甚至主导一些赛场建设，从而使我国成为新的竞赛规则的重要制定者、新的竞赛场地的重要主导者。我国是制造业大国。以合成生物学为基础孕育的绿色生物制造产业将从根本上颠覆传统制造业的发展模式，成为国际竞争的新赛场。以基因编辑、基因合成、人工微生物为代表的合成生物技术为我国绿色生物制造提供了新思维、新工具，将推动绿色生物制造实现新跨越。谁能掌握合成生物技术，抢先获得核心知识产权，谁就能把握新一轮绿色生物制造产业发展的主动权。

　　绿色生物制造在医学及农业领域已经得到普遍认识和广泛应用，而它在化工、食品、材料、能源、环保等领域仍然具有巨大的发展潜能。经济合作与发展组织（OECD）预测：至2030年，将有35%的化学品和其他工业产品来自工业生物技术，生物制造产业的总产值将占全球生物产业约40%的份额。因此，本书将从合成生物学的角度分析21世纪以来以菌种和酶为核心的合成生物制造发展态势，包括基因编辑、基因合成、基因工程、代谢工程及人工微生物等。同时，通过中外技术对比，了解我国在该领域技术研发及知识产权保护所处的位置。

　　按照世界知识产权组织（WIPO）关于生物技术国际专利分类（IPC）号的划分，结合合成生物学人工设计、工程化及多学科交叉等特点，本书采用以IPC号为主、关键词为辅的方式进行全球合成生物制造专利数据检索，主要选取的IPC号如表34-1所示。

表34-1　主要选取的IPC号

序号	IPC号	定义
1	C12P19/34	多核苷酸，如核酸、寡核糖核苷酸的制备
2	C12N9/22	核糖核酸酶；其组合物；制备、活化、抑制、分离或纯化酶的方法
3	C12N15/00	突变或遗传工程；遗传工程涉及的DNA或RNA，载体（如质粒）或其分离、制备或纯化
4	C12N15/09	DNA重组技术
5	C12N15/10	分离、制备或纯化DNA或RNA的方法
6	C12N15/11	DNA或RNA片段；其修饰形成
7	C12N15/63	使用载体引入外来遗传物质；载体；其宿主的使用；表达的调节

　　针对基因合成与基因编辑等使能技术，结合关键词与相关分类号如C07H21/00（含有两个或多个单核苷酸单元的化合物，具有以核苷基的糖化物基团连接的单独的磷酸酯基或多磷酸酯基，如核酸）和B01J19/00（化学的、物理的或物理-化学的一般方法及其有关设备）等进行进一步数据检索，经过人工降噪形成本书分析的数据基础。

　　本书所称的使能技术是指基因合成与组装及其装备、CRISPR基因编辑工具及其应用等；基础技术是指功能元件库、底盘细胞、基因调控与表达等；应用技术是指利用细胞工厂或人工从头设计合成工业生活用品等。

第一节　全球合成生物制造技术创新发展态势

一、技术发展总体趋势和各分支技术发展趋势

（一）技术发展总体趋势

　　进入21世纪以来，以合成生物学为特点的合成生物制造技术创新不断发展。2001—2023年，全球专利申请总量达44 018件，涉及专利技术达22 622项（通过简单家族合并）。图34-1表明，近20年全球合成生物制造技术整体发展呈上升态势[①]，大致可以分成三个阶段，第一阶段是发展初期，即2001—2012年，每年专利创新数量在1000项以下，这一时期专利技术创新的特点主要是以应用技术为主；第二阶段是

---

　　① 2022年与2023年由于专利数据公开制度，数据统计不完整。

第一快速发展时期，即2013—2021年，每年专利创新数量均在1000项以上，CRISPR基因编辑技术的问世，推动着这一时期合成生物制造技术迈上了一个新的发展阶段，2019年全球底层技术专利数量与应用技术专利数量将近持平[①]；第三阶段是第二快速发展时期，即2022年以后，根据综合预测分析，这一时期专利年均创新数量将突破2000项，底层技术创新将成为全球竞争的核心，整体专利申请数量将超过应用技术。

图34-1　全球合成生物制造专利申请趋势

（二）各分支技术发展趋势

根据合成生物制造技术的特点，其主要技术类型分为基因编辑、DNA合成与组装、元件库、底盘细胞、基因调控与表达及人工合成等。图34-2表明，全球合成生物制造技术创新主要集中于物质的人工合成，在某种程度上反映了人工合成是全球技术发展的趋势与主流且仍呈不断上升态势[②]；随着CRISPR技术的问世，自2012年起，基因编辑技术呈显著上升态势且仍呈不断增长发展的态势[②]；DNA合成与组装技术创新在2001—2008年相对活跃，之后并未有明显的增长或发展态势，在某种程度上反映出该技术领域创新活动相对成熟，DNA酶法合成技术尚未呈现大规模发展态势；基因调控与表达、元件库及底盘细胞技术创新活跃度较低，随着合成生物学的深入发展，根据综合预测，元件库与底盘细胞技术等底层技术创新将成为主要竞争领域，专利创新数量将不断增长。

---

①　本书所称底层技术是指使能技术与基础技术的总和。

②　2022年与2023年由于专利数据公开制度，数据统计不完整。

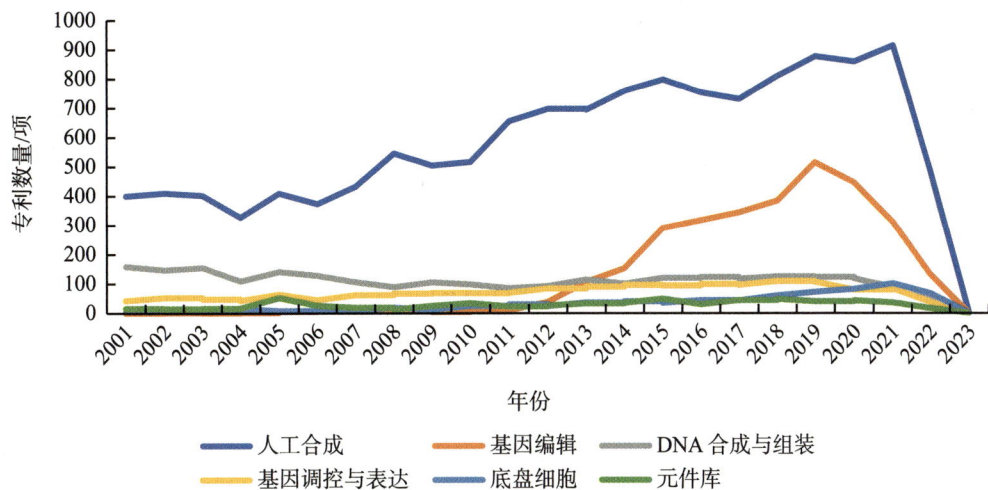

图34-2 全球合成生物制造各技术分支专利申请趋势

二、技术主要来源分布

（一）总体技术来源国

图34-3表明，全球合成生物制造技术主要来源于中国、美国、日本、韩国及欧洲国家等，在某种程度上反映了合成生物制造技术具有全球性发展的特点，知识产权国际竞争激烈，亚洲、欧洲与美国实力均衡，中国在该领域布局的专利数量具有明显优势，中、美之间在该领域存在激烈的竞争。

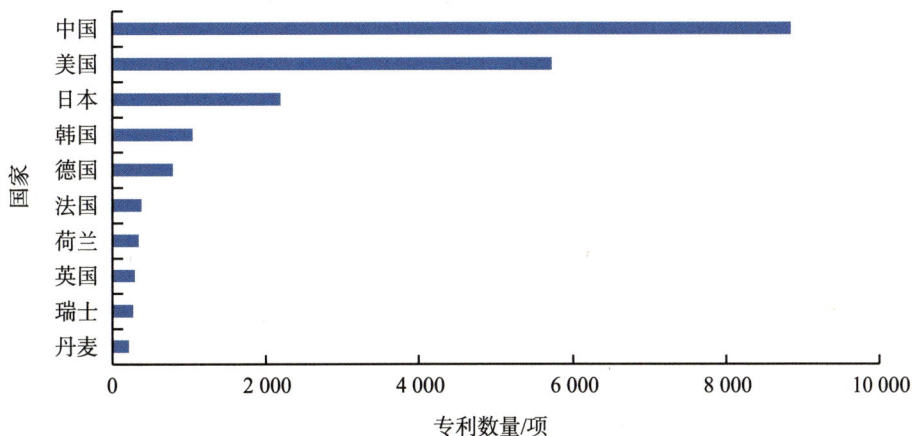

图34-3 全球合成生物制造专利技术排名前10来源国

（二）全球PCT专利技术来源国

从全球《专利合作条约》（*Patent Cooperation Treaty*，PCT）专利技术主要来源国分析，如图34-4所示，排名前10的专利技术来源国与总体技术排名前10的专利技术来源国完全一致，然而主要技术来源国的排序明显不同。美国在全球PCT专利数量上具有绝对优势，日本与德国在PCT专利技术数量上超越中国，分别居第二位和第三位。这在某种程度上反映了美国在合成生物制造技术领域具有较强的全球视野，其高度重视技术的全球布局，更侧重于技术输出和在全球的掌控性。

经过对比发现，中国在该领域的PCT专利技术布局占比仅为4.5%，明显低于美国的54.1%。这在某种程度上反映了美国在该领域的国际竞争能力远超中国。

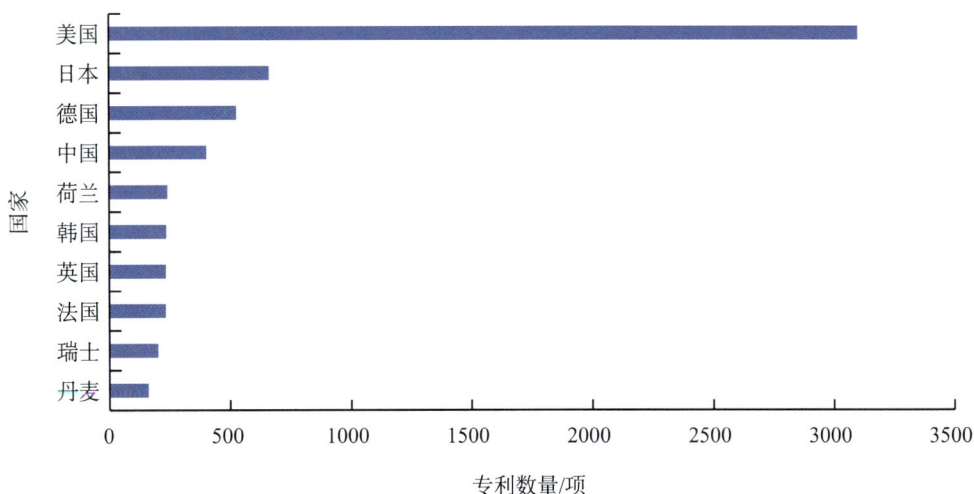

图34-4　全球合成生物制造PCT专利技术排名前10来源国

三、技术主要市场分布

（一）总体技术主要市场国（地区、机构）

图34-5全面反映了合成生物制造技术主要市场国（地区、机构）分布情况，可以看出，中、美不仅是该领域的技术来源国，还是全球专利布局的主要市场国。这在某种程度上反映了中、美在合成生物制造产业领域竞争激烈，一方面是创新能力的竞争，另一方面是国际市场的竞争。

图34-5 全球主要市场国（地区、机构）分布图
字体越大，代表专利布局数量越多。下同

（二）全球PCT专利技术主要市场国（机构）

从全球PCT专利技术进入全球国家（机构）的情况来看，如图34-6所示，美国、中国、日本、澳大利亚、加拿大、巴西为技术布局的主要市场国。经过对比发现，澳大利亚、加拿大、印度、巴西虽然不是该领域的主要技术来源国，但全球PCT专利在这些国家布局的数量较多。这在某种程度反映了这些国家具有较强的市场发展潜力。

图34-6 PCT专利技术主要市场国（机构）分布图

四、主要竞争对手动态

（一）合成生物制造技术领域竞争态势

近20年间，我国出台了一系列政策激励创新，加强知识产权保护。党的十八大以来，还专门制定了《关于加强战略性新兴产业知识产权工作的若干意见》，以提升我国在战略性新兴产业领域的知识产权综合实力。图34-7重点统计了全球合成生物制造技术专利申请数量排名前15的机构，其中，我国以江南大学为代表的高等院校与科研院所共有8家进入排名。这在某种程度上反映了在合成生物制造战略性新兴产业领域，以江南大学为代表的高等院校、以中国科学院天津工业生物技术研究所为代表的科研院所是我国合成生物制造技术创新的主力军，在加强产业技术创新的同时还高度重视知识产权的布局与保护，通过全球知识产权竞争，积极为我国在新一轮科技革命与产业变革的国际竞争中争取发展的主动权与竞争优势。

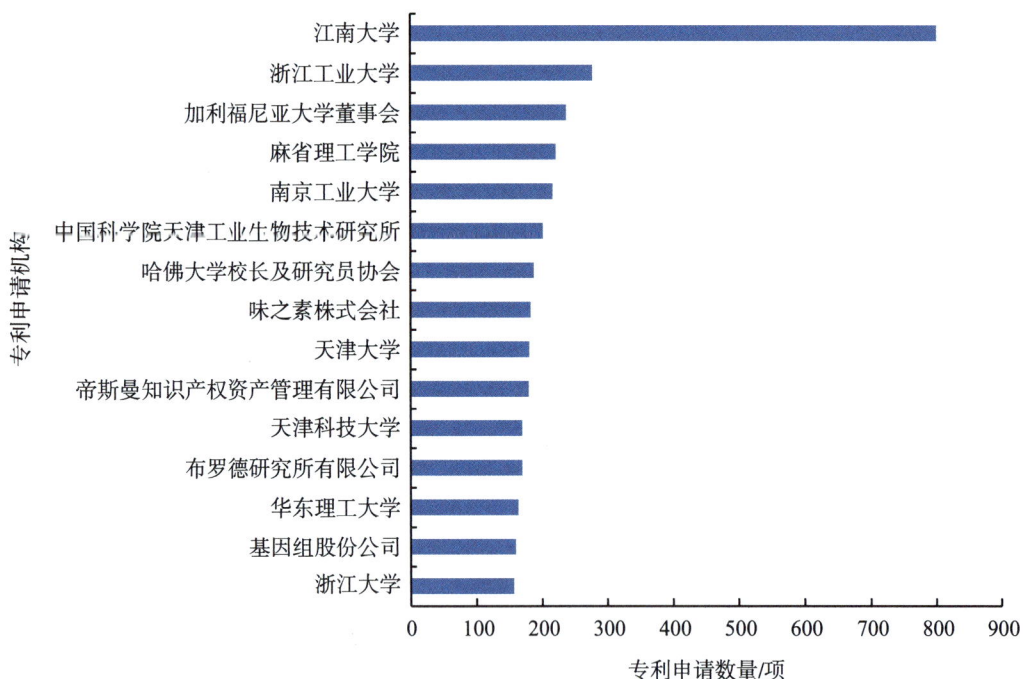

图34-7　全球排名前15专利申请机构专利申请数量

全球排名前15的机构分别有8家来自中国，5家来自美国，欧洲和日本各有1家。其中我国8家机构主要来源于江苏、浙江和天津三个地区。

进一步分析全球排名前10的机构的主要技术类型，如图34-8所示，美国的主要机构使能技术创新比例较高，中国和日本的主要机构应用技术创新比例较高，欧洲的主要机构技术类型分布相对比较平均。这在某种程度上反映了合成生物产业技术创新对我国产业转型升级和经济社会可持续发展至关重要。欧、美等国家或地区更偏重于底层技术创新与技术国际输出。

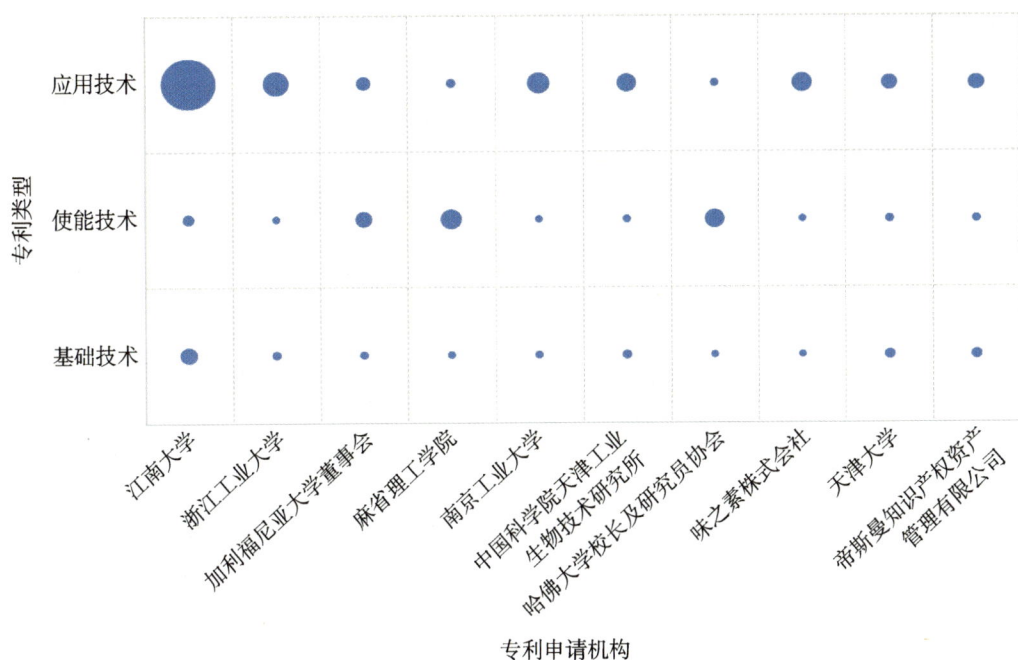

图 34-8　全球排名前 10 专利申请机构主要专利类型

进一步分析排名前 10 的机构专利地域布局情况，如图 34-9 所示，国外机构在合成生物制造技术领域均具有较强的全球布局能力。经过对比发现，排名第一的江南大学在中国布局数量比例较高；排名第二的浙江工业大学全球布局能力较弱；值得注意的是，中国科学院天津工业生物技术研究所在合成生物制造技术领域相比国内其他机构而言更加注重技术的全球布局。

（二）主要技术分支竞争态势

1. 人工合成技术分支

在人工合成技术分支，从全球排名前 10 的专利申请机构来看，如图 34-10（a）所示，以江南大学为代表的我国高等院校与科研院所具有明显的优势。值得注意的是，排名前 10 的国外机构，日本味之素株式会社、美国基因组股份公司及荷兰帝斯曼知识产权资产管理有限公司的机构类型全部为企业法人。相比于我国机构类型均为事业单位法人，在某种程度反映了国外在产研结合方面明显优于我国。

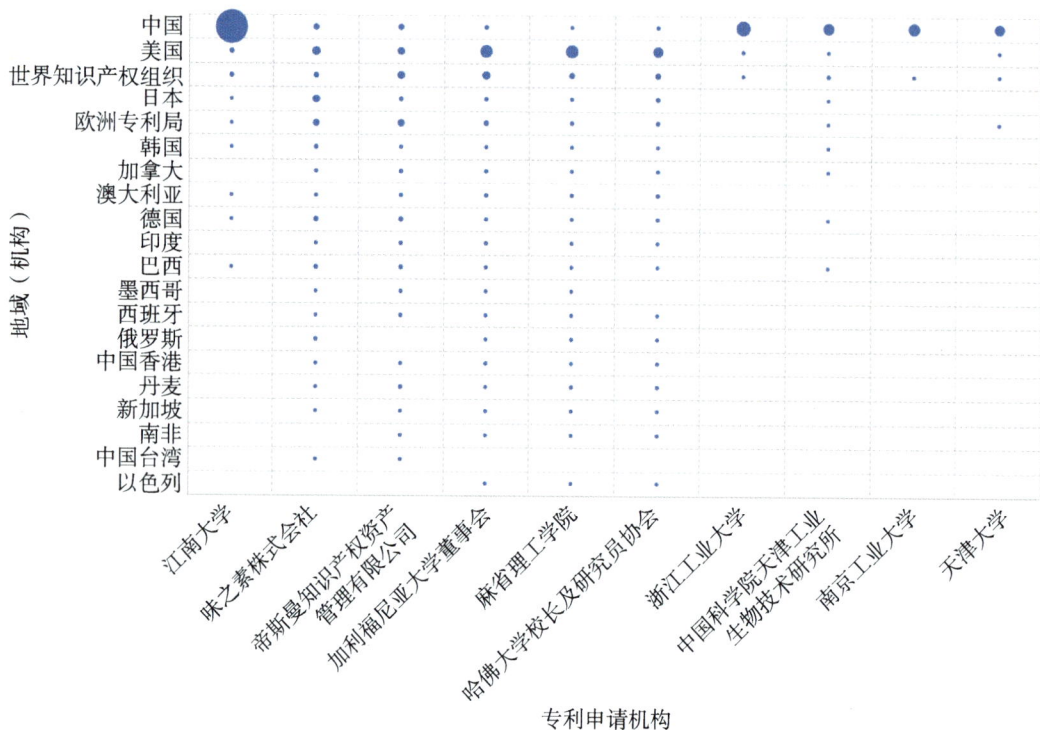

图 34-9 全球排名前 10 专利申请机构地域（机构）布局分布

进一步分析在人工合成技术分支，全球 PCT 专利排名前 10 的机构，如图 34-10（b）所示，我国机构均未排进前 10。经对比发现，荷兰帝斯曼知识产权资产管理有限公司、美国基因组股份公司及美国加利福尼亚大学董事会在人工合成技术分支具有较强的技术创新实力和国际竞争能力。

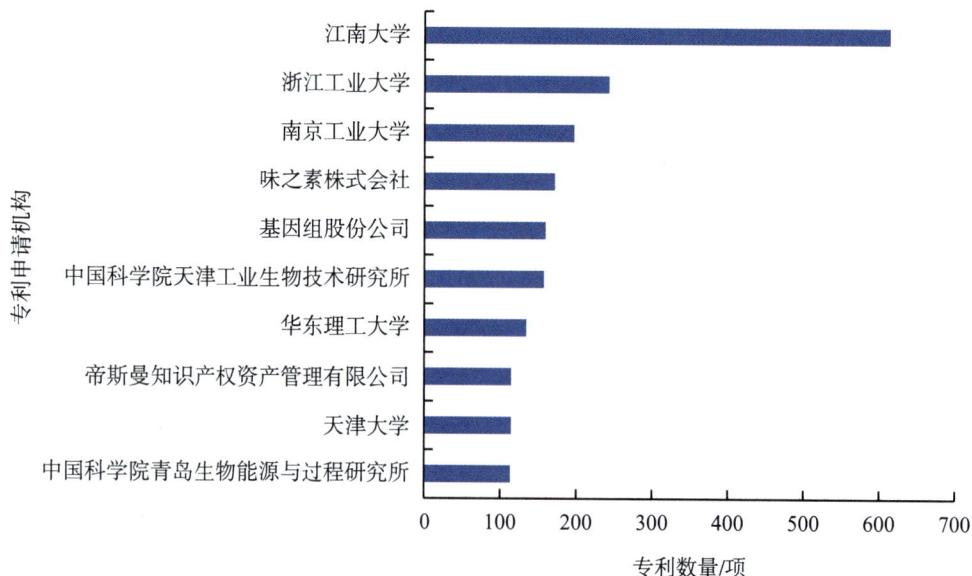

（a）

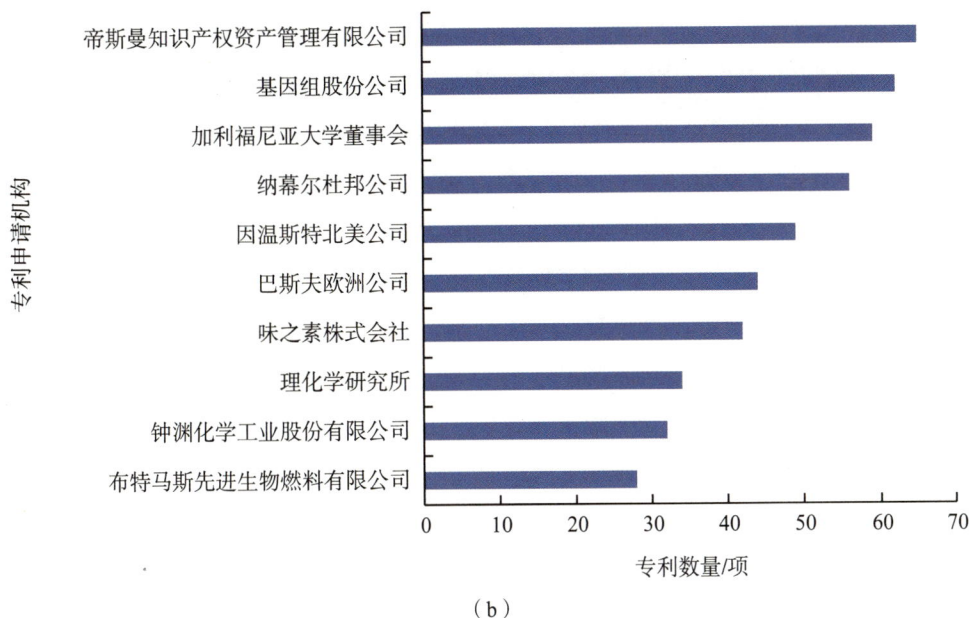

（b）

图34-10　人工合成技术分支全球排名前10专利申请机构［（a）］和
全球PCT专利排名前10专利申请机构［（b）］

2. 基因编辑技术分支

在基因编辑技术分支，从全球排名前10的专利申请机构来看，如图34-11（a）所示，基因编辑技术主要掌握在美国机构手中，经过进一步了解发现，美国主要机构均与张锋团队有关。值得注意的是，我国江南大学也入选了全球排名前10的机构，这在某种程度上反映了江南大学在基因编辑技术应用上具有一定的创新实力。

进一步分析在基因编辑技术分支，全球PCT专利排名前10的机构，如图34-11（b）所示，排名前四的机构相对比较稳定，仍然全部为美国机构，同时，荷兰机构在该领域也具有一定的创新实力。值得注意的是，美国齐默尔根公司和成对植物服务股份有限公司两家公司分别成立于2013年和2019年，均属于初创型企业，然而在基因编辑技术分支呈现出高成长速度和全球布局视野的特点。

3. DNA合成与组装技术分支

在DNA合成与组装技术分支，从全球排名前10的专利申请机构来看，如图34-12（a）所示，DNA合成与组装技术主要掌握在美国机构手中。值得注意的是美国吉恩-9有限公司和扭转生物科技有限公司，这两家公司分别成立于2009年和2013年，创始人之间具有关联性，均属于中小型企业，然而在DNA合成与组装技术分支具有较强的实力，专利数量呈现高成长性的特点。

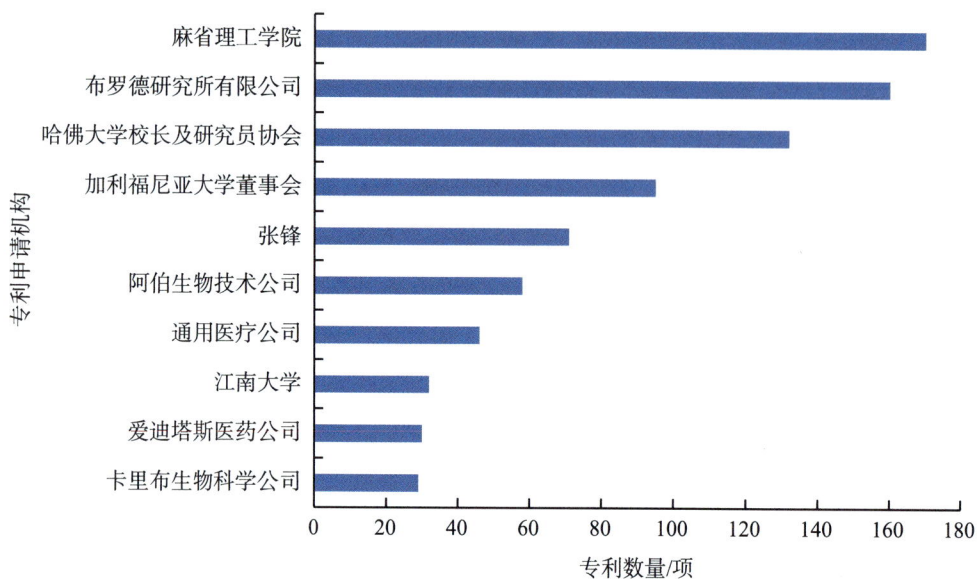

（a）

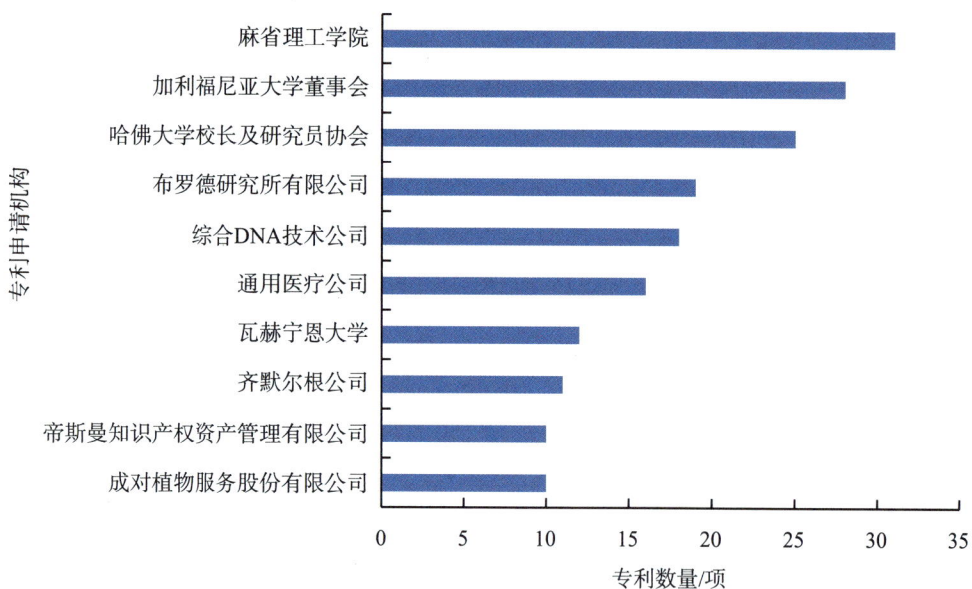

（b）

图34-11　基因编辑技术分支全球排名前10专利申请机构［（a）］和
全球PCT专利排名前10专利申请机构［（b）］

　　进一步分析在DNA合成与组装技术分支，全球PCT专利排名前10的机构，如图34-12（b）所示，DNA脚本公司在该技术分支具有较强的全球布局视野及国际竞争力。值得注意的是，美国哈佛大学校长及研究员协会、DNA脚本公司及核酸有限公司在DNA酶法合成技术上也在积极开展全球专利布局。

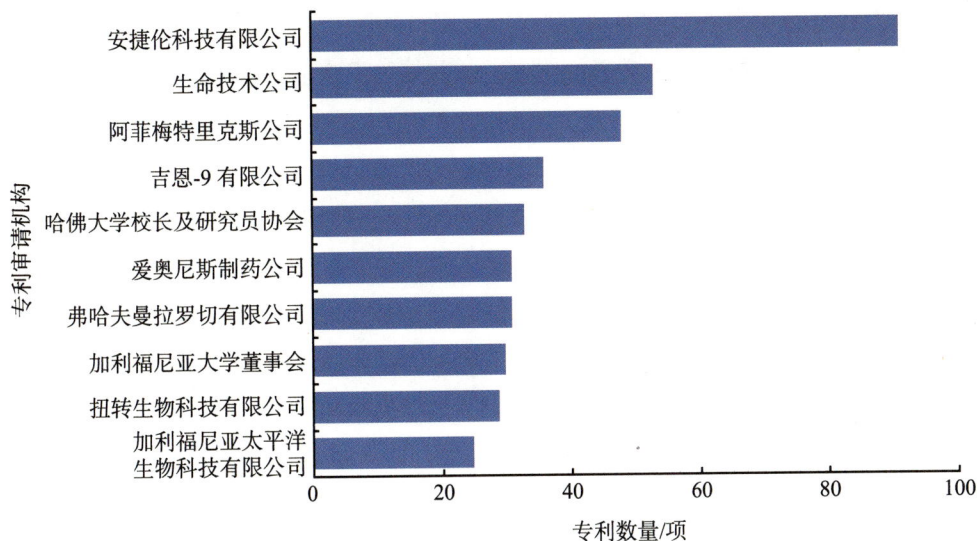

（a）

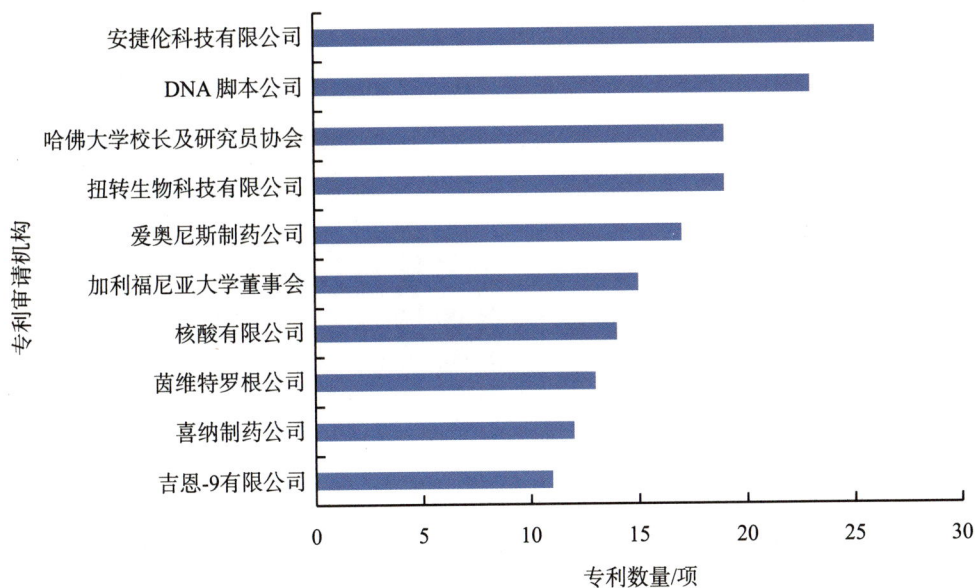

（b）

图34-12　DNA合成与组装技术分支全球排名前10专利申请机构［（a）］和全球PCT专利排名前10专利申请机构［（b）］

第二节　中国合成生物制造技术创新发展态势

一、技术发展总体趋势

2001—2023年，中国合成生物制造专利申请总量达10 269件，涉及专利技术达

10 003项（通过简单家族合并）。经过比较发现，我国合成生物制造专利技术创新数量占比将近全球专利技术创新数量的50%，这在某种程度上反映了，近20年，我国合成生物制造技术创新活动比较活跃。图34-13表明，中国合成生物制造技术整体发展呈上升态势且发展速度较快，大致可以分为三个阶段，第一阶段是缓慢发展时期，即2001—2011年，专利年均创新数量不足200项，这一时期专利技术创新的特点主要是以应用技术为主；第二阶段是快速发展时期，即2012—2018年，专利年均创新数量较前一个阶段翻两番，这一时期专利技术创新的特点是底层技术快速发展；第三阶段是高速发展时期，即2019年以后，这一时期专利年均创新数量突破1000项，底层技术与应用技术呈均衡发展态势。

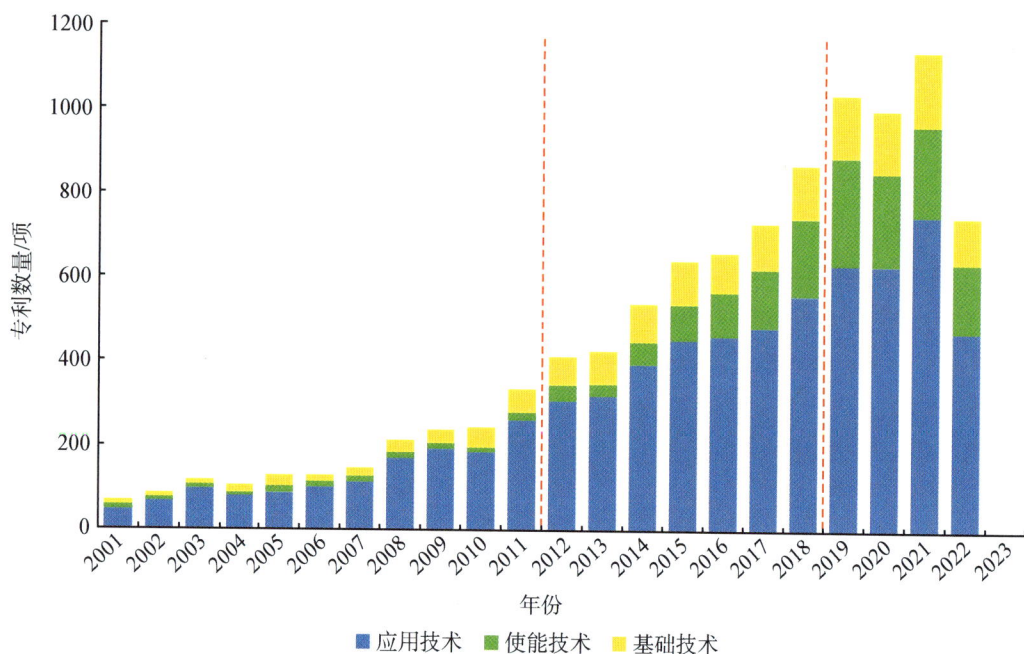

图34-13 中国合成生物制造技术专利申请趋势

经过比较发现，我国合成生物制造技术整体发展态势既受全球整体技术发展水平的影响，又与我国政策法律的出台有关，其发展态势有其自身的特点。总体来说，2011年以前，我国合成生物制造技术创新水平明显低于全球在该领域的技术创新水平。党的十八大提出创新是引领发展的第一动力，要大力实施创新驱动发展战略与知识产权强国战略，党中央、国务院针对知识产权做出了一系列重大部署。党的十九大进一步提出要全面加快知识产权强国建设。受政策驱动影响，自2012年以来，我国合成生物制造专利技术创新呈现快速发展态势，到2019年，整体创新能力已与全球创新能力持平。

从合成生物制造各分支技术发展趋势来看，图34-14表明，我国与全球整体发展特点相似，但也有所不同。一方面是在人工合成技术领域，我国呈现高速发展的特点，2021年的专利申请数量较2001年增长了近16倍；另一方面是在底层技术领域，从时间上来看，我国发展略晚于全球整体发展时期，但从速度上来看，我国呈现较高的成长速度。这在某种程度上反映出，我国高度重视合成生物制造底层技术的开发，这与这一时期的国际环境也具有一定的相关性，包括中美贸易摩擦、产业技术"卡脖子"及产业链供应链安全问题等。

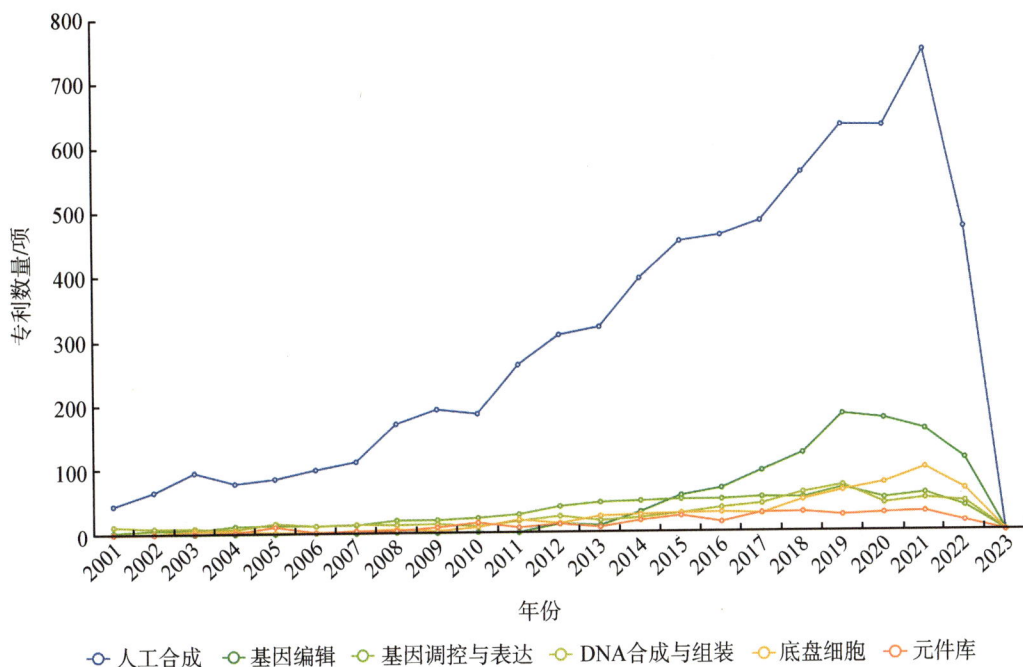

图34-14　中国合成生物制造各分支技术专利申请趋势

二、技术主要来源分布

图34-15表明，我国合成生物制造技术创新主要来源于本土技术创新，其他的专利技术来源国与全球专利技术来源国基本一致。相比较而言，美国和日本在该领域对我国的技术输出相对较多。

进一步分析我国本土创新的强势省份，如图34-16所示，江苏在该领域的技术创新实力处于领先地位，江南大学及南京工业大学均属于江苏；北京排名第二，主要集聚了全国知名的高等院校及科研院所，如清华大学、北京化工大学及中国科学院微生物研究所等；上海排名第三，集聚了华东理工大学、上海交通大学及中国科学院上海生命科学研究院等。

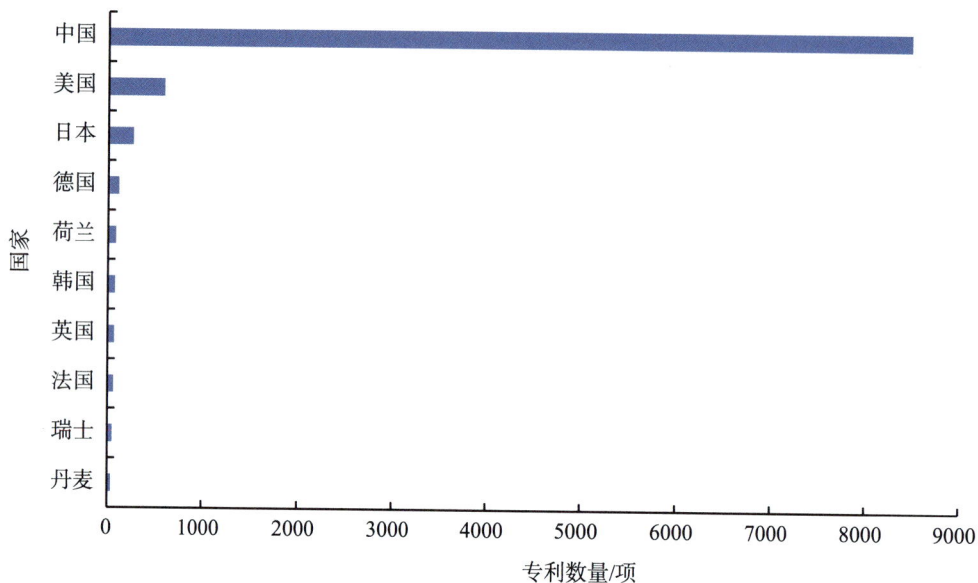

图 34-15　中国合成生物制造专利技术排名前 10 的来源国

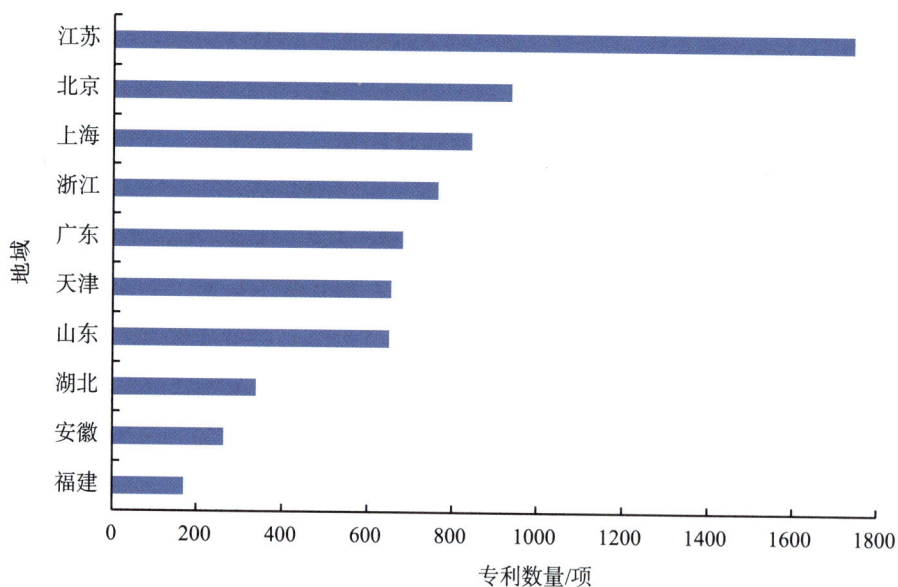

图 34-16　中国合成生物制造专利技术本土创新地域分布

三、技术主要市场分布

如图 34-17 所示，中国合成生物制造技术通过 PCT 途径布局国家（机构）主要集中在创新实力较强的国家（地区），如美国、欧洲、日本、韩国等，以及市场规模较大的国家，如加拿大、巴西、澳大利亚、印度等。

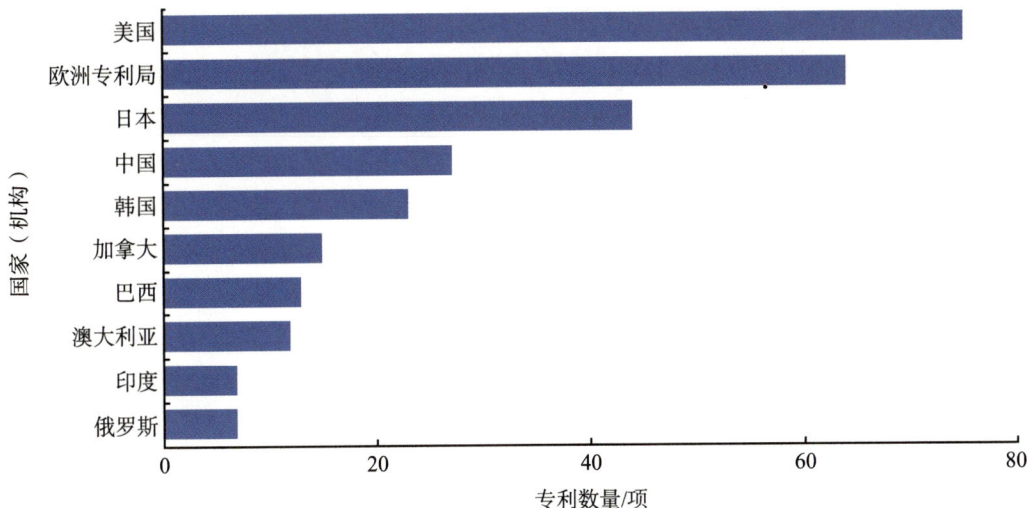

图34-17　中国合成生物制造专利技术布局排名前10市场国（机构）

四、主要竞争对手动态

从我国合成生物制造专利技术排名前15的机构来看，如图34-18所示，全部集中在高等院校与科研院所。这在某种程度上反映了在合成生物制造技术领域，国家战略科技力量是技术创新的主力。在推动我国合成生物技术创新向现实生产力转化的过程中，加强产学研合作及科技成果转移转化，将是我国合成生物制造产业发展的核心所在。

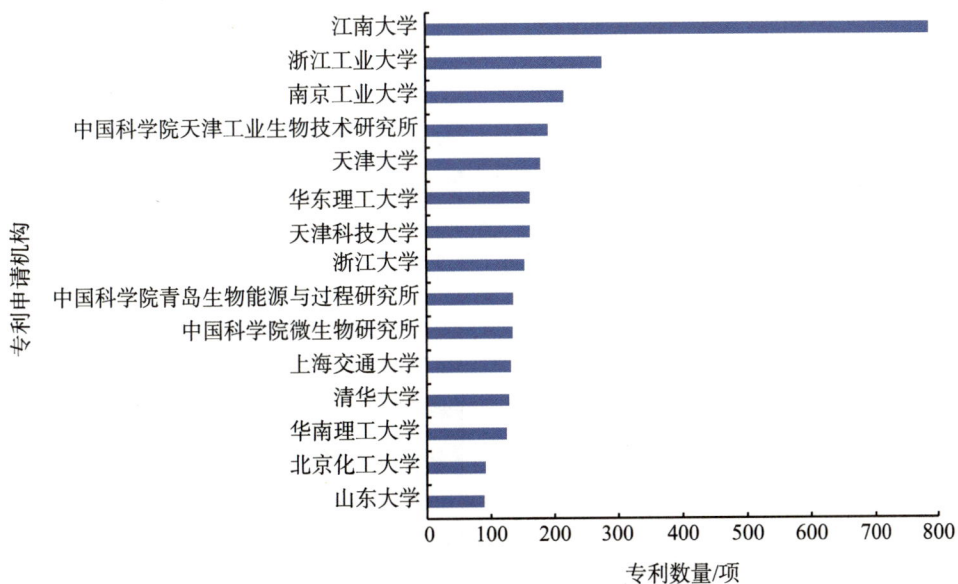

图34-18　中国合成生物制造专利技术排名前15的专利申请机构

进一步分析我国合成生物制造专利技术排名前10的公司发现，如图34-19所示，仅康码（上海）生物科技有限公司和廊坊梅花生物技术开发有限公司是我国本土企业，其他全部为国外龙头企业。这在某种程度反映了国外龙头企业在我国具有较高的市场份额，同时，它们高度重视知识产权保护。

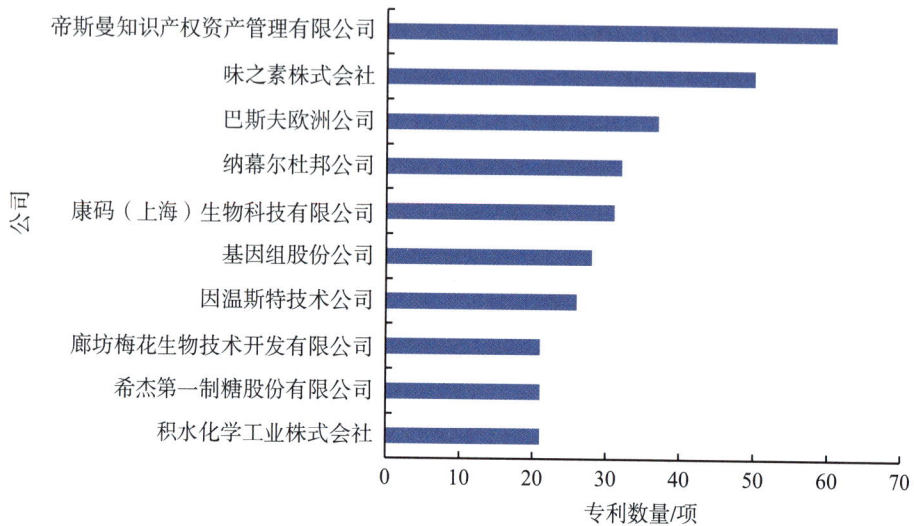

图34-19　中国合成生物制造专利技术排名前10的公司

对比我国在该领域的主要企业情况，图34-20进一步统计了我国合成生物制造专利技术排名前10的中国公司。结合我国合成生物制造技术创新地域来源分析可以看出，上海及北京在该领域的产学研合作及企业孵化培育方面实力较强。河北及山东虽然技术创新实力相对不高，但具有一定的产业优势。

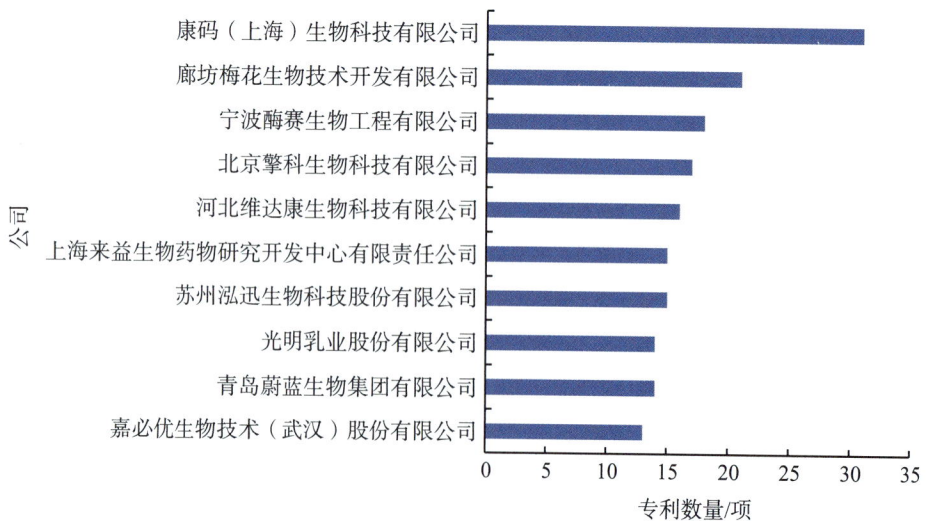

图34-20　中国合成生物制造专利技术排名前10的中国公司

第三节 CRISPR基因编辑技术发展概况

CRISPR基因编辑技术是使能技术，它的横空出世推动了合成生物制造技术实现跨越式发展。全面了解CRISPR技术的由来、全球专利发展现状，挖掘分析根部专利，将对未来使能技术开发、利用与知识产权保护具有较高的价值。

一、技术演进历程

CRISPR技术演进主要分为两个阶段，第一阶段是认知与发现阶段，第二阶段是理解与应用阶段。

第一阶段：1987年，日本微生物学家石野良纯在对大肠杆菌的碱性磷酸酶同工酶测序时，意外地发现非编码区存在一些异常重复序列，更奇怪的是，其和常见的串联重复序列不同，这一重复是"重复-间隔（spacer）-重复"的排列形式，但以当时的技术和知识条件，并未进行深入的研究；其后，西班牙科学家弗朗西斯科·莫伊察（Francisco Mojica）的一系列研究表明至少40%的细菌和90%的古细菌中都有这种现象，并将这种特殊结构定义为成簇规律性间隔短回文重复序列（clustered regularly interspaced short palindromic repeat，CRISPR）；此后，荷兰科学家路德·詹森（Ruud Jansen）还发现，重复序列的附近会伴随出现编码基因，并认为这些编码基因的功能必然和CRISPR有关，便将这些基因命名为CRISPR相关基因（CRISPR-associated gene），即Cas，但这套复杂的系统究竟是用来做什么的，仍是未解之谜；终于，在2005年，CRISPR系统迎来重大发现，西班牙和法国三个不同的课题组独立发表文章确认CRISPR的间区序列（spacer）居然来自病毒，从而激发了NCBI的进化生物学家尤金·库宁（Eugene Koonin）提出CRISPR是细菌的获得性免疫系统假说；与此同时，法国科学家鲁道夫·巴郎格（Rodolphe Barrangou）正在饱受因用于生产乳制品的嗜热链球菌发生噬菌体感染而大量死亡的困扰，并在一系列的试验中发现在侵染后存活下来的菌株CRISPR序列中发现了噬菌体的片段，从而证实CRISPR能提供适应性免疫。

第二阶段：CRISPR作为基因编辑系统被应用最早开始于2012年，来自加利福尼亚大学伯克利分校的结构生物学家珍妮弗·道德纳（Jennifer Doudna）和瑞典于默奥大学的埃玛纽埃尔·卡彭蒂耶（Emmanulle Charpentier）在《科学》杂志上发表了关于利用CRISPR-Cas系统在体外对DNA进行精确切割的研究论文，从而发明了一种强大的基因编辑工具，他们的研究揭示了CRISPR系统进行基因编辑的巨大潜力，并因此在2020年获得了诺贝尔化学奖；2013年1月，张锋实验室在美国《科学》杂志发表了论文，首次在体外利用 CRISPR 基因编辑技术对小鼠和人类细胞的特定基因完成了精确的切割，意味着可将该技术改进并应用于哺乳动物和人类细胞。

因为只有当 CRISPR 基因编辑工具在哺乳动物和人类细胞中发挥作用时，才有可能用于人类的药物开发和疾病治疗，因此 CRISPR 基因编辑技术在疾病治疗、疾病检测、遗传育种等领域从此开启了广泛的研究浪潮。

二、CRISPR 专利技术发展概况

目前，CRISPR 专利技术全球申请数量达 5839 项，如图 34-21 所示，整体发展呈不断上升态势。CRISPR 技术的专利申请主要分为两个阶段，第一阶段为技术萌芽期，即 2005—2012 年，专利申请一直维持在较低水平，结合上一部分对 CRISPR 技术演进历程分析，可以认为该阶段处于 CRISPR 技术的认知与发现阶段，总计产生 24 项专利技术，其中最早的专利申请出现在 2005 年，即法国科学家鲁道夫·巴郎格在对乳制品的发酵中，经过分析发现嗜酸乳杆菌、短乳杆菌、干酪乳杆菌等乳酸菌中都有与 CRISPR 基因座相关的重复序列，且这些基因座在物种内高度保守，并进一步公开了用于检测和分型来自体外样品、食品和环境样品中的乳杆菌的方法；第二阶段为 CRISPR 技术活跃发展期，即 2013 年至今，专利申请一直维持在较高的水平，并呈逐年递增的趋势，这也与上一部分 CRISPR 技术在基因编辑上的应用演进历程相吻合，并且在 2017 年达到 500 项以上，2020 年突破 1000 项，根据智能预测，2024 年即将突破 1500 项。

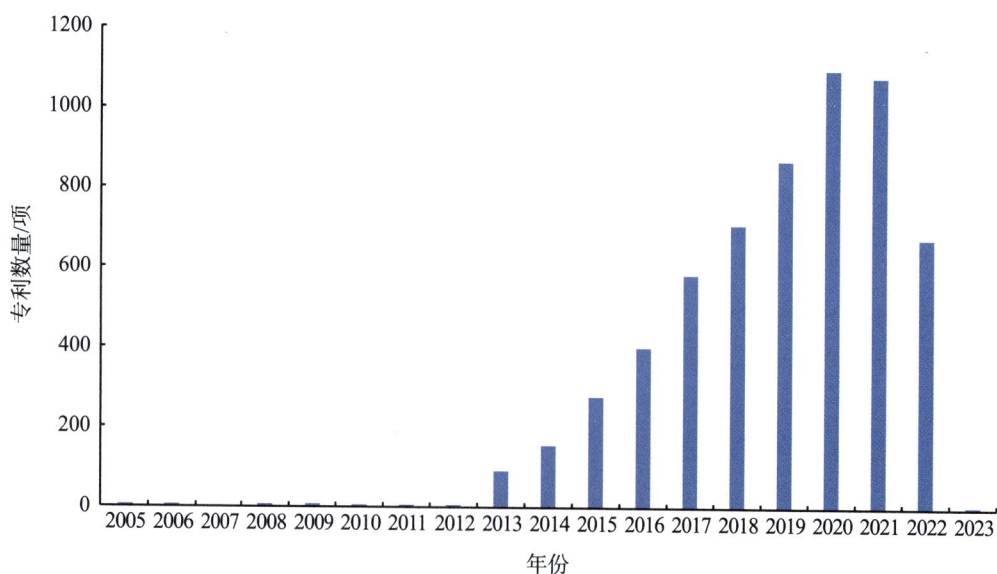

图 34-21　CRISPR 技术全球专利申请趋势

三、CRISPR技术根部高价值专利概况

通过专利高被引情况挖掘CRISPR技术的根部专利，如图34-22所示，由布罗德研究所有限公司和麻省理工学院共同申请的美国专利（授权公告号US8697359B1）被1969项专利申请引用，在全球CRISPR专利技术被引用数量中排名第一。从该项专利的前后施引情况、专利权保护范围、诉讼情况及布局情况可以判断该项专利为CRISPR技术的根部高价值专利。

该专利发明名称为"用于改变基因产物表达的CRISPR-Cas系统和方法"（"CRISPR-Cas systems and methods for altering expression of gene products"），核心发明人为张锋，申请日为2013年10月15日，优先权日为2012年12月12日，主要提供了一种用于改变靶基因序列及相关基因产物表达的CRISPR系统，该项专利首次提供了指导该系统在真核细胞（哺乳动物细胞如人类细胞）中进行基因编辑的方法。值得注意的是，该项专利受到了诺贝尔得主珍妮弗·道德纳（Jennifer Doudna）和埃玛纽埃尔·卡彭蒂耶（Emmanulle Charpentier）的诉讼挑战，最终被美国专利及商标局法庭认定诉讼不成立。

目前，该专利已经通过世界知识产权组织（WIPO）和欧洲专利局（EPO）开展全球布局，布局数量高达414件专利，通过优先权制度，最新专利申请日延续到2022年，专利寿命不断延长，在某种程度上反映了该项专利在应用价值与商业价值上的重要性。

第四节　小　　结

合成生物强大的颠覆性将重塑世界已经成为各国共识，正在引起新一轮工业革命。合成生物制造产业已成为国际竞争新赛场。从全球合成生物制造技术发展态势来看，全球主要发达国家纷纷在该领域开展专利布局，中、美之间从技术创新到市场进入竞争尤为激烈。美国专利布局具有较强的全球视野，更加侧重于使能技术开发，在推动应用技术颠覆性发展方面具有强大潜能。中国专利布局相比较国际布局能力较弱，更加侧重于应用技术开发，但技术创新增长率较高，具有强劲的发展势头。从中国合成生物制造技术发展态势来看，我国在该领域的技术创新主要集中于高等院校与科研院所，企业在该领域的技术创新能力较为薄弱，相比较而言，国外在该领域的龙头企业纷纷在我国进行专利布局。因此，在合成生物制造产业领域应高度警惕国外的知识产权封锁与挑战，不断创新我国产学研合作模式，加速推动大院大所的核心技术向企业

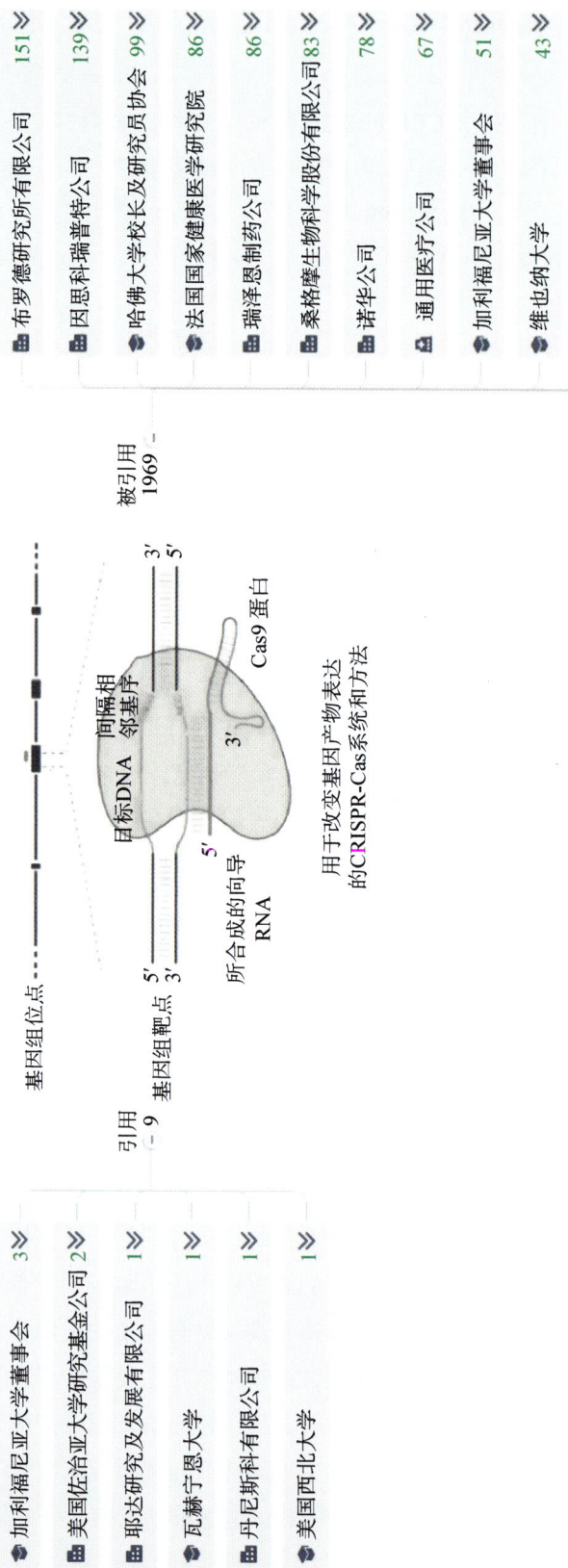

图 34-22　CRISPR 基因编辑技术根部专利施引情况（仅展示被引用前 10 名的机构）

转移转化，提升我国企业核心竞争力，保障我国产业发展安全与高质量发展。从 CRISPR技术发展态势来看，CRISPR技术在基因编辑的应用大大推动了生物工具的开发与迭代升级，CRISPR技术仍然具有较大的发展潜能，应用领域不断拓展，是合成生物技术竞争的关键。

撰 稿 人：王津晶　中国科学院天津工业生物技术研究所
　　　　　　刘　斌　中国科学院天津工业生物技术研究所
　　　　　　肖孟雍　中国科学院天津工业生物技术研究所
　　　　　　毕振华　中国科学院天津工业生物技术研究所
通讯作者：王津晶　wangjinjing@tib.cas.cn

第十篇

生物经济发展新模式、新业态、新场景案例

第三十五章 地　方　类

第一节　北京推进生物医药研发用物品进口试点
助力首都生物医药产业发展

一、直击行业痛点，明确目标定位

生物医药研发过程中，一直以来面临一个制约新药创制的瓶颈问题，即生物医药研发过程中，部分研发用物品在海关办理通关手续时，因商品编号列入《进口药品目录》需要向海关提交《进口药品通关单》，但按照现行国家政策不属于开具《进口药品通关单》情形，导致无法通关。例如，某境外研发过程中的创新药，在国内外都未上市，且在国内尚未提交注册申请，需要在国内开展临床前相关研究。此类情形无法直接办理《进口药品通关单》，也不符合国家局一次性进口批件的申报情形，尚未纳入药品管理范畴，无法开具《进口药品通关单》，但在海关办理通关手续时，因按"Q证"管理需要提交《进口药品通关单》，导致无法通关，严重制约了本市企业参与全球新药研发竞争和创新合作。

为破解这一难题，进一步激发我市生物医药产业创新活力，更好地服务产业发展，北京市药品监督管理局会同北京市科学技术委员会、中关村科技园区管理委员会、北京市经济和信息化局、北京市商务局、北京海关共同研究制定了《北京市生物医药研发用物品进口试点方案》，实施生物医药企业研发用物品进口"白名单"制度，从根本上解决了研发用物品进口的瓶颈问题。对纳入"白名单"的物品，申请企业不需提交《进口药品通关单》即可在北京海关办理通关手续。

二、各部高效联动，试点初显成效

2022年6月20日，《北京市生物医药研发用物品进口试点方案》正式出台，引发了社会各界的广泛关注，药品研发企业尤其反响热烈。北京市药品监督管理局第一时间公布了对外咨询电话，并设立专人为企业提供咨询服务。同时，在北京市药品监督管理局网站及时公布政策解读，积极开展企业培训，推动方案有序落实。

同时，北京市药品监督管理局紧盯政策的落实效应，会同市科学技术委员会高效组织开展了首批"白名单"的认定工作，并经联合推进机制成员单位共同确定后，五部门于2022年6月28日公布了我市第一批生物医药研发用物品进口"白名单"。从试点方案出台到第一批试点名单公布，仅用了8天，各部门的高效协同，体现出了北京速度。2022年8月5日北京昭衍新药研究中心的"左布比卡因混悬液"和"聚乙二醇300溶液"在首都机场成功通关，已启动某新药品种研发。2022年12月28日即发布第二批"白名单"，目前两批"白名单"涉及3家企业共计7个研发用物品。

因适用性强、创新度高、开放面广，《北京市生物医药研发用物品进口试点方案》引发了社会各界的广泛关注，并入选2022"两区"建设十大最具影响力政策。

信息由北京市发展和改革委员会提供

第二节 "一根甘蔗吃干榨尽"推动蔗糖产业全面发展
——云南耿马蔗糖全产业链建设模式

云南省临沧市耿马傣族佤族自治县（简称耿马县）立足资源禀赋，发展高原特色现代化农业，依托耿马绿色食品工业园区建设，围绕"一根甘蔗吃干榨尽"的理念，着力打造上中下游联动的蔗糖产业链，实现了产业带动区域生物经济发展，大大促进了区域生物农业发展。

一、主要做法

（一）打造甘蔗全产业链，推进中缅合作

临沧市耿马县大力实施高原特色农业现代化，按照一产蔗农创收、二产企业创税、三产就业创岗的目标，推动形成三产联动、融合发展的全产业链态势。抓住与缅甸接壤的区域优势和双边农业发展资源互补的优势，实施"走出去、引进来"的发展

战略，县内建成甘蔗产业基地41万亩（国家糖料蔗核心基地24万亩），甘蔗境外替代种植12.6万亩（图35-1），为县内4家糖厂提供了稳定的原料供应。引入广西洋浦南华糖业集团股份有限公司，着力开发从甘蔗制糖到造纸、食用酒精、生物工程的循环经济产业链。依托云南七彩田园牧业有限公司、耿马新大康牧业有限公司等省级农业龙头企业，采用"蔗叶蔗梢—青贮饲料—养牛"方式，发展蔗梢养牛，既延长了甘蔗产业链，又推进了循环农业发展。目前，已探索开发"5+N"蔗糖产业链模式（图35-2），形成了"糖、酒、纸、饲、畜、肥、新材料"的蔗糖全产业链格局，耿马县蔗糖全产业链循环发展模式初具雏形。

图35-1 境外万亩连片甘蔗种植基地

（二）推广新品种、新技术

耿马县组建杨本鹏专家工作站、云南省耿马县蔗糖产业科技特派团，与国家科研院所和大专院校开展合作，对甘蔗良种引进与推广、甘蔗脱毒健康种苗、高效栽培技术、病虫害绿色防控等关键技术进行联合攻关，其中甘蔗全膜覆盖技术可使每亩增产1.2—1.5t，亩产值可增加500—600元，已被推广运用到全国各蔗区。

（三）打造产业集群

依托绿色食品工业园区建设，以发展精制糖、食糖深加工和提高糖蜜、蔗渣、蔗梢等综合利用水平作为重点，研究和开发糖料蔗向深加工、高附加值转化的新产品、新产业，不断吸引和聚集企业、技术、人才、品牌资源，形成以制糖业为主体，相关产业协调发展的产业集群（图35-3和图35-4）。

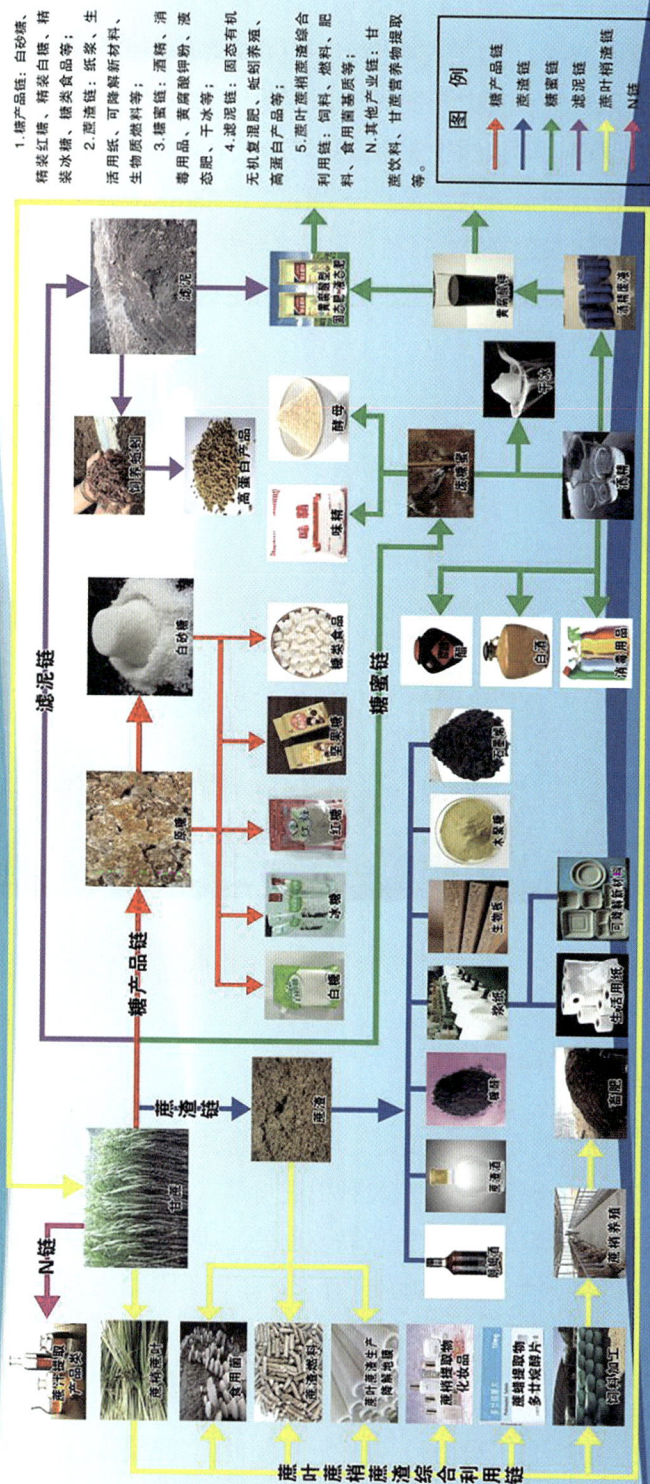

图35-2 临沧市耿马县"一根甘蔗吃干榨尽"5+N全产业链示意

图35-3 系列产品展示

图35-4 耿马县绿色食品工业园区

二、主 要 成 效

临沧市生物产业经济发展过程中，耿马县蔗糖产业作为云南省边疆民族地区重要的区域性支柱产业和特色优势产业，围绕"一根甘蔗吃干榨尽"的蔗糖产业集聚发展模式不断深化，依托各类创新平台，发展甘蔗良种研发技术，推动产研深度融合，促进创新要素高效配置。2022年生产蔗梢饲料、固体液体有机肥、蔗渣、酒精、纸浆等五类15个产品，实现工业产值64亿元，直接为企业创收2.7亿元，糖业上缴税收1.6亿元，约占耿马县地方一般预算收入的30%。

信息由云南省发展和改革委员会提供

第三节　紧抓面向东盟科技创新合作区建设契机
广西完善医药产业布局　推进特色中医药
壮瑶医药做大做强

近年来，广西坚持实施创新驱动发展战略，高度重视生物医药产业发展工作。2021年6月，国务院批复同意广西建设面向东盟科技创新合作区。2022年2月，自治区人民政府印发实施《面向东盟科技创新合作区建设规划（2022—2025年）》，对我区中医药产业发展给予大力支持。广西紧抓契机，聚焦丰富的道地资源和区域优势，加强开展中医药科技创新和产业转化，推进特色中医药壮瑶医药做大做强。

一、主 要 做 法

一是加大政策支持力度。印发《广西生物医药产业集群发展"十四五"规划》《关于促进中医药壮瑶医药传承创新发展的实施意见》《广西中医药壮瑶医药振兴发展三年攻坚行动实施方案（2021—2023年）》《关于加快中医药壮瑶医药特色发展的若干政策措施》《广西生物医药产业倍增发展实施方案》系列文件，在产业布局、资源配套和项目建设等方面促进生物经济发展。

二是积极推进生物资源保护利用。围绕广西、东盟国家丰富的传统药用植物资源，充分整合广西中医药大学、广西药用植物园（图35-5）、广西中医药研究院等平台和科

图35-5　广西药用植物园

技资源，聚焦以"桂十味"为代表的特色中药材开展全产业链研发，提升桂药国际竞争力、产品研发能力、制备工艺；与澳门开展9个广西道地药材联合科研项目；广西药用植物园完成活体保存圃选址工作，已建成万种药用植物数据库（图35-6），完成41种样本基因组测序；西南濒危药材资源开发国家工程实验室优化成为新序列国家工程研究中心。

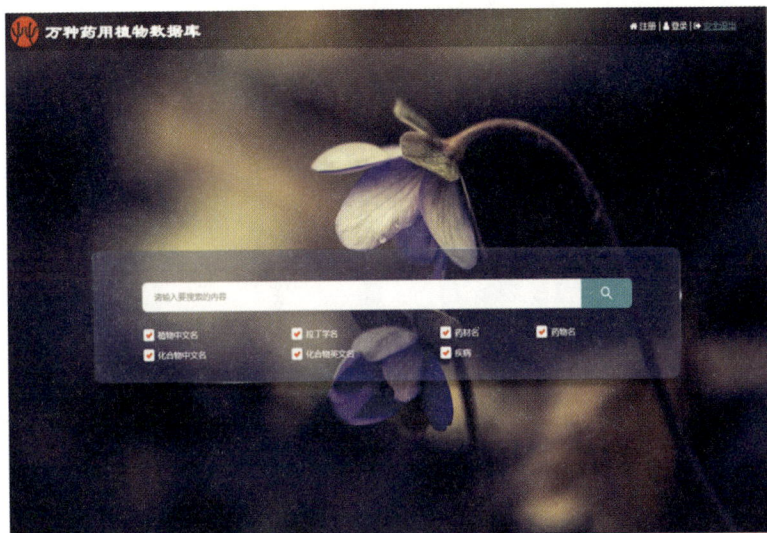

图35-6　万种药用植物数据库

三是积极发展壮大特色中医药壮瑶医药产业。广西是我国药材主要产地之一，是驰名中外的"西土药材"核心产地。中医药壮瑶医药是广西十大特色产业之一，广西不断加大对其的政策支持，加快推进中医药民族医药强区建设，从完善管理体制机制、健全服务体系、发挥中医药作用等方面明确激励政策措施，提升中医药服务能力，加强人才培养、产业发展、文化传播和对外交流合作，实施中医药壮瑶医药产业提升工程，推动广西中医药发展不断迈上新台阶。

二、主 要 成 效

广西坚持"以中药民族药、化学药、医疗器械、生物技术药和生命健康产业为重点发展方向，以强龙头、补链条、聚集群为基本路径"理念，加快构建"两核多支点多区域"产业集群发展空间和功能布局，产业结构进一步优化。一是中成药、化学药和医疗器械对医药产业拉动作用明显，中药民族药产值占医药行业的60%以上。二是品牌培育效果显现，拥有血栓通、三金片、西瓜霜、金嗓子喉宝、正骨水、花红片等一批国内外知名品牌。三是产业集聚发展见成效，现有规模以上医药工业企业159家，拥有梧州制药、桂林三金、桂林优利特、广西金嗓子、桂林南药、玉林制药、巨星医疗、培力药业等龙头企业,已逐步形成以南宁和桂林为核心,梧州、玉林、钦州和柳州为支撑的产业集聚发展格局。广西"十四五"生物医药产业布局如图35-7所示。

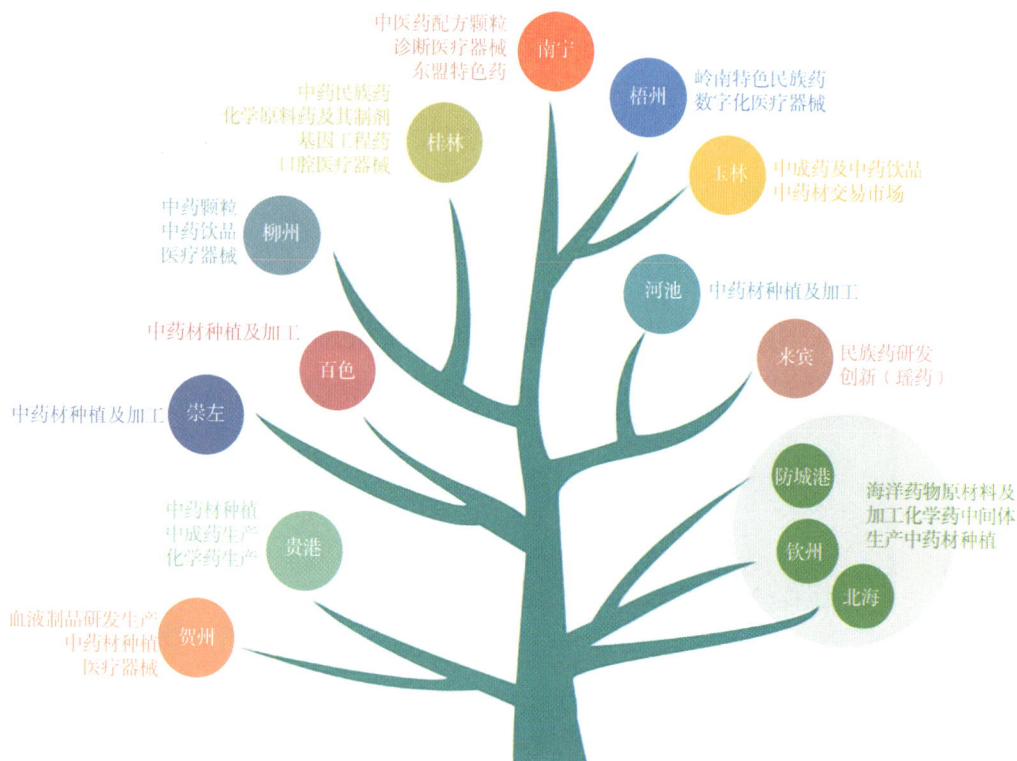

图35-7　广西"十四五"生物医药产业布局

信息由广西壮族自治区发展和改革委员会提供

第四节　厦门生物医药港提高产业"四力" 促进产业集聚发展

厦门生物医药港位于海沧区,是厦门生物医药产业核心区。2022年,厦门生物医药港集聚企业439家,产业规模486.57亿元,较2020年增长48.37%,在体外诊断、新型疫苗、蛋白药物、制剂改良、骨外科器械、第三方医学检验等细分领域形成国内优势和区域特色。在厦门生物医药港支撑下,厦门市连续三年被国务院办公厅通报为"大力培育发展战略性新兴产业、产业特色优势明显、技术创新能力强的地方"。中国生物技术发展中心发布《2022中国生物医药产业园区竞争力评价及分析报告》，厦门生物医药港跻身全国生物医药产业园区综合竞争力榜单第10位。

一、抓实龙头企业培育，提高产业竞争力

通过对企业梯次培育，鼓励和引导龙头企业在转型升级中发挥示范引领作用，产业竞争力显著提升。截至2022年底，累计培育上市企业4家，拥有国家专精特新"小巨人"企业5家、国家高新技术企业88家，上市了全球首支重组戊型肝炎疫苗、首个国产宫颈癌疫苗、首个国产长效干扰素。2020—2022年累计出口新冠抗原检测试剂近230亿元；首支国产宫颈癌疫苗2022年年产值突破100亿元。

二、大步拓展产业空间，提高产业承载力

"十四五"以来，新增生物医药用地近100 hm^2，厦门生物医药港现占地约658.48 hm^2，在空间上形成了由海沧科技创业中心、厦门生物医药中试及产业化基地、厦门生物医药产业园、厦门生物医药产业协同创新创业中心和企业自建区组成的产业高度集聚区，并已启动建设第五期专业园区建设，构建了"研发创新—孵化—中试—产业化"产业发展体系。

三、持续优化产业生态，提高产业吸附力

推动省市场监管局在园区设立"一窗口三中心"，建立省药监局厦门服务工作站，开设办事大厅，设立行政审批服务窗口、药品审评分中心、药品审核查验分中心、医疗器械检验检测分中心，省药监局下放58项业务受理职能，打通了企业从研发、审评、产品注册到生产许可、市场监管的全流程便捷服务。推动建立生物材料特殊物品出入境公共服务平台，提升生物材料通关效率。在全省率先开展生物医药行业职称评审改革试点工作，实行"企业自主评价+行业专业评价+市场发展评价"，建立起有利企业引才聚才、有利人才成长的职称评审机制。组建专业招商服务团队，完善园区配套和产业服务资源网络，为企业提供要素对接、政策落实、监管指导、双创氛围营造等全方位贴心服务。

四、力促创新要素引育，提高产业创造力

推动优质新项目、大项目加快落地，相继引进了福建盛迪、富立康泰、海特生物、

通灵生物、中硼医疗、索诺利、金域医学、艾迪康等高能级、优质新项目；截至2022年底，引进生物医药专业人才上万人，拥有市级及以上创新创业人才464人次，培育了一批具有国际领先水平的科学家团队，是福建省首批产业人才聚集基地（生物与新医药）；建有生物医药相关的市级及以上研发创新平台55个，形成优质的创新研发支撑体系。

信息由厦门市发展和改革委员会提供

第五节　上海市筹备发起"人类表型组"国际大科学计划

表型组是生物体从胚胎发育到出生、成长、衰老乃至死亡过程中，形态特征、功能、行为、分子组成规律等所有生物、物理和化学特征的集合。人类表型组是后基因组时代的战略制高点与原始创新源，开展人类表型组计划已成为国际学界共识。在2015年香山科学会议上，复旦大学金力院士与英国著名科学家"代谢组学之父"Jeremy Nicholson（杰里米·尼科尔森）院士、国际人类基因变异组学会主席Richard Cotton（理查德·科顿）教授，以及赵国屏院士、王辰院士等多位专家学者一致提议发起"国际人类表型组计划"。

2015年以来，"国际人类表型组"得到国家重点研发计划、国家科技基础性工作专项等的大力支持，并被正式列入上海建设具有全球影响力的科创中心布局的重大科学基础工程。2018年，上海市首批市级科技重大专项"国际人类表型组计划（一期）"正式启动，旨在首次建立国际领先的人类表型组学研究平台。2019年成立新型研发机构上海国际人类表型组研究院，作为服务协调枢纽，推动人类表型组国际大科学计划实施。

在国家和上海市大力支持下，复旦大学稳步推进人类表型组国际大科学计划，目前已取得重要进展。

一、平台建设及核心任务

以金力等院士领衔的中国科学家团队，已在人类表型组基础研究领域取得一系列原创性突破，围绕"表型测量的标准化""表型特征的个体与群体分布""绘制人类表型组关联导航图谱"三大目标达成三个"全球第一"。一是建成全球首个跨尺度多维度人类表型精密测量平台并建立全套SOP体系；二是完成全球首个每人测量2.4万个表型的健康人群表型精密测量千人核心队列；三是绘制全球首版人类表型组导航图，发现150余万个表型间强关联。

二、标准创新

主导制定并获批发布高通量基因表达数据评估国际标准ISO/TS 22690—2021，成功研发多组学标准物质"中华家系一号"，获得国家标准物质证书，应用于欧洲转化医学研究先进基础设施的多家成员单位。

三、国际协同

成立上海国际人类表型组研究院作为牵头实施大科学计划的组织枢纽，发起了中国人类表型组研究协作组（Human Phenome Consortium of China，HPCC）和国际人类表型组研究协作组（International Human Phenome Consortium，IHPC），创办了第一本表型组学领域的国际同行评审学术期刊*Phenomics*，与来自六大洲的20个国家、23家机构签署合作协议，初步搭建起组织人类表型组大科学计划的全球协同创新核心网络。在中国科协的支持下，联合来自马来西亚、哈萨克斯坦、加纳、智利、匈牙利等9个国家的11家机构组建了"一带一路"人类表型组联合研究中心。人类表型组国际大科学计划合作时间线如图35-8所示。

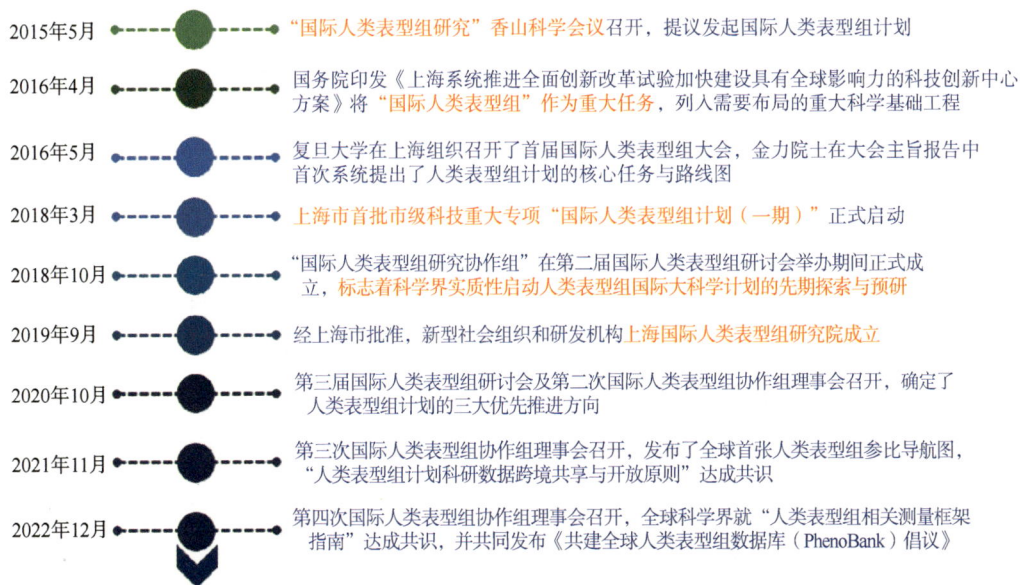

2015年5月	"国际人类表型组研究"香山科学会议召开，提议发起国际人类表型组计划
2016年4月	国务院印发《上海系统推进全面创新改革试验加快建设具有全球影响力的科技创新中心方案》将"国际人类表型组"作为重大任务，列入需要布局的重大科学基础工程
2016年5月	复旦大学在上海组织召开了首届国际人类表型组大会，金力院士在大会主旨报告中首次系统提出了人类表型组计划的核心任务与路线图
2018年3月	上海市首批市级科技重大专项"国际人类表型组计划（一期）"正式启动
2018年10月	"国际人类表型组研究协作组"在第二届国际人类表型组研讨会举办期间正式成立，标志着科学界实质性启动人类表型组国际大科学计划的先期探索与预研
2019年9月	经上海市批准，新型社会组织和研发机构上海国际人类表型组研究院成立
2020年10月	第三届国际人类表型组研讨会及第二次国际人类表型组协作理事会召开，确定了人类表型组计划的三大优先推进方向
2021年11月	第三次国际人类表型组协作理事会召开，发布了全球首张人类表型组参比导航图，"人类表型组计划科研数据跨境共享与开放原则"达成共识
2022年12月	第四次国际人类表型组协作理事会召开，全球科学界就"人类表型组相关测量框架指南"达成共识，并共同发布《共建全球人类表型组数据库（PhenoBank）倡议》

图35-8　人类表型组国际大科学计划合作时间线

"系统生物学之父"拉斯克奖获得者、美国四院院士Leroy Hood（勒罗伊·胡德）认为，中国在表型组学基础研究领域已处于领先地位。美国、英国、欧盟等多个国家和地区正在相关领域加大投资、加紧布局，试图抢占未来表型组研究的制高点，争夺生命科学下一个全球性大科学计划的领导权。目前，复旦大学正在积极推动牵头发起人类表型组国际大科学计划，充分利用已经构建的设施平台优势和基础科研优势，主动引领国际科技合作，从而确保我国在人类表型组领域的国际领先地位、规则塑造能力与合作主导权，加快抢占生命科学研究与生物医药产业的未来战略制高点，全面助力我国科技自立自强。

信息由上海市发展和改革委员会提供

第六节　上海出台《上海市加快打造全球生物医药研发经济和产业化高地的若干政策措施》

一、《上海市加快打造全球生物医药研发经济和产业化高地的若干政策措施》出台背景

当前全球新一轮科技和产业变革蓬勃兴起，研发活动不断呈现外部化、实体化和区域集聚化趋势，研发经济已成为新型经济形态和产业组织方式，驱动产业链创新发展，推动产业化能级不断提升。生物医药产业具有研发投入强度高、专业化分工细等特点，是研发经济和产业化蓬勃发展的重点领域。

上海历来是我国最具影响力的生物医药产业创新高地之一，创新要素集聚，研发能力全国领先。上海相关专业领域内院士等高水平人才占全国1/5，汇聚了上海交通大学转化医学研究院、国家蛋白质科学中心、药品医疗器械长三角分中心等重要平台机构，涌现了克隆猴、单染色体酵母合成等我国年度十大科学进展，诞生了全国首个国产细胞治疗药物、质子治疗设备等创新产品。近两年（2021—2022年），上海共有12个1类创新药、14个国家创新器械产品获批上市，相关产品数量全国领先。为进一步提高上海研发创新的经济贡献总量，加快打造全球研发经济和产业化高地，培育发展新动能，上海市出台了《上海市加快打造全球生物医药研发经济和产业化高地的若干政策措施》。

二、《上海市加快打造全球生物医药研发经济和产业化高地的若干政策措施》主要内容

《上海市加快打造全球生物医药研发经济和产业化高地的若干政策措施》注重发挥

上海龙头企业、科技设施、专业人才、临床资源、金融资本等集聚优势，以推动创新产品注册证书落沪为关键抓手，进一步突出研发创新和经济贡献并重的政策导向，优化CDMO等支持政策，鼓励生物医药研发中心实体化运行，引进和培育创新型总部，引导科技孵化企业本地转化，提高上海研发创新的经济贡献总量。

预计到2025年，上海全球生物医药研发经济和产业化高地发展格局初步形成，研发经济总体规模达到1000亿元以上，培育或引进100个以上创新药和医疗器械重磅产品，培育50家以上具备生物医药研发、销售、结算等复合功能的创新型总部。到2030年，上海全球生物医药研发经济和产业化高地地位进一步凸显，研发经济成为本市生物医药产业发展的重要支撑力量。政策核心内容包括6个方面、16条政策措施。

第一个方面是提升研发创新能力。主要是强化前沿基础研究和临床研究转化，从源头为研发经济发展提供策源支撑，共包括两条政策措施。一是加强原始创新能力布局。发挥国家重大科技基础设施等战略科技力量作用，布局若干市级科技重大专项和战略性新兴产业重大项目。二是更好发挥临床资源集聚优势。依托市级医院医企协同研究创新平台信息化优势，加强医企协同对接。支持医疗卫生机构与企业合作建立创新联合体和概念验证平台。

第二个方面是支持创新药和医疗器械研发生产新模式。《上海市加快打造全球生物医药研发经济和产业化高地的若干政策措施》对本市注册申请人获得注册证书，委托外省市企业（包括关联公司）生产，并对实现实际产出的创新产品予以一定比例支持，共包括三条政策措施。一是优化创新药上市许可持有人制度支持政策。对满足上述条件的给予不超过研发投入的30%，最高不超过2000万元资金支持。二是优化改良型新药上市许可持有人制度支持政策。对满足上述条件的给予不超过研发投入的15%，最高不超过750万元资金支持。三是优化医疗器械注册人制度支持政策。对满足上述条件的给予不超过研发投入的30%，最高不超过500万元资金支持。

第三个方面是引进和培育创新型总部。共包括三条政策措施，一是对创新型总部给予分级奖励。将研发创新能力以及资产和营业收入达到一定规模的创新企业认定为创新型总部。二是支持研发中心升级为多功能研发总部。支持国内生物医药龙头企业在沪设立的研发中心，升级为研发、销售、结算等功能为一体的复合型研发总部。三是给予相关便利化政策支持。在人才落户、出入境、研发用物品及特殊物品通关便利化等方面，给予配套支持。

第四个方面是支持高水平孵化转化平台建设。针对早期科研成果在验证、转化、孵化等过程中存在的一系列问题，加强平台支撑和体制机制改革，共包括三条政策措施。一是支持高校生物医药科研成果转化。选择本市部分高校扩大试点横向结余经费投资创业项目改革。支持高校附属医疗卫生机构通过协议定价、挂牌交易、拍卖等方式确定科技成果交易价格，自主决定成果转化方式。二是支持技术成果中试验证和转化平台建设。支持生物医药研发与转化功能型平台二期设施等建设。三是完善生物医药企业孵化培育机制。将孵化器与本地产业部门对接以及毕业企业在本地落地转化成效作为孵化器绩效考核重要内容。

第五个方面是提高生物医药知识产权交易活跃度。知识产权的高效流转，将会大力促进生物医药产业创新资源要素的有序流动和优化配置，加速释放产业创新活力，共包括两条政策措施。一是在上海技术交易所开设"生物医药专板"。开发生物医药里程碑式付款的交易服务产品。二是试点推行专利开放许可制度。对高校、科研院所和医疗卫生机构利用市财政资助的科研项目所取得的专利，自取得之日起，超过三年未实施转化或未有实质性转化意向的，逐步探索专利开放许可转让。

第六个方面是支持研发创新产品的上市和使用。针对较多企业希望加快审评审批速度，加快创新产品入院使用速度，加强医保政策支持等诉求，以问题为导向，进行政策设计，共包括三条政策措施。一是进一步提升创新产品审评审批速度。对具有显著临床价值、创新性强的第二类医疗器械，推荐进入本市优先审批程序。二是加快创新产品入院使用。在国家医保药品目录发布后的一定时间内，市级医院根据临床需求和医院特色将相应创新药以"应配尽配"原则尽快纳入医院药品供应目录。三是完善创新药械纳入商业医疗保险推荐机制。对尚未纳入国家医保药品目录，但药品上市许可持有人为本市企业的新增1类创新药，以及具有较高临床使用价值但尚未纳入医保支付范围的创新医疗器械，鼓励其申请纳入"沪惠保"特定高额药品保障责任范围。

信息由上海市发展和改革委员会提供

第七节　苏州全力打造太仓市生物医药产业园 助力生物医药产业创新集群建设

一、多措并举招商引资

园区围绕总体规划，多措并举大力招才引智，通过载体招商、资本招商、以商引商、产业链招商等方式招引生物医药产业创新项目。2022年，累计新增生物医药类及相关项目123个，引进亿元项目20个，其中5亿元以上项目7个，总投资超160亿元，招商引资数量和质量再创新高，呈爆发式增长，年招引项目超100家。建成各类载体面积约100万 m^2 ，在建载体面积超100万 m^2 ，形成从团队到企业再到产业的全链条孵化体系和众创空间—孵化器—加速器—总部基地的全产业周期发展空间；成立博行笃实、星药太浩等生物医药产业基金7只，总规模超10亿元，强化"基地+基金"模式；引入苏州思萃免疫技术研究所和思萃临床药理技术研究所两家大院大所，苏州思萃免疫技术研究所获评园区第一个"苏州市新型研发机构"，通过以商引商，形成"引进一个，带来一批"联动效应；利用产业链招商，瞄准产业链上下游行业标杆企业，吸引一批链主企业落地，补链、强链、延链，实现资源聚集，优势互补。截至2022年底，园区产业规模稳步壮大，已集聚昭衍新药、信立泰药业、赛业生物等350家研发创新能力强、科技含量高、发展潜力大的生物医药企业，从业人员超8000人，各级重点人才百余人，其中太仓科技领军人才44人，姑苏领军人才15人，省双创人才13人，省双创团队2支，国家级人才4人。

二、助推企业加速发展

从公司注册到人才招聘，从环评安评到报批报建，从仪器平台到药械注册，从基金投资到产学研合作，为入驻企业提供全生命周期服务。截至2022年底，园区已有实验动物及疾病模型工程技术研究中心等省级以上公共服务平台10个，引入江苏省生产力促进中心（太仓）集成创新服务中心、江苏省跨国技术转移中心（太仓）成果转化中心。2020—2022年，园区先后获评国家级众创空间、中国最具成长性生物医药产业园TOP 10、江苏省生产性服务业集聚示范区、江苏省科技创业孵化链条、江苏省科技企业加速器、苏州市特色先导产业园等荣誉；园区50家企业获评4项国家级荣誉、13项省级荣誉、13项市级荣誉、3项全国榜单荣誉。

信息由江苏省发展和改革委员会提供

第八节　以"两城一岛"为核心构建全产业链生态布局
广州黄埔打造生物医药产业高质量发展区

黄埔区是广州市生物医药产业发展的重要集聚区和国家生物产业基地的核心区，也是全国唯一同时拥有国家实验室、国家重大科技基础设施和国际大科学计划的区域，创新能力全国领先。近年来，黄埔区瞄准生物医药全产业链持续发力，以"两城一岛"为核心，打造研发在国际生物岛、中试在科学城、制造在中新知识城的全产业链生态布局，打造生物医药产业高质量发展区。

一、主 要 做 法

一是加强统筹规划。黄埔区构建了全方位、多层次的"金镶玉"政策体系，在全国率先推出了《广州开发区管委会办公室关于加快 IAB 产业发展的实施意见》，专项推出了《广州市黄埔区 广州开发区促进高端生物制药产业发展办法实施细则》，重磅出台了《广州知识城促进生物医药产业高质量发展十条实施细则》，有力推动生物医药产业高质量发展。

二是加强生态布局。打造上游技术研发、临床试验，中游转化中试、生产制造，下游上市应用、流通销售的完整产业链，做强现代中药、化学药、医疗器械、再生医学、体外诊断、精准医疗等特色优势产业。目前已形成研发在国际生物岛、中试在科学城、制造在中新知识城的"三中心辐射多区域"发展局面。

三是加强创新合作。支持企业组建创新联合体，加快科技成果转化效率。目前迈普医学、百济神州、恒瑞医药、默克、维力医疗等龙头企业牵头组建灵活多样的创新联合体，充分发挥市场机制作用，加速推动创新药品和高端医疗器械的研发攻关、产业化和临床应用，形成一条龙转化机制，有力加速产品创新和应用迭代。

四是加强国际合作。黄埔区积极承办中国生物产业大会、官洲国际生物论坛等高端会议，加强国内外交流合作。支持区内企业拓展海外业务，目前区内企业如万孚生物、香雪集团、绿叶生物等多家企业在海外设立研发中心或分支机构，完成了一系列大型多边国际合作项目，积极引进了 GE 医疗、拜耳、默克、阿斯利康、赛默飞世尔、吉利德科学、龙沙等国际顶尖机构和重大项目落地黄埔区。

五是加强金融支持。黄埔区设立了"黄埔人才引导基金"，成立百亿级生物产业投资引导基金，吸引一批顶尖风投机构落户；建立中以、中新、中日等合作平台，建成运营中以孵化基地，设立中以基金一期，已完成多个以色列项目投资。

二、主 要 成 效

（一）产业规模稳定增长

2022年，黄埔区生物医药规模以上工业产值400多亿元，拥有广州国际企业孵化器、广州国际生物岛、广州莱迪创新科技园等多个生物医药企业相对集中的园区，广州实验室、人类细胞谱系国家大科学装置、人类蛋白质组计划等国家战略力量落地国际生物岛，推动产业原始创新。

（二）产业主体不断扩大

从上游技术研发、临床试验，中游转化中试、生产制造，到下游上市应用、流通销售的完整产业链初步构建成型。黄埔区现有各类生物医药企业4000多家，金域医学、洁特生物、莱恩等专精特新"小巨人"企业加速成长。

（三）产业创新成果丰硕

聚焦产业关键共性技术攻关，生物医药产业创新成果不断涌现。禾信仪器成功牵头承担国家关键核心技术攻关，达安基因研发的核酸检测核心原材料打破国外垄断。

信息由广州市发展和改革委员会提供

第三十六章　科研院所类

第一节　中国农业科学院棉花重大品种中棉113通过航天生物育种创制新基因资源 助力早熟优质高产棉花新品种培育

中国农业科学院棉花研究所利用棉花重大品种中棉113作为底盘种质，通过航天生物育种技术，创制出变异类型丰富的棉花突变体库，为早熟优质高产棉花新品种培育提供了新材料和新方法。

我国是世界上最重要的棉花生产国和原棉消费国，棉花事关国计民生。近几年来，我国棉花优异种质资源匮乏，遗传基础狭窄，严重制约着棉花优质高产高抗突破性新品种的培育。太空诱变育种，又称航天生物育种，是人类利用现代航天手段，使生物在太空离子辐射下产生变异，利用太空诱变产生的有益突变，再返回地面选育出有益变异的新种质、新材料，从而培育新品种的农作物育种新技术。航天生物育种的优势主要有使农作物种子有益突变多，变异幅度大，能为选育优良种质提供丰富的遗传资源；变异稳定快，比常规育种方法提早2—3个世代；同时，培育优良品种的效率可提高一倍，实现农作物产量大幅提升、营养成分大量增加、抗性能力增强等。

中棉113是2019年通过审定的优质棉品种，成功突破了早熟、高产、优质、高衣分难以协同改良的技术瓶颈，早熟、高品质特性划时代推动风险棉区宜棉化、优棉化，扩大北疆植棉边界至北纬47°，已成为确保北疆地区高品质棉花稳定供应且超越"澳棉"品质标准的"芯片品种"。中棉113入选2022年度中国农业农村重大科技新成果和农业农村部2022年度主推品种（图36-1），

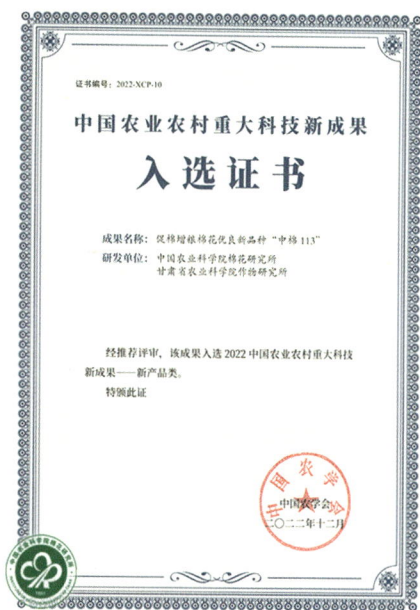

图36-1　中棉113入选中国农业农村重大科技新成果

先后入选新疆生产建设兵团第四师、第六师、第七师和第八师及新疆昌吉、博乐、阿克苏等地区棉花推荐品种和示范品种，并获批出口"一带一路"沿线国家，通过塔吉克斯坦审定。

2021年6月17日，中棉113棉种作为中国的骄傲搭载神舟十二号载人飞船遨游外太空，9月17日随神舟十二号载人飞船顺利归来。将获得的M0材料宿生保存于三亚中国农业科学院国家南繁研究院（图36-2），利用南繁研究院开发的棉花繁育技术体系（两年七代）扩繁，自交获得M5突变体种质资源库，为攻克棉花种源"卡脖子"的难题提供优质种源；进一步利用底盘品种中棉所113表型和基因组数据，对突变体材料进行表型精准鉴定及突变位点分析，并以此建立纯合突变体材料的公共数据库，为棉花基因功能研究和优质棉品种选育提供强有力的工具。组装集成常规育种技术和分子模块设计育种技术，快速创制高品质棉花新品系，构建精准育种导航图，为突变体库的应用提供研究实例。该成果将通过产生的大量优质种源和开放式公共数据平台推动棉花基因功能研究和优质棉品种的选育，加速我国高品质棉花育种进程。

（a）M0代成铃期

（b）M0代吐絮期

（c）M0代收获加代

（d）M1—M2，群体近4000株系

图36-2　棉花生长不同阶段

信息由河南省发展和改革委员会提供

第二节　中国农业科学院基因工程方法成功培育粉红色棉花助力生物经济发展创新改革

　　中国农业科学院棉花研究所棉花分子遗传改良创新团队成功将甜菜红素在棉花纤维中富集，创制出纤维粉红色的棉花，为利用基因工程方法培育多类型彩色纤维棉提供了新思路。

　　世界上绝大多数棉花品种生产白色纤维，纺织加工过程中需要大量化学染料着色，以满足消费者的不同需求。染色加工造成了潜在的环境污染，对人类和动物健康都是不利的。大自然中现存的天然彩色棉，主要是棕色和绿色，但它们的农艺性状和纤维品质较差，严重阻碍了它们在棉花育种中的广泛应用。人们生活水平的提高，以及化工染料过敏人群对"天然"的需求增大，成为创造彩色纤维棉花的动力。

　　该研究首先将甜菜红素合成相关的三个关键基因进行密码子优化，以主栽棉花品种"中棉所49"为受体，利用干细胞转化法创制稳定遗传的新型彩色纤维棉花，历经两年多的时间才成功培育出高代稳定遗传富含甜菜红素的粉红色棉花新材料（图36-3）。

图36-3　甜菜红素导入棉花

未成熟的纤维因甜菜红素积累而表现出粉红色表型，成熟纤维中甜菜红素的含量随着液泡的裂解而降低，导致颜色变浅，未来需要就如何使成熟纤维的颜色不褪色进行深入研究。相关研究结果以"Development of an eco-friendly pink cotton germplasm by engineering betalain biosynthesis pathway"为题在线发表在植物学期刊《植物生物技术（*Plant Biotechnology Journal*）》。这是科学家首次将甜菜红素导入棉花并稳定表达，为创制新类型彩色棉奠定了基础。基因工程改造属于环境友好型方法，在满足人们需求的同时，更加绿色生态。棉花分子遗传改良创新团队对植物色素形成调控基因进行研究，通过合成生物技术来创造彩色纤维。

实际上，粉红色棉花还并未达到研究团队的最高预期，下一步科研人员将针对甜菜红素沉积而不消退的机理进行深入的研究。最终的目的就是将彩色棉花品种能够推广和应用到市场中，满足更多人群的需要，所以还需要进一步研究和实验。

同时，这项研究结果表明，可以通过基因工程改良产生天然粉红色棉花，并且不会影响棉花的纤维产量和质量，科学家已经着手计划将更多控制丰富色彩的天然色素的调控基因通过基因工程的手段在棉花中进行转化，预期可以获得更多色彩的天然彩色棉纤维，提供更加环保和健康的天然彩色棉产品（图36-4）。

图36-4　传统白色棉花与粉色棉花比对

信息由河南省发展和改革委员会提供

第三十七章　企　业　类

第一节　晨光生物"小辣椒"萃出"大产业"
打造世界天然提取物产业基地

晨光生物科技集团股份有限公司（简称晨光生物）成立于2000年，于2010年在深圳证券交易所上市，在国内及美国、印度、赞比亚等地建有子公司30多家，2022年营业收入达63亿元，七年复合增长率达到25.7%。该公司始终坚持以创新为引领，先后突破辣椒红色素连续提取分离、番茄红晶体纳米研磨制备水基质微乳液等多项关键核心技术，研发天然色素、香辛料提取物和精油、营养药用提取物、保健食品、油脂和蛋白6大系列上百个品种，其中辣椒红色素、叶黄素、辣椒油树脂产销量全球第一。

20年多来，晨光生物从一家名不经传的小企业一跃成为全球天然植物提取行业龙头企业，探索形成了"技术+管理+产业"协同创新的"晨光模式"。在技术创新方面，充分发挥国家地方联合工程实验室、国家企业技术中心等创新平台优势，在创始人卢庆国带领下，聚焦关键核心技术攻关，参与制订国际标准2项、国家标准28项、行业标准7项、团体标准17项，先后获得2项国家科技进步二等奖、332项国家发明专利、3项国家重点新产品、48项省部级以上科技奖励。在管理创新方面，提出植物原料"吃干榨净"的核心理念，独创按"含量"核算的评价体系，从传统的小试、中试、工业化生产的"三步走"的研发模式，探索形成小试摸索参数、中试摸索工艺、大中试验证工艺参数、批量生产并根据市场反馈改良工艺、最后实现专业规模化生产的"五步走"实验室经济研发模式，获国家级企业管理现代化创新成果一等奖。在产业创新方面，充分发挥龙头企业带动作用，推动资源优化整合、协调联动，联合产业链上下游企业建立"辣椒产业技术创新战略联盟"，带动河北、新疆、云南等地辣椒、万寿菊、甜叶菊等原料种植100万亩，在印度、赞比亚建设4家原料种植和生产加工基地，并在美洲、东南亚国家进行战略布局（图37-1—图37-3）。

图37-1 晨光生物研发中心

图37-2 晨光生物云南腾冲万寿菊种植基地

图37-3 晨光生物植物提取物系列产品

下一步，晨光生物将依托创建国际领先的研发中心、检测中心、中试中心，持续加强关键核心技术攻关，站稳天然植物有效提取行业科技制高点，进一步延伸拓展产业链条，在保健品、现代中药等大健康领域开发新产品，建设世界一流天然提取物产业基地，为人类健康做出更大贡献。

信息由河北省发展和改革委员会提供

第二节　华恒生物"新化学"赋能生物制造

氨基酸等众多化学品可以通过生物制造实现，但是大多数都需要在有氧环境下完成，能耗高、产率低、失败风险高。安徽华恒生物科技股份有限公司（简称华恒生物）在细胞内创造了不需要氧也可以实现氧化还原平衡的新反应，利用这一"新化学"原理，华恒生物创制出能够在无氧环境下生产氨基酸的细胞工厂，并在国际上首次实现了万吨级L-丙氨酸和L-缬氨酸的无氧生物制造，制造过程中完全无二氧化碳排放。2022年华恒生物主营业务收入超过14亿元，带动相关产业投资规模约80亿元，新创造工作机会超200个，成功登陆科创板。

一、以"新化学"产品赋能产业迭代升级

高质量、低成本、"碳中和"的L-丙氨酸原料助力国际大客户巴斯夫实现了新型绿色螯合剂的生产和大规模应用，2022年华恒生物以2.8万t的L-丙氨酸销售量稳居市场占有率第一。以此为起点，华恒生物的科学家们基于"新化学"原理，设计构建了另一大宗氨基酸产品L-缬氨酸的细胞工厂，在国际上首次实现万吨级L-缬氨酸的无氧生物制造，显著扩大了L-缬氨酸在饲料领域中的应用，2022年以约3万t的销售量占据市场份额的40%。华恒生物还通过计算机模拟设计技术，设计出自然界中不存在的新型生物催化剂，创造出了低成本生产L-丙氨酸的新反应并实现产业化，带动了其下游产品D-泛醇的生物制造，为维生素产业走出传统化学路线增添新案例。

二、以"新化学"理念促进研产销创新

华恒生物"新化学"的理念，不仅体现在研发过程中通过新反应创造新分子，也体现在研发、生产和销售的组织过程中，以创新技术为支撑，以市场需求为引导，以产业发展为目标，通过"新化学"在人才、研发、生产、市场和资本等各要素之间催化新反应，形成新的产业发展推动力。以华恒生物正在全力推动建设的华恒生物研究院为例，通过"一院两制+IPD（integrated product development，集成产品开发）研发制+项目经理运行制+开放创新科研+股权激励"的模式，打通从上游研发到下游产业转化的研发价值链，并通过知识产权体系保驾护航，用创新驱动产业链延伸，走出了企业建设新型研发机构的新路径和新模式。

三、以"新化学"实践顺应碳中和发展趋势

华恒生物在国际上率先创造出一个基于无氧生物制造氨基酸的新型产业链，推动高能耗、高碳排放的传统氨基酸产业进入低能耗、低碳排放的绿色发展新阶段。经测算，华恒生物每生产1 t L-丙氨酸，相较原有技术，可减少0.5 t二氧化碳排放量，同时使L-丙氨酸产品成本降低约50%，是绿色制造的成功范例。基于"新化学"的核心理念，华恒生物还开发出1, 3-丙二醇、1, 4-丁二酸等多种生物基材料单体的绿色低碳生物制造新路线，规划产能超10万t，并与巴斯夫在内的多家企业共同创建"可持续发展共建联盟"，共同推进新化学品产业的发展。在"新化学"理念的指导下，华恒生物多家生产基地被工业和信息化部认证为绿色工厂，并获颁"2021年度ESG（environment，social and governance，环境、社会和公司治理）最具投资价值企业"奖项。

信息由安徽省发展和改革委员会提供

第三节 安徽智飞龙科马生物制药"政产研用"深度融合推动自主研发重组新型冠状病毒疫苗

一、主 要 做 法

安徽智飞龙科马生物制药有限公司（简称智飞龙科马）注重研发和自主创新，不断加大研发投入，积极开展前沿疫苗开发，力求在结核病疫苗及病毒类疫苗领域做到专业化、精细化，以保持企业核心竞争力。在新冠疫情暴发之际，智飞龙科马迅速行动，通过"产学研"合作基础，在与中国科学院微生物研究所研发的MERS冠状病毒疫苗的基础上，凭借公司拥有的丰富重组蛋白疫苗研发经验，快速与中国科学院微生物所签订关于新冠疫苗的合作意向框架协议，开展重组新冠疫苗的研发工作；加强"政企"联合，通过政府协调保障疫苗生产、存储、安保等各项环节，开展重组新冠疫苗生产能力建设。在"产学研用政"合理结合以及巨额研发经费的支持下，重组新冠疫苗的研发突破了常规疫苗研发速度，重要事件及时间节点如下（表37-1）。

表37-1 重要事件及时间节点

年份	时间	事件
2020 年	1 月 29 日	公司与中国科学院微生物研究所签订关于新冠疫苗的合作意向框架协议，联合研发重组亚单位新冠疫苗
	6 月 19 日	获得药物临床试验批件，是国内首个进入临床试验的重组亚单位新冠疫苗
	6 月 22 日	在北京和重庆，启动 I 期临床试验
	7 月 10 日	在湖南开展 II 期临床试验
	11 月、12 月	先后启动国内和国际 III 期临床试验
2021 年	3 月 1 日	在乌兹别克斯坦获批注册使用
	3 月 10 日	国内获批紧急使用并纳入医保统筹
	8 月 31 日	获临床 III 期关键性数据，证明该疫苗具有很好的安全性和预防效果
	10 月 7 日	在印度尼西亚获得基础免疫的紧急使用许可
2022 年	1 月 22 日	在哥伦比亚获批紧急使用
	2 月 19 日	国内批准用于新冠灭活疫苗序贯加强
	3 月 1 日	国内获批附条件上市
	10 月 21 日	完成 WHO 认证现场检查
	12 月 13 日	国内获批新冠灭活疫苗第二剂次加强。国内获批重组新冠疫苗同源第一剂次加强和 3—17 岁未成年人紧急使用

二、实 践 成 效

①产品安全性高。I、II 期和正在进行的 III 期临床试验均表明该疫苗具有很好的安全性。②效果好。三剂接种 7 天后预防任何严重程度新冠的保护效力高达81.4%，6个月的保护效力仍然可达75.7%，对重症病例保护效力达87.6%，对死亡病例保护效力达86.5%。③可及性强。抗原表达产量高，且不需要高等级生物安全实验室生产车间，成本相对较低；可在2—8℃环境下保存，便于储存、运输和使用；目前已通过清真认证。④技术先进成熟。该疫苗采用基因重组技术生产新冠特异性抗原，技术先进，安全性好，质量可控。疫苗生产不存在生物安全风险。⑤易于规模化生产。该疫苗（图37-4）生产采用大容量生物反应器（1000 L）培养抗原，工艺成熟稳定，可快速扩产提升产能。

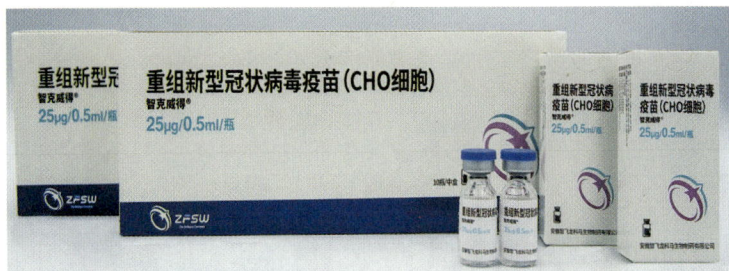

图37-4　智飞龙科马重组新冠疫苗产品图

信息由安徽省发展和改革委员会提供

第四节　安图生物立足创新　追求卓越
打造中原体外诊断战略高地

郑州安图生物工程股份有限公司（简称安图生物）创立于1999年，专注于体外诊断试剂和仪器的研发、制造、整合及服务，产品涵盖免疫、微生物、生化、分子、凝血等检测领域，能够为医学实验室提供全面的产品解决方案和整体服务，是国内第一家在上海证券交易所主板上市的体外诊断研发和制造型企业。近年来，安图生物在国家、省、市、区等部门的支持与帮助下，保持良好发展的势头，在创新平台建设、重大项目开展以及产品创新方面不断突破，取得了重大进展，为区域生物经济发展贡献了力量。

一、立足创新平台重点攻关，国家工程研究中心
获批建设责任重大

2022年5月，国家发展和改革委员会同意由安图生物联合相关高校、科研院所和产业链上下游企业，组建新发突发重大传染病检测国家工程研究中心（图37-5）。中心将紧紧围绕国家战略需求，积极承担国家和行业科研开发及工程化研究任务，参与关键核心技术攻关和产业共性技术开发，推动技术成果向行业转移和扩散；加快我国传染病检测领域技术和产品技术升级，推动我国传染病检测自动化水平技术和适用范围下沉至基层医院；为建立完善的预防、监测网络提供高品质的系统检测方案，降低新发突发传染病对我国经济社会发展的影响。

图37-5　新发突发重大传染病检测国家工程研究中心揭牌仪式

二、加大创新基础建设投资，安图体外诊断产业园项目建设成效显著

建设中的安图生物体外诊断产业园是河南省重点建设项目，产业园共分三期，总占地251亩，总建筑面积72万 m^2，总投资超50亿元，主要建设体外诊断试剂和仪器研发中心、现代化制造中心、全国最大立体冷藏成品库等设施。截至2023年1月，产业园一期项目已全部建成投产，二期项目将于2023年下半年全面投产，三期项目将于2024年投产。全面投产后，安图生物体外诊断产业园将成为我国最大的体外诊断产业基地之一（图37-6）。

图37-6　产业园项目规划图

三、聚焦行业技术前沿，不断推出创新产品成果

近年来，在免疫检测领域，推出系列全自动化学发光检测系统，其中2022年的单机600检测/时，支持四台联机的高通量全自动化学发光免疫分析仪，达到全球磁微粒化学发光检测的最高速度（图37-7）。

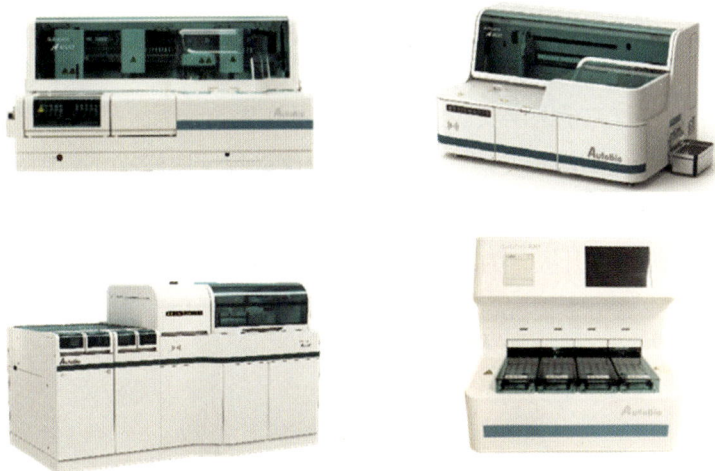

图37-7　免疫检测领域创新成果

在微生物检测领域，近年来连续推出全自动微生物质谱检测系统、微生物药敏检测系统，联合全自动血培养系统等多款自动化仪器及智能化软件，可为微生物实验室提供从接种、培养、鉴定、药敏等全环节智能化系列解决方案（图37-8）。

图37-8　微生物检测领域创新成果

在分子检测领域，推出全自动核酸提纯及实时荧光PCR分析系统，实现了单个样本和小批量样本随到随检，单个检测项目不受限制，100分钟出检测结果，以及提取、扩增完全自动化，彻底改变了传统的PCR分子检测模式（图37-9）。

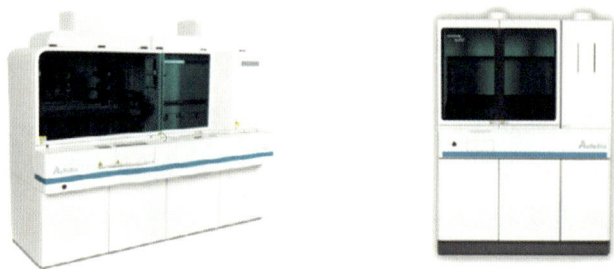

图 37-9　分子检测领域创新成果

安图生物秉持"致力于医学实验室技术的普及和提高，为人类健康服务"的宗旨，将继续以创新驱动企业高质量发展，实现从传统优势领域向新兴、领先项目领域，从传统诊断领域向精准诊断领域，从单纯的先进制造企业向先进制造与高端服务深度融合的体外诊断企业的跨越升级，为我国健康事业发展做出贡献。

信息由河南省发展和改革委员会提供

第五节　厦门宝太生物新冠病毒检测产品助力全球抗疫

厦门宝太生物科技股份有限公司（简称宝太生物）致力于POCT精准医疗快速诊断相关技术的研究，孕酮、心肺功能五联检、性激素系列等10项产品为全国荧光首创，获得36项产品CE认证，60余项核心专利授权。2021年，企业获国家专精特新"小巨人"企业称号。借助新冠快速检测产品大量出口，企业实现爆发式增长，2020—2022年累计实现产值260.38亿元，创造稳定就业近600人，临时就业近万人，助力厦门市新冠检测产品研发生产和出口能力走向全国前列。

一、厚积薄发，产品快速获国际认证

企业尤为注重技术创新，研发团队本科及以上学历占95%、硕博及以上学历占48%，2018—2019年研发投入占销售收入比例近20%。新冠疫情期间，企业开发和销售胶体金、荧光定量PCR等多种新冠检测产品，自主研发的新冠病毒检测试剂盒获得FDA、EUA（Emergency-Use-Administration，应急使用授权）、CE、MHRA（Medicines and Healthcare Products Regulatory Agency，英国药品和健康产品管理局）、俄罗斯、巴

西、乌克兰、菲律宾等准入许可。新冠疫情暴发之初，企业凭借新冠检测产品的研发基础，快速申报 FDA 认证，成为国内首批获 FDA 认证的企业之一，并在海外迅速找到了销售通道，带来了后续的产能大爆发。2020 年上市的新冠抗原快速检测试剂产品以快速、便捷、高灵敏度等优势获得国际政府机构的高度认可，亮相英国 G7 峰会，成为 G7 峰会与会人员每天必测项目，成功获大量订单。

二、多措并举，多方协同保障生产效率

针对生产规模的扩张带来的生产人员、员工住房、原料、生产场地需求，宝太生物所在地海沧区政府快速联动，成立由区领导挂帅，政府办公室、工信、海关等部门协同的工作专班，24 小时协调企业在新冠诊断试剂生产、出口方面的需求。宝太生物加大媒体宣传，提升人员工资，吸引周围以及其他企业的冗余劳动力，扩张短期工人数目，短时间内解决了宝太生物的生产需求。同时，宝太生物制定了"1+1+1"培训策略：一天岗前培训，培训员工公司制度、完全操作要求、产品质量体系、操作细节规范等；一周技能培训，培训员工各工序实操流程，提升品质意识，提高生产效率；一个月老带新，老员工帮扶新员工，工作效率考核，生产效率复核，以保证公司生产效率。该举措将工作流程化、步骤化、细节化，提高管理效率，短时间内使新入职员工能够很快融入生产流程当中。

三、开拓创新，深耕体外诊断并向医药领域拓展

宝太生物大力开拓创新，深耕体外诊断领域并向新药研发等领域拓展。一方面，加快研发中心、产业园区建设。建设 26 万 m^2 IVD 工业园区，总投资 12 亿元，目前 POCT 产业园正在建设中，投产后年产值将超 20 亿元，能进一步提升产品研发能力和规模产业效益。宝太生物医药研发中心和公司总部大楼也在规划之中。另一方面，将在"IVD+"领域持续拓展，将从疾病检测向疾病治疗延伸，聚焦肿瘤靶向治疗，启动新药研发。

信息由厦门市发展和改革委员会提供

第六节 从"0"到"1"的突破
——厦门万泰在研发创新疫苗道路上稳步前进

厦门万泰沧海生物技术有限公司（以下简称厦门万泰）落户于厦门生物医药港，是国家高新技术企业，也是目前福建省内唯一一家从事疫苗研发生产的民营科技企业。2022年实现产值101.51亿元，较2020年增长567.83%。

一、坚持自主创新，赋能产业发展

一是校企合作打造可持续研发平台。过去二十余年，企业与厦门大学夏宁邵教授团队建立紧密合作关系，依托国家传染病诊断试剂与疫苗工程技术研究中心，充分发挥高校的科研创新和人才优势以及企业的产业转化和市场优势，快速推进科研创新成果向临床、市场应用；上市全球首个戊型肝炎疫苗、国产首支宫颈癌疫苗馨可宁，结束了我国宫颈癌疫苗依赖进口的历史，打破了国外垄断。

二是实现核心技术的自主知识产权。企业自主研发出"大肠杆菌表达类病毒颗粒疫苗技术平台"，累计获18项国际国内发明专利，是我国首个高效安全的基因工程疫苗开发技术平台，吸引国外疫苗巨头公司葛兰素史克合作。

二、加强宣传推广，拓宽销售渠道

一是市区各部门支持创新产品推广。2020年9月，厦门市为全市适龄在校女生免费接种厦门万泰的二价宫颈癌疫苗，计划实施三年，费用全部由市区财政承担，厦门市成为全国首个实施国产宫颈癌疫苗免费接种的城市。"厦门适龄在校女生可免费接种国产HPV疫苗"引发关注，南方都市报、腾讯网、凤凰新闻等媒体发文400余篇，并在新浪微博形成多个热门话题，累计阅读量超2000万次。借助疫苗在厦推广势头，产品上市一年半，就已覆盖全国2353个县（区、市），县（区、市）覆盖率超80%。2020年企业呈现爆发式增长，实现产值15.2亿元，增长119倍，2022年实现产值101.51亿元。

二是加强科普宣传，提高产品市场认可度。企业与教育、妇联、公共卫生部门合作，开展数十场科普教育、专业培训和沙龙活动，宣传二价HPV的两针优势及预防效果，在重点人群中推广"早预防早保护"的科学理念，助力提升产品市场认可度。

三、坚持以人为本，提升核心竞争力

一是注重人才体系建设。结合国内经济发展水平以及区域经济增长情况，为员工提供较有竞争力的薪酬体系，在住房、医疗保险、子女教育培训等方面解除员工的后顾之忧。2020年11月获批国家博士后工作站，在研究课题、经费等方面为进站博士后人员提供强力保障，2022年招收博士后6人。

二是实行项目管理制。实行知识产权、文章等奖励制度，调动员工技术创新积极性；鼓励员工参与承担各级技术攻关项目，积极支持个人荣誉申报。

信息由厦门市发展和改革委员会提供

第七节　打造生物产业核心引擎　新拓洋生物抢占生物经济发展高地

新拓洋生物工程有限公司（以下简称新拓洋生物）是河南投资集团有限公司控股的一家以合成生物学技术为核心驱动的集研发、生产、销售为一体的生物制造企业，致力于生物健康食品、生物医药、生物新材料三大领域新产品和新技术的研究与创新。2022年，公司坚定不移地围绕科技创新这个"牛鼻子"抢先机、建优势，创新能力水平持续提升，生物发酵智能工厂被河南省工业和信息化厅认定为省级智能工厂，公司获评河南省首批创新型中小企业称号，建成河南省企业技术中心、博士后创新实践基地、鹤壁市合成生物技术中试基地、鹤壁市绿色生物制造及产业化工程技术研究中心四个关键创新平台，推动合成生物产业取得新发展。

一、坚持自主创新，构建"研发—中试—生产—应用"全要素创新链生态

公司持续强化自主创新能力建设，构建"研发—中试—生产—应用"全要素创新链生态体系，设立了创新发展部、技术中心、科技孵化中心，从新产品引进、工艺研发、技术转化、中试熟化到产业化，建立了完整的新产品、新技术创新链条，构建了合成生物产品从菌株筛选优化到最终标准化产品制备的全过程产品技术研发体系。2022年，公司参与承担国家级重点研发专项2项，累计拥有专利数量增长至82项，鉴定成果累计达27项，新开展重点工艺技术研发项目8项，研发资金投入总额达到1759万元。

二、持续开放合作，产学研用走深走实

公司坚持"开放、合作、共赢"的发展理念，与合成生物学领域相关科研院所持续深化交流合作，主动出击，塑造产学研合作新优势。2022年在疫情反复条件下，持续拓展和深化与中国科学院天津工业生物技术研究所、江南大学、浙江工业大学、河南大学等科研院所的产学研合作关系，围绕异VC（vitamin C，维生素C）-钠工艺革新、特医食品开发、功能多肽产品开发、新型合成生物产品前沿技术及绿色生物制造等专题开展合作，联合共建了"维生素体外合成生物学联合实验室""生物催化与细胞工厂创制研发中心""功能多肽研发中心"等高水平创新平台，储备和开发10余项新产品技术，走深走实产学研合作，与国内顶尖智力资源共筑河南生物产业。

三、抢抓机遇，打造一流成果转化创新平台

合成生物学是引领未来的生产方式，近年来，受益于基因测序、编辑、合成等技术的进步，合成生物学技术快速突破，成果大量涌现，成果转化需求开始爆发。公司中试基地"建成即见效"，成功转化VK2、稀少糖等10余项新产品技术，孵化效果显著。下一步公司将采取"总部+飞地"模式，构建"1+N"发展格局（1个总部基地，N个中试飞地），打造全球领先、国内顶尖的生物科技成果转化创新平台和企业孵化基地，当好河南省"生物芯片"的链接者、引进者、增值者、输出者，以"软实力"提升为河南省生物产业发展提供"硬支撑"。

信息由河南省鹤壁市发展和改革委员会提供

第八节　北京昭衍新药打造一站式服务平台　助力药物研发创新

北京昭衍新药研究中心股份有限公司（以下简称昭衍新药）是中国第一家民营GLP（good laboratory practice，药物非临床研究质量管理规范）实验室、国内药物非临床评价领域龙头企业。公司秉持"与医药企业共成长"的理念，坚持"科学、求真、规范"的研究精神，以非临床评价业务为核心，涵盖从新药发现到新药产品上市的全过程，通过横向延伸与资源整合，打造一站式创新药物研发服务平台。作为国内

重点生物医药平台型企业，公司相继被认定为国家中小企业公共服务示范平台、国家重大新药创制平台、国家专精特新"小巨人"、国家发展和改革委员会蛋白类生物药和疫苗服务平台、北京市重点实验室、北京市企业技术中心、北京市服务业企业百强。

一、敢为人先，夯实非临床研究基本盘

作为中国民营GLP实验室的开创者，昭衍新药以"服务中国原创新药"为己任，注重自身的技术积累和创新技术研究，勇于挑战技术难关。其完成了全球首个基因治疗药物和国内首个干细胞、小核酸、抗体偶联、双抗、CAR-T（chimeric antigen receptor T cell immunotherapy，嵌合抗原受体T细胞免疫治疗）、TCR-T（T cell receptor-gene engineered T cells，细胞受体基因工程改造的T细胞）药物的非临床评价；打造了拥有核心技术的眼科药物、吸入及呼吸系统药物、中枢神经系统药物、幼年及生殖用药专业评价实验室。2022年，昭衍新药结合药物研发热点，持续拓展和深化与北京大学、中国食品药品检定研究院、中国科学院自动化研究所、首都医科大学附属北京儿童医院等科研院所的产学研合作关系，围绕动物模型研究、药物质量检定、实验动物行为学智能检测、儿童药产品研发等专题开展合作，搭建了基因修饰免疫细胞和基因治疗药物质量控制关键技术与服务平台、儿童用药研究院等高水平创新平台，从而推动医药企业技术进步，夯实非临床研究基本盘。

二、延伸服务链，开展新药研发一站式服务

作为一家国际化医药CXO服务平台企业，昭衍新药立足核心的非临床评价业务，不断延伸服务链，构建了集CDMO研发生产、药物发现、非临床研究、临床研究、药物警戒、质量研究与检测、实验动物与模型服务在内的生物医药专业服务体系，能够为新药研发提供从概念设计到新药产品的一站式综合服务，并围绕国内生物医药产业高度集聚地区，相继在北京、苏州、无锡、广州和重庆等地投资设立实验中心和基地，形成有效辐射全国的新药技术服务网络。其中，昭衍新药投资建设的生物医药中试研发及生产基地项目是华北地区规模最大的CDMO基地，生物制剂生产规模达10万L。2022年共计服务企业588家，支持服务品种涵盖细胞药物、基因药物、复杂抗体药物、核药、化药、中药、医疗器械等。

三、着眼未来，探索 AI 赋能新药研发服务

AI 加速赋能改变传统药物研发运作模式已成为行业发展新趋势，未来，昭衍新药将全面开启研发服务的数字化转型，在现有平台基础上，建设基于 AI 的一站式创新药物研发服务平台，促进 AI 技术深度融入新药研发服务各环节，加速创新药上市，助力医药行业高质量发展。

信息由中国医药企业管理协会提供

第九节　华北制药打造国内领先的重组蛋白技术和信息技术融合的生物制药研发与生产平台

华北制药股份有限公司（以下简称华北制药）兴建于 1953 年，被称为新中国制药工业的摇篮、共和国的"医药长子"。近年来，华北制药结合自身实际，制定了信息化建设总体规划，以开发重组蛋白药物为主要发展方向，充分利用智能化信息技术，加快生物技术与信息化技术融合，布局公司新产品研发及生产，推动生物药产品研发生产技术迭代升级，实现从生产到使用全周期智能化、信息化管理，着力打造国内领先的重组蛋白技术和信息技术融合的生物制药研发与生产平台（图 37-10）。

图 37-10　华北制药全景

该平台以重组蛋白疫苗工艺为依托，所有关键设备均具备自动化控制、数据自动采集和可视化管理功能，在实现全线自动化控制的基础上高度融合信息化手段，MES（manufacturing execution system，制造执行系统）、SCADA（supervisory control and data acquisition，数据采集与监控系统）、WMS（warehouse management system，仓库管理系统）、LIMS（laboratory information management system，化验室信息管理系统）、DMS（document management system，文档管理系统）、BMS（building management system，环境控制系统）、EMS（environment management system，环境监测系统）、ERP（enterprise resource planning，企业资源计划）等几大信息系统交互融合，实现了生产管理集成、质量控制更加精细、生产过程更加规范，从初始物料、生产环节到产品入库、出库至市场，全流程实现信息化管控，全程可追溯、数字化、智能化管理，生产环境可视化管理，从而提升质量管控能力及生产效率。建立的标准化、模块化智能制造平台，可快速实现现有产品及后续新产品智能化生产（图37-11）。

图37-11　华北制药生产车间

华北制药充分发挥该平台重组技术与信息技术融合优势，在生物药研发及生产上取得显著成效。在抗体药物方面，历经17年成功研发国家一类新药重组人源抗狂犬病毒单抗注射液。这不仅是河北首个获批上市的一类生物技术药物，更是中国首个重组全人源抗狂犬病毒单克隆抗体，填补了我国狂犬病毒单抗的空白，被业界誉为"开启了狂犬病被动免疫制剂新时代"。在疫苗药物方面，生产的重组乙型肝炎疫苗（CHO细胞）是我国自主研发的一类新药，用于预防乙型肝炎病毒的传播，为公众提供了高质、安全、有效的预防保护，也为摘掉"乙肝大国"帽子和中国防疫事业做出了突出贡献。在细胞因子药物方面，成功研制人促红素注射液、人粒细胞刺激因子注射液、注射用人粒细胞巨噬细胞刺激因子等多款药物，均为国家二类新药，是国家最早一批上市的国产重组蛋白技术药物。

下一步，华北制药将继续丰富基因工程哺乳动物细胞和微生物表达系统研发平台，快速实现重组蛋白技术药物从小试、中试到产业化的转化，建设成为紧密型、高效能、可持续的国内领先的现代生物制药企业。

信息由河北省发展和改革委员会提供

第十节　贝威科技深耕心脏电生理领域　助力河南生物经济发展

河南省贝威科技有限公司（以下简称贝威科技）成立于2014年8月，由英国牛津大学客座研究员郝国梁博士（中共党员、开封人）创立。公司聚焦于三维心脏功能标测仪器研发、临床前药物心脏安全性评价的CRO（contract research organization，合同研究组织）服务以及抗心律失常中药的现代化研发。贝威科技依托世界一流的科研团队和技术水平，不断扩大国际合作，在心脏电生理仪器设备软硬件和临床前药物心脏安全性评价等领域实现了关键技术突破，在心脏电生理科研和技术转化方面取得了可喜成绩。

一、不断深化国际合作，持续提升科研实力

贝威科技不断深化与国际一流大学和科研院所的合作（表37-2），科研取得了累累硕果。尤其是与牛津大学生理解剖与基因系的合作可圈可点，2019年10月贝威科技与牛津大学生理解剖与基因系签署战略合作协议，并促成了牛津大学生理解剖与基因系和开封市人民政府的战略合作。2020年12月，贝威科技联合英国牛津大学生理解剖与基因系获批组建河南省心脏电生理研究国际联合实验室，旨在解决国内心脏电生理研究领域存在的市场空白和技术短板等问题。

表37-2　贝威科技国际合作单位（部分）

序号	合作单位及教授
1	英国牛津大学生理解剖与基因系
2	英国曼彻斯特大学
3	英国利兹大学
4	英国剑桥大学 Christ Huang 教授课题组

续表

序号	合作单位及教授
5	英国曼彻斯特大学 Gwilym Morris 教授课题组
6	荷兰阿姆斯特丹大学
7	挪威奥斯陆大学
8	美国哈佛大学医学院
9	美国耶鲁大学
10	美国得克萨斯州立大学（Bharti Manwani 教授）
11	美国特拉华大学
12	美国华盛顿大学
13	日本东京大学生产技术研究所分子细胞工学研究室
14	日本东京慈惠会医科大学
15	日本国立生理学研究所
16	日本富山县立大学

二、不断加强科研创新，持续壮大产品品类

贝威科技经过8年多的实验和研发，突破关键核心技术，现已开发出高分辨荧光标测系统（图37-12）、矩阵式多通道心脏电生理标测系统、高通量的干细胞诱导心肌细胞记录系统、程控刺激系统、微流控系统及相关仪器设备产品40余种。在售的产品相比进口产品具有明显的价格、功能和售后服务优势，产品的市场规模未来3年预计达到30亿元。

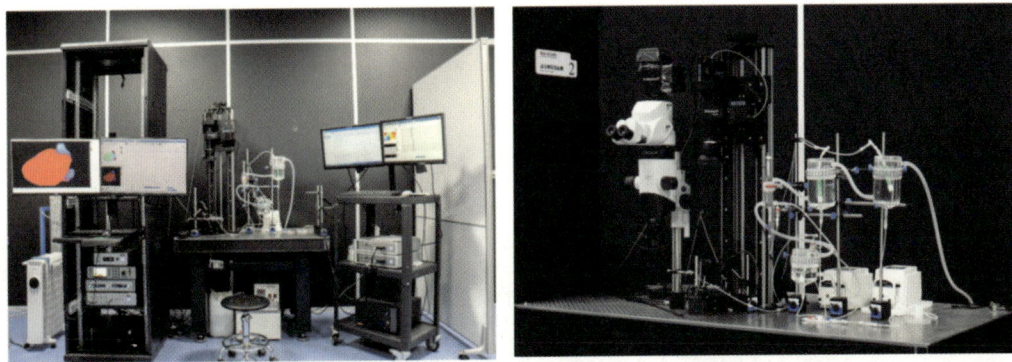

高分辨荧光标测系统（含超高速相机、心电监测仪、电标测仪、荧光发射系统、刺激器、光学防震平台、Langendorff灌流系统等）

图37-12 贝威科技自主研发产品——高分辨荧光标测系统

三、不断优化安评服务，持续完善安评体系

贝威科技依托膜片钳系统（图37-13）、356通道电标测系统等高端仪器设备为客户提供临床前药物心脏安全评价服务，已建成可年检测300个新药单体的临床前药物心脏安全性评价中心，正在修订临床前药物心脏安全性评价的国际标准，并构建心脏治疗药物临床前评价平台。

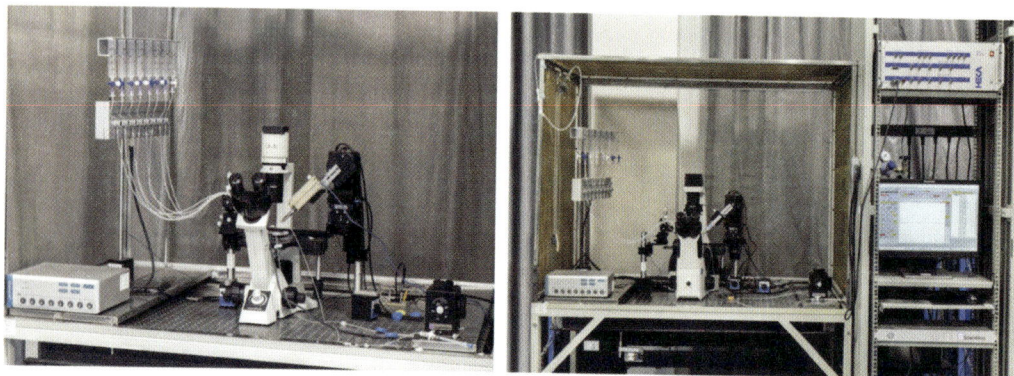

膜片钳系统（含AXON 700A、1550A、PClamp、Sutter MP225、Olympus倒置荧光显微镜、MappingLab八通道灌流系统、TMC光学防震平台等）

图37-13 贝威科技实验室设备——膜片钳系统

贝威科技在心脏电生理领域取得的成绩，得益于政府全力呵护和政策大力支持，在以后的发展路上贝威科技将秉持服务社会的创业初心，力争在关键技术突破、新产业培育、重点领域创新、国际合作等方面做出更大成绩，为推动河南省生物经济发展做出更大贡献。

信息由河南省发展和改革委员会提供

第十一节 河南真实生物阿兹夫定片投产

河南真实生物科技有限公司（以下简称真实生物）成立于2012年，注册地在平顶山市城乡一体化示范区，是一家集研发和生产为一体、具有自主知识产权的生物医药企业，主要致力于抗病毒和抗肿瘤药物、心脑血管以及肝脏疾病等治疗药物的研发真实生物办公楼如图37-14所示。

图37-14 真实生物办公楼

2022年7月25日，国家药品监督管理局附条件批准真实生物的阿兹夫定片增加治疗新冠病毒肺炎适应证注册申请，2022年8月2日，真实生物新冠口服药阿兹夫定片举行投产仪式。阿兹夫定片是由真实生物自主研发的我国首个抗新冠小分子口服药，用于治疗普通型感染新冠病毒的成年患者。它的获批和投产，为全球新冠疫情防控贡献了中国力量。回望来时路，真实生物潜心科研、勇于创新、坚韧不拔、涅槃重生，也是平顶山市转型发展、聚力科技创新和自主研发、推动生物医药等新兴产业不断发展壮大的生动实践。

目前，真实生物拥有研发人员100余人，其中博士占一半以上，5人有海外知名药企研发经历。在人才短缺且竞争激烈的生物医药领域，身处四线城市的真实生物能够揽获如此多的高端人才，得益于平顶山市委员会、市政府的鼎力支持。创新是引领发展的第一动力，人才是支撑创新发展的第一资源。近年来，平顶山市积极部署"鹰城英才计划"系列工程，通过重点实施"高层次专业技术人才引育""企业家成长""鹰城工匠"等重大人才工程，建立人才集聚机制，强化科技创新奖励，优化人才服务保障，不断激发人才创新创业创造活力，打造招才引智强"磁场"。真实生物牵头组建的河南省现代医药产业研究院是全省首批10家产业研究院之一，聘请抗艾滋病新药阿兹夫定研发团队领军人物杜锦发教授为副董事长兼首席科学官，市政府给予200万元的扶持资金支持。

在真实生物所在的城乡一体化示范区，中国共产党工作委员会班子成员直接担任真实生物首席服务官，常态化到企业走访，开展"点对点"送政策、"把脉问诊"送服务30余次，帮助企业解决了行政审批、园区建设、科研人员生活保障等一系列实际问题。在真实生物研发资金出现困难时，市城乡一体化示范区有关部门服务、帮助企业完成两轮融资。2020年11月A轮融资签约，融资金额1.5亿元人民币；2021年8月B轮融资签约，融资金额1亿美元。除了"真金白银"的帮助，城乡一体化示范区相关部门还主动上门服务，为真实生物项目申请各类政策补贴，以缓解企业发展资金方面的难题。其中，2019年市重大科技专项补贴200万元、2020年科技中小企业区级补助2万元、2021年研发省级补助65万元、市级补助26万元、引进外资奖励35万元。

在真实生物初创时期，面对生物医药产业高投入、高风险和高回报的特点，市科学技术局创新科技工作开展，进行项目支持，2015年首次支持200万元，后续又分别支持400万元和1000万元。在阿兹夫定片获批上市前的关键时期，市发展和改革委员会、市场监督管理局、工业和信息化局等多个部门克服新冠疫情影响，通力协作、上门服务，积极协调上级部门，帮助真实生物解决设备调试安装、药品批号和生产许可证办理、原料药供应瓶颈等问题，紧紧围绕产品上市提供政策和技术支持，扫除各种障碍，确保了阿兹夫定片顺利获批、投产。

十年磨一剑，出鞘震天下。新冠口服药阿兹夫定片的顺利投产，是真实生物发展的重要里程碑，未来制剂年产量可达30亿片，能满足近1亿人的治疗需要，也给世界人民带来新的希望。

信息由河南省发展和改革委员会提供

第十二节　通化安睿特以品质谋发展　用匠心制好药

通化安睿特生物制药股份有限公司（以下简称通化安睿特）成立于2014年8月，是一家集技术研发、生产制造为一体的高科技生物制造企业。公司始终致力于重组人白蛋白注射液的产业化开发及规模化生产，创造了单体发酵规模最大、分离纯化工艺最复杂、分析技术最难、产品纯度最高等多项生物之最。通化安睿特发展至今，始终以"诚信、价值、创新、共享"为企业核心价值观，与《"十四五"生物经济发展规划》中"创新驱动、系统推进、合作共赢、造福人民、风险可控"的基本原则不谋而合。

一、秉承绿色发展理念，钻研产品效用

白蛋白作为人体血浆中最主要的蛋白质，是维持血液胶体渗透压的主要成分和运输内源性及外源性物质的重要载体，目前人血清白蛋白市场需求量大，而人源性白蛋白制品产量低、价格高、易造成血液污染。与之相比，采用基因工程生产出来的人血清白蛋白，不仅生物活性与人源白蛋白相同，还具有可以大规模生产、产品不会受病原体污染等优点。人血源白蛋白与重组人白蛋白数据对比见表37-3。

表37-3 人血源白蛋白与重组人白蛋白数据对比

理化性质	人血源白蛋白	重组人白蛋白
氨基酸序列	一致	
分子量	66.4kDa	66.4kDa
等电点	基本一致	
热稳定性	Tm 值（68℃）	Tm 值（67℃）
酯酶活性	基本一致	
晶体结构	一致	

通化安睿特采用毕赤酵母基因重组技术，生产过程中产生的菌渣是生产医疗用人血浆白蛋白产品的副产物，其含有丰富的粗蛋白、脂肪、糖分等营养物质，公司特通过校企合作，在处理工艺与后期应用上进行突破创新，在产品副产物横向应用上开发资源高质化利用的新方向，拓宽应用广度，提升资源回收率，提高企业竞争力。

二、致力核心技术攻坚，打造中国品质

通化安睿特通过多年研发攻坚，解决了重组人白蛋白的重要核心技术难题，掌握了全球最先进的无甲醇毕赤酵母蛋白质绿色生产酵母底盘技术，发明了多项酵母的分子生物学改造技术，并从蛋白质组学上对重组人白蛋白杂质应用了全球领先的分析技术，颠覆了人血清白蛋白的传统生产技术，较大幅度降低了白蛋白的生产成本，并创造了重组蛋白的产业化规模、生产效率、产品纯度等多项指标全球领先的成绩。公司于2018年建成，拥有10万L不锈钢发酵罐和配套纯化与灌装线，已完成10万L商业化规模下重组人白蛋白的制剂生产，临床Ⅰ、Ⅱ期试验结果显示产品安全性良好，疗效与目前使用的血浆来源人血白蛋白相比无差异，并于2022年10月顺利进入Ⅲ期临床。重组人白蛋白产品优势见表37-4。

表37-4 重组人白蛋白产品优势

产品优势	
来源	毕赤酵母，无血液污染危险
稳定性	＞3 年（2—8℃）
产品质量	还原性 HSA 含量＞95%
纯度	超高
技术	自主研发

三、扩大研发生产规模，实现品牌升级

通化安睿特作为国家重大新药创制专项重点扶持的创新企业，致力于血液制品无动物源化，推动实现重组人白蛋白的产业化，从根本上解决血液制品污染，具备了进一步大规模化生产重组人白蛋白注射液国家一类创新药物的可靠性和安全性。

通化安睿特除在研的工厂之外，还规划建设重组人白蛋白原料和制剂生产基地，总投资30亿元，占地约1000亩。2023年初，生产基地制剂及质检楼、宿舍楼已施工完成，原液生产车间、仓库、制剂车间正在进行建设施工。该基地投产达效后，预计年产值可达到35亿元，税收3亿元，生产人血白蛋白100 t，满足15%的市场需求，带动千余人就业，成为生物制药领域的独角兽企业。

在新冠病毒肆虐全球的当下，全球血制品的供应量显著下降，通化安睿特将继续推动重组人白蛋白的产业化放大和生产自动化研究，推动重组人白蛋白顺利上市并实现规模化生产，彻底改变人血白蛋白仅能通过血浆提取这单一来源限制，实现血制品领域的"供给侧结构性改革"，为生物安全和人民生命安全提供坚实的保证。

信息由吉林省发展和改革委员会提供

第十三节　齐鲁制药十年磨一剑全力谋创新　创造中国更多质好价优药

齐鲁制药集团有限公司（以下简称齐鲁制药）秉持"大医精诚、家国天下"的核心价值观，以产业报国为己任，以创新为驱动，以患者为亲人，始终面向世界科技前沿，面向人民生命健康，为患者贡献高品质的肿瘤、心脑血管、感染、精神系统、神经系统、眼科疾病治疗药物，将中国人的"药瓶子"紧紧攥在我们自己手里。集团建有占地9765亩的十一大生产基地，下设12家子公司，员工3万余人。2022年度，集团实现销售收入375亿元，连续多年位列中国医药工业百强榜十强。

一、国内首个贝伐珠单抗生物类似药研发背景

贝伐珠单抗原研药由罗氏公司研发，2004年首次被美国FDA（Food and Drug Administration，食品药品监督管理局）批准上市，目前已经成为欧美市场抗肿瘤治疗的基础用药。作为抗肿瘤血管生成的代表性药物，贝伐珠单抗被广泛应用于多种恶性肿瘤的治疗，如转移性的结直肠癌、非小细胞肺癌、脑神经胶质瘤、肾癌、卵巢癌和

宫颈癌等，并已经成为以上恶性肿瘤治疗指南全球推荐的标准方案。2010年2月，贝伐珠单抗获准进入中国市场。2017年之前，贝伐珠单抗国内售价基本在5100元/支左右，虽然疗效确切，但其高昂的价格导致中国患者用药的可及性不高。为减轻国家和患者的医疗负担，提高药物可及性，齐鲁制药在2010年立项启动了贝伐珠单抗生物类似药（安可达）的开发。

二、中国版贝伐珠单抗缔造里程碑

安可达产品是国内首家以原研贝伐珠单抗为参照药，按照生物类似药途径研发和申报生产的产品，产品技术复杂、技术门槛高、投入大，且前期缺乏相关指导原则和研发要求。齐鲁制药历经近十年，前后共开展了100多项对比研究，累计研发总投资达数亿元，产品于2019年12月获批上市，通过对比研究，安可达与原研品结构一致、质量一致、活性一致、临床结果一致。安可达产品的上市缔造了中国版贝伐珠单抗的里程碑，且上市就获得了原研药的所有适应证。产品上市后以1266元/支进行挂网销售，较当时的原研中标价降幅达34.55%，彻底打破了原研药垄断价格，在很大程度上降低了患者的用药负担，同时产品纳入国家医保目录，大大提高了患者的用药可及性。截至2022年底安可达已覆盖全国3500多家医疗机构，累计销售超900万支，实现了优质国产药物替代，为提升人民健康水平做出了重大贡献。2020年该产品被《医药经济报》评选为"'十三五'中国医药科技标志性成果"和"中国医药最具成长力产品品牌"。

三、精研创新创造更多中国好药

科技创新是引领发展的第一驱动力。齐鲁制药始终坚持创新驱动发展战略，瞄准临床急需和未被满足的重大疾病治疗领域，开展药物创新研发，2022年研发投入占比突破10%，实现"创仿结合，以创为主"的转变。不仅建成了小分子药化精准设计平台、单克隆抗体、双特异性抗体、抗体组合（MabPair）、溶瘤病毒、ADC技术平台、纳米药物递送等核心技术平台，而且拥有先进的生物技术药物研发、工艺开发、质量研究和产业化技术与平台。截至2022年底，在研创新药物80余项，10余项已进入临床研究。预计到"十四五"时期末，将有多个一类新药获批上市。做有温度的科技创新，让老百姓用得上、用得起国产优质好药一直是齐鲁制药不懈的追求。

信息由中国医药企业管理协会提供

第十四节　石药集团建设生物和信息融合的mRNA疫苗研发及产业化平台　成功研制获批mRNA新冠疫苗

　　mRNA药物分子量大、免疫原性强、研究技术壁垒较高，存在LNP递送技术和质量控制水平差、缺乏成熟的工业化生产设备、关键原辅料依赖进口等诸多问题。随着全球新冠疫情暴发，由Pfizer、Moderna分别研发的两款mRNA新冠疫苗获FDA紧急使用授权，使mRNA药物研发取得了重大突破，并成为迄今为止仅有的两款上市mRNA药物。我国mRNA药物技术起步较晚，技术水平相对落后。为在未来的生物医药领域获得话语权，实现科技自立自强，石药集团利用自身强大的研发实力和LNP技术优势，依托石药集团中央药物研究院（图37-15），在李春雷博士的带领下，成立由80多名博士及专家组成的科研攻关团队，投入超2.7亿元研发资金，建立了生物信息融合的mRNA技术平台。

图37-15　石药集团中央药物研究院

　　经过两年多的努力，石药集团在关键核心技术攻关、新药研发等方面取得显著成效。在关键核心技术攻关方面，一是自主开发"微流控+切向流过滤"的LNP制备工艺，打破国外技术垄断，预防突变株的新冠病毒mRNA疫苗已申请发明专利。二是采用自主研发的碱裂解、微流控等关键设备替代进口设备，摆脱关键设备被国外"卡脖子"的局面（图37-16）。其中碱裂解设备已申请发明专利，实现了从实验室到商业化生产过程中pH值、时间的连续稳态控制（时间控制精度到0.1 s），提高效率300%，有效地保证了环状质粒产品的质量。三是关键原辅料（5′端帽子、可电离脂质、PEG修饰脂质等）实现自产替代进口。在新药研发方面，石药集团正在实施搭建生物技术和信息技术相融合的数字化生产管理系统，将ERP、MES、SCADA、WMS、QMS（quality management system，质量管理体系）、LIMS、数字孪生等信息系统纵向集成，打破信息孤岛，实现各系统信息互联互通、过程控制智能化及业务流程自动化，提升质量控制水平和生产效率。新冠疫情发生以来，石药集团坚持人民至上、生命至上，积极响应国家号召，在国内率先开发了针对突变株的新冠mRNA疫苗，并于2023年3月22日在中国纳入紧急使用，是中国首个自主研发、获得紧急授权使用的mRNA疫苗（图37-17）。集团现已投资超10亿元建成年产15亿剂mRNA疫苗生物科技产业园（图37-18），可充分满足国家应急使用需求。

图37-16　疫苗生产设备

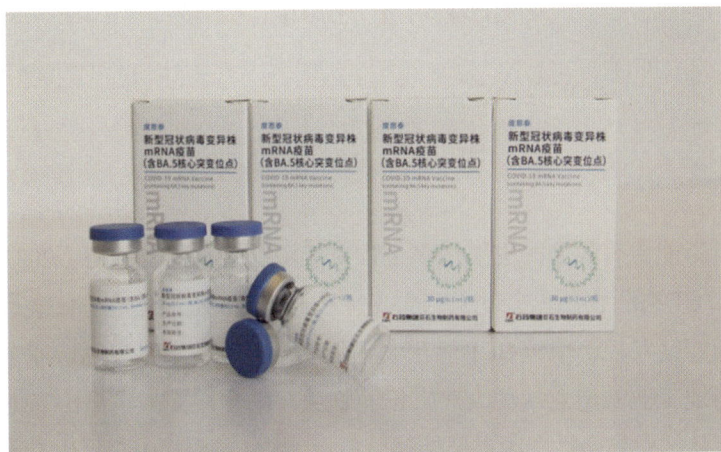

图37-17　石药集团mRNA新冠疫苗产品

图 37-18　石药集团生物科技产业园

下一步，石药集团将依托 mRNA 药物平台，充分考虑当前新冠病毒变异特性，预测未来毒株的变异趋势，推进针对新变异株的迭代新冠 mRNA 疫苗的研发，并积极推动该平台开展狂犬病毒 mRNA 疫苗、水痘–带状疱疹病毒 mRNA 疫苗、呼吸道合胞病毒 mRNA 疫苗等的研究开发，探索其他更安全、高效且具有靶向性的递送载体，拓展核酸递送平台技术，为健康中国行动战略的实施做出更大贡献。

信息由河北省发展和改革委员会提供

第十五节　聚焦双碳产业推动生物经济　昆山宏日新能源大力推动生物质能发展

一、项目介绍

昆山宏日新能源有限公司主要从事生物质能源综合利用及服务。2021年，昆山工业 GDP 占全市 GDP 的比重超过 50%，有 33 个工业门类，辐射面广、代表性强。近年来昆山全面实施能耗双控，单位 GDP 能耗大幅下降，但也导致多家制造业企业停产、减产，特别是当地工业制造业纳税大户，正面临生存的严峻挑战。昆山当地每年有大量农业秸秆资源及林业剩余物资源需要处理，总量大约 15 万 t。中盐昆山有限公司作为当地第二能源消费企业是燃煤大户，每年能源耗煤量约 30 万 t，原料消耗燃煤量约 70 万 t，面临"碳耗能耗"双降的巨大压力。基于以上情况，利用当地废弃生物质资源替代燃煤成了必然趋势。本项目第一步，通过利用昆山当地的农林废弃物生物质资源替代燃煤，做样板、做示范、做标准；第二步，建立生物质供热产业链（图37-19），未来在整个江苏省进行推广复制；第三步，利用沿海滩涂地种植能源作物，作为生物质燃料量的有效保障。

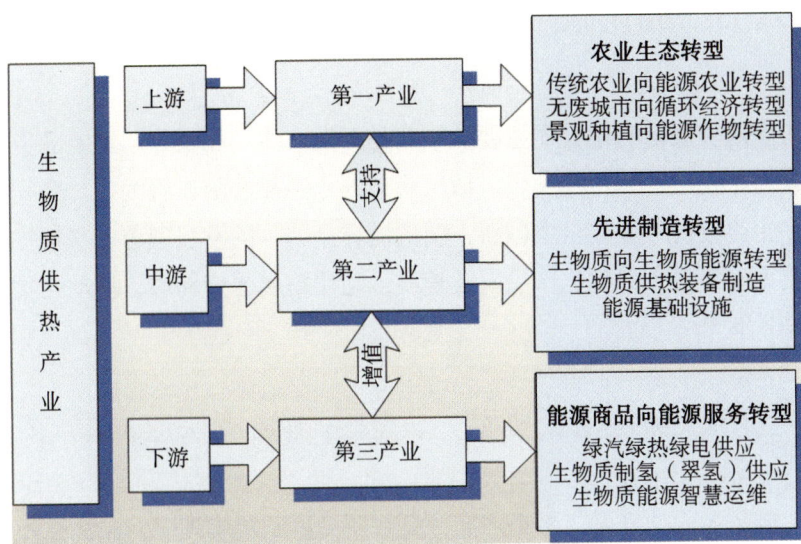

图37-19 生物质供热产业链

在此背景下，中盐昆山有限公司采用昆山宏日新能源有限公司提供的木质生物质颗粒燃料，在公司所属的3台高温高压循环流化床锅炉上进行生物质直接耦合燃烧试验。中盐昆山有限公司所属锅炉蒸发量为140 t/h，采用二开一备模式运行，为公司生产提供用汽及区域集中供热。该试验由昆山宏日新能源有限公司与浙江大学进行合作，共同验证试验成果。经过成功耦合燃烧试验，证实了在基本维持现有燃料储运给送系统设备硬件不变的条件下，能实现稳定生物质与煤混合燃烧。将燃煤火电转型为生物质火电技术具有可行性，符合实际生产要求。同时，昆山宏日新能源有限公司正在进行与中盐昆山有限公司的第二步合作，生物质替代燃煤作为原料，进行生物质制氢项目合作。生物质制氢技术是绿氢技术，称为"翠氢"。

二、项目成效

昆山宏日新能源有限公司在中盐昆山有限公司燃煤耦合生物质项目中取得的成功，不仅可以促进昆山实现低碳转型，未来可在全国乃至全世界进行生物质能源技术推广，助力生物经济发展。规划2024～2026年生物质"绿煤"替代昆山100万t标准煤，实现总体产值约 100 亿元。通过"绿煤"替代释放能耗指标 100 万 t 标准煤，可减排二氧化碳约 260 万 t、二氧化硫约 2.4 万 t、氮氧化物约 7200t。

信息由江苏省发展和改革委员会提供

第十六节　通化东宝药业坚持自主创新　创造世界品牌

通化东宝药业股份有限公司主要从事药品研发、生产和销售，主要业务涵盖生物制品、中成药、化学药，治疗领域以糖尿病、内分泌及心脑血管为主。公司把握行业发展规律，始终秉持"坚持自主创新，创造世界品牌"的发展理念，积极推进创新转型，持续加大研发投入，优化产品研发管线，延伸拓展治疗领域，推动生物经济高质量发展。

一、坚持创新驱动，促进生物经济快速发展

通化东宝药业成功开发了多个产品，且在研品种结构实现了对胰岛素类似物注射液、GLP-1 受体激动剂、高临床价值口服降糖药品研发的全覆盖。具体如表 37-5。

表 37-5　公司项目明细表

序号	项目名称	项目进展（截至 2022 年 12 月 31 日）	经济效益
1	胰岛素系列产品	上市销售	2021 年人胰岛素原料药及注射剂产品营业收入为 24.19 亿元
2	甘精胰岛素注射液	上市销售	2021 年胰岛素类似物原料药及注射剂产品营业收入为 4.01 亿元
3	门冬胰岛素注射液	上市销售	
4	门冬胰岛素 30 注射液	获得药品注册证书	
5	门冬胰岛素 50 注射液	获得药品注册证书	
6	磷酸西格列汀片	获得药品注册证书	
7	西格列汀二甲双胍片（Ⅱ）	获得药品注册证书	
8	瑞格列奈片	获得药品注册证书	
9	恩格列净片	获得报产受理通知书	

续表

序号	项目名称	项目进展（截至 2022 年 12 月 31 日）	经济效益
10	利拉鲁肽注射液	获得报产受理通知书	
11	精蛋白锌重组赖脯胰岛素混合注射液（25R）	临床研究	
12	精蛋白锌重组赖脯胰岛素混合注射液（50R）	临床研究	
13	超速效赖脯胰岛素注射液	临床研究	
14	可溶性甘精赖脯双胰岛素注射液	临床研究	
15	德谷胰岛素及注射液	获得临床批准通知书	
16	德谷胰岛素利拉鲁肽复方制剂	获得临床受理通知书	

2021年初，通化东宝药业在北京、上海布局两个研发中心的基础上，设立杭州创新药研发中心，聚焦创新研发，加大研发投入，积极布局前沿靶点及疗法，在扩大产品适应证、拓展治疗领域方面卓有成效，在研项目包含3款糖尿病治疗领域一类新药、2款痛风/高尿酸血症治疗领域一类新药以及痛风治疗领域化学口服药物。此外，随着在内分泌代谢治疗领域双向延伸、协同发展的步伐愈发稳健，公司积极探索，不断扩大产品适应证从糖尿病治疗至减肥和非酒精性脂肪性肝炎（non-alcoholic steatohepatitis，NASH）等领域。

二、把握政策导向，建设关键共性生物技术平台

公司积极应对医药行业政策变化，构建了结合大肠杆菌细胞发酵、酵母菌细胞发酵、哺乳动物细胞发酵三大体系在内的蛋白质生物药发酵体系创新创业平台和蛋白质生物药发酵体系创新创业示范基地。利用技术集成平台优势高效解决共性技术问题，包括建立高表达细胞株、自主研发培养基、使用一次性生产技术、优化发酵培养工艺等，坚持以技术降成本，打破相关治疗领域国际开发技术垄断的壁垒，开发一系列"重磅生物药明星产品"。组建了蛋白质生物药质量检测科技创新中心，高效解决了大分子蛋白质生物药在质量检测方面的关键、共性、基础性问题，达到了缩短研发周期、降低研制成本、集中解决质量检测共性瓶颈问题的目的，促进了蛋白质药物行业快速发展。

三、深化全球合作，逐步打开国际化发展格局

公司秉承"坚持自主创新，创造世界品牌"的发展理念，投身于生物医药前沿领域的全球竞争和全球创新，持续加大创新研发投入，提升创新技术和生产能力，以科技创新为驱动，加快技术成果转化步伐。深耕国内市场，不断开拓新品市场与集采外市场，持续提升产品市场份额；积极探索布局海外市场，打开新的增量空间，为未来长期的业绩增长奠定坚实的基础。目前，已经与欧洲、亚洲、美洲和非洲地区的企业建立了不同程度的业务联系，这为后续国际化生产及海外商业化注入了强大动能。

信息由吉林省发展和改革委员会提供

第三十八章　园区、区域类

第一节　安徽太和县以"平台思维+市场逻辑+资本力量"模式着力构建医药生态体系

安徽省阜阳市太和县按照"域外创新、太和制造、全国销售"的发展思路，运用"平台思维+市场逻辑+资本力量"，构建全产业链医药生态体系。

一、主 要 做 法

1）创新发展方式，以"平台思维"做强产业园

一是抢抓机遇"创平台"。面对我国全面实施药品上市许可持有人制度的难得机遇，太和县积极引进北京太和保兴科技有限公司投资兴建产业园。政府与公司联手合作，以产业园为示范，积极打造药品上市持有人基地，构建研、产、销生态产业链，引导优质医药资源加速向太和集聚。二是共享发展"优平台"。聚焦"品种引进、销售结算"两个核心，产业园重点打造科研孵化平台、共享制造平台、营销网络平台、产业引导基金四个平台主体，通过各主体间的交易联系，将产业园打造成为高端共享平台，串联研、产、销诸环节，使医药科研企业、生产企业和销售企业实现资源互补，达到共享发展的目的。三是高点规划"建平台"。本着以产业园为支点，将太和县打造成为中国医药产业总部基地的远景目标，高起点编制产业园总体规划、产业发展规划，形成"一园两区"布局。预计经过10年培育期，待产业园项目全部建成运营后，有望引进50家持有人形式的项目公司、20个创新药、100个高端仿制药品种，发展、引进10家医药类上市公司，助力太和打造千亿规模医药产业集群。

2）优化商业模式，以"市场逻辑"做大产业园

一是打造基地"筑巢"。以特色原料药产业基地、制剂共享制造平台、创新药产业

化平台等为重点，加快建设功能齐全、设施完善的生产基地，为药品企业品种转化提供"委托生产"代工服务，实现药品生产企业的轻资产运营，将产业园打造成为医药产业领域的"富士康"。二是畅通网络"代销"。产业园依托拥有大量新药品种的优势，以"代理权"为筹码吸引遍布全国的15万家"太和药商"合作，塑造"有组织、成建制、专业化"的医药营销体系，形成"货通全国"的庞大医药销售网络，为入驻企业提供委托生产服务的同时，也提供委托销售服务。三是发挥优势"引凤"。依托"委托生产+销售"的独特商业模式，利用"太和药商"分布全国的商脉资源，广泛开展对接洽谈活动，成功吸引一批优质企业落地合作。

3）拓宽资金来源，以"资本力量"做活产业园

一是设立产业基金。为进一步提升产业园的招商吸引力和资源整合能力，由阜阳市政府、太和县政府主导设立产业引导资金，以30%的政策资金撬动70%的产业资本，共同发起设立20亿元专项产业引导基金，可撬动总量超过100亿元的社会投资规模，并确保基金所投项目的产业化100%落地太和。二是优化基金模式。对于参股投资基金的企业，可以共享产业平台内的其他资源，以"基金"为纽带实现入驻企业抱团发展，促进形成"以投促引、以商招商"的合作模式。

二、取得成效

1）产业项目加速集聚

从2019年开工建设至2023年3月，产业园在新冠疫情的不利影响下，依然实现较快发展，已初步引进项目14个，投资额达30亿元，以四环科宝制药、硕佰制药、德立福瑞、桦冠生物等为代表的一批优质医药项目纷纷落地，产业生态效应初步显现。

2）园区设施加快完善

截至2023年3月，累计完成投资超15亿元，建设土地面积700亩。其中，一期5万 m^2 制剂共享制造平台、一期3万 m^2 创新药产业化平台建成投用，特色原料药产业基地3个项目以及药品上市持有人基地已开工建设，已经具备产业承载能力。

3）共享创新成果丰硕

截至2023年3月，向产业园转移技术的药品品种达50余个，产业研发效率明显提升。以仿制药为例，平均开发周期从30个月缩短至24个月，压缩了20%；药品开发所需资金从平均1200万元降低至平均900万元，下降了25%。企业自主创新加快推进，硕佰制药一类创新药临床批件申请已被国家药品监督管理局受理，弥补了安徽省在该领域的研究空白。

4）资本力量初步显现

截至2023年3月，产业引导基金尚处于起步阶段，首期2亿元已经募集完成并投入

运营，主要用于投资具有IPO上市规划及实体部分落地太和的优质医药企业、在太和产业化的创新药和以持有人形式落地的新兴药企，已为太和当地创造税收约4000万元。

信息由安徽省发展和改革委员会提供

第二节　安徽亳州坚持产业"三化"推动中医药产业升级

为深入贯彻落实中央、地方关于传承创新发展中医药的决策部署，全面落实《安徽省促进中医药振兴发展行动计划（2022—2024年）》《推动亳州现代中医药产业高质量发展工作方案》，谯城区充分发挥中医药特色优势，全产业链推进中医药振兴发展，加快建设"世界中医药之都"核心区，坚持产业标准化、产业集群化、产业高端化发展，着力打造中医药产业升级版。

一、坚持产业标准化

1）规范中药材标准化种植

2022年，谯城区中药材种植面积保持在85万亩，标准化种植面积为28.6万亩，中药材产值达30.6亿元。依托亳州兴禾农业发展有限公司、安徽协和成药业饮片有限公司（以下简称协和成药业）、亳州市沪谯药业有限公司等实现中药农业良种化、机械化、科技化、信息化和规范化，促进现代中药农业新业态蓬勃发展。编制和推行谯城区中药材种植推荐目录，出台中药材种植指引，引导调控中药材合理种植，推广有机肥替代化肥、绿色防控替代化学防治、农业废弃物资源化利用等关键技术，提高土壤质量，提升中药材品质和道地性。引导农户通过合作社、土地流转等形式集中连片建设规模化、规范化种植基地，支持中药企业自建或以订单形式联建中药材种植基地，扩大谯城区中药材标准化种植面积。

2）建立中药材质量追溯体系

配合省、市药监部门将中药材重点品种的质量溯源延伸至中药材种植环节，建立健全生产档案，落实投入品及播种、田管、采收等环节生产记录，运用物联网、大数据等现代信息技术建设追溯体系，确保生产地块、种子种苗、种植田管、科学采收和产地加工等关键环节全流程可追溯。同时加强对种子种苗培育所需的农药、肥料等投入品的监管，严厉打击违法违规行为，切实提高中药材种质种源品质。

二、坚持产业集群化

1）基地企业运行情况

截至2022年底，谯城区纳入亳州市现代中药产业集聚发展基地企业82家，中药规模以上工业企业队伍逐渐壮大，中药企业自身集成净化车间、检测中心、研发中心形成趋势，从而，促进谯城区中药工业高质量、高产能、高科技发展。2022年，82家基地企业实现产值177.3亿元，占全区规模以上工业产值的57.9%。

2）基地企业创新情况

截至2022年底，有省级企业技术中心13家、省级工程技术研究中心11家、市级工程技术研究中心2家、国家级中药检测中心1家、国家级工程研究中心2家、省级工程研究中心3家，园区还拥有安徽唯一1家CNAS认证的出口中药材检测中心试验室和2家国家级服务示范平台。

3）延伸基地企业链条

支持中药提取物、配方颗粒等深加工产品研发制造，力争将安徽九洲方圆制药有限公司、协和成药业、安徽济人药业股份有限公司（以下简称济人药业）等企业的配方颗粒研发生产项目纳入省制造业融资财政贴息专项政策支持范围。支持中药材加工"共享车间"试点，充分整合利用本地中药饮片加工企业专业化、规模化资源优势，引导一批加工企业先行先试，利用加工车间的专业化设备，在车间空闲期为本地中药材种植农户提供原药材代加工服务，从而促进中医药产业绿色、智能化转型。

三、坚持产业高端化

1）做好招商项目揭榜挂帅

谯城区创新招商机制，提高全民参与水平，营造全社会关注招商、参与招商、服务招商的浓厚氛围，助推谯城区经济社会高质量发展，做好重点招商项目"揭榜挂帅"工作。围绕七大主导产业，聚焦"风口"产业，持续开展铸链、强链、引链、补链行动，招大引强、招才引智，通过按需"张榜"、能者"揭榜"、多维"评榜"的方式，引入一批"高大上、专精特、链群配"的产业集聚项目落户谯城。

2）实施投资"赛马"机制

谯城区加快推进中医药重点项目建设，提高项目管理服务水平，充分发挥中医药重点项目对经济工作的重要支撑作用，促进全区经济社会持续稳定健康发展，全面打响有效投资攻坚战，进一步营造比学赶超、奋勇争先的浓厚氛围，建立投资"赛马"激励机制，坚持"明晰责任、清单管理、调度推进、考核奖惩"的基本原则。

3）坚持亩均效益评价

引导企业树立"亩均论英雄"的发展理念，优化资源要素配置，推动工业转型升级，促进高质量发展，结合谯城实际，对全区工业企业实施综合评价，依法推动资源要素差别化、市场化配置，实现亩均效益最大化。

4）加快创新平台建设

做好现有中医药领域省重点实验室、省技术创新中心、省工程（技术）研究中心、产业创新中心、制造业创新中心等创新平台运营水平提升工作，大力支持济人药业中药提取安徽省技术创新中心、协和成药业中药饮片制造新技术安徽省重点实验室、华佗国药股份有限公司安徽省中药丸剂工程技术研究中心等省级创新平台提升能级，争创国家级创新平台。

信息由安徽省发展和改革委员会提供

第三节 武汉国家生物产业基地（光谷生物城）创新医疗器械CDMO赋能平台

随着人们对健康的要求日益提高，医疗器械的需求逐渐增加，这在一定程度上促使我国医疗器械产品结构不断调整，呈现多元化。为满足多元化市场需求、加快推进医疗器械产业发展、集聚医政产学研用资源，武汉高科国有控股集团有限公司、武汉奥绿新生物科技股份有限公司联合成立了湖北省创新转化医学研究院有限公司，注册资金1亿元，并以此为核心建设"创新医疗器械CDMO赋能平台"（图38-1），搭建了医

图38-1 高科医疗器械创新赋能平台示意图

疗器械创新转化平台、医工结合中心、中试熟化中心、量产智造中心、医疗器械关键材料研究所等 5 个模块，一站式提供高端医疗器械设计开发、原型验证、中试熟化和 GMP 量产服务。

一、主要做法

一是为 50 余个医疗器械企业提供了一站式委托研发生产服务，承担委托研发项目 100 余个，加快了产品研发上市的速度；二是不断攻克"卡脖子"关键技术和产业化的关键难题，形成非特异性通用工艺技术、材料合成、装置设备等 500 多项自主知识产权；三是积极开展科技成果转化，提高创新研发能力，在研项目 200 余项，帮助 50 余个国家三类创新医疗器械完成研发，多款产品属于国际、国内原创产品。

二、实践成效

2022 年至 2023 年 3 月，平台提供服务的 3 个项目获准进入国家创新医疗器械特别审查程序，包括律动医疗科技的"三维定位心内导引套件"、麦迪佳德医疗的"抗栓塞脑保护系统"和优诺维医疗科技的"经尿道植入前列腺束钉"。平台还构建了"技术研发+中试熟化+产业化+天使投资"四位一体的创新生态，已成功孵化了医疗器械创新实体企业 10 余家，总产值规模超 20 亿元。其中，微创外科器械整体解决方案研发商英特姆（武汉）医疗科技有限公司完成上轮融资 3000 万元，估值 2 亿元；泌尿外科全栈解决方案研发商武汉威润八方医疗科技有限公司完成上轮融资 5000 万元，估值 3.5 亿元。

未来 5—10 年，平台将继续加大建设力度，努力形成从医疗器械核心原材料、设计研发、中试熟化到规模化量产的完整产业链条，为中国创新医疗器械提供第三方委托研发生产服务，不断突破制约创新医疗器械的"卡脖子"技术，形成超过百款中国原创的高端医疗器械产品，力争培育 10 家上市公司，获取 100 张器械注册证，成为我国重要的创新医疗器械策源地。

信息由武汉国家生物产业基地建设服务中心提供

第四节　杭州医药港小镇聚焦高质量发展　打造高能级平台全力构建生物医药现代化产业集群体系

杭州医药港小镇（图 38-2）于 2017 年启动建设，规划面积为 3.4 km^2，于 2017 年 8

月入选第三批省级特色小镇创建名单。小镇定位于生物医药产业，聚焦创新药物、医疗器械、数字医疗、产业链配套服务业、医美及大健康五大细分产业领域为重点发展方向，构建创新链、生态链、人才链、政策链、金融链、服务链的"六链融合"的生物医药产业生态，打造国内顶尖、世界一流的生物医药研发创新高地。小镇先后入选中国最佳医疗健康产业园区Top10、首批健康浙江行动示范样板和优秀案例，获"杭州市最强产业小镇"称号。医药及器械产业发展列入全省第一批"新星"产业集群培育名单，生物医药全产业链服务新模式入选了第二批中国（浙江）自由贸易试验区最佳制度创新案例。

图38-2　杭州医药港小镇

一、建 设 成 效

一是产业发展势头强劲。小镇内生物医药企业总产出年均增长30%以上，2022年上半年实现总产出60亿元。年均完成生物医药产业投资近20亿元，年均研发投入超30亿元，实现企业税收年均增长40%以上，每年新增规上企业超10家。

二是企业量质快速提升。小镇已集聚各类生物医药企业近千家，每年新招引落户企业超200家。辉瑞、默沙东、强生等全球知名医药企业纷纷落户。天境生物、卓健科技、索元生物等26家企业入选杭州市"准独角兽"榜单，"准独角兽"企业数量位居杭州市各县（市、区）第一；拟上市企业19家，其中重点拟上市企业9家。圣石科技、奕安济世等8家企业获评省级企业研究院、研究开发中心。连续2年非上市企业融资超百亿元。

三是创新研发成果不断迸发。从小镇成立至2022年9月已有85个药品开展临床试验研究，其中创新药41个、仿制药44个；获批临床试验122项，临床Ⅰ期46项、临床Ⅱ期16项、临床Ⅲ期10项、生物等效性试验50项；累计585件医疗器械获批，三类医疗器械165件、二类医疗器械184件，各类创新成果指数位居全市前列。

四是人才集聚效应持续突显。截至2022年9月，小镇已累计引进顶尖人才16名，其中院士13人、KP（key person，关键人）人才3人，市级以上领军人才170人，高层次人才1380人，生物医药从业人员累计约3万人。

二、主要举措

一是探索制度创新，力求"新而活"。①建立由区长担任链长的生命健康产业链长制，成立杭州医药港小镇发展服务中心，配备专业人才重点从事小镇招商引资、项目推进、企业服务工作。②编制出台小镇产业发展规划、小镇城市设计，锚定重点发展方向，保障产业发展空间。

二是聚焦特色产业，力求"特而强"。①围绕"产业链"关键节点，重点引进世界500强、全球行业前100强、国内前50强企业，大力招引龙头企业、总部企业。②针对不同类型、不同阶段、不同体量的企业，瞄准关键点给予精准支持。③积极谋划产业空间载体建设，着力打造总规模为120万㎡的专业化产业发展空间。设立杭州市首个生物医药产业基金，总规模达50亿元，撬动社会资本200亿元。

三是集聚高端要素，力求"聚而合"。①集聚高能级平台。引进中国科学院基础医学与肿瘤研究所、浙江大学智能创新药物研究院、中国药科大学（杭州）创新药物研究院（图38-3）等一批高端创新平台，开展技术研究、人才培养和成果转化。②集聚高层次人才。引进中国科学院基础医学与肿瘤研究所人才，由谭蔚泓院士全职领衔，成立3年已引进院士9人，KP3人，获批国家博士后科研工作站和浙江省优秀博士后科研工作站。

图38-3　中国药科大学（杭州）创新药物研究院

四是优化营商环境，力求"优而全"。①完成全省唯一的营商环境集成改革产业链试点，先行先试生物医药产业人才评价体系、生物医药一体化通关公共平台等创新举措。②成立全国首个MAH持证转化平台，创新设立MAH研究院，谋划出台相关产业政策，加快推进产业园区建设。③与省股权交易中心联合打造浙江生物医药板，已正式列入证监会区域性股权市场浙江创新试点，为企业提供挂牌、投融资以及上市培育等服务。④揭榜挂帅全省"生物医药产业大脑"试点建设，围绕生物医药产业全生命周期发展特点，数字化赋能产业发展、政府决策和企业服务。

五是完善生活配套，力求"小而美"。①完善空间配套，建成10 000m²的小镇客厅及党群服务中心、文海路城市景观大道、小镇游客服务中心。②打造3A级景区，推出涵盖生命健康科普、医药研发实验体验、医药智能生产参观、专业学术交流等工业旅游线路，已通过3A级旅游景区复评。③完善生活配套，建成幼儿园2所、小学2所、中学1所，配套社区卫生服务中心、便民服务中心、人才公寓，开工建设20万m²的商业综合体，满足小镇居民日常生活。

信息由浙江省发展和改革委员会提供

第五节　绍兴滨海新区"四链"深度链通　构筑平台发展新动能

2022年绍兴滨海新区高端生物医药产业平台已进入培育发展的关键期，通过基础链、科创链、服务链、融合链"四链"深度链通，平台在规划开发、产业集聚、能级提升等方面不断取得新成效。

一、紧盯建设招商，夯实平台"基础链"

一是持续做好平台开发建设，打好产业基底。进一步强化平台内外的互联互通，积极推进杭绍甬智慧高速滨海段、越东路连接线建设。2022年，平台实现固定资产投资68.58亿元。同时，加快平台内产业项目的做地、净地相关工作；2022年累计供地面积约422亩。

二是精准做好项目引进，完善产业结构。聚焦构建细胞治疗谷、创新医药谷、智能康复谷、营养健康谷"四谷"，精准引进头部企业和产业链平台项目；2022年，围绕"四谷"下细分产业，新招引生物医药项目24个。同时，重抓头部企业"链主型"企业招引，不断强化企业链的集聚效应。

三是进一步丰富园区运营模式，优化产业生态。一方面，积极推进以政府为主招商运营的生命健康科技产业园等园区的建设更新，保证项目高效平稳落地。另一方面，积极引入民营资本及专业第三方介入园区运营，如兴湾精准医学产业园、国科生命健康创新园等平台园中园，提高项目落户的灵活度和自主性（图38-4）。

图38-4　滨海科技城生命健康产业园

二、鼓励协同创新，打造平台"科创链"

一是创新平台串珠成链。平台已集聚浙江大学绍兴研究院、浙江理工大学绍兴生物医药研究院药食同源保健食品开发技术浙江省工程研究中心等42个省级以上研发机构。浙江省食品药品检查研究院药品安全评价研究中心获国家药品监督管理局颁发的"药物GLP认证电子证照"，现代医药、医疗器械两大省级产业创新服务综合体和深检集团等公共服务平台加速建设。

二是人才招引聚力链才。全面深化推进人才管理改革试验区，加强生物医药专业人才引育，截至2022年12月底，平台新引进省级以上高层次人才8人，其中国家引才计划6人、省级引才计划2人。

三是数智改革在线链通。持续做好平台统计监测工作，动态跟踪平台建设进展，对标对表做好"平台—企业—项目"的多层级跟踪。持续推进浙江医药、振德医疗等省级"未来工厂"试点企业数字化、智能化改造，积极参与"创产通"院企协同创新数字化应用场景谋划建设，参与浙江省生物医药产业大脑共建。绍兴滨海新区创新药品Ⅰ类名录见表38-1。

表38-1　绍兴滨海新区创新药品I类名录

阶段	企业名称	药物名称	适应证
上市产品	浙江医药	苹果酸奈诺沙星胶囊	感染
	歌礼药业	达诺瑞韦钠片	丙肝
		盐酸拉维达韦片	丙肝
	德琪医药	塞利尼索	多发性骨髓瘤
临床产品	德琪医药	ATG-010 片	淋巴瘤
		ATG-010 片	联合用药治疗淋巴瘤
		ATG-010 片	多发性骨髓瘤
		ATG-019 片	实体瘤或淋巴瘤
		ATG-016 片	IPSS-R 中危及以上 MDS
		ATG-010 片	子宫内膜癌
		ATG-016 片	宫颈癌和晚期实体瘤
		ATG-008 片	复发难治性弥漫性大 B 细胞淋巴瘤
		ATG-010 片	NK/T 细胞淋巴瘤
		ATG-010 片	复发难治 DLBCL
		ATG-008 片	晚期肝细胞癌
		ATG-010 片	联合用药治疗多发性骨髓瘤
	新码生物	ARX788	胃癌和胃食管连接部腺癌
		ARX788	乳腺癌
		ARX305	晚期肿瘤
	歌礼药业	利托那韦片	与抗反转录病毒联合治疗 HIV-1 感染
		利托那韦片	与蛋白酶抑制剂联合治疗 HIV-1 感染
		ASC18 片	慢性丙型肝炎成人患者
		ASC09F 片	获得性免疫缺陷综合征
		利托那韦片	联合用药治疗 HIV-1 感染
		ASC41	非酒精性脂肪性肝病
	凌科药业	LNK01002	血液肿瘤靶向抑制剂
		LNK01003	炎症性肠炎、溃疡性肠炎
		LNK01001	自身免疫性疾病、特应性皮炎
		LNK01004	银屑病

续表

阶段	企业名称	药物名称	适应证
临床产品	劲方药业	GFH925 片	实体肿瘤
		GFH009 注射液	恶性血液肿瘤
		GFH018 片	实体肿瘤
		GFH312	外周动脉疾病伴间歇性跛行
	轶诺药业	ENN0403 胶囊	非酒精性脂肪性肝炎

三、完善要素保障，优化平台"服务链"

一是强化资金要素保障。积极发挥生物医药产业母基金的引导作用，通过政府主导和市场化运作的良性结合，对接中信资本、德福资本、建信资本、普华资本、天士力资本等10 余家知名产业资本和专业投资机构。截至2022 年12 月底，绍兴滨海新区生物医药产业母基金已完成11 个产业项目出资，投资金额为16.9 亿元，有力支撑平台的打造建设。

二是深化平台形象打造。高标准打造高端生物医药"万亩千亿"产业平台展厅和形象标识，持续做好内容迭代更新（图38-5）。持续开展重大峰会活动，2022 年以来，先后组织举办"第三届中国（绍兴）生命健康产业峰会"（图38-6）、"海峡两岸大健康产业高峰论坛"、"运动医学专题闭门研讨会"等活动。同时加强信息报送，建立健全月报、季报制度，及时反馈统计信息及平台信息数据动态。

图38-5　浙江省"万亩千亿"新产业平台建设现场推进会在绍兴召开

图38-6　第三届中国（绍兴）生命健康产业峰会

四、打通行业壁垒，探索平台"融合链"

鼓励平台内企业探索开发绿色智能的生产制造应用场景，大力发展智能工厂、柔性生产、服务衍生制造等融合发展新业态、新模式，助推平台和企业申报创建两业融合、工业互联网等试点。引进滨海新区首个医疗器械CDMO平台项目（宝藤绍兴智能医疗创新项目）、拓信达（启东）医药大品种药物CDMO平台项目和汉氏联合干细胞CDMO平台项目，通过引进CRO/CDMO龙头企业，积极发展医学研发外包。加快推进平台所在区域的沧海未来社区、人才保障房等产业配套建设，提升产城融合发展水平。

信息由浙江省发展和改革委员会提供

第六节　良渚生命科技小镇创新驱动产业高质量发展全力打造生命健康新高地

围绕浙江省建设生命健康领域科创高地、杭州市打造全球生物医药研发高地的发展目标，良渚生命科技小镇积极深入推进在创新药物研发、医疗器械、基因诊疗等领域的产业培育，是国内首个集科研、临床、产业、教学四位于一体的国际化小镇。小镇地处京杭大运河畔，发挥树兰国际医学中心、华润国际医疗中心等项目的示范带动作用，致力于成为"生命科技成果转化高地""高端医疗产业配套平台""数字健康创新示范镇"。2020年，小镇正式列入浙江省第六批省级特色小镇创建名单，产业发展进入快车道。良渚生命科技小镇客厅如图38-7所示。2022年，良渚新城生命健康现代服务业创新发展区上榜第二批浙江省现代服务业创新发展区，并在全省服务业高质量发展大会上获表彰。

图38-7　良渚生命科技小镇客厅

一、产业创新升级，高效能腾笼换鸟

以工业用地有机更新为创新思路，良渚新城对小镇内 15 幢工业存量旧厂房进行更新升级，建成并投入使用 14 万 m^3 的生命科技小镇先导区，截至 2023 年 3 月，企业入驻率已达 95%。此外，以小镇内杭北科创园（图 38-8）项目为试点，探索转供地为供楼，由国有企业拿地开发建设生命科技产业园区，截至 2023 年 3 月，该园区已有奥默医药、衡美食品等十余家生命健康类头部企业意向入驻，未来将继续引入一批国内外数智医疗、生命健康产业的龙头企业和重大产业项目。

图 38-8　杭北科创园

二、部署未来产业，高水平精耕细作

以"做大隐形冠军、做长产业链条、做强产业生态"为发展目标，良渚生命科技小镇深入推进在创新药研发、精密医疗器械、精准诊疗等领域的未来产业培育。在创新药研发领域，大力支持企业创新药发展，包括利用 AI 等计算机技术辅助药物设计等。引进奥默医药、邦顺制药等优质项目，实现从临床前研究到 Ⅰ、Ⅱ、Ⅲ 期临床药物管线的梯度储备，主要研发领域包括靶向肌松拮抗剂（中国唯一、世界唯二的领域创新药物）、骨髓增殖性肿瘤及自身免疫性疾病等。在精密医疗器械领域，大力支持企业高精度仪器发展，实现国产替代。储备东方基因、青谷生物、海世嘉生物等研发企业，主要研发领域包括体外诊断试剂、病原微生物鉴定及分子诊断、病理检测等。在基因诊疗领域，大力支持企业基因治疗、免疫治疗、数字疗法等前沿诊疗方法临床应用，储备杰毅生物、圣庭医疗等研发企业，打造"设备供给—生物信息数据分析—试剂配套—检验检测"的全产业链布局。锚定细分领域，专注医学基因组学的研究和应用，在肿瘤领域开发了早期筛查、用药指导、预后监测及肿瘤新药研发服务等覆盖癌症全周期的技术，以及人源和病原体核酸的相对定量检测技术，实现真假阴性的区分和治疗效果的监测。

三、举办领域大会，高站位谋篇布局

以会引商，以会引才，良渚生命科技小镇借力重大活动为企业交流、行业分享和人才互动等方面提供发展平台与成长空间，进一步加强企业国际合作、浓厚创新创业氛围。截至2022年底，已成功举办5届世界生命科技大会，多次举办"AI+创新创业大赛——智慧医疗创新大赛""SATOL（中国）生命科技创新创业大赛"等重大活动。其中，2022年12月17日，第六届世界生命科技大会在良渚新城举办，全国人大常委会副委员长陈竺、全国人大代表张伯礼等二十余位"两院"院士齐聚良渚，这进一步增强了良渚新城在生命健康产业领域的区域牵引力。

信息由浙江省发展和改革委员会提供

第七节　松原嘉吉生物化工产业园区精准招商　合作共赢开启生物化工产业发展新路

松原嘉吉生物化工产业园区（以下简称嘉吉园区）规划总占地面积为371.1万 m^2，截至2022年底已入驻企业10户，其中省级专精特新企业2户、高新技术企业1户，专业技术人员400余人。2003—2022年企业完成投资83.18亿元，其中，2019—2022年新增投资40亿元，平均每年投资10亿元。产值由2019年的21.48亿元，增加到2022年的60.7亿元，年均增速为41.4%。

一、紧盯市场，开展产业链式招商

嘉吉园区牢牢把握市场规律，精准锁定嘉吉下游客户和关联客户，在玉米深加工产业链的"强链、延链、补链"上下功夫。在"强链"上，在投资20.2亿元的200万 t/a

玉米加工扩能项目投产后，以嘉吉公司玉米淀粉为原料，签约落地了投资2.9亿元的海藻糖中国最大工厂——年产5万t海藻糖项目、投资2.8亿元的年产4万t赤藓糖醇项目。在"延链"上，重点围绕氨基酸、有机酸招引建设项目，签约落地了投资1亿元的年产2万t氨基酸项目和投资1.2亿元的年产100t烟酰胺单核苷酸项目。在"补链"上，重点围绕酶制剂、多糖微生物、复配系列、酵母系列招引建设项目，签约落地了投资1亿元建设的年产6万t酵母蛋白项目。

二、资源共享，打造共赢招商模式

嘉吉园区打造资源共享、互利共赢、风险共担的招商模式，充分发挥资金、技术、人才、市场及配套设施等方面的巨大优势。先后建成200万t/a玉米深加工产能的原材料供给，自备电厂、工业蒸汽、铁路专用线、污水处理厂等完备的公用工程配套。强大的资金支持，庞大的市场主体，极大节省了新入企业的硬件设施投入。同时，积极帮助下游企业消化产品，减轻了下游企业压力。下游企业作为玉米深加工产业的有益补充，熟悉行业发展方向，能够寻找到大量潜力项目，在承担项目谋划、提供技术服务方面的作用不可替代，有力提升了玉米深加工产业的附加值和核心竞争力，成为打造资源共享、互利共赢的以商招商、产业链招商模式的添彩一笔。

三、夯实基础，强化招商硬件保障

嘉吉园区不断健全基础设施配套，在基础设施提升上，嘉吉园区畅通了嘉吉生化有限公司厂区配套道路，开工建设了公用工程配套管廊和宁新66kV输变电工程。在排水管网及污水处理上，实施了嘉吉污水处理厂及给排水出水管网工程。在生产要素保障上，将天然气中压管道分别铺设至企业变性淀粉车间、果糖车间、结晶糖车间及职工食堂，积极帮助入驻企业节省用能成本。现园区内供水、排水、供气、供电等已全部接入项目区边缘，达到了"九通一平"的标准，有力支撑了新招引项目的落地需求。

四、注重服务，打造一流招商环境

嘉吉园区坚持事前招商、事后安商的主导思想，在服务效能上再提速，在贴心服务上再提级，用心用情，做服务企业的贴心人。从项目签约落地到开工建设、企业运行，提供全程"妈妈式"服务，全面推行项目包保制、全程代办制，严格落实容缺审批制、告知承诺制，真正做到让企业少跑路、园区多跑腿。疫情期间，项目秘书驻企服务，协助企业进行申请防控物资、核酸检测、普及消杀知识、车辆进行闭环管理、安全生产等工作，为做好常态化疫情防控工作提供坚实的保障。

信息由吉林省发展和改革委员会提供

第八节　长春新区聚势赋能　创新突破
构建生物医药产业"链式生态"

长春新区作为国家级生物医药产业基地核心区，拥有较为坚实的产业基础，是全市医药产业发展的主阵地。多年来，全力推动生物医药产业向高端化、集群化、规模化发展，形成基因工程、生物疫苗、现代中药、高端医疗器械及材料、化学药品生产研发等多个特色细分集群，构建了相对完整的生物医药产业链条和产业生态体系。

一、着力构建战略性产业育成体系

生物医药产业链条优势明显。其形成了基因药物、生物疫苗、现代中药、医疗器械、化学制药、医药物流等多个细分特色产业集群，构建了集研发、生产、流通于一体的完整产业链条，是亚洲最大的疫苗生产基地和全国最大的基因药物生产基地。长春新区医药产业生态体系如图38-9所示。

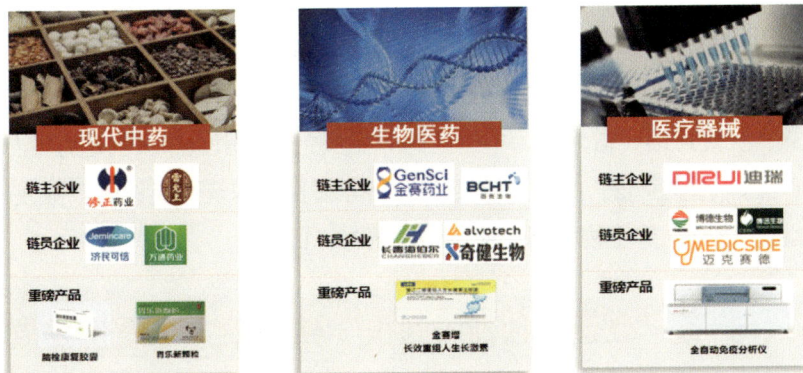

图38-9　长春新区医药产业生态体系

龙头企业集群创新发展。长春金赛药业有限责任公司是全国最大的基因工程制药基地，在全球重组人生长激素领域具有垄断地位，国内市场份额占70%以上。长春百克生物科技股份公司研制的国产首款带状疱疹疫苗获批上市,鼻喷冻干流感减毒活疫苗被纳入WHO全球流感行动计划。长春生物制品研究所的冻干甲型肝炎减毒活疫苗、森林脑炎灭活疫苗等多项产品国内首创。国药集团药业股份有限公司(以下简称国药集团)P3实验室和生产车间,用于高致病性病毒疫苗的研究和生产,已经成为国药集团在全国的第二大疫苗生产基地。长春新区医药龙头企业如图38-10所示。

全区集聚长春高新、金赛药业、百克生物、迪瑞医疗等医药企业210户

图38-10　长春新区医药龙头企业

生物医药品种优势突出。长春新区共有基因重组人生长激素、水痘减毒活疫苗、冻干人用狂犬疫苗等年产值超亿元的大医药品种11个,年销售额为5000万以上品种19个。

重大项目持续引进落位。以国药集团、长春高新技术产业(集团)股份有限公司为龙头,大力发展新型疫苗、生物制药、高端医疗器械等领域,推进资本招商、技术并购、人才项目招引。近年来引进国内知名企业和重点项目超过30个,包括国药集团、同仁堂、济民可信、雷允上、华润医药等龙头企业。引进中关村医疗器械产业园、华润医疗产业园、珍宝岛"两心三园四平台"等项目,构筑形成医药产业发展"新地标"。长春新区重点在建生物医药产业项目如图38-11所示。

二、打造"创新+创业+创投"模式助力高质量发展

长春新区坚持服务国家战略和省市发展大局,以平台为基础、企业为主体、人才为核心,促进政产学孵金协同创新。

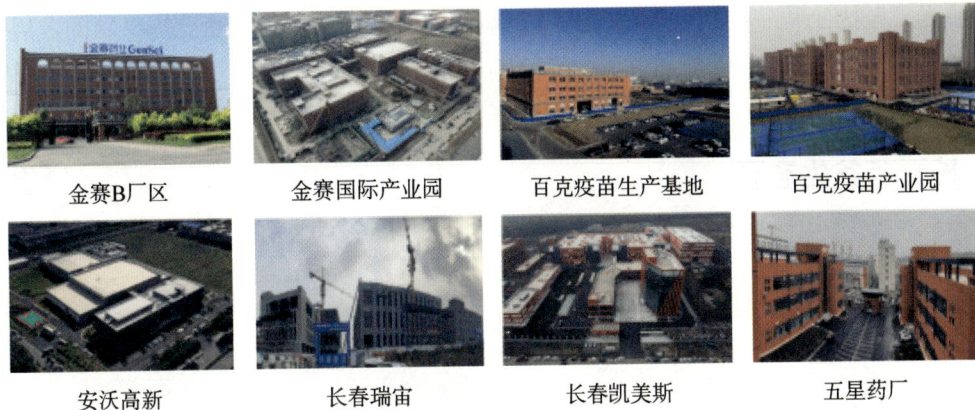

金赛B厂区	金赛国际产业园	百克疫苗生产基地	百克疫苗产业园
安沃高新	长春瑞宙	长春凯美斯	五星药厂

图38-11　长春新区重点在建生物医药产业项目

　　打造融通创新平台。打造"环吉大双创生态圈""北湖科创生态圈"，复制推广摆渡创新工场模式以及北湖科技园的中关村模式，打造建成需求引领、多元共建、体系开放的科技成果研发转化基地。长春新区荣获2022年"国家双创示范基地"。吉林省科技创新研究院正式落位，企业转化高校院所科技成果110项。打造院士专家创新创造的热土、成果转化的沃土、舒心生活的乐土，着力打造院士创新港，为院士创业项目落位提供全方位支持。2023年1月12日，汪尔康、夏咸柱、金宁一、陈学思四位院士的涵盖功能材料、生物医药、检验监测、高端生物制品研发等领域的创业项目，正式签约落位新区。

　　深化要素配置创新。开展科技成果使用权、收益权、处置权改革试点，试行人才注册制、积分制、双聘制等机制，开展高等学校、科研院所科技人员约定兼职、离岗创业和学生留籍创业试点，建立人才流动绿色通道，探索先投后股、投贷联动试点，创建科创金融改革创新示范区。全省14家院士工作站中，长春新区共占5家，其中3家为生物医药。其中，长春圣博玛生物材料有限公司为中国科学院李景虹院士吉林省工作站，长春西诺生物科技有限公司为中国工程院夏咸柱院士吉林省工作站，吉林省中科生物工程股份有限公司为金宁一院士吉林省工作站。

　　金融助力驱动产业发展。出台《长春新区产业投资引导基金管理办法》和《长春新区产业投资引导基金管理运营实施细则》，新区引导基金共完成18只子基金的评审，过审基金规模为67.82亿元，形成"园区＋基金""平台＋基金"的运营模式，通过产业基金引导完成落位企业34户。

三、高标准打造"长春药谷"构建发展新格局

　　2022年4月，通过强化与国内外龙头企业、研发机构、CDMO企业、检验检测机构合作，率先提出打造"长春药谷"，高标准规划18.4 km²的"药谷"产业基地，为生

物疫苗、基因工程、现代中药、化药及高端医疗器械生产研发类企业提供新的发展空间（图38-12）。

长春药谷生态圈

"长春药谷"核心承载区

2022年4月，通过强化与国内外龙头企业、研发机构、CDMO企业、检验检测机构合作，率先提出打造"长春药谷"，高标准规划18.4平方公里的"药谷"产业基地，为生物疫苗、基因工程、现代中药、化药及高端医疗器械生产研发类企业提供新的发展空间。

· 生物医药园
· 医疗器械园
· 精细化工园

一年见成效，两年具规模，三年立新城

18.4 km² 规划面积　｜　**8** km 距长春新区管委会　｜　**20** km 距龙嘉国际机场　｜　**8号线** Line 8

图38-12　长春新区药谷概述

"长春药谷"采用"政府主导、市场运营、多方参与、专业服务"的运营理念，总体规划建设"一核（药谷核心区）、三园（生物医药园、医疗器械园、精细化工园）、多中心（16个国有平台产业园区）"的产业发展新格局，从创新模式、引育企业、氛围营造等方面着手，构建多元化生物医药产业体系。长春新区药谷发展定位及目标如图38-13所示。

发展定位及目标

战略定位	国家生物医药产业创新发展引领区 北方生物医药产业高端发展示范区 吉林生物医药产业集聚发展核心区
目标	未来五年，实现"长春药谷"产业规模过千亿，聚集医药企业过千家的"双千"目标
各项指标	培育百亿级企业2家，亿元以上企业30家，上市企业达到5家，独角兽和瞪羚企业达到20家，引入和培育高端人才团队100个，医药研发人员过万人，开发就业岗位5万个以上，实现一类新药证书10个以上，医疗器械注册数超过千个等发展目标

图38-13　长春新区药谷发展定位及目标

对标国内领先地区医药产业政策，结合产业特点和实际，制定了《长春新区促进"药谷"高质量发展若干政策》，出台了3个方面、17条生物医药产业政策（图38-14）。

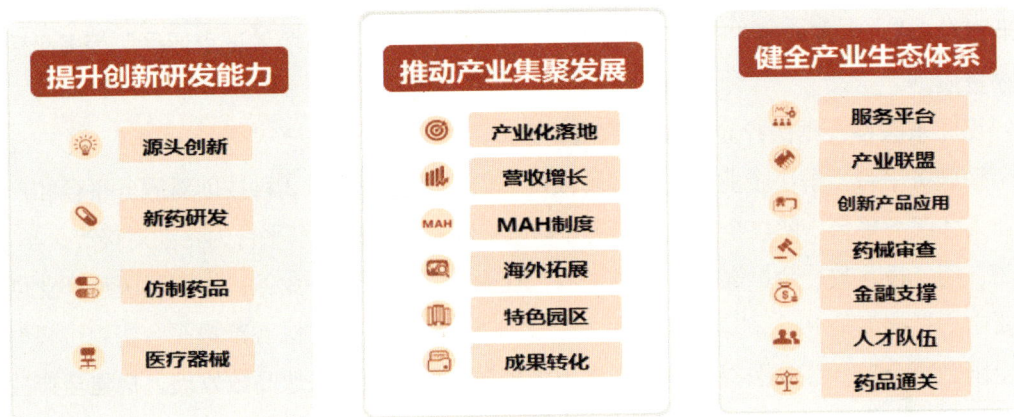

图38-14 长春新区药谷政策

未来，长春新区将重点依托长春高新等龙头企业加速整合配置优质产业资源，按照平台思维打造具有国际影响力的生物医药产业航母，实现产业从"单点引领"向"链式生态"的发展转型，推动产业综合竞争力进入全国十强，力争在5—10年时间，将"长春药谷"建设成为"基因之城，疫苗之都"，形成国际知名、国内最有竞争力的产业地标。

信息由吉林省发展和改革委员会提供

第九节 广东医谷加快生物医药产业创新升级 打造全生命周期服务产业园区

广东医谷成立于2014年，是专注于生物医药及医疗器械产业的投资孵化平台，业务板块涉及医疗产业孵化器运营、医疗项目股权投资、医疗综合配套服务等，通过搭建完善产业金融服务平台、科技创新服务平台、产业人才服务平台、多边资源共享平台、国际医疗产业创新中心和智慧园区服务，致力于成为国内生物医药产业创新中心。

一、主要做法

广东医谷（南沙）产业孵化器坐落在广州南沙自贸区核心区域，毗邻南沙港，总建筑面积为18万m²，是南沙区第一家国家级科技企业孵化器。2021年9月6日，广东省人民政府办公厅印发了《中国（广东）自由贸易试验区发展"十四五"规划》，广东医谷被列入现代服务业发展重点工程项目（医疗健康产业），园区拥有"国家级科技企业孵化器""广东省创业孵化示范基地""广州市产业园提质增效试点园区"等多个荣誉资质。

广东医谷根据医疗企业发展需求，建立了中创"MAX+产业服务体系"。①产业金融服务平台，解决企业不同发展阶段所需要的资金问题；②科技创新服务平台和产业人才服务平台，解决企业技术和人才需求；③多边资源共享平台为企业对接产、学、研、用、投、政、金、媒等各方面资源，让企业专注于核心业务；④国际医疗产业创新中心链接海外19个国家和地区，为企业对接国际资源；⑤医谷产孵平台资源可辐射全国乃至全球。广东医谷通过整合上下游资源，助推企业快速高效发展，构建全产业链创新生态体系。

二、主 要 成 效

一是科研创新方面。医谷企业博雅辑因的基因编辑疗法产品ET-01的临床试验申请获批，系国内首个获国家药品监督管理局批准开展临床试验的基因编辑疗法产品和造血干细胞产品。因明生物干性黄斑变性小分子药物QA102和中药颗粒QA108已分别进入美国Ⅱ期临床和中国Ⅱ期临床。卫视博国际首创、独立研制的眼科三类医疗器械产品"折叠式人工玻璃体球囊"已经帮助多个患者保住了眼球。目前园区企业获得医疗器械注册证超500件，新药临床批件超10个。

二是金融投资方面。企业获得投融资总金额为人民币60亿元，园区设立500万元小微企业孵化资金，与中大创投联合发起总规模6000万元的产业引导基金，助力企业快速发展，园区定期举办开放日、高峰论坛、创业大赛、50强评选等活动，邀请嘉宾进行行业分享，打造专业交流投融资平台。

三是平台服务方面。与入驻企业联合共建免疫组化检测公共技术平台、基因检测共享实验室、基因及细胞药物成果转化公共服务平台，为企业提供研发和实验室设备共享等专业服务。联合优质第三方服务机构，提供从孵化到上市前的一站式解决方案，降低科创企业产品销售前的投入成本和合规性风险。

四是人才集聚方面。与中山大学、广东药科大学、广东食品药品职业学院等高校建立实习基地，设立人才奖学金，为园区企业提供人才供给、教育培训、应用人才实训等服务。目前园区企业已引进院士、国家重大工程入选者、广东省珠江人才、广州市创新人才、南沙高端人才若干人。

五是国际合作方面。通过海外优质产业项目发掘、中外资本对接合作、高新技术成果转移转化、尖端人才引进落地、国际产研平台搭建等多种形式，服务海内外产业链上下游创新企业，打造医疗大健康领域与国际交流合作的"绿色通道"。目前，中澳医疗产业创新中心及悉尼办事处、中以医疗产业创新中心、穗台（南沙）生物医药产业合作基地、中比生物医药创新中心已正式落地。同时，园区与欧美等国家或地区以及中国台湾地区、中国香港地区共同举办了多场国际交流活动。

信息由广州市发展和改革委员会提供

第十节　吉林通化科技赋能　平台支撑
激活生物医药产业"造血功能"

为深入落实创新驱动发展战略，进一步激发通化生物产业国家高技术产业基地内生动力，通化市围绕产业需求把脉产业发展，依托"一库四平台"建设，推动创新成果转化，赋能高质量发展。

一、活用专家智库，凝聚科研力量

依托通化医药高新技术产业开发区，建立张伯礼院士工作站，邀请张伯礼、陈凯先等24位国内知名院士专家成立医药界健康产业高端智库。举办多场医药健康产业发展专家咨询会，围绕产业布局、产业创新、科技研发、品牌建立、人才培养等方面提出95条通化医药健康产业发展建议。推动生物医药企业与域外专家的合作交流，对接周智广、陈平等生物领域专家近40名，2022年末，安睿特重组人白蛋白项目已进入Ⅲ期临床阶段并获得5项国家专利，还有多项正在申报中；通化东宝集团有限公司依托冷春生科研团队开展甘精胰岛素、门冬胰岛素等16个研发项目；组织开展中药独家优势品种筛选评价工作，聘任中国医学科学院药用植物研究所所长为通化市医药健康产业顾问；建立全市"MAH"示范企业培育库和"MAH"合作企业资源库，培育万通药业、天实制药、京辉药业、德商药业、长隆制药、华夏药业、爱心药业成为MAH挂牌示范企业，2022年引入新品种17个、代加工品种35个，实现新增产值6600万元以上；可承接贴剂12.9亿贴、片剂56.3亿片、颗粒剂1.9亿袋、胶囊剂3.3亿粒、合剂2.6亿支、针剂0.3亿支、栓剂1.1亿枚等各类制剂的生产。

二、搭建发展平台，蓄力产业振兴

一是完善政策平台。实施"促进医药健康产业高质量发展""推进人参产业健康发展"等多个支持产业发展、促进投资、加快创新的医药政策，制定《通化市加快推进科技成果转移转化若干政策（试行）》，对医药健康企业研发转化、医药科技中介机构服务和医药研发团队成果转化等给予重点支持。

二是扩大交流平台。举办第六届长白山国际医药健康产业发展论坛（图38-15），邀请百余名国内外医药领域知名专家、学者开展技术交流、项目对接、成果转化等活动，编制《吉林省医药健康产业科技成果汇编》和《吉林省医药健康产业科技平台汇编》，收录相关科技成果191项，其中，院士专家创新成果95项。

三是做强研发平台。瞄准生物医药前沿，通化东宝药物研究院（图38-16）建成使用，引进国内外生物疫苗、蛋白质研究开发团队，加速生物技术转化应用，增强生物制药产业整体竞争优势。金马药业益生菌制剂研究实验室获批省级重点实验室，康元生物、天强药业厅地共建省级科技创新中心通过考评验收。

图38-15　第六届长白山国际医药健康产业发展论坛　　图38-16　通化东宝药物研究院

四是引进数据平台。启动医药健康产业大脑V1.0并进行多轮产业大脑2.0升级方案洽谈，力争打造成集数据中心、对外展示宣介、技术转让交易、服务应用为一体的综合性医药健康产业服务平台。吉林大学第一个POCT研发平台落户通化市，"医全通"中国医药财税优化平台、吉林省第一个保健用品第三方检测中心落户医药高新区。

三、聚焦成果转化，释放发展潜能

创新科技成果转化机制，率先在全省中创新建立"科技成果转化领导小组—科技成果转化局—科技成果转化中心"三级工作机制，通化市科技成果转化中心成功晋级吉林省技术转移示范机构。先后与中国科学院长春分院、清华大学等18个国内知名高校院所签订科技战略合作协议。近年来，围绕生物制剂研究、中药大品种二次开发等领域，组织实施科技发展计划325项。推动年产300万t环保新材料产业基地建设项目、安宇生物制品生产基地、万思百可80亿剂疫苗等一批重大项目落地转化。2023年，已投产生物医药项目9个，年产值预计62.27亿元。推动东方红西洋参药业（通化）股份有限公司与浙江大学、苏州泽达兴邦医药科技有限公司的中药配方颗粒项目，吉林龙泰制药股份有限公司与吉林大学的红参提取物的应用开发研究项目等7个成果落地转化。完成技术合同登记17项，交易金额5871.8万元。通化金马药业集团股份有限公司的1.1类新药"琥珀八氢氨吖啶片"化学成分构成世界首创，填补了国内没有治疗阿尔茨海默病的具有自主知识产权的Ⅰ类化学新药的空白，2023年第二季度进入临床Ⅲ期揭盲阶段。修正药业集团厄贝沙坦片通过仿制药质量和疗效一致性评价，与法国赛诺菲的原研药品一致，这打破了我国仿制药在质量和疗效上与原研药存在较大差距的历史局面。谋划开展中药大品种二次开发工作，形成通化市大品种数据库。

高层次引领、高站位合作、高效率转化，给通化生物产业基地发展注入新的动能，今后，通化将继续大力推动品种研发、成果转化等实质性科研合作，进一步推动科技创新、提升核心竞争力、提供更高质量发展引擎，促进通化经济社会高质量发展。

信息由吉林省发展和改革委员会提供

第十一节　南京生物医药谷积极推进先进制造业和现代服务业深度融合试点

一、总体情况

截至2022年底，南京生物医药谷（图38-17和图38-18）集聚生命健康领域企业1100余家，已有规模以上企业123家，有5家自主培育的上市企业（健友生化、药石科技、南微医学、先声药业、集萃药康）、拟上市企业20家。人才方面，培育和引进国家高层次人才、省"双创计划"人才、市科技顶尖专家、市高层次创业人才等各类创新创业人才360余位，吸引集聚诺贝尔奖获得者3人、海内外院士51人，国家重点人才115人。融资方面，2020—2022年累计完成融资约200亿元，单轮融资超亿元的企业40余家。中小企业培育方面，拥有省级以上专精特新企业17家，其中国家专精特新"小巨人"企业8家。南京市独角兽企业2家，培育独角兽企业27家，博瑞瞪羚企业17家。

图38-17　南京生物医药谷概念图

图38-18　园区载体

二、产业集聚发展情况

创新药物领域已集聚绿叶制药、先声药业、健友生化等中国医药百强企业,汇集了以威凯尔医药、药捷安康、徐诺药业等为代表的小分子药物研发企业,以维立志博、和其瑞、远大赛威信等为代表的大分子药物研发企业,以及以北恒生物、驯鹿医疗、卡提医学等为代表的CAR-T细胞药物研发重点企业。

高端医疗器械领域拥有南微医学、沃福曼医疗、康友医疗、双威生物、天纵易康等代表企业。截至2022年底,南京市12个进入创新医疗器械特别评审通道的产品中有10个在江北新区。

CXO服务领域集聚药石科技、集萃药康、和鼎医药、美新诺医药、鼎泰药研、法迈生医学等细分领域高精尖服务企业。药石科技服务新药研发上下游产业链企业,是药物研发领域全球领先的创新型化学产品和服务供应商,已在创业板上市;集萃药康基于实验动物创制策略与基因工程遗传修饰技术，为客户提供具有自主知识产权的商品化小鼠模型，同时开展模型定制、定制繁育、功能药效分析等一站式服务，2022年4月就已登陆科创板，仅用4年多的时间。

细胞治疗领域目前已集聚赛谷细胞、同凯兆丰、江北新区生物医药公共服务平台等技术研发、细胞制备、检测、储存等细胞产业上游企业；驯鹿医疗、北恒生物、卡提医学等一批细胞治疗企业。

脑科学领域依托北大分子医学南京转化研究院和北京大学未来技术学院建设的"南京脑科学与类脑智能创新中心"，聚焦脑与类脑前沿技术研究和产业化，研发脑机接口、人机交互新技术和新装置，构建心智模型及个性化脑功能动态图谱，推动实现汉语言脑功能解码和重大原创发现，打造具有独特技术领先优势的脑科学与类脑智能产业高地。

特色检验检测领域依托江苏省科技服务业（检验检测认证）特色基地，聚集了第三方检测服务企业200余家，科技服务业特色基地骨干服务机构共22家，其中，包括世和基因、帝基生物、高新精准医学检验所、金域医学等基因检测企业，明捷医药、江北新区生物医药公共服务平台等医药分析和公共服务企业，以及中谱检测、微测生物、欧萨检测等食品、农药、环境检测的代表性企业。

三、园区推动"两业融合"工作成效

南京生物医药谷于2019年获批江苏省先进制造业和现代服务业深度融合试点，是南京市首家试点单位，并在2020年绩效评价和现场考核中获得"优秀"。

1）制造型企业服务化水平明显提升

园区中以健友生化、中科超精和巨鲨医疗为代表的传统制造型企业，基本同时具备制造业和技术研发服务业的两方面业务，只是侧重有所不同，园区鼓励引导这些企业发展个性化定制、智能制造、医药研发CRO等业务，加速制造型企业从提供单一产品向提供"产品＋增值服务"模式转变。健友生化是一家研发、生产肝素钠原料药及制剂产品的全球龙头生产企业，企业利用积累的研发、生产等经验以及全球化的布局优势，为其他医药企业提供药物研发、生产工艺、注册申报等服务，已累计取得超过1000万美元的服务收入。

2）服务型企业制造化程度逐步深化

鼓励以世和基因、药石科技和实践医学为代表的服务型企业拓展上下游产业链，利用企业服务领域的优势，寻找合适产品进行研发生产。尤其是支持检测服务类企业升级为IVD制造企业，推动科研成果转化、拓展经营思路，使产业核心竞争力不断向上游"新蓝海"转移。世和基因主要业务为NGS癌症基因检测，2022年营收4.83亿元，为提升整体市场竞争力，成立了世和医疗器械和迪飞医疗器械两家企业来自主研发基因检测试剂盒，产品多基因突变检测试剂盒于2018年成功获批3类医疗器械证，2022年实现营收5408万元。

3）企业"制造业+信息化"两业融合水平大幅提升

围绕智能化、数字化技改、企业上云等方面，帮助企业快速构建信息化能力。同时，宣传、引导企业积极参与"智改数转"诊断，计划两年内规模以上工业完成"智改数转"诊断全覆盖。通过专业机构的服务，提出"一企一策"个性化系统解决方案和顶层规划方案。试点实施以来，园区新增省级智能工厂2家，省级智能车间3个。其中，先声药业有限公司抗肿瘤及心脑血管药物智能制造示范工厂（2022年获批省级智能工厂项目），于2017年开始建设，项目总投资2亿元，于2019年底建设完成，共有智能化设备178台。先声智能工厂采用先进的计算机辅助及模拟设计，并用信息管理系统统一管理企业生产制造过程中的各个环节，极大地保障了药品的生产质量和稳定性，同时也节约了大量人力资源，降低了企业的生产成本。

信息由江苏省发展和改革委员会提供

第十二节　昆明高新区抢抓机遇，高位谋划再生医学赛道，建成细胞产业集群创新园

一、基 本 情 况

昆明国家高新技术产业开发区（简称昆明高新区）按照市委、市政府提出的"加快把高新区打造为面向南亚东南亚的区域性创新型特色园区"的要求，抓住市委、市政府布局细胞产业的重大机遇，充分运用政策叠加优势推动昆明高新区产业升级，打造西南地区领先的生命科技产业新高地。2019年9月，昆明高新区管理委员会成立了由党工委、管委会主要领导担任组长，分管领导任副组长，相关部门主要负责人为成员的工作领导小组。2021年1月，昆明高新区及时出台《昆明高新技术产业开发区促进细胞产业集群创新发展若干政策》，提出以"昆明高新区细胞产业集群创新园"为核心区和主要聚集区，全力推动细胞产业集群发展的十六条具体内容；同时出台《昆明高新区细胞产业集群创新园入园及服务管理办法》，建立入园评审机制等相关管理规定。细胞产业发展政策的及时出台，为发展细胞产业提供了强大的政策支持和行动指

导，为高新区细胞产业健康有序发展奠定了良好基础。目前，已培育高新技术企业2家，科技型中小企业9家，储备了干细胞、免疫细胞相关可转化项目20余项，带动就业近1000人，知识产权授权件90余件。2020—2022年，园区企业实现税收3000多万元，细胞产业集群创新发展呈现良好态势。

二、主要做法及成效

（1）提供优质资源，打造细胞产业集群创新园。昆明高新区提供园区优质资源，克服西区楼宇资源极端紧缺的困难，在交通出行最便利、城市配套最完善、产业聚集度最高的地段（原昆明高新保税库），腾出约55 000 m^2 的楼宇，用于建设昆明高新区细胞产业集群创新园，为相关研发平台、制备存储企业向园区集聚提供了相应的物理空间。

（2）科学谋划，搭建产业"三中心两平台一基地"聚集载体。全力支持昆明国家高新技术产业开发区国有资产经营有限公司与昆明时光肌生物技术有限公司共同成立云南省细胞工程中心有限公司，着力打造"细胞质量检测、细胞存储、细胞制备"三个共享科创中心；搭建细胞产业"技术转移转化和创新创业"两大服务平台；建设免费开放的"细胞科普教育基地"，提高社会认知。

（3）创新合作方式，共同推进产业培育。昆明高新区国有资产经营有限公司发挥资金的产业引导作用，在产业培育和投入中开辟新的发展路径，进而实现国有资产的保值增值，昆明时光肌生物技术有限公司发挥产业培育和研发创新的优势，实现产业规模壮大和发展质量提升。昆明高新区管理委员会以"一免两减半"的形式，即第一年1000万元、第二年500万元、第三年500万元给予房租扶持。

（4）凝心聚力推进重点细胞企业进区入园。目前引进全国七家脐血库中的山东银丰投资集团有限公司和已落地的四川新生命脐血库，在我区建设综合细胞库。武汉珈创生物技术股份有限公司、昆明时光肌生物技术有限公司、云南贺尔思细胞生物技术有限公司、云南济慈再生医学研究院有限公司、昆明国健昆华生物科技有限公司、云南子晔医疗服务有限公司、昆明贝尔吉科技有限公司、昆明诺沃医学检验实验室有限公司、云南百沃美医学检验所有限公司、云南莱佛班克生物科技有限公司、云南省药检院生物制品所等近50家细胞和检测企业先后入驻，储备干细胞、免疫细胞可转化项目20余项。以上企业和项目的落地及储备，以及近年来引进的云南新生命干细胞有限公司、云南博奥医学检验所有限公司等企业，共同为我区的细胞产业集群发展夯实了基础。其中，武汉珈创生物技术股份有限公司的引进，填补了云南省细胞产业检验检测的空白，为园区企业发展提供安全、有效的质量保证。

（5）提供资金保障，助力三大公共服务平台建设。投资2000多万元的"细胞质量检测评价中心"已于2020年10月完工并投入使用，并承担了新冠疫苗检测任务。投资1000万元的"共享综合细胞库"于2021年7月完工并投入使用，投资1500万元的"共享细胞制备中心"于2021年9月完工并投入使用。三大公共服务平台建成投入使用后，一方面为昆明细胞产业相关企业及医疗机构提供公共服务平台，避免重复投资；另一方面也为细胞产业的研发和成果转化奠定了基础。

（6）建成开放细胞科普基地。目前，细胞科普基地已接待省内外参者万余人次，并成为昆明市科学技术协会等有关单位的细胞产业科普接待中心。同时，与各学校、幼儿园共同开展"大手牵小手"细胞科普活动，组织中小学生到科普基地参观，不断提高社会各界对细胞产业的认知度。

信息由云南省发展和改革委员会提供

第十三节　北京昌平开展去中心化临床试验（DCT）试点

去中心化临床试验（decentralized clinical trials，DCT）是国际上临床试验领域的数字化探索，通过引入远程技术、移动技术、可穿戴设备等进入临床试验，应用数字化技术优化临床试验设计，能加快患者招募、减少受试者访视、提升临床运营和监查效率、提高数据质量。目前，全球已有大型制药企业在Ⅳ期临床试验中尝试了DCT试点并且取得了初步成效，DCT已在国际上成为临床试验探索的新方向。2020年7月，国家药品监督管理局发布了《新冠肺炎疫情期间药物临床试验管理指导原则（试行）》，允许和推荐申请人以保护受试者安全及合规为核心，实施如远程访视、远程监查等远程智能化措施，为我国开展DCT奠定了基础。2020年8月，国务院发布《中国（北京）自由贸易试验区总体方案》，首次提出"探索去中心化临床试验试点"的工作任务。

昌平区DCT试点依托区内国际研究型医院运营主体北京高博医疗科技集团有限公司，选取某肿瘤项目Ⅳ期临床试验，利用大数据、互联网及可穿戴设备进行患者招募与患者保留，围绕数字化知情同意流程、智能化招募方式、数据的实时远程采集、临床监查员（clinical research associate，CRA）远程监查等环节探索DCT试点。综合梳理，其创新实践效果如下。

一、数据一体化平台

打造临床数据一体化平台，建立高效的医院信息化系统及临床研究数据仓。一是通过院端信息系统架构设计及电子源数据采集系统，尽可能避免临床试验不必要的数据重复录入，减少数据转录错误，实现及时采集和实时审阅数据，协助远程监查，并保证数据的准确和完整性。二是建立临床研究病历表单库、标准元数据库，实现电子源数据、电子数据采集（electronic data capture，EDC）系统、标准化临床数据、分析数据、分析结果的全通链。三是利用临床研究数据仓，在保证患者隐私的情况下，通过大数据挖掘，实现智能化匹配招募，更精准地触达患者。四是通过建立互联网平台进一步扩展招募的范围，解决既往在临床研究中心特定距离范围内的地域限制。五是应用智能化设备协助研究人员与受试者紧密沟通，提高受试者的依从性。

二、数字化、智能化临床运营平台

在临床试验中，引入数字化技术的应用，提升临床运营和管理效率。一是通过多元电子化手段获得受试者知情记录（即电子知情）。电子知情同意书是指使用电子系统和程序来传递研究相关信息并获取和记录知情同意，包括使用多种电子媒介（如文本、图像、音频、视频、生物识别设备或读卡器等）。电子知情同意通过各种方法便于受试者对信息的理解，易于操作，提升患者体验。电子知情同意过程可以在研究中心进行，也可以远程进行，若远程进行，则电子系统需建立由受试者身份证件验证、个人问题验证及生物测定方法等构成的体系。二是建立中心化监查平台和远程监查系统，提升监查效率。临床运营中数据核查非常重要，通常耗时耗力，中心化监查有助于提升临床试验的监查效果，降低现场监查的范围和频次，帮助甄别各中心数据质量，是对现场监查的补充。远程监查是指在非临床研究中心进行的远程评估。远程监查不仅可以满足现场监查的许多功能，并能提供额外的功能，极大地减少了必须要临床监查员的不必要的现场监查。

三、远程数据采集系统

在数据收集方面，主要采取面向受试者端的ePRO（electronic patient report outcome，电子患者报告结局）系统的方式作为数据收集的有效补充。随着ePRO、智能化设备及可穿戴设备的应用和普及，数据的远程采集得以更广泛地实施。例如，患者离院期间，可通过为患者设置特定的小程序，协助患者记录中心访视之间的数据报告。通过实时记录的方式，数据更加精确，避免在中心通过回忆的方式出现某些数据记录的偏差。不同的试验中，ePRO、智能化设备、可穿戴设备应用的深度和广度有所差别。合理地利用，可以大大提升临床数据收集的准确性和及时性。

四、远程随访

通过设定数字化、智能化手段进行远程长期随访。一是通过在移动设备端设置随访提醒和信息录入平台，使得长期随访从传统的临床协调员（clinical research coordinator，CRC）电话随访转变为让患者更主动地汇报，从而增强患者的主观能动性。当患者没有按时汇报时，再进行人工随访，从而提升运营效率。二是在适合的情况，医生通过互联网医院和视频进行部分远程诊疗和评估，减少患者的不必要旅行。

信息由北京市发展和改革委员会提供

第十四节　武汉国家生物产业基地（光谷生物城）建立人类遗传资源共享服务平台

武汉国家级人类遗传资源库（简称武汉样本库）于2021年11月正式运营，以人类遗传资源保护、保藏和开发利用为使命，积极探索第三方生物样本库的创新发展模式，建立了人类遗传资源共享服务平台，打破了医院样本资源信息孤岛和碎片化应用效应，实现人类遗传资源从单一服务临床基础科研向服务产业转型发展，为区域生物医药产业高质量发展提供底层战略支撑。

一、主要做法

一是解决"协同难"问题——建立优势互补、互利共赢的协同发展制度体系。武汉样本库按照"政府主导、资源整合、开放共享、推进创新"的总体思路，采取"1+N"（总库+分库）的建设模式，链接"政、产、学、研、医"的发展定位，布局建设保藏中心、信息中心、创新中心三大中心。基于生命科学研究和生物医药产业发展需求，衔接样本及相关信息提供方，在政府支持下，通过"揭榜挂帅""联合攻关"等方式，联合高校、科研院所、医疗机构、企业等构建资源保护利用共同体，开展大型人群队列研究、重大疾病防治攻关、民生健康筛查、临床诊疗转化研究，推动将资源优势转化为产业发展优势。

二是解决"共享难"问题——搭建共建共享网络，推动资源价值提升。武汉样本库按照"1+*N*"模式，打造标准化、规范化的区域中心和共享网络，基于"为客户创造价值"的理念，有效解决样本资源分散、信息孤岛、知识产权分配不完善等难题。主要包括四个方面：①打造集约化资源保藏中心，降低资源提供方的建设、保藏和管理成本；②建立资源信息共享门户，畅通共享信息渠道；③对资源利用申请进行科学与伦理审查，保护研究对象的权益，降低资源使用方的经济与工作负担；④加快资源开发利用，将样本资源转化为生命组学大数据，以及类器官、组织芯片等衍生化产品，提升样本价值。

三是解决"转化难"问题——打造科技孵化育成体系，推进成果转化及产业化。武汉样本库搭建多组学分析检测、区域细胞制备中心，创新药物筛选等技术服务平台，并围绕细胞与基因治疗、体外诊断、mRNA疫苗、抗体药物、智慧医疗等资源下游应用领域，引进全球领先平台型创新创业团队，打造资源转化利用生态，加快新靶点、生物标志物及新分子实体等原创性重大成果产出；依托多年成熟运行的"众创空间—孵化器—加速器—产业园"科技成果全链条孵化体系，加速将源头创新成果推向转化应用，服务人民生命健康。

二、实践成效

（1）资源整合成效显著。武汉样本库立足全国资源整合，已与首都医科大学附属北京朝阳医院、北京天坛医院、首都医科大学附属北京佑安医院，以及本地的华中科技大学同济医学院附属同济医院、华中科技大学同济医学院附属协和医院、武汉大学人民医院、华中科技大学同济医学院附属湖北省肿瘤医院等17家省内外三甲医院签订了分库共建或资源保藏利用协议，开展自然人群及重大疾病专病队列建设，涉及45万余人、近400万管生物样本及相关信息；支撑国家和地方科技计划项目20余项；对接企业研发资源需求40余次；服务科技型中小微企业近400家；支撑发表高水平文章50余篇，获批发明专利和软著20余项。

（2）激活生物医药创新创业。围绕血液、肿瘤组织、干细胞、免疫细胞等生物样本及其临床信息的保藏与转化利用，武汉样本库已引进上海吉凯基因医学、百葵生物、北京大橡、杭州太铭、深圳瑞吉、楷拓生物等细分领域领先企业，联合开展CAR-T细胞治疗、AI制药、类器官、肿瘤液体活检、mRNA疫苗等前沿领域的核心技术及产品研发，加快将资源转化为创新成果，推动生物医药产业自主创新。

信息由武汉国家生物产业基地建设服务中心提供

第十五节 西湖大学四链融合推动生物医药自主创新

西湖大学利用未来产业研究中心、西湖实验室等国家级、省级创新平台，通过推动创新链、产业链、人才链、资金链深度融合，探索出一条加速从基础研究到产业转化的生物医药自主创制之路，诞生出多项拥有自主知识产权的创新药。

一、基础为根的创新链特色

西湖大学打造具有国际影响力的未来技术创新策源地，在基础研究领域取得一系列世界级的成果，为生物医药自主创制提供源源不断的活力。例如，蔡尚团队首次证实细菌是乳腺癌转移的重要帮凶，为深入理解肿瘤转移及临床治疗乳腺癌提供了全新的思路。施一公团队发现LilrB3是APOE4（APOliprotein E，载脂蛋白E）表面受体，找到了阿尔茨海默病导致遗忘的"机关"，为理解阿尔茨海默病的发病机制，开展针对性的药物设计，迈出突破性一步。

二、成果转化的产业链亮色

西湖大学成立一年不到，便在校内成立成果转化办公室，建立起一支既懂科技、又懂商业的专业转化团队。成果转化办公室跟踪和调研每个科研团队的研究方向，定期进行交流和评估，为有转化需求的科研团队提供包括知识产权、股权结构、法律咨询等一系列服务，孵化出西湖欧米、西湖云谷智药、西湖生物医药等生物技术公司，累计估值超10亿元，诞生出抗新冠病毒口服药艾普司韦等明星产品（图38-19）。

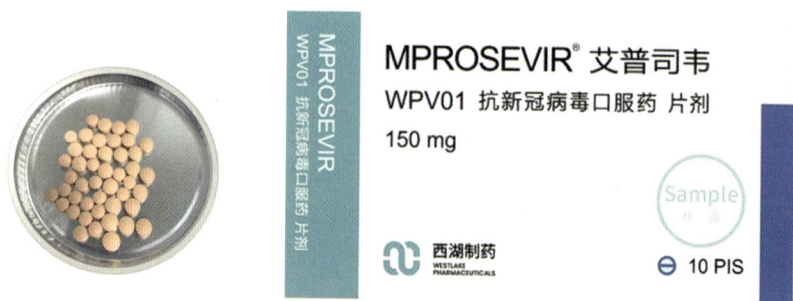

图38-19 抗新冠病毒口服药艾普司韦样品

三、学科交叉的人才链底色

西湖大学高度重视学科交叉，通过在物理空间上营造交流便利、开设系列学科交叉课程、允许跨学科导师指导、打造多学科研发团队，形成极强的学科交叉氛围。例如，人工智能与生物科技深度交叉融合，已成为生物医药研发加速器。抗新冠药物研发过程中，西湖大学集结校内外来自人工智能辅助药物设计、结构生物学、药物化学等多学科领域的攻坚队伍，自主开发基于结构的人工智能药物设计算法，靶向聚焦新冠病毒关键蛋白酶3CLpro（3C-likeprotease，3CL蛋白酶），从百亿化合物库中筛选优化出具有全新结构的非共价抑制剂（图38-20）。

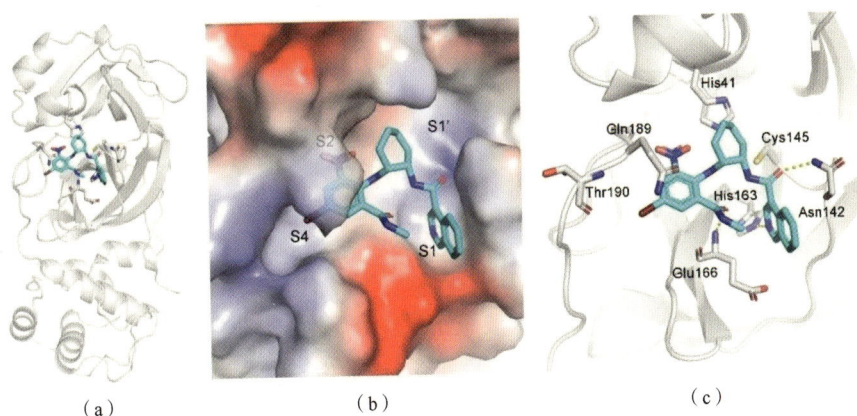

（a）　　　　　　　　（b）　　　　　　　　（c）

图38-20　艾普司韦结合新冠病毒关键蛋白酶3CLpro的晶体结构

四、多源融资的资金链暖色

基础研究阶段，西湖大学未来产业研究中心通过科研专项经费，围绕未来产业基础共性科学问题"揭榜挂帅"，通过竞争性评审，共立项资助46位独立实验室负责人，资助金额超1亿元。成果转化阶段，西湖大学成立了西湖大学（杭州）股权投资有限公司，与杭州市西湖区合作，共同建设西湖大学科技园，形成"成果转化+风险投资+政府扶持"的闭环，为多个研究团队争取到浙江省科技厅"尖兵"攻关研发计划项目、浙江省产业基金、西湖大学创新投资基金重点资助，保障科研成果转化各阶段有与阶段性需求相匹配的充沛资金。

信息由浙江省发展和改革委员会提供

第十六节 利民生物医药园区引进药品上市许可持有人稳定产业链供应链

一、基本情况

哈尔滨市利民生物医药产业园区是全省生物医药产业建设重点区域，是"国家火炬计划医药产业基地""国家高技术（生物）产业基地""国家新型工业化（生物医药）产业示范基地""国家外贸转型升级（西药）示范基地""国家战略性新兴产业集群（生物医药）"的核心承载区，现已集聚以哈药集团、三联药业、誉衡药业为代表的医药和配套企业127家，形成了集科技研发、生产制造、包装印刷、物流营销、检验检测于一体的完整产业体系，产业规模不断壮大。

二、典型经验

近年来，受医药行业去产能、医改政策调整、疫情影响仍未完全消除等因素影响，企业生产、研发、销售受到了挑战，生物医药产业发展进入转型期和阵痛期，产业发展由高速增长变为平缓发展，部分企业的产能出现富余，一些生产车间和生产线闲置，产业链供应链稳定面临一定风险。

哈尔滨利民生物医药产业园区积极建立产业链供应链稳定监测预警体系，形成以哈尔滨医科大学研发中心、哈药集团药物研究院为龙头，以圣泰生物制药等企业技术中心为骨干的医药研发监测体系；以哈药集团、誉衡药业、三联药业等大型骨干企业为龙头，涵盖化药、生物药、中药、医疗器械和保健品五大加工版块，59家企业的生产加工监测体系；依托哈药物流等41家商贸物流企业，覆盖全国30个省区市、300个二级城市、2000家商业公司、1万家医院、10万家药店及诊所的物流营销监测体系，打造贯通生物医药产业链供应链上中下游的风险预警监测机制，力争做到产业链供应链风险早发现、早报告、早研判、早处置，切实保障产业链供应链稳定运行。

2019年12月1日，新修订的《中华人民共和国药品管理法》颁布，国家在全国范围内全面实施药品上市许可持有人制度。为破解产业发展的瓶颈，利民生物医药园区抓住窗口期，主动加入前途汇医药平台对接药品上市许可持有人资源，谋划研究产业加快发展的路径，积极推动市区两级出台相关支持政策，并鼓励具备承接条件和能力的企业与药品上市许可持有人合作，引进医药品种，开展CMO和CDMO，促进企业调整产品结构、转型升级发展。2021年，三联药业、誉衡药业等企业共引进药品上市许可持有人24个，其中甘露醇等3个药品已投产。通过新医药品种的引进和投产，企业产能得到优化利用，产业链供应链稳定性得到提升。

信息由黑龙江省发展和改革委员会提供